JN440515

현대건축재료

조 준 현

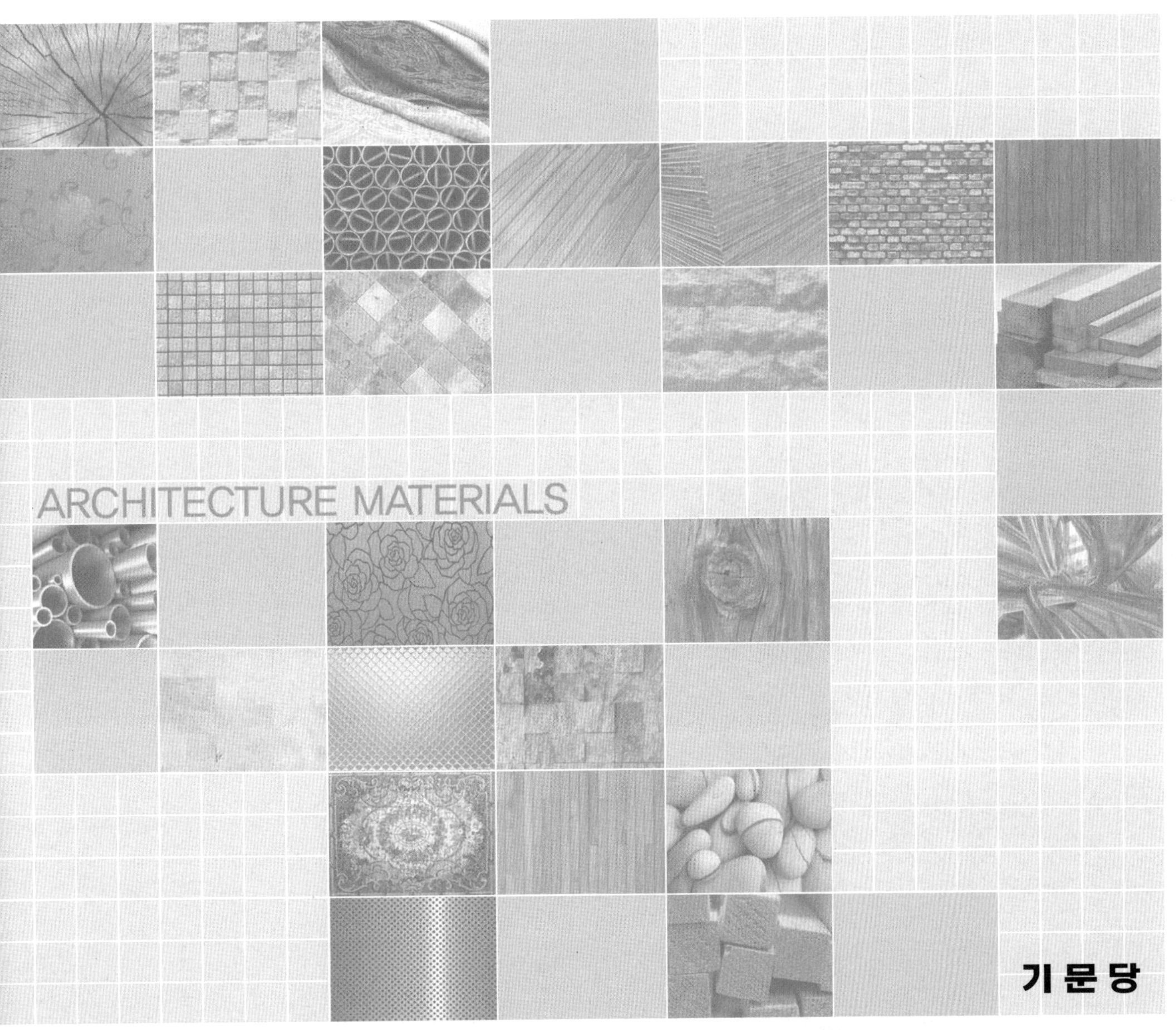

기 문 당

| 머리말 |

첨단과학기술의 눈부신 발전이 이루어지고 있는 21세기에도 건축기술 역시 놀랄 만한 발전을 거듭할 것으로 본다.

이제까지 건축기술의 발전은 건축재료의 개발에 좌우되어 왔으며 이 같은 경향은 앞으로도 지속될 전망이다. 최근의 건축재료가 이와 같이 첨단과학기술의 영향에 힘입어 재래식의 재료와는 비교할 수 없을 정도로 우수제품들이 개발됨에 따라 이제 학문 분야나 현장에 있어서도, 기존 재료에 대한 지식만으로는 현대건축을 이해하기 어렵게 되었다.

이 책은 건축재료에 대한 최신의 지식을 총망라하였으며, 건축기술자의 실무도서로서 또한 대학 및 전문대학에서의 참신한 교재로서 뿐만 아니라, 기술고시나 기술사 등 각종 자격시험의 준비서로서도 널리 활용될 수 있도록 많은 자료를 수록하였다.

뿐만 아니라 이 책은 다년간의 실무경험을 바탕으로 저술하였기 때문에 현장의 실무자에게도 좋은 참고서가 될 수 있도록 최신재료에 대한 정보자료와 한국산업규격을 망라하여 건축재료에 관한 실무와 이론의 접목을 기하는 데에 최선을 다하였다.

그러나 미비하고 불충분한 점이 있으리라 사료되는바, 차후에라도 수시로 보완 · 교정하여 명실 공히 건축재료의 규준서가 되도록 노력을 경주할 것을 다짐하는 바이다.

끝으로, 이 책을 집필함에 있어 좋은 내용과 자료를 제공해준 각 기관 및 건축자재생산 · 판매업체와 건축재료 분야 학자들의 업적에 대하여 경의를 표하며, 본서의 출판에 협력해주신 기문당 강해작 사장님 또한 원고정리 및 도표작성 작업 등에 조력해준 단아건축사무소 직원들에게 깊은 감사의 뜻을 표하는 바이다.

2014. 4

저 자

| 차례 |

제4장 콘크리트 및 혼화재료 77

제5장 시멘트 및 콘크리트 제품 177

제6장 석 재 203

1 총 론

1-1 개 요

건축재료(building materials)란 건축물을 구성하는 데 필요한 재료(材料)의 총칭이며, 재료(materials)란 물건을 만드는 데 필요한 원료이다.

건축재료(建築材料)를 광의의 개념으로 보면 건축물에 직접적으로 사용되는 재료 이외에 간접적으로 사용되는 가설공사용의 자재, 건축설비 및 장치에 이용되는 기재(器材)도 포함한다.

고대에는 주로 천연재료(天然材料)를 그대로 사용하였으나, 인류문명이 발달함에 따라 천연재료를 사용목적에 알맞게 가공하거나 성질을 개량하여 사용해 오고 있다. 또한 과학기술의 발전으로 인공재료(人工材料)가 개발되고 그 인공재료는 과거의 무기질재료(無機質材料) 위주에서 점차 유기질 재료(有機質材料)로까지 확대되고 있다.

최근에는 건축물의 종류·용도 및 기능이 다양해지고 복잡해짐에 따라 건축물을 구성하는 재료도 다종다양하게 되었으며, 건축물의 수요가 증대되고 규모도 대형화되어 많은 종류의 건축재료를 대량으로 사용하게 되었다. 그리고 이러한 추세에 편승하여 대기업이 고도의 기술과 막대한 투자로 건축재료 생산 분야로 진출하기 시작하여 품질향상에도 기여하고 있으며 건축재료 산업 분야가 다른 산업 분야에 못지않게 중요한 분야에 등장하게 되었다. 또한 건축재료를 사용함에 있어서도 선택의 범위가 넓어졌으며 재료에 대한 고도의 지식이 더욱 필요하게 되었다.

건축재료는 기상작용과 주위환경의 영향을 많이 받기 때문에 건축물의 설계, 시공시 재료에 관한 지식이 매우 중요하며 재료의 기본적인 성질을 충분히 파악, 이해하여 적재적소(適材適所)에 사용함으로써 합리적인 건축물의 설계, 시공이라는 목적을 달성할 수 있다.

건축재료의 생산형태에 있어서도 종래의 건축현장작업 의존에서 이제는 가급적 공장에서 가공하고 공장에서 생산하는 과정으로 전환되어 공장제작 공정으로 전환시킨 제품을 개발하고 있다. 공장에서 건축물의 구성재를 제작하고 이것을 현장에서 조립하는 조립식(組立

式)의 형태인 프리패브(prefabrication)도 점차 보급되어 건축의 생산방식의 공업화가 촉진되어 가고 있는 추세이다.

1-2 건축재료의 분류

건축재료의 종류가 무수하여 그 분류하는 방법도 여러 가지가 있으나 일반적으로 다음과 같이 분류한다.

(1) 생산방법에 의한 분류

① 천연재료 : 목재 · 석재 · 골재 · 점토 등
② 인공재료(공업재료) : 금속재료 · 요업재료 · 콘크리트 및 그 제품 · 석유화학제품 등

(2) 화학적 조성에 의한 분류

무기재료
① 금속재료 : 철강 · 알루미늄 · 동 · 연 · 아연 · 합금류 등
② 비금속재료 : 석재 · 시멘트 · 벽돌 · 유리 · 석회 · 콘크리트 · 도자기류 등

유기재료
① 천연재료 : 목재 · 아스팔트 · 섬유류 등
② 합성수지 : 플라스틱재 · 도료 · 접착제 · 실링재 등

(3) 용도에 의한 분류

구조재료
목구조용 재료(목재) · 철근콘크리트구조용 재료(철근콘크리트) · 철골구조용 재료(철강) · 조적구조용 재료(석재 · 벽돌 · 블록) 등

수장재료
내외장 마감재료(타일 · 유리 · 도료 · 보드류 · 금속판 · 섬유판 · 석고판 등) · 차단재료(페어글라스 · 유리섬유 · 암면 · 아스팔트루핑 · 실링재 등) · 채광재료(유리 · 플라스틱 · 종이 등) · 창호재료(목제 창호 · 금속제 창호 · 플라스틱제 창호 · 셔터 등) · 방화 및 내화재료(방화문 · 방화셔터 · PC부재 · 내화벽돌 · 내화모르타르 · 내화점토 등)

◎ 설비재료

급배수재료 · 냉난방재료 · 전기재료 · 가스재료 등

◎ 기타 재료

장식재료 · 접착재료 · 가구재료 · 긴결재료 등

(4) 기능에 의한 분류

방수 및 방습재료 · 방화 및 내화재료 · 음향재료 · 보온 및 보냉재료 · 방부 및 방충재료 · 표면보호재료 · 접합재료 등

(5) 부위에 의한 분류

구조재료 · 지붕재료 · 외벽재료 · 내벽재료 · 천장재료 · 바닥재료 · 개구부재료 등

(6) 공사구분에 의한 분류

목공사용 재료 · 철근콘크리트공사용 재료 · 철골공사용 재료 · 조적공사용 재료 · 타일공사용 재료 · 방수공사용 재료 · 지붕공사용 재료 · 금속공사용 재료 · 미장공사용 재료 · 창호공사용 재료 · 유리공사용 재료 · 칠공사용 재료 · 수장공사용 재료 · 설비공사용 재료 · 기타 잡공사용 재료

1-3 건축재료의 일반적 성질

건축재료의 성질은 역학적 성질, 물리적 성질, 화학적 성질, 내구성, 시공성으로 나눌 수 있으며, 이들의 일반적인 성질은 다음과 같다.

(1) 역학적 성질

◎ 탄성(elasticity) · 소성(plasticity) · 점성(viscosity)

탄성(彈性)이란 재료에 외력이 작용하면 변형(deformation)이 생기며, 이 외력을 제거하면 재료가 원래의 모양과 크기로 되돌아가는 성질을 말한다. 한편 외력을 제거하여도 재료가 원 상태로 돌아가지 않고 변형된 상태로 남아 있는 성질을 소성(塑性)이라 한다.

탄성의 성질을 가진 물체를 탄성체(elastic body)라 하고 소성의 성질을 가진 물체를 소성체(plastic body)라고 한다. 건축재료의 대부분은 양쪽의 성질을 다 가진 경우가 많으며, 완전탄성체나 완전소성체는 없고 대개 외력의 어느 한도 내에서는 탄성변형(elastic deformation)을 하지만 외력이 커지면 소성변형(plastic deformation)을 한다. 탄성변형을 하는 외력의 한도가 큰 물체를 탄성재료, 한도가 적은 것을 소성재료라고 한다.

완전 탄성체가 아니면 외력에 의해 행해지는 일(work)의 일부는 비탄성적인 변형태(變形態)에서 생기는 열이 되어 소멸한다. 외력이 작용하였을 때의 변형이 하중속도에 따라 영향을 받는 성질, 즉 엿 또는 아라비아고무와 같이 유동하려고 할 때 각부에 서로 저항이 생기는 성질을 점성(粘性)이라 한다.

소성과 점성을 총칭하여 비탄성이라고 하며, 건축재료 중 비탄성적 성질을 가진 것도 많다.

응력-변형률 곡선(strees-strain curve)

재료의 외력과 변형의 관계는 보통 응력-변형률 곡선(應力 變形率 曲線)으로 나타낸다. 따라서 이 곡선은 재료의 외력에 대한 변형상태를 알기 위한 가장 기본적인 것이다. 응력-변형률 곡선의 경사, 형상, 파괴 시의 변형 등을 알게 됨으로써 재료에 하중이 작용할 경우 어느 정도 변형할지를 계산하든지, 파괴하중을 예측하든지, 또한 변형량을 측정함으로써 작용하고 있는 하중의 크기를 추측할 수가 있다.

탄성의 성질을 나타내는 재료의 수직응력(normal stress)

즉, $\sigma = \dfrac{P}{A}$

여기서, σ : 수직응력(kgf/cm^2)

P : 하중(kgf)

A : 단면적(cm^2)

와 수직변형(normal strain)

즉, $\varepsilon = \dfrac{\Delta l}{l}$

여기서, ε : 수직변형

l : 실험 전 길이(cm)

Δl : 변형량(cm)

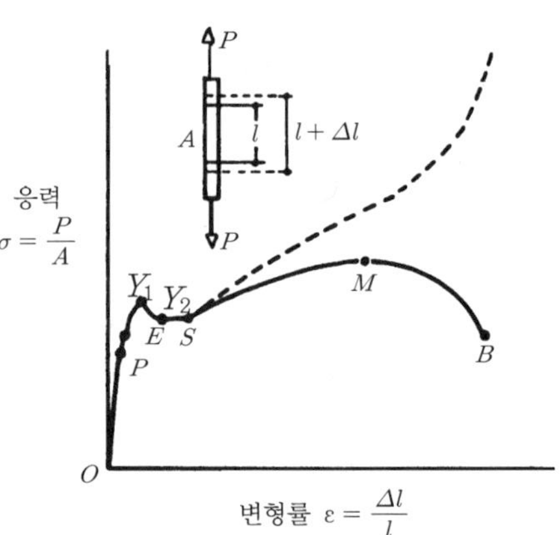

그림 1-1 응력-변형률 곡선

의 관계를 나타낸 것이 응력-변형률 곡선이다.

연강재의 시험편에 인장력을 가하면, 그림 1-1과 같은 응력-변형률 곡선($\sigma \cdot \varepsilon$곡선)을 얻게 된다. 이 곡선의 각 변형점에 대한 내용은 다음과 같다.

P점 비례한계(proportional limit)

$O-P$점 간은 응력과 변형률 사이의 일차원적 비례관계, 즉 직선관계가 있으며 P점은 응력의 비례한계(比例限界)이다.

E점 **탄성한계(elastic limit)**

응력은 비례한계 이내에서 하중을 제거하면 O점으로 되돌아가며 응력을 P점보다 다소 높은 E점까지 높일 때도 하중을 제거하면 O점으로 되돌아간다. 이러한 E점의 응력을 탄성한계(彈性限界)라 한다. 실용상 $P \cdot E$점은 똑같은 응력으로 취급하여도 무관하다.

Y_1점 **상항복점(upper yielding point)**

하중을 E점에서 다시 증대시키면 그래프는 곡선 모양이 되며, Y_1점에서 갑자기 하중이 내려가고 변형률이 급증하기 시작한다. 이 Y_1점의 응력을 상항복점(上降伏點)이라 한다. 상항복점은 하중을 가하는 속도, 즉 변형률 속도의 영향을 받기 쉬우며 일반적으로 속도가 빠르면 그 값이 상승하는 경향이 있고, 또 느린 재하속도인 경우에는 상항복점이 나타나지 않을 수도 있다.

Y_2점 **하항복점(lower yielding point)**

상항복점에서 일단 저하한 응력에서 변형률만이 진행된다. 이때 Y_2점의 응력이 하항복점(下降伏點)이다.

S점 항복이 끝나고 S점에서 응력이 다시 상승한다. 이 현상을 변형률경화(strain hardening)라 한다.

M점 **극한강도(ultimate strength)**

항복이 끝나고 나서 다시 응력을 증가시켜 최대응력 M점에 도달하면 시험편의 국부가 늘어나기 시작한다. 이때 M점의 응력을 극한강도(極限强度) 또는 인장강도라 한다.

B점 **파괴점(breaking point)**

M점을 지나면 응력은 급격히 감소되고 B점에 이르러 파괴된다. 이 B점을 파괴점(破壞點)이라 한다.

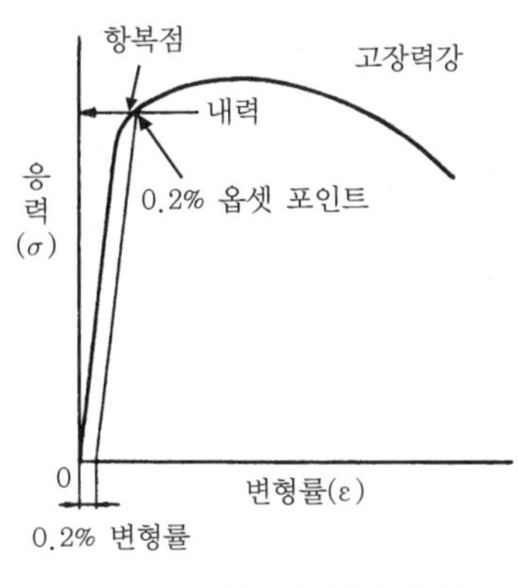

그림 1-2 응력-변형률 곡선 (0.2% 내력)

재료에 따라 명확한 항복점이 나타나지 않는 경우가 있다. 강재 중에서도 고장력강이나 강관과 같이 소성가공된 강재 등에서는 항복점이 명확하지 않다. 이런 때에는 그림 1-2에서와 같이 응력을 0으로 했을 때 남는 변형률, 즉 잔류변형률 0.2%인 응력을 항복점으로 취하며,

이 점을 0.2% 옵셋 포인트(offset point)라 한다.

재료가 항복점을 넘어서 계속해서 응력을 받으면 하중을 제거한 후에도 잔류변형이 남으며 그 일부는 시간의 경과와 함께 원상태로 회복된다. 이와 같은 탄성의 회복 현상을 탄성여효(彈性餘效, elastic after-effect)라 하며, 또 그 후에 남은 변형을 소성변형(plastic deformation) 또는 영구변형(permanent set, residual deformation)이라 한다. 재료에 따라서는 응력-변형률 곡선이 그림 1-3과 같이 다르다.

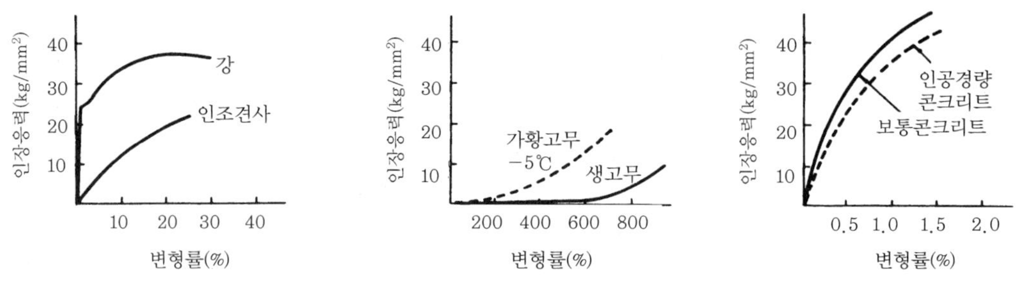

그림 1-3 각종 재료의 응력-변형률 곡선

탄성계수(modulus of elasticity), 푸아송비(poisson's ratio)

재료의 대부분은 실용범위 내에서 응력과 변형률이 비례한다. 이러한 성질을 후크의 법칙(Hooke's Law)이라 한다. 어떤 재료의 단면적이 A인 부재에 외력 P가 작용하여 길이 l이 Δl 만큼 변형하였다면 후크의 법칙에 의하여 응력 $\sigma(P/A)$는 변형률 $\varepsilon(\Delta l/l)$에 비례하므로 이때의 비례상수(比例常數)를 E라고 하면,

$$E = \frac{\sigma}{\varepsilon} = \frac{P/A}{\Delta l/l} = \frac{P \cdot l}{A \cdot \Delta l}$$

가 성립된다. E를 탄성계수(彈性係數) 또는 영계수(Young's modulus)라 하며 단위는 kgf/cm^{2}이다. 강재와 같이 항복점 또는 내력까지 응력-변형률 곡선이 직선 또는 직선으로 볼 수 있는 것에서는 탄성계수(영계수) E는 $\tan\alpha_1$를 구하면 되는데, 이를 초기탄성계수(initial tangent modulus)라 하고 목재·콘크리트·플라스틱과 같이 응력-변형률 곡선이 처음부터 만곡하는 것은 원점과 곡선상의 소정의 점과 연결된 직선의 경사를 구한다. 이것을 할선탄성계수(secant modulus)라 한다. 현행의 철근콘크리트 구

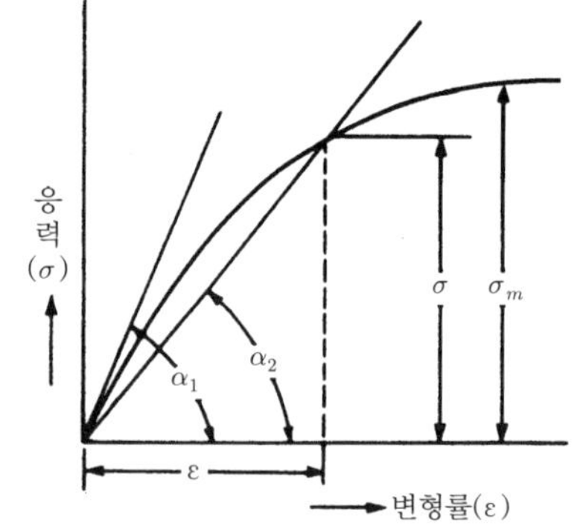

그림 1-4 탄성계수

조물 설계에는 압축강도(F_c)의 1/3~1/4의 응력점과 원점을 연결하는 직선의 기울기, 즉 할선탄성계수(E_c)를 사용하는 경우가 많다.

탄성계수의 값이 클수록 그 물체는 변형되기 어렵다. 즉, 구조재료로써 갖추어야 할 필요한 성질이지만 강도와 일치하지는 않는다.

탄성계수는 전단력이 작용할 경우에도 구할 수 있다. 재료가 전단면적 A 내의 전단력 Q를 받아서 길이 l에 대하여 전단변형 l_s를 발생시켰다면, 이때 비례상수를 G라고 하면

$$G = \frac{\tau}{\gamma} = \frac{Q/A}{l_s/l} = \frac{Q \cdot l}{A \cdot l_s}$$

여기서, τ : 전단력

γ : 전단변형률

가 성립된다.

G을 전단탄성계수(shear modulus) 또는 강성률(modulus of rigidity)이라 한다.

탄성체는 인장력이나 압축력이 작용할 때 외력의 방향으로 변형이 생기지만 외력과 직각의 방향으로도 변형이 생긴다. 이들 두 변형률의 비를 푸아송비라 하고 이것의 역수를 푸아송수(Poisson's number)라 한다.

$$\text{푸아송비}(\nu) = \frac{\text{횡방향 변형률}}{\text{종방향 변형률}} = \frac{1}{m}, \ \text{푸아송수}(m) = \frac{1}{\nu}$$

강재의 푸아송비는 약 0.3, 콘크리트의 푸아송비는 약 0.15~0.25이고, 일반적으로 보통 콘크리트 및 인공경량골재 콘크리트의 푸아송수(m)는 6이다.

탄성계수(E), 푸아송비(ν), 전단탄성계수(G) 사이에는 다음과 같은 관계식이 성립된다.

$$E = 2G(1+\nu) \ \text{또는} \ G = \frac{m \cdot E}{2(m+1)}$$

◎ 강도(strength) · 파괴(fracture, failure)

1) 재료의 강도(强度)란, 재료에 외력(하중)을 작용하였을 때 그 외력에 의하여 변형이나 파괴되지 않고 이에 저항하는 응력(應力)을 말한다.

외력을 받은 재료의 내부에 생기는 외력에 저항하는 힘을 응력(stress)이라 하며 단위면적에 대한 응력을 응력도(intensity of stress, stress intensity)라 한다. 어떤 재료의 최대응력도를 최대강도 또는 세기라고 한다. 강도와 응력도의 단위는 kgf/cm^2 또는 kgf/mm^2로 표시한다.

강도에는 외력의 작용상태에 따라 압축강도(compressive strength), 인장강도(tensile strength), 휨강도(bending strength), 전단강도(shearing strength), 비틀림강도(torsional strength) 등이 있다.

또한 하중속도 및 작용에 따라 정적강도(static strength), 충격강도(impact strength), 피로강도(fatigue strength), 크리프강도(creep strength)가 있다.

① 정적강도 : 재료에 비교적 느린 속도로 하중이 작용할 때 이에 대한 저항성을 정적강도(靜的强度)라 한다. 보통 재료의 강도는 정적강도를 가리킨다.

② 충격강도 : 재료에 충격적인 하중이 작용할 때 이에 대한 저항성을 충격강도(衝擊强度)라 한다. 충격강도는 재료의 파괴에 요구되는 에너지로 나타내며, 이것을 충격치(impact value)라 한다.

③ 피로강도 : 재료가 반복하중을 받는 경우 정적강도보다도 낮은 강도에서 파괴되는 경우가 있다. 이러한 현상을 피로(fatigue)라 하며, 그 응력의 한계를 피로강도(疲勞强度)라 한다.

④ 크리프강도 : 일정한 하중을 장시간 작용시킨 채로 두면 하중을 더 늘리지 않아도 천천히 변형이 진행된다. 이러한 현상을 크리프(creep)라 하며, 그 응력의 한계를 크리프강도라 한다.

2) 재료는 일반적으로 하중(외력)을 반복적으로 받게 되면 정적강도보다 낮은 강도에서 파괴된다. 이것을 재료의 파괴(破壞)라 한다. 재료의 파괴는 그 상태에 따라 연성파괴(ductile fracture)와 취성파괴(brittle fracture)로 대별할 수 있다. 연성파괴는 금속 · 플라스틱 · 고무 등에 서서히 하중을 증가시켜 가는 경우에 발생하는 파괴로써, 재료는 거의 일정하게 소성변화를 일으켜 신장한 후에 국부적으로 수축하고 파괴된다. 취성파괴는 암석 · 콘크리트 · 주철 또는 극히 저온으로 보존되는 금속 등에 하중을 집중적으로 증가시키면서 작용하였을 경우에 발생하는 파괴로써 재료는 대부분 변형되지 않고 재료 내부의 국부적인 응력집중을 일으키면서 파괴된다.

재료의 파괴는 갑자기 발생하는 경우가 많고 파괴 시의 비틀림 변형은 비교적 적다. 연성파괴를 나타내는 재료에서도 하중의 작용속도가 빨라질수록 취성파괴의 경향을 나타낸다.

경도(hardness)

재료의 단단한 정도를 경도(硬度)라 하는데 바닥마감재의 내마모성, 흠 등에 영향을 미치는 요인이 된다. 재료의 용도에 따라 경도의 표시방법이 달라진다.

경도를 측정하는 방법은 주로 브리넬경도시험(Brinell hardness test) 또는 로크웰경도시험(Rockwell hardness test)에 의한 정적압입법과 쇼어경도시험(Shore hardness test)에 의한 충격압입법 등이 쓰인다.

광물은 모우(Mohe)의 인소법(引搔法, scratch), 금속 · 목재 등은 브리넬(Brinell)의 타각법(打刻法, indentation)과 쇼어(Shore)의 탄력에너지법(彈力法 : resilience) 또는 마모저

항법 등이 쓰이는데, 서로간의 관련성은 분명하지 않다. 주로 유리 · 석재 · 금속 · 목재의 경도를 표시하는 데 쓰이고 건축재료의 경도로는 브리넬경도, 쇼어경도가 많이 이용된다.

강성(rigidity, stiffness)

재료가 외력을 받아도 잘 변형되지 않는 성질을 재료의 강성(剛性)이라 하며, 외력을 받아도 변형을 적게 일으키는 재료를 강성이 큰 재료라 한다. 강성은 탄성계수와 밀접한 관계가 있으나 강도와는 직접적인 관계가 없다. 즉, 강성과 강도는 종종 혼동되고 있으나 전연 다른 성질의 것이다.

인성(toughness)

재료가 외력을 받아 변형을 나타내면서도 파괴되지 않고 견딜 수 있는 성질을 인성(靭性)이라 한다. 극한 강도와 연신성(延伸性)이 큰 재료일수록 인성이 크다. 고무와 압연강 등은 인성이 큰 재료이다.

취성(brittleness)

재료가 외력을 받아도 변형되지 않거나 극히 미미한 변형을 수반하고 파괴되는 성질을 취성(脆性)이라 한다. 취성을 가진 재료는 충격강도와 밀접한 관계가 있어 갑자기 파괴될 위험성이 크다. 주철 · 유리 · 콘크리트 등은 취성이 큰 재료이다.

연성(ductility)

재료가 탄성한계 이상의 힘을 받아도 파괴되지 않고 가늘고 길게(넓고 또는 얇게) 늘어나는 성질을 연성(延性)이라 한다. 따라서 연성이 풍부한 재료란 인장력을 주어 가늘고 길게 늘어나게 할 수 있는 재료를 말한다. 고강도의 응력을 받아서 연성을 나타내는 재료는 인성이 큰 재료이다. 금속재료로서 연성이 작은 순서대로 보면 금 · 은 · 알루미늄 · 철 · 니켈 · 구리 · 아연 · 주석 · 납이다.

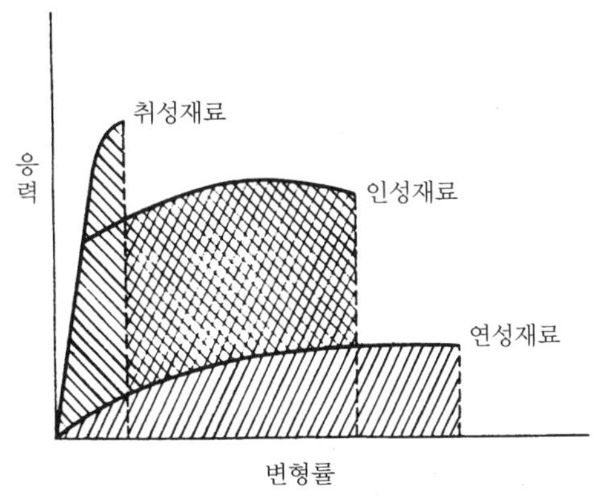

그림 1-5 인성, 취성, 연성을 가진 재료의 응력-변형률 곡선

◎ 전성(malleability)

압력이나 타격에 의해 파괴되지 않고 판상(가늘고 길게 또는 넓게)으로 되는 성질을 전성(展性)이라 한다. 금속재료의 일반적 성질의 하나로서 금 · 은 · 알루미늄 · 구리 등은 전성이 큰 대표적인 재료이다. 납은 연성 · 전성을 갖지만 인성이 크다고는 할 수 없다.

금속재료로서 전성이 큰 순서대로 보면 금 · 은 · 알루미늄 · 구리 · 주석 · 백금 · 납 · 아연 · 철 · 니켈이다.

◎ 피로성(fatiguness)

재료는 일반적으로 여러 차례 반복응력을 작용시키면 정적강도 이하의 응력에서도 파괴된다. 이러한 성질을 피로성(疲勞性)이라 하고, 이에 의하여 파괴되는 현상을 피로파괴(fatigue fracture)라 한다. 피로파괴는 정적인 하중에 의한 파괴와 달리 변형을 수반하지 않고 파괴되는 것이 특징이다. 특히 금속재료의 피로파괴는 표면으로부터 안쪽으로 균열이 진전하여 이루어진다.

(2) 물리적 성질

◎ 중량에 관한 성질

1) 비중(specific gravity)

재료의 중량을 그와 동일한 체적의 4℃인 물의 중량으로 나눈 값을 비중(比重)이라 한다.

재료의 비중은 공극(void), 수분을 포함하지 않은 실질적인 비중인 진비중(true specific gravity)과 공극, 수분을 포함시킨 겉보기비중(apparent specific gravity)으로 구분한다. 일반적으로 건축재료의 비중은 겉보기비중으로 표시하는 것이 많다. 진비중과 겉보기비중을 알면 그 재료 속에 공극이 얼마나 있는가, 또는 실적(absolute volume)이 얼마나 있는가를 알게 되어 재료를 다루는 데 편리할 때가 많다. 즉, 비중은 재료의 중량을 판단하는 기준이 되며 강도 · 흡수성 · 열전도 등과 밀접한 관계가 있다.

진비중을 G_t, 겉보기비중을 G_a라 하면

$$\text{공극률}(\%) = (1 - G_a / G_t) \times 100$$

$$\text{실적률}(\%) = (G_a / G_t) \times 100$$

$$\text{공극률}(\%) + \text{실적률}(\%) = 100$$

으로 표시된다.

비중의 단위는 무명수이지만 단위용적중량으로 표시할 경우 g/cm^3, kg/m^3 또는 kg/l 등으로 나타낸다.

2) **함수율**(percentage of water content) · **흡수율**(coefficient of water absorption)

함수율(含水率)은 재료 속에 포함되어 있는 수분의 중량(함수량)을 그 재료의 건조시의 중량(건조중량)으로 나눈 값이다. 완전히 건조된 재료의 함수율은 0이다. 건축재료에서는 습윤중량 함수율보다는 건조중량 함수율을 쓰는 경우가 많다.

$$\text{건조중량 함수율} = \frac{\text{함수량}}{\text{건조중량}} \times 100(\%)$$

흡수율(吸水率)은 재료를 일정시간 물속에 넣었을 때 재료의 건조중량에 대한 흡수량의 비율이며, 중량 백분율(o/wt)로 표시한다.

재료의 흡수율은 물질의 다공성, 조직, 침수기간, 압력상태에 따라 달라진다.

열에 관한 성질

1) **비열**(specific heat) · **열용량**(heat capacity)

중량이 1g인 재료의 온도를 1℃ 높이는 데 필요한 열량을 그 재료의 비열(比熱)이라 하며, 단위는 cal/g℃, kcal/kg℃이다. 물의 비열은 1cal/g℃이다. 비열은 가열이나 냉각을 측정할 때 사용되는 중요한 수치이다.

재료에 열을 저장할 수 있는 용량을 열용량(熱容量)이라고 하는데, 비열에다 비중을 곱하여 구하며 단위는 kcal/℃로 표시한다. 따라서 비열이나 비중이 큰 재료일수록 많은 열이 축적된다. 예를 들면 콘크리트 벽은 속이 차 있기 때문에 열의 차단성도 좋지만 열의 축적도 많아 빨리 식지 않는다.

2) **열전도**(thermal conduction, heat conduction) · **열전도율**(thermal conductivity, heat conductivity)

열전도(熱傳導)란 동일한 재료 내에서 온도차가 있을 경우 높은 온도의 분자로부터 인접한 다른 분자로 열이 전달되는 과정을 의미한다.

열전도율은 재료의 열전도 특성을 나타내는 비례정수를 의미한다. 열류를 q(kcal/ m^{2}h)라 하고 열류방향의 길이를 l(m), 이것에 직각되는 전열면적을 A(m^2), 고온측 및 저온측 온도를 t_1, t_2(℃)라고 하면 열전도율 λ는 다음과 같은 식으로 나타낸다.

$$\lambda = \frac{q}{\dfrac{t_1 - t_2}{l}} = \frac{q}{\dfrac{\Delta t}{l}}$$

따라서 열전도율 λ는 단위길이당 1℃의 온도차가 있을 때 단위시간 동안 단위면적을 통과하는 열량을 나타내며 단위는 kcal/mh℃로 표시한다. 열전도율은 재료의 공극 크기 및 양에 따라 달라지며 함수 정도에 의해서도 변화한다. 열전도율은 단열효율을 명확히 하기 위해 필요하다.

3) 열관류율(coefficient of heat transmission) · 열팽창계수(coefficient of thermal expansion)

어떤 재료를 통과하는 열 이동의 과정은 '재료의 표면에서의 열전달→재료 속에서의 열전도→재료 표면에서의 열전달'의 세 과정으로 이루어진다. 이 전 과정에 의한 열 이동을 열관류(熱貫流)라 한다. 열관류열은 열관류에 의한 관류열량의 계수로서, 이 계수는 단위 표면인 구조체를 사이에 두고 단위시간에 단위온도차일 때 구조체를 통한 열류의 흐름을 의미한다. 단위는 kcal/m^2 h℃로 표시한다.

온도의 변화에 따라 재료가 팽창 · 수축하는 비율을 열팽창계수(熱膨脹係數)라 한다. 이것에는 길이에 관한 비율인 선팽창계수(線膨脹係數)와 용적에 관한 비율인 체팽창계수(體膨脹係數)가 있는데 선팽창계수로 체팽창계수를 알 수 있기 때문에 주로 선팽창계수를 이용한다. 일반적으로 체팽창계수는 선팽창계수의 3배이며, 단위는 l/℃로 나타낸다.

4) 연화점(softening point) · 용융점(melting point) · 인화점(flash point) · 착화점(catch fire point)

재료에 열을 가하면 곧 연화하거나 용융하여 고체에서 액체로 변화하는데, 이 상태에 달할 때의 온도를 연화점(軟化點) 또는 용융점(熔融點)이라 한다. 금속재료와 같이 열에 의하여 고체에서 액체로 변하는 경계점이 뚜렷한 것과 아스팔트나 유리와 같이 경계점이 불분명한 것이 있는데, 전자에서는 용융점을, 후자에서는 연화점을 사용하여 표시한다.

재료를 연화점 상태에서 다시 열을 가하면 열분해를 일으켜 증발가스가 발생하여 불에 닿으면 인화하는데, 이 온도를 인화점(引火點)이라 하고, 재료가 가열에 의해 자연발화하는 온도를 착화점(着火點) 또는 발화점(發火點)이라 한다.

◎ 빛에 대한 성질

재료의 빛에 대한 순물리적인 성질로서 광선의 투과, 반사, 굴절 등이 있고 인간의 감각적인 성질로서 광택, 색채 등이 있는데 광택, 색채 등은 색채 조절에서 중요하다.

1) 투과율(transmission factor, transmittance)

광선이 채광재료를 얼마나 투과하는가에 대한 정도, 즉 투과율(透過率)은 입사(入射)하는 광속(光束)에너지에 대해 투과하는 광속에너지의 비율에 대한 백분율로써 단위는 %로 표시한다. 투과율은 재료 표면의 평활도, 두께, 가시광선, 적외선 및 자외선 등의 파장에 따라 달라진다. 따라서 채광재료의 합리적인 사용으로 광선의 선택적 흡수 · 투과를 가능케 한다.

2) 반사율(reflection factor, reflectance)

재료에 대한 빛의 반사는 빛이 사방으로 흩어지는 현상인 난반사(亂反射)와 모두 같은 방향으로 나아가는 현상인 정반사(正反射)로 구분하여 생각할 수 있는데, 난반사는 재료의 색깔을 표현하고 정반사는 재료의 광택을 나타낸다. 반사율(反射率)은 재료에 입사하는 광속에너지에 대해 반사하는 광속에너지의 비율에 대한 백분율로써 단위는 %로 표시한다. 반사는 재료의 성질이나 표면의 상태에 따라 잘 닦여진 유리 그리고 잘 닦여진 금속표면과 같은 것은 정반사에 가까운 반사를 하지만, 보통재료는 조면(粗面)이므로 모든 방향으로 발산하는 반사인 완전 확산반사(擴散反射)로 볼 수 있다.

◎ 음에 대한 성질

음(音)이 재료에 부딪쳤을 경우 음의 일부는 표면에서 반사되고 나머지는 재료의 자체에 흡수 또는 투과한다. 건축재료에서는 흡음률과 차음도가 많이 이용된다.

1) 흡음률(absorption coefficient, sound absorption coefficient)

재료가 어느 주파수의 음에 대하여 음의 에너지를 흡수하는 효율을 그 주파수에 있어서의 흡음률(吸音率)이라 부르고 입사음파(入射音波)의 에너지에 대한 흡수에너지의 비율로 표시한다. 흡음률은 재료 자체의 성질에도 영향을 많이 받지만 재료의 두께, 설치방법, 재료 배후(背後)의 공기층의 두께 등에 의해서도 좌우된다. 흡음재에 입사한 음의 에너지를 E_t, 반사하여 원래의 공간으로 되돌아오는 에너지를 E_r이라 하면 흡음률 α는 다음과 같이 구해진다.

$$\alpha = \left(1 - \frac{E_r}{E_t}\right) \times 100(\%)$$

2) 차음도(noise reduction, noise insulation factor)

차음도(遮音度)는 재료의 한편에 투사된 음의 세기가 반대편에서 얼마나 약화되었는가, 즉 재료가 음을 얼마나 차단하는가의 정도로써 기호는 N · I · F로 표시하며, 단위는 dB(데시벨)로 표시한다.

(3) 화학적 성질

재료는 화학성분과 조성, 화학반응, 화학약품에 대한 저항성 등 여러 가지 화학적 성질을 나타내는데, 이에 대한 고려가 부족하여 고장이나 결함이 생긴 예가 많다. 따라서 재료 선정상 화학적 성질에 적응한 재료의 선정과 사용방법을 충분히 생각해야 한다.

◎ 화학성분과 조성

재료의 화학성분과 조성을 명백히 밝히는 것도 있고 또 그렇지 않은 것도 있다. 또한 사용함에 있어 알아야 할 필요가 있는 것도 있지만 꼭 알 필요가 없는 것도 있다. 중요한 용도에 사용되는 재료나 신발명재료 등에 대하여는 화학성분과 조성을 충분히 규명해줌으로써 그 재료의 선택이나 사용방법을 적절하게 해주고 또 사용 후 유지관리에 도움을 준다. 화학성분과 조성을 잘 아는 재료일지라도 사용방법이나 재료 선택이 잘못되면 사용 후에 발견되는 결함을 완전히 방지할 수가 없다.

◎ 화학저항성

재료가 산 · 알칼리 · 염류 · 기름 등의 작용에 대해 저항하는 성질을 화학저항성이라 한다. 예를 들면 철강재는 대기 중에서 녹이 슬고 염분이 많은 해안지방에서 빨리 부식되며, 알루미늄 새시는 알칼리성인 콘크리트나 모르타르에 접하면 부식되고 대리석은 우수를 맞는 외부에서 사용하면 장기간에 걸쳐서 광택이 상실되어 장식적 효과가 감소된다. 이와 같은 각 재료의 여러 가지 화학작용에 견디는 성질, 즉 화학저항성을 알아둘 필요가 있다.

◎ 내구성(durability)

재료가 장기간에 걸쳐 외부로부터의 물리적 · 화학적 · 생물적 작용에 저항하는 성능을 내구성(耐久性)이라 한다. 재료의 내구성에 영향을 주는 인자로는 건습의 반복, 동해(凍害)의 반복, 마모 등의 물리적 작용과 화학적 침식, 풍화 등의 화학적 작용 또는 충해, 균해 등의 생물적 작용 등을 들 수 있다. 따라서 이와 같은 인자 등에 저항할 수 있도록 해줌으로써 필요에 따라 내후성 · 내마모성 · 내식성 · 내화학약품성 및 내생물성이 있는 재료로 만들 수 있다.

1-4 건축재료의 규격화

건축재료를 포함한 모든 공산품은 형상, 치수, 품질 등이 다종다양하여 주문생산이 아닌 시장생산화하기 위해 전국적으로 또는 국제적으로 통일된 제품의 규격화(standardization)가 요구된다. 이 규격화를 통하여 대량생산이 가능해지고, 따라서 가격도 저렴해질 뿐만 아니라 유통과정도 단순화되며, 생산, 판매, 사용 등에 있어서도 재료, 노력, 시간의 낭비를 적게 하여 결과적으로 경제적인 손실을 최소화할 수 있는 이점을 가져다준다.

산업표준화는 광공업품(건축재료 포함)의 종류, 형상, 치수, 품질, 성분 등과 이들을 확인하는 시험, 분석, 검사, 측정방법 등을 통일하고 단순화하는 것을 말하며, 이 산업표준화의 기준이 되는 것이 산업규격(industrial standards)이다.

산업규격은 나라마다 규정을 만들어 시행하고 있으며, 세계적으로 산업규격을 통일하고자 1947년에 국제표준화기구(International Standards Organization ; ISO)가 설립되어 지금도 꾸준한 노력을 기울이고 있다.

우리나라에서는 산업표준화법(1961년 9월 30일 제정 · 법률 제723호)에 의하여 한국산업규격(Korean Industrial Standard ; KS)으로 건축재료에 대한 규격을 상세히 규정하고 있다. 한국산업규격(KS)은 산업표준화에 대한 학식과 경험이 풍부한 인사들로 구성된 산업표준심의회의 심의를 거쳐 정부가 제정한 산업규격으로서 건축재료를 포함하여 광공업 제품 등이 제정되어 있다. 제정된 규격의 적합여부는 제정일로부터 최소한 매 5년마다 심의하여 현상에 적응할 수 있는 것이면 '확인'이 되어 내용의 변경 없이 존속하고, 적응하지 않고 일부 또는 전면개정이 필요한 것이면 '개정' 내지 '폐지'하고 있다. 또한 생산자가 규격에 맞게 만든 것을 심사하고 통과된 것에 대해서는 국가가 품질 등을 보증해주기 위한 'KS표시' 허가제도를 시행하고 있다.

한국산업규격(KS)의 분류는 전 규격을 다음 표와 같이 16개 부문으로 나누고 있다.

표 1-1 한국산업규격의 분류

분류기호	부문	분류기호	부문
A	기본	K	섬유
B	기계	L	요업
C	전기	M	화학
D	금속	P	의료
E	광산	R	수송기계
F	토건	V	조선
G	일용품	W	항공
H	식료품	X	정보산업

건축재료에 대한 한국산업규격(KS)은 위 분류 중 금속(D) · 토건(F) · 요업(L) · 화학(M) 부문에 주로 규정되어 있다.

국가산업규격은 우리나라뿐 아니라 세계 각국에서도 제정하고 있는데 그중 주요한 것만 예로 들면 다음과 같다.

미 국 : ASTM(American Society for Testing and Materials)
ACI(American Concrete Institute)
FS(Federal specification and Standards)
영 국 : BS(British Standards)
소 련 : TOCT(Komiteta Standartou Merizmeritelnih Priborov Pzisoviete Ministrov)
캐나다 : CSA(Canadian Standards Association)
중 국 : CNS(Chinese National Standards)
프랑스 : NF(Norme Francaise)
일 본 : JIS(Japanese Industrial Standard)
독 일 : DIN(Deutsche Industrie Normen)

2 시멘트

2-1 개 요

최초로 시멘트류가 사용된 것은 소석고와 석회의 혼합물로 만들어진 이집트의 피라미드(pyramid)이다. 1756년 영국의 존 시톤(John Seaton)이 에디스톤(Eddystone) 등대 설계 중에 점토분을 함유한 석회석을 구웠을 때 수경성의 석회가 되는 것을 발견함으로써 수경성 석회(hydraulic lime)로 시멘트의 시초가 되었다.

1788년에는 바이캐트(L.J.Vicat)가 석회석과 점토질 석회를 구워 만든 천연시멘트(natural cement)를 발명하였는데, 이것이 오늘날 포틀랜드시멘트(portland cement)의 시작이라고 볼 수 있다.

1796년 영국의 제임스 파커(James Parker)는 천연시멘트의 일종으로 존 시톤과 비슷한 방법으로 점토를 함유한 석회석을 불에 구워 파커시멘트(Parker's cement)라 불리는 수경성의 분말을 제조하여 특허를 얻어 이를 로만시멘트(Roman cement)라 하여 한때 널리 사용하기도 했다.

1824년 영국의 벽돌공 조셉 애스프딘(Joseph Aspdin)은 석회석과 점토를 혼합 소성하여 제조된 시멘트 경화 후의 색상이 영국 포틀랜드산의 자연석(석회석의 일종으로 조적공사용으로 많이 쓰이는 자연석으로 일명 portland석을 말함) 색깔과 비슷하다 하여 포틀랜드시멘트라고 명명하였으며, 1885년 독일의 뮌헨에서 이에 대한 표준규격과 시험법이 제정되었다. 이것이 포틀랜드시멘트의 규격을 공인한 세계 최초의 것으로 각 나라에서도 이를 따랐다. 시멘트의 어원은 마름돌 또는 부순돌이란 뜻을 가진 그리스어의 caede가 caedimentum으로 변하고 다시 cementum으로 변한 것으로, 어떤 물질과 물질을 서로 이어 붙인다는 뜻으로 영국에서는 cement, 독일에서는 zement, 프랑스에서는 ciment, 이탈리아에서는 cemento, 소련에서는 tzement라 불리며, 우리나라에서는 외래어로 시멘트 또는 양회(洋灰)라 불리고 있다. ASTM의 용어해설에는 넓은 의미의 시멘트란 '표면의 부착에 따라 물질과 물질을 결합할 수 있는 접착제(adhesive)'라 한다.

우리나라에서 시멘트 산업은 자연 원료가 풍부한 유일한 산업으로서 시멘트의 주원료인 석회석이 곳곳에 많은 양이 매장되어 있고, 시멘트 제조기술도 일찍부터 발달되어 유리한 생산여건을 갖추고 있다. 우리나라에서 시멘트 공장이 처음 세워진 것은 1919년에 일본의 오노다 시멘트 회사가 소성로(kiln) 1기로 연간 생산량 6만 톤 규모의 시멘트 공장을 평안남도 승호리에 건립한 것으로 포틀랜드시멘트가 나온 지 약 100년 후의 일이다. 실제 생산은 1950년 전란 이후로서 약 60년 역사를 가지고 있다. 지금은 연간 6,000여 만 톤 이상의 생산규모를 갖고 있는 세계 5위의 시멘트 생산국이면서 소비국이 되었다.

오늘날의 시멘트는 철근콘크리트구조물의 발전을 기하는 데 커다란 역할을 하고 있으며, 현대 건축물을 구축하는 데 없어서는 안 되는 재료로써 사용이 보편화되었다.

2-2 시멘트의 화합물 조성 및 화학성분

시멘트 중의 각 성분은 상호 결합하여 복잡한 화합물(chemical compound)로 존재하고 있으며, 그 비율을 화합물 조성이라 한다. 포틀랜드시멘트의 화합물 조성은 그 생성량으로 시멘트의 물리적 성질과 수화열 등을 추정할 수 있으며, 주요 화합물 조성과 그 특성은 표 2-1, 표 2-2와 같고 이들을 주성분으로 하는 광물들을 규산3석회 · 규산2석회 · 알루민산3석회 · 알루민산철4석회로 부르고 있다. 포틀랜드시멘트의 화학성분은 실리카(SiO_2) · 알루미나(Al_2O_3) · 석회(CaO)의 3가지 주요 성분 이외에 소량의 산화철(Fe_2O_3) · 산화마그네슘(MgO) · 아황산(SO_3) · 알칼리(K_2O, Na_2O) · 탄산가스(CO_2) · 물 등의 원소 및 산화물을 포함하고 있다. 화학분석에 의하면 시멘트의 종류뿐만 아니라 제조공장에 따라 다소 다르며, 일반적으로는 표 2-3과 같다.

표 2-1 시멘트의 화학물 조성

화학명			화학식	약호
한글	영문	광물명		
규산3석회	Tricalcium Silicate	Alit	$3CaO \cdot SiO_2$	C_3S
규산2석회	Dicalcium Silicate	Belit	$2CaO \cdot SiO_2$	C_2S
알루민산3석회	Tricalcium Aluminate	Celit	$3CaO \cdot Al_2O_3$	C_3A
알루민산철4석회	Tetra Calcium Aluminoferrite	Felit	$4CaO \cdot Al_2O_3 \cdot Fe_2O_3$	C_4AF

포틀랜드시멘트 클링커(clinker)는 표 2-1에서와 같이 단일조성의 물질이 아니라 4가지의 주요 화합물로 조성되어 있음을 알 수 있다.

그림 2-1에서와 육각형 모양을 한 A는 규산3석회(Alit)로서 3CaO · SiO_2(C_3S)를 주성분으로 하고 둥근 모양을 한 B는 규산2석회(Belit)로서 2CaO · SiO_2(C_2S)를 주성분으로 하는 결정이다. 알루민산3석회(Celit) 및 알루민산철4석회(Felit)는 규산3석회(Alit) 또는 규산2석회(Belit)의 간극을 메우고 있는 물질로서 알루민산3석회(Celit)는 3CaO · Al_2O_3(C_3A)를 주성분으로 하고 알루민산철4석회(Felit)는 4CaO · Al_2O_3 · Fe_2O_3(C_4AF)를 주성분으로 한 것이다. 규산3석회 주성분인 C_3S 및 규산2석회의 주성분인 C_2S는 시멘트 강도의 대부분을 지배하는 것으로, 그 합이 포틀랜드시멘트에서는 70~80% 정도이고 C_3S는 수화에 의한 발열이 C_2S에 비해 크므로 C_3S가 많으면 강도의 조기발현이 나타난다.

이와 반대로 C_3S가 적고 C_2S가 많으면 강도의 발현은 늦지만 1년 이상의 장기재령이 되면 C_3S가 많은 것보다 강도는 높게 된다. 또한 C_3A는 수화속도가 대단히 빠르고 발열량이 크며 수축이 커서 시멘트의 좋지 않은 성질이 C_3A에 기인하는 경우가 많기 때문에, 이 양은 가능하면 적은 것이 좋거나 시멘트의 소성 면에서 어느 정도의 양은 필요하게 된다.

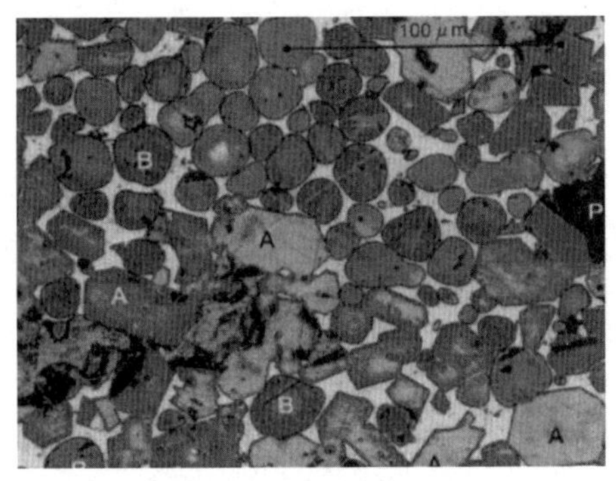

A : C_3S, B : C_2S, P : 공극

그림 2-1 현미경으로 본 클링커

표 2-2 시멘트의 화학물 조성의 특성

항목 / 화학물 조성	수화반응속도	강도	수화열	화학 저항성	건조수축
규산3석회(C_3S)	상당히 빠름	재령 28일 이내의 조기강도	대	중	중
규산2석회(C_2S)	늦음	재령 28일 이후의 장기강도	소	대	소
알루민산3석회(C_3A)	대단히 빠름	재령 1일 이내의 초기강도	극대	소	대
알루민산철4석회(C_4AF)	비교적 빠름	강도에 거의 구애 안됨	중	중	소

표 2-3 포틀랜드시멘트의 화학성분

(단위 : %)

종별	ig · loss (강열감량) [%]	insol. (불용해 잔분)[%]	CaO [%]	SiO_2 [%]	Al_2O_3 [%]	Fe_2O_3 [%]	MgO [%]	SO_3 [%]	합계 [%]	H.M (수경률)	S.M (규산율)	I.M (철률)
보통 포틀랜드 시멘트	0.6	0.2	64.9	22.0	5.4	3.0	1.4	1.9	99.4	2.09	2.62	1.80
조강 포틀랜드 시멘트	0.8	0.3	66.0	20.8	5.1	2.7	1.2	2.6	99.5	2.24	2.67	1.89
초조강 포틀랜드 시멘트	0.8	0.4	65.5	20.4	5.0	2.6	1.4	3.3	99.4	2.26	2.68	1.92
중용열 포틀랜드 시멘트	0.4	0.1	64.6	3.9	4.1	3.8	1.2	1.5	99.6	2.00	3.03	1.08

강열감량(ignition loss : 약 ig · loss)

시멘트를 1,000℃의 강한 열을 가했을 때의 감량을 강열감량(强熱減量)이라 하며, 주로 시멘트 속에 포함된 물(H_2O)과 탄산가스(CO_2)의 양이다. 시멘트가 풍화하면 강열감량이 증가하기 때문에 시멘트가 풍화한 정도를 판정하는 데 이용된다.

시멘트가 풍화되면 비중이 작아지고 분말도가 나빠지며 응결이 지연되고 강도는 저하된다.

불용해잔분(insoluble residue, 약 insol)

불용해잔분(不溶解殘分)은 시멘트를 염산 및 탄산나트륨 용액에 넣었을 때 녹지 않고 남는 부분을 말한다. 보통포틀랜드시멘트의 경우 불용해잔분은 일반적으로 첨가한 석고 중의 점토분에 의한다.

시멘트 원료 중 점토분은 거의 전량이 산에는 불용성분이다. 이들은 소성에 의하여 석회와 반응하여 처음으로 산에 용해되는 클링커(clinker)화합물이 된다. 따라서 불용해잔분의 양은 소성반응의 완전여부를 알아내는 척도가 된다.

실리카 · 알루미나 · 산화철 · 석회와 제계수 및 비율

포틀랜드시멘트는 첨가된 석고와 아황산(SO_3)을 제외하면 실리카(SiO_2)–알루미나(Al_2O_3)–산화철(Fe_2O_3)–석회(CaO)의 4성분계 화합물이다.

시멘트 원료의 조합비를 정하는 데는 여러 가지 성분비율이나 계수가 사용되지만 가장 일반적인 것은 수경률(hydraulic modulus)이다. 수경률이 크면 규산3석회(C_3S)가 많이 생성되기 때문에 초기강도가 높고 수화열이 높은 시멘트가 된다.

$$수경률(H.M) = \frac{CaO - 0.7 \times SO_3}{SiO_2 + Al_2O_3 + Fe_2O_3}$$

보통 수경률의 값은 보통포틀랜드시멘트는 2.05~2.15, 조강포틀랜드시멘트는 2.20~2.26, 초조강포틀랜드시멘트는 2.27~2.40, 중용열포틀랜드시멘트는 1.95~2.00 정도이다.

이 밖에도 규산율(silica modulus), 철률(iron modulus), 활동계수(activity index), 석회포화도(lime saturated degree) 등이 있다.

$$규산율(S.M) = \frac{SiO_2}{Al_2O_3 + Fe_2O_3} : 1.8 \sim 3.2$$

$$철률(I.M) = \frac{Al_2O_3}{Fe_2O_3} : 0.7 \sim 2.0$$

규산율이 커지면 원료 화합물의 소성에 높은 온도를 필요로 하고 또한 규산2석회(C_2S)가 많이 생성되어 장기강도형의 시멘트가 된다.

규산율이 낮으면 원료 화합물의 소성은 용이하지만 알루민산3석회(C_3A)가 많이 생성되어 초기강도형의 시멘트가 된다.

철률이 크면 알루민산3석회(C_3A)의 생성량이 많아져 초기강도는 높지만 수화열이 높고 화학저항성이 낮은 시멘트가 된다.

산화마그네슘(MgO), 아황산(SO_3), 알칼리(K_2O, Na_2O)

산화마그네슘은 시멘트 중에 주로 석회질 원료의 불순물로 들어가는 염기성분이다. 산화마그네슘이 시멘트 중에 소량 들어 있는 경우에는 관계가 없으나 다량인 경우에는 팽창균열의 원인이 되며 장기안전성을 해칠 우려가 있다. 산화마그네슘 성분이 많을수록 시멘트의 비중은 커지며 장기강도는 저하되고 수화열은 높아진다. 색상은 다양하나 주로 녹색을 띠게 된다.

아황산은 시멘트의 응결조절을 위해 필요한 석고($CaSO_4$)로부터 오며, 시멘트 경화제의 수축보상(收縮補償)에 도움이 되나 다량인 경우에는 경화 중에 시멘트 바질러스(cement bazillus)를 생성하여 콘크리트 팽창균열의 원인이 된다. 일반적으로 알루민산3석회(C_3A)가 많으며, 시멘트 분말도가 고울수록 아황산 양을 증가시킬 필요가 있다.

알칼리는 포틀랜드시멘트 중의 전알칼리($Na_2O + 0.658K_2O$)로서 0.4~1.2%의 미량이 포함되며 주로 점토질 재료로부터 들어가는 것으로, 이 성분이 많으면(0.6% 이상) 골재와 점토질 재료가 혼합되었을 때 알칼리골재반응을 일으킬 우려가 있다.

2-3 시멘트의 제조 및 포장

(1) 시멘트의 제조

시멘트는 석회질 원료 및 점토질 원료를 분쇄하고 적당한 비율로 조합하여 충분히 혼합한 후 소성로(kiln)로 보내 소성한 후 급속히 냉각시킴으로써 얻어지는 클링커(clinker)에 응결조절용으로 적당량(3~5%)의 석고를 가하고 분쇄하여 만든 것이다. 이렇게 만들어진 것이 포틀랜드시멘트이다.

원료의 배합은 대략 석회질 원료 4와 점토질 및 기타 원료 1의 비율이다. 일반적으로 시멘트 1ton을 만드는 데 필요한 원료는 대략 석회석 1,260kg, 점토 200kg, 규석 20kg, 철광석 20kg 그리고 석고 35kg 정도이다. 원료의 엄밀한 혼합, 고온에서 굽는 조건 및 미세한 분말로 만드는 것이 양질의 시멘트를 만드는 데 가장 중요한 3가지 조건이다.

표 2-4 시멘트 제조공정

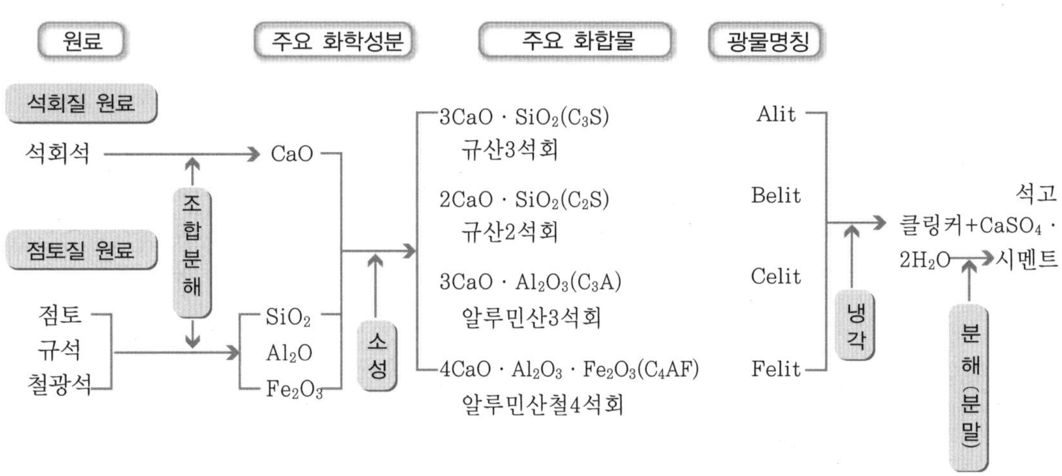

시멘트 제조방법은 사용하는 원료의 처리방법에 따라 건식법(dry process), 습식법(wet process), 반습식법(semi wet process)으로 대별되며 열효율이 좋은 건식법이 세계적으로 널리 사용되고 있다.

◎ 건식법

석회석, 점토, 철광석 등의 원료를 건조한 후 적당한 비율로 조합하여 원료분쇄기(mill)에서 미분쇄한 것을 회전요(rotary kiln)에 투입하여 소성하는 방법이다. 석회석과 점토원료를 따로 분쇄조합하여 소성하는 방법이므로 효율이 좋고 품질도 좋다. 그러나 습식법에 비하여 원료를 미분말화하기가 쉽지 않고 또 먼지가 많이 난다.

◎ 습식법

원료를 건조시키지 않고 적당한 비율로 조합하여 원료분쇄기에 약 40%의 물을 가한 후 반죽상태로 만들어진 슬러리(slurry)를 분쇄기 내에서 분쇄, 혼합, 균질화하여 회전요에 넣어 소성하는 방법이다. 많은 물을 포함한 원료를 소성하므로 열량의 손실이 많다.

◎ 반습식법

슬러리 수분을 여과장치에서 약 절반으로 탈수 처리하여 회전요에 넣어 소성하는 방법으로 열량의 손실이 적다.

시멘트 클링커

시멘트 포대

시멘트 사일로

그림 2-2 시멘트 클링커, 포대, 사일로

(2) 시멘트의 포장

포틀랜드시멘트가 만들어지면 시멘트공장의 저장고, 즉 사일로(silo)에 저장하게 되는데, 사일로에서 시멘트 그대로 시멘트 탱커(cement tanker) 등에 실어서 출하하거나 사일로에 저장된 시멘트를 포대(sack)에 넣어서 출하한다. 전자를 무포장시멘트(bulk cement)라 하고 후자를 포장시멘트(packing cement)라 한다. 일반적으로 포장시멘트는 종이 포대(paper sack)에 넣어서 포대 단위로 취급하는데, 당초에는 한 포대가 50kg들이이고 30~33포대를 $1m^3$로 기준하였다. 이것이 해방 후에 미국 제품의 시멘트가 들어오면서 한 포대가 42.637kg(94 lb), 용적 약 $0.027m^3$로 취급되었으나 개정되어 40kg, 용적 약 $0.026m^3$로 되었고, 현재는 시멘트 한 포대 40kg, 시멘트 용적 $1m^3$는 1,500kg으로 보고 사용되고 있다. 시멘트 1포대의 중량은 각 나라에 따라 다르다. 예를 들면 일본 및 호주는

40kg, 영국과 남아프리카는 50kg, 미국은 43kg, 캐나다는 36kg, 뉴질랜드는 42kg, 중국은 45kg으로 보고 있다.

2-4 시멘트의 일반적 성질

(1) 비중(specific gravity) 및 단위용적중량(unit weight)

시멘트의 비중(比重)은 그 종류에 따라 화학적 조성에 의해 달라지는데, 포틀랜드시멘트의 비중은 한국산업규격(KS)에 3.05 이상으로 규정하고 있으나 일반적으로 포틀랜드시멘트의 종류별 비중은 표 2-5와 같다.

시멘트의 비중은 풍화의 정도를 아는 척도가 되고 이물질의 혼입여부를 알 수 있으며 클링커의 소성 정도, 급랭 정도를 추정할 수 있다. 또한 콘크리트의 배합·단위용적·중량계산 등에 필요하다. 시멘트의 비중은 클링커의 소성이 불충분할 때, 혼합물이 섞여 있을 때, 풍화한 경우 및 저장기간이 길어짐에 따라 작아진다. 비중시험은 광유(비중 약 0.83인 완전 탈수한 등유나 나프타)를 이용한 치환법(KS L 5110)에 의해 행해진다.

시멘트의 단위용적중량은 시멘트의 비중, 분말도, 담기방법 등에 따라 다르나 대체로 1,300~2,000kg/m^{3}이고 일반적으로 1,500kg/m^{3}를 표준으로 한다.

표 2-5 포틀랜드시멘트의 비중

시멘트의 종류	범위	평균	규정값
보통포틀랜드시멘트	3.10~3.18	3.15	3.05 이상
조강포틀랜드시멘트	3.10~3.15	3.12	3.05 이상
중용열포틀랜드시멘트	3.18~3.23	3.20	3.05 이상

(2) 분말도(fineness)

시멘트의 분말도(粉末度)는 클링커를 분쇄할 때 그 입자의 고운 정도를 말한다.

시멘트의 성분이 일정할 경우 분말이 미세할수록, 즉 분말도가 큰 시멘트일수록 물과의 혼합 시에 접촉하는 표면적이 증대하므로 수화작용이 빠르고 초기강도의 발현(發現)이 빠르며 강도 증진율이 높다. 또한 블리딩(bleeding)이 적고 색은 밝게 되며 비중도 가벼워진다. 그러나 지나치게 분말이 미세한 것은 풍화되기 쉽고 건조수축이 커져서 균열이 발생하기 쉽다.

시멘트 분말도 측정은 블레인(Blaine's) 공기투과장치(air-permeability apparatus) 세

트(set)에 의하여 1g의 시멘트가 가지고 있는 총표면적(cm^2/g)인 비표면적(specific surface area)으로 구하는 블레인시험(Blaine's method ; KS L 5106)에 의해 행해지고 블레인값은 cm^2/g으로 표시한다. 한국산업규격(KS L 5201)에서는 블레인 값을 포틀랜드시멘트인 경우 2,800cm^2/g 이상, 조강포틀랜드시멘트인 경우 3,300cm^2/g 이상, 백색포틀랜드시멘트 및 포틀랜드포졸란시멘트인 경우 3,000cm^2/g 이상으로 규정하고 있다.

(3) 시멘트의 수화(hydration)

시멘트가 물에 닿으면 시멘트 중의 수경성 화합물과 물이 화학반응을 일으킨다. 이 반응을 시멘트의 수화반응(水和反應) 또는 수화(水和)라고 한다. 수화에 의하여 수화물(hydrate)이 생성된다. 수화는 시멘트의 가장 중요한 현상의 하나로 시멘트의 응결 및 경화의 전반에 관계하는 것으로 수화반응의 과정 및 수화물이 복잡하여 아직도 명확히 규명되지 않고 있으나, 대략적으로 나타내면 표 2-6과 같고 그 내용의 중간과정을 생략하고 최종적인 관계를 요약하면 다음과 같다.

표 2-6 포틀랜드시멘트 수화생성물 반응

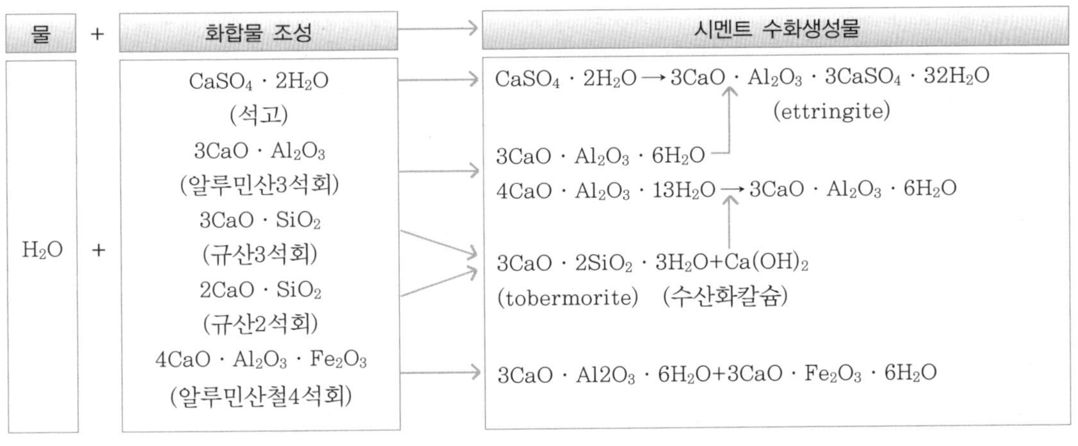

$3CaO \cdot SiO_2$는 가수분해를 일으켜 tobermorite gel($3CaO \cdot 2SiO_2 \cdot 3H_2O$)과 $Ca(OH)_2$로 되고, tobermorite gel은 클링커 입자의 표면을 엷은 층으로 싸고 있다. 이 중에서 $Ca(OH)_2$는 액상으로 녹아 몇 분 사이에 포화상태가 된다. $3CaO \cdot Al_2O_3$는 매우 급속히 수화하여 $3CaO \cdot Al_2O_3 \cdot 6H_2O$가 되며 석고가 없으면 순결(瞬結)을 일으킬 것이나 석고($CaSO_4 \cdot 2H_2O$)가 용액 속에 있으므로 이것이 $3CaO \cdot Al_2O$와 반응하여 불용해성인 칼슘설포알루미네이트(calcium sulfoaluminate : $3CaO \cdot Al_2O_3 \cdot 3CaSO_4 \cdot 32H_2O$)가 되어 침전하는 등 많은 종류의 수화물이 된다.

(4) 수화열(heat of hydration)

시멘트의 수화반응 또는 발열반응에서의 발생열을 수화열이라고 한다. 수화열(水和熱)은 시멘트가 응결, 경화하는 과정에서 발열하며 이 발열량은 시멘트의 종류, 화학조성, 물시멘트비, 분말도 등에 의해 달라진다. 시멘트가 물과 완전히 반응하면 125cal/g 정도의 열을 발생한다. 이 수화열은 콘크리트의 내부 온도를 상승시키므로 한중콘크리트에서는 유효하게 수화열을 이용하는 경우도 있으나 매스콘크리트에 있어서는 수화열이 축적되어 온도상승을 일으켜 온도상승이 최대로 달하였다가 온도강하에 이르게 되면 내외의 온도차에 의하여 균열 발생의 원인이 된다.

시멘트가 풍화하면 수화열은 감소되며, 물시멘트비가 높을수록 수화열은 높아진다. 수화열 측정방법으로는 수화시멘트와 미수화시멘트의 용해열에서 수화열을 구하는 용해열법이 한국산업규격(KS L 5121)에 규정되어 있으며, 각종 시멘트의 수화열을 나타낸 것이 표 2-7이다.

표 2-7 각종 시멘트의 수화열

(단위 : cal/g)

시멘트의 종별 \ 재령(일)	7	28	91
보통포틀랜드시멘트	70~80	80~90	90~100
조강포틀랜드시멘트	75~85	90~100	95~105
초조강포틀랜드시멘트	85~95	100~110	105~115
중용열포틀랜드시멘트	55~65	70~80	75~85

(5) 응결(setting)과 경화(hardening)

응결(凝結)과 경화(硬化)는 시멘트의 수화반응에 따라 일어나는 물리적·화학적 현상이다. 시멘트풀(cement paste)이 시간이 경과함에 따라 수화에 의하여 유동성과 점성을 상실하고 고화(固化)하는 현상을 응결이라 하고 이 과정 이후를 경화라 한다.

한국산업규격에서는 응결의 초결시간(initial set time)과 응결의 종결시간(final set time)을 각각 1시간 이후와 10시간 이내로 규정하고 있으나 실제로 응결의 초결은 4시간, 응결의 종결은 6.5시간 정도이다. 응결은 첨가된 석고량이 많거나 물시멘트비가 많을수록 지연되며 분말도가 클수록, 풍화가 적게 될수록, 온도가 높을수록, 알칼리가 많을수록 빨라진다. 또한 양생조건, 풍화의 정도에도 영향을 받는다. 이와 같은 응결은 시멘트의 수화작용(hydration)에 의한 화학반응의 한 현상이다. 시멘트 응결시간이 너무 길거나 너무 짧으면 실제 공사에 불편하므로 시멘트의 초결시간 및 종결시간을 측정할 필요가 있다. 응결의 초결 및 종결시간을 측정하는 시험방법은 한국산업규격(KS L 5103, 5108)에 규정되어 있다.

시멘트풀이 정상적인 응결을 하지 않고 너무 일찍 응결되는 현상인 이상응결을 나타내는 경우가 있고 때로는 일시적으로 급격히 응결되는 현상인 위응결(false setting)이 나타나는 경우도 있다. 이로 인하여 조기균열 발생, 이상분리, 이상 레이턴스(laitance) 등의 장애가 생기기 쉽다.

(6) 안전성(soundness)

시멘트가 경화 중에 체적이 팽창하여 팽창균열이나 뒤틀림 등이 생기는 정도를 가리켜 시멘트의 안전성(安全性)이라 하며, 이를 시멘트의 안정성(stability)이라고도 한다. 이 원인은 시멘트의 클링커 중의 유리석회(free CaO), 마그네시아(MgO), 아황산(SO_3) 등의 함량이 한도를 넘기 때문일 때가 많다. 안정성이 나쁘면 구조물이 팽창성균열(blowing)을 일으키기도 하며 구조물의 내구성을 해치는 원인이 된다.

시멘트의 안정성 시험은 한국산업규격(KS L 5107)에서 규정하고 있는 시멘트의 오토클레이브(autoclave) 팽창도 시험방법에 의하며, 각종 시멘트의 안정성의 규준은 표 2-8과 같다.

표 2-8 시멘트의 안정도

규격	종류		오토클레이브 팽창도(%) 또는 수축도(%)
KS L 5201	포틀랜드시멘트	보통	0.80 이하
		중용열	0.80 이하
		조강	0.80 이하
KS L 5204	백색포틀랜드시멘트		0.80 이하
KS L 5401	포틀랜드포졸란시멘트		0.50 이하
KS L 5405	혼화재로 사용하는 플라이애시		0.50 이하

(7) 강도(strength)

강도는 시멘트가 경화하는 힘의 대소를 나타내는 것으로, 시멘트 품질의 대표적인 특성치로서 콘크리트 및 모르타르 강도에 어느 정도까지 비례하여 영향을 미치므로 품질관리상 매우 중요한 것이며 시멘트의 화합물 조성, 첨가 석고량 및 분말도와 단위수량에 따라 결정된다. 시멘트의 강도는 시멘트의 조성, 물시멘트비, 재령 및 양생조건 등에 따라 다르다. 시멘트가 풍화하면 강열감량이 많아져서 강도가 저하되고 아황산(SO_3)·규산삼석회(C_3S)가 많을수록 조기강도는 높아지며 규산이석회(C_2S)의 함량이 많을수록 장기강도는 높아진다.

시멘트풀(cement paste)의 강도는 모세관공극(capillary porosity)의 양과 내부에 차지하는 고체부분의 양에 따라 좌우된다. 시멘트의 강도시험방법은 한국산업규격(KS L 5105, KS L 5104)에 규정되어 있다. 이 시험에 사용하는 모래는 모래의 종류에 따른 모래알의 차이에서 받는 영향을 없애고, 시험조건을 동일하게 하기 위하여 주문진 읍 향호리산 표준사인 주문진산 천연사(KS L 5100 ; 시멘트 강도시험용 표준사)를 사용하도록 되어 있으며 시멘트와 표준사의 배합비를 1 : 2.45(중량비)로, 혼합수량은 사용 시멘트 무게의 48.5%(포틀랜드시멘트인 경우)로 한 모르타르로 실시한다. 우리나라 시멘트의 압축강도의 규정값은 표 2-9와 같다.

그림 2-3 주문진 표준사

표 2-9 시멘트의 압축강도에 관한 규정값

종류 \ 재령(일) \ 강도	압축강도(kgf/cm^2)			
	1	3	7	28
보통포틀랜드시멘트	–	130 이상	200 이상	290 이상
중용열포틀랜드시멘트	–	110 이상	180 이상	285 이상
조강포틀랜드시멘트	130 이상	250 이상	280 이상	310 이상
저열포틀랜드시멘트	–	–	75 이상	180 이상
내황산염포틀랜드시멘트	–	90 이상	160 이상	210 이상

(8) 풍화

시멘트를 대기 중에 저장하면 풍화된다. 시멘트의 풍화는 공기 중의 습기와 탄산가스가 시멘트와 결합하여 이를 입상(粒狀) 또는 괴상(塊狀)으로 고화시키는 등 변질시킨다. 풍화의 과정은 시멘트 입자가 공기 중의 수분과 반응을 일으켜 수산화칼슘이 되며 [$CaO+H_2O=Ca(OH)_2$] 이것이 공기 중의 탄산가스와 반응을 일으켜 탄산석회가 생기면서 [$Ca(OH)_2+CO_2 \rightarrow CaCO_3+H_2O$] 물을 분해한다. 이 물이 다시 내부에서 가수분해를 계속하여 풍화가 진행한다. 즉 가벼운 수화반응과 탄산화반응을 하게 된다. 풍화에 의한 강도저하는 재령의 초기에 크고 수량이 많을 때 심하다. 풍화한 시멘트를 사용하면 응결이 늦어지고 경화 후의 강도도 저하한다. 그러므로 시멘트를 취급할 때는 대기에 노출시키지 않고 습기에 접하지 않도록 주의가 필요하다.

풍화하지 않은 시멘트와 풍화한 시멘트를 사용한 압축 및 휨강도를 재령별로 나타낸 것이 표 2-10이다.

표 2-10 풍화한 시멘트와 미풍화한 시멘트의 강도 비교

(단위 : kgf/cm^2)

시멘트의 상태	강열감량(%)	재령 3일		재령 7일		재령 28일	
		휨강도	압축강도	휨강도	압축강도	휨강도	압축강도
미풍화시멘트	1.16	100	100	100	100	100	100
풍화시멘트 A	1.41	83	98	98	92	93	97
풍화시멘트 B	2.16	80	90	83	80	89	88
풍화시멘트 C	3.16	68	68	70	70	72	65
풍화시멘트 D	4.16	61	58	61	58	67	61

2-5 시멘트의 저장

시멘트는 풍화되기 쉬우므로 풍화되지 않도록 저장해야 한다. 시멘트가 풍화하면 강열감량이 많아지고 비중이 작아지며 응결이 늦어지고 강도가 점차 낮아진다. 따라서 공사에 지장이 없는 한 저장기간을 짧게 하고 저장창고의 방습과 통풍 방지에 주의해야 한다. 시멘트를 창고에 저장하면 풍화에 의하여 압축강도가 1개월에 약 5%씩 감소된다고 한다. 특히 조강포틀랜드시멘트는 분말도가 높아 더욱 풍화되기 쉽다.

대체로 3개월 이상 창고에 저장된 시멘트는 사용하기 전에 강도시험을 하기로 되어 있다. 시멘트의 저장 시에는 다음과 같은 주의를 요한다.

① 시멘트는 방습적인 구조로 된 사일로(silo) 또는 창고에 종류별로 구분하여 저장한다.

② 포대(包袋)시멘트(1포대의 체적은 0.026m^3, 무게는 40kg)는 지상 30cm 이상 되는 마루 위에 통풍이 되지 않게, 즉 기밀하게 한 후 검사나 반출에 편리하도록 배치하여 저장한다.

③ 포대의 올려쌓기는 13포대 이하로 하고 장기간 저장할 때는 7포대 이상 올려 쌓지 말아야 하며, 습기를 방지하는 포장지를 덮어 풍화를 방지한다.

④ 3개월 이상 장기간 저장된 시멘트는 사용하기 전에 품질을 확인하고 조금이라도 굳은 시멘트는 사용하지 않는다. 또 이와 같은 불합격품은 발견한 즉시 다른 것과 섞이지 않도록 구분하여 저장하거나 장외로 반출해야 한다.

⑤ 시멘트 온도는 일반적으로 50℃ 정도 이하의 것을 사용하는 것이 좋다. 따라서 너무 높은 온도의 것을 사용해서는 안 되므로 저장 시 유의해야 한다.

2-6 시멘트의 분류

시멘트는 종류가 많기 때문에 여러 사람(F. M. Lea, H. K l, E. Eckel, M. Spindel 등)이 여러 가지 분류방법을 제안하고 있으나 스핀댈(M.Spindel)의 분류방법이 일반적이다.

시멘트를 크게 분류하면 공기 중에서만 경화하는 기경성 시멘트와 공기 중이나 수중 어느 곳에서도 경화하는 수경성시멘트로 나누고, 이들을 또 세분하면 표 2-11과 같다.

시멘트의 종류는 다양하지만 일반적으로 건축·토목용으로 사용되는 시멘트로서 한국산업규격(KS)에서 규정하고 있는 것으로는 다음과 같은 것이 있다.

- 포틀랜드시멘트(portland cement, KS L 5201)
  - 1종 : 보통포틀랜드시멘트(normal portland cement)
  - 2종 : 중용열포틀랜드시멘트(moderate-heat portland cement)
  - 3종 : 조강포틀랜드시멘트(high-early-strength portland cement)
  - 4종 : 저열포틀랜드시멘트(low-heat portland cement)
  - 5종 : 내황산염포틀랜드시멘트(sulphate-resisting portland cement)
- 백색포틀랜드시멘트(white portland cement, KS L 5204)
- 고로슬래그시멘트(blast-furnace slag cement, KS L 5210)
- 플라이애시시멘트(fly-ash cement, KS L 5211)
- 포틀랜드포졸란시멘트(portland pozzolan cement, KS L 5401)
- 내화물용 알루미나시멘트(aluminous cement for refractories, KS L 5205)
- 팽창성수경시멘트(expansive hydraulic cement, KS L 5217)
- 메이슨리시멘트(masonry cement, KS L 5219)

표 2-11 시멘트의 종류

대분류	세분류
기경성 시멘트 (non hydraulic cement)	· 소석회(hydraulic lime) 및 돌로마이트플라스터(dolomite plaster) · 석고플라스터(gypsum plaster) 및 킨스시멘트(keene's cement) · 마그네시아시멘트(magnesia cement)
수경성 시멘트 (hydraulic cement)	**(단일시멘트)** · 수경성 석회(水硬性 石灰 : hydraulic lime) · 로만시멘트(Roman cement) · 천연시멘트(natural cement) · 포틀랜드시멘트(portland cement) – 보통포틀랜드시멘트(normal portland cement) – 중용열포틀랜드시멘트(moderate–heat portland cement) – 조강포틀랜드시멘트(high–early–strength portland cement) – 초조강포틀랜드시멘트(ultra–high early–strength portland cement) – 저열포틀랜드시멘트(low–heat portland cement) – 내황산염포틀랜드시멘트(sulfate–resisting portland cement) – 고산화철포틀랜드시멘트(iron portland cement) – 백색포틀랜드시멘트(white portland cement) **(혼합시멘트)** · 고로시멘트(portland blast–furnace slag cement) · 포틀랜드포졸란시멘트(portland pozzolan cement) · 플라이애시시멘트(fly–ash cement) · 착색시멘트(colour cement) **(특수시멘트)** · 초속경시멘트(regulated–set cement : jet cement) · 알루미나시멘트(alumina cement) · 팽창시멘트(expansive cement) · 폴리머시멘트(polymer cement) · 마그네시아시멘트(magnesia cement) · 메이슨리시멘트(masonry cement) · 내산시멘트(acid resistant cement) · AE포틀랜드시멘트(air–entraining portland cement) · 콜로이드시멘트(colloid cement) 및 그라우트시멘트(grout cement) · M · D · F(Macro Defect Free)시멘트

2-7 각종 시멘트

(1) 포틀랜드시멘트

포틀랜드시멘트는 주성분이 실리카(SiO_2)·알루미나(Al_2O_3)·석회(CaO)이고 약간의 산화철(Fe_2O_3)·마그네시아(MgO)·아황산(SO_3) 등이 포함되어 있다. 한국산업규격(KS L 5201)에서 포틀랜드시멘트의 제조는 "주성분인 석회, 실리카, 알루미나 및 산화철을 함유하는 원료를 적당한 비율로 충분히 혼합하고 그 일부가 용융하며 소결된 클링커(clinker)에 적당량의 석고를 가하여 미세한 분말로 한 것이다."라고 되어 있다. 종류는 보통포틀랜드시멘트(1종), 중용열포틀랜드시멘트(2종), 조강포틀랜드시멘트(3종), 저열포틀랜드시멘트(4종), 내황산염포틀랜드시멘트(5종)로 구분하며, 그 외에도 백색포틀랜드시멘트, 초조강포틀랜드시멘트 등이 있다.

◎ 보통포틀랜드시멘트(normal portland cement)

중용열포틀랜드시멘트와 조강포틀랜드시멘트의 거의 중간적인 성질을 가진 것으로서 가장 많이 쓰이는 보편화된 시멘트이다. 우리나라 전 시멘트 생산량의 거의 90%가 보통포틀랜드시멘트이며 건축구조물, 콘크리트 제품 등 여러 방면에 사용되고 있는 시멘트이다. 일반적으로 시멘트 또는 포틀랜드시멘트라고 말할 때는 이 보통포틀랜드시멘트를 가리키는 것이다.

우리나라의 보통포틀랜드시멘트에는 알칼리(K, Na)가 통상 0.7~0.9% 정도 포함되어 있지만, 사용하는 골재에 따라 알칼리골재반응이 발생할 위험성이 있기 때문에 전 알칼리양을 0.6% 이하로 제한한 저알칼리형의 포틀랜드시멘트가 외국의 산업규격에 최근 규정되어 있다.

◎ 중용열포틀랜드시멘트(moderate-heat portland cement)

시멘트의 수화열을 적게 하기 위하여 화학조성 중 규산3석회(C_3S)와 알루민산3석회(C_3A)의 양을 적게 하고, 그 대신 장기강도를 발현하기 위하여 규산2석회(C_2S) 양을 많게 한 시멘트이다. 이 시멘트는 수화열이 보통시멘트보다 적고 단기강도는 보통포틀랜드시멘트보다 낮으나 장기강도는 같거나 약간 높다. 또한 건조수축은 포틀랜드시멘트 중에서 가장 적고 화학저항성이 크며 내산성이 우수할 뿐만 아니라 내구성도 좋다.

수화열을 중용열로 억제한 것으로, 이 성질로 인하여 댐 등의 두꺼운 콘크리트공사나 도로포장 및 지하구조물의 콘크리트 또는 최근에는 건축용 매스콘크리트, 원자로의 차폐용 콘크리트 등에 이르기까지 광범위하게 사용한다. 다만, 이 시멘트는 고가이며 국내에서는 주문 생산형이다.

저열포틀랜드시멘트(low-heat portland cement)

중용열포틀랜드시멘트보다 수화열이 적게 나오도록 화학조성 중 규산3석회(C_3S)와 알루민산3석회(C_3A)의 양을 아주 적게 한 시멘트이다. 이 시멘트는 중용열 포틀랜드시멘트보다 5~10%의 수화열이 적다. 콘크리트의 중심온도를 10~20℃ 정도 낮출 수 있기 때문에 단면이 큰 건축물의 기초, 거대한 해양구조물 등이 매스콘크리트에 많이 쓰인다. 장기강도는 보통시멘트 이상으로 발현한다.

조강포틀랜드시멘트(high-early strength portland cement)

보통포틀랜드시멘트보다 규산3석회(C_3S)나 석고량을 많게 하고 분말도를 크게 하여 초기에 고강도를 발현시키게 한 시멘트이다. 보통포틀랜드시멘트가 재령 28일에 나타내는 강도를 재령 7일 정도에서 나타내지만, 장기강도는 보통포틀랜드시멘트와 큰 차이가 없다. 제조방법은 보통포틀랜드시멘트와 동일하다.

조강포틀랜드시멘트는 조기강도가 높고 장기에 걸쳐 강도를 증진한다. 따라서 거푸집 회전율이 좋고 양생기간 및 공기의 단축이 가능하다. 또한 수화속도가 빠르고 수화열이 커서 저온 시에도 강도발현성이 크므로 동기공사에 유리하며 수축이 크고 수화열이 많아 단면이 큰 콘크리트, 즉 매스콘크리트에는 부적당하다. 이와 같은 특성 때문에 조강포틀랜드시멘트는 주로 긴급공사, 고강도를 요하는 공사, 동기공사, 수중공사, 시멘트 2차 제품, 프리스트레스트콘크리트 등에 사용된다.

내황산염포틀랜드시멘트(sulfate-resisting portland cement)

황산염을 함유한 물, 지하수, 공장폐수 및 해수 중에서 사용하기에 적합하도록 만든 시멘트이다. 이 시멘트는 황산염 저항성이 약한 알루민산3석회(C3A)의 양을 적게 하고 저항성이 큰 알루민산철4석회(C_4AF)의 양을 증가시킨, 즉 황산염에 대해 저항성을 높인 시멘트이므로 알칼리성 토질, 황산염 지하수, 해수에 접하는 콘크리트에 적합하다. 따라서 온천공사나 해양구조물, 폐수처리장 및 하수공사 구조물 등에 사용된다.

초조강포틀랜드시멘트(ultra-high early strength portland cement)

조강포틀랜드시멘트보다 규산3석회(C_3S)나 석고량을 조금 더 많게 하고 미분쇄(微粉碎)한 것으로 조강포틀랜드시멘트의 3일 강도를 하루에 발휘할 수 있을 정도로 조기에 고강도를 발현시키게 한 시멘트이다. 조강포틀랜드시멘트의 특성과 비교적 유사하나 성능을 보다 높인 것이다. 주로 긴급공사 · 한중공사 · 콘크리트 제품 · 그라우트(grout)용으로 적합하다.

초조강포틀랜드시멘트는 비표면적(比表面積)이 상당히 커서 다른 시멘트보다 빨리 풍화하므로 사용상 유의해야 한다. 초조강포틀랜드시멘트를 "one day cement"라고 부르기도 한다.

◎ 백색포틀랜드시멘트(white portland cement)

보통포틀랜드시멘트의 제조원료인 석회석을 흰색의 석회석으로 사용하고, 점토는 천연의 점토로서 산화철(Fe_2O_3)을 가능한 한 포함하지 않도록 하며 분쇄과정에서도 철분, 기타 착색제의 혼입이 되지 않도록 만든 시멘트로서, 내마모성이 우수하고 박리나 침식에 강하며 수중에서도 경화한다.

백색포틀랜드시멘트의 물리적 성질은 보통포틀랜드시멘트와 비교해서 조기강도는 약간 높으나 기타 성질은 거의 같다. 백색포틀랜드시멘트는 순백색으로 각종 안료를 섞어 넣으면 각종 착색 시멘트(colour cement)를 만들 수 있다. 따라서 주로 도장용 · 장식용 · 채광용 · 인조대리석 제조용 또는 타일줄눈 등 표면 마무리에 사용된다. 백색포틀랜드시멘트를 통상 백색시멘트라고 부르고 있다.

(2) 혼합시멘트

포틀랜드시멘트의 클링커에 적당한 혼합재를 넣고 미분쇄하여 만든 시멘트로서 시멘트의 내구성, 장기강도의 발현 · 화학적 저항성 · 수밀성 · 내수성 등의 성질을 향상시키거나 또는 경량화하고 작업하기 쉽게 하는 등 특수효과를 얻기 위하여 만든 것이다. 혼합재의 사용은 시멘트 제조 시에 발생하는 이산화탄소(CO_2)를 줄일 수 있고 폐기물을 재활용함으로써 환경친화적인 이점 등을 얻을 수 있다.

◎ 고로시멘트(portland blast-furnace slag cement)

포틀랜드시멘트의 클링커에 급랭한 고로슬래그(高爐鑛滓 : blast-furnace slag)를 적당량 혼합하고 다시 소량의 석고를 가하여 미분쇄한 시멘트로서, 단독으로는 경화하지 않으나 포틀랜드시멘트의 수화에 의해 생성되는 수산화칼슘[$Ca(OH)_2$] 또는 석고에 의해 잠재수경성(潛在水硬性)이 자극되어 경화현상을 나타내게 된다. 고로시멘트는 성분 및 초기강도의 발현 정도에 따라 특급과 1급으로 나누어지며 슬래그의 혼합량은 25~60%로서 한국산업규격(KS L 5210, 고로슬래그 시멘트)에 규정하고 있다.

고로시멘트는 초기강도는 약간 낮으나 장기강도는 보통포틀랜드시멘트와 같은 정도이거나 또는 그 이상이 되기도 하나 장기양생이 필요하다. 화학저항성이 높아 해수, 공장폐수, 하수 등에 접하는 콘크리트에 적합하고 수화열이 적어 매스콘크리트에 적합하며 내열성이 크고 수밀성이 양호하다. 그러나 건조수축이 많으므로 시공에 유의해야 하며 양생을 충분히 한다.

◎ 포틀랜드포졸란시멘트(portland pozzolan cement)

포틀랜드시멘트 클링커에 포졸란(pozzolan)을 혼합하여 적당량의 석고를 가해 만든 시멘트이다. 이 시멘트를 실리카시멘트(silica cement)라고도 하며, 실리카질 혼합재의 혼입량에 따라 A종(10% 이하), B종(10~20%), C종(20~30%)으로 한국산업규격(KS L 5401)에서 구분하고 보통 B종을 사용한다. 실리카질 혼화재료는 그 자체는 수경성을 갖지 않으나 상온에서 물과 수산화칼슘이 화합하여 불용성의 염을 형성하여 경화한다. 이 작용을 포졸란 반응(pozzolanic reaction)이라 하며, 이로 인하여 시멘트의 성질이 개선되고 수밀성이 증가하며 장기강도가 증가된다.

초기강도는 보통포틀랜드시멘트보다 약간 낮으나 장기강도는 약간 크다. 수밀성이 좋고 내구성이 있는 콘크리트를 만들 수 있으며 해수 등에 대한 화학저항성이 크다. 또한 콘크리트의 워커빌리티(workability)를 증대시키고 블리딩(bleeding)을 감소시킨다. 이 시멘트는 구조용 또는 미장 모르타르용으로 적합하고 화학공장, 해수와 관련된 공사에도 적합하다.

플라이애시시멘트(fly-ash cement)

포틀랜드시멘트에 플라이애시(fly-ash)를 혼합한 것을 플라이애시시멘트라 한다. 이 플라이애시는 포틀랜드시멘트가 수화할 때 생기는 수산화칼슘과 화합하여 불용성의 규산석회염이나 알루민산석회염을 생성하며 경화한다. 플라이애시시멘트는 콘크리트의 워커빌리티가 커지게 되고 수밀성이 좋으며 수화열과 건조수축이 적다. 또한 화학적 저항성이 크며 초기강도는 작고 장기강도는 큰 특성을 가지고 있다. 이 시멘트는 일반 건축 및 토목공사에 널리 사용되고, 특히 댐공사와 같은 매스콘크리트에 사용된다.

한국산업규격(KS L 5211)에서는 플라이애시의 양에 따라 A종(10% 인하), B종(10~20%), C종(20~30%)의 3종으로 구분하고 있으며 보통 B종이 사용된다.

착색시멘트(color cement)

포틀랜드시멘트에 여러 가지 색깔을 착색할 목적으로 만든 시멘트이다. 착색 클링커를 소성하여 분쇄하거나 백색포틀랜드시멘트 클링커의 분쇄시 착색제(着色劑)를 혼입하거나 착색제를 건식으로 혼합하여 백색포틀랜드시멘트를 착색하는 방법으로 만든다. 이 시멘트는 테라조, 타일, 블록 등의 제품 또는 건축물의 내외벽 등에 사용된다.

(3) 특수시멘트

포틀랜드시멘트와는 제조방법 및 화학조성 등이 매우 다른 것으로 특수한 목적에 사용되는 시멘트를 말한다. 특수시멘트로는 알루미나시멘트, 팽창시멘트, 초속경시멘트, 마그네시아시멘트 등이 있고, 그 밖에도 특수한 용도에 사용되는 시멘트로서 콘크리트 중의 공기량을 증가시킬 목적으로 만든 AE포틀랜드시멘트(air-entraining portland cement), 내산성과 내황산성을 목적으로 한 내산시멘트(acid resistant cement), 그라우트(grout) 등에 사용되는 초미분말성의 콜로이드시멘트(colloid cement) 및 그라우트시멘트(grout cement) 등이 있다.

알루미나시멘트(alumina cement)

알루미나시멘트는 보크사이트(bauxite : 알루미늄 원광을 말함)에 거의 같은 양의 석회석을 혼합하여 전기로 또는 회전로에서 용융·소성하여 급랭시켜 분쇄한 것이다.

포틀랜드시멘트의 주성분이 실리카(SiO_2)인 것에 반하여, 알루미나시멘트는 주성분이 알루미나(Al_2O_3)이다. 알루미나시멘트는 초조강성이고 산, 염류, 해수 등에 대한 화학적 침식에 대한 저항성이 크다. 또한 내화성이 우수하므로 내화물용으로 사용되고, 발열량이 크기 때문에 긴급을 요하는 공사나 한중공사의 시공에 적합하다. 이 시멘트는 물시멘트비가 크면 전이(conversion)에 의한 강도저하가 크므로 물시멘트비를 40% 이하로 하는 것이 바람직하고, 포틀랜드시멘트에 알루미나시멘트를 혼합하거나 알루미나시멘트에 포틀랜드시멘트를 혼합(20% 이상)하여 사용하면 순결성(瞬結性)을 일으켜 시공불능이 되므로 주의한다. 이 시멘트는 동기공사, 해안공사, 긴급공사 등에 사용된다.

팽창시멘트(expansive cement)

팽창시멘트는 콘크리트의 큰 결점의 하나인 수축성을 개선하기 위하여 수화 시에 계획적으로 팽창성을 갖도록 한 시멘트로서 보크사이트, 석회석, 석고의 혼합물을 소성한 칼슘클링커는 팽창성이 있어, 이것을 분쇄하여 포틀랜드시멘트에 혼합한 것이다. 이 시멘트는 콘크리트의 경화, 건조수축에 의한 균열의 결점을 방지할 목적으로 만든 것이다.

팽창시멘트는 경화 중에 콘크리트에 팽창을 일으키게 하여 콘크리트의 건조수축을 보상(補償)하는 수축보상용과 건조수축을 상쇄하는 이상의 큰 팽창을 주어 프리스트레스콘크리트로 이용하는 화학적 프리스트레스(chemical prestress) 도입용이 있다. 팽창콘크리트의 양생은 매우 중요하며 또 비빔시간이 길어지면 팽창률이 저하되므로 주의할 필요가 있다. 저수탱크, 지붕슬래브, 지하벽 등의 방수용이나 이음 없는 포장판 등에 사용한다.

초속경시멘트(regulated-set cement)

초속경시멘트는 미국 포틀랜드시멘트협회(PCA)에서 개발된 시멘트로서 제트시멘트(Jet-cement)라고 부르는데, 주수 후 2~3시간 만에 압축강도 100kgf/cm^{2}에 이르므로 “one hour cement”라고도 부른다.

이 시멘트는 응결시간이 짧으며 경화 시 발열이 크고 2~3시간 만에 강도를 발현하며, 재령 1일 이후의 강도는 초조강포틀랜드시멘트와 거의 동등하다. 또한 건조수축이 적고 장기간에 걸친 강도증진 및 안정성이 높으며, 알루미나시멘트와 같은 전이현상을 나타내지 않는다. 포틀랜드시멘트와 혼합하여 사용하지 않도록 주의할 필요가 있다. 이 시멘트는 긴급공사, 동기공사, 시멘트 2차 제품 및 그라우트용으로 사용된다.

폴리머시멘트(polymer cement)

포틀랜드시멘트에 폴리머(polymer)를 혼입한 시멘트이다. 폴리머는 고분자 재료 중 고무류의 라텍스(latex) 또는 열가소성의 합성수지가 주로 사용되고 있다. 폴리머시멘트는 방수성, 내약품성, 내충격성, 내마모성 및 접착성을 향상시킬 목적으로 만든 것이므로 폴리머시멘트를 사용한 콘크리트는 바닥 및 포장재료, 모르타르는 방수재 및 접착제로 적합한 재료이다.

마그네시아시멘트(magnesia cement)

소성한 산화마그네시아(MgO)에 염화마그네시아($MgCl_2$)의 수용액을 가하여 만든 백·담황색의 고급시멘트로서 단시간에 응결하고 경화 후에는 견고하며, 반투명의 광택이 나는 것이 특징이다. 그러나 물에 약하고 습기가 차며 고온에 약하고 철재를 녹슬게 하는 결점이 있다. 이 시멘트는 착색이 용이하고 경화가 빠르므로, 특히 외장용의 미장재료로 사용한다.

메이슨리시멘트(masonry cement)

포틀랜드시멘트에 소석회, 석고, 소량의 AE제(공기연행제)를 혼입시켜 시멘트모르타르의 여러 성질을 개량할 목적으로 제조된 시멘트이다. 접착력 및 성형성이 좋고 보수성(保水性)이 크기 때문에 모르타르용 시멘트로서 미장공사 또는 조적공사용으로 사용된다.

M · D · F시멘트(Macro Defect Free Cement)

철의 강도 절반 정도를 나타내는 고강도시멘트로서 재료의 결함이나 큰 기공을 없애고 응력집중에 의한 파괴를 방지할 수 있어 주입재 충진 보강효과가 크다. 이 시멘트는 영국의 옥스퍼드대학과 ICI사의 연구팀이 개발한 것이다. 건축용 구조재 및 프리캐스트(precast) 제품에 사용된다.

3 골재 및 용수

3-1 개 요

골재(aggregate)란 모래 · 자갈 · 부순돌 · 광재(slag) · 기타 이와 비슷한 재료를 통틀어 말한다. 콘크리트용 골재는 모르타르(mortar) 또는 콘크리트(concrete)를 만들기 위하여 시멘트 · 물 등과 함께 일체로 굳어지는 불활성의 재료이다.

골재가 콘크리트 속에서 차지하는 용적 비율은 65~80% 정도로서, 용적의 대부분을 차지하는 재료이기 때문에 골재의 종류나 성질에 따라 콘크리트의 성질이 크게 좌우된다. 골재의 모암인 원석에 의해 화성암 · 수성암 · 변성암으로 나누며, 양질의 골재용으로는 현무암 · 안산암 · 경질사암 · 석회암 · 화강암 등을 들 수 있다.

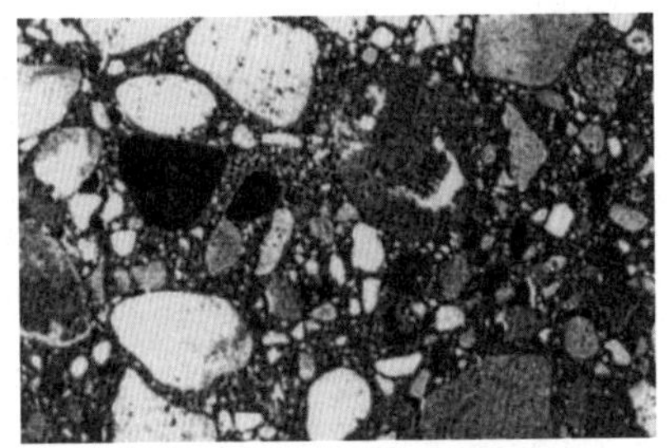

그림 3-1 콘크리트의 골재
(콘크리트를 현미경으로 본 결과
골재가 많은 부분을 차지하고 있다.

3-2 골재의 종류

골재의 입자 크기, 산출상태, 무게, 용도에 따라 일반적으로 다음과 같이 분류한다.

(1) 입자 크기에 따른 분류

◎ 잔골재(fine aggregate)

잔골재(細骨材)는 10mm체(체의 치수 9.52mm)에 전부 통과하고 No.4체(5mm체, 체의 치수 4.76mm)에 거의 다 통과하며, No.200체(체의 치수0.074mm)에 거의 다 남는 골재 또는 No.4를 다 통과하고 No.200 체에 다 남는 골재를 말한다. 건축공사표준시방서에 의하면 체규격 5mm의 체(No.4의 체)에서 중량비로 85% 이상 통과하는 골재를 잔골재라고 정의하고 있다.

굵은골재(coarse aggregate)

굵은골재(粗骨材)는 No.4체에 거의 다 남는 골재 또는 No.4 체로 쳐서 다 남는 골재를 말한다. 건축공사표준시방서에서는 체규격 5mm의 체에서 중량비로 85% 이상 남는 골재를 굵은골재라고 정의하고 있다.

(2) 산지 및 제조에 의한 분류

천연골재(natural aggregate)

천연작용에 의해 암석에서 생긴 골재로서 하천, 바다, 산에서 생산된다. 하천에서 생산되는 강모래, 강자갈은 물속에서 구르는 동안 약한 부분이 마모되고 모난 곳은 깎여 형태가 구형에 가까우며 깨끗하다. 바다에서 생산되는 바다모래, 바다자갈은 입자 크기가 일정한 것이 많고 해수중의 염분을 포함하고 있어 철근콘크리트로 쓸 때에는 민물로 씻고, 잘고 굵은 것들을 섞어서 쓴다. 산에서 생산되는 산모래, 산자갈은 과거에 개울 바닥이던 곳에서 나오는데 깨끗함이 덜하고 입도도 고르지 못하다.

인공골재

암석을 부수어 만든 모래 또는 자갈과 광재(slag)를 부수어 만든 광재자갈(slag aggregate, slag ballast)이 있고 소성품으로 팽창점토 · 펄라이트 등이 있다. 인공으로 암석을 분쇄하여 만든 부순모래(crushed sand) 및 부순자갈(crushed gravel)은 안산암 · 현무암 · 경질석회암 · 경질사암 등을 임의의 입자 크기로 분쇄한 것으로서 모가 나서 콘크리트의 유동성(流動性)은 나쁘나 시멘트풀(cement paste)과의 부착은 좋다.

천연골재

인공골재

그림 3-2 골재

◎ 재생골재(recycled aggregate)

경화된 폐콘크리트를 파쇄하여 만든 골재로서, 비중과 강도가 보통골재와 비교하여 약간 작고 흡수율이 높은 편이다. 따라서 이를 개선하지 않고 콘크리트 제조에 이용할 경우 압축강도는 물론 내구성, 수밀성, 건조수축 등이 문제가 될 수 있다. 현재는 비내력 구조체에 주로 사용되고 있다.

(3) 무게에 의한 분류

보통골재, 경량골재, 중량골재로 분류한다. 강자갈과 부순자갈의 절대건조 비중이 2.5~2.65 (보통 2.4~2.6)이기 때문에 이들을 보통골재, 이것보다 무거운 절대건조비중이 2.7 이상인 것을 중량골재, 절대건조비중이 2.0 이하의 것을 경량골재라 하여 구분하고 있다. 또한 펄라이트(perlite)와 같이 특별히 가벼운 골재를 초경량골재라 하여 구분하기도 한다.

(4) 용도에 의한 분류

구조용 골재, 비구조용 골재로 분류하고 이를 각각 사용목적에 의해 모르타르용 골재, 콘크리트용 골재, 경량콘크리트용 골재, 단열 · 흡음용 콘크리트골재, 치장용 콘크리트골재, 콘크리트포장용 골재 등으로 구분한다.

3-3 골재의 품질

골재는 청정, 견경(堅硬)하고 물리적 · 화학적으로 안정되어야 하며 유해량의 먼지, 흙, 유기불순물, 염류 등이 포함되지 않고 소요의 내화성과 내구성을 가져야 한다.

골재의 입형은 콘크리트의 유동성을 갖도록 한다. 공극률이 작아 시멘트를 절약할 수 있는 구형이나 입방체에 가까운 것이 좋으며 너무 매끄러운 것, 납작한 것, 길쭉한 것, 예각으로 된 것은 좋지 않다. 또 골재의 강도는 콘크리트 중에 경화한 시멘트풀의 강도보다 커야 한다.

보통골재의 품질은 표 3-1과 같이 한국산업규격(KS ㄹ 2526)에 규정되어 있고, 건축공사 표준시방서에는 "골재는 유해량의 먼지 · 흙 및 유기불순물 등을 포함하지 않아야 하며, 소요의 내화성 및 내구성을 가져야 한다"라고 되어 있다. 여기서 보통골재는 자연작용으로 암석에서 생긴 모래, 자갈 또는 인공적으로 만든 부순모래, 부순돌, 고로슬래그 잔골재, 고로슬래그 굵은골재 등의 골재를 말한다. 보통골재를 사용한 콘크리트를 보통콘크리트라고 한다.

표 3-1 보통골재의 품질

종류	비중 (절대건조)	흡수율(%)	점토덩어리 (%)	연한석편 (%)	안정성 (%)	마모율 (%)	염화물 (NaCl) (%)
굵은골재	2.5 이상	3.0 이하	0.25 이하	5.0 이하	12 이하	40 이하	–
잔골재	2.5 이상	3.0 이하	1.0 이하	–	10 이하	–	0.04 이하

비고) ① 점토덩어리와 석편의 합이 5%를 넘으면 안 되며, 염화물은 무근콘크리트인 경우에는 적용하지 않는다.
② 씻기 시험에 의하여 손실되는 양은 굵은골재의 경우 1.0 이하, 잔골재인 경우 3.0% 이하여야 하고 잔골재의 경우 유기불순물 함유로 인한 시험용액의 색이 표준색보다 진하지 않는 것으로 한다.

3-4 골재의 성질

골재의 성질은 개개의 골재입자의 성질이 아니라 크고 작은 입자로 구성된 전체로서의 성질을 말한다. 콘크리트용 골재로서는 일반적으로 다음과 같은 성질을 갖도록 요구되고 있다.

① 콘크리트의 강도를 확보할 수 있는 강도를 소유하는 것
② 콘크리트의 비중을 만족하는 비중인 것
③ 기상조건과 사용조건에 대해 내구성이 있는 것
④ 유동성이 좋고 밀실한 콘크리트를 만들 수 있는 입형과 입도일 것
⑤ 콘크리트의 성질에 악영향을 끼치는 유해물질을 포함하지 않은 것
⑥ 물리적 · 화학적으로 안정하고 특히 내화적인 것

골재는 콘크리트에 있어서 전 용적의 대부분을 차지하는 재료이기 때문에 그 성질은 콘크리트의 여러 성질에 큰 영향을 미친다. 골재의 성질에 따라 영향을 받는 콘크리트의 성질에 대하여 살펴보면 표 3-2와 같다.

표 3-2 골재의 성질에 따라 영향을 받는 콘크리트의 성질

콘크리트의 성질	관계되는 골재의 성질
(1) 내구성 동결융해에 대한 저항성 습윤건조에 대한 저항성 온도변화에 대한 저항성 마모에 대한 저항성 알칼리골재반응 저항성	 안정성, 공극률, 공극구조, 투수성, 포수(砲水) 정도, 인장강도, 탄성계수, 점토의 존재 선팽창계수 경도 특수 실리카질 성분의 존재 여부
(2) 강도	강도, 표면 조활(粗滑), 청정, 입형, 최대치수
(3) 수축	탄성계수, 입형, 입도, 최대치수, 청정여부, 점토의 존재
(4) 선팽창계수	선팽창계수
(5) 열팽창계수	열팽창계수
(6) 비열	비열
(7) 단위용적중량	비중, 입형, 입도, 최대치수, 함수량
(8) 탄성계수	탄성계수, 푸아송비
(9) 경제성	입형, 입도, 최대치수, 제조공정 및 생산량, 공급의 난이도

(1) 비중

골재의 비중(specfic gravity)에는 진비중과 겉보기비중이 있으며, 겉보기비중에는 절대건조상태의 비중과 표면건조포화상태의 비중이 있다. 골재의 비중은 겉보기비중을 사용하는 것이 보통이다. 진비중은 공극을 포함하지 않은 원석만의 비중을 말하고 절대건조상태의 비중(절건비중)은 절대건조상태의 골재중량을 표면건조포화상태의 골재용적으로 나눈 값을 말하며, 표면건조포화상태의 비중(표건비중)은 표면건조포화상태의 골재중량을 그의 용적으로 나눈 값을 말한다. 보통 비중이 클수록 치밀하며 흡수량이 낮고 내구성도 크다. 골재의 비중은 일반적으로 표면건조포화상태의 비중을 말하며, 콘크리트의 배합설계, 실적률, 공극률 등의 계산에 사용되며 골재의 비중과 흡수량은 골재의 성질을 평가하는 한 수단으로 사용한다.

표면건조포화상태의 잔골재의 비중은 보통 2.50~2.65, 굵은골재는 2.55~2.70 범위에 있으며, 비중 시험방법은 한국산업규격(굵은골재의 경우 KS F 2503, 잔골재의 경우 KS F 2504)에 규정되어 있다.

(2) 단위용적중량 · 실적률 · 공극률

단위용적중량(unit weight)

골재의 단위용적중량이란 기건상태에 있어서 단위용적당(m^3당) 골재 중량을 말한다. 이것은 골재의 비중, 입도(粒度), 모양, 함수량, 계량용기의 형태 및 크기와 용기에 다져 넣는 방법 등에 따라서 상당히 달라진다.

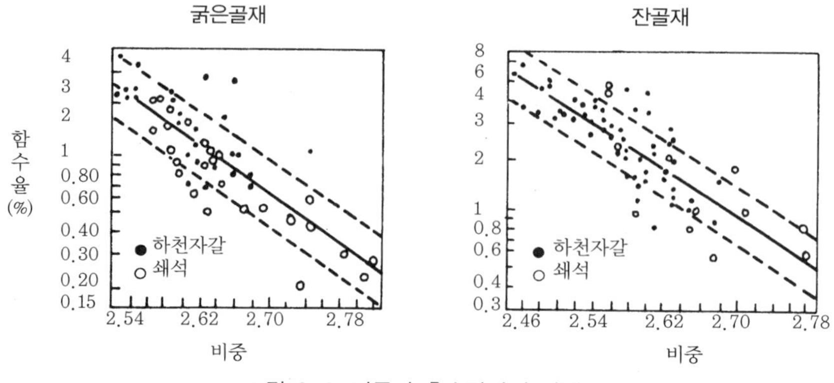

그림 3-3 비중과 흡수량과의 관계

다른 조건이 같으면 비중이 큰 골재일수록 단위용적중량은 크다. 또 단위용적중량은 함수상태에 따라 변하게 되는데 굵은골재의 경우에는 함수량이 변해도 단위중량은 거의 변하지 않는다. 잔골재의 경우에는 습기가 차면 팽창하게 되는데, 단위용적중량은 건조상태에 있을 때에는 오히려 작아진다. 잔골재에 표면수가 있을 때에는 부착력에 의해 사립(砂粒)의 낙착(落着)이 방해되어 용적이 증가하는데, 이러한 현상을 벌킹(bulking)이라고 한다.

골재의 단위용적중량은 실적률 및 공극률의 산정, 소규모 현장의 골재 계량 등에 이용되며, 단위용적중량 시험방법은 한국산업규격(KS F 2505)에 규정되어 있다. 골재의 단위용적중량의 대략 값을 나타내면 표 3-3과 같으며, 표면건조포화상태의 단위용적중량은 다음 식으로 구한다.

$$W = w\left(1 + \frac{A}{100}\right)$$

여기서, W : 표면건조포화상태의 단위용적중량(kg/m^3)

w : 절대건조상태의 단위용적중량(kg/m^3)

A : 골재의 흡수량

실적률(percentage of solids)

골재를 어떤 용기 속에 채워 넣을 때, 그 용기 내에 골재립이 점하는 실용적의 백분율, 즉 용기에 가득 찬 골재의 절대용적을 그 용기의 용적으로 나눈 백분율을 실적률(實積率)이라 한다. 골재의 공극률을 v, 실적률을 d, 골재의 비중(절대건조상태의 비중)을 ρ, 단위용적중량을 ω(kg/l)라 하면

$$d = \frac{\omega}{\rho} \times 100(\%)$$

$$v = \left(1 - \frac{\omega}{\rho}\right) \times 100(\%) = 100 - d(\%)$$

로 나타낼 수 있다.

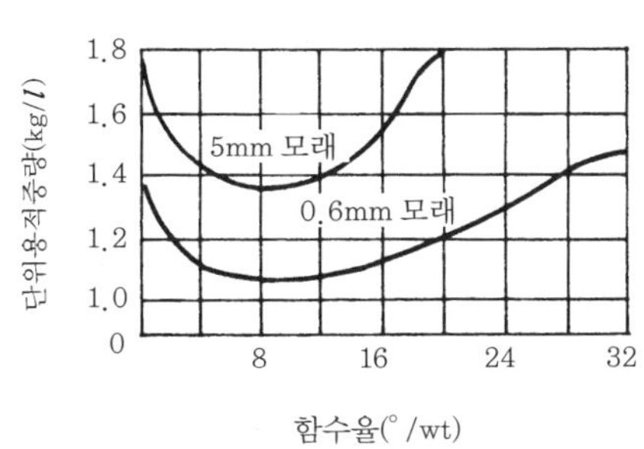

그림 3-4 강모래의 함수율과 단위용적중량

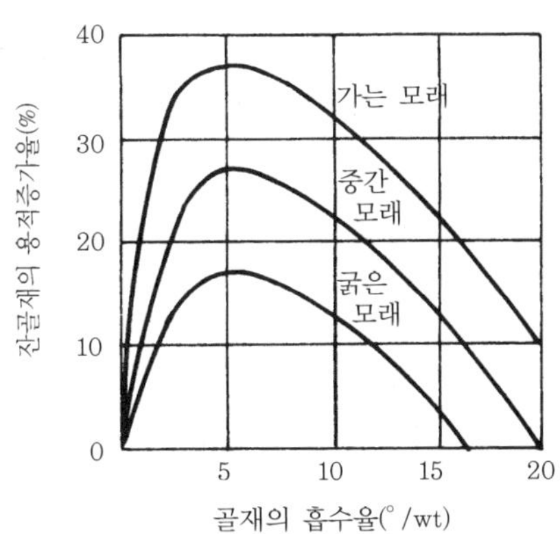

그림 3-5 골재의 벌킹현상

표 3-3 골재의 단위용적중량과 실적률

골재의 종류		단위용적중량(kg/ℓ)	실적률(%)
자갈	25mm 20mm	1.70 1.65	65.4 63.5
쇄석	20mm	1.45~1.55	55~60
고로슬래그쇄석	20mm	1.40~1.55	55~60
모래(조립률)	5mm(3.3) 2.5mm(2.8) 1.2mm(2.2)	1.75 1.70 1.60	67.3 65.3 61.5
인공경량골재	20mm 굵은골재 2.5mm 잔골재	0.7~0.8 0.9~1.2	60~65 50~59
화산암 Ⅰ 화산암 Ⅱ	20mm 굵은골재 20mm 잔골재	0.85~0.9 0.5~0.55	45~50 50~53

실적률이 클수록 골재의 모양이 좋고 입도분포가 적당하여 시멘트풀의 양이 적게 든다. 또한 건조수축 · 수화열을 줄일 수 있어 경제적으로 원하는 강도를 얻을 수 있으며 콘크리트의 밀도 · 수밀성 · 내구성 · 마모저항 등이 증대된다. 골재의 실적률은 입도 · 입형이 좋고 나쁨을 알 수 있는 지표가 되며 동일 입도의 경우에는 일반적으로 각형일수록 실적률이 낮다. 골재의 실적률의 대략 값을 나타낸 것이 표 3-3이다.

공극률(percentage of voids)

골재의 단위용적중량 중 공극의 비율을 백분율로 나타낸 것을 공극률(空隙率)이라 한다. 즉,

$$공극률(v) = \left(1 - \frac{단위용적중량(\omega)}{비중(\rho)}\right) \times 100(\%)$$ 이다.

골재의 공극률이 작으면 시멘트풀의 양이 적게 들고 경제적으로 원하는 강도의 콘크리트를 만들 수가 있고 콘크리트의 밀도 · 마모저항 · 수밀성 · 내구성이 증대된다. 또한 콘크리트의 건조수축이 적어지므로 균열발생의 위험이 줄어들며, 단위시멘트양을 적게 할 수 있기 때문에 온도에 의한 균열이 생길 염려가 적다.

(3) 흡수량 및 표면수량

골재가 절대건조상태에서 표면건조포화상태가 될 때까지 흡수하는 수량을 흡수량(water absorption)이라 하고, 보통 24시간 침수에 의하여 절대건조상태에 대한 골재중량의 백분율(o/wt)로 나타낸다.

건조골재가 물에 접하면 흡수현상이 처음에는 급격히, 나중에는 완만하게 진행된다. 인공경량골재에서는 완전한 내부포화상태에 이르기까지는 장시간을 요한다.

골재의 함수상태는 그림 3-6과 같은 네 가지 상태로 분류된다.

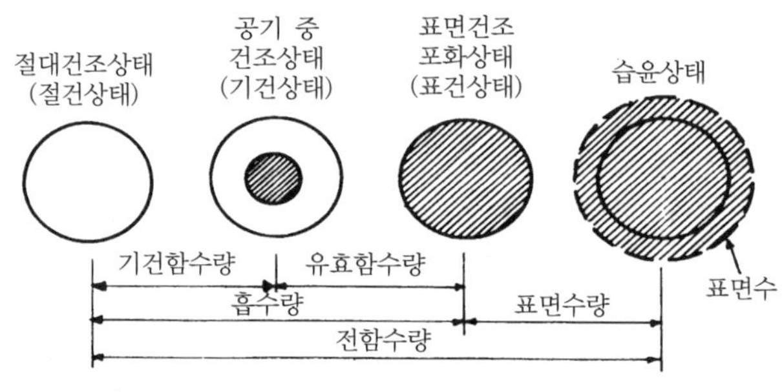

그림 3-6 골재의 함수상태

1) 절대건조상태(absolute dry condition)

105℃±5℃의 온도에서 중량변화가 없을 때까지 24시간 이상 골재를 건조시킨 상태로서 절건상태(絕乾狀態) 또는 노건조상태(oven dry condition)라고도 한다.

2) 공기 중 건조상태(room dry condition)

실내에 방치한 경우 골재입자의 표면과 내부의 일부가 건조한 상태로서 기건상태(氣乾狀態)라고도 한다.

3) 표면건조 포화상태(saturated surface dry condition)

골재입자의 표면에 물은 없으나 내부의 공극에는 물이 꽉 차 있는 상태로서 표건상태(表乾狀態) 또는 S.S.D 상태라고도 한다.

4) 습윤상태(wet condition)

골재입자의 내부에 물이 채워져 있고 표면에도 물이 부착되어 있는 상태를 말한다.

일반적으로 밀실한 골재의 흡수율은 낮다. 콘크리트의 배합에서는 골재의 표면건조상태를 기준으로 하므로 절건 · 기건상태의 골재는 비빔 시 물의 일부를 흡수하는 한편 골재의 표면수는 비빔 시 단위수량의 일부로 생각할 수 있다. 콘크리트 중의 대부분이 골재이므로 그 함수상태는 콘크리트의 품질관리상 극히 중요하다. 각종 골재의 흡수량은 표 3-4와 같다.

표면수량은 골재알의 표면에 묻어 있는 수량으로써 일반적으로 표면건조포화상태에 대한 시료중량의 백분율로 나타낸다. 모래의 표면수량을 측정하는 방법으로는 피크노메타법, 전기저항법, 화학반응법, 중성자법 등이 있다. 현장에서의 잔골재는 습윤상태에 있는 것이 보통이며, 골재의 상태에 따라 표면수량의 값은 대략 표 3-5와 같다.

표 3-4 각종 골재의 흡수량(%)

골재의 종별		잔골재	굵은골재
보통골재		3~4	2~4
인공경량골재	조립형	4~11	2~9
	비조립형	7~14	6~11
천연경량골재		7~35	15~50

표 3-5 골재 표면수량의 근사치

골재상태	표면수량(%)
젖은 자갈 또는 부순돌	1.5~2.0
아주 젖은 모래(손에 쥐면 손바닥이 젖는다.)	5.0~8.0
보통 젖은 모래(손에 쥐면 모양이 무너지고 손바닥에 약간의 수분이 묻는다.)	2.0~4.0
젖은 모래(손에 쥐어도 모양은 바로 무너지고 손바닥이 약간 젖은 것을 느낄 수 있다.)	0.5~2.0

비고) 같은 정도의 표면수량으로 보여도 거친 모래일수록 표면수는 작다.

골재의 흡수량 시험방법은 한국산업규격(굵은골재의 경우 KS F 2503, 잔골재의 경우 KS F 2504)에 규정되어 있으며, 잔골재의 표면수 측정방법은 한국산업규격(KS F 2509)에 규정되어 있다.

(4) 안정성(durability)

풍우 및 한서의 작용에 대하여 내구성이 큰 콘크리트를 만들기 위해서는 안정성(安定性)이 좋은 골재를 사용해야 한다. 따라서 골재는 온도 · 습도의 변화나 동결 · 융해작용 등의 기상작용에 대하여 안정함과 동시에 화학작용에도 안정해야 한다.

골재의 안정성을 물리적 안정성과 화학적 안정성으로 구분하여 생각할 수 있다. 골재가 여물고 단단하며 기상작용을 받아도 붕괴되거나 분해되는 일이 없으면 골재는 물리적으로 안정하다고 말할 수 있다.

연약하고 흡수성이 크고 쪼개지기 쉽거나 물로 포화되었을 경우 체적이 현저하게 커지는 것은 불안정한 골재라고 말할 수 있다. 불안정한 골재를 쓰면 콘크리트는 강도가 낮아지고 부식이 빠르며 균열 · 파열 등의 손상을 일으키게 된다. 불안정한 골재의 대표적인 것은 혈암(頁岩) · 연질사암 · 점토질암석 · 운모질암석 등이다. 골재 속에 연질혈암이 포함되어 있으면 건습의 교호작용(交互作用)과 동결융해작용에 의하여 표면의 모르타르가 전단파괴되어 떨어져 나가게 된다.

일반적으로 비중이 크고 흡수량이 적은 골재는 안정하다고 볼 수 있지만 비중이 작고 흡수량이 큰 골재일지라도 안정한 것도 있다. 그 이유는 골재의 비중 및 흡수량은 각 골재 낱알의 공극량과 관계가 있지만, 골재의 안정성은 공극의 전량뿐만 아니라 공극의 크기 및 연속성과 밀접한 관계가 있기 때문이다.

골재의 안정성시험방법은 한국산업규격(KS F 2507)에 규정되어 있으며, 이 방법은 안정성의 지표로서 황산나트륨($NaSO_4$) 또는 황산마그네슘($MgSO_4$) 용액으로 인한 골재의 붕괴작용에 대한 저항성을 알기 위해 시험하는 것으로서, 안정성 시험을 5번 반복했을 때 골재의 손실 중량 백분율 한도를 굵은골재는 12%, 잔골재는 10% 이하로 규정하고 있다.

(5) 알칼리골재반응(alkali–aggregate reaction)

시멘트 속의 알칼리 성분이 골재 중에 있는 실리카 성분과 화학반응을 일으킴으로써 콘크리트가 과도하게 팽창한 결과, 콘크리트에 균열과 휨붕괴가 유발되는 경우가 있다. 이러한 화학반응을 알칼리골재반응이라고 한다. 이 현상은 깬자갈을 많이 사용하고 나서부터 콘크리트에 이상한 팽창균열과 팝아웃(pop out)이 생기게 한 원인이 판명됨으로써 발견되었는데, 미국에서 처음 발견된 이후 외국 여러 나라에서는 이와 관련된 피해가 많은 것으로 알려져 있으나 우리나라에서는 아직까지 큰 피해가 보고된 바 없다. 그러나 깬자갈의 사용이 증대함에 따라 골재의 알칼리골재반응 여부에 대한 연구가 계속 진행되고 있다.

알칼리골재반응의 방지대책은 다음과 같다.

① 시멘트 중의 알칼리양이 0.6% 이하인 경우에는 알칼리골재반응이 일어나지 않으므로 알칼리양이 0.6% 이하의 저알칼리형의 시멘트를 사용한다.

② 고로시멘트 또는 플라이애시시멘트 등을 사용하여 포졸란(pozzolan) 반응을 일으키게 함으로써 콘크리트 중의 알칼리 총량을 $30kg/cm^3$ 이하로 감소시키거나 조직을 치밀하게 한다.

③ 알칼리골재반응 판정시험(KS F 2545, KS F 2546)을 실시하여 알칼리골재반응 골재를 사용하지 않는다.

④ 알칼리골재반응에 의한 피해는 건조한 콘크리트에서는 발생하지 않으므로 수분의 침투나 이동 방지를 위해 콘크리트 표면에 방수성이 있는 마감재로 피복한다.

(6) 강도 및 마모저항성

암갈색의 연질사암 · 응회암 같은 골재는 그 강도가 시멘트풀이나 모르타르 강도보다 약하여 콘크리트 강도가 골재 강도에 지배되는 경우가 있다. 이러한 약한 암석은 보통콘크리트용 골재로 부적당한 것은 물론이다. 골재에 혼입되어 있는 이러한 연질의 암석을 사석(死石)이라고 하는데 그 양은 아주 작은 범위 내의 소량으로 한정되어 있다.

골재 자체의 압축강도시험은 곤란하기 때문에 콘크리트의 압축강도시험 후의 파괴상태, 골재의 파쇄시험(KS F 2541), 원석의 강도로부터 골재강도를 추정할 수 있다. 양질인 골재의 압축강도 평균치는 약 2,000kgf/cm^{2}의 것도 있으나 대부분은 800fkg/cm^2 이상이다. 건축용 콘크리트에서는 마모저항성이 그다지 문제가 되지 않으나 부순자갈에서는 로스앤젤레스(Los Angeles) 마모시험기에 의한 시험결과(KS F 2508) 마모감량을 40% 이하라야 한다고 규정하고 있다.

(7) 입도 및 조립률

◎ 입도(gradation)

골재의 입도(粒度)란 골재의 작고 큰 입자의 혼합된 정도를 말하는 것으로 소요 품질의 콘크리트를 경제적으로 만드는 데 필요한 성질 중에서 가장 중요한 것의 하나이다. 적당한 입도를 가진 골재를 사용하면 소요의 작업성을 가진 콘크리트를 만들 수 있어 단위수량이 줄어들며 재료분리현상을 감소시키고 적은 단위시멘트양으로 소요품질의 콘크리트를 만들 수 있다.

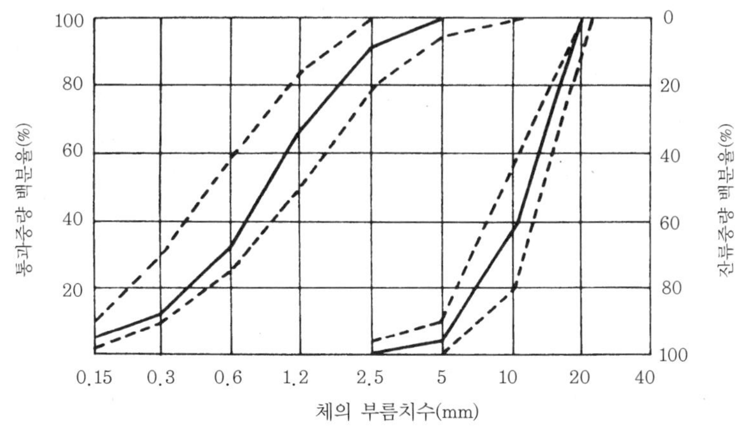

그림 3-7 골재 입도곡선의 한 예

이와 동시에 콘크리트의 건조수축이 적어지며 내구성도 증대된다. 따라서 가능한 한 좋은 입도의 골재를 선택하여 사용하는 것이 중요하며, 공종에 따라 합성입도 적용으로 개량할 수 있다.

골재의 입도는 한국산업규격(KS F 2502)에 규정된 체가름시험(sieve analysis test) 방법에 의하여 구한다. 이 시험에 의해 구한 결과를 정리한 것이 입도곡선(grading curve)이며 그림 3-7은 골재의 입도곡선(꺾은선)의 일례를 나타낸 것이다. 여기서 점선은 표준입도를 표시한 것이다.

골재의 최적입도는 콘크리트의 시공성, 경제성, 경화 후의 성질 등 종합적인 판단에 의하여 결정할 수 있다. 적당한 입도 범위는 경험적으로 알려지고 있으며, 건축공사표준시방서에서는 보통골재의 경우 표 3-6에 표시한 표준입도를 갖는 것을 사용하도록 되어 있다.

표 3-6 보통골재의 표준입도

종류 \ 최대치수(mm) \ 호칭치수(mm)		체를 통과하는 중량 백분율(%)											
		50	40	25	20	15	10	5	2.5	1.2	0.6	0.3	0.15
굵은골재	40	100	95~100	–	35~70	–	10~30	0~5	–	–	–	–	–
	25	–	100	95~100	–	25~60	–	0~10	0~5	–	–	–	–
	20	–	–	100	90~100	–	20~55	0~10	0~5	–	–	–	–
잔골재		–	–	–	–	–	100	95~100	80~100	50~85	25~60	10~30	2~10

조립률(fineness modulus)

조립률(粗粒率)은 골재의 입도를 수량적으로 나타내는 방법으로서 건축용 조립률은 40mm, 20mm, 10mm, No.4(5mm), No.8(2.5mm), No.16(1.2mm), No.30(0.6mm), No.50(0.3mm), No.100(0.15mm)의 9개의 체를 1조로 하는 체가름시험을 하여 각각의 체를 통과하지 않는 누계량의 전 시료에 대한 중량백분율의 합계를 100으로 나눈 값을 말하며, 골재의 크기 및 입도분포의 개략치를 표시하는 지수로 사용된다. 조립률을 약칭하여 F · M으로 표시하기도 한다.

골재의 체가름시험방법은 한국산업규격(KS F 2502)에 규정되어 있으며, 이 시험에 의하여 골재의 입도 · 조립률 · 굵은골재의 최대치수 등을 알 수 있다. 건축용 골재의 체로는 잔골재용 체는 0.15mm, 0.3mm, 0.6mm, 1.2mm, 2.5mm, 5mm가 있고 굵은골재용 체는 5mm, 10mm, 15mm, 20mm, 25mm, 30mm, 40mm가 있다.

체눈금의 계열을 표시하면 표 3-7과 같다.

표 3-7 체눈금의 계열

우리나라			미국(ASTM E 11) 영국(BS 410)	
체의 부름명 및 치수		체의 치수 (mm)	체의 부름치수	체의 치수 (mm)
부름명	부름치수(mm)			
No.200	–	0.074	No.200	0.074
No.170	0.088	0.088	No.170	0.088
No.100	0.15	0.149	No.100	0.149
No.50	0.3	0.297	No.50	0.297
No.30	0.6	0.590	No.30	0.590
No.16	1.2	1.190	No.16	1.190
No.12	1.7	1.680	No.12	1.680
No.8	2.5	2.380	No.8	2.380
No.4	5	4.760	No.4	4.760
10mm 체	10	9.52	3/8"	9.52
15mm 체	15	15.9	5/8"	15.9
20mm 체	20	19.1	3/4"	19.1
25mm 체	25	25.4	1"	25.4
30mm 체	30	31.7	$1\frac{1}{4}$"	31.7
40mm 체	40	38.1	$1\frac{1}{2}$"	38.1
50mm 체	50	50.8	2"	50.8
60mm 체	60	63.5	$2\frac{1}{2}$"	63.5
80mm 체	80	76.2	3"	76.2
100mm 체	100	101.6	4"	101.6

비고) 체가름 시험방법 통칭 KS A 0501, 표준체 KS A 5101

조립률은 골재입자가 큰 것이 많을수록 커진다. 일반적으로 잔골재는 조립률이 2.6~3.1, 굵은골재는 6~8이 되면 입도가 좋은 편이다. 조립률이 각각 Ms, Mg인 잔골재, 굵은골재를 중량비 $m:n$의 비율로 혼합할 경우 혼합골재의 조립률 Ma는 다음 식으로 구한다.

$$Ma = \frac{m}{m+n}Ms + \frac{n}{m+n}Mg = r \cdot Ms + (1-r)Mg$$

여기서, $r = \frac{m}{m+n}$

이때 혼합골재는 잔골재의 대부분이 굵은골재의 공극 가운데로 들어가 혼합물의 용적이 개별 용적의 합보다 작아진다. 이것을 수축계수(收縮係數)라 하며 다음 식으로 구할 수 있다.

$$S = \frac{r \cdot Ws + (1-r)\,Wg}{Wa}$$

여기서, S : 수축계수
Wg : 굵은골재의 중량
Ws : 잔골재의 중량
Wa : 혼합골재의 중량

◎ 골재의 입도와 시공성과의 관계

① 0.15mm 이하의 미립자는 콘크리트 반죽질기(consistency)를 개선하며, 절대잔골재율 변화에 따라 반죽질기가 변하는 것을 감소시킬 수 있다.

② 0.15~0.3mm와 0.3~0.6mm의 알맹이는 콘크리트 속에서 자갈 주위에 볼베어링(ball-bearing) 역할을 하여 반죽질기를 좋게 해준다.

③ 굵은골재의 최대치수를 일정하게 한 경우 굵은골재의 입도가 변화해도 절대잔골재율을 적당히 선택하면 같은 시공성의 콘크리트를 만드는 데 드는 단위수량은 거의 변화하지 않는다.

④ 절대잔골재율을 동일하게 하고 굵은골재의 입도가 변화하면 단위수량이 현저하게 변화되며 동일 강도를 얻으려면 단위시멘트양이 증가해야 한다.

(8) 형상과 표면성상

골재 낱알의 형상은 구형(球形) 또는 입방체에 가까운 것이 좋고 모난 것보다는 둥근 편이 콘크리트에 유동성을 주어 유리하다. 세장형(細長形)과 모진형은 공극률이 크고 마찰이 증가되어 동질의 시공성을 얻기 위해서는 시멘트풀의 양이 많이 소요된다. 이러한 이유 때문에 형상 측정은 형상지수 또는 용적계수를 쓰고 있으나 실용적 방법으로는 골재의 실적률을 사용하며, 쇄석의 경우는 실적률을 55% 이상으로 하고 있다.

골재의 표면성상(表面性狀)은 콘크리트의 강도에 영향을 많이 미친다고 할 수 있다. 골재의 표면이 거칠면 시멘트풀과의 부착면적이 커져서 강도가 증대하며 쇄석의 경우는 강자갈보다 약 10% 정도의 단위수량이 증가하나 부착력 증가로 인하여 동일 물시멘트비인 경우 강도가 15~30% 정도 커진다.

골재의 입형(粒形)을 분류하면 표 3-8과 같다.

표 3-8 골재의 입형의 분류

분류	입형	모양	종류
둥그렇게 된 것	물 또는 기타의 마모작용에 의하여 완전히 또는 충분히 모가 둥그렇게 된 것		강자갈, 바다자갈 사막의 모래 해안의 모래
불규칙한 것	전체가 불규칙한 것으로 일부 마모에 따라 동그랗게 된 것		산자갈
모진 것	거의 평면을 이룬 면으로 형성되면서 모를 가진 것		부순돌, 슬래그 부순 것
편평(扁平)한 것	보통 모진 형태로 되어 두께가 폭이나 길이에 비해 작은 것		납작한 암석조각

(9) 굵은골재의 최대치수

일반적으로 굵은골재의 최대치수란 중량으로 90% 이상 통과시키는 체 중에서 최소치수의 체눈을 체의 호칭치수로 나타낸 굵은골재의 치수를 말한다. 굵은골재의 최대치수가 클수록 소요품질의 콘크리트를 얻기 위한 단위수량 및 시멘트양이 일반적으로 감소하여 경제적이 된다.

그러나 최대치수 20mm 정도에서 가장 경제적이고 그 이상이 되면 오히려 나빠지는 경향이 있으며, 또한 콘크리트의 수밀성은 최대치수가 작을수록 양호하다.

굵은골재의 최대치수가 적당치 않아 지나치게 커지면 혼합이 완전하게 되지 않으며 재료의 분리현상이 일어나게 되고, 취급에 어려움이 따르므로 이것은 구조물의 종류·시공기계 등을 고려하여 정하는 것이 좋다. 철근콘크리트의 경우에는 철근조립이 되므로 철근의 치수·배근의 간격에 따라 콘크리트의 타설이 용이하도록 굵은골재의 최대치수를 정해 놓으므로 이에 맞는 굵은골재를 사용해야 한다.

건축공사표준시방서에서는 굵은골재 치수에 대해서 다음과 같이 규정하고 있다.

굵은골재의 최대치수는 공사시방에 따른다. 공사시방에서 정하는 바가 없을 때에는 부재 종류별로 표 3-9의 범위 내에서 철근 순간격의 4/5 이하 또는 피복두께 이하가 되게 정한다.

표 3-9 부재 종류에 따른 굵은골재의 최대치수

부재 종류	굵은골재의 최대치수(mm)	
	자갈	부순돌, 고로슬래그 부순돌
기둥, 보, 슬래브, 벽	20, 25	20, 25
기초	20, 25, 40	20, 25, 40

(10) 내구성 및 내화성

골재가 기상작용에 따라 크게 용적변화를 일으키거나 분해되면 콘크리트를 직접 파괴로 이끌게 된다. 따라서 일반 콘크리트용 골재는 풍화가 적고 흡수성이 적으며 잘 깨어지지 않고 물이 포화되었을 때 팽창하지 않아야 한다. 연질사암 · 점토질암석 · 혈암 · 운모질암 및 석회암 등은 건조반복 및 동결융해작용에 약하고 박리(剝離) 및 붕괴 등을 일으킨다.

골재의 내구성은 비중과 흡수율에서도 대략의 측정은 가능하지만 실제로는 그 골재를 이용한 콘크리트에 대해 동해융해시험(KS F 2456)을 실시하든가 사용실적을 조사하든가 하여 내구성의 좋고 나쁨을 판단할 필요가 있다.

내화성을 필요로 하는 콘크리트에 사용되는 굵은골재는 열전도율 · 열팽창률이 낮고 내열도가 큰 것이 좋다. 암석의 내열온도는 화강암이 570℃, 대리석 및 석회암이 600℃이고, 안산암 · 연질응회암 · 연질사암 · 점판암이 1,000℃이다.

골재의 내화성을 조사하는 하나의 방법으로 굵은골재의 내화도 판정시험방법이 있는데. 이 시험은 표건상태의 굵은골재 입자를 800℃로 30분간 가열하여, 이때의 중량감소율 및 손상을 받은 입자개수의 감소율을 구하는 것으로, 중량감소율과 입자개수 감소율이 모두 5% 이하의 경우에 내화성이 있는 것으로 판정한다.

(11) 유해물

골재에 함유되어 있는 유해물이란 먼지, 개흙(silt) · 찰흙(clay), 점토덩어리(粘土塊 : clay lumps), 운모(雲母), 석탄 · 갈탄, 석편(石片) 등의 이물질, 부식토나 이탄(泥炭) 등의 유기불순물 및 염류 등의 가용성 불순물로서 콘크리트의 강도 · 내구성 · 안정성 등을 해치는 물질을 말한다.

골재는 표면이 깨끗해야 하며, 시멘트의 수화반응 및 시멘트풀과의 부착을 방해하거나 콘크리트 속의 철근을 녹슬게 할 우려가 있을 정도의 유해한 양의 불순물을 함유하지 않아야 한다. 유기 불순물은 콘크리트의 응결을 지연시키거나 강도를 저하시킨다. 유기불순물 시험방법은 한국산업규격(KS F 2510)에 의한다.

각종 골재에 있는 불순물을 콘크리트와 관련시켜 유해한 영향을 미치는 정도를 나타낸 것이 표 3-10이다.

◎ 개흙 및 찰흙, 점토덩어리, 운모

개흙 · 찰흙 같은 것이 다량으로 골재 속에 함유되어 있으면 소정의 반죽질기의 콘크리트를 만들기 위한 단위수량(부어넣기 직후의 콘크리트 $1m^3$ 중에 포함된 수량. 단, 골재 중의 수량은 포함하지 않음)이 커지고, 또 이러한 미세물질의 층을 만들게 되므로 유해하고, 골재의 표면에 밀착되어 있으면 시멘트풀과의 부착을 방해하여 강도를 저하시키게 되므로 유해하다. 점토덩어리가 골재 속에 포함되어 있으면 건습의 반복에 의해 수축 · 팽창을 일으켜 콘크리트의 표면에 손상을 주기 때문에 유해하므로 건축공사표준시방서에서는 골재에 포함되는 점토덩어리의 양을 잔골재의 경우 1.0% 이하, 굵은골재의 경우 0.25% 이하로 규정하고 있다. 점토덩어리의 측정은 한국산업규격(KS F 2512)에 의한다. 운모가 골재 속에 포함되어 있으면 운모 자체가 얇은데다가 편평하고 흡수성이 높을 뿐만 아니라 갈라진 틈을 따라 파괴되기 쉽기 때문에 콘크리트의 표면에 손상을 주어 유해하다.

표 3-10 각종 골재가 주의를 요하는 불순물

불순물 \ 골재	강모래 강자갈	산모래 · 자갈 육상모래 · 자갈	바다모래 바다자갈	깬모래 깬자갈	인공경량골재 슬래그쇄석
유기불순물	◉	◉	△	–	–
염분	–	–	◉	–	△
이토	◉	◉	○	△	–
점토덩어리	○	◉	–	–	–
석분	–	–	–	◉	–
패각	–	△	○	–	–
운모편	△	△	–	–	–
황철광	△	–	–	–	–
유황 · 유산물	△	△	△	–	○
경량이물	△	○	○	–	△
석탄 · 이탄	△	○	–	–	–

◉ : 악영향이 큰 것. 특히 주의를 요하는 것
○ : 존재가 예상되는 것
△ : 드물게 존재하는 경우가 있는 것

◎ 석탄 · 갈탄 등 비중이 작은 물질

석탄(coal) · 갈탄(lignite) 등은 가볍고 강도가 낮다. 이 양이 많으면 콘크리트의 강도가 낮아지며 외관을 해친다. 그리고 석탄 · 갈탄 중의 유황성분은 물 · 공기와 반응하여 황산을 만들며 다시 황산은 석회분과 반응을 일으켜 팽창성 물질을 만들고 철근을 부식시킨다.

◎ 연(軟)한 석편(fragments)

연한 석편을 많이 함유하고 있는 골재를 사용한 콘크리트는 강도가 저하된다. 또 이들 골재는 일반적으로 온도, 습도의 변화와 동결융해작용에 의해 큰 체적변화를 일으키며 콘크리트에 균열, 박리, 붕괴 등의 손상을 주는 경우가 있다.

◎ 유기불순물(organic impurities)

부식토나 이탄 등의 유기불순물 속에 후민산(humin acid)을 포함하고 있어 이것이 시멘트 속의 석회와 화합하여 석회후민산 비누를 생성하게 되므로 콘크리트의 응결을 지연시키거나 강도 · 내구성 · 안정성을 해치고, 심한 경우에는 시멘트가 경화되지 않는다.

잔골재(모래)의 유기불순물의 유해량을 판정하기 위해 한국산업규격(KS F 2510)에서 정하고 있는 비색시험법에 의한다. 잔골재의 유기불순물의 판정표준 일례를 들면 표 3-11과 같다.

표 3-11 유기불순물의 판정 표준 예

색상	적부판정	모르타르의 7일 및 28일의 압축강도 저하율(%) (시멘트 : 모래=1 : 3)
무색 내지 담황색	중요 콘크리트에 사용할 수 있다.	0
녹황색	사용해도 좋다.	10~20
적황색	콘크리트강도가 낮을 때 사용할 수 있다.	15~30
담적갈색	사용할 수 없다.	25~50
암적갈색	사용할 수 없다.	50~100

바다모래 속의 염화물

바다모래 등과 같은 염화물을 함유하고 있는 모래를 철근콘크리트용으로 사용하면 철근과 반응하여 철근부식을 유발시켜 콘크리트의 장기 내구성에 나쁜 영향을 주게 된다. 따라서 바다모래를 사용하기 전에 반드시 방청조치(防銹措置)를 강구한다.

철근의 부식은 해수 중의 염화물 중에서도 주로 염화나트륨(NaCl), 염화마그네시아 ($MgCl_4$)가 주요인이 된다.

방청조치로는 물시멘트비의 저감, 방청제의 사용, 피복두께의 증가, 아연도금 철근의 사용, 수밀성이 높은 표면마감 등을 들 수 있다. 골재는 염분 함유 허용한도를 0.04%로 하고 설계 및 시공이 특별히 고려되는 것을 전제로 할 때에는 0.1%까지로 정하고 있다. 따라서 염분 0.04%를 초과하는 경우에는 염분을 제거하여 0.04% 이하가 되게 하여 사용하고, 0.04%를 초과하는 경우에는 방청조치를 취해야 한다. 즉, 방청조치를 할 경우에는 염분량 0.1%까지는 사용해도 좋다. 염분을 제거하여 0.04% 이하인 경우라도 염분이 함유하지 않는 강모래와 섞어 사용하는 것이 좋다.

염분을 제거하기 위해서는 물뿌리기(注水) 또는 물씻기(水洗)를 하면 좋다. 현장에서 실제로 염분을 제거하기에는 물뿌리기하는 것이 편리하다. 이 경우 연속적으로 물뿌리기 하는 것보다 반복하여 물뿌리기(바다모래 $1m^3$에 대하여 6회 정도)하는 것이 효과적이다. 굵은골재도 반드시 염분을 제거한 것을 사용해야 한다. 염분을 제거하기 위해 제염제(除塩劑)를 사용하는 경우가 있는데, 이는 효과는 뛰어나지만 값이 비싸므로 경제적인 면을 고려해야 한다.

전기가 통하는 장소에 축조되는 철근콘크리트의 경우에는 염분이 위의 기준치 이하일 경우라도 이러한 골재를 쓰는 것은 전기침식에 의한 손상을 받을 우려가 있으므로 피해야 한다. 또 균열 · 곰보 같은 결함부는 염분에 의해 손상진행이 촉진되어 내구성 측면에서 불리한 점이 많으므로 주의한다.

콘크리트의 응결이 약간 빨라지고 초기강도발현이 크나 장기재령에서 강도 신장(伸張)이 나쁜 것은 일단 콘크리트에 미치는 염화물의 영향이라고 생각할 수 있다.

바다모래에 포함되는 염화물 함유량의 시험은 한국산업규격(KS F 2515)에 따른다.

3-5 골재의 취급 및 저장

골재는 취급 및 저장 잘못으로 품질에 나쁜 결과를 가져올 수도 있기 때문에 필요한 좋은 품질을 얻기 위해서는 골재의 취급 및 저장에 유의해야 한다. 일반적으로 지켜야 할 취급 및 저장방법은 다음과 같다.

① 골재에 유해물의 혼입여부와 운반 중에 품질의 변화가 있었는지를 조사한 뒤에 잔골재 · 굵은골재 및 각 종류별로 저장하고 먼지 · 흙 등의 유해물의 혼입을 막도록 한다.

② 골재는 크기별로 가능한 한 여러 무더기로 나누어서 저장하거나 취급하는 것이 실제적인 재질의 오차를 줄일 수 있다. 저장량은 가능한 균일한 두께로 쌓는 것이 품질 확보상 좋다.

③ 굵은골재에 섞여 있는 소형 입자와 잔골재에 섞여 있는 #200체를 통과하는 미세립자의 양이 너무 많아지거나 사용 중에 변화하지 않도록 해야 한다. 미세입자의 포함량의 변화는 재질변화에 많은 영향을 준다. 골재에 미세입자의 양이 많아지면 배합수의 요구량 증가, 슬럼프(slump) 감소, 건조수축을 증가시키고 강도를 저하시킨다.

④ 수평적으로 혹은 완만한 경사로 쌓여야 하며 원추형이거나 경사가 심한 면에 골재를 내릴 때에는 반드시 균일하게 섞일 수 있도록 보조적인 조치를 해야 한다.

⑤ 배처플랜트(batcher plant) 설비가 이용되는 경우의 빈(bin)의 바닥은 중앙에서 출구 쪽으로 수평에서 50° 이상의 경사가 있어야 하고 골재의 채움은 출구 위로 똑바로 떨어지게 한다.

⑥ 바람이 부는 곳에서 잔골재를 분리하거나 운반하는 경우에는 재료분리가 일어날 수 있다.

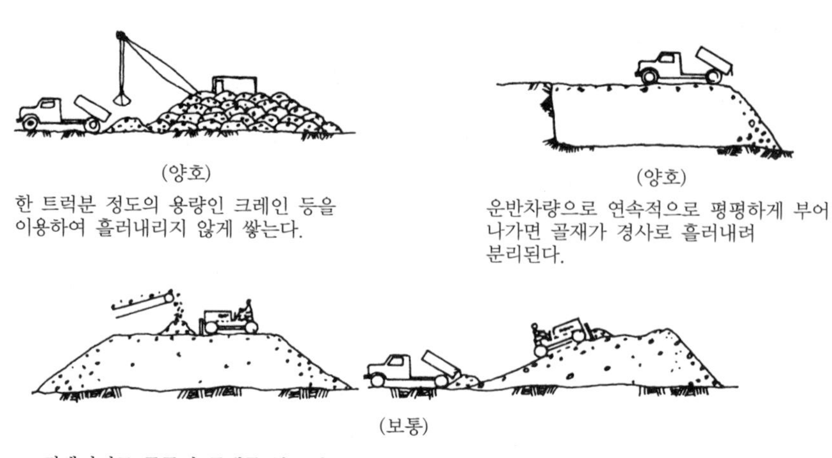

그림 3-8 골재의 취급과 저장방법

⑦ 잔골재는 일정한 수분함량에 이를 때까지 자유수(free water)를 제거해야 하는데, 일반적으로 48시간 정도의 자연건조하면 된다.

⑧ 맨 밑에 쌓인 골재가 흙으로 오염되는 것을 방지하기 위해서 바닥재료는 반드시 단단한 것을 사용해야 하며, 더미 사이에 공간을 두거나 적당한 벽을 설치하는 것이 좋다.

⑨ 저장 바닥은 물매를 주어 배수를 좋게 하고 지붕을 설치하여 일광직사나 눈 또는 비를 막아야 한다.

⑩ 경량골재는 때때로 물을 뿌리고 표면에 포장 등을 하여 항상 같은 습윤상태를 유지하도록 한다.

3-6 경량골재 및 중량골재

(1) 경량골재(light weight aggregate)

경량골재(輕量骨材)는 보통골재보다 비중이 작은 골재로서 콘크리트의 중량경감 및 단열 등의 목적으로 사용하며, 천연경량골재 · 인공경량골재 및 부산(副産)경량골재로 구분한다. 천연경량골재에는 경석화산력 · 응회암 · 용암 등이 있으며, 인공경량골재는 팽창성 혈암, 팽창성 점토, 플라이애시 등을 주원료로 하여 소성 · 팽창한 골재이고 부산경량골재는 팽창 슬래그 · 석탄찌꺼기 등과 같은 산업부산물을 주원료로 한 골재 및 그 가공품이다.

표 3-12 경량골재의 종류

분류		종류	주요 원료	제법	형상	골재의 범위
구조용	인공경량골재	구조용	팽창혈암, 팽창점토	분쇄-소성-분류	하천모래형	굵은골재, 잔골재
		조립형	팽창혈암, 팽창점토	미쇄분-조립-건조-소성-분류	구형	굵은골재
		성형형	팽창혈암, 팽창점토	분쇄-성형-건조-소성-분류	고치형	잔골재
		파쇄형	팽창혈암, 팽창점토	분쇄-소결-분쇄-분류	쇄석형	굵은골재, 잔골재
	부산경량골재	소성플라이애시	플라이애시, 점토	분쇄-조립-건조-소성-분류	구형	굵은골재
		팽창슬래그	제철 슬래그	수쇄-폭기팽창-분류	쇄석형	굵은골재
		팽창석탄	석탄, 팽창점토	분쇄-조립-건조-소성-분류	구형	굵은골재
		가공석탄재	석탄재	분류-시멘트풀 피복가공	쇄석형	굵은골재
	천연경량골재	화산력	화산력	굴삭-분쇄-분류	쇄석형	굵은골재
		가공화산력	화산력	화산력-시멘트풀 피복가공	쇄석형	굵은골재
		팽창진주암	진주암	분쇄-소성-분류	하천모래형	잔골재
비구조용		팽창질석	질석	분쇄-소성-분류	쇄사형	잔골재, 굵은골재
		팽창규조토	규조토	분쇄-조립-건조-소성-분류	구형	굵은골재
		팽창흑요석	흑요석	분쇄-소성-분류	쇄사형	잔골재, 굵은골재
		발포합성수지	합성수지	폴리스티렌을 증기팽창 제조	구형	잔골재
		미네랄울	슬래그울, 합성수지	합성수지로 둥글게 제조		
		석탄재	석탄계	분류-수세		
		화산사	화산계	채굴-수세-분류	쇄사형	굵은골재
		경화석	경화석	채굴-가공성형	불록형	

일반적으로 천연경량골재는 모양이 좋지 않고 흡수율이 높기 때문에 구조용 콘크리트 골재로는 적합하지 않으며, 인공경량골재가 구조용 콘크리트 골재로서 널리 사용되고 있다. 보통경량골재라 함은 인공경량골재를 지칭한다.

경량골재는 표 3-12와 같이 구조용과 비구조용으로 크게 분류된다. 건축공사표준시방서에서는 "인공경량골재는 한국산업규격(KS F 2534)에 규정된 품질에 적합한 것으로 하고 최대치수는 공사시방서에서 정한 바가 없는 때에는 15mm 또는 20mm로 한다."고 규정하고 있으며, 경량골재의 품질은 표 3-13과 같다. 또한 경량골재는 청정하고 내구·내화적이며 유해량의 유해물질이 포함되지 않은 것을 사용한다.

표 3-13 경량골재의 품질

구분	강열감량	삼산화유황 (SO_3)	염화물 (NaCl)	탄산칼슘 ($CaCO_3$)	유기불순물	안정성	점토덩어리
인공경량골재	1% 이하	0.5% 이하	0.01% 이하	–	시험용액의 색이 표준색보다 연한 것	–	1% 이하
천연경량골재 · 부산경량골재	5% 이하	0.5% 이하	0.01% 이하	5% 이하		20% 이하	2 % 이하

그림 3-9 인공경량골재

경량골재의 절대건조상태의 단위용적중량은 한국산업규격(KS F 2505)의 단위용적중량 시험에서 잔골재 1.12t/m^3 이상, 굵은골재 0.88t/m^3 이상, 잔골재와 굵은골재가 혼합한 경우 1.04t/m^3 이상으로 정하고 있다.

인공경량골재는 입자의 크기에 따라 비중, 흡수량, 강도가 다르므로 경량골재의 입도 및 균등성은 보통골재의 경우보다 엄격히 규제할 필요가 있다.

(2) 중량골재(heavy weight aggregate)

중량골재는 원자로 감마선(γ線)과 같은 투과성이 큰 방사선 등의 차폐효과를 높이기 위하여 콘크리트에 사용되는 자철광 · 갈철광 · 적철광 · 중정석 · 사철 등과 같이 비중이 큰 골재를 말한다.

차폐용 콘크리트는 고밀도, 즉 비중이 큰 골재로서 실적률이 높고 크고 작은 입자가 적당히 섞여 있는 것이 좋다. 즉 최대밀도가 되는 입도가 가장 이상적이며, 실적률이 60% 이하인 중량골재는 가능한 한 피하는 것이 좋다. 중량골재는 비중이 4~7 정도로서 굵은골재의 최대치수는 40mm 이하가 바람직하다.

중량골재의 주성분과 일반적 성질은 표 3-14와 같다.

표 3-14 중량골재의 주성분과 일반적 성질

항목 종류	주성분	비중	재질	모양	기타
철 (iron, steel)	Fe	7~8	견경(堅硬)	일정하지 않음	기름, 그리스(grease)가 부착된 것은 부적당, 녹이 슨 경우에는 콘크리트가 파괴하는 결점이 있다.
자철광 (magnetite ore)	$FeO \cdot Fe_2O_3$	4.5~5.2	대체로 견경	정팔면체에 벽개(劈開)되는 성질이 있음. 덩어리 입상(粒狀)도 있음	자성(磁性)이 있는 것은 결점
사철 (sand iron)	자철광, 갈철광, 적철광 등	4~5	〃	비교적 양호	콘크리트의 워커빌리티(workability)의 개선역할을 함
갈철광 (limonite ore)	$Fe(OH)_3 \cdot nH_2O$ $HFeO_2 \cdot nH_2O$ $Fe_2O_2 \cdot nH_2O$	2.7~4	일정하지 않음	비교적 치밀, 균질한 것에서부터 취약한 것까지 있으며 분상(粉狀)도 있음	결정수(結晶水)가 많으므로 중성자선의 차폐에 이용되는 경우가 있음. 고착수(固着水)의 양은 8~12%
적철광 (hematite ore)	Fe_2O_3	4~5.3	대체로 견경	팔면체, 기둥모양, 입상 및 토상(土狀) 등도 있음	미분분(微粉分)이 고착되어 충분히 물로 씻지 않으면 사용하기 곤란함
중정석 (baryte)	$BaSO_4$	4~4.7	약간 연한 편	사방정계(斜方晶系)의 벽개성(劈開性)이 현저함. 모양은 대체로 양호	분쇄하기 쉬우며, 모양이 비교적 양호하므로 사용하기 쉽다.

3-7 기타 골재

(1) 깬자갈(crushed stone)

깬자갈(碎石)은 호박돌이나 폭파에 의해 채굴한 암석을 파쇄기로 파쇄하여 체로 쳐서 분류한 골재를 말한다. 최근에는 하천골재의 부족현상 때문에 굵은골재를 깬자갈로 대체하고 있는 추세이다. 깬자갈을 부순자갈(crushed gravel) 또는 부순돌(crushed stone)이라고도 한다.

깬자갈의 원석은 현무암 · 안산암 · 경질사암 · 화강암 · 섬록암 · 점판암 등이 많고 석회암 등도 사용되고 있으며, 깬자갈의 파쇄공정은 제1차 파쇄(粗碎)→제2차 파쇄(中碎)→제3차 파쇄(細碎)의 순서로 하며 파쇄기(crusher)를 사용한다.

깬자갈의 종류는 입자 크기의 범위에 따라 표 3-15와 같이 분류한다.

표 3-15 입자 크기에 따른 깬자갈의 종류

골재번호	입자 크기의 범위(mm)	골재번호	입자 크기의 범위(mm)
깬자갈 357	50~5	깬자갈 1	80~40
깬자갈 467	40~5	깬자갈 2	60~40
깬자갈 57	25~5	깬자갈 3	50~25
깬자갈 67	20~5	깬자갈 4	40~20
깬자갈 7	15~5		

깬자갈이 강자갈과 다른 점은 각이 진 모양 및 거친 표면조직과 풍화암이 섞여 있기 쉬운 점이며, 깬자갈을 사용한 콘크리트는 동일한 워커빌리티(workability)의 보통콘크리트보다 단위수량이 일반적으로 약 10% 정도 많이 요구된다. 그러나 시멘트풀과의 부착이 좋기 때문에 강자갈을 사용한 콘크리트와 거의 동등한 강도 이상을 낸다. 수밀성 · 내구성 등은 강도와 달리 오히려 약간 저하한다.

콘크리트용 굵은골재로 깬자갈을 사용할 때는 한국산업규격(KS F 2527)에 적합해야 하며 낱알의 입형(형상) 판정에 실적률을 사용한다.

콘크리트용 깬자갈은 보통 다음과 같은 품질을 가진 것을 사용한다.

① 깬자갈은 청정, 견경(堅硬), 내구성이 있고 먼지, 진흙, 유기불순물 등의 유해량을 포함하지 않아야 한다.

② 표 3-16의 규정에 합격한 것이어야 한다.

표 3-16 깬자갈의 품질규정

절대건조비중	2.5 이상	안정성	12% 이하	0.08mm체 통과량	1.0%
흡수율	3% 이하	마모감량	40% 이하	입형 판정 실적률	55%

비고) 0.08mm체 통과량은 씻기시험에서 손실되는 미립자량이다.

③ 깬자갈의 입도는 대 · 소립이 적당하게 혼입된 것으로 한다.

④ 깬자갈의 씻음실험에서 유실되는 것의 함유량은 1.0% 이하여야 한다.

⑤ 깬자갈은 너무 얇고 긴 석편의 유해량이 포함되어서는 안 된다.

깬자갈

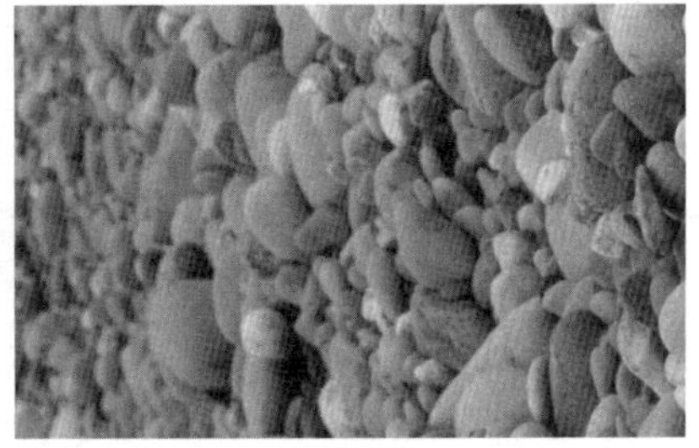

강자갈

그림 3-10 깬자갈 및 강자갈

(2) 부순모래(crushed sand)

부순모래(碎砂)는 암석을 파쇄기로 부수어 인공적으로 만든 모래를 말하며 부순모래를 깬모래라고도 한다. 부순모래는 강모래 및 바다모래에 의존해왔기 때문에 많이 생산되고 있지 않지만 강모래의 부족과 바다모래의 염분의 제거 및 입도조정 등 여러 어려움을 가지고 있어 최근에는 부순모래의 생산 및 사용이 증가하고 있다.

부순모래에 사용되는 암석은 화강암 · 안산암 · 경질사암 · 섬록암 · 점판암 · 현무암 등이고 부순모래는 강모래 및 바다모래보다 모가 나 있기 때문에 콘크리트에 사용할 때에는 혼화재를 사용하여 단위수량을 적게 할 필요가 있으며, 또한 미세립자를 많이 포함하고 있으므로 적절한 조치가 필요하다.

부순모래는 청정, 견경, 내구성이 있고 먼지, 진흙, 유기불순물 등의 유해량이 포함되지 않아야 하고 재질은 한국산업규격(KS F 2527)에 규정된 표 3-17에 적합해야 하며, 부순모래의 입도는 표 3-18의 범위로 한다. 또한 부순모래의 실적률은 53% 이상이어야 한다.

표 3-17 부순모래의 품질

절대건조비중	2.5 이상	안정성	10% 이하
흡수율	3% 이하	씻기시험에서 손실된 미립자량	7% 이하

비고) 씻기시험에서 손실되는 미립자량은 0.08mm체 통과량이다.

표 3-18 부순모래의 입도표준

체의 호칭치수(mm)	10	5	2.5	1.2	0.6	0.3	0.15
체를 통과한 것의 무게 백분율(%)	100	100~90	100~80	90~50	65~25	35~10	15~2

그림 3-11 부순모래 생산

(3) 고로슬래그 쇄석(blast-furnace slag crushed stone)

고로슬래그 쇄석(高爐鑛滓碎石)은 철을 생산하는 과정에서 용광로에서 생기는 광재(鑛滓)를 공기 중에서 서서히 냉각시켜 경화된 것을 파쇄하여 입도를 고른 것이다.

냉각방법, 냉각조건에 따라 광물조성과 물리적인 성질이 다르다. 그리고 냉각되면 견고하고 좋은 쇄석이 얻어진다.

광재(slag)의 냉각은 철수(撤水) 또는 냉각처리장 등에서 냉각하고 있다. 고로슬래그 쇄석은 반드시 시험을 거쳐서 사용해야 한다. 콘크리트용 고로슬래그 굵은골재는 한국산업규격(KS F 2544)에 규정되어 있으며, 고로슬래그 쇄석을 표 3-19, 표 3-20과 같이 분류하고 있다.

표 3-20에서 A에 속하는 것은 내구성이 중요하지 않고 설계기준강도가 210kg/cm^2 미만인 콘크리트에 한하여 사용하도록 되어 있으며, B에 속하는 고로슬래그 쇄석을 사용하는 것을 원칙으로 하고 있다. 고로슬래그 굵은골재는 콘크리트 품질에 나쁜 영향을 미치는 물질을 포함하지 않아야 하며 표 3-20 및 표 3-21에 적합해야 한다.

고로슬래그 쇄석은 다른 암석을 사용한 콘크리트보다 건조수축이 적고, 내열성도 우수하다. 투수성은 보통골재를 사용한 콘크리트보다 크므로 수밀콘크리트에는 부적당하다. 고로슬래그 쇄석은 다공질이기 때문에 흡수율이 높으므로 사용하기 전에 충분히 살수하여 표면건조상태로 사용하는 것이 좋다.

그림 3-12 고로슬래그 쇄석 생산

표 3-19 고로슬래그 쇄석의 종류

종류	입자 크기의 범위(mm)
고로슬래그 굵은골재 467	40~5
고로슬래그 굵은골재 4	40~20
고로슬래그 굵은골재 57	25~5
고로슬래그 굵은골재 67	20~5
고로슬래그 굵은골재 7	15~ 5

표 3-20 고로슬래그 쇄석의 분류

항목 / 분류	절건비중	흡수율 (%)	단위용적중량 (kg/m^3)
A	2.2 이상	6 이하	1,250 이상
B	2.4 이상	4 이하	1,350 이상

표 3-21 고로슬래그 굵은골재의 품질

항목		규정값
화학성분	산화칼슘(CaO)	45% 이하
	황(S)	2.0% 이하
	삼산화황(SO_3)	0.5% 이하
	철(Fe)	3.0% 이하
수중침지시험(水中浸漬試驗)		균열, 분해, 분화(粉化), 진흙화 등의 현상이 없을 것
자외선(360mm)조사시험(照射試驗)		발광(發光)하지 않거나 균일한 자주색을 띠고 있을 것

3-8 용 수

물은 유해한 불순물인 기름, 산, 알칼리, 염류, 유기물 등을 포함하지 않은 청정한 것이라야 한다. 바닷물(해수)은 철근 또는 PC강선을 부식시킬 염려가 있으므로 철근콘크리트 · 프리스트레스트콘크리트 · 철골철근콘크리트 및 철근이 배치된 무근콘크리트의 혼합수로 사용해서는 안 된다.

콘크리트용수로는 수돗물, 하천수, 호소수 등을 이용할 수 있으나, 만약 공장폐수 등으로 오염된 하천수, 호소수, 저장수 등을 이용하게 되면 황산염 · 유화물 · 붕산염 · 탄산염 · 아연 · 구리 · 주석 · 망간 등의 화합물이나 알칼리 등의 무기물 및 당류(糖類) · 펄프폐액 · 부식물질 등의 유기물이 함유되어 있는 경우가 있으므로 적은 양이라도 이와 같은 물질을 함유하는 물을 혼합수로 사용하면 콘크리트의 응결 · 경화 · 강도의 발현, 체적변화, 백화(efflorescence), 워커빌리티, 내구성 등에 나쁜 영향을 미칠 수 있다. 따라서 이와 같은 오염의 염려가 있는 물을 사용할 경우에는 물을 화학적으로 분석하여 유해물의 함유량을 조사하여 사용여부를 판정하는 것이 좋다.

콘크리트에 사용하는 물은 다음에 적합한 것을 사용한다.

① 물은 유해한 불순물이 포함되지 않은 것으로 한다.

② 레디믹스트콘크리트의 경우에는 다음의 ③, ④항에 의하지 않고 한국산업규격(KS F 4009 : 레디믹스트콘크리트)의 '물' 항에 따른다.

③ 콘크리트의 품질 가운데 고급에 해당되는 것에 사용되는 물은 수도법(수질기준)에서 정하는 시험방법 중 다음 사항에 합격된 것으로 한다.

㉮ 색도(色度) ㉯ 탁도(濁度)

㉰ 수도이온 농도(PH) ㉱ 증발잔유물

㉲ 염소이온 ㉳ 과망간산칼륨 소비량

④ 콘크리트의 품질 가운데 보통에 사용하는 물은 위의 ③항에 따르거나 철근콘크리트용 물의 수질시험방법에 따라 시험하고 표 3-22에 표시한 규정에 합격한 것으로 한다.

표 3-22 물의 품질규정

항목	품질
현탁(懸濁)물질의 양	2g/l 이하
용해성 증발 잔류물의 양	1g/l 이하
염소이온량	250mg/l 이하
시멘트의 응결시간의 차	초결은 30분 이내 종결은 60분 이내
모르타르의 압축강도 비율	재령 7일 및 재령 28일에서 90% 이상

⑤ 최근에는 레디믹스트콘크리트 공장에서 회수처리시설을 설치하도록 의무화하고 있어, 여기서 발생하는 회수수(回收水)를 사용할 경우에는 표 3-23의 품질규정을 만족해야 한다. 여기서 회수수라 함은 레디믹스트콘크리트(레미콘) 공장에서 운반차 플랜트의 믹서, 호퍼 등에 부착된 콘크리트 및 현장에서 되돌아오는 레디믹스트콘크리트를 세척하여 골재를 분리한 세척 배수한 물을 말하며, 슬러지수에서 슬러지 고형분(슬러지를 105~110℃에서 건조시켜 얻어진 것)을 침강 또는 기타 방법으로 제거한 상징수(上澄水)와 콘크리트 회수수에서 상징수를 일부 활용하고 남은 슬러지인 슬러지수가 있다. 여기서 슬러지(sludge)란 슬러지가 농축되어 유동성을 잃어버린 상태를 말한다. 상징수는 콘크리트 배합수(配合水)로서 수돗물과 똑같이 사용해도 좋고 슬러지수를 사용할 경우 단위 슬러지 고형분율(1m^{3}의 콘크리트 배합에 사용되는 슬러지 고형분량을 단위시멘트양으로 나누어 질량 백분율로 표시한 비율)이 3% 이하가 되도록 농도를 조정하여 사용해야 한다.

표 3-23 회수수의 품질규정

항목	품질
염소이온량	250mg/l 이하
시멘트 응결시간의 차	초결은 30분 이내, 종결은 60분 이내
모르타르의 압축강도비	재령 7일 및 재령 28일에서 90% 이상

4 콘크리트 및 혼화재료

4-1 개 요

콘크리트(concrete)란 시멘트 · 골재(잔골재, 굵은골재) · 물 및 필요에 따라 혼화재료(混和材料)를 혼합한 것, 또는 그 경화물(硬化物)을 말한다. 콘크리트라는 말은 라틴어의 'concretus'에서 유래되어 '성장하는 것(to grow)'이라는 의미를 갖는다. 콘크리트에 골재를 사용하지 않는 것, 즉 시멘트와 물을 혼합한 것을 시멘트풀(cement paste)이라 하고 콘크리트에 굵은골재를 사용하지 않은 것, 즉 시멘트풀에 잔골재를 혼합한 것을 모르타르(mortar)라고 한다. 모르타르는 넓은 의미에서 말하면 콘크리트의 일종이다.

1788년에 바이캐트(L. J. Vicat)가 천연시멘트를, 1824년에는 조셉 애스프딘(Joseph Aspdin)이 소성에 의한 포틀랜드시멘트를 발명함에 따라 콘크리트의 생산, 시공기술도 발달되어 콘크리트는 다년간의 황금기를 누려 왔으며, 오늘날에는 강재 · 석재 · 목재 등과 함께 현대건축물의 구조용 재료로써 가장 중요하고 보편적이며 일반적으로 구득하기 쉬운 재료가 되었다.

콘크리트는 일반적으로 시멘트, 잔골재(모래), 굵은골재(자갈), 물, 공기로 조성되며, 이들이 차지하는 절대용적으로 비율로 표시하면 다음과 같다.

물	시멘트	잔골재(모래)	굵은골재(자갈)	공기
16~22%	9~15%	20~33%	35~48%	1~5%

일반적인 균질의 양호한 콘크리트란 필요한 강도, 내구성 및 경제성의 세 가지 조건을 동시에 만족시키는 콘크리트를 말한다. 이와 같은 콘크리트를 만들기 위해서는 시멘트, 골재 등의 재료 선정 및 배합을 적절히 하고 혼합, 운반, 타설, 다지기, 양생 등 시공 전반에 걸쳐 품질관리에 세심한 주의를 해야 한다.

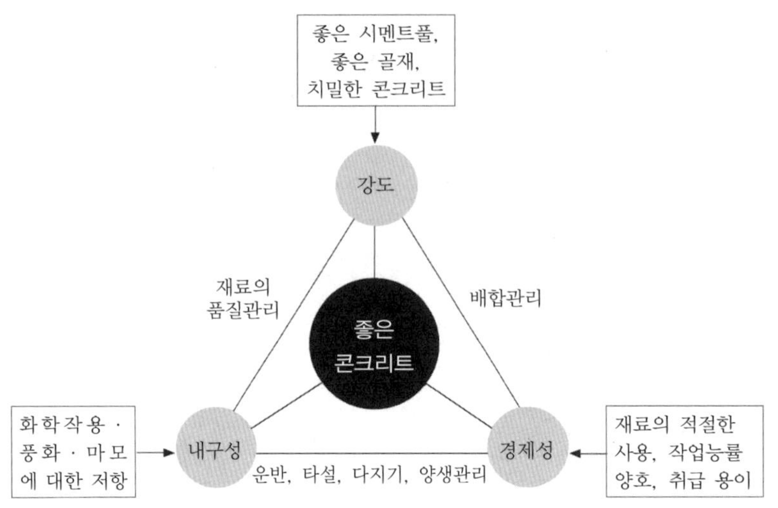

콘크리트는 건축물뿐만 아니라 토목구조물에 다량으로 사용되는 재료로서 다음과 같은 장 · 단점을 가지고 있다.

◎ 장점

① 크기나 모양에 제한을 받지 않고 부재나 구조물을 만들기가 용이하다.
② 압축강도가 다른 재료에 비해 비교적 크고 필요로 하는 임의의 강도를 자유롭게 얻을 수 있다.
③ 내화성, 차음성, 내구성, 내진성 등이 양호하다.
④ 성분상 강알칼리성이 있어 철강재의 방청상 유효하다.
⑤ 시공 시에 특별한 숙련을 요하지 않는다.
⑥ 비교적 값이 싸고 유지비가 거의 들지 않는 등 다른 재료에 비해 경제적이다.
⑦ 역학적인 결점은 다른 재료를 사용하여 보충 또는 개선할 수 있다.

◎ 단점

① 자중(自重)이 비교적 크다.
② 압축강도에 비해 인장강도와 휨강도가 작다.
③ 건조수축성이 있어 균열이 생기기 쉽다.
④ 재생이 어렵고 개수나 철거 시 파괴가 곤란하다.
⑤ 경화하는 데 시간이 걸리기 때문에 시공일수가 길다.
⑥ 제조공정에 있어서 여러 가지 불안전한 조건과 요인이 있어 품질관리 면에서 불확실하고 신뢰도가 결여되어 있다.

4-2 콘크리트의 분류

콘크리트는 성질 면에서 굳지 않은 콘크리트(fresh concrete)와 경화된 콘크리트(hardened concrete)로 크게 나눌 수 있다. 그러나 일반적으로는 경화된 콘크리트를 의미하는 것이다. 콘크리트를 보통무근콘크리트, 철근콘크리트, 특수콘크리트로 대별하기도 한다.

굳지 않은 콘크리트

경화된 콘크리트

그림 4-1 콘크리트

콘크리트는 여러 조건, 즉 중량, 생산방법, 시공방법, 기후조건, 보강재료의 종류, 양생방법 등에 의해 여러 가지로 나눌 수 있는데, 이에 대한 분류를 하면 표 4-1과 같다.

표 4-1 콘크리트의 분류(종류)

<table>
<tr><th colspan="2">분류</th><th>종 류</th></tr>
<tr><td colspan="2">(1) 중량에 따른 분류</td><td>① 보통콘크리트(normal concrete)
② 경량콘크리트(light-weight concrete)
③ 중량콘크리트(heavy-weight concrete)</td></tr>
<tr><td rowspan="3">(2) 재료의 보강에 의한 분류</td><td>철강재 보강</td><td>① 철근콘크리트(reinforced concrete)
② 프리스트레스트콘크리트(prestressed concrete)
③ 섬유보강콘크리트(fiber reinforced concrete)</td></tr>
<tr><td>합성수지 보강</td><td>① 폴리머콘크리트(polymer concrete : PC)
② 폴리머시멘트콘크리트(polymer cement concrete : PCC)
③ 폴리머함침콘크리트(polymer impregnated concrete : PIC)</td></tr>
<tr><td>섬유 보강</td><td>① 유리섬유보강콘크리트(glass fiber reinforced concrete : GRC, GFRC)
② 강섬유보강콘크리트(steel fiber reinforced concrete : SFRC)
③ 탄소섬유보강콘크리트(carbon fiber reinforced concrete : CFRC)
④ 아라미드섬유보강콘크리트(alamide fiber reinforced concrete : AFRC)
⑤ 비닐론섬유보강시멘트복합체(vinylon fiber reinforced concrete : VFRC)
⑥ 폴리프로필렌섬유보강콘크리트(polypropylene fiber reinforced concrete : PFRC)
⑦ 천연섬유보강콘크리트(natural fiber reinforced concrete : NFRC)</td></tr>
</table>

분류	종 류
(3) 생산 및 시공 방법에 의한 분류	① 레디믹스트콘크리트(ready mixed concrete) ② 프리캐스트콘크리트(precast concrete) ③ 프리팩트콘크리트(prepact concrete) ④ 펌프콘크리트(pump-concrete) ⑤ 수중콘크리트(under-water concrete) ⑥ 유동화콘크리트(super plasticizer concrete) ⑦ 고강도콘크리트(high strength concrete) ⑧ 해양콘크리트(ocean concrete) ⑨ 포장콘크리트(paving concrete) ⑩ 매스콘크리트(mass concrete) ⑪ 댐콘크리트(dam concrete) ⑫ 뿜어붙이기 콘크리트(shotcrete, shot-concrete, pneumatically applied concrete) ⑬ 도포콘크리트(lining concrete) ⑭ 진동다짐콘크리트(vibrating compact concrete) ⑮ 진공콘크리트(vaccum concrete)
(4) 기후상태에 의한 분류	① 한중콘크리트(winter concreting, cold-weather concreting) ② 서중콘크리트(hot-weather concreting)
(5) 수밀성에 의한 분류	① 수밀콘크리트(water tight concrete) ② 방수콘크리트(water proof concrete)
(6) 양생방법에 의한 분류	① 상압증기양생 콘크리트(hot-mixed concrete) ② 고압증기양생 콘크리트(autoclave concrete)
(7) 내구성에 의한 분류	① 내산콘크리트(acid resisting concrete) ② AE콘크리트(air-entraining concrete) ③ 고내구성콘크리트(high performace concrete)
(8) 기포(가스)를 넣는 것에 의한 분류	① 기포콘크리트(cellular(gas) concrete) ② 다공질콘크리트(porous concrete)
(9) 석회 경화시킨 것에 의한 분류	① 석회경화콘크리트(lime silicate concrete) ② 방사선차폐용 콘크리트(radial rays shielding concrete)
(10) 기타	① 재성골재콘크리트(recycled aggregate concrete) ② 전기전도성콘크리트(electrically conductive concrete) ③ 강관충전콘크리트(concrete filled steel tube : CFT) ④ 저발열시멘트콘크리트(low-heat cement concrete)

4-3 굳지 않은 콘크리트의 성질

굳지 않은 콘크리트(fresh concrete)란 비빔 직후부터 응결과정을 거쳐 소정의 강도를 나타낼 때까지의 콘크리트를 말한다. 굳지 않은 콘크리트가 구비해야 할 조건은 다음과 같다.

① 운반, 부어넣기, 다지기 및 마무리의 각 시공단계에서 작업이 용이할 것
② 시공 시 및 그 전후에 있어서 재료분리가 적을 것
③ 거푸집에 부어넣은 후 많은 블리딩(bleeding · 浮遊水)이 생기지 않는 조성을 가져야 하며, 균열 등 유해한 현상이 발생하지 않을 것

굳지 않은 콘크리트의 성질을 나타내기 위하여 반죽질기(consistency 또는 流動性), 워커빌리티(workability 또는 施工性), 플라스티시티(plasticity 또는 成形性), 피니셔빌리티(finishability 또는 磨勘性), 유동성(mobility), 점성(viscosity), 다짐성(compactibility), 안정성(stability), 펌퍼빌리티(pumpability 또는 펌프 壓送性) 등의 용어가 사용되는데, 건축공사표준시방서 또는 콘크리트표준시방서에서 규정하고 있는 용어의 정의는 다음과 같다.

반죽질기(consistency) 주로 물의 양이 많고 적음에 따른 반죽이 되고 진 정도를 나타내는 굳지 않은 콘크리트의 성질을 말한다. 반죽질기를 컨시스턴시라고 부르기도 한다.

워커빌리티(workability) 반죽질기 여하에 따르는 작업의 난이의 정도 및 재료분리에 저항하는 정도를 나타내는 굳지 않은 콘크리트의 성질을 말한다.

플라스티시티(plasticity) 거푸집에 쉽게 다져 넣을 수 있고, 거푸집을 제거하면 천천히 형상이 변하기는 하지만 허물어지거나 재료가 분리되지 않는 굳지 않은 콘크리트의 성질을 말한다.

피니셔빌리티(finishability) 굵은골재의 최대치수, 잔골재율, 잔골재의 입도, 반죽질기 등에 따르는 마무리하기 쉬운 정도를 나타내는 굳지 않은 콘크리트의 성질을 말한다.

(1) 반죽질기 및 워커빌리티

◎ 반죽질기(consistency)

콘크리트의 반죽질기는 콘크리트의 워커빌리티를 나타내는 하나의 지표이나 어디까지나 일면만을 나타내는 데 불과하다. 반죽질기는 보통 슬럼프시험에 의한 슬럼프값으로 표시되는

것이 일반적이다.

반죽질기는 단위수량이 많을수록 커지고, 그림 4-2와 같이 콘크리트의 온도가 높을수록 작아진다.

반죽질기는 콘크리트의 워커빌리티에 크게 영향을 주고 있으나 반죽질기의 값이 큰 것이 반드시 시공하기에 적당한 것이라고는 할 수 없다. 또한 같은 슬럼프값을 나타내는 연도(軟度)의 것이라도 워커빌리티가 동일하다고는 할 수 없다.

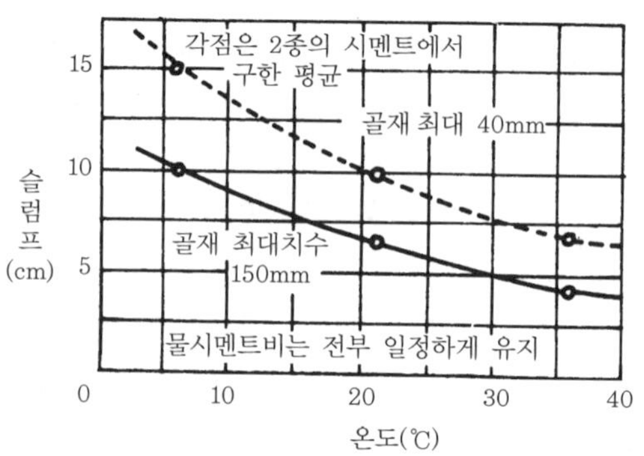

그림 4-2 콘크리트 비빔온도와 슬럼프의 관계

◎ 워커빌리티(workability)

워커빌리티(施工軟度)는 굳지 않은 콘크리트의 품질을 판정하는 필수조건이다. 그러나 워커빌리티는 정량적인 수치로 표시하기는 곤란하므로 정성적(定性的)으로 표시할 수밖에 없고 그 판정에는 충분한 경험을 요한다. 작업에 적합한 워커빌리티는 시공방법, 구조물의 종류 등에 따라서 달라지므로 동일한 콘크리트라 하더라도 워커빌리티의 양부는 다르다.

일반적으로 워커빌리티의 양부는 반죽질기에 좌우되는 경우가 많다. 보통 묽을수록 워커빌리티가 좋다고 하는 경우가 많으나 반죽질기가 너무 좋아도 재료의 분리라는 측면에서는 워커빌리티가 나빠지므로 워커빌리티의 평가에는 경험에 기초를 둔 판정이 중요하다. 워커빌리티의 평가는 경험적인 요소에 의하여 평가되어 왔으나, 레올로지(rheology : 물질의 변형과 유동을 이론적으로 취급하는 학문 분야)를 적용하여 정량적으로 평가하려는 연구가 행해지고 있다. 이 연구에 의하여 콘크리트 및 모르타르의 유동성과 점성의 관계도 더욱 명확하게 규명될 것이다.

◎ 워커빌리티에 영향을 미치는 요인

워커빌리티는 복잡한 성질로 인해 영향을 주는 요인은 상당히 많으나 그중에서 주된 요인이라고 생각되는 것은 시멘트의 양, 시멘트의 품질, 단위수량, 잔골재 및 굵은골재의 입도와 입형, 배합, 혼화재료, 비빔 등을 들 수 있다.

① 단위시멘트의 양 : 시멘트양의 많고 적음에 따라 워커빌리티는 크게 영향을 받는다. 일반적으로 시멘트양이 많을수록 콘크리트는 워커블(workable)하게 된다. 반면에 시멘트양이 적으면 재료분리의 형상을 갖게 된다. 따라서 일반적으로 부배합(rich mix, fat mix)의 경우가 빈배합(lean mix)의 경우보다 워커빌리티가 좋다고 할 수 있다.

② 시멘트의 품질 : 시멘트의 종류, 분말도, 풍화의 정도에 따라 워커빌리티가 달라진다. 혼합시멘트는 일반적으로 보통포틀랜드시멘트에 비해 워커빌리티가 좋으며, 동일한

콘크리트를 워커블하게 만드는 데 필요한 단위수량의 값이 '초조강>조강>보통'의 순으로 되는 것은 분말도에 의한 것이다. 반대로 분말도가 블레인값으로 2,800cm^2/g 이하인 경우에는 시멘트풀의 점성이 너무 적기 때문에 반죽질기는 커져도 재료분리가 쉽게 되어 워커빌리티가 나빠진다. 풍화한 시멘트이거나 이상응결이 생기는 시멘트가 워커빌리티를 나쁘게 하는 것은 당연한 사실이다.

③ 단위수량 : 단위수량이 많을수록 콘크리트는 묽게 된다. 단위수량이 약 1.2%(묽은비빔의 경우는 1.5%) 증가하면 슬럼프가 1cm 증가한다. 그러나 단위수량을 증가시키면 재료분리를 일으키기 쉽고 워커빌리티가 좋아진다고 볼 수 없다. 반대로 단위수량이 너무 적으면 모르타르의 유동성이 작아져서 콘크리트가 된비빔이 되어 타설작업이 매우 어려워진다.

④ 잔골재의 입도와 입형 : 잔골재의 입도는 워커빌리티에 큰 영향을 준다. 특히 0.3mm 이하의 세립분(細粒紛)은 콘크리트에 점성을 주고 플라스티시티를 좋게 한다. 그러나 세립분이 많으면 반죽질기가 작아지므로 작고 큰 입자가 적당한 비율로 혼합되어 있는 것이 좋다. 입형이 둥글둥글한 자연모래(강모래)가 모가 진 부순모래보다 워커빌리티가 좋고 시멘트풀도 적다.

⑤ 굵은골재의 입도와 입형 : 굵은골재의 입도도 잔골재의 경우와 같이 워커빌리티에 큰 영향을 미친다. 일반적으로 모가 진 깬자갈을 사용하면 워커빌리티가 나빠지고, 둥글둥글한 강자갈이 워커빌리티가 가장 좋다. 굵은골재의 최대치수는 단면 · 배근(配筋) · 다짐조건 등을 고려한 후 될 수 있는 대로 큰 것을 택하는 것이 경제적이다.

⑥ 배합 : 적정한 배합을 갖지 못하면 워커빌리티가 좋지 않다. 시멘트양, 물시멘트비, 잔골재율, 잔골재와 굵은골재의 비 등 재료의 구성비율은 워커빌리티에 큰 영향을 미친다.

⑦ 공기량 및 혼화재료 : 혼화재료를 사용하면 콘크리트의 특성을 개량할 수 있다. AE제(air-entraining agent), 감수제, 플라이애시(fly-ash) 등을 사용하면 단위수량이 감소하고, 공기의 연행 등에 따라 워커빌리티가 크게 개선된다. 그 정도는 공기량 1%의 증가에 대하여 슬럼프가 2cm 정도 커지며 슬럼프를 일정하게 하면 단위수량을 약 3% 저감할 수 있다. 공기량의 워커빌리티 개선효과는 빈배합의 경우에 현저하다. AE제를 혼입하면 공기량이 증가되어 공기량과 거의 같은 용적의 모래량을 감소시킬 수 있고 콘크리트의 타설과 취급도 편리하게 된다. 감수제는 단위수량을 감소시키는 효과를 갖게 하여 필요한 워커빌리티를 얻는 데 도움을 주며, 플라이애시는 구상(球狀)의 미세립분이기 때문에 볼베어링(ball bearing) 작용에 의해 워커빌리티를 개선한다.

⑧ 비빔시간 및 온도 : 충분한 비빔을 하면 워커빌리티가 좋아진다. 비빔시간이 너무 길면 수화작용을 촉진시켜 워커빌리티가 나빠지고 너무 짧으면 콘크리트가 균질하지 못하기 때문에 워커빌리티가 나빠진다. 그리고 온도가 높을수록 슬럼프는 감소하고 반

죽질기는 저하한다.

워커빌리티의 측정

현재 콘크리트의 워커빌리티를 정확하게 측정하는 방법이 확립되지 않아 워커빌리티를 정량적으로 나타내지는 못하고 있으며, 반죽질기의 정도를 가지고 워커빌리티를 대표하는 경우가 많다. 콘크리트의 워커빌리티는 반죽질기에 의해 좌우되는 경우가 많으므로 일반적으로 반주질기를 측정하여 그 결과에 따라 워커빌리티의 정도를 판단한다.

워커빌리티 측정방법은 과거부터 여러 가지 방법이 제안되어 왔으나 주요 시험방법으로는 슬럼프시험, 다짐계수시험, 비비(vee-bee)시험, 구관입시험, 흐름시험, 리몰딩(remolding) 시험 등을 들 수 있다.

1) 슬럼프시험

콘크리트의 반죽질기를 간단히 측정할 수 있는 방법으로 여러 나라에서 가장 많이 이용되고 있다. 슬럼프시험 방법은 한국산업규격(KS F 2402)에서 정하고 있는 포틀랜드시멘트 콘크리트의 슬럼프시험 방법에 따른다.

슬럼프시험 기구

① 수밀평판(편평하고 비흡수성의 단단한 평판)

② 슬럼프콘(slump test cone ; 밑변의 안지름이 20cm, 윗변의 안지름이 10cm, 높이가 30cm인 원추형의 금속제로서 밑면과 윗면은 뚫려 있고 서로 평행하고 원추의 축에 직각으로 된 것)

③ 다짐대(tamper ; 지름 16mm, 길이 60cm인 원형 강봉으로서 한쪽 끝은 지름 16mm의 반구형으로 둥글게 된 것)

④ 슬럼프 측정자

⑤ 기타(소형 삽, 흙손, 콘크리트 믹서, 헝겊, 온도계)

콘크리트 시료

슬럼프를 측정할 콘크리트 시료는 굳지 않은 콘크리트의 시료 채취 방법(KS F 2401)에 따라 채취한 시료

슬럼프시험 방법

① 수밀 평판을 수평으로 설치하고 슬럼프 콘을 젖은 걸레를 내부를 닦은 후, 수밀평판 위에 놓고 콘크리트 시료를 채워 넣을 동안 2개의 발판을 딛고 서로 움직이지 않게 고정시킨다.

② 콘크리트 시료를 슬럼프 콘 용적의 약 1/3씩 되도록 3층으로 나누어 부어 넣어 채운다. 이때 슬럼프 콘 용적의 처음 약 1/3은 바닥에서 7cm만 넣고, 다음의 약 1/3은 바닥에서 16cm까지만 넣는다.

③ 각 층을 다짐대로 25회씩 단면 전체에 골고루(바깥쪽에서 중앙을 향해 우측방향으로) 다진다. 최하층(처음 약 1/3)의 다짐은 다짐대를 약간 기울여서 다짐횟수의 약 절반을 둘레에 따라 다지고 그 다음에 다짐대를 수직으로 중심을 향해 나선상으로 다져 나간다. 최하층은 전 깊이를 다지고, 둘째 층과 최하층은 각각 그 층의 깊이만 다지는데, 그 아래층에 약간 관입하도록 동일 요령으로 25회씩 골고루 다진다.

④ 최상층을 채워서 다질 때는 슬럼프 콘 위에 높이 쌓은 후 다지기 시작하여 25회 골고루 다진다. 만일 마지막 다진 후 슬럼프 콘의 상단보다 다진 콘크리트 시료의 높이가 아래에 있으면, 여분의 콘크리트 시료를 추가하여 슬럼프 콘 윗면에 있도록 한다.

⑤ 최상층을 모두 다졌으면 흙손을 이용하여 평면으로 고르고, 콘크리트 시료로부터 슬럼프 콘을 조심성 있게 수직방향으로 벗긴다. 이때 슬럼프 콘을 벗기는 작업은 5초 정도로 끝내야 하며, 콘크리트 시료를 슬럼프 콘에 채우기 시작하여 벗길 때까지의 전 작업을 중단함이 없이 2분 30초(150초) 이내에 끝내야 한다.

⑥ 앞의 작업이 끝나고 콘크리트 시료가 충분히 주저앉은 다음, 슬럼프 콘의 높이와 콘크리트 시료 공시체(test piece) 밑면의 원 중심으로부터의 공시체 높이와의 차(정밀도 0.5cm)를 구하여 cm 단위로 나타낸 것을 슬럼프 값으로 한다.

【참고】 ① 슬럼프시험을 끝낸 즉시 다짐대를 이용하여 콘크리트의 측면을 가볍게 두들겨 보거나 바닥판에 진동을 주어 변형하는 모양을 관찰하는 것은 콘크리트의 워커빌리티를 판단하는 참고자료가 된다.

② 만일, 실시한 콘크리트 시료에 대한 연속시험이 모두 무너져버리거나 또는 공시체 덩어리로부터 콘크리트의 일부분이 전단되어 떨어지면 이 콘크리트는 슬럼프시험을 하는 데 필요한 소성과 점성이 결핍된 것으로, 이 경우는 잔골재율을 높여주는 등 콘크리트의 배합을 조정해주어야 한다.

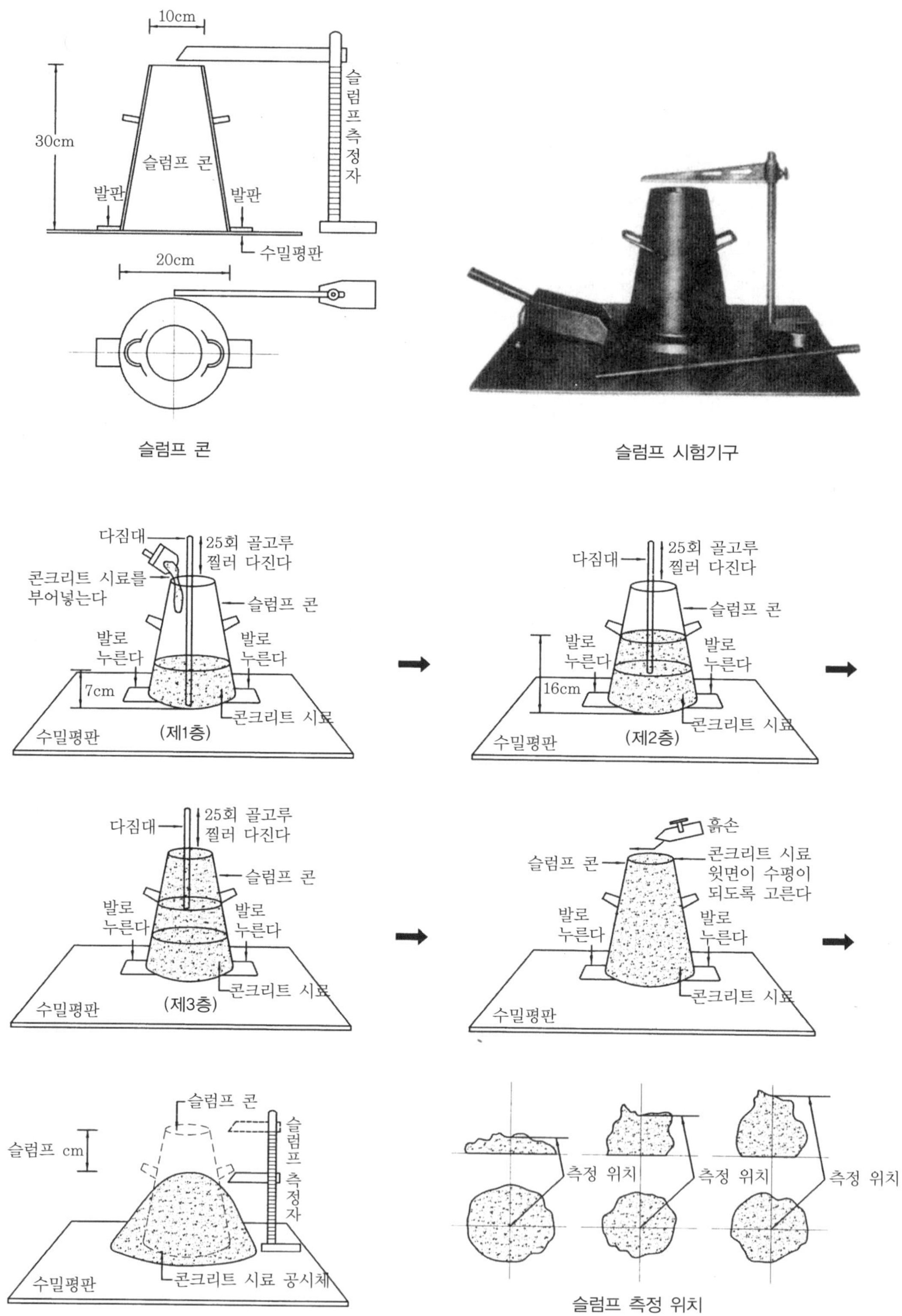
10cm
30cm
슬럼프 콘
발판
발판
슬럼프측정자
수밀평판
20cm
슬럼프 콘
슬럼프 시험기구
다짐대
25회 골고루 찔러 다진다
콘크리트 시료를 부어넣는다
슬럼프 콘
발로 누른다
발로 누른다
7cm
콘크리트 시료
수밀평판
(제1층)
다짐대
25회 골고루 찔러 다진다
슬럼프 콘
발로 누른다
발로 누른다
16cm
콘크리트 시료
수밀평판
(제2층)
다짐대
25회 골고루 찔러 다진다
슬럼프 콘
발로 누른다
발로 누른다
콘크리트 시료
수밀평판
(제3층)
흙손
슬럼프 콘
콘크리트 시료 윗면이 수평이 되도록 고른다
발로 누른다
발로 누른다
콘크리트 시료
수밀평판
슬럼프 콘
슬럼프 cm
슬럼프측정자
수밀평판
콘크리트 시료 공시체
측정 위치
측정 위치
측정 위치
슬럼프 측정 위치

그림 4-3 슬럼프 시험

슬럼프값은 슬럼프 콘(슬럼프 몰드 : slump mould라고도 함)에 다져넣는 높이에서 슬럼프 콘을 벗겨 콘크리트가 무너져 내린 높이를 cm로 표시한 것이다. 이 슬럼프값이 큰 것일수록 반죽질기가 좋은 콘크리트이다. 그러나 콘크리트의 반죽질기는 작업에 알맞은 범위 내에서 가능한 슬럼프값이 작은 것이어야 한다. 건축공사에 쓰이는 슬럼프값은 표 4-2와 같다.

표 4-2 표준 슬럼프값

(단위 : cm)

장소	진동다짐이 아닐 때	진동다짐일 때
기초 · 바닥판 · 보	15~18	5~10
기둥 · 벽	18~21	10~15

슬럼프	좋음	나쁨
15~18cm	 균등한 슬럼프, 충분한 끈기가 있다.  무너져 내리지만 끈기가 있다.	 끈기가 없고 부분적으로 무너진다.  무너져서 터슬터슬 허물어진다.
20~22cm	 미끈하게 넓혀지고 골재의 분리가 없다.	 밑기슭은 시멘트풀이 흘러내린다.  골재가 분리되어 위에 뜬다.

그림 4-4 슬럼프시험 결과 형상 및 판별

2) 다짐계수시험(compacting factor test)

그림 4-5(a)와 같은 시험기를 사용하여 측정한다. A용기에 콘크리트를 다져서 B용기에 낙하시킨 다음 다시 C용기에 낙하시킨다. 이때 C용기에 채워진 콘크리트의 중량(ω)을 측정하고, 용기와 동일한 용기에 콘크리트를 충분히 채워 다진 후 중량(W)을 측정하여 ω/W의 값을 구하여 그 값을 다짐계수로 한다.

이 시험은 슬럼프시험보다 정확하고 민감하며 특히 진동다짐을 해야 하는 된비빔의 콘크리트에 유효하다.

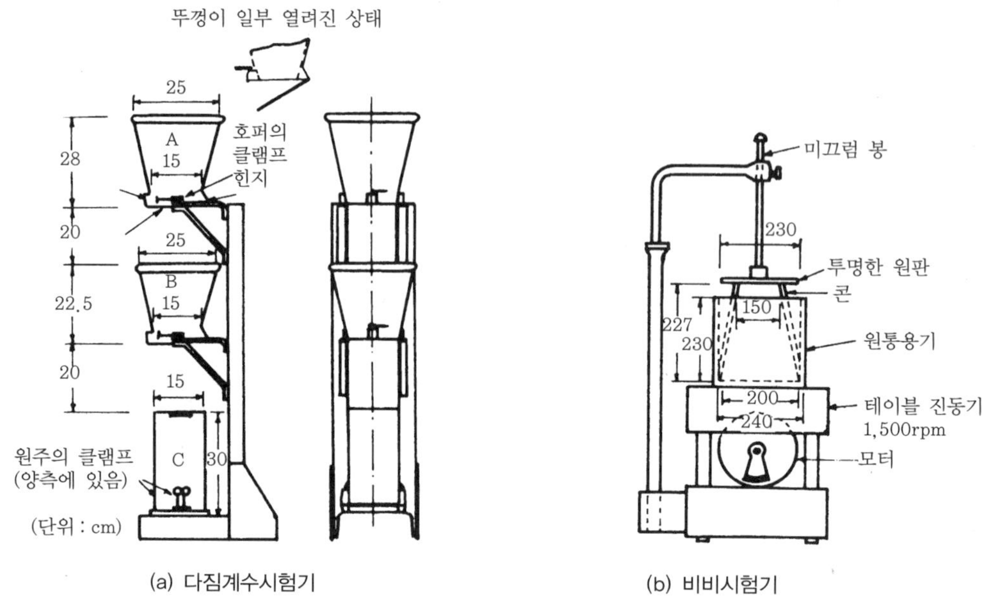

(a) 다짐계수시험기 (b) 비비시험기

그림 4-5 다짐계수시험기 및 비비시험기

3) 비비시험(Vee-Bee test)

비비시험은 그림 4-5(b)와 같이 진동대 위에 원통용기를 고정시켜 놓고 그 속에 슬럼프 시험과 같은 조작으로 슬럼프시험을 실시한 후, 투명한 플라스틱 원판을 콘크리트면 위에 놓고 진동을 주어 원판의 전면에 콘크리트가 완전히 접할 때까지의 시간을 초(sec)로 측정하는 시험으로 측정값을 VB값(Vee-Bee degree) 또는 침하도라고 한다. 이 시험방법은 슬럼프시험으로 측정하기 어려운 비교적 된비빔콘크리트에 적용하기가 좋다.

슬럼프값과 VB값을 대비해보면 표 4-3과 같다.

표 4-3 슬럼프값과 VB값의 관계

슬럼프(cm)	0	1	2	3	4	5	6	7	8	10	12	14
VB값	10	6.5	5	4	3.2	2.8	2.3	2.0	1.8	1.4	1.1	0.9

4) 구 관입시험(all penetration test)

그림 4-6(a)와 같은 시험기를 사용한다. 반구형(半球形)으로 된 강제의 켈리볼(kelly ball, 13.6kg)을 콘크리트 위에 천천히 놓으면 켈리볼이 콘크리트 속으로 관입(貫入)한다. 그 깊이를 cm 단위로 읽는다. 이 시험으로 측정한 관입값의 1.5~2.0배가 대체로 슬럼프값이 된다. 이 시험은 조작이 간단하여 현장의 콘크리트 관리에 적합하고 특히 경량콘크리트의 시험에 유효하다. 이 시험을 켈리볼시험이라고 한다.

5) 흐름시험(flow test)

그림 4-6(b)와 같은 시험기를 사용한다. 흐름시험판(flow-table) 위에 슬럼프 콘을 놓고 콘크리트를 2층으로 나누어 투입하여 각각 25회씩 다진 다음 수직으로 들어 올리고 흐름시험판을 상하 운동으로 낙하시켜 콘크리트가 흘러 퍼진 지름을 6방향으로 측정하여 그 평균값을 슬럼프 콘 밑지름에 대한 백분율을 흐름값(flow value)으로 표시한다. 이 시험은 측정 시 골재의 분리까지 육안으로 관찰할 수 있는 이점이 있으며 고강도콘크리트 관리에 이용한다.

6) 리몰딩시험(remolding test)

그림 4-6(c)와 같은 시험기를 사용한다. 원통용기의 중앙에 슬럼프 콘을 놓고 슬럼프 콘과 원통 사이에 또 다른 원륜(圓輪)을 놓는다. 우선 슬럼프 콘에 콘크리트를 채운 후 슬럼프 콘을 빼내고 콘크리트를 위에 누름판을 얹어 놓고 상하 운동을 반복한다. 콘크리트가 유동하여 원통용기와 내측 원륜 사이를 채워 같은 높이가 될 때까지 낙하운동을 반복하여 그 낙하횟수로 반죽질기를 표시한다. 리몰딩시험에서는 슬럼프 시험보다 정확한 워커빌리티를 측정할 수 있다.

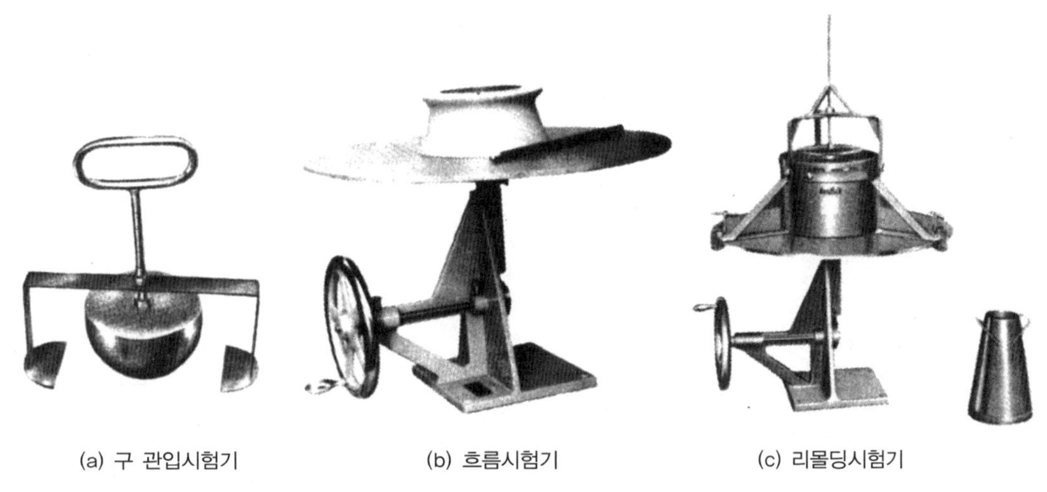

(a) 구 관입시험기 (b) 흐름시험기 (c) 리몰딩시험기

그림 4-6 구 관입시험기 · 흐름시험기 및 리몰딩시험기

(2) 재료의 분리

◎ 일반사항

콘크리트는 비중과 입자의 크기 등이 다른 여러 종류의 재료로 구성되므로 비비기(mixing), 운반, 다지기 등의 시공 중에 재료분리(segregation)를 일으키기 쉬운 경향이 있는데, 재료분리를 일으키면 콘크리트는 불균질하게 되어 강도 · 수밀성 · 내구성 등이 저하된다.

굳지 않은 콘크리트는 가능한 한 재료분리를 적게 함으로써 경화한 콘크리트를 균등질로 만들 수 있다. 재료분리는 콘크리트의 타설, 운반 등의 작업 중에 일어나는 것과 타설 후에 일어나는 것으로 구분할 수 있다.

재료분리의 원인이 되는 사항을 열거하면 다음과 같으며, 이로 인하여 콘크리트의 결함 부분이 되기 쉽다.

① 굵은골재의 최대치수가 지나치게 큰 경우
② 입자가 거친 잔골재를 사용한 경우
③ 단위골재량이 너무 많은 경우
④ 단위수량이 너무 많은 경우
⑤ 배합이 적절하지 않은 경우

따라서 재료분리현상을 줄이기 위해서는 다음과 같은 사항에 유의한다.

① 콘크리트의 플라스티시티(plasticity)를 증가시킨다.
② 잔골재율을 크게 한다.
③ 물시멘트비를 작게 한다.
④ 잔골재 중의 0.15~0.3mm 정도의 세립분을 많게 한다.
⑤ AE제 · 플라이애시 등을 사용한다.

일반적으로 부배합(rich mix)콘크리트, 슬럼프 5~10cm 정도의 콘크리트 및 AE콘크리트 등은 재료분리의 경향이 적다.

◎ 굵은골재의 분리

굵은골재의 분리는 모르타르 부분에서 굵은골재가 분리되어 불균일하게 존재하는 상태를 말한다. 굵은골재의 분리는 굵은골재와 모르타르의 비중차, 굵은골재와 모르타르의 유동특성차, 굵은골재 치수와 모르타르 중의 잔골재 치수의 차이 등이 원인이 되고, 이들 원인이 단독 또는 조합에 의해서 발생한다.

비중차에 기인한 분리에서는 모르타르 부분과 굵은골재의 비중차에 따라 굵은골재가 침강(沈降) 또는 부상(浮上)해서 분리가 발생한다. 이러한 분리는 양자의 비중차가 클수록, 슬럼프가 큰 콘크리트에서 모르타르 부분의 점성이 적을수록 현저하게 촉진된다.

경량콘크리트와 같이 굵은골재의 비중이 모르타르 부분보다 작으면 부상분리를 일으켜 표면에 떠오른 굵은골재가 다음에 타설되는 콘크리트와의 일체성을 저하시켜 콜드조인트(cold joint)의 원인이 되고, 분리의 정도가 심할 때에는 곰보현상을 발생하는 원인이 되기도 한다.

유동특성차에 기인한 분리로써 대표적인 것은 펌프압송 시의 관내(管內)분리이다. 이러한 분리는 관의 내부에서 콘크리트에 압송방향의 압력물매가 가해진 경우 유동성이 양호한 모르타르가 앞서 나가고 굵은골재가 뒤에 처지게 되어 발생하는 것이다. 이러한 분리는 어느 것이라도 곰보현상을 발생시키는 원인이 된다.

굵은골재 치수가 배근간격이나 철근의 피복두께에 비해 큰 경우에는 철근 위치에서 모르타르 부분만이 걸러져서 굵은골재가 남아 철근 위치에 따라 연이어 콜드조인트 현상의 불량개소(不良個所)가 생기게 된다.

◎ 시멘트풀 및 물의 분리

콘크리트 타설 후에는 블리딩현상에 의해 시멘트풀 및 물이 분리하게 되며, 이로 인하여 콘크리트면이 침하되어 콘크리트 균열의 원인이 된다. 또한 블리딩에 의해 레이턴스 현상이 생겨 시멘트풀의 부착력 및 수밀성이 저하되어 콘크리트에 나쁜 영향을 미치게 한다.

1) 블리딩(bleeding)

콘크리트 타설 후 시멘트, 골재입자 등이 침하에 따라 물이 분리 상승되어 콘크리트 표면에 떠오르는 현상을 블리딩이라 한다. 이러한 블리딩의 경우 어느 정도는 콘크리트의 마감을 용이하게 하고 소성수축 저감, 다짐효과에 의한 강도 증진 등의 이점도 있지만, 지나친 경우 상부의 콘크리트를 다공질로 만들어 품질을 저하시킬 뿐만 아니라 내부의 수로를 형성하여 수밀성 · 내구성을 저하시킨다. 또한 철근이나 굵은골재의 하부부분에 기포(氣泡)에 의한 공극의 발생으로 수막(水膜)을 만들어 시멘트풀과의 부착을 저해한다.

블리딩을 적게 하기 위해서는 단위수량을 적게 하고 골재입도가 적당해야 하며 AE제, 분산감수제, 플라이애시, 기타 적당한 혼화제를 사용한다. 보통 건축용 콘크리트의 경우 블리딩이 일어나는 시간은 40~60분 사이이며, 블리딩에 의해 부상(浮上)하는 물인 부상수의 양은 0.6~1.5% 정도이다.

콘크리트의 블리딩시험 방법은 한국산업규격(KS F 2414)에 규정되어 있다.

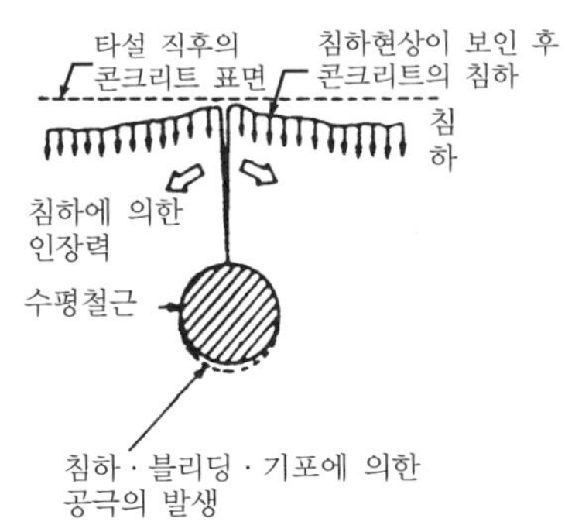

그림 4-7 콘크리트 침하에 의한 철근 상부의 침하균열과 철근 하부의 공극 발생

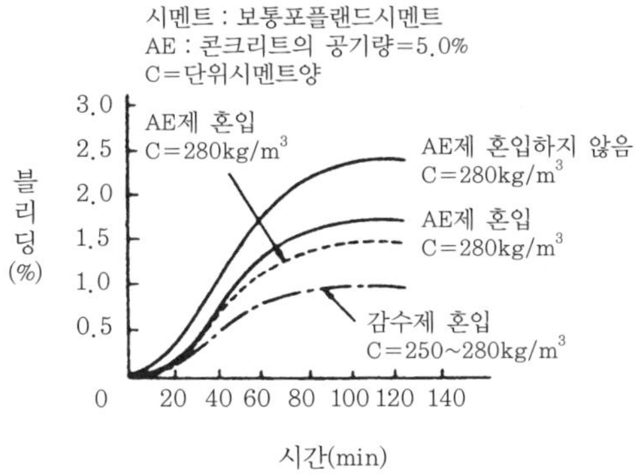

그림 4-8 콘크리트 블리딩시험 결과

2) 레이턴스(laitance)

블리딩에 의하여 콘크리트 표면에 떠올라 침전한 미세한 물질을 레이턴스라고 한다. 레이턴스는 강도와 접착력을 매우 저하시키므로 반드시 제거해야 한다. 레이턴스는 일반적으로 백색 또는 회백색의 미분말분이 집적(集積)한 성상을 이루고 취약(脆弱)하여 콘크리트 이음의 타설부분에 밀착성, 수밀성 등을 해친다.

일반적으로 물시멘트비가 큰 콘크리트의 경우에 레이턴스가 많이 생기고 풍화한 시멘트나 불순물(점토 등) 및 미세립분이 많은 골재를 사용했을 때도 많이 생긴다. 레이턴스는 시멘트 및 모래 속의 미립자의 혼합물로 굳어져도 강도가 거의 없을 뿐만 아니라, 콘크리트의 작업 이음 시 제거하지 않고 콘크리트를 타설하면 이 이음부가 약점의 원인이 되므로 콘크리트가 굳기 전에 또는 경화 후에 압축공기, 압력수 또는 마른 모래를 세게 뿜어 이를 제거한 후 표면이 충분히 젖은 상태로 콘크리트를 타설하는 것이 좋다.

(3) 공기량

AE제 또는 AE감수제를 사용하여 계획적으로 콘크리트 속에 발생시킨 미소하고 독립된 기포(氣泡)를 연행공기(entrained air) 또는 AE공기라 하고, AE제 등을 사용하지 않는 경우에도 콘크리트 속에 자연적으로 함유되어 있는 기포를 갇힌공기(entrapped air)라 한다.

콘크리트에 적당한 양의 연행공기를 분포시키면 콘크리트의 워커빌리티가 현저하게 개선된다. 또한 콘크리트의 수밀성이 높아져 동결융해(凍結融解)에 대한 내구성을 증대시키는 데도 큰 역할을 한다. 갇힌공기는 내구성에 전혀 효과가 없다.

공기량은 보통콘크리트에서는 1% 정도이지만 AE제 또는 AE감수제를 첨가함으로써 4~6% 정도가 된다. 공기량을 증가시키면 콘크리트의 강도가 저하하기 때문에 과다한 사용은 금한다. 따라서 AE제 또는 AE감수제를 사용하는 경우에는 공기량시험을 하여 과다한 공기량이 함유되지 않도록 확인해야 한다.

공기량은 일반적으로 골재 최대치수에 따라 4~6%로 하는 것을 표준으로 하는데, 굵은골재 최대치수가 적은 콘크리트일수록 공기량이 많이 필요하다. 이것은 연행된 공기량이 모르타르 속에 존재하고 모르타르 속의 기포가 균질하게 분포되어 있어야 하기 때문이다.

일정량의 AE제 또는 AE감수제를 사용한 경우에 연행되는 공기량은 일반적으로 물시멘트비가 클수록, 슬럼프가 클수록, 시멘트의 분말도가 거칠수록, 단위잔골재량이 많을수록, 콘크리트의 온도가 낮을수록 많아진다.

(4) 응결 및 경화

콘크리트가 유동적인 상태에서 겨우 형체를 유지할 수 있을 정도로 엉키는 초기작용을 응결(setting)이라 하고, 응결이 끝난 콘크리트가 시간의 경과에 따라 굳어져 강도가 증진되는 현상을 경화(hardening)라 한다. 콘크리트가 응결하는 시간인 응결시간(setting time)은 15~25℃에 물을 뿌려 1시간 후에 응결이 시작하여 10시간 이내에 끝나는 시간으로 정하고 있으며, 실제로는 2~4시간 정도이다.

콘크리트의 응결은 시멘트의 품질뿐만 아니라 콘크리트의 배합, 골재 및 콘크리트 용수에 포함된 성분, 기상조건, 시공조건에 따라서 영향을 받는다.

콘크리트의 응결은 기본적으로 시멘트의 응결작용에 기인한 것이므로 일반적으로 조강성의 시멘트일수록 빠르고, 또한 동일 시멘트를 사용하여도 슬럼프가 작을수록, 물시멘트비가 작을수록 빨라지는 경향이 있다. 그리고 골재나 콘크리트용수에 포함되어 있는 성분 중 바다모래나 해수 중에 포함된 염분은 응결을 빨리 일으키고 당류나 부식토 등에 포함된 유기물은 반대로 늦다. 또한 고온, 저습, 일사, 바람 등이 응결을 빠르게 하는데 특히 온도의 높고 낮음에 따라 응결에 많은 영향을 받는다.

(5) 초기균열

콘크리트 거푸집에 타설한 후부터 응결이 종결하기까지 발생하는 균열을 일반적으로 초기균열이라 부르고 있다. 콘크리트를 타설한 다음날 발견하는 것이 대부분이기 때문에 1일 이내의 균열이라고 하는 경우도 있다.

초기균열은 그 원인에 의해 침하 수축균열, 플라스틱 수축균열(초기건조균열), 거푸집 변형에 따른 균열 및 진동 · 재하에 따른 균열 등으로 크게 나눌 수 있다.

◎ 침하 수축균열

침하 수축균열은 콘크리트 타설 후 콘크리트의 표면 가까이에 있는 철근, 매설물 또는 입자가 큰 골재 등이 콘크리트의 침하를 국부적으로 방해하기 때문에 일어난다. 균열이 발생하여 커지는 정도는 블리딩이 큰 콘크리트일수록 높아진다.

균열은 콘크리트 타설 후 1시간 정도 경과한 후 일어나기 쉬운데, 콘크리트 타설 후 거푸집 이동 또는 시멘트의 이상응결 등의 원인에 의하여 콘크리트 표면에 균열이 발생했을 경우에는 침하가 종료한 단계에서 새로 다시 표면의 마무리를 하여 메워주는 것이 좋다.

◎ 플라스틱 수축균열

콘크리트 표면의 물의 증발속도가 블리딩 속도보다 빠른 경우와 같이 급속한 수분증발이 일어나는 경우에 콘크리트 마무리면에 생기는 가늘고 얇은 균열을 말한다.

이 플라스틱 수축균열을 방지하기 위해서는 수분의 증발을 방지하고 마무리를 지나치게 하거나 콘크리트 표면에 급격한 온도변화가 일어나지 않도록 해야 한다.

4-4 경화된 콘크리트의 성질

경화된 콘크리트란 소정의 강도를 나타낸 콘크리트를 말한다. 경화된 콘크리트의 주요 성질로서 강도, 변형, 중량, 체적변화, 수밀성, 내화성, 열적성질, 내구성 등을 들 수 있다.

(1) 콘크리트의 강도 이론

◎ 물시멘트비설(water cement ratio theory)

1919년 에이브람스(D. A. Abrams)에 의해 제시된 이론으로서 콘크리트가 워커블(workable)하고 플라스틱(plastic)하면 그 배합의 여하에 관계없이 물시멘트비만으로 콘크리트의 강도가 결정된다는 것이다. 그 관계는 다음 식으로 나타낼 수 있다.

$$F_c = A/B^x$$

여기서, F_c : 콘크리트의 압축강도

A, B : 시멘트 품질 등에 의해 결정되는 상수

x : 물시멘트비($x = W/C$)

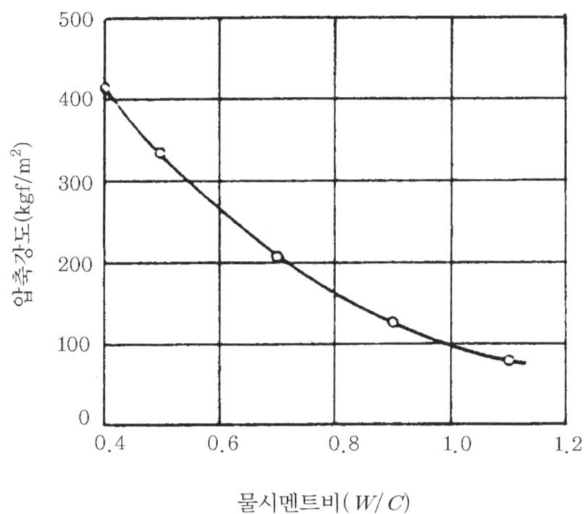

그림 4-9 물시멘트비와 압축강도의 관계

◎ 시멘트물비설(cement-water ratio theory)

1932년 리세(I. Lyse)에 의해 제시된 이론으로서 콘크리트의 강도와 시멘트물비가 직선적인 관계에 있다는 것이다.

$$F_c = A + B(C/W)$$

여기서, F_c : 콘크리트의 압축강도

A, B : 실험상수

C/W : 시멘트물비

이것은 이용상 간편하므로 보통콘크리트의 배합설계 등에 유효하게 이용되고 있다.

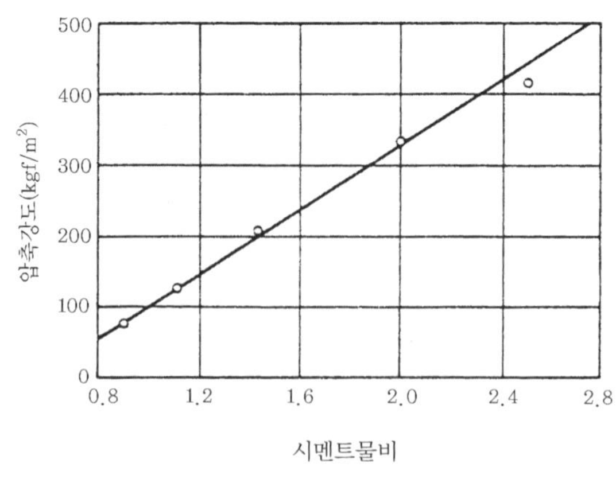

그림 4-10 시멘트물비와 압축강도의 관계

◎ 시멘트 공극비설(cement-void ratio theory)

1921년 탤버트(A. N. Tallbot)에 의해 제시된 이론으로서 콘크리트 강도는 공극시멘트비에 의해 지배된다는 설이며, 다음과 같은 식으로 나타낸다.

$$F_c = A + B(v/c)$$

여기서, F_c : 콘크리트의 압축강도

A, B : 상수

C : 시멘트의 절대용적

v : 공극의 용적(단위수량의 용적과 단위 콘크리트 중의 공기용적의 합계)

이것은 된비빔의 콘크리트에서 공극이 남아 있는 경우 또는 AE콘크리트 등의 경우에 적용한다.

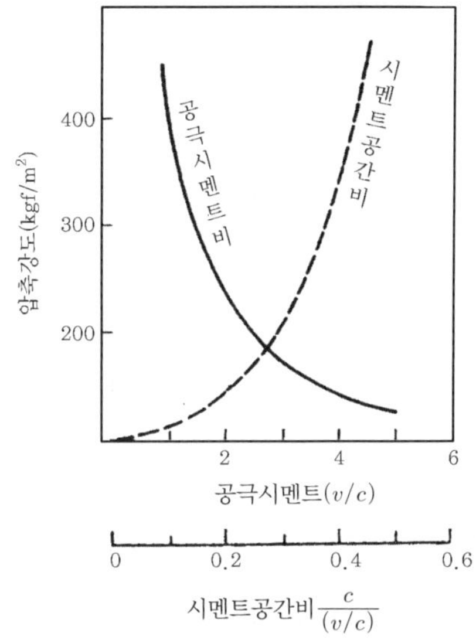

그림 4-11 공극시멘트비, 시멘트공간비와 압축강도의 관계

(2) 콘크리트 강도

◎ 압축강도

콘크리트의 강도라 하면 압축강도(Compressive strength)를 말한다. 압축강도 외에도 휨 · 인장 · 전단 · 부착강도 등이 필요하나, 이 강도들은 대부분 압축강도로 판단할 수 있기 때문에 압축강도가 콘크리트의 역학적 기능을 대표하는 것으로서 매우 중요시되고 있다. 콘크리트의 압축강도 시험방법은 한국산업규격(KS F 2405)에 규정되어 있다.

일반구조물에서 콘크리트의 강도는 표준양생을 한 재령 28일의 압축강도를 기준으로 한다.

콘크리트의 압축강도에 영향을 주는 요인은 여러 가지가 있으나 주된 요인은 대략 다음과 같다.

① 사용재료의 품질(시멘트, 골재, 혼합수, 혼화재료 등)

② 배합(물시멘트비, 공기량, 단위시멘트양 등)

③ 시공방법(콘크리트의 비빔 · 다짐 등)

④ 양생방법, 재령, 시험방법 등

1) 사용재료의 품질의 영향

① 시멘트 : 콘크리트의 강도는 사용 시멘트의 품질에 따라 달라진다. 골재가 강경(强硬)하고 물시멘트비, 양생, 기타 관련요인이 일정하다면 콘크리트의 압축강도는 시멘트 종류와 시멘트 강도에 좌우된다. 시멘트 강도와 콘크리트의 압축강도와의 관계를 일반적으로 다음과 같은 식으로 표시한다.

$$F_c = K(\mathrm{AX} + \mathrm{B})$$

여기서, F_c : 콘크리트의 압축강도

K : 시멘트의 강도

A, B : 상수

X : 시멘트물비(C/W, 중량비)

② 골재 : 천연자갈, 천연모래의 강도는 시멘트 강도보다 큰 것이 보통이므로 일반적으로 골재강도는 콘크리트에 거의 영향을 미치지 않는다. 그러나 천연경량골재나 약한 석편이 많이 포함된 경우에는 콘크리트의 강도가 저하된다. 콘크리트의 강도가 높아질수록 골재의 영향이 매우 커진다.

골재의 표면은 매끄러운 것보다 거친 편이 표면적이 커서 시멘트풀의 부착력을 좋게 하므로 콘크리트의 강도를 높여준다.

부순돌(碎石)을 사용한 콘크리트는 배합이나 시공여건이 동일하다면 강자갈을 사용한 것보다 일반적으로 강도가 높고(표 4-4 참조). 부순돌은 강자갈에 비하여 표면적이 크다. 또한 물시멘트비가 일정하더라도 굵은골재의 최대치수가 클수록 콘크리트의 강도는 작아진다(그림 4-12 참조). 또한 인공경량골재와 같은 저강도 골재를 사용하면 물시멘트비가 어느 한도 이상이 되면 물시멘트비를 증가시켜도 콘크리트의 강도는 그림 4-13과 같이 증가하지 않음을 알 수 있다.

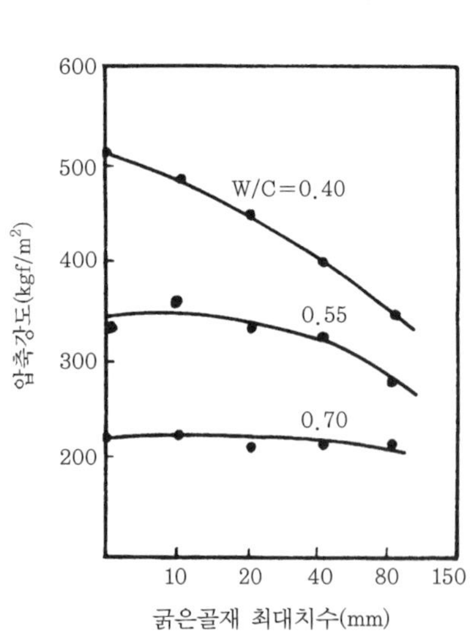

그림 4-12 굵은골재의 최대치수와 압축강도의 관계

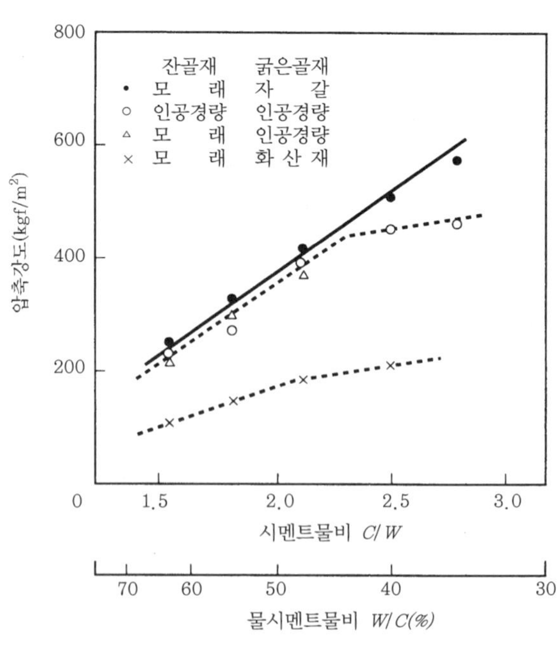

그림 4-13 압축강도와 물시멘트비와의 관계

표 4-4 부순돌과 강자갈을 사용한 콘크리트의 강도비교

강도비 \ 강도 \ 항목	물시멘트비, 슬럼프 일정			시멘트양, 슬럼프 일정		
	압축	인장	휨	압축	인장	휨
A/B	1.20~1.35	1.05~1.32	1.14~1.25	0.95~1.10	1.03~1.11	1.03~1.09

비고) A : 부순돌 사용 콘크리트, 굵은골재의 최대치수 : 40mm 및 20mm
B : 강자갈 사용 콘크리트, 슬럼프 : 0~10cm, 물시멘트비 : 0.50~0.69

③ 혼합수 : 물은 콘크리트의 다른 재료에 비하여 영향을 적게 받는 재료이나 수질은 콘크리트의 강도, 시공 시의 응결시간 및 경화한 후의 콘크리트의 여러 성질에 영향을 미치는 중요한 요소이다. 콘크리트 혼합에 사용되는 물은 유해한 불순물(기름 · 산 · 염류 · 유기물 등)이 포함되지 않은 것이어야 하며, 물의 품질 등은 제3장 3-8 용수에 따른다.

2) 배합의 영향

① 물시멘트비 : 콘크리트 강도에 영향을 미치는 요인 중에서 가장 중요한 것은 물시멘트비다.

콘크리트의 물시멘트비를 매우 낮게 또는 단위시멘트양을 많이 사용(470~530kg/cm^3) 하고 굵은골재 최대치수가 큰 것을 사용하게 되면 오히려 강도가 저하되는 경우도 있다. 따라서 배합 시 물시멘트비를 낮추기만 하면 무조건 강도가 증가하는 것은 아니다. 그러나 물시멘트비는 콘크리트 강도에 영향을 주는 가장 주요한 인자임에는 틀림없다. 주어진 시멘트와 적절한 입도를 가진 골재를 동일한 배합비로 혼합하여 워커빌리티와 다지기가 좋도록 만든 콘크리트에 대하여 동일한 양생 및 시험조건 하에서 분석해보면 콘크리트 강도는 물시멘트비의 영향을 많이 받는다는 것을 알 수 있다.

② 공기량 : 물시멘트비가 일정한 콘크리트에서 공기량 1%의 증가에 따라 콘크리트의 강도는 4~6% 감소한다. 즉, 콘크리트의 강도는 콘크리트 내의 전 공기량(공극량)의 영향을 크게 받는다. 그

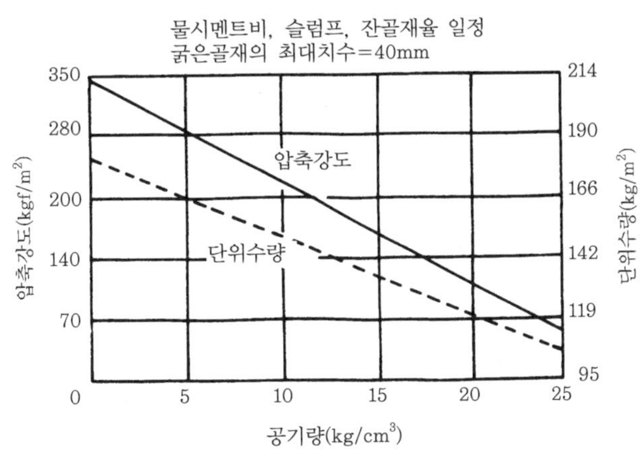

그림 4-14 공기량과 압축강도와 단위수량의 관계

러나 AE콘크리트의 경우는 소요되는 워커빌리티를 얻기 위해 물시멘트비를 보통콘크리트보다 적게 할 수 있으므로 슬럼프와 단위수량을 일정하게 할 경우 압축강도는 AE제를 사용하지 않은 콘크리트와 거의 비슷하다.

③ 부배합 및 빈배합 : 물시멘트비가 일정할 때 빈배합콘크리트가 높은 강도를 낼 수 있는 것으로 알려져 있다.

이는 첫째로 골재가 상당한 사용수량을 흡수하여 물시멘트비가 감소하기 때문이고, 둘째로 콘크리트 $1m^3$당의 단위사용수량이 부배합의 경우보다 빈배합의 경우에 더 적어져 빈배합콘크리트 내의 공극이 상대적으로 작아지므로 강도가 증가한다고 할 수 있다. 그리고 대체로 골재 체적이 콘크리트 체적의 20%까지 증가하면 오히려 강도가 감소하고 40% 전후일 때 강도가 가장 낮으며, 40~80% 사이에서는 약간 증가하는 것으로 나타난다.

3) 시공방법의 영향

① 비빔방법(method of mixing) : 손비빔으로 하는 것보다 기계비빔으로 하는 것이 강도면에서 10~20% 정도 증대되고 비빔시간이 길수록 시멘트와 물의 접촉이 좋아져 강도가 증대된다고 말할 수 있다. 콘크리트의 강도는 비빔시간, 믹서 회전속도 및 물시멘트비 등에 따라 달라진다.

빈배합(lean mix)일수록, 골재 최대입경이 작을수록, 된반죽일수록 비빔시간을 길게 할 필요가 있으나 너무 오래 비비면 오히려 강도가 떨어지는 경우가 있다.

기계비빔에서 비빔시간은 한국산업규격(KS F 4009 및 KS F 2445)에서 정한 바에 의한 시험을 하여 비빔시간을 정한 것을 원칙으로 하고, 최적 비빔시간은 각 콘크리트의 배합, 물시멘트비, 믹서의 종류, 회전속도 등에 따라 다르나, 보통 혼합물의 색깔과 품질이 균일하게 될 때까지 비비는 것이 중요하다. 특히 손비빔의 경우는 비빔시간이 3~8분 정도에서는 강도에 차이가 있다.

레미콘의 경우 워커빌리티를 좋게 하기 위하여 가수하게 되면 그림 4-15와 같이 가수량에 따라 강도가 감소하게 되는데, 예를 들면 콘크리트 $1m^3$에 25kg의 물을 추가하면 강도는 약 20% 감소하고 50kg의 물을 가하면 40%의 강도 손실을 초래하므로 가수는 하지 않는 것이 좋다.

② 진동다짐 : 진동기(vibrator)를 사용하여 다짐을 할 경우 된반죽의 콘크리트의 강도는 커지나 묽은 반죽의 콘크리트에서는 그 효과가 적다. 이것은 진동에 의하여 콘크리트 속의 기포가 줄어들어 밀실한 콘크리트가 되기 때문이다.

묽은 반죽, 즉 혼합수가 많은 경우에 진동시간을 길게 하면 재료가 분리되고 강도는 오히려 저하된다. 또한 응결 도중에 적당한 시간(1~2시간)이 경과한 후 다시 진동을 주면 강도가 증대하는 경우가 있다.

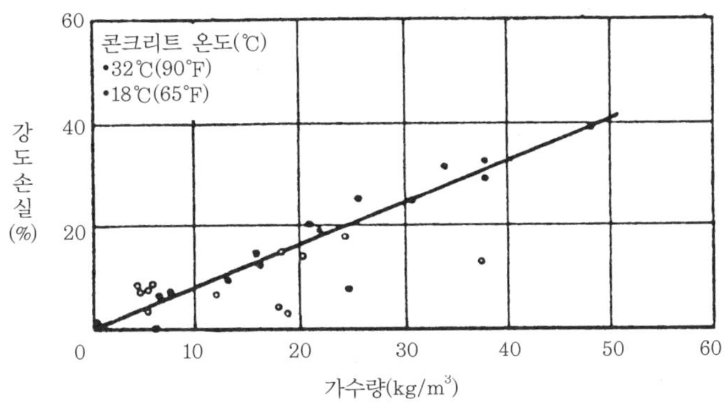

그림 4-15 가수가 콘크리트 강도에 미치는 영향

4) 양생방법의 영향

콘크리트 강도는 양생(curing)에 따라 현저하게 달라진다. 양생이라 함은 콘크리트에 충분한 습도와 적당한 온도를 주어 유해한 응력을 가하지 않는 것을 말한다.

양생방법에는 여러 가지가 있으나 보통은 습윤양생과 보온양생방법을 사용한다. 습윤양생은 습윤상태로 유지하여 콘크리트 중의 수분이 급격히 증발하지 않도록 하는 양생방법으로, 습윤상태의 유지는 수중 · 습사(濕砂) · 분무(噴霧) · 살수 등의 방법으로 한다. 보온양생은 시멘트의 수화반응을 촉진하기 위하여 증기 · 온수 및 전열 등으로 양생하는 방법이다.

습윤양생 후 공기 중에서 건조시키면 강도가 20~40% 증가한다. 이 강도 증가는 일시적이며 그대로 건조상태에 두면 증가하지 않는다. 건조상태의 공시체를 다시 습윤상태에 두면 강도가 다시 증가한다.

양생온도가 강도에 미치는 영향은 시멘트의 품질, 배합 등에 의해 달라지나, 일반적으로 양생온도 4~40℃의 범위에서는 온도가 높을수록 재령 28일까지의 강도가 커진다. 그러나 온도가 지나치게 높으면 오히려 강도발현에 나쁜 영향을 미친다. 한편 양생온도가 -0.5~2.0℃ 이하로 되면 콘크리트 속의 수분이 동결하므로 특히 초기재령에서 심한 동해(凍害)를 받는다.

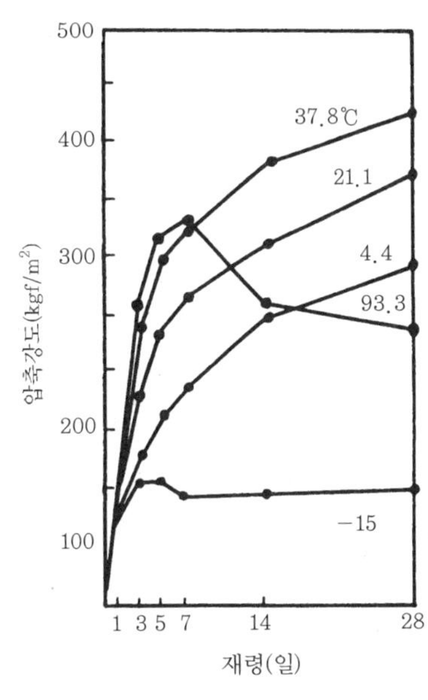

그림 4-14 양생온도와 압축강도의 관계

5) 재령의 영향

콘크리트의 강도는 일반적으로 재령, 즉 경과시간에 따라 증가하는데, 그 비율은 짧은 재령일수록 현저하며 시일이 경과할수록 증가율이 둔해진다. 강도의 증진과 재령의 관계는 시멘트의 종류, 골재의 성질, 양생상태에 따라 현저하게 다르다. 습윤양생을 하였을 때에 실험식으로 에이브람스(D. A. Abrams)가 제시한 식은 다음과 같다.

$$F_c = \mathrm{A} \log \mathrm{t} + \mathrm{B}$$

여기서, t : 재령(일)
A, B : 상수

콘크리트의 강도는 보통 재령 28일을 표준으로 하지만, 경우에 따라 초기강도인 3일 또는 7일로부터 28일의 강도를 추정할 경우도 있다.

6) 시험방법의 영향

동일한 콘크리트의 시료일지라도 공시체의 모양과 크기, 재하방법, 건습의 정도 등 시험방법에 의하여 상당히 다르게 나타난다. 콘크리트 압축강도 시험방법은 한국산업규격(KS F 2405)에 규정되어 있다.

① 공시체의 모양과 크기

㉮ 공시체의 높이와 원주의 지름 또는 각주의 한 변의 길이와의 비가 작을수록, 즉 높이가 낮을수록 압축강도가 크다. 콘크리트의 압축강도시험은 공시체의 높이가 지름의 2배인 원주형 공시체를 사용하는 것을 표준으로 하고 있다.

㉯ 공시체의 높이와 원주의 지름 또는 각주의 한 변의 길이가 동일하다면 원주형 공시체가 각주형 공시체보다 큰 압축강도를 나타낸다.

㉰ 공시체의 형상이 닮은꼴이면 치수가 적은 공시체가 큰 강도를 나타내고, 입방체형 공시체가 원주형 공시체에 비하여 큰 강도를 나타낸다.

압축강도용 공시체의 직경은 골재 최대치수의 3배 이상이어야 하고 보통 직경 15cm, 높이 30cm의 원주형 공시체를 많이 사용하고 있다. 미국, 일본도 우리와 같으나 유럽에서는 입방체형 공시체를 표준으로 하고 있다.

② 공시체 표면의 모양

공시체 표면의 요철(凹凸)은 그 정도에 따라 압축강도에 영향을 준다. 요철이 있으면 강도는 저하하며, 특히 볼록할 때 그 차가 크다. 공시체의 캡핑(capping)면의 상태나 두께에 따라서도 압축강도는 영향을 받는다. 캡핑은 강도를 제대로 측정하기 위하여 반드시 해야 하며 될 수 있는 대로 얇게 하는 것이 좋다. 캡핑면의 중앙부가 볼록하게 솟아 있을 때의 강도의 저하는 현저하여 저하율이 30%에 이르는 경우가 있다. 캡핑재료로는 황화물로 만든 캡핑 컴파운드(capping compound)나 시멘트풀, 석고 등 여러 가지 재료가 사용되고 있다.

③ 재하속도와 온도

콘크리트 강도시험 시의 재하속도가 빠를수록 압축강도가 크게 나타난다. 그러나 재하 초기의 재하속도는 콘크리트의 강도에 별로 영향을 미치지 않는다. 시험 때 공시체의 온도가 높을수록 압축강도는 작아진다. 한국산업규격에서 공시체의 표준양생온도는 21~25℃로 규정하고 있다. 시험 직전에 공시체를 건조시키면 일시적으로 압축강도가 커지므로 공시체는 소정의 함수조건을 잘 지킨 상태에서 강도시험을 할 필요가 있다.

기타 강도

1) 인장강도(tensile strength)

콘크리트의 인장강도(引張强度)는 압축강도에 비해 매우 작아 보통콘크리트의 경우 그 비는 약 1/10~1/13 정도이다. 콘크리트의 건조수축 및 온도변화 등에 의한 균열발생을 경감시키기 위해서는 인장강도가 큰 것이 좋으며, 특히 수조(水槽)의 설계 시에는 인장강도가 중요하며 직접 영향을 미친다. 콘크리트의 인장시험은 원주형 공시체를 옆으로 놓고 상하방향에서 평평한 가압판으로 균등하게 가압하여 그때의 파괴하중 P로부터 다음 식을 사용하여 인장강도를 구한다.

$$F_t = 2P/\pi Dl$$

여기서, F_t : 인장강도(kgf/cm^2)

P : 시험기가 나타내는 최대하중(kg)

D : 공시체의 지름(cm)

l : 공시체의 길이(cm)

이 시험방법을 할열인장강도시험(splitting tensile strength test) 또는 압열시험이라고 하며 한국산업규격(KS F 2423)에 규정되어 있다.

콘크리트 압축강도 F_c와 인장강도 F_t와의 비 F_c/F_t를 취성계수(coefficient of brittleness)라고 하는데, 이 값은 압축강도 F_c가 높을수록 크며, 인장강도는 콘크리트를 건조시키면 습윤한 콘크리트보다 저하한다. 이러한 경향은 흡수량이 많은 골재를 사용한 콘크리트, 즉 흡수량이 많은 인공경량골재를 사용한 콘크리트에서 현저하게 나타난다.

표 4-5 콘크리트의 압축강도, 인장강도, 휨강도, 전단강도의 비

콘크리트의 종류	F_t/F_c	F_b/F_c	τ_s/F_c
보통콘크리트	1/9~1/13	1/5~1/8	1/4~1/6
경량콘크리트	1/9~1/15	1/6~1/10	1/6~1/10

F_c : 압축강도, F_t : 인장강도, F_b : 휨강도, τ_s : 직접전단강도

2) 휨강도(bending strength)

콘크리트의 휨강도는 압축강도의 1/5~1/8 정도이고 인장강도의 1.6~2.0배 정도이다. 휨 시험의 방법에는 중앙집중재하(center point loading)의 방법과 3등분점재하(third point loading) 방법이 있다. 이 휨시험방법은 한국산업규격(KS F 2407, KS F 2408)에 규정되어 있으며, 3등분점 재하방법(KS F 2408)에 의하여 휨강도를 다음 식으로 구한다.

$$F_b = \frac{M}{Z}$$

여기서, F_b : 휨강도(kgf/cm^2)

M : 최대 휨모멘트(kg · m)

Z : 보의 단면계수(cm^3), 직사각형 단면인 보의 폭 b, 높이 h의 단면계수는 $Z = bh^2/6$이다.

3) 전단강도(shear strength)

콘크리트의 전단강도(剪斷强度)는 직접전단시험방법에 의해 구한다. 최대하중(P)을 측정하여 전단응력이 가로방향 단면(A)에 균일하게 분포하는 것으로 가정하여 다음 식으로 전단강도(τ_s)를 구한다.

$$\tau_s = P/A$$

이와 같이 구한 직접전단강도는 압축강도의 1/4~1/6로써 인장강도의 2.3~2.5배이다.

일반적으로 단면의 높이 또는 폭이 클수록, 스팬(span)의 길이(l)가 길수록 직접전단강도는 작아진다. 콘크리트에서는 전단응력과 휨응력이 합성된 사인장응력(斜引張應力)에 따라 모든 부재가 균열 · 파괴된다. 철근콘크리트 보 또는 벽에서 문제가 되는 전단균열은 이와 같은 사인장응력에 의한 것이다.

4) 부착강도(bond strength)

철근콘크리트 구조에서 철근과 콘크리트 사이에는 충분한 부착강도(附着强度)가 필요하다. 부착의 정도를 부착강도라고 하며, 부착강도는 최초 시멘트풀의 점착력(cohesion, cohesive power)에 의해 일어나고 하중의 증대에 따라 콘크리트의 경화수축에 의한 철근 표면에 압력 및 철근 표면의 상태 등에 따른 마찰력에 의해 발생한다. 부착강도는 철근의 종류 및 지름, 콘크리트 중의 철근의 위치 및 방향, 묻힌 길이, 콘크리트의 피복두께, 콘크리트의 품질 등에 따라 변화한다.

부착강도시험은 일반적으로 인발시험(pull-out test)방법을 채용한다. 이 방법은 콘크리트 중에 매설한 철근에 인장력을 주어 콘크리트에 대한 철근의 미끄러지는 양을 측정하여, 인장력과 미끄러지기 시작할 때의 하중과 어느 미끄러진 양에 대한 하중 또는 최대하중 때의 부착응력으로 부착성능을 평가하는 것이다. 부착강도는 부착응력이 철근의 표면에 일정하게 분포한다고 가정하고 다음 식으로 계산한다.

$$\tau = \frac{P}{\pi d l}$$

여기서, τ : 부착강도(kgf/cm^2)

P : 최대하중(kg)

l : 묻힌 길이(cm)

d : 철근의 지름(mm)

부착강도는 콘크리트 압축강도가 증가함에 따라 일반적으로 증가한다. 그러나 압축강도가 클수록 부착강도의 증가율은 낮아지며 압축강도가 350kgf/cm^2 이상에서는 증가하지 않는다고 한다. 그 예를 나타내는 것이 그림 4-17이며 이형철근의 부착강도가 원형철근의 약 2배임을 알 수 있다.

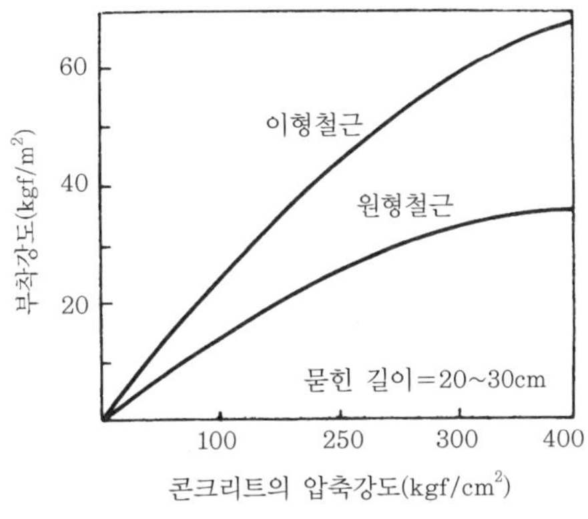

그림 4-17 콘크리트의 압축강도와 부착강도와의 관계

5) 지압강도(bearing strength)

프리스트레스트콘크리트(prestressed concrete)의 긴장재 정착부 등에서 부재면의 일부분에만 국부하중을 받는 경우의 콘크리트 압축강도를 지압강도(支壓强度)라고 한다. 지압강도는 국부하중에 의한 최대압축하중을 국부재하면적으로 나눈 값으로 구한다.

$$\sigma_c{}' = \frac{P}{A'}$$

여기서, $\sigma_c{}'$: 지압강도(kgf/cm^2)

A' : 국부재하면적(지압면적)(cm^2)

P : 국부하중에 의한 최대압축하중(kg)

6) 피로강도(fatigue strength)

콘크리트도 다른 재료와 마찬가지로 반복하중을 받거나 또는 일정한 하중을 지속적으로 받으면 피로로 인하여 정적 파괴하중보다 작은 하중으로도 파괴된다. 이때 전자를 피로파괴(fatigue fracture)라 하고 후자를 크리프 파괴(creep fracture)라고 한다. 실제로는 무한한 반복에 견딜 수 있는 응력의 극한값을 피로강도(疲勞强度)라고 하고, 응력의 최대치와 최소치와의 차이가 어떤 한도 이하이면 무한회수하중(無限回數荷重)을 되풀이하여 작용시켜도 파괴되지 않는 한계를 피로한계(fatigue limit) 또는 내구한계(endurance limit)라고 말한다. 이 피로한계 이상의 응력을 되풀이하면 콘크리트는 파괴된다. 콘크리트가 지속적으로 하중을 받는 경우 파괴를 일으키지 않는 한계를 크리프 한계(creep limit)라고 하는데 이 크리프 한계는 압축강도의 70~80% 정도이다. 보통골재를 사용한 콘크리트의 경우 10^7회의 반복하중에 견디는 피로강도는 표준시험방법에 따라 구한 압축강도의 50~60% 정도이다.

(3) 탄성(elasticity)과 소성(plasticity) 성질

◎ 응력-변형률 곡선

강재에 외력이 작용하면 어느 한도까지는 응력(stress)과 변형률(strain)의 관계가 직선적이 된다. 그러나 콘크리트는 완전 탄성체(elastic body)가 아니므로 응력과 변형률의 관계는 강재와 달리 하중재하의 초기단계에서부터 곡선을 나타내며, 엄밀한 의미의 직선부분은 존재하지 않는다. 콘크리트의 응력-변형률 곡선의 형태는 콘크리트의 강도, 품질 등에 따라 다르지만 일반적으로 고강도콘크리트 쪽의 곡선의 기울기가 강도가 낮은 콘크리트 쪽의 기울기보다 급하다. 따라서 보통콘크리트가 경량콘크리트보다도 곡선 상부의 기울기가 급하다. 기울기가 급할수록 동일 응력에서 변형이 적은 콘크리트이다.

그림 4-18의 응력-변형률 곡선에서 비교적 작은 하중을 가하더라도 잔류변형률이 생기는데, 이것을 소성변형률(塑性變形率)이라고도 한다. 그리고 전 변형률에서 잔류변형률을 뺀 것을 탄성변형률(彈性變形率)이라고 하는데, 이것은 하중을 제거하면 회복되는 변형률이다.

보통콘크리트에서 잔류변형률에 대한 전 변형률의 비는 응력이 클수록 크고, 파괴강도의 50% 정도의 응력에서 약 10% 정도이다.

◎ 탄성계수(modulus of elasticity)

보통 구조해석 시에 사용되는 콘크리트의 탄성계수(彈性係數) 또는 영계수(Young's modulus)는 할선탄성계수를 사용한다. 여기서 할선탄성계수라 함은 다음 식에 의해 정의되는 시컨트 탄성계수(secant modulus)를 말한다.

$$E_c = \sigma_p / \varepsilon_p$$

여기서, E_c : 시컨트 탄성계수

σ_p : 응력 변형도 선상의 임의점 P의 응력도

ε_p : σ_p에 대응한 변형도

그림 4-19에서의 $\tan\theta$가 시컨트 탄성계수이다.

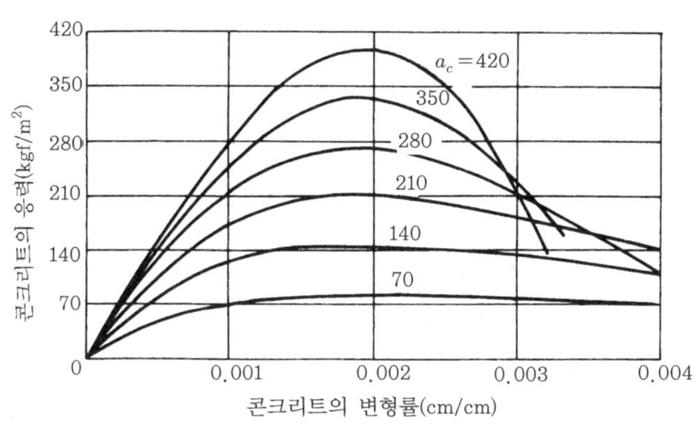

그림 4-18 콘크리트의 응력-변형률 곡선

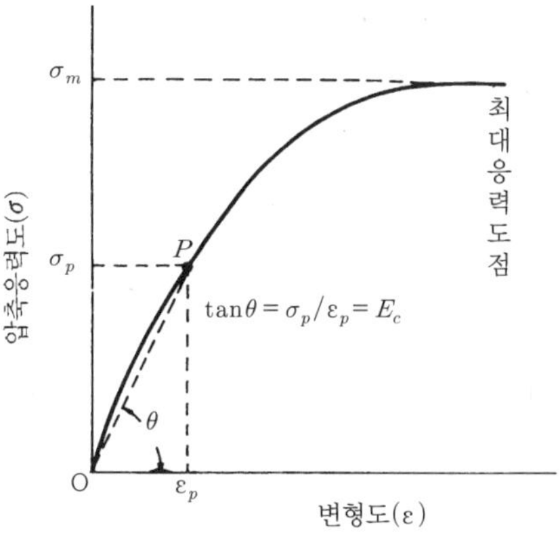

σ_m
σ_p
최대응력도점
P
$\tan\theta = \sigma_p / \varepsilon_p = E_c$
θ
O
ε_p
압축응력도(σ)
변형도(ε)

그림 4-19 콘크리트의 응력 변형도

콘크리트의 탄성계수는 응력도의 크기에 따라 다르며, 실용적으로는 압축강도의 1/3 또는 1/4에 상당하는 응력점에서의 E_c를 이용하는 경우가 많으며 각각 $E_{1/3}$, $E_{1/4}$로 표시한다. 이 값이 대형 콘크리트일수록 같은 응력을 가할 때 변형량이 적다는 것을 의미한다. 콘크리트의 탄성계수는 일반적으로 압축강도 및 밀도가 클수록 커진다. 이들 관계는 다음 실험식으로 표시할 수 있다.

$$E_{1/3} = \rho^{1.5} \times 4,500\sqrt{F_c}\,(\text{kg/cm}^2)$$

여기서, ρ : 콘크리트의 기건비중

F_c : 콘크리트의 압축강도(kgf/cm²)

또는 철근콘크리트구조계산 규준에서는 다음 식을 사용하고 있다.

$$E = 2.1 \times 10^5 \times (\rho/2.3)^{1.5} \times \sqrt{F_c/200}\,(\text{kgf/cm}^2)$$

천연골재를 사용한 콘크리트의 중량이 $W = 2.3\text{t/m}^3$라 한다면 다음 식으로 구한다.

$$E_c = 15,000\sqrt{F_c}\,(\text{kgf/cm}^2)$$

또한 인공 경량골재를 사용한 콘크리트의 중량이 $W = 1.6\text{t/m}^3$라 한다면 다음 식으로 구한다.

$$E_c = 8,600\sqrt{F_c}\,(\text{kgf/cm}^2)$$

인장에서 탄성계수는 압축에서와 같이 대략 같다고 본다.

◎ 푸아송비(Poisson's ratio)

콘크리트 공시체에 단순 압축력 또는 단순 인장력을 가하면 공시체의 축방향 변형과 축과 직각방향 변형이 일어난다. 이때 축방향 변형률과 축과 직각방향 변형률과의 비를 푸아송비(poisson's ratio)라 한다. 푸아송비의 역수를 푸아송수라 한다.

$$\text{푸아송비} : u = \frac{\varepsilon_t}{\varepsilon_e}$$

$$\text{푸아송수} : m = \frac{1}{u}$$

여기서, u : 푸아송비

ε_t : 축방향 변형률

ε_e : 축직각방향 변형률

m : 푸아송수

푸아송비는 탄성계수와 같이 사용재료 · 강도 · 응력 등에 따라 다르나 일반적으로 허용응력도 부근에서는 1/5~1/7, 파괴응력 부근에서는 1/2~1/4 정도이다.

철근콘크리트구조계산 규준에서는 계산에 쓰이는 푸아송비를 보통콘크리트, 경량콘크리트인 경우 1/6로 하고 있다.

◎ 전단탄성계수(shear modulus, modulus of rigidity)

콘크리트의 전단응력과 전단변형의 관계를 표시하는 탄성계수이다. 이 전단탄성계수는 원주형 공시체의 비틀림시험 등에 의해 구할 수 있으나 이 시험은 하기가 곤란하므로 압축시험 등에서 실시한 영계수와 푸아송수를 사용하여 다음 식에 의해 계산하는 경우가 많다.

$$G = \frac{E}{2(u+1)} = \frac{mE}{2(1+m)}$$

여기서, G : 전단탄성계수

E : 영계수

m : 푸아송수

u : 푸아송비

콘크리트의 푸아송수를 보통콘크리트에서는 $m = 5\sim7$ 정도이므로 $G \fallingdotseq (0.42\sim0.44)E$로 된다.

(4) 중량

콘크리트의 중량은 주로 골재의 비중에 따라 변화하지만, 그 외에 골재의 입도 · 입형 및 최대치수, 콘크리트의 배합, 건조상태 등에 따라서도 달라진다. 각종 골재를 사용한 콘크리트의 기건중량을 표시하면 표 4-6과 같다.

표 4-6 각종 콘크리트의 중량

콘크리트의 종류	잔골재	굵은골재	기건중량
중량콘크리트	중정석 적철광 자철광 자철광	중정석 적철광 자철광 철편	3.40~3.62 3.03~3.86 3.40~4.04 3.80~5.12
보통콘크리트	강모래 쇄 석	강자갈 쇄 석	2.20~2.40
경량콘크리트	강모래 팽창혈암 연질화산재	팽창혈암 팽창혈암 연질화산재	1.70~2.00 1.40~1.70 1.20~1.60
기포콘크리트	-	-	0.55~1.20

비고) 콘크리트의 중량은 기건중량 또는 단위용적중량으로 나타낸다.

보통콘크리트의 중량은 $2.3t/m^3$ 정도이고 AE제를 넣으면 $2.2t/m^3$ 정도가 된다. 경량콘크리트의 중량은 약 $2.0t/m^3$ 이하이다. 보통콘크리트보다 무거운 것을 중량콘크리트(heavy weight concrete)라 하고 가벼운 것을 경량콘크리트(light weight concrete)라 한다. 콘크리트의 중량은 강도 · 열적 및 음향적 특성과 밀접한 관계가 있다.

(5) 체적변화

콘크리트의 체적은 수분 및 온도의 변화에 따라 변화하며, 이 체적변화는 콘크리트 구조물에 여러 가지 악영향을 미친다.

◎ 건조수축(drying shrinkage)

콘크리트는 흡수하면 팽창하고 건조하면 수축하는데, 습윤상태에 있는 콘크리트가 건조하여 수축하는 현상을 건조수축이라 한다. 건조수축에 의한 변형량은 기건상태까지 건조시켰을 경우 $4\sim6\times10^{-4}$ 정도이다.

콘크리트의 건조수축에 영향을 미치는 요인은 단위수량, 시멘트양과 품질, 골재량과 품질, 공기량, 양생방법 및 부재의 모양과 크기 등이 있다. 건조수축은 단위시멘트양 및 단위수량이 많을수록 커지고 골재가 경질이고 탄성계수가 클수록 작아지며 부재치수가 큰 만큼 건조가 진행되지 않아 작아진다.

그림 4-20과 4-21은 단위수량과 콘크리트의 수축률, 단위시멘트양과 물시멘트비, 단위수량과 수축량의 관계를 표시한 것이다.

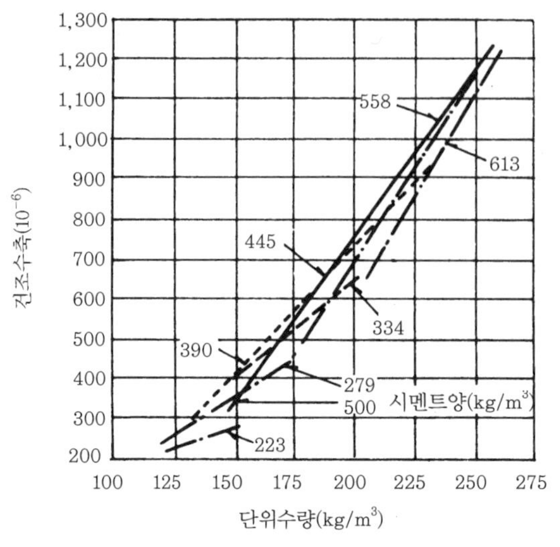

그림 4-20 단위수량과 콘크리트의 수축률

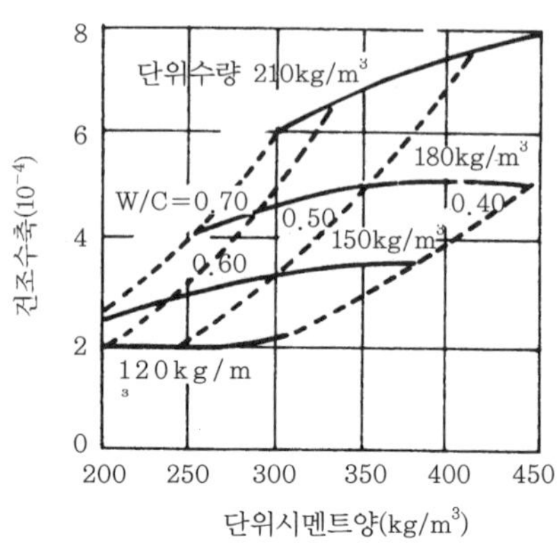

그림 4-21 단위시멘트양, 물시멘트비, 단위수량과 수축량

◎ 온도변화에 의한 체적변화

콘크리트의 온도변화에 의한 체적변화는 물시멘트비나 시멘트풀양 등의 영향은 비교적 적고 사용골재의 암질에 지배되는 경우가 많다. 이 체적변화는 사용골재의 암질이 석영질인 경우가 최대이고 사암, 화강암, 현무암, 석회암의 순으로 작아진다. 10×10^{-6}

콘크리트의 열팽창계수는 재료, 배합 등에 따라 다르나 보통 온도변화의 범위에서는 1℃에 대하여 $7\sim13\times10^{-6}$ 정도이고 경량콘크리트는 보통콘크리트의 70~80% 정도이다. 일반적으로 설계계산 시에는 콘크리트의 열팽창계수는 1℃당 10×10^{-6}의 값을 이용한다.

(6) 크리프(creep)

콘크리트에 하중이 작용하면 그 크기에 따라 순간적으로 변형하지만 일정한 하중이 지속적으로 작용하면 하중의 증가가 없어도 콘크리트의 변형은 시간에 따라 증가한다. 이와 같이 지속적으로 작용하는 하중에 의해 시간에 따라 콘크리트의 변형이 증대하는 현상을 크리프라 하고 증대한 변형을 크리프 변형이라 한다.

콘크리트의 크리프는 일반적으로 하중이 클수록, 시멘트양 또는 단위수량이 많을수록, 하중작용 시의 재령이 짧을수록, 부재의 단면치수가 작을수록, 부재의 건조 정도가 높을수록 커진다. 또한 외부습도가 높을수록 작고 온도가 높을수록 크다. 그림 4-22는 콘크리트의 크리프에 대한 물시멘트비 및 지속응력의 크기와의 관계를 나타낸 것이다. 소정의 하중에 의한 크리프변형과 탄성변형도의 비를 크리프계수(creep coefficient)라고 하며, 이를 식으로 표시하면 다음과 같다.

$$\phi_t = \varepsilon_c / \varepsilon_e$$

여기서, ϕ_t : 크리프계수

ε_c : 크리프변형도

ε_e : 탄성변형도(순간적으로 생기는 변형도)

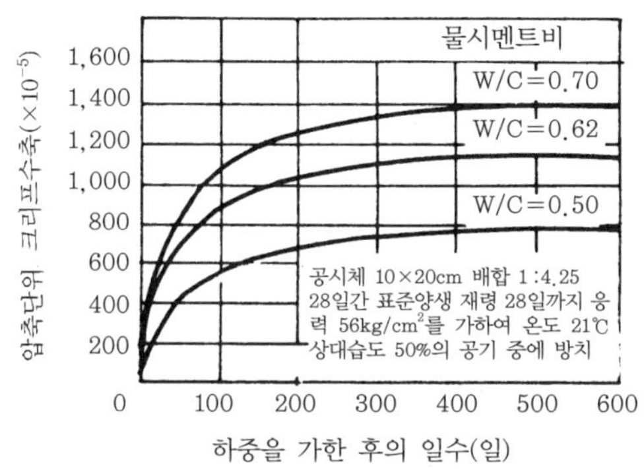

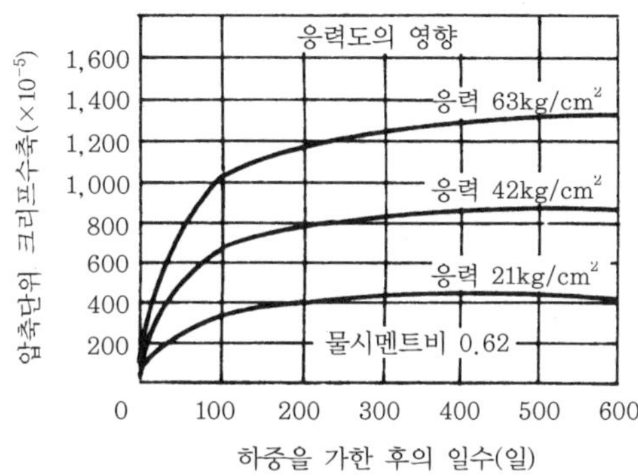

그림 4-22 크리프에 대한 물시멘트비 및 지속응력의 크기와의 관계

콘크리트의 크리프계수는 여러 조건에 의해 다르나 대략 2~3 정도로 알려져 있다. 인공경량골재콘크리트의 크리프변형률은 일반적으로 보통콘크리트보다 크고 탄성변형률도 크기 때문에 크리프계수는 작다.

콘크리트에 크리프가 나타나면 처짐, 균열의 폭 등이 시간과 더불어 증대되고 프리스트레스 힘이 감소하는 악영향이 나타나는 반면, 응력집중을 감소시키고 균열발생의 위험성을 줄이는 좋은 점도 있다.

(7) 수밀성(water tightness)

콘크리트는 물에 접하면 흡수하고 압력수가 작용하면 투수하게 된다. 그것은 콘크리트가 본질적으로 다공질이기 때문만이 아니라 흡수 또는 투수할 수 있는 여러 가지 요소를 가지고 있기 때문이다. 콘크리트가 수밀성(水密性)이 있다는 것은 투수성이나 흡수성이 매우 작다는 것을 말한다. 이 수밀성은 동결융해에 대한 내구성, 화학적인 침융작용(侵融作用)에 대한 내구성 등과 밀접한 관계가 있다. 콘크리트의 수밀성에 영향을 미치는 요인들을 살펴보면 다음과 같다.

① 물시멘트비 : 물시멘트비가 작을수록 수밀성은 커진다. 즉, 물시멘트비를 55% 이상으로 하면 수밀성은 현저하게 작아진다.

② 골재 최대치수 : 골재 최대치수가 클수록 수밀성은 작아진다. 즉, 굵은골재를 사용하면

수밀성이 작아진다.

③ 양생방법 : 습윤양생이 충분할수록 수밀성은 커진다. 초기재령에서 건조상태로 방치하면 수밀성은 작아진다. 따라서 초기양생뿐만 아니라 계속해서 습윤상태에서 양생하면 수밀성이 향상된다.

④ 다짐 : 다짐이 불충분할수록 수밀성은 작아진다.

⑤ 혼화재료 : 양질의 혼화제(감수제, AE제, 유동화제 등)를 사용하거나 또는 혼화재(플라이애시, 고로슬래그, 팽창성혼화제)를 사용하면 수밀성은 현저하게 향상된다.

콘크리트의 수밀성을 지배하는 것은 위의 요인들보다 오히려 시공불량에 의해 생긴 벌집모양의 결함부(honey-comb)와 균열 및 불완전 이음부 등을 들 수 있다.

배합으로 완전히 시공된 콘크리트 자체의 투수량은 극히 적으며 투수계수로서 비교하면 10^{-8}~10^{-10} 정도이다. 투수계수는 다음 식에서 구한다.

$$Q = K_c A \Delta H / L$$

여기서, Q : 유량(cm^3/sec)

K_c : 투수계수(cm/sec)

A : 흐름 단면적(cm^2)

ΔH : 유입, 유출의 수두차(水頭差)(cm)

L : 공시체 흐름방향의 길이(cm)

(8) 내화성(fire resistance)

콘크리트는 현재 사용되고 있는 건축구조재료 중에서 내화성(耐火性)이 우수한 재료라고 하나, 고온을 받으면 강도 및 탄성계수가 저하하고 철근콘크리트에서는 철근과 콘크리트와의 부착력이 저하된다.

고온을 받은 후의 콘크리트는 밀도가 낮아져 다공질로 되며, 여러 가지 원인에 의한 크고 작은 균열이 일어난다. 이 때문에 흡수성이 증대되고 중성화 속도가 빨라지며 내구성이 떨어진다. 얇은 판상의 콘크리트가 급격히 가열되면 폭렬(爆裂)을 일으켜 비산하는데, 이 현상은 콘크리트 재질이 치밀할수록, 함수율이 높을수록, 가열이 갑자기 일어날수록 일어나기 쉽다. 폭렬의 주원인은 일반적으로 콘크리트 내부에 축적된 수증기의 압력증대로 인한 것이다.

콘크리트는 110℃ 전후에서는 팽창이나 그 이상의 온도에서는 수축이 일어나 온도의 상승에 따라 계속 수축이 진행되어 260℃ 이상이면 결정수(結晶水)가 없어지므로 콘크리트강도가 점점 저하된다. 보통콘크리트에서는 300~350℃ 이상이 되면 강도가 현저하게 저하하며

500℃에서는 상온 강도의 35% 정도로 저하한다. 이때 급격히 냉각시키면 큰 균열이 발생하나 서서히 식히면 강도가 어느 정도 회복되지만 700℃ 이상의 화열(火熱)을 받은 경우에는 강도가 크게 저하하며 회복도 불가능하다. 콘크리트의 내화성은 배합, 물시멘트비 등에 의한 영향은 비교적 적고 사용골재의 암질에 크게 지배된다. 사용골재인 화산암질, 안산암질은 내화성이 우수하고 화강암, 석영질은 내화성이 떨어진다.

(9) 열적 성질

콘크리트의 열팽창계수, 비열, 열전도계수 및 열확산계수를 일괄하여 콘크리트의 열적성질 또는 열특성이라 한다.

콘크리트의 열적성질은 물시멘트비나 재령에 의해 별로 영향을 받지 않으며, 주로 콘크리트 체적의 70~80%를 차지하는 사용골재의 석질, 단위수량에 의해 지배된다.

표 4-7 각종 콘크리트의 열적성질

콘크리트	골재		밀도 ρ (kg/cm^3)	열팽창계수 α (1℃)	열전도계수 K(kcal/m · hr · ℃)	비열 C (kcal/kg℃)	열확산계수 h^2 (m^2/hr)	온도범위
	세골재	조골재						
중량콘크리트	자철광	자철광	4,020	8.9×10^{-6}	2.1~2.6	0.18~0.20	0.0028~0.0037	≃300℃
	적철광	적철광	3,860	7.6	2.8~4.0	0.19~0.20	0.0039~0.0054	
	중정석	중정석	3,640	16.4	1.0~1.2	0.13~0.14	0.0021~0.0027	
보통콘크리트	–	규암	2,430	$12\sim15\times10^{-4}$	3.0~3.1	0.21~0.23	0.0056~0.0062	10~30℃
	–	석회암	2,450	5.8~7.7	2.7~2.8	0.22~0.24	0.0048~0.0052	
	–	백운암	2,500	–	2.8~2.9	0.23~0.24	0.0048~0.0051	
	–	화강암	2,420	8.1~9.7	2.2	0.22~0.23	0.0040~0.0043	
	–	유문암	2,340	–	1.8	0.22~0.23	0.0033~0.0034	
	–	현무암	2,510	7.6~10.4	1.8	0.23	0.0031~0.0032	
	강모래	강자갈	2,300	–	1.3	0.22	0.0026	
경량콘크리트	강모래	경석류	1,600~1,900	–	0.54~0.68	–	0.0014~0.0018	
	경사	경석류	900~1,600	$7\sim12\times10^{-4}$	0.43	–	0.0013	
기포콘크리트	시멘트 · 실리카계		500~800	8×10^{-4}	0.19~0.21	–	0.0009	
	석회 · 실리카계			7~14		–		

콘크리트의 비열, 열확산계수 및 열전도계수와의 관계식은 다음과 같다.

$$h^2 = \frac{K}{\rho C}$$

여기서, h^2 : 열확산계수(m²/hr)

K : 열전도계수(kcal/m · hr · ℃)

C : 비열(kcal/kg · ℃)

ρ : 밀도 또는 단위용적중량(kg/m³)

(10) 내구성(durability)

◎ 콘크리트는 공기 중의 탄산가스에 의해 수화(水化)로 인한 수산화칼슘이 탄산칼슘으로 변화하여 알칼리성을 잃어간다. 즉, 다음과 같은 화학반응을 일으킨다.

$$Ca(OH)_2 + CO_2 \rightarrow CaCO_3 + H_2O \uparrow$$

이러한 현상을 콘크리트의 중성화(carbonation)라고 하며 중성화가 진행되어도 콘크리트의 강도, 기타의 물리적 성질은 거의 변화가 없으나, 중성화가 진행되어 철근콘크리트에서의 철근 위치까지 물이나 공기가 침투되면 철근은 산화철이 되어 녹이 슬고 철근 체적이 팽창하여 콘크리트가 파괴된다.

중성화가 철근의 위치까지 도달하는 기간을 철근콘크리트조 건축물의 내용연수로 보는 견해가 많다.

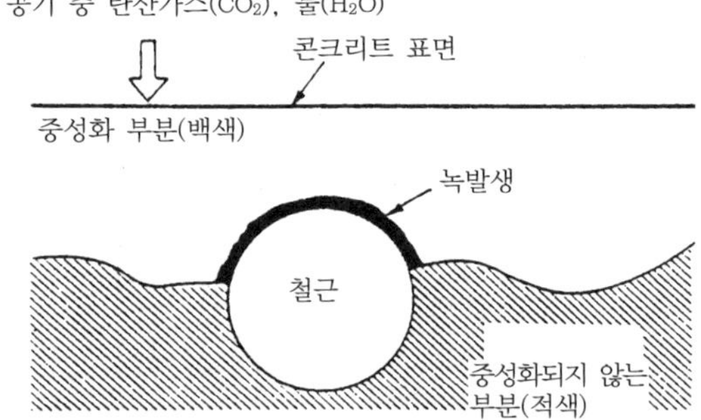

그림 4-23 콘크리트의 중성화 기구

중성화의 속도는 일반적으로 물시멘트비가 적을수록 늦어지게 되고 혼합시멘트를 사용하면 빠르게 되며, 마감재의 유무 및 종류에 따라 현저하게 다른 경향을 보인다.

각종 요인을 고려한 중성화 속도는 다음 실험식이 제안되고 있다.

① 물시멘트비가 60% 이상일 경우

$$t = \frac{0.3(1.15 + 3w)}{R^2(w - 0.25)^2} x^2$$

② 물시멘트비가 60% 이하인 경우

$$t = \frac{7.2}{R^2(4.6w - 1.76)^2} x^2$$

여기서, w : 물시멘트비(W/C)

x : 중성화 깊이(cm)

t : 기간(년)

R : 중성화비율(보통포틀랜드시멘트에 강모래 및 강자갈을 사용한 콘크리트인 경우는 1.0이고, 이 콘크리트에 AE제를 사용한 경우에는 0.6, 분산제를 사용한 경우 0.4임)

기상작용에 대한 내구성

기상작용에 의해 동결융해작용, 물의 침식작용, 건습반복작용, 온도변화, 탄산가스의 작용 등으로 콘크리트가 변화하는데, 일반적으로 동결융해작용에 의해 가장 크게 변한다. 동결융해에 대한 내구성은 골재의 품질, 콘크리트의 배합, 기포조직에 따라 다르고, 또한 기상조건, 구조물의 종류, 노출상태 등에 따라서도 상당히 달라진다.

동결융해작용에 대한 저항성을 증가시키기 위해서는 물시멘트비를 줄이고 수밀한 콘크리트를 만든다. 콘크리트는 유공체로서 온도와 건습차가 심한 곳에서는 흡수건조와 흡수된 수분의 동결융해가 반복되며, 이 과정을 통하여 콘크리트가 풍화되면 알칼리성을 차차 상실하게 되어 중성화된다. 콘크리트의 풍화속도는 다음 식에 의하여 계산할 수 있다.

$$t = \frac{0.3(1+3W_o)}{(W_o - 0.3)^2} \times X^2$$

여기서, t : 풍화연수

W_o : 물시멘트비(W/C)

X : 풍화심도

위와 같은 현상을 방지하기 위해서는 물시멘트비를 감소시키고 적당한 양의 공기량을 가진 콘크리트를 사용하여 수밀성 증대와 연행공기로 수압에 의한 파괴력을 완화시킬 수 있다. AE제를 사용하여 공기량을 2~6% 연행시키면 콘크리트의 동결융해에 의한 내구성이 현저하게 증대되며, 극히 작고 독립적으로 분산되어 있는 연행공기의 기포는 동결파괴를 일으키는 힘을 소멸시키는 역할을 한다.

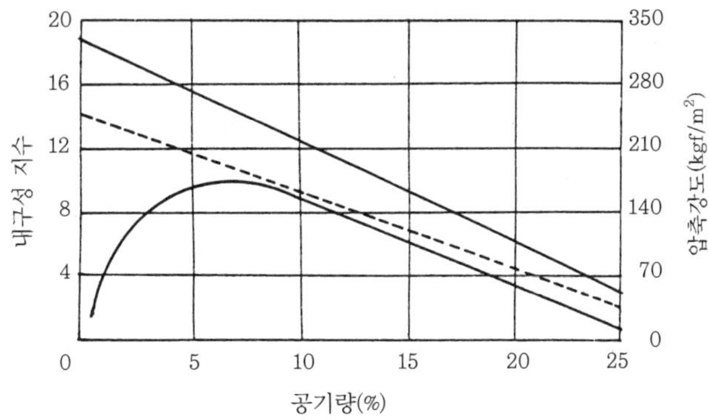

그림 4-24 콘크리트의 내구성, 압축강도 및 소요수량에 미치는 공기량의 영향

공기량의 영향은 그림 4-24와 같다. 내구성은 공기량의 증가와 더불어 급격하게 증대되었다가 차츰 감소하며 공기량의 증가에 따라 압축강도와 수량은 감소한다.

◎ 해수 및 화학작용에 대한 내구성

해수에 의한 콘크리트의 침식은 주로 해수 중에 포함되어 있는 황산염(黃酸鹽)의 작용에 의한다. 해수에 포함된 황산염은 콘크리트 중의 수산화석회와 작용하여 한층 더 가용성이 많은 물질을 생성하거나 또는 염기류에 의해 콘크리트의 경화생성물의 일부가 복염(復鹽)을 형성하고 팽창하여 콘크리트를 붕괴시키는 작용을 한다. 특히 철근콘크리트 구조물은 철근을 녹슬게 하므로 해수를 피해야 한다. 콘크리트 중의 황산 · 염산 · 질산 등의 무기산이 시멘트수화물 중의 석회 · 규산 · 알루미나 등을 융해시킴으로써 콘크리트를 심하게 침식시켜 붕괴하게 한다. 유기산은 무기산보다 침식의 정도는 약하지만 초산(醋酸) · 유산(乳酸) 등의 유기산은 콘크리트를 상당히 침식시킨다. 유류(油類)는 일반적으로 콘크리트에 거의 영향을 주지 않지만 지방산은 콘크리트 중의 석회와 화합하여 유기산의 염류를 생성하므로 침식시킬 수 있다.

위와 같은 침식물질로부터 콘크리트의 내구성을 증진시키기 위해서는 수밀성 있는 콘크리트로 만들고 콘크리트 표면에 내식성이 큰 재료로 보호피막을 만드는 것이 중요하다.

◎ 손식에 대한 내구성

콘크리트 표층이 침해되어 손상되는 것을 손식(erosion)이라 하며, 손식(損蝕)에는 흐르는 물속의 모래 등에 의한 마모, 표층에 의한 마모, 공동현상(cavitation)에 의한 손식 등이 있다. 여기서 공동현상(空洞現狀)이란 고속으로 흐르는 물에 노출된 수공구조물의 표면에 요철(凹凸)이나 굴곡이 있는 경우 물의 흐름이 도약하여 콘크리트 표면에서 이탈하며, 내부는 심한 부압(負壓)으로 되어 공동부가 생기게 하는 현상이다. 이 공동현상에 의한 손식이 가장 크다.

손식에 대한 저항성을 높이기 위해서는 물시멘트비를 줄이고, 강경하고 미분이 적은 골재를 사용하여 충분히 습윤양생하여 고강도, 고밀도로 하는 것이 중요하다.

◎ 전식에 대한 내구성

무근콘크리트는 직류 및 교류전류에 의해 해를 받지 않는다. 철근콘크리트의 경우는 교류전류에는 해를 받지 않으나 고압직류전류에는 취약하다. 철근콘크리트에 직류전류가 철근으로부터 콘크리트로 향하여 흐르면, 철근이 산화하여 녹이 슬고 팽창하여 콘크리트에 균열을 일으킬 수 있다.

염화칼슘 등의 금속염류를 포함하는 콘크리트에서의 전식(electric erosion)은 한층 가속화된다. 콘크리트 중 철근에 전류가 흐르는 경우 철근에는 영향이 없으나 철근 주위의 모르타르가 연질화하여 부착강도가 감소한다. 염류는 미량이더라도 습윤한 콘크리트의 전기전도성을 증가시키며 콘크리트의 방청성(防錆性)을 감소시키기 때문에 사용하면 안 된다.

4-5 콘크리트의 배합

콘크리트의 배합(mix proportion)이라 함은 콘크리트의 조성재료인 시멘트 · 잔골재 · 굵은골재 · 물 및 혼화재료 등의 혼합비율 또는 사용량을 말한다. 콘크리트의 배합을 콘크리트 조합(mixing)이라고 부르기도 한다. 콘크리트 배합설계(design of mix proportion)란 소요의 강도 · 내구성 · 균일성 · 수밀성 · 작업에 알맞은 워커빌리티(workability) 등을 가진 콘크리트를 가장 경제적으로 얻을 수 있도록 시멘트 · 잔골재 · 굵은골재 및 혼화재료의 비율을 정하는 것을 말한다.

콘크리트의 배합은 이미 실시된 동등한 콘크리트 배합의 자료(data), 즉 참고배합표로부터 얻은 경우도 있다. 그러나 일반적으로 이와 같이 구한 배합은 어디까지나 참고치로써, 같은 배합일지라도 사용재료가 다르면 자연적으로 워커빌리티 및 강도 등의 여러 가지 성질이 변화하므로 실제로 사용되는 여러 재료에 대해서 배합설계에 필요한 시험을 하여, 그 결과로 시방배합을 결정하고 시험비빔을 하여 그 배합을 수정해 나가는 것이 일반적인 방법이다.

콘크리트의 배합에는 천연골재를 이용한 콘크리트, 인공경량골재를 이용한 콘크리트, 깬자갈을 이용한 콘크리트 등 여러 종류가 있고 각각 배합설계의 방법이 다르다.

(1) 콘크리트 배합의 종류

콘크리트의 배합에는 시방배합(specified mix), 현장배합(job mix), 중량배합, 용적배합이 있다. 용적배합은 다시 절대용적배합, 표준계량용적배합, 현장계량용적배합으로 나눈다. 콘크리트 배합은 중량배합으로 하는 것을 원칙으로 하고 있다. 시방배합은 시방서 또는 책임기술자의 지시에 의해 실시되는 배합으로써 계획배합이라고도 하며, 현장배합은 실제 현장골재의 표면수 · 흡수량 및 입도상태를 고려하여 시방배합을 현장상태에 적합하게 보정한 배합을 말한다. 부배합(rich mix), 빈배합(lean mix)이라는 말도 있으나 이것은 단위시멘트양의 다소에 의한 것으로 한계가 확실치 않다.

① 중량배합 : 콘크리트 $1m^3$를 비벼내는 데 소요되는 각 재료의 양을 중량(kg)으로 표시한 배합으로 가장 정확한 방법이다. 단, 골재는 절건중량을 기준으로 한다.

② 절대용적배합 : 콘크리트 $1m^3$를 비벼내는 데 소요되는 각 재료의 양을 절대용적(l)으로 표시한 배합으로 각 배합의 기본이 된다.

③ 표준계량용적배합 : 콘크리트 $1m^3$를 비벼내는 데 소요되는 각 재료의 양을 표준계량 용적으로 표시한 배합이다. 이 경우 시멘트는 1,500kg을 $1m^3$로 계산한다.

④ 현장계량용적배합 : 콘크리트 $1m^3$를 비벼내는 데 소요되는 각 재료 중 시멘트는 포대수, 골재는 보통 현장계량에 의한 용적(m^3)으로 표시한 배합이다. 즉, '시멘트 : 모래 : 자갈'은 1 : 2 : 4 혹은 1 : 3 : 6 등이다.

(2) 콘크리트의 배합설계

콘크리트의 배합설계(design of mix, mixing design)에는 시험배합에 의한 방법, 계산에 의한 방법 및 배합표에 의한 방법이 있다. 이 중 시험배합에 의한 방법이 가장 실용적이고 합리적인 방법이다. 배합설계 전에 각 재료에 대한 품질시험(시멘트 및 골재의 비중, 골재의 입도 · 흡수량 · 단위용적중량 및 마모율 등)을 통하여 필요한 자료를 충분히 확보하고 이 자료에 의거하여 이상적인 콘크리트가 될 수 있도록 배합설계를 해야 한다. 콘크리트 배합설계(配合設計)에서는 구조물의 종류, 외기조건 등을 고려하여 다음 순서에 따라 진행해 나가는 것이 좋다.

콘크리트 배합설계의 흐름도

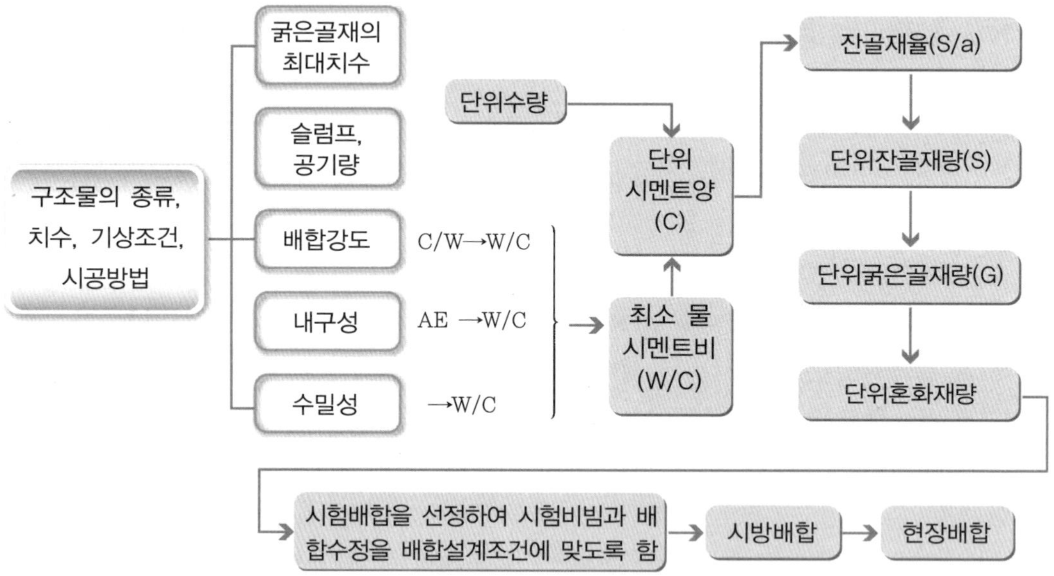

구조물의 종류, 치수, 기상조건, 시공방법
굵은골재의 최대치수
슬럼프, 공기량
배합강도 C/W→W/C
내구성 AE →W/C
수밀성 →W/C
단위수량
최소 물 시멘트비 (W/C)
단위 시멘트양 (C)
잔골재율(S/a)
단위잔골재량(S)
단위굵은골재량(G)
단위혼화재량
시험배합을 선정하여 시험비빔과 배합수정을 배합설계조건에 맞도록 함
시방배합
현장배합

◎ 콘크리트의 배합설계에서 요구사항

① 소요의 강도를 얻을 수 있을 것

② 시공에 적당한 워커빌리티를 가질 것

③ 시공상 재료분리를 일으키지 않고 균질성을 유지할 것

④ 기상작용, 화학작용 등에 의한 파괴, 침식작용에 대한 내구성을 가질 것

⑤ 수밀성 및 기타 수요자가 요구하는 성능을 만족시킬 것

⑥ 가장 경제적일 것

◎ 콘크리트 배합설계 시 제요소의 결정방법

1) 설계기준강도(standard strength of design)

설계기준강도란 콘크리트 부재의 구조계산 시에 기준으로 한 재령 28일에 있어서의 압축강도(compressive strength of concrete)를 말한다. 콘크리트의 설계기준강도는 135, 150, 180, 210, 240, 270, 300kgf/cm^2 등으로 하지만 180, 210, 240kgf/cm^{2}의 것이 많이 사용된다. 설계기준강도 F_c (kgf/cm^2)는 다음 식에 의하여 산출한다.

① 중심 축방향 응력을 받는 경우

$$F_c = \frac{10}{3} f_c = 3.33 f_c$$

여기서, f_c : 허용압축응력도(kgf/cm^2)

② 휨 또는 편심 축방향 압축응력을 받는 경우

$$F_c = \frac{10}{4} f_b = 2.5 f_b$$

여기서, f_b : 허용휨압축응력도(kgf/cm^2)

종래에는 콘크리트의 배합을 설계기준강도를 목표로 설계하였으나 근래에는 실제 현장에서 사용하는 시멘트 · 골재의 불균등성, 각 재료 계량의 오차, 시험오차 등의 여러 가지 원인으로 각 배치(batch)의 콘크리트 강도에 편차(deviation)가 있고 동일한 강도의 콘크리트를 제조하기가 대단히 곤란하므로 콘크리트의 배합설계 시에는 배합강도를 사용하게 된다.

2) 배합강도(required strength)의 결정

① 배합강도는 표준양생에 의한 제령 28일 공시체의 압축강도로 표시하고, 구조체 콘크리트의 강도관리 재령에 따라 다음의 ㉮ 또는 ㉯에 나타낸 각각의 식을 만족하도록 정한다.

㉮ 구조체 콘크리트의 강도관리 재령이 28일인 경우

$$F_{28} \geqq F_c + T + 1.73\sigma \,(\text{kgf/cm}^2)$$

$$F_{28} \geqq 0.8(F_c + T) + 3\sigma \,(\text{kgf/cm}^2)$$

㉯ 구조체 콘크리트의 강도관리 재령이 28일을 넘고 91일 이내인 경우

$$F_{28} \geqq 0.7F_c + T_{28} + 1.73\sigma \,(\text{kgf/cm}^2)$$

$$F_n \geqq F_c + T_n + 1.73\sigma (\text{kgf/cm}^2)$$

$$F_n \geqq 0.8(F_c + T_n) + 3\sigma (\text{kgf/cm}^2)$$

여기서, F_{28} : 콘크리트의 배합강도(kgf/cm^2)

F_c : 콘크리트의 설계기준강도(kgf/cm^2)

$F_c + T$: 콘크리트의 기온 보정강도(kgf/cm^2)

$F_c + T_n$: 콘크리트의 기온 보정강도(kgf/cm^2)

T : 구조체 콘크리트의 강도관리를 위하여 공시체의 양생방법을 현장수중양생으로 한 경우, 콘크리트를 부어넣은 날로부터 28일간 예상 평균기온에 따른 콘크리트 강도보정값(kgf/cm^2)

T_{28} : 구조체 콘크리트의 강도관리를 위하여 공시체의 양생방법을 현장봉함양생으로 한 경우, 콘크리트를 부어넣은 날로부터 28일간의 예상 평균기온에 따른 콘크리트 강도보정값(kgf/cm^2)

T_n : 구조체 콘크리트의 강도관리를 위하여 공시체 양생방법을 현장봉함양생으로 한 경우, 콘크리트를 부어넣은 날로부터 n일간의 예상 평균기온에 따른 콘크리트 강도보정값(kgf/cm^2), 다만 $28 < n \leqq 91$

σ : 콘크리트 강도의 표준편차(kgf/cm^2)

② 예상 평균기온에 따른 콘크리트 강도의 보정값은 아래 ㉮~㉰에 따른다.

㉮ T는 표 4-8에 따르고 시멘트의 종류, 예상 평균기온의 범위에 알맞게 정한다. 표 4-8에 표시되어 있지 않은 시멘트를 사용할 경우의 T값은 공사시방 지시에 따른다.

표 4-8 콘크리트의 기온에 따른 보정값 T(현장수중양생의 경우)의 표준값

시멘트의 종류	콘크리트를 부어넣은 날로부터 28일간의 예상 평균기온의 범위(℃)				
조강포틀랜드시멘트	18 이상	15 이상 18 미만	7 이상 15 미만	4 이상 7 미만	2 이상 4 미만
보통포틀랜드시멘트 플라이애시시멘트 A종 고로슬래그시멘트 특급	18 이상	15 이상 18 미만	9 이상 15 미만	5 이상 9 미만	3 이상 5 미만
플라이애시시멘트 B종	18 이상	15 이상 18 미만	10 이상 15 미만	7 이상 10 미만	5 이상 7 미만
고로슬래그시멘트 1급[1]	18 이상	16 이상 18 미만	14 이상 16 미만	12 이상 14 미만	10 이상 12 미만
콘크리트 강도의 기온에 따른 보정값 T(kgf/cm^2)	0	15	30	45	60

비고) 1) 고로슬래그의 분량이 45% 이하인 경우는 플라이애시시멘트 B종과 같은 보정값으로 해도 좋다.
2) 현장수중양생은 구조체 콘크리트의 강도관리 재령이 28일일 경우에 적용한 것이다.

표 4-9 콘크리트 강도의 기온에 따른 보정값 T_{28}(현장봉합양생의 경우)의 표준값

시멘트의 종류	콘크리트를 부어넣은 날로부터 28일간의 예상 평균기온의 범위(℃)								
보통포틀랜드시멘트 플라이애시시멘트 A종 고로슬래그시멘트 특급	18 이상	15 이상 18 미만	9 이상 15 미만	5 이상 9 미만	3 이상 5 미만	–	–	–	–
플라이애시시멘트 B종	18 이상	15 이상 18 미만	10 이상 15 미만	7 이상 10 미만	5 이상 7 미만	3 이상 5 미만	–	–	–
고로슬래그시멘트 1급[1]	18 이상	16 이상 18 미만	14 이상 16미만	12 이상 14 미만	10 이상 12 미만	8 이상 10 미만	6 이상 8 미만	4 이상 6 미만	2 이상 4 미만
콘크리트 강도의 기온에 따른 보정값 T_{28}(kgf/cm^2)	0	15	30	45	60	75	90	105	120

비고) 1) 고로슬래그의 분량이 45% 이하인 경우는 플라이애시시멘트 B종과 같은 보정값으로 해도 좋다.
2) 현장봉합양생은 구조체 콘크리트의 강도관리 재령이 28일을 넘는 경우에 적용한 것이다.

표 4-10 콘크리트 강도의 기온에 따른 보정값 T_n(현장봉합양생의 경우)의 표준값

시멘트의 종류	재령 n (일)	콘크리트를 부어넣은 날로부터 n일간의 예상 평균기온의 범위(℃)				
보통포틀랜드시멘트 플라이애시시멘트 A종 고로슬래그시멘트 특급	91	3 이상	–	–	–	–
	56	12 이상	5 이상 12 미만	3 이상 5 미만	–	–
	42	15 이상	12 이상 15 미만	5 이상 12 미만	3 이상 5 미만	–
플라이애시시멘트 B종	91	3 이상	–	–	–	–
	56	12 이상	6 이상 12 미만	3 이상 6 미만	–	–
	42	15 이상	12 이상 15 미만	6 이상 12 미만	3 이상 6 미만	–
고로슬래그시멘트 1급[1]	91	3 이상	3 이상 6 미만	–	–	–
	56	12 이상	9 이상 12 미만	6 이상 9 미만	3 이상 6 미만	–
	42	17 이상	14 이상 17 미만	11 이상 14 미만	9 이상 11 미만	6 이상 9 미만
콘크리트 강도의 기온에 따른 보정값 T_n(kgf/cm^2)		0	15	30	45	60

비고) 1) 고로슬래그의 분량이 45% 이하인 경우는 플라이애시시멘트 B종과 같은 보정값으로 해도 좋다.
2) 현장봉합양생은 구조체 콘크리트의 강도관리 재령이 28일을 넘는 경우에 적용한 것이다.

㉯ T_{28}은 표 4-9에 따르고 시멘트의 종류, 예상 평균기온의 범위에 알맞게 정한다. 표 4-9에 표시되어 있지 않은 시멘트를 사용할 경우의 T_{28}값은 공사시방 지시에 따른다.

㉰ T_n은 표 4-10에 따르고 재령, 시멘트의 종류, 예상 평균기온의 범위에 알맞게 정한다. 표 4-10에 표시되어 있지 않은 재령 및 시멘트를 사용할 경우의 T_n값은 공사시방 지시에 따른다.

③ 콘크리트 강도의 표준편차 σ 값은 아래의 식에 따라 1kgf/cm^{2}까지 계산한 것으로 하고, 사용할 콘크리트에 알맞게 다음 ㉮ 및 ㉯에 따라 정한다.

$$\sigma = \frac{\sqrt{\sum_{i=1}^{N}\sum_{j=1}^{3}(F_{ij}-F)}}{3N-1} = \sqrt{\frac{(F_{ij}-F)^2+\cdots+(F_{N3}-F)^2}{3N-1}}\ (\mathrm{kgf/cm^2})$$

단, $F = \frac{\sum_{i=1}^{N}\sum_{j=1}^{3}F_{ij}}{3N}(\mathrm{kgf/cm^2})$

여기서, F_{ij} : i회째 압축강도시험의 j본째 압축강도 시험값

N : 압축강도시험의 횟수. 7 이상을 표준으로 한다.

㉮ 레디믹스트콘크리트를 사용하는 경우

실제로 사용할 콘크리트와 유사한 조건의 콘크리트에 대하여 그 공장의 실적을 근거로 표준편차를 구한다.

㉯ 공사현장 비빔콘크리트를 사용하는 경우

공사 초기에 그 공사현장의 σ 값을 구하지 못한 경우는 35kgf/cm^{2}로 한다. 다만, 그 공사현장의 σ 추정 값이 얻어진 경우에는 그 값에 따른다.

3) 굵은골재의 최대치수 결정

굵은골재는 입도가 좋으면 치수가 큰 것일수록 소요품질의 콘크리트를 경제적으로 만들 수 있다. 그러나 골재가 크면 콘크리트 비비기·다지기가 곤란하고 분리되기 쉬우므로 골재의 크기는 콘크리트 단면의 치수 및 철근간격 등에 따라 최대치수를 정하고 있다.

표 4-11 부재 종류에 따른 굵은골재의 최대치수

부재 종류	굵은골재의 최대치수(mm)		
	자갈	부순돌, 고로슬래그 골재	인공 경량골재
기둥, 보, 슬래브, 벽	20, 25	20, 25	15, 20
기초	20, 25, 40	20, 25, 40	15, 20

건축공사 표준시방서에는 "굵은골재의 최대치수를 부재 종류에 따라 표 4-11의 범위에서 철근 순간격의 4/5 이하 또는 피복두께 이하가 되도록 해야 한다."라고 규정하고 있다.

4) 슬럼프값(slump value)의 결정

슬럼프값이 큰 콘크리트를 사용하면 콘크리트의 작업은 쉽지만 블리딩(bleeding)이 많아지고, 슬럼프값이 작은 콘크리트를 사용하면 다짐이 어려워 곰보가 발생하기 쉬우며 작업성이 떨어지므로 작업에 알맞은 범위 내에서 가능한 작은 슬럼프값의 콘크리트를 사용할 필요가 있다. 특히 슬럼프값은 타설장소에서의 값을 말하는 것이 보통이므로 배합설계에서는 수송 중의 슬럼프값의 변화 등을 고려해야 한다. 또한 콘크리트의 타설에서 진동기를 사용하는 등 다짐방법에 따라 슬럼프의 표준값은 달라진다. 일반적인 콘크리트의 소요 슬럼프의 표준범위는 표 4-12와 같고 건축공사표준시방서에서는 "콘크리트의 슬럼프값을 18cm 이하로 한다."라고 규정하고 있다.

표 4-12 소요 슬럼프의 표준범위

타설장소	슬럼프값(cm)	
	진동기를 사용하지 않는 경우	진동기를 사용하는 경우
기초, 보, 바닥슬래브	15~18	5~10
기둥, 벽	18~21	10~15

5) 단위수량의 결정

콘크리트의 단위수량은 소요의 워커빌리티를 갖는 범위 내에서 가능한 적게 되도록 시험비빔에 의하여 정한다. 건축공사표준시방서에서는 "단위수량은 요구하는 콘크리트 품질이 얻어질 수 있는 범위 내에서 가능한 적게 하고, 최대값 185kg/cm^3 이하로 한다."라고 규정하고 있다. 굵은골재 최대치수에 따른 공기량, 단위수량 및 잔골재율의 경험적 수치에 의한 대략값은 표 4-13과 같다.

6) 잔골재율의 결정

잔골재율은 콘크리트 속의 골재 전체용적에 대한 잔골재 전체용적의 중량백분률을 말한다.

$$\text{즉, 잔골재율}(s/a) = \frac{\text{잔골재의 절대용적}}{\text{전체 골재의 절대용적}} \times 100(\%)\text{이다.}$$

잔골재율을 작게 하면 같은 슬럼프값을 얻는 데 필요한 단위수량이 감소되며, 이로 인하여 단위시멘트양도 감소되어 경제적이지만 어느 한계를 지나면 콘크리트가 거칠어지고 재료분리가 잘 생겨서 워커블(workable) 콘크리트를 얻을 수 없으므로 두 가지 상반되는 조건을 동시에 만족시켜야 하는 시공경험이 요구된다. 그러므로 건축공사표준시방서에서는 "잔골재율은 요구하는 콘크리트의 품질을 얻을 수 있는 범위 내에서 가능한 작게 한다." 라고 규정하고 있다. 시험실에서 적당한 잔골재율을 찾는 방법은 슬럼프시험을 하면서 다음과 같은 사항을 잘 관찰하는 것이다.

표 4-13 굵은골재 최대치수에 따른 공기량, 단위수량 및 잔골재율

굵은골재의 최대치수 (mm)	단위굵은 골재용적 (%)	AE제를 사용하지 않은 콘크리트			AE콘크리트				
		갇힌공기 (%)	잔골재율 S/a (%)	단위수량 W (kg)	공기량 (%)	양질의 AE제를 사용한 경우		양질의 AE감수제를 사용한 경우	
						잔골재율 (%)	단위수량 (kg)	잔골재율 (%)	단위수량 (kg)
16	58	2.5	49	190	7.0	46	170	47	160
19	62	2.0	45	185	6.0	42	165	43	155
25	67	1.5	41	175	5.0	37	155	38	145
40	72	1.2	36	165	4.5	33	145	34	135
50	75	1.0	33	155	4.0	30	135	31	125
80	81	0.5	31	140	3.5	28	120	29	110

비고) ① 이 표의 값은 골재로서 보통 입도의 모래(조립률 2.80 정도) 및 자갈을 사용한 물시멘트 55% 정도, 슬럼프 약 8cm의 콘크리트에 대한 것이다.
② 사용재료 또는 콘크리트의 품질의 배합조건이 ①의 조건과 다를 경우에는 위의 표의 값을 아래 표에 따라 보정한다.

표 4-14 '표 4-13'의 조건과 다른 경우 보정값의 기준

구분	잔골재율(s/a)의 보정	단위수량(W)의 보정
모래의 조립률이 0.1만큼 클(작을) 때마다	0.5%만큼 크게(작게) 한다.	보정하지 않는다.
슬럼프값이 1cm만큼 클(작을) 때마다	보정하지 않는다.	1.2%만큼 크게(작게) 한다.
공기량이 1%만큼 클(작을) 때마다	0.5~1%만큼 작게(크게) 한다.	3%만큼 작게(크게) 한다.
물시멘트비가 0.05 클(작을)때마다	1%만큼 크게(작게) 한다.	보정하지 않는다.
잔골재율(S/a)이 1% 클(작을) 때마다	–	1.5kg만큼 크게(작게) 한다.
깬자갈을 사용할 경우	3~5%만큼 크게 한다.	9~15%만큼 크게 한다.
잔골재를 부순모래를 사용할 경우	2~3%만큼 크게 한다.	6~9%만큼 크게 한다.

비고) 단위굵은골재 용적에 의한 경우에는 모래의 조립률이 0.1만큼 커질(작아질) 때마다 단위굵은골재 용적을 1%만큼 작게(크게) 한다.

① 다짐대로 슬럼프 콘 용적의 약 1/3씩 되도록 3층으로 나눈 각층을 25회 다질 때 콘크리트 자체가 플라스틱(plastic)한 성질을 나타내는데, 다짐대가 골재에 부딪혀 다짐하

기가 어려워지는 현상이 없어야 한다.

② 슬럼프 콘을 뽑아 올렸을 때 물이 흘러내리거나 콘크리트가 무너지는 현상이 없어야 한다.

③ 슬럼프 콘을 뽑아 올리고 다짐봉으로 옆면을 가볍게 두드릴 때 서서히 변형되는 상태가 되어야 한다.

이상과 같은 조건을 만족시키도록 잔골재율을 조정해야 하며, 그렇지 못할 때는 잔골재율을 늘리거나 공기량을 늘리거나, W/C를 줄이거나, 골재의 혼합입도를 수정하거나 하여 플라스틱한 콘크리트를 만들어야 한다. 특히 중요한 구조물(콘크리트 자체 면을 노출 면으로 하는 구조물, 매스콘크리트 등)에서는 시험 타설을 위해 실제의 현장조건과 동일하게 거푸집을 설치하여 같은 조건으로 다짐하면서 그 결과로 단위수량 및 잔골재율을 결정하는 것이 안전하고 확실한 방법이다. 또한 조건이 표 4-13과 다른 경우에는 표 4-14와 같이 보정해준다.

7) 물시멘트비의 결정

물시멘트비를 결정하기 위해서는 강도 · 내구성 · 수밀성을 동시에 만족시켜야 한다. 우선 배합강도를 만족시키는 물시멘트비를 결정한 다음 그 값이 내구성 및 수밀성을 만족시키는 값인지를 확인하여 최종 물시멘트비를 결정해야 한다. 적당한 범위 내에서 3종 이상의 다른 시멘트물비(C/W)를 가지는 콘크리트 공시체를 제작하여 강도시험을 하고 시멘트물비(C/W)와 4주 압축강도(σ_{28})의 관계를 나타내는 도표, 즉 $C/W-\sigma_{28}$ 선에서 시험에 의한 압축강도로부터 물시멘트비를 구하는 방법이다. 각각의 C/W에 대한 σ_{28}의 값은 2배치(batch) 이상의 콘크리트 공시체에 대한 평균값으로 한다. 배합설계에 쓰이는 물시멘트비(W/C)는 $C/W-\sigma_{28}$ 선에 있어서 배합강도(σ_r)에 해당하는 C/W의 값의 역수로 정한다. 이 방법은 시멘트의 품질뿐만 아니라 골재나 기타 사용재료의 특성도 포함된 결과를 얻을 수 있는 가장 합리적인 방법으로서 콘크리트양이 많은 공사에서 쓰인다.

물시멘트비의 결정에 대한 건축공사표준시방서에서 규정하고 있는 사항은 다음 ① 및 ②와 같다.

① 물시멘트비는 배합강도(레디믹스트콘크리트의 경우는 호칭강도가 보증되는 배합강도)가 얻어지도록 하고 최대값은 표 4-15에 따른다.

② 배합강도를 얻기 위한 물시멘트비는 다음에 따라 정한다.

㉮ 실제로 사용할 콘크리트와 거의 동일한 재료를 사용하여 소정의 슬럼프와 공기량을 얻을 수 있는 콘크리트에 대하여 물시멘트비와 콘크리트 강도와의 관계를 시험 비빔에 의하여 구하고 배합강도에 알맞게 물시멘트비를 정한다.

표 4-15 물시멘트비의 최대값(보통콘크리트 기준)

시멘트 종류	물시멘트비의 최대값(%)
포틀랜드시멘트 고로슬래그시멘트 특급 포틀랜드포졸란시멘트 A종 플라이애시시멘트 A종	65
고로슬래그시멘트 1급 포틀랜드포졸란시멘트 B종 플라이애시시멘트 B종	60

㉯ 레디믹스트콘크리트의 경우는 위의 ㉮항에 의하거나 또는 공사에 사용할 콘크리트와 가까운 조건의 콘크리트에 대하여 공장에서 미리 구해진 물시멘트비와 콘크리트 강도와 관계를 사용하여 배합강도에 알맞게 물시멘트비를 정한다.

㉰ 공사현장 비빔콘크리트의 경우는 위의 ㉮항에 따르거나 또는 신뢰할 수 있는 자료에 의거하여 물시멘트비와 콘크리트 강도와의 관계로부터 배합강도에 알맞게 물시멘트비를 구하여 시험비빔에 따라 확인하여 정한다.

③ 위 ②의 ㉮항에 따른 물시멘트를 정하는 방법을 설명하면 다음과 같다. 시험비빔으로부터 얻은 물시멘트비와 압축강도는 다음 식으로부터 물시멘트비를 구하게 되는데 단위수량이나 잔골재율의 변화로 인한 영향을 고려하지 않는 것이 일반적이다.

$$F = ax + b$$

여기서, F : 콘크리트의 배합강도($\mathrm{kgf/cm^2}$)

x : 시멘트물비로서 물시멘트비를 역수로 한 것임(C/W)

a, b : 최소 자승법에 의하여 정해지는 상수로서, 시멘트물비가 x_1, x_2, x_3, $\cdots$ x_n이고, 이에 대응하는 압축강도가 M_1, M_2, $M_3, \cdots$ M_n이라고 하면 다음 식에 의하여 구한다.

$$a = \frac{n[xM] - [x][M]}{n[xx] - [x]^2}$$

$$b = \frac{[xx][M] - [x][xM]}{n[xx] - [x^2]}$$

여기서, n : 시험비빔의 횟수

$[xM]$: $x_1M_1 + x_2M_2 + x_3M_3 \cdots + x_nM_n$

$[x]$: $x_1 + x_2 + x_3 \cdots + x_n$

$[M]$: $M_1 + M_2 + M_3 \cdots + M_n$

$[xx]$: $x_1^2 + x_2^2 + x_3^2 \cdots + x_n^2$

④ 일본건축학회 및 토목학회 등에서 제정하여 적용하고 있는 물시멘트비 산정식은 다음과 같으며, 이 식은 참고로만 활용하고 있다.

표 4-16 시멘트 종류별 물시멘트비 산정식(일본 건축학회)

시멘트 종류		W/C 범위(%)	W/C 산정식	비고
포틀랜드 시멘트	보통	40~70	$x=\dfrac{51}{F/K+0.31}$(%)	본 식에서 구한 W/C는 평균적인 수치임
	조강	40~70	$x=\dfrac{41}{F/K+0.17}$(%)	
	중용열	40~65	$x=\dfrac{66}{F/K+0.64}$(%)	
고로시멘트	A종	40~70	$x=\dfrac{46}{F/K+0.23}$(%)	
	B종	40~65	$x=\dfrac{51}{F/K+0.29}$(%)	
	C종	40~65	$x=\dfrac{44}{F/K+0.29}$(%)	

비고) x : W/C(%), F : 배합강도(kgf/cm^2), K : 시멘트강도(kgf/cm^2)

본 표의 산정식은 일본건축학회의 건축표준시방서(1997년 개정)에 따른 것이다.

$W/C=\dfrac{215}{F_{28}+210}$(%) 또는 $F_{28}=-210+215C/W$ ……………………(일본토목학회)

$W/C=\dfrac{51}{F_{28}/K+0.31}$(%) ……………………………………………(일본건축학회)

여기서, W/C : 물시멘트비

F_{28} : 배합강도(재령 28일, kgf/cm^2)

K : 시멘트강도(재령 28일, kgf/cm^2)

위의 산정식은 작은 규모로서 큰 강도를 필요로 하지 않은 공사 등에서 시험을 하지 않을 경우 물시멘트비를 구할 때 사용한 것으로, 보통포틀랜드시멘트를 사용하고 혼화재를 사용하지 않는 보통콘크리트에 적용한다.

미국 콘크리트시방서에서 굵은골재의 최대치수가 40mm인 경우 압축강도의 범위에 따른 C/W와 F_{28}과의 관계식을 다음과 같이 제시하고 있다. 여기서 F_{28}를 f_{28}로 표시하기도 한다.

① AE제를 사용하지 않은 콘크리트

$f_{28}=160\sim230\text{kgf/cm}^2$인 경우 $f_{28}=-139+230C/W$

$f_{28} = 231 \sim 330 kgf/cm^2$인 경우 $f_{28} = -76 + 190C/W$

$f_{28} = 331 \sim 385 kgf/cm^2$인 경우 $f_{28} = -22 + 144C/W$

② 공기량이 4%인 AE콘크리트

$f_{28} = 140 \sim 250 kgf/cm^2$인 경우 $f_{28} = -74 + 162C/W$

$f_{28} = 251 \sim 320 kgf/cm^2$인 경우 $f_{28} = -18 + 134C/W$

8) 단위시멘트양의 결정

단위시멘트양은 단위수량과 물시멘트비로 결정하며, 소요의 강도 · 내구성 · 수밀성 등을 가지는 콘크리트를 얻도록 시험에 의해 정한다. 시험을 할 때는 단위시멘트양과 강도 · 내구성 · 수밀성 등과의 관계를 정하는 것보다는 물시멘트비와 강도 · 내구성 · 수밀성 등과의 관계를 정하는 것이 편리하다. 이 시험결과로 물시멘트비를 정하고 단위수량으로부터 단위시멘트양을 정하게 된다.

건축공사표준시방서에는 "단위시멘트양은 단위수량 및 물시멘트비로부터 산출되어진 값 이상으로 하고 최소값은 $270kg/m^3$로 한다."라고 규정하고 있다.

단위시멘트양은 이미 결정된 단위수량 및 물시멘트비로부터 다음 식에 의해 산출할 수 있다.

$$C_g = \frac{W_g}{x} \times 100, \quad C_v = \frac{C_g}{C_s}$$

여기서, C_g : 단위시멘트양(kg/m^3), C_s : 시멘트의 비중

C_v : 시멘트 절대용적(ℓ/m^3), x : 물시멘트비(%)

W_g : 단위수량(kg/m^3)

9) 공기량과 혼화재료의 단위량 결정

공기량의 범위는 건축공사표준시방서에서 "AE제, AE감수제 및 고성능 AE감수제를 사용한 콘크리트의 공기량은 4% 이상 6% 이하 범위의 값으로 한다."라고 규정하고 있다.

소요의 공기량을 얻는 데 필요한 단위 AE제 양은 시멘트의 분말도, 단위수량, 단위시멘트양, 포졸란의 종류 및 사용량, 골재의 입도 및 입형, 비비기 시간, 슬럼프, 콘크리트의 온도 등에 따라 다르므로 시험에 의하여 정해야 한다. 같은 재료를 사용하고 같은 배합으로 콘크리트 작업을 진행하는 경우에도 골재의 입도 등이 변화하면 AE콘크리트의 공기량이 상당히 변화하는 경우가 있다. 그러므로 AE콘크리트의 시공에서는 공기량의 시험결과에 따라서 소요의 공기량을 얻도록 단위 AE제 양을 가감해야 한다.

혼화재료의 단위량은 콘크리트의 배합, 시공조건, 환경조건 등에 따라 사용목적에 알맞은

시험을 하여 그 결과 또는 지금까지의 경험을 참고로 하여 소정의 슬럼프 및 공기량을 얻을 수 있도록 정해야 한다.

◎ 계획배합(시방배합)의 결정 및 표시방법

상기 "콘크리트 배합설계 시 제요소의 결정방법"에 의한 제요소를 결정한 다음 여러 참고자료[표 4-20 참고배합표(1)~(4) 등]를 이용하여 재료배합을 가정한다. 이를 기초로 콘크리트의 요구 성능에 만족시키도록 시험비빔을 실시하여 계획배합을 결정한다. 이 계획배합을 표로 작성하여 계획배합표로 관리하는데, 건축공사표준시방서에서는 "콘크리트의 계획배합은 표 4-17에 따라 표시한다."라고 규정하고 있다.

표 4-17 계획배합의 표시방법

배합강도 (kgf/cm²)	슬럼프 (cm)	공기량 (%)	물시멘트비 (%)	굵은골재의 최대치수 (mm)	잔골재율 (%)	단위수량 (kg/m³)	절대용적(l/m³)				중량(kg/m³)				화학혼화제의 사용량 (㎖/m³) 또는 (kg/m³)
							시멘트	잔골재	굵은골재	혼화재	시멘트	잔골재[1)]	굵은골재[1)]	혼화재	

비고) 1) 절건상태인지 표면건조내부포수 상태인지를 명기한다. 다만, 경량골재는 절건상태를 표시한다. 혼합골재를 사용하는 경우, 필요에 따라 혼합 전 각 골재의 종류 및 혼합비율을 나타낸다.

◎ 시험비빔 방법

시험비빔은 원칙적으로 실험실에서 콘크리트 제작방법에 의해 행해져야 하며 시험비빔(trial mixing)시 워커빌리티, 슬럼프, 공기량, 단위용적중량(특히 경량콘크리트의 경우), 압축강도, 비빔온도에 대해서 면밀히 검토하면서 시험한다. 단, 워커빌리티의 양부는 슬럼프시험에서 콘크리트의 상태를 잘 관찰하고 면밀히 검토한 후 판정한다. 시험비빔량을 많이 취하면 일반적으로 정확한 값을 얻을 수 있으나 실험 편의상 시험비빔량은 15~20ℓ로 하는 것이 보통이다.

◎ 현장배합의 결정

현장배합의 결정은 골재입도에 의한 조정과 골재 표면수에 의한 조정이 있는데 이는 현장여건에 맞추어 수정한다.

1) 골재입도에 의한 조정

시방배합을 실제의 골재조건에 따라 콘크리트를 생산할 때 잔골재와 굵은골재 간에 각 입도에 따른 보정으로서 잔골재 안에 5mm 이상이 $a\%$, 굵은골재 안에 5mm 이하가 $b\%$ 들어 있다. 시방배합의 잔골재량을 S, 굵은골재량을 G라 하면 콘크리트 1m^3 배합의 잔골재량 S'와 굵은골재량 G'는 다음과 같이 계산된다.

$$S' + G' = S + G$$
$$aS' + (100 - b)G' = 100G \text{ ………………………… ①}$$
$$bG' + (100 - a)S' = 100S \text{ ………………………… ②}$$

①, ②를 연립 방정식으로 풀면

$$S' = \{100S - b(S+G)\}/\{100 - (a+b)\} = S + G - G'$$
$$G' = \{100G - a(S+G)\}/\{100 - (a+b)\} = S + G - S'$$

로부터 계량해야 하는 S' 및 G'가 구해진다.

2) 골재 표면수에 의한 조정

현장골재를 시험한 결과 잔골재의 표면수량이 $a'\%$, 굵은골재의 표면수량이 $b'\%$일 때 계량해야 할 현장의 잔골재량 S'', 굵은골재량 G'' 및 단위수량 W'는 다음 식과 같이 구해진다.

$$S'' = S'\{1 + (a'/100)\}$$
$$G'' = G'\{1 + (b'/100)\}$$
$$W' = W - (S' \times a'/100) - (G' \times b'/100)$$

(3) 콘크리트의 참고배합표

① 콘크리트 배합설계를 경험이 없는 상태에서 최초로 실시하는 일은 매우 어려운 일이고, 경우에 따라 많은 시행착오를 반복하지 않으면 안 될 것이다. 이럴 경우에는 기존의 자료라든가 문헌을 참고하면 편리한데 참고적으로 제시하고 있는 참고배합표는 표 4-20과 같다.

참고배합표를 이용하여 배합을 정함에 있어 우선 소요강도에 대한 물시멘트비를 정하고, 또한 사용하는 골재의 최대치수를 확인한다. 적합한 골재의 표를 찾아 소요 물시멘트비와 슬럼프에 의해 배합을 정한다. 이렇게 정한 배합은 골재의 조건에 따라 실제로는 맞지 않을 때도 있으므로 시험비빔을 해본 다음 확정한다. 이 배합은 각 재료의 사용량을 직접 알 수 있고 적산에도 편리한 이점이 있다.

② 참고배합표에 없는 배합은 이 표의 수치를 보간하여 구한다. 참고배합표에 사용한 시멘트 및 골재의 비중과 골재의 단위용적중량 및 실적률은 표 4-18에 의한 것이며, 가정치와 실제 사용할 재료의 시험치가 대단히 다를 때에는 시멘트의 소요중량은 변화시키지 말고 시멘트 이외의 재료는 절대용적 배합에서 환산하거나 또는 시험비비기를

하여 최종적인 현장배합을 결정한다.

표 4-18 참고배합표에 사용한 단위용적중량과 실적률의 값

계량법	골재 / 골재의 크기 / 항목	굵은골재		잔골재		
		25mm 이하	20mm 이하	5mm 이하	2.5mm 이하	1.2mm 이하
표준계량	단위용적중량 (kg/l)	1.70	1.65	1.75	1.70	1.60
	실적률(%)	65.4	63.5	67.3	65.4	61.5
현장용적 계량	단위용적중량 (kg/l)	1.7×0.95 =1.62	1.65×0.95 =1.57	1.75×0.8 =1.40	1.7×0.78 =1.33	1.6×0.76 =1.22
	실적률(%)	62.3	60.4	54.8	51.2	46.9

③ 깬자갈(碎石) 또는 AE제를 사용할 경우나 조강작용이나 분산작용이 심하지 않은 표면활성제를 사용할 때에는 표 4-19에 표시된 대로 보정하는 것을 표준으로 한다. 조강작용이나 분산작용이 심한 표면활성제를 사용할 때에는 시험을 하거나 적당한 자료에 의하여 배합을 결정하도록 한다.

표 4-19 깬자갈 또는 AE제를 사용할 경우의 참고배합표의 보정값(1m^3당)

콘크리트의 종류	시멘트양	잔골재량			굵은골재량		
		절대용적	중량	현장계량용적	절대용적	현장계량용적	물의 양
모래, 자갈, 콘크리트	보정 불요	15l 감소	40kg 감소	30l 감소	보정 불요	보정 불요	8% 감소
모래, 깬자갈, 콘크리트	보정 불요	25l 증가	65kg 증가	50l 증가	10% 감소	보정 불요	8% 증가
모래, 깬자갈, AE콘크리트	보정 불요	10l 증가	25kg 증가	20l 증가	10% 감소	보정 불요	보정 불요

표 4-20 보통포틀랜드시멘트를 사용한 콘크리트의 참고배합표(1)
잔골재의 조립률 3.3(5mm), 굵은골재의 최대치수 20mm

물시멘트비 (%)	슬럼프 (cm)	잔골재율 (%)	단위수량 (kg/m^3)	절대용적(l/m^3)			중량(kg/m^3)			단위굵은골재의 겉보기 용적[4)] (m^3/m^3)
				시멘트	잔골재	굵은 골재	시멘트[1)]	잔골재[2)]	굵은 골재[3)]	
40	8	42.3	172	137	288	393	430	749	1,023	0.620
	12	40.6	183	145	269	393	458	699	1,023	0.620
	15	38.8	194	154	249	393	485	647	1,023	0.620
	18	40.8	205	163	254	368	513	660	957	0.580
	21	43.1	222	176	255	337	555	663	875	0.530
45	8	44.2	168	118	311	393	373	809	1,023	0.620
	12	42.6	179	126	292	393	398	759	1,023	0.620
	15	41.2	189	133	275	393	420	715	1,023	0.620
	18	43.3	200	141	281	368	444	731	957	0.580
	21	45.8	216	152	285	337	480	741	875	0.530
50	8	45.4	165	105	327	393	330	850	1,023	0.620
	12	44.2	175	111	311	393	350	809	1,023	0.620
	15	43.0	184	117	296	393	368	770	1,023	0.620
	18	45.2	196	124	303	368	390	788	957	0.580
	21	47.9	210	133	310	337	420	806	875	0.530
55	8	46.2	164	95	338	393	298	879	1,023	0.620
	12	45.2	173	100	324	393	315	842	1,023	0.620
	15	44.3	181	104	312	393	329	811	1,023	0.620
	18	46.4	192	111	319	368	349	829	957	0.580
	21	49.2	207	119	327	337	376	850	875	0.530
60	8	46.8	164	87	346	393	273	900	1,023	0.620
	12	45.9	172	91	334	393	287	868	1,023	0.620
	15	45.0	180	95	322	393	300	837	1,023	0.620
	18	47.4	190	101	331	368	317	861	957	0.580
	21	50.1	205	109	339	337	342	881	875	0.530
65	8	48.2	163	80	360	387	251	936	1,007	0.610
	12	47.4	171	83	349	387	263	907	1,007	0.610
	15	46.5	179	87	337	387	275	876	1,007	0.610
	18	48.8	190	93	345	362	292	897	941	0.570
	21	51.8	205	100	355	330	315	923	858	0.520
70	15	47.8	179	81	349	381	256	907	990	0.600
	18	50.3	190	86	359	355	271	933	924	0.560
	21	53.2	205	93	368	324	293	957	842	0.510

비고) 1) 시멘트 : 3.15
2) 잔골재 : 2.60(절건상태)
3) 굵은골재 : 2.60(절건상태)
4) 굵은골재의 단위용적중량 : 1.65kg/l, 굵은골재의 실적률 : 63.5%

표 4-20 보통포틀랜드시멘트를 사용한 콘크리트의 참고배합표(2)
잔골재의 조립률 2.8(2.5mm), 굵은골재의 최대치수 20mm

물시멘트비 (%)	슬럼프 (cm)	잔골재율 (%)	단위수량 (kg/m^3)	절대용적(l/m^3)			중량(kg/m^3)			단위굵은골재의 겉보기 용적[4] (m^3/m^3)
				시멘트	잔골재	굵은 골재	시멘트[1]	잔골재[2]	굵은 골재[3]	
40	8	37.5	173	137	255	425	433	663	1,106	0.670
	12	34.7	189	150	226	425	473	588	1,106	0.670
	15	33.3	197	156	212	425	493	551	1,106	0.670
	18	35.0	209	166	215	400	523	559	1,040	0.630
	21	37.2	225	179	218	368	563	567	957	0.580
45	8	39.1	171	121	273	425	380	710	1,106	0.670
	12	37.3	183	129	253	425	407	658	1,106	0.670
	15	35.8	192	136	237	425	427	616	1,106	0.670
	18	37.9	203	143	244	400	451	634	1,040	0.630
	21	40.3	219	155	248	368	487	645	957	0.580
50	8	40.3	170	108	287	425	340	746	1,106	0.670
	12	39.2	178	113	274	425	356	712	1,106	0.670
	15	37.9	187	119	259	425	374	673	1,106	0.670
	18	40.1	197	125	268	400	394	697	1,040	0.630
	21	42.7	213	135	274	368	426	712	957	0.580
55	8	41.3	169	97	299	425	307	777	1,106	0.670
	12	40.2	177	102	286	425	322	744	1,106	0.670
	15	39.3	184	106	275	425	335	715	1,106	0.670
	18	41.3	195	113	282	400	355	733	1,040	0.630
	21	44.2	210	121	291	368	382	757	957	0.580
60	8	42.0	168	89	308	425	280	801	1,106	0.670
	12	41.1	176	93	296	425	293	770	1,106	0.670
	15	40.1	183	97	285	425	305	741	1,106	0.670
	18	42.4	193	102	295	400	322	707	1,040	0.630
	21	45.2	209	110	303	368	348	788	957	0.580
65	8	43.4	168	82	321	419	258	835	1,089	0.660
	12	41.6	175	85	311	419	269	809	1,089	0.660
	15	41.7	182	89	300	419	280	780	1,089	0.660
	18	44.2	192	94	311	393	295	809	1,023	0.620
	21	46.8	208	102	318	362	320	827	941	0.570
70	12	43.9	175	79	323	413	250	840	1,073	0.650
	15	43.0	182	83	312	413	260	811	1,073	0.650
	18	45.6	192	87	324	387	274	842	1,007	0.610
	21	48.4	208	94	333	355	297	866	924	0.560

비고) 1)~4)의 가정값은 참고배합표(1)의 비고를 참조할 것.

표 4-20 보통포틀랜드시멘트를 사용한 AE콘크리트의 참고배합표(3)
잔골재의 조립률 3.3(5mm), 굵은골재(깬자갈)의 최대치수 20mm

물시멘트비 (%)	슬럼프 (cm)	잔골재율 (%)	단위수량 (kg/m^3)	절대용적(l/m^3)			중량(kg/m^3)			단위굵은골재의 겉보기 용적[4] (m^3/m^3)
				시멘트	잔골재	굵은골재	시멘트[1]	잔골재[2]	굵은골재[3]	
40	8	45.6	172	137	297	354	430	772	920	0.620
	12	44.0	183	145	278	354	458	723	920	0.620
	15	42.2	194	154	258	354	485	671	920	0.620
	18	44.1	205	163	261	331	513	679	861	0.580
	21	46.1	222	176	259	303	555	673	788	0.530
45	8	47.5	168	118	320	354	373	832	920	0.620
	12	46.0	179	126	301	354	398	783	920	0.620
	15	44.5	189	133	284	354	420	738	920	0.620
	18	46.5	200	141	288	331	444	749	861	0.580
	21	48.8	216	152	289	303	480	751	788	0.530
50	8	48.7	165	105	336	354	330	874	920	0.620
	12	47.5	175	111	320	354	350	832	920	0.620
	15	46.3	184	117	305	354	368	793	920	0.620
	18	48.4	195	124	310	331	390	806	861	0.580
	21	50.9	210	133	314	303	420	816	788	0.530
55	8	49.5	164	95	347	354	298	902	920	0.620
	12	48.5	173	100	333	354	315	866	920	0.620
	15	47.6	181	104	321	354	329	835	920	0.620
	18	49.6	192	111	326	331	349	848	861	0.580
	21	52.2	207	119	331	303	376	861	788	0.530
60	8	50.1	164	87	355	354	273	923	920	0.620
	12	49.2	172	91	343	354	287	892	920	0.620
	15	48.3	180	95	331	354	300	861	920	0.620
	18	50.5	190	101	338	331	317	879	861	0.580
	21	53.1	205	109	343	303	342	892	788	0.530
65	8	51.1	163	80	364	348	251	964	905	0.610
	12	50.7	171	83	358	348	263	931	905	0.610
	15	49.9	179	87	346	348	275	900	905	0.610
	18	51.8	190	93	351	326	292	913	848	0.570
	21	54.7	205	100	358	297	315	931	772	0.520
70	15	51.0	179	81	357	343	256	928	892	0.600
	18	53.2	190	86	364	320	271	946	832	0.560
	21	55.9	205	93	370	292	293	962	759	0.510

비고) 1) 시멘트 : 3.15
2) 잔골재 : 2.60(절건상태)
3) 굵은골재 : 2.60(절건상태)
4) 굵은골재의 단위용적중량 : 1.49kg/l, 깬자갈(쇄석)의 실적률 : 57.1%

표 4-20 보통포틀랜드시멘트를 사용한 AE콘크리트의 참고배합표(4)
잔골재의 조립률 2.8(5mm), 굵은골재(깬자갈)의 최대치수 20mm

물시멘트비 (%)	슬럼프 (cm)	잔골재율 (%)	단위수량 (kg/m³)	절대용적(l/m³)			중량(kg/m³)			단위굵은골재의 겉보기 용적[4] (m³/m³)
				시멘트	잔골재	굵은골재	시멘트[1]	잔골재[2]	굵은골재[3]	
40	8	41.1	173	137	267	383	433	694	996	0.670
	12	38.3	189	150	238	383	473	619	996	0.670
	15	36.9	197	156	224	383	493	582	996	0.670
	18	38.5	209	165	225	360	523	585	936	0.630
	21	40.5	225	179	225	331	563	585	861	0.580
45	8	42.7	171	121	285	383	380	741	996	0.670
	12	40.9	183	129	265	383	407	689	996	0.670
	15	39.4	192	136	249	383	427	647	996	0.670
	18	40.5	203	143	254	360	451	660	936	0.630
	21	43.5	219	155	255	331	487	663	861	0.580
50	8	43.8	170	108	299	383	340	777	996	0.670
	12	42.8	178	113	286	383	356	744	996	0.670
	15	41.4	187	119	271	383	374	705	996	0.670
	18	43.6	197	125	278	360	394	723	936	0.630
	21	45.9	213	135	281	331	426	731	861	0.580
55	8	44.8	169	97	311	383	307	809	996	0.670
	12	43.8	177	102	298	383	322	775	996	0.670
	15	42.8	184	106	287	383	335	746	996	0.670
	18	43.8	195	113	292	360	355	759	936	0.630
	21	47.4	210	121	298	331	382	775	861	0.580
60	8	45.5	168	89	320	383	280	832	996	0.670
	12	44.6	176	93	308	383	293	801	996	0.670
	15	43.7	183	97	297	383	305	772	996	0.670
	18	45.9	193	102	305	360	322	793	936	0.630
	21	48.4	209	110	310	331	348	806	861	0.580
65	8	46.9	168	82	333	377	258	866	980	0.660
	12	46.1	175	85	323	377	269	840	980	0.660
	15	45.3	182	89	312	377	280	811	980	0.660
	18	48.9	192	94	320	354	295	832	920	0.620
	21	49.8	208	102	324	326	320	842	848	0.570
70	12	47.3	175	79	334	372	250	868	967	0.650
	15	46.5	182	83	323	372	260	840	967	0.650
	18	48.9	192	87	333	348	274	866	905	0.610
	21	51.4	208	94	338	320	297	879	832	0.560

비고) 1)~4)의 가정값은 참고배합표(3)의 비고를 참조할 것.

(4) 콘크리트 배합설계 예

예제 다음의 설계조건과 주어진 재료를 사용하여 배합설계를 하라.

1) 설계조건

철근콘크리트구조물로서 콘크리트의 설계기준강도는 재령 28일 압축강도 210kg/cm^{2}로 하며, 소요슬럼프 값은 10cm, 굵은골재는 하천에서 채취한 강자갈로 최대치수는 25mm이고 타설 후 재령 28일까지의 예상 평균기온은 14℃, 강도의 표준편차는 35kgf/cm^{2}이다.

2) 재료의 시험

주어진 재료를 시험한 결과는 다음과 같다.

시멘트 비중 및 강도 : 보통포틀랜드시멘트 비중 3.15, 강도 290kgf/cm^2

잔골재 비중 : 2.59, 굵은골재 비중 : 2.63

골재의 체가름시험 결과는 다음 표와 같다.

골재의 입도시험 결과

잔골재			굵은골재		
체 크기(mm)	체 잔량(%)	체 통과량(%)	체 크기(mm)	체 잔량(%)	체 통과량(%)
10	0	100	40	0	100
5	3	97	30	17	83
2.5	15	85	25	29	71
1.2	37	63	20	44	56
0.6	67	33	15	62	38
0.3	89	11	10	84	16
0.15	96	4	5	98	2
잔골재 조립률 : 3.07			굵은골재 조립률 : 7.28		

해설

1) 골재의 입도시험 결과에 대한 골재 입도율 보정

잔골재에서 5mm(No.4체)에 남는 것과 굵은골재에서 5mm체를 통과한 것을 버리고 남은 양을 사용하면 된다. 이에 따라 골재의 입도시험 결과에 대한 골재 입도율을 보정한 값은 다음과 같다.

[보정계산 방법]

① 잔골재가 체를 통과하는 양(%)은 다음과 같이 구한다.

2.5mm체로는 85/97×100=88%

1.2mm체로는 63/97×100=65%

위와 같이 0.6, 0.3, 0.15체의 잔골재 통과량을 계산한다.

② 잔골재가 체에 남은 양(%)은 100(%)-(체를 통과한 양[%])으로 구한다.

2.5mm체로는 100-88=12%

1.2mm체로는 100-65=35%

위와 같이 0.6, 0.3, 0.15mm체의 잔골재 잔량을 계산한다.

③ 굵은골재가 체에 남은 양(%)은 다음과 같이 구한다.

5mm체에서는 5mm 이하의 입도를 제거하였으므로 100%가 되며, 2%를 각 체에 비례 배분한다.

10mm체로는 84/98×100=86%

15mm체로는 62/98×100=63%

위와 같이 20, 25, 30, 40mm체의 굵은골재 잔량을 계산한다.

5mm체로 분리한 골재의 입도

잔골재			굵은골재		
체 크기(mm)	체 잔량(%)	체 통과량(%)	체 크기(mm)	체 잔량(%)	체 통과량(%)
10	0	100	40	0	100
5	0	100	30	17	83
2.5	12	88	25	30	70
1.2	35	65	20	45	55
0.6	66	34	15	63	37
0.3	89	11	10	86	14
0.15	96	4	5	100	0
잔골재 조립률 : 2.98			굵은골재 조립률 : 7.31		

2) 배합강도의 결정

구조체 콘크리트의 설계기준강도 $F_c = 210\text{kgf/cm}^2$이고 강도의 표준편차 $\sigma = 35$ kgf/cm^2이며 타설 후 재령 28일까지의 예상 평균기온이 14℃이므로, 이에 따른 콘크리트 강도보정값 T는 표 4-8에 의하여 30kgf/cm^2이다.

따라서 $F_{28} \geqq F_c + T + 1.73\sigma = 210 + 30 + 1.73 \times 35 = 300.55 \fallingdotseq 301\text{kgf/cm}^2$

또한 $F_{28} \geqq 0.8(F_c + T) + 3\sigma = 0.8(210 + 30) + 3 \times 35 = 297\text{kgf/cm}^2$

배합강도는 위의 값 중 큰 값으로서 $F_{28} = 301\text{kgf/cm}^2$가 된다.

3) 물시멘트비의 가정

물시멘트비(W/C)의 가정치는 다음 식(표 4-16 참조)으로 구한 값으로 한다.

$$x = \frac{51}{F/K + 0.31} = \frac{51}{301/290 + 0.31} = 47.78 \fallingdotseq 48(\%)$$

위 식에서, x : 물시멘트비(W/C), F : 콘크리트의 배합강도(F_{28}), K : 시멘트 강도

그러나 이 식은 안전을 바라본 식이기 때문에 $W/C = 48\%$보다 큰 값을 사용해도 된다.

그러므로 $W/C = 50\%$로 가정하여 이를 기본으로 하여 계산한다.

4) 잔골재율 및 단위수량의 가정

주어진 조건에서 골재 최대치수 25mm에 대하여 표 4-13을 참고로 하여 잔골재율과 단위수량을 구한다.

사용재료와 콘크리트품질의 배합조건이 표 4-13과 상이하므로 표 4-14에 의하여 잔골재율과 단위수량을 보정한다.

잔골재율(s/a) 및 단위수량(W)의 보정

보정항목	표 4-13에 의한 참고조건	배합조건	$s/a = 41\%$	$W = 175$kg
			보정량	보정량
모래 조립률	2.80	2.98	$\frac{2.98 - 2.80}{0.1} \times 0.5 = 0.9\%$	-
슬럼프	8.0	10	-	$(10-8) \times 1.2 = 2.4\%$ $175 \times 0.024 = 4.2$
보정한 값			$s/a = 41 + 0.9 \fallingdotseq 41.9\%$	$W = 175 + 4.2 \fallingdotseq 180$kg

5) 각 재료의 단위량 계산

시멘트 중량=180÷0.5=360kg(W/C=50%, 180/C=50%)

시멘트 절대용적=360÷3.15=114l

공기량(갇혀진 공기의 양)=1.5%=15l

전골재 용적=1,000−(114+180+15)=691l

잔골재 절대용적=691×0.419=290l

단위잔골재 중량=290×2.59=751kg

굵은골재 절대용적=691−290=401l

단위굵은골재 중량=401×2.63=1,055kg

6) 시험비빔

① 제1시험 배치

콘크리트 1배치를 $30l$로 했을 때의 콘크리트 재료량에 대한 계산은 4), 5)에서 계산한 각 재료의 단위량에 $30l/1,000l$를 곱하면 된다.

단위수량=180×30/1,000=5.4kg
단위시멘트 중량=360×30/1,000=10.8kg
단위잔골재 중량=751×30/1,000=22.53kg
단위굵은골재 중량=1,055×30/1,000=31.65kg

각 재료의 단위량과 1배치 $30l$의 양을 표에 나타내면 다음과 같다.

구분	굵은골재 최대치수 (mm)	슬럼프 범위 (cm)	물시멘트비 w/c (%)	잔골재율 s/a (%)	단위수량 w (kg)	시멘트 중량 C (kg)	잔골재 중량 S (kg)	굵은골재 중량 G (kg)
단위량	25	10	50	41.9	180	360	751	1,055
1배치 $30l$	25	10	50	41.9	5.4	10.8	22.53	31.65

시험비빔을 한 결과 슬럼프는 12cm가 되었다.

② 제2시험 배치

설계조건에서 주어진 슬럼프 10cm로 하기 위해서는 제1시험비빔 결과 얻어진 슬럼프 12cm에 비해 2cm의 차이가 있으므로 이에 대하여 보정을 하면 다음과 같다. 표 4-14에서 슬럼프 1cm에 대하여 1.2%의 증감이므로 2cm×1.2%=2.4%만큼 단위수량(W)을 감량해야 한다. 그러므로 단위수량은 다음과 같이 된다.

180kg×(1−0.024)=176kg

단위수량 W=176kg이 구해졌으므로 물시멘트비 W/C=50%, 잔골재율 s/a=41.9%를 기본으로 하고 각 재료의 단위량을 계산하면 다음과 같다.

시멘트 중량=176÷0.5=352(W/C=50%, 176/C=50%)
시멘트 절대용적=352÷3.15=$112l$
공기량(갇혀진 공기의 양)1.5%=$15l$
전골재용적=1,000−(112+176+15)=$697l$
잔골재 절대용적=697×0.419=$292l$

단위잔골재 중량=292×2.59=756kg

굵은골재 절대용적=697-292=405l

단위굵은골재 중량=405×2.63=1,065kg

콘크리트 1배치를 30l로 하였을 때의 콘크리트 재료량에 대한 계산은 위에서 계산된 각 재료의 단위량에 30l/1,000l를 곱하면 된다.

단위수량=176×30/1,000=5.28kg

단위시멘트 중량=352×30/1,000=10.6kg

단위잔골재 중량=756×30/1,000=22.68kg

단위굵은골재 중량=1,065×30/1,000=31.95kg

각 재료의 단위량과 1배치 30l의 양을 표에 나타내면 다음과 같다.

구분	굵은골재 최대치수 (mm)	슬럼프 범위 (cm)	물시멘트비 w/c (%)	잔골재율 s/a (%)	단위수량 w (kg)	시멘트 중량 C (kg)	잔골재 중량 S (kg)	굵은골재 중량 G (kg)
단위량	25	10	50	41.9	176	352	756	1,065
1배치 30l	25	10	50	41.9	5.28	10.6	22.68	31.95

시험비빔을 한 결과 슬럼프값을 설계조건대로 10cm가 되었다.
여기서, 슬럼프시험 시 가볍게 두드려 보고 또는 나무 흙칼로 표면 마무리의 난이도를 측정해본 결과, 콘크리트가 다소 거칠어지는 것 같아 이를 작업성이 있는 콘크리트로 만들기 위하여 잔골재율(s/a)을 2% 정도 증가하는 것이 좋다고 생각되었다.

③ 제3시험 배치

잔골재율(s/a)은 2% 증가하여 43.9가 된다. 표 4-14에 의하면 잔골재율(s/a)을 1%만큼 증감하는 데 따라 단위수량(W)을 1.5kg만큼 증감하도록 되어 있으므로, 이에 따라 잔골재율((s/a)을 2% 증가에 대하여 단위수량은 3kg 증가하는 것이 된다. 따라서 단위수량은 다음과 같이 산출된다.

176+3=179kg

단위수량 W=179kg, 물시멘트비 W/C=50%, 잔골재율 s/a=43.9%를 기본으로 하고 각 재료의 단위량을 계산하면 다음과 같다.

시멘트 중량=179÷0.5=358kg(W/C=50%, 179/C=50%)

시멘트 절대용적=358÷3.15=114l

공기량(갇혀진 공기의 양)1.5%=15l

전골재 용적=1,000-(114+179+15)=692l

잔골재 절대용적=692×0.439=304l

단위잔골재 중량=304×2.59=787kg

굵은골재 절대용적=692-304=388l

단위굵은골재 중량=388×2.63=1,020kg

콘크리트 1배치를 30l로 하였을 때의 콘크리트 재료량에 대한 계산은 위에서 계산된 각 재료의 단위량에 30l/1,000l를 곱하면 된다.

단위수량=179×30/1,000=5.37kg

단위시멘트 중량=358×30/1,000=10.74kg

단위잔골재 중량=787×30/1,000=23.61kg

단위굵은골재 중량=1,020×30/1,000=30.6kg

각 재료의 단위량과 1배치 30l의 양을 표에 나타내면 다음과 같다.

구분	굵은골재 최대치수 (mm)	슬럼프 범위 (cm)	물시멘트비 w/c (%)	잔골재율 s/a (%)	단위수량 w (kg)	시멘트 중량 C (kg)	잔골재 중량 S (kg)	굵은골재 중량 G (kg)
단위량	25	10	50	43.9	179	358	787	1,020
1배치 30l	25	10	50	43.9	5.37	10.74	23.61	30.6

시험비빔을 한 결과 슬럼프는 10cm로써 설계조건대로 되면서 작업성도 적당하게 되었다. 시험비빔에 있어서 설계조건에서 제시된 슬럼프값이 되지 않거나 적당한 작업성을 얻을 수 없는 경우에는 제1배치에서 제3배치까지 되풀이하여 시험해야 한다.

7) $C/W-\sigma_{28}$선을 구하기 위한 공시체의 제작

$C/W-\sigma_{28}$선을 구하려면 적당하다고 생각되는 범위 내에서 3종 이상의 다른 시멘트 물비 C/W를 사용한 콘크리트에 따라 시험을 실시한다. 여기에서 공시체의 제작은 물시멘트비 W/C를 50%, 그 전후의 45%와 55%가 되는 3종의 것으로 한다.

① W/C=50%의 경우 단위량의 계산

6)의 ③ '제3시험 배치'항에서 계산된 각 재료의 단위량을 그대로 사용한다.

② W/C=45%의 경우 단위량의 계산

W=179kg, W/C=45%, s/a=43.9%를 기본으로 하고 각 재료의 단위량을 계산하면 다음과 같다.

시멘트 중량=179÷0.45=398kg(W/C=45%, 179/C=45%)
시멘트 절대용적=398÷3.15=126l
공기량(갇혀진 공기량)1.5%=15l
전골재 용적=1,000-(126+179+15)=680l
잔골재 절대용적=680×0.439=299l
단위잔골재 중량=299×2.59=774kg
굵은골재 절대용적=680-299=381l
단위굵은골재 중량=381×2.63=1,002kg

③ W/C=55%의 경우 단위량의 계산

W=179kg, W/C=55%, s/a=43.9%를 기본으로 하고 각 재료의 단위량을 계산하면 다음과 같다.

시멘트 중량=179÷0.55=325kg(W/C=55%, 179/C=55%)
시멘트 절대용적=325÷3.15=103l
공기량(갇혀진 공기량)1.5%=15l
전골재 용적=1,000-(103+179+15)=703l
잔골재 절대용적=703×0.439=309l
단위잔골재 중량=309×2.59=800kg
굵은골재 절대용적=703-309=394l
단위굵은골재 중량=394×2.63=1,036kg

위 ①, ②, ③항에서 배합설계한 결과를 표로 나타내면 다음과 같다. 표에서 ( )의 값은 콘크리트 1배치를 30l로 하였을 때의 각 재료의 1배치량이며, 이는 각 재료의 단위량에 30l/1,000l를 곱하여 계산한 값이다.

단위량과 1배치량

W/C(%)	s/a(%)	W(kg)	C(kg)	S(kg)	G(kg)
45	43.9	179 (5.37)	398 (11.94)	774 (23.22)	1,002 (30.06)
50	43.9	179 (5.37)	358 (10.74)	787 (23.61)	1,020 (30.6)
55	43.9	179 (5.37)	325 (9.75)	800 (24)	1,036 (31.08)

C/W와 σ_{28}의 평균값

W/C(%)	C/W(%)	슬럼프(cm)	σ_{28}의 평균값(kgf/cm^2)	
45	2.22	10	306 331 333	평균 323
50	2.0	10	296 277 274	평균 282
55	1.82	10	240 231 246	평균 239

이상의 계산에 따라 C/W와 σ_{28}과의 관계를 구하기 위하여 공사에 필요한 범위 내에서 3종 이상의 서로 다른 C/W를 사용하여 시험할 필요가 있다. 이 경우 3종의 W/C를 사용하여 각각 3개의 공시체에 대하여 압축강도를 시험한 결과 위 표와 같은 σ_{28}의 평균값을 얻었다.

8) 물시멘트비 W/C의 계산

C/W와 σ_{28}의 평균값에서 $C/W-\sigma_{28}$선을 구한다. 즉, 시멘트물비 $x(C/W)$가 x_1, x_2, x_3일 때의 σ가 M_1, M_2, M_3라고 하면, $\sigma = A + B \cdot x$에서 A 및 B를 최소자승법에 의하여 다음 식으로 구한다.

위에서 x : 시멘트물비로서 물시멘트비의 역수(C/W)

σ : 콘크리트의 배합강도(kgf/cm^2)

A, B : 최소자승법에 의하여 정해진 상수

$$A = \frac{[x \cdot x][M] - [x][x \cdot M]}{n[x \cdot x] - [x]^2}$$

$$B = \frac{n[x \cdot M] - [x][M]}{n[x \cdot x] - [x]^2}$$

여기서, $[x \cdot x] = x_1^2 + x_2^2 + x_3^2$

$[x] = x_1 + x_2 + x_3$

$[x \cdot M] = x_1 M_1 + x_2 M_2 + x_3 M_3$

$[M] = M_1 + M_2 + M_3$

n = 달라진 C/W의 시험횟수

C/W=2.22, 2.0, 1.82이고 σ_{28} =323, 282, 239이므로 위 식에 의하여 A, B를 구하면

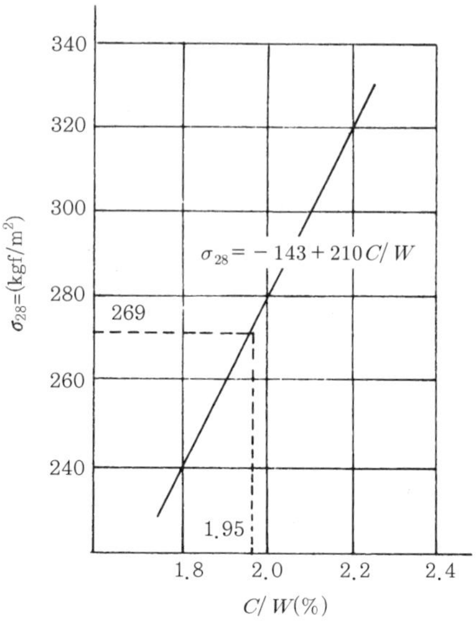

340
320
300
280
260
240
269
1.95
1.8
2.0
2.2
2.4
σ_{28}=(kgf/m^2)
$\sigma_{28} = -143 + 210C/W$
C/W(%)

$$[x \cdot x] = 2.22^2 + 2.0^2 + 1.82^2 = 12.24$$

$$[x] = 2.22 + 2.0 + 1.82 = 6.04$$

$$[x \cdot M] = (2.22 \times 323) + (2.0 \times 282) + (1.82 \times 239) = 1,716.04$$

$$[M] = 323 + 282 + 239 = 844$$

$$A = \frac{(12.24 \times 844) - (6.04 \times 1716.04)}{(3 \times 12.24) - (6.04)^2} = -143$$

$$B = \frac{(3 \times 1716.04) - (6.04 \times 844)}{(3 \times 12.24) - (6.04)^2} = 210$$

$\sigma_{28} = A + B \cdot C/W = -143 + 210C/W$에 의한 $C/W - \sigma_{28}$선이 구해진다.

이 관계식을 도표로 표시하면 위 그림과 같다.

배합강도 σ_r =269kgf/cm^{2}에 대한 C/W의 값을 도표에서 구하면 C/W=1.95이다. 따라서 W/C=1/1.95=0.5128≒0.51로 되므로 시방배합의 W/C의 값을 51%로 결정한다.

9) 시방배합(계획배합)

W=179kg, W/C =51%, s/a =43.9%를 기본으로 하고 각 재료의 단위량을 계산하면 다음과 같다.

시멘트중량=179÷0.51=351kg(W/C=51%, 179/C=51%)

시멘트 절대용적=351÷3.15=111l

공기량(갇혀진 공기량)1.5%=15l

전골재용적=1,000−(111+179+15)=695l

잔골재 절대용적=695×0.439=305l

단위잔골재 중량=305×2.59=790kg

굵은골재 절대용적=695-305=390l

단위굵은골재 중량=390×2.63=1,026kg

위에서 산출한 각 재료의 단위량을 시방배합표(계획배합표)에 나타내면 다음 표와 같다.

굵은골재의 최대치수 (mm)	슬럼프 값의 범위 (cm)	공기량의 범위 (%)	물시멘트비 (W/C) (%)	잔골재율 s/a (%)	단위량(kg/cm^3)						
					물 W	시멘트 C	잔골재 S	굵은골재		혼화재료	
								5mm~ 25mm	mm~ mm	혼화제	혼화재
25	10	1.5	51	43.9	179	351	790	1,026	–	–	–

10) 현장배합

현장의 잔골재는 5mm체에 남는 양 $a=3\%$가 포함되어 있으며, 굵은골재는 5mm체에 통과한 양 $b=2\%$를 포함하고 있다.

시험배합의 잔골재량이 $S=790$(kg), 굵은골재량이 $G=1,026$(kg)이므로 콘크리트 1m^3 배합의 잔골재량 S'와 굵은골재량 G'는 다음과 같이 계산된다.

$$S'+G'=S+G=790+1,026=1,816$$
$$S'=\{100S-b(S+G)\}/\{100-(a+b)\}$$
$$=\{100\times 790-2\times 1,816\}/\{100-(3+2)\}$$
$$=793.347 \fallingdotseq 793\text{kg}$$
$$G'=S+G-S'=790+1,026-793=1,023\text{kg}$$

또 골재의 표면수량을 측정한 결과 잔골재 $a'=2.3\%$, 굵은골재 $b'=0.5\%$일 때 계량해야 할 현장의 잔골재량 S'', 굵은골재량 G'' 및 단위수량 W'는 다음과 같이 계산한다.

$$S''=S'\{1+(a'/100)\}=793\{1+2.3/100\}=811.239 \fallingdotseq 811\text{kg}$$
$$G''=G'\{1+(b'/100)\}=1,023\{1+0.5/100\}=1,028.115 \fallingdotseq 1,028\text{kg}$$
$$W'=W-(S'\times a'/100)-(G'\times b'/100)=179-(793\times 2.3/100)$$
$$-(1,023\times 0.5/100)=155.646 \fallingdotseq 156\text{kg}$$

11) 배합설계 결과에 의한 소요 콘크리트의 여러 가지 인자와 현장배합비는 다음과 같다.

- 재령 28일 압축강도(σ_{28}) 240kgf/cm^2
- 슬럼프값 10cm

- 굵은골재의 최대치수 25mm
- 잔골재율(s/a) 43.9%
- 단위수량(W) 156kg
- 단위시멘트양(C) 351kg
- 단위잔골재량(S) 811kg
- 단위굵은골재량(G) 1,028kg

4-6 각종 콘크리트

(1) 무근콘크리트(nonreinforced concrete)

무근콘크리트는 철근 등의 보강재를 사용하지 않은 콘크리트의 총칭이다. 건축공사표준시방서에서는 버림콘크리트, 밑창콘크리트 등 철근 및 철망으로 보강하지 않은 콘크리트라고 정의하고 있다. 콘크리트에 온도철근만을 삽입하거나 와이어메시(wire mesh) 정도로 보강한 것도 무근콘크리트로 간주한다.

무근콘크리트에는 보통포틀랜드시멘트나 조강포틀랜드시멘트가 주로 사용되고 혼합시멘트를 사용하기도 한다.

(2) 철망삽입 무근콘크리트

철망삽입 무근콘크리트는 지반 위에 직접 또는 잡석, 자갈, 모래 다짐 위에 설치하는 콘크리트로서 다짐바닥과 간이포장 또는 경미한 무근콘크리트 벽체에 철망이나 가는 철선을 삽입하여 콘크리트의 신축균열 및 그 확대를 방지할 목적으로 사용한다. 사용하는 철근은 지름 4~6mm, 철망은 #8(4.2mm) 또는 #10(3.4mm)의 철선을 15cm 눈으로 압접 또는 용접한 것을 사용하고, 그 사용량은 2~3kg/m^{2}가 표준이다.

(3) 잡석콘크리트(rubble concrete, cobble concrete)

잡석콘크리트는 중량을 목적으로 잡석, 둥근잡석(호박돌 : cobble stone) 등을 넣은 콘크리트를 말한다. 보통 경미한 건축 또는 임시적인 간이 건축물의 기초 밑과 같이 강도를 필요로 하지 않는 곳에 빈배합의 잡석콘크리트를 사용한다. 잡석은 15cm 눈의 체에 통과하고 잡석 1개의 중량이 45kg 이하인 것이 쓰인다. 잡석과 잡석 간의 간격 또는 콘크리트 표면과의 거리는 10cm 정도 또는 자갈 최대지름보다 3cm 정도 크게 한다. 잡석 1개의 중량이 45kg이 넘는 큰 돌을 묻어 넣는 것을 큰돌콘크리트(cyclopean concrete)라고도 한다.

(4) 깬자갈콘크리트(broken stone concrete)

깬자갈콘크리트는 보통 강자갈 대신에 깬자갈을 사용한 콘크리트로서 공사장 부근에 좋은 강자갈이 대량으로 산출되지 않는 곳에 쓰인다.

깬자갈은 화강암, 안산암 또는 큰 개울돌은 부순돌로써 품질은 암석의 종류에 따라 다르나 좋은 암석을 원료로 사용하면 원하는 입도를 얻을 수 있다. 깬자갈콘크리트의 특징은 강자갈에 비하여 자갈 표면이 거칠어 시멘트풀의 부착력이 크기 때문에 동일 물시멘트비에서는 보통콘크리트보다 강도가 크다. 깬자갈콘크리트는 시공연도(workability)가 불량하여 시멘트양을 많이 써야 하지만 강도가 커지므로 결국 시멘트양을 절감시킬 수 있다. 깬자갈콘크리트를 부순돌콘크리트 또는 쇄석콘크리트라고도 한다.

(5) 철근콘크리트(reinforced concrete)

콘크리트는 돌과 같은 성질을 가지기 때문에 압축에는 대단히 강하나 인장이나 전단에는 매우 약하다. 이것을 보강하기 위하여 콘크리트 안에 철근을 넣는데 이를 철근콘크리트라고 한다. 철근과 콘크리트가 결합하여 콘크리트는 주로 압축력에 대하여 유효하게 작용하고 철근은 주로 인장력에 대하여 유효하게 작용하는 점을 이용하여 양자의 특성을 살린 이상적인 구조체를 형성하게 된다.

철근콘크리트는 내후, 내화, 내구성이 좋고 압축과 인장, 휨에 강하여 건축물, 교량, 댐 등 거의 모든 건설사업에 사용된다. 철근콘크리트 구조체는 철근과 거푸집을 짜 세우고 거푸집 안에 콘크리트를 부어넣어 굳힌 다음 거푸집을 제거하고 소정의 마무리를 한다.

(6) 철골철근콘크리트(steel framed reinforced concrete)

철골철근콘크리트는 형강이나 기타 철골과 철근 및 이들을 포함한 콘크리트가 일체로 작용하도록 설계 시공된 일종의 철근콘크리트이다. 철골을 주 구조체로 하고 철근은 콘크리트를 피복하기 위하여 배근하는 경우와 철골과 철근콘크리트가 공동으로 응력을 부담하는 구조체로 생각하는 경우가 있다. 또한 콘크리트는 철골 및 철근의 내화적, 방청적인 피복으로 생각하고 구조적으로는 오직 콘크리트 부분에 발생하는 사응력을 강재부분의 국부적 좌굴이 생기지 않을 정도로 생각하는 경우도 있다.

(7) 레디믹스트콘크리트(ready mixed concrete)

레디믹스트콘크리트는 콘크리트 제조공장에서 주문자가 요구하는 품질의 콘크리트를 소정의 시간에 희망하는 수량을 특수한 운반자동차를 사용하여 현장까지 배달 공급하는 굳지 않은 콘크리트를 말하며, 이를 레미콘(remicon)이라고도 한다.

레미콘의 발상은 1903년 독일 스타른베르크의 마르겐스(J. H. Margens)가 근대 레미콘 공장 형태를 고안, 설치함으로써 시작되었고, 그 후 전 세계적으로 확대 보급되어 오늘날에 이르게 되었다. 우리나라의 경우에는 1965년 7월 대한쌍용양회공업주식회사에서 현재의 서빙고 위치에 배처플랜트(batcher plant) 1대를 설치함으로써 최초로 레미콘을 생산하게 되었다. 레디믹스트콘크리트는 생산방식에 따라 습식 레디믹스트콘크리트와 건식 레디믹스트콘크리트로 대별되는데, 국내에서는 습식 레디믹스트콘크리트를 많이 사용하고 있다.

레디믹스트콘크리트의 장 · 단점은 다음과 같다.

◎ 장점

① 재료 둘 곳, 비빔기계, 비빔작업 등이 불필요하므로 협소한 현장에서도 대량의 콘크리트를 쉽게 얻을 수 있다.
② 콘크리트 제조작업이 확실하므로 공사 추진을 정확하게 할 수 있어 공기 연장 등이 없게 된다.
③ 전문제조공장의 우수한 제조설비와 기술로 제조하므로 품질이 균일하고 우수한 콘크리트를 얻을 수 있다.
④ 단시간에 대량의 시공을 할 수 있어 공사비가 절약된다.

◎ 단점

① 시공현장과 제조공장 간의 긴밀한 연락으로 상호 지장이 없도록 한다.
② 운반차는 중량물이므로 운반로를 정비해야 하며 출입경로와 짐부리기 설계를 한다.
③ 운반 중 재료분리, 시간경과 등으로 강도저하의 우려가 많다.

배처 플랜트

레미콘 운반차

그림 4-25 레디믹스트콘크리트

레디믹스트콘크리트는 한국산업규격(KS F 4009)으로 규정되어 있고 공장을 선정할 때는 현장까지의 운반시간, 배출시간, 콘크리트의 제조능력, 운반차의 수, 공장의 제조설비, 품질관리상태, 기술자(재료시험사 등)의 상주 지도 · 확인여부 등을 고려해서 한국산업규격표시(KS 표시) 허가 공장을 선정한다.

레디믹스트콘크리트의 취급 시에는 다음과 같은 점에 유의한다.

① 운반시간은 1시간 이내일 것을 목표로 한다. 운반시간을 지연시키면 반죽질기, 슬럼프 저하, 공기량 감소 및 재료 분리 등을 초래할 뿐만 아니라 시공 후 균열이 생기기 쉽다.

② 콘크리트를 받아들이는 지점에서 지정 슬럼프와 공기량이 유지되고 강도가 발현되지 않으면 안 된다. 슬럼프가 적다 하여 물을 첨가하여 보정하게 되면 슬럼프가 증가하여 재료분리를 유발시키고, 콘크리트 내의 공극 형성과 균열발생 및 경화 후 콘크리트 강도를 저하시키는 중대한 결함을 일으키기 때문에 반드시 물타기를 피해야 한다.

레디믹스트콘크리트의 생산 및 운반방식

1) 생산방식

레디믹스트콘크리트의 제조방식은 습식과 건식으로 대별한다. 습식방식으로 생산된 콘크리트를 습식 레디믹스트콘크리트, 건식방식으로 생산된 콘크리트를 건식 레디믹스트콘크리트라고 한다.

① 습식 레디믹스트콘크리트(moist ready mixed concrete)

각종 재료를 계량·혼합하여 비빔이 완료된 콘크리트를 애지테이터 트럭(agitator truck)에 투입하여 교반(攪拌)하면서 시공현장에 공급하는 방식으로써, 국내에서는 대부분 이 방식을 채용하고 있다. 대량공급이 가능하고 현장관리가 용이하여 품질이 균질한 콘크리트 생산이 가능한 장점이 있으나 운반 중에 기온이나 지연 등에 따라 품질 변동 우려의 큰 단점이 있다.

② 건식 레디믹스트콘크리트(dry ready mixed concrete)

습식 레디믹스트콘크리트의 반대로 트럭믹스(truck mixer)의 드럼(drum) 내에 절대 건조상태의 각종 재료를 배합하여 주입한 후 시공현장에서 소요의 용수와 혼화재료를 투입하여 생산하는 방식으로써, 시공현장이 불리한 여건에서도 품질이 균일성과 운반 시간의 경과에 따른 품질변동을 방지할 수 있는 장점이 있는 반면, 건조한 재료라도 장시간 경과하면 공기 중의 습기 등을 흡수하여 품질변동을 가져올 수 있으며, 배출 지점에서 용수와 혼화재료를 주입하는 등의 기술적인 문제점이 있다.

2) 운반방식

습식 레디믹스트콘크리트의 운반방식에는 다음과 같은 방식이 있으며, 건식 레디믹스트콘크리트의 운반방식은 트럭믹서에 건비빔한 재료를 투입하여 현장에서 혼합하기 때문에 대형 물탱크와 혼화재료 저장탱크, 급수장치 등이 필요하다.

① 센트럴믹스(central mix)

배처플랜트(batcher plant) 비빔이 완료된 콘크리트를 애지테이터 트럭 또는 트럭믹서(truck mixer)로 교반하면서 타설현장까지 운반하는 방식으로써, 현재 국내에서 많이 사용되고 있다. 이 방식으로 생산된 콘크리트를 센트럴믹스트콘크리트(central mixed concrete)라고도 한다.

② 슈링크믹스(shrink mix)

고정된 믹서로 어느 정도 비빈 것을 트럭믹서로 운반 도중 완전비빔하여 현장 도착과 동시에 타설할 수 있게 한 방식으로써, 이 방식으로 생산된 콘크리트를 슈링크믹스콘크리트(shrink mixed concrete)라고도 한다.

③ 트랜싯믹스(transit mix)

배처플랜트에서 계량된 재료를 트랜싯믹서 트럭(transit mixer truck)으로 운반 도중에 가수 · 혼합되어 공급하는 방식으로써, 이 방식으로 생산된 콘크리트를 트랜싯믹스트콘크리트(transit mixed concrete)라고도 한다.

레디믹스트콘크리트의 생산공정을 예시하면 그림 4-26과 같다.

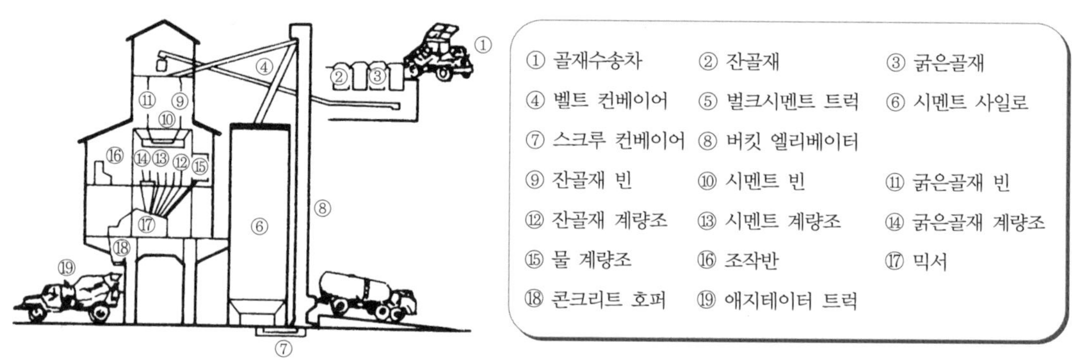

그림 4-26 레디믹스트콘크리트의 제조공정

◎ 레디믹스트콘크리트의 종류

레디믹스트콘크리트의 종류는 한국산업규격(KS F 4009)에서 보통콘크리트와 경량콘크리트로 구분하고 있다. 이 콘크리트의 구입자는 콘크리트구조물에 따라 굵은골재의 최대치수, 슬럼프 및 호칭강도를 조합한 표 4-21에 표시된 ○표를 한 범위 내에서 레디믹스트콘크리트 제조업자에게 종류를 지정한다.

표 4-21 레디믹스트콘크리트의 종류

콘크리트의 종류	굵은골재의 최대치수 (mm)	슬럼프 (cm)	호칭강도(kgf/cm²)										
			180	210	240	270	300	350	400	450	500	550	600
보통 콘크리트	20, 25	8, 10, 12	○	○	○	○	○	○	–	–	–	–	–
		15, 18	○	○	○	○	○	○	–	–	–	–	–
		21	–	○	○	○	○	○	–	–	–	–	–
	40	5	○	○	○	○	○	○	–	–	–	–	–
		8	○	○	○	○	○	○	–	–	–	–	–
		12,15	○	○	○	○	○	○	–	–	–	–	–
경량 콘크리트	15, 20	12, 15, 18, 21	○	○	○	○	○	○	○	–	–	–	–
고강도 콘크리트	15, 20, 25	12, 15, 18, 21	–	–	–	–	–	–	○	○	○	–	–
		50, 60, 70	–	–	–	–	–	–	○	○	○	○	○

비고) ① ○표한 것이 표준품이다.
② 호칭강도는 구조물의 목적과 기능, 기후조건, 현장조건에 따라 구입자가 주문시 지정하는 강도로서, 설계도서에 나타낸 설계기준강도 이상의 강도를 의미한다. 호칭강도의 결정은 적용하는 시방서에 따라 지정하면 된다.

◎ 레디믹스트콘크리트의 품질

주문자가 지정한 공사지점에서의 콘크리트의 품질은 다음 조건을 만족시켜야 한다. 강도는 1회의 시험결과는 구입자가 지정한 호칭강도 값의 85% 이상이어야 하고, 3회의 시험결과 평균치는 구입자가 지정한 호칭강도의 값 이상으로 한다.

슬럼프값은 지정값이 2.5cm일 때는 ±1cm, 5cm 또는 6.5cm일 때에는 ±1.5cm, 8cm 이상 18cm 이하의 경우에는 ±2.5cm, 21cm 이상일 때에는 ±3.0cm의 범위를 초과하면 안 된다.

공기량은 보통콘크리트의 경우 4.5%, 경량콘크리트의 경우 5.5%, 고강도콘크리트 경우 3.5%로 하되 ±1.5%를 초과하면 안 된다.

(8) AE콘크리트(air entrained concrete)

AE제(空氣連行劑 : air-entraining agent)를 사용하여 공기를 연행한 콘크리트를 AE콘크리트라고 한다. 이 AE제에 의해 생긴 콘크리트 속의 공기를 AE공기(entrained air) 또는 연행공기(連行空氣)라 하고 AE제를 쓰지 않아도 생기는 공기를 갇힌공기(entrapped air)라 한다.

보통 AE콘크리트 속에는 1~2% 정도의 갇힌공기가 내포되어 있다고 생각되는데, AE공기량이란 AE공기의 양과 갇힌공기의 양의 합계를 말한다.

AE콘크리트는 공기의 연행에 의하여 워커빌리티(workability)를 크게 개선하고 내구성을 향상시키는 특성을 가지고 있다.

AE제를 사용함으로써 콘크리트의 블리딩(bleeding)이 감소되며, AE제만 사용하는 것보다는 감수제를 병용하면 워커빌리티 개선에 더욱 효과가 크다.

AE제의 사용량은 보통콘크리트에서는 AE공기량이 콘크리트 용적의 3~6% 정도가 되도록 하는 것이 바람직하다. 이러한 공기포(空氣泡)에 의해 콘크리트의 분리, 침하성이 작아지고 유동성이 좋아져 슬럼프값이 증대한다. 그리고 동결융해작용에 대한 내동해성이 증가하는 등의 이점이 있으나, 공기량 1% 증가에 따라 압축강도가 약 4~5% 저하되고 철근과의 부착강도가 저하되는 결점이 있다.

(9) 경량콘크리트(light weight concrete)

경량콘크리트란 중량 경감의 목적으로 만들어진 콘크리트의 통칭이다. 또한 설계기준강도가 $240kgf/cm^2$ 이하, 기건단위용적중량이 $1.4 \sim 2.0t/m^3$의 범위에 들어가는 것을 말한다.

경량콘크리트는 주로 경량골재를 사용하여 경량화하거나 기포(氣泡)를 혼입한 콘크리트로서 구조용, 철골철근콘크리트 피복용, 열차단용 및 방음용 등으로 쓰인다.

경량콘크리트가 구조물의 중량을 감소시킬 뿐만 아니라 장기적인 내구성에도 별문제가 없다는 사실이 인정되면서 미국 등 선진국에서는 구조용으로 고층건축물 골조공사에도 적용하고 있으나 국내에서는 아직 단열 및 방음 등의 비구조용 콘크리트로 이용되고 있는 실정이다. 구조용 경량골재는 한국산업규격(KS F 2534)에 규정된 품질에 적합한 것을 사용한다.

경량콘크리트의 장 · 단점을 들면 다음과 같다.

◎ 장점

① 자중이 적어 건축물 중량을 경감할 수 있다.
② 콘크리트의 운반이나 부어넣기의 노력을 절감시킬 수 있다.
③ 내화성 및 방음효과가 크며 흡음률도 보통콘크리트보다 크다.
④ 열전도율이 낮아 보온 및 단열성이 우수하므로 냉난방의 열손실을 방지할 수 있다.

◎ 단점

① 다공질로서 강도가 작고 건조수축이 크며 풍화가 빠르다.
② 흡수율이 높으므로 동해(凍害)에 대한 저항성이 약하며 지하실 등의 공사에는 부적당하다.
③ 시공이 번거롭고 재료처리가 필요하다.

경량콘크리트의 구분

경량콘크리트는 제조방법에 따라 일반적으로 비중이 낮은 다공질의 경량골재를 사용한 경량골재콘크리트, 콘크리트의 시멘트풀(cement paste) 속에 AE제, 알루미늄 분말 등 발포제를 넣어 무수한 기포를 골고루 형성시킨 경량기포콘크리트, 그리고 골재 사이에 공극을 형성시키기 위하여 잔골재의 사용을 제한한 무잔골재콘크리트의 세 가지로 대별된다. 구조용으로는 주로 경량골재콘크리트가 사용되고 비구조용, 즉 피복용 및 열 차단용으로는 경량기포콘크리트가 사용된다. 무잔골재콘크리트는 별로 사용하지 않고 있다.

경량기포콘크리트에는 시멘트풀 속에 발포제를 섞어 팽창시키거나 또는 별도로 만든 포말(泡沫)을 혼합하여 경화시킨 것으로 상온·상압에서 양생하여 만든 것과 실리카분이 풍부한 모래와 생석회(시멘트는 사용해도 소량)를 주원료로 하여 그 슬러지(sludge)에 발포제, 안정제 등을 혼합하여 거푸집에 주입한 후 발포 팽창시켜 케이크(cake) 모양으로 경화되었을 때 탈형하여 소요형상으로 절단, 이것을 오토클레이브(autoclave) 내에서 약 180℃, 10기압의 고온·고압으로 양생시켜 성형품으로 만든 두 가지 종류가 있다. 후자의 것을 보통 ALC(autoclaved lighweight aerated concrete)라 부른다.

경량골재콘크리트의 주요 성질

1) 설계기준강도 및 기건단위용적중량

경량골재콘크리트는 경량골재콘크리트 1종 및 경량골재콘크리트 2종으로 분류하고 설계기준강도 및 기건단위용적중량은 표 4-22와 같다.

표 4-22 경량골재콘크리트의 설계기준강도 및 기건단위용적중량

사용한 골재에 의한 콘크리트의 종류	사용골재		설계기준강도 (kgf/cm^2)	기건단위용적중량 (ton/m^3)
	굵은골재	잔골재		
경량골재콘크리트 1종	경량골재	모래, 부순모래, 고로슬래그 잔골재	180 210 240	1.7~2.0
경량골재콘크리트 2종	경량골재	경량골재나 혹은 경량골재의 일부를 모래, 부순모래, 고로슬래그 잔골재로 대치한 것	150 180 210	1.4~1.7

2) 건조수축

인공경량골재를 사용한 경량골재콘크리트의 건조수축률은 건조기간이 장기일 때는 보통콘크리트와 거의 같거나 오히려 작다. 경량골재콘크리트에서 골재입자의 내부에 포함된 수분이 많아서 콘크리트의 내부는 여간해서 건조하지 않으므로 부재 전체로서의 건조수축량은

크게 일어나지 않는다. 그러나 콘크리트의 내부와 표면부분과의 건조도가 크게 차이가 나서 균열이 발생하기 쉬우므로 주의한다.

3) 내열성

경량골재콘크리트는 보통콘크리트에 비하여 열전도율, 열확산률이 상당히 낮으므로 단열 보온을 목적으로 하는 구조물에는 매우 유리하다. 열팽창계수는 보통콘크리트의 60~70%이고 열확산률도 보통콘크리트에 비하여 50% 정도로 낮다.

◎ 경량골재콘크리트의 배합

슬럼프값은 18cm 이하, 단위시멘트양의 최소값은 300kg/cm^2, 물시멘트비의 최대값은 60%로 하고, 굵은골재의 최대치수는 15mm 또는 20mm로 하며 공기량은 5%를 표준으로 한다.

(10) 중량콘크리트(heavy weight concrete, heavy aggregate concrete) 또는 방사선차폐용 콘크리트(radial rays shielding concrete)

중량콘크리트란 중량골재를 사용하여, 특히 비중을 크게 하고 치밀하게 한 콘크리트를 말한다. 또한 보통콘크리트보다 무거운 것은 중량콘크리트라 하고 기건단위용적중량 2.6t/m^3 이상을 말한다. 이는 주로 생물체의 방호를 위해 감마선과 중성자선 등의 방사선을 차폐할 목적으로 만들어진 콘크리트이므로 방사선차폐용 콘크리트라고도 한다.

중량골재로는 중정석 · 자철광 · 갈철광 · 동광재 · 적철광 및 인철 등이 이용된다. 대표적인 골재의 종류에 따른 콘크리트의 기건단위용적중량은 표 4-23과 같다.

표 4-23 중량골재 종류와 중량콘크리트의 기건단위용적중량

골재의 종류	잔골재	갈철광	자철광	강모래	갈철광	자철광	중정석	인철	동광재	적철광
	굵은골재	갈철광	자철광	자철광	갈철광	중정석	중정석	인철	동광재	적철광
콘크리트의 기건단위 용적중량(t/m^3)		2.5 ~3.5	4.5 ~5.5	3.0 ~3.5	2.5 ~3.5	3.5 ~4.0	3.5 ~3.8	4.5 ~5.0	2.7 ~3.0	3.0 ~3.5

방사선차폐용 콘크리트는 원자력발전시설 구조물에 주로 사용하고 있으며, 이 같은 구조물은 높은 신뢰성이 요구되기 때문에 보통콘크리트에서 필요한 강도나 내구성 이외에도 다음과 같은 성질이 추가로 요구된다.

① 어느 부분에서든 높은 품질로서 소요밀도를 보유한 콘크리트여야 하며, 건조수축이나 온도응력에 의한 균열이 없어야 한다.

② 방사선 조사에 의한 유해물질 발생이 없고 열전도율이 크고 열팽창률이 적어야 한다.

방사선차폐용 콘크리트에 사용되는 재료 중에서 시멘트는 수화열 발생이나 건조수축이 적어야 하며 골재는 차폐성이 높고 비중이 큰 골재를 선정해야 하며 단위수량을 감소시키고 단위용적중량을 증가시킬 혼화재를 사용하는 것이 바람직하다. 배합설계에서 슬럼프는 15cm 이하로 하고 물시멘트비는 60% 이하로 한다.

(11) 한중콘크리트(cold-weather concrete, winter concrete)

한중콘크리트는 콘크리트를 부어넣은 후의 양생기간에 콘크리트가 동결될 염려가 있을 경우에 시공되는 콘크리트, 즉 콘크리트 붓기 후 4주까지의 예상 1일 평균기온이 4℃ 이하에서 사용되는 콘크리트로서, 기온의 영향을 많이 받는 콘크리트이다. 따라서 1일 평균기온이 4℃ 이하가 되는 기상조건하에서는 콘크리트가 굳을 때까지의 기간이 길어지고 굳은 후부터의 강도 증진도 느리고 콘크리트가 동결할 염려가 있으므로 한중콘크리트 시공을 위한 적절한 준비 등의 조치를 취해야 한다. 1일 평균기온이 0℃~4℃에서는 간단한 주의와 보온으로 시공할 수 있지만 -3~0℃에서는 물 또는 물과 골재를 가열할 필요가 있는 동시에 어느 정도의 보온이 필요하다. -3℃ 이하에서는 물과 골재를 가열하여 콘크리트의 온도를 높일 뿐만 아니라 필요에 따라 적절한 보온을 해야 하는 등의 본격적인 한중콘크리트로 시공해야 한다. 일반적인 콘크리트의 동결온도는 혼화재료의 종류와 양에 따라 다소 다르나 대략 -5~-2℃이다. 한중콘크리트에 사용되는 재료 및 배합 등에 대한 주요사항은 다음과 같다.

① 사용되는 시멘트는 될 수 있는 대로 차갑지 않은 곳에서 저장하고 골재는 얼음, 눈의 혼입 및 동결을 방지할 수 있는 적절한 시설에서 저장한다.

② 배합설계 있어서 물시멘트비는 60% 이하로 하고 단위수량은 콘크리트의 소요성능이 얻어지는 범위 내에서 가능한 적게 하며. 또한 AE제 · AE감수제 및 고성능 AE감수제 중 어느 한 종류는 반드시 사용하고 배합강도 및 그에 따른 물시멘트비는 콘크리트 강도의 기온에 따른 보정값 T를 사용하는 방법 또는 적산온도 방식에 의한 방법(건축공사표준시방서 05000 철근콘크리트공사 05025 한중콘크리트공사 참조)에 따라 정한다.

③ 재료를 가열할 경우 시멘트는 어떠한 경우라도 직접 가열하면 안 되고 골재도 직접 불꽃에 대어 가열하면 안 된다. 또한 가열한 재료를 사용할 경우 시멘트를 넣기 직전의 믹서 내의 골재 및 물의 온도는 40℃ 이하로 한다.

④ 응결, 경화의 초기에 동결하지 않도록 하고 콘크리트를 친 후 적어도 24시간은 동결되지 않도록 충분히 보호한다.

⑤ 강도가 정상적으로 나타나고 유해한 손상을 주지 않도록 적당한 양생을 하고 강도가 충분하지 못한 시기에는 급격한 온도변화를 주지 않도록 한다.

⑥ 콘크리트의 온도는 부어넣을 때 10~20℃를 원칙으로 한다.

(12) 서중콘크리트(hot-weather concreting)

서중콘크리트는 높은 외부기온으로 콘크리트의 슬럼프가 저하되거나 수분의 급격한 증발 등의 염려가 있을 경우에 시공되는 콘크리트이다. 여기서 높은 외부기온이라 함은 일반적으로 일평균기온이 25℃를 넘는 것을 말한다. 기온이 높은 서중(署中)에서는 콘크리트를 부어넣을 때의 온도가 높아져서 단위수량의 증가, 수송 중의 슬럼프의 저하, 부어넣기 후의 너무 빠른 응결, 수화열로 인한 온도상승의 증가, 재령 28일 및 그 이후의 강도저하 등의 문제가 있어 재료의 취급, 비비기, 부어넣기 및 양생에 대하여 특히 주의를 기울여야 한다. 근래에는 대형 구조물의 증가, 시공의 급속화, 레미콘의 장시간 운반, 혹서지역(酷暑地域)의 해외공사 수주 등에 따라 서중콘크리트의 중요성이 점차 높아지고 있는 현상이다. 서중콘크리트에 사용되는 재료 및 배합 등에 대한 주요 사항은 다음과 같다.

① 사용되는 시멘트는 고온의 것을 사용하지 않아야 하고 골재 및 물은 가능한 한 낮은 온도의 것을 사용한다.

② 혼화재는 공사시방서에 정한 바가 없을 때에는 AE감수제 지연형(遲延形) 또는 감수제 지연형을 사용한다.

③ 배합은 소요콘크리트의 품질이 얻어지는 범위 내에서 비빔 · 운반 및 부어넣기의 조건에 따라 단위수량 및 단위시멘트양이 가능하면 적게 되도록 시험비빔에 따라서 정한다. 소요 슬럼프값은 공사시방서에서 정한 바가 없을 때에는 18cm 이하로 한다.

④ 콘크리트를 부어넣을 때의 온도는 35℃ 이하로 하고 비빔온도는 부어넣기 시에 소요온도를 얻을 수 있도록 운반시간을 고려하여 정한다.

⑤ 콘크리트를 부어넣은 후 수분의 급격한 증발이나 직사광선에 의한 온도상승을 막고 습윤상태가 유지되도록 양생한다.

(13) 수밀콘크리트(water tight concrete)

수밀콘크리트는 콘크리트 자체를 밀도가 높고 내구적 · 방수적인 상태로 만들어 물의 침투를 방지할 수 있도록 만든 콘크리트, 즉 콘크리트 중에서 특히 수밀성이 높은 콘크리트를 말한다. 수밀콘크리트는 일반적으로 산, 알칼리, 해수, 동결융해에 대한 저항력이 크고 풍화를 방지하고 전류의 해를 받을 우려가 적다.

수밀콘크리트는 압력수가 작용하는 구조물로서 수밀성을 특히 필요로 하는 수조, 풀장, 지하실 등에 사용한다.

수밀콘크리트에 사용하는 골재는 굵은골재의 최대치수를 될 수 있는 한 크게 하여 세조립(細粗粒) 혼합골재의 단위용적중량을 크게 하여 빈틈을 적게 하고 소요품질을 얻을 수 있는 범위 내에서 단위수량 및 물시멘트비를 가급적 적게 하여 수축에 의한 균열을 적게 한다.

배합 시에 소요 슬럼프값은 가급적 적게 하여 18cm 이하로 하고 물시멘트비는 55% 이하로 하며 혼화제로는 감수제를 사용하여 시공성을 좋게 한다. 이때 공기량은 4% 이하가 되게 한다. 가능한 한 된비빔으로 하여 진동다짐으로 치밀하게 다져넣어 밀실하고 균질한 콘크리트로 만든다. 부어넣은 콘크리트의 온도는 30℃ 이하로 한다.

(14) 프리팩트콘크리트(prepacked concrete)

프리팩트콘크리트는 특정한 입도를 가진 굵은골재를 거푸집에 채워넣고 그 굵은골재 사이의 공극에 특수한 모르타르를 적당한 압력으로 주입하여 만드는 콘크리트이다. 여기서 말하는 특수한 모르타르란 유동성이 크고 재료의 분리가 적으며 적당한 팽창성을 가진 주입모르타르를 말하며, 일반적으로 시멘트와 모래 이외의 플라이애시, 알루미늄분말, 감수제, 팽창제 등을 혼합한 것이다.

프리팩트콘크리트에 사용되는 골재는 보통골재로 하고 굵은골재의 최소치수가 15mm 이상인 것으로 하며, 거푸집에 충전했을 때의 공극률이 가급적 작은 것을 사용한다. 모르타르의 주입은 주입관을 통하여 적당한 압력으로 시공부분 중에서 얕은 위치로부터 시작하고, 모르타르면이 거의 수평이 되도록 이동하면서 천천히 주입하며, 주입작업은 주입계획에서 정해진 부어넣기 면에 도달할 때까지 연속적으로 주입한다.

주입모르타르는 재료분리가 적고 유동성이 좋은 것으로 하고, 주입모르타르의 배합은 표 4-24에 표시한 품질을 얻도록 정한다.

표 4-24 주입모르타르의 품질 표준

유하시간(流下時間)(초)	팽창률(%)	블리딩률(%)
16~20	5~10	3 이하

프리팩트콘크리트의 특징은 다음과 같다.

① 굵은골재를 사용하므로 재료의 분리나 수축이 보통콘크리트의 1/2 정도 적다.
② 기성 콘크리트나 암반 또는 철근과의 부착력이 커서 구조물의 수리 및 개조에 유리하다.
③ 높은 압력으로 모르타르를 주입하므로 수밀성이 크고 염류에 대한 내구성도 크다.
④ 조기강도는 작으나 장기강도는 보통콘크리트와 별 차이가 없다.
⑤ 시공이 비교적 쉽고 그라우트(grout)는 유동성이 크고 또 물이 잘 섞이지 않으므로 수중시공이나 지수벽(止水壁) 등에 적합하다.

프리팩트콘크리트 및 그 응용공법에 의한 효과적인 공사로는 각종 수중콘크리트공사, 매스콘크리트(mass concrete)공사, 각종 콘크리트 또는 석조구조물의 보수보강, 프리팩트 말뚝공법 등이 있다.

(15) 고강도콘크리트(high strength concrete)

고강도콘크리트는 설계기준강도가 보통콘크리트에서 300kgf/cm^2 이상, 경량콘크리트에서 270kgf/cm^2 이상인 경우의 콘크리트라고 건축공사표준시방서에서 정의하고 있으며, 일반적인 구조물에 사용되는 고강도콘크리트의 강도는 표준양생을 한 콘크리트 공시체의 재령 28일 강도를 표준으로 하고 설계기준강도는 일반적으로 400kgf/cm^2 이상으로 한다고 콘크리트표준시방서에 명시되어 있다.

콘크리트 고품질화의 일환으로 고강도화가 일부 선진국에서 적극적으로 이루어져 최근에는 1,000kgf/cm^{2}를 넘는 것도 취급하고 있어, 이러한 콘크리트를 초고강도콘크리트라 하여 구별하고 있다. 미국에는 시애틀의 쌍둥이 유니온 스퀘어(Two Union Square 62층) 건축물에 1,330kgf/cm^2(1987년)의 초고강도콘크리트를 사용한 바가 있다. 국내에서는 분당 삼성초고층 아파트(1990년)에 530kgf/cm^{2}까지의 강도가 사용되기 시작하여 도곡동 타워팰리스 Ⅲ(2001년)에는 800kgf/cm^{2}까지의 강도가 사용되었다.

앞으로도 계속 초고층 아파트 건설로 인하여 고강도콘크리트가 급속히 발전되어 갈 전망이다.

ACI(America concrete institute)의 보고에 의하면 2000년대에는 4,200kgf/cm^2 이상의 강도가 실현될 수 있고 1,400kgf/cm^2 정도의 강도는 일반적으로 사용될 것으로 전망하고 있다.

일부 선진 외국에서는 초고강도콘크리트 제조 및 그 시공 실례가 문헌을 통하여 많이 소개되고 있으나, 이들의 생산 및 시공기술이 각 제조회사의 기밀로 되어 있고, 시공방법도 일반콘크리트와 다른 점이 많다.

초고층 건축에서 코어벽체 및 기둥의 단면축소, 횡력에 대한 저항능력 증대를 위하여 고강도콘크리트 사용이 필수적이다. 건물의 층수는 사용한 고강도콘크리트의 강도에 의해 결정되는데, 예를 들면 25~30층의 경우 360~420kgf/cm^2, 30~40층에서는 420~480kgf/cm^2, 35~45층에서는 480~600kgf/cm^{2}의 고강도콘크리트가 필요하다고 알려져 있으며, 보다 고층화하기 위해서는 그 이상의 강도가 필요하다.

고강도콘크리트는 단위면적당 재료적인 효과가 높을 뿐만 아니라 부재 단면의 축소화를 통해 넓은 공간을 얻을 수 있으며 자중을 감소시킬 수 있는 부차적인 효과를 얻을 수 있다. 따라서 고강도콘크리트 사용으로 구조물의 고층화, 대형화, 장대화의 실현을 도모할 수 있다. 또한 고유동화제(super plasticizer)를 사용함으로써 시공성(유동성)을 향상시킬 수 있는 이점이 있어 시공능률의 향상과 공기의 단축, 작업량 및 진동의 감소를 가져올 수 있다.

고강도콘크리트에 사용되는 재료 및 배합 등에 대한 주요 사항은 다음과 같다.

① 사용되는 시멘트는 보통포틀랜드시멘트, 조강포틀랜드시멘트, 알루미나시멘트, 실리카시멘트로써 품질을 확인하고 사용한다.

② 골재는 물리적(열, 기상작용), 화학적(탄산가스 등)으로 안정하고 치밀 또는 단단하며 유해물질(먼지, 진흙, 유기불순물, 염분 등)을 함유하지 않는 것을 사용한다. 잔골재는 콘크리트의 배합수를 적게 필요로 하는 원형입자 모양과 표면이 매끄러운 내구적인 것으로서 대소의 입자가 알맞게 혼합되어 있는 것으로 한다. 굵은골재는 단단하고 견고하며 내구적인 것으로서 입도분포는 굵고 가는골재 등이 골고루 섞여 공극률을 줄임으로써 시멘트풀이 최소가 되도록 하는 것이 좋다.

골재의 최대크기는 40mm 이하로써 가능한 25mm 이하를 사용한다. 일반적으로 굵은 골재는 10~14mm 또는 20mm의 것이 많이 사용되고 있다.

③ 혼화재료는 소요의 단위수량이나 단위시멘트양을 감소시키는 고성능감수제와 고유동화제가 많이 사용되고 플라이애시, 실리카흄, 고로슬래그, 미분말 등도 사용된다.

④ 배합 시에 물시멘트비는 55% 이하로 하고 슬럼프값은 15cm 이하로 한다. 단, 유동화콘크리트로 할 경우에는 18cm 이하로 한다. 잔골재율은 소요의 워커빌리티를 얻도록 시험에 의하여 결정하고 가능한 작게 하되 대략 30~40%, 조립률은 3.0 정도로 한다. 단위시멘트양과 단위수량은 소요의 워커빌리티 및 강도를 얻을 수 있는 범위 내에서 가능한 적게 하도록 한다. 다만, 단위수량은 185kg/cm^3 이하로 하는 것이 좋다.

기상의 변화가 심하거나 동결융해에 대한 대책이 필요한 경우를 제외하고는 공기연행제(AE제)를 사용하지 않는 것을 원칙으로 한다.

⑤ 고강도콘크리트는 초기강도 발현이 중요하므로 경화에 필요한 온도 및 습도를 철저히 유지해야 하며, 높은 수화열 때문에 탈형 시 표면건조균열이 발생할 수 있으므로 탈형과 동시에 양생제(curing compound)를 도포하는 방법을 취한다.

(16) 프리스트레스트콘크리트(prestressed concrete ; PS concrete)

프리스트레스트콘크리트는 콘크리트 속에 철근 대신 강도 높은 PC강재(prestressing steel)에 의해 계획적으로 콘크리트에 프리스트레스를 가한 철근콘크리트의 일종으로서 콘크리트의 인장응력이 생기는 부분에 미리 압축력을 주어서 콘크리트의 외면상의 인장강도를 증가시켜 휨저항이 증대되도록 한 것이다. PC강재료는 PC강선, 이형 PC강선 및 PC강꼬임선과 PC봉강 및 이형 PC봉강을 사용하며 품질은 한국산업규격(KS D 7002)에서 정한 규격품 또는 동등 이상의 품질을 가진 것을 사용한다.

사용하는 시멘트는 포틀랜드시멘트, 고로슬래그시멘트, 플라이애시시멘트로서 품질을 확인하고 사용한다. 굵은골재의 최대치수는 PS강재, 시스(sheath), 철근, 정착장치 등의 주위에 콘크리트가 잘 채워질 수 있는 것으로 정한다.

슬럼프값은 18cm 이하로 하고 혼하재료는 PC강재를 부식시키고 시스와 PC강재 간의 부착을 저하시킬 염려가 없는 것을 사용한다.

프리스트레스콘크리트는 내구성이 뛰어나고 특히 균열방지에 효과적이며, 보 춤이 같은 경우 휨이 1/3 정도로 긴 스팬에 유리하므로 장경간(長徑間)의 구조물, 고층건물, 널말뚝 등에 사용되고 있다.

PC강재에 인장을 주는 방법에 따라 프리텐션방법(pretensioning method)과 포스텐션방법(post-tensioning method)이 있다.

프리텐션방법일 때의 설계기준강도는 350kgf/cm^2 이상, 포스텐션방법일 때는 300kgf/cm^2 이상으로 한다.

◎ 프리텐션방법

PC 강재를 인장시켜 설치하고 콘크리트를 타설하여 콘크리트경화 후 PC강재에 주어진 인장력을 강재와 콘크리트의 부착에 의해 콘크리트에 전달시켜 프리스트레스를 주는 방법이다. 이 방법은 규모의 건축부품(벽판, 디딤판, 루버 등) 또는 T슬래브 등을 만들 때 쓰인다.

◎ 포스트텐션방법

PC강재를 넣은 위치에 시스를 묻어두고 콘크리트를 부어넣고 경화한 다음 이 시스에 PC 강재를 집어넣어 한쪽 끝을 정착하고 다른 쪽을 수압, 유압, 잭(jack)을 써서 긴장(緊張)시켜 그 반력으로 콘크리트에 강력한 압축력이 주어지면 쐐기, 나사 등으로 정착시키거나 또는 모르타르 등을 주입하여 늘어난 긴장재가 되돌아가지 않도록 정착시켜서 프리스트레스를 주는 방법이다. 이 방법은 대규모 구조물을 만드는 데 주로 쓰이며 큰보(大樑 : girder), 교량 등을 만들 때 쓰인다.

(17) 고내구성콘크리트(high performance concrete)

높은 내구성을 필요로 하는 철근콘크리트조 건축물에 사용하는 콘크리트로서 외부로부터의 물리적 작용 및 화학적 작용에 저항해서 장기간에 걸쳐 사용이 가능하도록 개발된 콘크리트가 고내구성콘크리트이다.

모든 콘크리트구조물은 사용 중에 하중조건과 환경조건 그리고 콘크리트 자체의 내적요인에 의해 열화(degradation)한다. 열화요인으로는 알칼리골재반응과 골재와 시메트풀(cement paste)과의 열적성질, 그리고 콘크리트 투수성 등의 내적요인과 가스(gas)의 침식에 의한 외적요인이 있다. 이와 같은 열화요인을 제어하고 장기간 수명을 보장하는 콘크리트구조물을 보유하기 위한 지속적인 연구개발이 진행되고 있다.

이 콘크리트의 재료 및 배합 등에 대한 주요 사항은 다음과 같다.

① 시멘트는 포틀랜드시멘트 외에 고로슬래그시멘트, 실리카시멘트, 플라이애시시멘트가 사용된다.

② 배합 시 물시멘트비, 공기량을 적게 한다. 그리고 충분한 양생을 거쳐 열화를 억제한다. 여기에 고분자 계통의 에폭시 또는 아크릴수지 등으로 콘크리트 표면을 마감하여 탄산가스의 침입을 막는 방법도 있다.

③ 내구성을 확보하기 위하여 단위시멘트의 최소값은 300kg/cm^3 단위수량은 175kg/cm^3 이하로 하고 슬럼프값은 12cm 이하로 하고 슬럼프값은 12cm 이하, 염화물량은 0.2kg/cm^3 이하, 물시멘트비의 최대값은 55%로 한다.

④ 콘크리트의 화학적 침식은 대부분 콘크리트 속의 시멘트 성분과의 반응이나 용출에 의해 발생하므로 중요한 것은 시멘트의 적정한 선정이다. 열화의 특정 인자가 발생할 우려가 있는 구조물에는 폴리머콘크리트 및 폴리머함침콘크리트를 고려할 필요가 있다.

(18) 펌프콘크리트(pump concrete)

펌프콘크리트는 현장에서 부어넣을 장소에 수평 또는 연직으로 먼 거리까지 콘크리트를 펌프로 수송하는 공법으로서, 근래에는 많은 현장에서 사용되고 있으며 발전소나 건축물 안과 같이 공간이 비교적 제한된 곳에 적당하다. 펌프의 압송능력에 따라 수송파이프, 토출량, 수송거리 등이 상이하다. 일반적으로 슬럼프 값이 크면 펌프수송에는 편리하나 분리가 일어나기 쉽고 동일 콘크리트라도 펌프의 종류에 따라 분리의 정도가 다르므로 주의하지 않으면 안 된다.

펌프의 종류는 피스톤펌프(유압 또는 기계적 작동), 뉴매틱펌프(압축공기로 압출, 보통 plezer라고 부름), 착출식 펌프(치약을 튜브에서 짜내는 것과 같은 원리)의 3종이 있다. 펌프의 구경, 콘크리트의 소요 슬럼프값, 굵은골재의 최대치수에 따른 콘크리트펌프의 압송거리 및 최대압송량은 표 4-25와 같다.

표 4-25 콘크리트펌프의 압송거리 및 최대압송량

펌프구경 mm(inch)	사용되는 슬럼프값 범위 (cm)	굵은골재 최대치수 (mm)	압송거리		최대압송량 (m^2/h)
			수평 (m)	상하 (m)	
105mm(4")	4~20	40	300	50	60
81mm(3")	6~20	25	150	35	25
53mm(2")	5~20	10	150	35	5

(19) 수중콘크리트(under-water concrete)

수중콘크리트는 제자리콘크리트말뚝 및 지중연속벽 등 트레미관(tremie pipe) 등을 사용하여 수중에 부어넣은 콘크리트이다.

수중콘크리트는 무근콘크리트에 한하며, 주로 구조물의 기초를 만드는 데 사용한다. 수중콘크리트에 사용하는 재료는 콘크리트의 품질, 수화열에 따른 온도상승 및 유동성을 고려하여 선정한다.

수중콘크리트는 다짐이 불가능하여 적당한 유동성이 필요하므로 슬럼프는 21cm 이하로 하고 굵은골재의 최대치수는 25cm 이하로 하며 단위수량의 최대값은 200kg/m^{3}로 한다. 물시멘트비의 최대값은 제자리콘크리트말뚝은 60%, 지중벽은 55%로 하며 단위시멘트양의 최소값은 제자리콘크리트말뚝은 300kg/m^3, 지중벽은 350kg/m^{3}로 한다.

(20) 매스콘크리트(mass concrete)

매스콘크리트는 부재 또는 구조물의 치수가 커서 시멘트의 수화열로 인한 온도의 상승 및 하강에 따른 콘크리트의 과도한 팽창과 수축을 고려하여 시공하는 콘크리트를 말한다. 건축공사표준시방서에는 부재 단면의 최소치수가 80cm 이상이고, 수화열에 의한 콘크리트의 내부 최고온도와 외기온도와의 차이가 25℃ 이상으로 예상되는 콘크리트를 매스콘크리트라고 정의하고 있다. 단면치수가 상당히 큰 부재로 된 구조물에는 매스콘크리트로 시공하는 것이 유리하다. 매스콘크리트는 열적요인에 의한 균열이 생길 우려가 있으므로 시공은 치기 후의 온도상승을 적게 하여 균열이 생기지 않도록 해야 한다. 매스콘크리트의 내부에 있어서의 온도상승은 단위시멘트양 10kg/cm^{3}의 증감에 따라 약 1℃의 비율로 증감한다.

단면치수가 큰 부재에 친 콘크리트는 경화 중에 시멘트의 수화열이 축적되어 콘크리트의 내부 온도가 상승한다. 이때 콘크리트 부재 표면과 내부와의 온도차 또는 부재 전체의 온도가 강하할 때의 수축변형 구속 등에 의해 응력이 생겨 균열발생을 초래한다. 이와 같이 발생한 균열을 온도균열이라 한다. 온도균열은 단면 내에 생긴 온도차에 의해 생긴 경우와 외부로부터의 구속에 의하여 수축이 방해되어 생긴 경우로 나눌 수 있고, 이를 제어하기 위해 시멘트의 종류, 혼화재료, 골재 등을 포함한 재료 및 배합의 적절한 선정, 거푸집의 재료와 구조, 콘크리트의 냉각, 양생방법의 선정 등 시공 전반에 걸쳐 여러 가지 조치를 강구해야 한다.

매스콘크리트는 온도균열을 포함한 균열발생의 제어방법을 강구하는 것이 가장 중요하다. 따라서 위에서와 같은 온도균열의 제어조치가 필요하며, 구조물의 종류에 따라 균열유발 줄눈으로 균열발생 위치를 제어하는 것이 효과적인 경우도 있다. 이 외에도 균열방지 및 제어방법으로는 콘크리트의 프리쿨링(pre-cooling), 파이프쿨링(pipe-cooling) 등에 의한 균열방지 방법 또는 균열제어 철근의 배치에 의한 방법 등이 있는데, 그 효과와 경제성을 종합적으로 판단하여 선택 실시해야 한다.

(21) 유동화콘크리트(super plasticizer concrete) · 고유동콘크리트(high flowing concrete)

유동화콘크리트는 미리 비벼놓은 콘크리트에 유동화제(流動化劑)를 첨가하고 재비빔하여 유동성을 증대시킨 콘크리트를 말한다.

유동화콘크리트는 유동화제의 첨가에 의해 유동성을 크게 한 콘크리트이므로 그 제조를 적절하게 하면 유동화제를 첨가하기 전의 콘크리트 강도, 기타의 품질이 나빠지는 것은 거의 없기 때문에 유동화콘크리트의 사용은 콘크리트의 품질을 변화시키는 것이 아니라 부어넣기 및 다짐 등의 시공성을 개선하는 방법으로 이용되며, 콘크리트 펌프에 의한 콘크리트의 압송성을 개선하기 위하여 유효한 수단이 된다. 그리고 단위수량 및 단위시멘트양을 절감시키는 것이 가능하게 되므로 온도균열의 방지 및 콘크리트의 고품질화에도 유용하다.

유동화콘크리트는 믹서에서 유동화제를 첨가하기 전의 콘크리트인 베이스콘크리트(base concrete)에 유동화제를 첨가하여 제조하기 때문에 유동화콘크리트의 품질은 베이스콘크리트의 품질에 좌우되므로 베이스콘크리트의 배합은 소요의 품질로 하는 것이 매우 중요하다.

유동화의 방법으로는 다음과 같은 방법이 있으며 일반적으로는 ③의 방법으로 행한다.

① 콘크리트 플랜트(plant)에서 운반한 콘크리트에 공사현장에서 유동화제를 첨가하여 균일하게 될 때까지 휘저어 유동화한다.

② 콘크리트 플랜트에서 애지테이터 트럭(agitator truck)에 유동화제를 첨가하여 즉시 고속으로 휘저어 유동화한다.

③ 콘크리트 플랜트에서 애지테이터 트럭에 유동화제를 첨가하여 저속으로 휘저으면서 운반하고 공사현장 도착 후에 고속으로 휘저어 유동화한다.

유동화콘크리트의 배합강도는 유동화 전인 베이스콘크리트의 압축강도에 따라 정하고, 슬럼프는 보통콘크리트인 경우 18cm 이하 (베이스콘크리트는 15cm 이하), 경량콘크리트인 경우 18cm 이하로 하고 베이스콘크리트의 단위수량은 185kg/m^3 이하, 유동화콘크리트의 공기량은 보통콘크리트인 경우에는 4.5%, 경량콘크리트인 경우에는 5%를 표준으로 한다.

유동화콘크리트는 고유동콘크리트의 일종이다. 여기서 고유동콘크리트란 굳지 않은 콘크리트 상태에서의 재료분리 저항성을 저하시키지 않고 유동성을 현저히 개선한 콘크리트를 말한다. 고유동콘크리트 중에는 유동화콘크리트, 수중불분리성콘크리트, 다짐불요콘크리트 등이 있으며 초유동콘크리트라고도 한다. 최근 고유동콘크리트가 주목되고 있는 것은 종래에 사용되던 유동성이 좋은 유동콘크리트의 성능을 더욱 향상시킨 콘크리트를 이용하는 것뿐만 아니라 일본동경대학교 오카무라 교수가 연구하여 '다짐이 필요 없는 높은 내구성을 가진 고성능콘크리트(high performance concrete)'를 개발한 것이 큰 동기가 되었다. 현재 외국의 많은 연구기관에서 연구되고 있고, 특히 일본의 경우 시공사례까지 발표되고 있다. 국내의 시공사례는 미흡한 편이며, 비용이나 생콘크리트로서의 원활한 공급 등 문제점이 아직 남아 있다.

(22) 섬유보강콘크리트(fiber reinforced concrete ; FRC)

섬유보강콘크리트는 콘크리트의 인장강도와 균열에 대한 저항성을 높이고 인성(靭性)을 대폭 개선시킬 목적으로 모르타르 또는 콘크리트 속에 길이가 짧고 단면이 작은 각종 섬유를 보강시켜 만든 복합재료이다. 섬유가 시멘트 매트릭스(matrix) 내에 골고루 분산되어 보강하고 섬유혼입이 쉽기 때문에 여러 형태의 콘크리트 제품 생산에 적용하기 쉬운 장점이 있을 뿐만 아니라 콘크리트의 역학적 단점인 취성을 보완하고 연성 및 인성, 내구성을 증대시키는 장점 때문에 지진의 영향을 받거나 충격하중 및 마모작용이 큰 구조물에도 적용하고 있다.

시멘트 매트릭스를 섬유에 의해 보강한 것은 오랜 역사를 가지고 있으나 최초의 기술은 1899년 L. Hatsheck에 의해 발명된 석면시멘트로서, 이것은 지붕재, 파이프 등의 내화재료로 1960년대까지 널리 이용되었으며, 1963년에 미국의 Romuald와 Batson에 의해 강섬유보강콘크리트에 관한 연구결과가 발표됨으로써 섬유보강콘크리트의 연구활동에 큰 영향을 미치게 되었다. 또한 1964년에 덴마크의 Krenchel과 소련의 Biryukovich 등에 의한 연구보고 이후 1968년 영국건축연구소의 Majumdar, Nurse 등에 의해 포틀랜드시멘트 중에서도 사용 가능한 내알칼리 유리섬유가 개발되었고, 최근에는 알칼리도가 낮은 섬유보강콘크리트용 시멘트 및 내알칼리 유리섬유에 적합한 저알칼리성의 유리섬유보강콘크리트가 개발되어 그의 활용이 점차 증대되고 있다.

◎ 강섬유보강콘크리트(steel fiber reinforced concrete ; SFRC)

강섬유보강콘크리트는 직경 1~0.6mm, 길이 20~60mm, 단면적 0.06~0.3mm^2 정도 크기의 강섬유를 용적백분율로 0.5~2% 정도(중량으로 약 80~160kg/m^3) 콘크리트 속에 균일하게 분산, 혼합시켜 인장강도, 균열강도, 충격강도를 증가시킴과 동시에 인성을 높이기 위하여 만든 섬유보강콘크리트의 일종이다. 일반적인 콘크리트와 동일한 방법으로 만들어지는데 조골재의 크기는 10mm 정도, 물시멘트비는 40~60%, 단위시멘트양은 250~430kg/m^{3}가 좋다.

강섬유보강콘크리트는 일반 콘크리트에 비해 균열에 대한 저항성이 크고 인성이 크며 인장, 휨, 전단강도, 연성 등이 클 뿐만 아니라 동결융해에 대한 저항성이 큰 유리한 성능을 가지고 있다. 철근콘크리트 부재 대체용인 칸막이벽, 콘크리트관 등의 2차 제품의 제조와 철근콘크리트 부재의 성능을 향상시키는 내진벽, 기둥, 보 접합부 등의 전단보강용으로 또는 미장모르타르용으로도 사용되고 있다.

◎ 유리섬유보강콘크리트(glass fiber reinforced concrete ; GRC, GFRC)

유리섬유보강콘크리트는 가늘고 짧은 유리섬유(glass fiber)를 콘크리트 내에 균일하게 분산시켜 인장강도 · 균열강도 · 충격강도를 증가시킴과 동시에 취성(脆性)을 높이기 위하여 만든 섬유보강콘크리트의 일종이다. 유리섬유보강콘크리트를 약칭하여 GRC라고 한다. GRC는 영국에서 최초로 연구 개발되었고 우리나라에서도 생산되어 독립기념관의 지붕 및 예술의 전당의 음악당 천장공사 등에 사용된 바 있고 내외장재료로 많이 사용되고 있다.

GRC의 구성재료는 시멘트, 모래, 내알칼리섬유 및 혼화제이다. 시멘트는 보통포틀랜드시멘트 또는 조강포틀랜드시멘트가 주로 사용되고 모래는 규사나 강모래로서 보통 입경 2mm 이하인 것을 사용한다. 내알칼리섬유는 내알칼리성을 가진 유리섬유로서 영국의 유리 제조회사는 내알칼리성을 가진 유리섬유인 내알칼리섬유를 Cem-Fil이라는 상품명으로 개발하여 상업생산이 시작되었고 일본의 유리 제조회사에서도 R-filer라는 상품명으로 생산 판매하고 있다. 혼화제로는 감수제가 일반적으로 쓰인다.

GRC는 보통콘크리트와 비교하여 압축강도는 거의 개선되지 않고 휨강도, 인장강도 및 충격에 대한 저항성은 증대되므로 구조체보다 비구조체 사용에 적합하다. 그리고 경량화, 불연성, 성형성 및 방식성과 내구력이 우수하고 시공성도 좋아 공기단축을 기할 수 있는 이점도 있다. 따라서 이러한 장점을 이용하여 내 · 외벽 패널, 천장 및 지붕재, 방음벽, 커튼월, 패러핏(parapet), 문틀, 계단 등 다양한 건축용 부재의 개발 또는 제품화에 이용되고 있다.

◎ 탄소섬유보강콘크리트(carbon fiber reinforce concrete : CFRC)

탄소섬유(CF)를 혼입한 콘크리트로서 건조수축률이 작아 균열방지에 효과적이고, 내구성 · 내화성 · 성형성 등의 물리적 특성과 인장강도 및 휨강도 등의 역학적 특성이 우수하여 경량 외장패널이나 비구조재인 지붕 · 천장 · 계단 · 난간 · 창틀 등에 폭넓게 활용된다. 또한 건축물의 전파흡수제 및 각종 접지제로도 이용되고 있다. 탄소섬유의 종류에는 팬(PAN)계 탄소섬유, 피치(Pitch)계 탄소섬유가 있으며, 팬계는 고성능이고 고가여서 특수한 경우 외에는 사용하기 어렵다. 이에 비해 피치계는 성능이 다소 떨어지나 가격이 저렴하여 콘크리트에 사용하는 경우가 많다. 탄소섬유보강콘크리트는 탄소섬유 혼입량의 증가에 따라 역학적 특성뿐만 아니라 물리적 특성도 현저히 개선된다.

(23) 콘크리트-폴리머 복합체(concrete-polymer composite)

콘크리트의 결합재로 고분자화학공업의 소산(所産)인 폴리머(polymer)를 사용해서 보통의 콘크리트가 갖는 늦은 경화시간, 작은 인장강도, 큰 건조수축, 낮은 내약품성 등의 결점을 개선할 목적으로 쓰이는 콘크리트이다.

콘크리트용 폴리머 재료에는 폴리머혼화제, 폴리머결합재, 폴리머함침재(含浸材) 등이 있다. 이러한 재료를 사용한 콘크리트는 각각 폴리머시멘트콘크리트(polymer cement concrete ; PCC), 폴리머콘크리트(polymer concrete ; PC), 폴리머함침콘크리트(polymer impregnated concrete ; PIC)라는 이름으로 실용화 되고 있다. 이 세 종류의 콘크리트를 총칭하여 콘크리트-폴리머 복합체라고 부른다.

① 폴리머시멘트콘크리트 : 폴리머를 시멘트와 함께 결합재로 사용한 콘크리트로서 제조는 보통의 콘크리트와 동일하다. 워커빌리티와 압축강도에 주안점을 두고 배합설계를 하는 콘크리트에 비해서 폴리머시멘트콘크리트는 그 외의 성질, 즉 인장강도, 휨강도, 접착성, 수밀성, 기밀성, 내약품성, 내마모성 등도 고려해서 배합설계가 이루어진다. 폴리머는 여러 종류가 있지만 합성고무라텍스인 스티렌부타디엔고무(SBR), 열가소성수지 에멀션인 폴리아크릴산메틸(PSE) 및 분말에멀션인 에틸렌초산비닐(EVA)이 많이 사용된다.

이 콘크리트는 구조재로서 그렇게 널리 이용되지 않고 있지만 방식용(防蝕用) 부재나 내진벽, 철근콘크리트구조물의 뿜칠콘크리트 공법 등에 주로 이용된다. 폴리머시멘트모르타르는 손상된 콘크리트구조물의 보수재, 보강재, 방수재, 접착제 등으로 그 용도가 다양하다.

② 폴리머콘크리트 : 결합재로서 시멘트를 전혀 사용하지 않고 폴리머와 건조상태의 골재 그리고 충전재인 중탄산칼슘이나 플라이애시 등을 결합시켜 제조한 콘크리트로서, 플라스틱콘크리트(plastic concrete) 또는 레진콘크리트(resin concrete : RC)라고 부르기도 한다. 휨강도와 인장강도가 크고 수밀성 · 방수성 · 내약품성 · 내동결융해성 등이 우수하다. 다만, 시멘트콘크리트보다 작업성이 떨어지고 취성적 파괴가 일어나는 등의 단점을 가지고 있다. 폴리머콘크리트는 해양구조물, 온천지 건축물의 기초 등 외에 말뚝, 칸막이 패널 등 2차 공장제품 등으로 폭넓게 사용되고 있다. 폴리머모르타르는 사무실, 공장 등의 바닥재나 접착제와 방수재로 사용된다.

③ 폴리머함침콘크리트 : 시멘트계의 재료를 건조시켜 미세한 공극에 액상(液狀) 모노머(monomer)를 함침(含浸) · 중합(重合)시켜 일체화한 콘크리트를 말한다. 고강도이며 내구성 및 내약품성이 좋고 내수성이 있어 화학약품 등이 침투하는 것을 막을 수 있는 특성을 가지고 있다. 그러나 단열성과 내화성에는 약하며 단가가 비싼 단점이 있다. 이 콘크리트는 타일, 외벽용 테라조 패널, 보도판, 파이프 등의 공장제품에 사용되고 지붕 슬래브의 방수, 공장 바닥의 부식 방지 등에도 사용된다.

4-7 혼화재료의 정의 및 분류

(1) 혼화재료의 정의

혼화재료(混和材料, admixture, additive)란 시멘트, 물, 골재 이외의 재료로써 비빔 시에 필요에 따라 모르타르나 콘크리트에 하나의 성분으로 첨가하는 재료를 말하며, 굳지 않은 콘크리트나 경화한 콘크리트의 제성질을 개선, 향상시킬 목적으로 사용된다.

혼화재료의 역사는 고대 로마시대까지 거슬러 올라가는 매우 오랜된 것으로, 그 당시에는 화산재나 그 밖의 무기질재료뿐만 아니라 광물, 길짐승피(獸血), 소젖, 돼지기름 등과 같은 유기질 재료까지 상당히 광범위하게 사용되었다고 한다. 근대적 의미의 혼화재료는 1938년 AE제의 미국 특허와 1944년 미국재료시험법(ASTM)이 만들어진 이후 콘크리트공사에 본격적으로 사용되었다. 최근에는 콘크리트의 성능을 가진 다종다양한 혼화재료가 개발됨으로써 그 중요성이 더욱 강조되고 있다.

혼화재료는 콘크리트의 품질개선뿐만 아니라 콘크리트에 특수한 성질을 부여하는 목적으로도 사용된다. 그러나 혼화재료의 효과는 시멘트나 골재의 품질, 배합, 온도 등에 의하여 매우 달라지는 경향이 있다. 따라서 품질이 좋은 것을 적당히 사용하면 우수한 효과를 얻을 수 있으나 잘못 사용하면 오히려 해가 되는 성질을 갖고 있는 것도 있으므로 혼화재료를 선정, 사용하기 전에 시험 또는 충분한 검토를 거쳐 성능상의 효과를 확인한 다음에 적절히 사용해야 한다.

(2) 혼화재료의 종류

혼화재료는 소요의 성능을 얻기 위한 사용량의 다소에 따라 혼화제(混和劑)와 혼화재(混和材)로 대별된다. 혼화제는 사용량이 비교적 적어 그 자체의 부피가 콘크리트의 배합계산에서 무시되는 것으로, 콘크리트 속의 시멘트 중량에 대해 5% 이하, 보통은 1% 이하라는 극히 적은 양을 사용한다. 혼화재는 사용량이 비교적 많아서 그 자체의 부피가 콘크리트의 배합계산에 고려되는 것으로, 시멘트 중량의 5% 이상, 경우에 따라서는 50% 이상 다량으로 사용되며 콘크리트를 반죽할 때나 시멘트에 미리 섞어서 사용한다. 혼화제는 화학제품이 많고 혼화재는 주로 광물질 분말이다.

혼화재료의 분류는 국가에 따라 또는 그 국가의 학회 및 협회 등에 따라 각기 다르며 일반적으로 알려져 있는 혼화제와 혼화재를 분류하여 그 특성에 따른 종류를 소개하면 다음과 같다.

◎ 혼화제(chemical admixture)

① 단위수량, 단위시멘트양의 감소 : 감수제, AE감수제

② 작업성능이나 동결융해 저항성능의 향상 : AE제, AE감수제

③ 응결, 경화시간의 조절 : 촉진제, 지연제, 초지연제, 급결제

④ 강력한 감수효과를 이용한 유동성의 대폭적인 개선 : 유동화제
⑤ 강력한 감수효과와 강도의 대폭적인 증가 : 고성능감수제
⑥ 기포를 발생시켜 충전성, 경량화 등에 이용 : 기포제, 발포제
⑦ 염화물에 의한 강재의 부식을 억제 : 방청제
⑧ 점성, 응집작용 등을 향상시켜 재료분리를 억제 : 증점제, 수중콘크리트용 혼화제
⑨ 기타 : 방수제, 소포제, 방동제, 수축저감제, 보수제, 수화열 억제제 등

◎ 혼화재(mineral admixture)

① 포졸란 작용이 있는 것으로 주로 시멘트의 대체재료로 이용되는 것 : 플라이애시, 고로슬래그, 규산백토 미분말
② 경화과정에서 팽창을 일으키는 것 : 콘크리트용 팽창재
③ 오토클레이브 양생에 의해 고강도를 갖게 하는 것 : 규산질 미분말
④ 착색시키는 것 : 착색재
⑤ 기타 : 폴리머 증량재, 광물질 미분말 등

또한 미국 콘크리트협회는 표 4-26과 같이 분류하고 있다.

표 4-26 AC1 212 위원회에 따른 혼화재료의 분류

① 경화촉진제	硬化促進劑	accelerating admixture
② 감수제, 응결조절제	減水劑, 凝結調節劑	water-reducing admixture and set-controlling admixture
③ 그라우팅용 혼화제	grouting用 混和劑	grouting admixture
④ AE제	AE劑	air-entraning admixture
⑤ 소포제	消泡劑	air-delaning admixture
⑥ 발포제	發泡劑	gas-forming admixture
⑦ 팽창재	膨脹材	expansion producing admixture
⑧ 광물질 미분말 혼화제	鑛物質 微分末 混和劑	finely devided mineral admixture
⑨ 방습, 방수혼화제	放濕 · 防水混和劑	damp-proofing and permeability reducing admixture
⑩ 접착용 혼화제	接着用 混和劑	bonding admixture
⑪ 알칼리골재반응 팽창억제제	alkali骨材反應 膨脹抑制劑	chemical admixture to reduce alkali aggregate
⑫ 방쇄제	防鏁劑	corrosion inhibiting admixture
⑬ 살균혼화제, 살충혼화제	殺菌混和劑, 殺蟲混和劑	fungicidal, germicidal and insecticidal admixture
⑭ 응집제	凝集劑	flocculating admixture
⑮ 착색재	着色材	coloring admixture

4-8 각종 혼화제

(1) AE제(air-entraining agent)

AE제는 콘크리트용 표면활성제(surface active agent)의 일종으로 콘크리트 속에 독립된 미세한 기포(지름 0.025~0.25mm 정도)를 골고루 분포시키는 작용을 하는 것이다. 이 기포들은 마치 볼베어링(ball-bearing)과 같이 표면활성을 발휘하여 굳지 않은 콘크리트의 워커빌리티를 개선시키며(공기량이 1.0% 증가함에 따라 슬럼프값이 약 2.5cm 증가함), 기포가 시멘트 및 골재의 미립자를 떠오르게 하거나 물의 이동을 도움으로써 유효면적을 줄여 주기 때문에 블리딩(bleeding)을 감소시키는 이점이 있다. 이와 같은 작용에 의해 펌프 압송시에 재료가 분리되지 않으며 콘크리트 타설이 용이하게 된다. AE제를 공기연행제(空氣連行劑)라고도 한다.

콘크리트가 굳은 다음은 동결융해 작용에 의한 파괴나 마모에 대한 저항성을 증대시키고 경화 때는 수축도 감소시키며 균열을 방지하기도 한다. 이것이 AE제의 주된 역할이다. 최근에는 대부분의 레미콘에 AE제가 사용되고 있다. AE제를 사용한 콘크리트의 강도는 물시멘트비가 일정한 경우 공기량만을 증가시켜 주면 공기량이 1% 증가함에 따라 압축강도는 약 4~6%, 휨강도는 약 2~3%, 탄성계수는 약 $7 \sim 8 \times 10^3 kg/cm^2$ 정도 감소한다고 한다.

콘크리트 속에 AE제를 섞으면 미세한 기포가 형성되는데 이 기포를 연행된 공기, 즉 인트레인드 에어(entrained air)라 하고, 이것을 포함하는 콘크리트를 AE콘크리트(air entrained concrete)라 한다. 일반 콘크리트에는 자연적으로 그 속에 상호 연속된 기포가 1~2% 정도 함유되는데 이것을 갇힌공기(entrapped air)라고 한다.

AE제는 화학성분에 따라 분류하면 천연수지산염, 합성세제, 리그닌설폰산의 염류, 석탄산의 염류, 단백질의 염류, 지방산과 수지산 및 그 염류, 설폰산탄화수소의 유기염류 등이 있으며, 암갈색의 액체 또는 분말로 된 것이 많다. AE제의 품질규격은 한국산업규격(KS F 2560)에 규정되어 있다.

우리나라에서는 AE제를 미국 및 일본 상품을 수입하여 사용해 왔으나 최근에 국산제품이 개발되어 많이 활용되고 있으며, 시판되고 있는 품종도 여러 가지이고 품질과 성능에 상당한 차이가 있다.

(2) 감수제(water-reducing agent), AE감수제

감수제(減水劑)는 표면활성제의 일종으로 기포작용은 하지 않고 분산 및 습윤작용에 의해 시멘트 입자를 분사시켜 시멘트풀의 유동성을 증가시킴으로써 콘크리트의 워커빌리티를 개선하여 단위수량을 감소시키는 혼화제이다. 감수작용의 대부분이 시멘트 입자의 분산효과에 의하기 때문에 분산제(dispersing agent)라고도 불린다. 시멘트풀에 분산제를 가하면 시멘트 입자 표면에 흡착하여 정전기적(靜電氣的)으로 활성을 부여하므로 시멘트 입자들이 서로 반발하여 분산작용을 하게 된다. 감수제를 사용하면 일반적으로 단위수량을 4~8% 정도 감소시킬 수 있다. 감수제를 사용하면 워커빌리티가 개선되고 분산된 시멘트 입자는 물과 충분히 접촉하게 되어 시멘트 사용 효율이 증대되며, 동일한 강도를 내면서 시멘트 사용량을 6~10% 정도 감소시킬 수도 있다.

감수제 중에서 AE제의 성능을 겸비한 것, 즉 콘크리트 속에 공기를 도입한 것을 AE감수제라고 한다. AE감수제는 AE제의 도입 공기에 의한 감수효과와 분산작용에 의한 감수효과를 겸비한 것으로 AE콘크리트보다 더 좋은 감수효과를 얻을 수 있다. 감수제를 사용하면 일반적으로 단위수량을 10~16% 감소시킬 수 있다.

감수제 · AE감수제는 콘크리트의 응결, 초기경화의 속도에 따라 각각 표준형, 지연형, 촉진형으로 한국산업규격(KS F 2560)에서 분류하고 있으며 그 화학적 조성성분으로 리그닌설폰산염계 · 옥시칼본산염 · 폴리올복합체 · 알킬아릴설폰산염 등이 있다. AE제, 감수제 및 AE감수제의 사용효과는 표 4-27과 같다.

표 4-27 AE제, 감수제 및 AE감수제의 주요 효과

주요한 효과 \ 표면활성제의 종류		AE제	감수제			AE감수제		
			표준형	지연형	촉진형	표준형	지연형	촉진형
굳지 않은 콘크리트	단위수량의 감소	○	△	△	△	◎	◎	◎
	단위시멘량 감소	–	◎	◎	◎	◎	◎	◎
	공기연행성	◎	–	–	–	◎	◎	◎
	워커빌리티 개량	◎	○	○	○	◎	◎	◎
	블리딩 감소	◎	△	△	△	◎	◎	◎
	콘크리트의 응결지연	–	–	◎	×	–	◎	×
	콘크리트의 응결촉진	–	–	×	△	–	×	△
	펌퍼빌리티의 개량	○	◎	◎	◎	○	○	○
	피니셔빌리티의 개량	○	○	○	○	○	○	○
	슬럼프저하 방지	–	○	◎	–	○	◎	–
경화콘크리트	초기강도 증대	–	○	–	◎	○	–	◎
	수화열 감소	–	○	◎	×	○	◎	×
	수밀성 증대	○	○	○	○	◎	◎	◎
	중성화에 대한 저항성 증대	○	○	○	○	◎	◎	◎
	동결융해작용에 대한 저항성 증대	◎	–	–	–	◎	◎	◎
	화학침식작용에 대한 저항성 증대	○	○	○	○	◎	◎	◎
	마찰, 마모에 대한 저항성 증대	–	○	○	○	○	○	○

주) ◎ 효과 큼, ○ 효과 있음, △ 효과 적음, × 사용불가, – 관계없음

(3) 고성능감수제(high range water reducing agent), 유동화제(super plasticizer)

고성능감수제(高性能減水劑)는 일반감수제와 비교해서 시멘트 입자를 분산시키는 분산능력이 현저하게 높으며 다량으로 사용해도 응결의 지연, 과도한 공기연행 및 강도저하 등의 나쁜 영향 없이 단위수량을 대폭 감소시키는 것이 가능한 혼화재를 말하고, 유동화제(流動化劑)는 미리 반죽된 콘크리트에 첨가하고 이것을 교반(攪拌)함으로써 그 유동성을 증대시키는 것을 주목적으로 하는 혼화제이지만 일반적으로 유동화제도 고성능감수제의 범주에 넣어 분류한다.

유동성이 개선된 콘크리트를 유동화콘크리트라고 하며 1983년에 일본에서 개발되었다.

고성능감수제는 그 사용방법에 따라 고강도콘크리트용 감수제와 유동화제로 구분되지만 기본적인 성능은 동일하다. 즉 고성능감수제의 뛰어난 감수작용을 이용하여 보통콘크리트와 같은 작업성능을 가지면서 물시멘트비 저감을 주목적으로 사용하는 경우에는 고성능감수제로, 고성능감수제로 감수시키지 않고 동일한 물시멘트비로 작업성이 뛰어난 콘크리트 제조를 목적으로 하는 경우에는 일반적으로 유동화제로 불린다.

고성능감수제, 유동화제는 1960년대 초부터 일본, 독일에서 콘크리트에 처음 사용되어 유럽, 미국 등으로 보급하기 시작하였고 폴리알킬알릴 설폰산염계, 멜라민포르말린수지 설폰산염계 및 방향족다환축합물 설폰산염계 등과 같은 고성능감수제가 시판되어 프리스트레스트콘크리트 부재나 콘크리트말뚝 또는 흄관 등의 고강도콘크리트의 제조에 사용되고 있으며, 최근에는 유동화콘크리트에의 응용이 정착되어 유동화제로 시판되고 있다.

고성능감수제는 사용량의 증가에 따라 거의 직선적으로 감수율이 증가하고, AE감수제의 감수율이 10~16%인 것에 비해 20~30%나 감수되고, 더구나 저기포성 저응결지연성이므로 대량 사용할 수 있어 단위수량을 대폭적으로 감수시킬 수 있다. 또 물시멘트비 30% 전후에서는 $800 kgf/cm^2$ 정도의 압축강도를 얻을 수 있을 뿐만 아니라 건조수축이 적고 밀실한 콘크리트를 얻을 수 있어 내구성의 향상에 효과적이다.

고유동화제(高流動化劑)는 유동화 성능을 더욱 향상시킨 것으로 동일한 물시멘트비로 높은 작업성을 좋게 한 혼화제이다. 성분으로는 나프탈린 설폰산염계, 멜라민포르말린수지 설폰산염계, 방향족다환축합물 설폰산염계 등이 있다. 고강도콘크리트 또는 고유동콘크리트 제조 등에 사용한다.

(4) 촉진제(accelerating agent)

촉진제(促進劑)는 콘크리트의 초기강도 발현을 촉진해 콘크리트구조물을 빨리 사용하고 싶을 때나 콘크리트 제품 제조에서 거푸집 회전을 빨리하고 싶을 때 또는 한랭 시에 온난 시와 같은 경화속도를 갖게 할 목적으로 사용되는 혼화제이다. 촉진제로는 칼슘 · 나트륨 등의 염화물, 유산염, 탄산염이 있지만 염화칼슘이 가장 대표적이다. 염화칼슘은 우수한 촉진제로서 응결강도 모두 뛰어난 촉진효과가 있기 때문에 저온에서도 상당한 강도증진을 볼 수 있어 한중콘크리트 사용에 유효하다. 그러나 콘크리트 속에서는 알칼리성으로 인해 철근에 녹이 발생하여 콘크리트의 내구성을 저하시키므로 최근에는 그다지 사용되지 않는다. 염화칼슘은 시멘트 무게에 대해 1~2%를 한도로 하여 사용하고 있다. 2% 이상 사용하면 큰 효과가 없으며 오히려 순결(瞬結)강도 저하를 나타낼 수가 있다.

촉진제를 단독으로 사용하거나 해사와 함께 사용하면 전류의 영향을 받는 콘크리트일 경우에는 콘크리트 속의 철근을 부식시키는 작용을 하므로 일반적으로 철근콘크리트나 프리스트레스트콘크리트에는 사용이 금지되어 있다. 최근에는 철근콘크리트의 내구성이라는 관점에서 철근부식이나 알칼리골재반응을 일으킬 우려가 없는 무염소 · 무알칼리금속계 촉진제에 대한 요구가 높아지고 있다. 여기에 속하는 것으로는 질산칼슘 · 아질산칼슘 · 지오시안산칼슘 · 규산칼슘 · 트리에탄올아민 등이 있다. 그러나 염화칼슘에 비해 성능이나 경제성면에서 문제점이 있어 완전하다고는 할 수 없다.

(5) 지연제(retardant)

지연제(遲延劑)는 콘크리트의 응결, 초기경화를 지연시킬 목적으로 사용하는 혼화제이다. 시멘의 경화는 일종의 화학반응에 의해 일어나기 때문에 기온이 높은 여름철에는 시멘트의 응결이 촉진된다. 따라서 굳지 않은 콘크리트의 운송시간을 단축시키거나 콜드조인트(cold and work joint : 작업이음)에 대한 대책이 필요하며, 양생이 부실해지기 쉽고 균열이 발생하기 쉬운 등의 여러 가지 문제가 생긴다. 이와 같은 고온조건하에서 시공되는 콘크리트공사의 대책으로 지연제가 사용되고 있다. 또한 여름철뿐만 아니라 대형구조물에 있어서는 콘크리트의 타설량 능력과 타설로부터 일어나는 콜드조인트의 발생 방지와 부정정구조물의 콘크리트 타설에 따라 하중분포의 차이에서 오는 균열방지 또는 슬래브 표면의 모르타르 마감과 골재 노출마감의 경우 표층콘크리트의 경화를 지연시켜 레이턴스를 제거하거나 표면부분의 모르타르를 물로 씻어 제거할 때도 사용된다.

콘크리트의 응결시간을 장기간(예를 들어 24시간 이상)에 걸쳐 자유롭게 조절할 수 있는 첨가제를 특히 초지연제라고 한다. 초지연제는 지연제의 용도 이외에 연속적인 타설을 필요로 하는 구간이면서 야간작업이 금지된 공사와 전날 혼합된 콘크리트를 다음날 사용이 불가피한 경우 등 다방면에 걸쳐 사용 목적이 연구되고 있다.

지연제는 유기질계와 무기질계로 대별한다. 유기질계에는 리그닌설폰(lignin sulfon)산과 그 염, 옥시카르본(oxy-carbon)산과 그 염, 폴리알코올(poly-alcohol)류, 셀룰로오스(cellulose)류, 당류가 있으며 이것들은 감수작용도 겸비하고 있으므로 감수지연제라고도 불린다. 무기질계에는 인산염, 불화수소산 등의 무기물, 산화아연, 붕사, 산화염, 마그네시아염이 있다.

(6) 급결제(set accelerating agent)

급결제(急結劑)는 시멘트의 응결시간을 매우 빠르게 하기 위하여 사용되는 혼화제로서 원래 콘크리트구조물에서는 누수방지용 시멘트풀이나 모르타르용에 사용되어 왔으나 최근에는 그라우트에 의한 지수공사(止水工事), 뿜어붙이기공사, 또는 주입공사(注入工事) 등에 사용되고 있다.

급결제는 탄산소다 · 염하제이철 · 염화알루미늄 · 알루민산소다 · 규산소다 등을 주성분으로 한 것이다. 급결제를 사용하면 콘크리트 응결이 수십 초 정도로 빨라지며 1~2일까지 콘크리트의 강도증진은 매우 크나 장기강도는 일반적으로 느린 경우가 많다.

(7) 방수제(water-proof agent)

방수제(防水劑)는 콘크리트의 흡수성과 투수성을 감소시키는 혼화제이다.

콘크리트는 원래 불투수성이지만 때로는 약간의 투수가 문제가 되거나 균열이 발생해 누수될 경우가 있다. 또한 콘크리트블록조 구조물은 투수되기 쉬우므로 불투수성으로 만들어 둘 필요가 있다. 이때 콘크리트에 방수성을 갖게 하거나 균열 및 누수를 방지할 목적으로 방수제가 사용된다. 방수제는 무기질계 및 유기질계 등 종류가 다양하다. 무기질계로는 염화칼슘, 규산소다, 실리카질 분말 등이 있고 유기질계로는 고급지방산, 파라핀에멀션, 고무라텍스 등이 많이 쓰인다.

(8) 발포제(gas-forming agent) 및 기포제(foaming agent)

발포제(發泡劑)는 시멘트와의 화학반응에 의해 특수한 가스를 발생시켜 기포를 도입하는 것이며, 기포제(氣泡劑)는 표면활성작용에 의해 콘크리트에 공기 거품을 도입하는 것이다. 콘크리트 타설 시에 기포제를 섞어 무수한 미세 독립기포를 발생시켜 용적을 증가시키고 경량으로 하여 단열성 등의 성질을 개량하게 된다. 이와 같은 콘크리트를 기포콘크리트 또는 발포콘크리트(gas concrete)라고 한다.

기포제는 표면활성제로 AE제도 그 일종이지만 시멘트의 알칼리에 강하고 기포의 형태, 분산성, 안정성이 좋으며 시멘트 경화에 영향을 적게 주어야 한다. 발포제는 알루미늄 분말이 대표적이다. 콘크리트에 섞으면 시멘트 속의 유리석회와 규산칼슘의 수화반응에 의해 발생하는 수산화칼슘과 반응하여 수소가스를 발생시켜 콘크리트 속에 미세한 기포를 생기게 한다. 발포제를 이용한 대표적인 제품으로는 ALC(autoclaved lightweight concrete)가 있다.

(9) 방청제(corrosion-inhibiting agent)

방청제(防銹劑)는 콘크리트 속의 염분(염화물)에 의한 철근의 부식을 억제할 목적으로 사용되는 혼화제이다.

방청제의 주성분은 아황산소다 · 인산염 · 염화제1주석 · 리그닌설폰 염화칼슘염 등이 있다. 방청제의 작용은 철근 표면의 보호피막을 보강하는 것, 산소를 소비하여 철근에 도달하기 어렵게 하는 것, 콘크리트의 내부를 치밀하게 하여 부식성 물질의 침투를 막는 것 등이다. 방청제의 성능은 한국산업규격(KS F 2561)에 규정되어 있고 이에 적합한 것을 사용해야 한다.

(10) 증점제(viscosity modifing agent)

증점제(增漸劑)는 콘크리트의 점성, 응집작용 등을 향상시켜 재료분리 억제 및 콘크리트 타설 시 진동다짐을 불필요하게 한 혼화제이다. 이 혼화제를 과잉 첨가하면 과다한 공기연행에 의한 강도저하가 생길 수 있다.

4-9 각종 혼화재

(1) 플라이애시(fly ash)

플라이애시는 미분탄 연소보일러로부터 나오는 재(滓)의 미분입자를 집진장치로 포집(捕集)한 것으로서 표면이 매끄러운 구형입자로 되어 있으며, 양질의 것은 화력발전소의 집진기(集塵器)에서 채취한다. 플라이애시의 비중은 1.95~2.40 정도이다. 플라이애시가 콘크리트용 혼화재로 사용된 것은 1955년 무렵부터이다. 플라이애시를 시멘트에 섞어 콘크리트에 사용함으로써 유리한 점은 다음과 같다.

① 유동성의 개선 : 입자가 구형이므로 콘크리트 중에서 볼베어링(ball-bearing)과 같은 작용을 하므로 워커빌리티를 개선하여 소요반죽질기를 얻기 위한 단위수량을 감소시키고 블리딩(bleeding) 현상은 감소한다.

② 장기강도의 개선 : 플라이애시 첨가 콘크리트의 강도는 비교적 초기재령에서는 보통콘크리트보다 낮지만 재령이 길어짐에 따라 포졸란반응의 증가에 의해 장기강도는 증가한다.

③ 수화열의 감소 : 시멘트의 수화생성물인 수산화칼슘과 반응하여 경화성을 발휘하지만 그 반응속도는 시멘트와 비교하여 상당히 늦고 수화발열량도 적다.

④ 알칼리골재반응의 억제 : 알칼리골재반응에 의한 팽창을 억제하는 효과가 있는 것으로 알려져 있다.

⑤ 황산염에 대한 저항성 : 보통콘크리트는 지하수나 바닷물에 함유되어 있는 황산염(sulphate)에 의해 팽창 부식되는데 플라이애시 첨가 콘크리트는 황산염에 대한 저항성이 높다.

⑥ 콘크리트 수밀성의 향상 : 공극충진효과 및 포졸란반응으로 콘크리트의 수밀성을 향상시킨다.

플라이애시는 댐콘크리트, 매스콘크리트, 프리팩트콘크리트용의 주입용 모르타르 등에 증량재로 쓰이게 되지만, 그 품질에 대한 충분한 시험을 한 후 사용해야 한다.

플라이애시의 품질규격은 한국산업규격(KS L 5405)에 규정되어 있다.

그림 4-27 플라이애시 현미경 사진

(2) 포졸란(pozzolan)

포졸란은 실리카질 물질(SiO_2)을 주성분으로 하며 그 자체는 수경성(hydraulicity)이 없으나 시멘트의 수화에 의해 생기는 수산화칼슘[$Ca(OH)_2$]과 상온에서 서서히 반응하여 불용성의 화합물을 만드는 재료, 즉 포졸란반응을 하는 광물질 미분말의 재료를 총칭한 것이다.

포졸란은 이탈리아의 화산재 산지의 지명 Pozzoli라는 지방에서 산출하는 화산회를 예부터 석재 등과 혼합하여 사용하였기 때문에 이러한 이름이 붙였다.

천연산으로는 화산재, 규조토, 규산백토 등이 있고 인공산으로는 고로슬래그, 소성점토 및 혈암, 플라이애시 등이 있다. 이 중에서 많이 쓰이는 것이 인공산의 플라이애시 또는 고로슬래그이고 천연산의 포졸란은 일반적으로 입형이나 표면상태가 나빠 콘크리트의 워커빌리티가 좋지 않고, 단위수량을 증가시키기 때문에 혼화재로 잘 쓰이지 않고 있다.

천연산 포졸란은 주로 실리카시멘트의 원료로 사용하고 고로슬래그는 고로시멘트의 원료로 사용된다.

(3) 고로슬래그(blast-furnace slag)

제철소의 용광로(高爐)에 철광석 · 코크스 · 석회석 · 망간광석 등을 넣고 열풍으로 코크스를 태워 철광석을 환원 · 용해시켜 선철을 제조할 때 석회석은 철광석 속의 불순물과 화합하여 슬래그로 되어 상층으로 들뜬다. 이것을 일정시간마다 끄집어낸 것이 고로슬래그이다. 비중은 2.7 정도이며, 오래 전부터 고로시멘트의 원료로 사용되어 왔다. 이 고로슬래그를 급랭시켜 분쇄한 미분말의 것은 잠재 수경성을 갖고 있으며 동시에 약간의 포졸란반응이 있기 때문에 혼화재로 사용되고 있다.

고로슬래그 미분말을 혼화재로 사용한 콘크리트는 일반적으로 다음과 같은 특징이 있다.

① 수화발열 속도의 감소 및 콘크리트의 온도상승 억제에 효과가 있다.
② 장기강도가 향상되고 수밀성이 향상된다.
③ 황산염 등에 대한 화학저항성이 향상된다.
④ 알칼리골재반응의 억제에 효과가 있다.
⑤ 블리딩이 적고 유동성이 향상된다.
⑥ 초기강도가 낮고 일반적으로 건조수축이 크다.

고로슬래그 미분말은 고로시멘트의 혼화재로 대량으로 사용되며, 광재벽돌 · 광재면 등의 원료로 사용한다. 고로슬래그의 품질규격은 한국산업규격(KS L 5210)에 규정되어 있다.

(4) 실리카흄(silica fume)

실리카흄은 제강용의 탈산제로 사용되는 페로실리콘(FeSi)합금이나 실리콘(Si) 금속 등의 규소합금을 전기로(2,000℃)에서 제조할 때 발생하는 폐가스를 집진하여 얻어지는 부산물의 일종으로, 입자지름 1μm 이하의 비정질(非晶質)의 구형입자(球形粒子)로 된 초미립자이다.

주성분은 이산화규소(SiO_2)가 90% 이상 차지하고 있고 시멘트수화에서 생성되는 수산화칼슘과 강력한 포졸란반응을 한다.

실리카흄은 초미립자이므로 콘크리트에 혼입할 경우 단위수량이 증대하기 때문에 고성능감수제를 병용하는 것을 원칙으로 하고 있다.

실리카흄을 콘크리트에 혼화재로 사용할 경우 다음과 같은 유리한 점이 있다.

① 강도증진효과가 뛰어나고 투수성이 작아 수밀성이 향상된다.
② 수화 초기의 발열량이 작아 콘크리트의 온도상승 억제에 효과가 있다.
③ 화학적 저항성이 증대되고 블리딩을 저감시킨다.
④ 단위수량을 현저하게 증대시킨다. 그러나 고성능감수제를 병용함으로써 단위수량을 감소시킬 수 있다.

최근에는 고강도콘크리트 및 특수콘크리트에 많이 이용되고 있다.

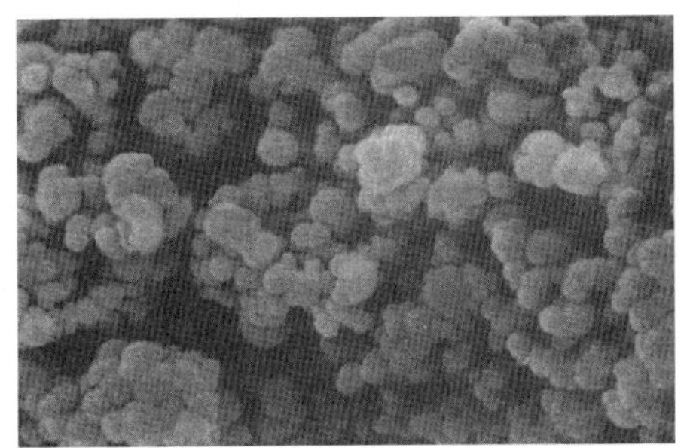

그림 4-28 실리카흄의 현미경 사진

(5) 팽창재(expansive producing admixtures)

콘크리트는 건조하면 수축하는 성질이 있으며, 이로 인하여 균열이 발생하기 쉽다. 이러한 결점을 보완·개선하기 위하여 콘크리트 속에 다량의 거품을 넣거나 기포를 발생시키거나 또는 콘크리트를 부풀게 하기 위해 팽창재(膨脹材)를 첨가하는 등의 경우가 있다. 따라서 팽창재는 콘크리트를 팽창시키는 작용을 하여 콘크리트 내의 미세공극(微細空隙)을 충전시키는 혼화재이다.

팽창재에는 산화조제를 혼합한 철분계, 석고를 주성분으로 하는 석고계, 칼슘설포알루미늄산염(calcium sulfo-aluminate, CSA : 생석회와 석고 및 알루미나를 조합 소성한 광물임)계 팽창재가 있다. 이런 종류의 것을 포틀랜드시멘트에 혼합하여 팽창시멘트 제조에 사용한다.

팽창재의 품질규격은 한국산업규격(KS F 2562)에 규정되어 있다.

(6) 착색재(coloring admixture)

착색재(着色材)는 모르타르나 콘크리트에 착색하고 싶을 때 시멘트와 혼합해서 사용하는 미분말의 안료이다. 물이나 알칼리 및 일광에 의해 변색하지 않고 시멘트 경화에 끼치는 영향이 적어야 한다. 안료는 무기질이고, 제2산화철(빨강)·크롬산바륨(노랑)·군청(郡靑 : 파랑)·산화크롬(초록)·이산화망간(갈색)·카본블랙(carbon black : 검정) 등이며, 염료는 유기계로 프탈로시아닌 블루(phthalocyanine blue)가 대표적이다.

4-10 혼화재료의 저장

(1) 혼화제

① 혼화제는 먼지, 기타의 불순물이 혼입되어서는 안 되며, 액상의 혼화제는 동결, 변질되지 않도록 하고 분말상의 혼화제는 습기를 흡수하거나 굳어지는 일이 없도록 저장해야

한다.

② 장기간 저장한 혼화제나 품질에 이상이 인정된 혼화제는 사용하기 전에 시험을 하여 그 품질을 확인해야 한다.

(2) 혼화재

① 혼화재는 특히 습기를 흡수하는 성질 때문에 덩어리가 생기거나 그 성능이 저하될 수 있으므로 방습 사일로(silo) 또는 창고 등에 품종별로 저장하고 입고된 순서대로 사용한다.

② 혼화재는 미분말로 되어 있으므로 포대를 푸는 곳이나 사일로의 출구에서는 날리지 않도록 그 취급에 주의가 필요하다.

③ 장기 저장인 혼화재는 사용하기 전에 시험하여 품질을 확인한다.

5 시멘트 및 콘크리트 제품

5-1 개 요

시멘트를 주요 결합재로 하고, 여기에 모래 · 자갈 · 석면 · 목편(木片) · 목모(木毛) 등의 골재를 1종류 또는 2종류 이상 배합하여 물과 혼합, 소요의 형상으로 성형하여 경화시킨 제품을 시멘트 제품이라 하며, 콘크리트를 주요 재료로 하여 소정의 형상으로 공장에서 제조된 콘크리트 및 철근콘크리트의 부재를 일반적으로 콘크리트 제품이라고 한다. 최근 시멘트 및 콘크리트 제품이 건설공사에 많이 사용되고 있으며, 점차 그 수요가 크게 증가하고 있는 실정이다.

시멘트 및 콘크리트 제품은 거의 공장에서 제조되므로 품질을 신뢰할 수 있고 균질한 제품의 양산이 가능하며, 현장에서는 거푸집이나 동바리의 준비 및 양생기간이 필요 없으므로 공기가 단축된다. 또한 시멘트 및 콘크리트 제품 자체는 내화성과 내구성이 크고 두꺼운 부재는 단열성, 차음성이 우수한 재료이다. 이러한 장점이 있는 반면, 제품의 형상 · 치수가 정수로 한정되어 있으므로 설계 · 시공상의 제약을 받고 또한 고강도의 제품이 아닐 뿐만 아니라 장식성도 떨어지고 제품공장을 건설한 경우 광대한 부지와 대규모의 설비가 필요하므로 막대한 자금을 투자해야 하는 생산성의 문제점과 제품공장으로의 원료수송과 제품의 반출, 운반상 어려운 점 등의 단점도 있다.

5-2 종 류

시멘트 및 콘크리트 제품으로서 건축에 사용되는 종류는 대단히 많다. 그 종류를 용도, 제조방법, 형상, 치수, 철근의 유무 등에 의하여 다음과 같이 분류한다.

◎ 용도에 의한 분류

① 지붕재 : 시멘트기와 등

② 바닥재 : 인조석판, 테라조판, 테라조타일, 시멘트타일 등

③ 벽재 : 시멘트벽돌, 시멘트블록, 테라조판, 석면시멘트판, 목모시멘트판, 목편시멘트판, 펄프시멘트판, 경량콘크리트 제품 등

④ 천장재 : 목모시멘트판, 펄프시멘트판, 목편시멘트판, 펄라이트시멘트판 등

⑤ 기타 : 콘크리트말뚝, 콘크리트관, 콘크리트경계블록 등

◎ 제조방법에 의한 분류

진동다짐 제품, 원심력다짐 제품, 가압다짐 제품

◎ 형상에 따른 분류

판상 제품, 봉상 제품, 관상 제품, 블록(block) 제품 등

◎ 치수에 따른 분류

대형 · 중형 · 소형 제품

◎ 철근의 유무에 따른 분류

무근콘크리트 제품, 철근콘크리트 제품

5-3 시멘트 제품

(1) 시멘트벽돌(cement brick)

시멘트벽돌은 시멘트와 골재를 배합하여 가압 · 성형한 후 양생한 벽돌로서 주택, 창고, 공장 등과 같이 벽체가 많은 건축에 내 · 외벽의 조적재로 널리 쓰이며 담장 등에도 쓰이고 있다. 시멘트벽돌을 콘크리트벽돌(concrete brick)이라고도 한다.

시멘트벽돌의 규격은 한국산업규격(KS F 4004)에 규정되어 있다.

◎ 제작용 원료

시멘트는 포틀랜드시멘트(KS L 5201)를 사용하고 골재(모래 · 잔자갈 또는 부순모래 · 부순자갈)는 최대크기가 10mm 이하이고 입도는 세조립이 적절히 혼입된 것으로 표 5-1의 범위로 한다. 또한 골재는 깨끗하고 강하며 내구성이 있고 기름, 산, 염류, 먼지, 흙, 유기물 및 얇거나 또는 가느다란 석편(石片) 등의 유해량이 함유되지 않은 것으로 한다.

표 5-1 시멘트벽돌 제작용 골재의 입도

체의 번호	No.100	No.50	No.30	No.16	No.8	No.4	10mm
체구멍 치수(mm)	0.149	0.297	0.595	1.19	2.38	4.76	
통과율(중량 %)	5~20	10~30	24~40	30~50	45~65	65~85	100

제작방법

시멘트벽돌 제작용 원료의 혼합 시에는 믹서를 사용하거나 이와 동등 이상의 결과를 얻을 수 있도록 혼합하고 성형은 동력에 의한 진동과 압축을 병용한 방법으로 한다. 성형 후에는 습도 약 100%의 실내에 500도시 이상 보존하고 야적(野積)시간을 통산하여 4,000도시 이상 다습상태에서 양생한다. 그 후 7일 이상 경과한 후 출하한다. 여기서 도시(度時)란 양생온도(℃)와 양생시간(h)을 곱한 값을 말하며 500도시는 약 24시간 21℃로 유지한 정도이다.

초기의 실내 양생에 상압의 증기양생을 하는 경우에는 시멘트 응결이 시작되는 시기에 급격한 온도변화를 주지 않도록 하고 양생실 온도를 올리거나 내릴 때에는 급격한 온도변화(20℃/h)가 생기지 않도록 하며 양생실의 최고온도는 65℃를 초과하지 않는 것으로 한다.

종류 및 치수

시멘트벽돌의 종류는 모양에 따라 기본벽돌과 이형벽돌로 구분하고, 품질에 따라 경량벽돌인 A종벽돌, B종벽돌과 일반벽돌로서 C종 벽돌이 있고, 또한 C종벽돌은 다시 강도 등급에 따라 C종 1급 벽돌과 C종 2급 벽돌로 구분한다. 이 종류 중에서 가장 많이 쓰이고 있는 것은 일반벽돌로서 C종 2급 벽돌이다. 시멘트벽돌의 모양, 치수 및 허용차는 표 5-2, 품질에 따른 시멘트벽돌의 종류는 표 5-3과 같다.

그림 5-1 시멘트벽돌

품질

시멘트벽돌은 겉모양이 균일하고 비틀림, 해로운 균열 또는 흠이 없는 것이어야 하고 압축강도는 80kgf/cm^2 이상이어야 한다. 압축강도는 2시간 이상 수중보양을 하고 시험기에 걸어 매초 2kgf/cm^{2}의 속도로 가압하여 붕괴될 때까지의 압력을 파괴하중으로 하고 다음 식에 의하여 계산한다.

$$\text{압축강도}(F_c) = \frac{\text{최대하중}(P)}{\text{가압전단면적}(A)} (\text{kgf/cm}^2)$$

표 5-2 시멘트벽돌의 치수 및 허용차

모양	길이(mm)	너비(mm)	두께(mm)	허용차(mm)
기본벽돌	190	90	57	±2
이형벽돌	홈벽돌, 둥근모접기벽돌과 같이 기본벽돌과 동일한 크기인 것으로 치수 및 허용차는 기본벽돌에 준한다.			

비고) ① 본 표의 시멘트벽돌은 무공시멘트벽돌이다. 유공시멘트벽돌의 모양, 치수 및 허용차는 본 표의 기본벽돌과 동일하되, 2개의 지름 5cm의 공동(空胴)을 가진 벽돌로서, 2개의 공동의 간격은 3cm이고 최소 살의 두께는 2cm 이상이어야 한다.

② 본 표의 기본벽돌은 종전에는 표준형 시멘트벽돌이라 하고, 기본벽돌보다 약간 큰 길이 210mm, 너비 100mm, 두께 60mm의 것을 기존형 시멘트벽돌이라 하여 사용하였다.

표 5-3 품질에 따른 시멘트벽돌의 종류

구분		기건비중	압축강도(kgf/cm^2)	흡수율(%)
A종 벽돌		1.7 미만	80 이상	–
B종 벽돌		1.9 미만	120 이상	–
C종 벽돌	1급	–	160 이상	7 이하
	2급	–	80 이상	10 이하

비고) A종 벽돌, B종 벽돌은 경량벽돌로서 경량골재를 사용하여 만든 벽돌을 말하며, C종 벽돌은 보통골재를 사용하여 만든 일반벽돌을 말한다.

(2) 블록(block)

블록은 시멘트와 골재를 배합하여 가압 · 성형한 후 양생한 것으로서 시멘트블록(cement block), 콘크리트블록(concrete block) 또는 속빈시멘트블록(hollow cement block)이라고도 한다. 블록은 골재, 즉 모래와 잔자갈을 사용하여 만든 것이 보통으로 이것을 콘크리트블록이라 하지만 우리나라에서는 특수한 때 외에는 자갈을 쓰지 않고 모래만을 사용하여 보강근을 삽입할 수 있도록 속이 비게 만들기 때문에 속빈시멘트블록이라 통칭한다. 속빈시멘트블록의 규격은 한국산업규격(KS F 4002)에 규정되어 있다. 블록은 불연재료로 건축물의 경량화를 도모할 수 있고 또 시공상 공기가 단축되며 경비를 절약할 수 있는 장점이 있다. 주택, 창고, 공장 등과 같이 벽체가 많은 건축에 널리 쓰이고 또 라멘(rahmen)구조체의 칸막이벽으로도 많이 쓰이고 있다.

◎ 제작용 원료

시멘트는 포틀랜드시멘트(KS L 5201)를 사용하는데, 때로는 고로슬래그시멘트(KS L 5210) 또는 플라이애시시멘트(KS L 5211)를 사용하기도 한다.

골재는 보통골재(모래, 자갈 또는 쇄사, 쇄석, 고로슬래그골재 등으로 기건비중이 2.5 정도) 및 경량골재(인공경량골재, 천연경량골재 등)로 하고 그 최대지름은 블록 최소 살 두께의

1/3 이하로 하고 입도는 세조립이 적절히 혼입된 것으로서 표 5-1의 범위로 한다. 또한 골재는 깨끗하고 강하며 내구성이 있고 먼지, 진흙, 유기불순물 및 얇거나 가느다란 석편(石片) 등의 유해량이 함유되지 않은 것으로 한다.

◎ 제작방법

블록제작용 원료의 혼합 시에는 믹서를 사용하거나 이와 동등 이상의 결과를 얻을 수 있도록 혼합하고 성형은 동력에 의한 진동과 압축을 병용한 방법으로 한다. 원료의 혼합 시에 시멘트 사용량은 블록의 압축강도, 내구성, 안전성 등을 고려하여 220kg/cm^3 이상(블록 정미체적)으로 한다. 성형 후에는 습도 약 100%의 실내에 500도시 이상 보존하고 야적 시간을 통산하여 4,000도시 이상 다습상태로 양생한다. 그 후 7일 이상 경과한 후 사용한다. 여기서 500도시는 약 24시간 21℃로 유지한 정도이고 그때의 강도는 재령 28일 강도의 70~80%에 달한다. 초기의 실내 양생에 상압의 증기양생을 하는 경우 시멘트 응결이 시작되는 시기에 급격한 온도변화를 주면 안 되고 양생실 온도를 올리거나 내릴 때는 급격한 온도변화(20℃/h 이내)가 생기지 않도록 하며 양생실의 최고온도는 65℃를 초과하지 않도록 한다.

◎ 종류

블록은 형상과 치수에 따라 기본블록, 이형블록, 특수블록으로 구분하고 중량에 따라 중량블록, 일반블록, 경량블록으로 구분하며 품질에 따라 A종 블록, B종 블록, C종 블록으로 구분한다. 또한 수밀성에 따라 보통블록과 방수블록(투수성이 8cm 이하)으로 구분하기도 한다.

1) 기본블록

기본블록은 규준이 되는 형상과 치수로 된 블록으로 일반적으로 많이 사용되고 있는 속빈시멘트블록을 말한다. 기본블록의 형상에는 BI형, BS형, BM형이 있으나 한국산업규격(KS L 4002)에는 BI형만이 규정되어 있다. 우리나라는 BI형이 주로 사용되고 있다. 기본

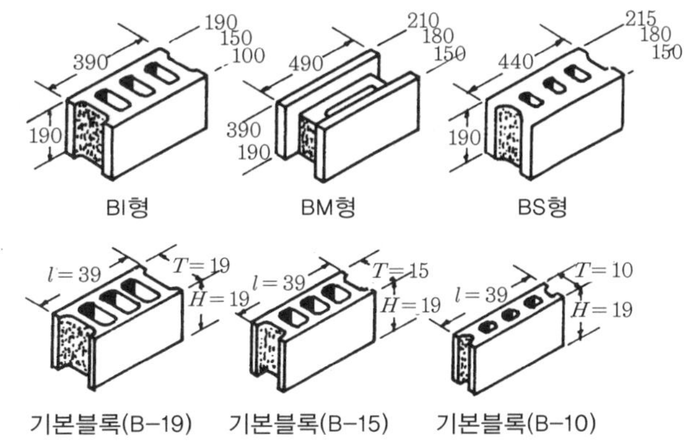

그림 5-2 기본블록 형상 및 치수

블록은 두께에 따라 19cm(8″)블록, 15cm(6″)블록, 10cm(4″)블록 등으로 구분하여 호칭하고 있다. 시중에서 판매되고 있는 15cm(6″)블록이 점점 좁아져 요즈음은 12.5cm(5″)블록도 판매되고 있다.

2) 이형블록

이형블록은 블록의 형상 또는 용도가 특수하게 된 것으로서 반블록, 한마구리평블록, 양마구리평블록, 인방블록, 창대블록, 위막힌 가로근용 블록, 창쌤블록, 가로근용 블록 등이 있다.

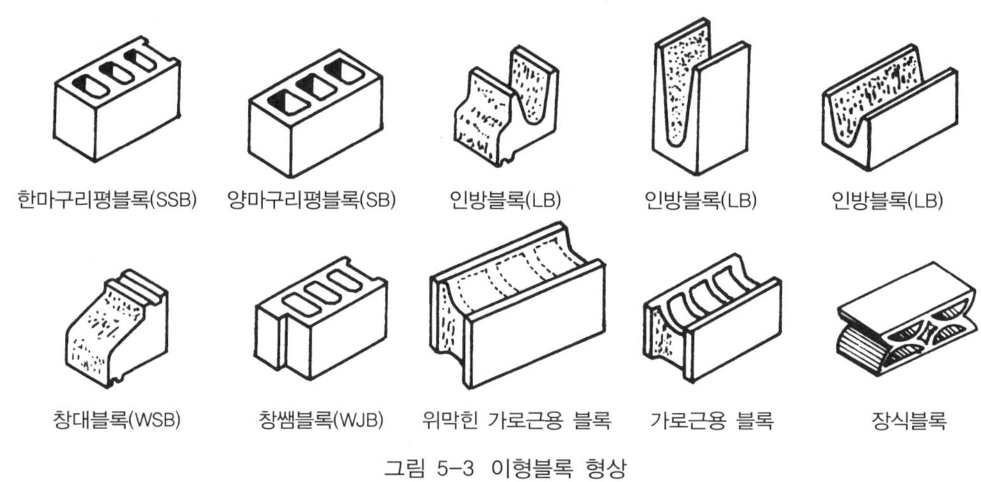

그림 5-3 이형블록 형상

반블록은 기본블록의 길이에서 줄눈너비를 뺀 것의 절반이 되는 블록을 말하고, 마구리평블록(side block)은 모서리 창문 옆 또는 붙임기둥 등에 쓰이는 것으로 한마구리만 평평하게 된 한마구리평블록(single side block)과 양마구리가 평평하게 된 양마구리평블록(both side block)이 있다. 인방블록(lintel block)은 창문틀 위에 쌓아 철근과 콘크리트를 다져넣어 보강하게 된 U자형의 블록으로서 테두리보에도 쓸 수 있는 것이 있고 조적시 가로로 쓰게 된 것과 세로로 쓰게 된 것이 있으며 반장으로 된 것도 있다. 창대블록(window sill block)은 문틀 밑에 쌓아 맞추어지고 물흘림, 물끊기가 달린 것이고 창쌤블록(window jamb block)은 창문틀 옆에 잘 맞게 된 블록이다. 인방용, 창대용, 창쌤용블록은 각기 목제 창문틀용과 철제 창문틀용이 있다. 가로근용 블록은 철근을 가로 배치하고 콘크리트를 다져넣을 수 있게 된 블록이다. 장식블록(ornamental block)은 장식쌓기용의 블록이다.

3) 특수블록

특수블록에는 거푸집블록(form block ; KS F 4037), 보도블록(paving block ; KS F 4001), 치장콘크리트블록(dressed concrete block ; KS F 4038), 방음블록(sound insulating block) 등이 있다.

거푸집블록은 ㄱ자형, T자형, ㄷ자형 등으로 만들어 콘크리트의 거푸집을 겸하게 된 블록으로 살두께가 얇고 속이 비어 있다. 거푸집블록을 형틀시멘트블록이라고도 하며 콘크리트조의 거푸집용으로써 극히 단순한 실용적 건축물에 쓰이고 그 내부에 콘크리트를 채워서 내력벽을 구축한다.

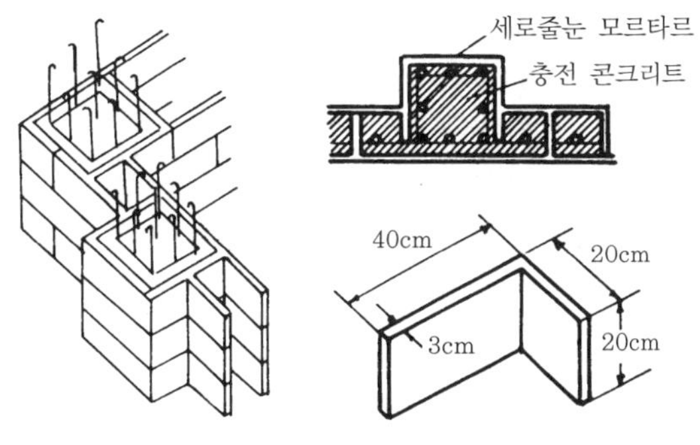

그림 5-4 거푸집블록 형상 및 치수

보도블록은 도로, 지면 포장 등에 쓰이는 블록으로서 크기는 30cm 각 또는 33cm 각, 두께 6cm 정도의 시멘트판으로 성형한 것이며 표면에 색모르타르 또는 무늬를 새겨 넣은 것도 있다. 치장콘크리트블록은 블록을 쌓을 때 벽면에 블록면이 노출되게 쌓는 조적용 블록으로서 형상, 색채, 표면의 질감 그 밖에 희망하는 효과를 얻기 위해 특별히 만들어진 블록이다. 방음블록은 흡음력과 방음력 및 내구성을 갖춘 다양한 색상의 마감재로 마감한 블록으로서 소음방지가 필요한 방음벽용으로 사용한다. 그 외에 천연돌과 콘크리트블록 사이에 우레탄폼을 주입하여 한 장의 단열블록으로 사용하도록 만든 블록도 있다.

4) 중량블록

중량블록은 기건비중이 1.9 이상이 되는 속빈시멘트블록을 말한다. 이것은 중량골재를 써서 속이 차게 만들어 방사능차폐용으로 쓰인다. 여기서 기건비중이란 기건상태의 비중을 말하는 것으로 다음 식에 의해 구한 값으로 한다.

$$\text{기건비중} = \frac{\text{블록의 무게(kg)}}{\text{블록의 순 부피}(l)}$$

중량골재로는 중정석, 자철광 등이 있다.

5) 경량블록

경량블록은 기건비중이 1.9 미만인 속빈시멘트블록을 말한다. 이것은 경량골재를 써서 만들어 건축물의 자중을 경감시킬 목적으로 비내력벽 등의 조적용으로 쓰인다.

경량골재로는 화산자갈, 경석, 질석의 소성품, 석탄재강(炭殼), 슬래그(slag) 등이 있다.

◎ 치수

블록의 치수는 한국산업규격(KS F 4002)에서 표 5-4와 같이 정하고 있고 기본블록의 호칭 및 치수는 표 5-5와 같다.

표 5-4 속빈 시멘트블록의 치수

형상		치수(mm)			허용차(mm)		비고
		길이	높이	두께	길이 · 두께	높이	
기본블록	BI형	390	190	190	±2		
				150			
				100			
이형블록	길이, 높이 및 두께의 최소 크기는 90mm 이상으로 한다. 가로근용 블록, 모서리용 블록과 같이 기본블록과 크기가 같은 것의 치수 및 허용차는 기본블록에 따른다.						

비고) BI형 외에 BS형, BM형도 있으나 우리나라에서는 BI형만이 사용되고 있다.

형상		치수(mm)			허용차(mm)	
		길이	높이	두께	길이 · 두께	높이
기본블록	BS형	440	190	215	±2	
				180		
				150		
	BM형	490	190 390	210		
				180		
				150		

표 5-5 기본블록의 호칭 및 치수

(단위 : mm)

구분	호칭	온장			반토막			줄눈	
		길이	높이	두께	길이	높이	두께	세로	가로
한국 규격품	19cm 블록	390	190	190	190	190	190	10	10
	15cm 블록	390	190	150	190	190	150	10	10
	10cm 블록	390	190	100	190	190	100	10	10
인치 표시품	(8″ 블록) (6″ 블록) (4″ 블록)	397($15\frac{5}{8}$)	194($7\frac{5}{8}$)	194($7\frac{5}{8}$) 143($5\frac{5}{8}$) 92($3\frac{5}{8}$)	194($7\frac{5}{8}$)	194($7\frac{5}{8}$)	194($7\frac{5}{8}$) 143($5\frac{5}{8}$) 92($3\frac{5}{8}$)	9.5 ($\frac{3}{8}$)	9.5 ($\frac{3}{8}$)

비고) ① ( ) 내는 인치(inch)를 표시한 것이다.

② 호칭은 두께별로 하고, 인치표시품은 줄눈의 치수[3/8″]를 블록 자체의 치수에 가산한 것이다.

시멘트블록에 철근을 삽입하는 속빈 부분은 콘크리트를 부어넣기에 지장이 없도록 충분히 크게 한다. 속빈 부분의 크기 및 최소 살(shell)두께의 표준은 표 5-6에 따른다.

표 5-6 속빈 부분의 크기 및 최소 살두께

속빈 부분 및 최소 살두께 / 블록의 종류	속빈 부분					최소 살두께(mm)	
	세로근을 삽입하는 속빈 부분		가로근을 삽입하는 속빈 부분			표면살	중간살
	단면적 (cm^2)	최소너비 (mm)	최소지름 (mm)	최소깊이 (mm)	곡률 반지름 (mm)		
두께 150mm 이상의 블록	60 이상	70 이상	85 이상	70 이상	42 이상	25 이상	20 이상
두께 100mm인 블록	30 이상	50 이상	50 이상	40 이상	–	20 이상	20 이상

비고) ① 속빈 부분은 2개의 블록을 쌓아서 생기는 속빈 부분과 줄눈도 포함한다.
② 속빈 부분의 모서리에 둥글기가 없는 것으로 보고 계산한다.
③ 속빈 부분의 최소너비 및 최소지름의 측정방법은 아래 그림에 따른다.

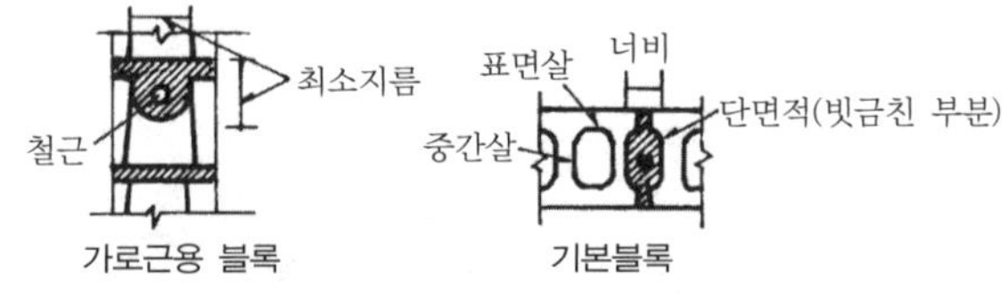

◎ 등급 및 강도

블록은 A종 블록 · B종 블록 · C종 블록으로 구분하고 그 압축강도는 각각 표 5-7의 값으로 한다. 또한 A종 블록과 B종 블록은 경량골재를 사용한 경량블록이고, C종 블록은 보통골재만을 사용한 블록이다. 블록은 성형제작 후 보양을 잘 하여 치수차가 적고 흠집, 비틀림, 갈라진 금 등이 없는 것으로서 개개의 강도차가 적고 전체가 균일한 것이 좋다.

블록의 간단한 품질 판별방법으로는 치수, 무게, 흡수율, 흡수상태 등이 거의 일정하게 되면 좋은 것이다.

표 5-7 속빈 시멘트블록의 등급

구분	기건비중	전단면적에 대한 압축강도(kgf/cm^2)	흡수율 (%)	투수성 (mℓ/m^2 · h)
A종 블록	1.7 미만	40 이상	–	–
B종 블록	1.9 미만	60 이상	–	–
C종 블록	–	80 이상	10 이하	300 이하

비고) ① 전단면적이란 가압면(길이×두께)으로서, 속빈 부분 및 양끝의 오목하게 들어간 부분의 면적도 포함한다.
② 투수성은 방수블록에만 적용한다.

블록의 압축강도는 양생이 끝난 후 7일 이상 보존한 시험체의 가압 양면을 시험체 블록의 세로축에 직각이 되도록 평활하게 마무리한 후 2시간 이상 수중보양을 하고 시험기에 걸어 가압 전 단면적당 매초 약 2kgf/cm^2의 속도로 가압하여 붕괴될 때까지의 압력을 최대하중으로 하고 다음 식에 의하여 계산한다.

$$\text{압축강도}(F_c) = \frac{\text{최대하중}(W)}{\text{가압 전 단면적}(A)}(\text{kgf/cm}^2)$$

$$\text{가압 전 단면적}(A) = \text{블록 전체길이}(L) \times \text{전체 두께}(B)$$

(3) 시멘트 기와

◎ 보통시멘트 기와(cement roofing tile)

보통시멘트 기와(洋灰蓋瓦)는 시멘트와 모래를 주원료로 하여 압착성형하여 만든 기와로서 착색제 또는 방수제를 첨가시켜 착색과 방수효과를 내기도 한다.

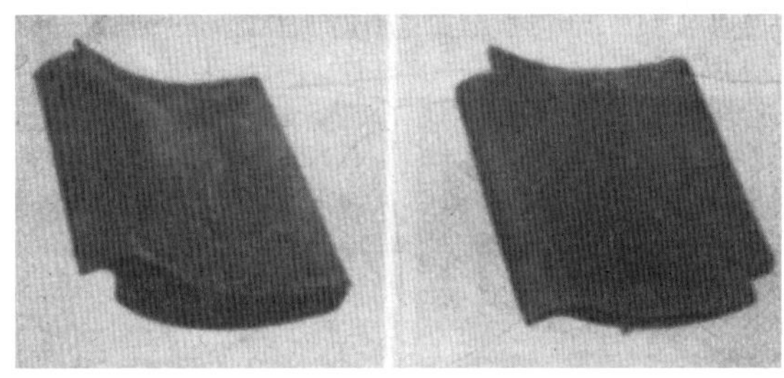

그림 5-5 보통시멘트 기와

보통시멘트 기와는 시멘트와 모래의 중량배합비 1 : 3을 표준으로 잘 섞어 적당량의 물을 알맞게 부어 반죽한 모르타르를 틀에 다져넣으면서 성형한 후 양생, 탈형, 보존, 출하의 순서로 제조되는데, 대개 간단한 기구를 사용하여 수제성형(手製成形)에 의한 제조법으로 만든 것이다.

보통시멘트 기와의 크기 및 허용차는 표 8-7과 같고 휨파괴하중은 80kg 이상, 흡수율은 12% 이하로서 심한 균열이나 해로운 비틀림 또는 굽힘이 없는 것이 좋다. 보통시멘트의 규격은 한국산업규격(KS F 4003)으로 규정되어 있었으나 현재는 폐지(1991. 7. 6)된 상태이며 옛 가옥들의 보수를 위한 정도로 제조하여 쓰이고 있다.

◎ 가압시멘트판 기와(pressed cement roof tile)

가압시멘트판 기와는 시멘트와 모래를 주원료로 하여 가압 성형한 시멘트판 기와로서 평형(평판형, 꺾음형, 오금형), S형(스패니스형, 한국형)이 있고 제조시 안료를 넣어 착색시키거나 도료로 표면을 도장하여 기와의 색깔을 여러 가지로 내기도 한다.

가압시멘트판 기와의 규격은 한국산업규격(KS F 4029)에 규정되어 있다.

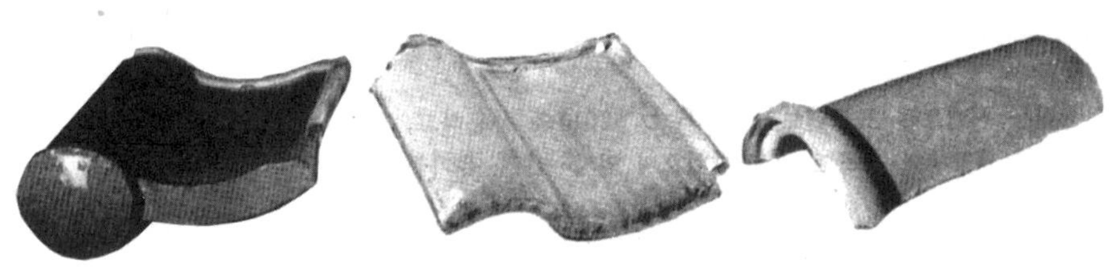

그림 5-6 기압시멘트판 기와

1) 원료 및 제조

가압시멘트판의 제조에 사용되는 시멘트는 보통포틀랜드시멘트 또는 조강포틀랜드시멘트로 하고 잔골재(모래)는 5mm 이하의 것을 사용한다. 시멘트와 잔골재(모래), 착색 등의 혼화재료는 잘 혼합하여 적당량의 물을 가해서 반죽한 모르타르를 형틀에 채운 후 수압기 또는 유압기로 균등하게 50kg/cm^2 이상의 압력을 가하여 탈수 성형한 후 상시 5℃ 이상, 습도 70% 이상의 실내에서 300도시 이상 양생한 후 10일 이상 습윤상태를 유지하고 다시 10일 이상 보존한 후 소정의 휨시험 및 흡수시험에 합격한 것을 출하한다. 즉 제품생산은 원료계량배합, 원료혼합, 성형, 초기양생, 탈형, 2차양생, 보존, 출하의 순으로 제조된다. 시멘트와 모래의 표준배합비(중량비 %)는 시멘트 : 모래=34 : 66으로 하고 색깔을 내기 위하여 사용되는 도료는 내후성 및 내알칼리성이 있는 것으로 한다.

2) 치수

가압시멘트판 기와의 치수 및 허용차는 표 5-8과 같다.

3) 품질

휨파괴하중은 평형인 것은 130kg 이상, S형인 것은 150kg 이상이어야 하고 흡수율은 10% 이하로서 갈라짐, 균열, 못구멍의 막힘, 해로운 비틀림 또는 구멍, 반점 등의 흠과 백화(白華 · 白花 : efflorescence)가 없어야 하며 치수 및 허용차가 표 5-8에 적합하도록 제작된 것이 양질의 가압시멘트판 기와이다.

표 5-8 보통시멘트 기와 및 가압시멘트판 기와

(단위 : mm)

<table>
<tr><th colspan="2" rowspan="2">종별 / 부호 / 구분</th><th rowspan="2"></th><th colspan="3">규격치수</th><th colspan="2">허용차</th><th colspan="2">실용치수</th><th rowspan="2">소요장수 (장/m^2)</th><th rowspan="2">무게 (kg/장)</th></tr>
<tr><th>길이(A)</th><th>너비(B)</th><th>두께(C)</th><th>길이</th><th>너비 및 두께</th><th>길이</th><th>너비</th></tr>
<tr><td colspan="2">보통시멘트 기와</td><td></td><td>340</td><td>300</td><td>15</td><td>±3</td><td>+3
−1</td><td>275</td><td>265</td><td>약 14</td><td>4.5</td></tr>
<tr><td rowspan="6">가압시멘트판 기와</td><td>판형 (평판형)</td><td>1</td><td>364</td><td>357</td><td>12</td><td rowspan="6">+3
−1</td><td rowspan="6">+2
−1</td><td>303</td><td>303</td><td>11.3</td><td>3.6</td></tr>
<tr><td>판형 (꺾음형)</td><td>2</td><td>425</td><td>337</td><td>12</td><td>360</td><td>303</td><td>9.2</td><td>3.8</td></tr>
<tr><td>판형 (오금형)</td><td>3</td><td>315</td><td>305</td><td>11</td><td>243</td><td>250</td><td>16.5</td><td>2.7</td></tr>
<tr><td>S형</td><td>4</td><td>364</td><td>355</td><td>12</td><td>303</td><td>320</td><td>10.3</td><td>3.6</td></tr>
<tr><td>S형 (스페니시형)</td><td>5</td><td>400</td><td>350</td><td>12</td><td>330</td><td>300</td><td>10.1</td><td>4.0</td></tr>
<tr><td>S형 (한국형)</td><td>6</td><td>350</td><td>328</td><td>12</td><td>300</td><td>270</td><td>12.5</td><td>4.0</td></tr>
</table>

비고) ① 보통시멘트 기와의 한국산업규격(KS F 4003)은 폐지되었으며, 1910~1970년까지 시멘트 기와의 표준이었다.

② 가압시멘트판 기와의 부호 1~6까지 각종 치수가 있는 것은 각 제조공장의 치수에 따른 것이라 할 수 있다.

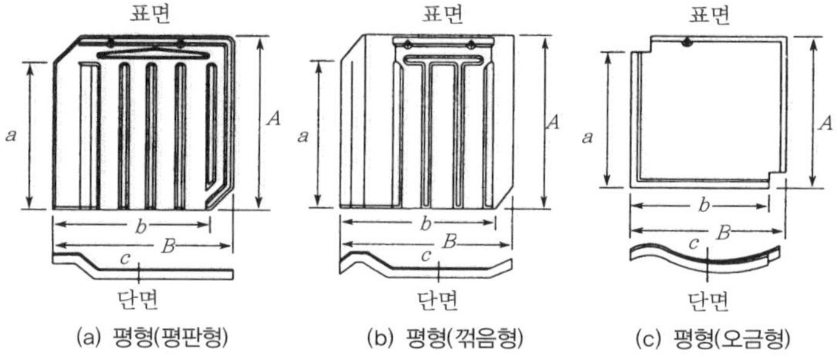

(a) 평형(평판형) (b) 평형(꺾음형) (c) 평형(오금형)

(4) 인조석판 및 테라조판

◎ 인조석판(artificial stone board)

그림 5-7 인조석판

인조석판은 쇄석을 종석(種石)으로 하여 시멘트에 안료를 섞어 진동기로 다진 후 판상으로 성형한 것으로서 자연석과 유사하게 만든 수장재료이다. 인조석판을 종석의 종류에 따라 모조석판(imitation plate stone, imitation flagstone))과 테라조판(terrazo board)으로 나눌 수 있다. 모조석판은 테라조판에 준하여 천연석재처럼 모방하여 만든 두께 2cm 이상의 평판으로서 쇠시리 · 조각물로도 만들 수 있다.

◎ 테라조판

테라조판은 대리석 · 사문암 · 석회암 · 화강암의 쇄석을 종석으로 하여 포틀랜드시멘트 또는 백색포틀랜드시멘트에 안료를 섞어(안료를 섞지 않기도 함) 형틀에 넣고 진동기 또는 롤러 등을 사용하여 충분히 다지고 양생한 후 가공연마하여 대리석 등과 같이 미려한 광택을 갖도록 만든 평판을 말한다.

종석의 입도는 가늘고 굵은 것이 알맞게 혼합된 것으로서 최대 알맹이 치수는 15mm 이하로 하고 시멘트와 종석의 표준배합비는 표 5-10에 의한다.

양생은 실내온도 15℃ 이상에서 10시간 이상 형틀에 넣은 채로 습윤상태하에 두고 형틀을 제거한 후 4일 이상 계속 습윤상태를 유지시킨다. 양생이 완료된 다음 치수를 정확히 맞추어 절단하고 갈아내기 및 틈메우기를 하여 틈을 메운 것이 충분히 굳어진 다음 다시 갈아내기 손질을 한다. 이어서 윤내기를 위한 갈아내기 마무리를 함으로써 테라조판이 완성된다. 테라조판은 표면층의 종석, 모양 및 마무리면에 따라 표 5-9와 같이 구분한다.

표 5-9 테라조판의 구분

표면층의 종석에 의한 구분	모양에 의한 구분	마무리면에 의한 구분
대리석 테라조판	직사각형	한면 마무리
화강석 테라조판	이형	양면 마무리

비고) ① 대리석 테라조판에는 사문암을 사용한 것을 포함한다.
② 직사각형은 평판모양으로서 정방형 · 장방형으로 된 것을 말하며 이형은 직사각형 이외의 테라조판을 말한다.
③ 마무리면에 의한 구분에는 필요에 따라 옆면 마무리 및 기타 마무리로 할 경우도 있다.

테라조판은 그 질이 치밀하며, 모양 · 치수가 정확하고, 마무리면이 반듯하고 매끈하며, 또한 색조 · 광택 · 쇄석분포가 일정하고, 표면에 나타난 종석의 합계 면적의 표면적에 대한 비율이 50% 이상으로서 강도 50kgf/cm^2 이상이어야 좋은 것이다.

테라조판의 규격은 한국산업규격(KS F 4018)에 규정되어 있다.

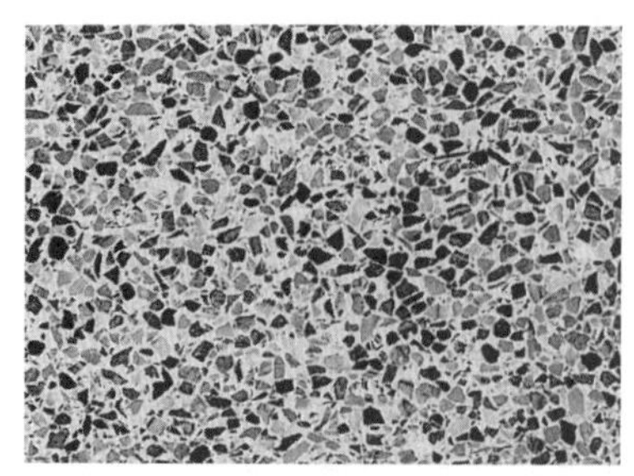
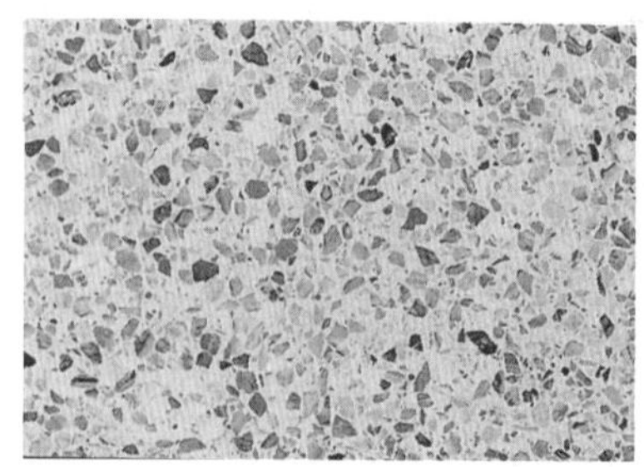

그림 5-8 테라조판

표 5-10 테라조판의 시멘트와 종석의 표준배합비

(단위 : 중량비 %)

구분	시멘트	종석
표면층	25	75
뒷면층	20	80

(5) 테라조타일(terrazzo tiles)

테라조타일은 대리석 · 사문암 · 화강암 등의 부순돌을 골재로 하여 포틀랜드시멘트 또는 백색포틀랜드시멘트에 착색재료를 잘 섞어(착색재료를 섞지 않기도 함) 표면층을 성형하고 뒷면층은 모래 등의 골재를 사용하여 성형한 타일로서 건축물의 바닥 및 보도의 마무리 재료로 쓰인다. 또한 테라조 계단, 걸레받이, 창대용으로 쓰인다. 테라조타일은 치수에 따라 300형, 400형으로 구분하고 표면층에 사용하는 골재에 따라 대리석 테라조타일, 화강석 테라조타일 등으로 구분하며, 치수 및 휨파괴하중은 한국산업규격(KS F 4035)에서 표 5-11과 같이 정하고 있다.

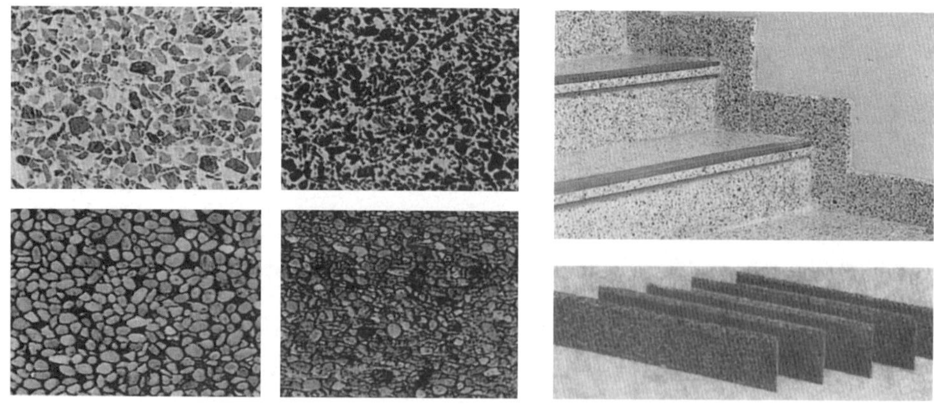

그림 5-9 테라조타일, 계단 및 걸레받이

표 5-11 테라조타일의 치수 및 휨파괴하중

종별	치수(mm)		휨파괴하중 (kg/cm^2)
	길이×너비	두께	
300형	300×300	30	350
400형	400×400	32	550

(6) 석면슬레이트(asbestos cement slate) 및 석면시멘트판(asbestos cement boards)

석면슬레이트는 포틀랜드시멘트와 석면을 85 : 15의 비율로 섞어 가압·성형한 슬레이트판으로 제조 시 암면, 펄프, 솜 찌꺼기 등 잡섬유를 보충하기도 한다. 석면슬레이트를 그냥 슬레이트라고 하며 골판으로 된 것을 골슬레이트라고 통칭한다. 평판과 골판 또는 슬레이트 기와 등의 종류가 있다. 주로 건축물의 지붕깔기 재료로 사용되었고 석면시멘트판은 포틀랜드시멘트에 석면을 혼합한 후 가압·성형하여 수분을 제거한 후 양생한 판상의 제품으로서 벽이나 천장에 사용되었으나, 근래에는 제조원료의 하나인 석면을 취급하는 작업장에서 작업원 및 사용자에게 각종 폐질환을 유발한다는 등의 공해가 문제화되고 있어 우리나라뿐만 아니라 해외에서도 사용을 금지 및 규제하고 있다.

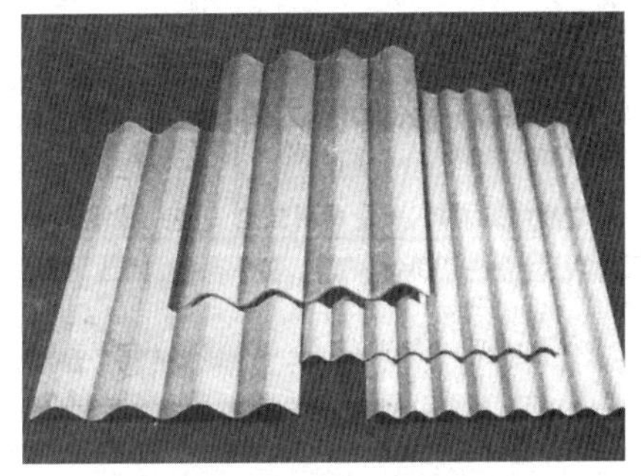

그림 5-10 골석면 슬레이트

(7) 목모시멘트판(wood-wool cement boards) 및 듀리졸(durisol)

목모시멘트판은 목모(木毛), 즉 목재펄프(길이 30~50cm, 두께 0.1~0.5mm 정도로 좁고 길게 오래낸 대팻밥)를 포틀랜드시멘트 또는 백색포틀랜드시멘트와 물, 염화칼슘을 혼합 압축하여 얇은 판으로 만든 제품으로서, 흡음·단열의 효과가 있어 내벽 및 천장의 마감재, 지붕의 단열재 등으로 쓰이며 치장 목적으로 쓰인다. 목모시멘트판은 단열 목모시멘트판과 난연 목모시멘트판(난연 2급품)으로 구분되고 두꺼운 판 또는 블록으로 만들어 구조용으로도 쓰인다. 목모시멘트판의 크기는 길이×폭이 1,800mm×910mm, 1,820mm×910mm, 2,000mm×1,000mm가 보통이고 길이는 2,400mm까지 가능하며 두께는 15mm, 20mm, 25mm, 30mm, 35mm, 40mm, 50mm의 6종이 있다. 목모시멘트판의 규격은 한국산업규격(KS F 4720)에 규정되어 있다. 두께가 얇은 (5~25mm) 2장의 목모시멘트판 사이에 스티로폼(styrofoam), 폴리에스테르(polyester), 우레탄(urethan) 등을 삽입하여 제조된 것도 있고 목모시멘트판과 메탈(metal)을 접착하여 샌드위치 패널(sandwich panel)로 제조된 것도 있다. 이렇게 제조된 것은 두께에 비해 중량이 가볍고 단열성·흡음성 등이 높다.

듀리졸은 목모시멘트판을 보다 향상시킨 것으로 목모시멘트판은 심재를 목모로 하여 무처리한 대로 얇은 판을 주로 만들고 있는 데 비하여 듀리졸은 폐기목재의 삭편(削片)을 화학처리하여 비교적 두꺼운 판 또는 공동블록 등으로 제작하여 마루, 지붕, 천장, 벽 등의 구조체에 사용된다.

원자재　　목모 배출　　목모 확대

그림 5-11 목모시멘트판

(8) 목편시멘트판(wood chip cement boards)

목편시멘트판은 짧은 목편(木片 : 길이 60mm 이하, 너비 20mm 이하, 두께 2mm 이하)과 포틀랜드시멘트 또는 조강포틀랜드시멘트를 사용하여 압축 · 성형한 판으로서 건축물의 수장재로 사용된다.

목편시멘트판의 종류는 부피비중, 철근에 의한 보강의 유무에 따라 표 5-12와 같이 구분하고 치수는 여러 가지가 있으나 주로 공장에서 생산 출하되어 사용되고 있는 것으로는 길이가 900mm, 1,500mm, 1,800mm, 2,000mm, 2,700mm, 너비는 450mm, 600mm, 900mm, 두께는 12mm, 18mm, 25mm, 30mm, 50mm, 70mm, 80mm의 것이 있다.

목편시멘트판의 규격은 한국산업규격(KS F 4030)에 규정되어 있다.

표 5-12 목편시멘트판의 종류

종류	비고
경질 목편시멘트판	비중이 0.8 이상으로 철근에 의한 보강이 없는 것
보통 목편시멘트판	비중이 0.5 이상 0.8 미만으로 철근에 의한 보강이 없는 것
목편시멘트 철근보강판	철근으로 보강된 보통 목편시멘트판
목편시멘트 마무리보강판	목편시멘트 철근보강판의 한쪽 면을 모르타르 마감한 것

목편시멘트 철근보강판 및 목편시멘트 마무리보강판에 사용되는 철근은 직경 6mm 이상의 보강철근 또는 직경 2.6mm 이상의 철선을 사용한다. 목편시멘트는 혼합된 원료를 균일하게 고른 후 압력을 가해서 성형하고, 성형 종료 후에는 충분히 양생한 후 함수량 0.15kg/cm^3 이하로 될 때까지 건조시켜 출하한다.

목편시멘트 마무리보강판의 표면 모르타르의 배합비는 1 : 3(시멘트 : 강모래)의 중량비로 하고 바름 두께는 1cm를 표준으로 한다. 목편시멘트판은 목편이 균등하고 평활하며 표면에 뒤틀림, 균열, 부풀음이 없고 판의 네 모서리가 직각 또는 모서리가 떨어지지 않은 것이 좋은 것이다.

(9) 펄프시멘트판(pulp cement boards)

펄프시멘트판은 포틀랜드시멘트 또는 조강포틀랜드시멘트와 파지(破紙)를 용해 처리한 펄프와 팽창성이 작은 석면분 · 암분 등의 무기질을 주원료로 하여 압축 · 성형한 판으로 건축물의 수장재로 사용된다.

펄프시멘트판은 원료를 배합하여 성형한 후 충분히 양생하고 8% 이하의 함수율에 도달한 후 건조시켜 출하한다.

규격은 한국산업규격(KS F 4031)에 규정되어 있으며, 특히 표면을 미화한 치장용 펄프시멘트판의 규격은 한국산업규격(KS F 3209)에 규정되어 있다. 주문품에 따라 치수가 여러 가지 있으나 길이×너비가 1,820mm×900mm, 2,420mm×600mm, 2,420mm×900mm, 2,730×90mm가 대표적인 치수라 할 수 있다.

펄프시멘트판은 표면에 균열, 박리, 뒤틀림, 휨 등이 없고 네 모서리가 직각이며 측면이 표면에 대하여 대략 직각으로 된 것이 양질의 것이다.

(10) 펄라이트시멘트판(pulp cement perlite boards)

펄라이트시멘트판은 시멘트 · 석면 · 펄프 · 펄라이트 및 무기질 혼합재를 주원료로 하여 성형한 판상의 제품으로 주로 건축물의 천장재료로 사용한다. 펄라이트시멘트판의 바탕판을 착색하거나 바탕면을 인쇄 또는 치장지를 바르고 도장, 뿜질, 마무리 등의 가공을 한 펄라이트시멘트 치장판도 있다.

규격은 한국산업규격(KS F 4718, KS F 4719)에 규정되어 있다.

(11) 시멘트타일(cement tile)

시멘트타일은 시멘트와 모래를 주원료로 하고 소량의 석면을 넣어 압착·성형한 제품이다. 형상 및 치수는 소형 타일과 같고 색은 여러 가지가 있다. 두께 3cm, 크기 30cm 각으로 만들어 클링커타일 대용으로 평지붕 등에 사용하기도 한다.

5-4 콘크리트 제품

(1) 콘크리트말뚝(concrete pile)

말뚝박기 기초공사용 철근콘크리트 제품으로서 기성콘크리트말뚝(precast concrete pile)과 제자리콘크리트말뚝(cast-in-place concrete pile)으로 대별한다. 기성콘크리트말뚝은 대규모의 중량건축물 또는 굳은 지층이 깊어서 말뚝을 깊이 박아야 할 경우에 주로 사용하고, 제자리콘크리트말뚝은 굳은 지층이 매우 깊어서 기성콘크리트말뚝으로는 지지층까지 도달시킬 수 없을 때에 사용한다.

콘크리트말뚝의 종류는 표 5-13과 같으며 규격은 기성콘크리트인 경우 한국산업규격(KS)으로 정하고 있다.

콘크리트말뚝은 건축물의 기초용으로 많이 사용되고 교량 등의 토목구조물에도 사용된다.

표 5-13 콘크리트말뚝의 종류

분류	종류
기성콘크리트말뚝	· 원심력 철근콘크리트말뚝(KS F 4301) · 프리텐션방식 원심력 P.C말뚝(KS F 4303) · 프리텐션방식 원심력 고강도콘크리트말뚝(KS F 4306) · 포스트텐션방식 원심력 P.C말뚝(KS F 4305) · 철근콘크리트널말뚝(KS F 4021) · 프리스트레스트콘크리트널말뚝(KS F 4201) · 가압콘크리트널말뚝(KS F 4206)
제자리콘크리트말뚝	· 레이먼드말뚝(raymond pile) · 멀티페데스탈말뚝(multi pedestal pile) · 심플렉스말뚝(simplex pile) · 컴프레솔말뚝(compressol pile) · 페데스탈말뚝(pedestal pile) · 프랭키말뚝(franky pile) · 프리팩트말뚝(prepact pile)

◎ 원심력 철근콘크리트말뚝(concrete piles, centrifugal reinforced)

원심력 철근콘크리트말뚝이란 원심력을 이용하여 만든 철근콘크리트말뚝으로서 건축물의 말뚝 기초용으로 많이 사용되는 말뚝이다. 규격은 한국산업규격(KS F 4301)에 규정되어 있고, 모양은 그림 5-12와 같이 속이 빈 원통형의 본체와 선단부 또는 이음부로 되어 있다. 선단부는 슈(shoe)를 붙인 것이 많고, 본체의 각 횡단면의 바깥지름 및 두께는 일정해야 하며 치수는 한국산업규격(KS F 4301)에 규정되어 있다.

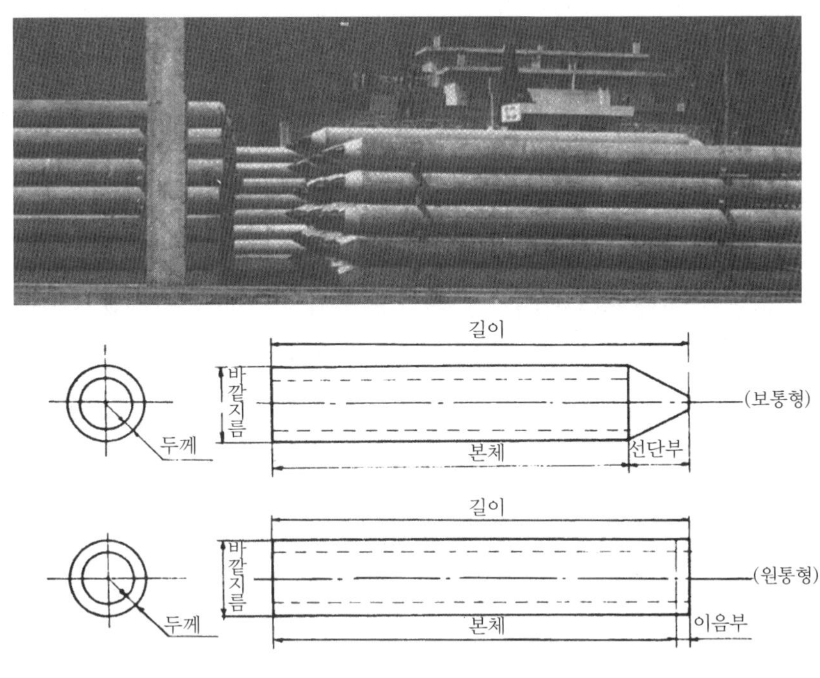

그림 5-12 원심력 철근콘크리트말뚝

◎ 프리텐션방식 원심력 P.C말뚝(pretensioned method centrifugal prestressed concrete piles) 및 포스트텐션방식 원심력 PC말뚝(posttensioned method centrifugal prestressed concrete piles)

프리텐션방식 원심력 P.C말뚝은 원심력을 응용하여 만든 프리텐션방식에 의한 프리스트레스트 콘크리트말뚝이고, 포스트텐션방식 원심력 P.C말뚝은 원심력을 응용하여 만든 포스트텐션방식에 의한 프리스트레스트말뚝으로서 모양, 치수, 종류 등은 한국산업규격(KS F 4303, KS F 4305)에 규정되어 있다. 여기서 프리텐션방식이란 부재의 인장 측에 보강재로 피아노선(piano wire) 등을 이용하여 이에 인장응력을 가하면서 콘크리트를 치고 콘크리트가 경화한 후 선의 양단을 절단하여 부착력으로 콘크리트에 압축응력을 준 것을 말하며, 포스트텐션방식이란 재를 성형할 때 인장 측의 응력축방향에 구멍을 관통시켜 놓고 경화시킨 후에 특수철근을 삽입하여 여기에 인장변형을 주어 양단을 고정시키고 구멍에 모르타르를 주입한 후 전과 같이 압축응력을 준 것이다.

◎ **철근콘크리트널말뚝(reinforced concrete sheet pile) 및 프리스트레스트콘크리트널말뚝(prestressed concrete sheet)**

철근콘크리트널말뚝은 금속제 몰드(mold)에 조립한 철근을 넣고 믹서로 혼합한 콘크리트를 투입하여 진동기로 다지면서 성형한 콘크리트널말뚝이다. 이것은 건축물의 기초공사 시 흙막이나 비탈면 보호 등에 주로 사용되며, 규격은 한국산업규격(KS F 4021)에 규정되어 있다. 프리스트레스트콘크리트널말뚝은 프리텐션방식에 의하여 길이방향으로 프리스트레스를 도입하여 제조하기 때문에 비교적 얇고 길게 제작된 콘크리트널말뚝으로서 주로 흙막이벽에 사용된다.

(2) 프리캐스트콘크리트 부재(precast concrete member), 프리캐스트콘크리트 커튼월(precast concrete curtain wall)

프리캐스트콘크리트 부재는 공장에서 고정시설을 가지고 필요한 부재를 철제 거푸집에 의해 제작하고 고온다습한 증기보양실에서 단기 보양하여 기성 제품화한 것으로서, 약칭 PC부재라고도 하며 보통 조립식 부재를 말하기도 한다. 벽, 바닥, 지붕 등도 PC로 하여 조립 시공하는 것이 그 일례이다.

PC부재로서 한국산업규격(KS)에 규정된 것으로는 조립용 콘크리트벽판(KS F 4722), 조립용 콘크리트바닥판(KS F 4726), 조립용 콘크리트지붕판(KS F 4729), 프리스트레스트콘크리트 슬래브(더블T형, KS F 4202), 경하중슬래브용 PC보(KS F 4205) 등이 있다.

프리캐스트콘크리트 커튼월은 경량으로 비내력벽 등의 외장 및 내장재료로 사용하기 위하여 공장에서 프리캐스트콘크리트 부재와 같은 방법으로 기성 제품화한 것이다. 이 커튼월은 조형의 자유성, 마무리의 다양성, 내화 · 차음 · 단열 · 내구성 등의 제성능의 우수함이 보장되기 때문에 현재 많이 사용되고 있다.

그림 5-13 프리캐스트콘크리트 부재

최근에는 탄소섬유(carbon fiber), 폴리프로필렌섬유(polypropylene fiber), 유리섬유(glass fiber)를 보강한 콘크리트판이 개발되고 있다.

(3) 프리스트레스트콘크리트(prestressed concrete) 제품

프리스트레스트콘크리트로 제작된 건축용 제품으로는 더블T형 슬래브(double T type slab ; KS F 4202), 속빈 프리스트레스트콘크리트 패널(KS F 4034) 및 프리스트레스트콘크리트널말뚝(KS F 4201) 등이 있다.

프리스트레스트콘크리트 제품을 약칭 PC제품이라고 하는데, 이 제품은 철근콘크리트 제품과 비교하여 균열에 대한 안전도가 크고 제품의 단면이 작으며 중량이 가볍고 강재의 사용량이 적은 점 등의 특징이 있다.

프리스트레스트콘크리트 제품의 제조방법에는 프리텐션방식과 포스트텐션방식이 있는데 공장에서는 프리텐션방식을 많이 채택하고 있으며 포스트텐션방식은 대형 제품이나 현장에서 프리캐스트(precast) 제품을 제작할 때 많이 사용된다.

5-5 ALC제품

골재를 사용하지 않고 석회에 시멘트와 기포제를 넣어 오토클레이브(autoclave)에 포화증기 양생한 기건비중이 2.0 이하인 다공질의 경량기포콘크리트를 약칭해서 ALC(autoclaved lightweight concrete)라고 한다. 제품에는 블록류도 있으나 주로 패널이며 용도는 지붕, 바닥, 벽재이다. ALC는 방음, 단열의 특성이 있고 경량이며 사용 후 변형이나 균열이 적지만 다공질이므로 흡수성이 크다.

(1) ALC

◎ 원료 및 제조

ALC를 물질로 정의하면 석회질 원료와 규산질 원료를 분말상태로 만들어 적절히 배합한 것에 적당량의 물과 기포제를 첨가하여 다공질의 혼합물로 만든 것을 오토클레이브 양생(통상 게이지 압력 10kg/cm^2, 온도 약 180℃인 고온고압에 있어서의 포화증기양생을 말함)하여 충분히 경화시킨 것이라 하겠다.

ALC를 만드는 데 사용되는 원료를 대별하면 석회질 원료로는 석회와 시멘트, 규산질 원료로는 규석 · 규사 · 고로슬래그(高爐slug) · 플라이애시(fly ash) 등이고, 기포제로는 알루미늄 분말이나 페이스트(paste), 혼합제로는 물이 사용되는데 간혹 혼합을 원활히 하고 화학반응을 정연하게 일으키기 위해 세제(洗劑)로 집섬(gypsum)을 이용하는 경우도 있다.

기포를 형성하는 방법에는 화학반응에 따라 가스를 발생시키는 발포법(發泡法)과 미리 만든 안정된 기포를 반죽에 첨가하는 방법이나 반죽을 휘젓는 동안 기포를 혼입하는 방법으로 크게 두 가지로 나눌 수 있다. 현재는 극히 일부를 제외하고는 대부분이 발포법을 사용하고 있으며 우리나라에서 제조되고 있는 ALC는 전부 이 발포법에 의해 만들어진 것이다.

ALC의 자동화 기계에 의한 제조공정은 그림 5-14와 같다.

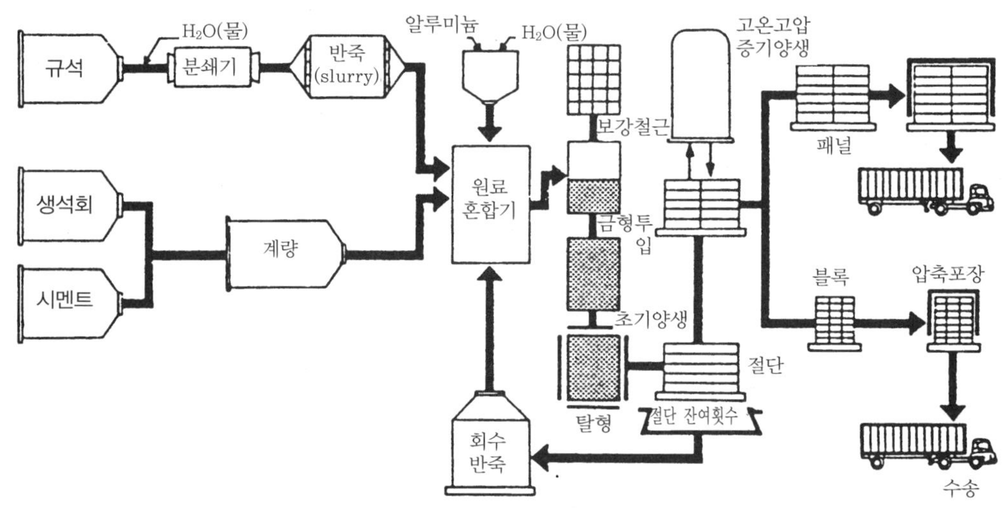

그림 5-14 ALC의 제조공정

◎ 물리적 성질 및 특성

국내에서 생산하고 있는 제품에 대한 ALC의 물리적 성질은 표 5-14와 같으며, 주요 특성을 들면 다음과 같다.

① ALC는 기건비중이 보통콘크리트의 약 1/4 정도인 경량재로서 오토클레이브 양생을 하기 때문에 적은 비중에 비해 비교적 높은 압축강도를 얻는다고 볼 수 있으나 40kg/cm^2 정도밖에 되지 않아 구조재로는 부적합하여 주로 비내력용으로 사용된다.

② ALC의 열전도율은 보통콘크리트의 약 1/10 정도로써 단열성이 우수하다. 그러나 단열성 때문에 발생하는 문제점인 결로에 유의하지 않으면 안 된다.

③ ALC는 무기질 불연성재료이지만 내화벽돌과 같은 정도의 내화성은 없다. 그러나 건축물에 사용되는 경우 화재 시 100℃ 정도의 온도에서도 어느 정도 이상의 시간 동안 타지 않고 화재 시에도 유독가스가 발생하지 않으므로 내화구조로 사용할 수 있는 정도의 내화성을 가진 내화재료이다.

④ ALC는 일반적인 흡음재의 약 1/10 정도 이상의 흡음률을 갖고 있고 차음성은 경량성에 비해 비교적 우수하다 하겠으나 고도의 흡음성 및 차음성을 요구하는 경우에는 표면에 마감재를 도포하거나 또는 흡음마감재를 부착한 복층구조로 하여 소기의 효과를 얻을 수 있다.

표 5-14 ALC의 물리적 성질

구분	항목		물성값	참고사항	상태 및 규격
비중	절건비중		0.50	0.45 초과 0.55 미만	KS
	기건비중		0.55		
	구조계산용 중량		$650kg/m^3$	부자재 및 보강철근 포함	
강도	압축강도		$40kg/m^2$	$30kg/m^2$	기건상태, KS
	휨강도		$10kg/m^2$		기건상태
	전단강도		$5kg/m^2$		기건상태
	인장강도		$5kg/m^2$		기건상태
	부착강도		$20kg/m^2$		기건상태
	영(young) 계수		$1.75 \times 10^4 kg/m^2$		기건상태
열	열전도율		0.12kcal/mh℃	계산 시에는 0.13~0.15 적용	
	열저항값		0.77mh℃/kcal	0.0062d(d는 두께 mm)	KS
	비열		0.28kcal/kg℃	열용량 $154kcal/m^3$℃, 질량 $550kg/m^3$	
	선팽창률		6.7×10^{-6}		
물	흡수율	일면	20o/vol	10cm 입방체 2일간 수중 침적	밑면 10mm 침적
		전면	28o/vol	10cm 입방체 2일간 수중 완전침적	
	흡수율		10o/vol	20℃ 상대습도 95%에 4주 방치	
	건조 수축률		4×10^{-4}	길이 변화율	

구분	주파수	Hz	125	250	500	1,000	2,000	4,000
음	투과손실	dB	30	31	28	35	44	46
	흡음률	%	6	9	11	11	17	21

⑤ ALC는 팽창, 수축률이 비교적 적은 것이 특징이다. 따라서 균열발생이 비교적 생기지 않으며 ALC의 수축률이 0.05% 이하가 되어야만 잔금(crack)이 발생하지 않는다. 또한 동결융해작용에 대한 내구성이 탁월해 곰팡이, 습기, 결로 등의 문제가 발생하지 않는다.

⑥ ALC는 다공질이기 때문에 흡수성이 높은 것이 단점이다. 따라서 동해에 대해 방수·방습처리를 해야 하고 또한 미장마감을 하기 전에 흡수를 방지하기 위한 표면접착력을 강화한 바탕처리가 필수적이다.

⑦ ALC는 경량재이므로 인력에 의한 취급이 가능하고 필요에 따라 현장에서 절단 및 가공이 쉽고 시공성이 우수한 재료이다.

(2) ALC제품

◎ ALC블록(autoclaved lightweight aerated concrete block)

ALC블록은 석회질 원료 및 규산질 원료를 분말상태로 혼합한 것에 적당량의 물 및 기포제, 그리고 혼화재료를 가하여 다공질화한 것을 오토클레이브 양생에 의해 충분히 경화시켜서 만든 블록이다.

ALC블록 규격은 한국산업규격(KS F 2701)에 규정되어 있으며, 표 5-15와 같이 규격품과 주문품이 있다.

표 5-15 ALC블록의 치수

규격품			주문품		
높이(mm)	두께(mm)	길이(mm)	높이(mm)	두께(mm)	길이(mm)
300 400 450	75, 90, 100, 125 150, 175, 200 225, 250	600	200 400 600	75~300 (25 간격)	490~625

비고) 주문품은 당사자 간의 협의에 의하여 정하고 본표의 주문품치수는 예시한 것이다.

ALC블록의 품질기준은 표 5-16과 같고 사용상 해로운 휨, 균열, 움푹 팬 곳, 기포, 얼룩, 깨진 곳 등의 결점이 없고 단열성 시험을 하여 열 저항치가 0.0062dmh℃/kcal (d는 블록의 제작치수의 두께를 말함) 이상인 것을 사용한다.

표 5-16 ALC블록의 품질기준

구분	절건비중	압축강도(kgf/cm^2)
0.5품	0.45 이상 0.55 이하	30 이상
0.6품	0.55 이상 0.65 이하	50 이상
0.7품	0.65 이상 0.75 이하	70 이상

그림 5-15 ALC블록

ALC패널(autoclaved lightweight aerated concrete panels)

ALC패널은 ALC제조 시 가공한 철근(지름 5mm 이상의 봉강 또는 철선)을 미리 배근하고 소정의 모양으로 성형한 패널로서 규격은 한국산업규격(KS F 4914)에 규정되어 있다.

ALC패널은 상비품과 주문품으로 구분하고, 이를 용도에 따라 외벽용 패널, 칸막이용 패널, 지붕용 패널 및 바닥용 패널로 구분하며 치수는 표 5-17과 같다.

ALC의 절건비중은 0.45~0.55이고 압축강도는 30kg/cm^2 이상이어야 하며, 60cm 떨어져서 보았을 때 균열이 눈에 띄는 것이 없어야 할 뿐만 아니라 휨, 움푹 패인 곳, 기포얼룩, 깨진 곳 등의 사용상 해로운 것이 없어야 한다. 또한 단열성 시험하여 열저항값이 0.0062dm^{2}h℃/kcal(d는 패널의 제작치수의 두께를 말함) 이상인 것을 사용한다.

표 5-17 ALC패널의 치수

구분	종류	단위하중 (kgf/m^2)	치수(mm)								
			두께	길이							너비
				1,800	2,000	2,500	2,700	3,000	3,200	3,500	
상비품	외벽용 패널	120	100	–	–	○	○	○	○	○	
		200	100	–	–	○	○	○	–	–	
	칸막이용 패널	65	100	–	–	○	○	○	○	○	
	지붕용 패널	100	100	–	○	○	○	○	–	–	
	바닥용 패널	240	100	○	○	–	–	–	–	–	
			150	–	–	○	○	–	–	–	
		360	100	○	○	–	–	–	–	–	
			150	–	–	○	–	–	–	–	

비고) 본 표의 단위하중은 휨균열하중의 하한치를 등분포하여 환산한 값이며, 주문품인 경우에는 단위하중을 당사자 간의 협의에 의하여 정하고 종류별 치수는 길이 2,000~6,000mm, 두께 100~200mm, 너비 600mm 정도로 정한다. 특히 주문품의 너비는 제조효과를 높이기 위하여 600mm인 것이 좋지만, 현실적으로 다른 치수의 폭을 요구하는 경우가 많으나 600mm를 초과할 수 없으며 제조회사에 따라서 300~590mm까지 당사자 간의 협의에 의해 정할 수도 있다.

그림 5-16 ALC 패널

ALC모르타르

ALC모르타르는 백시멘트, 규사를 주원료로 플라이애시, 알루미늄분말 등의 첨가제가 혼합된 제품이다. 이 제품은 공장에서 미리 배합된 분말체로서 공사현장에서 적당량의 물을 가하여 반죽상태로 만들어 ALC블록 쌓기 또는 ALC패널을 붙이는 데 사용한다. ALC모르타르는 강력한 접착성과 우수한 보습성이 있어야 박리, 균열발생의 방지 및 수직면 시공시 처짐현상이 발생하지 않는다.

ALC모르타르는 ALC블록 및 패널 제조업자 또는 모르타르 제조업자가 주로 생산하여 단위무게(10kg, 15kg, 25kg)로 포장하여 판매되고 있다.

그림 5-17 ALC모르타르

6 석 재

6-1 개 요

지중에 매장되어 있는 바위와 돌을 통칭하여 암석(岩石, rock)이라 하고 건축공사의 구조재 및 수장재 등으로 쓰이는 암석을 석재(石材 : stone, building stone, stone materials)라 한다.

석재는 구조재로서 조적용의 석괴나 가구식(架構式)의 부재로 사용되는 수도 있으나 압축강도에 비해 휨강도가 매우 낮기 때문에 구조체를 철골구조나 철근콘크리트조 등으로 하고 주로 내·외장재로 이용한다. 석재는 다른 건축재료에 비하여 중량이 크고 대량으로 사용하는 경우가 많으므로 운반비가 비교적 많이 드는 재료이다. 따라서 석재를 선택할 때에는 재료의 성질, 강도, 외관 및 생산량은 물론 산지로부터의 수송관계를 충분히 고려한다.

6-2 석재의 장 · 단점

석재는 건축재료로서 다음과 같은 장점 및 단점이 있다.

장 점

① 불연성이고 압축강도가 크다.
② 내수성 · 내구성 · 내화학성이 풍부하고 내마모성이 크다.
③ 종류가 다양하고 또한 같은 종류의 석재라도 산지나 조직에 따라 다르며 여러 가지 외관과 색조를 나타내고 있다.
④ 외관이 장중하고 치밀하며, 갈면 아름다운 광택이 난다.

단 점

① 인장강도는 압축강도의 1/10~1/40 정도이고 장대재(長大材)를 얻기 어려우므로 가구재(架構材)로는 적당하지 않다.
② 모든 석재는 비중이 크고 가공성이 좋지 않다.
③ 화열에 닿으면 화강암 등과 같이 균열이 생기거나 파괴되며, 석회암이나 대리석과 같이 분해되어 저항력이 없어지는 것도 있다.

6-3 석재의 분류

석재는 용도 · 강도 · 성인 · 형상에 의하여 다음과 같이 분류된다.

용도에 의한 분류

① 마감용 : 외장용 … 화강암, 안산암, 점판암

내장용 … 대리석, 사문암

② 구조용 : 화강암, 안산암, 사암

강도에 의한 분류

분류	압축강도(kgf/cm^2)	흡수율(%)	겉보기비중(g/cm^2)	석재 예
경석	500 이상	5 미만	약 2.5~2.7	화강암, 안산암, 대리석
준경석	500 미만, 100 이상	5 이상, 15 미만	약 2.0~2.5	경질사암, 경질응회암
연석	100 미만	15 이상	약 2.0 미만	연질응회암, 연질사암

성인에 의한 분류

모든 석재는 일반적으로 화성암 · 수성암 · 변성암의 3종류로 분류된다. 화성암류는 화강암 · 안산암 등이 있고, 수성암류에는 석회암 · 사암 · 점판암 · 응회암 등이 있으며, 변성암류에는 대리석 · 사문석 등이 있다.

<table>
<tr><th colspan="2">성인에 의한 분류</th><th>암질에 의한 종별</th><th>석재</th></tr>
<tr><td rowspan="3">화성암</td><td>심성암</td><td>화 강 암
섬 록 암</td><td>화강암</td></tr>
<tr><td rowspan="2">화산암</td><td>안 산 암 ─ 휘석안산암, 각섬안산암, 운모안산암, 석영안산암</td><td>안산암</td></tr>
<tr><td>석영조면암</td><td>부 석</td></tr>
<tr><td rowspan="5">수성암</td><td rowspan="3">쇄설암</td><td>이 판 암
점 판 암</td><td>점판암</td></tr>
<tr><td>사 암
역 암</td><td>사 암</td></tr>
<tr><td>응 회 암 ─ 응회암, 사질응회암, 각역질응회암</td><td>응회암</td></tr>
<tr><td>유기암</td><td>석 회 암</td><td>석회석</td></tr>
<tr><td>침적암</td><td>석 고</td><td>석 고</td></tr>
<tr><td rowspan="2">변성암</td><td>수성암계</td><td>대 리 석</td><td>대리석</td></tr>
<tr><td>화성암계</td><td>사 문 암</td><td>사문암</td></tr>
</table>

형상에 의한 분류

석재의 형상에 따라 다음과 같이 분류한다. 이렇게 분류된 석재를 시장품으로서의 석재라고도 한다.

1) 잡석 · 호박돌

잡석(rubble stone, broken stone)은 지름 20cm 정도의 부정형한 막생긴 돌이고 호박돌(boulder, cobble stone)은 개울에서 생긴 지름 20~30cm 정도의 호박모양처럼 생긴 둥글넓적한 돌로서 둥근돌 또는 둥근잡석이라고도 한다. 잡석 및 호박돌은 기초 잡석다짐 또는 바닥 콘크리트 지정 등에 쓰인다.

2) 간사 · 견칫돌

간사(間砂)는 한 면이 대략 20~30cm 정도인 네모진 막생긴 돌로 간단한 돌쌓기에 쓰인다. 견칫돌(犬齒石)은 면이 원칙적으로 거의 사각형에 가까운 것으로 길이는 면 최소변의 1.5배 이상인 것을 말한 것으로서, 채석장에서 네모 뿔형으로 만들어 흙막이, 방축 등의 석축에 쓰인다. 견칫돌을 견치석 또는 간지석(間知石)이라고도 한다. 개의 치아와 형태가 닮았다 하여 호칭이 붙여진 것이다.

3) 각석

각석(squared stone)은 너비가 두께의 3배 미만이고 일정한 길이를 가진 것을 말한 것으로서, 장대석(長臺石) 또는 장석(長石)이라고도 하며 단면 30~60cm 각, 길이 60~150cm가 주로 쓰이고 40cm 각 이상, 길이 150cm를 넘는 장대물은 고가이다.

4) 사고석

사고석은 면이 원칙적으로 거의 사각형에 가까운 것으로 길이는 면 최소벽의 1.2배 이상인 것으로서, 한식건축물의 벽체 · 돌담(바람벽 · 화방장)을 쌓는 데 쓰인다. 보통 한 변 길이 20~30cm, 15~25cm 각의 돌이다. 네 덩어리를 한 짐에 질 만한 돌이라는 뜻에서 유래한 말로서 사괴석(四塊石)이라고도 한다. 사괴석의 2배 정도 큰 것을 이괴석(二塊石)이라 한다.

5) 판석

판석(plate stone, flag stone)은 넓고 얇은 판형으로 된 석재로서, 두께가 15cm 미만이고 너비가 두께의 3배 이상인 것을 말한다. 일반적으로 두께 15~20cm, 너비 30~60cm, 길이 60~90cm 정도의 돌로서 바닥깔기 또는 붙임돌에 쓰인다. 판석을 판돌이라고도 한다.

6) 구들장

구들장(溫突石)은 두께 6cm 내외, 크기는 40~60cm 정도의 얇은 돌로서 구들을 놓는 데 쓰인다.

그림 6-1 돌의 형상

6-4 석재의 일반적 성질

(1) 물리적 성질

비중

석재의 비중은 조암광물(造岩鑛物)의 성질 · 비율 · 공극의 정도 등에 따라 달라진다. 석재의 강도는 비중에 비례하므로 비중의 대소로 어느 석재의 강도나 내구성도 추정할 수 있다. 일반적으로 석재의 비중이라 하면 겉보기비중을 말하며, 보통 2.5~3.0으로 평균 2.65 정도이지만 암석의 종류에 따라 표 6-1과 같이 약간 다르다.

표 6-1 석재의 비중

종류	비중	종류	비중
화강암	2.61~2.72	대리석	2.68~2.75
안산암	2.36~2.88	사문암	2.75~2.90
응회암	2.0~2.5	점판암	2.71

석재의 비중시험방법은 한국산업규격(KS F 2518)에 규정되어 있으며, 겉보기비중은 다음 식으로 구하고 시험체의 크기에 따라 변하므로 주의해야 하며, 보통 시험체의 치수는 5~8cm의 육면체, 프리즘(prism) 또는 원기둥(원주)으로서 표면적에 대한 체적의 비율이 0.8~1.4인 것으로 규정하고 있다.

$$\text{겉보기비중} = \frac{W_1}{W_3 - W_2}$$

여기서, W_1 : 절대건조 공기 중의 중량, 즉 110℃로 건조시켜 냉각시킨 중량(g)

W_2 : 수중에서 측정한 중량, 즉 수중에서 충분히 흡수된 상태의 중량(g)

W_3 : 공기 중에서 측정한 중량, 즉 흡수된 시험편의 표면을 닦고 측정한 중량(g)

◎ 흡수율

석재의 흡수율은 풍화, 파괴, 내구성에 큰 관계가 있으며 흡수된 양은 석재 분자 간의 공극에 침입하므로 그 공극률을 알 수 있다. 흡수율이 높다는 것은 다공성이라는 것이며, 대체로 동해나 풍화를 받기 쉽다는 것을 의미한다. 흡수량 시험방법은 한국산업규격(KS F 2518)에 규정되어 있고 흡수율시험에서 사용되는 시험체는 비중시험 시의 시험체와 같은 크기의 것을 쓴다. 다음 식으로 흡수율을 계산한다.

$$\text{흡수율} = \frac{W_3 - W_1}{W_1} \times 100\%$$

여기서, W_1, W_3은 앞의 식에서와 같다.

석재의 흡수율은 암석의 종류에 따라 다르며, 그 값은 표 6-2와 같다.

표 6-2 석재의 흡수율

종류	흡수율(%)	종류	흡수율(%)
화강암	0.1~0.4	대리석	0.02~0.25
안산암	0.5~6.99	사문암	0.18~0.40
응회암	1.3~2.0	점판암	0.18~0.25

◎ 공극률

석재의 공극률(空隙率 : void ratio)은 석재가 함유하고 있는 전 공극과 겉보기체적의 비이다. 이것을 직접 측정하는 간단한 방법은 없으나 보통 다음 식으로 계산한다.

$$P = \left(1 - \frac{W}{D}\right) \times 100$$

단, $D = \dfrac{V - U}{V} \times 100$

여기서, P : 공극률(%)

D : 진비중

W : 겉보기 단위중량(kg/l)

V : 겉보기 전 체적(l)

U : 실질의 체적(l)

석재의 공극률은 비중과 마찬가지로 석재의 산지와 밀접한 관계가 있으며, 고압하에서 생산되는 심성암 등은 공극률이 낮다. 공극률이 높으면 흡수율이 높고 조성결정형이 클수록 낮다. 따라서 동결융해 반복으로 동해하기 쉬워 석재로서의 내구성이 떨어진다. 또한 표면이 평활할수록 결로가 일어나기 쉬우므로 화강석이나 대리석을 실내장식에 사용할 때에는 주의해야 한다.

◎ 선팽창계수

조암광물의 선팽창계수는 광물성분에 따라 다르며 또 그 결정도 다르기 때문에 암석이 온도의 변화에 의해 신축할 때에는 암석의 내부에 매우 복잡한 응력이 생기며 이것이 암석 붕괴의 한 원인이 된다. 이 계수는 또 온도의 고저에 의해 상당한 차이가 생긴다. 암석의 선팽창계수에 대한 예는 표 6-3과 같다.

표 6-3 암석의 선팽창 계수

($\times 10^{-4}$/℃)

종류 \ 온도(℃)	300	500	600	750	900	1060
화 강 암	0.101	0.063	0.137	0.339	0.337	0.264
안 산 암	0.023	0.051	0.124	0.105	0.086	0.093
응회질안산암	–	0.030	0.023	0.035	0.035	–
응 회 암	0.027	–	0.035	0.070	0.094	0.211
석 회 암	0.090	0.170	0.220	–	–	–

◎ 강도

일반적으로 석재의 기계적 성질을 비교함에 있어서 압축강도를 기준으로 하는 경우가 많다. 석재의 강도 중에서 압축강도가 가장 크며 인장강도는 압축강도의 1/10~1/30 정도이고 휨 및 전단강도는 압축강도에 비해 매우 작다. 그러므로 석재의 강도라 하면 압축강도를 말한다 해도 과언이 아니며 인장강도는 거의 무시해도 좋을 정도밖에 안 된다. 따라서 석재를 구조용으로 사용할 경우 압축력을 받는 부분에 많이 사용한다.

석재의 압축강도는 단위용적중량이 클수록 일반적으로 크며 공극률이 작을수록 또는 구성입자가 작을수록 크고 결정도와 그 결합상태가 좋을수록 크다. 또한 함수율에 의한 영향을 받으며 함수율이 높을수록 강도가 저하된다. 석재의 압축 · 인장 및 휨강도는 표 6-4와 같으며, 압축강도 시험방법은 한국산업규격(KS F 2519)에 규정되어 있다.

표 6-4 석재의 압축 · 인장 및 휨강도

(kgf/cm²)

종류	압축강도	인장강도	휨강도
화강암	500~1,940	37~50	104~132
안산암	1,035~1,680	36~82	78~177
응회암	86~372	8~35	23~60
사 암	266~674	25~29	54~94
대리석	1,180~2,140	39~87	34~90
사문암	740~1,200	28~74	–
점판암	1,410~1,640	–	–

◎ 탄성계수

석재 중에서 현무암 · 경질사암과 같이 일정한 응력까지는 응력–변형률 곡선이 거의 후크의 법칙(Hook's Law)에 따라 영계수(Young's modulus)가 일정한 것과 화강암 · 사암 등과 같이 후크의 법칙에 따르지 않고 응력의 증가와 함께 영계수의 값이 증가하는 것이 있다.

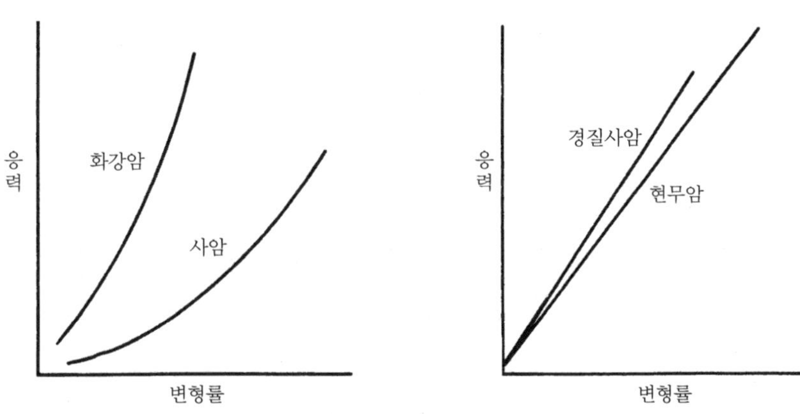

그림 6–2 석재의 응력–변형률 곡선

석재의 푸아송비(Poisson's ratio)는 평균 0.25 정도이며 탄성계수는 표 6–5와 같다.

표 6–5 석재의 탄성계수와 푸아송비

종류	화강암	사암	점판암	대리석	석회암
탄성계수(t/cm²)	520	170	680	770	310
푸아송비	0.20	0.19	–	0.27	0.25

◎ 내구성

석재의 내구성은 조직, 조암광물의 종류 및 그 사용장소의 풍토, 기후, 노출상태 등에 따라 달라진다. 줄리앙(Julien)에 의하면 건축물의 석재가 퇴색 또는 분해에 의해 최초로 수리를 요하게 될 때까지의 기간은 대략 표 6-6과 같다.

표 6-6 석재의 내구성

석재 종류	내구연한	석재 종류	내구연한
화 강 석	75~200	석 회 암	20~40
대 리 석	60~100	사암조립	5~15
석 영 암	75~200	사암세립	20~50
백 운 석	30~500	사암경질	100~200

내구성을 지배하는 요인을 살펴보면 다음과 같다.

내구성을 확인하기 위해서는 퇴색시험, 팽창계수의 측정, 동결시험, 내산 및 내알칼리시험, 내화시험 등을 실시하여 종합적으로 판단한다.

1) 조직의 차이

조암광물이 미립자 · 등립자일수록 내구성이 크고 흡수율이 높은 다공질일수록 동해를 받기 쉽고 내구성이 약하다.

2) 조암광물의 종류

조암광물(造岩鑛物)이 풍화되는 정도에 따라 내구성이 달라진다. 유화물(硫化物) · 철분 함유 광물 · 탄산마그네시아 · 탄산칼슘 등은 풍화되기 쉬우며 알루미나화합물 · 규산 및 규산염류 등은 풍화되기 어렵다.

3) 노출상태

동일한 석재라도 사용장소의 풍토, 기후 및 노출상태의 차이가 조암광물의 풍화속도에 영향을 미친다.

◎ 내화성

석재는 열에 대한 불량도체이므로 열의 불균일 분포가 생기기 쉬우며, 이로 인하여 열응력과 조암광물의 팽창계수가 서로 달라지게 되므로 1,000℃ 이상의 고온에 접하게 되면 내화도가 낮은 석재부터 파괴된다.

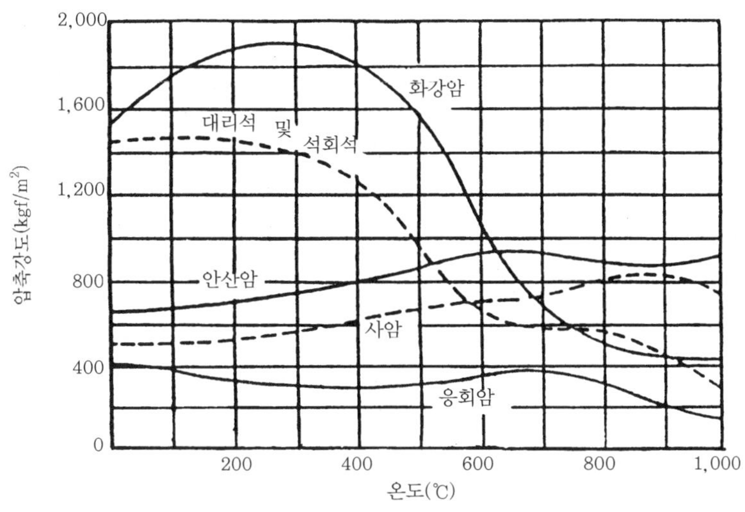

그림 6-3 석재의 온도와 압축강도

일반적으로 석재는 500℃ 정도까지는 거의 피해를 입지 않으며, 그 이상의 경우에는 일정 온도까지의 고열에는 견디지만 그 온도를 넘으면 급격히 파괴된다. 화강암은 약 500℃에서 금이 가고 변색하며 강도저하가 심하고 약 700℃에서는 붕괴되므로 화강암은 불에 약하다고도 볼 수 있다. 대리석은 약 500℃에서 색상이 없어지며 약 600℃ 이상이 되면 가루로 변하는 등 화열에는 극히 약한 편이다. 안산암 · 사암 · 응회암 등은 화열에 변색할 뿐 대체로 강하여 1,000℃ 이하의 고온에 의한 영향을 거의 받지 않는다. 이러한 2종류의 성질을 가진 석재의 온도와 압축강도와의 관계를 나타내면 그림 6-3과 같다.

(2) 화학적 성질

공기 중의 탄산가스와 약한 산이 함유된 빗물 또는 화학공장의 가스 등은 석재의 내구성을 저하시키는 중요한 요인이 되며 그 침해작용은 다음과 같다.

◉ 산화작용

건축물에 쓰이는 대부분의 석재는 공기 중의 탄산, 약한 염산 또는 황산류에 의해 생긴 침식과 이들 산류를 포함한 물의 흡습에 의해 팽창수축이 반복되어 오랜 세월에 걸쳐 침해를 받는다. 조암광물 중에서 장석 · 방해석 등은 그 주성분이 되는 칼슘(Ca)이 산류를 포함한 공기나 물에 침해되어 붕괴되므로 모암파괴를 유발할 수가 있다. 또 황철강 · 갈철광과 같은 금속 함유 광물은 그 산화작용에 의해 팽창 붕괴될 수 있다.

◉ 용해작용

주로 빗물에 의한 산화로 용해되는데, 이것은 공기의 오염도와 밀접한 관계가 있다. 또

산류를 취급하는 곳의 바닥재로 내산성이 부족한 석재의 사용은 피해야 한다. 일반적으로 규산분을 많이 함유한 석재는 내력이 크고 석회분(石灰粉)을 포함한 것은 내산성이 적으므로 대리석 · 사문암 등을 외장재로 사용하는 것은 좋지 않다.

6-5 석재의 조직

(1) 암석의 조성

석재로 사용되는 암석은 석영(石英), 장석(長石), 운모(雲母), 휘석(輝石), 각섬석(角閃石), 사문석(蛇紋石), 방해석(方解石) 등의 광물로 구성되어 있다. 이렇게 암석을 구성하고 있는 여러 가지 광물을 조암광물이라고 한다. 따라서 암석의 성질은 조암광물에 따라 결정된다.

표 6-7 조암광물의 주요 성분 및 그 성질

구분	화학성분	색조	비중	경도	포함 암석	성질
석영	SiO_2	무색투명 · 백색	2.65	7	화강암 · 사암 기타 모든 암석	산 · 알칼리에 안전, 팽창계수 작음.
장석	Al, Na, Ca, K의 화합물	백색 · 연한흑색	2.6~2.7	6	화강암 · 기타 모든 화성암	조암광물 중 가장 많음. 풍화저항력이 적음.
운모	Al, K, Fe, Mg의 화합물	무색 · 연한흑색	2.8~2.9	2.5	화강암 · 기타 암석	전기의 부도체, 비늘모양 잘 벗겨짐.
휘석 · 각섬석	Al, Ca, Fe, Mg의 화합물	흑색 · 갈색 또는 녹색	3.0~3.6	5~6	화강암 · 안산암	유색 암석의 주요 성분, 철분이 많아 풍화되기 쉬움.
사문석	Mg, Fe의 화합물	백색 · 녹색	2.6	2.5~5.0	사문암	풍화되기 쉬움.
방해석	$CaCO_3$	무색투명 · 백색	2.7	3	석회암 · 사문암	산에 용해되어 CO_2 발생

(2) 석리

석리(grain of stone texture)는 석재 표면의 구성조직을 말하는 것으로서 돌결이라고도 하며 석재의 외관 및 성질과 관계가 깊다. 석리(石理)의 조직상태는 결정질(crystalline structure), 비결정질인 파리질(glassy, vitreous)로 되어 있다. 화강암과 같이 육안으로 보이는 결정질인 것도 있고 같은 결정질이면서도 육안으로는 보이지 않지만 현미경으로 결정이 보이는 안산암 같은 석리도 있다. 석리는 절리와 같이 채석에 관계되는 것뿐만 아니라 가공성을 좌우하기도 한다. 현무암은 파리질의 석리를 가지고 있다.

(3) 절리와 석목

◎ 절리(joint of stone)

절리(節理)는 화성암이 가지고 있는 특유의 것으로서 자연적으로 생긴 금이 간 상태, 즉 갈램금을 말한다. 이는 용융상태에 있던 지구 내부의 마그마(magma)가 냉각에 따른 수축과 압력 등에 의하여 자연적으로 수평과 수직 두 방향으로 갈라져서 생긴 것이다.

화강암은 절리의 거리가 비교적 커서 큰 판재를 얻을 수 있으나 안산암은 그렇지 못하여 박판석만을 얻을 수 있다. 절리는 주로 채석에 관계된다.

◎ 석목(rift)

석목(石目)은 암석이 가장 쪼개지기 쉬운 면을 말하며 돌눈이라고도 한다. 이는 절리보다 불분명하고 절리와 비슷한 것으로서 방향이 대체로 일치되어 있다.

절리와 석목이 비교적 분명한 암석은 화강암이다. 석목은 주성분인 장석의 벽개면(劈開面)에 합치되는 방향으로 나타난다. 운모는 함유량이 적어서 석목에는 영향이 적고 석영에는 벽개면이 없어서 관계가 없다.

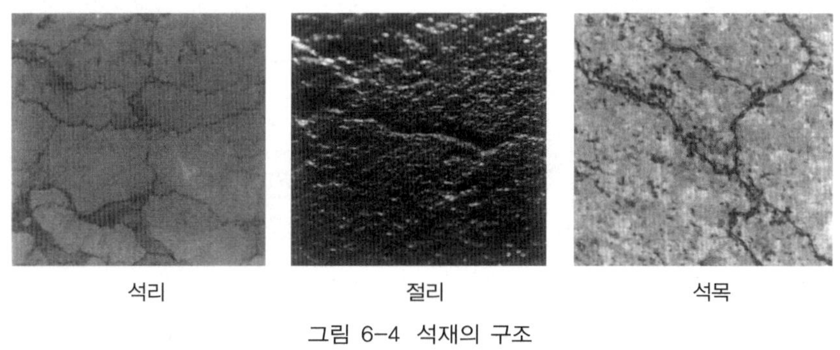

석리　　절리　　석목

그림 6-4 석재의 구조

6-6 석재의 채취와 가공

(1) 석재의 채취

원석을 채취(採取)하려면 암석 자체의 성분조사와 지질조건 및 암석의 구조적 조사가 선행되어야 하며, 이러한 조사로 암석의 용도와 채취방법을 결정하게 된다. 건축용 석재의 일반적인 기본요건으로는 ① 선명도가 높고, ② 성분이 균질하고, ③ 결집력과 강도가 높고, ④ 색상이 일정하고, ⑤ 입도가 균등하게 분포된 것이 필요하다. 그러나 이와 같은 석재의 기본요건을 고루 갖춘 원석을 채취하기란 매우 어려운 일이지만 사용될 목적물의 요구에 최대한 부합되는 원석을 채취해야 한다.

채취방법은 채취수단에 따라 인력채취, 기계채취 또는 폭약에 의한 채취로 구분한다. 인력채취는 정이나 쐐기 등으로 암반의 구조적인 특성을 이용하여 인력작업에 의하여 채취하는 것이며, 기계채취는 폭약에 의하여 발파된 암석을 채석용 바 드릴(guarry bar drill), 화염분사식 절단기, 기타 양중장비 등의 기계를 이용하여 원석을 채취하는 것을 말한다.

오늘날의 석재채취는 거의 기계 및 폭약에 의해 채취되고 있으나, 이 세 가지 방법은 항상 병용해서 쓰이고 있다.

원석의 채취순서는 일단 채취할 원석의 양이 결정되면 ① 발파구획을 설정하는 작업이 행해지며, ② 벤치(bench) 형성을 위한 천공 및 발파작업이 이루어지고, ③ 발파된 암석을 끌어내는 양중작업이 진행되며, ④ 상품화하기 위하여 원석을 선별하는 작업이 따르고, ⑤ 부정형 상태의 원석을 장방형의 정척석(定尺石)으로 규격화시키는 가공작업이 행해져 가공공장으로 인도된다.

그림 6-5 석재의 채취(채석장)

(2) 석재의 가공

일반적으로 석재가공이라고 하면 채취된 원석의 규격화 가공을 비롯하여 이를 판재로 절단하는 작업, 그리고 표면가공까지를 포함한다.

가공의 종류는 크게 세 가지로 분류할 수 있는데, ① 발파된 원석을 선별하여 장방형의 정척석으로 규격화시키는 것이고, ② 원석을 절단하는 것이며, ③ 표면가공하는 것이다.

원석 절단에는 석공예품 제작을 위해 두꺼운 석재로 절단하는 작업과 건축마감재로 이용되는 대 · 중 · 소형의 판재로 절단하는 작업이 있고, 표면가공에는 화염가공, 연마가공, 손다듬기 등이 있으며, 최종적으로 요구되는 규격에 맞게 절단하는 과정이 있다.

석재의 가공에 있어서 공정이 중복되거나 누락됨으로써 발생하는 시간 및 운반비의 낭비가 없도록 하며, 공정과 공정 사이에 가공물이 적체되는 것을 최대한 줄이도록 한다.

그림 6-6의 가공순서 중에서 원석검사와 가공도의 작성은 제품의 품질을 좌우하는 가장 중요한 단계에 속한다. 원석검사단계에서는 원석의 사용 가부가 결정되고 가공도의 작성단계에서는 전체의 가공 진행방향이 결정된다. 그리고 연마와 화염처리는 최근 완전자동화가 이루어지고 있어 생산능률의 향상과 원가의 절감을 가능케 하고 있다.

그림 6-6 원석의 가공공정

◎ 원석창고

규격별 혹은 재질별로 분류하여 적재하면서 원석검사도 동시에 행한다. 검사가 종료된 원석은 크레인이나 운반활차를 이용하여 가공장으로 운반시킨다.

◎ 원석검사

원석검사를 통하여 합격, 불합격품을 가려내며 불합격품은 반송시키고 합격된 원석은 품목번호와 크기를 기록하여 원석창고에 적재시킨다.

원석절단

가공공정의 첫 단계로서 원석 절단기(gang saw)나 대형 다이아몬드 원형절단기(diamond wheel saw)를 이용하여 원석을 판재로 절단하게 되는데 마감공정이 끝난 판재를 절단하는 경우와 구분하여 1차 절단이라고도 한다.

판재의 검사 및 청소

절단이 완료된 판재는 고수압으로 세정시키며, 절단의 상태 · 오염 · 색상의 확인 등이 행해진다.

가공도의 작성

승인된 시공도를 기준으로 하여 가공도를 작성한다. 이 가공도는 판재의 치수, 표면마감, 접착, 구멍뚫기, 인접재료와의 연결방법 등이 표기되어 가공의 기준이 된다.

표면가공

1) 손다듬기(hand tool finish)

표면가공방법 중 가장 전통적인 방법으로서 정이나 날망치 등의 타격횟수와 날 간격에 따라 마무리 정도가 달라지며, 주로 외장이나 바닥재마감에 많이 이용되어 왔는데, 인력 혹은 수동식 가공에 의존하는 관계로 단위시간당 생산량의 한계성과 판재 두께의 제약성 등으로 인해 대량생산이 곤란하여 최근의 대형 고층공사에는 적용하기가 어렵다.

손다듬기의 종류 및 가공순서는 다음과 같다.

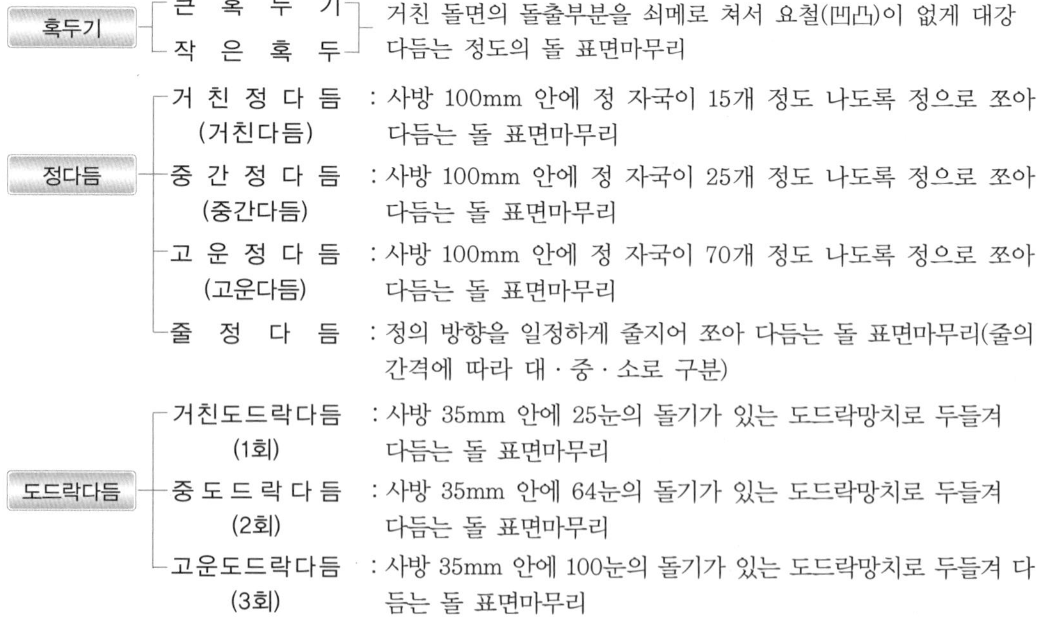

잔다듬
- 거 친 잔 다 듬 : 날망치의 날간격 5~6mm 되는 날망치로 일정방향으로 찍어 다듬는 돌 표면마무리
- 중 간 잔 다 듬 : 날망치의 날간격 3~4mm 되는 날망치로 일정방향으로 찍어 다듬는 돌 표면마무리
- 고 운 잔 다 듬 : 날망치의 날간격 1.5~2mm 되는 날망치로 일정방향으로 찍어 다듬는 돌 표면마무리

① 혹두기(frosted work) : 손다듬기의 첫 단계로 두께 120mm 이상인 돌의 거친 표면의 돌출부분을 쇠메(hammer)로 쳐서 요철(凹凸)이 없게 대강 따내는 일이다. 거친 돌면의 큰 돌기부분만 쇠메로 쳐내는 것을 큰혹두기, 잔돌기부분도 쇠메로 따버리는 것을 작은 혹두기라 한다. 혹두기를 이 두 가지로 대별하는데, 이것을 혹따기(knobbing)라고도 한다.

혹두기로 돌 표면을 마무리한 석재는 주로 외장재로 많이 사용하지만 내벽에도 사용하여 자연스럽고 세련된 느낌을 주게 한다. 또한 작은 혹두기한 석재를 미끄러움 방지용 등으로 바닥에 사용하는 경우도 있다.

② 정다듬(chiseled work, boasted work) : 두께 50~60mm 이상인 돌의 표면을 정(chisel)으로 쪼아 평평하게 다듬는 일이다. 거친 정다듬(rough chiseled work), 중간정다듬(middle chiseled work), 고운정다듬(fine chiseled work)으로 대별한다. 이외에도 줄정다듬(battina, droring)이 있는데, 이는 돌 표면에 약간 깊은 줄이 나타나게 정으로 쪼아 다듬는 것이다.

정다듬은 주로 석재의 감추임면(surface of concealment), 즉 바닥 및 벽 붙임용 석재의 돌 표면 다듬에서 바깥에 나타나지 않는 부분의 돌 표면을 다듬하는 데 이용한다.

③ 도드락다듬(hush hammered finish) : 정다듬한 두께 35~40mm 이상인 돌의 표면을 도두락망치(diamond hammer ; 이빨과 같은 돌기가 있는 망치)로 어느 정도 매끈하게 다듬는 일이다. 원래는 손다듬하는 것이 많았으나 근래에는 대부분 기계다듬으로 하고 있다. 도드락다듬으로 돌 표면을 마무리한 석재는 바닥면의 미끄럼방지용으로 사용하고 내외벽의 마감용 또는 장식적 목적으로도 많이 사용되고 있다.

④ 잔다듬(dabbed finish) : 양날망치(double facing hammer)로 정다듬한 두께 30mm 이상인 돌의 표면을 평행방향으로 조각하듯 치밀하게 깎아 다듬는 일이다.

잔다듬은 연질의 석재표면을 다듬할 때 주로 사용하는 방법이다.

석재의 표면가공 형상 및 가공용 공구는 그림 6-7과 같다.

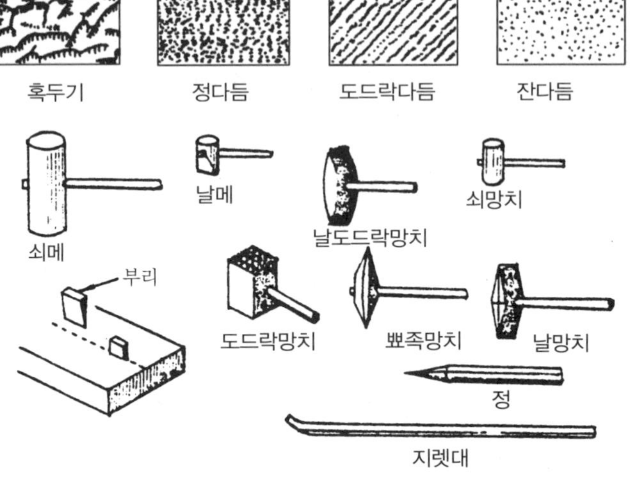

그림 6-7 석재의 표면가공 형상 및 가공용 공구

2) 갈기 및 광내기(grinding & polishing treatment)

갈기는 켜낸 돌의 표면을 각종 숫돌(grind stone, whet stone)로 손갈기, 수동기계갈기 또는 자동기계갈기로 하는 것을 말하고 광내기는 갈기한 돌 표면을 다시 평활하고 광택이 나게 하는 것이다.

표면가공 중 가장 가공시간이 많이 걸리며 가공원가도 제일 높다. 바탕은 켜낸 돌을 기준으로 하여 거친갈기 · 물갈기 · 본갈기 · 정갈기로 나누어진다. 국내 일부 석재가공업체에서는 수동식 갈기보다 3~5배 정도의 많은 양의 석재를 갈기할 수 있는 대형 자동연마기를 설치하여 자동기계갈기로 대량생산을 하고 있다.

다음은 갈기(기계가공)공정을 나타낸 것이다.

① 거친갈기(rough grinding) : 쇳가루(鐵砂) 또는 카보런덤(carborundum) 숫돌을 사용하여 거친갈기 처리한 공정

② 물갈기(rubbed grinding) : 물 묻힌 연마지 또는 카보런덤 숫돌을 사용하여 곱게 갈아 마무리한 공정

③ 본갈기(honed grinding) : 카보런덤 숫돌을 사용하여 광 없이 갈기 처리한 공정

④ 정갈기(polished grinding) : 카보런덤 숫돌로 갈기 한 후 광택 기구를 사용하여 광내기 처리한 공정

3) 화염처리(flame treatment)

보통 제트 버너처리(jet burner treatment)라고 하는데, 산소와 액화석유가스(LPG)에 의해 화염온도 약 1,800~2,500℃로 돌 표면을 벗겨 내는 방법으로써, 요철면을 형성하는 작업이며 판재의 두께는 최소 15mm 이상이어야 하나 규격에 따라 10mm도 가능하다. 대

리석에는 이용되지 않고 주로 화성암 계열의 표면처리에 이용된다. 분사되는 고열 불꽃에 의하여 독특한 가공면을 형성하며 수동식 조면(粗面) 처리보다 좀 더 발전된 가공법으로써 가공속도가 대단히 빨라 많은 물량을 단시간에 처리할 수 있기 때문에 대형 공사의 마감에 많이 채택되고 있다.

고열로 인한 돌 입자의 변형으로 강도에 영향을 미치는 등의 문제점이 발생할 수 있으나 순도가 높은 연료를 사용하고 열을 받은 즉시 냉각수를 공급하여 표면을 냉각시켜 주기 때문에 암석의 특성에는 영향을 미치지 않는다. 버너처리로 가공한 후 석재의 색깔은 원석보다 더 어두운 색으로 나타난다.

◎ 먹매김 및 규격절단

표면처리가 끝난 판재는 색상, 치수 등을 표본판과 대조 확인하면서 가공도에 준하여 가공처리 반대 면에 규격 절단을 위한 먹매김을 한다. 먹매김된 판재는 재단용 다이아몬드 톱을 이용하여 최종 절단한다. 원석을 판재로 절단하는 원석절단의 경우와 구분하여 2차 절단이라고도 한다.

석재 화염처리

석재 수동갈기

석재절단

석재 자동기계갈기

그림 6-8 석재 표면가공

6-7 석재 각론

(1) 화성암(igneous rock)

화성암(火成岩)은 규산염을 주성분으로 한 화산의 마그마(magma)라 불리는 용융체가 고결하여 광물의 집합체로 된 것이다. 지구 내부에서 생긴 것을 심성암(plutonic rock, intrusive rock)이라 하고 지표에 유출되어 굳은 것을 화산암(volcanic rock)이라 하며, 중간 것을 반심성암(hypabyssal rock)이라 한다. 심성암은 경도가 높고 내구성이 크나 내화성은 부족하며 큰 재료채취가 가능하다. 화산암은 강도 및 내구성이 비교적 크며 내화성은 양호하나 조직과 색조가 균일하지 않으며 가공은 용이하나 큰 재료채취가 어렵다. 반심성암은 심성암과 화산암과의 중간 성질을 지니고 있다. 화강암 · 안산암 · 현무암 · 감람석 · 부석 등이 여기에 속한다.

◎ 화강암(granite)

화강암(火崗岩)은 쑥돌이라고도 불리며 심성암에 속하고 주성분은 석영 · 장석 · 운모이며 기타 휘석 · 각섬석을 함유한 광물로 형성되어 있다. 장석 · 석영 · 운모 등의 결정이 큰 것을 조립 화강암이라 하고 미세결정인 것은 세립 화강암이라 한다.

화강암의 색은 주로 장석의 색조에 의해 좌우되며 석영의 색조에는 크게 영향을 받지 않는다. 화강암의 색상은 주성분 함유율의 혼합에서 생기는 흑색 · 백색 · 분홍색의 반점무늬가 있고 이들은 장식용 석재로서 가치가 있다. 화강암이 흑운모 · 각섬석 · 휘석 등을 포함하게 되면 검은색을 나타내고 산화철(Fe_2O_3)을 포함하면 미홍색으로 된다.

화강암의 색상 및 외관은 다음과 같이 나눌 수 있다.

① 백색계 : 흰 바탕에 흑색 반점
② 분홍색계 : 분홍색 바탕에 수정 반점
③ 회색계 : 회색 바탕에 흑색 반점
④ 녹색계 : 녹색 바탕에 흑색 반점
⑤ 쑥색계 : 쑥색 바탕에 흑색 · 백색 반점
⑥ 흑색계 : 흑색 바탕에 수정 반점

화강암은 그 질이 단단하고 내구성 및 강도가 크고 외관이 수려하며 절리의 거리가 비교적 커서 큰 판재를 생산할 수 있는 장점이 있으나 내화도 낮아 가열 시 균열이 생기고 너무 단단하여 조각 등에 부적당하다.

화강암은 국내 매장량이 풍부하고 아치, 기둥, 토대, 바닥재 및 내 · 외장재로 두루 쓰인다. 화강암은 대리석을 비롯한 다른 석재와 비교하여 흡수성이 적고 압축강도(1,500kg/cm^2 정도)가 높다. 국산 화강암의 압축강도를 비롯한 비중 · 흡수율을 보면 표 6-8과 같다.

표 6-8 국산 화강암의 성질

도명	명칭	압축강도(kgf/cm^2)	비중	흡수율(%)
강원도	후동석	1,059	3.02	0.26
경기도	가평석A 가평석B 강화석 신북석 여주석 포천석A 포천석B 포천석C	1,227 1,610 1,782 1,730 1,340 1,533 1,145 1,390	2.68 2.62 2.68 2.75 2.66 2.61 2.70 2.61	0.49 0.41 0.39 0.19 0.24 0.39 0.38 0.35
충청북도	보은석 제천석	1,440 1,220	2.61 2.68	0.27 0.41
충청남도	아산석	1,480	2.69	0.43
전라북도	김제석 익산석A 익산석B 황등석A 황등석B	1,547 1,480 1,690 1,371 1,207	2.68 2.66 2.66 2.67 2.66	0.32 0.38 0.43 0.37 0.40
전라남도	광양석	1,630	2.57	0.76
경상북도	상주석	1,720	2.62	0.27
경상남도	거창석A 거창석B	870 770	2.65 2.64	0.61 0.52

자료 : 국립건설시험소

국내 화강암에 대한 개략적인 분포현황은 표 6-9와 같다.

표 6-9 국내 화강암 분포현황

도명	산지별 명칭(색상)
경기도	포천석(홍색 · 백색계), 가평석(백색계), 강화석(회색계), 덕정석(백색계), 여주석(백색계), 신산리석(백색계), 신북석(회색계), 양주석(회색계), 일동석(백색계)
충청도	온양석(백색계), 음성석(백색계), 제천석(백색계), 괴산석(홍색계), 천안석(회색계), 대천석(백색계), 단양석(홍색계), 영동석(백색계), 해미석(황색계), 도고석(흑색계)
경상도	마천석(흑색계), 함천석(쑥색계), 지리산석(쑥색계), 영천석(백색계), 영주석(백색계), 상주석(백색 · 홍색계), 거창석(백색계), 경주석(흑색계), 왜관석(회색계), 남해석(회색계), 문경석(흑색계), 안동석(회색계), 봉화석(백색계), 김천석(백색계), 함양석(백색계)
전라도	황등석(백색계), 김제석(백색계), 익산석(백색계), 함열석(회색계), 여수석(쑥색계), 고흥석(백색계), 남원석(백색계), 화순석(쑥색계), 전주석(황색계), 고창석(백색계), 곡성석(흑색계)
강원도	원주석(회색계), 춘천석(회색계), 명주석(백색계), 동해석(백색계), 후동석(흑색계), 정선석(청 · 회색계), 철원석(백색계)
제주도	제주석(흑색계)

비고) ① 백색계 : 흰 바탕에 흑색 반점
② 회색계 : 회색 바탕에 흑색 반점
③ 흑색계 : 흑색 바탕에 수정 반점
④ 홍색계 : 홍색 바탕에 수정 반점
⑤ 쑥색계 : 쑥색 바탕에 흑 · 백색 반점
⑥ 황색계 : 흰 바탕에 갈색 반점

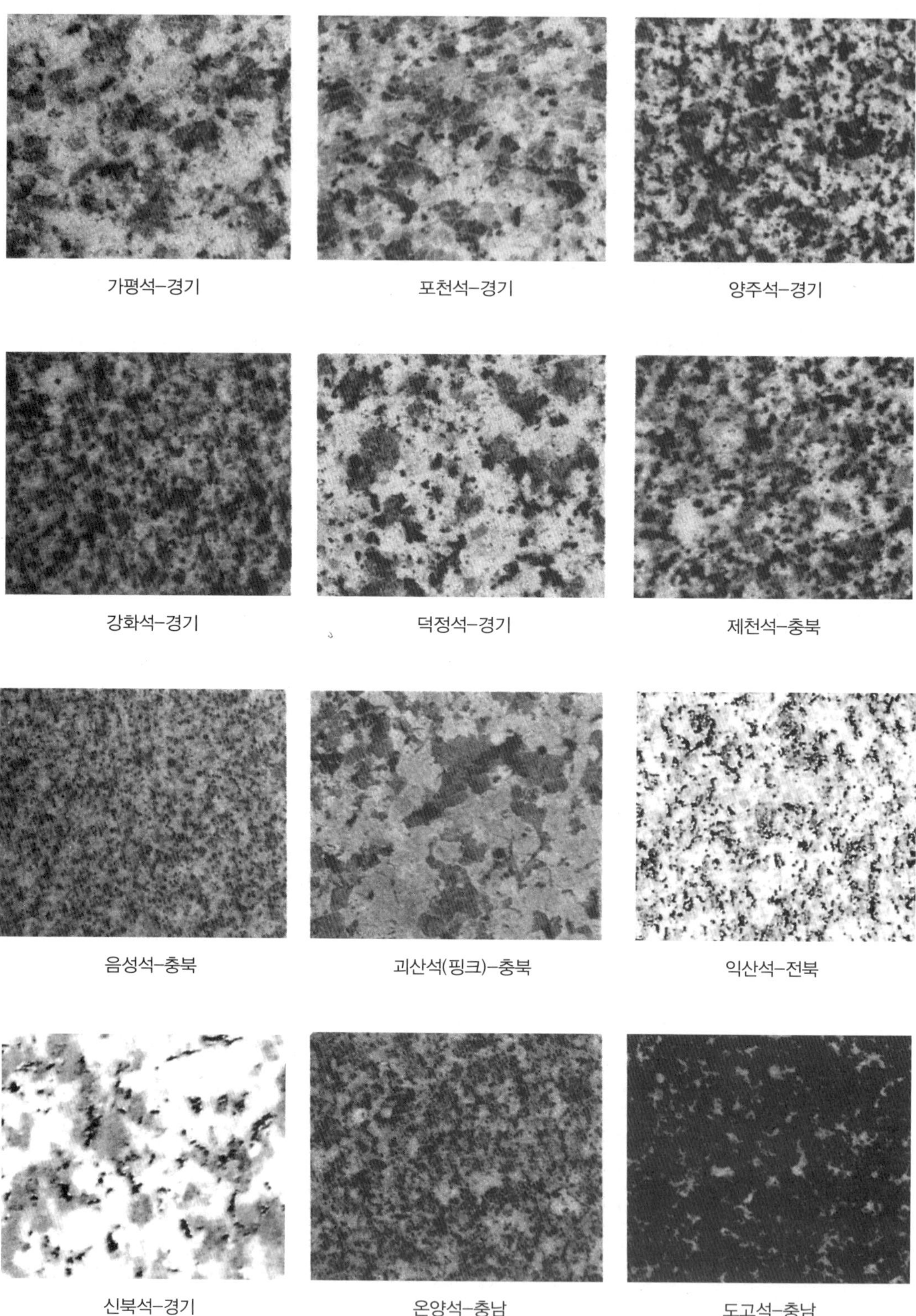

가평석-경기

포천석-경기

양주석-경기

강화석-경기

덕정석-경기

제천석-충북

음성석-충북

괴산석(핑크)-충북

익산석-전북

신북석-경기

온양석-충남

도고석-충남

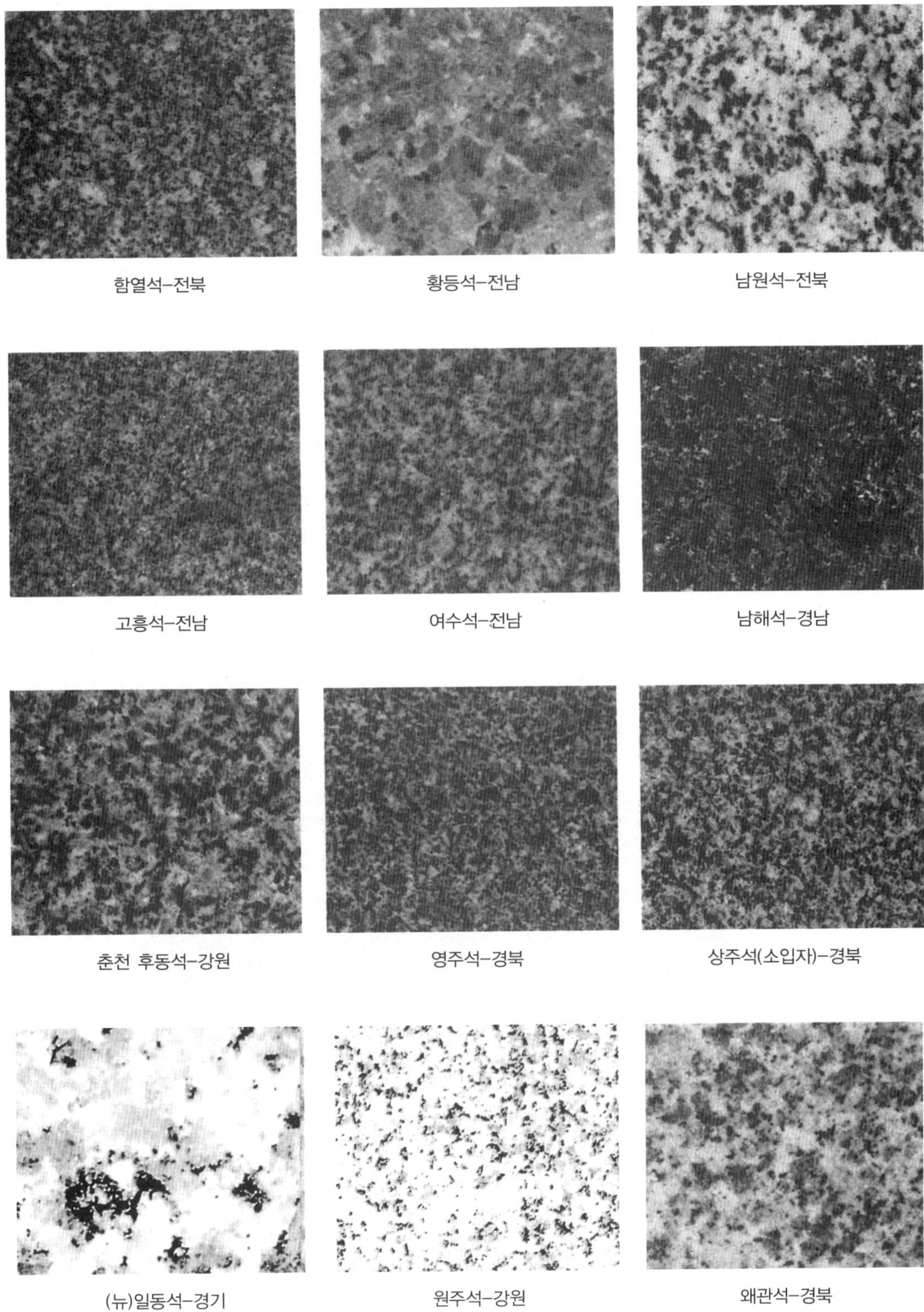

함열석-전북

황등석-전남

남원석-전북

고흥석-전남

여수석-전남

남해석-경남

춘천 후동석-강원

영주석-경북

상주석(소입자)-경북

(뉴)일동석-경기

원주석-강원

왜관석-경북

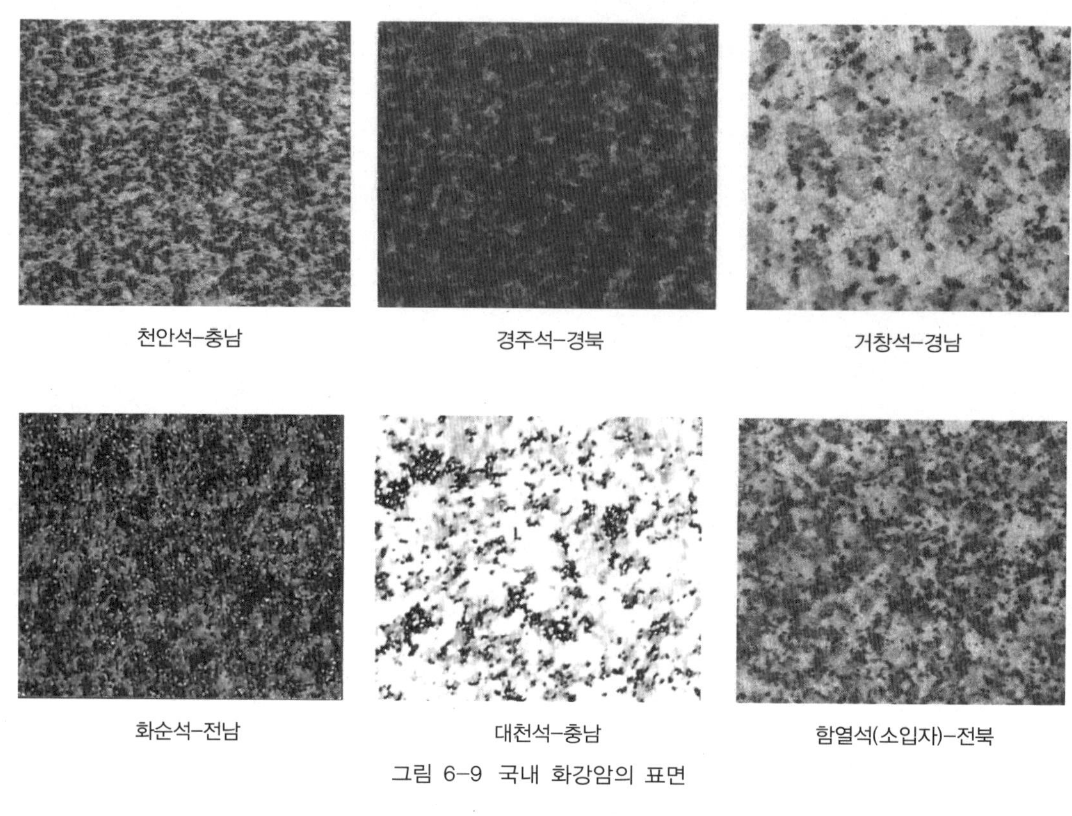

그림 6-9 국내 화강암의 표면

그림 6-10 화강암의 원석

안산암(andesite)

안산암(安山岩)은 화성암 중 가장 흔한 것으로 치밀한 것에서부터 조잡한 것까지 그 종류가 많고 성질도 각각이며 색도 흑색 · 갈색 · 회색 · 쥐색 · 녹색 · 연한색 등 여러 가지가 있다.

안산암은 함유성분의 암질에 따라 휘석안산암 · 각섬안산암 · 운모안산암 · 석영안산암 등으로 나누어지며 각각 색조 등의 차이가 있다. 휘석안산암은 회색 또는 담홍색으로 구조재, 판석 등에 쓰이고 각섬안산암은 화강암과 비슷한 색으로 휘석안산암보다 담색으로 장식재로 쓰이며 석영안산암은 백색으로 생산량이 적은 편이다. 안산암은 강도, 경도, 비중이 크며 내화적이고 석질이 극히 치밀하여 구조용 석재나 장식재로 널리 쓰인다.

◎ 현무암(basalt)

현무암(玄武岩)은 화산암의 일종으로서 입자가 잘거나 치밀하며 비중이 2.9~3.1이다. 색은 검은색 · 암회색이며 석질이 견고하여 토대석, 석축 등에 쓰인다. 근래에는 암면(岩綿)의 원료로써 중요도가 높아지고 있다.

◎ 부석(pumice stone)

부석(浮石)은 화산에서 분출된 다공질 유리질의 회색 또는 담홍색의 경석으로서 가벼워서 경량콘크리트 골재로 사용되고 내산성이 강하나 열전도율이 낮아 방열용 등에 쓰인다.

◎ 감람석(peridot)

감람석(橄欖石)은 화성암의 일종으로서 성분은 철분 · 마그네슘 · 석회분이 포함되어 있고 암청색의 조직으로 되어 있다. 감람석의 각 성분들이 변질되면 적갈색 또는 백색의 변성암으로 되며 사문암(serpentine)이 된다. 광택이 강하게 나타나지만 내후성이 약하므로 주로 장식재로 쓰인다.

안산암

현무암

부석

그림 6-11 화성암에 속한 석재표면

(2) 수성암(aqueous rock)

수성암(水成岩)은 지표의 암석이 풍화, 침식, 운반, 퇴적되는 작용에 의해 생긴 암석으로서 일반적으로 연질이며 강도가 약하고 풍화, 동해, 변색의 우려가 있으나 석회암을 제외하고는 화열에는 비교적 강하다. 석회암 · 사암 · 점판암 · 응회암 등이 여기에 속한다.

◎ 석회암(lime stone)

석회암(石灰岩)은 화성암 내에 포함되어 있던 석회분이나 동식물의 잔해 속에 포함된 석회분이 물에 녹아 바닷물에 섞여 있다가 침전되어 쌓여 굳어진 암석이다. 주성분은 탄산석회($CaCO_3$)로서 백색 또는 회백색에 석질은 치밀하나 내산성 · 내화성이 부족하고 내후성이 낮다.

석회암을 소성한 것이 생석회이며 석회분이 침전되어 응고한 것이 석회석이다. 석회암은 다공질석회암 · 치밀석회암 · 구상석회암 · 입상석회암(변질석회암) · 산호석회암으로 분류된다. 석회암은 주로 석회 · 시멘트의 원료로 사용되고 석재로는 도로포장의 골재용 정도이다.

사암(sand stone)

사암(砂岩)은 연석 또는 순연석에 속하고 암석의 붕괴에 의해 생긴 모래 · 자갈이 수중에 침전 퇴적되어 점토나 탄소물질 등의 고결재에 의하여 경화 생성된 암석이다. 사암을 보통 샌드스톤(sand stone)으로 부르고 있다.

모래알의 성질에 따라 석영질사암 · 운모질사암 등으로 나누고 모래알의 교착에 의하여 규산질사암 · 산화철질사암 · 석회질사암 · 점토질사암 등으로 구분한다. 함유 광물의 성분에 따라 암석의 질, 내구성, 강도에 현저한 차이가 있으며 일반적으로 규산질사암이 가장 강하고 내구성이 크나 가공이 어렵다. 철분을 함유한 산화철질사암은 적갈색을 나타내고 풍화되기 쉬우며, 석회질사암은 회색으로 흡수성이 커서 내구성이 약하며, 점토질사암은 암색으로 석질이 연하다. 사암 중 단단한 규산질사암은 담색으로 견고하여 구조용재에 적합하나 대체로 외관이 좋지 못하며 연약한 연질사암은 손상이나 마멸이 잘 되지 않는 실내의 장식재로 사용한다.

점판암(clay slate)

진흙이 침전하여 압력을 받아 응결한 것을 이판암(泥板岩)이라 하며, 이것이 더 큰 압력을 받아서 생성된 것이 점판암(粘板岩)이다.

그림 6-12 수성암에 속한 석재표면

점판암은 흡수율이 낮고 대기 중에서 변색 · 변질되지 않고 석질이 치밀하다. 색조는 흑색 또는 회색 등이 있으며 얇은 판으로 뜰 수도 있어 이를 천연슬레이트라 하며 치밀한 방수성이 있어 지붕, 벽 재료로 쓰인다. 우리나라에서는 옛날부터 천연슬레이트와 같은 천연석판을 돌너와 혹은 너와라 하였으며, 원래 지붕재 또는 천장 및 벽의 내외장재로 널리 사용되었다.

◎ 응회암(tuff)

응회암(凝灰岩)은 화산에서 분출된 회분 · 암괴 등이 응결된 것 또는 암석의 부스러기가 섞여 고결된 것으로서 석질의 조밀에 의해서 회질응회암 · 사질응회암 · 각력질응회암으로 분류된다. 색조는 회색 · 담녹색 · 암회색 등이 있고 가공은 용이하나 흡수성이 높고, 내수성이 크나 강도가 높지 못하여 건축용으로는 부적당하고 석회 제조 등에 사용된다.

(3) 변성암(metamorphic rock)

변성암(變成岩)은 화성암 또는 수성암이 지각(地殼)의 기계적 운동 및 압력의 변화, 화학작용, 지열의 작용 등에 의해 변질하여 그 구조절리나 광물성분에 변화를 일으켜 생긴 암석으로서 암석 중의 광물성분이 일정한 방향으로 줄지어져 있는 것이 특징이다. 대리석 · 사문암 · 석면 · 편암 · 활석 등이 여기에 속한다.

◎ 대리석(marble)

대리석(大理石)은 석회암이 변성작용에 의해 결정질이 뚜렷하게 된 변성암의 대표적인 석재로서 중국 운남성 대리부에서 많이 산출된다 하여 대리석이라는 명칭이 붙게 되었다. 주성분은 탄산석회이며 그 외에 탄소질 · 산화철 · 휘석 · 각섬석 · 녹니석 등을 함유하고 있으며 아름다운 색채를 띠고 있다. 색조는 순수한 것은 백색이지만 주성분에 따라 여러 종류로 바뀐다. 강도는 매우 높지만 내화성이 낮고 풍화되기 쉬우므로 공장지대 또는 우량이 많은 지방에서는 실외용으로는 적합하지 않으나, 석질이 치밀하고 견고할 뿐만 아니라 연마하면 아름다운 광택을 내므로 실내장식용의 석재로는 최고급 재료이다.

성상이나 성인에 따라 결정 · 준결정 · 비결정 · 각력질 · 화석질 등으로 구분된다.

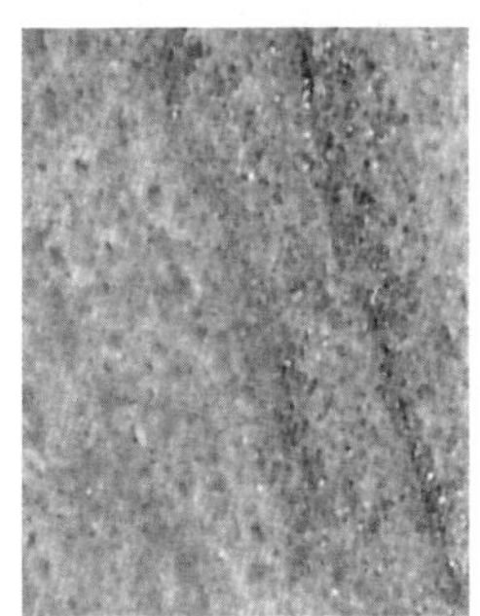
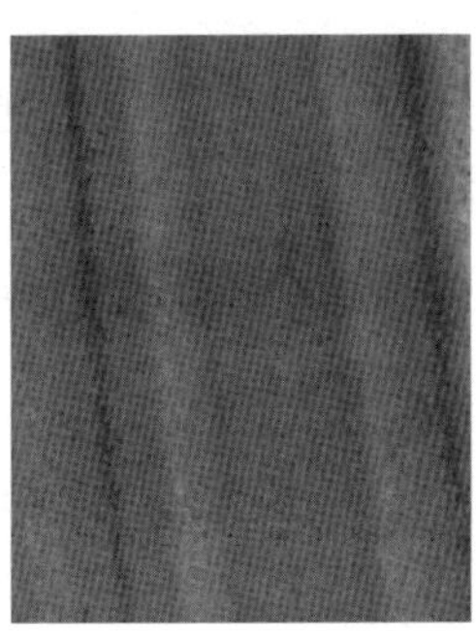
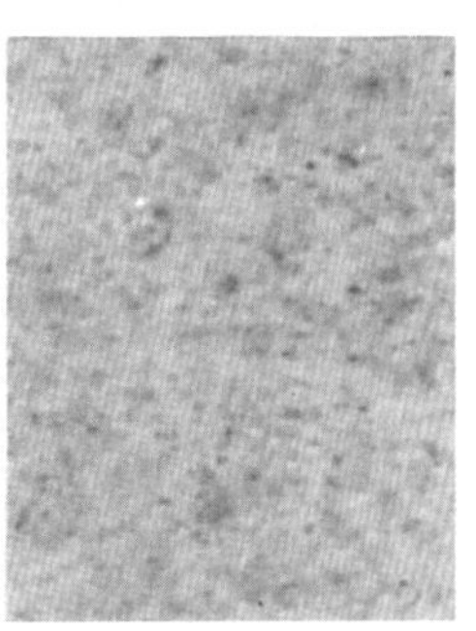
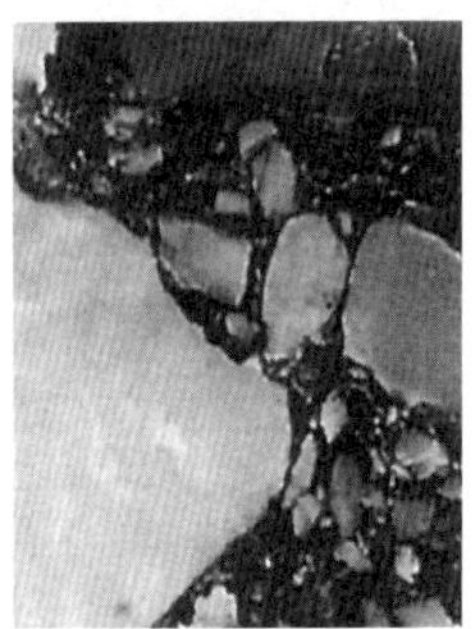

그림 6-13 국내산 대리석의 표면(예)

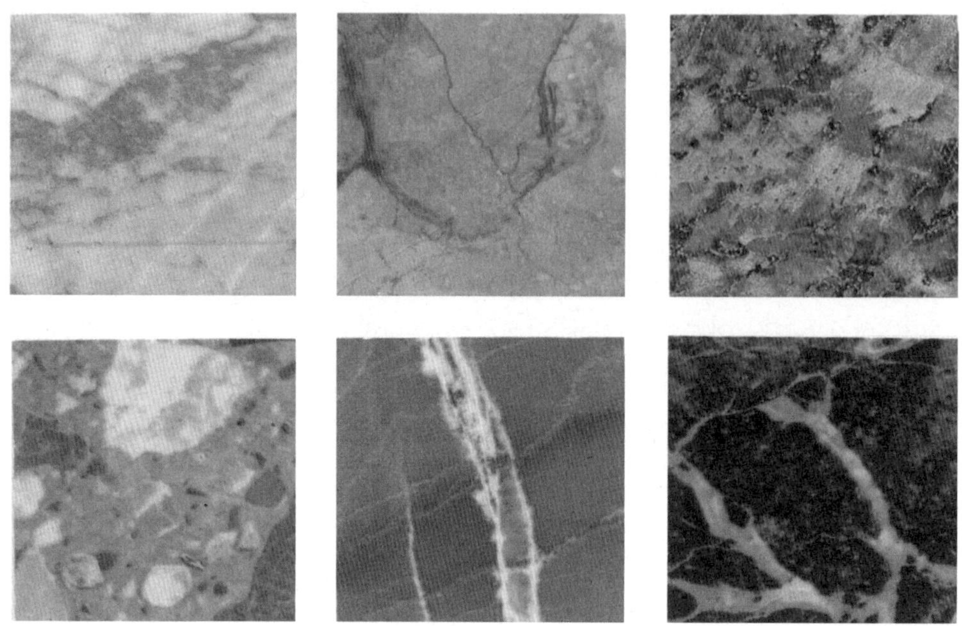

그림 6-14 외국산 대리석의 표면(예)

그림 6-15 대리석의 원석

국내에 분포하고 있는 대리석은 10여 종에 달하나 일부 지역을 제외하고는 부존상태가 빈약하고 색상 및 품질의 변화가 심하며 균열이 많은 점 등의 결점이 있다. 따라서 국내산보다 외국산을 수입하여 사용하는 경우가 많은 실정이다.

국내 대리석에 대한 개략적인 분포현황은 표 6-10과 같다.

표 6-10 국내 대리석 분포현황

도명	명칭	분포지역	색상
강원도	임계석 황룡석 철암석 예미석 정선석	정선, 임계 삼척, 하장 태백, 철암 정선 정선	담적색~회백색, 담회색 바탕 갈색 무늬 담황색 회색~담황색 담적색~담갈색 담황색 바탕 갈색 무늬
충청북도	취옥석 백 석 광덕석 연풍석 백운석 청룡석 문의석 중원석	충주 중원, 살미 괴산, 문광 괴산, 연풍 단양, 백운 제원, 청풍 청원, 문의 충원, 동양	백색 바탕 담녹색 무늬 백색 담회색 바탕 녹색 무늬, 회백색 바탕 흑색 무늬 백색 바탕 흑색 무늬 백색~담록색 담회색 바탕 흑색 또는 담적색 무늬 백색~담회색 갈색~담청색
전라북도	무주석 전주석	무주, 적상 전주	백색~회백색 백색 바탕 갈색 무늬
전라남도	공작석	강진, 명창, 미탄	담회색 바탕 갈색 무늬
경상북도	영천석	영천, 화북	청록색 바탕 회백색 반점

자료 : 국내 대리석 광업현황, 대한광업진흥공사

사문암(serpentine)

사문암(蛇紋岩)은 주로 감람석(橄欖石)이 변질된 것인데 섬록암(閃綠岩)이 변질된 것도 있다. 일반적으로 색조는 암녹색 바탕에 흑백색의 아름다운 무늬가 있으며 보라색의 바탕에 암녹색의 미려한 반문(speckle)이 있는 것도 있다. 경질이나 풍화성이 있어 외벽보다는 실내장식용의 대리석 대용으로 이용되기도 한다.

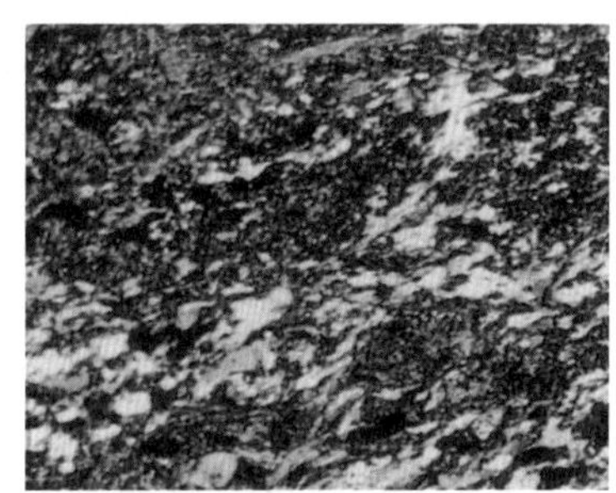

그림 6-16 사문암의 표면

6-8 인조석 및 석재 제품

(1) 인조석(artificial stone)

인조석(人造石)은 대리석 · 사문암 · 화강암 등의 쇄석을 종석(種石)으로 하여 백색포틀랜드시멘트에 광물질 안료를 넣고 물로 혼합 · 반죽하여 진동기로 다져 경화된 후 씻어내기,

갈기, 잔다듬 등으로 마무리한 것을 총칭한 것이다. 인조석은 천연석재의 유사품을 모조할 목적으로 제작한 것으로서 바닥 등의 마감재로 또는 판형으로 제작하여 사용되고 있다. 인조석의 일종인 캐스트스톤(cast stone)은 인조석 재료를 혼합·반죽하여 콘크리트 등에 9mm 내외의 두께로 발라 충분히 경화된 후 정·날망치 등으로 잔다듬 마무리한 것을 말한다.

그림 6-17 인조석

(2) 인조대리석(artificial marble) 및 모조석(imitation stone)

인조대리석은 대리석의 쇄석을 종석(chip)으로 하고 포틀랜드시멘트를 사용하여 물로 혼합·반죽한 것을 형틀에 넣고 진동기로 충분히 다지고 양생한 후 가공 연마하여 대리석과 같은 미려한 광택이 나도록 마감한 것을 총칭한 것이다. 인조대리석을 모조대리석(imitation marble)이라고도 한다. 인조대리석을 판형으로 만든 것을 테라조판(terrazzo tile)이라 하고, 그 규격은 한국산업규격(KSF 4018)에 규정되어 있다. 테라조판은 보통 공장에서 주문을 받아 필요한 치수로 만들어 주로 바닥마감재로 쓰인다.

대리석 이외의 암석의 쇄석을 종석으로 하여 테라조에 준하여 제작된 것을 모조석(模造石) 또는 의석(擬石)이라고도 한다.

인조대리석을 소재별로 분류하면 크게 시멘트계, 수지계, 유리계로 대별한다. 인조대리석을 만들 때 종석 이외에 백색포틀랜드시멘트 등의 시멘트를 사용하여 만든 것을 시멘트계 인조대리석, 시멘트를 사용하지 않고 아크릴계 등의 수지를 사용하여 만든 것을 수지계 인조대리석, 시멘트·수지 대신 유리 성분의 소재를 사용하여 만든 것을 유리계 인조대리석이라 한다. 과거에는 시멘트계 인조대리석을 많이 사용했지만 근래에는 수지계 인조대리석도 많이 사용되고 있다. 인조대리석을 판형 또는 모자이크(mosaic)로 만들어 실내에는 주로 바닥마감재로 쓰이고 벽의 치장재로도 많이 사용하고 있다.

인조대리석과 천연대리석의 일반적인 장·단점을 비교하면 표 6-11과 같다.

표 6-11 인조대리석과 천연대리석의 비교

항목	인조대리석	천연대리석
비중	1.7~1.8	2.8 이상
구조	무공질	다공질
오염성	무공질 구조로 내오염성 우수	다공질 구조로 오염이 잘됨
내약품성	산, 유기용제 등에 강함	산, 유기용제에 부식이 잘됨
가공성	일반 목공기구로 가공이 가능하며, 원하는 형태로 가공가능	가공형태에 따른 제약이 따름, 소재에 따라 접착시 제약을 받음
접착성	어떤 소재와도 접착 가능	표면에 흠집, 균열발생 우려
유지보수성	유비 보수가 용이	보수 곤란

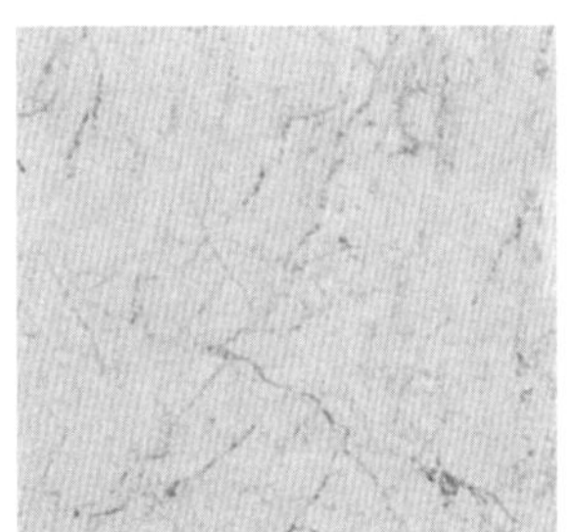
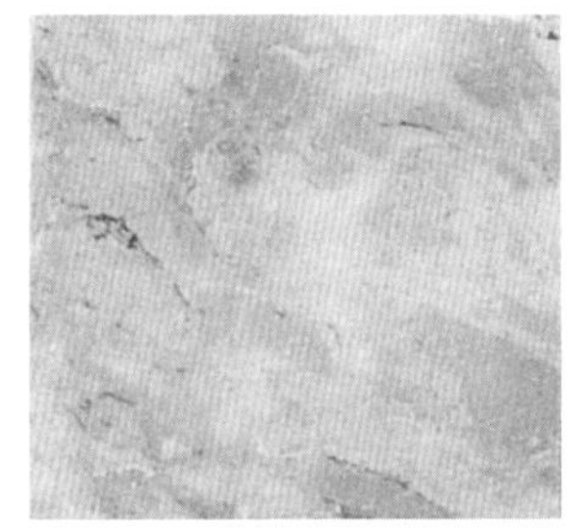

그림 6-18 인조대리석 판형

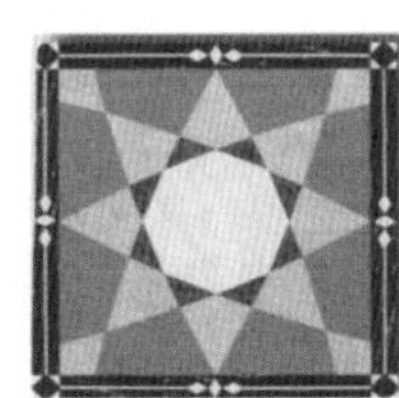

그림 6-19 인조대리석 모자이크 패턴

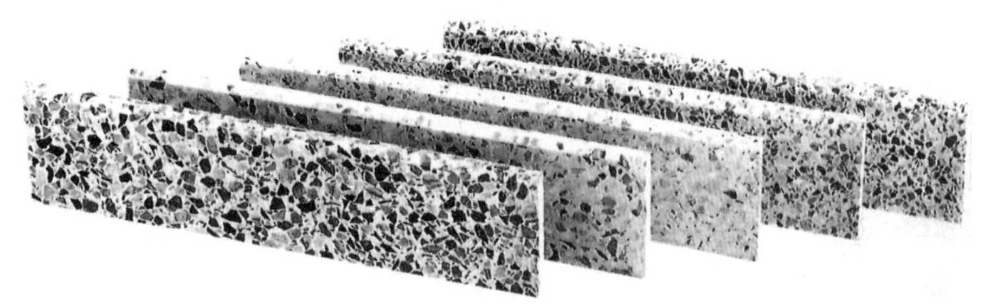

그림 6-20 테라조판

(3) 수지계 인조석(plastic artificial stone) 및 수지계 인조대리석(plastic artificial marble)

수지계 인조석(樹脂系 人造石)은 시멘트를 결합재(binder)로 사용하지 않고 폴리에스테르수지나 아크릴수지 등의 액상(液相)을 결합재로 하여 테라조 또는 모조석과 같이 제조한 것이다.

수지계 인조석은 시멘트를 결합재로 하여 제조된 인조석에 비해 경화가 빠르고 높은 압축강도를 단기에 얻을 수 있으며 균열이 적고 수밀성이 양호하여 방수성 · 내마모성 · 내산성 등의 장점이 있다. 그러나 내열 및 내화성이 떨어지므로 이에 대한 보완이 요구된다.

수지계 인조석의 일종인 수지계 인조대리석은 종석으로 대리석을 사용하고 결합재로는 수지계 액상을 사용하여 만든 천연대리석의 모조석이다. 천연대리석에 비해 가격이 저렴하고 가공하기 쉬우며 보수 및 유지하기가 용이하여 실내마감재 및 치장재로 많이 사용하고 있다.

(4) 암면(rock wool)

암면(岩綿)은 현무암 · 안산암 · 사문암 · 고로광재 등을 용융시켜 세공(細孔)으로 분출시키면서 고압공기로 불어 날려 섬유화시킨 다음 냉각시켜 솜털과 같은 모양으로 만든 것이다. 암면은 단열재 · 보온재 · 절연재 및 흡음재 등으로 널리 사용되고 있다.

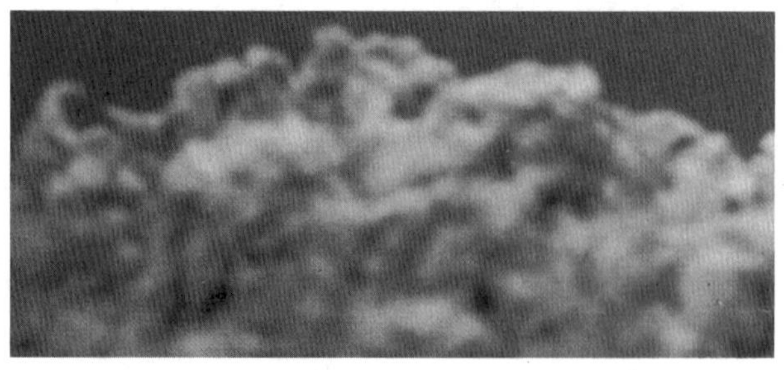

그림 6-21 암면

(5) 석면(asbestos)

석면(石綿)은 사문암 또는 각섬암이 열과 압력을 받아 변질하여 섬유모양의 결정질이 된 것으로서 유일한 섬유모양의 조직을 가진 천연결정섬유이다. 석면은 사문암 석면과 각섬암 석면으로 대별되며, 보통 석면이라고 하면 12~14%의 수분을 포함하는 섬유모양의 사문암을 가리킨다. 화학적으로 안정되고 내화성 · 보온성 · 절연성이 있다 하여 단열재 · 보온재 등으로 사용되어 왔으나 근래에는 인체에 해로울 뿐만 아니라 공해문제가 되고 있어 우리나라뿐만 아니라 해외에서도 사용을 규제하고 있다.

(6) 질석(vermiculite) 및 펄라이트(perlite)

질석(蛭石)은 운모계의 광석을 800~1,000℃ 정도로 가열 팽창시켜 체적이 5~6배로 된 다공질 경석이다. 비중이 0.2~0.4로 각종 경량재 생산이 가능하다. 가볍고 단열 · 보온 · 불연 · 방음의 특성을 가지고 있어 단열재 · 내화재 · 흡음재 등으로 많이 사용되고 있다.

펄라이트는 화산암 지대에서 생성되는 진주암, 흑요석 등을 적당한 입도로 분쇄하여 1,000℃ 정도로 급속가열, 팽창시킨 무수한 소기포(小氣胞)로 구성되어 있는 순백색의 다공질분말 및 경량골재이다. 경량(모래의 1/10~1/20 정도), 불연성(1,400℃에도 용융하지 않음), 단열, 보온, 흡음 등의 목적으로 주로 모르타르 또는 플라스터의 골재로 사용되고 있다.

그림 6-22 펄라이트 원석 및 분말

7 점토소성 제품

7-1 개 요

암석이 오랜 기간에 걸쳐 풍화 또는 분해되어 생긴 세립(0.01mm 이하) 또는 분상의 알루미늄 규산염을 주성분으로 한 토상(土狀) 혼합체로 습윤상태에서 가소성을 나타내고 건조하면 강성(剛性)을 나타내며 고온에서 구우면 경화되는 것을 점토(clay)라 한다. 점토소성 제품은 점토를 주원료로 하여 소요의 용도에 맞는 형상으로 물로 비벼 성형시킨 후 소성한 제품을 말하며, 점토소성 제품을 세라믹(ceramics) 제품이라고도 한다.

여기서 세라믹이라는 말의 어원은 점토를 구워서 소결(燒結)하여 만든 기물(table ware), 즉 살림에 쓰는 그릇들을 뜻하는 그리스어 "keramikos"에서 비롯되었다고 한다. 따라서 초기의 세라믹은 도자기류를 뜻한 것으로 보인다. 그러나 근래에는 유리 · 시멘트 · 내화물 등이 발전되면서 이것들도 세라믹에 포함하게 되어 세라믹의 범위가 넓어지고 제품도 매우 다양하게 되었다.

7-2 점토의 종류

점토(粘土)는 잔류점토와 침적점토로 분류된다. 잔류점토는 1차 점토로서 암석이 풍화한 위치에 그대로 잔류되어 있는 점토를 말한다.

침적점토는 암석이 분해된 미립자들이 바람 또는 물의 힘으로 이동하여 침적된 것인데, 비교적 양질의 점토이지만 유기물이 포함되어 있는 2차 점토이다. 점토의 종류는 소성품의 성질 및 용도상 표 7-1과 같이 구분한다.

표 7-1 점토의 종류

종류	성질	용도
자토	순백색이며 내화성이 있고 가소성은 부족함.	도자기의 원료
내화점토	회백색 · 담색이며 내화도 1,580℃ 이상이고 가소성이 있음.	내화벽돌 및 도자기의 원료
석기점토	내화도가 높고 가소성이 있으며, 유색 · 견고 · 치밀함.	유색도기의 원료
석회질점토	백색이며 용해되기 쉽고, 백회질의 포함량이 많음.	연질도기의 원료
사질점토	적갈색이며 내화성이 부족하고 세사 및 불순물이 포함.	보통벽돌 · 기와 · 토관 등의 원료

7-3 점토의 성분 및 성질

점토의 주성분은 규산(SiO_2 : 50~70%) · 알루미나(Al_2O_3 : 36~15%)이며, 그 밖에 산화철(Fe_2O_3) · 석회(CaO) · 마그네시아(MgO) · 알칼리(K_2O, Na_2O) 등이 포함되어 있다. 규산이 많은 점토는 가소성이 좋지만 주성분 외의 성분이 많아지면 연화온도가 낮아지고 소성변형이 커져서 좋은 제품을 만들 수가 없다. 화학적으로 순수한 점토를 카올린(kaolin)이라고 하며, 구워진 점토분말을 샤모테(schamotte)라고 한다.

점토의 비중은 2.5~2.6 정도이고 입자의 크기는 보통 2μ 이하의 미립자이지만 모래알 정도의 것도 약간 포함되어 있다. 가소성은 점토 성형에 있어서 중요한 성질로써 양질의 점토일수록 가소성이 좋고 가소성이 너무 클 때는 모래 또는 샤모테 등의 제점제(除粘劑)를 섞어서 조절한다.

공극률은 점토 전 용적의 백분율로 표시하여 30~90%인데 평균적으로는 50% 내외이고, 함수율은 기건 시 작은 것은 7~10%, 큰 것은 40~50%이다. 인장강도는 점토의 종류, 입자 크기 등에 의해 크게 영향을 받는다. 미립점토의 인장강도는 3~10kg/cm^2, 모래 섞인 점토는 1~2kg/cm^2이고 압축강도는 인장강도의 약 5배 정도이다.

점토는 성형 건조시키면 함수된 수분의 일부를 방출하여 수축이 일어나는데, 건조에 따른 길이의 수축률은 5~6% 정도에서부터 10~15% 정도까지이며 용적으로는 그 3배에 가까운 것까지 있다. 또한 소성 시에도 수축이 일어난다. 소성수축은 점토 내에 포함되어 있는 휘발분(결합수 · 유기물 · 탄산가스 등)의 양과 점토의 조직 및 용융도 등과 관계가 있다.

점토를 소성하면 함유된 성분의 일부 또는 대부분이 용해되어 용적, 비중, 색조 등의 변화가 일어나며 냉각과 더불어 상호 밀착하여 강도가 현저히 증대된다. 소성온도는 점토의 성분이나 제품의 종류에 따라 다르다. 소성온도의 측정에는 제게르 콘(Seger cone) · 복사

고온계 · 파이로미터(pyrometer) · 광학고온계 등이 쓰이는데, 제게르 콘은 1886년 독일인 제게르(Seger)가 고안하고 1908년 시모니스(Simonis)가 개량한 방법으로써 세모뿔형으로 된 기구로 노(爐) 중의 고온도(600~2,000℃)를 측정하는 온도계이다. 세모뿔의 경화 정도로 온도를 알 수 있다. 제게르-케겔(Seger-Keger)의 소성온도 표는 표 7-2와 같다.

표 7-2 제게르-케겔(S.K)의 소성온도 표

S.K	온도(℃)	S.K	온도(℃)	S.K	온도(℃)
0.22	600	0.2	1,060	19	1,520
0.21	650	0.1	1,080	20	1,530
0.20	670	1	1,100	26	1,580
0.19	690	2	1,120	27	1,610
0.18	710	3	1,140	28	1,630
0.17	730	4	1,160	29	1,650
0.16	750	5	1,180	30	1,670
0.15	790	6	1,200	31	1,690
0.14	815	7	1,230	32	1,710
0.13	835	8	1,250	33	1,730
0.12	855	9	1,280	34	1,750
0.11	880	10	1,300	35	1,770
0.10	900	11	1,320	36	1,790
0.9	920	12	1,350	37	1,825
0.8	940	13	1,380	38	1,850
0.7	960	14	1,410	39	1,880
0.6	980	15	1,435	40	1,920
0.5	1,000	16	1,460	41	1,960
0.4	1,020	17	1,480	42	2,000
0.3	1,040	18	1,500		

7-4 점토소성 제품의 분류 및 제조

건축물의 벽, 바닥에 쓰이는 재료로는 벽돌 · 타일 · 테라코타 등이 있고 지붕재료로는 기와가 있으며 천장재료로는 타일이 있다. 또한 설비재료로는 위생도기 · 토관 · 도관 등이 있으나 주로 벽재료에 점토소성 제품이 많이 쓰인다. 토기류(earthenware)에는 벽돌 · 기와 · 토관 등이 있으며, 도기류(earthenware, pottery)에는 타일 · 테라코타 · 기와 · 위생도기 등이 있고, 석기류(stoneware)에는 벽돌 · 타일 · 도관 · 테라코타 등이 있으며, 자기류(porcelain)

에는 타일 · 위생도기 · 그릇 등이 있다. 점토소성 제품은 소지의 흡수성 · 투명 정도에 따라 일반적으로 표 7-3과 같이 분류한다.

표 7-3 점토소성 제품의 분류

종류	소지				원료	소성온도	시유여부	제품
	흡수성	색	투명 정도	강도				
토기	크다	유색	불투명	취약	보통점토	SK.0.15(790℃) ~ SK.0.5(1,000℃)	시유(무유한 것도 있음)	벽돌, 기와, 토관, 오지그릇
도기	약간 크다	백색 유색	불투명	견고	도토	SK.1(1,100℃) ~ SK.7(1,230℃)	시유(무유한 것도 있음)	타일, 테라코타, 기와, 위생도기, 도관
석기	작다	유색	불투명	치밀, 견고	양질점토 (유기질 없음)	SK.4(1,160℃) ~ SK.12(1,350℃)	시유, 무유	벽돌, 타일, 토관, 테라코타
자기	아주 작다	백색	반투명	치밀, 견고	양질점토 또는 장석분	SK.7(1,230℃) ~ KS.16(1,460℃)	시유	타일, 위생도기

점토소성 제품은 원료배합 → 반죽 → 숙성 → 성형 → 건조 → 소성 → 시유 → 건조 → 소성의 공정을 거쳐 제조되며 이 공정에서 원료배합, 성형과 소성이 가장 중요하다. 원료를 물로 비벼 성형한 후 소성가마(燒成窯)에 넣어 소성한다.

7-5 점토소성 제품

(1) 보통벽돌(common brick, building brick)

◎ 개요

보통벽돌은 진흙을 빚어 소성하여 만든 벽돌(壁乭, 煉瓦, brick)로서 불완전 연소로 구운 벽돌인 검정벽돌(black brick)과 완전 연소로 구운 벽돌인 붉은벽돌(red brick)이 있다. 보통벽돌을 점토벽돌(clay brick)이라고도 한다.

벽돌 제조의 기원은 매우 오랜 된 이집트의 피라미드(pyramid)와 바빌로니아의 탑 중에 소성하지 않은 천일건조 벽돌로 축조한 것이 있으며, 가마에서 구운 벽돌은 후기 바빌로니아 왕조시대에 출연하였고, 그 후 희랍 · 로마시대에 이르러서는 건축에 소성벽돌이 많이 쓰였으며, 로마시대에 이르러 아치(arch) · 볼트(vault) · 돔(dome) 등의 벽돌구조법이 발달하였다. 그 후 벽돌은 석재와 함께 철근콘크리트구조가 출현하기 전까지는 유럽에서 주요 건축물에 가장 빈번히 이용되었다.

우리나라 및 중국에서는 전(磚, brick)이라 칭하는 흑색 소성벽돌을 제조하여 궁전 · 불각 · 탑비 · 담 등에 쓴 것이 현재까지 남아 있는 것이 있는데, 특히 진나라 진시황제 때 축조한 만리장성에 전이 사용되었다. 우리나라에서 벽돌을 사용한 유적으로는 신라시대의 분황사탑, 안동의 전탑 등이 남아 있으며 백제의 송산리 고분도 벽돌조에 의해 만들어진 것이다.

그 후 서양 건축이 발흥함에 따라서 오늘날과 같은 벽돌이 쓰이게 되었다.

그림 7-1 보통벽돌

◎ 원료 및 제조

저급 정도의 점토를 사용하여 필요에 따라 탈점제(脫粘劑)로 강모래, 샤모테를 가하거나 색조의 조절로 석회를 가하여 점토를 조절한다.

제조공정은 '점토조절 – 혼합 – 원료배합 – 성형 – 건조 – 소성 – 제품'의 순서이며, 천연 또는 인공건조 후 등요(登窯)나 호프만요(Hoffmann kiln) 또는 터널가마솥에서 소성하는데 소성온도는 1,200° ~1,350℃이다.

성형은 압출 성형한다. 적색 또는 적갈색을 띠고 있는 것은 점토 중에 포함되어 있는 산화철분(3~5%)에 기인한다.

◎ 품질

보통벽돌은 강도가 크고, 흡수율이 낮고, 겉모양이 균일하고, 사용상 해로운 균열이나 결함 등이 없어야 한다. 품질의 구분은 한국산업규격(KS F 4201)에서 표 7-4와 같이 정하고 있다. 또한 종전에는 보통벽돌은 표 7-5에 표시한 바와 같이 1급 · 2급으로 구별하고, 이것을 각각 1호 · 2호로 선별하여 모두 4종으로 세분하였다.

표 7-4 보통벽돌의 품질

품질 \ 종류	1종	2종	3종
흡수율(%)	10 이하	13 이하	15 이하
압축강도(kgf/cm^2)	210(2,059)	160(1,569)	110(1,078)

비고) ( )의 압축강도(N/cm^2)에 의한 값이다.

표 7-5 보통벽돌의 등급

<table>
<tr><th colspan="2">등급</th><th>압축강도 (kgf/cm^2)</th><th>흡수율 (%)</th><th>구워진 정도</th><th>두드렸을 때</th><th>형상</th><th>비고</th></tr>
<tr><td rowspan="2">1급</td><td>1호</td><td rowspan="2">150 이상</td><td rowspan="2">20 이하</td><td rowspan="2">양호</td><td rowspan="2">금속성 청음</td><td rowspan="2">형상이 양호하고 갈라짐, 흠이 극히 적은 것</td><td rowspan="4">벽돌의 비중은 1.5~2.0, 1장의 중량은 1.9~3.0kg</td></tr>
<tr><td>2호</td></tr>
<tr><td rowspan="2">2급</td><td>1호</td><td rowspan="2">100 이상</td><td rowspan="2">23 이하</td><td rowspan="2">보통</td><td rowspan="2">탁음</td><td rowspan="2">1호는 형상이 양호하고 갈라짐, 흠이 극히 적은 것, 2호는 형상이 보통이고 심한 갈라짐, 흠이 없는 것</td></tr>
<tr><td>2호</td></tr>
</table>

벽돌의 등급을 속칭 과소벽돌, 소벽돌, 보통소벽돌, 변색벽돌, 등외벽돌 등으로 구별하기도 한다.

과소벽돌(clinker brick)은 소성온도가 지나치게 높아 질이 견고하고, 두드리면 금속성 청음이 나며 흡수율이 낮으나 형상이 일그러져 부정형이며 치수차가 많고, 자색 또는 검붉은 빛깔로 반점과 혹이 있어 일반구조용 재료로는 부적당하고 특수한 장소의 장식용 또는 기초 조적재 등으로 쓰인다. 과소벽돌을 괄벽돌, 과벽돌, 과소품벽돌, 과열벽돌이라고도 부른다.

소벽돌은 1급벽돌로서 소도(燒度)가 양호하며 두드리면 청음이 나고 빛깔은 검붉은 색이며 일반구조용·치장용으로 많이 쓰인다. 보통 소벽돌은 2급 벽돌로서 소도가 보통이고 두드리면 탁음이 나며 빛깔은 붉은 주홍색으로 강도가 적고 흡수율이 다소 높다. 따라서 이것은 우로에 맞지 않는 내부 칸막이벽용으로 쓰인다.

변색벽돌은 과열되어 모양이 일그러지고 빛깔도 검붉은 벽돌로서 특수치장용으로 쓰인다. 일반적으로 벽돌은 잘 구워진 것일수록 치수가 작아지고 색이 짙어지며 두드리면 청음이 난다. 현재 시판되고 있는 보통벽돌은 규격별로 선별하여 판매되고 있지 않기 때문에 불합격품이 혼입되어 반입될 때가 많다. 더욱이 1호·2호의 선별은 특별 주문하지 않고서는 사실상 구득하기가 어렵다.

과소벽돌 소벽돌 변색벽돌

그림 7-2 과소 · 소 · 변색벽돌

◎ 형상 및 치수

점토벽돌의 규격은 한국산업규격(KS F 4201)에 규정되어 있다. 붉은 벽돌은 유효단면이 전체 단면적의 60% 이상이 되도록 제작한 미장벽돌과 외부에 노출되는 표면에 유약 또는 그와 유사한 재료를 용융된 상태로 소성한 유약벽돌로 나누어지고 모양에 따라 일반형과 유공형으로 구분한다고 규정하고 있다. 보통벽돌의 형상 · 치수 및 허용차는 표 7-6과 같다.

표 7-6 보통벽돌의 형상 · 치수 및 허용차

(단위 : mm)

구분 항목	길이	너비	두께	
치 수	190	90	57	
허용차	±5.0	±3.0	±2.5	일반형 유공형

위 표의 치수는 주로 사용되고 있는 표준형 벽돌의 경우이고, 기존형 벽돌인 경우는 길이 210mm, 너비 100mm, 두께 60mm이며, 재래벽돌인 경우는 길이 227mm(7.5치), 너비 109mm(3.6치), 두께 60mm(2.0치)이다.
보통벽돌을 쌓기할 때의 줄눈은 세로 · 가로 10mm를 표준으로 하고 있다.

벽돌은 온장을 쓰는 것이 원칙이나 경우에 따라 온장을 깨뜨려 반토막 · 이오(二五)토막 · 칠오(七五)토막 · 반절 · 반반절 등으로 하여 쓰기도 한다. 이렇게 하는 것을 벽돌 마름질(cutting)이라 한다.

◎ 종별 사용개소

보통벽돌의 종별에 따른 사용개소는 공사시방서 등에 특별히 정하고 있지 않을 때에는 표 7-7에 따른다. 보통벽돌을 물에 젖는 곳이나 습기 차는 곳에 사용하면 흡수 또는 동결로 인하여 벽돌 자체가 분해되어 벽돌조가 파괴된다. 또한 강도가 부족한 보통벽돌을 사용하면 벽돌벽의 균열을 발생시키기 쉬우며, 흡수율이 높고 질이 좋지 않은 보통벽돌을 사용하면 벽돌벽의 외부에 공사완료 후 흰 가루가 돋는 현상, 즉 백화(efflorescence)현상을 발생시키게 된다.

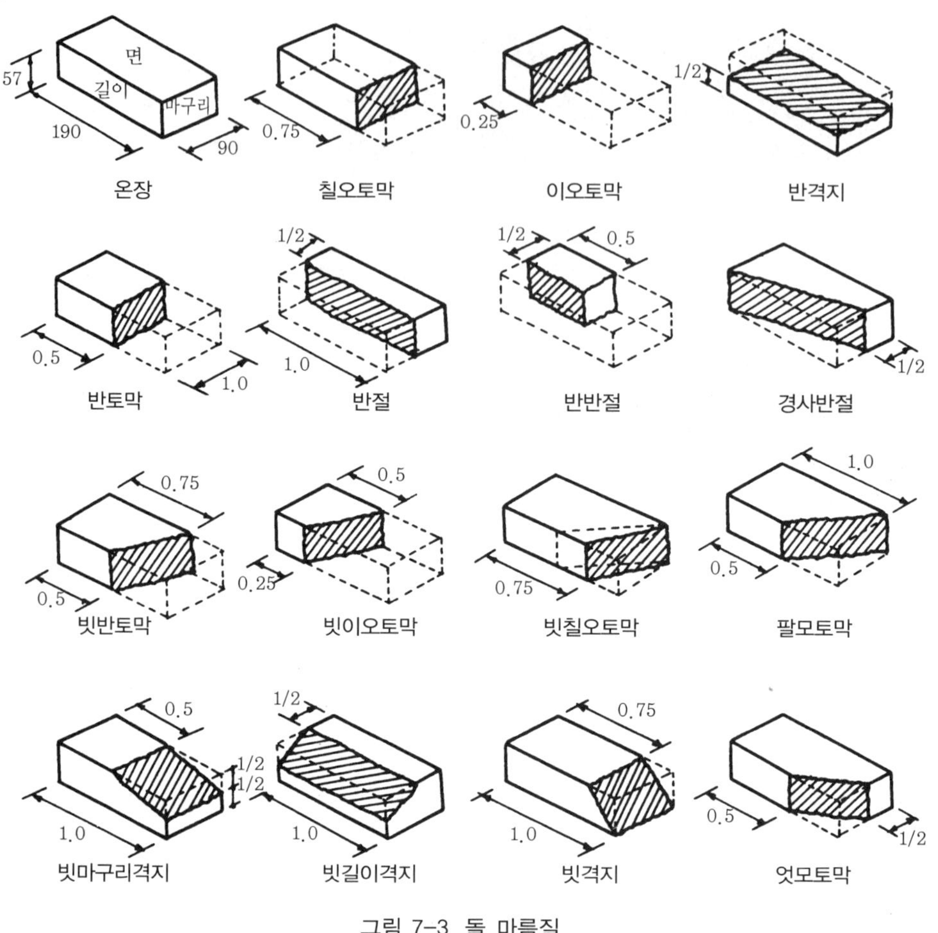

그림 7-3 돌 마름질

표 7-7 보통벽돌의 종별에 따른 사용개소

	종별		사용개소
보통벽돌	1급	1호	바깥벽 및 내력벽으로서 치장이 되는 부분
		2호	바깥벽 및 내력벽으로서 치장이 안 되는 부분
	2급	1호	내력벽이 아닌 안벽 또는 칸막이벽으로서 치장이 되는 부분
		2호	내력벽이 아닌 안벽 또는 칸막이벽으로서 치장이 안 되는 부분

(2) 경량벽돌(light weight brick)

경량벽돌은 저급점토, 목탄가루, 톱밥 등으로 혼합, 성형한 후 소성하여 만든 것으로서 보통벽돌보다 가벼운 벽돌을 말한다. 또한 벽돌의 무게를 감소시킬 목적으로 내부에 공극 및 구멍을 내기도 한다. 무게가 가볍고 단열, 방음성이 있어 건축물의 자중감소, 단열 및 방음 목적에 쓰이는 것으로 구멍벽돌과 다공벽돌이 있다.

◎ 구멍벽돌(hollow brick)

구멍벽돌은 점토를 원료로 속이 비게 성형한 후 소성하여 만든 벽돌로서 중공벽돌 · 속빈 벽돌 · 공동벽돌이라고도 한다. 구멍의 수에 따라 1공형 · 2공형 · 3공형 · 4공형 등으로 구분할 수 있고 그 치수도 구멍 수에 따라 각기 다른바 그 형태와 치수는 그림 7-4와 같다.

이 벽돌은 보온 · 방음을 위하여 방음벽, 단열벽 등에 주로 쓰이며 건축물의 경량화를 도모하기 위하여 칸막이벽 등에 쓰인다.

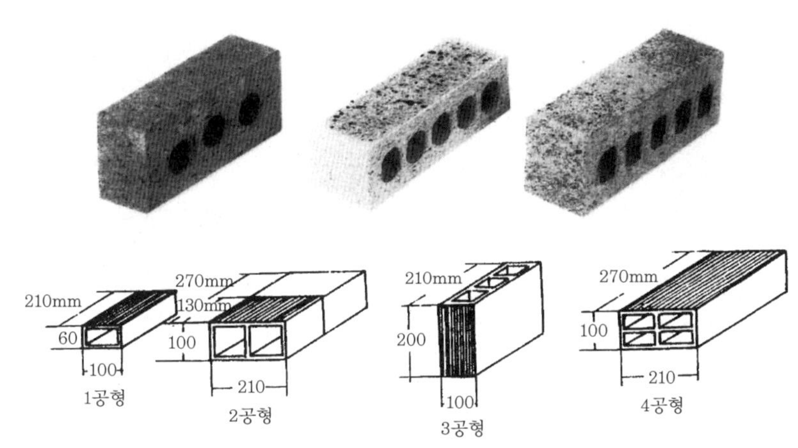

그림 7-4 구멍벽돌의 형상 및 치수

◎ 다공벽돌(porous brick)

다공벽돌은 점토에 유기질 분말인 분탄, 톱밥, 겨 등을 30~50% 정도 혼합하여 성형한 후 소성한 것으로 내부에 무수한 작은 구멍이 생기므로 비중이 1.2~1.5 정도로 되어 절단, 못치기 등의 가공이 유리한 벽돌이다. 이 벽돌을 다공질벽돌이라고도 한다.

이 벽돌은 강도 부족으로 구조재용으로는 불가하나 보온, 흡음성이 있어 방열, 방음 또는 경미한 칸막이벽 및 단순한 치장재로 쓰인다.

그림 7-5 다공벽돌의 형상 및 치수

(3) 내화벽돌(fire brick)

내화벽돌은 내화성이 높은 원료인 내화점토로 만든 벽돌로서 내화도가 1,500~2,000℃ 정도인 황백색 벽돌이다.

내화벽돌은 형상, 내화도, 품질에 따라 종류가 많다. 그중 내화도로 저급품, 보통급품, 고급품으로 나누는데 내화벽돌의 내화도가

S.K 26~29(1,580~1,650℃)에 해당되는 것을 저급품
S.K 30~33(1,670~1,730℃)에 해당되는 것을 보통급품
S.K 34~42(1,750~2,000℃)에 해당되는 것을 고급품

이라 한다.

내화벽돌은 제게르 콘(Seger cone ; S.K) 26(연화온도 1,580℃) 이상의 내화도를 가진 것이고, 굴뚝 · 난로 등의 내부 쌓기용으로는 S.K 26~29 정도의 것이 사용된다. 보일러 내에는 S.K 32 이상의 것이 보통 쓰인다.

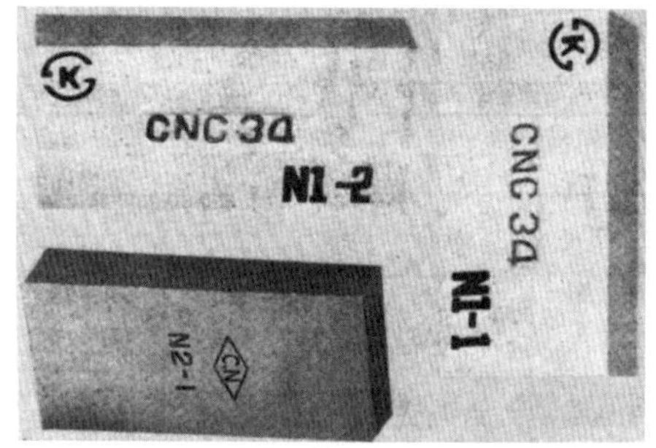

그림 7-6 내화벽돌

난로 · 굴뚝 등의 안쌓기에는 석탄 연소에 의한 황산분에 대하여 안전한 산성 또는 중성의 것이 사용된다.

내화벽돌은 용도상 내화도가 어느 정도인가가 가장 중요하고 형상이 바르고 사용상 해로운 흠 또는 균열 등이 있어서는 안 되며, 각종 시험결과 각 종류별로 요구되는 품질기준에 합격한 것을 사용한다.

내화벽돌의 치수, 특성, 화학성분의 측정 및 분석방법은 한국산업규격(KS L 3111, KS L 3113, KS L 3114, KS L 3119, KS L 3120)에 규정되어 있다.

내화벽돌은 저장할 때 빗물에 젖지 않도록 특히 주의하고 형상 · 품질 및 용도별로 구분하여 일정한 무더기로 쌓아둔다. 내화벽돌의 운반 및 취급에 있어서는 깨어지거나 모서리가 떨어지지 않도록 던지거나 쏟아 내리는 일이 없게 한다.

내화벽돌은 한국산업규격(KS L 3101, KS L 3102, KS L 3105, KS L 3201, KS L 3204, KS L 3205, KS L 3301)의 규정에 합격한 것을 사용한다.

내화벽돌의 치수 및 내화벽돌의 품질은 표 7-8 및 표 7-9와 같다.

내화벽돌을 쌓을 시에는 줄눈에 내화모르타르를 사용해야 한다. 내화모르타르(refractory mortar)는 내화벽돌쌓기용 모르타르로 한국산업규격(KS L 3202)의 규정에 합격한 것으로서 사용하는 내화벽돌과 같은 정도의 내화도가 있는 품질의 것을 반드시 사용해야

한다. 일반적으로 샤모테(schamotte), 규석분말에 점성이 강한 내화점토를 혼입한 모르타르를 사용하는데, 이는 내화도가 내화벽돌과 동등하며 저온보다는 고온에서 경화가 잘 이루어진다.

내화모르타르는 가마니 또는 지대(紙袋)에 넣어 40kg, 50kg 단위로(1l는 약 1kg임) 판매하고 있으며, 저장할 때는 습기가 차지 않게 또는 흙, 먼지, 기타 불순물이 혼입되지 않도록 한다.

표 7-8 표준형 내화벽돌의 치수

(단위 : mm)

종별		치수					비고
		길이(l)	너비 W		두께 t		
기호	명칭		W_1	W_2	t_1	t_2	
	보통형	230	114		65		
K_1	가로형	230	114		65	59	
K_2		230	114		65	50	
K_3		230	114		65	32	
J_1	세로형	230	114		65	55	
J_2		230	114		65	45	
J_3		230	114		65	35	
S_1	쐐기형	230	114	105	65		
S_2		230	114	85	65		
S_3		230	114	65	65		
허용차		±1.5% 이내	±1.5% 이내		±2% 이내		

표 7-9 내화벽돌의 품질

종류	비중	S.K.	압축강도(kgf/cm^2)		급열급랭 저항
			20℃	1,300℃	
샤모테벽돌	2.7	27~35	120~320	70~260	아주 강하다.
규석벽돌	2.8	33~36	150~350	60~160	적열(赤熱) 이하는 약하고, 이상은 아주 강함.
고토벽돌	3.6	35~42	260~450	70~120	약함.
크롬벽돌	4.0	31~42	260~800	60~220	약함.
보크사이트벽돌	4.0	36~39	70~1,100	60~740	약함.
탄소벽돌	3.0	42	110~330	1,000	아주 강함.

내화점토질 벽돌

내화점토질 벽돌은 규조토(硅藻土)·목절점토(木節粘土)[탄층의 하반(下盤)에서 산출] 등의 내화점토를 사용하여 만든 내화성 있는 벽돌로서 산성 내화벽돌의 일종이다. 종류는 내화도·압축강도 및 겉보기 기공률(氣孔率)에 따라 12종류로 구분하고 형상에 따라 보통형·가로형·세로형·쐐기형으로 구분한다. 형상에 따른 내화점토질 벽돌의 품질은 표 7-10과 같고 형상과 치수는 표준형 내화벽돌(표 7-8)과 같으며, 개개의 형상이 바르고 심하게 갈라지거나 기타 흠이 없는 것을 사용한다.

표 7-10 내화점토질 벽돌의 품질

종별	1종	2종	3종	4종
내화도(제게르 콘 번호)	34 이상	32 이상	30 이상	26 이상
부피비중	1.9 이상	1.9 이상	1.9 이상	1.8 이상
압축강도(kgf/cm^2)	200 이상	200 이상	180 이상	150 이상

고알루미나질 내화벽돌

고알루미나질 내화벽돌은 알루미나(Al_2O_3)가 45~80% 이상 함유된 내화벽돌로서 중성 내화벽돌의 일종이다. 종류는 1종, 2종이 있고, 1종은 전주품(電鑄品)이고 2종은 소성품(燒成品)으로서 특급, 1급(S.K 38 이상), 2급(S.K 37 이상), 3급(S.K 36 이상), 4급(S.K 35 이상)으로 구분한다. 모양 및 치수는 내화점토질 벽돌과 같다.

규석벽돌(silica brick)

규석벽돌은 규산질(SiO_2)을 주원료(93% 이상)로 약간의 석회유(石灰乳)를 섞어서 만든 내화벽돌로서 내화도(S.K 33~36)가 높아 약간 팽창성이 있다. 산성 내화벽돌의 일종이며, 일반적으로 온도변화가 적은 곳에 쓰인다. 종류는 겉보기 기공률, 연하점, 화학성분에 따라 1종·2종·3종으로 구분하고 모양 및 치수는 내화점토질 벽돌과 같다.

내화단열벽돌

내화단열벽돌은 부피비중·압축강도·열전도율에 따라 A류 7종, B류 7종, C류 3종으로 구분하고 형상 및 치수는 내화점토질 벽돌과 같다. 내화단열벽돌의 규격은 한국산업규격(KS L 3301)에 규정되어 있다.

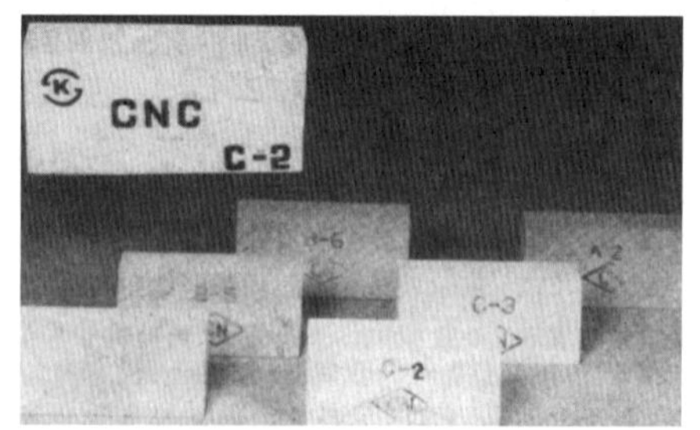

그림 7-7 내화단열벽돌

(4) 특수벽돌(special brick)

특수벽돌은 특수한 용도를 가진 벽돌의 총칭으로서 일반적인 용도를 가진 보통벽돌보다 형상, 치수, 빛깔이 다르거나 원료가 약간 다르다. 특수벽돌에는 흙벽돌 검정벽돌 · 전벽돌 · 황토벽돌 · 이형벽돌 · 오지벽돌 · 포도벽돌 · 광재벽돌 · 날벽돌 등이 있다.

◎ 흙벽돌(sundried brick) · 검정벽돌(black brick)

흙벽돌(日乾壁乭)은 진흙 또는 진흙과 보통흙을 혼합한 것에 석회나 모래를 약간 섞어 되게 반죽한 것을 일정한 치수의 목형(木型)에 넣어 다져서 찍어내어 햇볕에 건조시켜 만든 벽돌로서, 그 치수는 일반벽돌보다 크고 특히 두께를 크게 하여 쌓기에 편리하게 만든 것이다. 이 벽돌은 고대 중앙아시아의 건축에 많이 쓰였던 것으로 알려져 있다.

검정벽돌(黑壁乭)은 진흙을 반죽하여 빚어 불완전 연소로 소성하여 빛깔이 검게 된 벽돌을 말하며, 일명 흑벽돌이라고도 한다. 주로 치장용으로 쓰인다.

흙벽돌

검정벽돌

그림 7-8 흙 · 검정벽돌

◎ 전벽돌(塼壁乭)

전벽돌을 전돌(塼石)이라고도 하며, 전벽돌은 원래 중국에서 제조하여 사용되어 오다가 우리나라에서도 오래전에 궁궐이나 불전 등의 바닥 및 벽 등에 사용하였다. 옛날 성벽 쌓기에도 쓰인 것으로 보아 여러 용도로 사용되었음을 알 수 있다.

그림 7-9 전벽돌

전벽돌은 전(塼, 磚, 甎) 또는 전벽(塼甓)이라 일컫는 검정색의 큰 벽돌로서 재래의 전돌은 진흙을 반죽하여 빚어 말린 다음 불안전 연소로 소성하여 그을림을 하는 방법으로 만든 것이다. 전벽돌 그 자체가 지니고 있는 색상이나 여러 가지 문양(文樣)에서 그 아름다움을 찾을 수 있고 원적외선이 방출되고 해충의 접근을 차단하는 효과 때문에 궁궐이나 고대건축물에 많이 사용되었으며, 현대에도 그러한 건축물의 보수공사에 주로 사용되고 있다. 크기는 190mm×90mm×57mm의 표준형이 있고 230mm×90mm(또는 110mm)×75mm의 것이 있다. 전돌쌓기는 일반적으로 건성쌓기, 즉 모르타르를 쓰지 않고 있지만 석회(石灰)의 교니(膠泥)를 쓴 곳도 있다.

◎ 황토벽돌(loss brick)

황토벽돌은 황토(黃土)를 주원료로 하여 제조된 벽돌로서 황토색, 즉 황토의 누렇고 거무스름한 색깔을 나타내며, 점토벽돌과 달리 자연과의 친근감을 한층 강조하고 있는 제품이라 할 수 있다 단열효과뿐만 아니라 습기조절 기능이 뛰어나며, 자연적이며 냄새를 제거하는 갖가지 자정능력(自淨能力)이 있어 실내 칸막이벽 및 치장용으로 많이 사용되고 있다. 크기는 300mm×150mm×200mm, 300mm×150mm×150mm, 300mm×200mm×100mm 등 여러 가지가 있다. 황토벽돌 쌓기용 모르타르는 황토모르타르를 사용한다.

그림 7-10 황토벽돌

◎ 이형벽돌(special brick, moulded brick, purpose mold brick)

이형벽돌(異形壁乭)은 보통벽돌보다 형상, 치수가 규격에 정한 바와 다른 특이한 벽돌로서 특수한 형태의 구조체에 쓸 목적으로 만든 것이다.

아치 쌓는 데 쓰이는 홍예벽돌(虹蜺壁乭 · 아치벽돌)과 원형창 주위 원형벽체를 쌓는 데 쓰이는 원형벽돌이 있으며, 그 밖에도 형상에 따라 둥근모벽돌 · 팔모벽돌 등이 있다.

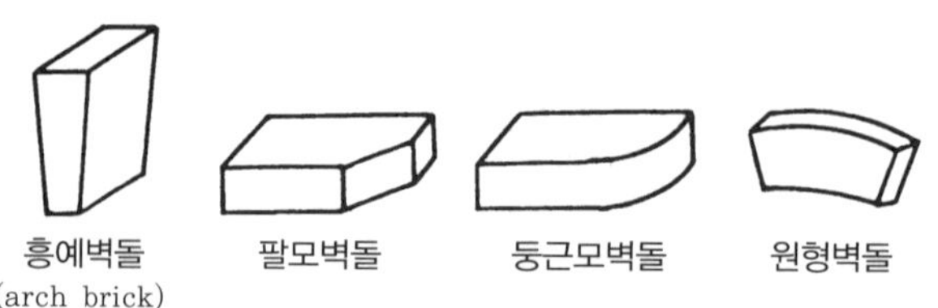

그림 7-11 이형벽돌

오지벽돌(salt glazed brick)

오지벽돌(釉藥壁乭)은 벽돌의 길이나 마구리면에 오짓물을 칠해 구운 치장벽돌이다. 주로 건축물의 외벽에 치장을 하거나 건축물 내부 또는 장식물의 치장할 목적으로 사용한다.

포도벽돌(pavement brick)

포도벽돌(鋪道壁乭)은 도로나 마룻바닥에 까는 두꺼운 벽돌로서 원료로 연와토(煉瓦土)·도토(陶土) 등을 쓰고 식염유로 시유소성한 것이다.

크기는 210mm×90mm×75mm이고 비중은 2.2~2.4 정도이다. 포도벽돌은 경질이며 흡습성이 적고 두꺼워서 도로, 복도, 창고, 공장 등의 바닥면에 깔아 쓴다.

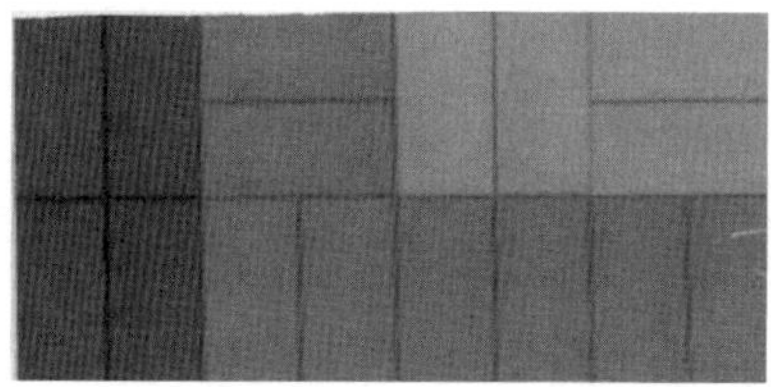

그림 7-12 포도벽돌

광재벽돌(slag brick)

광재벽돌(鑛滓壁乭)은 슬래그(slag)를 분쇄한 것에 소석회(8~12%)를 혼합하고 물반죽한 후에 대기 중에서 2~3개월 경화시키거나 고압증기 가마에 경화시켜 만든 것으로서 고로벽돌 또는 슬래그벽돌이라고 한다. 광재벽돌은 흡수율·열전도율이 낮아 단열 및 보온의 목적으로 사용하고 무게가 가벼워서 경량재료로 사용한다.

날벽돌(adobe)

날벽돌은 굽지 않은 날흙 벽돌이다. 강도가 낮고 흡수율 등이 높기 때문에 사용도가 낮지만 열전도율이 낮아 강도를 높여 주고 흡수율을 낮게 하는 재료를 첨가하여 제조하는 등 날벽돌의 단점을 개선하면 좋은 단열 및 보온재료가 될 수 있다.

(5) 점토기와(ceramic roofing tile)

점토기와(粘土蓋瓦)는 점토(진흙·찰흙)에 약간의 모래를 섞고 물로 이겨 900~1,000℃로 구워 만든 기와(roof tile, roofing tile)로 토기와·진흙기와·흙기와(土瓦)라고도 한다. 기와는 모양에 따라 우리나라에서는 한식기와·일식기와·양식기와로 구별하며 한식기와 잇기(조선기와 잇기)에는 점토기와, 즉 구운 흙기와가 많이 쓰이고 그 외에 암키와·수키와·내림새·막새 등의 종류가 있다. 빛깔은 보통 검정색이고 때에 따라서는 시유한 오지기와·청기와 등을 사용한다.

기와는 흡수율이 낮고, 두드리면 금속성 청음이 나며, 형상 · 색깔 · 광택 등이 아름답고 방수 · 보온 · 내구성 · 강도 등이 충분하며, 이지러짐 · 갈라짐 · 얼룩 등이 없는 상등품을 사용하는 것이 좋다. 한식기와의 치수는 표 7-11과 같고 고대의 것일수록 크다. 점토기와의 제조방법과 질에 따라 소소와(素燒瓦) · 훈소와(燻燒瓦) · 시유와(施釉瓦)로 분류한다.

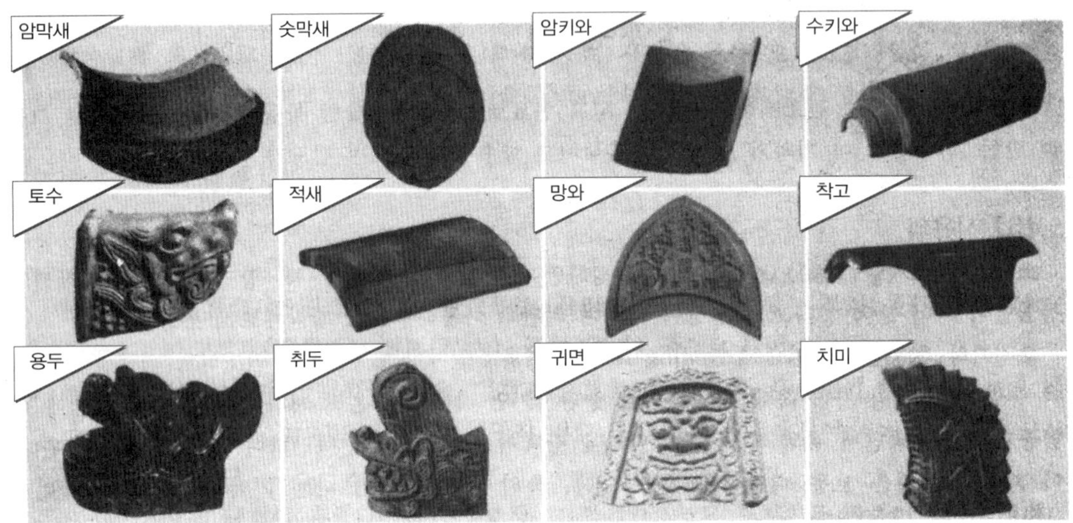

그림 7-13 한식기와(조선기와)

표 7-11 한식기와 치수

(단위 : mm)

종별	암키와		수키와	
	길이	너비	길이	지름
보 통 기 와	300	270	270	120
고 급 기 와	330	300	300	135
고건축큰기와	330	315	315	150

표 7-12 토기와의 치수

번호	기와치수(mm)			실용치수(mm)	
	두께	길이	너비	길이	너비
1	16~21	295	295	225	255
2		290	285	220	250
3		280	275	210	240
4		290	290	185	245

◎ 소소와

소소와는 저급점토를 원료로 900~1,000℃로 소소(素燒)하여 만든 기와인데 흡수율이 높아 실용적이지 않은 적와(赤瓦)이다.

◎ 훈소와

훈소와는 건조 제품을 가마에 넣고 연료로 장작이나 솔잎 등을 써서 검은 연기로 그을려 만든 기와이다. 이 기와의 표면은 회흑색이고 방수성이 있으며 강도가 높다.

◎ 시유와

소소와에 오짓물(釉藥)을 칠하여 재소성하면 표면이 각종 색(청 · 녹 · 황 · 적색)으로 착색되고 경질면이 되어 광택이 나고 방수성이 커지며 외관이 아름다우므로 장식재료로 쓰인다.

오지기와(釉藥蓋瓦 : glazed roofing tile)는 기와 소성이 끝날 무렵에 연소실로 식염을 투입하여 증발시켜, 기와 가마 속에 식염증기를 충만시키면 가마 내의 온도저하에 따라 기와 표면에 식염증기가 응축되면서 유약피막이 형성되어 광택이 나고 표면이 매끈하며 견고한 기와가 된다. 이 기와의 색깔은 보통 다갈색(적갈색)인데, 특히 청색 광택이 나는 기와를 청기와(靑蓋瓦 : glazed roofing tile)라고 한다.

(6) 타일(tile)

◎ 타일의 정의

타일은 점토 또는 암석의 분말을 성형, 소성(1,200℃)하여 만든 박판 제품(두께 약 5mm 정도)을 총칭한 것이다.

미국 재료시험협회(ASTM : American Society for Testing and Materials)에 의하면, “타일은 요업 제품으로서 보통은 표면적에 비하여 상당히 얇고 점토 또는 점토와 다른 원료와의 혼합물로 만든다. 시유 또는 무유로 제조공정 중에서 적열(赤熱) 이상의 온도로 소성하여 특별한 물리적 성질 및 특징을 갖게 한 것을 말한다.”라고 되어 있다.

보통 타일은 도자기타일(ceramic tile)을 말하며, 도자기타일은 함수규산반토(含水硅酸礬土)를 주성분으로 하는 점토에 규석 · 장석 · 석회석 등의 미분(微紛)을 가하여 소지재(素地材)로 만들어 성형, 건조, 소성한 것이다.

◎ 타일의 역사

타일이란 어원은 프랑스어 ‘Tuile’에서 유래되었다고 전하고 있다. 요업 제품과 건축의 관계는 매우 오래전부터였으며 타일은 바빌로니아 · 아시리아 · 페르시아의 건축에서부터 사용되기 시작하였고 터키 건축에서 시유한 타일이 사용되었다고 한다. 그러나 이것은 얇은 벽돌모양의 것에 지나지 않는 것이었다.

벽돌조의 표면 마무리재로 규격화된 타일이 공장생산화된 것은 19세기 중엽부터이다. 우리나라에서 타일이 처음 사용된 건축물은 1900년대에 덕수궁 석조전 · 운현궁 본관 등이고 1920년대에는 한국은행 본관 등에 외국산 타일을 사용하였으나 1930년대에 들어 타일을 국내에서 처음 생산하게 되었다. 국산 타일이 처음 사용된 건축물은 서울대 의대 본관이라고 하며, 1954년경부터 외장타일과 모자이크타일이 생산되었고 1964년부터 자기질 무유 모자이크타일이 생산되었으며 1966년부터 시유 모자이크타일이 터널가마솥(Tunnel kiln)에 의해 대량생산되기 시작하였다.

타일의 원료

1) 소지원료

타일의 소지(素地)는 가소성부분, 결정부분, 유리상부분을 구성하는 장석(長石) · 도석(陶石) · 납석(蠟石) · 고령토(高嶺土) · 점토(粘土) · 규석(硅石) 등으로 되어 있다.

장석은 규산 · 알루미늄 · 나트륨 · 칼슘 · 알칼리 등으로 되어 있어 용융점이 다른 원료보다 낮고 기계적 결합에 영향을 받으며, 결정수를 빼앗긴 점토 또는 규석을 용해하여 자기의 조성을 구성하는 중요한 원료이다.

도석은 운모와 규석이 혼합된 혼합물로서 그 자체만으로도 도자기를 만들어 낼 수 있다. 도석이 토상(土狀)으로 되어 있으면 도토(陶土) 또는 백토(白土)라고 하고 암석상이면 도석이라고 한다.

납석은 석랍(石蠟) 같은 촉감이 있는 암석으로서 주성분은 산화알루미늄(Al_2O_3)이며 탈수감량이 적고 소성온도에 의한 수축의 차가 적다.

고령토(高嶺土)는 알루미나(alumina)와 무수규산의 함수 화합물로서 바위 속의 장석의 풍화에 의해서 생기는데, 미세한 박판상 또는 인편상(鱗片狀)으로 산출되며 내화성이 강하고 소성색상이 거의 순백색으로써 고량토(高粱土) 또는 고릉토(高陵土)라고도 한다. 우리나라에서는 하동 · 산청 · 상주 등에서 산출되는데, 그 품질은 세계적으로 인정받고 있다.

점토는 천연산의 미세한 입자의 집합체로 유기물질을 많이 포함하고 있다. 따라서 가소성이 크고 건조강도가 크며 유리화(遊離化)의 범위가 넓어 필수적인 원료이나 국내에서는 양질의 것이 발견되고 있지 않다.

규석은 규산을 화학성분으로 한 석영(石英) · 수정(水晶) 등의 광물로서 도자기 속에 넣으면 점성을 제거하는 효과가 있으며 소지 속에서 미분화한다. 또한 다른 성분과 혼합되어 잘 녹으며 유리질이 빨리 생긴다. 투광성도 좋아지고 기계적 강도와 백색도(白色度)를 증가시킨다.

2) 유약원료

장석 · 석회석 · 규회석 · 고령토 · 규석 등 원료광물과 안료나 화공약품을 적당량 배합하여 착색한다. 착색제는 대부분 금속성 산화물이며 소성 중의 안정화를 위하여 백옥화(frit)

및 색소화(pigment)시켜 사용하며 특수한 경우 금속산화물 자체를 사용하기도 한다.

유약의 종류는 일반적으로 생유(raw lead glaze) · 프리트유(frit glaze) · 증발유(evaporation glaze) 등으로 구분하며, 표면의 특수성에 따라 광택유(glossy glaze) · 무광택유(mat glaze) · 반광택유(semimat glaze) · 결정유(crystalline glaze)로 구분한다. 또한 유약층 내부의 특성에 따라 반투명유(translucent glaze) · 마졸리카유(majolica glaze) · 사금석유(aventurine glaze) · 결정유(crystalline glaze)로 구분하기도 한다.

◎ 타일의 제조

타일의 일반적 제조공정은 다음과 같다.

원료의 건조분쇄, 기타 처리 → 원료의 조합 → 미분쇄 → 물비빔 →

압려(壓濾) → 건조 → 분쇄 → 함수 → 가압성형 ·····(건식제법)
압출(壓出)성형 → 건조 ·····································(습식제법)

→ 소성(素燒) → 검사 → 시유 → 소성(本燒) → 선별검사

타일의 성형에는 건식과 습식의 두 가지 방법이 있다. 건식은 소지재를 건조분말로 하여 여기에 약간의 습기를 주어 형틀에 넣고 가압 성형한 방식이고, 습식은 소지재를 균일한 플라스틱(plastic) 상태로 반죽하여 찍어내는 방식 또는 형틀에 넣어 성형하는 방식이다. 건식은 소지가 치밀하여 표면이 평활하고 모서리가 정확하게 되며 얇아도 비교적 강하다.

표 7-13 건식과 습식타일의 특징

명칭	성형방법	제조 가능한 형태	정밀도	용도
건식타일	압려성형	보통타일 (간단한 형태)	치수 · 정밀도가 높고 고능률이다.	내장타일 바닥타일 모자이크타일
습식타일	압출성형	보통타일 (복잡한 형태도 가능)	압려성형에 비해 정밀도가 낮다.	외장타일 바닥타일

◎ 타일의 종류

1) 호칭에 의한 구분

호칭에 의한 구분	주용도
내장타일 외장타일 바닥타일 모자이크타일 클링커타일	내장벽재 외장벽재 내 · 외장바닥재 내 · 외장벽 및 바닥재 외장바닥재

2) 소지의 질에 의한 구분

소지의 질에 의한 구분	내용	
	소지의 생태	흡수율(%)
자기질 타일	불침투성	0
	용화성(熔化性)	1.0 미만
석기질 타일	대부분 용화성	1.0 이상 3.0 미만
	반용화성	3.0 이상 10.0 미만
도기질 타일	비용화성	10.0 이상

비고) ① 자기질 타일 ; 소지가 자기질이고 고온(1,230~1,460℃)으로 소성한 것으로 흡수성이 거의 없고 경도가 높아 견고하고 두드리면 금속성의 맑은 소리가 난다.
② 석기질 타일 ; 소지가 석기질이고 고온(1,160~1,350℃)으로 소성한 것으로 흡수성이 낮으며 경도가 비교적 높다. 일반적으로 소지는 유색 불투명이며 내구성이 높다.
③ 도기질 타일 ; 소지가 도기질이고 고온(1,100~1,230℃)으로 소성한 것으로 흡수성이 높고 다공질로서 경고가 낮으며 표면의 마모와 충격에 약하다.

3) 호칭 및 소지의 질에 의한 구분

호칭명	소지의 질
내장타일	자기질 · 석기질 · 도기질
외장타일	자기질 · 석기질
바닥타일	자기질 · 석기질
모자이크타일	자기질
클링커타일	석기질

4) 유약의 유무에 의한 구분

- 시유타일
- 무유타일

시유타일은 건조 전 또는 건조 후에 유약을 바르는 타일을 말하는데, 이 유약을 바르는 공정을 시유(施釉)라 한다. 이와 반대로 유약을 바르지 않고 소성한 그대로의 상태의 타일이 무유(無釉)타일이다. 시유는 타일 표면에만 유약을 바르는 것이 일반적인데 재질 자체에 유약을 조합하여 소성한 것도 있다.

시유타일은 무유타일에 비해 미관을 향상시키고 오염을 방지하며 강도의 증진과 마모의 방지를 도모할 수 있다. 특히 재질 자체에 유약을 조합하여 고온에서 소성한 무광택 타일은 타일 전체가 균일한 재질과 색상으로 되어 있어 표면이 마모되더라도 본래의 색상을 그대로 보존할 수 있는 이점이 있다. 이러한 타일을 시중에서는 파스텔타일(pastel tile)이라 하여 제조 판매하고 있다.

참고	타일의 호칭방법 순서 : 소지의 질 → 유약의 유무 → 호칭명

보기
- 도기질－시유－내장타일
- 석기질－무유－바닥타일
- 자기질－시유－모자이크타일

※ ① 단, 호칭방법에서 필요 없는 부분은 제외해도 된다.
② 내장타일 · 외장타일 · 바닥타일 및 모자이크타일을 구성타일로 한 경우는 각각 내장구성타일 · 외장구성타일 · 바닥구성타일 및 모자이크 구성타일이라 부른다. 여기서 구성타일이라 함은 표면 또는 뒷면에 대지(臺紙)를 붙이든가 다른 방법으로 여러 개의 타일을 한조(組)로 구성한 타일을 말한다.

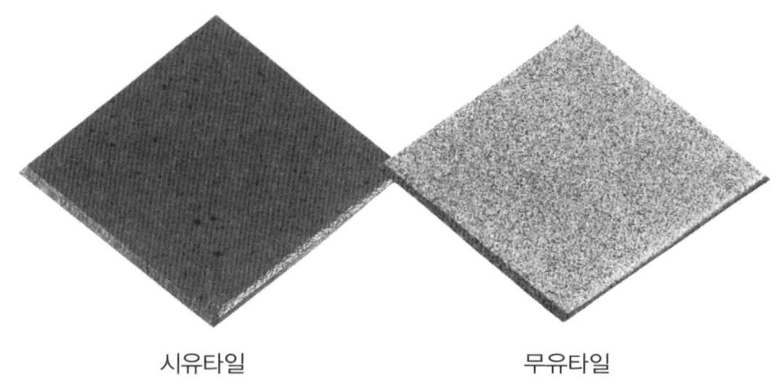

그림 7-14 시유 및 무유타일

그림 7-15 무광택타일(파스텔타일)

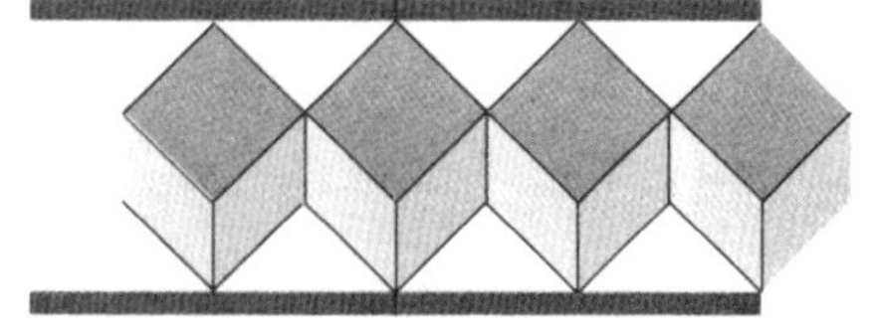

그림 7-16 구성타일

5) 표면 상태에 의한 구분
- 활면(滑面)타일
- 조면(粗面)타일

활면타일은 타일의 표면이 거칠지 않고 평활한 타일로서 시유타일의 일종이고 조면타일은 골면이 거친 모양을 가진 타일로서 무유타일의 일종이다.

6) 등급별 분류

등급	기준
1급품	① 색조가 특히 양호한 것 ② 외관 결함이 없는 것 ③ 색조가 정확하고 고른 것
2급품	① 색조가 좋은 것 ② 외관 결함이 심하지 않은 것
3급품	① 색조가 보통인 것

◎ 타일의 형상 및 치수

타일은 형상에 따라 여러 가지가 있으나 보통 정사각형 · 직사각형 · 정육각형 · 팔각형이 많이 쓰이며, 특수형으로는 보더타일(border tile) · 모자이크타일(mosaic tile) · 둥근모타일 · 볼록타일(면이 볼록한 것) · ㄱ자형 타일(모서리형) · 면접기타일 등이 있다. 특수용도에 쓰이는 것으로는 창인방용(물끊기 홈이 있는 것) 타일 · 창대용 타일 · 논슬립(non slip) 타일 등이 있다.

면처리한 것으로는 스크래치타일(scratch tile) · 태피스트리타일(tapestry tile) · 클링커타일(clincker tile) 등이 있다. 보더타일은 가늘고 길게 된 타일로서 특수한 장식적인 봉형(棒形)의 시유품으로 걸레받이, 징두리벽 등에 쓰인다. 모자이크 타일을 도자기 모자이크타일(ceramic mosaic tile)이라고도 한다.

모자이크타일은 4cm 각 이하의 소형으로 된 타일을 말하는데, 이것은 30cm 각 하트론지(huttron paper)에 줄눈을 일정하게 나누어 모아 붙여서 판매한다. 모자이크타일 중에서 11mm 각 정도의 극히 작은 타일을 아트 모자이크(art mosaic) 또는 라스 모자이크(lath mosaic)라고 하며, 이것은 무늬모양 · 회화 등에 쓰인다.

스크래치타일은 겉표면을 긁은 것같이 하며 6cm×21cm의 벽돌 길이방향과 같은 크기로 만들어 외장용으로 쓰이는 타일이다. 태피스트타일은 표면에 여러 가지 직물무늬의 모양이 나도록 만들어 내장용으로 쓰이는 타일이다. 논슬립타일은 계단 디딤판 끝에 붙여 미끄럼막이를 하는 것으로 크기는 6cm×11cm, 7.5cm×15cm, 9cm×15cm의 것이 있다. 원료에 점토를 사용하지 않고 카보런덤(carborundum : 탄화규소의 상품명) 가루를 구워서 만든 것을 아란덤타일(alundum tile)이라 하며, 최고품이다.

내 · 외장 및 바닥타일, 정사각형 타일

직사각형 타일

모자이크타일

외장타일

아트 모자이크타일

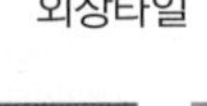

아트 모자이크타일 패턴

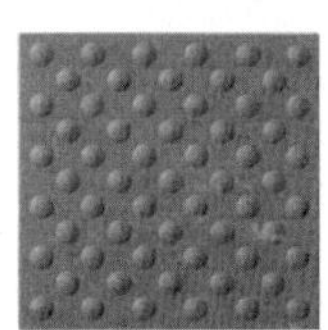

논슬립타일

그림 7-17 각종 타일

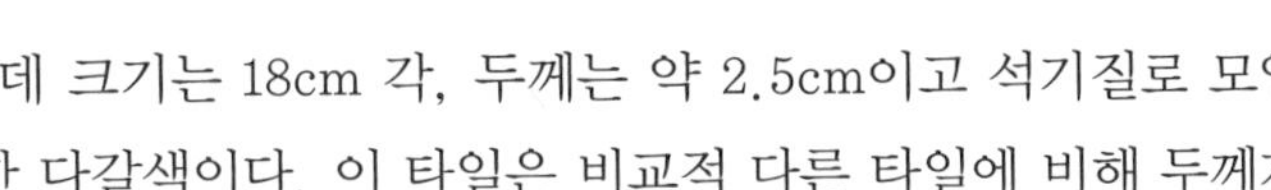

클링커타일은 과소타일을 말하는데 크기는 18cm 각, 두께는 약 2.5cm이고 석기질로 모양을 낼 수 있으며 식염유를 발라 진한 다갈색이다. 이 타일은 비교적 다른 타일에 비해 두께가 두껍고 홈줄을 넣은 외부 바닥용의 특수타일로서 지대(址臺), 디딤대(stoop) 등에 쓰인다.

타일의 형상은 그림 7-17, 그림 7-18과 같고 치수 및 품질기준은 한국산업규격(KS L 1001)에 규정되어 있다. 타일 종류별 형상을 구분하면 표 7-14와 같다.

타일두께의 제작치수는 일반적으로 뒷굽까지 두께가 포함된다. 뒷굽이 부정형인 경우는 뒷굽까지의 두께가 포함되지 않는다.

타일의 두께는 보통 다음과 같다.

- 내장타일 4~8mm
- 외장타일 5~15mm
- 바닥타일 7~20mm
- 모자이크타일 4~8mm

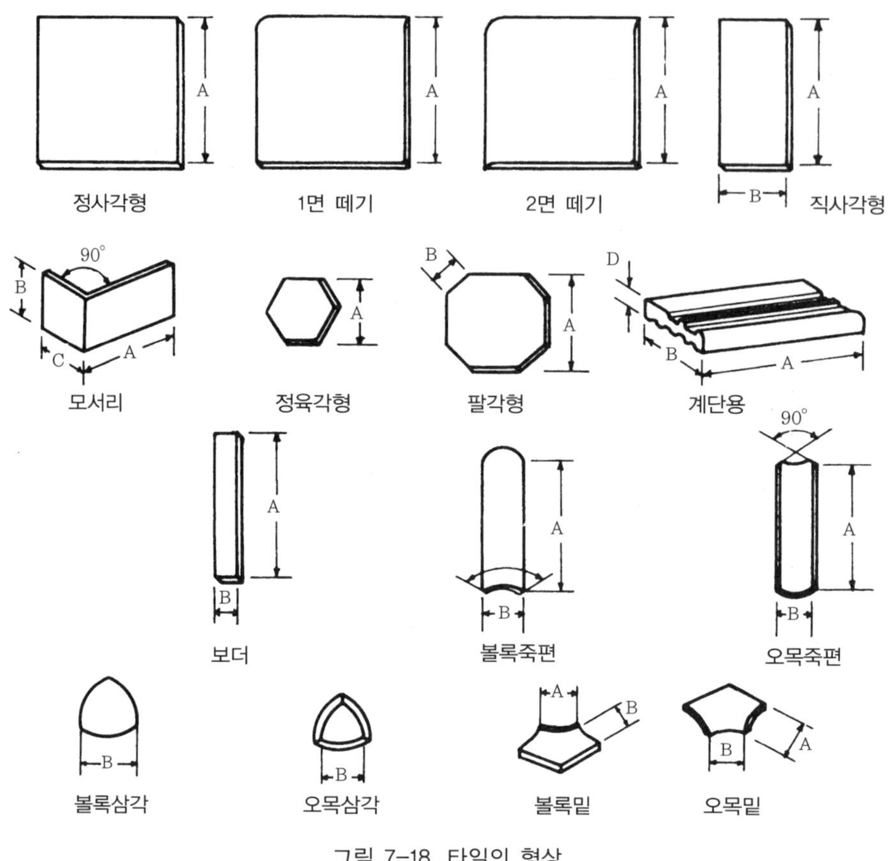

그림 7-18 타일의 형상

표 7-14 타일 종류별 형상

종류	형상
외장타일	정사각형, 직사각형, 모서리형
내장타일	정사각형, 일면떼기, 이면떼기, 직사각형, 보더, 볼록죽편, 오목죽편, 볼록삼각, 오목삼각, 볼록밑, 오목밑
바닥타일	정사각형, 직사각형, 정육각형, 팔각형, 계단용
모자이크타일	정사각형, 직사각형, 정육각형

비고) 본 표는 많이 사용되고 있는 타일 형상으로 호칭에 의한 타일 종류별로 구분하여 예시한 것이다.

타일의 치수는 모듈호칭치수와 제작치수로 구분하여 정하고 있다. 타일의 모듈호칭치수란 타일줄눈과 줄눈의 중심간 치수를 말하고 제작치수란 타일을 제작할 때 기본이 되는 치수를 말한다. 길이 및 너비의 제작치수는 모듈호칭치수에서 줄눈 및 공차를 고려한 치수로서 제조자가 정하는 것으로 한다.

타일의 모듈호칭치수는 표 7-15와 같고 모듈호칭치수와 제작치수의 관계를 나타낸 것이 그림 7-19이다. 또한 타일의 길이 · 너비 및 두께의 제작치수에 대한 허용차는 표 7-16과 같다.

타일은 정사각형과 직사각형을 주로 많이 사용하고 있는데, 그 크기를 최근에는 400mm×300mm, 400mm×400mm, 400mm×400mm, 500mm×500mm 등 그 이상의 대형 타일을 제작하고 또한 선호하여 많이 사용하고 있다.

표 7-15 타일의 모듈호칭치수

(단위 : mm)

	내장타일, 외장타일 바닥타일										구성타일	
A(너비)	50	100	150	200	250	300	400	450	500	600	300	450
B(너비)	50	100	150	200	250	300	400	450	500	600		

비고) 수출품 및 모자이크타일의 치수에 대해서는 제외한다.

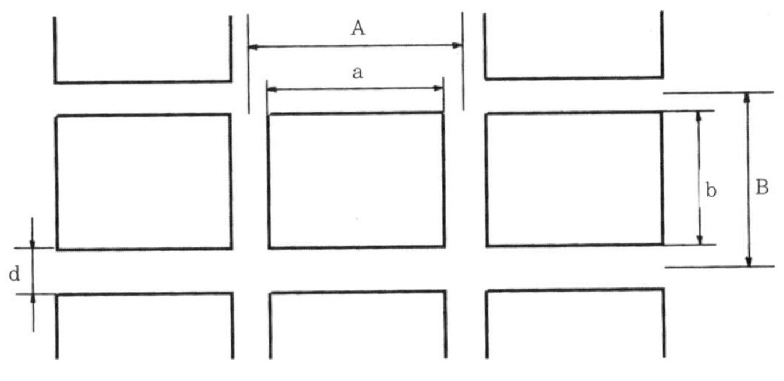

A : 모듈호칭치수(너비)
B : 모듈호칭치수(너비)
a : 제작치수(너비)
b : 제작치수(너비)
c : 줄눈너비

그림 7-19 모듈호칭치수 개념도

표 7-16 타일의 길이 · 너비 및 두께의 제작치수 허용차

(단위 : mm)

길이 및 너비의 허용차				두께의 허용차	
타일의 치수	내장타일	모자이크타일	외장 및 바닥타일	호칭에 의한 구분	허용차
50 이하	–	±1.0	±1.5	내장타일	±0.7
50 초과 105 이하	±0.6	±1.5	±2.0	외장타일	±1.5
105 초과 155 이하	±1.5	±2.0	±3.0	바닥타일	±1.5
155 초과 355 이하	±2.0	–	–	모자이크타일	±0.8

◎ 타일의 용도

타일은 용도상 외부용과 내부용으로 구분되고, 또 각각 벽용과 바닥용으로 구분된다. 내·외부벽용은 최근에는 벽용·바닥용의 구별 없이 쓰인다. 외부벽용 타일은 흡수성이 적고 외기에 대해 저항력이 강한 단단한 것이 좋고 모양은 정사각형(비교적 작은 것)·마구리형·길이형 등이 많이 쓰인다.

내부바닥용 타일은 흡수성이 다소 있고 외기에 저항력이 적은 것이 쓰이지만, 미려하고 위생적이며 청소가 용이한 것이 많이 쓰이고 모양은 정사각형(대형)이 많이 쓰인다.

내부벽용 타일은 단단하고 마모에 강하며 흡수성이 적은 것이 좋고, 자기질·석기질의 무유 또는 시유품으로 표면이 미끄럽지 않은 것이 쓰이며, 모양은 대개 직사각형·정육각형·팔각형 등이고 외부바닥용으로 지대·디딤대 등에는 클링커타일이 주로 쓰이고, 특히 미끄럼방지용으로 제작된 논슬립 타일을 사용한다.

타일의 용도에 따른 적합성을 표시한 것이 표 7-17이다.

◎ 타일의 선정

타일의 종류, 등급, 형상, 치수, 이형, 소지, 소지 표면의 상태, 시유약의 색깔, 광택 및 등급은 공사시방에 따르거나 견본품을 제출하여 담당원의 승인을 얻어 확정된 다음에 소요 수량을 반입한다. 타일이 대형일수록 치수차가 크고 모양도 뒤틀리거나 우그러든 것이 많고 저급품일수록 표면에 흠집이 많다. 알맹이가 붙어 있는 것, 유약에 금이 그어진 것, 옆면 가장자리가 곱지 않고 유약이 불균등하게 묻은 것이 있으나 이것은 대개 눈으로 판별되고 손으로 만져보면 그 결함의 대강은 판단할 수가 있다. 또한 바늘구멍 정도라도 유약이 묻지 않은 부분이 있는 것은 동결기에 수분이 흡수되면 결손되기 쉬우므로 엄선해야 한다.

타일은 표준치수를 중심으로 대소의 몇 종류로 나누어 극단적으로 차이가 많고 가로·세로 치수의 오차가 심한 것은 제외한다. 타일의 색채를 선정할 때는 실제 타일로 구성된 색표(color chart)를 제출하여 담당원의 승인을 받아야 하고, 이때의 견본은 가로·세로 각각 30cm 이상 크기의 합판 또는 하드보드(hard board)에 붙인 것으로 한다.

타일은 흡수율이 자기질 타일의 경우 내외장 및 바닥 등의 용도에 관계없이 1% 이하, 석기질 타일은 10% 이하, 도기질 타일은 18% 이하, 클링커타일은 8% 이하인 것이어야 하며, 바닥타일 및 모자이크타일에 대한 마모에 의한 감량은 각각 0.1g 이내의 것으로 하고, 꺾임 파괴하중이 너비 1cm당 내장타일은 1.23kgf(12N, 1N=0.102kgf) 이상, 외장타일 및 바닥타일은 8.16kgf(80N) 이상, 모자이크타일은 10.2kgf(100N) 이상의 것을 선정하여 사용한다. 타일의 결점에 대한 판정은 표 7-18에 따르고, 특히 자기질 타일에서 표면의 넓이가 $15cm^2$ 이상인 경우에는 충분히 접착될 수 있도록 뒷발을 붙여야 한다. 뒷발의 종류는 표 7-19와 같고 길이는 표 7-20을 참고하여 결정한다.

표 7-17 타일의 용도별 적합성

제품의 질별		건식								습식							
		자기				석기		도기		자기				석기		도기	
용도 \ 품명		자기(시유)	자기(무유)	모자이크(시유)	모자이크(무유)	석기(시유)	석기(무유)	도기(시유)	도기(무유)	자기(시유)	자기(무유)	모자이크(시유)	모자이크(무유)	석기(시유)	석기(무유)	도기(시유)	도기(무유)
외부	일반벽	○	△	○	○	○		×	△	○	△	○		×	×	○	△
	바닥	△	○	△	○	△		×	△	△	○	△		○	○	×	△
	한랭지벽	○	△	○	○	○		×	×	○	△	○		×	×	×	△
	바닥	△	○	△	○	△		×	×	△	○	△		○	△	×	△
내부	일반벽	○	△	○	△	○		○	○	○	△	○		×	×	○	○
	바닥	△	○	△	○	△		△	○	△	○	△		○	○	×	○
	한랭지벽	○	△	△	△	○		×	○	○	△	○		×	×	×	○
	바닥	△	○	△	○	△		×	○	△	○	△		○	○	×	○
기타	욕실벽	○	△	○	△	○		○	△	○	△	○		×	×	○	△
	바닥	△	○	△	○	△		△	△	△	○	△		×	×	×	△
	내산실벽	○	△	×	×	△		×	×	○	△	×		×	×	×	×
	바닥	△	○	×	×	△		×	×	△	○	×		○	○	×	×

비고) ○ : 적당, × : 부적당, △ : 검토 후 사용 요한다는 표시이다.
이 표는 타일의 용도에 따른 적합성을 판별 시 참고자료로 제시한 것이다.

표 7-18 타일의 결점 및 판정기준

구분	결점의 분류	판정기준
1개의 타일에서의 결점	금 갈라짐, 현저한 뒷면 흠집, 깨어짐	없어야 한다.
	소지 떨어짐, 핀홀, 오목, 표면 흠집, 이물질의 부착, 장식얼룩, 색얼룩, 광택얼룩, 변형	약 1m 거리에서 바라보았을 때 눈에 띄지 않아야 한다.
타일 상호간의 결점	색조의 불균일, 광택의 불균일	결점조사에 필요한 개수의 타일을 펴놓고 약 2m 거리에서 바라보았을 때 눈에 띄지 않을 것

비고) 장식상 별도로 만든 색얼룩, 색조의 불균열, 유약얼룩, 금갈라짐 등은 결점으로 취급하지 않는다.

표 7-19 타일의 뒷발 종류

종류	특징	뒷발 모양
평판형	· 접착력이 약해 박리되기 쉽다. · 외벽에는 사용하지 않는다.	
프레스형	· 뒷발이 작은 형으로 넓은 벽면에는 적합하지 않다.	
압축형	· 뒷발이 큰 갈고리형으로 접착면적이 큰 이상적인 타일이다.	2mm 이상 뒷발상세 Z형

비고) 뒷발 높이의 최대는 3.5mm 정도이다.

표 7-20 타일의 크기별 뒷발길이

구분 타일의 크기(mm)	뒷발길이(mm)	붙임모르타르 두께(mm)	중량(g)
87×57×6	0.2	4	100
108×60×7.7	1.3	4	110
111×90×11.3	2.4	5.5	250
190×90×12.6	2.5	6	430
210×100×18	1.2	8	800
190×190×11	2.0	6	760
240×117×11	3.9	7	650
300×200×10	0.5	5	1,240
225×61×36	4.4	10	750
225×90×21	5.0	10	920

비고) 국내 사용 타일을 샘플링하여 조사한 값이다.

◎ 타일붙임 재료

타일붙임 재료의 종류는 무기질 시멘트모르타르와 유기질고무계 또는 에폭시계로 대별한다. 타일붙임 재료는 접착력이 강하고 작업성이 있어야 하며 내구성이 강하고 경제적인 것이어야 한다. 접착력은 최소한 $4kgf/cm^2$ 이상 확보해야만 타일의 탈락현상과 동해(凍害)에 의한 내구성의 저하를 방지할 수 있다.

타일붙임 재료가 지녀야 할 모든 성능에 대해서 종합적으로 표시한 것이 표 7-21이다. 이 조건표는 타일붙임 재료 선정 시에 참고자료가 된다.

표 7-21 타일붙임 재료 품질선정 조견표

<table>
<tr><th colspan="2" rowspan="2">재료별
구분</th><th>무기질</th><th colspan="3">유기질</th></tr>
<tr><th>시멘트+모래+혼화제</th><th>아크릴 에멀션</th><th>합성고무 라텍스</th><th>에폭시 변성 합성고무 라텍스</th></tr>
<tr><td rowspan="7">필요성능</td><td>접착성</td><td>○</td><td>○</td><td>○</td><td>○</td></tr>
<tr><td>내수성</td><td>○</td><td>○</td><td>○</td><td>○</td></tr>
<tr><td>보수성</td><td>○</td><td>△</td><td>△</td><td>△</td></tr>
<tr><td>작업성</td><td>○</td><td>○</td><td>○</td><td>○</td></tr>
<tr><td>내열성</td><td>○</td><td>×</td><td>×</td><td>×</td></tr>
<tr><td>내한성</td><td>○</td><td>×</td><td>×</td><td>×</td></tr>
<tr><td>내구성</td><td>○</td><td>×</td><td>×</td><td>×</td></tr>
<tr><td rowspan="4">시공장소</td><td>외벽</td><td>○</td><td>×</td><td>×</td><td>×</td></tr>
<tr><td>욕실(벽면)</td><td>○</td><td>○</td><td>×</td><td>×</td></tr>
<tr><td>욕실(바닥)</td><td>○</td><td>×</td><td>×</td><td>×</td></tr>
<tr><td>욕실(욕조내부)</td><td>×</td><td>×</td><td>×</td><td>×</td></tr>
<tr><td rowspan="2">바탕</td><td>미장모르타르</td><td>○</td><td>○</td><td>○</td><td>○</td></tr>
<tr><td>석고보드, ALC판 등</td><td>프라이머 처리</td><td>프라이머 처리</td><td>프라이머 처리</td><td>프라이머 처리</td></tr>
<tr><td rowspan="4">타일</td><td>자기질(외장)</td><td>○</td><td>×</td><td>×</td><td>×</td></tr>
<tr><td>자기질(내벽)</td><td>○</td><td>○</td><td>×</td><td>×</td></tr>
<tr><td>자기질(바닥)</td><td>○</td><td>×</td><td>×</td><td>×</td></tr>
<tr><td>도기질(벽)</td><td>△</td><td>○</td><td>○</td><td>○</td></tr>
<tr><td colspan="2">바탕의 건습</td><td>○</td><td>건조</td><td>건조</td><td>건조</td></tr>
<tr><td colspan="2">양생조건</td><td>10℃ 이상</td><td>10℃ 이상</td><td>10℃ 이상</td><td>10℃ 이상</td></tr>
</table>

비고) ○ : 적당, × : 부적당, △ : 검토 후 사용 요한다는 표시이다.

시멘트모르타르의 표준배합은 표 7-22와 같고 모르타르는 건비빔한 후 3시간 이내에 사용하며 물을 부어 반죽한 후 1시간 이내에 사용한다. 1시간 이상 경과한 것은 사용하지 않는다.

표 7-22 타일붙임용 시멘트모르타르의 표준배합(용적비)

<table>
<tr><th colspan="3">구분</th><th>시멘트</th><th>모래</th><th>혼화재</th><th>비고</th></tr>
<tr><td rowspan="7">붙임용</td><td rowspan="4">벽</td><td>떠붙이기</td><td>1</td><td>3~4</td><td>-</td><td rowspan="10">① 모래는 타일의 종류에 따라 입도분포를 조정한다.
② 줄눈의 색은 담당원의 지시에 따른다.</td></tr>
<tr><td>압착붙이기</td><td>1</td><td>1~2</td><td>지정량</td></tr>
<tr><td>판형붙이기</td><td>1</td><td>1~2</td><td>지정량</td></tr>
<tr><td>개량압착붙이기</td><td>1</td><td>1~2.5</td><td>지정량</td></tr>
<tr><td rowspan="3">바닥</td><td>판형붙이기</td><td>1</td><td>2</td><td>-</td></tr>
<tr><td>클링커타일</td><td>1</td><td>3~4</td><td>-</td></tr>
<tr><td>일반타일</td><td>1</td><td>2</td><td>-</td></tr>
<tr><td rowspan="3">줄눈용</td><td colspan="2">줄눈폭 5mm 이상</td><td>1</td><td>0.5~2</td><td>지정량</td></tr>
<tr><td rowspan="2">줄눈폭 5mm 이하</td><td>내장</td><td>1</td><td>0.5~1</td><td>지정량</td></tr>
<tr><td>외장</td><td>1</td><td>0.5~1.5</td><td>지정량</td></tr>
</table>

◎ 타일의 백화현상(appearance of efflorescence)

타일의 뒷면에 물이 침투되면 물은 바탕모르타르 속에 들어 있는 석회를 용해시켜 수산화석회[$Ca(OH)_2$]를 생성하는데, 이와 같이 생성된 수산화석회가 벽의 외부로 표출되면서 공기 중의 탄산가스 등과 반응하여 석회석으로 변하여 타일의 표면을 오염시키는 현상을 타일의 백화현상(白華現狀, 白花現狀)이라 한다.

그림 7-20에서와 같이 타일과 건축물 사이에 물이 침입하여 발생하는 현상이므로 백화의 방지를 위해서는 우선 타일과 건축물 사이에 물이 침투하지 않도록 하며, 그러기 위해서는 타일과 건축물 사이에 공극이 발생하지 않도록 모르타르를 충분히 타일 뒷면에 채워서 접착하되 붙임모르타르의 두께는 균등하도록 해야 한다.

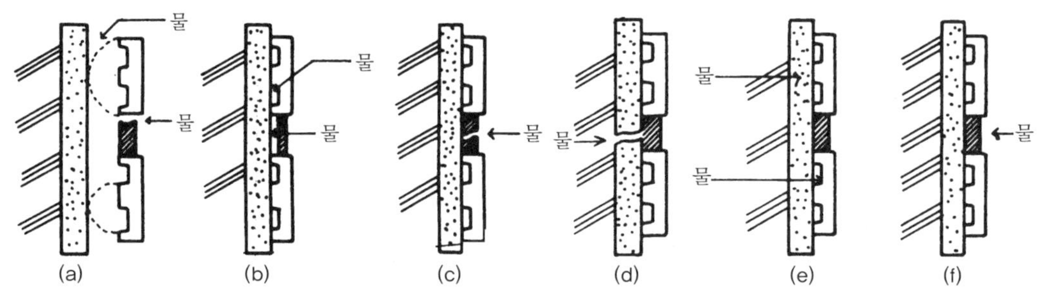

그림 7-20 타일의 백화현상 발생요인의 예

특히 떠붙임공법에 의해서 타일접착시공을 할 때 시멘트풀(cement paste)을 줄눈에 뿌리는 것은 백화현상을 촉진시키는 요인이 된다. 현재까지는 타일의 백화현상을 방지할 수 있는 특별한 공법이 개발되지 않고 있는 실정이므로 백화방지를 위해서는 품질이 좋은 타일을 사용하고 정밀 시공을 하는 것이 최선의 방법이라 하겠다.

(7) 테라코타(terra-cotta)

테라코타란 이탈리아어로 '구은 흙'이라는 뜻으로 자토(磁土)를 반죽하여 조각의 형틀로 찍어내어 소성한 속이 빈 대형의 점토 제품이다.

건축공사에 사용되는 테라코타는 구조용과 장식용의 두 가지 종류로 대별할 수 있다. 구조용 테라코타는 바닥, 칸막이벽 등에 사용되는 공동벽돌이고 장식용 테라코타는 내외 장식용으로써 주문 제작한 것이다. 장식용 테라코타에는 두꺼운 타일과 같이 되어 있는 판형 · 쇠시리형 또는 조각물이 있으며, 주로 난간벽(parapet) · 돌림대 · 창대 · 주두 등에 많이 쓰인다.

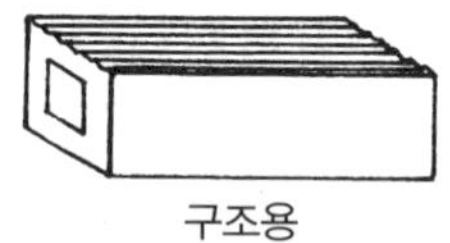

구조용

장식용

그림 7-21 테라코타

테라코타의 형상이 너무 크면 제조에 곤란하므로 제조할 수 있는 최대크기를 평물(平物)이면 $0.5m^2$, 형물(型物)이면 $1.1m^2$를 한도로 하고 있으므로 설계 시에는 이것의 반 정도로 맞추는 것이 좋다.

색소나 모양을 임의로 만들 수 있고 무유한 것도 있으나 시유한 것이 대부분이며, 돌보다 가벼우나 소성 제품이므로 형상, 치수 등의 틀어짐이 생기기 쉬운 것이 결점이다. 형상 및 외관은 도면이나 모형 또는 견본품에 의해 정하며 속빈 부분의 살두께는 25~40mm 정도로 한다. 맞댐자리 홈턱, 물끊기, 치켜올림 및 달기구멍 등이 있고 소성이 양호하며 뒤틀림, 갈램, 흠, 표면의 색깔, 얼룩 등이 없는 것으로서 각 치수의 오차가 2% 이상 되지 않는 것을 사용한다.

(8) 토관과 도관

◎ 토관(clay pipe, earthen-ware pipe)

토관(土管)은 진흙(저급점토)으로 빚어 소성한 관으로서 소성온도는 1,000℃ 정도이고, 강도는 약하나 짙은 자갈색에 두들기면 고음이 나며 흡수율은 20% 이하이다.

유약칠을 한 것을 오지토관이라고 한다. 토관은 병소관(竝燒管)과 후소관(厚燒管)으로 구분한다.

토관을 용도별로 구분하면 직관 · 곡관 · 만곡관(彎曲管) · 가지친관(肢附管) · U자형관(溝形管) · 점축관(漸縮管) · 깔때기토관 등이 있다. 토관의 한쪽 끝을 삽구(揷口), 다른 쪽 끝을 승구(承口)라 하며 길이는 60cm 전후, 내경은 9~60cm 정도의 것을 사용한다.

◎ 도관(ceramic pipe)

도관(陶管)은 토관의 일종이나 보통토관보다 소성온도를 높게 하고 식염유를 바른 것으로 흡수율이 낮아 상수관, 배수관, 케이블 매설관 등에 사용한다.

(9) 위생도기(sanitary wares)

위생도기(衛生陶器)는 각종 위생설비에 쓰이는 점토 제품 기구류인 대변기(closet bowl, toilet bowl) · 소변기(urinal) · 세면기(lavatory, bowl, basin) · 정수조(cistern, water tank) · 개수기(sink, lavatory sink) · 목욕조(bathtub) · 음수기(dirinking fountain) · 수채통(cesspool, cath basin) 등의 총칭이다.

원료는 철분이 적은 장석 점토를 주원료로 하여 여기에 도석 · 석회석 · 샤모테(schamotte) 등을 배합한다. 유약원료로는 아연화 · 연단(鉛丹) · 석회석 · 점토 등을 사용하며 색유와 백유가 있다.

위생도기는 그 소지(素地)의 질에 의해 용화소지질 · 화장소지질 및 경질도기질의 3종으로 구분한다.

위생도기의 성능은 다음과 같은 조건이 필요하다.

① 치수 및 형상이 정확하고 외관이 아름다우면서 청결할 것

② 표면이 평활하고 색감이 좋으며 급·배수 또는 청소 등의 기능에 적당할 것

③ 소지는 가능한 한 흡수성이 적은 질의 것으로 소지 및 유약의 어느 것에도 큰 얼룩이나 유약금 또는 균열 등의 결점이 없을 것

④ 내산·내알칼리성일 것

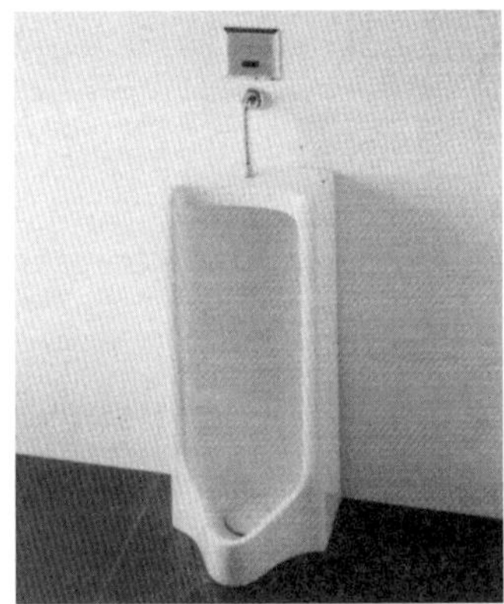

그림 7-22 위생도기

8 목 재

8-1 개 요

목재(lumber, timber, wood)는 건축용 재료로서 옛날부터 중요한 구조재(構造材) 및 수장재(修裝材)의 역할을 담당해 왔다. 그러나 가연성이 크고 내구성이 부족하기 때문에 근대에는 철근콘크리트 및 철재 등의 사용으로 구조재로서의 쓰임은 점차 감소하게 되었다. 그러나 근래에는 극심한 생활 주변의 오염을 제거하고 지구환경보전을 위하여 목조건축이 새로이 시작되어야 한다는 논의가 대두되고 있을 뿐만 아니라 점차 목조건축물의 선호도가 높아져 건축용 재료로서 목재 사용량이 증대되어 가고 있다.

목재(木材)는 가볍고 비중이 적은 데 비해 압축강도 및 인장강도가 크고 가공성이 좋으며 열전도율이 낮아 보온 · 방한 · 방서성이 뛰어나고, 음의 흡수 및 차단성이 클 뿐만 아니라 흡습조절의 능력이 우수하다. 또한 온도에 대한 신축이 적고 탄성 · 인성이 크며 충격 · 진동 등의 흡수성도 크고, 외관이 아름답고 자원이 광범위하여 공급이 풍부한 장점이 있다.

반면에 가연성, 부식성, 수분에 의한 변형과 팽창 · 수축이 크며 재질 및 방향에 따라 강도가 다르고 크기에 제한을 받으므로 강재나 콘크리트와 같은 큰 재료를 얻기가 어려운 단점이 있다.

8-2 목재의 분류

목재의 분류방법에는 성장, 외관, 재질, 용도 등에 의해 여러 가지가 있으나 일반적으로 다음과 같이 분류한다.

(1) 성장에 의한 분류

수목(trees)은 성장 상황에 따라 외장수(exterior finishing tree)와 내장수(interior finishing tree)로 구분한다. 외장수는 길게 뻗어 나감과 동시에 수간(樹幹)의 횡단면에 연륜(年輪)이 형성되며 비대생장(肥大生長)하는 수종(樹種)으로 건축용 목재에 적합한 것은 거의 이에 속한다.

외장수를 침엽수(針葉樹 : needle-leaved tree)와 활엽수(闊葉樹 : broad-leaved tree)로 나누며, 침엽수는 소나무(陸松, 赤松) · 해송(海松, 黑松) · 삼송나무(杉) · 전나무(樅木) · 솔송나무(栂) · 낙엽송(落葉松 · 黃花松) · 가문비나무(唐松 · 塔松) · 리기다소나무(美國三葉松) · 비자나무(榧子木) · 잣나무(紅松) · 편백(檜) 등이 있으며, 활엽수는 너도밤나무(山毛欅) · 밤나무(栗) · 느티나무(欅) · 오동나무(梧桐) · 단풍나무(丹楓) · 참나무(櫟) · 박달나무(檀木) · 벚나무(櫻) · 은행나무(銀杏) · 사시나무(白楊) · 자작나무(白樺) · 느릅나무(楡) 등이 있다. 구조용 재료로는 침엽수가 주로 쓰이고 활엽수는 치장재나 가구 재료로 많이 쓰인다.

내장수는 길게 성장할 뿐 수간의 횡단면에 연륜이 형성되지 않으며 두께가 거의 비대해지지 않고 얇게 되어 조직이 치밀해지는 것에 불과하며, 수종도 적고 특수용도 이외에도 목재로서의 가치가 별로 없다. 내장수로는 대나무(竹) · 야자나무(椰子) 등이 있다.

(2) 재질에 의한 분류

목재는 재질에 의해 연재(soft wood), 경재(hard wood)로 구분된다.

목재를 목질 자체가 강한가 연한가에 따라 경재(硬材)와 연재(軟材)로 나누게 되는데, 경재와 연재는 실제로 목재가 단단한가 연한가의 문제라기보다 목재 구성 세포의 유형(類型)에 따른다.

연재는 쉽게 깎고, 목질하고, 톱질할 수 있을 만큼 세포가 단순한 구조로 되어 있어 재질이 무르고 연하므로 연목(軟木)이라고도 한다. 또한 동일한 유형의 세포로 되어 있어 나뭇결과 색깔이 같고 수지(樹脂)가 있으며 크고 곧고 긴 목재를 얻을 수 있다.

경재는 결의 구조가 치밀하여 쪼개지거나 갈라지는 것을 막은 성질이 있고 단단하여 가공작업하기가 쉽지 않으나 연재에 비해 세포 크기와 배열을 훨씬 더 다양하게 깎거나 다듬어 놓으면 연재에 비해 나뭇결, 색깔, 질감이 우수하다. 재질이 단단하여 경목(硬木)이라고도 한다.

경재는 대부분이 활엽수에 속하는 단단한 목재로서 너도밤나무 · 느티나무 · 참나무 · 박달나무 · 벚나무 · 단풍나무 · 오동나무 등이고, 연재는 대부분이 침엽수에 속하는 연한 목재로서 적송 · 미송 · 소나무 · 삼송나무 · 전나무 · 낙엽송 · 잣나무 등이다.

외국산으로는 나왕(lauan) · 미송(美松 : oregon pine) · 미삼(美杉 : western red cedar) · 티크(teak) · 회나무(檜 : spindle) 등이 있다.

(3) 용도에 의한 분류

건축물에 쓰이는 목재는 그 용도에 따라 구조용재(structural lumber, construction frame, frame member)와 수장재(factory and shape lumber)로 구분된다. 구조용재는

건축물의 뼈대로 쓰이는 부재이고 수장재는 주로 실내의 치장을 위해 쓰이는 부재로서 창호재 · 가구재 · 장식용재를 총칭한 것이다.

구조용재는 강도 및 내구성이 큰 것이 좋고 수장재는 나뭇결이 좋으며 무늬가 곱고 뒤틀림이 적고 질긴 수종이 좋다. 구조용재는 주로 침엽수로서 소나무 · 낙엽송 · 잣나무 · 솔송나무 · 전나무 · 삼송나무 · 해송 · 편백 등이 쓰인다. 수장재는 침엽수로서 적송 · 홍송 · 낙엽송 등이 쓰이고 활엽수로는 느티나무 · 단풍나무 · 박달나무 · 참나무 · 오동나무 등이 쓰인다.

외국산으로서는 나왕재가 가장 많이 쓰이고 미송 · 티크 · 마호가니(mahogany) · 자단(紫檀) · 흑단(黑檀) · 아피통(apitong) · 라디에타소나무(radiata pine) · 프리카타측백(western red cedar) · 서양측백(white cedar) · 라민(ramin) · 미국솔송나무(western hemlock) 등이 쓰인다.

목재의 종류 · 재질 및 용도는 표 8-1과 같다.

표 8-1 목재의 종류 · 재질 및 용도

수종		산지	재의 색조		재질	용도
			변재	심재		
침엽수	소나무	전국 각지	담적황백색	적갈색	나뭇결이 곧음, 탄력이 좋음, 가공이 용이, 물 및 습기에 강함. 뒤틀림 심함.	구조재, 창호재, 말뚝
	해송	전국 각지	당황백색	적갈황색	나뭇결이 곧음, 소나무에 비해 수지구가 많음, 거칠며 무겁고 단단함, 병충해에 다소 강함.	구조재, 말뚝
	삼송나무	남해안지방	백색	암적갈색 및 흑갈색	비중이 매우 작음, 곧고 연함, 수지구가 적음, 물 및 습기에 강함.	구조재, 창호재, 수장재
	전나무	남부지방	황백색	갈황백색	비중이 작고, 강도가 매우 약함, 곧고 유연함, 변형이 큼, 내습성이 적음.	반자널재, 가구재
	솔송나무	남부지방	담홍색	황갈색	치밀하고 윤택이 있음, 내수 · 내습 · 내구력이 큼.	구조재, 창호재, 수장재
	낙엽송	전국 각지	백색	갈색	곧고 내구성이 큼, 강도 약함, 탄력성이 큼, 쪼개지기 쉽고 뒤틀림이 생기기 쉬움.	구조재, 말뚝
	가문비나무	전국 고산지대	백색	백색	면이 치밀함, 비중이 작음, 미려함, 곧음, 변형이 큼.	수장재, 가구재
	리기다소나무	전국 각지 (북미산)	황백색	적갈황색	나뭇결이 곧음, 가볍고 연함, 수축성이 매우 적음, 강도 매우 약함.	수장재, 창호재
	비자나무	남부지방	백색	황색	치밀하고 탄성이 있음, 향기가 있음, 내수 및 내습성이 있음.	수장재, 조각재

수종		산지	재의 색조		재질	용도
			변재	심재		
침엽수	잣나무	전라도를 제외한 전국 각지	담홍황백색	황홍갈색	나뭇결이 곧음, 향기가 나고 윤이 남, 가볍고 연함, 수축성이 작고 강도가 약함.	수장재, 창호재
	편백	남부지방	담황백색	담황갈색	비중 및 수축성이 작음, 강도가 약함, 내구 및 내습성이 큼.	구조재, 수장재, 창호재
활엽수	너도밤나무	경북 · 울릉도	담갈색	담갈색	치밀하고, 견경함, 만곡됨.	창대 및 마룻널재, 가구재, 말뚝
	밤나무	전국 각지	갈회백색	갈색	가볍고 연함, 수축성이 크고 강도 약함, 내구성 및 내수성이 큼, 만곡 용이함.	수장재, 가구재
	느티나무	전국 각지 (황해이남)	담황백색	적갈색	비중이 크고 강도가 큼, 결이 우아함, 내구성 및 내습성이 큼, 수축 및 변형이 적음.	구조재, 수장재, 가구재, 특히 마룻널 및 내장의 고급 건축용
	오동나무	중부이남	담황색	담황색	가볍고 연함, 방습 및 방충성이 있음, 송진이 없음, 변형이 작고 미려함.	반자널재, 창호재, 가구재, 수장재
	단풍나무	전국 각지	담갈색	담홍갈색	치밀하고 견경함, 광택이 있음, 만곡이 큼.	창호재, 가구재, 수장재
	참나무	중부이남	담황색 황갈색	담갈색 적갈색	비중과 수축성이 큼, 경질이고 결이 큼.	창호재, 수장재, 가구재
	박달나무	전라 · 황해도를 제외한 전국 각지	담황갈색	적갈색	비중이 매우 큼, 수축성이 큼, 강도 매우 강함, 비틀림이 비교적 적음.	수장재, 가구재
	벚나무	전국 각지	담갈색	홍갈색	치밀하고 점성이 있음, 강도가 큼, 쪼개지기 쉽고 공작이 편리함.	가구재, 수장재
	은행나무	전국 각지	황백색	황백색	수축성이 매우 작음, 강도가 매우 약함, 내구성 및 방습성이 큼, 반점을 가지며 가벼움.	천장 널용재, 가구재, 조각재
	사시나무	전라 · 충북을 제외한 전국 각지	황백색	황백색	나뭇결이 약간 거칠고 가벼우며 연함, 내구성이 적음.	합판용, 포장용
	자작나무	전라 · 경남 · 제주 · 강원	황백색 담황갈색	황색	강도 약함, 내구성이 작음, 도장성 양호함.	조각재, 가구재
	느릅나무	전국 각지	갈회백색	암갈색	강인함, 나뭇결이 대체로 곧음, 연하고 강도 약함.	수장재, 가구재

수종		산지	재의 색조		재질	용도
			변재	심재		
외국산	나왕	필리핀, 말레이시아, 인도네시아, 버마, 태국,	담홍색	담갈색	나뭇결은 교차되어 있음, 비중이 작음, 가공이 용이함, 건조 및 접착성이 매우 양호함.	구조재, 수장재, 가구재
	미송	인도차이나 미국, 캐나다, 멕시코	담황색	담갈 홍황색	연륜이 뚜렷함, 나뭇결이 곧음, 강도는 소나무와 비슷함, 비중 및 수축성은 적음, 강도가 약함, 광택이 있음.	구조재, 수장재
	티크	인도, 미얀마, 인도네시아, 태국	황백색	농갈색	비중 및 강도는 보통임, 수축성이 작음, 흡수성은 매우 적음, 내구성이 매우 큼.	마룻널재, 수장재, 가구재
	마호가니	멕시코, 쿠바	홍갈색	갈색	치밀하고 견경함, 미려하고 광택이 있음.	수장재, 가구재
	자단	태국, 인도차이나, 인도	농자색	농자갈색 농자적색	나뭇결은 교차되어 있음, 향기가 남, 비중이 큼, 수축성은 작음, 강도는 매우 강함, 내구성이 매우 높음	가구재, 공예재
	흑단	필리핀, 말레이시아, 인도네시아, 보르네오	담적색	흑색	나뭇결은 곧고 얕게 교차되어 있음, 비중 및 수축성은 큼, 강도는 강함, 내구성은 매우 높음.	조각재, 장식재, 가구재
	아피통	필리핀, 말레이시아, 인도네시아	담황백색	회적갈색	나뭇결은 곧고 약간 교차되어 있음, 비중 및 수축성은 매우 큼, 강도는 매우 강함.	구조재, 수장재
	라디에타 소나무	북미, 뉴질랜드, 호주	백담황색	담갈색	비중 및 수축성이 작음, 강도가 약함.	수장재
	프리카타 측백	미국, 알래스카, 캐나다	백색	적색 암갈색	나뭇결은 곧고 가벼우며 연함, 비중 및 수축성이 매우 작음, 강도는 매우 약함, 내구성이 높음.	수장재, 창호재, 가구재
	서양측백	미국	백색	담황갈색	나뭇결은 곧음, 비중 및 수축성은 매우 작음, 강도는 매우 약함, 내구성은 높음.	구조재, 수장재, 가구재
	라민	필리핀, 말레이시아, 인도네시아, 보르네오	황갈색	황백색	나뭇결은 얕게 교차되어 있음, 건조 중 악취가 발생하며 변색되기 쉬움, 강도는 강함, 흡수성이 매우 큼.	수장재(내부), 가구재
	미국 솔송나무	미국, 캐나다, 알래스카	담황갈색	적색 담황갈색	비중이 작고 강도가 약함, 내구성은 낮음, 수축성은 보통	수장재

8-3 목재의 조직과 성분

(1) 목재의 조직

수목(樹木)은 뿌리, 잎, 수간(樹幹)으로 되어 있으며, 수간은 수목의 주요 부분으로서 건축용 재료로 사용되는 것은 주로 이 부분이다.

수목의 횡단면을 보면 제일 바깥에 수피(樹皮)가 있는데, 수피는 겉껍질인 외피와 얇은 속껍질인 내피가 있고 그 안쪽에 형성층(形成層)이 있는데, 형성층은 수목에서 가장 중요한 점질(粘質)의 조직으로써 이 층의 모세포(母細胞)가 분열하여 새로운 목질을 내부에 형성하여 수목이 점차 바깥쪽으로 성장한다. 이 층의 활동은 봄과 여름에 가장 활발하며 가을과 겨울에는 둔해진다. 따라서 봄과 여름에 이루어진 목질부(木質部)는 비교적 연약하면서 가볍고 색깔도 연한 담색(淡色)으로 나타나고 가을과 겨울에 이루어진 부분은 치밀하면서 단단하고 색깔도 암색(暗色)으로 나타난다.

여기서 전자를 춘재(spring wood), 후자를 추재(autumn wood)라 한다. 추재(秋材)와 다음해에 생성된 춘재(春材) 사이에는 연륜(annual rings, growth rings), 즉 나이테가 형성된다.

수간의 목질부에서는 변재(邊材)와 심재(心材)부분이 있고 수간의 중심부에는 수심(髓心)이라 불리는 약한 부분이 있으며, 그 수심에서 방사형으로 발달한 수선(髓線), 즉 수지구(樹脂構)가 있다.

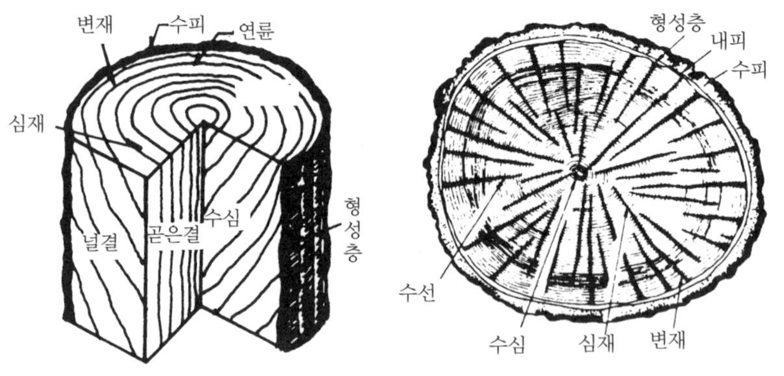

그림 8-1 목재의 단면

◎ 나이테(annual rings, growth rings)

춘재부와 추재부가 수간횡단면상에 나타나는 동심원형(同心圓形)의 조직을 나이테 또는 연륜(年輪)이라고 한다. 다시 말해 1년 동안 성장하여 형성된 층을 말한다. 이 나이테는 수목의 성장 연수, 남북의 방위, 영양상태, 강도, 기온의 변화 등을 보여주기도 한다.

열대지방의 목재는 연중 계속 성장하므로 나이테가 없고 성장 초기에 형성된 춘재의 세포는 형태가 크고 세포막이 얇다. 따라서 조직은 경연(硬軟)하며 색은 엷다. 가을 이후에 형성된 추재의 세포는 소형으로 세포막이 두껍고 조직은 비교적 치밀하여 무겁고 색은 진하다.

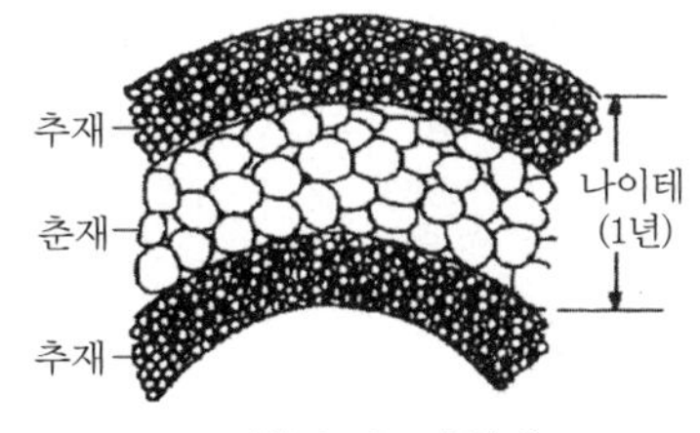

그림 8-2 나이테

나이테의 수로 수령(樹齡)을 알 수 있고, 동일 수종에서도 나이테의 조밀(稠密)은 연륜밀도 또는 평균 연륜폭으로 표시한다. 연륜밀도는 횡단면상 마구리면(木口面)의 반지름 방향 길이를 x[mm]라 하고, 그 속에 포함되어 있는 연륜 수를 n이라 하면 n/x을 연륜밀도라 하고 x/n[mm]를 평균연륜폭이라 한다.

추재율은 목재의 횡단면에서 추재부가 차지하는 비율을 말한다. 이러한 추재율과 연륜밀도가 큰 목재일수록 강도가 크다. 목재에는 단풍나무 · 나왕 · 티크 · 마호가니 등과 같이 연륜이 뚜렷이 나타나는 목재도 있다. 일반적으로 연륜은 활엽수보다 침엽수에서 명확하게 나타난다.

◎ 심재와 변재(heart wood and sap wood)

심재(心材)는 수심의 주위에 둘러져 있는, 생활기능이 줄어든 세포의 집합으로 수액과 수분이 적으며 재질은 변재보다 단단하여 강도가 크고 신축 등 변형이 적으며 내후성, 내구성이 있다. 또한 심재의 색깔은 짙으며 고무질 · 타닌(tannin) · 수지 등이 있고 습기에 잘 견디고 부패가 덜 되며 탄력성이 풍부하므로, 목재로 사용되기에 질이 가장 좋아 이용상의 가치가 큰 주요 부분이다.

변재(邊材)는 심재 외측과 수피 내측 사이에 있는 생활세포의 집합으로 수액(樹液)의 통로이며 양분의 저장소이다. 생활세포의 조직이 비교적 불안정하여 변형 · 부패에 대한 저항이 적으므로 사용할 경우에는 주의한다. 심재에 비해 흡수성이 커서 건조될 때 수축 · 변형이 심하고 내구성이 부족하여 충해를 받기 쉽다. 또한 건조도 빠르고 색깔은 비교적 엷으나 가소성이 풍부하여 곡형용(曲形用)으로 적당하다.

◎ 침엽수의 조직

침엽수를 구성하는 조직은 가도관(假導管), 유연세포(柔軟細胞), 방사조직(放射組織), 수지구(樹脂溝)이다.

가도관(tracheid)은 중공세장(中空細長)한 관상세포(管狀細胞)로 전체의 90~97%를 차지하고 있으며 수분의 통로와 수간을 지지하는 역할을 하고 있다. 춘재부를 구성하는 가도관은 직경이 크고 막벽(膜壁)이 얇은 다수의 유연막공(有緣膜孔)으로 되어 있으며 수분이 잘 통할 수 있는 모양으로 되어 있고, 추재부의 가도관은 이와 반대로 수간을 지지하기에 적당한 형체로 되어 있다.

유연세포는 영양물을 저장하며 모양은 원통상으로 길이는 짧으며 막벽은 얇고 단막공(單膜孔)으로 되어 있다. 전체의 1~2% 정도를 차지한다.

방사조직은 수심(pith)에서 방사상으로 배열된 것으로 방사유연세포와 방사가도관이 있다. 양분을 저장하고 통로로서의 작용을 한다. 침엽수의 방사조직은 단열(單列)로 가늘게 되어 있어 육안으로도 볼 수 있다.

수지구는 세포가 관상으로 이어져 수지의 분비, 이동, 저장의 역할을 하는 것으로 얇은 막의 유연세포에 둘러싸여 있다. 종방향으로 통하고 있는 것을 수직수지구라 하고 방사조직 가운데에 포함된 것을 수평수지구라 한다. 또 충해나 타격을 받아 생기는 수지구를 외상수지구(外傷樹脂溝)라 한다.

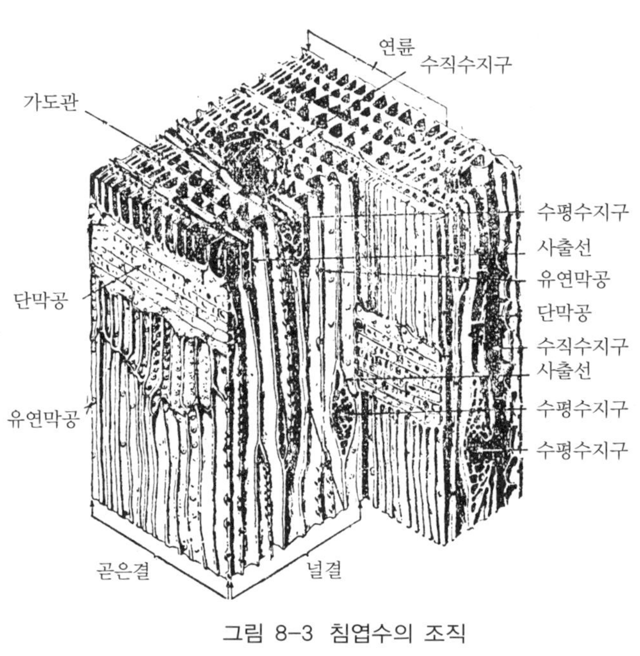

그림 8-3 침엽수의 조직

활엽수의 조직

활엽수는 침엽수보다 진화된 구조이며 조직이 복잡하며 변화가 많다. 활엽수를 구성하는 조직은 목섬유(木纖維), 도관(導管), 가도관(假導管), 유연조직(柔軟組織), 방사조직(放射組織), 세포간극(細胞間隙)으로 되어 있다.

목섬유(wood fiber)는 전체의 30~70%를 차지하고 있으며, 목재의 강하고 견고한 성질을 주는 주요한 조직이다. 세포는 가늘고 길며, 막벽은 대단히 두껍고 막공은 단막공으로 그 수는 적다. 도관은 중공의 세밀한 관상의 조직으로 개개의 세포를 도관절(導管節)이라 한다. 막벽에는 막공이 있어 수분의 통로가 된다. 도관은 그 모양이 커서 육안으로 보이는 것도 많으며 횡단면에는 구멍이 보이고 종단면에는 가늘게 나타나 보인다. 이것은 전체 체적의 10~50%

정도이다. 활엽수에서 가도관이라 하는 것은 도관과 목섬유의 중간적 형태이며 섬유라 하는 것은 목섬유와 가도관을 포함한 것이다.

유연조직은 유연세포의 집단으로 분포된 형식으로 여러 가지가 있다. 마구리면에 산재해 있는 것, 도관의 주위에 모여 있는 것, 나이테가 평행하게 나타나 있는 것 등이 있다. 방사조직은 유연세포에서 나온 것으로 목섬유가 혼입된 것도 있다. 활엽수는 세포가 다수 가로로 배열된 조직이 많으며, 이때 폭이 넓은 것을 광폭방사조직(廣幅放射組織)이라 한다.

세포간극은 열대수에서 보이는 것으로 고무질 수지 등을 함유한 것이다.

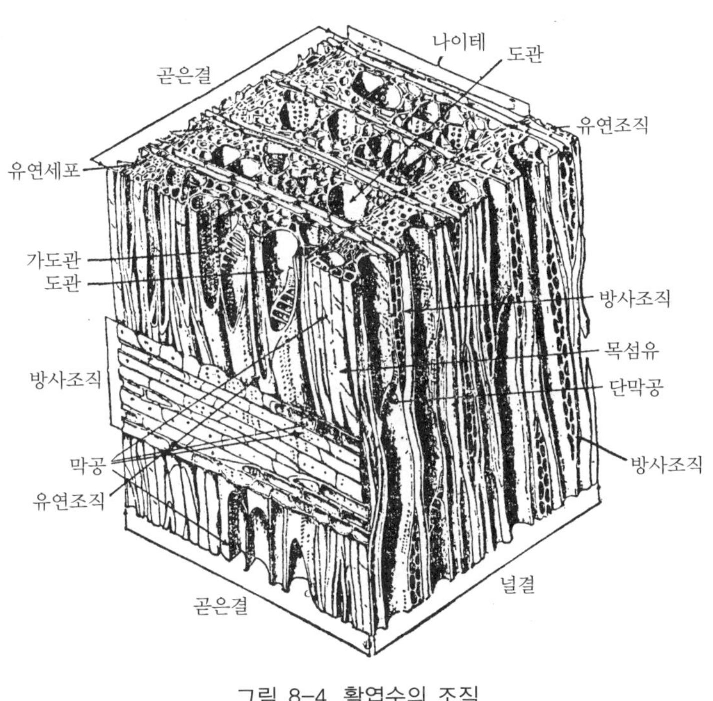

그림 8-4 활엽수의 조직

(2) 목재의 성분

목재는 대부분 주성분과 수액(樹液)을 포함한 소량의 부성분으로 형성되어 있다. 주성분의 원소조성(原素組成)은 어떤 수종이든 비슷하게 나타나서 대개 탄소 50%, 산소 44%, 수소 5%, 질소 1% 정도이다. 이 외에도 회분 · 석회 · 칼슘 · 마그네슘 · 나트륨 · 망간 · 알루미늄 · 철 등이 미량 함유되어 있다. 부성분을 이루는 수액은 대부분이 물이지만, 그중에 적은 양의 단백질, 녹말, 당분, 고무질, 유지, 타닌, 색소, 향기와 맛 등이 함유되어 있다.

목재의 주요 성분은 섬유소, 즉 셀룰로오스(cellulose)로서 목질 건조중량의 60% 정도이며 나머지 대부분이 리그닌(lignin)으로 20~30% 정도이다. 그 외에 반셀룰로오스(hemi-cellulose) · 타닌 · 수지(resin) 등이 포함되어 있다. 이들 성분에서 침엽수는 리그닌을 많이 함유하며 활엽수는 반셀룰로오스를 많이 함유하고 있다.

셀룰로오스는 세포막을 구성하며 리그닌은 세포 상호간의 접착제 역할을 한다. 적당한 용제로 리그닌을 녹여 세포를 분리할 수 있다.

8-4 목재의 성질

목재는 수종에 따라 재질이 다를 뿐만 아니라 동일 수종이라도 산지, 기후, 성장상태, 수령 등에 따라 그 재질이 현저하게 다르다. 따라서 목재를 사용할 때에는 목재 본래의 성질을 알고 그 특성을 살려서 사용해야 한다.

(1) 외관적 성질

색깔 · 광택 · 향기 · 맛

목재는 다종다양한 색깔을 나타낸다. 동일 수종이라 할지라도 산지, 벌채시기, 벌채 후의 시일의 경과에 따라 다소 변화하며, 또 일반적으로 같은 나무라도 변재는 백색이거나 담색이고 심재는 갈색이지만 벚나무와 같이 변재와 심재의 차이가 명확하지 않은 경우도 있다.

목재의 색깔은 세포막 벽에 포함되어 있는 색소의 차이에 따라 달라지며 수종에 따라 거의 일정하므로 색은 수종을 구별하는 데 도움이 된다.

목재가 오랜 시간 빛에 노출되었을 때에는 광선과 산소의 접촉으로 자외선에 의해 어두운 색으로 변하면서 엷은 색의 목재가 되고, 엷은 색의 목재는 차츰 진해지는 것이 일반적인 현상이다.

목재에 그 재면을 대패질하면 일반적으로 우미한 광택을 내는데, 절단면의 방향에 따라 차이가 많이 난다. 광택은 곧은결면이 가장 우미하며 널결면, 마구리면 순으로 떨어진다. 일반적으로 재질이 치밀하고 가벼울수록, 수선(髓線)이 많을수록, 심재가 변재보다 활엽수가 침엽수보다 광택이 좋다.

목재는 대개 특유한 나무의 향기와 맛을 가지고 있다. 목재의 향기는 세포의 간극 등에 포함되어 있는 휘발성 물질의 발산에 의한 것으로서 벌채한 때에는 강하나 건조함에 따라 줄어든다. 향기는 수종에 따라 다르며 목재를 구별하는 데 참고가 된다.

목재의 세포막 및 이에 포함된 수용성 성분이 맛을 내는데 수중에 침적(浸積)되면 용출(溶出)되고 공기 중에서는 산화하여 맛을 잃는다. 향기와 맛은 밀접한 관계가 있다.

나뭇결(wood grain)

목재의 면을 깎았을 때 여러 가지 무늬가 나타나는데 이것을 나뭇결(木理, 木目)이라 한다.

이는 목재를 구성하는 섬유의 배열상태 및 목재의 외관적 상태를 말한 것으로서 외관상 중요할 뿐 아니라 건조수축에 의한 변형에도 관계가 깊기 때문에 매우 중요하다. 나뭇결에는 널결(板目, 板理 : flat grain), 곧은결(柾目, 柾理 : straight grain, edge grain), 무늿결(紋理, 紋目 : curly grain), 엇결(曲木理 : slope of grain, ros grain) 등의 종류가 있다.

널결은 나이테에 평행방향으로 켠 목재면에 나타난 곡선형(물결모양)의 나뭇결을 말한 것으로 결이 거칠고 불규칙하게 나타난다. 널결이 나타난 목재를 널결재(板目材)라 하며, 이것은 외관을 중요시하는 장식재로 쓰이지만 실용적으로는 곧은결보다 변형이 크고 마모율도 높다.

곧은결은 나이테에 직각방향으로 켠 목재면에 나타나는 평행선상의 나뭇결을 말한 것으로 곧은결이 나타난 목재를 곧은결재라 한다. 곧은결재는 널결재에 비해 외관이 아름답고 수축변형이 적으며 마모율도 낮다. 곧은결을 결 간격의 조밀 정도에 따라 황정목(荒柾目) · 사정목(糸柾目)으로 구분한다. 비교적 곧은결이 치밀하지 않은 것을 황정목이라 하고 곧은결이 치밀한 것을 사정목이라 하는데, 특히 결이 치밀한 사정목은 귀한 목재로 장식용으로 쓰이고 있다.

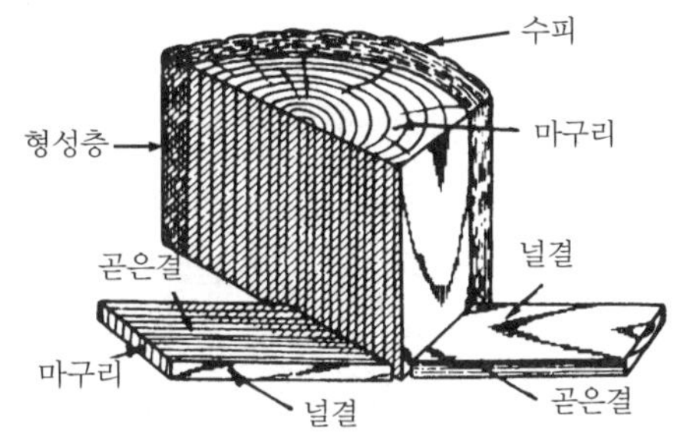

그림 8-5 수간의 단면

나뭇결이 여러 가지 원인으로 불규칙하면서도 아름다운 무늬를 나타내는 경우가 있는데 이를 무늿결이라 하고, 나무섬유가 꼬여 나뭇결이 어긋나게 나타난 목재면을 엇결이라 한다.

일반적으로 도관이 작은 목재는 나뭇결이 세밀하고 도관이 큰 것은 나뭇결이 거칠다.

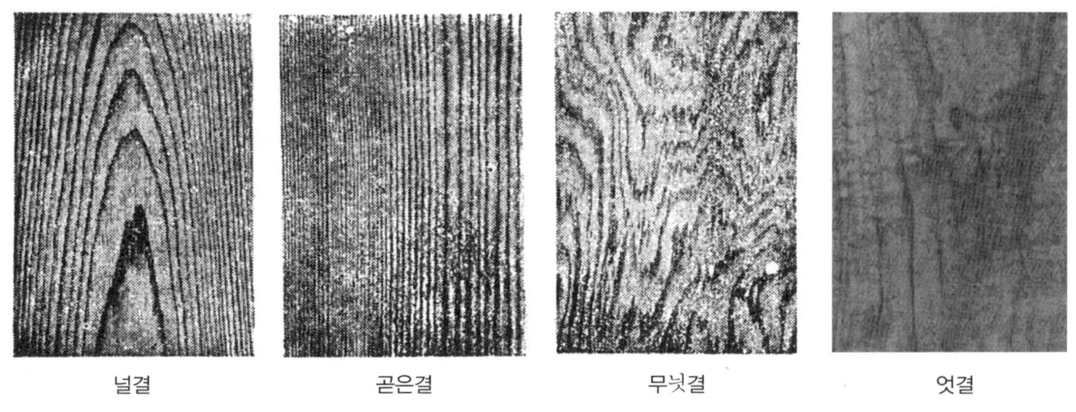

그림 8-6 목재의 나뭇결

(2) 물리적 성질

◎ 비중

목재의 비중은 동일 수종이라도 연륜, 밀도, 생육지, 수령 또는 심재와 변재에 따라 다소 다르다. 또한 목재를 구성하고 있은 세포막(섬유나 도관의 막)의 두께와 목재 속의 수분에 따라 다르고, 수분은 공극(空隙)속에 있으므로 목재 속에 있는 공극의 다소에 따라 비중도 다르다. 보통 목재의 비중은 기건재의 단위용적중량(g/cm^2)에 상당하는 수치, 즉 기건비중으로 나타내고 있으나 절대건조비중으로도 나타낼 수 있다. 여기서 기건비중이란 목재성분 내의 수분을 공기 중에서 제거한 상태의 비중을 말한다. 기건비중은 구조설계 시 참고자료로 사용된다. 침엽수나 활엽수의 기건비중은 표 8-2와 같으며 절대건조비중은 온도 100~110℃ 에서 목재의 수분을 완전히 제거했을 때의 비중을 말한다.

목재가 공극을 포함하지 않은 실제 부분의 비중을 진비중 또는 실비중이라 하며 진비중은 수종 및 수령에 관계없이 1.54 정도이다. 그러나 공극을 포함한 겉보기 비중은 세포막의 두껍고 엷은 정도, 세포 내 공극의 많고 적은 상태, 목재에 포함된 광물질 · 수지 · 기타 유기질의 양에 따라 크게 달라진다.

목재의 비중은 목질부 내에 포함된 섬유질과 공극률에 의해 결정되며, 그 공극률은 다음 식으로 계산할 수 있다.

$$v = \left(1 - \frac{\gamma}{1.54}\right) \times 100\%$$

여기서, v : 공극률

γ : 절대건조비중

목재의 비중은 그림 8-7과 같이 각종 강도와 밀접한 관계가 있다. 따라서 비중을 측정하면 목재의 강도 상태를 거의 추정할 수 있다.

일반적으로 비중이 큰 목재일수록 강도가 커지는 반면 수축이 커지고 기계 가공성이 떨어지며 뒤틀림의 양이 많아진다.

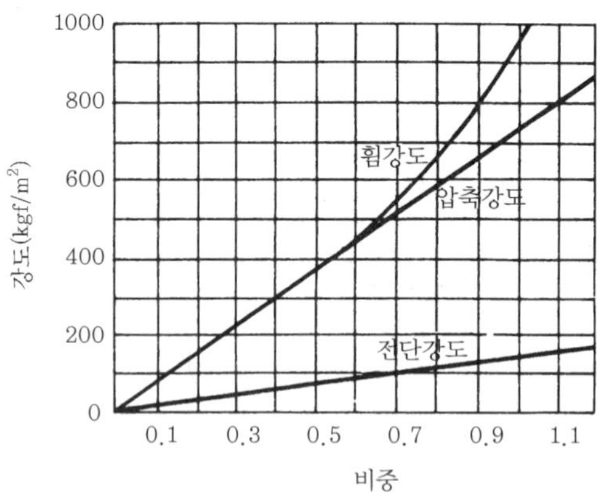

그림 8-7 목재의 비중과 각종 강도와의 관계

표 8-2 목재의 기건비중

수종		기건비중 (12%)	수종		기건비중 (12%)	수종		기건비중 (12%)
침엽수	소나무	0.53	활엽수	너도밤나무	0.71	외국산	나왕	0.48~0.54
	해송	0.54		밤나무	0.51		미송	0.54
	삼나무	0.37		느티나무	0.74		티크	0.68
	전나무	0.43		오동나무	0.31		자단	0.84
	솔송나무	0.52		단풍나무	0.72		흑단	0.85
	낙엽송	0.61		참나무	0.83		아피통	0.64~0.84
	가문비나무	0.41		박달나무	0.90		라디에타소나무	0.48
	리기다소나무	0.54		벚나무	0.70		프리카타측백	0.36
	잣나무	0.48		은행나무	0.54		서양측백	0.34
	편백	0.40		사시나무	0.47		라민	0.64
				자작나무	0.52		마호가니	0.81
				느릅나무	0.64			

함수율

벌채한 직후의 목재는 많은 수분을 가지고 있는데 이것을 생재(生材)라 한다. 생재의 함수율은 수종, 산지, 벌채의 계절에 따라 다르나 변재는 80~100%, 심재는 40~100% 정도 된다.

생재를 방치하면 수분이 증발하여 건조되나 공기 중의 온도와 습도에 의해 일정 수준에서 정지된다. 이 상태의 것을 기건재(氣乾材)라 한다. 기건재의 함수율은 기후와 계절에 따라 다르나 12~18%의 범위이다.

목재를 100℃의 건조기에 넣어두고 무게가 변하지 않는 상태에 도달했을 때 이것을 전건재(全乾材)라 한다. 이때의 함수율은 0%이다.

목재 중에 포함된 수분은 세포강 내(細胞腔內)에 있는 유리수(free water)와 세포벽에 침투하고 있는 세포수(cell water) 또는 흡수수(absorbed water)로 분류된다.

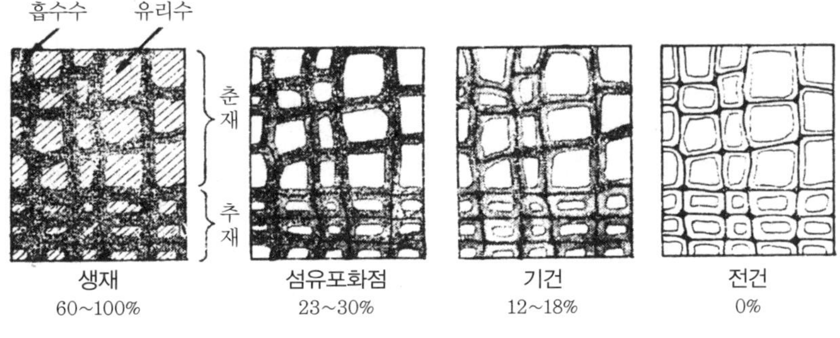

그림 8-8 목재 함수상태의 변화

목재가 건조하게 되면 먼저 유리수가 증발하고 세포수가 남으며 그 다음에 계속 건조하면 세포수가 증발한다. 이 양자의 한계점을 섬유포화점(fiber saturation point)이라 하고 이때의 함수율은 30% 정도이다.

목재는 이 점을 경계로 하여 수축, 팽창 등의 재질변화가 현저하게 달라지며 목재에 포함된 수분은 중량, 강도, 내구성, 가공성, 열 및 전기의 전도성 등과 깊은 관계를 가진다. 목재는 유기재료인 다공질 재료이므로 흡수량이 크고 흡수에 따라 물리적 성질이 크게 변화한다. 목재의 흡수량 측정방법은 한국산업규격(KS F 2204)에 규정하고 있다.

목재의 수장재에 대한 함수율을 건축공사표준시방서에서 표 8-3과 같이 정하고 있지만, 일반적으로 구조재는 20% 이하, 수장재는 15% 이하, 마감재는 13% 이하, 접착제를 사용할 경우는 18% 이하로 보고 있다.

표 8-3 목재의 수장재 함수율

종별	A종	B종	C종	비고
함수율	18% 이하	20% 이하	24% 이하	전체 단면에 대한 평균값

목재의 함수율은 함수량의 목질 절대건조중량에 대한 중량백분율로 나타내며 다음 식으로 구한다.

$$u = \frac{W_1 - W_2}{W_2} \times 100(\%)$$

여기서, u : 함수율

W_1 : 건조 전의 시료의 중량

W_2 : 절대건조(100~105℃의 온도에서 일정량이 될 때까지 건조) 시의 시료의 중량

1) 함수율에 의한 수축과 팽창

목재의 함수율이 섬유포화점 이하가 되면 세포수의 증발이 시작되며 세포벽의 건조가 생기고 목재는 수축하기 시작한다. 즉, 섬유포화점 이하의 함수율의 감소·증가에 따라 수축·팽창하고 섬유포화점 이상의 함수율의 변화에서는 수축·팽창이 일어나지 않는다.

수축의 크기는 방향에 따라 현저히 다르나 널결방향과 곧은결방향 및 섬유방향의 수축률의 비는 대체로 20 : 10 : 1~0.5이다. 이것을 목재의 이방성(異方性)이라 한다. 생재로부터 전건까지 수축률은 수종·비중 등에 따라 일정하지 않으므로 일반적으로 섬유방향에 0.1~0.3%, 곧은결방향에 3~4%, 널결방향에서는 6~8% 정도이다. 목재의 수축률 시험방법은 한국산업규격(KS F 2203)에 규정하고 있다.

표 8-4 목재의 함수율

수종	흡수면	평균 나이테 폭(mm)	함수율(%)	수중 24시간 후 함수량(g/cm²)
소나무	마구리	2.8	13.1	0.749
	나뭇결	2.9	13.4	0.096
	엇결	3.2	13.7	0.112
너도밤나무	마구리	3.1	12.8	0.380
	나뭇결	1.7	12.4	0.069
	엇결	3.2	12.9	0.083
느티나무	마구리	3.8	12.0	0.222
	나뭇결	3.9	12.2	0.038
	엇결	4.3	12.1	0.070
나왕	마구리	–	12.5	0.143
	나뭇결	–	12.9	0.025
	엇결	–	13.0	0.033

비고) 본 표는 목재의 함수율을 측정한 실험결과의 한 예다.

동일 나뭇결에서도 변재는 심재보다 수축이 크며 전 수축률은 생목의 길이에 대한 수축량의 백분율로 표시하고 있으나 기건까지의 수축률은 대략 전 수축률의 1/2 정도이다. 수축과 비중 사이에는 정비례의 관계가 있다.

목재의 수분·습기의 변화에 따른 팽창·수축을 완전히 방지하기는 곤란하지만 다음과 같은 점에 유의할 경우 팽창·수축을 줄일 수 있다.

① 사용하기 전에 충분히 건조시켜 균일한 함수율이 된 것을 사용할 것
② 외력에 저항할 수 있고 강도를 가진 목재를 사용할 것
③ 변형의 크기·방향을 고려하여 이들의 영향을 가능한 한 적게 받도록 배치할 것
④ 가능한 한 곧은결 목재를 사용할 것
⑤ 기건상태로 건조한 목재를 사용할 것

표 8-5 평균 수축률(함수율 1%의 변화에 대하여)

수종	곧은결(%)	널결(%)	비중	수종	곧은결(%)	널결(%)	비중
화백나무	0.09	0.22	0.34	적송	0.18	0.29	0.52
삼나무	0.10	0.25	0.38	떡갈나무	0.15	0.25	0.49
가문비나무	0.15	0.29	0.43	계수나무	0.17	0.28	0.50
노송나무	0.12	0.23	0.44	너도밤나무	0.18	0.41	0.65
잣나무	0.14	0.25	0.45	벚나무	0.16	0.32	0.66
낙엽송	0.18	0.28	0.50	느티나무	0.16	0.28	0.69

⑥ 고온건조한 전건상태의 목재를 사용할 것

⑦ 목재의 표면에 기름 · 니스 · 에나멜 · 셀락 등을 칠하거나 또는 파라핀(paraffin) · 크레오소트(creosote) 등을 침투시켜 공기 중의 습도변화에 의한 흡습을 지연 · 경감시킬 것

⑧ 목재 저장 창고는 통풍시켜 공기와 습도를 일정하게 유지시킬 것

2) 함수율에 의한 강도의 변화

목재의 함수율이 섬유포화점 이하가 되면 목질의 수축이 시작되며 강도 및 기계적 성질이 변화한다.

섬유포화점 이상에서는 강도가 일정하나 섬유포화점 이하에서는 함수율의 감소에 따라 강도가 증대하고 인성(靭性)이 감소한다. 따라서 목재의 강도를 비교할 때는 항상 일정한 함수율 이하에서 강도를 비교해야 한다. 목재의 함수율과 압축강도와의 관계를 나타낸 것이 그림 8-10이다.

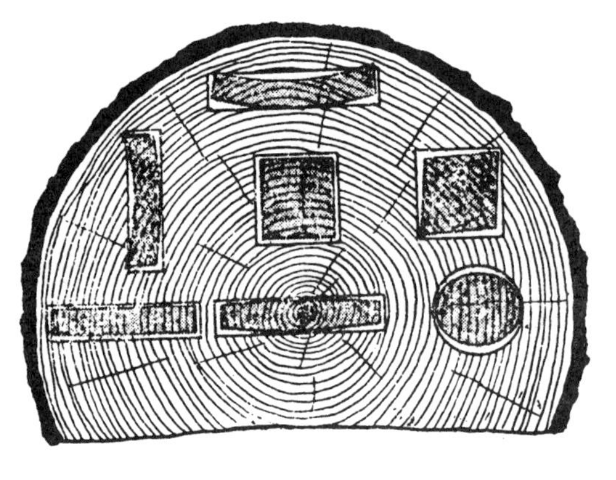

그림 8-9 목재의 수축

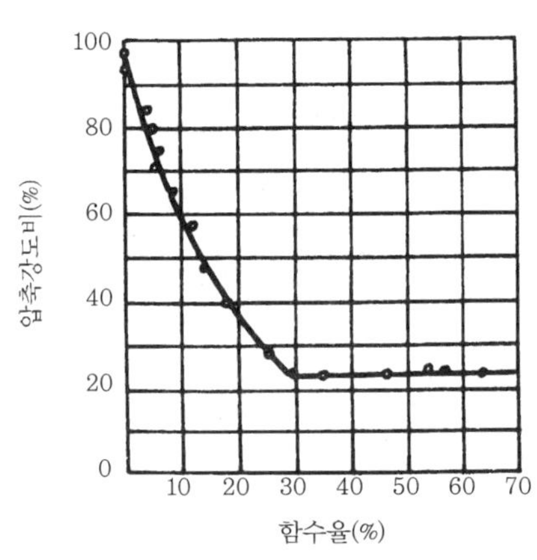

그림 8-10 목재의 함수율과 압축강도와의 관계

◎ 열 및 전기 등에 대한 성질

1) 열에 대한 성질

목재는 조직 가운데에 공간이 있기 때문에 열의 전도가 더디다. 열전도율은 비중이 크고 함수율이 증가함에 따라 증가하며 섬유의 방향에 따라 차이가 있다. 열전도율이 섬유에 평행한 방향의 경우에는 엇결 또는 나뭇결 방향의 1.5~2배 정도 크다. 열전도율이 낮은 것은 세포의 공극에 의한 것으로서 다공질의 목재, 즉 겉보기 비중이 작은 목재일수록 열전도율은 낮다.

열전도율이 극히 낮은 대표적인 목재인 널결재의 열전도율은 표 8-6과 같다.

표 8-6 널결재의 열전도율

수종	비중	열전도율(kcal/mh℃)
오동나무	0.25	0.080
삼나무	0.34	0.096
전나무	0.38	0.097
소나무	0.53	0.121

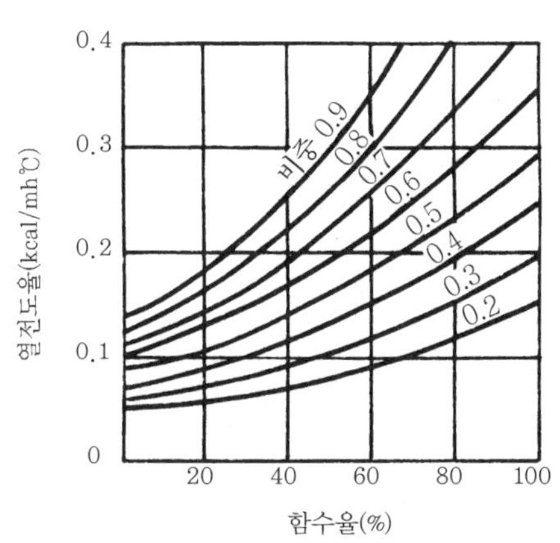

그림 8-11 열전도율과 함수율의 관계

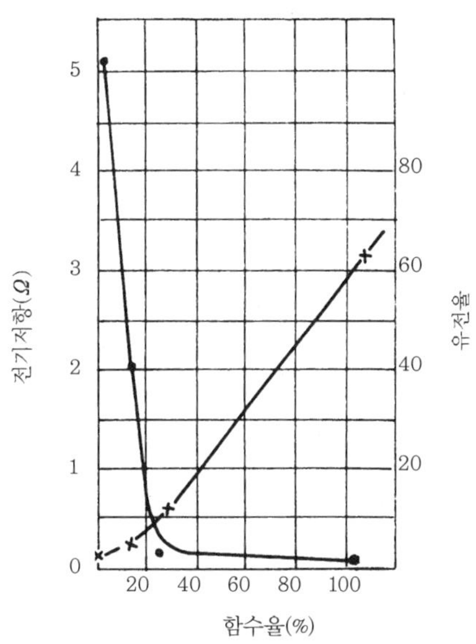

그림 8-12 함수율과 전기저항 유전율

열팽창계수는 다른 재료에 비해 매우 작다. 또한 함수율에 의한 영향도 적으며 소나무의 경우 5.4×10^{-6} 정도이다.

목재를 100℃ 이상으로 가열하면 목질부 조직의 성분이 분해되기 시작한다. 250~260℃가 되면 인화가 되는데, 이것을 인화점(flash point)이라 한다. 275℃ 전후에서는 분해가 현저히 진행되고 400~450℃에 달하면 자연 발화되는데, 이것을 발화점(ignition point)이라 하다. 100℃ 이하의 낮은 온도에서 장시간 계속하여 가열하면 재질이 변화되어 흡습성 및 신축성이 감소되는 경향이 있다.

2) 전기에 대한 성질

목재의 전기저항은 함수율에 따라 다르다. 건조제는 절연체로 본다. 저항치는 방향에 따라 다르며 섬유에 직각방향은 평행방향의 2.3~8.0배 정도이다. 비중이 작은 것이 큰 것보다 또는 변재가 심재보다 저항치가 크다.

전기저항과 함수율 간에는 일정한 관계가 있다.

3) 음에 대한 성질

목재가 진동을 할 때 진동에너지의 일부는 내부마찰에 의해 감쇠하며, 이때 에너지 감쇠량은 비중이 작은 목재일수록 크다. 음을 벽면에 투시하면 일부는 벽체를 투과하고 일부는 벽체에 흡수되며 남는 것은 벽면에서 반사된다. 흡음률은 비중이 작은 것이 크며 일반적으로 목재는 방음용으로 적당한 재료이다.

4) 광에 대한 성질

광선이 목재면에 투사되면 일부는 흡수하고 나머지는 반사하는데 반사광선의 일부는 정반사하며 나머지는 난반사한다. 정반사가 많은 것일수록 광택도가 크다. 일반적으로 단면에 있어서는 곧은결면, 널결면 순서로 광택도가 크고 마구리면은 광택이 없다. 따라서 나뭇결의 광택도는 방사조직의 영향을 받는다.

(3) 역학적 성질

◎ 인장과 압축강도(tensile and compressive strength)

인장 및 압축강도는 목재를 인장시키고 압축시킬 때 생기는 외력에 대한 내부저항을 말하는데, 섬유의 평행방향에 대한 강도가 가장 크고 섬유의 직각방향에 대한 것이 가장 작다.

섬유의 평행방향의 인장강도는 목재의 제강도 중에서 가장 크지만 목재를 인장재로 쓸 때 이음부가 취약하고 마디 또는 섬유 비틀림의 영향이 크기 때문에 목재를 인장재로 사용하는 경우는 드물다. 이러한 인장력의 영향으로 목재섬유에 가로 또는 경사지게 절단되며 섬유 사이의 부착이 떨어져 파괴된다. 목재섬유에 직각방향의 인장강도는 평행방향에 비해 상당히 작아 평행방향 강도의 약 2~10% 정도에 지나지 않는다.

목재의 인장강도 시험방법은 한국산업규격(KS F 2207)에 규정하고 있다. 목재의 인장강도는 옹이로 인하여 감소하므로 생옹이나 죽은옹이의 면적을 뺀 것을 재단면(材斷面)으로 가정한다.

목재는 기둥으로 사용되는 경우가 많으며 섬유에 평행방향으로 압축력을 받게 되는데, 이때 압축강도는 크고 섬유의 직각방향의 압축강도는 낮다. 섬유의 직각방향의 압축강도가 낮은 것은 섬유에 평행방향이 전단강도가 낮은 점과 함께 목재의 큰 결점 중의 하나이다. 목재섬유에 비스듬히 힘을 가하는 경우의 압축강도는 섬유에 평행한 경우와 직각인 경우의 압축강도 중간 정도의 강도를 나타낸다. 목재의 압축강도 시험방법은 한국산업규

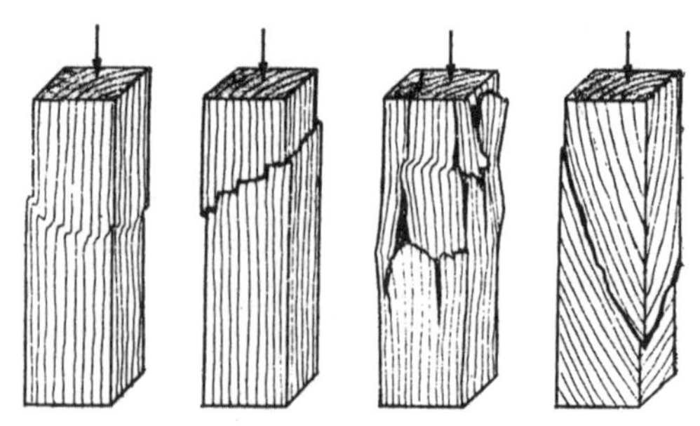

그림 8-13 압축하중에 의한 파괴

격(KS F 2206)에 규정하고 있다. 목재의 압축강도는 옹이가 있으면 감소하고 죽은옹이가 생옹이보다 감소율이 크며 옹이의 지름이 클수록 감소율이 크다.

목재기둥이 압축력을 받게 되면 목재 조직은 중공기둥의 집합으로 작용하고 파괴는 이 중공기둥벽의 좌굴(buckling)에 의해 시작된다. 사각형 단면 기둥의 파괴상태를 살펴보면 기건상태 또는 그 이상 함수율의 기둥에서 어느 비탈면에 따라 파괴가 일어난다. 비탈면은 나뭇결 측에서는 섬유에 직각으로, 엇결 측에서는 45~60°의 경사를 나타내는 경우가 많다.

휨강도(bending strength)

목재는 휨을 받는 부재로 사용하는 경우가 많으며 휨강도(曲强度)는 제강도 중에서 가장 중요한 것 중의 하나이다.

휨강도는 압축, 인장 및 전단 등의 응력이 복합하여 작용한다. 목재는 압축에 대한 성질과 인장에 대한 성질이 크게 상이하며, 또한 섬유방향의 전단강도가 현저하게 작기 때문에 목재의 휨작용은 매우 복잡하다. 휨하중에 의한 파괴현상을 보면 처음에는 압축면이 좌굴하여 파괴되고, 이 반대 측에서는 인장되며 중간층은 전단력이 생긴다.

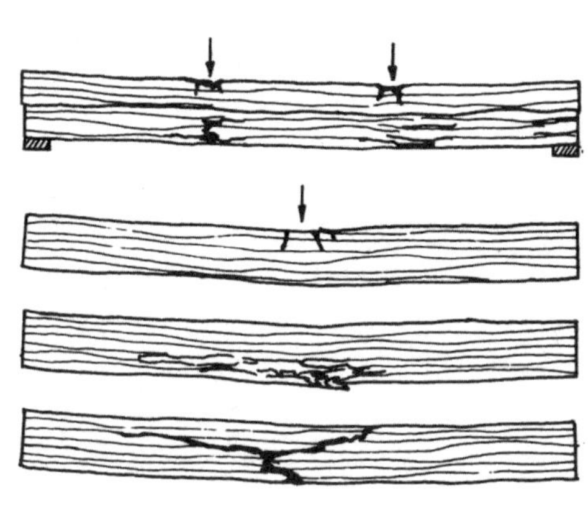

그림 8-14 휨하중에 의한 파괴

휨강도는 옹이의 크기와 위치에 따라 다르고 옹이가 클수록 또는 위치가 보의 하단에 가까울수록 강도의 감소가 크다. 목재의 휨하중에 저항하는 목재강도의 크기는 압축강도의 약 1.75배이다. 목재의 휨 시험방법은 한국산업규격(KS F 2208)에 규정하고 있다.

전단강도(shearing strength)

목재의 전단강도는 섬유간의 부착력, 섬유의 곧음, 수선(髓線)의 유무 등에 의해 지배되며, 그 크기는 세로방향 인장강도의 1/10 정도밖에 되지 않는다. 또한 섬유방향에 평행한 전단력은 대단히 약하다. 따라서 목재의 전단력은 섬유의 직각방향이 평행방향보다 강하다. 목재의 전단 시험방법은 한국산업규격(KS F 2209)에 규정되어 있다.

우리나라 목재의 물리적 · 역학적 성질을 기건상태에서 시험한 결과의 한 예를 소개한 것이 표 8-7이다.

표 8-7 목재의 역학적 성질

수종	기건비중 (12%)	압축강도 (kgf/cm^2)	인장강도 (kgf/cm^2)	휨강도 (kgf/cm^2)	전단강도 (kgf/cm^2)
소나무	0.53	480	519	890	101
삼나무	0.37	410	447	730	65
전나무	0.43	517	573	804	72
낙엽송	0.61	638	695	827	90
리기다소나무	0.41	470	–	950	103
잣나무	0.48	430	–	770	95
편백	0.40	470	–	840	82
밤나무	0.51	390	593	850	64
느티나무	0.74	400	878	880	130
오동나무	0.31	240	214	390	60
단풍나무	0.72	564	821	910	114
참나무	0.83	641	1,250	1,180	123
벚나무	0.70	534	742	879	102
은행나무	0.54	430	–	500	65
사시나무	0.47	490	–	960	109
자작나무	0.52	400	–	760	104
느릅나무	0.64	410	–	910	90
나왕	0.48~0.54	378~525	–	689~928	77~127
미송	0.54	488	–	872	93
티크	0.68	425	–	922	137
자단	0.84	1,007	–	2,044	–
흑단	0.85	633	–	1,300	150
아피통	0.64~0.84	607	–	1,118	124
라디에타소나무	0.48	422	–	740	95
프리카타측백	0.36	320	–	527	69
서양측백	0.34	278	–	457	59
라민	–	738	–	1,364	121

◎ 경도(hardness)

경도(硬度)는 마멸에 대한 내부저항이다. 마구리면이 경도가 가장 높고 곧은결면과 널결면은 별로 차이가 나지 않는다. 일반적으로 비중이 큰 목재의 경도가 높으며 마구리의 경도는 곧은결의 약 3배 정도이다.

목재의 경도 시험방법은 한국산업규격(KS F 2212)에 규정되어 있으며 목재의 경도를 측정하는 방법으로는 일정한 모양의 침(針)을 찔러서 그때의 저항을 측정하는 방법, 톱으로 절단할 때의 저항을 구하는 방법 등 여러 가지가 있다. 가장 일반적인 방법은 소정의 크기의 강구(鋼球)로 눌렀을 때의 저항에 의해 경도를 구하는 방법이다.

◎ 탄성계수(elastic modulus)

목재의 탄성계수는 압축, 휨, 인장시험에 따라 약간씩 달라진다. 일반적으로 압축시험에 의해 구한 탄성계수가 인장시험에 의해 구한 값보다 작다. 또한 같은 압축강도시험에 의한 탄성계수라도 간축방향(幹軸方向), 나이테의 접선방향 또는 반지름 방향에 따라 현저하게 달라진다. 이외에도 함수율이나 비중 등에 따라 크게 좌우된다. 대체로 비중에 비례하며, 구조용 목재의 섬유방향에 대한 탄성계수는 표 8-8과 같다.

표 8-8 목재의 탄성계수

재료	전나무 · 삼나무	낙엽송 · 회나무	소나무 · 미송
탄성계수(kg/cm^2)	50,000~120,000	60,000~100,000	70,000~140,000
표준값(kg/cm^2)	70,000	80,000	90,000

◎ 각종 강도의 관계

섬유의 평행방향의 압축강도에 따라 대개 다른 강도의 수치를 추측할 수 있다. 섬유 평행방향의 압축강도를 100으로 하였을 때 각종 강도와의 관계를 표시하면 표 8-9와 같다.

표 8-9 각종 강도와의 관계

가력방향 / 응력의 종류	섬유에 평행(0°)	섬유에 수직(90°)
압축강도	100	10~20
인장강도	200	6~20
휨강도	150	10~20
전단강도	침엽수 16, 활엽수 19	-

◎ 허용응력도(allowable stress)

목재의 허용응력도란 그 목재의 파괴강도를 안전율로 나눈 값을 말한다.

1) 섬유방향의 허용응력도

구조용 목재의 섬유방향의 허용응력도는 표 8-10의 값으로 한다.

2) 섬유방향에 경사진 방향의 허용압축응력도

구조용 목재의 섬유방향에 경사진 방향의 허용압축응력도는 그 섬유방향과 힘을 가하는 방향과의 각도에 따라 표 8-10의 목재 섬유방향의 허용응력도 값에 표 8-11의 허용압축응력도 계수(중간값은 직선보간으로 구한다)를 곱한 값으로 한다.

표 8-10 목재 섬유방향의 허용응력도

(단위 : kgf/cm²)

목재의 종류		장기응력에 대한 허용응력도			단기응력에 대한 허용응력도		
		압축	인장 또는 휨	전단	압축	인장 또는 휨	전단
침엽수	육송 · 삼송 · 아카시아	50	60	4	장기응력에 대한 압축, 인장, 휨 또는 전단의 허용응력도의 각각의 값의 1.5배로 한다.		
침엽수	전나무 · 가문비나무 · 일본삼송 · 미삼송 · 미솔송	60	70	5			
침엽수	잣나무 · 벗나무	70	80	6			
침엽수	낙엽송 · 적송 · 흑송 · 솔송 · 일본송 · 미송	80	90	7			
활엽수	밤나무 · 물참나무	70	95	10			
활엽수	느티나무	80	110	12			
활엽수	떡갈나무	90	125	14			
활엽수	나왕	70	90	6			

비고) ① 위 표에 없는 목재에 대하여는 비중이 같은 목재의 허용응력도를 적용한다.

② 목재를 기초말뚝, 수조, 욕실 기타 이와 유사한 상시 습윤상태에 있는 부분에 사용하는 경우에는 그 허용응력도는 위 표 값의 70%로 한다.

③ 단단한 재질의 목재로서 특히 품질이 우량한 것을 비녀장 등에 사용하는 경우에는 그 허용응력도는 위 표 값의 2배까지 할 수 있다.

④ 직접 비 · 바람에 노출되는 구조물에 사용하는 경우에는 상황에 따라 그 허용응력도를 위 표 값의 80%까지 할 수 있다.

⑤ 갈라진 틈이 없는 목재의 전단에서는 위 표의 전단응력도 값의 1.5배까지 할 수 있다.

표 8-11 섬유방향에 경사진 방향의 허용압축응력도 계수

섬유방향과 가력방향과의 각도	0°	10°	20°	30°	40°	50°	60°	70°	80°	90°
침 엽 수	1.00	0.83	0.54	0.36	0.26	0.20	0.16	0.14	0.14	0.125
활 엽 수	1.00	0.90	0.68	0.50	0.38	0.30	0.25	0.22	0.21	0.20

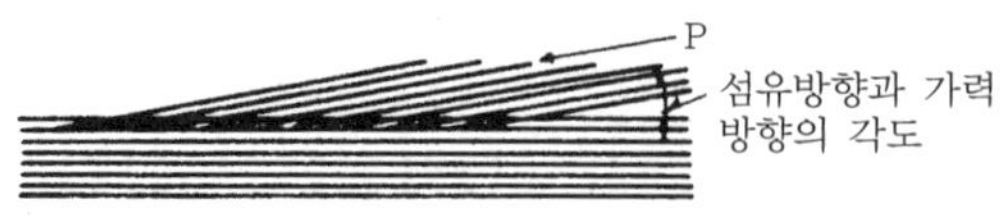

3) 허용좌굴응력도(allowable bucking stress)

압축재의 허용좌굴응력도는 그 유효세장비(有效細長比, effective slenderness ratio)에 따라 다음 식으로 계산한다.

$\lambda \leqq 100$일 때　　　　　　$f_k = f_c(1 - 0.007\lambda)$

$\lambda > 100$일 때　　　　　　$f_k = \dfrac{0.3f_c}{(\lambda/100)}$

여기서, f_k : 허용좌굴응력도(kg/cm^2)

f_c : 섬유방향 허용압축응력도(kg/cm^2)

λ : 유효세장비

(4) 화학적 성질

목재의 원소조성은 대개 탄소 50%, 산소 44%, 수소 5%, 질소가 1% 정도이다. 이 외에도 회분 · 석회 · 칼슘 · 마그네슘 · 나트륨 · 망간 · 알루미늄 · 철 등이 미량 함유되어 있다.

목재의 세포막은 어릴 때에는 순수한 섬유소(cellulose)로 되어 있으나 점차 노성(老成)함에 따라 리그닌(lignin)과 기타 물질의 집적에 의해 목질화(lignification)되어 순수한 섬유소는 리그노섬유소(lignocellulose)로 변화한다. 목재의 화학적 주요 조성분인 섬유소는 목재 건조중량의 약 50~60%이고 리그닌 약 20~30%, 반섬유소(hemicellulose) 약 10~20%로 되어 있다. 이 밖에도 세포막에는 회분 · 질소화합물 · 유지 · 정유 · 타닌 · 색소 등이 소량 함유되어 있다.

8-5 목재의 흠

목재는 입목(立木)으로 있을 때 생리적인 원인과 기후의 변화, 곤충 및 균 등에 의해 또는 벌채 후에도 인위적인 원인으로 인해 흠이 생긴다. 목재의 흠은 외관을 손상시킬 뿐만 아니라 강도 · 내구성을 저하시켜 목재의 이용 가치를 저하시킨다.

목재의 흠에는 여러 가지 있으나 그중에서 중요한 것을 들면 다음과 같다.

(1) 옹이(knot)

옹이(節)는 가지가 줄기의 조직에 말려 들어가 나이테가 밀집되고 수지가 많아 단단해지는 것으로 생옹이(生節)와 죽은옹이(死節), 썩은 옹이(腐節), 옹이구멍(節孔)이 있다.

생옹이는 성장 중의 가지가 말려 들어가서 만들어진 것으로 주위의 목질과 단단히 연결되어 있어 강도에는 영향을 미치지 않으며, 죽은옹이는 말라 죽은 가지가 말려 들어가서 생긴 것으로 주위의 목질과 독립되어 있는 것이다. 썩은 옹이는 죽은 가지의 자국이 썩어서 목질부의 옹이부분도 썩어 있는 것으로 색이 변하고 구멍도 생긴다. 옹이구멍은 옹이가 썩거나 옹이가 빠져서 구멍이 난 것이다. 옹이가 있는 목재는 인장 및 휨강도가 저하되어 가공이 곤란하고 외관을 손상시킨다.

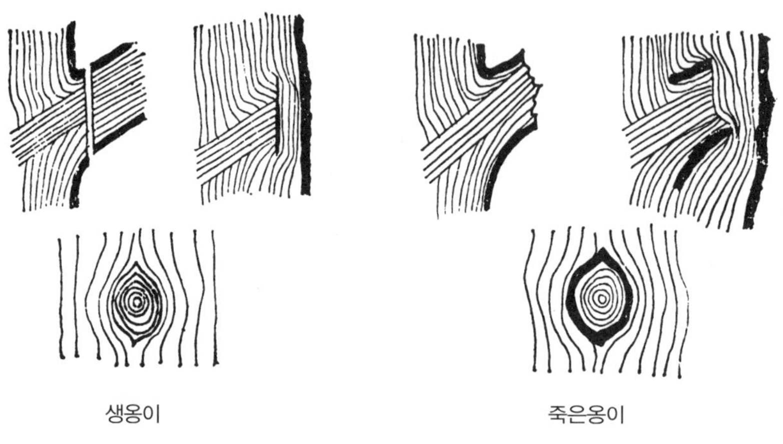

그림 8-15 목재의 옹이

(2) 갈라짐(crack)

불균일한 건조 및 수축에 의해 생기는 것으로 여러 가지 모양으로 나타나며 노목(老木)에서 흔히 볼 수 있다. 대개는 반경방향의 방사조직에 따라 갈라지는 것이 많다. 갈라짐의 종류는 갈라지는 형상 및 위치에 따라 심재성형(心材星形) 갈라짐[벌목 후 건조수축에 의하여 심장부가 방사상(放射狀)으로 갈라지는 것], 변재성형(邊材星形) 갈라짐[침입된 수분이 동결하여 팽창된 결과 변재부분이 방사상으로 갈라지는 것], 원형 갈라짐[수심의 수축이나 균의 작용에 의해 심재와 변재의 경계선 부분이 반달형으로 갈라지는 것], 마구리갈라짐, 겉갈라짐 등이 있다.

그림 8-16 목재의 갈라짐 및 껍질박이

(3) 연륜간격(interval of annual rings)의 차이

수목이 경사지에서 성장하게 되면 어느 한쪽의 연륜이 다른 쪽보다 넓어지게 된다. 이러한 목재부분을 나이테 간격의 차이라고 하여 목재의 이상한 조직이 형성된다. 이 목재부분은 비중이 크며 압축에는 강하고 인장에는 약하며 또한 색이 진하고 수축은 크며 변형되기 쉽다. 침엽수에서 흔히 볼 수 있는 현상이다.

(4) 껍질박이(bark pocket)

껍질박이는 수목이 성장 도중에 수목 세로방향의 외상으로 수피의 일부가 목재 내부에 말려 들어간 것으로 목재 사용시에 지장을 준다. 껍질박이를 입피(入皮)라고도 한다.

(5) 송진구멍(resin pocket) · 혹(gall, burl)

송진구멍(松脂穴)은 목질 틈서리에 송진이 모인 것으로 소나무에 많다. 혹(瘤)은 섬유가 집중되어 불룩하게 된 부분이다. 이 두 흠은 목재를 뒤틀리기 쉽게 하고 가공하기에도 어렵게 한다.

(6) 지선(sebaceous gland)

지선(脂腺)은 목질부 내에서 수지가 흘러나오는 선이 생겨 건조 후에 수지가 마르지 않고 사용 후에도 계속 진이 나와 가공도 불편하고 목재 사용에도 곤란하다.

(7) 틀린결(twisted grain), 흠결(upset, rupture), 거친결(coarse grain)

틀린결은 나뭇결이 목재 마구리에서 마구리까지 이어지지 못하고 끊긴 것으로 끊긴결이라고도 한다. 이것은 꼬인 나무를 제재하면 나타난다. 흠결은 나뭇결이 고르지 못한 것으로 나무가 자라는 동안에 부러지거나 상하여 생긴 것이다. 거친결은 나이테 간격이 지나치게 넓은 것으로 너무 빨리 자람에 기인한 것이다. 이러한 흠은 강도를 떨어지게 하고 뒤틀어지거나 부러지기 쉽게 하여 내구적이지 않게 하는 등 목재로서의 이용가치를 저하시키고 사용상 지장을 준다.

8-6 목재의 내구성

목재는 유기물이므로 환경조건에 따라 물리적 · 화학적 성능이 저하되어 저분자 물질로 분해 · 변질 · 소모되며 대기에 노출되면 풍화작용으로 인해 침식되는데, 이 현상을 열화현상(裂化現狀)이라 하고 내구성에 직접적인 영향을 미친다. 내구성의 차이는 수종에 따른 차이 외에도 같은 수종이라도 수분의 투과도나 밀도의 영향에 따라 다르다. 심재가 변재보다 밀도가 높고 색깔이 진한 목재는 내구성이 큰데, 이는 심재가 형성될 때 축적된 추출물(抽出物)에 의한 것이다. 또한 목재는 오래된 나무일수록 재질도 좋고 내구성도 높다. 내구성이 극히 높은 목재에는 주목(朱木)과 티크가 있다.

목재의 내구성을 감소시키는 원인으로는 풍우, 일광, 자외선, 공기 등에 노출되었을 때의 풍화작용으로 인한 마모, 균류 또는 박테리아에 의한 부패, 곤충류에 의한 충해, 화재 등이 있다. 따라서 이러한 원인들을 최대한 제거하여 목재의 내구성을 증대시킬 수 있는 방법들이 많이 고안되고 있으며 또한 목재는 가연성이므로 방연처리를 하여 내구성을 증대시키기도 한다.

(1) 부패와 부패조건

목재의 내구성이 감소되는 이유는 주로 부패에 기인하고, 목재의 부패는 균류에 의한 경우가 많으며 그중에서도 사상균(絲狀菌)이 가장 관계가 깊다. 균사(菌絲)가 분비하는 효소(enzyme)에 의해 목질을 용해시켜 양분으로 섭취함으로써 목재를 부패시킨다. 목재부패균은 대개 리그닌(lignin)을 용해하는 것과 섬유소(cellulose)를 용해하는 것이 있다. 전자를 백부(白腐), 후자를 적부(赤腐)라 한다. 부패 초기에는 단순히 변색되는 정도이지만 진행되어감에 따라 재질이 현저히 저하된다. 환경에 따라 균의 번식과 부패의 정도는 다르지만 목재가 부패되면 목재 성분의 변질로 비중이 감소하고 강도 저하율은 비중 감소율의 약 4~5배가 된다. 따라서 균류의 번식을 막으면 부패를 지연시켜 목재의 내구성을 높일 수 있다.

균류의 번식에는 적당한 온도(25~35℃) · 습도(80% 정도) · 공기 및 양분이 필요하다. 따라서 이 네 가지 중 하나라도 근절되거나 부적당하면 균의 번식은 불가능하게 된다. 예를 들면 완전 흡수에 의해 공기를 전부 배제한 목재는 절대로 균해를 입지 않는다. 즉, 목재가 부패하지 않는다. 상수면 이하에 박은 기초말뚝 또는 수중에 완전히 침수시킨 목재가 부패하지 않는 것도 하나의 좋은 예다.

(2) 방부법

목재 부패균이 목질을 영양원으로 하여 활동하며 목재를 부패시키는데, 이 균류에 대하여 양분을 부적당하게 처리하는 방법이 방부법이다. 방부법으로는 방부제를 목재 표면에 도포하는 방법과 목재 속에 주입하는 방법이 있다. 방부처리하는 방법 중에서 가장 간단한 방법이 도포법으로, 이는 방부처리 전에 목재를 충분히 건조시킨 다음 균열이나 이음부 등에 주의하여 솔 등으로 방부제를 도포하는 방법이다.

주입법에는 방부제(크레오소트유 등) 용액에 목재를 3~6시간 침투(浸透)하는 상압주입법과 밀폐된 압력용기 속에 목재를 넣어 7~12기압의 고압하에서 방부제를 목재의 내부 깊숙이 강제적으로 주입하는 가압주입법이 있다. 도포법, 주입법 외에도 침지법, 표면탄화법, 생리적 주입법이 있다. 침지법은 방부제 용액에 목재를 몇 시간 또는 며칠 동안 침지(浸漬)하는 것으로서 액을 가열하면 더욱 깊이 침투하여 15mm 정도까지 침투한다. 표면탄화법은 목재의 표면을 두께 3~10mm 정도 태워서 탄화시키는 방법으로 값이 싸고 간편하지만 효과의 지속성이 부족하다.

생리적 주입법은 벌목 전에 나무뿌리에 약액을 주입하여 수간(樹幹)에 이행시키는 방법으로 별로 효과가 없는 것으로 알려져 있다.

이와 같은 방부법으로 목재를 방부처리함으로써 부패방지와 동시에 목재의 변색과 변질도 방지할 수 있다.

(3) 방부제(preservate)

목재의 방부를 목적으로 사용하는 방부제에는 여러 종류가 있는데 유성 방부제, 수용성 방부제, 유용성 방부제로 대분류할 수 있다.

◎ 유성 방부제

유성(油性) 및 유용성 방부제는 방부처리 후 물에 용해되지 않으므로 습윤한 장소에 적당하다.

① 크레오소트유(creosote oil) : 콜타르를 분류(分溜)할 때 나온 흑갈색의 기름으로 침투성이 양호하여 깊게 주입할 수 있고 방부력이 우수하고 염가여서 많이 쓰이나, 외관이 불미하므로 눈에 보이지 않는 토대 · 기둥 · 도리 등에 널리 이용되고 있다.

② 콜타르(coal tar) : 석탄의 고온 건류 시 부산물로 얻어지는 흑갈색의 유성 액체로서 가열 도포하면 방부성은 좋으나 목재를 흑갈색으로 착색하고 페인트칠도 불가능하게 하므로 보이지 않는 곳이나 가설재 등에 이용한다.

③ 아스팔트(asphalt) : 가열 도포하면 흑색으로 착색되어 페인트칠이 불가능하고 독특한 냄새가 나므로 보이지 않는 곳에만 사용한다.

④ 페인트(paint) : 유성페인트를 목재에 도포하면 피막을 형성하여 목재 표면을 피복하므로 착색이 자유로워 외관을 미화하는 효과는 있으나 방습 및 방부효과는 다소 떨어진다.

◎ 수용성 방부제

무기화합물을 몇 종류 혼합하여 여기에 수용성 유기화합물을 가하여 방부 · 방충성능을 갖도록 한 혼합약제가 많다.

① 황산동 1% 용액 : 방부성은 좋으나 철재를 부식시키며 인체에 유해하다.

② 염화아연 4% 용액 : 방부효과는 좋으나 목질부를 약화시키고 전기 전도율을 증가시키며 비내구적이다.

③ 염화 제2수은 1% 용액 : 방부효과는 우수하나 철재를 부식시키고 인체에 유해하다.

④ 불화소다 2% 용액 : 방부효과도 우수하고 철재나 인체에 무해하며 페인트 도장도 가능하지만 내구성이 부족하고 값이 비싸다.

◎ 유용성 방부제

① PCP(Penta-Chloro Phenol, C_6Cl_6OH) : 무색으로 방부력이 대단히 우수하고 열이나 약제에도 안정하며, 그 위에 보통의 페인트를 칠할 수 있다.
크레오소트유보다 값은 비싸지만 침투성이 극히 양호하여 도포뿐만 아니라 목재의 내부에 주입도 할 수 있어 그 효력으로 보아 가장 뛰어난 방부제라 할 수 있다.

② 각종 유기계 방충제를 캐로신(kerosene) 등의 유기용매에 용해시킨 것으로, 여기에 유화제(乳化劑)를 가하여 유제로 사용하는 것이 좋다.

(4) 방염처리

목재는 가연재료이므로 방화처리에 의한 방염성(防炎性)의 확보가 중요하다. 목재의 방염처리방법으로는 목재 표면에 불연성 도료인 방화페인트, 규산나트륨(물유리) 등을 도포하여 불연성 피막을 형성케 하여 발화를 지연시키는 방법인 도막법(塗膜法)과 방화제인 인산암모늄 · 황산암모늄 · 탄산칼슘 · 탄산나트륨 · 붕사 등을 목재에 주입하여 가연성 가스의 발생을 억제시키는 방법인 주입법(注入法)이 있다. 또한 목재 표면에 불연 및 단열성이 큰 재료인 모르타르, 플라스터 및 금속판 등을 도복(塗覆)하여 목재 표면이 위험온도(260℃ 내외)에 달하지 않도록 하는 방법인 절연법(絕緣法)이 있다.

8-7 목재의 건조 및 저장

목재의 건조는 내부의 수분이 외부로 이동하여 표면에서 증발하는 것을 말한다. 벌채된 생재는 함수율이 30~100%인데, 수분이 외부로 이동하여 빠져나가 함수율이 30% 이하로 건조되면 수축되어 균열이 생기거나 변형되지만 부패균의 서식을 막아 부패나 부식으로부터 목재를 보호할 수 있어 내구성이 향상된다. 수분이 증발하는 주요 조건은 온도 · 습도 · 풍속 등이며 온도가 높고 습도가 낮고 풍속이 빠르면 건조가 빠르다.

(1) 목재 건조의 목적

제재된 목재는 사용하기 전에 반드시 건조시켜야 하는데 그 목적은 다음과 같다.

① 균류에 의한 부식과 벌레의 피해 예방

② 사용 후의 수축 및 균열 방지

③ 강도 및 내구성의 증진

④ 중량경감(생목의 1/2 정도)과 그로 인한 가공, 취급 및 운반의 용이

⑤ 접착성, 도장성의 향상

⑥ 방부제, 합성수지 등의 주입을 용이하게 함.

(2) 목재 건조방법의 종류

목재의 건조방법은 자연건조법과 인공건조법의 두 가지로 나눈다.

자연건조법(natural seasoning)

목재를 자연조건에 의해 건조하는 방법으로 특별한 장치를 필요로 하지 않는다. 경비가 적게 들어 많은 목재를 일시에 건조시킬 수 있는 이점이 있는 반면, 건조시간이 길며 넓은 장소가 필요하고 변색, 부패 등 손상을 입기 쉬운 결점이 있다.

1) 공기건조법(air seasoning)

실외에 목재를 쌓아두고 기건상태가 될 때까지 건조시킨다. 이 방법은 간단하고 경비가 적게 들며 가장 일반적이다. 건조장소는 통풍이 잘 되고 배수가 잘 되는 곳을 선택한다. 목재는 남향으로 길게 놓으며 직접 지면에 닿지 않도록 약 40~50cm 정도의 기초를 하여 바람의 방향과 직각이 되게 목재를 쌓아놓는다. 3cm 정도 두께 판재의 경우 건조기간을 침엽수는 2~6개월, 활엽수는 6~12개월을 표준으로 하여 2~3개월마다 뒤집어 쌓는다. 이후 잘 건조된 목재는 실내에서 2~3주간 두었다가 사용하는 것이 좋다.

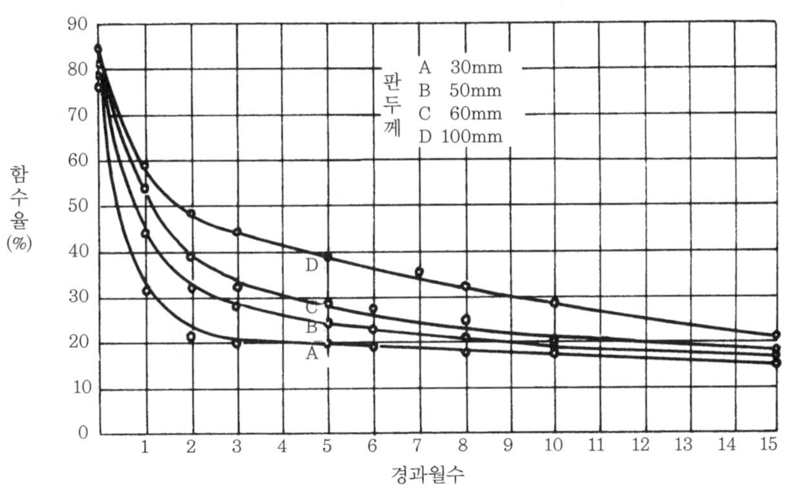

그림 8-17 목재 자연건조 경과월수

2) 수침법(water seasoning)

건조시키기 전의 예비처리로, 목재(생목)를 수중에 3~4주간 계속 흐르는 담수(淡水)에 침지(浸漬)시켜 수액을 수중에 용출(溶出)시키는 것으로서 공기건조시간을 단축시킨다. 재질이 부러지기 쉬워지며 강도가 저하되나 수축에 의한 결점이 줄어든다.

◎ 인공건조법(artificial seasoning)

건조한 실내에서 온도와 습도의 조절에 의해 건조시키는 방법으로 단시간에 사용목적에 따라 함수율까지 건조시킬 수 있는 등의 장점이 있으나 시설비용이 많이 든다. 대개 건조실의 장치와 설비는 증기의 열도(熱度), 완전연소 가스, 고주파 전류 등의 가열장치와 급격한 건조에서 손상을 방지하는 조습장치(燥濕裝置), 실내의 온도와 습도를 균등히 유지하는 송풍장치, 증발된 수분을 밖으로 배출하는 배출구, 습기가 적어 바깥공기를 끌어들이는 흡입구 등이 필수조건이 되고 있다.

1~3개월 자연건조된 목재를 인공건조하는 것이 바람직하며 목재를 잘 쌓아야 균질하게 건조되며 건조가 끝난 후에는 서서히 온도가 내려가도록 유의하는 것이 좋다. 인공건조방법에는 다음과 같은 것이 있다.

① 증기건조 : 건조실에 증기관, 가열관 및 송풍기를 설치하여 공기를 가열하면 증기는 대류식으로 상승하여 목재의 수분을 제거하는 방식으로 건조시키는 방법이다.
비교적 많이 시행되고 있는 방법이다.

② 송풍건조 : 가열된 공기를 송풍기로 건조실에 보내 목재를 가열시켜 건조시키는 방법이다. 건조가 빨라서 온도조절이 잘 안 되는 단점이 있다. 얇은 판이나 삼나무 등 건조가 쉬운 것에 적당하다.

③ 훈연건조 : 연소가마를 건조실 내에 장치하여 나무 부스러기, 톱밥 등을 태워서 연기가 나게 하는 방법이다. 이 방법은 비교적 양호하나 목재 표면이 매연으로 변색되고 실내온도이 조절이 어려우며 화재의 우려가 있다.

④ 전열건조 : 전기를 열원으로 사용하여 건조시키는 방법으로 온도조절이 용이하고 균질하게 건조할 수 있다는 장점이 있다.

⑤ 연소가스건조 : 연소탱크(tank)를 밖에 두고 연료를 완전연소시켜 연소가스를 건조실로 보내 건조시키는 방법이다.

⑥ 진공건조 : 가열공기의 수증기 압력저하로 건조시키는 방법이다.

⑦ 약품건조 : 유지 · 4염화 · 에탄(ethane) · 벤젠(benzene) · 아세톤(acetone) 등의 용제 또는 용제증기를 매체로 하여 목재를 높은 온도에서 급속히 함수율을 내려 건조시키는 방법이다. 실험실 내의 실험에서 가능한 방법이다.

⑧ 고주파건조 : 목재는 유전체로 고주파 전장 내(電場內)에 놓으면 고주파 에너지(energy)를 열에너지로 변화시켜 발열현상을 일으켜 건조한다. 이것은 내부 가열로 중심부의 증기압이 높고 외부와의 증기압 차가 심하여 급속히 수분을 증발시킨다. 이 방법은 건조시간이 짧으며 화재의 위험이 적고 건조작업이 간단하며 함수율이 극히 낮은 장

점이 있다. 반면에 전력소모가 크고 열원이 전기이기 때문에 다른 연료를 사용하지 못하는 것이 결점이다.

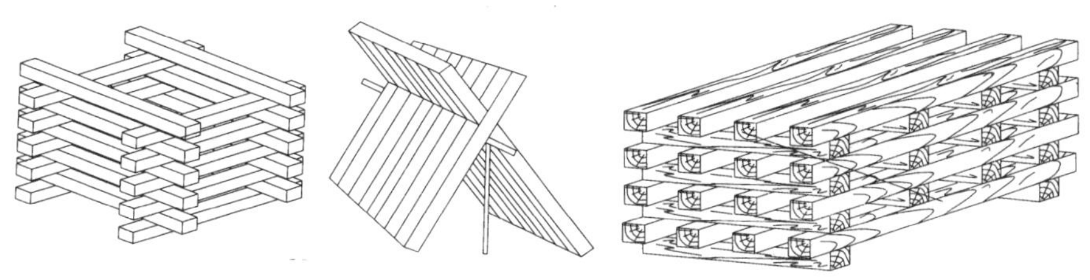

목재의 자연건조

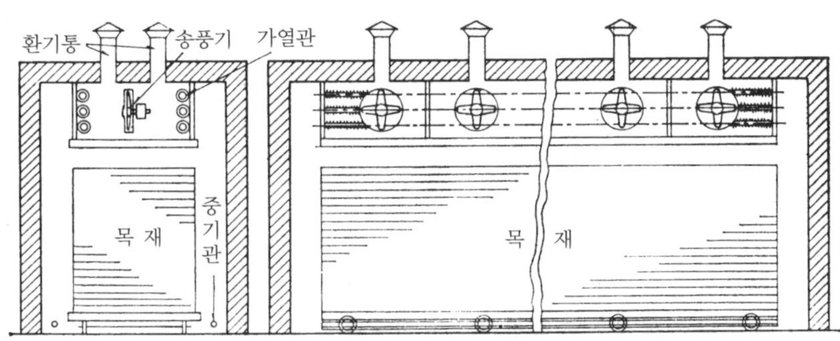

목재의 인공건조 ; 증기건조

목재의 수침

그림 8-18 목재 건조방법

(3) 목재의 저장 및 보관

제재된 목재를 건조시킨 후 사용하기 전까지 또는 현장에 반입된 목재도 사용 전까지 다음 요령에 따라 저장하고 보관한다.

① 제재된 목재는 우로에 맞지 않게 잘 저장하고 수장재 및 기타 필요하다고 판단되는 것은 직사광선을 받지 않게 저장한다. 특히 구조재 및 수장재는 직접 지면 또는 습기 찬 물체에 접하지 않게 한다.

② 목재는 변경(휨 · 우그러짐) · 오염 · 손상 · 변색 · 썩음 · 습기 등을 방지할 수 있도록 적재하고 건조가 잘 되게 저장한다.

③ 현장에 반입된 목재는 반드시 함수율을 측정하여 시방에 적합한지 확인한 후 현장에 보관하고, 곰팡이 등이 발생한 목재는 대개 함수율을 초과하게 되므로 육안으로 목재의 변형여부를 확인한 후 보관한다.

④ 현장에 반입된 목재는 통풍이 잘 되고 건조한 조건의 실내에 보관토록 하고 외부에 노출된 상태의 야적은 좋지 않으므로 피하도록 한다.

8-8 목재의 제재 및 규격

(1) 목재의 제재

건축재료로 사용되는 목재는 원목(原木 : material wood) 그대로 혹은 탈피(脫皮)한 원목이나 제재목(製材木 : sawing lumber, lumbering)이 쓰이나 일반적으로 제재된 판재 · 각재 등을 쓴다. 제재(sawing)란 필요한 치수의 목재를 얻기 위해 원목을 절단하는 조작을 말하는 것으로서 제재한 목재를 제재목이라 한다. 목재를 제재할 때는 나뭇결, 흠 등에 주의해 폐재가 적게 나오도록 계획한다. 제재의 취재율(取材率)은 침엽수에서는 원목의 약 60~75%이고 활엽수는 40~60% 정도이다.

목재를 제재하는 요령은 다음과 같다.

① 원목 위 마구리에 필요한 치수형태의 계획선을 그릴 것

② 취재율을 높일 것

③ 건조수축을 고려하여 여유 있게 제재할 것

④ 목재용도에 따라 심재와 변재를 구별하여 제재하고 장식재는 나뭇결과 무늬 등을 고려할 것

⑤ 제재용 톱을 선택할 것. 둥근톱은 두께 1.2~3.5mm, 띠톱은 1.0~3.0mm 정도 된다.

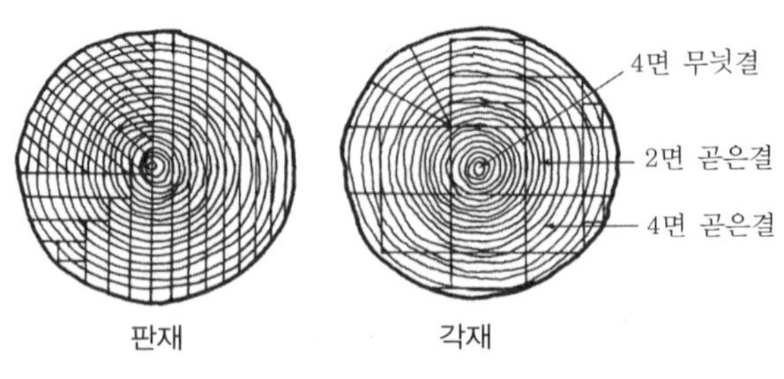

그림 8-19 목재의 제재(제재계획선)

그림 8-20 목재 제재공장, 제재목

(2) 목재의 규격

목재는 원목과 제재목으로 구분하며, 원목은 전연 제재하지 않은 통나무(Log)와 제재 전에 4각을 대략적으로 따내고 일부 수피가 남아 있는 만각재(挽角材 : hewn square, squared log)가 있으며 제재목은 판재(板材 : board, plank), 각재(角材 : square timber), 오림목(小角材 : small cant)으로 분류된다. 판재를 널재라고도 한다.

제재목에서 모서리 또는 옆면에 통나무 표피면(수피)이 남아 있는 부분을 죽(wane)이라 하고 그 제재목을 죽각재(wane timber)라 한다. 또한 널의 일부에 통나무 둥근 표피(죽면)가 붙어 있는 널을 죽널(untrimmed board, unsquared board)이라 하고 통나무의 겉쪽에서 쪼개낸 둥근 표피가 많이 붙어 있는 것을 죽더기(plank sawn cut of the outside of a log)라 한다. 또한 죽이 들지 아니한 널을 죽 없는 널(sqared board)이라고 한다.

제재목의 표준치수

1) 판재류

두께 60mm 미만이고 너비(幅)는 두께의 3배 이상이다. 판재를 널재라고도 한다.

① 넓은 판재(廣板材) : 두께 60mm 미만, 너비 120mm 이상

② 좁은 판재(小幅板材): 두께 30mm 미만, 너비 120mm 미만

③ 두꺼운 판재(厚板材): 두께 30mm 이상, 너비는 두께의 3배 이상

2) 각재류

두께가 60mm 이상이고 너비는 두께의 3배 미만인 것 또는 두께 및 너비가 60mm 이상이다.

① 각재 : 두께 및 너비가 60mm 이상이다.

㉮ 정각재 : 횡단면이 정방형인 것

㉯ 평각재 : 횡단면이 장방형인 것

② 오림목(小角材) : 두께가 60mm 미만이고 너비는 두께의 3배 미만이다. 가늘고 단면이 작은 제재목으로서 보통 60mm각 미만의 작은 각재를 말한다.

제재치수와 마무리치수

1) 제재치수(dressed size)

목공사에 있어 목재의 단면을 표시한 지정치수는 공사시방서에 특기가 없을 때에는 구조재, 수장재는 모두 제재치수로 한다. 다만, 수장재는 공사시방서에 특기가 있을 때에는 제재정치수 또는 마무리치수로 할 수 있다. 여기서 제재치수는 제재된 목재의 실제 치수이며 제재정치수(actual dimension)는 제재하여 나온 목재 자체의 정미치수를 말한다.

2) 마무리치수(finishing size)

창호재, 가구재의 치수는 마무리치수로 한다. 여기서 마무리치수는 제재목을 치수에 맞추어 깎고 다듬어 대패질로 마무리한 치수를 말한 것으로, 마감치수라고도 한다. 제재목의 실제 치수는 톱날 두께만큼 작아지고, 이를 다시 대패질 마무리하고 또 건조수축하면 더욱 줄어들므로, 이에 대해 고려해야 한다.

톱날 두께는 1~3mm(보통 2mm)이나 제재 불량, 톱니 부조(不調)가 있을 때는 대패질로 인한 감소가 더욱 증대한다. 보통 한면 대패질 감소 두께는 각재의 경우 2~3mm이고 판재의 경우 1.5mm이며 수축감소(함수율 30 %/wt에서 20 %/wt로 건조할 때)는 3%이다.

목재의 정척(定尺)길이

목재의 길이가 규격에 맞게 일정하게 된 것을 정척물(定尺物)이라 하며, 이에는 보통 1.8m, 2.7m, 3.6m의 3종이 있다. 정척물보다 긴 것을 장척물(長尺物)이라 하며 보통 0.9m씩 길어진 것을 표준으로 한다. 또 1.8m 미만인 것을 단척물(短尺物)이라 하고 정척물이 아닌 것을 난척물(亂尺物)이라 한다. 단척물이나 난척물의 길이는 1.8m를 기준으로 하며 30cm씩 짧거나 길다. 장척물은 고가이고 단척물은 저렴하다. 또 난척물은 구득하기가 어렵다.

현재 나왕, 기타 수입재는 상기 정척물 외에 주문재일 때는 2.1m, 2.4m, 3m 등으로 할 수도 있다. 이 밖에 체목(體木) · 중방(中枋) · 수장목(修裝木) · 서까래재 등의 명칭으로 단면치수를 호칭하는 경우도 있었지만 지금은 일반적으로 쓰이지 않고 있다.

건축재료로 사용되는 일반적인 목재 기성재의 치수는 다음과 같다.

① 목재의 길이 : 182cm(6자), 273cm(9자), 364cm(12자), 455cm(15자), 546cm(18자)

② 각재의 단면 : 2cm각(7푼각), 3cm각(1치각), 3.5cm각(1치 2푼각), 4.5cm각(1치 반각), 5cm각(1치 7푼각), 6cm각(2치각), 7.5cm각(2치 5푼각), 9cm각(3치각), 10.5cm각(3치 5푼각), 12cm각(4치각)

참고: 시중에서 많이 사용되고 있는 각재의 치수는 1치각(30mm각), 한치 오푼각(45mm각), Two by Four(90mm×45mm), 세치각(90mm각) 등이다.

③ 판재의 두께 : 1cm 두께(3푼널), 1.2cm 두께(4푼널), 1.5cm 두께(5푼널), 1.8cm 두께(6푼널), 2.1cm 두께(7푼널), 2.4cm 두께(8푼널), 3cm 두께(1치널), 3.6cm 두께(1치 2푼널), 4.5cm 두께(1치 5푼널), 6cm 두께(2치널), 7.5cm 두께(2치 5푼널), 10cm 두께(3치널)

참고: 판재 크기를 나타낼 때는 3×6(900mm×1,800mm), 3×7(900mm×2,100mm), 4×8(1,200mm×2,400mm) 등으로 하고, 판재두께는 3, 6, 9, 12, 15, 18mm 등을 사용한다.

목재의 취급단위 및 재적 계산방법

1) 목재의 취급단위

목재는 미터법인 m^3 또는 l(1,000cm^3, 0.001m^3) 등의 체적단위로 취급된다. 종래에는 1치각 12자 길이의 체적을 단위로 하여 이것을 1재(才)라고 하였다. 또 1자각 10자 길이를 1석(石)이라 하여 큰 단위로 쓰였다.

미국에서는 보드 피트(board feet)라 하여 1인치 두께 1제곱피트, 즉 1″ 각 12′ 길이의 체적단위가 쓰인다.

비계 통나무는 눈키지름 몇 cm, 길이 몇 m짜리 한 개 또는 한 본(本)으로 취급한다.

표 8-12 목재취급 단위 환산표

명칭	내용	단위	m^3	재(才)	bf
세제곱미터	1m×1m×1m	m^3	1m^3	299.475	438.596bf
재	1치×1치×12자	재	0.00324m^3	1재	1.421bf
보드 피트	1인치×1인치×12피트	bf	0.00228m^3	0.703재	1bf

2) 목재의 재적 계산방법

① 통나무(原木)는 끝마구리 지름을 1변으로 하는 각재의 체적 또는 재수(才數)로 계산한다. 필요에 따라 통나무 중간 평균 지름으로 실체적을 계산하는 방법도 쓰인다.

㉮ 미터(m)제의 경우

길이가 6m 미만일 때 $V = D^2 \times L \times \dfrac{1}{10,000}\,(\mathrm{m}^3)$

길이가 6m 이상일 때 $V = \left(D + \dfrac{L'-4}{2}\right)^2 \times L \times \dfrac{1}{10,000}\,(\mathrm{m}^3)$

㉯ 척(尺)제의 경우

길이가 18자 미만일 때 $V = D^2 \times L \times \dfrac{1}{12}$ (재)

길이가 18자 이상일 때 $V = \left(D + \dfrac{L'-4}{2}\right)^2 \times L \times \dfrac{1}{12}$ (재)

		(미터제의 경우)	(척제의 경우)
D	: 통나무의 말구지름	(cm)	(寸)
L	: 통나무의 길이	(m)	(尺)
L'	: 통나무의 길이로서 끝수를 버린 길이	(1m 미만)	(3尺 미만)

② 각재 계산방법

㉮ 미터(m)제의 경우 $V = T \times W \times L \times \dfrac{1}{10,000}\,(\mathrm{m}^3)$

㉯ 척(尺)제의 경우 $V = T \times W \times L \times \dfrac{1}{12}$ (재)

		(미터제의 경우)	(척제의 경우)
T	: 제재목의 두께	(cm)	(寸)
W	: 제재목의 너비	(cm)	(寸)
L	: 제재목의 길이	(m)	(尺)

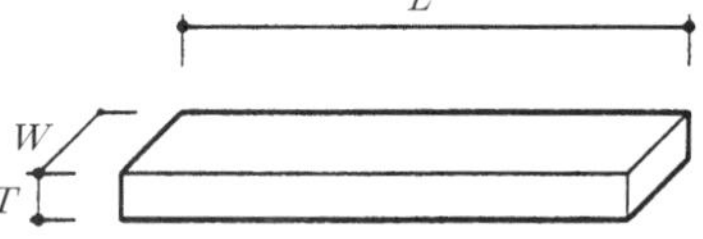

③ 판재 계산방법

판재의 널쪽을 펴놓아 6자(尺)×6자(尺) 넓이가 되는 단위묶음을 1평(坪)이라 하고 1평은 3.3058m^{2}이다. 판재는 두께를 표시하고 연면적으로 산출하거나 재수(才數)로 계산한다.

1평 = 6자 × 6자 = 36평방척(尺^2) = 3.3058m^2, 1m^2 = 0.3025평

$$1\text{평 재수} = \frac{0.6\text{치} \times 60\text{치} \times 6\text{자}}{1\text{치} \times 1\text{치} \times 12\text{자}} = \frac{0.6 \times 60 \times 6}{12} = 18\text{재}(\text{才})$$

④ 기타 목재 계산

㉮ 기타 단위로는 개(대 · 本) 또는 다발(묶음 · 束)로 계산한다.

㉯ 졸대는 7.5mm×3.6mm×1.8mm, 50개 묶음 3.3m^2(1평), 또는 100개 묶은 6.6m^2(2평)로 취급하여 계산한다.

8-9 목재의 가공제품

목재는 불균등성, 흡습성 및 그로 인한 변형 등의 치명적 결함을 가지고 있다. 이러한 결점을 보완하고 목재를 합리적으로 이용한 합판, 섬유판, 집성재, 파티클보드, 코르크판 등의 목재가공제품이 있고 바닥마감재로 플로어링, 파키트리 보드 등의 마루판재가 있다.

(1) 합판(plywood)

합판(合板)은 3매 이상의 얇은 단판(veneer)을 1매마다 섬유방향이 직교(直交)하도록 접착제로 겹쳐서 붙여 만든 것을 말하며, 이를 베니어판(veneer board) 또는 베니어합판(veneer plywood)이라고도 한다.

보통 베니어는 원목에서 벗겨낸 단판(單板)을 말하고 베니어판이라 부르는 것은 베니어가 여러 장 붙여서 판으로 된 상태인 합판을 지칭한다.

단판(veneer)의 겹친 매수는 3, 5, 7, 9매 등의 홀수로 되고 두께도 각각 다르다.

합판의 제법

합판, 즉 단판에 쓰이는 목재는 소나무 · 삼나무 · 오동나무 · 느티나무 · 단풍나무 · 참나무 · 벚나무 등 여러 나무들을 쓸 수 있으나 주로 수입재인 나왕이 많이 쓰인다.

단판의 제법에는 4종이 있는데 회전 절삭법(rotary veneer)에 의한 방법은 원목을 일정한 길이(2~5mm 정도)로 절단하여 이것을 회전시키면서 원목의 나이테에 따라 연속적으로 얇게(두께 0.5~3mm 정도) 벗긴 것으로 원목의 낭비가 없고 얼마든지 넓은 단판을 얻을 수 있는 것이고, 톱 절삭법(sawed veneer)에 의한 방법은 판재나 각재의 원목을 얇게 톱으로 켜내는 것으로(두께 1~6mm 정도) 아름다운 나뭇결을 얻을 수 있는 것이며, 직재법(sliced veneer)에 의한 방법은 원목을 미리 적당한 각재(길이 3m 정도)로 만들어 칼날로 엷게 절단한 것으로(1~1.5mm 정도) 곧은결이나 널결을 나타낼 수 있는 것이다. 또한 반원 회전 절삭법(half rotary veneer)에 의한 방법은 우선 껍질을 벗긴 원목을 반원으로 켜서 껍질 쪽을 고정시켜, 이것이 고정된 긴 날에 접하면서 원호를 그리며 상하로 움직여 단판을 한 장씩 벗겨내는 것으로 아름다운 결을 갖는 고급 목재로부터 무늬목을 얻는 데 쓰인다.

합판은 홀수의 단판을 접착제로 붙여서 죄고, 건조실에서 기건상태에 이르기까지 건조시켜 필요한 치수로 일정하게 재단하여 표면을 샌드페이퍼(sand paper)로 끝마무리질함으로써 제품화한다. 겹쳐진 단판의 접착제의 종류에 따라 상온에서 가압이나 열압을 한다.

수축이 큰 목재의 단판은 표면판으로 하고 수축이 작은 목재의 단판은 중판(中板)으로 한다. 또한 표면판의 무늬나 사용 접착제의 종류에 따라 내장용과 외장용으로 구분하여 제작되고 있다. 합판은 단판의 재질 또는 접착제의 좋고 나쁨에 따라 품질이 결정되므로 유의해야 한다.

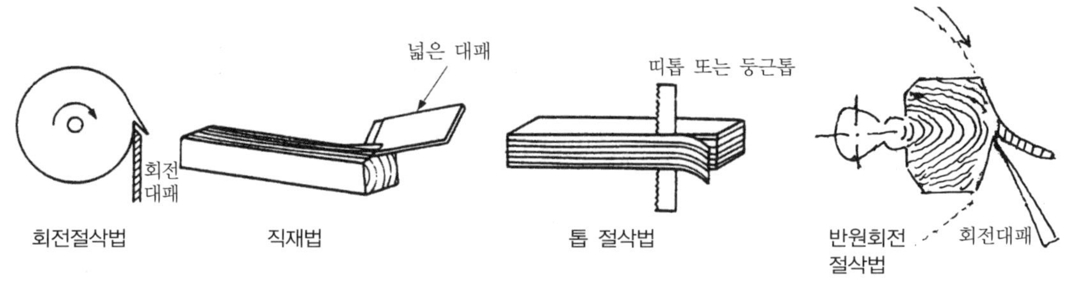

그림 8-21 합판의 단판 제법

◎ 합판의 특성 및 용도

합판은 함수율 변화에 의한 신축변형이 적고 방향성이 없으며 교착(膠着)이 잘 된 것은 원목보다 강도가 강하고 곡면 가공을 해도 균열이 생기지 않을 뿐만 아니라, 무늬도 아름다우며 가공하기 쉽고 표면가공법으로 흡음효과를 낼 수 있는 등의 특성을 가지고 있다. 또한 단판을 직교로 적층하여 만든 것이기 때문에 수축 · 팽창 · 뒤틀림이 없고 내수성, 내압성도 우수하여 목재의 결점인 흠이나 갈라짐, 옹이 등이 제거되는 등 장점을 가지고 있다. 다만, 단판의 원목상태에 따라 품질의 편차가 많고 단판의 완전 접착의 어려운 단점도 있다. 주로 내장용으로써 천장, 칸막이벽, 내벽의 바탕으로 쓰이는 경우가 많고 가설재료로는 거푸집재로 사용되며 창호재료는 플래시 도어의 표판(表板) 등에 쓰인다.

◎ 합판의 종류

합판은 내수성의 정도에 따라 완전내수성합판, 고도내수성합판, 보통내수성합판, 비내수성 합판, 어느 쪽에도 속하지 않는 합판이 있다.

합판은 원목 재질 그대로 단판을 붙인 표면에 아무것도 붙이지 않고 칠하지 않는 합판인 보통합판(ordinary plywood)과 표면에 오버레이(overlay), 프린트, 도장 등의 가공을 한 합판인 특수합판이 있다.

보통합판은 제조방법에 따라 일반, 무취, 방충, 난연합판으로 구분하고 접착성에 따라 내수, 준내수, 비내수 합판으로 나누어지며, 판면의 품질 및 겉모양에 따라 1급과 2급의 2종류가 있고 구성 및 수종에 따라 침엽수합판, 활엽수합판, 침엽수 및 활엽수 혼용 합판이 있다.

특수합판에는 화장합판이 있으며, 이는 다시 무늬목 화장합판(미장용으로 표면에 괴목 등의 얇은 단판을 붙인 합판), 멜라민 화장합판(표면에 종이 또는 섬유질 재료를 멜라민 수지와 결합하여 입힌 합판), 폴리에스테르 화장합판(폴리에스테르수지를 쓴 것으로 표면에 오버레이 가공한 합판), 염화비닐 화장합판(표면에 염화비닐수지 시트 또는 필름을 오버레이 가공한 합판) 등이 있다. 이 외에도 프린트 합판(표면을 인쇄가공한 합판), 도장합판(표면을 투명하게 도장하거나 또는 채색하여 불투명하게 도장 가공한 합판), 허니코어합판(두꺼운 합판의 중량을 가볍게 하고 강성과 단열성을 높이기 위한 목적으로 심재로 페놀수지나 요소수지 등을 함유한 크라프트지(craft paper)를 사용하여 여러 가지 형상으로 성형한 합판), 무취합판(합판을 만들 때 사용하는 성분 중 포름알데히드 방출량을 억제시킨 제품인 합판), 방화합판, 방부합판 등이 있다.

보통합판

무늬목 화장합판

프린트합판

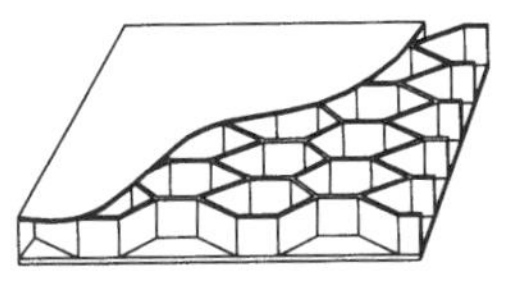

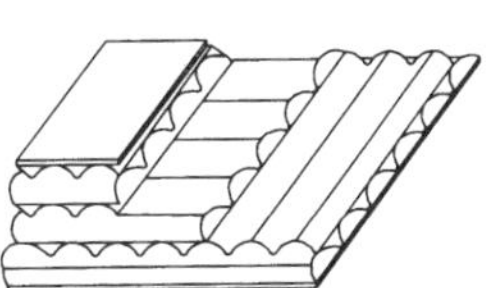

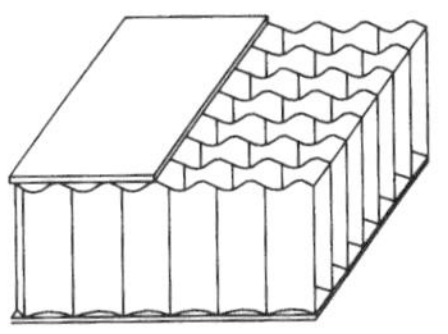

허니코어합판 형태

그림 8-22 각종 합판

◎ 합판의 치수

보통합판의 두께는 3, 6, 9, 12, 15, 18, 21, 24mm 등이고, 너비와 길이는 용도에 따라 다르지만 표준품의 경우 900mm×1,800mm(3×6판), 1,200mm×2,400mm(4×8판) 등을 기준으로 한다. 반자, 칸막이벽, 바닥은 보통 두께 3~9mm를 쓴다.

보통합판의 규격은 한국산업규격(KS F 3101), 특수 가공화장합판의 규격은 한국산업규격(KS F 3106), 천연무늬화장합판의 규격은 한국산업규격(KS F 3107), 콘크리트형틀용 합판의 규격은 한국산업규격(KS F 3110), 구조용 합판의 규격은 한국산업규격(KS F 3113), 마루판용 합판의 규격은 한국산업규격(KS F 3114)에 각각 규정되어 있다.

(2) 목재 마루판(flooring)

목재 마루판은 무늬가 아름다운 참나무 · 나왕 · 미송 · 아피통 등을 이용하여 인공건조한 판재(board)로 만든 것이다. 바닥판은 재료의 함수율, 비중, 옹이 등의 결점 유무에 따라 그 강도에 차이가 난다. 실 용도에 따라 마루에 가해지는 하중이 다르므로 재질, 두께, 장선간격 등을 결정해야 한다.

◎ 플로어링 보드(flooring board)

굳고 무늬가 아름다운 참나무 · 미송 · 나왕 · 티크 · 괴목 · 삼나무 · 떡갈나무 · 밤나무 · 아피통(apitong) 등을 이용하여 만든 판재를, 표면은 곱게 대패질하여 마감하고 양 측면을 제혀쪽매로 하여 접합에 편리하게 한 것을 플로어링 보드라 하며, 이를 마루판 · 마룻널 또는 플로어링이라고도 한다. 플로어링은 원래 서양건축의 바닥재를 마루판으로 쓰이는 것을 칭한다.

플로어링 보드의 규격은 한국산업규격(KS F 3103), 무늬목 치장합판 플로어링 보드의 규격은 한국산업규격(KS F 3111), 가압식 방부처리 플로어링 보드의 규격은 한국산업규격(KS F 3121)에 각각 규정되어 있다.

플로어링 보드는 무늬목 치장합판 플로어링 보드와 방부처리 플로어링 보드가 있다. 무늬목 치장합판 플로어링 보드는 합판 표면에 두께 1mm 내외로 벗겨낸 얇은 무늬목(veneer)을 치장으로 접착시키고 양 측면을 제혀쪽매로 가공한 마루판이다. 방부처리 플로어링 보드는 목재 내부에 방부효력이 있는 성분의 방부제를 주입하고 건조하여 건조된 목재 재면을 대패질하여 양 측면을 제혀쪽매로 가공한 것으로, 습기 등에 접한 곳의 마루판으로 사용되고 있다.

플로어링 보드의 모양은 그림 8-24에 나타낸 것을 표준으로 하고, 보통 사용되고 있는 것으로는 두께 9mm, 12mm, 15mm, 너비 60mm, 90mm, 120mm, 150mm, 길이 120mm, 150mm, 1,800mm 정도이다.

무늬목 치장합판 플로어링 보드

방부처리 플로어링 보드

그림 8-23 플로어링 보드

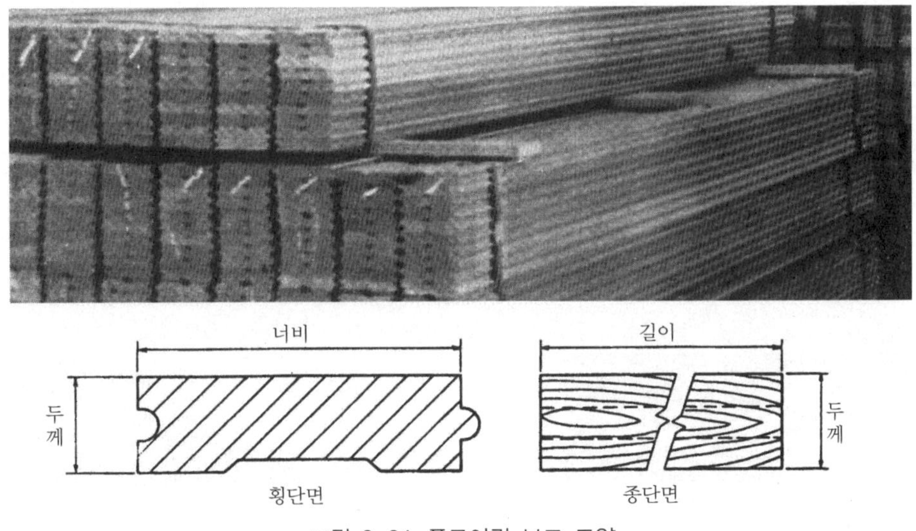

그림 8-24 플로어링 보드 모양

◎ 목재마루판의 종류(flooring block)

목재마루판의 종류는 원목마루판, 온돌마루판, 강화마루판이 있다. 원목마루판(strip flooring)은 원목을 그대로 사용한 천연목재를 인공건조시킨 후 마구리면을 제혀쪽매로 가공하여 만든 마루판으로서, 여기에 사용하는 수종은 주로 활엽수로 대부분 수입품이다.

온돌마루판(plywood flooring)은 합판을 심재, 즉 바탕재로 사용하고 그 표면에 무늬목을 접착시킨 후 합성수지계 도료로 코팅(coating)처리 하여 만든 마루판으로서, 원목마루의 단점인 온도 · 습도에 의한 수축 · 팽창 및 뒤틀림을 최소화시킬 수 있는 장점이 있다.

강화 마루판(laminated flooring)은 접착제로 배합된 미세한 목분(wood meal, wood powder)을 일정한 고온의 압력하에 가공한 고밀도섬유판(HDF)을 심재로 하고 그 표면에 무늬목 또는 인쇄무늬목 전사지(transfer paper) 등을 접착시켜 만든 마루판으로서, 충격에 강하고 내마모성 · 내압 · 인성 등이 뛰어나 유지관리가 쉬우므로 많이 사용되고 있다.

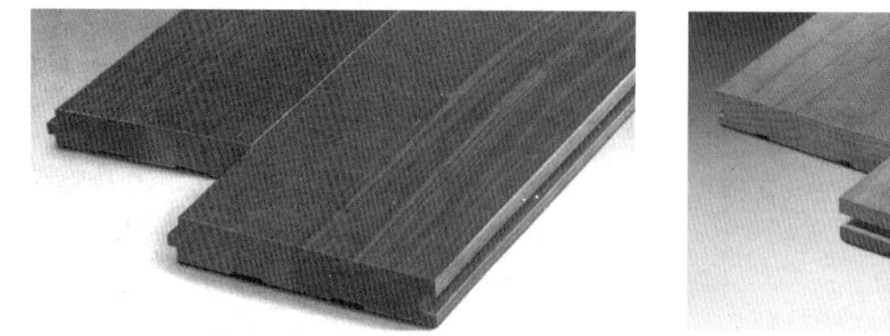

그림 8-25 원목마루판

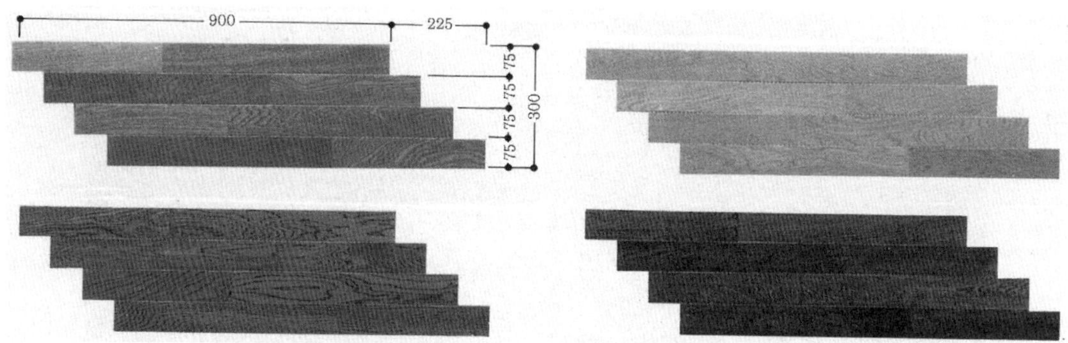

그림 8-26 온돌마루판

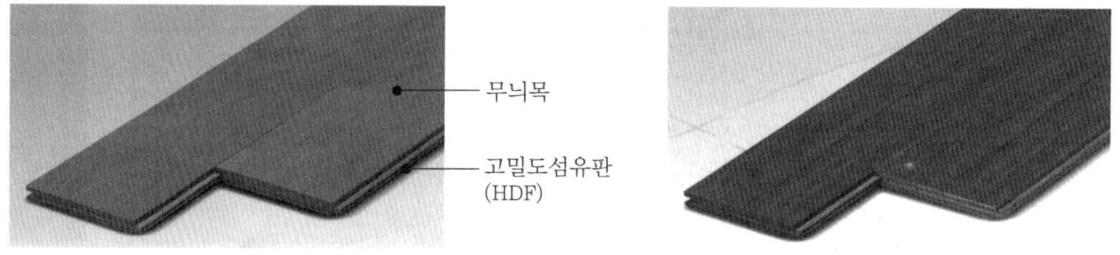

그림 8-27 강화마루판

◎ 플로어링 블록(flooring block)

플로어링 길이를 그 너비의 정수배로 하여 3장 또는 5장씩 붙여서 길이와 너비가 같게 4면을 제혀쪽매로 하여 만든 정사각형의 블록으로서 쪽매판(wooden mosaic)이라고도 한다.

플로어링 블록을 만드는 수종에는 괴목 · 참나무 · 벚나무 등이 쓰이고 근래에는 플로어링 블록을 합판에 붙여 놓은 것도 있다. 목조 바닥용과 콘크리트 바닥용이 있는데, 목조 바닥용은 교착재(膠着材) 또는 숨은 못으로 고정시키고, 콘크리트 바닥용은 뒷면을 방부처리하여 콘크리트

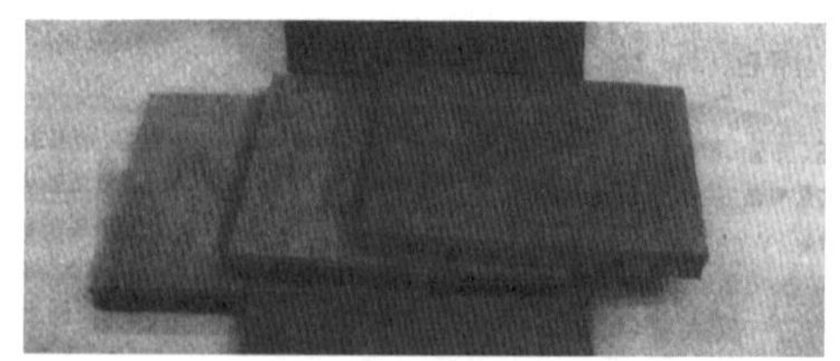

그림 8-28 플로어링 블록

슬래브 위에 고정 철물을 넣고 모르타르로 접착시킨다. 크기는 두께 18mm에 300mm 각판이다. 플로어링 블록의 규격은 한국산업규격(KS F 3123)에 규정되어 있다.

◎ 쪽매판(wood mosaic, wooden mosaic, parquetry)

쪽매판은 작고 고운 널(board plank)을 무늬 모양을 내서 서너 장을 쪽매(joint)하여 크기 30cm각 정도로 만들어 마룻널 위 또는 콘크리트 모르타르 바닥에 세로, 가로 또는 빗방향으로 붙여 깐 정방향의 판재이다. 쪽매판에 쓰이는 수종에는 흑감나무 · 자단 · 흑단 · 밤나무 등 검은 계통과 벚나무 · 느티나무(괴목) · 참나무 · 티크 · 마호가니 · 나왕 등 갈색계통의 것이 쓰인다.

쪽매판을 쪽매널(parquet)이라고도 하고 쪽매판으로 붙여 깐 마루를 쪽매널마루(parquet floor)라고 한다. 또한 쪽매널로 바닥깔기를 하는 것을 쪽매널 붙이기(parquet flooring)이라 한다. 쪽매널을 여러 가지 형태의 모양, 즉 도안대로 만들기 위해서는 공장에 특별 주문하기도 한다.

그림 8-29 쪽매널 모양

◎ 파키트리 보드(parquetry board)

파키트리 보드는 흠이 없는 견목재판(堅木材板)의 단판(單板)을 두께 9~15mm, 너비 60mm, 길이는 너비의 3~5배로 하여 양쪽 측면을 제혀쪽매로 가공하고 접착제나 파정(破釘)으로 3~5매씩 접합하고 4각의 패널로 하여 표면은 상대패로 곱게 한 후 래커로 칠 마감한 판재이다. 수종으로는 밤나무, 자단, 흑단, 벚나무, 괴목, 참나무, 나왕, 티크 등이 쓰인다.

◎ 파키트리 패널(parquetry panel)

파키트리 패널은 두께 15mm의 파키트리 보드를 4매씩 조합하여 24cm각판으로 접착제나 파정(波釘)으로 붙이는 우수한 마루판재이다. 양쪽 측면을 제혀쪽매로 가공하고 뒷면은 흠이 없게 한 것이다. 이 판은 목재무늬를 이용하여 의장적으로 아름답고 건조 변형이 적으며 마모성도 적다. 목조 마루틀 위에 이중판으로 깔든지 콘크리트 슬래브 위에 아스팔트, 피치 등으로 방습처리한 후 접착시공할 수 있다.

파키트리 블록(parquetry block)

파키트리 블록은 파키트리 보드를 3~5매씩 조합하여 18cm 각이나 30cm각판으로 만들어 방습처리한 것으로서 모르타르를 사용하여 콘크리트 슬래브 위에 깔 때는 방부 · 방수 · 흡습을 막기 위해 뒷면에 아스팔트를 녹여 붙이고 모래를 밀착시켜 깔도록 되어 있다. 수종으로는 참나무, 괴목, 벚나무 등이 주로 쓰인다.

(3) 섬유판(fiber board, fiberboard)

주원료인 식물섬유질(볏짚 · 톱밥 · 파지 · 파목 등)을 섬유화, 펄프(pulp)화하여 합성수지와 접착제를 섞어 판상으로 만든 것으로서 파이버보드(fiber board) 또는 텍스(tex) 등으로 불린다.

그림 8-30 섬유판

섬유판(纖維板)은 판을 성형할 때 압축공정을 거친 경질 또는 반경질섬유판과 압축공정을 거치지 않은, 즉 압축하지 않은 연질섬유판으로 대별된다. 섬유판은 천연목재에서 나타나는 갖가지 결점을 보완하기 위해 만든 인조목재(人造木材)이다. 인조목재는 천연목재에서 얻기 어려운 넓은 판을 다량으로 생산할 수 있고 가공이 쉬우며 종류도 다양하여 용도에 따른 선택의 폭이 자유로운 장점이 있다. 넓은 의미의 인조목재는 섬유판과 파티클보드(particle board)의 두 가지로 나눌 수 있는데, 섬유질을 원료로 하여 압축한 것이 섬유판이고 목재를 원료로 잘게 썰어 압축한 것이 파티클보드이다.

연질섬유판(soft fiber board, softboard)

식물섬유를 주원료로 하여 주로 건축물의 내장 및 흡음 · 단열 · 보온을 목적으로 성형한 보드이다. 비중은 0.4 미만이고 함수율은 16% 이하이며 휨강도는 10kgf/cm^2 이상이다. 연질섬유판(軟質纖維板)의 규격은 한국산업규격(KS F 3201)에 규정되어 있다.

1) A급 연질섬유판

침엽수를 주원료로 하고 경질섬유판과 같은 공정으로 제조되는데, 열압 제판하는 대신 건조기에서 건조한 것으로 비중이 0.3 미만으로 용도는 흡음 · 보온 · 수장재로 쓰인다.

A급 연질섬유판에 아스팔트를 처리한 것을 쉬딩보드(sheathing board)라 하는데 처리방법에는 도포, 함침(含浸) 또는 도포 · 함침 병용의 세 가지가 있으며 쉬딩보드는 지붕과 외벽에 쓰인다.

2) B급 연질섬유판

원료 및 제조공정이 반경질섬유판과 같고 열압 대신 태양건조나 인공건조를 한 것으로 소프트보드(soft board) 또는 소프트 텍스(soft tex)라고도 한다. 이 B급 연질섬유판은 단열성 및 흡음성이 우수하므로 천장재로 많이 쓰인다.

◎ 경질섬유판(hard fiber board)

목재 펄프만을 압축하여 만든 것으로 비중이 0.8 이상이고 강도, 경도가 비교적 크며 구멍뚫기, 본뜨기, 구부림 등의 2차 가공도 용이하여 수장판으로 사용한다. 하드보드(hard board)라고도 하며, 경질섬유판(硬質纖維板)의 규격은 한국산업규격(KS F 3203)에 규정되어 있다.

◎ 반경질섬유판(semihard fiber board)

식물섬유를 주원료로 하여 압축성형한 비중 0.4~0.8 정도, 함수율 14% 이하의 보드로 세미하드 보드(semihard board)라고도 하며 유공흡음판, 수장판으로 사용한다. 보통 하드텍스(hard tex)라고도 한다.

내수성이 적고 팽창이 크며 재질이 약할 뿐만 아니라 습도에 의한 신축이 큰 결점이 있으나 저렴하기 때문에 많이 사용한다. 반경질섬유판(半硬質纖維板)의 규격은 한국산업규격(KS F 3202)에 규정되어 있다.

(4) M · D · F(Medium Density Fiber Board)

중밀도 섬유판을 말하는 것으로 보통 M · D · F라고 부른다. MDF는 목질섬유를 펄프로 만들어 얻은 목섬유(wood fiber)를 액상의 합성수지 접착제, 방부제 등을 첨가하여 결합시켜 성형 · 열압하여 만든 중밀도(0.4~0.8g/cm^3)의 목질 판상 제품이다. 전 두께에 걸쳐 섬유 분배가 균일하고 조직이 치밀하며 면이 평활하고 견고하다. 안정성과 기계가공성이 뛰어나므로 정확한 치수를 요하는 부위나 각도가 살아 있어야 하는 구조틀(frame), 몰딩(moulding) 등에 일반목재 대신 사용한다. 또한 천연목재보다 강도가 크고 변형도 적을 뿐만 아니라 도장성 및 접착성이 우수하므로 실내건축공사의 바탕용으로 많이 사용되고 있다. 단점으로는 오래 사용되면 습기의 흡수로 인해 부풀어져 부스러지기 쉽다. 두께는 3mm~30mm까지 생산이 가능하다.

그림 8-31 M · D · F(중밀도 섬유판)

(5) 파티클보드(particle board)

목재를 작은 조각(부스러기)으로 하여 충분히 건조시킨 후 합성수지 접착제와 같은 유기질의 접착제를 첨가하여 성형 · 열압 제판한 보드를 말하며, 비중 0.4 이상, 밀도 0.5g/cm^3 이상

0.8g/cm^3 이하 칩보드(削片板 : chip-board : 제재목의 죽데기 등을 잘게 깎은 부스러기를 원료로 하여 접착제를 혼입하여 가압 성형한 판)라고도 한다. 파티클보드를 보통 PB라고 부른다.

파티클보드는 표면 연마 유무에 의해 양면연마(성형 제판된 것을 양쪽 면을 모두 곱게 연마한 것), 한면연마(성형 제판된 것을 한쪽 면만 연마한 것), 소판(素板)(성형 제판된 상태 그대로 인 것)의 3종이 있고, 층수에 따라 단층, 2층, 3층, 다층의 4종이 있으며, 그 외에 휨강도에 의해 200, 150, 100 유형으로 분류되고, 난연도(難燃度)에 의해 보통 또는 난연으로 분류되기도 한다.

파티클보드는 일반적으로 후판(厚板)에 중점을 두는 데 비해 하드보드는 박판(薄板)에 중점을 두는 것이 다르며 용도도 서로 다르다. 파티클보드는 온도에 의한 변화가 적고 변형도 적으며 음 및 열의 차단성이 우수할 뿐만 아니라 강도가 크므로 내력적으로 사용하는 데 적당하다. 또한 못질, 구멍 뚫기 등 가공이 용이하고 접착성이 우수하며 나뭇결에 방향이 없어 가공이 편리하다. 다만 내수성이 약하므로 사용시 고려해야 한다. 파티클보드는 상판 · 칸막이 또는 벽이나 천장 등의 수장재로 사용되고 있다. 파티클보드 치장판은 보드의 표면을 아름답게 치장한 것으로서, 표면에 치장 단판을 접착하여 만든 단판처리 파티클보드 치장판, 보드의 표면에 합성수지계 시트(sheet) 또는 필름(film)을 접착하여 판을 플라스틱처리 파티클보드 치장판, 보드의 표면에 합성수지 도료를 사용하여 바탕 도장처리한 도장 파티클보드 치장판이 있다. 파티클보드 및 파티클보드 치장판의 두께는 일반적으로 9~35mm, 크기는 1,200mm×2,400mm(4×8판)이며, 규격은 한국산업규격(KS F 3104, 3105)에 규정되어 있다.

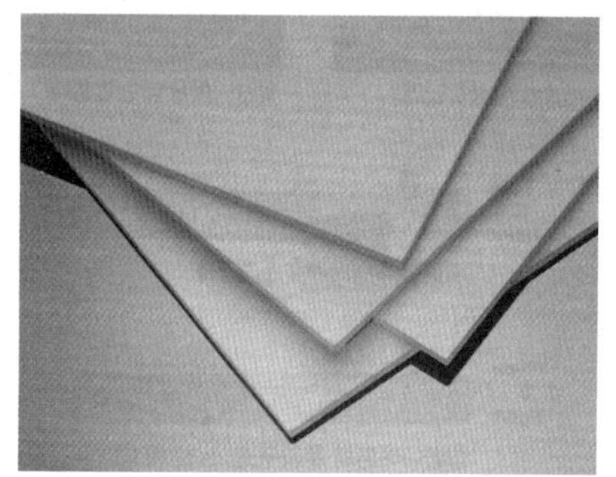
그림 8-32 파티클보드

(6) O · S · B(Oriented Strand Board)

O · S · B는 파티클보드의 한 종류라고 볼 수 있는데, 예전에 수입 가전제품 등을 포장하는 데 사용된 것에서 유래된 명칭이다.

O · S · B는 직사각형(약 35×75mm 크기)으로 자른 얇은 나뭇조각을 서로 직각으로 겹쳐지게 배열하고 방수성 수지로 강하게 압축 가공한 보드이다. 패널의 강도와 안정성을 높임으로써 소요강도를 지니는 합판과 유사한 판상 제품이다. 파티클보드에 사용되는 작은 나뭇조각(부스러기)은 다른 제품의 제조과정에서 나온 부산물인 반면 O · S · B에 사용되는 얇은 나뭇조각은 원목에서 잘라 만든 것이기 때문에 파티클보드에 비해 높은 강도와 경도가 있다. 목조 주택의 외장재로 사용되는 경우도 있으나 실내건축의 칸막이벽이나 가구제작에 주로 사용되며 표면의 질감 및 문양을 이용한 마감재로 사용되기도 한다.

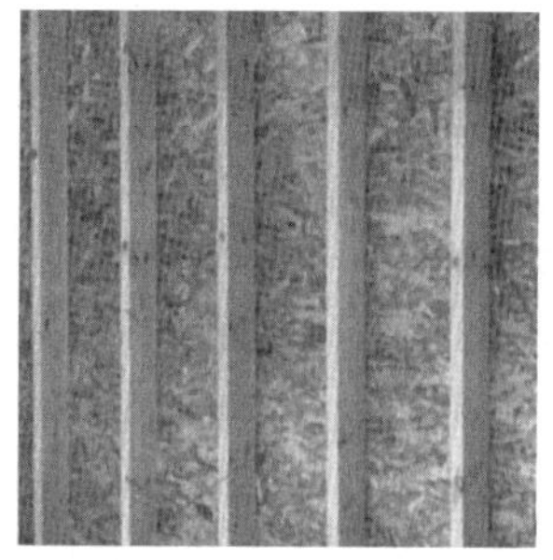

그림 8-33 O · S · B

(7) 무늬목(wood veneer)

무늬목은 색상 및 결이 아름다운 원목을 종이처럼 얇게 벗겨낸 것으로, 합판 등의 표면에 가열 · 가압방법으로 부착시켜 원목의 질감을 나타내고 표면을 아름답게 장식할 때 사용한다. 원목의 수종으로는 벚나무 · 너도밤나무 · 버드나무 · 단풍나무 · 참나무 · 호두나무 · 홍송 · 미송 · 티크 · 마호가니 · 웬지(wenge) · 흑단(ebony) 등이 주로 사용된다. 무늬목은 원목의 수종에 따라 색상과 표면의 패턴이 다르므로 용도에 적합한 선택이 필요하고 표면의 패턴이 다른 곧은결(木正目)과 널결(板目)로 구분하여 사용하기도 한다.

무늬목은 1mm 이상의 두께로 배면(背面)에 천이나 종이 등으로 배접(褙接)하여 생산되기도 하며, 보통 0.2mm 박판으로 만들어 사용하는 경우가 대부분이다.

합판 플로어링 보드의 표면에 무늬목을 부착시킨 것을 무늬목 치장합판 플로어링보드(sliced veneer fany plywood for flooring board)라 하여 한국산업규격(KS F 3111)에 규정되어 있으며, 시중에는 합판마루무늬목, 강화마루무늬목, 원목마루무늬목 등으로 생산 · 판매하고 있다.

그림 8-34 무늬목

(8) 집성목재(glue laminated timber)

두께 1.5~3cm의 얇은 각판재(laminations)를 섬유 평행방향으로 겹쳐 성능 좋은 접착제로 붙여서 만든 목재로서, 목구조의 보 · 기둥 · 아치(arch) · 트러스(truss) 등의 구조재료로는 물론 계단 · 디딤판 · 노출된 서까래 등 장식용으로도 쓰이며, 최근에는 경골구조로서 완곡재를 만들어 큰스팬(span) 구조에도 쓰인다.

집성목재(集成木材)가 합판과 다른 점은 판의 섬유방향을 거의 평행으로 접착하고 홀수가 아니라도 되는 점, 또한 합판과 같이 박판이 아닌 점 등이다. 집성목재는 제재 → 건조(12~14%) → 가공 → 접착제 도포 → 압체(壓締) → 끝마감의 순서로 제조된다. 집성목재의 종류에는 수평집성재, 수직집성재, 아치집성재, 변형단면집성재 등이 있다. 집성목재의 특징으로는 접합에 의해 필요한 치수 및 형상을 가진 인공목재의 제조가 가능한 점, 가급적 균질한 조직을 가진 인공목재의 제조가 가능한 점, 소재의 강도 및 탄성을 충분히 활용한 인공목재의 제조가 가능한 점, 구조재 · 마감재 · 화장재를 겸용한 인공목재의 제조가 가능한 점, 방부성 · 방충성 · 방화성이 높은 인공목재의 제조가 가능한 점, 집성재의 내부에 있어서 건조도가 균일하며 건조균열 및 변형 등을 피할 수 있는 점 등이 있다.

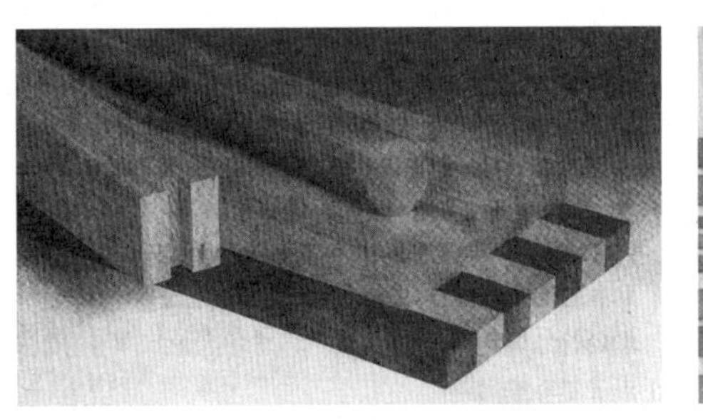

표면부는 강한 재질의 것을 사용한다.

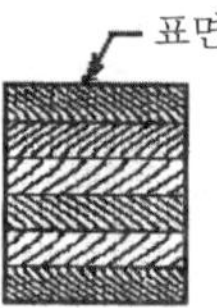
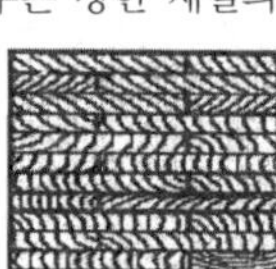
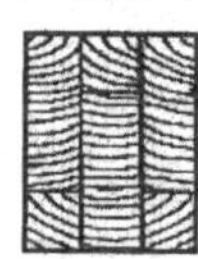
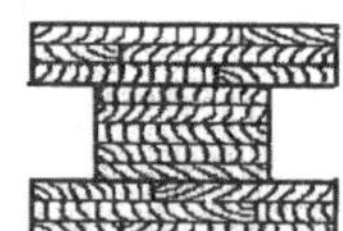

그림 8-35 집성목재

(9) 화학가공 목재(化學加工木材)

화학가공 목재란 목재와 합성수지를 복합하거나 또는 약품처리에 의해 제조된 목재로서 제재목과는 성질이 다른 목재의 총칭이다. 이 화학가공 목재는 개질목재(改質木材)의 일종으로서 목질재료의 원래의 모습은 유지한 채 목질재료가 가지고 있는 결함을 물리적 · 화학적 방법으로 개량하여 그 성질을 개선한 목재이다.

목재와 합성수지를 복합시킨 재료로는 합성목재(wood polymer composites ; WPC)와 경화목(경화 적층목)이 있다.

WPC는 50% 이상의 목분(wood meal)과 폴리에틸렌, 폴리프로필렌 등의 합성수지에 발포제를 넣어서 성형 가공한 인조목재의 일종이다. 톱으로 썰고 대패질하여 못을 박는 따위가 천연목재나 다름없는 것으로서, 성형 · 가공성과 방습성까지 있기 때문에 사용하기에 매우 편리하다. 또한 목재의 외관 그대로 살리면서 변색과 갈라짐 등의 하자가 없어 데크재(deck timber)나 사이딩재(siding timber) 등 목재의 부분적인 대체재로 이용된다. 여기서 데크재는 외부 콘크리트 바닥 등의 마감재 또는 외부계단 등에 사용되고 사이딩재는 콘크리트 및 시멘트 바름 등의 바탕 위에 벽널 또는 판자벽재로 사용되는 것을 말하며, 여기에 사용되는 목재는 습기, 부식, 충해 등에 강한 인조목재인 WPC를 이용하는 것이 일반적이다.

데크재나 사이딩재로서 인조목재가 아닌 천연목재인 적삼목(western red cedar)를 사용한 경우가 많은데, 적삼목은 주로 미국, 캐나다산으로 습기, 부식, 충해 및 내구성이 강한 목재이기 때문이다.

경화목은 합판용의 단판에 페놀수지 등을 침투시켜 온도 150℃에서 압력 150~200kg/cm^{2}로 열압하여 만든 것으로서, 대단히 가볍고 각종 강도는 소재(素材)의 3~4배에 이르므로 마모되기 쉬운 부분에 사용하면 효과가 있다.

합성목재 보드　　데크재　　사이딩재

그림 8-36 합성목재

그림 8-37 적삼목 데크재

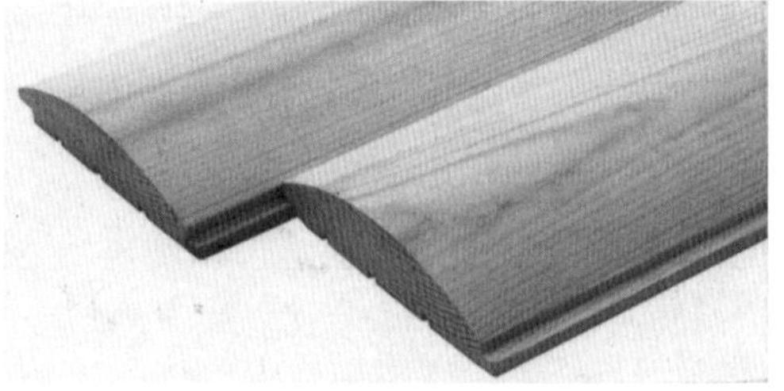

그림 8-38 적삼목 사이딩재

그림 8-39 데크재 및 사이딩재 사용 예

그림 8-40 경화목

(10) 코펜하겐 리브판(copenhagen rib board)

두께 50mm, 너비 100mm 정도의 긴 판에 표면을 각종 리브(rib) 모양으로 가공한 것으로 단면형은 설계에 따라 선택한다. 집회장, 강당, 영화관, 극장 등의 천장 또는 내벽에 붙여 음향조절효과를 내기도 하고 또한 벽체, 천장의 수장재로 이용하여 장식효과도 있게 한다.

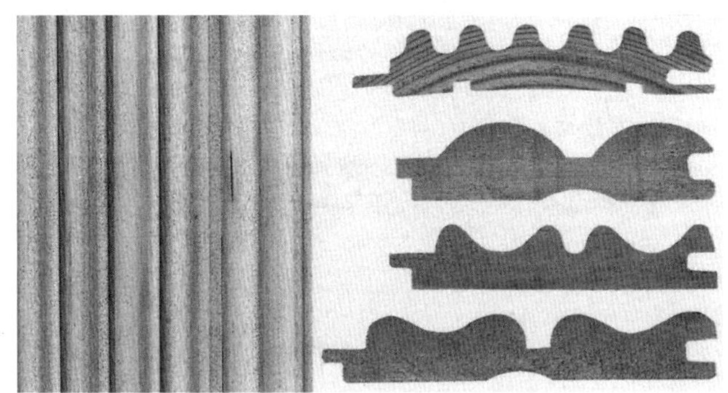

그림 8-41 코펜하겐 리브판

코펜하겐 리브형식으로 된 루버를 코펜하겐 루버(copenhagen louver)라고도 하며 리브재 옆에 생기는 빈틈과 뒷면 띠장 부분의 공기층이 고음을 처리하게 되어 음향효과가 좋다.

코펜하겐 리브는 원래 덴마크의 수도 코펜하겐 방송국의 벽에 음향효과를 내기 위하여 오림목을 특수한 단면으로 쇠시리(moulding : 나무의 모나 면을 깎아 밀어서 두드러지게 또는 오목하게 하여 모양지게 하는 것)하여 사용한 것이 시초이다.

(11) 코르크판(cork board)

코르크나무는 지중해 연안이나 남방에 있는 상록수로서, 이 코르크나무 수피(두께 5cm 정도)의 탄력성 있는 부분을 원료로 하여 그 분말로 가열, 성형, 접착하여 판형으로 만든 것으로서 표면은 평형하고 약간 굳어지나 유공판이므로 탄력성 · 단열성 · 흡음성 등이 있어 음악감상실 · 방송실 등의 천장 또는 안벽의 흡음판으로 많이 사용한다. 정벌 깔기용은 가열압축판인 고급품을 쓰고 밑창용에는 다소 거친 것이 좋다.

종류는 가공과정의 변화에 따라 흰색 코르크(white cork)와 흑색 코르크(black cork)가 있다. 흰색 코르크는 채취한 코르크 수피를 평평하게 압축시켜 5~6분 동안 솥에서 쪄 건조시킨 것이고, 흑색 코르크는 찌는 대신 화열이나 과열 증기로 처리한 것이다.

코르크판의 크기는 보통 60cm×90cm이고, 두께는 10mm, 15mm, 20mm, 25mm 등이 있다.

코르크나무 수피 코르크판

그림 8-42 코르크나무 수피 및 코르크판

(12) 방부목(treated timber)

방부목은 목재를 방부시키는 방법 중에서 주입법 또는 침지법에 의해 방부처리된 목재를 말한 것으로서, 방부목재(防腐木材)라고도 한다. 방부목은 수분, 곰팡이균, 해충으로부터 보호하고 내구성을 향상시키기 때문에 주로 외벽재, 외부바닥재 또는 퍼걸러(pergola), 정원 등에 쓰이고 있다. 특히 근래에는 적송의 표면에 빗모양의 골을 내어 만든 방부목(red pine comb treated timber)을 미끄럼방지용 바닥재로 많이 쓰이고 있고, 때로는 외벽재료도 쓰이고 있다.

그림 8-43 방부목

9 금속재료

9-1 개 요

금속재료(金屬材料 ; matallic materials)는 광석으로부터 필요한 물질을 제련(製鍊)하고 이것을 추출(抽出), 정련(精鍊)하여 얻어진 것으로서, 일반적으로 철금속(ferrous metal)과 비철금속(nonferrous metal)으로 구분된다.

일반 금속재료의 공통적인 금속성 특성을 열거하면 다음과 같다.

① 고체상태에서는 결정(結晶)이다.

② 열과 전기의 양도체이다.

③ 금속광택을 가지고 있으며 빛에 불투명하다.

④ 소성변형을 할 수 있다.

⑤ 경도(硬度)가 높고 내마멸성이 크다.

⑥ 전성(展性)과 연성(延性)이 풍부하다.

위와 같은 성질을 전부 가지고 있는 철 · 동 등이 금속이며, 불완전하게 가지고 있는 탄소 · 규소 등은 준금속이고 전혀 가지고 있지 않은 산소 · 수소 등은 비금속이다.

금속에는 물보다 가벼운 나트륨(Na) 리튬(Li) 등이 있는가 하면 물보다 20배나 무거운 백금(Pt), 금(Au), 텅스텐(W) 등도 있다. 그러므로 편의상 비중 5를 기준으로 하여 가벼운 것을 경금속(light metal), 무거운 것을 중금속(heavy metal)이라고 한다. 알루미늄(Al) · 마그네슘(Mg) · 칼슘(Ca) · 티탄(Ti) · 나트륨(Na) 등은 경금속이고 철(Fe) · 동(Cu) · 납(Pb) · 니켈(Ni) · 크롬(Cr) · 아연(Zn) 등은 중금속이다.

금속재료를 다른 재료와 비교한 결점으로는 다음과 같은 것이 있다.

① 비중이 크다.

② 녹이 슬기 쉽다.

③ 가공설비나 비용이 많이 든다.

④ 색채가 다양하지 못하다.

위와 같은 점에서 금속재료는 강도를 필요로 하는 구조용이나 빛, 전기, 열의 성질을 활용하는 기능적인 부분에 사용되며, 건축재료로 많이 사용되고 있는 금속재료로는 철강 · 알루미늄 · 동 · 납 · 아연과 이들의 합금 등이다.

9-2 철금속

(1) 순금속과 합금

순금속(純金屬)이란 100% 순도를 가진 금속물질을 말한다. 모든 금속은 현재 거의 100%에 가까운 순도의 것을 정제하고 있지만 완전 100%인 것은 정제하지 못하고 있다. 금속재료로는 순금속만을 사용하는 예는 거의 없고 대부분이 둘 이상의 금속 또는 비금속으로 된 합금을 사용하고 있다.

합금(alloy)이란 하나의 금속에 하나 이상의 다른 금속 또는 비금속을 가해서 금속적인 성질을 나타내는 것이며, 현재 사용되는 모든 금속은 엄밀히 말해서 합금(合金)이라 할 수 있는 것이다.

일반적으로 첨가되는 금속 혹은 비금속은 제조공정 중에 자연혼입되는 경우와 유용한 성질을 얻기 위해 인공혼입하는 경우가 있다. 제조공정 중에 자연혼입되는 성분을 일반적으로 불순물이라고 하는데, 이 불순물의 영향이 반드시 나쁘다고만은 할 수 없으며 합금에 따라 각각 다른 유용한 효과를 갖는 경우도 있다.

합금의 제조방법에는 여러 가지가 있다. 금속과 금속 또는 금속과 비금속을 용융상태에서 융합시키는 방법, 압축 소결(燒結)에 의한 방법, 삼탄처리(滲炭處理)와 같은 고체상태에서 확산을 이용해서 합금을 부분적으로 만드는 방법 등 여러 가지가 있다.

(2) 철강

철강(鐵鋼)은 철(Fe) 이외에 소량의 탄소(C) · 망간(Mn) · 규소(Si) 및 불순물로 인(P) · 유황(S) 등을 함유하고 있다. 화학적으로 순수한 철을 만드는 것은 매우 어려운 일이며 순철(純鐵)이라 해도 0.001% 정도 탄소를 포함하고 있다.

이론상 탄소량에 따라 다음과 같이 철, 강, 주철로 구분하고 있지만, 이것은 그 성질이 현저하게 변화되는 임계점(臨界點)을 탄소량으로 정한 것이지 실제로는 열처리에 따라 경도의 차이가 있다.

명칭	탄소량(C)	성질
철 강 주철	0.04% 이하 0.04%~1.7% 1.7% 이상	연질이고 가단성(可鍛性)이 크다. 가단성, 주조성, 담금질효과가 있다. 주조성이 좋고 경질이고 취성(脆性)이 크다.

(3) 철강의 제조와 가공 및 성형

철강은 제선-제강-조괴-압연의 과정을 거쳐 제조된다. 고로(용광로) 속에서 코크스의 연소로 생성되는 일산화탄소에 의해 철광석을 환원하고 탄소 외에 실리콘, 망간 등을 함유한 선철을 만드는 것을 제선(製銑)이라 한다. 선철은 불순물, 특히 3.0~4.5%의 탄소를 함유하므로 인성과 가단성이 없어 그대로 구조재로 사용할 수 없다. 선철을 산화탈탄하여 성분조정을 하고 구조용 재료로 사용 가능한 성질을 가진 강으로 만드는 것을 제강(製鋼)이라 한다. 제강법에는 전로법 · 평로법 · 전기로법이 있다. 전기로법은 일반적으로 특수한 강 제조에 사용되고 일반탄소강은 주로 평로법과 전로법에 의해서 제조한다.

제강이 끝나면 용융된 강을 꺼내 주형에 주입하여 강괴(ingot)로 만드는데, 이 과정을 조괴(造塊)라 한다. 강괴는 탈산도가 높은 순으로 킬드강괴(killed ingot), 세미킬드강괴(semi-killed ingot), 림드강괴(rimmed ingot)로 분류한다. 강괴를 다시 가열 압연하여 형강이나 강판 등의 제품을 만든다. 따라서 강괴의 품질은 제품의 품질과 밀접한 관계가 있으므로 대단히 중요하다. 강괴로 만들지 않고 바로 용강(熔鋼)을 연속적으로 강판이나 형강을 압연하여 내는 연속주조법도 있다.

위와 같이 제강작업이 끝난 용융된 강, 즉 용강(溶鋼)을 강괴로 한 것을 가공 및 성형한다. 강괴를 약 1,200℃의 고온으로 가열한 후 가열한 강괴를 증기해머 · 공기해머 또는 수압기 등에 의해 불순물을 제거함과 동시에 조직을 치밀하게 한 다음 가공하는 데에 적당한 질로 만드는데 이것을 연철(軟鐵)이라 한다. 이 연철을 가공 및 성형하여 제품을 만드는데, 가공하는 방법에는 800~1,000℃ 이상의 고온으로 가열하여 행하는 고온가공과 700℃ 이하 또는 상온에서 행하는 저온가공이 있다. 성형방법에는 고온 가열한 후 롤러(roller) 사이에 여러 번 통과시켜 압축 성형하는 압연(壓延)과 다이스(dies)를 통하여 소요의 단면재로 뽑아내는 인발(引拔)이 있다. 살이 두꺼운 형강 · 강판 · 평강 또는 봉강류는 고온가공 압연한 제품이고 살이 얇은 경량형강과 같은 박판(薄板)은 저온가공 압연한 제품이다.

이러한 제품을 총칭하여 압연강재(壓延鋼材)라고 한다. 또한 못, 철사 등은 어느 단면까지는 고온가공으로 축소한 후 상온에서 인발 성형하여 제조한다. 주조품은 선철 또는 탄소 함유량이 많은 철강을 이용하여 만든다.

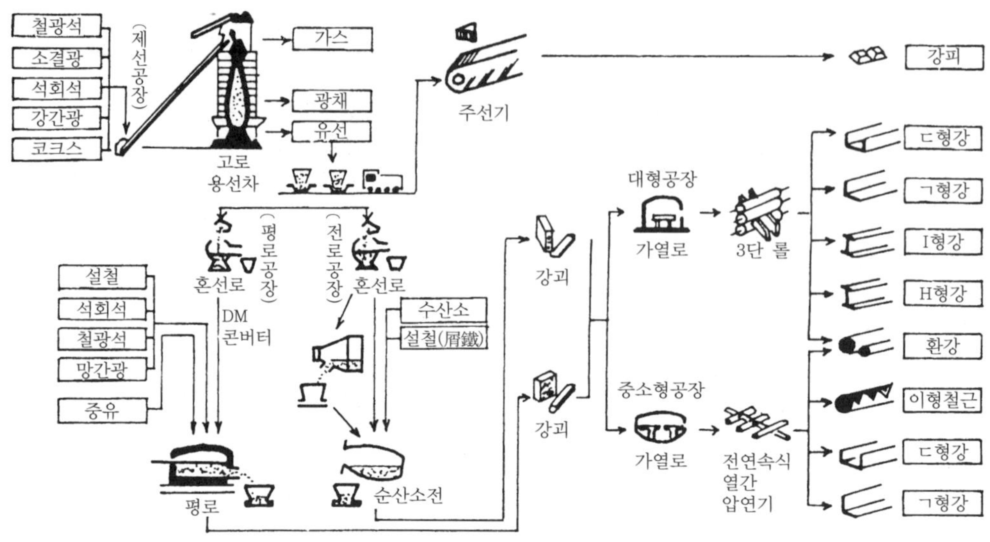

그림 9-1 철강의 제조공정

(4) 탄소강의 성분 및 구분

탄소강(carbon steel)은 0.04~1.7%의 탄소를 함유하는 Fe-C 합금으로서 단순히 강(鋼 ; steel)이라고도 한다. 인류가 태어나면서부터 사용해온 모든 철은 탄소강(炭素鋼)이며, 이것은 탄소의 함유량에 따라서 기계적 · 물리적 성질이 달라지고 사용목적에 따라 우수한 성질의 재료를 만들 수 있다. 또한 가공성이 좋아서 판, 봉, 관, 선 등으로 만들어지며 담금질, 뜨임질 등의 열처리를 하면 기계적 성질은 광범위하게 변화하므로 매우 편리한 재료이다.

◎ 탄소강의 성분

탄소강은 철(Fe) · 탄소(C) 이외에 망간(Mn) · 인(P) · 황(S) · 규소(Si)를 반드시 함유하고 또한 강재 원료에 따라 소량의 동 · 니켈 · 크롬 · 알루미늄 · 비스무트(Bismuth) 등도 함유하며 산소 · 수소 · 질소 등의 가스도 다소 함유하고 있다.

망간은 0.3~0.9%, 인 또는 황은 0.01~0.05%, 규소는 0.01~0.4% 정도가 제조 시 필연적으로 혼입된다.

◎ 탄소강의 구분

탄소강은 탄소의 함유량에 따라 저탄소강, 중탄소강, 고탄소강으로 구분한다. 저탄소강은 탄소의 함유량이 0.3% 이하, 중탄소강은 0.3~0.6%, 고탄소강은 0.6% 이상인 것을 말한다. 탄소함유량에 따라 탄소강을 더 세분하면 표 9-1과 같다.

표 9-1 탄소량에 의한 탄소강의 구분

종별	탄소함유량(%)	주용도
특별극연강(特別極軟鋼)	0.08% 이하	박판(薄板), 전신선 등
극연강(極軟鋼)	0.08~0.12	리벳, 못, 새시바, 용접관 등
연강(軟鋼)	0.12~0.20	철골, 철근, 형강, 강판 등
반연강(半軟鋼)	0.20~0.30	레일, 차량, 기계용 형강 등
반경강(半硬鋼)	0.30~0.40	볼트, 강널말뚝 등
경강(硬鋼)	0.40~0.50	공구, 피아노선, 스프링, 샤프트 등
최경강(最硬鋼)	0.50~0.80	스프링, 칼날, 공구 등

(5) 강의 조직

모든 물질은 결정질 물질과 비결정질 물질로 구분되고 금속은 일반적으로 매우 많은 미세한 결정들의 집합체로 되어 있다. 이들 결정 하나 하나의 내부구조는 그림 9-2, 9-3과 같이 원자가 규칙적으로 배열되어 있다. 이것을 결정의 공간격자(space lattice)라 하고, 그 하나의 구획을 단위포(unit cell)라 한다. 단위포(單位胞)를 단위격자(單位格子)라고도 한다.

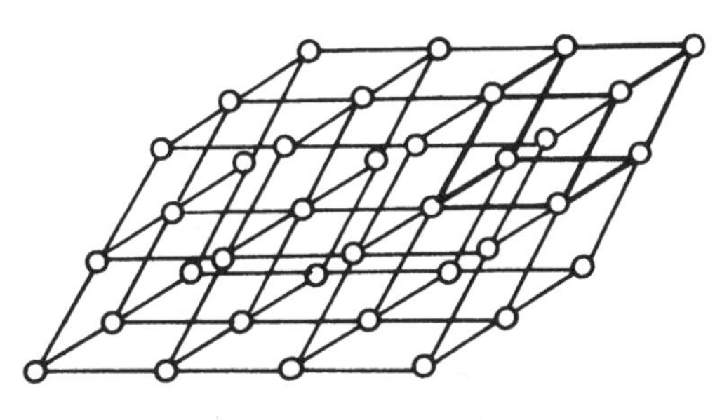

그림 9-2 공간격자

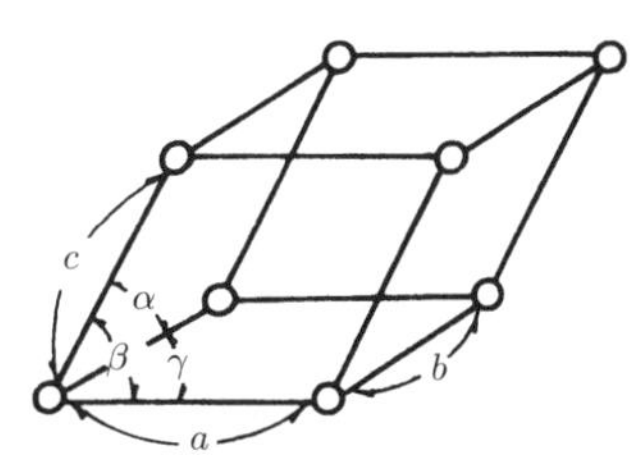

그림 9-3 단위포

단위포의 3변의 길이 a, b, c 및 3변 사이의 각 α, β, γ를 격자상수(lattice constant)라 한다. 공간격자에 있어서 원자의 배열상태는 각각의 금속결정에 따라서 달라지므로 이 배열방법은 금속의 성질과 중요한 관계를 갖게 된다. 금속의 결정은 입방정계, 6방정계, 정방정계 등이 있다.

입방정계(cubic system)의 결정은 공간격자의 단위포가 정육면체를 형성하고 있고 원자의 배열에 따라 체심입방격자(body-centered cubic lattice ; B. C. C)와 면심입방격자(face-centered cubic lattice ; F. C. C), 그리고 조밀6방격자(close-packed hexagonal lattice)가 있다. 대부분의 실용 금속의 결정구조는 체심입방격자(體心立方格子) 또는 면심입방격자(面心立方格子)로 되어 있다. 그중에서도 온도, 외력 등의 외적 조건에 따라 그 결정구조가 변화하는 금속이 있는데 그 현상을 금속의 변태(變態)라고 한다.

어떤 종류의 금속에는 고체인 그대로 일정한 온도에서 동소체(同素體)로 변하는 예가 있다. 이것을 동소변태라 하고 변태가 일어나는 온도를 변태온도라 한다. 동소변태는 고체에 있어 원자배열의 변화, 즉 결정격자의 형성이 바뀌어 일어나는 것으로 순철에는 α, γ, δ라고 하는 3가지의 동소체가 있고 α철은 약 910℃ 이하에서 체심입방격자(B. C. C)가 되고, γ철은 약 910~1,400℃ 사이에 면심입방격자(F. C. C)가 되며 δ철은 약 1,400℃부터 용융점인 1,537℃ 사이에서 체심입방격자(B. C. C)가 된다.

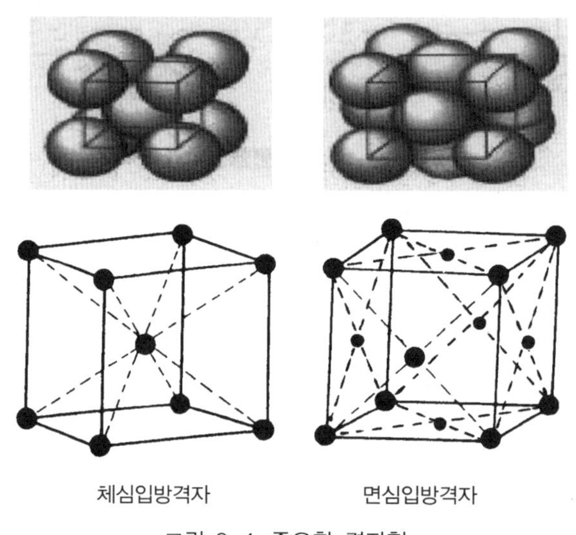

그림 9-4 중요한 격자형

강은 탄소량에 따라 변태의 내용이 달라지며 순철의 경우보다 탄소가 철 속에 함유되면 변태온도가 탄소량에 의해 변화한다. 강의 조직을 알기 위해서는 그림 9-5의 철과 탄소계의 평형상태도가 필요하다. 이 평형상태는 임의의 온도에 있어서 존재하는 상(相)의 종류와 탄소량의 관계를 나타내는 것이다. 여기서 탄소강은 다음 네 가지 상이 있음을 보여준다.

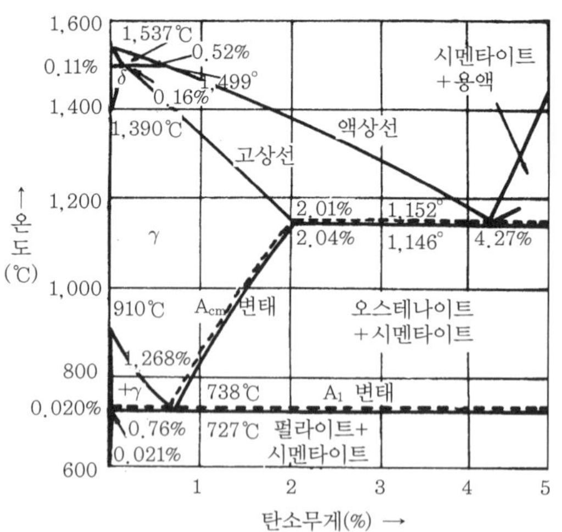

그림 9-5 철-탄소계 평형상태도

1) 시멘타이트(cementite)

철과 탄소의 화합물로 0.68%의 탄소를 함유하며 상당히 단단하고 취성이 있으나 전연성(展延性)이 없으며 담금질 효과도 없다. 산에 잘 부식되지 않으며, 현미경 조직은 백색으로 보인다. 브리넬경도(Brinell hardness)는 약 600, 인장강도는 약 3.5kg/mm^2 이하, 연신율은 10%이다.

2) 페라이트(ferrite)

강 조직 내에 0.021% 정도의 탄소가 고용(固溶)되어 있는 순철의 입자로서 온도에 의하여 α, γ, δ의 구별이 있다. 극연(極軟)이며 담금질 효과가 없고 강자성(强磁性)이다. 전기전도율이 크며 브리넬경도는 약 80, 인장강도는 약 3.5kg/mm^2, 연신율은 40%이다.

3) 펄라이트(perlite)

페라이트와 시멘타이트가 동시에 석출(析出)되어 미세한 줄무늬의 조직을 나타내는 특수한 조직입자로서 0.85%의 탄소를 함유하고 있다. 담금질 효과가 크고 브리넬경도는 200, 인장강도는 약 85kg/mm^2, 연신율은 10%이다.

페라이트에 탄소량을 증가시키면 점차 펄라이트가 증가되어 탄소량이 0.85%가 되면 탄소강이 모두 펄라이트만으로 된다. 이것을 공석강(eutectoid steel)이라 한다. 공석점(탄소량이 0.85%) 이하의 탄소량을 가진 강은 처음에 페라이트가 석출되고 온도 727℃에 이르러 펄라이트가 석출되기 때문에 양자의 혼합조직이 된다. 이 범위의 강을 아공석강(hypo eutectoid steel)이라 하고 탄소량이 0.85% 이상인 고탄소강을 과공석강(過共析鋼)이라 한다. 보통강은 모두 아공석강(亞共析鋼)이다.

4) 오스테나이트(austenite)

순철은 1,537℃에서 용융액으로부터 응고하여 1,537~1,390℃ 사이에서 δ철이라는 체심입방격자의 결정이 된다. 여기에 탄소가 고용된 것이 δ고용체이다. 1,390~910℃에서는 면심입방격자의 γ철로 되며, 이때 γ철에 고용되는 탄소량은 2.04%까지이며 γ고용체를 오스테나이트라 한다.

(6) 강의 열처리

열처리(熱處理)란 금속재료에 필요한 성질을 주기 위하여 가열 또는 냉각하는 조작을 말한다. 금속재료는 가열온도를 유지하는 시간 및 냉각온도에 따라서 조직이 크게 달라진다. 강을 고온으로 가열하였다가 냉각시키면 결정의 원자배열이 변화하여 그 조직이 달라지는 경우가 많고 또한 역학적 성질을 개선하거나 압연 또는 주조 시의 잔류응력을 제거할 수 있는 효과가 나타낸다. 기본적인 열처리방법에는 풀림(燒鈍), 불림(燒準), 담금질(燒入), 뜨임질(燒戾)이 적용된다.

풀림(annealing)

강을 적당한 온도(800~1,000℃)로 가열하여 소정의 시간까지 유지한 후에 노(爐) 안에서 천천히 냉각시키는 조작을 풀림이라 한다. 풀림을 하면 강의 조직이 표준으로 되므로 단조(鍛造)·압연(壓延) 등에 필요한 가공성과 적당한 기계적·물리적 성질을 얻을 목적으로 실시한다.

불림(normalizing)

불림이란 결정립(結晶粒)을 미세화하고 조직을 균일하게 하여 강력한 재료로 만들기 위한 목적으로 적당한 온도로 가열한 후 대기 중에서 냉각시키는 열처리를 말한다. 즉 그림 9-6의 A_3 변태점(910℃) 또는 Acm 변태점 이상의 온도로 가열하게 되는데, 가열온도는 가능한 A_3 변태점 온도에 가깝게 하는 것이 좋다. 너무 높은 온도로 가열하면 결정립이 거칠어진다. 그러나 내부응력의 제거, 합금원소의 확산, 절삭가공성의 개선을 위해 다소 연질로 할 필요가 있을 때에는 다소 높은 온도로 가열한다.

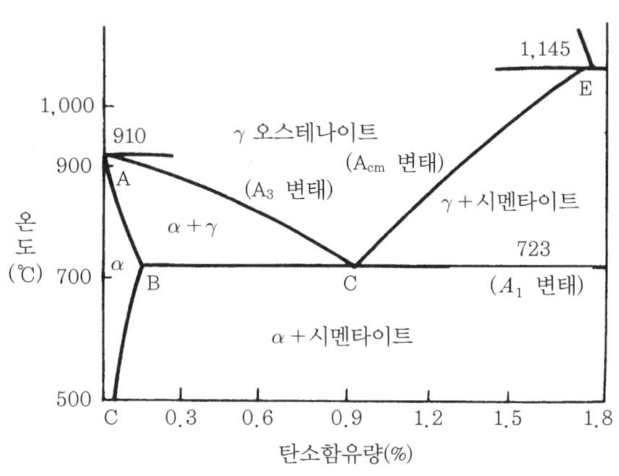

그림 9-6 강(Fe-C)의 상태도

담금질(quenching or hardening)

강을 오스테나이트 상태의 고온도에서 물 또는 기름 속에 투입하여 급랭시키는 조작으로써 마텐자이트(martensite)라고 하는 조직을 가진 상당히 단단한 조직을 얻는 데 그 목적이 있다. 여기서 마텐자이트라는 것은 이와 같은 담금질에 의해 생기는 매우 단단한 조직에 주어진 명칭이다.

담금질 온도의 범위는 탄소량에 의해 변화하며 탄소량이 증가함에 따라 온도가 낮아진다. 담금질의 효과는 탄소량에 따라 다르며 인장강도·경도는 탄소량이 증가함에 따라 증가하나 신장률·단면수축률은 반대로 감소한다. 담금질에 의해 물리적 성질도 변화하고 비중이 약간 감소하며 비열은 약간 증가하고 전기저항과 잔류응력은 크게 증가한다. 강재를 용접하면 그 부분은 일종의 담금질 처리를 한 것과 같이 된다.

뜨임질(tempering)

담금질을 한 강에 인성을 주기 위하여 변태점 이하의 적당한 온도에서 가열한 다음 냉각시키는 조작을 말한다. 뜨임질을 하면 재료의 경도와 강도는 감소하지만 신장률·단면수축률 및 충격값은 증가하고 따라서 메짐성이 완화된다. 특히 온도가 가장 큰 영향을 미치기 때문에 필요한 경도 및 인성을 얻기 위해서는 적당하게 온도를 가감하는 것이 좋다.

(7) 강의 일반적 성질

물리적 성질

일반적으로 강은 탄소함유량이 증가함에 따라 비중, 열팽창계수, 열전도율이 떨어지고 비열, 전기저항 등은 커진다.

강의 물리적 성질은 표 9-2와 같다.

표 9-2 강의 물리적 성질

비중	융점 (℃)	비열 (cal/g · ℃)	전기저항 ($\Omega mm^2/m$)	열전도율 (cal/cm · sec · ℃)	선팽창계수 (20~100℃)
7.789~7.876	1,425~1,528	0.102~0.108	0.10~0.18	0.087~0.134	0.0000104~ 0.0000150

기계적 성질

1) 인장강도(tensile strength)

구조용 강재의 시험편을 양끝에 고정시키고 인장력을 가하면 시험편이 절단된다(그림 9-7 참조).

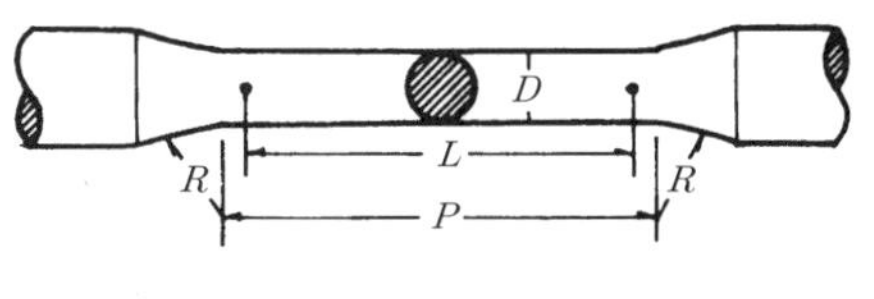

그림 9-7 시험편의 예

이때 최대하중(P)을 시험편 단면적(A)으로 나눈 값을 인장강도(σ)라고 한다.

$$\sigma = P/A\,(\text{kgf/mm}^2)$$

구조용 강재의 인장시험은 한국산업규격(KS F 0802)에 규정되어 있다. 이 시험으로 항복점, 인장강도, 연신율, 단면수축률의 전부 또는 일부를 측정할 수 있다. 여기서 항복점은 인장시험 경과 중 시험편 평행부가 하중의 증가로 연신이 시작되기 전의 최대하중(kg)을 평행부의 원단면적(mm^2)으로 나눈 값(kg/mm^2)을 말하고, 인장강도는 시험편에 가해진 최대하중(kg)을 원단면적(mm^2)으로 나눈 값(kg/mm^2)을 말한다. 연신율은 인장시험에 있어서 시험편 절단면을 접속하여 측정한 표점간의 거리와 원표점 거리의 차를 원표점 거리로 나눈 값의 백분율을 말하고, 단면수축률은 인장시험에 있어서 원단면적(mm^2)과 파단(破斷)하여 축소된 단면적(mm^2)의 차를 원단면적(mm^2)으로 나눈 값의 백분율을 말한다.

2) 응력도-변형률 곡선(stress-strain curve)

구조용 강재의 시험편에 인장력을 가하면 그림 9-8과 같이 응력도-변형률 곡선을 얻을 수 있다. 그림 9-8에서 시험편의 변형이 E점까지는 극히 작다. E점까지는 외력을 제거하면 원상태로 회복하므로 E점을 응력의 탄성한계(elastic limit)라고 부르고, P점까지는 변형률이 응력에 비례하므로 후크(Hook)의 법칙에 의해 응력과 변형률을 구할 수 있으며 P점을 비례한계(limit of proportionality)라고 부른다.

$$응력(\sigma) = \frac{하중(P)}{단면적(A)} (\text{kgf/mm}^2),$$

$$변형률(\varepsilon) = \frac{표점간 변형거리(\Delta l)}{표점간 거리(l)} \times 100\%$$

또 응력과 변형률의 비 E를 영계수(Young's modulus)라고 하고, 재료의 성질에 따라 일정한 정수로 나타내며, 그 금속의 기계적 성질을 판단하는 데 중요한 자료로 이용된다.

$$E = \frac{응력}{변형률} = \frac{\sigma}{\varepsilon}$$

하중의 증가에 따라 시험편이 변형되는 도중에 소성변형을 계속 받게 되어 결국에는 표점거리 표시부의 임의의 위치에 단면수축이 생기고 시험편이 파괴된다. 이때의 하중이 시험편에 작용한 최대하중이 된다.

그러나 실제로는 하중이 수축단면에 작용한 것이므로 수축단면적으로 파괴하중을 나누는데, 이것을 일반적인 응력에 대하여 진응력(true stress)이라고 하며 그림 9-8에서 점선으로 표시되어 있다.

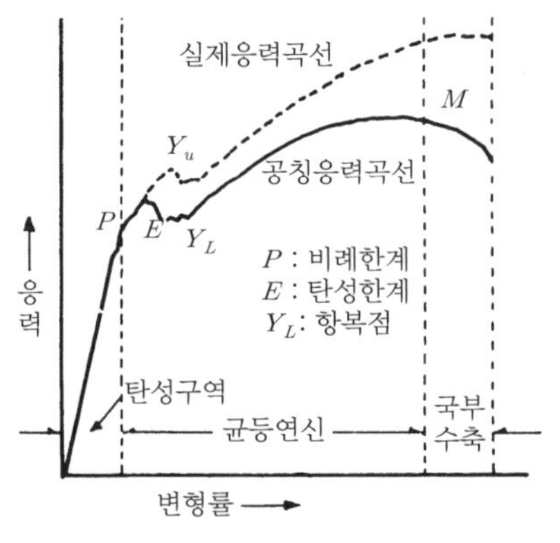

그림 9-8 응력도-변형률 곡선

3) 항복비(yield ratio)

항복점 또는 내력과 인장강도의 비를 항복비(降伏比)라 한다. 항복비는 강구조에서 보통 쓰이는 인장강도가 41kgf/mm^2 정도의 강재인 경우 0.6~0.7 정도이지만 80kgf/mm^2 정도의 고장력강이면 0.9 정도로 커진다. 항복비의 대소는 강재가 항복하고부터 파단(破斷)에 이르기까지를 나타내는 기계적 성질의 한 지표이다.

4) 경도(hardness)

경도(硬度)란 재료를 국부적으로 소성변형시키려는 힘에 대한 저항성이며, 강재의 기본적인 성질의 하나이다. 시험방법으로는 브리넬(Brinell) · 로크웰(Rockwell) · 비커스(Vickers) · 쇼오(Shores) 경도시험이 있지만 모두 작은 강구(鋼球) 또는 다이아몬드 추를 강재 표면에 부딪히게 하여 그 오목하게 들어가는 상황에 따라 판정하는 방법이다.

5) 인성(toughness)

충격에 대한 재료의 저항성을 인성(靭性)이라 한다. 충격에 대한 저항은 같은 재료일 때에는 인장시험에서 연신율이 큰 것이 일반적으로 크다. 서로 다른 재료를 이와 같이 비교할 수는 없으나 충격에 대한 저항을 비교하려면 일정한 모양의 시험편에 실제로 충격을 주어 그 시험편을 파괴하고 여기에 소요된 에너지를 산출한다. 충격시험에는 여러 가지 형식이 있으나 가장 널리 알려진 것은 샤르피충격시험기(charpy impact tester)와 아이조드식 충격시험기(izod impact tester)이다.

6) 압축강도(compressive strength)

강재를 압축할 경우 항복점 부근까지는 인장인 경우와 같으나 그 이후는 압축이 진행됨에 따라 최대하중은 인장인 경우보다 낮아진다. 영계수나 항복점의 값은 인장인 때와 같은 값을 취해도 좋다.

7) 피로강도(fatigue strength)

구조용 강재에 반복하중이 작용하면 항복점 이하의 범위에서도 파단(破斷)되는 수가 있다. 이 현상을 강재의 피로(fatigue)라고 한다. 피로라는 말은 반복되는 응력상태에서 재료의 파괴를 설명할 때에 적용된다.

피로강도(疲勞强度)는 반복응력의 진폭과 그 변동범위(압축 · 인장), 반복횟수, 부재형상, 잔류응력의 상태에 따라 달라진다. 결함이나 응력집중이 있는 경우 또는 용접에 의한 영향부, 특히 모살용접부 등은 피로강도의 저하가 심하며, 이러한 현상은 고장력강일수록 더 심하게 나타난다. 강은 어떤 한계의 작은 응력에서는 무한히 반복하여 작용해도 파괴됨이 없이 견딜 수 있으며, 이때 파괴됨이 없이 충분히 내구력을 가질 수 있는 최대한도를 피로한계(fatigue limit)라고 한다.

재료에 여러 가지 크기의 반복응력을 주었을 때 파괴에 이르기까지의 반복횟수(N)를 구하여 응력의 진폭(S)과의 관계를 표시하면 그림 9-9와 같이 되는데 이것을 $S-N$ 곡선이라고 한다. 철강이나 주철의 $S-N$ 곡선은 N이 대략 5×10^6회 정도에서 수평이 된다. $S-N$ 곡선은 응력의 종류에 따라 같은 재료일지라도 달라지며 피로한도도 그에 따라서 변한다.

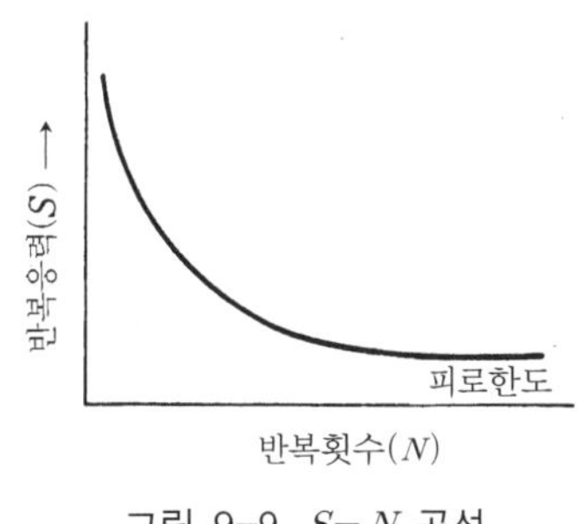

그림 9-9 $S-N$ 곡선

8) 용접성

상온에서 양호한 용접이 가능할 때 용접성이 좋은 강재라고 한다. 보통의 연강(SS 400)으로서 판두께가 25mm 이하이면 용접성에 대한 염려가 없으나 두꺼운 강판은 기술적으로 어려움이 있으므로 용접성이 양호한 연강(SS 400)을 사용하는 것이 좋다.

강도가 50kgf/mm^2 이상인 고장력강에서는 강도를 높이기 위해 특수한 원소를 첨가했기 때문에 용접성이 나쁘다. 일반적으로 강재는 같은 두께일 경우 강도가 높아질수록 용접성이 나빠진다고 알려져 있다. 용접성이 나쁜 강재를 용접하면 용접 직후 또는 수 시간 후에 균열이 생기고 때로는 수개월, 수년 후에도 취성파괴 등의 사고를 일으킬 수가 있으므로 용접에 특히 주의해야 한다. 여기서 취성파괴라 함은 저온에서 인장했을 때라든가 결함부가 있을 때 연신율과 단면수축률 없이 파단되는 현상을 말한다. 용접성이 나쁜 강재를 사용하는 경우 그 정도에 따라 저수소계(低水素系) 용접봉을 쓰고 적당한 온도로 예열하는 등 특별히 주의해야 한다.

강구조에서 강재의 용접조건은 대체로 다음과 같다.

강재의 종류		용접조건
일반구조용 압연강재	SS 400(SS 41)	판두께 25mm 이하는 특별히 염려할 필요가 없다.
	SS 490, 540(SS 50, 55)	용접성이 나쁜 경우가 많아 용접하지 않는 것이 좋다.
용접구조용 압연강재	SWS 400(SWS 41)	전반적으로 용접성이 좋다. 특히 두꺼운 판을 제외하고는 예열할 필요가 없다.
	SWS 490(SWS 50)	판두께 30mm를 넘을 경우 판두께에 따라 적당한 온도로 예열할 필요가 있다.
	SWS 540, 570(SWS 55, 58)	사용강재의 성분과 두께에 따라 적당한 온도로 예열할 필요가 있다.

비고) ( )는 구 기호를 나타낸 것이다.

표 9-3 각종 강의 기계적 성질

종별	인장강도 (kgf/mm^2)	항복점 (kgf/mm^2)	연신율 (%)	경도 (H_B)
특별극연강	32~36	18~28	80~40	95~100
극연강	36~42	20~29	30~40	80~120
연강	38~48	22~30	24~36	100~130
반연강	44~55	24~36	22~32	120~145
반경강	50~56	30~40	17~30	140~170
경강	58~70	34~46	14~26	160~200
최경강	65~100	35~37	11~20	186~235

◉ 화학적 성질

강재의 화학적 성질 중에서 실용상 문제가 되는 것은 부식에 대한 성질이다. 부식은 외부의 가스 또는 액체에 침식되어 표면에 일어나는 현상을 말하는데, 이 중에서 수분을 포함하지 않은 공기에 의한 산화 등의 반응에 의해 부식되는 것을 화학적 부식 또는 건부식(예 : $Z_n + O = Z_n O$)이라고 한다.

산이나 알칼리 중에서의 부식은 전기화학적으로 생기는 것으로 부식의 대부분은 이것에 의한다. 부식현상은 순철에 있어서도 매우 현저하게 나타나는데, 탄소(C) · 규소(Si) · 망간(Mn)과 같은 원소의 함유량을 증가시키면 내식성이 증대한다. 콘크리트 정도의 약한 알칼리에 대해서는 거의 영향을 받지 않는다.

(8) 특수강(special steel)

특수강(特殊鋼)이란 탄소강에 특수한 성질을 주기 위하여 다른 금속을 적당량만큼 첨가한 합금강(alloyed steel)을 말한다. 특수강을 그 성질에 따라 구조용 특수강, 특수용도용 특수강으로 구분한다.

◎ 구조용 특수강

구조용의 특수강은 탄소강보다 강인성(强靭性)을 높인 것이다. 즉, 담금질하여 경화시키는 것으로 탄소강의 기본성분에 금속원소 니켈(Ni) · 망간(Mn) · 크롬(Cr) · 규소(Si) · 텅스텐(W) · 바나듐(V) · 구리(Cu) · 몰리브덴(Mo) · 코발트(Co) · 붕소(B) 등을 적당량 첨가한 것이다. 일반적으로 구조용 특수강은 기계구조용에 많이 쓰인다. 우리나라에서는 아직 건축 · 토목 구조재로 사용되는 양은 적으나, 앞으로 구조물의 안전성에 대한 요구 증대 및 부재 단면의 축소 또는 고층건축물에 대한 요구 등으로 크게 보급될 전망이다. 구조용 특수강으로는 크롬강(chrome steel), 니켈강(nickel steel), 니켈 · 크롬강(nickel-chrome steel), 크롬 · 몰리브덴강(chrome-molybdan steel), 니켈 · 크롬 · 몰리브덴강(nickel-chrome-molybdan steel) 등이 있다. 이미 연구되고 있는 PS콘크리트공법에서 보강용 피아노선 또는 강선(鋼線)은 구조용 특수강으로 제조된 것 중 하나이다.

◎ 특수용도용 특수강

1) 스테인리스강(不銹綱 : stainless steel)

스테인리스강은 크롬 · 니켈 등을 함유하며 탄소량이 적고 내식성이 우수한 특수강으로서, 탄소량이 적을수록 내식성이 되므로 이를 내식강(耐蝕鋼)이라고도 한다. 기계적 성질이 좋아 알루미늄판의 1/3 두께와 같은 강도를 가지므로 결국 중량으로는 같은 정도로 된다는 장점이 있다. 일반적으로 전기저항이 크고 열전도율은 낮으며 경도에 비해 가공성은 좋으며 납땜도 가능하다. 이와 같은 장점 때문에 건축재료로 널리 사용되고 있고 다방면으로 그 사용이 증대되어 가고 있다. 오늘날 일반적으로 사용되고 있는 스테인리스강은 수십 종에 달하고 있으나 그 기본적인 특징은 크롬을 다량으로 포함하는 강이라고 할 수 있다.

성분에 따라 분류하면 크롬이 주성분이 되는 크롬계와 크롬 · 니켈이 주성분이 되는 크롬 · 니켈계의 두 가지 기본형으로 분류할 수 있다. 이 두 가지 스테인리스강은 내식성, 내열성, 기계적 성질, 용접성, 절삭성 등에 따라 각각 특성을 가진 많은 강종으로 나누어진다.

표 9-4 스테인리스강의 화학조성 및 기계적 성질

종류		KS 해당규격	주요 화학 조성(%)				기계적 성질		
			C	Cr	Ni	Mo	항복점 (kgf/mm^2)	인장강도 (kgf/mm^2)	연신율 (%)
크롬계	13크롬 스테인리스강	STS 51	0.09	13.0	–	–	40	60	30
	18크롬 스테인리스강	STS 24	0.08	18.0	–	–	35	50	35
크롬 · 니켈계	18-8 스테인리스강	STS 27	0.08	19.0	9.0	–	21	57	60
	18-10 스테인리스강	STS 28	0.08	19.0	11.0	–	20	54	60
	18-12 스테인리스강	STS 32	0.08	18.0	13.0	2.25	23	59	60

표 9-5 스테인리스강의 특성 및 용도

종류		특성	용도
크롬계 스테인리스강	13크롬 스테인리스강	약간 검은 빛을 냄. 스테인리스강 중 가장 내식성이 떨어짐. 가공성이 좋음. 자성이 있음. 용접성은 좋지 않음. 담금질로 경화함. 가격이 가장 저렴함.	식기 · 볼트 · 너트 · 나이프류 등에 사용
	18크롬 스테인리스강	13크롬 스테인리스보다 흰빛을 냄. 내산성이 불충분함. 자성이 있고 용접성이 좋음. 담금질해도 경화하지 않음. 크롬 · 니켈계 스테인리스강보다 가공성이 약간 떨어지고 가격이 저렴함.	주방용품 · 전기기구 등에 사용. 해안지방의 외장재료로는 불리함.
크롬 · 니켈계 스테인리스강	18-8 스테인리스강	크롬계보다는 은백색을 냄. 내식성 · 내열성이 우수. 가공성 · 용접성이 좋음. 고온 시에도 강도가 큼. 자성화하지 않음. 담금질하여 경화하지 않음	건축의 내 · 외장 및 차량 등 전반적으로 가장 많이 사용
	18-10 스테인리스강	18-8 스테인리스강보다 인장강도가 떨어짐.	용접구조용재로 가장 많이 사용
	18-12 스테인리스강	내식성 · 내산성이 가장 우수함.	부식성이 강한 환경(외부나 화학 공장 등)의 내 · 외장재로 사용

건축물의 외장재로 사용되고 있는 스테인리스강은 표 9-6에 표시된 상용 스테인리스강 중에서 주로 크롬계(Cr계)의 STS 430 및 크롬 · 니켈계(Cr · NI계)의 STS 304가 사용된다.

표 9-6 건축외장용 스테인리스강의 화학조성 및 기계적 성질

종류	강종규격 (KS)	주요 합금성분				열팽창계수 (×10^{-6})	자성	인장강도 (kgf/mm^2)	비열 (cal/g℃)
		C	Ni	Cr	Mo				
크롬계	STS 410	≤0.12	–	11.5~13.5	–	9.9	있음	45 이상	0.11
	STS 430	≤0.12	–	16.0~18.0	–	10.4	있음	45 이상	0.11
크롬·니켈계	STS 304	≤0.08	8.0~10.5	18.0~20.0	–	17.3	없음	53 이상	0.12
	STS 316	≤0.08	10.0~15.0	16.0~18.0	2.0~3.0	16.0	없음	53 이상	0.12

2) 내열강(heating proofness steel)

온도에 대하여 강한 저항성을 가지고 있는 강을 말하며, 고온에 잘 견디는 내열강과 저온에 잘 견디는 내한강으로 나눌 수 있다. 이 강은 온도의 변화에 따라 자기의 특성을 변화하지 않는 불변강이기도 하다.

강의 내열성을 증가시키기 위하여 첨가시키는 원소 중 가장 중요한 것은 크롬(Cr)이고 그 외에 규소(Si)·니켈(Ni) 및 알루미늄(Al) 등이다. 이들 원소들은 강 속에 함유되면 고온에서 표면에 밀착된 산화피막을 만들어 고온가스의 침식을 막는다. 주로 고온·압용기, 내연기관의 밸브관계 부품, 보일러, 터빈 등에 많이 사용된다.

3) 내후성강(weather proofness steel)

대기 중에서의 내식성을 보통강보다 2~6배로 증대시키면서 보통강과 동등 또는 그 이상의 재질, 가공성, 용접성 등을 갖게 한 강재로서 내식성 고장력강이라고도 한다. 이 내후성강의 원리는 소량의 합금원소를 첨가하면 사용 초기에 그 표면에 발생한 녹이 안정된 산화막이 되어 고착되는 현상이 있으며, 그 산화막으로 수분이나 가스를 차단하며 부식의 진행을 저지하는 것이 원리이다.

이전에는 동강이라 하여 강에 구리(Cu)를 첨가하여 내식성을 증가시킬 목적으로 만들었으나, 구리 함유량을 늘리면 용접성이 저하되기 때문에 위와 같은 내식성 고장력강으로 개선된 것이다.

함유 화학성분은 탄소(0.1% 이하), 망간(0.20~1.25%), 규소(0.15~0.75%), 구리(0.25~0.55%), 크롬(0.3~1.25%), 니켈(0.65% 이하)이다. 부식되는 정도는 수년간의 중량 감소를 기준으로 하여 보통강의 1/3~1/10 정도이다. 표면은 진한 다갈색으로서 구조용 재료 외에 강제널말뚝, 박강판(커튼월재)으로 쓰인다.

(9) 주철과 주강

주철(cast iron)

주철(鑄鐵)은 강보다 용융점이 낮아서 복잡한 형태의 것이라도 주조하기 쉬우나 압연·단조성이 없는 것이 결점이다. 탄소량 1.7%에서 6.67%까지의 것을 주철이라고 하지만 실용화되고 있는 것은 탄소량 2.5~4.5%의 범위이다.

용강로에서 철광석을 환원해서 직접 주입(鑄入)한 것을 선철이라고 하며, 주철과 같이 쓰일 때가 많다. 주철은 92~96%의 철을 함유하고 나머지는 크롬·규소·망간·유황·인 등이다. 이들을 주철의 5원소라고 한다.

주철은 창호철물, 자물쇠, 장식철물, 방열기, 맨홀 뚜껑 등 주강을 쓰기에는 값이 너무 비싼 경우로써 강 정도로까지 필요하지 않은 철 제품의 재료로 많이 사용된다. 주철은 탄소가 화합탄소(Fe_3C)인가 유리탄소(흑연)인가에 따라 회주철(gray pig iron)과 백주철(white pig iron)로 분류되는데 백주철보다 회주철이 많이 사용된다. 냉각속도가 느린 것일수록, 탄소량이 많을수록, 또 규소가 많을수록 회주철이 되기 쉽다.

주철을 기계적 성질에 따라 분류하면 보통주철, 특수주철(합금주철), 가단주철, 칠드(chilled)주철, 구상흑연주철 등이 있다.

주강(steel casting)

주강(鑄鋼)은 탄소량이 0.1~0.5%의 용해강을 주형에 주입하여 제작하는 주물로서 저탄소주철이라고 할 수 있다. 규소(Si) 및 망간(Mn)의 양이 특히 많고 주조성이 있는 것이 특징이다. 성질은 탄소강과 비슷하지만 인성은 떨어지며, 화학조성에 의해 보통주강(탄소강주강)과 특수주강(저합금강주강 및 고합금강주강)으로 분류된다. 고합금강주강은 다시 그 화학성분 및 용도에 따라 스테인리스주강·내열강주강 및 고망간주강 등으로 분류한다. 주강은 주조용재에 있어서 주철로는 강도가 불충분한 것에 사용한다.

9-3 비철금속

비철금속(nonferrous metal)으로는 동 및 동합금, 알루미늄 및 알루미늄합금·니켈 및 니켈합금·연·아연·주석 등이 있다. 비철금속(非鐵金屬)은 특히 쉽게 녹슬지 않는 장점 때문에 건축에서 주로 장식 및 부속 철물류의 대체용으로 널리 이용되고 있다. 종래 비철금속재료로 비교적 널리 사용된 것은 동을 주재료로 한 것들이었으나 1945년 이후에 알루미늄 및 그 합금류가 비약적으로 발전하면서 그 이용 분야가 광범위하게 개척되어 건축재료로서의 비중이 크게 확대되었다. 또한 아연이나 주석을 주성분으로 한 합금은 강도, 경도, 내식성이 우수할 뿐만 아니라 의장효과도 기대할 수 있어 장식용으로 사용한다.

(1) 동과 그 합금

◎ 동(copper)

동(銅)은 미국의 루루기 지방에서 생산되는 천연동도 있으나 대개 황동광($Cu_2S \cdot Fe_2S_3$ & $CuFeS_2$) 또는 휘동광(Cu_2S) 등으로부터 용광로나 또는 전로를 통하여 조동(粗銅)을 만들고 이 조동을 원료로 해서 반사로나 전기분해에 의해 정련하여 동을 얻는다. 동을 구리라고도 하며 동의 산출량은 미국 · 칠레 · 아프리카 · 캐나다 등의 순으로 많다. 동의 약 80%는 순수한 동, 즉 순동으로 주로 전기공업에 사용된다. 가공재로는 봉 · 판 · 관 · 선 등이 있으며 주조에 의해 여러 가지 형상으로 만들어 실용화하고 있다.

그림 9-10 동 가공재

동이 다른 금속보다 우수한 이점은 다음과 같다.

① 전기 및 열의 양도체로서 전도가 잘 된다.
② 부식이 잘 안되며 내구성이 좋다.
③ 아름다운 색을 갖는다.
④ 유연하고 전연성이 좋아 가공하기 쉽고 재활용이 용이하다.
⑤ 아연 · 주석 · 니켈 등과 합금을 하면 귀금속적 성질을 가진다.

1) 동의 물리적 성질

순동의 비중은 8.93이지만, 시판하는 것은 평균 8.9 정도이다. 선팽창계수는 1.678×10^{-5} (40℃), 비열은 0.0919cal/g℃, 열전도율은 0.923cal/cm sec℃로서 보통금속 중에서 가장 높고 융점은 1,083℃, 용융잠열은 49cal/g, 비등점은 2,595℃이다. 전기전도율이 은(銀) 다음으로 높은 것이 동의 가장 중요한 성질 중 하나이다.

2) 동의 기계적 성질

기계적 성질은 동의 품위 · 용해방법 · 주조기술 · 열처리 및 가공에 의해 현저히 다르며, 표 9-7은 그 대체적인 성질을 표시한 것이다.

표 9-7 동의 기계적 성질

상태	인장강도(kgf/mm²)	신장률(l=50mm, %)	단면수축률(%)	경도(브리넬)
주물	14~21	25~45	–	–
상온압연 또는 인발한 상태	35~49	2~4	2~4	60~100
풀림한 상태	21~28	40~60	40~60	30~40

인장강도는 온도가 상승하면 낮아지고 신장률은 처음에는 온도의 상승에 따라 감소되나 600℃ 부근에서 급격히 증가한다. 일반적인 금속과 마찬가지로 상온 가공에 의해 경도와 인장강도가 증가하여 풀림했을 때의 거의 2배가 되나 신장률은 급히 감소되고 0 가까이까지 감소된다. 동은 전연성이 크므로 쉽게 선이나 판으로 만들 수 있다.

3) 동의 화학적 성질

동은 건조한 공기 중에서는 산화(oxidation)하지 않으나 습기가 있거나 탄산가스(CO_2)가 있으면 염기성 황산동, 염기성 탄산동이 되어 광택을 잃으면서 차차 녹청색으로 되지만 내부의 침식은 적으며 가열하면 산화되어 암적색이 된다. 따라서 동판은 자연환경에 노출되면서 시간경과와 함께 산화가 시작되면서 변화한다. 색상은 처음에는 적등색이던 것이 3개월 되면 갈색으로, 3년이 지나면 암갈색으로, 5년이 지나면 흑갈색으로, 10년이 지나면 녹청색으로 변화한다. 이 변화는 약 10년 주기로 변화한다. 이에 따라 산화막은 치밀한 안정된 피막이 되어 공기에 의한 부식의 모든 형태에 대하여 강한 저항력을 갖게 되고 안정된 피막은 내부를 보호하게 된다. 국립박물관, 국회의사당 지붕의 녹청색은 동판의 색상변화 과정이 종결된 상태의 색상이라 할 수 있다.

동은 맑은 물에는 침식되지 않으나 염수 또는 해수에는 빨리 침식되어 염기성 산염화물이 생기고 묽은 황산이나 염산에는 서서히 용해되고 진한 황산에는 빨리 용해된다. 염수에 부식되는 부식률은 0.05mm/년이다. 또한 공기 중에서는 여러 종류의 유기산 · 암모니아 · 기타 알칼리성 용액 등에 침식이 잘 된다. 따라서 화장실 주위와 같이 암모니아와 접하는 장소나 시멘트 · 콘크리트 등 알칼리에 접하는 장소에서는 빨리 부식하기 때문에 특히 주의해야 한다.

4) 동의 용도

동은 철강보다 내식성이 우수하고 전연성이 크다는 등의 이점 때문에 지붕잇기 동판 및 동싱글(copper roof shingles)과 동기와의 홈통, 철사, 못 등으로 많이 사용되고, 또한 열전도도가 높고 내식성이 우수하며 급탕용 및 급배수 파이프 등의 냉난방용 설비자재로도 많이 사용된다. 근래에는 주택의 난방용 배관재로서 강관보다 동관이 많이 사용되고 있는 추세이다. 그러나 동관이 강관에 비해 값이 비싸다는 것이 결점이다. 동은 아름다운 색과 광택을 지니고 있어 장식재료로 사용되고 있으며, 전기전도율이 다른 금속에 비해 월등히 높은 이점을 이용하여 전기공사용 재료로 사용되고 있다.

지붕잇기 동판

동쉬글

동관

그림 9-11 동 제품

동합금(alloyed copper)

동합금에는 여러 가지 종류가 있으나 건축재료로 사용하는 종류로는 황동과 청동이 있다.

1) 황동(brass)

황동(黃銅)은 일명 놋쇠(眞鍮)라고도 하며 주로 동 70%와 아연 30%로 된 합금을 말하며, 실용화되고 있는 것은 보통 아연 약 40% 이하를 함유한 것이다. 황동은 압연 · 인발 등의 가공이 용이하고 내식성이 크므로 논슬립, 줄눈대, 난간, 코너비드, 정첩 · 창문의 레일 · 장식철물 및 나사 · 볼트 · 너트 등에 널리 사용한다. 황동은 산 · 알칼리 및 암모니아에 침식되기 쉬우므로 사용에 특히 주의한다. 아연을 50% 정도 함유한 것은 황금색을 띠며 비중은 8.3 정도이다.

2) 청동(bronze)

청동(靑銅)은 동(Cu)과 주석(Sn)을 주성분으로 하는 합금이며, 아연(Zn)이나 납(Pb) 또는 철(Fe)을 다소 함유하는 경우도 있다. 이것을 구별하기 위해서 보통청동 또는 주석청동의 2종류로 구분하여 부른다. 이들 중 실제로 공업용에 많이 사용되는 것은 주석의 함유량이 15% 이하의 것으로서, 이 중에서 주석을 10% 정도 포함한 것을 포금(gun metal)이라 하며, 밸브나 문 등의 제작용 재료로 많이 사용된다. 청동의 색깔은 주석의 함유량에 따라 변화한다. 즉, 주석 5%까지는 동적색으로 나타나고, 주석량이 증가함에 따라 황색을 띠며, 주석 15%의 합금은 등황색을 띠게 된다. 주석량이 더욱 증가하게 되면 백색을 띠고 25%의 주석을 함유할 경우 창백황색이 된다. 주석 10% 정도 함유한 포금(砲金)의 비중은 8.8이고 열전도율은 0.099cal/cm sec℃ 정도이다. 청동은 황동보다는 내식성이 강하고 주조하기 쉬우며 표면은 특유의 아름다운 색깔을 지니고 있어 지붕과 돔(dome)의 마감용 재료로 사용되는 경우가 많고 건축물의 장식 부품 또는 미술 공예재료로도 사용된다.

(2) 알루미늄과 그 합금

◎ 알루미늄(aluminium)

알루미늄(Al)은 알루미나(Al_2O_3)가 주성분인 보크사이트라는 광석에서 알루미나를 분리 추출하고, 이것을 용융된 빙정석(氷晶石) 중에서 전기분해하여 제조한 금속으로 중요 금속 중 대표적인 경금속이다. 또한 지표면에서 산소 · 규소 다음으로 가장 많이 존재(약 8%)하고 있는 원소로서 철강 다음으로 많이 사용되고 있다.

주요 산지는 미국 · 캐나다 등이고 1827년에 발견되어 1886년에 공업적 제조가 시작되어 근래 형재, 판, 선, 봉, 관 등 여러 가지 모양의 제품으로 제조되고 있다.

알루미늄이 다른 금속보다 우수한 이점을 들면 다음과 같다.

① 가볍다 : 알루미늄의 비중은 약 2.7로 철(7.8)과 동(8.9)에 비해 약 1/3에 불과하다.

② 강하다 : 일반강재 또는 동보다 강도가 높다.

③ 가공성이 좋다 : 여러 가지 형상으로 성형이 가능하다.

④ 내식성이 좋다 : 공기 중에서는 치밀하고 안정한 산화피막을 형성하므로 자연히 부식을 방지한다.

⑤ 전기 및 열이 잘 전도된다 : 전기전도율은 동보다 낮으나 다른 금속보다는 크고 열전도율도 높다.

⑥ 저온에 강하다 : 극저온 상태에서도 취성파괴가 없고 인성이 큰 것이 큰 장점이다.

⑦ 빛과 열을 반사한다 : 적외선 · 자외선 등의 광선, 각종 열선을 잘 반사한다.

⑧ 독성이 없으며 무해 · 무취하고 위생적이다.

⑨ 보기에 미려하다. 그 상태도 아름답지만 양극산화피막 처리를 여러 가지 표면 처리를 통하여 더욱 아름답게 할 수 있다.

⑩ 재활용이 용이하다.

표 9-8 알루미늄의 기계적 성질

항목	수치
인장강도	42~49kg/mm^2
항복점강도	37~42kg/mm^2
전단강도	29kg/mm^2
영계수	7,300kg/mm^2
푸아송비	0.33(1/3)
신장률	9~13%
브리넬경도	120~130
중량	2,800kg/m^3

1) 알루미늄의 기계적 및 물리적 성질

알루미늄의 기계적 성질은 표 9-8에 표시된 바와 같으며, 동과 같이 온도가 상승함에 따라 인장강도가 급히 감소하고 600℃에 거의 0이 된다. 반대로 신장률은 온도가 상승함에 따라 증가한다. 알루미늄을 상온 가공한 것을 풀림하면 온도 100~150℃에서 연화하기 시작하여 350~400℃에서 연화가 완료하지만 더욱 온도를 상승시키면 점점 단단해진다. 알루미늄은 독특한 흰 광택을 지닌 경금속(강의 약 1/3)으로서 광선 및 열의 반사율이 크다. 전기전도율은 동의 64%이나 다른 금속보다는 크며 열전도율도 높고 열팽창계수는 강보다 약 2배 크다. 전연성이 좋아서 판, 선, 봉 등으로 가공하기가 쉽고 박(箔)으로도 할 수 있다.

알루미늄의 물리적 성질은 표 9-9와 같다.

표 9-9 알루미늄의 물리적 성질

순도	비중 (20℃)	융점 (℃)	선팽창계수 (20~100℃)	비열 (cal/g · ℃)	전기전도율 (Cu=100%)	광반사율 (%)
99.996%	2.6889	660.2	23.86×10^{-6}	0.2226	64.94%	84.1
90.0% 이상	2.71	653~657	23.5×10^{-6}	0.2297	59%	65.1

알루미늄의 성질은 대기 중에서 순도에 따라 큰 차이가 있다. 순도가 높은 것은 표면에 산화피막이 생겨서 오히려 보호 역할을 하여 잘 부식하지 않으므로 내구성이 크다. 알루미늄의 순도는 99.996에 달하는 것도 있으나 보통은 98~99.7% 정도이고 100℃ 정도까지는 강도에 변화가 없으나 150~200℃에서 급격히 떨어진다. 또한 맑은 물에는 거의 침식되지 않으나 염산에는 침식되기 쉬우며, 또한 가성소다나 가성칼리 및 수은염 등에도 쉽게 침식된다. 250~300℃에서 풀림한 것은 특히 산이나 알칼리 및 해수에 침식되기 쉬우므로 콘크리트 및 해수에 접하거나 흙 속에 매립될 경우에는 사용을 금하거나 특히 주의하여 사용해야 한다. 부식률은 대기 중의 습도와 염분함유량, 불순물의 양과 질 등에 관계되며 0.08 mm/년 정도이다.

2) 알루미늄의 용도

알루미늄은 경금속으로서 전연성이 좋고 내식성 등이 우수하기 때문에 광범위하게 사용되고 있다. 커튼월(curtain wall)의 스팬드럴(spandrel)을 비롯하여 내외벽 · 천장 · 지붕의 마감재료, 도어 · 새시 · 셔터 · 창호철물 등의 창호재료, 계단 · 손잡이 · 논슬립 등 조작재료, 블라인드 · 루버 · 창격자 등의 내외장재료, 배관 · 라디에이터 · 조명기구 · 싱크대 · 상하수도관 등의 설비재료, 가구재료, 열 절연재료 등으로 널리 사용되고 있

그림 9-12 알루미늄

다. 이 중에서 건축물의 내외벽 마감재료 및 창호재료로서 그 사용이 급증하고 있다.

◎ 알루미늄합금(aluminium alloy)

알루미늄에 구리(Cu)·마그네슘(Mg)·망간(Mn)·규소(Si)·아연(Zn)·니켈(Ni) 등의 원소를 첨가하여 내식성·내열성 또는 강도를 높이기 위하여 제조된 합금으로 단련용 합금과 주물용 합금으로 대별한다. 단련용 합금은 단조, 압연, 인발, 압출 등의 가공으로 판, 봉, 관, 선 등을 만들 수 있는 합금이고 주물용 합금은 주물 또는 다이캐스팅(diecasting)에 사용되는 합금으로서 주조성을 좋게 한 합금이다. 이 알루미늄합금의 출현으로 내·외부 장식용 착색무늬 판재, 대형 창 격자, 조각판재, 메탈 커튼월 등에 사용되기 시작하였다. 단련용 합금에 속하는 것은 다음과 같다.

① 내식성합금 : 대기 중에서 순알루미늄과 거의 같은 내식성을 가지며 마그네슘·망간·규소 등을 첨가하여 역학적 성질도 개선된 합금으로서 건축용으로 사용되는 알루미늄은 대개 이 합금이다. 알루미늄 새시바, 발코니 난간, 울타리, 파이프 등은 이 합금의 압출성형재이다.

② 고력합금 : 내식성은 내식성합금보다 떨어지지만 강도는 훨씬 높은 합금으로서 주로 가볍고 강도를 요하는 물체의 재료로 사용된다. 오늘날 널리 실용되고 있는 것은 두랄루민(duralumin)이다. 두랄루민은 독일의 알프레드 빌름(Alfred wilm)이 발명하여 1909년에 공업생산화된 Al-Cu계, Al-Si계, Al-Mn계, Al-Mg-Si계, Al-Mg-Zn계, Al-Cu-Mg계, Al-Cu-Ni계 합금으로 비중이 2.7 정도로 일반적인 철강의 1/3밖에 되지 않으나 중량에 비해 강도가 매우 우수하고 알루미늄보다 강도와 내식성이 큰 것 등의 특징이 있어 고층건축물의 내외장 재료 또는 항공기, 자동차, 기타 기계부품 등에 이용된 대표적인 단련용 알루미늄합금이다.

③ 내열합금 : 열팽창률이 적고 열전도율이 커서 고온에서도 기계적 성질이 우수한 합금이다.

◎ 알루미늄의 표면처리

알루미늄 표면에 기계적·전기적·화학적 처리를 함으로써 소지의 상태, 광택, 색에 변화를 주어 내식성, 내구성을 증대시키고 외관의 가치를 높이는 것이다. 대표적인 표면처리 방법은 다음과 같다.

1) 양극산화 피막법

수산·황산·크롬산·염기성염 등을 전해질로 하고 알루미늄을 양극으로 하여 전기분해함으로써 알루미늄 표면에 산화피막을 형성하는 방법이다. 이 피막은 알루미늄의 내마모성, 내식성, 표면경도, 염색성 및 전기절연성을 증대시키지만 형성된 피막은 다공성이므로 봉공처리(sealing)를 해야만 공기와의 접촉을 막을 수 있고 봉공처리(封孔處理) 후에 특별한 착색 및 부식방지를 위해서 합성수지계 도료를 칠할 때도 있다.

창 격자나 알루미늄 새시에서 그 색상을 볼 수 있다.

2) 화학적 산화피막법

알루미늄을 화학약품 용액에 담가 전류를 통하지 않고 산화피막을 만드는 방법으로서 내마모성, 절연성을 기대할 수 없다.

(3) 아연과 그 합금

◎ 아연(zinc)

아연(亞鉛)은 섬아연광(閃亞鉛鑛 ; ZnS) 또는 능아연광(菱亞鉛鑛 ; $ZnCO_3$) 등의 원광석에서 증류법 또는 전해법에 의해 제조된다. 100~150℃로 가열하여 박판으로 압연하거나 와이어로 인발할 수 있다. 그러나 200℃로 가열하면 결정립이 거칠어져서 다시 취약해진다. 아연은 건조한 공기 중에서는 거의 산화되지 않으나 습기와 탄산가스가 존재하면 표면에 염기성 탄산염의 박막이 생성되고 내부의 산화를 방지한다. 아연은 묽은 산류에 쉽게 용해되며 그 용해도는 불순할수록 심해진다. 알칼리에도 침식되며 해수에는 서서히 침식된다. 또한 철과 동에 대하여 전기적 양성이 강하고 이를 금속에 접촉시키면 그 부식을 방지할 수 있다. 아연은 청백색의 광택을 지니고 있으며 고순도의 아연은 내식성이 우수하고 대기 중에서 어느 정도 광택을 유지하지만 불순물인 연(Pb) · 철(Fe) · 카드뮴(Cd) · 주석(Sn) 등을 소량 함유하게 되면 광택이 매우 떨어진다. 아연은 함석(galvanized iron)의 제조에 사용된다. 가장 큰 용도는 철판의 아연도금이며 기타 철물에도 방식용으로 도금한다. 아연판은 지붕재료 등으로 쓰인다.

◎ 아연합금(alloyed zinc)

아연합금(亞鉛合金)은 다이캐스팅용 아연합금과 형주물용 또는 단련용 아연합금으로 구분된다. 다이캐스팅용 아연합금은 알루미늄(Al) · 구리(Cu) · 마그네슘(Mg)을 4~7% 정도 첨가한 합금인데 용융점이 낮고 기계적 강도가 크며 대기 중의 내식성이 우수하여 건축 철물로 유망한 합금이다. 형주물용 아연합금에는 다이캐스팅용 합금을 그대로 쓰지만 결정립이 거칠어지므로 강도는 다이캐스팅 주물보다 약 20% 낮다. 단련용 아연합금에는 Zn-Al계, Zn-Cu계, Zn-Al-Cu계 등이 있으며 인장력이 30~50kg/mm^2 정도이고 연신율이 8~20%이다.

(4) 연(lead)과 그 합금

연(鉛)은 납이라고 하며, 방연광(PbS) · 백연광($PbCO_3$) · 황산연광($PbCO_4$) · 홍연광($PbCrO_4$)

등의 광석을 제련하여 얻는다. 연은 비중이 비교적 큰 편인 11.4로 연질이며 전연성이 크다. 공기 중에서는 표면에 탄산염의 박층(薄層)이 생겨 이로 인한 내식성이 증가하고 산이나 기타 약액에 대한 저항성이 크지만 알칼리에는 침식된다. 따라서 콘크리트 내에 매립되는 경우에는 적당히 표면을 피복할 필요가 있다. 지붕재, 홈통, 급배수, 가스관 등에 사용되며 화학공법, 특히 황산제조 공장에 필요한 것이다.

연은 방사선을 잘 흡수하므로 X선 사용개소의 천장, 바닥, 벽에 방호용으로 사용되고 차음용으로 얇은 연판이 쓰이며 진동방지재로서 컴퓨터, 냉난방장치의 진동을 제거하기 위한 연과 석면의 받침대(pad)로도 쓰인다. 땜납은 납(Pb) 40~70%, 주석(Sn) 30~60%의 합금으로, 주로 아연도 강판 · 철선 · 동판 · 동선 · 수도용 연관 등의 접합용으로 쓰이는데 조작이 간단하여 널리 사용되고 있다. 땜납의 규격은 한국산업규격(KS D 6704)에 규정되어 있다.

(5) 주석(tin)과 그 합금

주석(朱錫)은 석석(錫石 SnO_2)에서 제조된다. 보통의 주석 품위는 99% 정도이다. 순주석은 백색의 금속으로 연과 같은 유연성이 있으며 용융점(232℃)이 낮고 부식에 대한 저항성이 비교적 크다. 물 · 산소 및 탄산가스 등에는 침식되나 유기산류에는 거의 침식되지 않는다. 강한 산류, 특히 가열된 산에는 쉽게 용해 침식된다. 주석은 연과는 달리 인체에 무해하므로 식기 · 통조림통의 도금으로 쓰이고 주로 합금(땜납, 청동 등)의 성분으로 첨가된다. 또한 미관, 방청 또는 방습 등을 목적으로 도금 또는 박막으로 이용된다. 납과의 합금으로 장식철물, 땜납으로도 이용된다.

(6) 니켈(nickel)과 그 합금

니켈은 니켈광석을 제련하여 얻는다. 니켈은 내식성이 크고 전연성이 풍부하며 전기저항이 높은 특성을 가지고 있다. 또한 미려한 청백색 광택이 있어 공기 중이나 수중에서 색이 거의 변하지 않는다. 그러나 아황산가스가 있는 공기에는 심하게 부식된다. 바닷물, 알칼리성 염류 수용액에도 내식성이 좋아 부식률은 0.127mm/년 정도이다. 공기 중의 500℃ 이상에서는 서서히 산화하나 750℃ 이상에서는 산화속도가 빨라진다.

니켈과 구리 및 아연과의 합금인 양은(洋銀)은 은백색 광택으로 외관이 아름답고 전성, 연성, 내식성이 커서 건축, 전기 또는 장식철물로 이용되고 있고 크롬과의 합금은 니크롬선으로 전열선에 많이 이용되고 있다.

(7) 티탄(titan)과 그 합금

티탄은 은백색의 굳은 금속원소로서 천연으로 극히 널리 분포되어 대부분의 암석이나 토양 속에 들어 있다. 티탄을 티타늄(titanium)이라고도 한다. 티탄을 가열하면 강한 빛을 내며 연소하고 거의 모든 비금속 원소와 화합한다. 고순도의 티탄은 연하지만 불순물이 소량이라도 있으면 재료가 강해지는 효과가 있으며, 물리적 성질은 가볍고 융점이 비교적 높다. 또한 열팽창계수가 적으며 열전도율이 낮고 전기저항이 높다. 본래 티탄은 굉장한 활성으로 반응하기 쉬운 금속이지만, 미량의 물 혹은 수산기의 존재하에서 용이하게 형성되는 산화피막으로 보호되어 산, 알칼리, 각종 염화물 용액, 유기산 등의 부식매(腐蝕媒)에 대해 뛰어난 내식성을 나타낸다. 따라서 티탄을 건축재료로 사용하려는 이점이 여기에 있다.

티탄합금은 티탄에 알루미늄 · 크롬 · 철 · 망간 · 몰리브덴 · 바나듐 등을 첨가한 합금으로서 가볍고 내식성, 내열성이 뛰어나다. 티탄합금은 가공성 면에서 어렵기 때문에 건축재료용으로는 별로 사용되지 않고 있지만 항공기, 자동차, 선박, 화학기계 등에 주로 쓰이고 있다.

건축재료용으로 시중에 판매되고 있는 티타늄아연판(titanium zinc)은 아연에 소량의 티타늄과 구리를 첨가시킨 합금 제품으로서 지붕 및 벽체용으로 사용하고 있다.

그림 9-13 티타늄 아연판

9-4 금속재료의 부식과 그 방지

(1) 부식

금속은 자연환경 속에서는 산화물 · 탄산화물 등의 화합물로서 존재하는 편이 안정되며, 따라서 금속은 주위에 존재하는 다른 원소와 결합하여 화합물이 되려는 경향이 강하다. 금속재료의 부식이란 금속과 주위 자연환경 사이에 일어나는 화학적 · 전기화학적인 반응이라고 할 수 있다.

전기화학적 부식

2종의 다른 금속을 전해질(물 · 용액 · 습한 흙 등 전해액)에 넣으면 양자의 전용압(電溶壓)이 달라 전위차가 생기고 그 전용압이 큰 것, 즉 이온화 경향이 큰 것이 녹아 부식된다. 습한 환경에서 제일 많은 부식은 전기화학적 부식, 즉 전해부식(電解腐蝕)이다. 건축용으로 쓰이는 금속으로서 이온화 경향이 큰 것부터 순서대로 배열하면 마그네슘(Mg), 알루미늄(Al), 아연(Zn), 철(Fe), 니켈(Ni), 주석(Sn), 수소(H), 구리(Cu), 은(Ag), 금(Au)이 된다.

금속 중에서 이온화 경향이 작은 금속, 즉 전해부식이 안 되는 금속을 귀금속(貴金屬)이라고 하는데 은, 금은 이온화 경향이 최소이므로 전해부식이 안 되어 귀금속에 속하는 금속이다. 전해부식의 예를 들면 처마나 지붕잇기에 있어서 동판과 철판(아연도금 강판도 동일함)이 접촉하고 있으면 빗물이나 습기가 전해액의 작용을 하여 철판은 단독으로 사용된 경우보다 더 빨리 부식된다. 또한 이를 지붕의 동판잇기에 아연도못을 박은 경우로 생각해 보면 빗물이나 습기에 의해 아연도못과 동판의 접촉부에 전해질이 형성되고 이 전해질을 통하여 동과 아연 사이에 전류가 흐른다. 이 전류량이 같을 경우 이온화 경향이 큰 아연도못은 전류밀도는 점차 커서 못의 작은 장(場)에 집중되어 못의 부식이 심해진다.

◎ 대기 중에서의 금속의 부식

철이 대기 중에서 녹스는 것을 흔히 볼 수 있는데, 이는 습기(물)와 공기 중의 산소가 결합하여 수산화이온이 생겨 이 수산화이온이 철과 결합하여 수산화제일철[$Fe(OH)_2$]이 생기고, 이것은 다시 산화되어 수산화제이철[$Fe(OH)_3$]로 되어 붉은 녹(赤錆)이 발생한다. 최초의 붉은 녹은 공기 중에서 노점(露點) 이하의 습도이면 발생하지 않으나 일부에 녹이 슬면 70~80%의 습도 중에서도 증가되어 확대된다. 철은 일반적으로 알칼리에는 부식되지 않으나 산에는 부식되며 그 부식 정도는 산의 농도(濃度)에 따라 다르다. 콘크리트가 알칼리성인 동안에는 철근이 거의 부식되지 않는 것도 이와 같은 이유 때문이다.

철강재뿐만 아니라 다른 금속들도 같은 경우지만 염분을 대기 중에 많이 포함하는 해안지대와 이산화황(SO_2) · 무수황산(SO_3) 등의 산화황 · 암모늄 · 염 등이 많은 공장지대에서는 부식이 촉진된다. 대기 중에서 얇은 산화피막이 표면에 생기고 그 피막이 치밀하고 표면에 밀착하게 되면 그 이상의 부식은 진행되지 않는 경우가 있으나 주변에 산 · 알칼리 또는 금속을 심하게 부식시키거나 녹이는 염류가 있으면 침식된다. 동은 대기 중에서 산화하여 표면에 녹청색 피막을 형성하고 이 피막이 치밀하고 밀착해서 어떤 두께 이상이 되면 그 이상의 부식은 방지한다. 이 녹청은 수산화동과 탄산동이 결합된 것으로 $Cu(OH)_2CuCO_3$이며 물과 탄산가스(CO_2)에 의해 형성된다.

아연도도 대기 중에서 물과 탄산가스에 의해 부식되며 백색 보호피막을 표면에 형성하여 그 이상의 부식을 방지한다. 그러나 아연은 공식(pitting)이 잘 되어 아연도강판에 구멍을 내는데, 한번 형성된 작은 구멍의 부식은 점점 더 깊게 부식해 들어가는 경향이 있다. 이것은 부식산물인 보호피막이 공식(孔蝕)을 막지 못하기 때문이다.

◎ 토양 중에서의 부식

산성 토양은 대부분의 금속을 부식시키며 알칼리성이 강한 토양도 때때로 부식시키는 경향이 있다. 산성 토양 속에 있는 유기산은 연을 부식하고 녹이므로 연관을 지중에 매설할 때는 백악(白堊)이나 석회석으로 둘러싸야 한다. 금속이 습한 흙 같은 전해질에 접촉하여 누전된 전류나 전기기기 등의 접지선에서 흘러나온 전류가 금속 내부에 통과하면 대부분의 금속은 부식된다.

(2) 부식의 방지

◎ 금속의 부식을 최소화하기 위한 사용상 유의사항

① 가능한 한 이종(異種) 금속을 인접 또는 접촉시켜 사용하지 말 것
② 균질한 것을 선택하고 사용시 큰 변형을 주지 않도록 할 것
③ 큰 변형을 준 것은 가능한 한 풀림(燒鈍 ; annealing)하여 사용할 것
④ 표면을 평활하고 깨끗이 하며 가능한 한 건조상태로 유지할 것
⑤ 부분적으로 녹이 슬면 즉시 제거할 것

◎ 방식방법

금속재료의 부식을 방지하기 위하여 부식매체(물 · 공기 · 산 · 알칼리 등)에 접촉하지 않도록 보호피막을 입히는데, 이는 일반적인 방식방법으로 그 방법은 다음과 같다.

① 페인트, 바니시, 아스팔트, 콜타르유지 등 경질고무, 합성수지 등으로 도포 또는 소부(燒付)하는 방법
② 인산염용액에 금속을 담가서 금속 표면에 피막을 입히는 인산염 피막방법
③ 철재의 표면에 무수규산(SiO_2)을 주성분으로 하는 유약을 바르는 방법인 법랑마감방법
④ 철판 표면을 황산 등으로 씻고 아연 또는 주석용액에 담가서 도금하는 도금방법
⑤ 모르타르 또는 콘크리트로 피복하는 방법

위와 같은 방법은 피막을 형성하여 방식하는 적극적인 방식방법이고 앞 항에서 열거한 사항들은 부식방지를 위한 예비적이고 사전적인 방식방법이라고 말할 수 있다.

9-5 금속 제품

(1) 구조용 강재(structural steel)

구조용 강재는 원광석을 고로에서 용융하여 선철을 만들고, 다시 평로(Siemen-Martin法), 전로(Bessemer法) 또는 전기로에서 정제하여 강괴(ingot)로 만든 것을 원하는 형태로

압연 성형한 압연강재(rolled steel)가 주로 쓰인다.

압연강재로는 형강 · 강판 · 봉강 · 평강 등이 있다.

일반구조용 압연강재(rolled steel for general structural purposes)

일반구조용 압연강재(壓延鋼材)는 열처리 및 기계에 의한 표면처리를 거치지 않고 압연한 상태로 사용할 수 있는 강재이다. 이 강재는 건축뿐만 아니라 교량, 선박, 철도, 차량 및 기타 구조물에 사용되며 규격은 한국산업규격(KS D 3503)에 규정되어 있다.

종류는 기계적 성질과 화학성분에 따라 1종(SS 330), 2종(SS 400), 3종(SS 490), 4종(SS 540)의 종류가 있다. 1종(SS 330)은 강도가 작아 비경제적이므로 사용량이 적은 편이며, 3종(SS 490)과 4종(SS 540)은 2종(SS 400)보다 강도는 크지만 용접성이 별로 좋지 않아 건축용으로는 별로 사용되지 않는다.

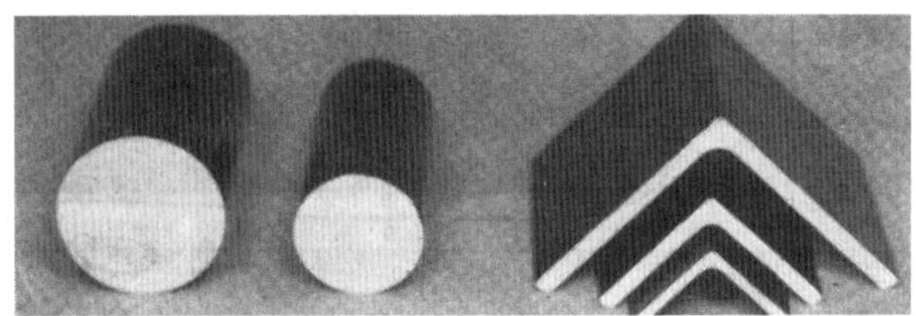

그림 9-14 일반구조용 압연강재

표 9-10 일반구조용 압연강재의 종류

종류	기호	적요	비고
1종	SS 330(SS 34)	강판, 강대, 평강 및 봉강	① 기호 뒤의 숫자는 인장강도의 하한값과 같다. ② 강판, 강대, 평강, 형강 및 봉강을 표시할 때의 기호는 종류의 기호 다음에 P(강판), S(강대), F(평강), A(형강) 및 B(봉강)를 표시한다. (보기 : 일반구조용 압연강재 강판 1종 'SS 330P') ③ 기호란의 (　)는 구기호를 나타낸 것이다.
2종 3종	SS 400(SS 41) SS 490(SS 50)	강판, 강대, 평강, 봉강 및 형강	
4종	SS 540(SS 55)	두께 40mm 이하의 강판, 강대, 평강, 형강 및 지름 또는 대변거리 40mm 이하의 봉강	

용접구조용 압연강재(rolled steel for welded structure)

용접구조용 압연강재는 특히 용접성이 우수한 강재로서 건축, 교량, 철도, 차량, 석유조 및 기타 구조물에 사용된다. 이 강재의 규격은 한국산업규격(KS D 3515)에 규정되어 있다. 종류는 1종(SWS 400), 2종(SWS 490), 3종(SWS 490 Y), 4종(SWS 520), 5종(SWS 570)의 5종류가 있으며, 5종을 제외하고는 화학성분과 충격시험값에 따라 1종과 2종은 A, B, C로 각각 구분하고 3종과 4종은 A, B로 각각 소구분한다. 여기서 A→B→C순으로 용접성이 우수하다. SWS 490 이하는 소위 고장력강이다.

그림 9-15 용접구조용 압연강재

◎ 리벳용 압연강재(rolled steel for riveting)

리벳용 압연강재는 평로 또는 전기로에 의한 강괴로 제조한다. 종류는 1종(SBV 330), 2종(SBV 400), 3종(SBV 380)의 세 종류가 있으며, 2종을 화학성분과 인장시험값에 따라 A, B로 소구분한다. 1종(SBV 330) 및 2종(SBV 400)은 건축에 주로 사용되고, 2종(SBV 400)은 보일러용, 3종(SBV 380)은 선체용으로 사용된다.

이 강재의 규격은 한국산업규격(KS D 3557)에 규정되어 있다.

◎ 형강(shape steel)

형강(形鋼)은 열간압연(hot rolling)하여 만든 특정의 단면 형상을 이루고 있는 구조용 강재(압연강재)의 총칭이다. 형강은 건축물의 철골구조에 주로 많이 사용되고 있고 토목, 차량, 선박 등 대형구조물에도 사용된다.

형강의 종류, 형상, 치수, 단면적 및 단위무게는 한국산업규격(KS D 3502)에 규정되어 있다.

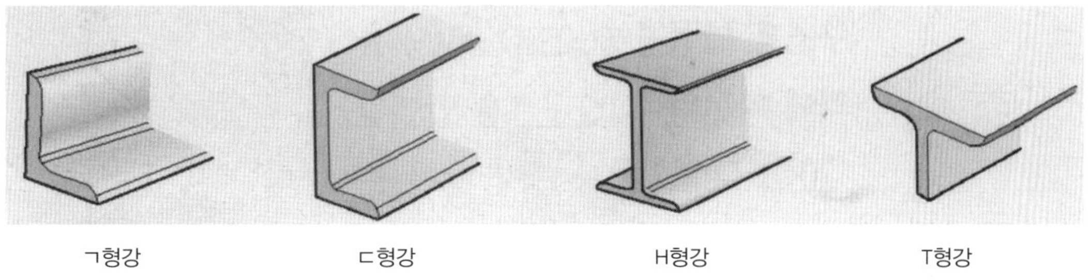

그림 9-16 형강의 모양

표 9-11 형강의 종류 · 모양 및 치수

종류	단면모양	기재방법	표준단면치수 범위(mm)
등변ㄱ형강 (equal angle, equal legs angle)	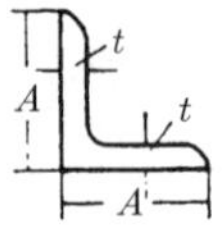	$L-A\times A\times t$	최소 : 25×25×3 최대 : 250×250×35
부등변ㄱ형강 (unequal angle, unequal legs angle)	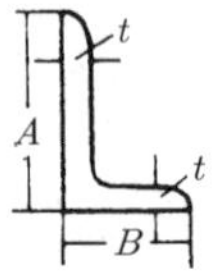	$L-A\times B\times t$	최소 : 90×75×9 최대 : 150×100×15
부등변 부등두께 ㄱ형강 (unequal length & thickness angle)	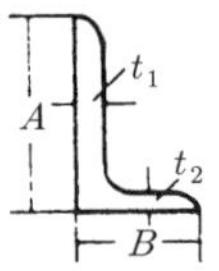	$L-A\times B\times t_1\times t_2$	최소 : 200×90×9×14 최대 : 400×100×13×18
I형강(I-beam)	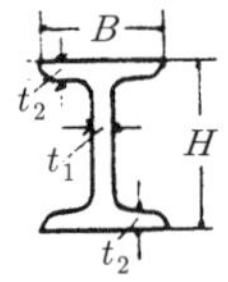	$I-H\times B\times t_1\times t_2$	최소 : 100×75×5×8 최대 : 600×190×16×35
ㄷ형강(channel)	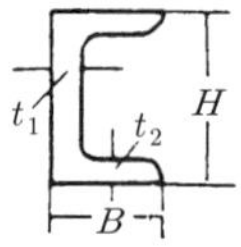	$-H\times B\times t_1\times t_2$	최소 : 75×40×5×7 최대 : 380×100×13×20
구평형강 (球平形鋼 ; bulb plate)		$A\times t\times d$	최소 : 180×9.5×23 최대 : 250×12×33
T형강 (T shape steel, structural tee)	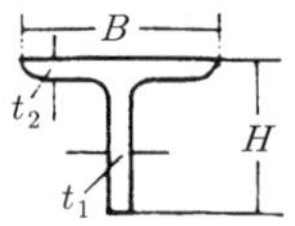	$T-B\times H\times t_1\times t_2$	최소 : 150×39×12×9 최대 : 250×55×12×25
H형강 (H shape steel, wide flange shape)	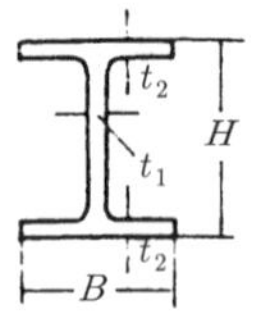	$H-H\times B\times t_1\times t_2$	최소 : 100×50×5×7 최대 : 900×300×16×28

비고) ① 표준단면 치수별 단면적, 단위무게, 중심위치, 단면2차모멘트, 단면2차반지름, 단면계수는 한국산업규격(KS D 3502)을 참조할 것

② 형강의 표준길이는 6.0, 6.5, 7.0, 8.0, 9.0, 10., 12.0, 13.0, 14.0, 15.0m이다.

표 9-12 형강의 무게 계산방법

계산순서	계산방법	결과의 끝맺음
기본무게 ($kg/cm^2/m$)	0.785(단면적 $1cm^2$ 길이 1m의 무게)	
단면적(cm^2)	다음 식에 의하여 구하고, 계산값에 1/100을 곱한다. 등변 ㄱ형강 $t(2A-t)+0.215(r_1^2-2r_2^2)$ 부등변 ㄱ형강 $t(A+B-t)+0.215(r_1^2-2r_2^2)$ 부등변 부등두께 ㄱ형강 $At_1+t_2(B-t_1)+0.215(r_1^2-r_2^2)$ I형강 $Ht_1+2t_2(B-t_1)+0.615(r_1^2-r_2^2)$ ㄷ형강 $Ht_1+2t_2(B-t_1)+0.349(r_1^2-r_2^2)$ 구형형강 $At+dr_1+0.289d(2r_1+d)-0.215(r_1^2-r_2^2)$ T형강 $Bt_2+0.307r_1^2+482.6$ H형강 $t_1(H-2t_2)+2Bt_2+0.85r^2$	유효숫자 넷째자리에서 끝맺음한다.
단위무게(kg/m)	기본무게($kg/cm^2 \cdot m$)×단면적(cm^2)	유효숫자 셋째자리에서 끝맺음한다.
1개의 무게(kg)	단위무게(kg/m)×길이(m)	유효숫자 셋째자리에서 끝맺음한다.
총무게(kg)	1개의 무게(kg)×동일치수의 총 개수	kg의 정수값에서 끝맺음한다.

비고) 본 표의 단면적에 사용하는 기호는 표 9-11을 참조할 것.

경량형강(light weight shape steel, light gauge shape steel)

경량형강(輕量形鋼)은 구조재의 무게를 감소시킬 목적으로 단면이 작은 얇은 강판을 냉간성형하여 가장 유효한 단면형상으로 만든 형강으로서, 보통의 열간압연 형강에 비하여 단위중량에 대한 2차모멘트가 크기 때문에 근래에 많이 사용되고 있다. 주로 일반구조재, 가설구조물 등에 사용한다. 경량형강의 단면형태는 일반형 강재와 같으나 형강단면 끝에 혀를 달아 구부려 좌굴성능을 더욱 좋게 한 리프스틸(lip steel)과 철판의 단면에 리브(rib)를 내어 바닥·벽 등의 구조용으로 사용하는 것이 있다. 조립 또는 도장 및 가공을 위하여 측판에 적당한 구멍을 뚫은 것도 있으나 이것은 응력상 지장이 없을 뿐만 아니라 자중을 감소시키는 데에도 도움이 된다.

일반구조용 경량형강의 종류, 형상, 치수, 단면적 및 단위무게는 한국산업규격(KS D 3530)에 규정되어 있다.

표 9-13 경량형강의 종류 · 형상 및 치수

종류	단면모양	기재방법	단면치수 범위(mm)
경ㄷ형강	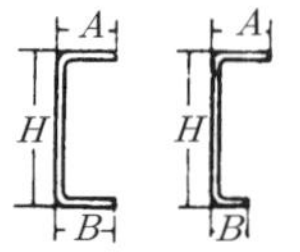	$H\times A\times B\times t$	단면 : 450×75×75~40×40×15 두께 : 6.0~1.6
경Z형강	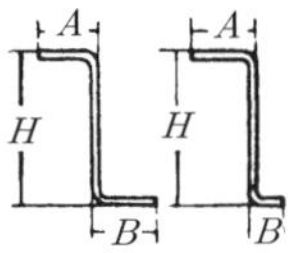	$H\times A\times B\times t$	단면 : 100×50×50~75×30×20 두께 : 3.2~2.3
경ㄱ형강	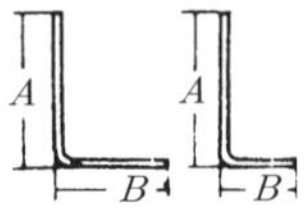	$A\times B\times t$	단면 : 60×60~75×30 두께 : 3.2~2.3
경리프ㄷ형강	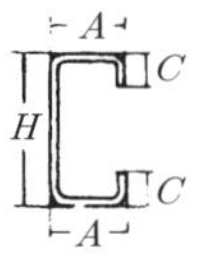	$H\times A\times C\times t$	단면 : 250×75×25~60×30×10 두께 : 4.5~1.6
경리프Z형강	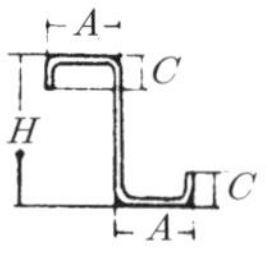	$H\times A\times C\times t$	단면 : 100×50×20 두께 : 3.2, 2.3
경모자형강	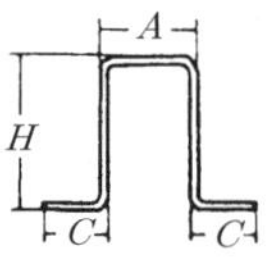	$H\times A\times C\times t$	단면 : 60×30×25~40×20×20 두께 : 3.2~1.6

비고) 단면치수별 단면적, 단위무게, 중심위치, 단면2차모멘트, 단면2차반지름, 단면계수, 전단중심은 한국산업규격(KS D 3530)을 참조할 것

표 9-14 경량형강의 무게 계산방법

계산순서	계산방법	결과의 끝맺음
기본무게 (kg/cm^2/m)	0.785(단면적 1cm^2, 길이 1m의 무게)	
단면적(cm^2)	다음 식에 의하여 구하고, 계산값에 1/100을 곱한다. 경ㄷ형강 $t(H+A+B-3.287t)$ 경Z형강 $t(H+A+A-3.287t)$ 경ㄱ형강 $t(A+B-1.644t)$ 경리프ㄷ형강 $t(H+2A+2C-6.574t)$ 경리프Z형강 $t(H+2A+2C-6.574t)$ 경모자형강 $t(2H+A+2C-4.575t)$	유효숫자 넷째자리에서 끝맺음한다.
단위무게(kg/m)	기본무게(kg/cm^2/m)×단면적(cm^2)	유효숫자 셋째자리에서 끝맺음한다.
1개의 무게(kg)	단위무게(kg/m)×길이(m)	유효숫자 셋째자리에서 끝맺음한다.
총무게(kg)	1개의 무게(kg)×동일치수의 총개수	kg의 정수값에서 끝맺음한다.

비고) 본 표의 단면적에 사용하는 기호는 표 9-13을 참조할 것

봉강 및 평강

1) 봉강(steel bar)

봉강(棒鋼)은 압연에 의한 봉상(棒狀)의 강재로서 단면형에 따라 다음과 같이 분류하며 건축에서는 구조재 또는 부품재로 사용된다.

원형강(round steel bar)　반원형강(half-round steel bar)
각강(square steel bar)　육각강(hexagonal steel bar)
팔각강(octagonal steel bar)

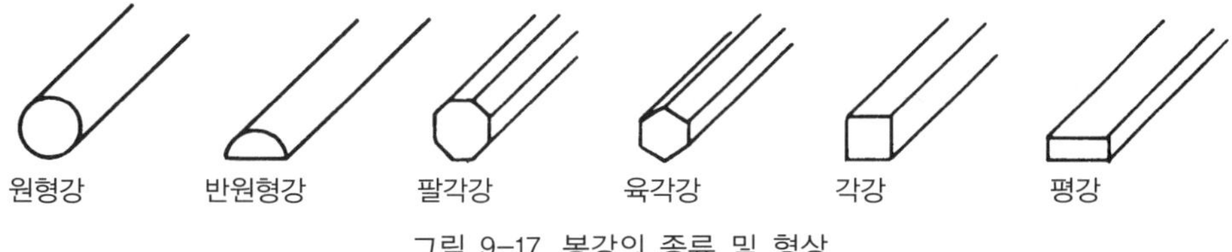

그림 9-17 봉강의 종류 및 형상

2) 평강(flat steel, flat bar)

평강(平鋼)은 비교적 얇은 띠모양의 형강으로 타이플레이트(tie plate)나 래티스(lattice) 등에 많이 사용된다. 평강의 규격은 한국산업규격(KS D 3052)에서 정한 바에 따른다. 평강의 두께는 4.5~36mm까지 있고 폭은 25~300mm 정도이며, 길이는 3.5~15m로 3.5m, 4.5m, 5.5m가 많이 사용된다.

(2) 구조용 특수 강재

건축구조용 강재도 점차 고강도 및 인성이 크고 우수한 용접성 및 내후성 등의 성능 향상이 요구되고 있다. 이러한 요구에 부흥하여 최근 구조용 특수 강재가 개발되고 있다. 우리나라도 상당한 강재 기술이 개발되어 몇 가지 종류의 구조용 특수 강재가 생산되고 있다.

◎ 고장력 강재(high strength steel)

고장력 강재는 일반구조강재보다 인장강도가 높고 인성, 용접성, 내후성을 높인 강재로서, 고강도 강재(高强度鋼材)라고도 한다. 특히 인장강도는 50~100kgf/mm^2 이상으로서 80kgf/mm^{2}급, 70kgf/mm^{2}급, 60kgf/mm^{2}급으로 구분하는데, 국내에서는 60kgf/mm^{2}급 이상은 아직 규정되어 있지 않다. 가공성, 용접성이 크고 일반강재에 비해 20% 이상 강재 절약이 가능하므로 주로 고장력 강판(high strength steel plate)으로 건축 · 교량 · 보일러 등에 사용되고 있다.

◎ 고인성 강재(steel with excellent toughness)

일반구조강재 성분 중 질소(N)를 0.006% 이하로 조정하여 인성을 향상시켜 저온지역에서의 인성저하, 취성파괴 위험을 극복하기 위해 개발한 강재이다. 이 강재는 냉간성형성의 증대와 한랭지역에서의 적용성을 도모하기 위한 강재이다.

◎ 내후성 강재(weathering steel)

일반구조강에 구리(Cu) · 크롬(Cr) · 인(P) · 질소(N) 등의 내식성이 우수한 원소를 소량 첨가한 저합금강(低合金鋼)에 속하는 강재이다.

일반구조강재에 비해 4~8배의 내식성을 갖는 강재이므로 주로 해안에 접한 건축물, 해양구조물에 사용된다. 용접구조용 내후성열간강재(KS D 3529)는 내후성 강재의 일종이라 할 수 있다.

◎ TMCP(Thermo-Mechanical Control Process) 강재

TMCP 강재는 두께의 증가에 따라 강도저하, 용접성 확보 등에 대응하기 위하여 열간압연시 가열, 압연, 냉각조건을 조절하여 가속냉각 과정의 냉각속도에 의해 강도를 상승킨 강재이다. 이 강재는 저탄소량으로써 용접성이 우수하고 용접균열 감수성 저하로 적은 예열로도 가능하며 항복비가 낮아 내진성이 우수할 뿐만 아니라 인성의 저하 없이 강도 확보가 가능하다는 등의 이점 때문에 대형 건축물의 기둥부재, 장스팬구조의 주요 부재 등에 사용된다.

(3) 철근(steel bar, reinforcing bar, reinforcing steel)

철근(鐵筋)은 콘크리트 속에 묻어서 콘크리트를 보강하기 위하여 사용되는 강재이다. 철

근이 요구하는 성질은 강도, 연신성, 부식저항이 크고 소요의 기계적 성질이 우수하며 콘크리트의 부착성 및 가공과 용접이 용이하면서 이로 인한 강도 저하가 적어야 한다.

1) 철근의 종류

철근의 종류에는 다음과 같은 것이 있다.

① 원형철근(round steel bar)
② 이형철근(deformed steel bar)
③ 고강도철근(high tensile bar)
④ 피아노선(piano wire, piano string)
⑤ 용접철망(welded steel wire fabrics)
⑥ 스테인리스철근(stainless steel bar)
⑦ 철선, 강선(steel wire)

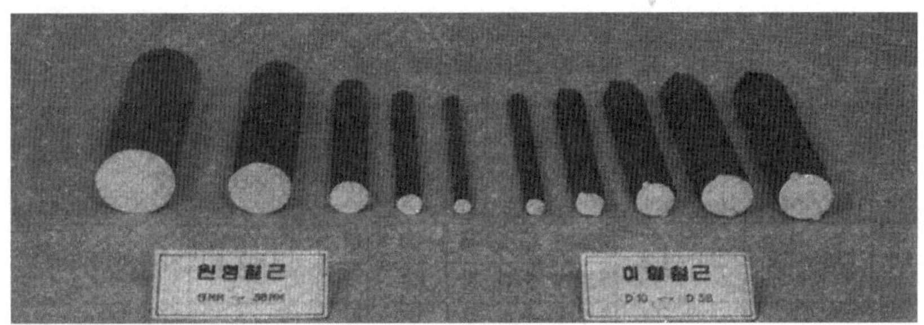

그림 9-18 철근

건축공사에 보통 쓰이는 철근은 원형철근 또는 이형철근이고, 근래에는 고강도철근을 많이 사용하고 있다. 철근의 규격은 한국산업규격(KS D 3504 : 철근콘크리트용 봉강)에 규정되어 있다.

◎ 원형철근(round steel bar)

원형철근(圓形鐵筋)은 표면에 리브(rib) 또는 마디 등의 돌기가 없는 미끈한 원형단면의 봉강이다. 원형철근의 품질은 모두 이형철근과 같으나 콘크리트와의 부착응력이 높은 이형철근이 제조되면서부터 별로 쓰이지 않고 있다. 원형철근의 종류에는 SR24 · SR30이 있고 지름은 ϕ로 표시한다. 원형철근의 치수 및 단위중량은 표 9-15와 같다.

표 9-15 원형철근의 지름 · 중량 및 단면적

지름		단위중량(kg/m)	둘레(cm)	단면적(cm^2)
mm	inch(#)			
6	1/4(#2)	0.222	1.88	0.282
9	3/8(#3)	0.499	2.83	0.634
12	1/2(#4)	0.888	3.77	1.131
13	1/2(#4)	1.042	4.08	1.327
16	5/8(#5)	1.578	5.03	2.011
19	3/4(#6)	2.226	5.97	2.835
22	7/8(#7)	2.984	6.91	3.801
25	1(#8)	3.853	7.85	4.909
28	1 1/8	4.834	8.80	6.160
32	1 1/4	6.313	10.05	8.040

이형철근(deformed steel bar)

이형철근(異形鐵筋)은 콘크리트와 철근의 부착을 돕기 위하여 표면에 리브(rib) 또는 마디 등의 돌기(lug)를 붙인 봉강이다. 여기서 부착(bond, adhesion)이라 함은 철근 표면과 콘크리트의 접착 또는 이형철근의 리브와 마디 등의 쐐기작용(keying action)으로 철근이 콘크리트 속에서 뽑히지 않도록 2개의 재료가 일체로 되게 하는 효과를 말한다.

리브는 축선방향의 돌기를 말하는데, 전 길이에 걸쳐 대체로 균일한 간격으로 분포되고 현상과 치수가 비슷하다. 마디는 축선방향의 돌기 이외의 것으로 고리 형상으로 된 돌기를 말하며, 마디의 간격은 공칭지름의 약 70%이고 마디와 축선의 각도는 45° 이상으로 되어 있다. 그리고 마디의 간격이 짧고 마디높이가 높을수록 철근의 부착강도는 커진다.

이형철근은 표면에 돌기가 있으므로 지름을 공칭지름(normal diameter)으로 대신하고 있다. 이형철근의 공칭지름은 단위길이당의 무게가 그 이형철근과 동일한 원형철근의 지름을

그림 9-19 이형철근

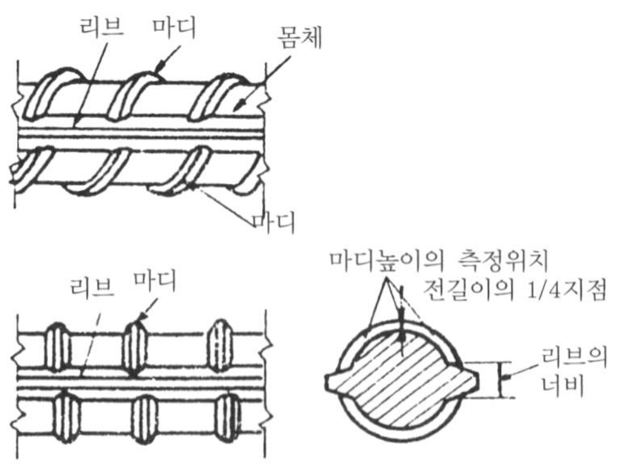

그림 9-20 이형철근의 표면 상태

말하며, 공칭지름은 D로 표시하고 mm 단위로 치수를 기입한다(예 ; D25). 이형철근을 보통철근이라고도 하며, 근래에는 원형철근보다 이형철근을 많이 사용하고 있다.

철근 정척물의 길이는 6, 6.5, 7, 7.5, 8, 9m 등으로 제조되고 있고 이음을 적게 하고 토막을 내지 않게 하기 위하여 길게 쓰일 것은 장척물로 주문할 수도 있지만 운반관계로 9m까지로 하고 있다. 한국산업규격(KS D 3504)에서는 철근의 길이를 3, 4, 4.5, 5, 5.5, 6, 6.5, 7, 7.5, 8, 9, 10m로 정하고 있다.

이형철근의 장점으로는 다음과 같은 것이 있다.

① 부착강도는 원형철근의 2배(피복두께가 작은 때는 약 1.8배)가 된다.
② 정착길이(anchorage length), 겹침이음길이를 단축할 수 있다.
③ 콘크리트에 발생하는 수축균열이나 응력균열의 분산이 가능하다.
④ 기둥과 굴뚝을 제외하고 갈고리(hook)를 하지 않아도 된다.

이형철근의 치수 및 단위중량과 기계적 성질은 표 9-16, 9-17과 같다.

표 9-16 이형철근의 치수 및 단위중량

호칭명	단위중량 (kg/m)	공칭지름 (d)(mm)	공칭단면적 (s)(cm^2)	공칭둘레 (l)(cm)	마디 및 리브의 치수		
					마디간격의 평균 최대값 (mm)	마디높이의 평균 최소 (mm)	양쪽 리브의 합계 최대값 (mm)
D6	0.249	6.35	0.3167	2.0	4.4	0.3	5.0
D10	0.560	9.53	0.7133	3.0	6.7	0.4	7.5
D13	0.995	12.7	1.267	4.0	8.9	0.5	10.0
D16	1.56	15.9	1.986	5.0	11.1	0.7	12.5
D19	2.25	19.1	2.865	6.0	13.4	1.0	15.0
D22	3.04	22.2	3.871	7.0	15.5	1.1	17.5
D25	3.98	25.4	5.067	8.0	17.8	1.3	20.0
D29	5.04	28.6	6.424	9.0	20.0	1.4	22.5
D32	6.23	31.8	7.942	10.0	22.3	1.6	25.0
D35	7.51	34.9	9.566	11.0	24.4	1.7	27.5
D38	8.95	38.1	11.40	12.0	26.7	1.9	30.0
D41	10.5	41.3	13.40	13.0	28.9	2.1	32.5

비고) ① 이형철근의 공칭지름은 단위길이당 무게가 그 이형철근과 동일한 원형철근의 지름과 같은 것으로 한다.
② 위 표 수치의 산출방법은 다음에 따른다.

공칭단면적(s): $\frac{0.785 \times d^2}{100}$: 0이 아닌 실수요 숫자 셋째자리에서 끝맺음한다.

공칭둘레(l) : $0.314 \times d$: 소수점 이하 첫째자리에서 끝맺음한다.

단 위 중 량 : $0.785 \times s$: 0이 아닌 실수요, 숫자 셋째자리에서 끝맺음한다.

마 디 간 격 : 소수점 이하 첫째자리에서 끝맺음한다.

마디의 높이 : 소수점 이하 첫째자리에서 끝맺음한다.

이형철근은 표면상태에 따라 여러 가지 형상의 이형철근이 있으나 보통 축선방향의 리브 및 고리형상으로 된 마디로 되어 있는 것을 많이 사용하고 있다(그림 9-21 참조).

그림 9-21 이형철근의 표면 형상

표 9-17 원형 및 이형철근의 기계적 성질

종별	기호	기계적 성질	
		항복점 (kgf/mm^2)	인장강도 (kgf/mm^2)
원형철근	SR 24	24 이상	39~53
	SR 30	30 이상	45~61
이형철근	SD 30A	30 이상	45~61
	SD 30B	30~40	45 이상
	SD 35	35~45	50 이상
	SD 40	40~52	57 이상
	SD 50	50~64	63 이상

① 철근의 기호 표시는 SR 00, SD 00로 나타내는데, S=Steel, R=Round-bar, D=Deformed-bar를 표시한 것이다. 00은 항복강도 또는 내력의 하한값을 나타내고, SD 30A는 보통의 탄소강, SD 30B는 용접에 적합하도록 화학성분을 규정한 고품질의 철근이다. 특별히 지정된 것이 없으면 보통 SD 30A를 많이 사용한다.

② 이형철근의 등급별 구분을 하기 위하여 철근의 끝부분에 다음과 같은 색깔로 표시하기도 한다.

SD 30A	녹색	SD 40	황색
SD 30B	백색	SD 50	검정색
SD 35	적색		

◎ 고강도철근(high tensile bar)

고강도철근(高强度鐵筋)은 보통철근보다 인장력이 크고 일반적으로 항복점(降伏點) 강도가 3,500kgf/cm^2 이상인 철근으로 보통 하이바(high tensile bar)라고도 하며, 강도 4,000 kgf/cm^{2}가 주로 사용되고 5,000kgf/cm^{2}까지도 사용되고 있다. 이 철근은 탄소강에 소량의

표 9-18 고강도철근의 지름 · 단면적 · 중량

호칭		단위중량 (kg/m)	공칭지름 (mm)	단면적 (cm^2)	공칭주장 (cm)	마디의 치수(mm)			리브의 최대 너비(mm)
KS	ASTM(in)					최소간격	최소높이	최대높이	
D10	3/8	0.559	9.53	0.713	3.0	6.6	0.4	0.8	3.6
D13	1/2	0.994	12.7	1.27	4.0	8.8	0.6	1.2	4.8
D16	5/8	1.55	15.9	1.98	5.0	11.1	0.8	1.6	6.0
D19	3/4	2.24	19.1	2.85	6.0	13.3	1.0	2.0	7.2
D22	7/8	3.05	22.2	3.88	7.0	15.5	1.2	2.4	8.5
D25	1	3.98	25.4	5.07	8.0	17.7	1.3	2.6	9.7
D29	11/8	5.03	28.6	6.41	9.0	20.0	1.5	3.0	10.9

니켈 · 망간 · 규소 등을 첨가하여 만든 것이다. 이 철근을 사용할 때에는 콘크리트의 강도도 큰 것으로 하는 등의 주의가 필요하다.

피아노선(piano wire, piano string)

피아노선은 탄소함유량이 0.6~1.05%의 고탄소강을 반복 냉간인발(冷間引拔) 가공하여 가는 줄(지름 10mm 이하의 강선)로 만든 것으로서, 원래 피아노, 기타 등의 악기줄(music wire)로 사용하였기 때문에 피아노선이라고 불려 왔다. 이 피아노선은 인장력이 아주 크기 때문에 프리스트레스트콘크리트(prestressed concrete)에 쓰인다.

용접철망(welded steel wire fabrics)

용접철망(鎔接鐵網)은 연강선(KS D 3554)을 냉간 연신하고 표면가공하여 만든 철선을 사용하여 세로선과 가로선을 직각으로 배열시키고 각 교차된 점을 전기저항 용접하여 만든 것으로, 주로 콘크리트 균열방지를 위한 보강용으로 넓은 바닥판 또는 도로포장에 많이 사용된다. 철선은 지름 3.57mm(#10) 또는 4.36mm(#18)로 하고, 철근으로 할 때는 지름 6mm 정도의 원형철근 또는 이형철근으로 한다. 철망의 크기는 1.5m×3m 정도의 크기로 하거나 1.2~2.4m 너비의 두루마리(fabric mat)로 제작한 것이 있다.

용접철망의 표준규격은 한국산업규격(KS D 7017)에서 규정하고 있다. 여기서 용접철망의 망목(網目)의 치수(각 인접한 철선의 중심에서 중심까지의 거리)는 50, 75, 100, 150, 200, 250, 300mm로 하고 망목의 형상은 정사각형과 직사각형으로 구분하고 있다. 또한 철망의 가로선 및 세로선의 인장강도는 50kg/mm^2 이상이어야 한다.

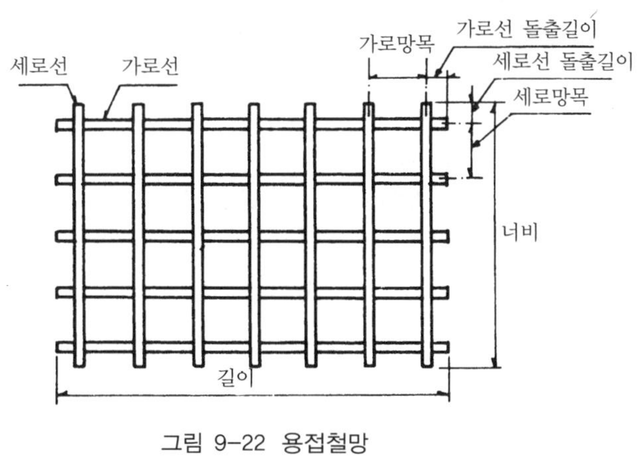

그림 9-22 용접철망

구조용 용접철망은 시트철망과 롤철망의 2종류가 있다. 철선은 한국산업규격(KS D 3552)에 규정된 보통철선 중 공칭지름이 6~16mm인 이형철선으로 한다.

철근공사에서 수작업에 의존하던 재래식 철근조립방식에서 탈피하여 가공이 쉽고 생산성 향상 및 자재절감과 시공의 완벽성을 꾀할 수 있는 이점 때문에 구조용 용접철망을 사용한 철근선조립공법이 연구되어 왔고 현재는 실용화 단계이다.

스테인리스철근(stainless steel bar)

스테인리스철근은 탄소강철근에 비해 내식성 및 내구성이 뛰어나고 기계적 특성(항복, 인장강도)이 우수하다. 또한 용접이 쉽고 굽힘 등 가공이 용이하여 콘크리트의 열팽창계수와 일치하는 장점이 있다.

스테인리스철근은 주로 내식성이 요구되는 해안구조물과 내구성이 요구되는 건축물 등에 사용되고 있다.

2) 철근보관 및 취급

① 철근 적치장(積置場)은 작업동선 및 차량진입이 유리한 곳을 선정하여 인근지역보다 높게 하고 물이 고이지 않게 또는 배수가 잘 되도록 한다. 또한 적치장 바닥은 충분히 다진 후 콘크리트 타설 등의 방법으로 하여 바닥으로부터 철근이 오염되지 않도록 한다.

② 철근 적치 시에는 철근의 종별, 규격별, 길이별로 분리하고 강도가 서로 다른 것이 혼용되지 않도록 한다. 그리고 철근 규격별로 표지판을 설치하여 식별이 용이하도록 한다.

③ 철근 적치 시에는 바닥에서 20cm 이상 높이고, 바닥에 방습처리를 한 후 철근을 적치하여 비와 이슬이 맞지 않도록 지붕을 만들거나 천막 등의 적당한 덮개를 설치한다. 이때 덮개 내부에 습기로 인한 녹 발생을 촉진시킬 수도 있으므로 주의한다.

④ 만약 저장 기간이 장기간일 경우나 바닷가 해안 근처에서는 창고 속에 저장하여 부식을 예방한다.

3) 철근의 녹(rust)

철근의 부식(腐蝕)이 콘크리트 내구성과 균열, 박리를 유발시키는 직접적인 원인이 되는 것은 발생한 녹의 팽창압 때문이다.

그림 9-23 철근의 녹

건축현장에서 철근의 녹 문제 때문에 때로는 논란이 되고 있는 것은 명문화된 기준이 없고 녹슨 철근은 곧 부실시공과 연관된다는 고정관념 때문이라 할 수 있다. 철근 표면의 녹은 그 자체의 단면감소와 콘크리트의 부착력과 연관이 있으나, 경미한 녹은 철근콘크리트 제품에 별로 영향을 미치지 않는다고 알려져 있다.

ACI Code(Concrete Inspection)에서는 얇은 박판형태의 녹이나 밀스케일(mill scale)은 부착력에 지장을 주지 않는다. 또한 가볍게 녹슨 철재는 콘크리트 속에 들어갈 때에는 유해하지 않다. CEB-FIP Model Code(1990)에서는 "철근부식도가 철근지름의 1% 이하 또는 철근단면적의 3~5% 이하이면 인장력에 영향을 주지 않는다."라고 정리(定理)하고 있다.

(4) 강판(steel plate, sheet plate)

강판(鋼板)은 강괴를 압연하여 얇고 넓게 만든 철판으로서 보통 판상강재의 총칭이다. 강판은 두께에 따라 다음과 같이 구분하고, 제조공정에 따라 열간압연강판, 냉간압연강판, 아연도강판, 가공강판(착색아연도강판, 비닐피복강판, 프린트강판, 무늬강판 등), 스테인리스강판 등으로 구분한다. 그리고 샌드위치 패널(sandwich panel) 형식으로 된 복합형 금속패널이 있다.

① 박강판(steel sheet) : 두께 3mm 이하의 강판으로서 얇은 강판이라고도 한다.

② 중강판(middle plate) : 두께 3mm 초과 6mm 이하의 강판이다.

③ 후강판(steel plate) : 두께 6mm 이상의 강판으로서 두꺼운 강판이라고도 한다.

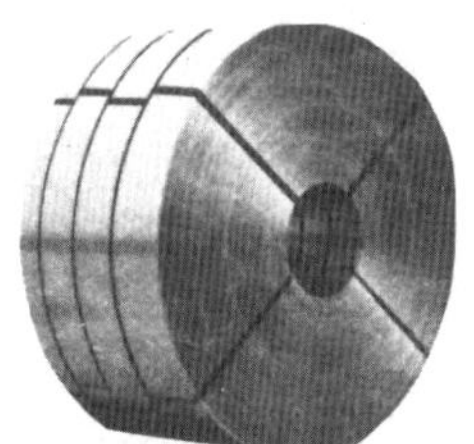

그림 9-24 강판

◎ 열간압연강판(hot-rolled steel plate)

강을 재결정온도(1,200℃ 정도) 이상으로 압연하여 내부조직을 치밀하게 하고 결함을 개량하여 강인한 강판으로 만든 것을 열간압연강판(熱間壓延鋼板)이라고 한다.

이 강판은 일반구조용 압연강판과 열간압연 연강판으로 대별되며, 일반구조용 압연강판은 그 재질에 따라 SB330P, SB400P, SB490P, SB540P의 4종이 있고, 열간압연 연강판은 SHP1, SHP2, SHP3의 3종이 있다.

열간압연강판 또는 열간압연 연강판의 규격은 한국산업규격(KS D 3500, KS D 3501)에 규정되어 있다.

◎ 냉간압연강판(cold rolled steel plate)

냉간압연강판(冷間壓延鋼板)은 강을 특별히 가열하지 않고 상온에서 압연하여 만든 강으로 열간압연에 의해 만든 강판보다 훨씬 얇고 표면이 고운 정밀한 제품이다. 냉간압연 강판은 3종류가 있는데 1종(SCP 1)은 일반용이고 2종(SCP 2), 3종(SCP 3)은 가공용이다.

이 강판의 규격은 한국산업규격(KS D 3512)에 규정되어 있다.

◎ 아연도강판(galvanized steel sheet)

아연도강판(亞鉛鍍鋼板)은 철물의 산화를 방지하기 위하여 그 표면에 아연도금한 강판으로 아연도철판 또는 함석판(函錫板)이라고도 한다. 여기서 아연도금방법에는 전기도금, 용융도금, 용사법 등이 있으며 보통 전해액으로 황산아연 · 염화아연의 산성용액을 사용하고 양극에는 고순도의 아연을 사용한다. 특히 광택이 나게 할 경우에는 시안화아연 · 시안화나트륨 · 가성소다로 이루어진 알칼리성 도금액을 입힌다. 아연도강판은 재질에 따라 1종(SBHG1 : 두께 3.2mm 이하), 2종(SBHG2 : 두께 0.2~2.3mm), 3종(SBHG3 : 두께 0.3~1.6mm), 4종(SBHG4 : 두께 0.4~3.2mm)으로 나누는데, 1종은 일반용 또는 골판용이고 2종 · 3종은 가공용이며 4종은 구조용이다.

또한 형상에 따라 평판과 골판 등으로 구분한다. 아연도강판, 즉 함석판은 녹이 슬지 않고, 외관미가 있고, 내식성이 좋으며, 땜질이 잘 되는 특징이 있으므로 건축용으로는 지붕재 또는 설비재로 많이 사용된다. 아연도 강판의 규격은 한국산업규격(KS D 3506)에 규정되어 있다. 아연도강판(평판)의 표준너비 및 길이는 표 9-19와 같고 아연도강판(골판)의 표준치수는 표 9-20과 같다.

표 9-19 아연도강판(평판)의 표준너비 및 길이

(단위 : mm)

표준너비	표준길이
762	1,829, 2,134, 2,438, 2,743, 3,048, 3,658
914	1,829, 2,134, 2,438, 2,743, 3,048, 3,658
1,000	2,000
1,219	2,438, 3,048, 3,658

표 9-20 아연도강판(골판)의 표준치수

항목 \ 종류	골판 1호			골판 2호		
평판의 너비	1,000	914	762	1,000	914	762
완성된 골판의 너비	875	800	665	834	762	634
골의 길이	18			9		
골의 피치	76.2			31.8		

◉ 내후성 강판(weather proofness steel plate)

내후성(耐後性) 강판은 일반강판에 구리(Cu) · 크롬(Cr) 등 내식성이 우수한 원소를 소량 첨가한 저합금강판으로서 스테인리스강판 등 고합금강판에 비해 내식성이 낮지만 일반강판에 비해 4~8배 높은 내식성을 갖고 있어 외장재 또는 새시(sash) 등에 사용되고 있다.

그림 9-25 내후성 강판

◎ 착색 아연도강판(precoated galvanized steel sheet)

착색 아연도강판(着色 亞鉛鍍鋼板)은 아연도강판에 착색도장한 강판으로서 지붕 및 외벽재 등에 사용된다. 이 강판은 아연도강판의 도장횟수 및 아연도강판의 종류, 즉 내식성에 따라 1류(SBG-1)와 2류(SBG-2)의 2종류로 분류하는데, 1류는 내식성이 양호한 것이고 2류는 내식성이 아주 양호한 것이다. 또한 형상에 따라 평판과 골판으로 나눈다.

착색 아연도강판의 규격은 한국산업규격(KS D 3520)에 규정되어 있다.

그림 9-26 착색 아연도강판

◎ 프린트강판(printed steel plate)

프린트강판은 2회 도장, 2회 건조된 일반수지도장강판에 오프(offset) 인쇄방식으로 다양한 패턴(pattern)을 인쇄한 후 폴리에스테르나 아크릴계의 투명수지층을 입힌 제품으로서 다양한 무늬와 색상을 낼 수 있고 내후성과 내식성, 내화학성이 우수하므로 내 · 외벽재 등에 사용한다.

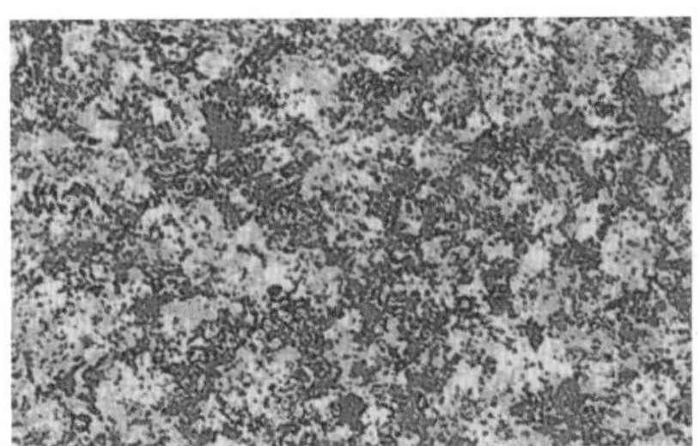

그림 9-27 프린트강판

◎ 무늬강판(checkered steel plate)

무늬강판은 철판 표면에 무늬(보통은 마름모 또는 격자창형 무늬)를 만들어 미끄러지지 않게 한 강판으로서 공장, 창고, 선박 등의 바닥, 계단의 디딤판, 도랑이나 피트(pit)의 덮개로 사용한다. 두께는 3.2, 4.5, 6, 8, 9, 12, 16, 19mm가 있고 너비×길이는 915×1,830mm(3'×6'), 1,220×2,440mm(4'×8'), 1,254×3,050mm(5'×10')가 있다.

비닐피복 강판(vinyl coated steel sheet)

비닐피복 강판은 냉간압연강판 또는 아연도강판에 염화비닐수지, 폴리에스테르수지, 실리콘수지, 불소수지를 각각 피복하여 만든 강판이다. 이 강판은 아름다운 색채와 다양한 무늬를 낼 수 있고 내식성 및 내후성이 우수하므로 천장 및 내·외벽재 등에 사용된다.

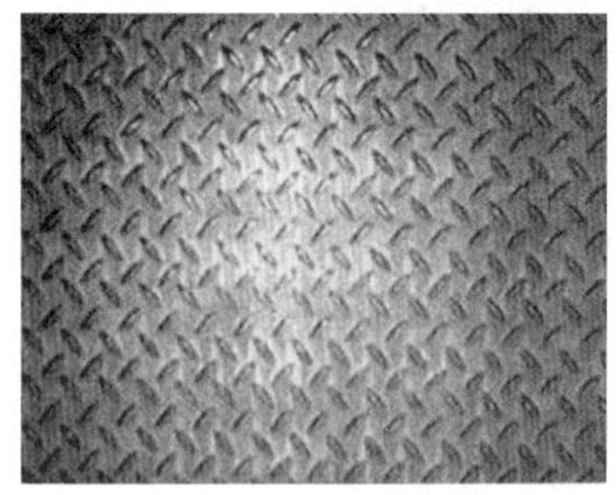
그림 9-28 무늬강판

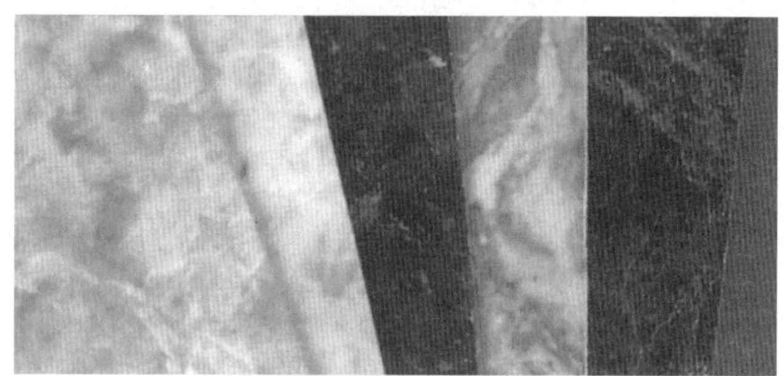
그림 9-29 비닐피복 강판

알루미늄판(aluminium plate)

알루미늄판은 알루미늄을 제판화(製板化)한 것으로서 연하고 가벼우며 전연성이 있고 내식성 등이 우수하기 때문에 내외장재료, 창호재료 등에 많이 쓰이고 있다. 알루미늄판보다 두께를 얇게 하여 만든 알루미늄 시트(aluminium sheet)는 커튼월(curtain wall) 제품에 쓰인다. 또한 표면에 불소수지 등의 합성수지를 사용한 도료로 코팅(coating) 처리하여 천연 대리석 등의 질감이 나도록 만들어 내장재로 사용하기도 한다.

알루미늄판

알루미늄 시트

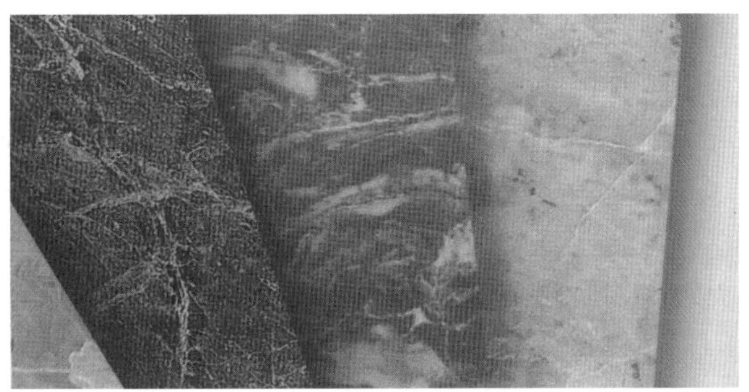
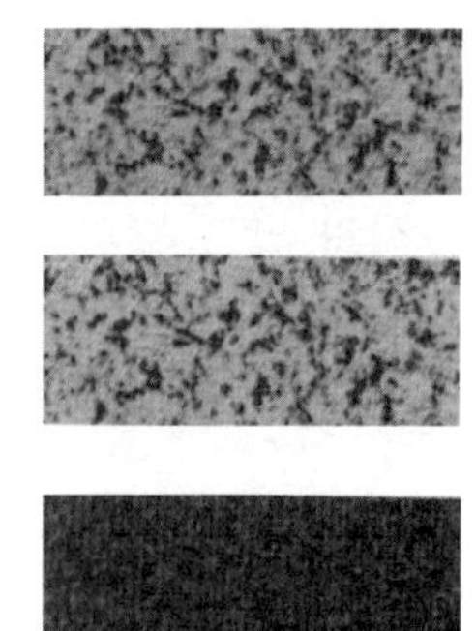

알루미늄판 코팅 패턴

그림 9-30 알루미늄판 · 시트 · 코팅 패턴

스테인리스강판(stainless steel plate)

스테인리스강판은 스테인리스강으로 만든 강판으로서 내식성 및 내마모성이 우수하고 강도가 높을 뿐만 아니라 장식적으로 광택이 미려하여 창호재, 외장재 등에 널리 이용된다. 패널(panel)로 또는 롤(roll)로 생산되는데, 주로 롤로 생산된 것을 사용한다. 스테인리스강판의 표면을 여러 가지 모양으로 가공하여 사용하기도 한다.

스테인리스강판보다 두께가 얇게(두께 1.5mm 이하) 생산된 스테인리스 시트(stainless sheet)는 근래에는 커튼월 제품에 많이 쓰이고 있으며 주방기구 등에도 쓰인다.

그림 9-31 스테인리스강판

DULL/F

베드 블라스트(bead blast)

stain vabration

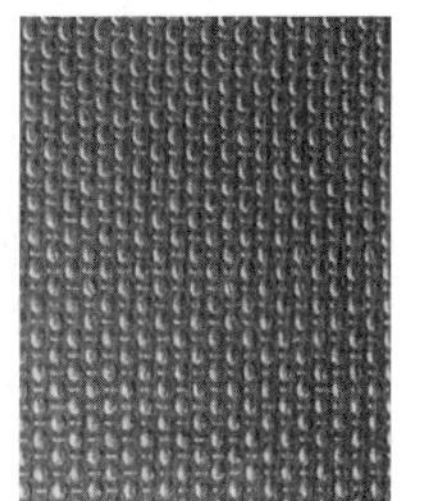

LINEN/F

그림 9-32 스테인리스강판 표면가공 패턴

◎ 복합형 금속패널(composite metal panel)

복합형 금속패널은 허니콤 코어(honeycomb core) 같은 구조재에 금속재의 패널을 표면에 접착시켜 만든 패널을 말한다. 건축재료로 사용되는 복합형 금속패널로는 알루미늄 복합패널(aluminium combined panel)과 스테인리스 허니콤 패널(stainless honeycomb panel)이 있다.

알루미늄 복합패널은 알루미늄 적층(積層) 복합재를 소재로 하여 만든 것으로서, 2매의 알루미늄 시트(aluminium sheet) 사이에 심재(core material)로 열경화성 수지나 무기재로 만든 다공성 제품의 패널을 넣어 적층식으로 만든 샌드위치 패널 형식으로 만든 제품이다. 전면에는 불소수지 등의 합성수지를 사용한 도료로 코팅(coating) 처리하여 천연대리석 등의 질감이 나도록 만든 것이다. 표면의 색상은 여러 가지가 있고 가볍고 가공하기도 용이하며 내오염성 및 내후성이 있어 외장재로 쓰이고 특히 실내 기둥의 표면 감싸기 마감재로도 많이 쓰이고 있다.

스테인리스 허니콤 패널은 알루미늄 복합패널과 같은 구조인 허니콤 코어의 표면에 스테인리스 시트(두께 0.8~1mm 또는 0.4~0.5mm)를 양면에 붙인 패널이다. 내식성이 우수하고 가벼우면서 강도가 높을 뿐만 아니라 광택이 미려하여 내·외장재로 쓰이고, 특히 근래에 커튼월 제품에 많이 쓰이고 있다.

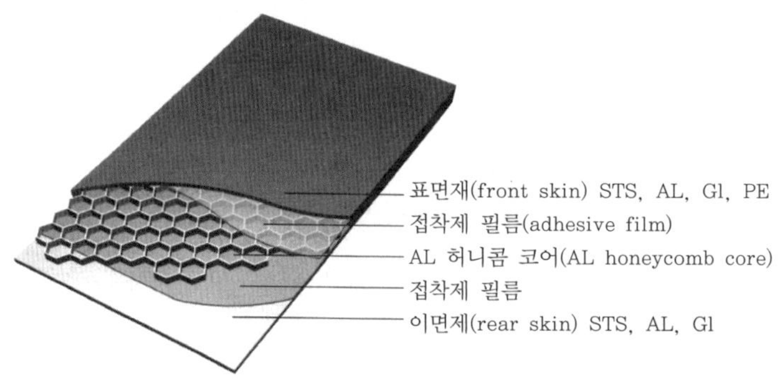

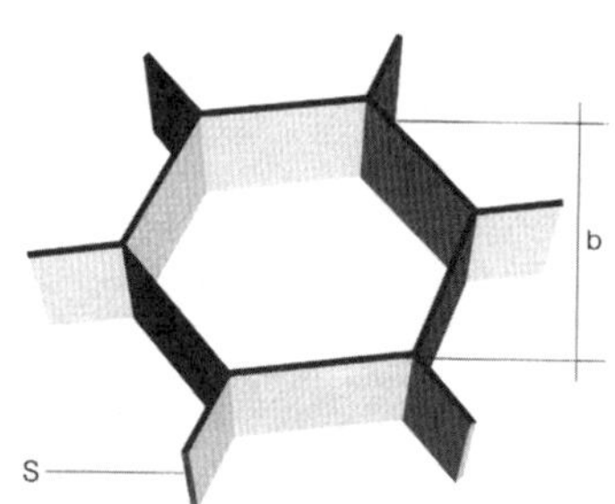

그림 9-33 복합형 금속패널

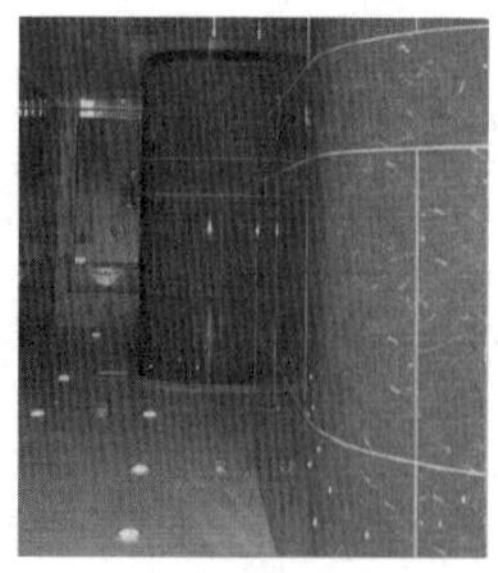

알루미늄 복합패널

스테인리스 허니콤 패널

그림 9-34 복합형 금속패널 사용 예

◎ 샌드위치 금속패널(sandwich metal panel)

샌드위치 금속패널은 성형강판(두께 0.5~1.0mm) 2장 사이에 폴리우레탄폼이나 스티로폼, 유리면 등의 단열재를 삽입하여 제작한 복합패널로서 성형강판 사이에 단열재가 충전되어 있으므로 단열성능이 우수하고 양면에 강판으로 되어 있어 결로방지 성능도 우수하다. 또한 흡음효과도 있고 방수 및 방습성도 있어 내 · 외장재로 많이 사용되고 있다. 패널의 형상은 판면홈 또는 평판으로 되어 있고 판면홈으로 되어 있는 것은 지붕재로 많이 쓰인다. 패널두께는 50, 75, 100, 125, 150mm가 있고 폭은 900, 1,000, 1,200mm의 것이 생산되고 있다.

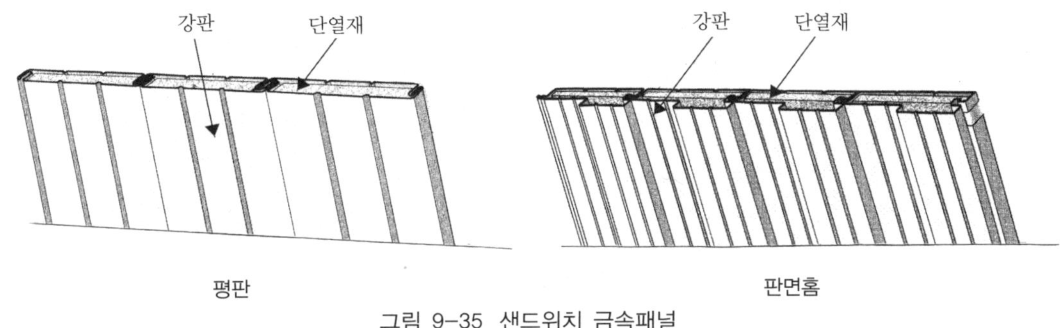

그림 9-35 샌드위치 금속패널

(5) 강관(steel pipe)

강관(鋼管)은 강철제로 된 관(pipe)을 말하며, 강철관이라고도 한다. 강관은 강도가 크며 두께가 얇고 길게 만들 수 있어 진동이나 충격에 저항이 큰 장점이 있는 반면에, 두께가 얇아 내구성이 작으므로 이형관을 만들 수 없는 점 등의 단점도 있다. 강관은 건축 · 토목의 구조용 또는 배관용 등으로 많이 사용한다. 강관을 다음과 같이 분류한다.

① 제조방법상 이음매의 유무에 따른 분류
이음매 없는 강관 : 열간가공관, 냉간가공관
용접강관 : 단접강관, 전기저항 용접강관, 아크용접강관, 가스용접강관

② 직경의 크기에 따른 분류 : 대구경관, 중구경관, 소구경관

③ 용도에 따른 분류 : 구조용관, 배관용관, 열전달용관

④ 아연도금의 여부에 따른 분류 : 배관, 흑관

◎ 일반구조용 탄소강관(carbon steel pipe for general structural purposes)

일반구조용 탄소강관(炭素鋼管)은 평로, 순산소전로, 전기로에 의한 강관으로써 이음매 없이 또는 강대나 강관을 전기저항용접, 단접, 가스용접 또는 아크용접하여 제조한다. 이 강관은 건축, 토목, 철탑, 비계, 말뚝, 지주 및 기타의 구조물에 사용되며 종류는 인장강도에 따라 표 9-21과 같이 구분한다.

1종(SPS 290)은 저강도이므로 주요 구조부에는 쓰이지 않고 2종(SPS 400), 4종(SPS 490) 및 5종(SPS 540)이 구조재로 쓰일 수 있으며, 3종(SPS 500)은 탄소량이 많아 용접성에 문제가 있으므로 주요 구조부에는 쓰이지 않고 주로 비계용으로 쓰인다.

일반구조용 탄소강관의 규격은 한국산업규격(KS D 3566)에 규정되어 있다.

그림 9-36 일반구조용 탄소강관

표 9-21 일반구조용 탄소강관의 종류 및 인장강도

종류	기호	인장강도(kgf/mm²)
1종	SPS 290(SPS 30)	30 이상
2종	SPS 400(SPS 41)	41 이상
3종	SPS 500(SPS 51)	51 이상
4종	SPS 490(SPS 50)	50 이상
5종	SPS 540(SPS 55)	55 이상

비고) ( )는 구기호를 나타낸 것이다.

일반구조용 각형강관(carbon steel square pipe for general structural purposes)

일반구조용 각형강관(角形鋼管)은 용접강관을 각형으로 성형하여 제조하거나 강대를 각형단면 또는 어느 한쪽의 대각 단면을 형성하여 연속적인 전기저항 용접에 의해 제조한 것이다. 이 관은 이음매 없는 강관으로서 건축·토목·가구 등에 사용되며, 종류는 인장강도에 따라 표 9-22와 같이 구분한다. 일반구조용 각형강관의 규격은 한국산업규격(KS D 3568)에 규정되어 있다.

그림 9-37 일반구조용 각형강관

표 9-22 일반구조용 각형강관의 종류

종류	기호	인장강도(kgf/mm²)	용도
1종	SPSR 290	30 이상	가구용
2종	SPSR 400	41 이상	건축·토목용
3종	SPSR 490	50 이상	

배관용 강관(steel pipe for ordinary piping)

배관용 강관(配管用 鋼管)에는 배관용 탄소강관, 압력배관용 탄소강관, 배관용 아크용접 탄소강관, 일반배관용 스테인리스강관, 배관용 스테인리스강관이 있다. 이 밖에도 고압배관용 탄소강관(온도 35℃ 정도 이하에서 압력이 높은 고압배관에 사용, KS D 3564), 고온배관용 탄소강관(35℃ 이상의 높은 온도에서 쓰이는 고온배관에 사용, KS D 3570) 등이 있다.

1) 배관용 탄소강관(carbon steel pipe for ordinary piping)

온도 350℃ 이하, 압력 16kgf/cm^2 이하의 증기, 물기름, 가스 및 공기 등의 배관에 사용하는 탄소강관으로서 보통 가스관이라 부르기도 한다. 배관용 탄소강관의 규격은 한국산업규격(KS D 3507)에 규정되어 있다. 아연도금의 유무에 따라 표 9-23과 같이 흑관, 백관으로 구분한다.

그림 9-38 배관용 탄소강관

표 9-23 배관용 탄소강관의 구분

기호	인장강도(kgf/mm^2)	구분	비고
SSP	30 이상	흑관	아연도금을 하지 않은 관으로서 증기관 등의 배관에 쓰이는 강관
		백관	부식을 방지하기 위하여 관의 내외면에 아연도금한 관으로서 냉온수, 공기 및 가스 등의 배관에 쓰이는 강관

2) 압력배관용 탄소강관(carbon steel pipes for pressure service)

온도 350℃ 정도 이하에서 사용하는 압력배관에 쓰이는 탄소강관이다. 이 관은 인장강도에 따라 표 9-24와 같이 구분하며, 규격은 한국산업규격(KS D 3562)에 규정되어 있다.

표 9-24 압력배관용 탄소강관의 종류

종류	기호	인장강도(kgf/mm^2)	항복점(kg/mm^2)
2종	SPPS 38	38 이상	22 이상
3종	SPPS 42	42 이상	25 이상

3) 배관용 아크용접 탄소강관(electric arc welded carbon steel pipes)

사용압력이 비교적 낮은 증기, 물, 기름, 가스 및 공기 등의 배관에 사용되는 아크용접 탄소강관이다. 종류는 SPW 41(인장강도 41kgf/mm^2 이상)뿐이며, 규격은 한국산업규격(KS D 3583)에 규정되어 있다.

4) 일반배관용 스테인리스강관(light gauge stainless steel pipes for ordinary piping)

급수, 급탕, 배수, 냉온수의 배관 및 기타 배관에 사용되는 스테인리스강관이다. 종류는 STS 304 TPD, STS 316 TPD 두 가지가 있고 인장강도는 53kgf/mm^{2}이며, 규격은 한국산업규격(KS D 3595)에 규정되어 있다.

5) 배관용 스테인리스강관(stainless steel pipes)

내식용 및 고온용 배관에 사용되는 스테인리스강관이다. 종류는 탄소함유량 등의 화학성분과 인장강도 등에 따라 13가지가 있으며, 규격은 한국산업규격(KS D 3576)에 규정되어 있다.

(6) 선재와 그 제품

선재(wire materials)

선재(線材)는 연강선재, 경강선재, 피아노(piano) 선재, 아크(arc) 용접봉 심선재로 분류한다.

표 9-25 선재의 종류

선재의 종류	개요	제품
연강선재	강괴로부터 열간압연하여 만든 선재로서 지름 5~12mm, 탄소량 0.06~0.25%이며, 탄소량에 따라 1종 · 2종 · 3종 · 4종이 있고 규격은 한국산업규격(KS D 3554)에 규정되어 있다.	철선, 가시철선, 와이어라스, 와이어메시, 리벳, 못, 나사류 등
경강선재	강괴로부터 열간압연하여 만든 선재로서 지름 5~20mm, 탄소량 0.24~0.86%이며 종류는 12종이 있고 규격은 한국산업규격(KS D 3559)에 규정되어 있다.	나사류, 강연선, 와이어로프 등
피아노선재	강괴로부터 열간압연하여 만든 선재로서 지름 5~13mm, 탄소량 0.65~0.95%이며 규격은 한국산업규격(KS D 3509)에 규정되어 있다.	와이어로프, P.C강선, P.C강연선
아크용접봉 심선재	용접봉의 심선이 되는 선재로서 아크용접용과 가스용접용으로 대별되고, 아크용접봉에는 피복제가 도장된 것과 안된 것이 있다. 용접봉은 금속의 용접에 사용하는 봉상의 용가재이다. 규격은 한국산업규격(KS D 3550)에 규정되어 있다.	연강용 피복아크용접봉, 고장력강용 피복아크용접봉, 주철용 피복아크용접봉, 연강용 가스용접봉

철선(low carbon steel wire)

철선(鐵線)은 연강선재를 상온으로 인발(引拔)하여 실 모양으로 가늘게 하여 만든 것으로 철사(鐵絲)라고도 한다. 종류는 보통철선, 아닐링(annealing)철선, 아연도철선, 못용 철선이 있으며 호칭방법은 선지름을 mm단위로 표시한다.

철선의 규격은 한국산업규격(KS D 3552)에 규정되어 있다.

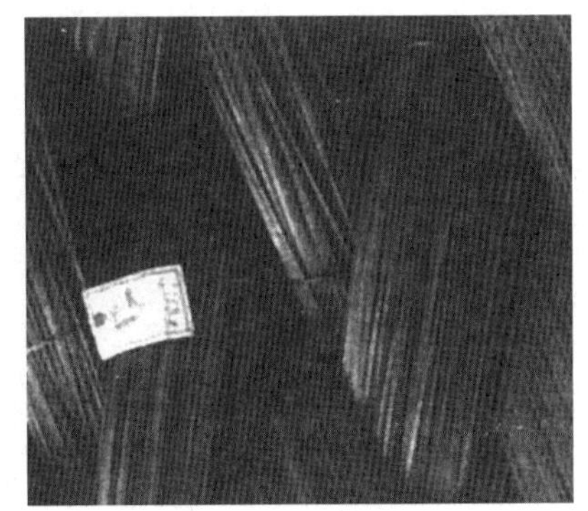

그림 9-39 철선

표 9-26 철선의 종류 및 지름

종류	기호	제조방법	표준 선지름(mm)
보통철선	MSW-B	연강선재를 상온에서 신선(伸線)한 것	0.18, 0.2, 0.22, 0.24, 0.26, 0.28, 0.3, 0.32, 0.35, 0.4, 0.45, 0.5, 0.55, 0.62, 0.7, 0.8, 0.9, 1, 1.2, 1.4, 1.6, 1.8, 2, 2.3, 2.6, 2.9, 3.2, 3.5, 4, 4.5, 5, 5.5, 6, 6.5, 7, 7.5, 8, 8.5, 9, 10, 11, 12, 13, 14, 15, 16, 17, 18
아닐링철선	MSW-A	보통철선에 열처리(아닐링 또는 노말라이징)한 것	
아연도철선 1종 2종 3종 4종	 MSW-G1 MSW-G2 MSW-G3 MSW-G4	보통철선 또는 아닐링철선에 균일하게 아연도금한 것. 아연 부착량은 후자가 더 많다.	
못용 철선	MSW-N	연강선재를 상온에서 신선한 것	1.5, 1.7, 1.9, 2.15, 2.75, 3.05, 3.4, 3.75, 4.2, 4.6, 5.2

가시철선(barbed wire)

가시철선은 2가닥의 철선을 꼬아 그 사이에 짧은 철선가시를 감아 넣어 만든 철선으로서 여기에 사용하는 철선은 지름 1.6~2.9mm의 아연도철선이다. 가시철선은 철조망을 만드는데 주로 사용한다. 가시철선의 1둘레(卷)는 50kg 또는 30kg짜리가 있으며 아이오와 유형(iowa type)과 글리덴 유형(gliden type)의 2종류가 있다. 규격은 한국산업규격(KS D 7001)에 규정되어 있으며 주로 울타리, 담 등에 사용한다.

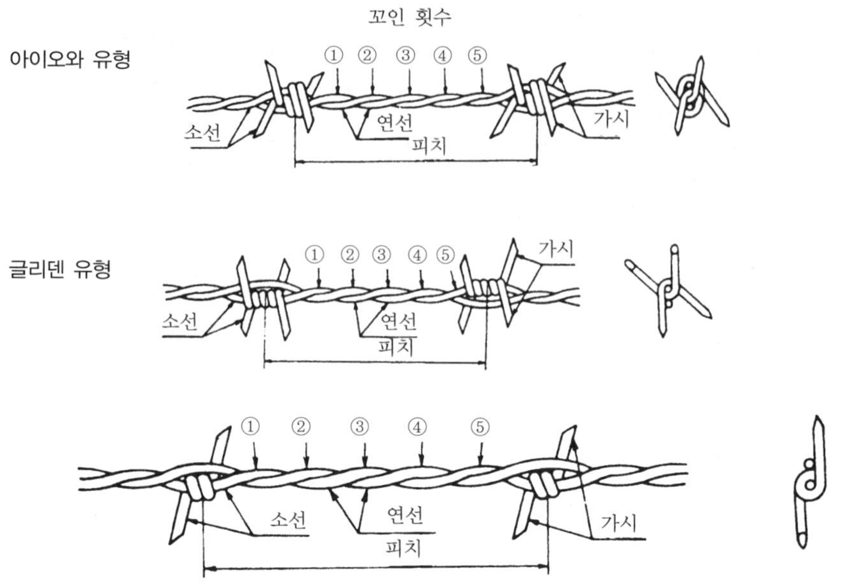

(비고) 피치는 76mm, 102mm, 127mm가 표준이고 끝날의 각도는 30~45° 로 한다.

그림 9-40 가시철선의 종류 및 모양

와이어라스(wire lath)

와이어라스는 보통철선 또는 아연도금철선으로 마름모형, 갑옷형, 둥근형 등으로 만든 것이며 시멘트모르타르 바름 등의 바탕에 사용된다.

한국산업규격(KS D 4551)에는 마름모형 와이어라스에 대하여 규정하고 있는데 그 규격은 표 9-27과 같다.

와이어라스는 굵은 철선을 쓰고 아연도금한 것이 고급품이다. 와이어라스에 사용하는 갈고리못(스페플)은 지름 1.8mm(#15) 또는 1.6mm(#16)의 보통철선 또는 아연도금철선으로 만들며 길이는 25mm와 18mm의 두 가지가 있다.

표 9-27 마름모형 와이어라스 규격

호칭방법	철선의 지름 (mm)(번선)	그물눈 (mm)	두께 (mm)	1종		2종		무게 (kg/m²)
				너비 W(m)	길이 W(m)	너비 W(m)	길이 L(m)	
1238	1.2(#18)	38	10	2.0	4.0	1.82 이상	3.64 이상	0.51 이상
1232	1.2(#18)	32	9					0.60 이상
1225	1.2(#18)	25	9					0.75 이상
0932	0.9(#20)	32	9					0.32 이상
0925	0.9(#20)	25	9					0.41 이상
0920	0.9(#20)	20	6					0.54 이상

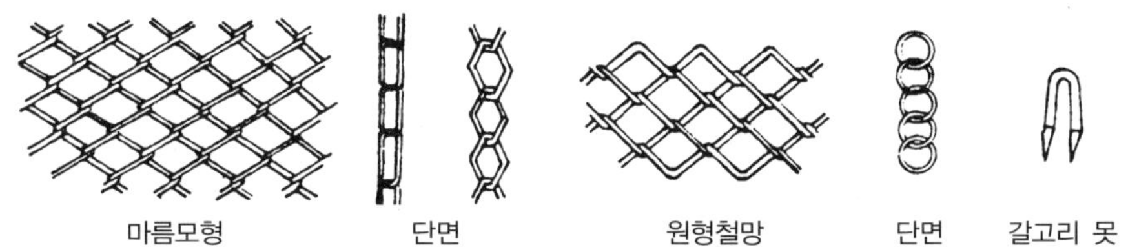

그림 9-41 와이어라스의 종류 및 모양

와이어메시(wire mesh)

와이어메시는 연강철선을 전기용접(세로와 가로의 교차점)하여 정방형 또는 장방형으로 만든 것이고 블록을 쌓을 때 수평줄눈에 묻어 쌓아 벽면에 작용하는 횡력, 편심하중 등으로 인한 벽체의 균열을 방지하고 교차 및 모서리부분을 보강하기 위하여 사용한다. 보통 장방형으로 만든 것이 많이 사용되고, 철선의 지름은 3.2~4.2mm(#8~10)가 주로 쓰인다.

와이어메시의 규격은 표 9-28과 같다.

표 9-28 와이어메시의 규격

종별 \ 치수	철선 지름		망눈		1장 크기		1장 무게 (kg)	비고
	mm	B.W.G	mm	in	너비(cm)	길이(m)		
블록용	4.19	#8	150	6	16.5	1.82	0.702	각기 도금한 것(白)과 안한 것(黑)이 있다.
	4.19	#8	150	6	12.5	1.82	0.648	
	4.19	#8	150	6	8.5	1.82	0.540	
	3.20	#10	150	6	16.5	1.82	0.462	
	3.20	#10	150	6	12.5	1.82	0.426	
	3.20	#10	150	6	8.5	1.82	0.355	
바닥 콘크리트용	4.19	#8	150	6	91	182	2.430	
	4.19	#8	150	6	121	242	4.320	
	4.19	#8	150	6	151	303	6.750	
	4.19	#8	150	6	182	363	9.720	
	3.20	#10	150	6	91	182	1.566	
	3.20	#10	150	6	121	242	2.784	
	3.20	#10	150	6	151	303	4.350	
	3.20	#10	150	6	182	363	6.264	

와이어로프(wire rope)

와이어로프는 경강선을 소선(素線)으로 하여 이것을 몇 본(7, 12, 19, 24, 30, 37, 61본)으로 꼬아 1줄의 스트랜드(strand : 子繩)로 만들고, 6줄의 스트랜드를 꼬아 만든 로프이다. 스트랜드 중심이나 로프 중심에는 유지류를 먹인 마섬유 등을 꼬아 넣거나 연강선을 넣는다.

소선 및 본선의 구성에 따라 1호~23호까지 구분하고 꼬임방향 및 소선의 종류에 따라 각각 4종으로 구분하며, 로프의 꼬임과 스트랜드의 꼬임의 관계에 따라 두 가지로 분류한다.

1) 와이어로프의 꼬임방향에 따른 구분
   - Z꼬임 : 로프의 단면을 볼 때 스트랜드가 오른쪽 위에서 왼쪽 아래로 향하는 것
   - S꼬임 : 로프의 단면을 볼 때 스트랜드가 왼쪽 위에서 오른쪽 아래로 향하는 것

2) 로프의 꼬임과 스트랜드 꼬임의 관계에 따른 구분
   - 보통 꼬임 : 스트랜드 꼬임과 로프 꼬임이 서로 반대방향인 것
   - 랭 꼬임(lang lay twist) : 스트랜드 꼬임과 로프 꼬임이 같은 방향인 것

3) 소선의 종류에 따른 구분
   - E종(135kgf/mm^{2}급), G종(150kgf/mm^{2}급)
   - A종(165kgf/mm^{2}급), B종(180kgf/mm^{2}급)

와이어로프는 오르내리창, 엘리베이터, 크레인 등의 인장재로 사용하고 굵기(외접원의 지름)는 3.15~6.3mm, 길이는 200m를 표준으로 한다. 규격은 한국산업규격(KS D 3514)에 규정되어 있다.

그림 9-42 와이어로프의 단면구조 및 꼬임방식

PC강선 및 PC강연선

PC강선은 PS콘크리트(prestressed concrete)에서 프리스트레스를 주기 위해 사용하는 고강도의 강선으로서, 피아노선재를 파텐팅(patenting)한 후 상온에서 신선(伸線)하여 만든다. 강도는 150~200kgf/mm^{2}이고 프리텐션방법에는 최대직경 5mm 이하의 강선을 쓰고 포스트텐션방법에는 5mm 이상의 것을 사용한다.

PC강연선은 2연선과 7연선의 2종류가 있다. PC강선 및 PC강연성의 규격은 한국산업규격(KS D 7002)에 규정되어 있다.

표 9-29 PC강선 및 PC강연선의 규격

종류		단면	기호	호칭	소선지름 (mm)	표준단면적 (mm^2)	인장하중 (kg)
PC 강선		○	SWPC 1	2.0mm 2.9mm 5.0mm 6.7mm 7.0mm 8.0mm	2.0 2.9 5.0 6.7 7.0 8.0	3.14 6.61 19.60 35.24 38.50 50.30	650 1,300 3,300 5,500 6,150 7,850
PC 강연선	2연선	8	SWPC 2	2.0mm 2연선 2.9mm 2연선	2.0 2.9	6.28 13.20	1,300 2,600
	7연선	❀	SWPC 7	7연선 9.3mm 7연선 10.8mm 7연선 12.4mm	3.05* 3.56* 4.09*	51.60 70.30 92.90	9,100 12,400 16,400

비고) *표의 값은 축선지름이다.

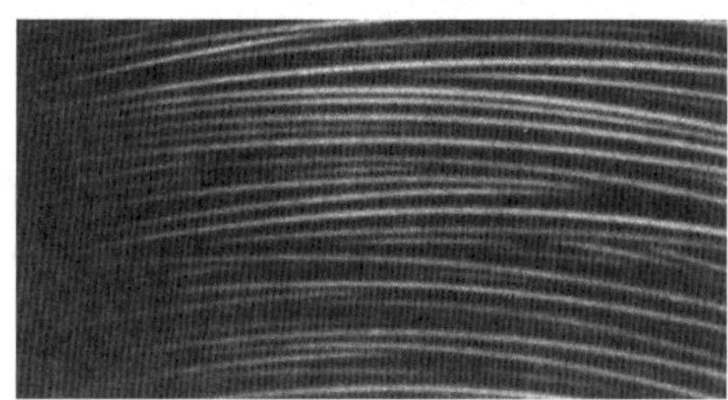

그림 9-43 PC강선

그림 9-44 용접봉

용접봉(welding rod)

용접봉(熔接棒)은 금속의 용접에 사용하는 봉상의 용가재(熔加材)로서 철 이외에 탄소·규소·망간·인·구리 등의 성분을 포함하여 열간압연·냉간신선된 것이다. 용접봉은 아크용접봉과 가스용접봉으로 대별하고 아크용접봉에는 피복제가 도장된 것과 안 된 것이 있다.

1) 연강용 피복아크용접봉(arc covered electrodes for mild steel)

연강의 용접에 사용하는 피복아크용접봉으로서 심선의 지름은 2.6~8mm이다. 피복제의 계통, 용접자세 및 전류의 종류에 따라 9종류가 있고 용접방법에 의해서도 4종류로 구분한다. 규격은 한국산업규격(KS D 7004)에 규정되어 있다.

(1) 그루브(groove)용접

(2) 필렛(fillet)용접

(3) 비드(bead)용접

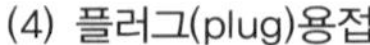

그림 9-45 용접방법

2) 고장력강용 피복아크용접봉(covered electrodes for high tensile strength steel)

고장력강(호칭 50kgf/mm^2, 53kgf/mm^2, 58kgf/mm^2)의 용접에 사용하는 피복아크용접봉으로서 심선의 지름은 3.2~8mm이다. 용착금속의 인장강도, 피복제의 계통, 용접자세 및 전류의 종류에 따라 10종류가 있고 규격은 한국산업규격(KS D 7006)에 규정되어 있다.

3) 연강용 가스용접봉(gas welding rods for mild steel)

용접이 용이한 탄소강 및 저합금강의 가스용접에 사용하는 용접봉이다. 종류는 7종이 있으며 규격은 한국산업규격(KS D 7005)에 규정되어 있다. 봉의 지름은 1.0, 1.6, 2.0, 2.6, 3.2, 4.0, 5.0, 6.0mm, 길이는 1,000mm가 표준이다.

(5) 금속성형 가공제품

◎ 메탈라스(metal lath) 및 익스팬디드 메탈(expanded metal)

메탈라스는 두께 0.4~0.8mm의 연강판에 일정한 간격으로 그물눈을 내고 늘여 철망 모양으로 만든 것이고, 익스팬디드 메탈은 두께 6~13mm의 연강판을 망상으로 만든 것이다. 메탈라스는 천장, 벽 등의 모르타르 바름 바탕용으로 쓰이고 익스팬디드 메탈은 주로 콘크리트 보강용으로 쓰인다. 익스팬디드 메탈이 메탈라스와 다른 것은 그 원판의 두께와 용도이다.

메탈라스에는 편평라스 · 봉우리라스 · 파형라스 · 리브라스(rib lath) 등이 있는데, 그중 편평라스가 많이 쓰인다. 편평라스를 평라스라고도 하며, 보통 메탈라스라고 하면 이 편평라스를 말한다. 리브라스는 편평라스에 세로간격 9~12cm에 리브(갈빗대 모양의 두드러진 것)를 돋운 것이고, 이것은 라스와 바탕재와의 간격을 유지하고 또한 힘살이 되는 것이다. 메탈라스의 규격은 한국산업규격(KS D 4552)에 규정되어 있다.

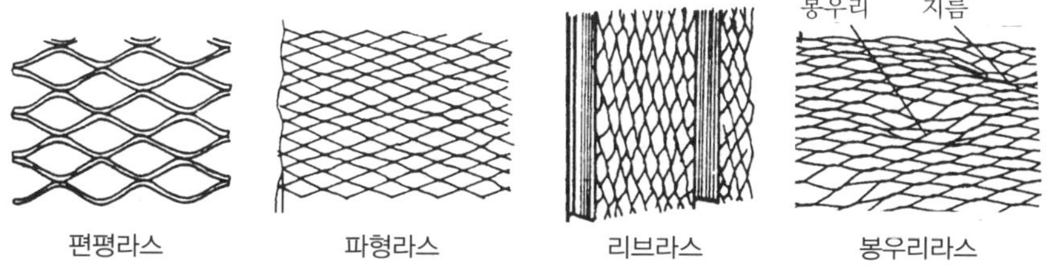

그림 9-46 메탈라스

◉ 데크플레이트(deck plate) 및 키스톤플레이트(key stone plate)

데크플레이트는 얇은 강판에 골 모양을 내어 만든 강판 성형품으로 콘크리트 슬래브의 거푸집 패널(form panel) 또는 바닥판 및 지붕판으로 사용한다. 근래에는 고층건축물의 바닥에 데크플레이트를 많이 사용하고 있는 추세이다. 데크플레이트는 거푸집용 데크플레이트(form deck plate)와 구조용 합성 데크플레이트(composite deck plate)로 대별한다. 거푸집용 데크플레이트는 시공시 단순 거푸집 용도로만 설계 및 제작된 것이고 구조용 합성 데크플레이트는 구조적 기능을 발휘하도록 설계 및 제작된 것이다. 형상으로는 골형 데크플레이트와 평형 데크플레이트가 있다. 데크플레이트는 시공성 및 성능향상을 위해 다양한 단면을 갖는 형상으로 개발되고 있다. 키스톤플레이트는 규칙적으로 골이 되게 주름잡은 강판으로서 강판의 두께는 0.6~1.2mm 정도이며, 데크플레이트에 비해 춤이 작아 강성이 작다. 이것은 지붕, 외벽 등에 주로 쓰이고 철근콘크리트 슬래브의 거푸집 패널로도 사용한다.

일반 데크플레이트

합성 데크플레이트

플랫 데크플레이트

데크플레이트 사용 예

키스톤플레이트

그림 9-47 데크플레이트와 키스톤플레이트

◎ 금속제 거푸집 패널(metal panels for concrete form)

금속제 거푸집 패널은 강제 또는 알루미늄합금제의 면판 및 보강재로 된 콘크리트 거푸집용 패널로서 규격은 한국산업규격(KS F 8006)에 규정되어 있다. 패널에 사용하는 강은 인장강도가 28kgf/mm^2 이상이고 항복점은 21kgf/mm^2 이상이어야 하며 알루미늄합금은 인장강도가 26kgf/mm^2 이상이고 항복점은 18kgf/mm^2 이상인 것을 사용한다.

강제 면판의 두께는 2.0mm, 알루미늄합금제의 면판의 두께는 3.5mm 정도이다. 패널에 보강재를 사용하는 경우에는 그림 9-48과 같으며, 보강재의 간격 중 작은 폭의 치수는 20mm 이하로 한다.

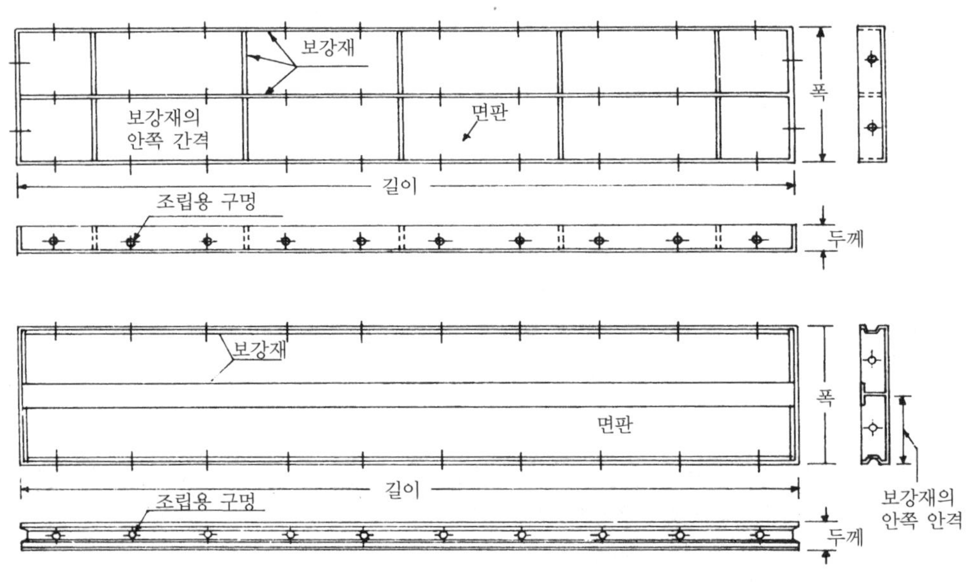

그림 9-48 금속제 거푸집 패널

◎ 메탈폼(metal form)

메탈폼은 금속제의 콘크리트용 거푸집으로서 특히 치장콘크리트에 많이 쓰인다. 목제 거푸집은 3회 정도밖에 쓸 수 없지만 메탈폼은 60~70회 이상 쓸 수 있어 공사기간을 단축할 수 있는 이점이 있다. 그리고 규격의 통일된 건축물을 건축하는 데는 경제적일 뿐만 아니라 오차도 거의 없기 때문에 근래에는 아파트 및 사무소 건축물을 건축하는 데 많이 사용되고 있다.

메탈폼의 종류로는 터널폼(tunnel form)과 유로폼(euro form)이 있다. 터널폼은 벽과 바닥의 콘크리트 타설을 한 번에 가능하게 하기 위하여 벽체 및 슬래브거푸집을 일체로 철재와 합판을 조합하여 제작한 거푸집으로서, 아파트, 호텔 객실 등 동일 규격의 유닛(unit)이 계속되는 벽식구조의 건축물에 적용된다.

유로폼은 건축물의 평면 형상이 규격회된 벽체나 기둥에 조립하여 사용되는 거푸집으로서 철재 프레임(frame)틀에 합판을 부착시킨 구조로 제작한 것이다. 비교적 모듈시스템(modular system)으로 설계된 아파트에 주로 적용되고 있다.

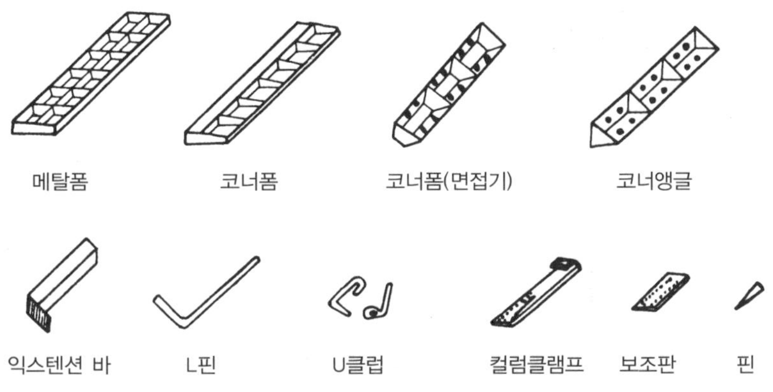

그림 9-49 메탈폼 및 부속품

그림 9-50 터널폼 및 유로폼

◎ 강관받침 기둥(steel pipe support)

강관받침 기둥은 바닥, 보 등의 콘크리트거푸집을 지지하는 강관제 지주재로서 철재 서포트(steel support)라고도 한다. 내관 · 외관 · 길이조절용 나사봉 또는 나사관 등으로 구성되고 상단에 받침판(받이판), 하단에 밑판(바닥판)이 있다. 꽂아 넣는 상부 관인 내관(살두께 2.4mm, 바깥지름 48.6mm)과 하부 관인 외관(살두께 2.3mm, 바깥지름 60.5mm)으로 되어 중간 슬라이드핸들을 회전하면 상부 관의 상하로 원하는 높이로 조절할 수 있다. 길이조절을 최소로 하였을 때는 2.3m 이하, 최대로 하였을 때는 3.4m 정도까지 할 수 있으며, 또한 그 사이에서는 자유자재로 연속적인 조절이 가능하다.

내관 및 외관의 재질은 일반구조용 탄소강관의 SPS 500이고 강도는 길이 3.4m에 있어서 4t의 압축하중에 견딘다.

강관받침 기둥은 나사형(screw type)과 퍼머넌트형(permanent type)이 있다.

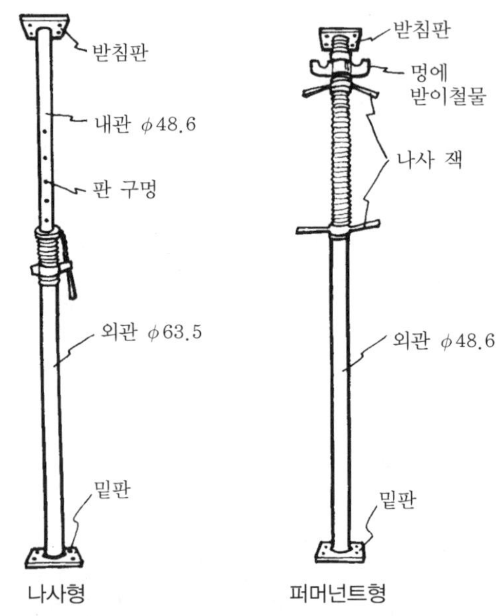

그림 9-51 강관받침 기둥

◎ 강관비계(steel pipe scaffolding)

강관비계는 강철제 파이프로 된 비계로서 주로 건축용 가설재로 사용되고 단관비계와 강관틀비계가 있다. 강관비계를 보통 파이프비계라고 한다.

1) 단관비계(single pipe scaffolding)

재래의 통나무 비계와 같은 요령으로 구성된 파이프비계이다. 외경 48.6mm, 두께 2.9mm와 2.4mm, 길이 1.8m, 2.7m, 3.6m, 4.5m의 아연도금강관에 녹막이칠을 하여 결속선 대신에 직선 카플러(straight capuler) 또는 +자형 카플러를 써서 이음 또는 맞춤으로 조립하고 요소에는 가새로 보강한

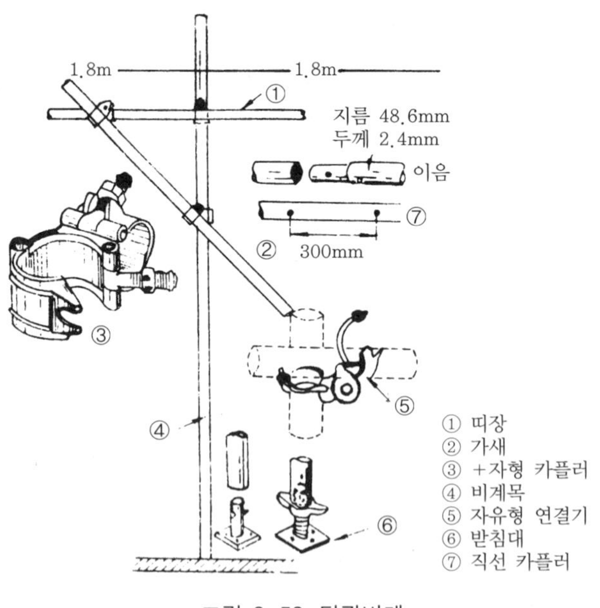

그림 9-52 단관비계

것이다. 규격은 한국산업규격(KS D 8002)에 규정되어 있다.

2) 강관틀비계(prefabricated scaffolding)

강관을 사용하여 미리 사다리꼴 또는 우물자(井字) 모양으로 만들어 두고 현장에서 짜맞추어 쓰는 비계이다. 단관비계에 비해 강도가 있고 지지틀이나 이동식 비계(rolling tower)로도 이용될 수 있다. 강관틀의 규격은 한국산업규격(KS F 8003)에 규정되어 있고 다음과 같은 부재로 구성되어 있으며, 여기에 사용되는 강관의 재질은 일반구조용 탄소강관 중 SPS 500이다. 기본틀의 표준틀 크기는 1,200mm(폭)×1,700mm(높이) 또는 900mm(폭)×1,600mm(높이)이고, 특수틀은 폭이 600mm 이상, 높이 3,400mm 이하이다.

기본틀 : 틀비계에서 비계기둥 역할을 하기 위한 단일 틀
선대 : 기본틀에서 기둥 역할을 하는 세로부재
장선대 : 기본틀에서 장선 역할을 하는 가로부재
띠장재 : 2개의 기본틀에 연결하는 수평재
버팀틀 : 틀비계에서 바깥으로 내뻗치고 비계발판을 떠받치는 틀
부속철물 : 이음철물, 받침철물, 보 버팀철물 등

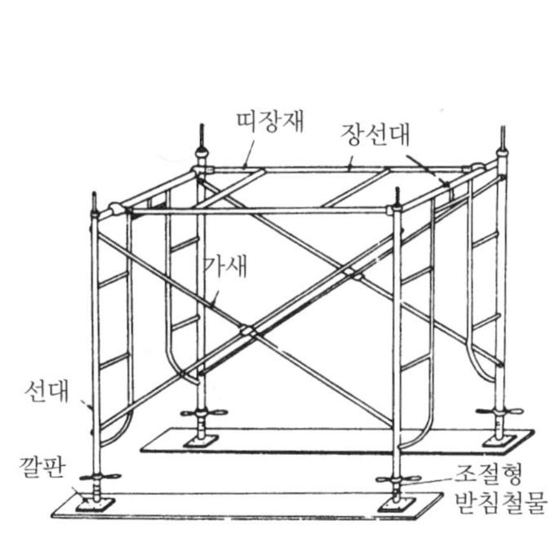

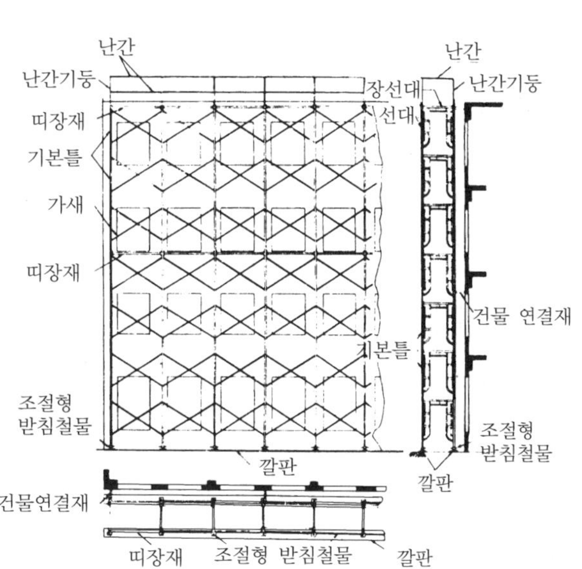

그림 9-53 강관틀 비계

강제말뚝(structural steel pile)

강제말뚝은 강재로 만들어진 말뚝으로서 기초공사·흙막이공사 등에 널리 사용된다. 장대재를 쓰면 깊은 지층까지 도달시킬 수 있어 유리하고, 값이 비싸지만 해안 매립지 또는 양질의 지반이 상당히 깊을 때 이용한다.

강제말뚝을 강제널말뚝, H형강말뚝, 강관말뚝으로 구분한다.

1) 강제널말뚝(steel sheet pile)

토압이 크고 다량의 용수가 있는 연약한 지층을 깊이 팔 때나 시가지의 기초공사에 사용되는 강철제의 널말뚝으로서 단면형식에 따라 일반형, 라르젠(Larsen)형, 테르루즈(Terre Rouge)형, 라카완나(Lacka-Wanna)형 등이 있다.

2) H형강말뚝(H-shape steel pile)

단면크기 30cm각 정도의 H형강(wide flange steel)으로서 길이 18m 정도인 것을 사용하며, 70m 정도까지 이어서 박을 수 있는 말뚝이다. 규격은 한국산업규격(KS F 4603)에 규정되어 있다.

3) 강관말뚝(steel pipe pile)

강관으로 된 말뚝으로 지름 15~40cm, 길이 6m 정도이다. 관의 두께는 지름에 따라 적당한 치수로 한다. 규격은 한국산업규격(KS F 4602)에 규정되어 있다.

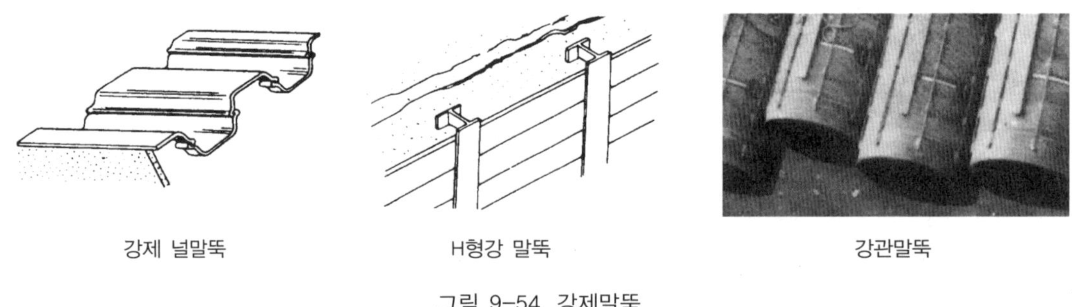

강제 널말뚝　　H형강 말뚝　　강관말뚝

그림 9-54 강제말뚝

◎ 금속제 홈통

홈통(gutter)은 처마홈통, 선홈통, 깔때기홈통, 상자홈통이 있고 홈통의 재료에 따라 아연도금철판제 홈통, 경금속판제 홈통, 동판제 홈통, 연판제 홈통, 플라스틱제 홈통 등으로 구분한다.

1) 아연도금철판제 홈통

철판두께는 26번(0.476mm), 28번(0.258mm), 30번(0.318mm), 31번(0.278mm), 32번(0.258mm) 등을 쓰고 처마홈통 등 수평인 것은 부식되기 쉬우므로 선홈통보다 두꺼운 것으로 한다.

2) 경금속판제 홈통

알루미늄판계인 것과 내식알루미늄 합금판계인 것이 있는데 두께는 0.5~1.0mm 정도의 반경질판을 사용한다.

3) 동판제 홈통

홈통의 내구성을 필요로 하는 부분에 동판을 두께 0.2~0.6mm, 크기 365mm×1,200mm로 절단하여 사용한다.

4) 연판제 홈통

콘크리트 평지붕에 깔대기 홈통으로 설치해서 콘크리트를 관통하는 부분에 쓰이는데 일반적인 판두께는 2mm 정도이다.

5) 기타 금속제 홈통

아연판 또는 철판에 아연도금한 위에 폴리에스테르(polyester)계 수지를 가열 도장 등을 하여 사용한다. 보호관은 선홈통 하부 등의 파손방지부, 고층건축물의 선홈통 등에는 주철관 · 강관 등을 사용한다. 고정철물은 대체로 강제인데 방청처리로 아연도금이나 녹막이 도장한 것으로서 각종 기성품이 있고 홈통을 고정철물에 붙일 때는 18번(1.24mm) 정도의 아연도 철선을 사용한다.

(6) 긴결 및 고정철물, 목구조용 철물

강철을 사용하여 만든 긴결철물(緊結鐵物)은 철사못 · 리벳 · 볼트 등이 있고 고정철물(固定鐵物)은 인서트 · 익스팬션볼트 · 스크루 앵커 · 드라이브핀 등이 있으며, 목구조용 철물은 꺾쇠 · 띠쇠 · 감잡이쇠 · ㄱ자쇠 · 안장쇠 · 듀벨 등이 있다.

◎ 철사못(wire nail)

철사못은 못용 철선(연강선재를 상온에서 신선한 것 ; MSW-N)으로 만든 못으로서 형상, 치수, 용도에 따라 여러 가지 종류가 있다. 옛날의 모가 진 못(사각형 못), 즉 재래정(韓式釘)과 구별하여 양정(洋釘)이라고 하는 경우가 있으나 못으로 통칭한다. 재래정은 한식건축물 외에는 쓰이지 않고 있다.

1) 일반용 철못(洋釘 ; round wire nails)

보통 쓰이는 철제 둥근 못으로서 종류는 여러 가지가 있고 강철제 못 외에 단동제 · 황동제 · 스테인리스제 등이 있다.

일반용 철못의 규격은 한국산업규격(KS D 3553)에 규정되어 있다.

2) 콘크리트용 철못(concrete nails)

경강선재를 사용하여 만든 못으로서 콘크리트에 망치로 때려 박을 수 있는 못이라 하여 콘크리트용 철못이라고 한다.

콘크리트용 철못의 규격은 한국산업규격(KS D 7034)에 규정되어 있다.

3) 나사못(screw)

못 몸이 나사(길이의 2/3 정도)로 되어 틀어박을 수 있도록 만든 못으로서 철제 · 단동제 · 황동제 등이 있으며 머리모양에 따라 그림 9-55와 같이 여러 가지 종류가 있다. 특히 머리가 네모 너트형으로 된 것을 코치 스크루(coach screw)라 하며 큰 응력을 받는 데 쓰인다. 나사못 머리가 ⊕자와 ⊖자로 된 것이 있는데 ⊕자로 된 것을 +자 나사라고 한다.

철제 못은 구조용으로 쓰이고 단동 및 황동제 못은 수장, 창호, 기타 세밀가공에 쓰인다. 나사못의 규격은 한국산업규격(KS B 1055 : 홈붙이 나사못, KS B 1056 : +자홈 나사못)에 규정되어 있다. 나사못의 길이는 6~15mm, 지름 2~8mm가 많이 쓰이고 한 상자에 1그로스(1gross : 144개)들이로 취급된다.

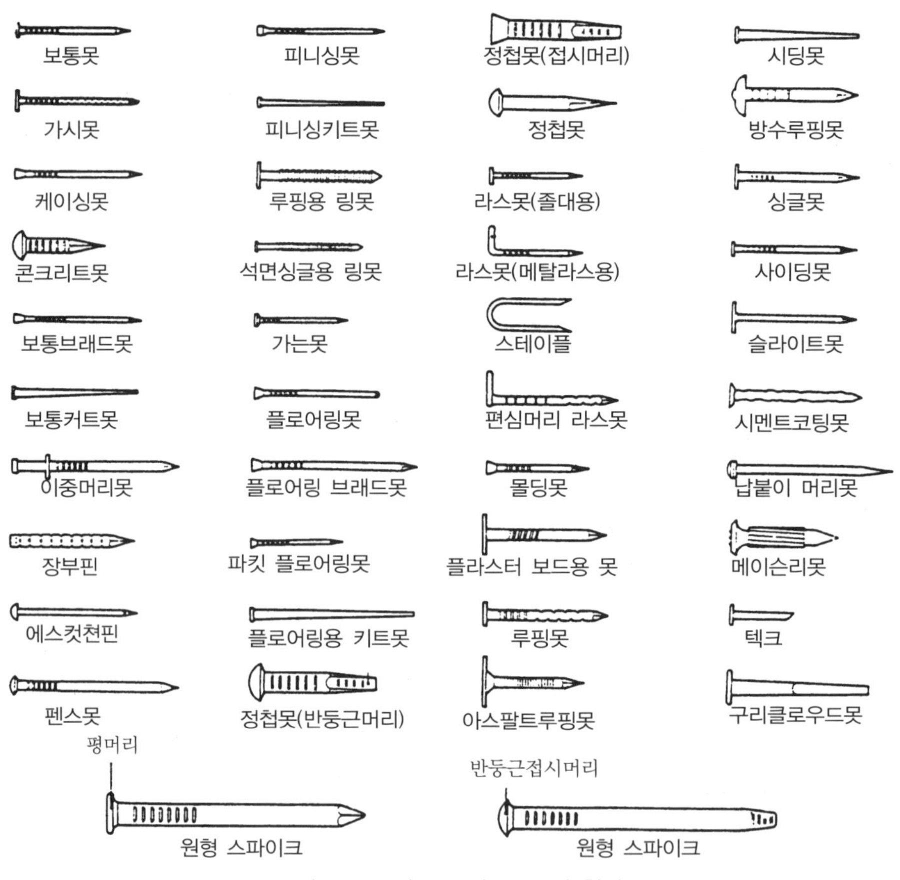

그림 9-55 각종 못의 종류 및 형상

4) 아연도금철못 · 동못 · 황동제 못

아연도금철못 · 동못 및 황동제 못의 형상, 치수 등은 용도에 따라 다양하다. 아연도금철못은 주로 슬레이트 및 기와, 함석판 깔기 또는 빗물받이의 시공에 사용되며 석고보드의 붙이기에도 사용된다. 동못 · 황동제 못 또는 기타 도금한 못은 주로 장식용으로 사용된다.

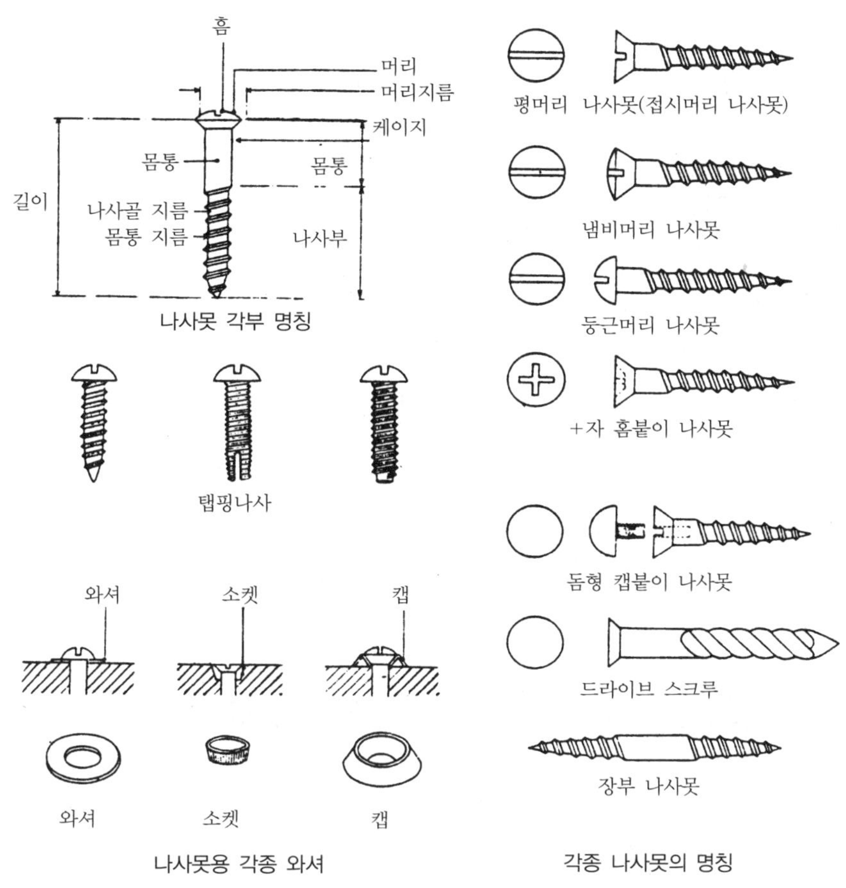

그림 9-56 나사못의 종류 및 형상

◎ 볼트(bolt)

볼트는 와셔(washer)와 너트(nut)를 끼워 2개 이상의 부재를 죄어 긴결하는 데 쓰이는 긴결재로서 주로 이음이나 긴결 또는 토대 불임 등에 사용한다. 마무리 정도에 따라 흑볼트 · 중볼트 · 상볼트의 등급이 있고 사용방식에 따라 다음과 같은 종류가 있으며, 형상이나 용도에 따라 그림 9-57과 같은 여러 종류의 볼트가 있다.

① 보통볼트(common bolt) : 육각너트볼트가 보통 쓰인다.

② 앵커볼트(anchor bolt) : 묻음볼트, 기초볼트라고도 하며 하단은 갈고리 등 분열형으로 되고 상부는 나사가 있어 너트로 조일 수 있게 된 볼트로서 토대, 기둥, 보, 도리 등을 기초나 돌, 콘크리트 구조체에 정착시킬 때 쓰인다.

③ 주걱볼트(strap bolt) : 볼트의 머리가 주걱 모양으로 되고 다른 끝은 넓적한 띠쇠로 된 볼트로서 기둥과 보의 긴결 등에 쓰인다.

④ 양나사볼트(double ended bolt) : 양끝에 나사가 있어 너트로 조일 수 있게 된 볼트이다.

목구조용 보통볼트 · 앵커볼트 · 주걱볼트와 너트 및 와셔의 규격은 한국산업규격(KS F 4514)에 규정되어 있다.

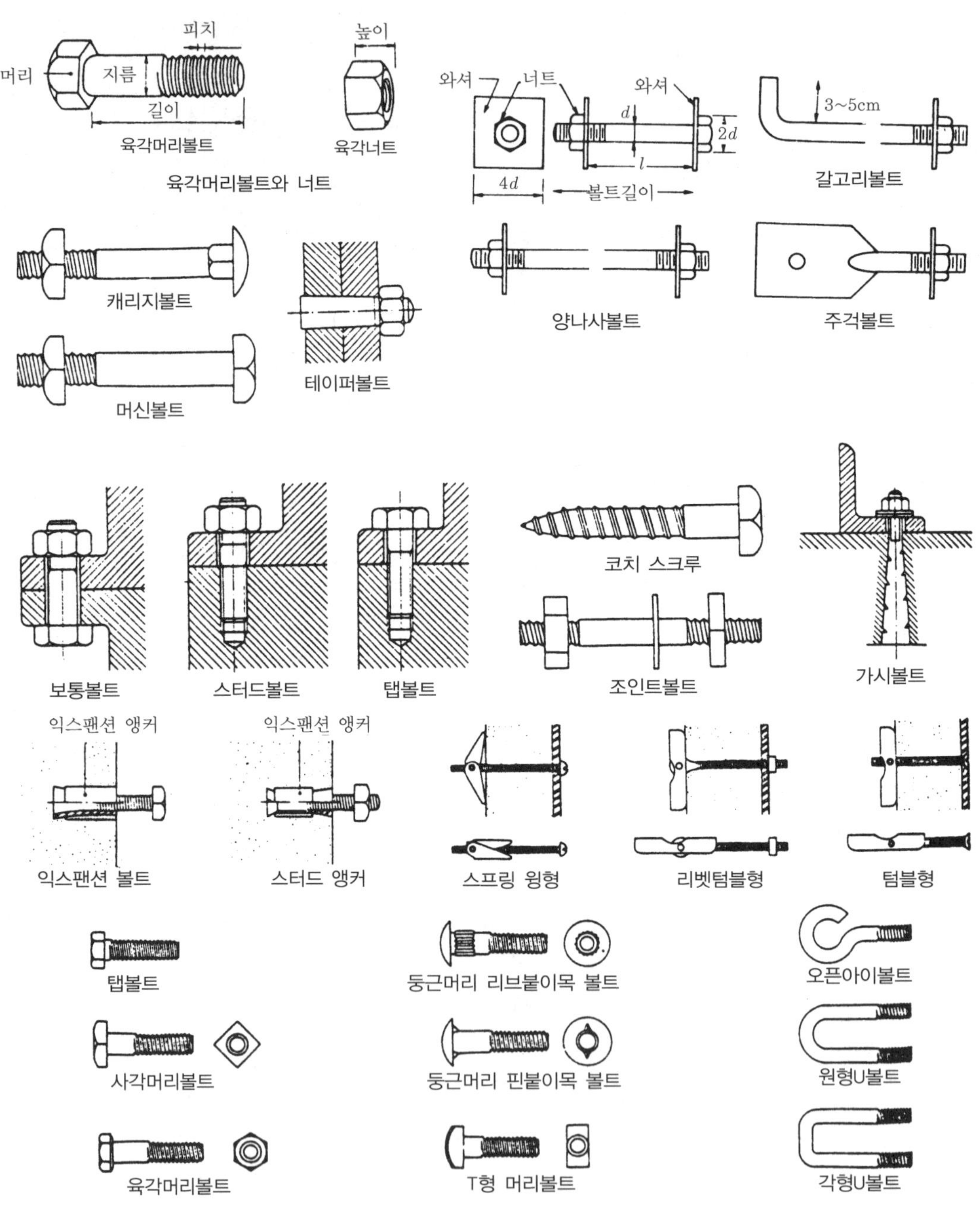

그림 9-57 볼트의 종류 및 형상

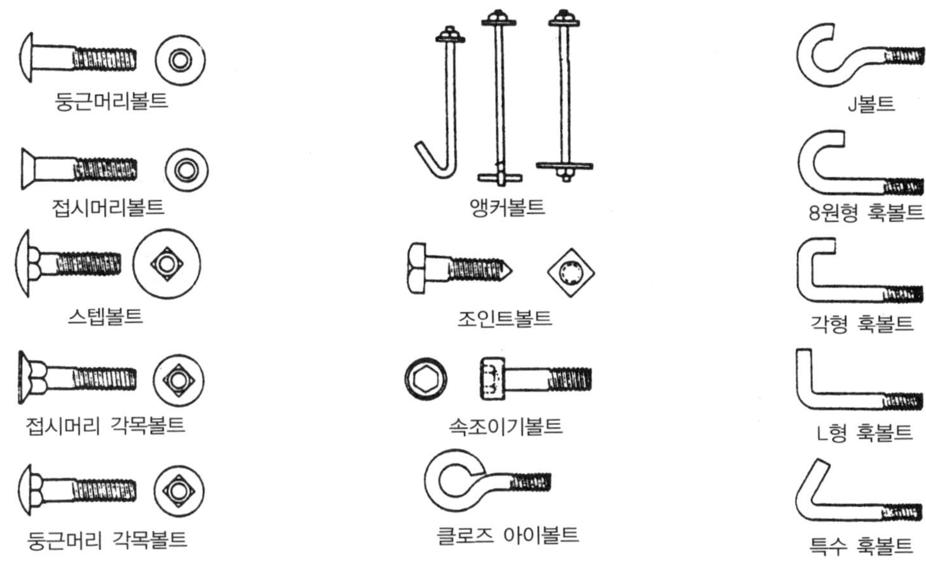

그림 9-58 볼트의 종류 및 형상

와셔(座鐵)는 보통 연강판으로 만들어지고 풀림을 막고 싶을 때, 자리를 만들 수 없을 때, 접촉면적을 크게 하고 싶을 때, 볼트구멍이 볼트에 비해 너무 클 때 등에 사용한다.

너트는 볼트 나사부분에 끼어 조이는 볼트의 부속품으로서 사용목적에 따라 나비너트, 갭(cap)너트, 링너트, T너트, 자리붙은너트, 홈너트, 간편너트 등이 있고 모양에 따라 사각머리너트, 육각머리너트 등이 있다.

그림 9-59 와셔의 종류 및 형상

그림 9-60 너트의 종류 및 형상

◎ 고력볼트(high tensile bolt, high tension bolt, high strength bolt)

고력볼트는 접합부의 높은 강성과 강도를 얻기 위하여 사용되는 고인장강도의 볼트로서 고장력볼트 또는 고인장력 볼트라고도 한다. 고력볼트의 인장강도는 8t/cm^2 이상으로 강도에 따라 H8B, H10B, H11B의 3종이 있다.

고력볼트의 너트를 강하게 조여 볼트에 강한 인장력이 생기게 하고 그 반력으로 접합된 판 사이에 강한 압력이 작용하여 이에 의한 접합재 간의 마찰저항에 의해 힘을 전달케 하는 접합방법, 즉 마찰접합(friction type connection)에 쓰인다. 고력볼트의 규격은 한국산업규격(KS B 1010)에 규정되어 있다. 고장력볼트를 신속 정확하게 체결할 수 있도록 고안한 고장력 훅볼트(high strength hook bolt)가 있다. 작업이 간단하고 볼트의 장력이 안정되며 소음이 심하지 않은 점 등의 장점이 있으나 값이 비싸다는 것이 단점이다.

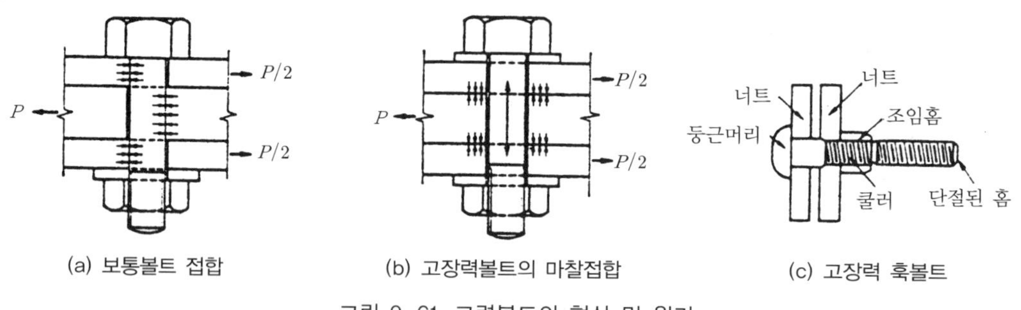

그림 9-61 고력볼트의 형상 및 원리

리벳(rivet)

리벳(鋲)은 강재의 접합에 사용하는 긴결재로서 리벳용 압연강재(KS D 3557)의 원형강을 절단하여 한쪽에 리벳머리(rivet head)를 만든 것이다. 리벳은 제조방법에 따라 냉간성형리벳과 열간성형리벳으로 구분되고 리벳머리 모양에 따라 둥근리벳(button head rivet, round head rivet), 민리벳(counter sunk rivet), 평리벳(flat head rivet) 및 둥근접시리벳으로 구분되는데, 이 중 가장 많이 사용되는 것은 둥근리벳이다.

그림 9-62 리벳의 종류 및 형상

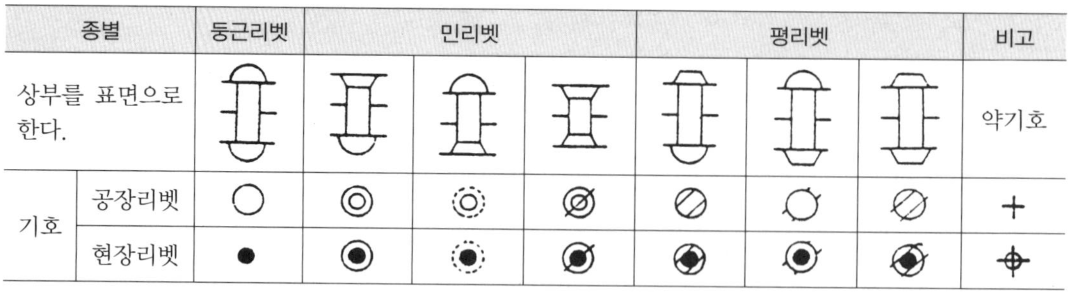

종별		둥근리벳	민리벳			평리벳			비고
상부를 표면으로 한다.									약기호
기호	공장리벳	○	◎						+
	현장리벳	●							

그림 9-63 리벳의 제도 표시

둥근리벳은 리벳의 머리가 반구형으로 둥글게 된 일반형 리벳으로서 둥근머리리벳 또는 원두리벳이라고도 한다. 둥근리벳의 지름은 6~22mm까지 10종이 있지만 건축용으로는 16mm, 19mm, 22mm가 가장 많이 사용된다. 냉간성형리벳 및 열간성형리벳의 규격은 한국산업규격(KS B 1101, KS B 1102)에 규정되어 있다.

표 9-30 둥근리벳 중량

(단위 : 100개당)

직경(mm)	두부중량(kg)	두부체 작용길이(mm)	몸길이의 중량(kg/m)
16	3.62	28.57	0.158
19	6.05	31.75	0.223
22	10.25	38.10	0.298

비고) 리벳의 개당 중량은 두부중량에 몸길이 중량을 더하여 산출한다.

◎ 꺾쇠(clamp, cramp iron, dog iron, dog anchor)

꺾쇠는 강봉토막의 양끝을 뾰족하게 하고, ㄷ자형으로 구부려 2개의 부재(목재)를 이어 연결하거나 엇갈리게 고정시킬 때 쓰이는 철물이다. 단면의 모양에 따라 보통꺾쇠(평꺾쇠라고도 함 ; 직사각형), 각꺾쇠(정사각형), 원꺾쇠(원형), 주걱꺾쇠 등이 있다.

보통꺾쇠 및 엇꺾쇠의 규격은 한국산업규격(KS F 4514)에 규정되어 있다.

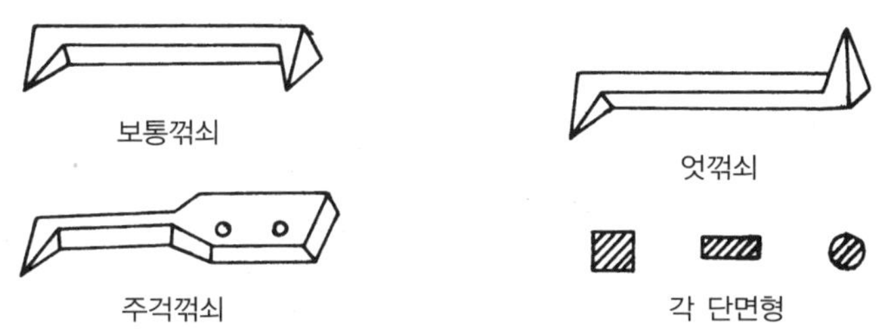

그림 9-64 꺾쇠의 종류 및 형상

◎ 띠쇠(strap steel)

띠쇠(帶鐵)는 띠형으로 된 철판에 가시못 또는 볼트구멍을 뚫은 철물로서 2개의 부재(목재)의 이음새·맞춤새에 대어 2개의 부재가 벌어지지 않도록 보강하는 데 사용하는 보강철물이다. 보통 목구조의 人자보와 왕대공의 긴결에 쓰인다. 띠쇠의 치수는 표 9-31과 같고 규격은 한국산업규격(KS F 4514)에 규정되어 있다.

표 9-31 띠쇠의 치수

띠쇠	두께(cm)	3	3	5	5	6	6	볼트구멍 가시못구멍
	너비(mm)	19	25	32	38	45	50	
가시못	지름(mm)	6	9	9	–	–	–	
	개수(개)	2	3	3	–	–	–	
볼트	지름(mm)	–	12	12	16	46	19	
	개수(개)	–	1	1	1	1	1	

◎ 감잡이쇠, ㄱ자쇠, 안장쇠

1) 감잡이쇠(strap, stirrup, hanger, large metal staple)

ㄷ자형으로 구부려 만든 띠쇠로서, 평보를 대공에 달아 맬 때나 평보와 ㅅ자보의 밑에 또는 기둥과 들보를 걸쳐 대고 못을 박을 때 쓰인다.

2) ㄱ자쇠(L-strap, angle iron)

띠쇠를 ㄱ자 모양으로 구부려 만든 철물로서 모서리 가로재의 연결 또는 세로·가로의 긴결에 쓰인다. 감잡이쇠 및 ㄱ자쇠의 규격은 한국산업규격(KS F 4514)에 규정되어 있다.

3) 안장쇠(strap, stirrup, beam hanger, bridle iron)

안장 모양으로 만든 철물로서 큰 보에 걸쳐 작은 보를 받게 하거나 귀보와 귀잡이보 등을 접합하는 데 쓰인다.

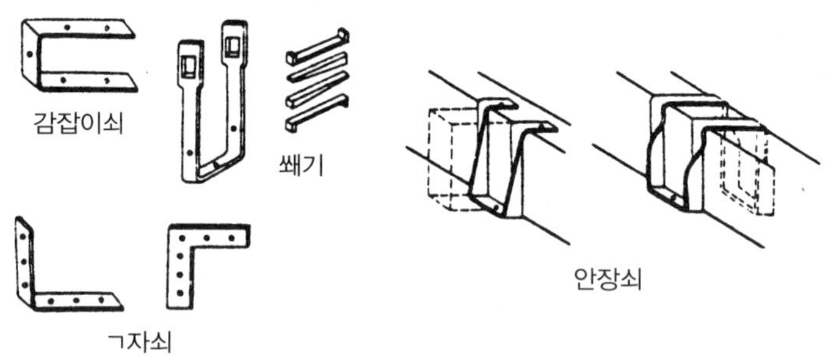

그림 9-65 감잡이쇠, R자쇠, 안장쇠

◎ 듀벨(Dübel, dowel)

듀벨은 구조부재 접합에서 2개의 부재접합부에 끼워 볼트와 같이 써서 전단에 견디도록 하는 일종의 산지이다.

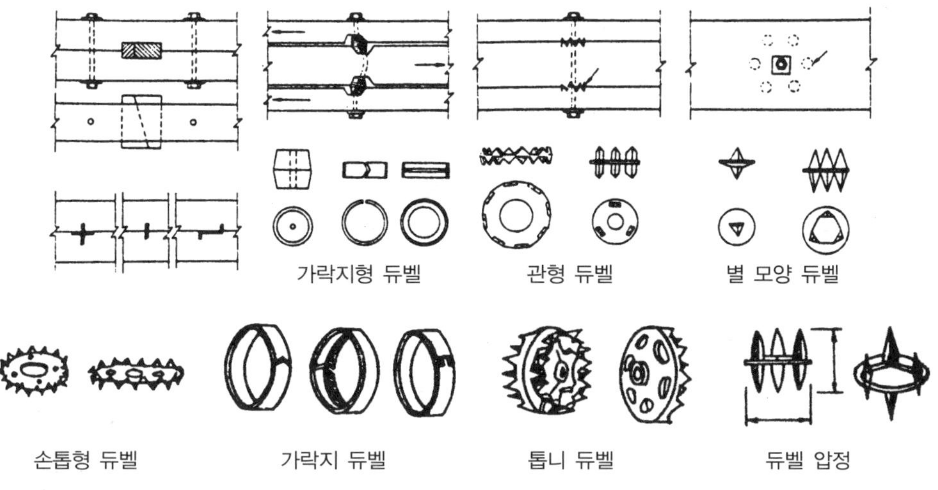

그림 9-66 듀벨의 종류 및 형상

듀벨은 주로 전단력에, 볼트는 주로 인장력에 작용시켜 접합재 상호간의 변위를 방지하는 강한 이음을 얻는 데 쓰인다. 압입식과 파 넣는 식이 있고, 보통은 강철이나 주철로 만들고 모양에 따라 가락지형(輪形 ; ring), 관형(pipe), 별 모양(星形) 등 3종류와 그 밖의 다른 방식도 많으며 각종 특허품도 있다.

◎ 인서트(insert)

인서트는 콘크리트 표면 등에 어떤 구조물 등을 달아 매기 위하여 콘크리트를 부어넣기 전에 미리 묻어 넣은 고정철물로서 안쪽에 암나사가 있어 천장 달대볼트 등을 틀어넣을 수 있는 주철제의 것과 목제 달림대를 고정할 수 있는 철판 가공품이 있다. 인서트는 나중에 연결철물을 걸칠 수 있는 갈고리, 나사, 볼트 등의 형식으로 한다.

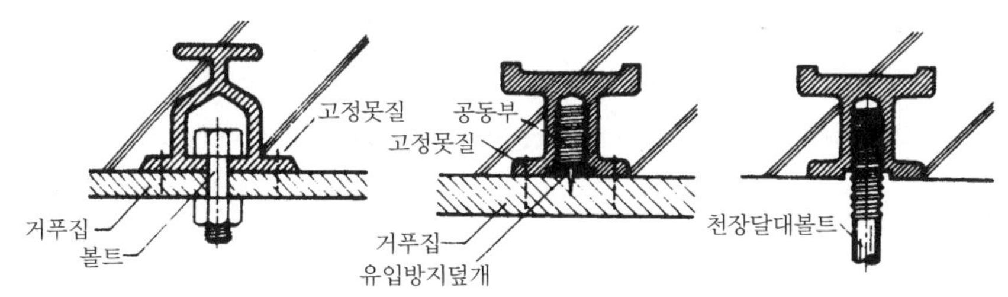

그림 9-67 인서트

◎ 익스팬션볼트(expansion bolt) · 스크루 앵커(screw anchor)

익스팬션볼트는 콘크리트 표면 등에 띠장, 문틀 등의 다른 부재를 고정하기 위하여 묻어두는 특수형의 볼트로서 콘크리트면에 뚫린 구멍에 볼트를 틀어박으면 그 끝이 벌어지게 되어 있어 구멍 안쪽 면에 고정되도록 만든 것이다. 익스팬션볼트를 팽창볼트라고도 한다.

스크루 앵커는 삽입된 연질금속 플러그(plug)에 나사못을 끼운 것을 말하며, 이는 익스팬션볼트와 같은 형태로 사용하는 고정철물이다.

그림 9-68 익스팬션볼트 및 스크루 앵커

◎ 드라이브핀(drive pin)

드라이브핀은 드라이비트(打釘銃, drivit)라는 일종의 못박기총을 사용하여 콘크리트나 강제 등에 쳐서 박는 특수 못이다. 드라이브핀은 콘크리트용과 강재용이 있으며 머리가 달린 것을 H형, 나사로 된 것을 T형이라고 한다. H형은 영구적인 고정용으로 사용하고, 그 밖에는 T형을 사용한다. 크기는 3/16″, 1/4″, 3/8″, 1/2″의 4종이고 길이는 여러 가지이며 100개 단위로 판매된다.

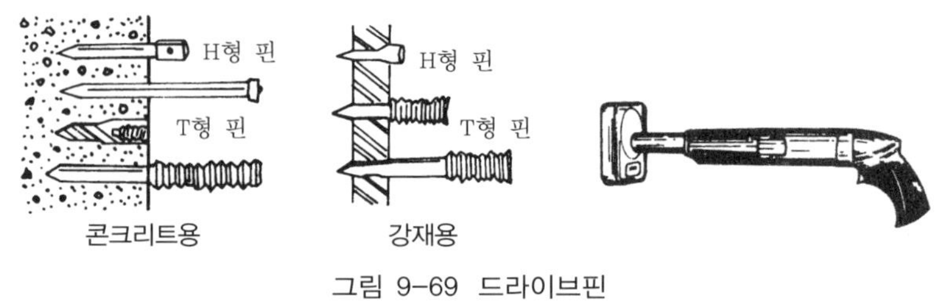

그림 9-69 드라이브핀

(7) 수장 및 장식용 금속 제품

◎ 줄눈대(metallic joiner)

줄눈대는 인조석갈기, 테라조 현장바름 바닥 또는 특수한 경우에는 미장바름 벽의 신축균열방지 및 의장효과를 위해 구획하는 줄눈에 넣는 철물로서 줄눈쇠(joint strip)라고도 하며, 황동제 · 스테인리스제 · 강제 · 주물제 등이 있다. 두께는 최소 2mm 이상, 높이는 6~12mm, 길이는 900mm, 단면은 I자형으로 되어 있다. 표준치수는 두께 4.5mm, 높이 12mm, 길이 900mm이다.

줄눈대의 규격은 한국산업규격(KS F 4503)에 규정되어 있다.

◎ 조이너(joiner)

조이너는 천장 · 벽 등에 보드(board)류를 붙이고, 그 이음새를 감추고 누르는 데 쓰인 것으로 얇은 판으로 된 아연도금철판제 · 경금속제 · 황동제가 있다. 경질염화비닐 성형제와 목제인 것도 있고 단면형상은 여러 가지가 있으며 길이는 1.8m 정도이다.

코너비드(corner bead)

코너비드는 벽 · 기둥 등의 모서리 부분의 미장바름을 보호하기 위하여 묻어 붙인 철물로서 모서리쇠라고도 한다. 아연도금철제 · 황동제 · 스테인리스강제 · 경질염화비닐제 등이 있으며 아연도금철제를 많이 사용한다. 단면 형상은 L형 · I형 등 여러 가지가 있다. 철판 두께는 BWG # 26~28이 쓰이고 길이는 1.8m, 2.7m, 3.6m 등이 있다.

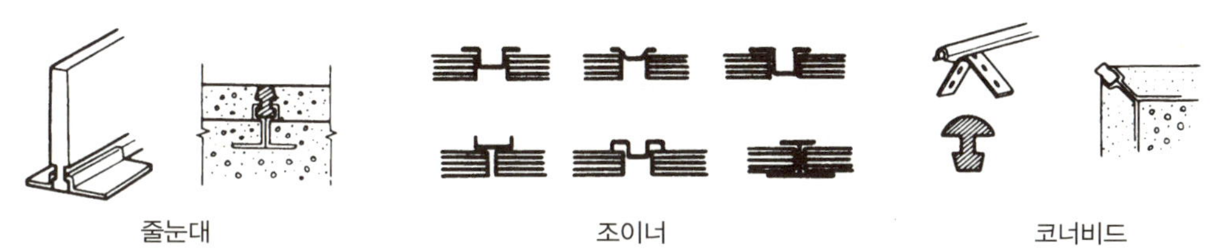

그림 9-70 줄눈대, 조이너, 코너비드

계단 논슬립(non-slip, safety tread nosing)

계단 논슬립은 계단의 디딤판 끝에 대어 오르내릴 때 미끄러지지 않게 하는 철물로서 미끄럼막이(滑止)라고도 한다. 황동제 · 스테인리스강제 · 철제 등이 있으며 제가 많이 사용된다. 황동제 논슬립을 사용할 때는 폭 50mm, 무게 2.3kg 이상, 길이 180cm의 황동제(KS F 4527의 호칭 치수 50)로 한다. 금속제 외에도 자기 제품 · 고무 제품도 있다. 줄눈(표면의 홈)에는 경질고무 · 카보런덤(carborundum) · 비닐 등을 넣어 내마모성 및 탄성을 좋게 한 것도 있다. 폭은 50~70mm, 두께는 3~4mm 정도이고 시중품의 길이는 90cm, 150cm, 180cm 등이 있으나 주문에 의해 임의의 길이로 만들 수 있다. 논슬립의 규격은 한국산업규격(KS F 4527)에 규정되어 있다.

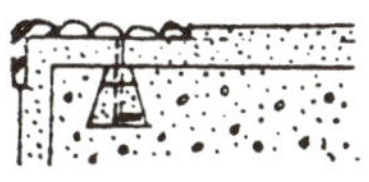
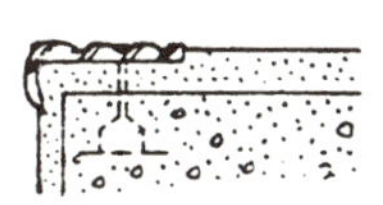
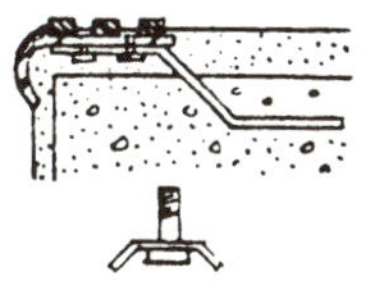

그림 9-71 계단 논슬립

펀칭메탈(punching metal) · 엠보스트 스틸 시트(embossed steel sheet) · 그릴(grille)

펀칭메탈은 판두께 1.2mm 이하의 얇은 판에 여러 가지 모양으로 도려낸 철물이고, 엠보스트 스틸 시트는 판의 표면에 여러 가지 문양으로 처리한 것으로서 아연도금철판 · 알루미늄판 · 스테인리스판 · 동판 · 두랄루민(duralumin)판 등을 사용한다. 환기공, 라디에이터 커버(radiator cover) 등에 이용된다.

그릴(grille)은 펀칭메탈과 비슷한 것으로 얇은 강판에 여러 가지 모양의 구멍을 뚫어 만든 철물로서, 황동 · 청동 · 화이트브론즈 등으로 주조한 것이다. 원래는 공기조화설비에서 실내공기의 취출구 전면 격자를 말한 것이며, 이것은 장식을 겸한 방도용 창문 덮개로 많이 쓰인다.

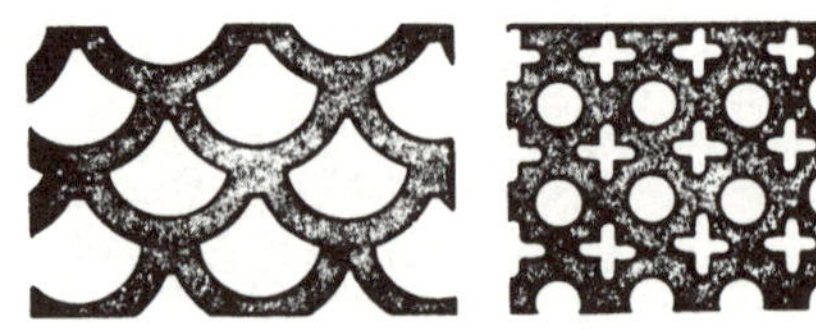

그림 9-72 펀칭메탈

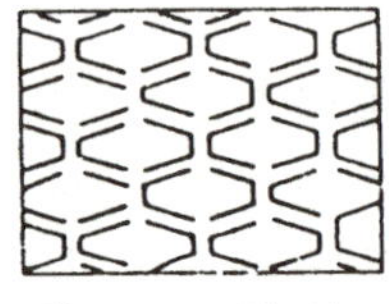
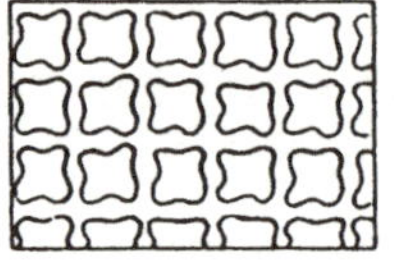

엠보스트 스틸 시트

그릴

그림 9-73 엠보스트 스틸 시트 및 그릴

◎ 스팬드럴 패널(spandrel panel)

스팬드럴 패널은 스팬드럴 부분을 덮고 있는 패널을 말한다. 보통 알루미늄판 · 스테인리스강판으로 만들며, 성형방법에 따라 구부림가공품과 압출성형품이 있다. 제품에 따라 형상, 치수가 다양하며 용도도 외벽뿐만 아니라 내벽, 천장 등에도 쓰인다.

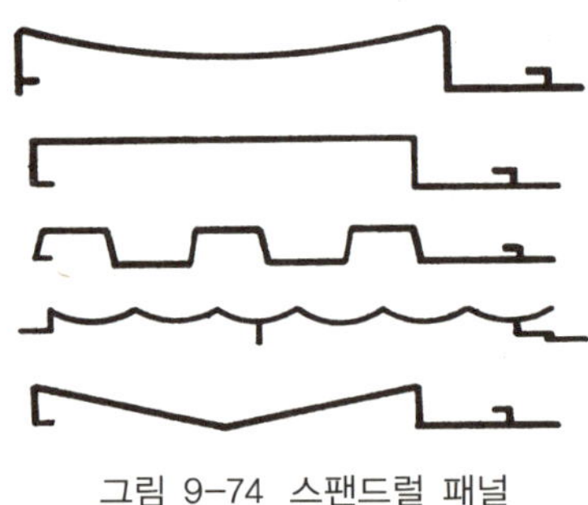

그림 9-74 스팬드럴 패널

◎ 금속흡음판

금속흡음판은 주로 알루미늄 평판에 작은 구멍을 일정하게 뚫은 것으로 뒷면에 흡음재를 채워 흡음효과를 높이기 위한 제품이다. 여러 가지 색깔이나 무늬를 넣은 것도 있으며 주로 천장재료로 쓰인다.

(8) 금속창호재

◎ 스틸 새시바(steel sash bar)

스틸 새시바는 강제창호(steel sash)의 울거미 및 살로 사용되는 형재이다. 스틸 새시바를 만드는 데 사용되는 강판은 냉간압연강판(KS D 3512)으로서 그 두께는 표 9-32와 같다.

스틸 새시바는 제작상 다음 세 가지로 대별된다.

① 중공식(hollow metal system) : 강판을 중공으로 만든 것이다.

② 판철식(plate metal system) : 강판을 접어 만든 것이다.

③ 압연식(rolled steel system) : 소정의 단면으로 압연하여 만든 것이다.

표 9-32 강제창호용 강판의 두께

	명칭		두께(mm)
창	틀, 추갑(錘匣), 벽선(壁楦), 중간홈대, 물끊기(판문, 틀선)		1.6
	창틀	창대덧판, 비아무림판	2.3
		창선반	1.2
		창선틀	1.2
		레일(미세기 · 미닫이)	2.3
	창짝	울거미, 살	1.6
문	문틀	틀, 물끊기판(위틀, 선틀)	1.6
		덧벽선	1.2
		문틀선	1.2
		문턱, 밑문용 레일	2.3
	문	울거미, 띠장	1.6
		양판, 플러시판	1.6
		힘살, 앵커플레이트	2.3

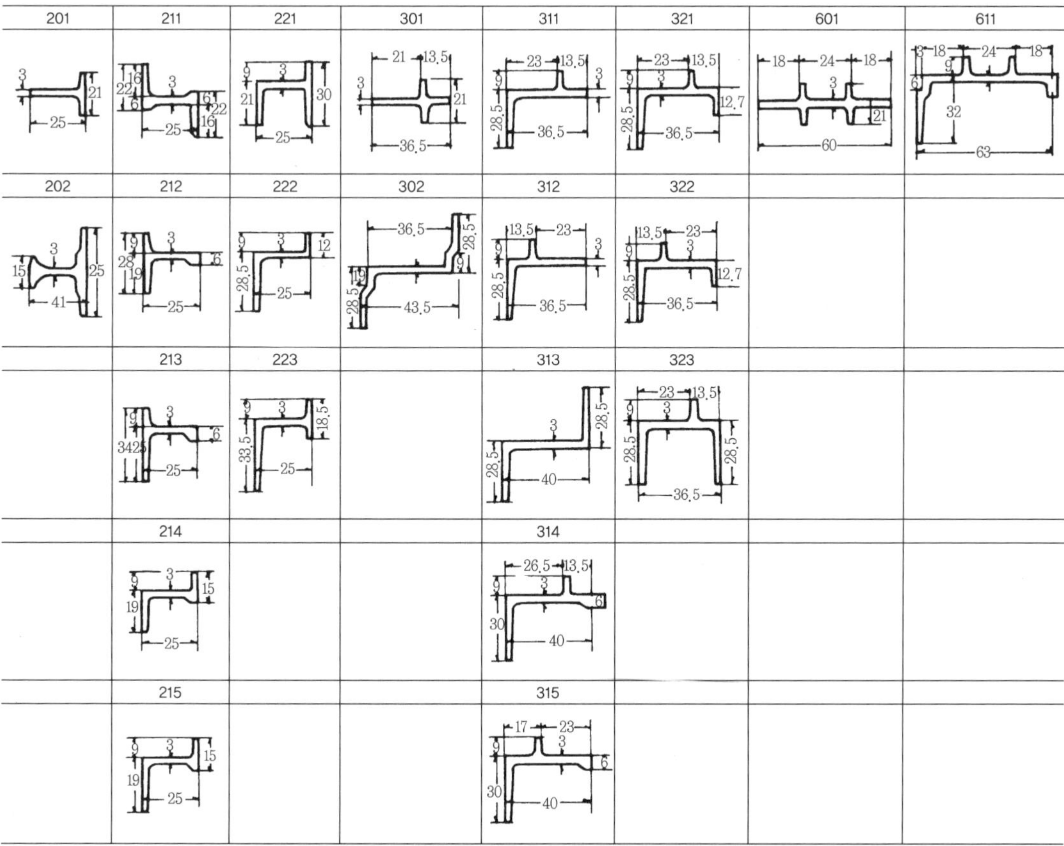

그림 9-75 스틸 새시바의 형상 및 치수

압연식으로 제작된 스틸 새시바는 가장 편리하고 튼튼하여 경제적이며 그 규격은 한국산업규격(KS D 3524 : 탄소강 새시바)에 규정되어 있다. 이 스틸 새시바의 종류는 새시바의 두께(새시 옆면의 치수)로 구분하여 25mm 바가 10종, 36.5~40mm 바가 10종, 60mm 바가 2종으로 총 22종이 있다.

◎ 강제창호

강제창호(鋼製窓戶)는 강재로 울거미, 살 등을 만든 창호로서 전문공장의 주문생산으로 하고 고급건축 또는 실용건축에 사용되고 있다. 강제창호로는 미세기창(sliding window), 미들창(slide out window), 오르내리창(sash window), 밸런스창(balanced sash window), 여닫이창(開閉窓 ; casement window), 미세기문(sliding door), 자재문(free hinge door), 여닫이문(hinged door), 회전문(revolving door) 등의 종류가 주로 쓰이고 있다. 강제창호용 재료의 품질과 종류에 따라 그 크기를 한국산업규격(KS F 4507, 4508)에서 규정되어 있다.

◎ 알루미늄 창호(aluminium sash)

알루미늄 창호는 알루미늄 재료로 만든 창호로서 강제창호(steel sash)에 비해 장점이 많아 많이 쓰이고 있다.

1) 알루미늄 창호의 특징

① 비중이 철의 약 1/3로 경량이다.

② 녹슬지 않아 유지관리가 쉽고 사용연한이 길다.

③ 공작이 자유롭고 기밀성이 우수하다.

④ 여닫음(開閉)이 경쾌하다.

⑤ 강제창호에 비해 내화성이 약하다.

⑥ 이종금속과 접촉하면 부식되고 알칼리성에 약하다.

⑦ 강성이 적고 열에 의한 팽창 · 수축이 크다(철의 2배).

2) 알루미늄 창호재

알루미늄 창호재로 사용되는 알루미늄 새시바의 재질은 알루미늄합금 압출형재(KS D 6759)에 적합하고 형상 및 치수는 한국산업규격(KS F 4506)에 적합한 것으로 한다.

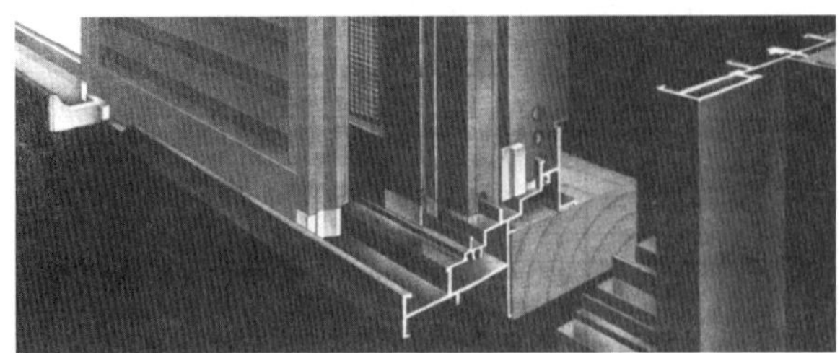

그림 9-76 알루미늄 창호재

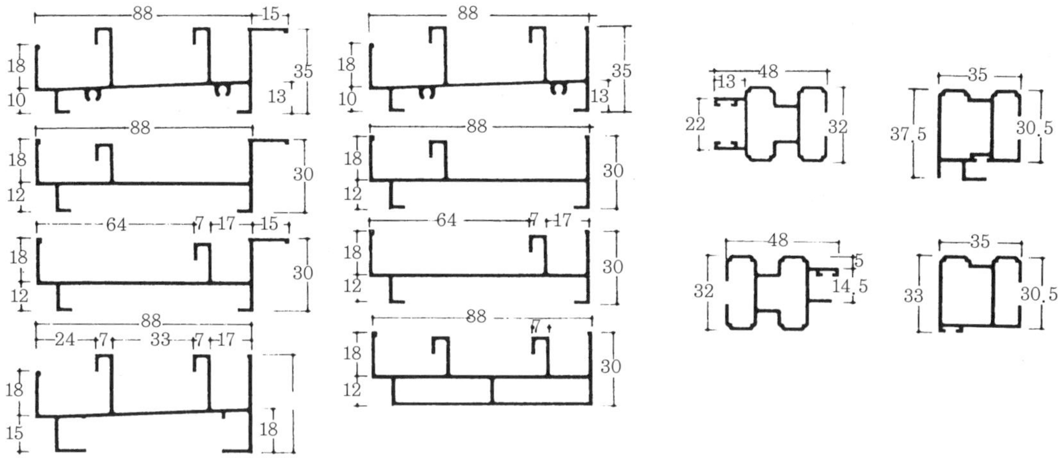

그림 9-77 알루미늄 새시바의 형상 및 치수

3) 알루미늄 창호

알루미늄 창호로는 미세기창 · 미닫이창 · 붙박이창 · 여닫이문 · 미세기문 · 붙박이문 등의 종류가 주로 쓰이고 있으며, 이 창호의 규격은 한국산업규격(KS F 4506)에 규정되어 있다.

창틀 및 문틀 부재의 두께는 1.35mm 이상으로 하여 허용오차의 범위는 ±0.5mm로 한다.

4) 알루미늄 창호재와 이질재료와의 접촉

압루미늄은 전기화학작용으로 부식이 생긴다. 따라서 알루미늄 창호는 이질금속재(철 · 놋쇠 · 동)와의 접촉을 금지해야 한다. 따라서 여기에 쓰이는 조임못 · 나사못 등은 모두 같은 재질로 할 필요가 있다. 또한 알칼리성에 약하므로 콘크리트 · 시멘트모르타르 · 회반죽 면에 직접 접촉하는 부분에는 내알칼리성 도료를 칠한다. 습윤상태가 되는 접합부는 미리 징크로메이트(zinc chromate) 등의 연을 함유하지 않은 도료로 녹막이칠을 한다. 쇠못 · 쇠볼트 등을 사용할 때에는 아연 또는 카드뮴(cadmium)도금을 한다. 알루미늄 창호의 재료는 대부분 바탕면에 내알칼리성 투명 합성수지 도료를 칠하는 등의 표면처리한 것을 사용한다.

강제셔터(steel shutter)

강제셔터는 두루마리(卷狀, 주름)로 감아올려 개폐하는 오르내리 여닫이의 철재 문이다. 좁고 긴 연강판인 슬랫(slat)을 연속시켜 커튼처럼 면을 구성하고 개구부의 양측에 설치한 가이드레일(guide rail)에 따라 개폐된다. 강제셔터의 형식 및 기구는 표 9-33, 9-34와 같이 하고 다음과 같은 개폐장치에 의하여 개폐조작을 한다.

① 수 동 식 : 손으로 감아올리는 장치로 개폐한다.

② 전 동 식 : 전동장치로 개폐한다.

③ 퓨즈장치식 : 화재 시 퓨즈장치가 용융되어 자동적으로 닫힌다.

강제셔터에 사용되는 강판의 두께는 표 9-36의 정도로 한다. 주축은 두꺼운 강판으로 하고, 그 크기는 셔터의 중량에 따라 다르며 축대의 처짐은 길이 1m에 대하여 2.5mm 정도까지 허용한다.

강제셔터 홈대는 좌우 옆벽에 설치하여 끼어 오르내리도록 홈을 파고 충분한 깊이로 하여 화재 시에도 빠져나오지 않게 한다.

표 9-33 강제셔터의 형식

형식	구조
접어끼우기형	슬랫의 가장자리를 둥글게 접어 끼운다.
리벳조임형	슬랫의 가장자리를 U자형 리벳으로 조인다.
정첩달기형	슬랫의 가장자리를 정첩으로 연결한다.
네트형	마름모형 철망으로 연결한다.
격자형(파이프셔터)	살은 연속 정첩으로 조립한다.

표 9-34 강제셔터의 기구

종류		기구
말아올림식	로프식	셔터의 주축과 개폐기계를 와이어로프로 연결한다.
	체인(chain)식	셔터케이스 내에 개폐장치를 두고 사슬로 조작한다. 셔터케이스 내에 개폐장치를 두고 핸들케이스와 막대축으로 연결한다.
	테이프식	셔터케이스 내에 개폐장치를 두고 면(綿)테이프로 조작한다.
가로끌기식		셔터 주축을 수직으로 하고, 그 순역(順逆)회전에 의해 가로방향으로 조작한다.
수평식(에스컬레이터 셔터)		셔터 주축을 수평으로 하고, 그 순역회전에 의해 수평면으로 개폐한다.

비고) 수동조정 시 말아 올리는 힘은 체인식일 때에는 15kg 이내, 기타는 2.5kg 이내로 한다.

표 9-35 강제셔터 홈대의 홈의 길이

셔터의 안목너비(mm)	홈의 깊이(mm)
1,800 미만	45 이상
1,800~3,000 미만	55 이상
3,000~5,500 미만	65 이상
5,500~8,000 미만	75 이상

비고) 슬랫(slat)이 홈에 끼이는 깊이는 그 홈 길이의 0.8배 이상으로 한다.

표 9-36 강제셔터용 강판의 표준두께

종류		두께(mm)
슬랫		1.6, 1.2
홈대		2.3
케이스	온케이스	1.6
	반케이스	1.2

방화셔터(fire proof shutter)는 창이나 문 등의 외부에 부착하여 도난 또는 화재 등의 방지를 목적으로 제작한다. 방화셔터의 규격은 한국산업규격(KS F 4510)에 규정되어 있다.

표 9-37과 같이 슬랫의 강판의 두께 및 방화시험의 급별에 따라 갑종 방화문 셔터와 을종 방화문 셔터로 구분하며 표준치수는 표 9-38과 같다.

일반 강제셔터에 비해 방화셔터는 사용 강판의 두께가 두꺼우며 퓨즈장치, 안전장치, 샛문, 달림문짝이 추가되어 있는 점이 크게 다르다.

표 9-37 방화셔터의 종류

종류	슬랫의 강판두께	방화시험의 급별
갑종 방화문용 셔터	1.6mm 1.5mm	내화용 1급 · 2급 · 3급
을종 방화문 셔터	1.2mm 1.0mm	옥외용 1급 · 2급

표 9-38 방화셔터의 표준치수

안목폭(m)	안목높이(m)	안목폭(m)	안목높이(m)
5.5	2.5~3.0	4.0	2.0~4.5
5.0	2.5~3.0	3.0	2.5~3.0
4.0	2.5~3.0	2.0	2.5~2.8

(9) 창호철물

정첩, 돌쩌귀, 플로어 힌지, 지도리

1) 정첩(hinge, butt)

문틀에 여닫이창호를 달 때 한쪽은 문틀에, 다른 한쪽은 문짝에 고정하고 여닫는 축이 되는 철물이다. 강철 · 주철 · 황동 · 청동 · 알루미늄 등으로 만들고 주물과 대장물(鍛物)이 있는데, 가장 많이 쓰이는 것은 황동주물(brass)제이다.

크기는 50, 62, 75, 87, 100, 125, 150, 180mm 등이 있다. 출입문에는 보통 100mm가 사용된다. 치수는 정첩(丁蝶) 높이로 표시되고 보통 벌린 전체너비는 높이와 같은 정사각형이다. 정첩의 축을 핀(pin)이라 하고 핀을 둘러 감은 관부(管部)를 너클(knuckle)이라 하며, 한쪽 너클의 마디는 3개, 다른 쪽은 2개로 되어 있다(다섯마디 정첩). 정첩의 형상에 의한 종류는 다음과 같으며, 이 외에도 여러 가지 형상의 정첩이 있다.

① 패스트핀 정첩(fast pin hinge)
② 루스핀 정첩(loose pin hinge)
③ 볼베어링 정첩(ball bearing hinge)
④ 용수철 정첩(자유정첩 ; spring hinge)
⑤ 숨은 정첩(invisible hinge)
⑥ 돌쩌귀 정첩(loose joint hinge)

정첩은 전체가 형상이 바르고, 표면에 흠이 없고, 축의 중심선이 바르며, 개폐가 원활해야 한다. 또한 정첩의 양 날개는 약 2mm 벌렸을 때 평행이 되어야 하며 개폐시험 결과 개폐횟수 20만 회일 때 그 마모량이 0.8mm 이하여야 양질의 정첩이라 할 수 있다. 정첩의 규격은 한국산업규격(KS F 4501, 4502)에 규정되어 있다.

표 9-39 창호의 정첩 크기와 종류

종류	창호두께 (mm)	창호폭 (mm)	정첩의 치수 (mm)(in)	창호높이와 정첩의 수량			
				1.8m 미만	1.8~2.0m	2.0~2.4m	2.4~3.0m
소창호	-	-	64(2 1/2)	2개			
보통창호 (강재창호 포함)	20~30 20~33 33~36 33~36 36~43 43~50	800 미만 850 미만 750 미만 750~800 800~850 850~900	76(3) 89(3 1/2) 102(4) 114(4 1/2) 127(5) 152(6)	2개	2~3개	3~4개	4~5개
	50 이상	900~1,000	152(6)	3개	3개		

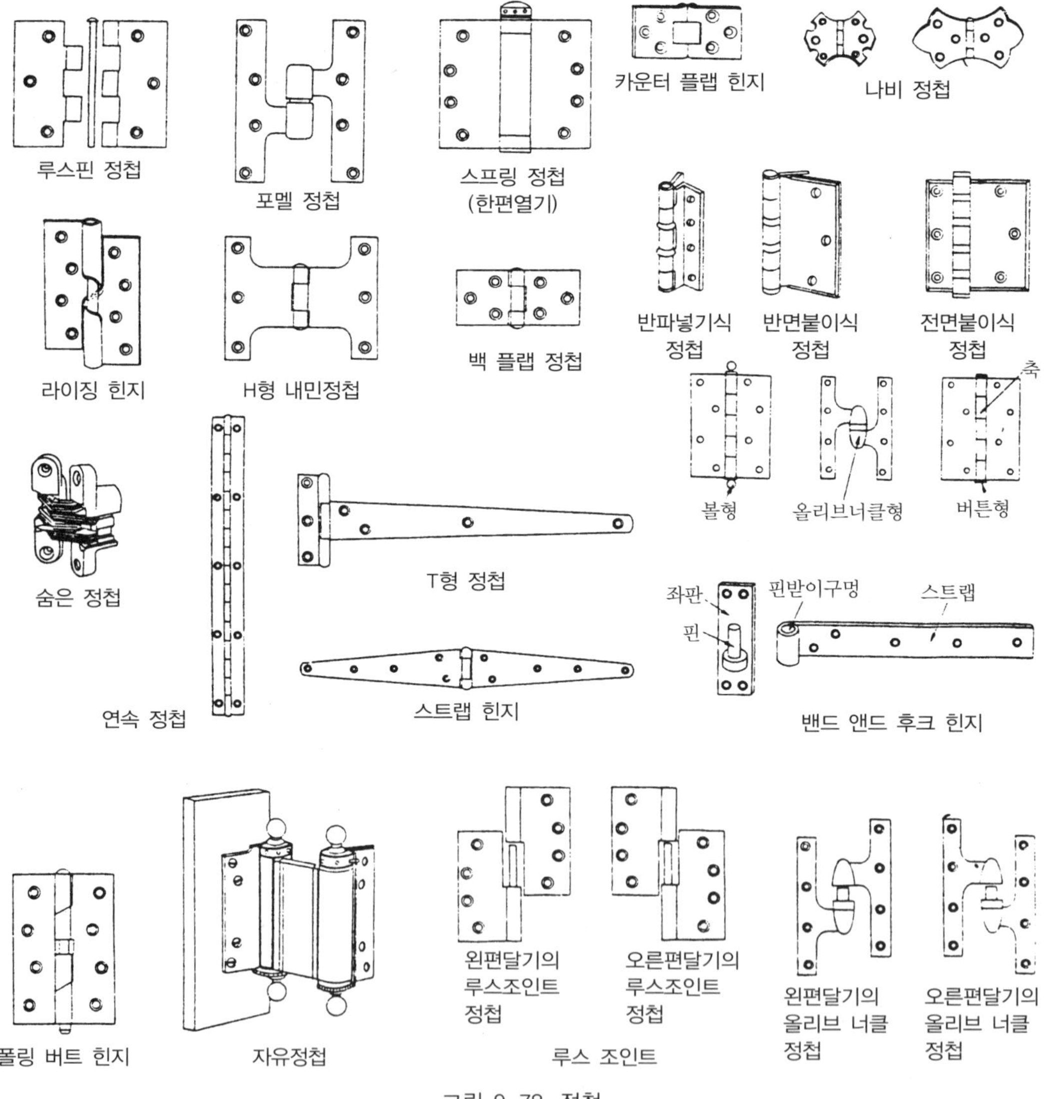

그림 9-78 정첩

2) 돌쩌귀(hook and eye pivot, pivot, pivot hinge, top pivot, floor pivot)

여닫이문의 정첩 대신 축으로 돌게 된 철물로서 암돌쩌귀와 숫돌쩌귀가 서로 끼워 돌게 된 것이다.

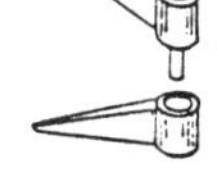

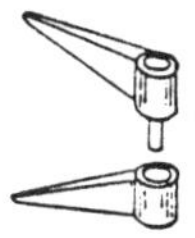

그림 9-79 돌쩌귀

3) 플로어 힌지(floor hinges, pivot type hinge)

자재 여닫이문을 열면 저절로 닫히게 하는 장치를 바닥에 설치하고 문장부를 끼우고 위는 지도리를 축대로 하여 돌게 한 것이다. 보통 정첩으로 유지할 수 없는 무거운 자재문에 쓰인다. 구조는 여러 가지가 있고 또 이 종류에는 상부에 설치하는 간단한 구조로 된 것도 있다. 플로어 힌지의 규격은 한국산업규격(KS F 4518)에 규정되어 있다.

4) 지도리(pivot)

장부가 구멍에 들어 끼어 돌게 된 철물로서 회전창에 사용한다.

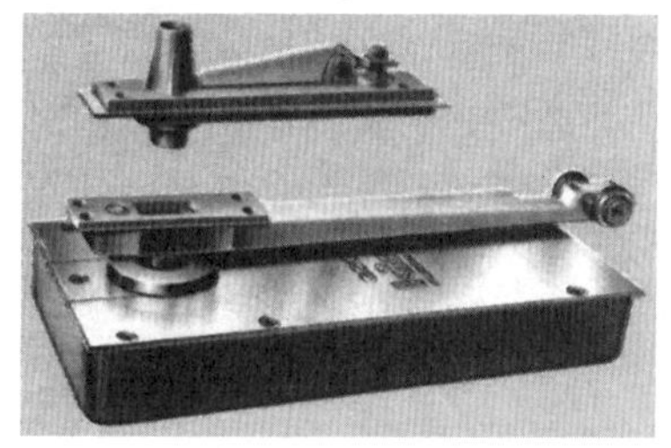

그림 9-80 플로어 힌지

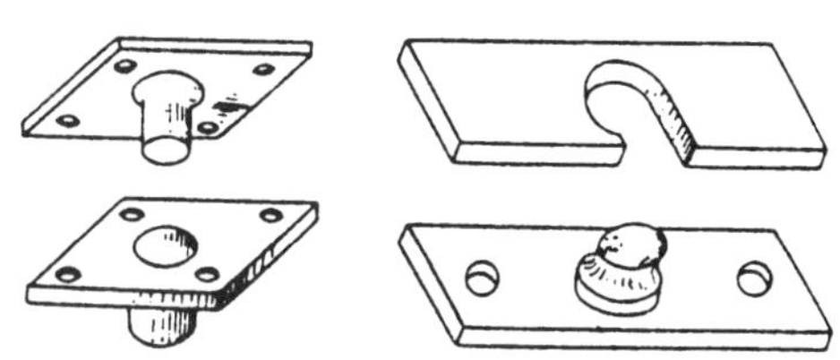

그림 9-81 지도리

자물쇠(lock) · 열쇠(key)

자물쇠는 창문 등을 닫아 잠그는 철물이고 열쇠는 자물쇠를 잠그거나 여는 데 사용하는 철물이다.

자물쇠에는 종류가 많지만 그 작동상 헛자물쇠(latch), 본자물쇠(dead lock), 헛자물쇠와 본자물쇠 겸용의 세 가지가 있고, 또 파넣는 식, 면붙이기식, 따로 끼워대는 식이 있다.

1) 함자물쇠(bit key lock)

자물쇠(錠)를 작은 상자에 장치한 것으로서 출입문 등 문의 울거미 표면에 붙여대는 자물쇠이다. 기구에 따라 레버텀블러 자물쇠(lever tumbler lock), 핀텀블러 자물쇠(pin tumbler lock), 콤비네이션 자물쇠(combination lock)가 있고, 설치방법에 따라 홈파기 함자물쇠(mortise lock), 면붙이기 함자물쇠(rim lock), 연결자물쇠(unit lock) 등이

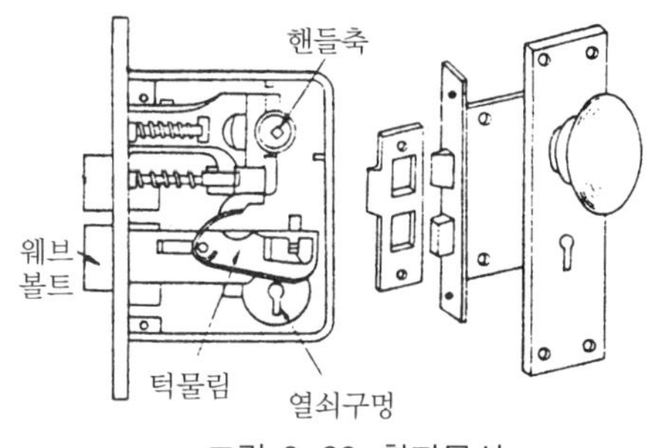

그림 9-82 함자물쇠

있다. 함자물쇠(箱錠)의 규격은 한국산업규격(KS F 4504)에 규정되어 있다.

2) 실린더 자물쇠(cylinder lock)

함자물쇠의 일종으로 래치볼트(latch bolt : 손잡이대)와 데드볼트(dead bolt : 자물대)를 겸용한 것이고 실내 쪽에 면하고 있는 둥근 손잡이대 중심에 있는 단추를 누르면 잠기는 것이 대부분이다. 실린더 자물쇠를 원통자물쇠(bored lock, cylinder lock) 또는 모노로크(monolock)라고도 한다.

그림 9-83 실린더 자물쇠

3) 헛자물쇠(thumblatch)

문을 닫으면 잠기는 걸쇠 정도의 것으로서 열쇠를 쓰지 않고 문을 걸어 잠글 수 있는 자물쇠이다. 버튼장치를 하여 외부에서는 열지 못하게 된 것도 있다.

4) 본자물쇠(dead lock)

자물대(dead bolt)만이 있고 열쇠로 잠그고 열게 된 자물쇠로서 아주 잠글 필요가 있는 문에 단다. 외부에서는 열쇠로, 내부에서는 돌려서 여는 것도 있다.

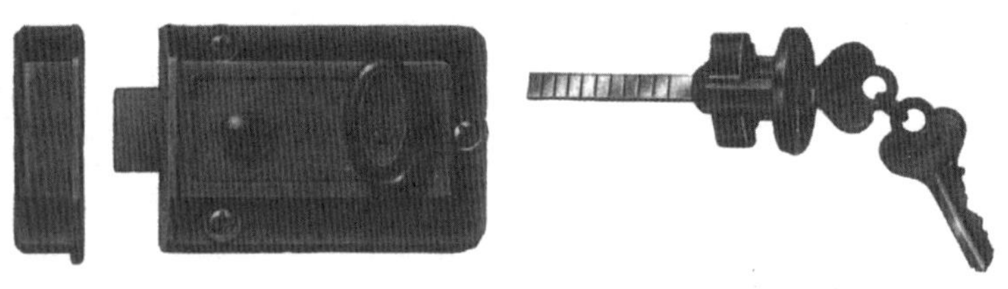

그림 9-84 본자물쇠

5) 나이트 래치(night latch)

함자물쇠와 거의 같은 장치로서 대개 면붙이기가 쓰이지만 파넣는 식으로 된 것도 있다. 외부에서는 열쇠, 내부에서는 작은 손잡이를 틀어 열 수 있는 실린더장치로 된 것이다.

6) 통자물쇠(padlock)

열쇠로 한쪽에서만 잠글 수 있는 자물쇠로서 여러 가지 형식이 있고 근래에는 맹꽁이자물쇠(pad lock)가 많이 쓰인다.

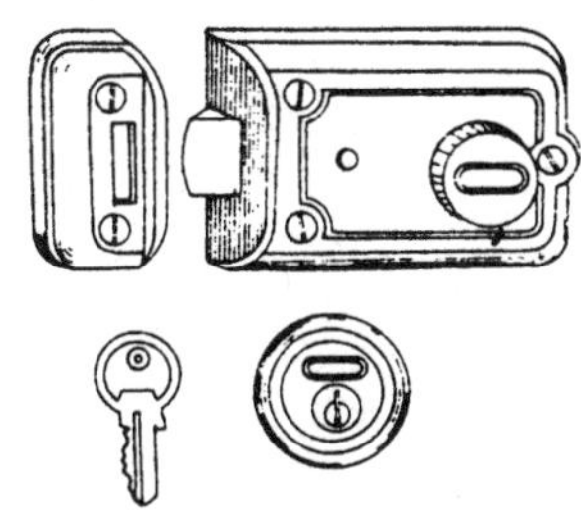

그림 9-85 나이트 래치

그림 9-86 통자물쇠

걸쇠(latch)

걸쇠는 문이 열리지 않게 돌리거나 꽂아서 거는 창호철물이다.

① 넓적걸쇠(hasp) : 넓적하게 된 걸쇠로서 통자물쇠를 채우게 된 것이다.

② 도래걸쇠(swing latch) : 빗장을 돌려 걸게 된 것이다.

③ 갈고리걸쇠(hooked latch) : 갈고리를 구부려 걸게 된 것이다.

④ 크레센트(crescent) : 오르내리창을 걸어 잠그는 데 쓰인다.

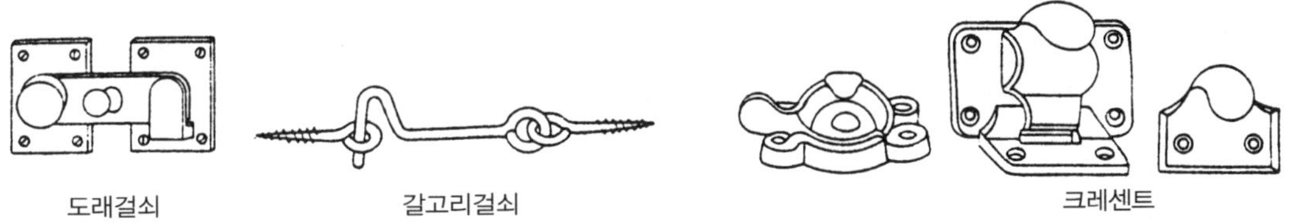

그림 9-87 걸쇠 및 크레센트

꽂이쇠(lock bolt, cat bar [bolt])

꽂이쇠는 미세기 · 미닫이창호의 안팎 여딤대에 꿰뚫어 꽂아서 밖에서는 열 수 없게 된 문 걸쇠이다.

① 문빗장(rod bolt) : 창고 등에 가로대어 간단히 잠그게 된 것

② 꽂이쇠(bolt) : 미세기문 등에 꽂아 잠그는 것으로 길게 된 것과 중간을 꺾어 구부리게 된 것이 있다.

③ 꽂이자물쇠 : 꽂이쇠를 열쇠로 잠글 수 있게 된 것이다.

④ 고두꽂이쇠(cat bar [bolt]) : 고두리가 달린 찌름걸쇠로 된 꽂이쇠이다.

⑤ 오르내리꽂이쇠(barrel bolt) : 꽂이쇠를 아래위로 오르내리게 한 것이다.

⑥ 민고두꽂이쇠(fush bolt) : 오르내리꽂이쇠의 표면이 평평하게 민자로 되어 여닫이문 옆에 대어 닫으면 보이지 않게 된다.

⑦ 양꽂이쇠(cremon bolt, espanolete bolt) : 여닫이문의 상하가 동시에 걸리게 된 꽂이쇠이다.

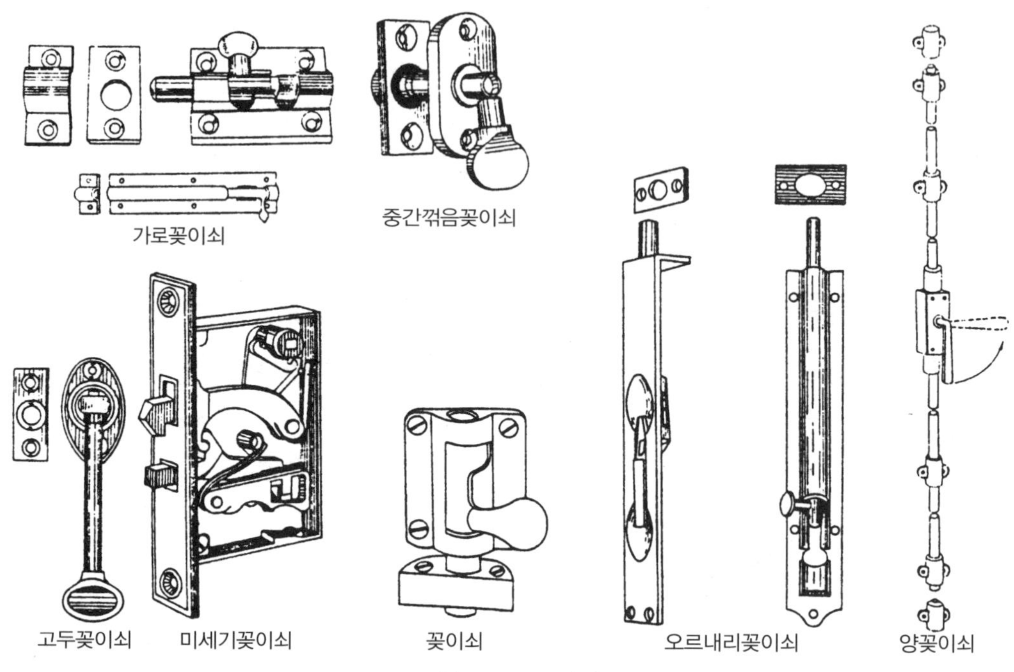

그림 9-88 꽂이쇠

◎ 도어클로저(door closers)

도어클로저는 문과 문틀(여닫이)에 장치하여 문을 열면 저절로 닫히는 장치가 되어 있는 창호철물로서 도어체크(door check)라고도 한다. 강철 · 청동제로 스프링과 피스톤장치로 기름을 넣는 통에 피스톤장치가 있어 개폐속도를 조절한다. 문짝의 정지장치는 일정한 위치에 멎게 하거나 장치와 사용장소에 따라 개폐작용이 임의로 된 것과 화재 시에 온도가 65℃ 이상 되면 자동적으로 문이 닫히도록 된 것이 있다.

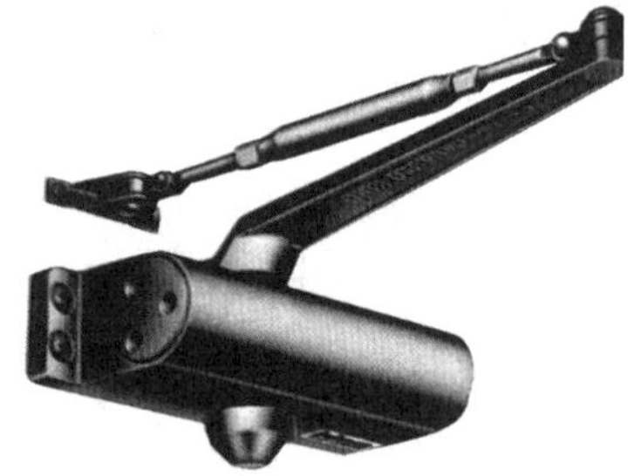

그림 9-89 도어클로저

도어클로저의 규격은 한국산업규격(KS F 4505)에 규정되어 있다.

◎ 도어스톱, 문버팀쇠, 창 개폐조정기

1) 도어스톱(door stop, door catch)

문을 열어 제자리에 머물러 있게 하거나 벽 하부에 대어 문짝이 벽에 부딪히지 않게 하며, 갈고리로 걸어 제자리에 머무르게 하는 철물이다.

2) 문버팀쇠(door stay, door stop), 도어홀더(door holder)

문버팀쇠는 열려 있는 문을 고정시키는 철물이고 도어홀더는 여닫이창호를 열어서 고정시키는 철물이다. 도어스톱을 겸하거나 문에 달아 임의로 버틸 수 있게 된 것이 있다.

3) 창 개폐조정기(sash adjuster)

여닫이창의 창짝 하부와 밑틀에 달아 창짝이 바람에 여닫히는 것을 방지하기 위하여 창을 열어 고정시키는 장치이다.

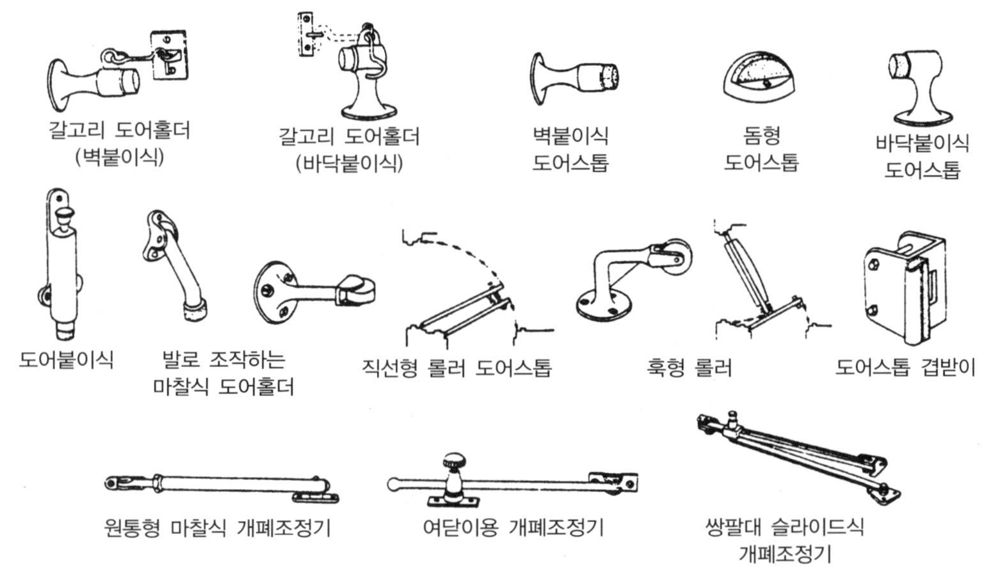

그림 9-90 도어스톱, 문버팀쇠, 창 개폐조정기

◎ 손잡이(door handle, handle), 손걸이(sash lift, window lift)

손잡이는 창문, 서랍 등을 열 때 손으로 잡게 된 철물이다. 손걸이는 창문을 개폐할 때 손가락이 들어가 끼어 여닫게 되는 손잡이로서 들창손걸이 · 서랍손걸이 · 느림손걸이가 있다.

① 알손잡이(door knob) : 함자물쇠 손잡이 중 잡는 부분이 둥글넓적하게 된 것이다.

② 돌림손잡이(handle) : 창호 손잡이로 돌려 개폐할 수 있게 된 것이다. 갈고리손잡이라고도 한다.

③ 굽은 손잡이 : 구부린 팔처럼 구부정하게 되어 있는 손잡이로 밑판이 달린 밑판 손잡이가 있다.

④ 파이프손잡이(pipe handle) : 파이프를 길게 댄 손잡이이다.

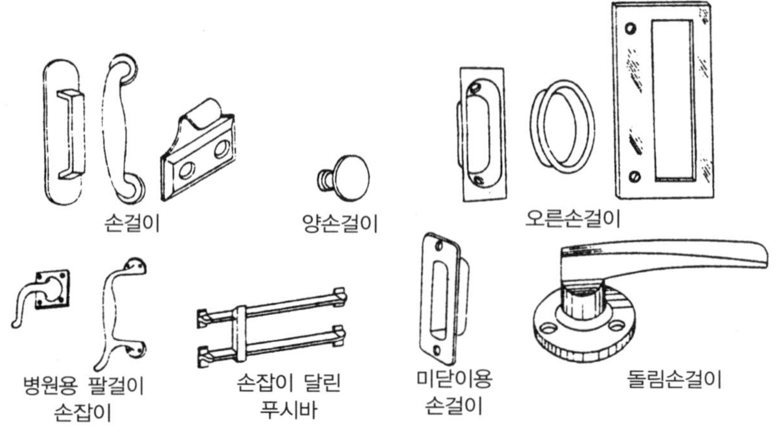

그림 9-91 손잡이 및 손걸이

◎ 문바퀴, 도르래, 레일 및 기타 창호철물

1) 문바퀴(sliding door sheave, sash roller)

미세기 · 미닫이 등의 창문 밑막이에 대어 문이 레일 위를 구르게 하는 창호철물이다.

그림 9-92 문바퀴

그림 9-93 도르래

2) 도르래(sash pulley, axle pulley, sash hanger)

창문 등의 위에 달아매는 데 쓰이는 바퀴로서 오르내리창의 끈 달기, 행거도어의 문 달기의 두 가지가 있다.

3) 레일(rail)

레일은 재료에 따라 강철제 · 놋쇠제 · 플라스틱제 등이 있고 단면형에 따라 원형 · 각형 · 반원형이 있다. 원형은 외부의 큰 문에 쓰이는 것이 보통이고, 각형은 작은 것부터 중형 정도의 문에까지 쓰인다.

레일의 규격은 한국산업규격(KS F 4511)에 규정되어 있다. 레일의 단면치수는 표 9-40과 같고 길이는 1.8, 2.7, 3.6m의 세 가지가 있다.

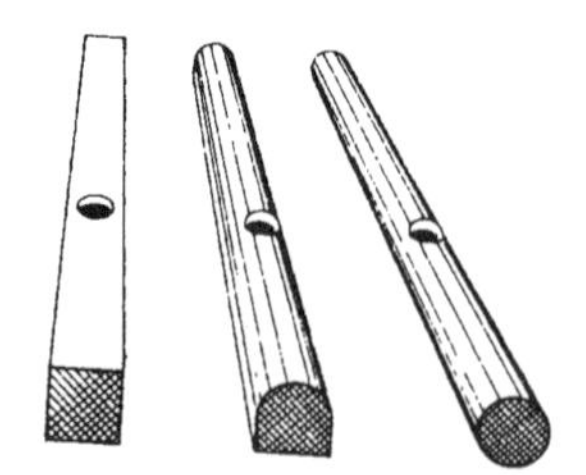

그림 9-94 레일

표 9-40 미닫이창호용 레일(강철제 및 황동제)의 단면치수

호칭치수	높이(A)(mm)	허용차	밑변의 폭(B)(mm)	허용차	선단의 곡률 반지름(R)(mm)	길이 1m당	
						무게(g)	허용차
7mm	7.0	±0.3	5.6	±0.3	2.0	220	±5%
9mm	9.0	±0.3	7.0	±0.3	2.5	400	±5%
11mm	11.0	±0.3	9.0	±0.3	3.5	660	±5%

호칭치수	높이(A)(mm)	허용차	밑변의 폭(B)(mm)	허용차	길이 1m당	
					무게(g)	허용차
7mm	7.0	±0.3	7.0	±0.3	380	±5%

호칭치수	지름(A)(mm)	허용차	길이 1m당	
			무게(g)	허용차
7mm	7.0	±0.3	300	±5%

4) 밀판(push plate, hand plate)

문을 미는 자리에 댄 판이다.

5) 챌판(kick plate)

문의 하부의 발이 닿는 부분에 대어 문짝이 발에 채여 손상하는 것을 보호하는 금속판으로 장식용으로도 쓰인다.

10 유 리

10-1 개 요

유리(琉璃, 硝子 : glass)는 철 · 시멘트와 함께 3대 건축재료로서 현대건축에서 빼놓을 수 없는 중요한 재료이다.

유리는 B.C 3,000~2,500년 이집트(Egypt) · 아시리아(Assyria) 시대에 시작하여 장신구 등에 쓰였던 것이 A.D 3세기 로마(Rome) 시대에는 창에도 쓰이게 되었다. 그리고 A.D 12세기 이후 베니스(Venice)에서 황금시기를 맞이하였고 유럽 각국으로 전해져 유리공업이 일어나고 18세기 말에 소다유리(soda glass)가 발명되면서 제조방법이 개선되어 유리제조 공업은 크게 발달하였고 대량 생산하게 되었다. 우리나라에는 후한시대 이후 삼한시대에 도입된 것으로 추정된다.

유리는 광선을 투과시키는 반영구적이고 내구성이 있는 불연재료로서 품질이 균일하며 대량생산이 가능한 재료이나 충격강도가 약하여 파손되기 쉽고 파손된 파편이 날카로워 위험하며, 연소에 약하고 두께가 얇아 단열, 차음효과가 작은 결점을 가지고 있다. 그러나 강도를 보통유리의 3~5배로 높이거나(예 : 강화유리), 물체와 격돌하여 파열되어도 파편이 비산(飛散)되거나 붕락(崩落)하는 일이 없도록 하거나(예 : 망입유리), 2장 또는 3장의 유리를 겹쳐 유리 사이를 진공상태로 만들어 단열, 차음효과를 높이는(예 : 복층유리) 등 유리의 결점을 보완하여 건축재료로 다양하게 개발되어 쓰이고 있다.

10-2 유리의 주성분

유리의 주성분으로 규산(SiO_2)이 71~73%, 소다(Na_2O)가 14~16%, 석회(CaO)가 8~15% 정도 함유되어 있고, 기타 성분으로 붕산 · 인산 · 산화마그네슘 · 알루미나 · 산화아연 등을 소량 함유하고 있다. 유리에 특수성을 부여하기 위하여 주성분에 부원료를 소량 첨가하기도 하는데, 다음과 같은 것들이 있다.

① 산화제 : 질산가리(KNO_3) · 질산소다($NaNO_3$) · 과산화바륨 등

② 환원제 : 산화제일석 · 로설(rochelle)염

③ 청징제 : 황산나트륨(Na_2SO_3) · 질산소다($NaNO_3$) · 질산가리(KNO_3) · 황산암모늄 · 형석(螢石) · 산화암모니아

④ 착색재료

적　색 : 셀렌 · 염화금 · 산화제일동 등

청　색 : 산화코발트 · 황산동 · 산화제이동 등

녹　색 : 산화크롬 · 산화제일동 등

황　색 : 질산은 · 우라늄 및 세륨 또는 그의 산화물 등

호박색 : 규산망간 · 규산철 · 유황탄소 등

회　색 : 망간 · 철 · 동과 규산염의 혼합 · 동과 니켈 등

유백색 : 수정석 · 형석 등의 불소화합물 · 산화티타늄 등의 화합물 · 인산소다

⑤ 탈색재료 : 질산나트륨 · 질산가리 · 산화망간 · 산화코발트 · 산화니켈 등

10-3 건축용 유리의 제조

유리의 제조공정은 일반적으로 주원료 및 부원료 분쇄 → 계량 → 혼합(혼합기) → 용융 → 성형 → 서냉(徐冷) → 가공(절단) → 건조 → 검사 → 제품 출하의 순이다.

성형방법에는 인양방식, 플로트(float)방식, 롤아웃(Roll-out)방식, 프레스(press)방식이 있다. 인양방식은 용해로(tank furnace)로부터 직접 유리판을 끌어올리며 판두께는 그 인양속도로 조절되는데 이 방식에는 콜번(colburn)방식, 폴콜(fourcoult)방식 및 피츠버그(pittsburg)방식이 있다. 여기서 콜번방식은 용해로로부터 약 60cm 상부에서 끌어올린 유리를 수평으로 방향을 바꾸어 서냉로를 통과시켜 제조하는 수평압연방식이고, 폴콜방식은 데비튜즈(debiteuse)라는 내화벽돌제의 홈(slit)을 통해 용융유리를 끌어올려 수직으로 서냉탑 내를 통과시키는 수직인양방식이며, 피츠버그방식은 폴콜방식과 거의 비슷하나 데비튜즈 대신에 드로우바(drawbar)라는 내화점토제의 덩이를 용해된 유리 속에 일정한 깊이로 잠가두고 용융 유리를 끌어올리는 방식이다. 플로트(float)방식은 용해로부터 판상으로 나온 유리가 용융 금속조(float bath) 내의 용융된 특수 합금 위에서 재가열되고 여기서 유리의 자중과 표면장력에 의해 완전한 평행면이 만들어지면서 냉로를 거쳐 완성되는 방식이다. 최근에는 이 플로트방식이 주

된 생산방법이다. 롤아웃방식은 무늬유리 및 망유리의 제조방식이고 프레스방식은 용융 유리를 주조프레스로 성형한 방식이다. 이밖에 두꺼운 판유리(6mm 이상)나 표면에 굴곡이 있는 유리를 성형하는 방법에는 롤러방식(roller process)이 있다. 롤러방식은 일정간격으로 유지되고 서로 반대방향으로 회전하는 롤러 사이에 용융 유리를 흘려서 형성하는 방식이다.

10-4 유리의 제성질

유리의 제성질은 일반적으로 그 성분에 따라 큰 차이가 있다. 비중은 성분에 따라 2.2~6.3의 범위에서 달라지는데 보통판유리는 2.5 내외이다. 경도는 정장석(正長石)의 경도와 비슷한 5~7이나 보통의 것은 6 내외이고 일반적으로 알칼리 토류금속(alkali 土類金屬)을 함유하면 경도가 커진다. 유리 종류에 따라 선팽창계수는 크게 차이가 있는데 보통판유리는 20~400℃에서 $8 \sim 11 \times 10^{-6}$의 범위이다. 강도는 유리의 두께, 조성 및 열처리에 따라 차이가 있으며, 그 범위는 압축강도 5,000~12,000kgf/cm^2, 인장강도 300~800kgf/cm^{2}이고, 휨강도는 250~750kgf/cm^{2}이다. 바람이 많은 지방이나 고층건축물의 상부 유리면은 풍속 및 풍압에 따른 내풍압강도를 고려한다.

판유리가 풍속 및 풍압에 견딜 수 있는 최대면적은 표 10-1과 같다.

유리는 열전도율 및 열팽창률이 작고 비열은 크므로 부분적으로 급히 가열하거나 냉각하면 파괴되기 쉽다. 보통판유리가 가열되어 녹는 온도인 연화점은 720~750℃ 정도이며 화재가 발생하면 유리는 용융한다. 광선에 대한 성질은 유리의 성분, 두께, 표면의 평활도, 맑은 정도 등에 따라 다르고 또한 광선의 파장에 따라 달라진다. 유리의 굴절률은 가시광선에 대하여 1.5~1.9(보통판유리는 1.52 정도)이고 납을 함유하면 높아진다. 여기서 유리의 굴절률이란 공기 중 빛의 속도와 유리중 빛의 속도 비율을 말한다. 유리면에는 빛의 정반사와 확산반사(난반사)가 일어나는데 입사각(入射角)이 클수록 확산도는 줄어들고 90° 정도에서는 정반사가 되며 전반사에 가깝게 된다. 반사는 굴절률과 입사각에 비례하여 증대한다. 보통판유리에서 입사각이 직각인 경우에도 표면과 뒷면에서 약 8% 정도 반사한다.

일반적으로 깨끗한 창유리의 흡수율은 2~6% 정도이고 두께, 불순물, 착색 정도가 심할수록 흡수율이 높아진다. 투과율은 투명도, 착색의 유무, 표면의 상태 등에 따라 다르다. 투과율은 보통 투사각(投射角)이 0°(즉, 유리면에 직각)일 때 최고 92%이고 서리판유리(불투명유리)는 약 80~85%이다. 광선의 파장이 짧으면 투과율이 떨어진다. 보통유리에 철분이 없으면 자외선의 투과율은 좋아지나 생산비가 올라가므로 실제로는 불가능하다. 청결한 판형유리는 약 90%의 광선을 투과한다.

표 10-1 풍압에 견딜 수 있는 판유리의 최대면적

(단위 : m^2)

풍속(m/sec)	풍압(m/sec) \ 두께 \ 종류	보통유리			마판유리			강화유리
		2mm	3mm	5mm	8mm	10mm	12mm	5mm
10	0.7	7.74	16.71	–	–	–	–	–
20	2.7	2.00	4.33	9.26	–	–	–	–
30	6.0	0.90	1.95	4.17	8.00	12.54	–	12.54
40	10.7	0.51	1.09	2.34	4.46	6.97	10.13	6.97
50	16.7	0.32	0.70	1.50	2.88	4.46	6.50	4.46
60	24.0	0.23	0.49	1.04	2.04	3.16	4.46	2.04

판유리의 소리의 평균 투과손실은 보통판유리(크기 1,500×900mm, 유리넣기 퍼티먹임, 두께가 3~6mm인 경우)는 25~28dB 정도이고 복층유리(두께 16~28mm)는 27~29dB 정도이다. 따라서 복층유리는 보통 생각하고 있는 정도로 차음효과가 있다고는 볼 수 없다.

유리는 대기 중에서 일반 건축재료 중 화학적 성질이 비교적 우수한 편이다. 약한 산에는 침식되지 않지만 염산 · 황산 · 질산 등에는 서서히 침식되며, 가성소다 · 가성가리 등에는 침식되면서 성분 중의 규산분을 잃게 된다. 유리에 가장 강렬하게 작용하는 것은 불화수소인데 이 성질을 이용하여 유리기구에 눈금이나 마크(mark) 등을 만든다. 대기 중에는 습기가 있으므로 탄산가스 · 아황산가스 · 암모니아가스 등에 의해 장기간 경과되는 사이에 풍화작용을 받아 유리 표면에 기름이 번지거나 횟가루가 돋아날 수가 있다.

10-5 유리의 종류

건축공사에 쓰이는 유리는 대개 소다석회유리(sodium lime glass)이고, 판유리와 성형유리로 구분된다. 판유리는 보통 투명판유리와 그 가공품이 있고 또 특수한 화학적 · 물리적 성질을 가진 특수유리의 종류도 많다. 일반창호에 쓰이는 두께 2~3mm의 판유리를 얇은판유리(薄板琉璃, 薄板硝子 : sheet glass)라 하고, 6mm 이상의 것을 두꺼운판유리(厚板琉璃, 厚板硝子, plate glass, thick sheet glass)라 한다. 두께 2mm의 판유리를 보통유리라 하고 두께 3mm의 판유리를 정일푼(正一分)유리라고 할 때도 있다. 성형유리로는 유리블록, 유리벽돌, 유리타일, 프리즘유리 등이 있다.

유리를 분류하는 방법으로는 화학적 성분에 의한 화학적 분류와 용도에 의한 분류가 있다.

화학성분에 의한 분류

유리는 일종의 화합물로서, 화합하고 있는 주요 원소의 명칭을 붙여 분류와 조성을 정하는 방법을 취하고 있다. 현재 실용되고 있는 유리는 표 10-2와 같다.

표 10-2 유리의 화학성분에 의한 분류

종별	성분	원료	일반성질	용도
① 소다석회유리 소다유리 보통유리 크라운유리	Na_2O	탄산나트륨(소다회) 또는 황산나트륨(망초) 및 목탄 · 코크스 등	용융하기 쉽고, 산에는 강하나 알칼리에 약함. 풍화되기 쉽고 비교적 팽창률이 크고 강도도 큼	건축 일반 창호유리, 기타 병유리 등
	CaO	탄산칼슘(석회석), 소석회		
	SiO_2	무수규산(규사 · 규석)		
② 칼륨석회유리 칼륨유리 경질유리 보헤미아유리	K_2O	탄산칼슘 또는 질산칼륨(초석)	용융하기 어렵고 약품에 침식되지 않음. 일반적으로 투명도가 큼	고급용품 이화학용품 기타 장식품, 공예품, 식기 등
	CaO	탄산칼슘(석회석) 소석회		
	SiO_2	무수규산(규사 · 규산)		
③ 칼륨납유리 납유리 플린트유리 크리스탈유리	PbO	산화연(연단)	소다유리 및 칼륨유리보다 용융하기 쉽고, 산 및 열에 약하고 가공하기 쉬움. 비중이 크고, 광선 굴절률 · 분광률이 큼	고급식기 광학용 렌즈류 모조보석 진공관용
	K_2O	탄산칼륨		
	BaO	탄산바륨		
	SiO_2	무수규산(규사 · 규석 · 석영)		
④ 붕규산유리	B_2O_3	붕산, 붕사	가장 용융하기 어려움(경글라스), 내산성 큼. 내열성 · 팽창성 작음, 전기절연성 큼.	내열용, 이화학용 내열기구, 내열식기, 고주파용 및 전기절연용(글라스울 원료)
	CaO_2	탄산칼슘(석회석)		
	SiO	규사 · 규석 · 석영		
⑤ 고규산유리 (석영유리)	SiO_2	규사 · 규석 · 석영 또는 수정	내열성 · 내식성 큼 자외선 투과성 큼	전구, 살균 등용(글라스울 원료)
⑥ 물유리	Na_2SiO_2	탄산소다 무수규산(규사 · 규석)	물에 용해됨	방화 도료 내산 도료

비고) ①은 일반건축용, ②, ③은 고급 제품 및 공예용, ④, ⑤는 특수(열, 광 등의 성질상) 제품용 또는 글라스울 등에 사용, ⑥은 도료 주입제용이다.

용도에 의한 분류

유리를 용도상 건축용, 광학용, 이화학용, 식기용, 병용 등으로 분류할 수 있다. 여기서는 건축용 유리에 대해서 분류하기로 한다.

표 10-3 유리의 용도에 의한 분류

일반적 용도	특수용도	가공품
보통판유리 무늬유리 연마판유리 플로트유리 망입유리	자외선투과유리 자외선흡수유리 자외선차단유리 열선흡수유리 열선반사유리 착색강화유리 방호용납유리	거울 안전유리 합판유리 강화유리 방탄유리 복층유리 접합유리

10-6 건축용 유리 제품

(1) 보통판유리(sheet glass)

보통판유리는 건축물 및 차량 등의 창유리에 사용되는 판유리(板琉璃, 板硝子 : sheet glass, flat glass)로서 맑은판유리(투명판유리)는 그 표면이 제조된 그대로의 평활한 면을 가진 것이고, 서리판유리(흐린판유리)는 맑은판유리의 한 면을 규사 등으로 갈거나 때리거나 기타 부식 등의 방법으로 표면의 광택을 지워 불투명한 상태로 하여 명확히 볼 수 없게 가공한 것이다.

두께는 2mm, 3mm, 4mm, 5mm의 것이 있고 최대 규정 크기는 두께가 2mm인 경우 600mm×1,200mm, 두께가 3mm 이상인 경우 1,800mm×1,200mm이다. 또한 두께 6mm 이상의 두꺼운 판유리를 두꺼운판유리 또는 후판유리(厚板琉璃, 厚板硝子)라고도 하는데 두꺼운판유리는 채광용보다는 실내차단용, 칸막이벽, 스크린(screen), 통유리문, 가구 및 특수구조 등에 쓰인다. 일반적으로 목재창호용으로는 2mm, 강제창호용은 3mm 두께를 쓴다.

유리는 9.29m^2(100ft^2) 1상자 단위로 판매되고 등급에 따라 A · B급품 있는데 B급을 많이 쓰고 기포, 이물의 혼입, 균열, 모서리 결함, 줄 및 표면파상, 반점, 흐림, 긁힘, 만곡의 결함 정도에 따라 구분하고 있다. 서리판유리의 등급은 없다. 보통판유리의 비중은 2.5 내외이고 압축강도는 900kgf/cm^2 내외, 인장강도는 500kgf/cm^2 정도, 휨강도는 450~700kgf/cm^{2}이며, 굴절률은 약 1.52, 열전도율은 약 0.6kcal/mh℃이다. 보통판유리의 품질은 한국산업규격(KS L 2001)에 규정되어 있다.

그림 10-1 보통판유리

(2) 무늬유리(embossed glass) · 형판유리(patterned glass, rolled glass)

무늬유리는 무늬가 있는 롤러(roller)를 이용한 롤아웃방식(roll-out process)으로 제조되는 판유리로서 투명판유리의 한쪽 면이나 양쪽 면에 여러 가지 모양의 무늬를 만들어 장식적 효과를 내고 실내의장 겸 투시방지를 위한 것이다. 무늬모양은 완자(卍字), 플로라, 미스트라이트, 크로스펜, 안개, 고도, 모란, 모루, 아지랑이 등이 있다. 또한 착색한 것도 있다.

무늬 모양에 따라 두께가 2mm, 3mm, 4mm, 5mm, 6mm가 있다. 두께는 무늬면의 최고부에서 뒷면까지의 거리를 표준으로 한다. 최대 규정 크기는 두께가 2mm, 3mm인 경우 2,200mm×1,900mm, 두께가 그 이외의 경우 2,500mm×1,900mm이다. 무늬유리의 품질은 한국산업규격(KS L 2005)에 규정되어 있다.

형판유리는 한면 또는 양면에 각종 무늬를 돋운 것으로 만든 반투명판유리로서 형판유리(patterned glass)라고도 하며, 모양에 따라 줄무늬형 · 바둑판무늬형 · 다이아몬드형(diamond shape) · 주름형 등이 있다. 모양이 각종 조각(彫刻)으로 된 것을 형판유리라고 구분하기도 한다.

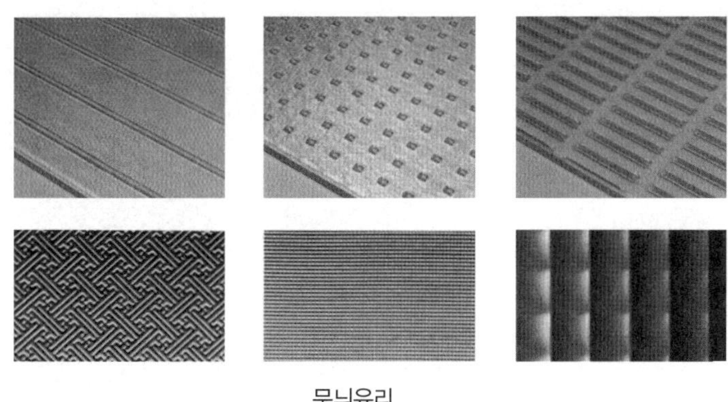

무늬유리　　형판유리

그림 10-2 무늬유리

(3) 연마판유리(polished plate glass) · 플로트판유리(float plate glass)

연마판유리는 후판유리의 양면 또는 한 면을 연마 가공하여 평활하게 만든 판유리로서 투시성 및 투명성이 우수한 고급품이다. 연마판유리를 마판유리라고도 하며 쇼윈도의 큰 개구부나 고급 건축물의 외부 창유리로 쓰인다.

플로트판유리는 영국의 필킹톤사(Pilkington Brotners Co.)가 개발하여 세계적 특허를 획득한 플로트공법(float process)에 의해 생산되는 광택이 우수한 맑은유리로, 연마판유리와 같은 정도의 평활한 표면이고 다시 연마하지 않고 거울유리나 강화유리 · 접합유리 · 복층유리 등에 그대로 사용할 수 있다. 여기서 플로트공법이란 금속욕조(tin bath)라고 부르는 가마에 용융된 주석을 일정 깊이로 채워 놓고, 그 위로 액체 상채의 유리물을 수평으로 흘려보내면서 만드는 제조방법이어서 일그러짐(distortion)이 전혀 없이 일정한 두께로 생산할 수 있는 유리제조공법을 말한다.

국산품은 두께 3mm, 4mm, 5mm, 6mm, 8mm, 10mm, 12mm, 15mm, 19mm인 것이 있고, 연마판유리와 플로트판유리의 품질은 한국산업규격(KS L 2012)에 규정되어 있다.

그림 10-3 플로트판유리

(4) 망입유리(wire glass, wired glass)

망입유리는 유리 내부에 금속망을 삽입하고 압착 성형한 판유리로서 망유리, 철망유리 또는 그물유리라고도 한다. 망입유리는 깨질 경우에도 파편이 튀지 않으므로 유리파편에 의한 상해가 없을 뿐만 아니라 연소도 방지할 수 있어, 유리의 파손방지, 파편비산방지, 도난 및 화재방지, 위험한 천장, 엘리베이터의 문, 진동에 의하여 파손되기 쉬운 곳에 쓰인다.

그림 10-4 망입유리

망입유리에 사용되는 금속망의 원료는 철 · 놋쇠(黃鋼) · 알루미늄 등이며 망형은 사각형 · 능형 · 육각형 ·

팔각형 등이 있다. 표면상태에 따라 판유리에 무늬를 새기고 망 또는 선을 넣은 판유리인 망무늬 판유리와 망 또는 선을 넣은 망유리의 양면을 연마하여 극히 평활하게 한 망마판유리 두 종류가 있다. 망유리 두께는 7mm, 10mm이고 최대 규정 크기는 2,500×1,900mm이다.

망입유리의 품질은 한국산업규격(KS L 2006)에 규정되어 있다.

(5) 복층유리(pair glass)

복층유리는 2장 또는 3장의 판유리 또는 가공유리에 스페이서(spacer)를 이용하여 간격을 일정하게 유지시켜 주고 둘레에는 틀을 끼워서 내부를 기밀하게 만들고, 여기에 깨끗한 공기 등의 건조기체를 넣은 후 밀봉 접착하여 만든 유리 제품으로서 이중유리(double glass) 또는 겹유리(pair glass)라고도 한다.

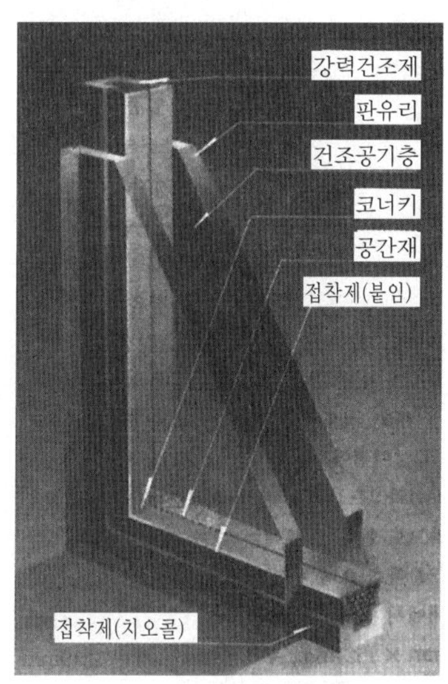

그림 10-5 복층유리

복층유리는 단열 · 방서 · 방음효과가 크고 결로방지용으로도 우수하다. 차음에 대한 성능은 보통판유리보다 별로 나은 것은 없다. 복층유리의 두께는 판유리의 두께와 공기층의 두께를 합하여 표시한다. 예를 들면 5mm 판유리 2장과 공기층이 6mm인 복층유리의 두께는 16mm가 되며 16(5+A6+5)으로도 표시한다. 국산품의 두께 및 최대크기는 표 10-4와 같으며, 근래에서는 에너지절약을 위하여 일반 주택에서부터 고층빌딩까지 외부 창에는 복층유리를 많이 사용하고 있다.

표 10-4 복층유리의 두께 및 최대크기

두께(mm)	유리의 구성 "A"는 공기층(mm)	최대크기		평균무게(kg/m²)
		(mm)	(inch)	
12	3+A6+3	1,219×1,829	48×72	15.3
16	5+A6+5	1,829×2,438	72×96	25.3
18	6+A6+6	2,438×2,743	96×108	30.3
22	5+A12+5	1,829×2,438	72×96	25.5
22	8+A6+8	2,500×3,500	98×138	40.3
24	6+A12+6	2,440×2,743	96×108	30.5
28	8+A12+8	2,438×3,353	96×132	40.5

복층유리는 가공후 절단, 면치기 등 일체의 가공을 할 수 없으므로 주문할 때 모양·치수를 정확히 해야 한다.

복층유리의 품질은 한국산업규격(KS L 2003)에 규정되어 있다.

(6) 강화유리(tempered glass, strong glass, heat strengthened glass, toughened glass)

강화유리는 평면 및 곡면의 판유리를 연화점 이상으로 가열하였다가 냉각공기로 양면을 급랭강화하여 강도를 높인 안전유리의 일종으로서 강화안전유리(tempered [safety] glass)라고도 한다. 강도가 높으므로 파손율이 낮고 강한 충격으로 파손되더라도 끝이 날카롭지 않은 작은 입자(粒子)로 부서지기 때문에 파편에 의한 상해가 없는 안전한 유리이다. 여기서 안전유리(safety glass)란 유리의 성질을 강하고 질기게 개선하여 잘 깨지지 않고 또 깨져도 파편이 비산하지 않으며, 인체에 주는 피해가 적게 만든 특수유리를 말하는 것으로 강화유리와 접합유리가 안전유리의 쌍벽을 이루고 있다. 강화유리는 내충격강도·휨강도·압축강도 등의 강도는 보통판유리보다 3~5배 높고 휨강도는 6배 정도이며 보통판유리는 온도의 차이가 70℃이면 파손되는 데 비해 강화유리는 200℃의 온도변화에도 견디는 강한 내열성을 갖고 있어 강철유리(steel glass)라고도 한다. 또는 가공조작상 급랭유리라고도 한다. 종류에는 평면 강화유리와 곡면 강화유리가 있고 두께는 보통판은 4mm, 5mm, 6mm의 3종이 있으며 표면을 연마 및 가공한 마판유리(polished plate glass)로 된 것은 4mm, 5mm, 6mm, 8mm, 10mm, 12mm, 15mm의 8종이 있다. 강화유리의 품질은 한국산업규격(KS L 2002)에 규정되어 있다.

강화판유리는 강화열처리 후에 절단, 구멍뚫기 등의 재가공이 극히 곤란하므로 제작 전에 소정의 치수로 가공해야 하며, 특히 12mm짜리는 절단이 불가능하므로 열처리 전에 소요치수로 절단한다.

강화판유리는 건축물의 창유리, 특히 테두리 없는 유리문, 에스컬레이터의 옆판, 계단난간의 옆판 등과 자동차 또는 선박 등에 사용한다.

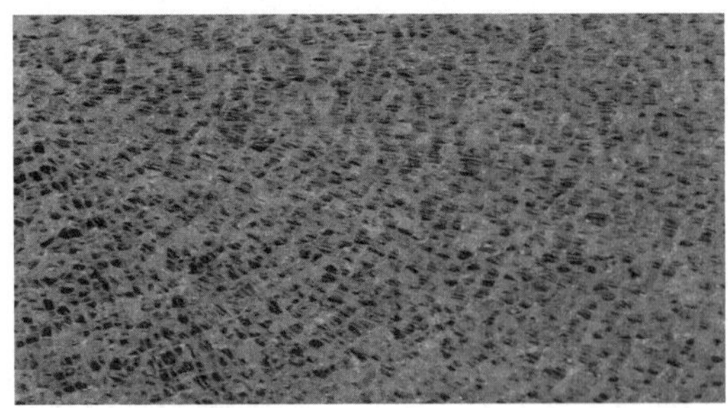

그림 10-6 파쇄된 강화유리

(7) 배강도유리(heat strengthened glass)

강화유리는 제조방법에 따라 완전강화유리와 반강화유리로 구분할 수 있다. 일반적으로 완전강화유리를 그대로 강화유리라고 부르고 반강화유리를 배강도유리라고 한다. 배강도유리는 연화점 이하의 온도에서 가열하였다가 냉각공기를 약하게 불어 주어 냉각강화하여 만든 유리로서, 내충격 강도 및 하중강도가 보통판유리보다 2~3배 정도로 강화유리보다 작다. 파괴된 파편의 수가 적고 파편의 상태가 충격점으로부터 삼각형 모양으로 깨져 나가며, 파괴되어도 창틀에서 잘 떨어지지 않는 성질을 가지고 있다. 따라서 파손 시 유리가 이탈하지 않아 고층건축물 사용 시에 적합하다. 그리고 창호유리로 주로 사용한다.

(8) 반사유리(reflectorized glass)

플로트유리 제조공정 중 금속욕조(tin bath) 내에서 특수기체로 표면처리를 하여 일정 두께의 반사막을 입힌 유리이다. 이 반사막이 광선을 차단, 반사시켜 실내에서 볼 때는 시계(視界)에 전혀 지장이 없으나 외부에서는 거울처럼 보이게 되므로 이러한 유리를 거울유리라고도 한다. 거울유리의 품질은 한국산업규격(KS L 2104)에 규정되어 있다.

그림 10-7 반사유리

반사유리는 열선흡수유리보다 열전도가 적어 공기조화 및 열적 요구를 저감시키는 데 기여한다. 반사유리는 광선에 면한 쪽에서는 불투명하므로 낮에는 내부에서 투명하게 보이고 밤에는 외부에서 투명하게 보인다. 흐린 날에는 흐리게 반사될 것이고 맑은 날에는 푸른 하늘과 흰 구름을 반사할 것이다. 이러한 반사성능은 건축물의 외부설계에 중요한 고려대상이 되고 있다.

반사유리로 덮은 건축물의 전면은 사람과 차량의 통행에 따라 그 모습이 변화한다. 그리고 반사코팅에 사용된 반사막의 종류와 두께에 따라 가시광선 투과율이 다르고 다양한 색상을 나타내어 선택의 폭이 넓어지고, 빛의 성질을 변화시켜 주어 쾌적한 실내환경을 조성할 수 있으며, 직사광선을 차단해 커튼의 기능을 대신해 줄 뿐만 아니라 냉·난방부하를 줄여 주어 에너지 절약도 할 수 있다. 또한 내부에서는 외부를 자연스럽게 볼 수 있고 밖의 시선은 차단되어 프라이버시(privacy)가 보호된다.

국내에서 생산되고 있는 두께는 3mm, 5mm, 6mm, 10mm, 12mm의 5종이 있으나 두께 6mm의 것이 주로 사용되며, 특히 공기조절설비를 갖춘 건축물에 사용하기 좋다.

(9) 접합유리(laminated glass)

접합유리는 2장 또는 그 이상의 판유리 사이에 유연성 있는 강하고 투명하면서도 접착성이 강한 플라스틱 필름(plastic film)인 폴리비닐부티랄 필름(polyvinylbutyral film)을 삽입하고 판유리 사이에 있는 공기를 완전히 제거한 진공상태에서 150℃의 고열과 압력을 강하게 가하여 완벽하게 밀착시켜 만든 유리이다. 이 유리는 파손되더라도 유리파편이 필름의 접착에 의해 떨어지지 않게 만든 안전유리이다. 특징은 충격 흡수력이 우수하여 쉽게 파손되지 않은 안전성과 소음을 흡수 차단해주고 단열 및 자외선을 차단해주는 효과도 있다.

접합유리를 접합안전유리(laminated safety glass), 합판유리(laminated glass) 또는 합판유리(laminated glass)라고도 한다.

접합유리는 충격 흡수력이 매우 우수하여 쉽게 파손되지 않고 파손 시에도 유리파편이 비산하지 않는다. 또한 판유리 사이에 넣은 필름의 종류에 따라 다양하고 아름다운 색상 및 문양 연출이 가능하다.

종류로는 평면 접합유리와 곡면 접합유리가 있고 두께는 4.4m, 4.8mm, 5.4mm, 5.8mm, 6.4mm, 6.8mm, 8.8mm, 9.8mm의 9종이 있으며, 품질은 한국산업규격(KS L 2004)에 규정되어 있다. 용도는 건축물의 창이나 실내의 유리문, 지붕의 채광용 등으로 가능하며, 실내 벽면의 장치물이나 바닥, 칸막이, 조명장식 등 모든 실내의 독특한 분위기 연출에 적합한 인테리어용으로 사용하거나 자동차, 기차, 선박 등의 창유리로 사용된다. 후판유리 또는 강화판유리를 여러 장 접착한 접합유리는 방탄성능이 있어 이를 방탄유리 또는 트리플렉스 글라스(triplex glass)라고도 한다.

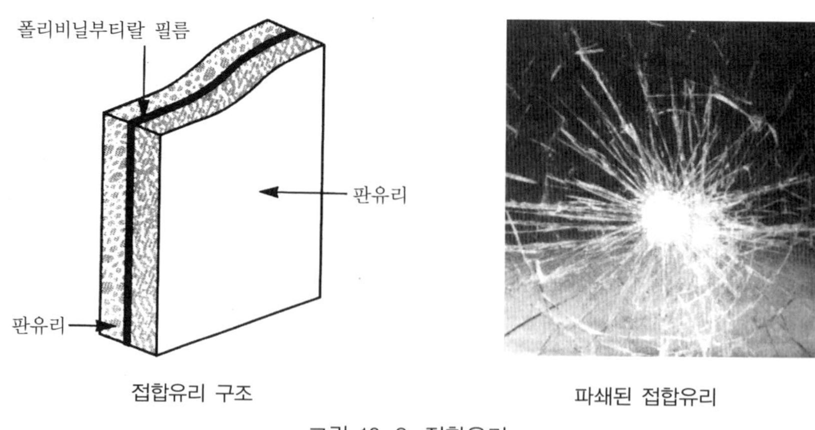

그림 10-8 접합유리

(10) 열선흡수유리(heat absorbing glass) 및 열선반사유리(solar reflective glass)

열선흡수유리는 보통판유리의 조성에 산화철 · 니켈 · 코발트 · 셀레늄(selenium) 등의 금속 산화물을 미량 첨가하여 열선흡수를 크게 하고 착색이 되게 한 유리로서 일명 단열유리라고도 한다. 색조의 종류는 녹색 · 청색 · 회색 · 갈색 등이 있는데 각각 광선을 흡수하는 파장의 영역이 약간 다르다. 국내에서는 녹색 계통이 가장 많이 사용한다.

열선흡수유리는 태양의 복사에너지를 흡수(일반 판유리보다 약 4~6배)하고 가시광선을 부드럽게 하여 쾌적한 분위기를 만들어 주는 특성이 있어 건축물의 업무시설 창에 사용된 복층유리에 가장 많이 쓰이며 차량 등에도 쓰인다. 유리의 온도가 상당히 올라 열에 의해 파손되기 쉽기 때문에 창 면의 일부만이 그늘지거나 온도차를 유발하는 곳에는 사용하지 않는 것이 좋다. 열선흡수유리의 규격은 한국산업규격(KS L 2008)에 규정되어 있다.

열선반사유리는 유리 한쪽 표면에 금속 또는 금속산화물인 열선 반사막을 입힌 판 유리여서 가시광선의 투과율이 30% 정도 낮아 외부로부터 시선을 차단할 수 있고 열선에너지를 차단함으로써 단열효과가 매우 우수하다. 더구나 흡수에 의한 유리온도의 상승도 적으므로 실내의 기온, 풍속에 별로 영향을 받지 않는다. 특히 실내에서는 밖을 볼 수 있지만 외부에서는 실내가 안 보이고 거울처럼 보이므로 주위 경관이 광선조건에 따라 다양하게 투명되는 효과가 있다. 색조는 청색과 갈색계통의 것이 있다. 열선반사유리의 규격은 한국산업규격(KS L 2014)에 규정되어 있다.

열선흡수유리

열선반사유리

그림 10-9 열선흡수유리 · 열선반사유리

(11) 로이유리(low-emissivity glass)

로이유리는 유리 표면에 엷은 금속막을 입힌 판유리로서 열선반사유리의 일종이다. 태양열을 반사하는 열선반사유리와는 달리 빛을 파장별로 흡수, 반사하는 성질을 이용한 것이다. 내부의 난방기구에서 발생한 열선을 대부분 창문에서 내부로 반사시켜 난방효율을 극대화시켜 준다.

그림 10-10 로이유리

로이유리의 특성은 태양으로부터 단파장의 복사열은 투과시키지만 난방기구에 의한 열, 즉 장파장의 복사열은 반사되어 보통판유리(외부로 장파장의 복사열이 그대로 투과됨)와는 달리 건축물 내부로 열을 반사하기 때문에 태양이 비치지 않는 동안에도 난방과 보온에 매우 효과적이다. 일반건축물 외에 특히 고층건축물의 창 또는 건축물 로비 등 대형 스크린 창 등에 사용한다.

(12) 자외선투과유리(ultraviolet ray transmitting glass) 및 자외선흡수유리(ultraviolet absorbing glass)

자외선투과유리는 보통유리의 성분 중 철분을 줄이거나 철분을 산화제이철(Fe_2O_3)의 상태에서 산화제일철(FeO)로 환원시켜 자외선 투과율을 높인 유리이다. 자외선투과유리는 자외선을 50% 이상, 90% 내외를 투과시키므로 병원의 선룸(sun room), 결핵요양소의 창유리, 온실 등에 사용하면 좋다. 자외선흡수유리는 자외선을 흡수하는 세륨(cerium), 티타늄(titanium), 바나듐(vanadium)을 함유시킨 담청색의 투명유리로서 자외선차단유리라고도 한다. 자외선의 화학작용을 피해야 할 곳, 의류의 진열창, 식품 · 약품창고의 창유리 등으로 쓰인다.

(13) X선 방호용 납유리 및 방사선 방호용 납유리

X선 방호용 납유리는 의료용 X선이나 원자력 관계의 방사선을 차단하기 위해 방사선실의 작은 창에 사용하는 유리이다. 산화연(PbO)을 함유한 유리로 방호능력은 산화연의 함유율(30~50%)과 판두께에 따라 정해진다. X선 방호용 납유리의 규격은 한국산업규격(KS L 2011)에 규정되어 있다.

방사선 방호용 납유리는 방사선을 차단하기 위하여 납을 사용한 유리로서 연하여 손상되기 쉬우므로 양면에 강화유리를 덧붙여 보호한다. 방사선 방호용 납유리는 안쪽에 강화시킨 불변색 납유리(밀도 3.6), 중간에 고밀도 납유리(밀도 6.2), 바깥쪽에 강화유리를 조합한 것이 있다.

(14) 색유리(coloured glass, pot metal glass, tinted glass)

색유리는 판유리에 착색제를 넣어 만든 유리와 판유리 한 면에 특수 필름코팅한 유리가 있다. 전자의 유리를 포트메탈유리(pot metal glass)라 하고 후자의 유리를 케이스드유리(cased glass, colour glass)라고 한다. 착색제를 넣어 만든 색유리는 금속 산화물이 유리 속에 용해하여 착색된 것과 콜로이드 상태(colloid state)로 혼합되어 발색된 것이 있다. 색유리는 투명품과 불투명품이 있다.

그림 10-11 색유리

색유리는 가시광선의 일부를 적당히 투과시켜 눈부심을 부드럽게 해주고 실내온도의 불필요한 상승을 막아

쾌적한 환경을 조성해준다. 얇은 것은 스테인드유리(stained glass)창에 쓰고 두꺼운(6mm 이상) 것은 벽, 천장 등의 패널(pannel)로 쓰기도 한다. 색유리를 작은 조각으로 잘라 타일형으로 만든 반투명 또는 불투명한 모자이크유리(mosaic glass)는 벽, 천장 등의 장식용으로 쓰인다. 국내에서 생산되고 있는 두께는 6mm, 8mm, 10mm, 12mm 등이 있다.

특수 필름코팅한 색유리는 여러 가지 패턴과 색상을 낸 유리로서 코팅막에 따라 소프트코팅(코팅막이 약하여 다양한 색상이 가능)과 하드코팅(코팅막이 강하여 가공 및 열처리 가능)으로 구분한다. 코팅의 종류와 코팅막의 두께에 따라 가시광선의 투과율이 다르다. 코팅막의 밀도가 높고 균일한 코팅으로 되어 있을수록 좋은 색유리라 할 수 있다.

(15) 착색강화유리(coloured strong glass) 및 스팬드럴유리(spandrel glass)

착색강화유리는 연마판유리를 원판으로 하여 유리보다 융점이 낮은 세라믹컬러(ceramics color)를 도포하고 열처리하여 융착시킨 불투명한 강화유리로서 커튼월(curtain wall)의 스팬드럴(spandrel)을 비롯하여 벽, 테이블, 가구 등에 쓰인다. 스팬드럴유리는 플로트판유리의 한쪽 면에 세라믹질의 도료를 코팅한 다음 고온에서 융착 반강화시킨 불투명한 색유리로서, 강화공정에서 열처리되어 일반유리보다 높은 강도를 가지고 있고 열에 강하며 다양한 색상을 나타낼 수 있어 각종 인테리어에 응용이 가공하고 스팬드럴 부분의 보, 기둥 및 기타 구조재 등을 감추기 위해 창이나 커튼월에 끼워 넣는다.

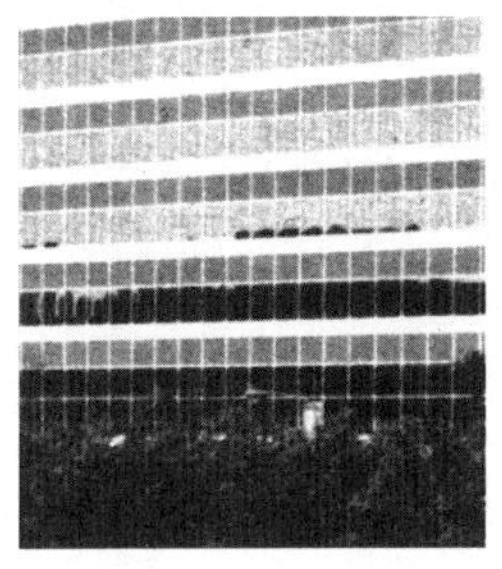
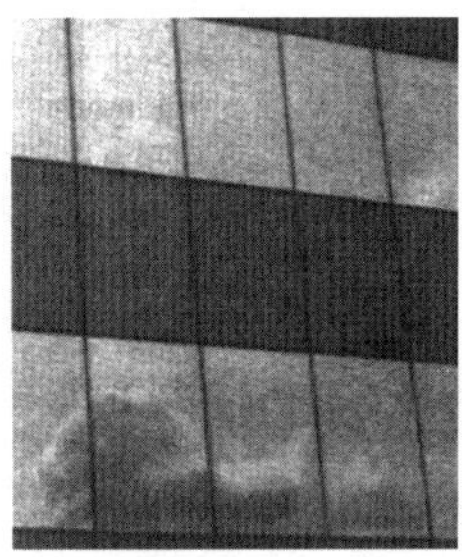

그림 10-12 스팬드럴유리

(16) 스테인드유리(stained glass)

색유리를 쓰거나 색을 칠하여 무늬나 그림을 나타낸 판유리로서 스테인드유리, 스텐유리 또는 착색유리라고도 한다. 스테인드유리는 각종 색유리의 작은 조각을 도안에 맞추어 절단해서 조립하고, 그 접합부를 H자형 단면의 납제(鉛製)끈으로 끼워 맞추어 모양을 낸 것인데 교회의 창, 천장 등에 또는 상업건축의 장식용으로 쓰인다.

(17) 곡면유리(curved surface glass)

곡면유리는 판유리를 열처리하여 구부려 가공한 유리로서 건축물의 여러 굽은 곳에 사용하기에 적합하게 만든 유리라 할 수 있다. 건축물의 외벽코너, 실내·외 천창, 건축물 사

그림 10-13 곡면유리

이의 연결 통로, 출입구 등에 사용된다.

(18) 매직유리(magic glass)

매직유리는 판유리 표면에 은 등의 반사성 금속피막을 극히 엷게 입힌 유리이다. 밝은 쪽에서는 광선을 반사하여 거울로 보이고 어두운 쪽에서는 밝은 쪽을 투시할 수 있다. 또한 합성수지막을 사이에 넣고 겹친 유리로 만든 것도 있다. 방범용으로 현관문의 샛창이나 기타 특수한 곳에 쓰인다.

(19) 결상유리(chipped glass)

결상유리(結霜硝子)는 젤라틴(gelatin) 수용액(10~30%)을 흐린 유리 표면에 얇게 바르고 약 40℃로 데우고 수분을 증발시키면 젤라틴은 건조하여 바탕에 일부 붙은 채로 벗겨져서 서리모양의 무늬가 나타난 것이다. 온도는 높을수록 모양은 섬세해지고 두드러진 결상부분을 갈면 더 아름답게 된다.

(20) 골판유리(corrugated glass, wave glass)

골판(波形)유리는 유리의 한 면에 각종 무늬를 골이 지게 만든 유리로서 주로 천창을 필요로 하는 공장지붕 깔기 등의 유리지붕에 사용된다. 착색한 것도 있고 망입골판유리도 있다. 유리섬유 강화폴리에스테르 골판(glass fiber reinforced plastic corrugated sheet)은 폴리에스테르수지에 유리섬유를 혼합하여 만든 플라스틱 골판으로서 규격은 한국산업규격(KS F 4802)에 규정되어 있다.

(21) 광낸 유리(polished glass)

보통판유리의 한 면을 금강사 또는 규사 등으로 두께를 1.5mm 정도로 평평하게 갈아내고 산화제이철 등으로 표면을 극히 평활하게 광택이 나도록 손질하면 투명도 및 정시도(正視度)가 좋은 유리가 된다. 광낸 유리는 고급건축물의 창유리문, 진열장, 가구, 거울 등에 쓰인다.

(22) 형판유리(patterned glass, rolled glass)

한 면에 각종 무늬모양이 있는 반투명판유리로서 현판유리라고도 하며, 모양의 종류에 따라 다이아몬드형, 모루형, 주름형 등이 있다.

(23) 내열유리

내열유리(耐熱硝子)는 규사(SiO_2)질을 다량으로 포함한 유리로서 성분은 석영유리에 가깝다. 열팽창계수가 작고 연화온도가 높아 내열성이 강하므로 금고실, 난로 앞의 가리개,

방화용의 작은 창에 쓰인다.

(24) 샌드블라스트유리(sand blast glass)

유리면에 오려낸 모양의 판을 붙이고 모래를 고압증기로 뿜어 오려낸 부분을 마모시켜 유리면에 무늬 모양을 만든 것을 샌드블라스트유리라고 한다. 이 유리는 장식용 창이나 스크린 등에 쓰인다.

(25) 에칭유리(etching glass)

에칭유리는 유리가 불화수소에 부식되는 성질을 이용하여 5mm 이상의 후판 유리면에 그림이나 무늬 모양, 문자 등을 화학적으로 새긴 유리로 일명 조각유리라고도 한다. 이 유리는 주로 장식용으로 쓰인다.

그림 10-14 에칭유리

(26) 패트 드 베르(pate de verre)

패트 드 베르는 원형 틀에 유리분말을 밀어 넣고 형틀과 함께 가열 용융시킨 것으로 여러 가지 조각이 채색 융합되어 장식용으로 쓰인다.

10-7 건축용 유리성형품

(1) 유리블록(glass block)

사각형이나 원형의 상자형 2개를 각각 둘레를 잘 맞추어 합쳐서 고열(약 600℃)로 용착(溶着)시켜 일체로 하고 내부에는 0.5기압 정도의 건조공기를 봉입(封入)한 중공 유리제 블록으로서, 벽 등에 붙이면 부드러운 광선이 들어오고 보통유리창보다 균일한 확산광이 얻어지며 열전도가 벽돌의 1/4 정도여서 실내의 냉 · 난방에 효과가 있다. 양측 표면 이외에 4측면은 조적용 모르타르와의 접착이 잘 되도록 염화비닐계 도료를 발라 강모래, 돌가루 등을 부착시킨다. 모양은 정방형 · 장방형 · 둥근형 · 이형 등이 있고, 유리 빛깔에 따라 무색 유리블록, 착색블록(노랑 · 녹색 · 파랑 · 분홍 · 유백색 등)으로 구분하고 빛의 확산 또는 지향성에 의해 확산 유리블록 또는 지향 유리블록으로 구분한다. 유리블록을 속빈 유리블록 또는 데크유리(deck glass)라고도 하며 규격은 한국산업규격(KS F 4903)에 규정되어 있다.

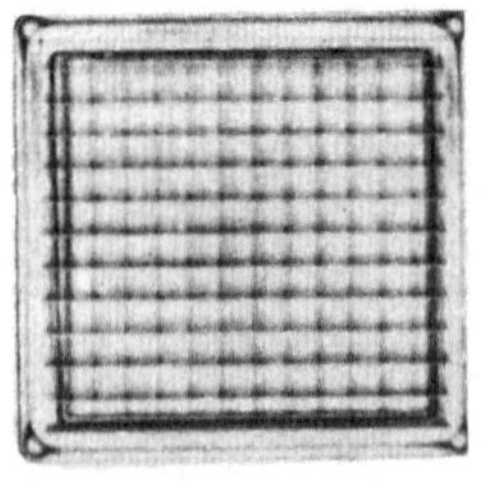

그림 10-15 유리블록

(2) 프리즘유리(prism glass)

투사광선의 방향을 변화시키거나 집중 또는 확산시킬 목적으로 프리즘의 이론을 응용하여 만든 유리 제품으로, 한 면은 톱니 모양의 돌기가 열지어 있고 다른 면은 평활한 판유리로 되어 있다. 평면진 면으로 투사광선이 투사되면 광선은 굴절 확산하여 실내를 균일하게 밝게 한다. 주로 지하실 또는 지붕 등의 채광용으로 쓰인다. 프리즘유리를 데크유리(deck glass), 톱라이트유리(top light glass) 또는 포도유리(pavement glass)라고도 한다. 형상은 각형 · 원형 · 특수형 등이 있으며, 단면 모양에 따라 지양성과 확산성으로 구분한다.

(3) 유리벽돌(glass brick)

유리벽돌은 벽돌 모양의 유리성형품으로 패턴, 형상, 치수, 색채의 종류가 다양하며 채광용이 아니라 내외벽의 장식용으로 쓰인다.

(4) 유리타일(glass tile)

색유리를 작은 조각으로 잘라 타일형으로 만든 것으로 색채가 다양하고 불흡수성이며 절단, 가공이 자유롭다. 유리타일은 벽 기둥면에 붙이는 외부 장식용으로 쓰인다.

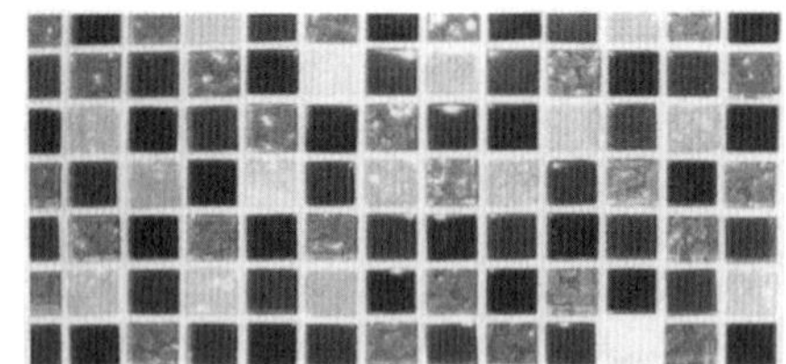

그림 10-16 유리타일

(5) 기포유리(foam glass)

유리를 가는 분말로 하여 카본(carbon) 발포제를 섞어 가열 발포시킨 후 서서히 냉각시켜 고체로 만든 것으로 거품유리 또는 폼글라스(form glass)라고도 한다. 기포유리는 단열성 · 흡음성이 있어 단열재 · 보온재 · 방음재로 쓰인다.

10-8 건축용 유리 운반 및 보관

건축용 유리를 사용하기 전에 필요한 장소로의 운반 및 보관방법과 그 주의사항은 다음과 같다.

① 판유리의 운반은 크기, 무게, 현장 상황과 운반거리 등에 따라 적절한 운반방법을 선택한다.

② 목제상자, 파렛트(pallet)로 운반해 온 유리는 사용 전까지 그대로 보관한다.

③ 목제상자, 파렛트가 없는 경우에는 벽, 바닥에 고무판, 나무판을 대고 유리를 세워두며, 물리 및 화학적 변질현상을 방진하기 위해 유리와 유리 사이에는 종이를 끼워 보관한다.

④ 적재 시 유리가 넘어지지 않도록 반드시 유리전용 지지대에 기대어(6도 정도) 보관하고 유리가 금속물질과 직접 접촉하지 않도록 주의하여 보관한다.

⑤ 모든 입고품은 확인을 실시하며 의심스러운 상자는 분리하여 검사한다. 특히 규격검사를 명확히 한다.

⑥ 시원하고 건조하며 그늘진 곳에 통풍이 잘 되게 하고, 직사광선이나 비에 맞을 우려가 있는 곳은 피해야 한다.

⑦ 즉시 사용하지 않는 유리는 비닐이나 방수포로 덮고 상자 내의 열집적 방지를 위에 상자 사이의 공기순환을 고려하여 적치한다.

⑧ 복층유리를 겹쳐서 적치 보관 시 열깨짐 및 유리하중에 의한 파손이 예상되므로 20매 이상 겹쳐서 적치하면 안 되며 각각의 판유리 사이는 완충제를 두어 보관한다.

⑨ 사용 실런트(sealant), 개스킷(gasket) 등 사용 부자재의 성능에 대한 시험결과를 제조업자로부터 자재반입 시 함께 받는다.

11 플라스틱 재료

11-1 개 요

플라스틱(plastics)이란 어떤 온도범위에서는 가소성(plasticity)을 유지하는 물질이라는 뜻으로 쓰이고 있다. 여기서 가소성(可塑性)이란 어떤 물질의 상태가 유동체도 아니고 탄성체도 아니며 어떤 외력을 제거하여도 다시 원형으로 돌아가지 않고 변형된 상태로 남아 있는 성질을 말한다. 이와 같은 가소성을 가진 고분자화합물을 총칭하여 플라스틱이라 부른다. 고분자화합물에는 인공적으로 화학처리 또는 합성시켜 제조하는 것 이외에 천연물도 있다. 천연고무, 아스팔트, 목재, 피혁 등이 이에 속하며 이들은 플라스틱이라 하지 않는다.

합성수지(synthetic resins)는 석탄, 섬유, 천연가스 등의 원료를 인공적으로 합성시켜 얻어진 고분자화합물을 말하는 것으로서 합성수지(合成樹脂)가 가소성이 풍부한 성질이 있으므로 플라스틱과 같은 뜻으로 쓰이는 경우가 많다.

플라스틱은 여러 가지 우수한 장점 때문에 경량구조재 · 수장재로서 타일(tile), 파판(波板), 평판 등의 성형품과 시트(sheet), 피복재, 접착제, 도료, 실링(sealing)재 등 건축재료로써 여러 가지 방면으로 사용되고 있다.

플라스틱은 가공성이 용이하고 색채가 미려하며 착색이 자유롭고 강도, 경도, 내식성, 내후성, 내수성, 내열성, 내구성 등이 점점 향상되어 가고 있다. 최근에는 건축물의 내장재 · 외장재로 많이 쓰이고 있는 스프레이타일(spray tile)이나 스프레이 코팅(spray coating)의 원료로도 사용되고 있다.

11-2 플라스틱의 일반적 특성

장점

① **경량으로 강인(强靭)** : 플라스틱은 대개 비중이 0.9~2.0 정도로서 목재보다는 무겁지만 강이나 콘크리트에 비해 훨씬 가볍기 때문에 사용할 경우 구조물의 경량화가 가능한 재료이다. 단위체적당의 중량은 적어서 발포체를 제외하면 평균해서 알루미늄의 1/3, 강 · 동 · 연 등의 1/3~1/8로 극히 경량이다. 적층(積層) 플라스틱의 중량비 대 강도는 2.2로써 벽돌 0.22, 콘크리트(압축강도 150kg/cm^{2}의 것) 0.06, 강 0.051, 목재 0.7, 두랄루민(duralumin) 1.6에 비해 상당히 높은 것으로 되어 있다.

② **우수한 가공성 및 가방성(加紡性)** : 플라스틱은 비교적 저온에서 가공 · 성형이 가능하고 성형과 주형(鑄型)에 있어 치수나 복잡한 모양에 관계없이 정확한 치수로 가공할 수 있으며 방적(紡績)이 가능하고 절단, 구멍뚫기 등이 용이하므로 기구류, 판류, 시트, 파이프 등의 성형품 · 실(絲) 또는 포상품(布狀品)을 만드는 데 많이 이용되고 있다.

③ **내수성, 내투습성** : 내수성 및 내투습성(耐透濕性)이 양호하므로 구조물의 방수 피막제(皮膜劑)에 적당하다.

④ **내약품성** : 각종 산이나 알칼리 · 염류 · 가스 등에 대한 저항성과 부식성에 대한 저항성이 콘크리트나 강보다 월등히 우수하다. 그러나 이 내약품성은 플라스틱이나 그 속에 혼입되는 충전재(充塡材)의 종류 및 성질에 의해 지배된다.

⑤ **착색의 자유와 높은 투명성** : 석탄산수지나 불소수지를 제외하면 일반적으로 투명 또는 백색의 물질이므로 적당한 안료나 염료를 첨가함에 따라 상당히 광범위하게 착색이 가능하다. 또한 높은 투명도를 이용한 용도로도 개발되어 가고 있다.

⑥ **접착성** : 상호간 접착이 잘 되며 금속 · 콘크리트 · 목재 · 유리 등 다른 재료에 잘 접착된다.

⑦ **전기적 특징** : 일반적으로 전기절연성이 양호하므로 절연재료로 널리 사용된다.

단점

① **강도 및 탄성계수** : 구조재료로서의 압축강도 이외의 강도 및 탄성계수는 작다. 인장강도가 압축강도보다 작기 때문에 이를 보강하기 위하여 콘크리트 속에 철근을 넣은 것처럼, 플라스틱의 강화재로서 수지 속에 섬유를 넣어 강화플라스틱(fiber glass reinforced plastics : FRP)으로 만들어 사용한다.

플라스틱은 탄성계수가 작고 변형이 크다. 열경화수지의 경우는 목재와 거의 같으나 아크릴 · 염화비닐 등의 열가소성수지는 목재의 1/2 이하다.

② **내열성, 내후성** : 내열성 및 내후성은 약하다. 열가소성수지는 60~80℃에서 연화되며 열경화성수지는 130~200℃에서 연화된다. 또한 자외선에 의해 열화현상(熱火現狀)을 일으키는 것도 있으며, 일광이나 빗물에 노출되는 경우 변색되는 결점이 있다.

③ **팽창수축** : 열에 의한 팽창수축이 크다. 즉, 열에 의한 체적변화가 크고 열팽창계수가 온도의 변화에 따라 다르다.

④ **내마모성, 표면강도** : 내마모성 및 표면강도가 약하다. 플라스틱보다 경도가 큰 재료에 마모되기 쉬우며, 특히 열을 가한 경우에 마모가 촉진되기도 한다. 플라스틱 표면은 예리한 칼 등에 의해 상처가 생기기 쉽고, 이러한 부분은 먼지 등에 더러워지기 쉬우므로 주의한다.

또한 플라스틱은 종류가 매우 많고 배합에 따라 재료 특성의 변동이 크므로 제품에 대한 일괄적인 특성 파악이 어렵다는 것도 단점의 하나이다.

11-3 플라스틱의 종류 및 특징

플라스틱은 종류가 많으나 그 특성으로 보아 열가소성수지(熱可塑性樹脂)와 열경화성수지(熱硬化性樹脂)의 2종류로 대별할 수 있다.

(1) 열가소성수지(thermoplastic resin)

열가소성수지(열가소성플라스틱)는 단량체(單量體)가 상호 결합하는 중합(重合)을 하여 고분자(高分子)로 된 것으로, 일반적으로 무색투명의 중합체(重合體)이고 고형상(固形狀)에 열을 가하면 연화 또는 용융하여 가소성 또는 점성(粘性)이 생기고, 이것을 냉각하면 그 형태가 붕괴되지 않고 다시 고형상으로 되는 성질의 수지로서 2차성형이 가능하고, 보통 자유로운 형상으로 성형하는 것이 가능하며 투광성이 좋지만 강도 및 연화점이 낮은 결점이 있다.

따라서 구조재료로 사용하기에는 적당하지 않으나 마감재로는 가격도 비교적 싸다는 이점이 있다. 열가소성수지의 종류, 특징 및 용도는 표 11-1과 같다.

표 11-1 열가소성수지의 종류, 특징 및 용도

종류	특징	주용도
아크릴수지	투광성이 크고 내후성이 양호하며 착색이 자유롭다.	채광판, 유리대용품
염화비닐수지	강도, 전기절연성, 내약품성이 양호하고 가소재에 의해 유연고무와 같은 품질이 되며 고온, 저온에 약함.	바닥용 타일, 시트, 조인트재료, 파이프, 접착제, 도료
초산비닐수지	무색투명, 접착성이 양호, 각종 용제에 가용, 내열성이 부족	도료, 접착제, 비닐론 원료
비닐아세틸렌수지	무색투명, 밀착성이 양호	안전유리 중간막, 접착제, 도료
메틸메타크릴수지	무색투명, 강인, 내약품성이 상당히 크다.	방풍유리, 광조장식, 조명기구
스티롤수지 (폴리스티렌)	무색투명, 전기절연성 · 내수성 · 내약품성이 크다.	창유리, 파이프, 발포보온판, 벽용 타일, 채광용
폴리에틸렌수지	물보다 가볍고, 유연 · 내열성이 결핍된 것도 있다. 내약품성, 전기절연성, 내수성이 대단히 양호함.	건축용 성형품, 방수필름, 벽재 · 발포보온판
폴리아미드수지 (나일론)	강인하고 잘 미끄러지며 내마모성이 큼.	건축물 장식용품
셀룰로이드	투명, 가소성 · 가공성이 양호하나 내열성이 없다.	대용유리, 수통 파이프

(2) 열경화성수지(thermosetting resin)

열경화성수지(열경화성플라스틱)는 고형체로 된 후 용제에도 녹지 않고 열을 가하여도 연화되지 않는 수지로서, 강도나 열경화점이 높고 유리섬유 등과 같이 사용하면 기재(基材)에 의하여 충분한 구조적 소질이 있으며 내후성이 우수하다고 볼 수 있다. 그러나 가격이나 성형성 등에 결점이 있다. 열경화성수지의 종류, 특징 및 용도는 표 11-2와 같다.

표 11-2 열경화성수지의 종류, 특징 및 용도

종류	특징	주용도
페놀수지	강도, 전기절연성, 내산성, 내열성, 내수성 모두 양호하나 내알칼리성이 약함.	벽, 덕트, 파이프, 발포보온관, 접착제, 배전판
요소수지	대체로 페놀수지의 성질과 유사하나 무색으로 착색이 자유롭고 내수성이 약간 약함.	마감재, 조작재, 가구재, 도료, 접착제
멜라민수지	요소수지와 같으나 경도가 크고 내열 · 내수성이 부족하나 내약품성, 내용제성이 좋다. 무색투명하며, 착색이 자유롭다.	마감재, 조작재, 가구재, 전기부품
알키드수지	접착성이 좋고 내후성이 양호, 성형이 가능, 전기적 성능이 우수함.	도료, 접착제

종류	특징	주용도
폴리에스테르 수지	전기절연성, 내열성, 내약품성이 좋고 제압성형이 가능함. 유리섬유를 보강재로 한 것은 대단히 강인.	커튼월, 창틀, 덕트, 파이프, 도료, 욕조, 대성형품, 접착제
실리콘수지	열절연성이 크고 내약품성, 내후성이 좋으며 전기적 성능이 우수함	방수피막, 발포보온판, 도료, 접착제
에폭시수지	금속의 접착성이 크고 내약품성이 양호하며 내열성이 우수함. 다소 고가임.	금속도료 및 접착제, 보온보냉제, 내수피막
폴리우레탄수지	열절연성이 크고 내약품성이 있으며 내열성이 우수함.	보온보냉제, 접착제, 내수 피막, 도료
규소수지	내열성, 전기절연성 및 발수성이 양호하고 다소 고가임.	전기부품, 기름 발수제
프란수지	내약품성, 접착성이 양호, 흑색임.	금속도료, 금속접착제

11-4 섬유소계 수지

셀룰로이드는 오래 전부터 잘 알려진 대표적인 수지로 용도가 다양하다.

섬유소계 수지(cellulosic plastic)는 식물성 물질의 구성성분으로 자연계에 많이 있는 고분자물질이다. 합성수지를 순합성 플라스틱이라 하면 섬유소계 수지(纖維素系 樹脂)는 반합성 플라스틱이라 할 수 있다. 섬유소계 수지의 종류, 장단점 및 용도는 표 11-3과 같다.

표 11-3 섬유소계 수지의 종류, 장단점 및 용도

종류	장점	단점	용도
질산섬유소수지 (셀룰로이드)	강인하고 충격강도가 크고, 탄성이 풍부하여 가공성이 좋다. 또한 안전성과 접착이 좋다.	태양광선에 의하여 변색 · 가연성이 있다.	성형품(셀룰로이드)으로 사용하는 이외에 도료로서의 용도로도 중요하다.
초산섬유소수지	강인하고 충격강도가 크고 성형가공이 용이하며 난연성이다.	흡습성이 크고 안전성이 약하다.	시트, 플레이트(plate), 파이프, 사진용 필름, 도료 등으로 쓰인다.
초산 · 낙산섬유소수지	충격강도가 크고 안정성이 좋으며 성형가공이 용이하다.	항장력(杭張力), 경도가 작고 연화온도가 낮으며 취기(臭氣)가 있다.	전기부품, 사진필름, 전화기, 라디오, 텔레비전, 캐비닛 등에 사용한다.
프로피온산 섬유소수지	강인하여 충격강도가 크고 가공성이 매우 좋다.	값이 너무 비싸다.	전기절연재료, 기계부품재 등에 쓰이고 방사(紡絲)하여 직물재로 쓰인다.
에틸섬유소수지	비중이 작고 저온의 기계적 성질이 좋으며 전기적 성질과 내후성이 좋다.	열에 약하다.	전기용품, 자동차 부품재 등에 쓰인다.

11-5 고무류 및 합성고무

(1) 고무류

고무(rubber)는 열대지방의 천연고무나무에서 채취하는 고무 라텍스를 가류제(加硫劑) 등으로 처리하여 물리적 성질을 개량한 것이다. 고무는 공업용재, 전기절연재, 의료식품 분야 등에 광범위하게 사용되며 일상생활에 없어서는 안 될 중요한 재료이기도 하다.

고무류에는 라텍스 · 생고무 · 가황고무 · 고무유도체 등이 있다.

◎ 라텍스(latex) 및 생고무(raw rubber)

라텍스는 고무나무의 수피에서 분비되는 유상(油狀)의 즙액(汁液)으로서, 백색 또는 회백색으로 비중은 1.02이고 수 시간 방치하면 응고한다. 라텍스 자체에 가황(加黃) 또는 충전재 등의 조제(助劑)를 가하여 직물에 침투시켜 고무천이나 고무스펀지, 기타 다공성 고무 등의 제조 등에 사용된다.

라텍스를 정제(精製)하여 만든 것이 생고무이다. 생고무는 비중이 0.92이고 4℃에서 굳어져 탄성이 감소하며 130℃에서 연화되고 200℃에서 분해된다. 또한 광선을 흡수하게 되면 분해되어 균열이 발생한다.

생고무는 생고무 그대로의 제품은 거의 없다.

◎ 가황고무

가황(加黃)고무는 생고무에 유황을 혼합하여 그 물리적 · 화학적 성질을 개량하여 사용목적에 적응시킨 것이다. 즉 광선, 열에 약한 생고무를 많이 개량한 고무로서 생고무에 유황 6% 정도 유황을 혼합한 것을 연질고무, 생고무에 유황 30% 정도 혼합한 것을 경질고무라 한다. 가황고무는 내열성이 크고 100℃에도 점성이 생기지 않으며 −30℃에서도 사용이 가능하다. 가황고무를 가류(加硫)고무라고도 한다.

전선피복, 파이프, 호스, 패킹, 스펀지, 타이어 등에 광범위하게 사용된다.

◎ 고무 유도체

생고무에 염소 · 염산을 작용시키면 염화고무 · 염산고무가 된다. 이것은 가류고무에 없는 여러 가지 성질을 갖게 된다. 염화고무는 가소제나 안료를 넣어서 도료로 쓴다. 내산 · 내알칼리성이고 목재나 금속에 접착성이 큰 강인한 피막을 만든다. 염산고무는 내수성 · 내유성, 유연성이 풍부하고 투습도가 매우 낮아 식품이나 화약 등의 포장재료로 사용된다.

환화(環化)고무는 황산이나 기타 화학약품 등으로 고무를 환상화(環狀化 : 異狀化)한 것이다. 내알칼리성이 강하여 녹여서 접착제, 도료, 전기절연재료로 사용된다.

(2) 합성고무(synthetic rubber)

합성고무는 나트륨(natrium)을 촉매(觸媒)로 하여 이소프렌(isoprene)을 중합시켜 만드는 고무로서 인조고무라고도 한다.

합성고무의 특성은 내유성과 내후성 및 내열성 있고 천연고무보다 훨씬 우수하다. 내유성에서 실용상 중요한 것은 팽창도보다 팽창 시의 강도저하가 문제인데, 합성고무는 이때의 강도 저하가 적다. 내후성에 대해서는 산소, 오존, 직사광선에 의한 저항성이 현저히 낮다. 강도는 충전재를 배합한 가황천연고무보다 큰 저항력을 가진다. 따라서 합성고무는 접착제, 패킹재(packing materials), 라이닝재(lining materials), 전신피복재 등에 많이 사용되고 있다. 종류에는 부나(Buna)의 일종인 부나에스(GR-S) · 부나엔(GR-N)과 네오프렌(Neoprene) 등이 있으며, 타이어 재료는 부나에스 · 부나엔이 많이 쓰이고 절연재료는 부나엔이 쓰인다. 특히 전압에는 네오프렌이 쓰이고 부나에스의 라텍스페인트는 내산 · 내알칼리 도료로 가장 많이 사용되고 있다.

11-6 플라스틱 제품

플라스틱을 주원료로 한 제품에는 판상, 바닥판, 레저 및 필름, 수지관류, 다공질 제품, 도장마감재, 코킹재, 접착제 등의 용도에 따라 여러 가지 종류 및 형상이 있다. 플라스틱 제품을 건축물 각 부분별 용재(用材)로 구분하여 제품 예를 들면 표 11-4와 같다.

표 11-4 건축용 플라스틱 제품 예

용재 구분	제품 예
지붕재	폴리에스테르 경화파형판, 아크릴 파형판, 염화비닐 파형판 등
외벽재	폴리에스테르 경화평판, 멜라민 합성판, 아크릴 불투명판, 염화비닐 평판, 폴리스티렌 강화판, 페놀수지 합판 등
내벽재	폴리에스테르 치장판, 멜라민 치장판, 아크릴 평판, 염화비닐 치장판, 폴리스티렌 타일, 염화비닐시트 등
채광재	아크릴 투명판, 염화비닐 투명판, 폴리스티렌 투명판, 초산 · 셀룰로오스 투명판 등
천장판	폴리에스테르 강화판, 아크릴 투명판, 염화비닐 적층판, 비닐필름 흡음판, 폴리스티렌 적층판 등
바닥판	염화비닐타일, 비닐시트, 폴리스티렌 타일, 쿠마론수지 타일, 폴리에스테르 도장재 등
설비재	폴리에스테르 세면기, 멜라민 치장판, 아크릴제 수도꼭지, 염화비닐 파이프, 폴리에스테르 파이프 및 부속품, 페놀수지 파이프 등
단열재	폴리에스테르 발포제, 염화비닐 스펀지, 폴리스티렌 발포제, 폴리에틸렌 스펀지, 합성고무 스펀지 등
기밀재	염화비닐 방수판 및 조이너, 폴리에틸렌 패킹, 합성고무 제품 등
도료	폴리에틸렌수지 이외의 모든 수지를 용제에 녹여서 원료로 쓸 수 있음.
기타	폴리에스테르 필름, 멜라민 가구재, 아크릴 가구재, 염화비닐 창호바퀴 · 튜브 · 호스, 페놀수지 전기재, 경구조재 등

(1) 판상 제품

◎ 폴리에스테르 강화판(polyester hard board)

유리섬유를 불규칙하게 폴리에스테르수지에 혼입하여 상온 가압하여 성형한 판(板)으로서 골판과 평판이 있으며 내구성이 좋다. 또한 알칼리 이외의 화학약품에는 저항성이 있고 결정(結晶)이므로 설비재 · 내외수장재로 쓰인다.

◎ 폴리에스테르 치장판(polyester decorated board)

합판, 하드보드(hard board) 등의 표면에 0.5~1mm 두께로 폴리에스테르수지 피막(皮膜)을 입힌 넓은 판으로서 투명처리하거나 바탕에 여러 가지 색채나 무늬 등을 코팅(coating)시켜 의장효과를 낼 수 있다. 경도가 크나 열이나 습기에 약하다. 천장판, 내벽판, 가구판 등에 쓰인다.

◎ 멜라민 치장판(melamine decorated board)

두꺼운 종이에 페놀수지를 침투시켜 부착시킨 바탕에 색종이나 나무무늬판 등을 붙이고 멜라민수지를 침투시킨 종이를 씌우고 140℃에서 $100kg/cm^2$의 압력을 가하여 성형한 판이다. 두께는 1.5mm가 표준이다. 상품명은 포마이카(Formica) · 데콜라(Decola) 등이 있다. 경도가 크고 전기절연, 내후성이 우수하다. 내열 · 내수성이 부족하여 외장재로는 부적당하나 아름다운 색깔과 광택이 있어 내장재와 가구재로 쓰인다.

멜라민 치장판에는 멜라민 적층판(melamine laminated plate), 멜라민 보드(malamine board, 멜라민 금속판(melamine metal sheet)으로 구분하기도 한다. 멜라민 적층판은 강도, 내마모성, 내열성을 높이기 위해 착색제와 무늬종이를 멜라민 접착제로 여러 겹 붙여서 압축성형한 판이고 멜라민 보드는 내수성을 강화하기 위해 보드 표면에 멜라민을 도포한 것이며, 멜라민 금속판은 내열, 내수성을 강화하기 위해 알루미늄강판 표면에 멜라민, 알키드 도료를 고온으로 소부(燒付)한 것이다.

그림 11-1 멜라민 치장판

◎ 아크릴 평판 및 골판(acrylate board & acrylate corrugated board)

입상(粒狀) 아크릴 원료에 안료를 혼합하여 열압 성형하면 착색 반투명판 · 투명판 등이 된다. 색은 자유로이 할 수 있으며 상품명으로 아크릴라이트(acrylite) · 플렉시글라스(plexiglass) 등이 있다. 채광판으로 사용되며 두께가 20mm 정도의 것은 통문짝으로 이용되며 엷은 판은 곡면천장, 스테인드유리, 카운터, 간판, 조명기구 등에 쓰인다. 아크릴 골판은 아크릴 원료를 골 롤러(roller)에 통과시켜 골판으로 만든 것인데 휨강도가 크고 투명도가 좋으므로 지붕재, 천장판, 내외부 장식재로 쓰며 착색이 자유롭고 절단, 구멍뚫기 등 가공이 용이하다. 특히 베란다 등의 지붕재료로 많이 사용되고 있다.

◎ 염화비닐판(polyvinyl chloride board)

입상 염화비닐 원료를 가열하여 롤러(roller)를 통하여 투명판, 수장판(착색 및 무늬판), 불투명판, 골판 등으로 만들 수 있다. 색상이나 투명도가 자유로우나 광택이 있는 평판에는 정전기의 발생으로 먼지가 잘 붙는 단점이 있다. 염화비닐 투명판(polyvinyl chloride trans parent board)는 입상 염화비닐 원료를 가열 · 가압하여 성형한 판으로서 무색투명판, 착색투명판 등이 있고 채광 및 장식용으로 쓰인다.

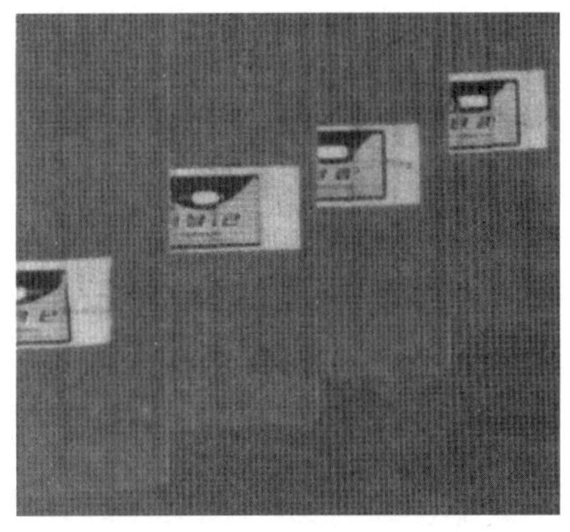

그림 11-2 염화비닐판

염화비닐수장판(polyvinyl chloride board)은 합판, 경질섬유판 등의 바탕에 무늬가 있는 종이, 색지 등을 붙이고 염화비닐 투명막을 씌운 판으로써 아름다운 색채와 무늬가 있어 실내장식재, 가구재 등에 쓰인다. 염화비닐 불투명판(polyvinyl opaque board)은 암면 등의 충전재를 혼합하여 만드는 경우가 있다. 보통합판이나 보드류에 1mm 정도의 염화비닐 엷은 판을 붙여 사용하기도 한다. 두께가 18~20mm판은 통문으로 쓰이며 각종 리브(rib)로도 쓰인다. 염화비닐골판(polyvinyl corrugated board)은 완전투명판으로서 내열 · 내후성이 떨어지므로 벽 · 천장 등의 내장재로 주로 사용한다.

◎ 염화비닐타일(polyvinyl chloride tile)

염화비닐을 주원료로 하여 롤러(roller)로 만든 것으로써 안료를 섞어 만들기 때문에 여러 가지 색깔이 있고 아스팔트타일보다 더 선명하고 엷은 색도 있다. 두께는 2~3mm이고, 30cm각의 크기를 표준으로 하고 착색판 또는 마루판 및 대리석판 형태 등의 각종 무늬판이 있다. 탄력성이 좋고 내마모성 및 내약품성 등이 우수하여 주로 바닥판 재료로 사용

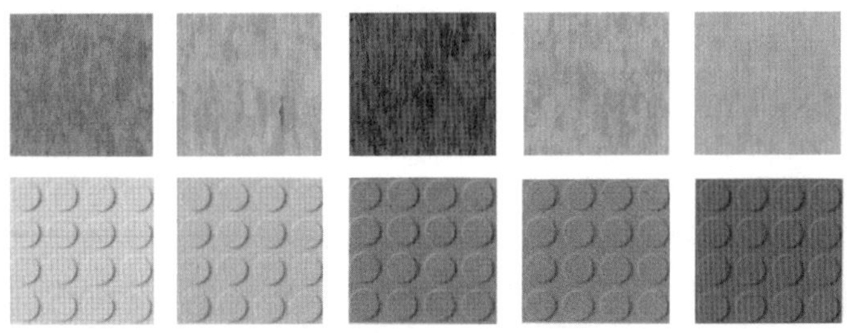

그림 11-3 염화비닐타일

되고 계단의 논슬립용으로도 사용한다. 염화비닐타일의 상품으로는 플라스틱타일, 비닐아스타일, 브렉스타일, 논슬립타일 등이 있다.

◎ 아스팔트타일(asphalt tile)

아스팔트와 쿠마론인덴수지(cumarone-inden resin)를 원료로 하고 목분 및 기타 충전재와 안료를 혼합하여 착색 열압한 것으로서 두께는 3mm 정도이고 크기는 30cm×30cm각이 표준이다. 촉감, 탄력, 미관, 내화학성, 내마멸성이 우수하고 자국이 나도 곧 회복되므로 바닥(마루)수장재로 쓰인다. 그러나 내유성 및 내열성이 낮아 취약한 결점이 있다. 상품은 아스타일 · 에스타일 등이 있다.

◎ 폴리스티렌수지 타일(polystyrene resin tile)

폴리스티렌수지 원료에 충전재 및 안료를 혼합하여 열압 성형한 것으로서, 바탕에 접착이 잘되고 경량으로 보온효과가 있으나 경도가 부족하여 마모되기 쉽고 흠이 생기므로 마루면에는 쓰지 않고 내벽재로 쓴다. 크기는 7.5cm×7.5cm, 11cm×11cm 등 모자이크형인 것이 많이 쓰인다.

◎ 페놀수지판(phenol formaldehyde board)

페놀수지판은 제조하는 방법에 따라 분류하는데, 종이에 페놀수지를 침투시켜 가열 · 가압하여 만든 얇은 판인 베클라이트평판(bakelite board), 목재박판을 페놀수지액에 담갔다가 수매씩 겹쳐 가열 · 가압하여 판을 만든 강화목재 적층판, 합판 표면에 페놀수지를 침투시킨 종이를 한 층만 붙이고 가열 압축시켜 만든 페놀수지 치장판이 있다. 베클라이트 평판은 견고한 재료로 합판 대용으로 쓰이고 강화목재 적층판은 구조체나 벽체에 사용될 수 있는 유망한 재료이다.

◎ 폴리스티렌 투명판(polystyrene transparent board)

폴리스티렌수지를 가열하여 틀(mold)에 주입, 성형한 것이다. 두께가 2mm 이상이고 무색투명하며 투과율이 90% 이상으로 채광판에 사용되나, 내후성이 부족하고 황색화되어 투광률이 감소되는 결점이 있다. 착색판은 장식용으로 쓰이며 값이 싸다.

◎ 초산섬유소판(accetyl cellulose board)

초산섬유소수지로 성형한 얇은 판으로서 인화성이 없고 투명도가 좋아서 채광판으로 쓰이며 상품으로는 셀라네스 아세테이트(celanese acetate)가 있고 두께는 0.1~6.5mm의 것들이 있어 채광판, 전기기구 등에 쓰인다.

◎ 비닐스펀지판(polyvinyl-sponge sheet)

염화비닐수지를 원료로 하고 가소재, 충전재, 발포제 등을 혼합하여 만든 유공질판으로서 탄성이 좋고 단열 · 흡음성이 있어 내장재 · 방음재 · 보온재로 쓰인다.

(2) 바닥판재

◎ 염화비닐타일(polyvinyl chloride tile)

염화비닐에 가소제를 섞어서 연질물로 만든 것에 충전재로 석분·코르크분말 등을 혼합하고, 안료를 섞은 것을 가열하면서 롤러로 압연 성형한 것이다. 탄력성이 좋고 내마모성이 있으며 내약품성이 좋다. 두께는 2~3mm의 것이 있고 크기는 30.5cm×30.5cm각을 표준으로 여러 가지가 있으며 착색판·무늬판 등이 있고 색은 아스팔트타일보다 더 선명하고 엷은 색도 만들 수 있다. 바닥판 재료의 용도 이외에 계단의 논슬립용으로도 사용되고 있다. 상품으로는 플라스틱타일·비닐아스타일·브렉스타일·논슬립 등이 있다.

◎ 비닐시트(polyvinyl chloride sheet)

염화비닐과 초산비닐의 공중합체(共重合體)를 원료로 하여 펄프 등을 충전재로 쓰고 안료를 혼합하여 열압 성형한 시트로서 폭 90cm, 두께 2.5mm 이하의 두루마리형으로 되어 있다. 여러 가지 색채를 나타낼 수 있고 부드럽고 보행촉감이 좋으며 자국이 나도 회복되기 쉽고 마모도 적으므로 목조마루, 온돌, 콘크리트바닥 등의 바탕에 자유로 이용할 수가 있어 널리 쓰인다. 상품은 론륨, 플라스륨, 비닐륨 등이 있다.

◎ 스펀지시트(sponge sheet)

염화비닐수지를 원료로 하고 가소제·충전재·발포제 등을 혼입하여 스펀지층 위에 두께 0.3mm의 염화비닐의 착색막을 붙여서 만든 것으로 탄력성이 크며 내마모성·단열성·방음성이 우수하므로 바닥 및 내벽재로 쓰인다.

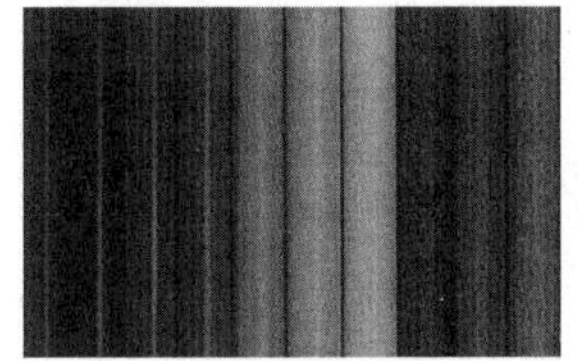

그림 11-4 비닐시트

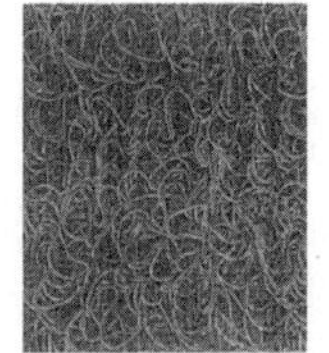

그림 11-5 스펀지시트

◎ 비닐타일(vinyl tile)

비닐타일은 아스팔트, 합성수지, 광물분말, 안료 등을 혼합 가열하여 시트형으로 만들어 30cm각 정도로 절단한 판이다. 염화비닐을 주원료로 한 비닐타일과 쿠마론인덴수지를 주원료로 한 비닐아스타일(vinyl-as-tile) 등이 있다. 촉감, 미관, 탄력이 좋고 내화학성이 있으며 마멸성이 작아 자국이 나도 곧 회복되므로 바닥마감재 또는 마루재 등으로 쓰인다. 특히 쿠마론 인

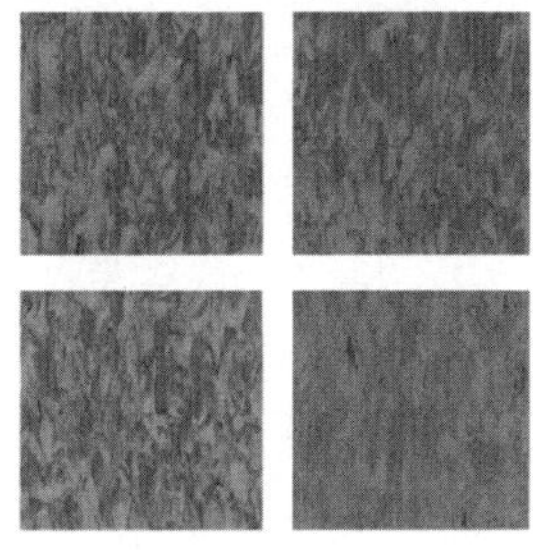

그림 11-6 비닐타일

덴수지(cumarone–inden resin)을 주원료로 하여 만든 비닐아스타일은 22종 이상으로 색채가 선명하고 촉감이 좋은 바닥재이다.

◎ 비닐코르크시트(vinyl cork sheet)

코르크판 위에 0.5~1mm 두께의 비닐 연질막을 씌운 것과 코르크분말을 충전재로 한 비닐판의 2종이 있다. 바닥에 깔면 탄성이 있고 마모가 적으며 흡음 및 보온효과가 있어 바닥재로 쓰이며 리놀륨보다 미끄럽지 않다.

◎ 리놀륨(linoleum) · 리놀륨타일(linoleum tile)

리놀륨은 아마인유(亞麻仁油)의 산화물인 리녹신(linoxyn : linokish resin)에 수지, 고무질물질, 코르크분말, 안료 등을 섞어 마포 같은 데에 발라 두꺼운 종이 모양으로 압연 성형한 제품으로 바닥이나 벽의 수장재로 쓰인다.

리놀륨을 리놀리움이라고도 하며 깨끗하고 부드러우며 내열성 및 탄력성이 있어 바닥재로 사용하면 부드럽고 보행 촉감도 좋다. 벽의 수장재로도 쓰인다. 리놀륨의 두께는 2~4mm, 폭은 1.8m, 길이는 2.7m가 1권으로 되어 있고 빛깔은 차색(茶色)과 초록색 2종이 있다. 리놀륨타일은 리놀륨과 동질이고 뒤에 마포는 대지 않는다. 두께는 2~3mm이고 크기는 30cm×30cm각 또는 90cm×180cm의 2종이 있으며 단색과 대리석 무늬가 있다.

그림 11–7 리놀륨 · 리놀륨타일

(3) 레더 및 필름(leather & film)

◎ 비닐레더(vinyl leather)

염화비닐에 가소제를 넣어 잘 이겨서 안료와 안정제를 혼합한 후 이를 바탕이 되는 면포와 함께 캘린더 롤러(calender roller)에 통과시켜 만든 것으로서 색채, 모양, 무늬 등을 자유롭게 할 수 있고 표면을 가죽 모양의 레더스킨(leather skin)으로 만들 수 있다. 상품으로는 비닐레더, 비닐반시트, 론픽스 등이 있고 연질이며 흡음성 및 신축성과 인장력이 크다.

면포로 된 것은 찢어지지 않고 튼튼하다. 벽지, 천장지와 가구 등에 많이 이용된다. 두께는 0.5~1mm이고 폭은 1m에 길이는 10m 두루마리(roll)로 만든다.

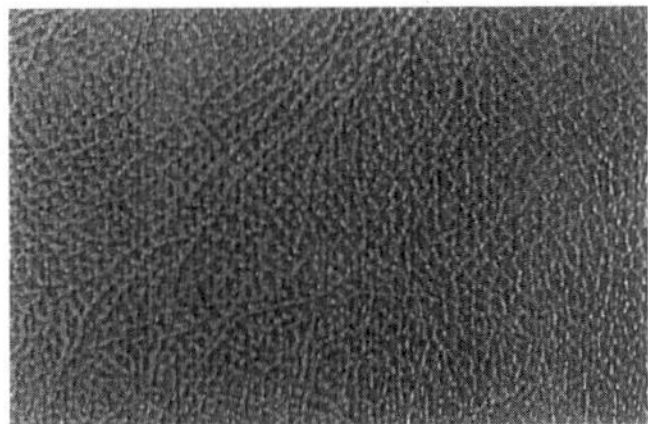

그림 11-8 비닐레더

◎ 비닐길트(vinyl gilt)

두께 0.5mm 정도의 비닐필름 2장 사이에 솜을 넣고 고주파 필터로 적당한 간격을 두어 앞뒷장을 용착시킨 것으로 보통 레더보다 흡음성이 크고 부드러워 천장, 내벽의 음향조절 재로 쓰인다. 상품으로는 론길트가 있다.

◎ 염화비닐필름(polyvinyl chloride film)

염화비닐에 가소제를 혼합하여 캘린더 롤러로 압축하여 만든 엷은 막으로 되어 있는 것으로서, 보통 PVC 필름이라고도 한다. 두께는 0.05~0.2mm 정도이고 연질품, 경질품이 있다. 커튼, 테이블크로스, 방수막으로 사용된다.

그림 11-9 염화비닐필름

◎ 폴리에틸렌필름(polyethylene film)

폴리에틸렌수지에 가소제를 혼합하여 캘린더 롤러로 압축하여 만든 엷은 막으로 되어 있는 것으로서 염화비닐보다 유연하며 내열성이 있고 흡수가 적다. 햇빛의 영향을 극히 적게 받고

강산이나 강알칼리에 영향을 받지 않으며 반투명이고 착색이 자유롭다. 주로 염화비닐과 같은 용도로 사용되지만 방수재로 돔(dome)지붕 등에 이용할 수 있다.

◎ 수지가공지

크라프트지와 같은 두꺼운 종이의 한 면에 수지를 칠하여 방습, 방수의 효과를 나타내므로 방수지로 사용하게 된다.

(4) 플라스틱관류

◎ 경질염화비닐관(polyvinyl pipe)

염화비닐에 안정제, 안료를 첨가하여 가열한 것을 압출, 성형하여 관으로 만든 것이다. 시중에서는 통상 PVC 파이프라고 부른다.

그림 11-10 경질염화비닐관

색깔은 회색이고 안지름은 13~148mm이며 관 내벽이 매끈하여 유체저항이 적어서 유량이 철관보다 30% 정도 증가하며, 내식성이 있고 가공이 용이하며 용제접착이 가능하다. 또한 전기불량도체이다. 사용온도 범위는 −20℃~45℃이며 열팽창은 강의 6배이다. 그러나 탄성계수와 강도가 작고 내열성이 낮아 급·배수관 및 전선관 등에 주로 이용된다.

◎ 염화비닐 홈통(polyvinyl gutter)

염화비닐 원료에 안정제를 넣어서 가열, 압축 성형한 홈통으로서 두께는 1~15mm 정도이고 직경은 처마홈통은 8.5~10mm, 선홈통은 5.1~5.5cm의 것이 있다. 색은 회색이고 에스론홈통(S-lone gutter)이라고도 한다.

◎ 염화비닐 튜브(polyvinyl tube)

연질비닐을 압축 성형한 것으로서 두께는 0.1~1.0mm이고 색은 무색·백색·회색·흑색·오랜지색 등이 있다. 100~120℃로 가열하면 직경방향으로 30~60% 수축하는 것과 반대로 10~20% 팽창하는 것이 있다. 수축되는 것은 막대 혹은 관 등의 표면피복재로 쓰이며, 팽창하는 것은 관 내에 넣어 내부 피복재로 쓰인다. 강관의 녹막이 방지 피복재 또한 미관 보존 등에 사용한다.

◎ 폴리에틸렌수지관(polyethylene resin pipe)

폴리에틸렌수지 원료를 고압 또는 저압으로 압축 성형한 관 제품으로서 시중에서는 통상

PE 파이프라고 부른다. 고압압축법에 의한 것은 다소 부드럽고 저압압축법에 의한 것은 약간 경질이다. 상품으로는 폴리나이트, 하이렉스 등이 있고 염화비닐파이프와 같은 곳에 사용되며 내열성이 있어 가격이 비싼 편이다.

녹이는 용제가 없어 접착이 불가능하다는 단점이 있다.

그림 11-11 폴리에틸렌수지관

◎ 페놀수지관(phenol resin pipe)

페놀수지관은 전기재료로 사용되는 것이 많고 목면, 펄프, 유리, 섬유 등을 기재(基材)로 한 것이 많다. 상품 중 카베트관은 흑회색으로 화학폐액관 등으로 이용되고 있다.

◎ 플라스틱 밸브(plastic valve)

급배수전으로 내구성과 내식성이 큰 제품으로 아크릴수지 · 폴리에틸렌수지 · 염화비닐수지 등으로 만든 것이 있다. 이것은 투명체여서 액체의 유동상태가 그대로 보이기 때문에 편리한 점이 있다.

(5) 다포질 제품

◎ 플라스틱 스펀지(plastic sponge)

각종 합성수지를 원료로 하고 가소제 · 발포제 등을 혼합하여 유공질은 해면상(海綿狀)으로 만든 제품으로서 단열성이 크고 흡음률이 높으며 가공이 쉽고 절단하기에도 쉬울 뿐만 아니라 접착도 간단하여 단열재 또는 흡음재로 많이 사용된다. 종류는 염화비닐 스펀지(상품명은 스티로폼), 폴리우레탄폼, 합성고무 스펀지 등이 있다.

◎ 허니콤(honeycomb)재

얇은 염화비닐판이나 페놀수지액에 적신 크라프트지 등을 사용하여 여러 겹으로 겹치거나 또는 벌집 모양으로 만든 제품을 총칭하여 허니콤재라고 하는데, 이 허니콤의 특징은 단열과 흡음이 좋고 코어로서의 강도가 충분하다는 것이다. 허니콤재는 주로 천장이나 내부 벽체에 흡음재로 사용되고 있다.

얇은 염화비닐의 작은 골판을 방향이 서로 직각되게 몇 층씩 겹쳐 붙인 제품인 염화비닐 허니콤판(polyvinyl honeycomb board)이 있는데 이 제품은 두께가 2.5cm, 크기는 60cm×60cm각으

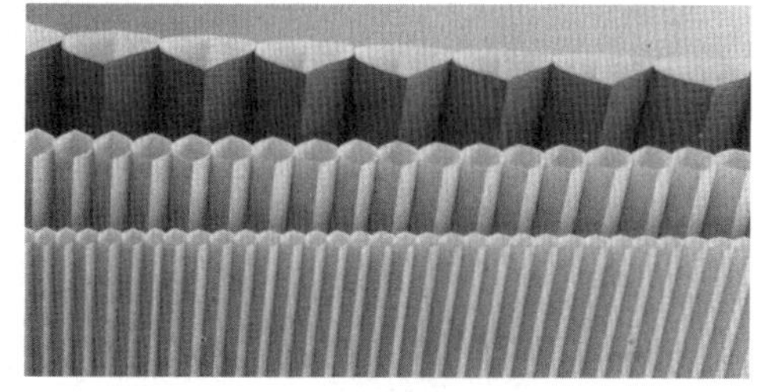

그림 11-12 허니콤재

로서 흡음판으로 쓰인다.

페놀수지액을 크라프트지에 침투시켜 골판으로 만들어 적층하거나 벌집 모양으로 만든 페놀 침투지 허니콤 코어(phenol sheet honeycomb core board)가 있는데 이 제품은 단열, 흡음성이 있는 내장재로 쓰인다. 근래에는 허니콤 코어를 이용하여 벌집심 플러시도어(honeycomb core flush door) 또는 벌집심 합판(honey core plywood) 등의 제품이 나오고 있다.

(6) 합성수지 섬유제품

◎ 염화비닐리덴 섬유(polyvinylidene chloride fiber)

염화비닐에서 얻은 염화비닐리덴을 용해하여 실로 만들고 그것으로 직물을 짠 것이다. 천으로 된 것과 망사로 된 것이 있고 강도, 내수성, 내화학성, 난연성 등이 있어 베니션 블라인드(venetion blind), 양탄자, 천막, 방충막, 벽지, 의자커버 등 여러 곳에 사용된다. 외부에 오래 방치하면 황색으로 변색되며 유연성이 떨어진다.

◎ 비닐계 섬유(vinyl fiber)

염화비닐을 용해하여 실로 만들고 그것으로 직물로 짜서 만든 염화비닐 제품(상품명은 로빌), 폴리비닐알코올을 원료로 하여 실로 만들고 그것으로 직물로 짜서 만든 폴리비닐알코올 제품(상품명은 비닐론) 등이 있다. 일반적으로 내열성이 좋으나 수축성이 큰 것이 단점이다. 직물용으로 망사, 베니션 블라인드 등의 커튼, 스크린(screen) 등에 사용된다.

◎ 폴리에스테르 섬유(polyether fiber)

폴리에틸렌(polyethylene)을 용융하여 실로 만들고 그것으로 직물을 짜서 만든 섬유로서 흡습성이 적고 내산성, 내열성, 전기절연성이 뛰어난 나일론의 성질과 비슷하다. 상품명은 테릴렌(영국산), 테토론(미국산) 등은 가구, 실내장식재 등으로 쓰인다.

(7) 기타 플라스틱 제품

◎ 신축줄눈대(expansion joint)

신축줄눈대는 온도변화 등에 의한 부재의 신축에 의해 균열 · 파괴를 방지하기 위하여 일정한 간격으로 대는 막대 모양의 줄눈재료를 말한다. 줄눈이음대라고도 한다.

실리콘고무(silicone rubber) · 테플론(teflon) 등의 탄력성이 있는 성형품과 코킹 · 퍼티 등의 충전재인 줄눈재료가 있다. 성형품은 내구성 · 내수성이 크고 내열성이 좋다. 반경질 염화비닐의 신축줄눈도 있다. 석조의 줄눈재료용으로 실리콘고무가 있으며 테플론은 고열에 견디므로 보일러의 패킹(packing)으로 사

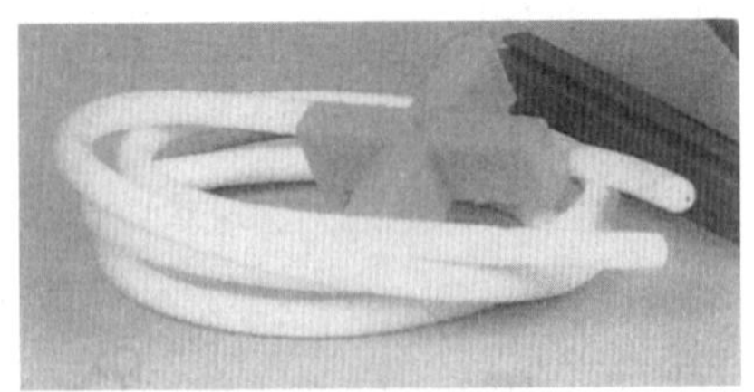
그림 11-13 신축줄눈대

용된다. 이 제품은 건축용 줄눈에 널리 이용되고 있다.

◉ 조이너(joinner)

합판 또는 하드보드 등 판재의 이음새를 덮기 위한 줄눈재료이다. 조이너는 보통 경질염화비닐로 만들어 천장, 벽체 등의 줄눈재 혹은 의장효과를 내기 위한 부속재료로 사용된다.

(8) 도장 마감재료

◉ 비닐모르타르(vinyl mortar)

염화비닐을 녹인 용액이나 초산비닐에멀션(물로 혼합된 것) 등을 시멘트모르타르에 혼합하여 바르면 광택이 나고 인장강도가 증대된다. 접착성이 크고 방수성이 있으나 내구성은 불명확하여 아직도 미지수로 남아 있다. 지붕방수재의 신축줄눈, 함석의 녹막이 도장, 단열재 도장 등에 쓰이고 바닥에 바르면 탄성이 있어 보행촉감이 좋아진다. 상품은 유니온모르타르 라바니르 등이 있다.

◉ 플라스틱 라이닝(plastic lining)

플라스틱 두께 1~2mm 정도의 필름을 연속적으로 붙여 나가거나 또는 두껍게 바르는 것인데 내식성 · 내수성 등이 증대된다. 염화비닐 · 초산비닐 · 폴리에스테르 등이 사용되고 수조, 약품 저장조 등의 내벽 또는 지하실 방수 등에 쓰인다.

12 미장재료

12-1 개 요

미장재료(plastering materials)는 건축물의 내외벽 · 바닥 · 천장 등의 미화, 보호, 보온, 방습, 방음, 내화, 내마멸 등을 목적으로 적당한 두께로 발라 마무리하는 재료이다. 도장재료와는 여러 가지 점으로 구별할 수 있겠으나, 일반적으로 도장재료는 두께가 얇은 재료인데 비해 미장재료는 어느 정도 두께를 갖는 재료라 할 수 있다. 미장재료는 경화 후 마감층의 성능을 결함 없이 발휘하기 위하여 단일재료로 사용되는 경우보다 주로 복합재로 사용되고 있다. 미장바름 재료란 미장재료[원료]를 현장에서 배합하여 만든 것을 말하며 그 종류는 여러 가지가 있다.

미장재료가 요구되는 성능으로는 미관 유지, 균열발생의 방지, 적절한 강도 및 내구성 유지, 시공 중 작업성 양호, 연성 및 가소성 보유, 부착성 좋음 등을 들 수 있다. 따라서 미장재료를 선택 및 사용 시에는 이와 같은 요구 성능을 고려한다.

12-2 미장재료의 구성재료

미장재료는 몇 가지 원료를 배합 · 조성하여 사용하는데 그 안에서 각 성분의 역할에 따라 결합재 · 골재를 기본으로 하고, 여기에 첨가하는 보강재료 · 혼화재료로 구분하여 생각할 수 있다. 결합재(結合材)는 그 자신이 물리적 또는 화학적으로 고화(固化)하여 미장바름의 주체가 되는 재료로 시멘트 · 석회 · 석고 · 돌로마이트 석회 · 점토 등이 있다.

골재는 결합재의 결점인 수축균열과 점성 및 보수성의 부족을 보완하거나 응결경화시간의 조절 또는 치장의 목적으로 쓰이는 재료로 모래 · 종석 · 경량골재 · 돌가루 등이 있다. 보강재료는 주로 균열방지 및 증량 목적으로 혼합하여 부분적으로 사용되며 그 자신은 직접 고화에 관계하지 않는 재료로 여물 · 풀 · 수염 · 와이어라스 · 메탈라스 등이 있다. 위와 같은 재료 이외에 혼화재료(混和材料)로 미장바름에 쓰이는 여러 가지 착색재가 있고 방수 · 내화 · 단열 · 차음 · 방재 · 음향 등의 효과를 얻기 위한 재료가 있으며, 미장바름에 있어서 응결시간을 단축시켜 신속하게 하거나 반대로 연장시키기 위한 첨가재료로 촉진제 · 급결제 · 치완제 등이 있다. 이러한 재료들은 미장바름의 목적, 바탕의 재료 및 형상 등에 따라 선택 사용되어야 한다.

(1) 미장용 결합재(binder)

◎ 시멘트(cement)

미장용 결합재로 사용되는 시멘트는 보통포틀랜드시멘트(KS L 5201), 고로슬래그시멘트(KS L 5210), 플라이애시시멘트(KS L 5211)를 사용하고 백색시멘트 백색포틀랜드시멘트(KS L 5204)를 사용한다. 주로 시멘트모르타르(cement mortar)를 만드는 데 사용한다.

◎ 석회(lime)

미장용 석회(石灰)는 소석회(hydraulic lime)를 말한다. 석회석을 분쇄하여 고온으로 구우면 색석회(生石灰)가 되고 다시 물을 부어 소화시키면 백색의 분말인 소석회(消石灰)가 된다. 이 소석회를 물로 반죽하여 바르면 건조하면서 굳어지는데, 그것은 공기 중에서 이산화탄소를 흡수하여 석회석의 성분으로 변하기 때문이다. 따라서 이러한 소석회의 특성을 이용하여 회반죽, 회사벽의 주원료로 사용한다.

◎ 석고(gypsum)

석회질 광물의 하나인 석고(石膏) 원석을 가열하면 소석고(burnt gypsum)가 되는데, 이 소석고(燒石膏)에 물을 가하면 차츰 용해되어 결정수(結晶水)를 얻어 경화한다. 이러한 석고의 특성을 이용하여 석고플라스터(gypsum plaster)를 만드는 데 주원료로 사용한다.

◎ 돌로마이트 석회(dolomite line)

석회암(石灰岩) 중 마그네시아를 함유하는 백운암(白雲岩)을 구워 가수(加水)하여 분말화한 것이 돌로마이트 석회이다. 이를 마그네시아 석회(magnesia lime)이라고도 한다. 이 석회는 점성(粘性) 및 보수성이 커서 풀을 별도로 넣을 필요가 없이 미장용으로 사용할 수 있는 이점 때문에 돌로마이트 플라스터(dolomite plaster)를 만드는 데 주원료로 사용되고 있다.

◎ 점토(clay)

미장용 재료로 쓰이는 점토는 진흙, 새벽흙, 황토(黃土) 등이 있고, 이 점토에 모래, 짚여물 등을 물반죽하여 흙바름에 사용한다. 근래에는 황토를 분말화하여 물과 혼합하여 바르는 황토바름이 널리 이용되고 있다.

(2) 미장용 골재(aggregate)

◎ 모래(sand)

미장용 모래는 강모래를 사용하는 것을 원칙으로 하고, 바다모래를 사용하는 경우에는 물씻기를 하여 염분을 완전히 제거하는 것으로 한다. 때로는 부순모래를 사용하는 경우도 있다.

모래는 유해한 양의 먼지 · 흙 · 유기불순물 · 염화물 등을 포함하지 않아야 하고 내화성 및 내구성이 있는 것으로 한다.

◎ 종석(stone chip)

종석(種石)은 화강석 · 석회석 · 대리석 · 기타 자연석을 부수어 잔알로 만든 것으로, 인조석 또는 테라조(terrazzo)에 주로 쓰인다. 종석은 단단하고 미려하며 지나치게 납작하거나 얇지 않은 것을 사용한다.

◎ 경량골재(light weight aggregate)

경량골재는 보통골재보다 비중이 작은 골재를 말하는 것으로, 미장용 경량골재로는 무기질계 경량골재인 펄라이트 및 질석 또는 팽창혈암 및 소성 플라이애시 등이 쓰이고, 유리질계 경량골재인 합성수지의 발포골재도 사용하는데 이 골재는 특히 시험 도는 신뢰할 수 있는 자료에 의해 품질이 인정된 것을 사용한다.

◎ 돌가루(stone dust)

돌가루(石粉)는 석회석 등을 분쇄하여 만든 돌의 분말을 말하는 것으로서, 시멘트와 종석만으로는 밀실히 다지기가 곤란하고 부배합의 시멘트가 건조 · 수축할 때 생기는 균열을 방지하기 위해 혼입하는 데 쓰인다.

(3) 미장용 보강재료(reinforced materilas)

◎ 여물(hair)

바름에 있어 재료의 끈기를 돋우고 재료가 처져 떨어지는 것을 방지하고 흙손질이 쉽게 퍼져나가는 효과가 있으며, 바름 중에는 보수성을 향상시키고 바름 후에는 건조에 따라 생기는 균열을 방지한다. 여물의 섬유는 질기고 가늘며 부드럽고 흰색일수록 상품으로 친다. 마디가 있거나 엉킨 것은 피하고 섬유 오리(strip)가 굵고 빛깔이 짙으며 빳빳한 것일수록 하품이고 초벌바름에 쓴다.

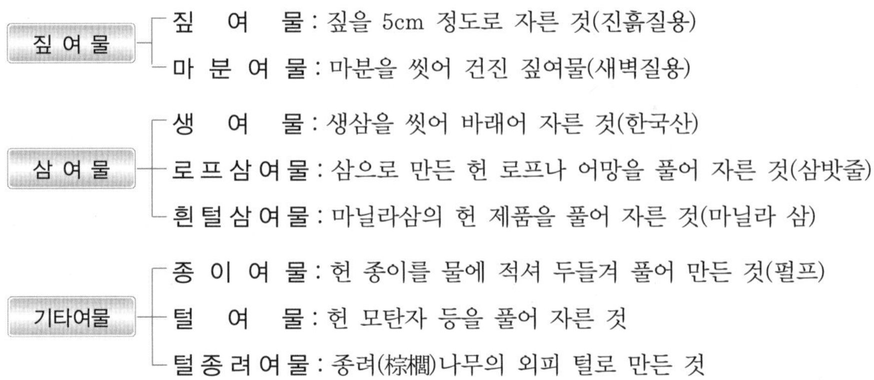

◎ 수염

졸대 바탕 등에 거리 간격 20~30cm 마름모형으로 배치하여 못을 박아 대고 초벌바름과 재벌바름에 각기 한 가닥씩 묻혀 발라 바름벽이 바탕에서 떨어지는 것을 방지하는 역할을 하는 것으로 풀이나 여물과는 다소 다르다.

수염은 충분히 건조되고 질긴 삼(靑麻), 어저귀(줄기 껍질을 이용), 종려털(棕櫚毛) 또는 마닐라 삼을 쓰며 길이는 벽용은 700mm 내외, 천장용은 550mm 내외(벽쌤홈용은 350mm 내외)이다.

◎ 풀

풀(糊)을 넣으면 점성이 늘어나 바르기 쉽고 물기를 유지하며 바름 후 부착이 잘 되게 한다. 풀은 주로 해초풀을 써 왔으나 근래에는 합성수지계의 화학합성 풀을 쓰기도 한다.

1) 해초풀

물에 끓인 해초용액을 채로 걸러 회반죽 등에 섞어 쓰는 풀로서 듬북(角叉), 풀가사리(布海苔·天草), 은행초(銀杏草) 등을 쓴다. 미장재료로는 살이 두껍고 잎이 작은 것이 풀기에 좋다.

2) 화학합성 풀

① MC(methyl-cellulose) : 수용성의 흰 분말로서 소량으로 점성의 효과를 증대시킨 것이 특징이다.

② PVA(polyvinyl alcohol) : 비닐론(vinylon) 제조과정에서 나온 수용성 분말로서 점성은 MC보다 떨어지나 내수성이 증대한다.

③ CMC(carboxymethyl-cellulose) : 펄프에서 제조된 수용성의 분말로서 점성은 우수하나 내수성이 떨어지고 알칼리에 약하다. 섬유벽재로 쓰이고 있다.

④ 초산비닐수지 에멀션 : 초산비닐수지를 유화중합(乳化重合)하여 만든 젖빛(乳白)의 용액이다.

⑤ 기타 : 우유단백질인 카세인, 가용성 전분이 있다.

◎ 와이어라스(wire lath)

와이어라스는 미장바름의 균열방지를 목적으로 사용되는 미장 바탕용의 철망으로서, 철선을 엮어서 그물같이 만든 것이다. 아연도금한 연강선의 철선을 사용하여 마름모꼴(菱形), 갑형(甲形), 둥근형(丸形) 등의 모양으로 만든다. 철망의 그물눈은 20mm, 25mm, 32mm, 38mm이다. 품질은 한국산업규격(KS F 45513)에 규정되어 있다.

◎ 메탈라스(matal lath)

메탈라스는 얇은 강판에 마름모꼴의 구멍을 연속적으로 뚫어 그물처럼 만든 것으로 천장 · 벽 등의 미장바름의 균열방지를 목적으로 사용한다. 종류로는 평라스(보통 메탈라스), 파형(波形, 골주름)라스, 리브(lib)라스, 시트(sheet)라스, 와이어(wire)라스 등이 있다. 품질은 한국산업규격(KS F 4552)에 규정되어 있다.

(4) 미장용 혼화재료(admixture additive)

미장용 혼화재료는 콘크리트용 혼화재료와도 같은 것이나 미장공사의 현장시공용 반죽에 혼화재료를 사용하면 작업성의 증대, 방수 · 방동 등의 저항성을 주며 착색 또는 응결시간 조절이나 강도 증진의 역할을 하게 된다. 작업성을 좋게 하고 증량되며 재료의 경제성을 높여주기 위한 혼화재로서, 종래에는 화산회(火山灰) · 규조토가 쓰였으나 근래에는 소석회, 돌로마이트 플라스터, 석회석분, 규석분, 고로슬래그가루, 규산백토 · 가용성 백토 등이 쓰이고 최근에는 플라이애시(fly-ash), 포졸란(pozzolan)이 사용되고 있다.

◎ 방수제

방수효과를 내기 위하여 사용되는 방수제로는 공극 충전에 의한 것으로 소석회 · 점토 · 석분 등이 있고 화학반응에 의한 것은 물유리 · 지방산염 · 명반 등이 있으며, 바름방수제로서 방수성질을 가진 화학적 화합물을 용제에 녹인 것과 산알루미늄 · 실리콘수지용제 용액 · 염화비닐용액 · 초산비닐유제 등이 쓰인다.

◎ 방동제

방동을 목적으로 사용되는 방동제로서 염화석회 또는 식염이 주로 쓰인다. 또 미장바름 속에 기포를 만들어 동결에 의한 팽창력을 완충시킴으로써 파괴를 피하고자 AE제를 방동제로 사용하기도 한다.

◎ 착색제

미장용 착색제로는 무기질의 금속산화물이 쓰이는데, 인공적인 것보다는 천연적인 것이 많다. 천연산으로 얻을 수 없는 색에는 인공의 무기질안료나 유기질안료가 쓰인다. 이들 안료는 단독으로 쓰거나 적당한 비율로 혼합하여 각종 색깔을 만들어 쓴다. 착색제에는 합성

산화철, 카본블랙(carbon-black), 이산화망간, 산화크롬 등이 있다.

촉진제(accelerator admixtures)

응결시간 조절을 위해 미장바름에 첨가되는 재료를 응결조정제라고 하며 응결시간을 단축시키는 것을 촉진제, 특히 응결시간을 신속히 단축시키는 것을 급결제(quick setting admixtures), 반대로 응결시간을 연장시키는 것을 지연제(retarder)라고 한다.

촉진제 또는 급결제의 대상이 되는 것은 주로 포틀랜드시멘트의 경우로서 누수구멍 막음, 물체 고정 등 급속한 응결을 요할 때 사용한다. 촉진제로는 염화석회 · 물유리 등이 있고 급결제로는 염화칼슘 · 규산소다 등이 있다. 지연제의 대상이 되는 것은 석고플라스터(소석고)이다. 석고플라스터에 사용하는 지연제로는 아라비아고무 · 해초풀 · 젤라틴(gelatine ; 아교) · 전분(澱粉) · 붕사(硼砂) 등이 있다.

12-3 미장재료의 분류

미장재료는 공기 중의 탄산가스의 작용으로 경화하는 기경성(氣硬性) 재료와 물과 화학변화하여 경화하는 수경성(水硬性) 재료 또한 화학반응에 의해 경화하는 화학경화성 재료와 액상의 물질이 고체화되어 가는 고화성(固化性) 재료로 분류할 수 있다.

표 12-1 미장재료의 분류

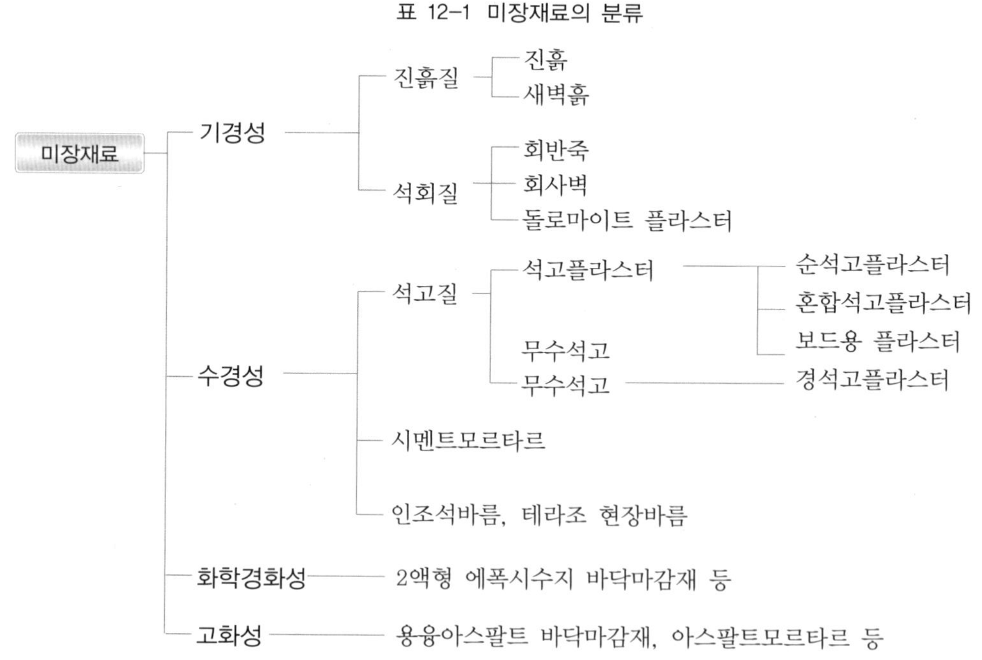

미장재료는 현장에서 배합하여 사용한 것이 일반적이지만 제조공장에서 배합하여 현장 시공 시 편리하게 사용되도록 만들어진 기배합재료도 있다. 기배합재료로는 기배합 시멘트 모르타르, 기배합 석고플라스터, 기배합 회반죽, 기배합 돌로마이트 플라스터, 단열모르타르, 유색시멘트모르타르, 합성수지 플라스터, 셀프레벨링재(self leveling materials) 등이 있다. 미장재료를 고결과정별로 구분하여 분류하면 표 12-1과 같다.

12-4 각종 미장재료

(1) 시멘트모르타르(cement mortar)

시멘트모르타르는 시멘트를 결합재로 하고 모래를 골재로 하여 이를 혼합해서 물반죽하여 쓰는 미장재료로서 다른 미장재료보다 내구성 및 강도가 크고 또한 가장 많이 사용하고 있는 재료이다. 보통 모르타르바름(cement mortar coating, cement plastering)이란 시멘트모르타르바름을 말한다. 시멘트모르타르에 사용하는 시멘트는 보통포틀랜드시멘트(normal portland cement), 고로슬래그시멘트(blast-furnace slag cement), 플라이애시시멘트(fly ash cement), 실리카시멘트(silica cement) 및 백색포틀랜드시멘트(white portland cement)가 대부분 쓰이고, 모래는 깨끗하고 유기질물이나 기타 유해한 흙·먼지 등이 함유되지 않는 양질의 것을 체로 쳐서 사용한다.

표 12-2 시멘트모르타르의 종류

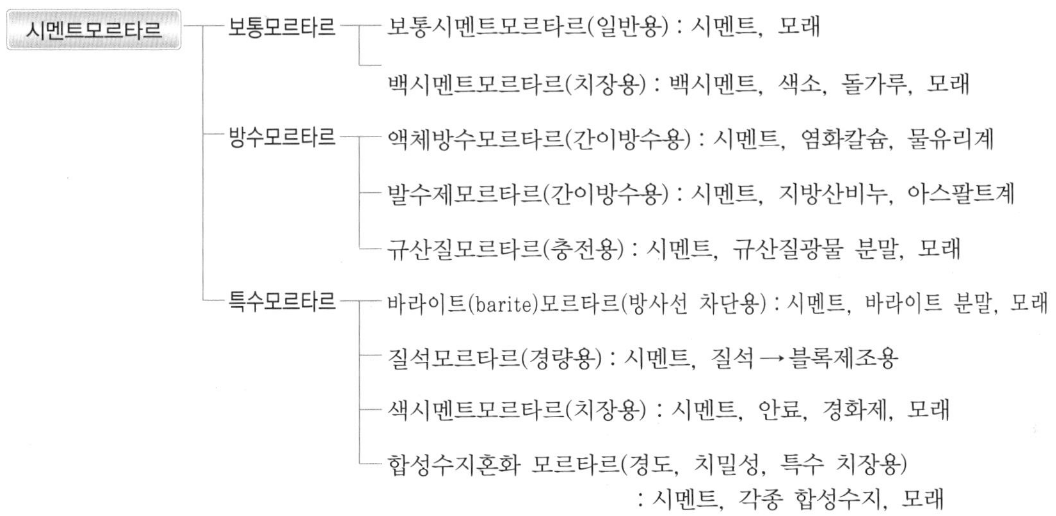

또한 모래는 초벌 · 재벌용은 굵은모래(5mm체에 100% 통과, 0.15mm체에 10% 이하 통과)를 쓰고 정벌용은 가는모래(2.5mm 체에 100% 통과, 0.15mm체에 10% 이하 통과)를 쓴다.

시멘트모르타르는 시멘트, 모래 이외에 각종 혼화재를 사용하기도 하는데 여기에 사용하는 혼화재로는 돌가루(石粉) · 플라이애시(flyash) · 규산백토 · 돌로마이트 플라스터(dolomite plaster) · 소석회 등의 무기질물계의 혼화재와 각종 합성수지의 합성수지계 혼화재가 있다.

(2) 기배합 재료

현장에서 배합작업을 간략화하고 재질을 균일화시키기 위해 시멘트, 골재, 혼화재료, 보강재료 등을 공장에서 미리 배합한 분말체로서 공사현장에서 적당량의 물을 가하여 반죽상태로 사용한 재료이다. 접착강도를 개선하기 위해 시멘트혼화용 폴리머 분산제 또는 유화형 분말수지를 혼입하기도 한다. 주로 바름두께 10mm 이하인 얇게 바름재로서 바탕면의 평활을 조정하기 위해 사용한다.

◎ 라스 바탕용 기배합 시멘트모르타르, 시멘트모르타르 얇게 바름재

라스 바탕용 기배합 시멘트모르타르는 시멘트에 골재, 혼화재료 등을 공장에서 배합하여 만든 것으로서 한국산업규격(KS F 4716 : 시멘트계 바탕 바름재)에 합격한 것을 적당량의 물을 더하여 반죽상태로 사용한다.

시멘트모르타르 얇게 바름재는 시멘트계 바탕 바름재와 얇게 바름용 모르타르로 구분된다. 시멘트계 바탕 바름재는 시멘트에 내구성이 있는 골재, 무기질혼화재, 수용성 수지 등을 공장에서 배합한 분말체로 제조업자가 지정한 비율의 시멘트혼화용 폴리머 분산제와 혼합한 기배합 재료 또는 폴리머 분산제 대신에 유화형 분말수지를 사용한 분말체만으로 구성된 기배합 재료로서 공사현장에서 적당량의 물을 더하여 반죽상태로 사용하며, 한국산업규격(KS F 4716)에 합격한 것으로 한다.

얇게 바름용 모르타르는 시멘트, 합성수지 등의 결합재, 세골재, 무기질계 분체 및 섬유재료를 주원료로 하여 주로 내외벽 뿜칠, 롤러칠, 흙손질 등으로 시공하는 바름재로서 한국산업규격(KS F 4715 : 얇은 마무리용 벽 바름재)에 합격한 것을 사용한다.

그림 12-1 시멘트모르타르 얇게 바름재(기배합 시멘트모르타르)

◎ 단열모르타르(heat insulation mortar)

단열모르타르는 팽창질석을 사용한 시멘트(KS L 5216), 골재(펄라이트 · 석회석 · 화성암 등), 보강재료(유리섬유 · 부직포 등), 혼화재료(포졸란, 석회석분, 감수제 등) 등을 공장에서 배합하여 만든 것으로서, 적당량의 물을 더하여 반죽상태로 사용한다.

단열모르타르는 열전도율, 부착강도 및 내화성 또는 난연성이 있는 재료로서 바닥, 벽, 천장 등의 열손실 방지를 목적으로 사용되며, 외부 마감용의 경우에는 내수성 및 내후성이 있는 것이어야 한다.

◎ 셀프레벨링(self leveling)재

셀프레벨링재는 자체가 유동성을 가지고 있기 때문에 평탄(平坦)하게 되는 성질이 있는 바닥바름재로서 석고계와 시멘트계가 있다.

그림 12-2 셀프레벨링재

석고계 셀프레벨링재는 석고에 모래, 경화지연재, 유동화제 등을 혼합하여 자체 평탄성이 있는 것이고, 시멘트계 셀프레벨링재는 포틀랜드시멘트에 모래, 분산제, 유동화제 등을 혼합하여 자체 평탄성이 있는 것이다. 셀프레벨링재는 대부분 기성배합 상태로 이용되며 석고계 셀프레벨링재는 물이 닿지 않는 실내에서만 사용한다.

모든 재료는 밀봉상태로 건조시켜 보관하며 직사광선이 닿지 않도록 한다.

◎ 합성고분자(合成高分子) 바닥바름재

합성고분자 바닥바름재는 에폭시수지, 폴리에스테르 및 폴리우레탄의 합성고분자계 재료에 촉진제, 경화제, 골재 등을 공장에서 배합하여 만든 기배합 미장재료이다.

방진성(防塵性), 방활성(防滑性), 탄력성, 내수성 및 내약품성 등이 요구되는 바닥의 마감바름에 사용되고, 주재료인 합성고분자의 종류에 따라 에폭시수지 바닥바름재, 폴리우레탄 바닥바름재, 폴리에스테르 바닥 바름재로 구분한다.

◎ 합성수지 플라스터(synthetic resin plaster)

합성수지 플라스터는 합성수지 에멀션, 탄산칼슘, 충전재, 골재 및 안료 등을 공장에서 배합하여 만든 기배합 미장재료로서 적당량의 물을 더하여 반죽 상태로 만들어 사용한다. 주로 경량콘크리트 패널 등의 내장공사에 사용된다.

(3) 석회 및 회반죽

◎ 석회(lime)

보통 석회라 하면 소석회(消石灰)를 말하는 것으로 화학적으로는 수산화칼슘[$Ca(OH)_2$]이다. 천연산 탄산석회석인 석회암, 굴, 조개껍질 등을 하소(煆燒)하여 생석회(剛灰 ; CaO)를 만들고, 여기에 물을 가하면 발열하며 팽창 붕괴되어 수산화석회, 즉 소석회가 된다. 이렇게 만든 소석회를 분쇄기로 가늘게 분쇄한 것이 미장용 소석회이다. 생석회에 가하는 물이 소량이면 분말 소석회가 되고 다량일 때에는 가소성의 석회죽(石灰泥 ; 석회크림)이 되는데 이 작용을 소화(消化)라 하고 전자를 건식소화법, 후자를 습식소화법이라고 한다. 석회(소석회)는 한국산업규격(KS L 9007)에 규정되어 있다.

건식소화법은 일반적으로 미장용으로는 적당하지 못하며 습식소화법은 소화과정에서 발생하는 열이 물에 흡수되어 저온소화가 되므로 가소성이 풍부한 소석회가 되어 충분히 소화되므로 일반적으로 습식소화법이 좋다. 조개껍질을 원료로 하는 석회를 각기 굴회 · 조개회라 하는데, 이는 질과 순도가 높은 고급석회로서 일반석회와 혼용하면 균열을 방지하는데 효과가 있다.

◎ 회반죽(泥灰 ; lime plaster)

소석회에 모래, 해초풀, 여물 등을 혼합하여 바르는 미장재료로서 목조 바탕, 콘크리트블록 및 벽돌 바탕 등에 바른다. 회반죽바름은 일반적으로 연약하고 비내수성이며 경화건조에 의한 수축률은 미장바름 중 가장 크나 여물로서 균열을 분산, 경감시킨다. 모래는 바름두께가 클수록 많이 넣되 정벌용에는 넣지 않는다. 회반죽은 일본에서 주로 쓰인 바름벽재료(塗裝材料)이고 우리나라에도 오래전부터 전래되어 쓰여 왔다. 회반죽은 다른 미장재료에 비해 건조에 시일이 걸리고 다소 연질이기는 하나 외관이 온유하고, 시공을 잘하면 균열 · 박락될 우려가 없는 비교적 값이 싼 재료이다. 회반죽에 석고를 약간 혼합하면 축균열을 방지할 수 있는 효과가 있고 경화속도, 강도 등이 증대되기도 한다.

(4) 회사벽

석회죽에 모래를 넣어 반죽한 것을 회사벽(灰砂壁)이라 하고, 필요에 따라 시멘트 또는 여물을 혼입한다. 또 석회죽과 모래 · 황토 · 회백토(풍화토)를 섞어 쓸 때가 있는데 이것을 회사물 또는 회삼물(灰三物)이라고도 한다. 회사벽은 재래부터 흙벽 위의 정벌바름에 쓰이고 회사물은 내부 벽돌벽면 또는 회반죽바름의 고름질, 재벌바름 등에 쓰인다.

(5) 돌로마이트 플라스터

석회암 중 마그네시아(magnesia)를 함유한 백운석(dolomite)을 구워 가수(加水)분말화한 돌로마이트석회(dolomite lime)에 모래, 여물을 섞어 반죽한 바름벽 재료로서 필요에 따라서 시멘트를 혼입할 때도 있으며 초벌용과 정벌용의 등급이 있다. 돌로마이트 플라스터(dolomite plaster)는 소석회보다 점성(粘性)이 커서 풀을 넣을 필요가 없기 때문에 변색,

냄새, 곰팡이가 없으며 보수성이 크고 응결시간이 길어 바르기도 좋고 또한 회반죽에 비해 조기강도 및 최종강도가 크고 착색이 쉽다. 그러나 건조수축이 커서 균열이 생기기 쉽고 수증기나 물에 약하다. 돌로마이트 플라스터의 품질은 한국산업규격(KS F 3508)에 규정되어 있다.

(6) 석고 및 석고플라스터

석고(gypsum)

석고는 천연석고와 화학석고의 2종이 있다. 천연석고는 석고원석(二水石膏)을 180~190℃로 소성한 후 미세분하여 소석고(burnt gypsum)를 만든다. 이것을 다시 약 500℃까지 소성하면 무수석고(anhydrous gypsum ; $CaSO_4$)가 된다. 무수석고(無水石膏)는 경화력이 약하므로 여기에 명반 · 붕사 · 규사 · 점토를 소량 가하거나 불순석고를 가하여 다시 고온(500~1,000℃)으로 소성하면 경화성이 부활된다. 이것을 경석고라고 한다. 화학석고는 인산 비료공장 등의 화학공장에서 부산물로 생산되는데, 일반적으로 불순물의 제거가 곤란하며 순백색의 제품을 얻기 곤란하여 정벌용의 플라스터로서는 부적당하다. 석고는 위생도기 테라코타 등의 원형제작에 간접적으로 사용되고 대량으로는 플라스터의 원료가 되며 서구에서는 각종 석고타일의 제조에도 쓰인다.

석고를 사용하여 만든 제품으로는 석고플라스터 · 석고판 · 석고타일 · 석고블록 · 석고벽돌 · 석고시멘트 등이 있다.

석고플라스터(gypsum plaster)

소석고를 주원료로 하고 골재(모래) 혼화재(수용성 고분자 수지 에멀션 · 고무라텍스 등) · 보강재(여물 · 종려털 등), 응결시간조절재(아교질재 등) 등을 혼합한 플라스터로서 벽 · 천장 등의 미장재료이다. 석고플라스터에는 소석고플라스터와 경석고플라스터의 2종이 있다. 소석고플라스터에는 혼합석고플라스터, 순석고플라스터, 보드용 석고플라스터가 있는데 실제 사용되고 있는 것은 대부분이 혼합석고플라스터이고 보드용 석고플라스터도 사용이 늘어나고 있다. 석고플라스터의 품질은 한국산업규격(KS F 3507)에 규정되어 있다.

그림 12-3 석고플라스터

혼합석고플라스터(mixing gypsum plaster)는 소석고(30~40%) · 소석회(50~60%) · 완경제(retarder)를 혼합한 혼합석고(mixing gypsum)에 시멘트 · 한수석(寒水石) · 여물 등을 공장에서 미리 혼합하여 제조된 석고플라스터의 일종이다. 이를 현장에서도 물만 혼입하여 바로 사용할 수 있기 때문에 기배합 석고플라스터(ready mixed gypsum plaster)라고도 한다. 초벌용과 정벌용으로 구분하며, 초벌용은 물과 모래 등을 혼합하여 즉시 사용할 수 있고 정벌용은 물만을 혼합하여 사용할 수 있도록 만든 것이다. 일반적으로 석고플라스터라 함은 혼합플라스터를 말한다.

보드용 석고플라스터는 주원료로 화학석고를 사용하고 혼합석고플라스터와 같이 물과 골재를 혼합하여 즉시 사용할 수 있기 때문에 기배합(ready mixed) 재료이다. 부착성이 좋아 석고보드붙임 면이나 모르타르 및 콘크리트 등의 초벌바름용으로 사용한다.

순석고플라스터는 크림용 석고플라스터라고도 하며, 소석고와 현장에서 만든 생석회의 석회죽을 혼합한 플라스터이다. 석회죽을 만드는 데 큰 소화조(消化槽)와 상당한 기간이 필요하고 현장에서 배합관리가 어려워 특수한 경우 외에는 사용되지 않는다.

경석고플라스터(anhydrite gypsum plaster)는 경석고 분말에 물을 가하여 반죽한 것으로서, 약간 붉은 빛을 띤 백색을 나타내고 경화속도는 느리지만 일단 경화되면 대단히 굳게 된다.

또한 점도가 있어 바르기 쉽고 경화한 것은 현저히 강도가 크며 표면의 강도가 커서 광택성을 갖고 있다. 결점은 산성재료이므로 철류에 접촉하면 녹슬기 쉽고 다른 소석고계 플라스터와 혼합하여 사용할 수 없다. 석고플라스터 중 가장 경질이므로 벽바름 재료뿐만 아니라 바닥바름에도 쓰이기도 한다.

경석고플라스터를 킨스시멘트(keen's cement, flooring cement, gypsum cement, hard-burnt plaster, tiling plaster)라고도 한다.

◎ 석고보드(gypsum board)

석고보드는 주원료인 소석고에 혼화제를 넣고 물로 반죽하여 2장의 강인한 보드용 원지 사이에 채워 넣어 결정상태의 석고로 환원시켜 판상으로 제조한 것이다. 1902년에 미국에서 발명된 제품이다.

석고보드는 벽, 천장, 칸막이 등에 합판 대용으로 많이 사용되고 있으며, 내화성, 단열성, 차음성, 방균성, 방수성 및 시공성 등이 우수한 반면에 내수성, 탄력성이 부족하고 충격에 약한 단점을 가지고 있다.

석고보드의 두께는 보통 9.5mm~15mm, 크기는 900mm×1,800mm, 900mm×2,400mm가 일반적이다. 석고보드의 종류는 표 12-3과 같다.

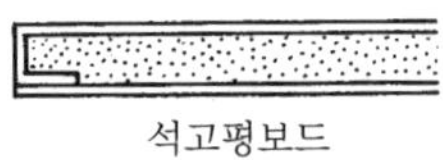

석고평보드

석고테파드보드

석고베벨드보드

석고보드 단면(종류)

그림 12-4 석고보드

표 12-3 석고보드의 종류

구분	종류	개요
형상에 따른 종류	석고평보드 (gypsum square board)	보드의 길이 및 폭방향 양단이 평면으로 된 대표적인 형상의 석고보드
	석고테파드보드 (gypsum tapered board)	보드의 길이방향 양단을 경사지게 처리한 것으로 일매이음 처리용(smooth wall joint)으로 개발한 석고보드
	석고베벨드보드 (gypsum beveled board)	보드의 길이방향 양면을 45℃ 경사지게 하여 이음매 처리를 용이하게 만든 석고보드
성능에 따른 종류	일반석고보드	일반적인 용도로 다양하게 사용되는 석고보드
	방수석고보드	방수성능을 갖도록 만들어 습기가 우려되는 화장실, 주방, 지하실 벽 등에 사용하는 석고보드
	방화석고보드	방화성능을 갖도록 만들어 내화구조 칸막이 등에 사용하는 석고보드
	방균석고보드	벽체 등에 모르타르 바름 후 발생할 수 있는 곰팡의 방지를 위한 석고보드
	미장석고보드	일반 석고보드 위에 벽지, 페인트 등을 2차 가공하거나 원지 표면을 인쇄 가공하여 표면의 가치를 높이는 석고보드

(7) 인조석 바름, 테라조 현장바름

인조석 바름(artificial stone finish)

인조석 바름은 모르타르로 바름 바탕을 한 위에 종석(화강석 · 석회석 등의 부순돌)과 보통포틀랜드시멘트 또는 백색포틀랜드시멘트와 안료, 돌가루(石粉) 등을 배합 반죽하여 바르고 씻어내기, 갈기 또는 잔다듬 등으로 천연의 석재와 유사하게 마무리한 것이다.

인조석 바름에서 씻어내는 면, 갈아내는 면, 다듬은 면 등은 바른 후의 처리에 따라 다르며, 인조석 바름 전에 모르타르를 바르고 그 위에 인조석 바름으로 마감처리하는 것이 공통된 시공방법이다. 인조석 바름으로 한 마감면은 다른 미장재료로 마감한 면보다 수밀하고 내구성이 있으며 외관이 좋을 뿐만 아니라 시공방법도 쉬운 편이어서 바닥, 계단, 벽 등에 널리 쓰인다. 인조석 바름이 굳어버리기 전에 솔 또는 분무기로 표면의 시멘트풀(cement paste)을 씻어내어 표면에 종석만 나타나게 한 것을 인조석 씻어내기(washing finish of artificial stone)라 하고 인조석의 정벌바름 후에 숫돌이나 그라인더(grinder)로 연마해서 매끈하게 마감한 것을 인조석 갈기(artificial grinding stone)라고 한다.

고급으로 할 때에는 수산가루(蓚酸粉)를 뿌려 닦아내고 왁스(wax)를 바르며 광내기 마무리를 한다. 인조석 바름이 굳은 후에 적당한 석공용 다듬망치로 마감한 것을 인조석 잔다듬이라 한다. 일반적으로 현장바름 인조석은 보통 잔다듬으로 하고, 돌다듬기와 같이 하여 자연석과 근사하게 마무리하는 시멘트 제품을 모조석(imitation stone) 또는 캐스트스톤(cast stone)이라 한다.

◎ 테라조 현장바름(terrazzo finish)

테라조는 알이 크고 좋은 종석을 쓰며 갈기 횟수를 늘려 잘 갈아낸 인조석의 하나이다. 테라조에 사용하는 시멘트는 백색포틀랜드시멘트만을 쓰고 안료를 충분히 사용하며 종석은 대리석 · 화강석 등으로 대리석(여러 가지 색)을 부숴 잔알로 만든 것이 주로 많이 쓰인다. 마감은 갈기로서 최후에 수산가루(蓚酸粉)으로 청소하고 왁스로 광내기를 한다.

테라조는 현장바름과 공장에서 제작한 테라조판이 있다. 테라조 현장바름은 주로 바닥에 쓰이고 벽에는 공장제품 테라조판을 붙인다. 테라조 바름 후에 습기 유지에 유의하여 급격한 건조를 피하고, 충분히 경화시킨 다음(여름은 3일 이상, 기타 7일 이상 방치) 갈기 시작한다.

테라조 현장갈기는 현장바름이 굳은 후에 표면을 돌알이 균등하게(최대면적이 될 때까지) 나타나도록 숫돌로 갈고 물씻기 청소 후 테라조와 같은 색의 시멘트풀을 문질러 바르고 잔구멍 등을 메운 다음 광내기 마무리를 한다.

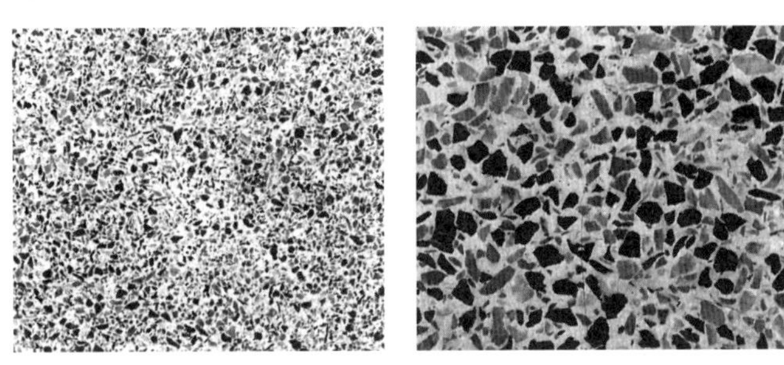

그림 12-5 인조석 · 테라조 바름(마무리면)

◎ 종석(chip, stone chip)

인조석 또는 테라조에 쓰이는 잘게 부순돌(碎石)을 종석(種石)이라 하고 화강석 · 백회석(백색 寒水石이 대표적이다) · 대리석 · 기타 자연석을 부수어 잔알로 만든 것이다. 종석은 단단하고 미려하며 지나치게 납작하거나 얇지 않은 것을 사용한다. 인조석 바름용 종석은 주로 백색 석회석의 부순돌을 쓰고 알의 크기는 5.0mm체에 100% 통과하고 2.5mm체에 약 50% 내외가 통과, 1.2mm체에 통과분이 없는 것으로 한다. 테라조용 종석은 주로 대리석(여러 가지 색)을 부순 것으로서 15mm체에 100% 통과하고 5mm체에 50% 통과, 2.5mm체에 통과분이 없는 것으로 한다.

◎ 안료(pigment)

인조석 바름 또는 테라조 현장바름에 사용하는 안료(顔料)는 무수용성이고 내식성이 있으며, 특히 내알칼리성이고 태양광선 또는 100℃ 이하에서는 변질되지 않는 것이어야 한다. 안료는 퇴색하지 않는 안정하고 미세분말인 것일수록 고급이다.

안료의 종류는 노랑에는 황토 · 산화황토 · 바륨 · 크롬황, 빨강에는 주토(朱土) · 산화철 · 산화망간, 갈색에는 앰버(amber), 파랑에는 코발트청 · 군청, 초록에는 크롬초롬 · 코발트초록, 검정에는 유연(油煙) · 망간검정 · 카본검정이 있다.

◎ 돌가루(stone dust)

돌가루(石粉, 石灰粉)는 시멘트와 종석만으로는 밀실하게 다지기가 곤란하며, 부배합의 시멘트가 건조 수축할 때 생기는 균열을 방지하기 위해 혼입하는 것이다. 대개는 백색 미세분 돌가루를 시멘트와 같은 양 이하로 혼입한다.

(8) 바닥강화재 바름

시멘트계 바닥 바탕의 내마모성, 내화학성 및 분진 방지성 등을 증진시킬 목적으로 금강사, 철분, 광물성 골재, 시멘트 등을 주재료로 하여 바닥에 바름마감한 것이다. 바닥 강화재 바름은 특히 중량물을 다루는 공장 바닥 등에 많이 사용한다.

바닥강화재는 주재료 및 혼화재 등을 제조업자의 공장에서 엄격한 품질관리하에 배합 · 생산되는 제품이므로 제조업자의 시방에 따라 사용해야 한다. 바닥강화재는 분말형 바닥강화재와 액상 바닥강화재가 있는데, 콘크리트를 타설한 후 손이나 뿜기기계를 이용하여 분말형 바닥강화재를 균일하게 살포하고 살포면이 안정된 후 쇠흙손이나 기계흙손으로 마감한다. 그리고 액상 바닥강화재는 제조업자의 시방에 따라 적당량의 물로 희석하여 2회 이상 도포하고 1차 도포한 표면이 완전히 건조된 후 부드러운 솔이나 고무롤러, 뿜기기계 등을 사용하여 콘크리트 표면에 최대한 골고루 침투되도록 2차 도포한다.

(9) 흙바름

흙바름은 진흙, 새벽흙(砂壁土), 모래, 짚여물 등을 물반죽하여 외(椳)바탕, 산자(橵子)바탕 등에 바르는 재래식 공법이다. 흙바름은 공정상 대체로 초벌바름(초벽)과 재벌바름(재벽)에서 끝나고 정벌바름은 회반죽바름 · 회사벽바름 또는 종이바름(도배)을 한다.

진흙은 보통 밭흙(火田土) 또는 야산의 찰흙으로 색깔은 보통 적갈색이고 잔돌알, 불순물이 혼입되지 않은 부드럽고 차진 것으로 15mm체를 통과하는 정도의 것을 쓴다. 새벽흙은 황갈색의 차지고 고운 흙을 말하는 것으로 잔모래를 섞어 진흙 등을 바른 뒤 덧바르는 데, 즉 새벽질(plastering)하는 데 쓰인다. 짚여물은 볏짚을 약 6cm 정도의 길이로 썰어 진흙반죽에 혼입하여 균열을 방지할 목적으로 쓰이는데, 그 대용으로 섬, 가마니, 새끼 등의 헌 것을 이용하기도 한다. 지나치게 차진 것은 모래 또는 풍화토를 넣어 다시 이기고 물을 충분히 주어 2~3일 놓아두며, 바를 때 적당한 묽기로 다시 이겨 쓴다.

(10) 황토바름

황토바름은 황토분말(黃土粉末)을 물과 혼합하여 바닥 또는 벽에 바르는 것을 말한다. 황토분말은 황갈색이나 분홍색을 띠고 있는 고생대(古生代)의 퇴적물로 실리카와 알루미나, 철, 마그네슘, 나트륨, 카리 등 여러 가지 무기질을 함유한 미세립자이다. 황토분말에는 화학첨가제 등 이물질이 함유되지 않은 순수한 것을 사용하는 것이 좋다.

황토 자체가 적절한 온도의 자동조절기능, 단열기능, 적절한 습도 유지, 원적외선 다량 방사, 세균번식 억제 기능 등이 있다 하여 근래에는 황토분말에 물을 가하여 반죽상태로 만들어 온돌방의 바닥 또는 실내 벽 등에 바르고 있다.

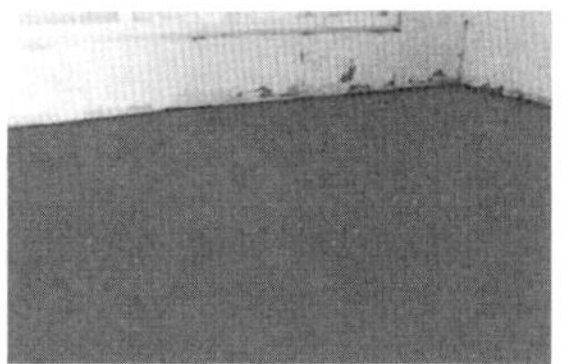

그림 12-6 황토바름

(11) 특수 미장바름

◎ 리신바름(lithin coat)

돌로마이트에 화강석 부스러기, 색모래, 안료 등을 섞어 정벌바름하고 충분히 굳지 않을 때에 표면에 거친 솔, 얼레빗 같은 것으로 긁어 거친 면으로 마무리하는 것으로 일종의 인조석바름이다.

◎ 라프코트(rough coat)

시멘트, 모래, 잔자갈, 안료 등을 섞어 이긴 것을 바탕바름이 마르기 전에 뿌려 붙이거나 또는 바르는 것으로 일종의 인조석 바름이며 이를 거친 바름 또는 거친면 마무리라고도 한다.

◎ 모조석(imitation stone)

모조석(模造石)은 백시멘트와 종석, 안료를 혼합하여 천연석과 유사한 외관을 가진 인조석으로 만든 것으로 이를 의석(擬石) 또는 캐스트스톤(cast stone)이라고도 한다.

◎ 섬유벽

목면, 펄프, 인견, 각종 합성섬유, 톱밥, 코르크분, 왕겨, 수목껍질, 암면 등의 각종 섬유상의 물질조각을 호료(糊料)로 배합해서 벽에 바른 것을 총칭하여 섬유벽(纖維壁)이라고 한다. 같은 종류의 색 차이나 입자의 크기가 다른 것을 조합한 것, 수종의 섬유재를 배합한 것이 있으며 제품에는 가용성인 호료로 배합해둔 것과 그렇지 않은 것이 있다. 대개는 황각(黃角), 미역풀물 등 미장용 호료로 반죽해 쓴다.

13 도장재료

13-1 도료와 도장의 개념

도료(塗料)란 유동상태로서 물체의 표면에 도포(塗布), 즉 칠하게 되면 물리적 또는 화학적으로 변화되어 시간이 경과함에 따라 그 표면에 고화하여 소요의 성능을 갖는 피막(皮膜)을 형성함으로써 주로 미감을 부여하고 물체를 연속적으로 보호하는 물질을 말하며, 도료를 도장재료(塗裝材料)라고도 한다. 위에서 소요의 성능이란 다음 중 하나 또는 두 가지 이상의 성능을 말한다.

① 물체의 보호 : 방습, 방청, 방식, 내유 · 내약품

② 외관이나 형상의 변화 : 색 및 광택의 변화, 미관 · 표지, 평활화, 평탄화, 입체화

③ 기타 : 열 · 전기 등의 전도성 조절, 미생물의 부착방지, 살균, 음파 또는 기타 파동의 발산 · 반사 · 흡수, 색에 의한 온도의 지시 및 감지 등

도장(塗裝)은 물체의 표면에 도료를 사용하여 도막(塗膜)을 형성케 하는 작업공정을 말하며 건축물이나 공작물 등의 표면에 도장하면 내식성 · 방부성 · 내후성 · 내화성 · 내열성 · 내구성 · 내화학성 등을 증가시키고 방수성 · 방습성 · 내마모성 등을 높이며, 착색 · 광택 · 무늬 등으로 외관을 아름답게 미화시킨다. 도장방법에는 붓(솔)칠 · 롤러칠 · 뿜칠 · 문지름칠 · 정전도장(靜電塗裝) · 침지(浸漬) 등이 있고, 일반적으로 초벌 · 재벌 · 정벌의 3공정이 기본이다. 도료는 미감을 부여하고 철이나 목재 등을 녹과 부식으로부터 보호해주는 역할을 하나 도료의 유기용제와 안료(顔料) 등에 포함되어 있는 귀금속 및 합성수지에 따라 대기오염, 수질오염, 산업폐기물, 악취, 광화학스모그(smog) 등 공해의 발생원으로 지적을 받게 되어 최근 선진국에서는 공해방지 법령으로 도장공해에 대하여 구체적으로 법적규제 기준을 마련하고, 이러한 공해문제를 고려한 무공해 및 저공해 도료를 개발하여 사용하고 있다. 또한 고분자화학의 발달로 인해 새로운 성능을 가진 합성수지계의 도료가 개발되어 사용되고 있다.

13-2 도료의 구성

도료는 다음에 표시한 것과 같이 도막형성 요소(塗膜形成 要素)와 도막형성 조요소(塗膜形成 助要素)로 구성되어 있다.

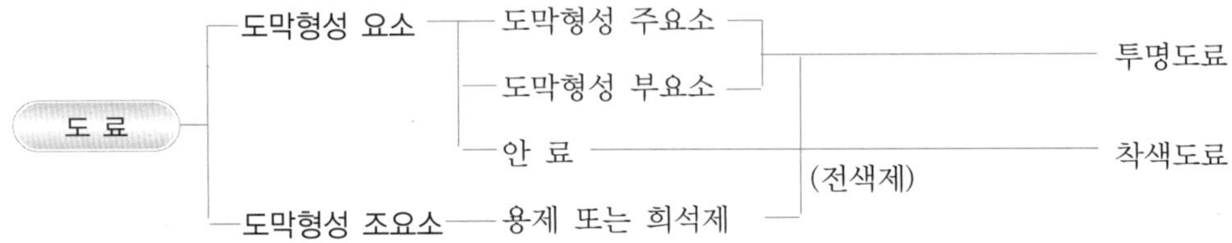

도막형성 요소

도막형성 요소는 도포한 후 도막으로 남은 성분으로 투명도료에서는 주로 도막형성 주요소와 도막형성 부요소로 나눈다. 도막형성 주요소로는 유지 · 수지 등이 있고 도막형성 부요소로는 건조제 · 가소제가 있다. 도막형성 요소는 도료의 가장 중요한 성분이며 저분자량 화합물로는 도막에 요구되는 기계적 · 화학적 모든 성질을 따르지 못하기 때문에 고분자물질이어야 한다. 옻, 기름, 카세인, 천연수지와 같은 천연물에서부터 각종 합성수지나 섬유소 유도체까지 광범위하다. 안료는 도료의 은폐력과 원하는 색으로의 착색을 목적으로 넣는 것이며, 방청(연단 · 아연크로메이트 등), 독성(산화수은 · 아산화동), 방화(인산화합물 · 할로겐화합물) 등의 효과를 목적으로 하는 경우도 있다. 특히 안료가 함유되어 있는 도료에서 안료를 제거한 부분, 즉 도료 속에 안료를 분산시키는 액체를 전색제(展色劑)라고 하고 이 전색제가 달라짐에 따라 도료가 여러 가지로 달라지게 된다.

도막형성 조요소

도막형성 조요소는 도막의 형성을 도와주기 위해 도료에 포함된 성분인 용제(solvent) 또는 희석제(thinner)를 말한다. 용제(溶劑)는 도막을 형성하는 데 필요한 유동성을 얻기 위하여 배합하는 것이다. 도료의 건조성, 특히 초기 건조성은 용제의 종류에 따라서 영향을 미친다. 용제의 종류에는 알코올(alcohol), 케톤(ketone), 에스테르(ester), 탄화수소 기타 여러 가지 종류가 있다. 용제는 도막형성 요소를 잘 녹이는 용해성과 휘발속도가 중요한 성질이다. 용제는 도료에 적당한 유동성을 주는 것이 주목적이지만, 반드시 성분의 순수함이 필요조건은 아니며, 오히려 혼합용제가 값싸고 성질도 좋다. 희석제(稀釋劑)는 휘발성 용제 또는 신전제(伸展劑)라고도 하고 페인트, 바니시 등의 점도(粘度)를 적게 하여 솔질이 잘 되게 하는 것이 주목적이며, 칠 바탕에 침투하여 교착이 잘 되게 하고 빨리 휘발함으로써 용해물의 피막을 남기는 작용을 한다.

13-3 도료의 원료

도료의 원료는 도료의 종류에 따라 수없이 많지만 구성상 유지, 수지, 안료, 용제, 희석제, 건조제, 가소제 등으로 분류한다.

(1) 유지(fats and oils)

유지(油脂)는 도장 후에 공기 중의 산소와 화합하여 경화되고 건조 후에는 견고한 도막의 일부가 된다. 도료에 사용되는 유지는 대부분이 지방유로서 식물유, 동물유이며 주로 건성유였으나 합성수지공법의 발전에 따라 반건성유, 불건성유 등도 합성수지 변성용으로 사용하게 되었다. 유지의 종류는 건성유(drying oil), 반건성유(semi drying oil), 불건성유(nondrying oil), 보일드유(boiled oil)로 구분한다.

건성유로는 아마인유(linseed oil), 대마유(hempseed oil), 동유(tung oil) 등이 있고 반건성유로는 어유(fish oil), 대두유(soybean oil), 지방유(fat oil) 등이 있다. 또한 불건성유는 공기 중에서 건조되지 않는 기름으로 주로 윤활유(lubricating oil)로 사용되는데, 동백유(camellia oil), 올리브유(olive oil), 아주까리기름(castor oil) 등이 있다.

보일드유는 건성유나 반건성유라도 그대로는 건조가 느리고 불순물도 함유되어 있으므로 이것에 적당히 건조제를 가하여 수분과 불순물을 제거하여 건조성을 촉진시킨 기름, 즉 정제유(精製油)로서 칠올림을 좋게 하므로 유성도료에 많이 쓰인다.

(2) 수지(resin)

수지(樹脂)는 용제나 유지에 용해되어 있으나 도장 후에는 도막의 일부가 된다. 수지를 천연수지와 합성수지로 대별하며 천연수지를 가공하여 사용한 가공수지도 있다.

천연수지는 융점이 높고 옅은 색일수록 품질이 좋아 바니시(varnish)를 만들면 내구력이 있다. 합성수지공업이 급속히 발전됨에 따라 천연수지 이상으로 여러 가지 종류와 특징을 가진 합성수지가 생산되었고 품질이 안정되어 도료의 원료로 널리 이용되고 있다.

천연수지로는 로진(rosin) · 댐머(dammar) · 코펄(copal) · 셀락(shellac) · 앰버(amber : 琥珀) · 에스테르고무(ester gum) 등이 있고 합성수지로는 알키드수지(alkyd resin) · 페놀수지(phenol resin) · 에폭시수지(epoxy resin) · 아크릴수지(acryl resin) · 폴리우레탄수지(polyurethane resin) 등이 있다.

(3) 안료(pigment)

바니시는 투명한 도막을 만드는데, 도장하고자 하는 물건의 소지를 은폐시킬 경우에는 안료를 배합해야 한다. 안료는 물, 기름, 기타 용제에 녹지 않은 착색분말로서 전색제와 섞어 도료를 착색하고 유색의 불투명한 도막을 만듦과 동시에 도막의 기계적 성질을 보강한다. 도막의 기계적 강도, 내구력 등은 안료를 사용할 때에 변화가 생기며 사용되는 안료의 종류, 함유량에 따라 큰 영향을 받는다. 안료는 색 및 성분상 여러 가지 종류가 있으며 성분에 따라 크게 무기안료와 유기안료로 분류한다. 그리고 무기안료의 일종으로 보는 것으로 체질안료가 있다.

표 13-1 무기안료의 종류

종류		성 질
색	명칭	
백색	아연화(亞鉛華)	적당한 활성이 있으며 변색이 적고 내구력이 크며 마감용(上塗用) 도료에 많이 쓰인다. 굳어지는 성질이 있어 에나멜에 사용하기에는 곤란하다.
백색	리토폰(lithopone)	중성으로서 산성에 강한 전색제와 반응한 것으로 에나멜에 적당한 백색안료이다. 불량품은 광선에 닿으면 회색으로 변하는 경향이 있다.
백색	황색아연(黃色亞鉛)	중성으로 착색력은 대단히 크며 래커에 쓰인다. 불량품은 내광성이 나쁘다.
백색	티탄백 (titanium white)	중성으로 백색안료 중에서 착색력, 음폐력이 제일 크며 산·알칼리에 강하고 백아화(白亞化 : chalking)되기 쉽다.
백색	연백(鉛白)	활성이 강하며 강인한 도막을 만들며 초벌용(下塗用) 도료에 많이 쓰고 있다.
흑색	카본블랙 (carbon black)	입자는 대단히 미세하며 착색력, 음폐력이 매우 크다. 흑색안료 중에서 가장 많이 사용되고 있다.
흑색	아세틸렌블랙 (acetylene black)	카본블랙에 유사한 탄소안료로 카본블랙과 비교하여 색, 착색력 등이 떨어진다.
흑색	흑연(黑鉛)	천연색으로 금속광택이 있으며 카본블랙에 비해 착색력은 매우 떨어진다. 내산·내알칼리·내열·내광성이 좋으며 마감용 도료에 쓰인다.
흑색	산화철흑(酸化鐵黑)	카본블랙보다 착색력·음폐력이 현저히 떨어진다. 무기산에 녹고 가열하면 붉게 변하며 활성이 있고 내후성이 양호하다.
황색·등색	황연(黃鉛)	제일 많이 사용되는 황색안료로 착색력, 음폐력, 내후성이 뛰어나며 건성유의 건조작용을 촉진시키는 성질이 있으며 일광에서는 암색화하는 경향이 있다.
황색·등색	카드뮴황 (cadmium yellow)	담황색에서 주홍색까지 있다. 내광성·내알칼리성·내열성이 좋고 황연보다 값이 비싸 특수한 용도에 쓰인다.
황색·등색	아연황(亞鉛黃)	물에 녹으며 착색안료로서 수성도료 등에 쓰인다. 화학적으로 녹을 방지하는 효과가 있어 최근 합성수지 도료의 발전과 더불어 방청안료로 많이 쓰인다.
황색·등색	산화철황(酸化鐵黃)	색은 제조조건에 따라 황색부터 갈색 등 여러 가지가 있다. 착색력, 음폐력, 내광성, 내후성이 비교적 좋다.
황색·등색	황토(黃土)	점토로부터 얻어지는 것으로 산화철의 함유량에 따라 담색-갈색에 걸쳐 있으며 음폐력은 일반적으로 약하고 내광성은 양호하다. 가열하면 붉게 변색된다.

종류		성 질
색	명칭	
적색·갈색	연단(鉛丹)	흡유량이 적으며 활성이 강하고 단단한 도막을 만든다. 방청성이 크기 때문에 초벌용 방청도료에 많이 사용되고 있다.
	카드뮴적 (cadmium red)	적으로부터 암적색까지 있으며 착색력, 음폐력이 좋다. 내광성이 비교적 있으며 래커 등 고급도료에 쓰인다.
	산화철(酸化鐵)	암적색부터 암자적색까지 있다. 일반적으로 착색력, 음폐력이 크며 내광·내후성이 있어 각종 도료에 널리 이용되고 있다.
	산화철분(酸化鐵粉)	입자가 거칠며 산화철에 비해 착색력, 음폐력이 떨어진다. 중성으로 내후성이 좋으며 페인트 등에 쓰인다. 수용성의 불순물이 다량 함유되어 있는 것은 내후성이 나쁘다.
청색	감청(紺青)	가장 많이 쓰이는 청색안료로서 입자가 매우 미세하며 착색력이 좋고 흡유량이 크다. 내열성도 약하며 내알칼리성은 매우 나쁘다.
	군청(郡青)	밝고 선명하며 청색으로 음폐력은 나쁘고 착색력이 적다. 무기산에 약하다. 백색의 황색을 없애는 데 사용하기도 하며 수성도료 등에도 이용되고 있으나 도료용으로는 사용량이 적다.
	코발트청(cobalt 靑)	담색의 청색으로 내광·내열·내알칼리성이 비교적 좋으며 착색력, 음폐력 등은 떨어진다.
녹색	산화크롬녹 (酸化 chrome 綠)	암적색으로 내광·내열·내알칼리성이 양호한 안료이다.
	크롬녹 (chrome 綠)	색은 성분의 배합비에 따라 담녹, 녹, 농녹(濃綠) 등을 얻는다. 성질은 황연, 감청, 양성분의 특성으로 나타난다.
	녹토(綠土)	점토에서 얻으며 음폐력이 적다.

표 13-2 유기안료(레이크)의 종류

종류		성 질
색	명칭	
황색	한자 옐로 (hansa yellow)	음폐력은 크며 내광성이 양호하다. 내수·내용제성이 좋아 고급도료에 사용된다.
적색	트로이신 레드 (troicin red) 퍼머넌트 레드 (permanent red)	내광성이 대단히 좋으며 음폐력도 크다. 내유(耐油)·내용제성이 양호하여 제일 많이 쓰이는 적색 안료이다.
	리틀 레드 R (little red R)	음폐력이 크며 내유, 내용제성이 좋다. 내광성은 트로이신 레드와 비슷하다.
감색	프탈로시아닌 블루 (Phthalocyanin blue)	물, 도료 등에 전부 녹으며 착색, 내광성이 매우 좋다.

표 13-3 체질안료의 종류

종류		성 질
색	명칭	
백색	백악(白堊)	일반적으로 입자가 조잡하며 불활성으로 무기산에 쉽게 용해된다. 제일 많이 사용된다.
	탄산석회(炭酸石灰)	입자가 미세하며 흡유량은 백악에 비해 크다.
	호분(胡粉)	흡유량이 크며 백악에 비해 호분을 사용한 도료는 가소성이 크며 침강성(沈降性)이 작다.
황색	클레이(clay ; 粉土)	순양(純良)의 것을 도토(陶土 ; kaolin)라 하며 물로 개어 사용한다. 가소성이 있어 수성도료 등에 사용된다.
황갈색	활석분(滑石粉)	비중이 작고 촉감이 매끄러우므로 수성도료에 쓰인다.
	규석분(硅石粉)	입자가 조잡하며 거칠고 단단하여 체질안료 중에서 빛의 굴절률이 제일 낮고 투명하다. 목재 눈먹임, 도료연마제로 사용한다.

(4) 용제 · 희석제

용제(solvent)

도막 주요소를 용해시키고 적당한 점도로 조절 또는 도장하기 쉽게 하기 위하여 각종 용제가 사용된다. 또한 도료의 건조공정에서 건조속도를 조절하고 평활한 도막을 만들 때 사용하며 용제를 단독으로 사용하지 않고 여러 종류를 혼합하여 사용하는 경우가 많다. 합성수지 도료의 발전과 더불어 용제의 사용량도 급격히 증가하고 있다. 도료용 용제에 필요한 성질은 도료의 용해성이 좋아야 할 것은 물론 적당한 휘발속도를 가지고 있어야 하고 불휘발성 성분을 함유하지 않고 색은 무색 또는 담색이어야 하며 휘발증기에 중독성, 악취가 없는 것 등이다. 유성페인트, 유성바니시(varnish), 에나멜(enamel) 등의 용제로는 미네랄 스피릿(mineral spirit)을 주로 사용하고 래커(lacquer)의 용제로는 벤졸(benzol), 알코올(alcohol), 초산에스테르(醋酸 ester) 등의 혼합물을 사용한다.

희석제(thinner, dilution)

희석제는 도료의 점도를 저하시킴과 동시에 증발속도를 조절하는 데 사용하는 것으로 신전제, 휘발성 용제라고도 하며 보통 신너(thinner)라고 하는데 신전제(伸展劑)라고도 한다. 희석제는 그 자체로는 용해성이 없다. 보통 도료용 신너, 래커용 신너, 염화비닐수지 도료용 신너, 2액형 에폭시수지 도료용 신너, 2액형 폴리우레탄수지용 신너 등 여러 종류가 있다.

(5) 건조제(dryer)

건조제는 도료의 건조를 촉진시키기 위하여 사용한다. 어떤 종류의 금속이나 그 화합물을 말한다. 일반적으로 연 · 망강 · 코발트의 산화물이나 또는 염류 등이 사용된다. 건조제는 금속과 변성시키는 데 쓰이는 산의 종류에 따라 각각 다른 성질의 것이 만들어진다. 또한 이들은 유성도료, 산화형 알키드수지 도료, 페놀수지 도료 등에 사용한다. 건조제의 종류를 코발트건조제(수지산코발트 · 리놀렌산코발트 등), 망간건조제(2산화망강, 수지산망강, 리놀렌산망간 등), 연건조제(수지산연, 리놀렌산연 등), 아연건조제(아연화 등), 칼슘건조제로 분류한다. 또한 다음과 같이 분류하기도 한다.

① 상온에서 기름에 용해되는 건조제
일산화연(litharge) · 연단(鉛丹) · 초산염 · 이산화망간(MnO_2) · 붕산 · 망간 · 수산망간

② 가열하여 기름에 용해되는 건조제
연(Pb) · 망간(Mn) · 코발트(Co)의 수지산 또는 지방산의 염류

시판품은 이들을 적당한 용제에 녹여 황산납($PbSO_4$) · 아연화(ZnO) · 연백 등과 혼합한 것으로서 액상 드라이어(液狀 dryer), 분상 드라이어(粉狀 dryer), 호상 드라이어(糊狀 dryer) 등이 있다.

(6) 가소제(plasticzer)

건조된 도막에 탄성 · 교착성 · 가소성 등을 줌으로써 내구력을 증가시키는 데 쓰이는 도막형성 부요소이다. 가소제가 전색제에 대하여 친화성이 없을 때는 도막 표면에 분리된다든지 기타의 결함이 생기므로 사용할 때 종류 및 사용량의 선택이 꼭 필요하다. 섬유소유도체, 비닐수지, 아크릴수지 등은 보통 가소제와 병용한다. 가소제로는 프탈산디부틸(dibuthyl phthalic acid), 프탈산디옥틸(diocthyl phthalic acid), 인산트리크레실(tricrecyl phosphic acid), 피마자유, 세바신산에스테르(sebacic ester) 등이 있다.

13-4 도료의 건조기구

도료를 물체에 쉽게 또는 균일하게 도장하려면 보통 액상이어야 하고 도장한 후에 이들이 고화하여 도막을 형성하는데 이 변화를 건조라고 한다. 이 건조방법을 충분히 이해하면 칠하는 데 많은 도움을 받게 된다. 도료의 건조기구는 도막형성 조요소의 유무와 도막형성 요소의 성상에 따라 다르며 환기 · 온습도 등 건조에 적합한 조건 여하에 따라 건조속도가 상이하게 되고 도막의 질에도 관계된다. 도료의 건조기구 및 구성은 표 13-4와 같다.

표 13-4 도료의 건조기구 및 구성

건조의 종류	도료의 건조기구	도료의 구성
냉각건조(冷却乾燥)	용해한 도막형성 주요소가 되어 냉각되어 단단해진다.	도막형성 주요소는 열가소성의 고체로서 용제를 함유하지 않는다.
증발건조(蒸發乾燥)	용재가 증발한 후에 고체의 도막형성 주요소가 남게 된다.	도막형성 주요소는 고체로서 용제를 함유하고 있다.
산화건조(酸化乾燥)	도막형성 주요소가 공기 중에서 산화되고 난용성의 도막이 된다.	도막형성 주요소가 산화하여 고화하는 액체로서 용제를 함유하지 않는다.
중합건조(重合乾燥)	도막형성 주요소가 중합 · 고화 하여 난용성의 도막이 된다.	도막형성 주요소는 중합 반응하여 고화하는 액체로서 용제를 함유하지 않는다.
증발산화건조(蒸發酸化乾燥)	먼저 용제가 증발하고 다음에 산화 건조된다.	도막형성 주요소는 산화하여 고화하는 액체로서 때로는 고체도막 요소를 함유하며 용제를 함유하고 있다.
증발중합건조(蒸發重合乾燥)	먼저 용제가 증발하고 다음에 중합 건조된다.	도막형성 주요소는 중합 반응하여 고화하는 액체로서 때로는 고체도막 요소를 함유하며 용제를 함유하고 있다.

13-5 도료의 분류

도료를 분류하는 방법은 여러 가지 있으나 대체적으로 그 성분, 건조과정, 용도, 도장방법 등으로 분류된다. 도료의 주요 종류를 성분에 의해 분류하면 다음과 같다.

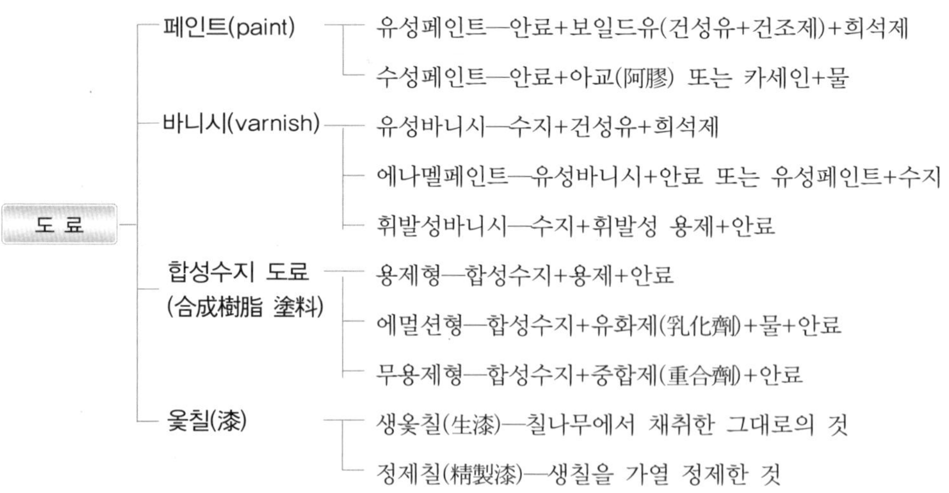

건조과정에 의한 분류는 자연건조형과 가열건조형으로 대별한다.

도료
- 자연건조형 — 도장한 것만으로 단순히 상온에서 경화한 것
  바니시 · 래커 · 에멀션 도료 · 비닐수지 도료 등
- 가열건조형 — 도장한 후 가열하여 경화되는 것(중합의 형성에 가열이 필요한 경우)
  아미노알키드수지 · 에폭시수지 · 페놀수지 등

도료를 일반적으로 천연수지 도료와 합성수지 도료로 대별하기도 하지만 이의 한계는 반드시 명확한 것은 아니며 유성페인트 · 유성에나멜 등에도 합성수지를 원료로 하는 도료가 많다. 용도의 일반적인 것을 일반도료, 특수한 것을 특수도료라고 부르기도 한다. 방식도료 · 내열도료 · 방화도료 · 내약품도료 · 방청도료 · 전기절연도료 · 발광도료 · 살충도료 등은 보통 특수도료에 속한다. 또한 도장 전에 두 가지의 도료 원액 또는 경화제를 혼합하는 것과 같은 도료를 2액형 도료(2-package coating)라 한다. 우리나라에서는 도료를 일반적으로 유성페인트 · 수성페인트 · 바니시 · 래커 · 에나멜 · 기타 등의 6종으로 분류한다. 도료를 다음과 같이 분류하기도 한다.

① 도료용도에 의한 분류 : 목재용 도료, 금속용 도료, 콘크리트용 도료, 내부용 도료, 외부용 도료
② 도료상태에 의한 분류 : 된반죽페인트, 중반죽페인트, 용해한 조합페인트, 분체도료, 에멀션도료
③ 도장목적에 의한 분류 : 내열도료, 녹방지도료, 내산도료, 절연도료, 방부도료
④ 도장방법에 의한 분류 : 솔칠도료, 뿜칠도료, 전기이동식 도료, 침지도료, 정전도장용 도료
⑤ 경화구조에 의한 분류 : 상온건조도료, 가열건조도료, 자외선 경화도료, 전자선 경화도료
⑥ 도막 성상에 의한 분류 : 광택도료, 무광택도료, 투명도료, 불투명도료

13-6 페인트

페인트(paint)란 광의로는 도료 전반을 뜻하며 협의로는 유성도료를 뜻한다. 페인트에는 유성페인트와 수성페인트가 있는데 일반적으로는 유성페인트를 단순히 페인트라고 일컫고 반죽된 정도에 따라 된반죽페인트 · 중반죽페인트 · 용해한 종합페인트 등이 있다. 일반적으로

불투명 피막을 형성하는 도료를 페인트라 한다.

(1) 유성페인트(oil paint)

유성페인트는 보일드유(boiled oil)에 안료를 혼합시킨 도료이며 역사가 제일 오래된 도료로 지금은 합성수지에 밀려서 사용량이 많이 줄었다.

◎ 조성

건성유 자체로도 도막을 형성할 수 있으나 건성유를 가열처리하여 점도, 건조성, 색채 등을 개량한 것이 보일드유이다. 시판되고 있는 보일드유는 아마인유 · 들기름 · 마실유 · 동백기름 · 대두유 등이 보통이나 값이 싼 것으로 어유(漁油)를 함유한 것도 있다. 본래 유성페인트의 전색제는 보일드유, 즉 기름을 원료로 하며 수지류나 용제를 사용하지 않는다. 최근에는 속건을 희망하기 때문에 유성 바니시라든지 장유성 알키드수지 바니시를 사용한다. 이들의 페인트를 보통 속건페인트 또는 합성수지페인트라고 부른다. 유성페인트의 주성분은 보일드유와 안료로서 품질, 목적에 따라 사용되는 보일드유와 안료의 종류는 다르다. 희석재는 일반적으로 탄산수소용제가 사용되며 보일드유를 용해시키고 붓칠이 원활히 움직이도록 하며 그 양은 최소 3%, 최대 10% 정도이다. 일반적으로 테레빈유, 미네랄 스피릿, 석유 등이 쓰이고 있다. 건조가 빠른 용제는 칠붓보다는 휘발유, 벤졸 등을 쓰면 깨끗한 도막을 만들 수 있다. 유성페인트는 저장 중의 안료의 침강(沈降), 도막의 흐름, 변색의 방지 및 부착력을 좋게 하기 위해 알루미늄 스테아레드, 징크스테아레드 등을 소량 배합하며, 특히 광택을 좋게 하기 위해서는 바니시를 가하기도 한다.

◎ 종류

유성페인트는 보일드유량의 다소에 따라 견련(堅練)페인트와 조합페인트로 구분된다.

1) 견련페인트(stiff paste paint)

안료의 흡유량에 따라 최소한의 보일드유로 안료를 반죽한 것으로서 사용할 때 보일드유와 건조제를 넣고 건조시간을 조절하여 사용한다. 그 조성은 안료분 80~90%, 유분은 10~20%이다. 이 도료의 특징은 사용 시 보일류로 녹이는 어려움이 있으나 기후 풍토 등의 목적에 적합하게 자유로이 조합할 수 있으며, 저장 중에는 변질이 적고 보통 페인트와 같이 사용되며 특수한 배합으로 퍼티(putty), 패킹(packing) 등에도 쓰인다.

2) 조합페인트(ready mixed paint)

오일 및 알키드수지를 주성분으로 한 유성으로서, 도장하기 전 보일드유를 가할 필요가 없고 일정의 용도를 목적으로 하여 만든 페인트, 즉 도장에 직접 사용할 수 있도록 각 재료를 알맞게 배합하여 제조된 도료이다. 이 페인트를 용해페인트라고도 한다. 조합페인트의 품질은 한국산업규격(KS F 5312)에 규정되어 있다.

◎ 특징

예부터 많이 쓰인 것으로 값이 싸지만 결점이 많아서 새로운 합성수지 도료와 대치되고 있는 경향이 있다.

장점 : 부착력, 색상 보유력이 양호하고 도막이 유연하다. 값이 싸다. 비교적 두꺼운 도막을 만든다.

단점 : 건조가 늦다. 내후성 · 내약품성 · 변색성 등 일반적으로 도막의 성질이 나쁘다. 어유(魚油)를 사용한 것은 오그라드는 경향이 있다.

◎ 용도

목재, 석고판류, 철재의 마감도료로 널리 사용된다. 시공한 지 얼마 되지 않은 시멘트 계통에는 그 바름 바탕이 알칼리성으로 페인트 내의 유성분이 변질되므로 바람직하지 않다.

(2) 수성페인트(water paint)

안료를 적은 양의 물로 용해하여 수용성 교착제(膠着劑)와 혼합한 분말상태의 도료를 수성페인트라고 한다. 즉, 물을 용제로 하는 도료를 총칭한 것이다. 여기서 사용되는 교착제는 아교 · 카세인 · 전분 등을 말한다. 이 도료는 도장을 하게 되면 수분이 증발함과 동시에 수지입자가 서로 접근하고 입자의 보호 콜로이드(colloid)막이 파괴되어 연속막이 되며 안료는 그중에 섞여 피막이 된다. 수성페인트의 성능은 취급이 간단하고 건조가 빠르며 작업성이 좋고 내알칼리성이나 광택이 없다. 특히 희석제로 물을 사용하므로 독성 및 화재발생 위험이 없는 저공해 및 무공해의 도료이다. 그러나 내구성과 내수성이 떨어지므로 최근에는 합성수지 도료 등에 밀려 많이 사용되고 있지 않다.

수성도료의 종류 및 용도는 다음과 같다.

◎ 유기질의 호재(糊材)를 사용한 분상 수성페인트(유기질 페인트)

탄산칼슘, 규산알루미늄 등의 체질안료에 소량의 티탄백(titanium white) 등의 백색안료에 카세인, 전분풀(澱粉糊), 폴리비닐알코올 등의 수용성 호재(水溶性糊材)를 혼합한 것이다. 도장하기 전날 적당한 물을 가하여 잘 저어서 체로 걸러 사용한다. 풀기가 약하므로 인체에 닿지 않는 곳 습기가 없는 곳에만 주로 사용한다.

◎ 무기질의 호재를 사용한 분상 수성페인트(무기질 페인트)

마그네시아시멘트, 백색시멘트 등을 고착재(固着材)로 사용한 것이고 실내 · 외 모두 사용할 수 있다. 미장효과의 큰 기대는 바랄 수 없지만 탈락이 없어 방수효과가 있다.

에멀션페인트(emulsion paint)

수성페인트에 합성수지와 유화제(乳化劑)를 섞은 것으로서 수성페인트와 유성페인트의 특질을 겸비한 유화액상의 페인트이다. 최근에 매우 광범위하게 사용되는 수성페인트의 일종이다. 바른 후 물은 발산되어 고화되고 표면은 거의 광택이 없는 도막을 만든다. 내구성 · 내수성이 있고 칠한 면이 아름다울 뿐만 아니라 피막이 먼지 등으로 오염된 것을 비눗물로 쉽게 제거할 수 있는 이점 때문에 실내 · 외 어느 곳이든 사용되고 있다.

13-7 바니시

바니시(varnish)는 천연수지 · 합성수지 또는 역청질 등을 건성유와 같이 열반응시켜 건조제를 넣고 용제에 녹인 것으로, 안료는 함유되어 있지 않으며 성능은 천연수지가 들어있어 건조가 빠르고 광택, 작업성, 점착성 등이 좋으나 내약품성이 나쁘다. 주로 옥내 목부 바탕의 투명마감 도료로 사용된다. 바니시를 용제의 종류에 따라 유성 바니시와 휘발성 바니시로 대별한다. 일반적으로 불투명 피막을 형성하는 도료를 페인트라고 하는 반면 광택이 있는 투명한 피막을 만드는 것을 바니시라고 한다.

(1) 유성 바니시(oil varnish)

유용성 수지를 건성유에 가열 용해하여 이것을 휘발성 용제로 희석한 것이다. 무색 또는 담갈색의 투명도료로서 일반적으로 목재부 도장에 사용한다. 나뭇결을 아름답게 보이게 한다. 착색하려 할 때는 미리 목재를 착색제(스테인)로 착색하거나 또는 염료를 넣은 바니시로 마감한다. 염료를 넣은 바니시를 바니시스테인이라 한다. 일반적으로 유성페인트보다 내후성이 작아 옥외에는 별로 사용하지 않는다.

바니시는 오일의 종류 및 양, 수지의 종류에 따라 스파바니시(spar varnish), 코펄바니시(copal varnish), 골드사이즈바니시(gold size varnish), 송진바니시(rosin varnish), 댐머바니시(dammar varnish), 흑바니시(black varnish ; asphalt) 등 각종의 명칭이 있다. 이 중에서 내수성 · 내마모성이 우수하여 목재의 외부용으로 많이 쓰이고 있는 스파바니시는 로진(rosin)에서 만들어진 내알칼리성 에스테르(ester)로서 수지에 동유(桐油)를 사용하는 것을 말하고 배의 스파(마스트)에 사용하였다 하여 스파(spar)로 부른다. 이를 보디 바니시(body varnish)라고 하며 품질은 한국산업규격(KS M 5603)에 규정되어 있다.

(2) 휘발성 바니시(spirit varnish)

수지류를 휘발성 용제에 녹여 만든 도료로서 에틸알코올(ethyl alcohol)을 사용하기 때문에 주정도료(酒精塗料) 또는 주정바니시라고도 한다. 특히 천연수지를 주체로 한 것을 래크(lack)라고 하고 합성수지를 주체로 한 것을 래커(lacquer)라 한다. 래크는 수지류를 알코올이나 테레빈유 등의 휘발성 용제로 녹인 투명도료의 일종으로서 피막은 유성바니시보다 약하다. 래크의 원료는 래크벌레(주로 암컷)의 대사기능에 의해 나뭇가지에 분비한 노르스름한 진 같은 물질이다. 래크는 착색이 바람직하지 않은 장소 또는 소지를 정확하게 나타내고자 할 때에 사용한다. 수지의 종류에 따라 품질이 다르고 셀락바니시(shellac varnish)와 셀락 대용품으로 나눌 수 있다.

셀락바니시는 주로 인도에서 나는 락(lac)충의 분비물을 알코올에 용해시킨 것이다. 셀락의 농도에 따라 4%락 바니시, 3%락 바니시라 칭한다. 조건성, 견경하고 광택이 있으나 내열 · 내광성이 없어서 마감용으로는 부적당하고 내장 또는 가구 등에 쓰인다.

13-8 래커

래커(lacquer)는 니트로셀룰로오스(nitrocellulose)와 같은 용제에 용해시킨 섬유계 유도체를 주성분으로 하고 여기에 합성수지, 가소제와 안료를 첨가한 도료이다. 도막결성 성분으로는 초화면, 합성수지, 천연수지, 프탈산수시, 멜라민(melamine)수지, 가소제 등이 사용된다. 그러나 가장 많이 사용되는 것이 니트로셀룰로오스, 즉 초화면(硝化綿)이다. 래커의 조성에 니트로셀룰로오스가 양적으로 대부분을 차지하고 있을 뿐만 아니라 래커의 특성이 주로 니트로셀룰로오스의 성질을 그대로 가지고 있으므로 래커를 니트로셀룰로오스 도료라고도 한다.

안료를 가하여 조합한 것이 래커에나멜(lacquer enamel)이고 안료를 가하지 않은 것이 클리어래커(clear lacquer)라고 하는데 보통 래커라고 하면 클리어래커를 말한다. 래커는 건조가 빠르고 도막이 견고하며 광택이 좋고 연마가 용이하며 불점착성 · 내마멸성 · 내수성 · 내유성 · 내후성 등이 강한 고급도료이다. 결점으로는 도막이 얇고 부착력이 약하다. 따라서 특별한 초벌공정(下塗工程)이 필요하다. 또한 건조가 빠르기 때문에 붓으로 바르기는 어려우므로 분사한다. 래커도막에는 때때로 흐려지거나 백화(白華, 白花)현상이 일어나는데, 이것은 용제가 증발할 때 열을 도막에서 흡수하기 때문이다. 이를 방지하기 위해 신너(thinner) 대신 리타더(retarder)가 강한 용제가 포함된 것을 사용한다.

(1) 클리어래커(clear lacquer)

클리어래커는 니트로셀룰로오스와 합성수지를 주성분으로 한 자연 건조형의 도료로서 안료가 들어가지 않은 래커를 말하며 투명래커라고도 한다. 주로 목재면의 투명도장에 쓰인다. 유성바니시(oil varnish)에 비해 도막은 얇으나 견고하고 담색으로서 우아한 광택이 있다. 목재 전용 래커는 부착성이 좋고 도막의 가소성이 특히 우수하다. 일반적으로 내수 · 내열 · 내알코올성이 있으며 내충격성이 크다. 금속전용 래커는 금속면의 변속을 방지하는 성질을 가지며 광택을 보호한다. 클리어래커는 내후성이 좋지 않아 외부에 사용하기에는 적당하지 않고 내부용으로 주로 쓰인다. 투명래커의 품질은 한국산업규격(KS M 5326)에 규정되어 있다.

(2) 래커에나멜(lacquer enamel)

래커에나멜은 불투명 도료로서 클리어래커에 안료를 첨가한 래커를 말한다. 속건성이고 도막이 단단하여 불점착성이 있고 내광성이 좋으며 광택이 좋고 내유 · 내수성 등 래커의 특색을 발휘한 도료로 연마성이 특히 좋다. 결점으로는 도막이 얇으며 밀착력이 떨어지기 때문에 바탕칠을 잘해야 한다. 내후성에 따라 외부용 또는 내부용으로 나누어지며 그 조성에도 차이가 있다. 외부용은 내후성이 높게 만들어진 것으로 주로 자동차 등의 외장용으로 사용되며 내부용은 내후성이 낮은 실내의 도장에 사용된다.

13-9 에나멜페인트

에나멜페인트(enamel paint)는 바니시에 안료를 혼합하여 만든 유색불투명 도료로서 보통 에나멜이라고도 하며 유성페인트와 유성바니시와의 중간성의 제품이다. 사용하는 원료에 따라 여러 가지가 있는데, 특히 유성바니시에 안료를 혼합한 것을 유성에나멜이라 하고 합성수지바니시 또는 클리어래커에 안료를 혼합한 것을 합성수지에나멜(synthetic resin enamel) 또는 래커에나멜(lacquer enamel)이라 부른다. 유성에나멜은 유색불투명 도료로서 건조는 약간 더디지만 피막이 튼튼하고 광택이 있으며 내수성이 높은 것이 특징이다. 유성페인트와 비교하여 건조시간, 도막의 평활 정도, 광택, 경도 등이 뛰어난 것이 다르다. 합성수지에나멜은 유색불투명 도료로서 일반적으로 건조가 빠르고 광택이 나며 내수성 및 내구성이 우수하여 목재, 철재 등의 도장에 사용된다.

에나멜은 용제로 희석시켜 적당한 농도로 하여 사용한다. 건조가 대체적으로 빠른 편이며 광택이 잘 나고 내수성 · 내열성 · 내유성 · 내약품성이 좋은 고급도료이다. 특히 외부용은 경도(硬度)가 크고 내후성이 좋다.

(1) 목재면 초벌용 에나멜(wooden surface first coating enamel)

아연화(zinc white) 또는 연백(white lead)에 단유성(短油性) 바니시를 소량 가하고 휘발성 용제를 많이 혼합한 제품이다. 건조가 빠르고 솔질이 고르다.

(2) 무광택 에나멜(flat enamel)

안료 및 휘발성 용제를 많이 섞은 것이고 내후성은 적다.

(3) 은색 에나멜(silver colour enamel)

알루미늄의 박판을 미세한 분말로 만든 알루미늄(aluminium)분말과 골드사이즈(gold size)를 혼합한 액상품이다. 온수관, 라디에이터 등에 사용하며 내후성이 좋지 못하여 내부 도장에 사용한다.

(4) 알루미늄페인트(aluminium paint)

알루미늄 분말을 넣은 스파바니시(spar varnish)에 혼합하여 만든 불투명 도료로서 은색 에나멜과 거의 같으며 은분페인트라고도 한다. 알루미늄페인트는 광선 및 열반사력이 강하고 내열·방열성이 높다. 따라서 알루미늄페인트를 칠한 도면은 금속광택이 나고 열에 견디며, 이를 반사분산하여 저유탱크, 냉장고 등에 도장하면 내용물의 온도상승을 막아준다. 난방 라디에이터에 칠하면 열을 발산시키는 효과를 주고 도막은 알루미늄 도막이어서 분해되기 어려우며 수분 및 습기가 통과하기 어려워 내구성이 대단히 좋아진다. 따라서 녹막이 도료, 내수 도료로 쓰인다.

13-10 합성수지 도료

합성수지를 주체로 하여 만든 합성수지도료(合成樹脂塗料)는 일반적으로 유성페인트와 바니시에 비해 다음 점들이 우수하다.

① 건조시간이 빠르고 도막이 단단하다.
② 도막은 인화할 염려가 없어 더욱 방화성이 있다.
③ 내산·내알칼리성이 있어 콘크리트나 플라스터(plaster)면에 바를 수 있다.
④ 투명한 합성수지를 사용하면 더욱 선명한 색을 낼 수 있다.

합성수지 도료를 조성상 다음과 같이 분류한다.

(1) 합성수지페인트(synthetic resin paint)

합성수지 페인트는 합성수지를 용제에 희석하여 만든 도료이다. 이 도료는 산화 반응형이 아니기 때문에 알칼리성 바탕(모르타르, 회반죽)에도 도장이 가능하다.

(2) 합성수지 바니시(synthetic resin varnish)

유성바니시는 수지를 건성유에 가열 용해한 것인데 여기에 사용된 수지를 천연수지가 아닌 합성수지로 대치한 것이 합성수지 바니시이다. 이 도료는 일반적으로 건조가 빠르고 도막이 광택이 나며, 투명한 합성수지를 첨가할 경우 도막도 선명하다. 천연수지를 쓸 경우는 내부용에만 한하였으나 합성수지로 대치할 경우 외부용으로도 가능한 도료이다.

(3) 합성수지 수성페인트(synthetic resin water paint)

수성페인트는 안료를 물로 용해하여 교착제와 혼합한 것인데 여기에 사용된 재래 천연 교착제 대신 합성수지 교착제로 대체 사용하여 만든 도료가 합성수지 수성페인트이다. 이 도료는 외부도장이 가능하다. 합성수지를 미리 유화제로 처리한 것을 물로 묽게 하여 사용하는데, 이를 에멀션페인트(emulsion paint)라 하여 시판하고 있다.

(4) 페놀수지 도료(phenol resin paint)

페놀(phenol)류와 알데히드(aldehyde)류를 산 또는 알칼리를 촉매로 하여 축합(縮合)시켜 얻는 합성수지를 페놀수지(phenol resin)라 한다. 도료 중 제일 많이 사용하는 페놀수지는 석탄산과 포르말린(formalin)을 축합시켜 얻으며, 이것을 석탄산수지 도료라고도 한다. 일반적인 성질은 내수성 · 내유성 · 내후성 · 내열탕성 · 내산성이 우수하며 또한 속건성(10시간 이내)이고 비교적 내알칼리성도 있다. 무색 · 담황색으로 100~150℃에서 용해되며 영구히 열가소성이 있다. 알코올, 아세톤(acetone), 에스테르(ester)에 녹으며 셀락(shellac)의 대용으로도 쓰인다.

(5) 비닐계 수지 도료(vinyl resin paint)

비닐 계통의 수지는 여러 가지 종류가 있지만 초산비닐수지 도료, 염화비닐수지 도료, 초산비닐 에멀션이 대표적으로 사용되고 있다. 초산비닐 도료(polyvinyl acetate resin paint)는 초산비닐(醋酸 vinyl)을 초산과 아세틸렌으로 합성한 도료로서 케톤(ketone), 에스테르 · 타르(tar)계 용제에 용해되며 휘발성 바니시, 에나멜(enamel)을 만든다. 초산비닐 수지의 도막은 무색투명하여 광선, 열에 의한 변색이 적으며 유연성이 있고 난열성, 내용제성 등의 양호한 장점이 있는 반면 분무기(sprayer) 작업 시 온도에 민감하여 작업하기가 나쁘다. 염화비닐수지 도료(polyvinyl choride resin paint)는 염화비닐수지를 가소제, 안료 등을 조합하여 만든 도료로서 내수성 · 내약품성 등이 우수하고 내산성도 있어 철강구조물 등의 방청을 위한 초벌용으로 사용하기도 한다. 초산비닐 에멀션(acetate polyvinyl emulsion)은 가소제, 안료 등을 조합하여 초산비닐 에멀션 도료가 되며 목재의 도장 또는 약(弱)알칼리에 견디기 때문에 건축물의 벽 도장에 적합하다.

(6) 에폭시수지 도료(epoxy resin paint)

애폭시수지는 담황색으로 중합(重合)의 정도에 따라 점도가 있는 액상에서 고체까지 여러 종류가 있으며 일반적으로 캐톤, 에스테르 등에 녹으며 타르계 용제 또는 알코올류를 희석제로 하여 사용한다. 에폭시수지 도료는 내수성 · 내약품성, 접착성이 우수하고 단단하며 내마모성이 좋다. 특히 내산성 및 내알칼리성이 우수하여 이에 필요한 바닥 등의 도장에 사용된다. 또한 물 · 약품 · 오염 · 가스 등에 대한 내성이 도료 중에서 가장 우수하다고 볼 수 있다.

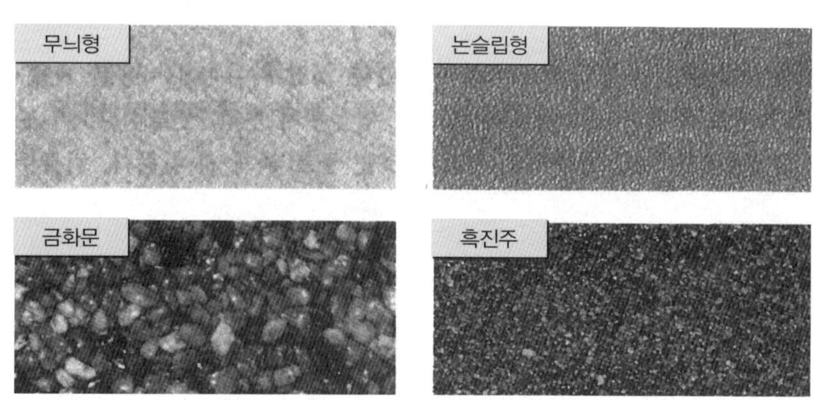

그림 13-1 에폭시수지 도료

(7) 멜라민수지 도료(melamine resin paint)

멜라민수지를 주성분으로 하여 만든 멜라민수지 도료는 무색투명하며 도막이 굳고 광택이 양호하다. 내수성과 내구성이 좋지 않아 알키드수지와 혼합하여 사용하며 내산성이며 달구어 칠하기에 적당하다. 특히 보통 100~120℃에서 30분 내지 1시간 구워 붙임을 하면 대단히 단단하고 광택이 있은 법랑질(琺瑯質)의 도막을 만들며 변색이 적고 내후성이 양호해 진다. 철재 등의 고급 마무리용 도장에 사용한다.

(8) 실리콘수지 도료(silicon resin paint)

실리콘수지를 주원료로 한 도료로서 내열성 · 내한성 · 내후성이 우수한 특성을 가지고 있어서 내열성이 있는 알루미늄을 혼합하여 내열도료로 사용된다. 도막은 발수성이 있어 방수제로도 우수하며 자연건조형과 소부형(燒付形)이 있다.

(9) 알키드수지 도료(alkyd resin paint)

알키드수지를 도료용으로 사용하기 위해 기름(脂肪酸)으로 변성할 필요가 있는데, 이와 같이 유변성(油變性) 알키드수지를 도막형성 요소로 하는 자연건조 도료를 알키드수지 또는 프탈산수지 도료라고 한다. 알키드수지 도료는 부착성 · 내후성 · 건조성 · 보색성 또는 다른 도료와의 혼합성 · 용해성 등이 일반적으로 좋다. 유성도료와 같이 간단하게 취급할 수 있으며 값이 싸서 많이 이용되고 있다. 단점으로는 내수성, 특히 건조 초기의 내수성이 다른 도료에 비해 떨어지며 내알칼리성이 좋지 못하다. 속건성이고 도막 성질이 좋은 알키드수지 도료는 유성페인트 대신 합성수지페인트로 많이 사용되고 있다.

알키드수지와 내후성이 좋은 안료를 주성분으로 한 무광택용 도료인 알키드수지 에나멜(alkyd resin enamel)은 접착력, 내구력이 강해 철재 및 목재시설물 등의 도장에 사용되며, 품질은 한국산업규격(KS F 5701)에 규정되어 있다. 또한 알키드수지를 주성분으로 하여 목재섬유질에의 침투성이 좋도록 만든 바니시인 알키드수지 바니시(alkyd resin varnish)는 내수성 및 내후성이 우수하여 목재시설물 등에 사용되며, 품질은 한국산업규격(KS M 5601)에 규정되어 있다.

(10) 폴리에스테르수지 도료(polyester resin paint)

폴리에스테르수지 도료를 용제를 사용하지 않는 도료라고도 하며 불포화 폴리에스테르수지에 도장 직전에 촉매를 첨가하여 80℃에서 30분간 구워 붙임을 하여 경화시킨다. 또한 불포화 폴리에스테르수지에 촉매(유기산화물, 메틸, 에틸, 케톤 등)와 촉진제(유기염산 등)를 도장 직전에 첨가하여 사용한다. 건조시간은 수지의 조성, 촉매, 촉진제의 첨가량에 따라 다르나 대체로 30분 내지 3시간이다. 폴리에스테르수지 도료는 전형적인 무용제 바니시로 한 번만 칠해도 아름답고 두꺼운 도막을 형성하며, 이 도막은 강도, 내약품성이 좋다. 그러나 경화에 있어 체적의 수축이 크며 변형이 되어 부착이 나빠질 뿐만 아니라 내후성도 좋지 않다. 공기와 접촉하지 않아도 건조되므로 밀폐된 부분이나 깊은 곳의 도장에 유리하고 목재용 도료로도 사용한다.

(11) 합성수지 에멀션페인트(synthetic resin emulsion paint)

합성수지 에멀션페인트는 아크릴수지(acryl resin)계 에멀션과 내후성이 우수한 안료를 주성분으로 한 도료로서 내부용과 외부용이 있다. 합성수지 에멀션페인트는 물을 사용하는 수성페인트이므로 화재, 폭발의 위험성이 없고 용제의 냄새가 없어 위생적이며 작업성이 좋을 뿐만 아니라 내수성, 내후성, 내세척성이 좋고 특히 내알칼리성이 강하여 콘크리트, 모르타르, 플라스터 등에도 칠할 수 있는 이점을 가지고 있기 때문에 옥내외의 도장에 사용된다. 합성수지 에멀션페인트의 내부용 품질은 한국산업규격(KS M 5320)에 외부용 품질은 한국산업규격(KS M 5310)에 규정되어 있다.

13-11 수용성 도료

(1) 수용성 에나멜(water soluble enamel)

수용성(水溶性) 에나멜은 유기고분자 물질을 물에 녹게 하기 위해 분자 중에 친수성(親水性)이 강한 기(radical)를 부여한 수용성 수지로 제조된 도료이며 대기오염의 원인인 유기용제(톨루엔, 벤젠 등)가 전혀 함유되어 있지 않다. 또한 희석제로 상수도물을 사용할 수 있어 경제적이며 철재 및 목재에 사용되는 조합페인트 및 유성에나멜을 대체할 수 있는 정벌용(上塗用) 광택도료이다. 수용성 에나멜은 성능이 우수한 아크릴수지를 사용하므로 기존 유성도료보다 내구성이 뛰어나고 광택이 우수하며 특히 건조시간이 빨라 재도장 시간을 단축시킬 수 있다. 일반적으로 수용성 에나멜은 수용성 수지, 안료, 건조제, 용제 등으로 구성된다. 주로 건축용 도료에 사용되는 수용성 수지의 종류와 용도는 다음과 같다.

◎ 수용성 알키드(alkyd)

목재 및 철재에 사용되며 초기에는 정벌용으로 사용하였으나 건조가 느리고 내알칼리성 및 내후성이 다소 불량하여 최근에는 초벌용으로 이용된다.

◎ 수용성 아크릴(acryl)

아크릴 계통의 수지를 수용화한 것으로 슬레이트 및 기와용 페인트에 사용되며, 주용도는 콘크리트 및 시멘트모르타르용으로 내알칼리성 및 내후성은 우수하나 철재에 사용 시에는 굴곡성 및 외관이 불량하게 되는 경우가 많다.

◎ 수용성 아크릴 알키드(acrylic alkyd)

수용성 알키드와 수용성 아크릴수지의 단점을 보강한 것으로 최근에 개발되었으며 철재 및 목재용 수용성 에나멜의 주성분을 이루고 있다.

◎ 수용성 에폭시(epoxy)

주로 고급건축물에 많이 사용되고 특히 내마모성 및 내약품성이 우수하여 바닥용 도료로 사용되며 자외선에 약하므로 외부 벽면에는 주로 초벌용으로 이용된다.

(2) 수용성 목재 프라이머(water soluble wood primer)

수용성 목재 프라이머는 수용성 알키드수지와 연마성이 우수한 안료를 혼합 분산한 도료로서 목재의 바탕을 보강하여 정벌칠의 접착효과를 높여주고, 특히 유성프라이머의 단점인 건조가 느린 것을 해결하며 정벌칠의 시간을 앞당길 수 있을 뿐만 아니라 가격도 저렴하다.

(3) 수용성 방청페인트(water soluble rust proof paint)

수용성 방청페인트는 수용성 에나멜과 구성성분이 유사하며, 중금속인 납(Pb)이 다량 함유되어 있는 광명단 조합페인트와는 달리 무독성의 특수방청안료와 산화철을 사용하고 수용성 알키드수지로 철재 표면에 염(salt)을 형성시켜 방청성, 부착성, 내수성을 증진시킨 도료이며 광명단 페인트에 비해 가격이 매우 저렴하다.

(4) 수성 낙서방지용 페인트

수성 낙서방지용 페인트는 미세한 입자(粒子)의 아크릴 에멀션에 안료와 웨팅 에이전트(wetting agent), 레벨링 에이전트(leveling agent) 등의 첨가제를 혼합하여 제조된 것이다. 종래 수성페인트의 문제점인 심한 오염, 도막의 평활성 · 내알칼리성 · 발수성 등이 우수하여 주로 낙서 및 오염이 심한 콘크리트면이나 시멘트 제품 도장에 적합하다.

13-12 특수 도료

(1) 방청도료(rust proof paint)

방청도료(防錆塗料)는 금속면의 보호와 금속의 부식방지, 즉 녹이 슬지 않게 할 목적으로 사용되는 도료이다. 방청도료를 녹막이도료, 녹막이페인트 또는 방식도료(anticorrosive paint)라고도 하며 금속에는 방청도료로 초벌(下塗)을 하고 그 위에 내후성이 있는 도료를 사용한다. 녹(綠)은 금속면에 습기나 수분이 전혀 없을 경우에는 상온에서 발생하지 않으며 순수한 물은 금속을 부식하지 않는다고 한다. 따라서 방청도료는 이러한 원리를 응용하여 금속면에 잘 접착되어 물 · 공기가 통하지 않도록 하며 굳은 도막을 만들어 정벌에 적합한 바탕을 이루고 화학적인 방청력, 즉 방식력(防蝕力)을 갖도록 한 것이다.

◎ 광명단 도료(red lead paint)

광명단(minium ; red lead, Pb_3O_4)을 보일드유에 녹인 유성페인트의 일종이다. 보일드유 대신 전색제를 사용할 때도 있다. 광명단(光明丹), 즉 연단(鉛丹) 등의 알칼리성 안료는 기름과 잘 반응하여 단단한 도막을 만들어 수분의 투과를 방지하나 안료 자체는 큰 방식력이 없다. 기름에 녹인 것은 광명단의 비중이 커서 가라앉으므로 저장이 곤란하다.

◎ 광명단 조합페인트(red lead base ready mixed paint)

광명단과 산화철을 방청안료로 하고 기름, 알키드, 페놀수지 등을 주성분으로 하여 도장에 직접 사용할 수 있도록 각 재료를 알맞게 배합하여 제조된 도료이다. 내수성, 내알칼리성, 접착성, 방청력이 우수하여 철재 등의 녹막이 도료로 많이 사용되고 있다. 광명단 조합페인트의 품질은 한국산업규격(KS M 5311)에 규정되어 있다.

◎ 방청산화철 도료(rust proof iron oxide paint)

산화철에 아연화, 아연분말, 연단 등을 가한 것을 안료로 하고 이것을 스테인오일(stain oil), 합성수지 등에 녹인 것이다. 광명단 조합페인트와 같이 널리 사용되며 정벌칠에도 쓰인다. 도막은 내구성이 좋다.

◎ 알루미늄 도료(aluminium paint)

알루미늄 분말을 안료로 하는 것이고 전색제에 따라 여러 가지가 있다. 알루미늄 도료는 방청효과뿐만 아니라 알루미늄 분말의 특성상 광선, 열반사의 효과를 내기도 한다. 각종 합성수지 도료에 알루미늄 분말을 안료분으로 한 은색 에나멜이 제조되고 있다. 녹막이 효과는 전색제에 따라 정해지고 정벌칠에도 많이 쓰인다.

◎ 역청질 도료(bituminous paint)

아스팔트(asphalt), 타르 피치(tar pitch) 등의 역청질(瀝青質)을 주원료로 하여 건성유, 수지류를 첨가하여 제조한 것이다. 안료를 혼합시켜 착색한 것과 알루미늄 가루를 배합한 것도 있다. 역청질의 종류 및 기름의 혼입에 따라 녹막이 효과는 달라지고 일시적인 방청 목적으로는 무난하나 장기적으로 완전한 방청도료라고는 할 수 없다.

◎ 크롬산아연 방청페인트(zine chromate rust preventing paint)

알키드수지(alkyd resin)와 방청안료인 크롬산아연을 주성분으로 하여 만든 도료로서 부착력 및 내구력이 우수하고 방청성이 좋아 심한 부식환경에 노출된 철재물의 방청보호용으로 사용된다. 품질은 한국산업규격(KS M 5424)에 규정되어 있다.

◎ 아연화 프라이머(zinc oxide primer)

아연화(亞鉛華)와 전색제를 혼합하여 만든 방청프라이머이다. 접착력, 내구력, 부식방지력이 우수하여 심한 부식환경에 놓여 있는 철재물 및 아연도 강판재의 방식용 프라이머로 사용된다. 품질은 한국산업규격(KS M 5325)에 규정되어 있다.

◎ 에칭프라이머(etching primer)

합성수지를 전색제로 쓰고 소량의 안료와 인산(燐酸)을 첨가한 도료이다. 워시프라이머(wash primer)라고도 하며 금속면의 바름 바탕처리를 위한 도료로서, 이 프라이머를 바른 위에 방청도료를 바르면 부착성이 좋고 방청효과도 크다. 주로 뿜칠로 도장하게 되어 있다.

◎ 징크로메이트 도료(zincromate paint)

크롬산아연을 안료로 하고 알키드수지를 전색제로 한 것이다. 녹막이 효과가 좋고 알루미늄판이나 아연철판의 초벌용으로는 가장 적합하다.

◎ 규산염 도료(silicate paint)

교상규산염(膠狀硅酸鹽)과 방청안료를 주원료로 하고 이 원료에 아마인유 · 동유 등의 장유성 바니시를 섞은 것으로서 색은 청색 · 적청색이 있다. 이 도료는 도막의 내수성이 약하여 외부에는 사용할 수 없으며 도막을 물로 씻을 수도 없다. 주로 내화도료로 사용한다.

(2) 방화도료(fire retardant paint)

방화도료(放火塗料)는 가연성 물질에 도장하여 인화 · 연소를 방지 또는 지연시킬 목적으로 사용하는 도료이다. 염화비닐수지 또는 프탈산수지, 바니시 등의 전색제에 염화파라핀 · 산화 안티몬 등 소화성가스 발생제를 가한 것이 많이 사용되고 있다. 멜라민(melamine) · 요소수지 등의 아미노계 수지 바니시에 인산 · 암모늄염 등의 발포제를 가하면 도막은 화염 때문에 분해 발포되어 10~50mm 정도로 부풀어서 일종의 방화벽을 만든다. 이 방화벽 내에서는 불연성 가스가 충만하여 화염과 피도물체(被塗物體) 사이에서 단열층의 역활을 한다. 이 도료를 발포성 방화도료라고 한다. 건축용 방화도료의 품질은 한국산업규격(KS M 5328)에 규정되어 있다.

(3) 내화도료(refractory paint)

도막이 높은 화열에 견디는 무기질 도료로서 도막의 연소성을 방지하기 위한 불연성의 도료이다. 주로 철골구조물 등의 내화피복재로 많이 쓰이고 있다. 일반적으로 내화도료의 전색제로는 염화비닐과 초산비닐의 공중합체, 아민계 수지, 실리콘수지 등이 쓰이며, 이들은 난연성인 동시에 가열에 따라 염소화합물의 경우에는 염소가스, 아민화합물인 경우에는 암모니아 가스를 발생하여 연소를 방지하는 작용을 한다.

(4) 발광도료(luminous paint)

발광도료(發光塗料)는 형광체 · 인광체의 안료를 적당히 전색제에 넣어 만든 도료이다. 이 도료는 선전, 광고, 어두운 곳에서의 식별에 필요한 계기류의 눈금, 지시판, 스위치(switch) 등의 표시에 사용된다. 발광도료는 형광도료와 인광도료의 2종류가 있다.

일광 또는 인공광선 등 외부로부터 조사(照射)하는 것으로 육안으로 볼 수 없는 자외선을 흡수하여 이것을 육안으로 볼 수 있는 가시광선으로 바꾸어 빛을 반사하는 안료를 사용한 도료가 형광도료(螢光塗料)이다. 이 안료로는 아연 및 카드뮴(cadmium)의 황화물이 사용된다. 광고, 장식, 표시, 그림 등에 사용한다.

인광도료(燐光塗料)는 외부에서 자극이 없어져도 상당시간 발광이 남아 있는 도료로서 잔광(殘光)을 응용하는 것이 주목적이다. 안료로는 칼슘(calcium), 바륨(barium), 스트론튬(strontium)의 황화물이 사용된다. 특히 라듐(radium) 등 방사선 물질을 가하면 자발광도료(自發光塗料)가 되어 문자판, 계기 등에 이용된다. 또한 교통기관, 공공장소 등의 야간 표시용으로 사용되며 교통안전, 위험방지용으로도 사용된다.

(5) 가열건조도료(heat drying paint)

가열건조도료는 가열, 건조에 의해 도막을 형성하는 것으로 그 가열온도는 도료의 종류에 따라 다르나 70~80℃에서 250~260℃ 정도의 범위이다. 가열건조도료를 소부도료(燒付塗料)라고도 한다. 일반적으로 가열건조도료는 상온에서 건조하지 않고 도료를 도포한 후 가열에 의해 건조도막이 형성된다. 특징은 바탕에 밀착성이 증가되고 도막이 견고해지고 광택이 좋아지며 도막의 탄성이 커지고 내마모성이 증가하며 도막의 내후성 · 내수성 · 내약품성 · 내열성이 좋아진다. 종류로는 유성 가열건조도료, 멜라민계 가열건조도료, 에폭시계 가열건조도료가 있다. 가열건조도료는 소형 기구류, 차량, 가구, 기타 철물 등에 많이 이용되고 있다.

(6) 유성 바탕용 도료

목재나 또는 금속도장의 바탕용으로 이용되는 도료로서 오일프라이머, 오일 퍼티, 오일 서페이서가 있다.

◎ 오일프라이머(oil primer)

유성 바니시와 안료를 혼합한 프라이머 중 유성의 것으로서 물체 표면을 보호하고 퍼티와의 접착을 좋게 한다.

조합페인트 목재 프라이머는 오일프라이머의 일종으로서 목재의 섬유소 조직 내부에 침투력이 뛰어나고 부착력, 내구력이 우수하여 심한 부식환경에 접하는 목재시설물의 프라이머용으로 사용한다.

◎ 오일 퍼티(oil putty)

탄산석회를 아마인유 같은 건성유로 이긴 연한 유성도료의 일종으로서 물체 표면의 흠이나 갈라짐, 구멍 등을 메워 표면을 평탄하게 하는 데 사용한다. 오일 퍼티는 특히 공기 중에서 시일이 경과함에 따라 경화하므로 창유리의 정착, 판자의 도장, 철관의 연결 등에 많이 사용한다.

◎ 오일 서페이서(oil surfacer)

퍼티로 메운 부분을 처리하고 평탄하게 하며 각종 합성수지 도료의 바탕용 도료의 피막형성 요소에 응용된다.

(7) 방균도료(fungus resistant paint)

방균도료(防菌塗料)는 프탈(phthal)산수지, 페놀(phenol)수지, 초산비닐 등을 주체로 하여 곰팡이 제거제를 섞은 것으로서 상온건조용과 소부용(燒付用)이 있다. 습기가 많은 장소에는 곰팡이가 발생하고 미관상 좋지 않을 뿐만 아니라 금속의 부식이나 누전의 원인이 되므로 이를 사전에 제거하기 위하여 방균도료를 사용한다.

(8) 다채무늬 도료(multicolor paint, multicolor coating)

다채무늬(多彩紋) 도료는 한 번 칠해서 두 가지 이상의 다채로운 표면을 형성하는 도료로서 도장면의 색 표면 상태에 변화를 주어 미장효과를 올릴 목적으로 내부 벽면에 주로 사용한다. 두 가지 이상의 도료가 서로 용해 혼합되지 않도록 불용성 매체 속에 입자상(粒子狀)으로 분산시켜 만든 것, 즉 여러 가지로 착색한 크기가 다른 입상(粒狀)으로 한 것을 다른 종류의 도료 중에 현탁(懸濁)시킨 것으로, 이 도료들은 서로 용해되지 않고 벽면에 부착한다. 시중에는 무늬코트, 큐비코트 등으로 불린다. 도장은 뿜칠로 한다.

그림 13-2 다채무늬 도료

(9) 복층무늬 도료(mult-pattern paint)

합성수지와 체질안료를 혼합한 입체무늬 모양을 내는 뿜칠용 도료로서 콘크리트 및 모르타르 바탕에 도장하는 도료이다. 복층무늬 도료를 통상 본타일이라고 부른다.

내수성, 은폐력, 내후성, 내오염성, 작업성 및 내알칼리성 등이 우수한 도료인 아크릴 공중합체(共重合體) 에멀션을 주성분으로 한 수성 본타일과 색상 보유력, 내수성, 내알칼리성 및 내오염성 등이 우수한 도료인 아크릴수지를 주성분으로 한 아크릴 본타일, 부착성, 내수성, 내후성, 내오염성, 색상보유력 및 광택 등이 우수한 도료인 에폭시에멀션을 주성분으로 한 중도무늬형의 에폭시 본타일, 특히 우수한 탄성과 내충격성 및 균열에 대한 방수효과를 줄 수 있는 탄성 본타일이 있다. 탄성 본타일은 경량기포콘크리트 외부마감을 위한 도료로 주로 사용되며, 수성 본타일은 입체감이 있는 무늬를 형성하므로 주로 내부용이고 기타 본타일은 내 · 외부용이다.

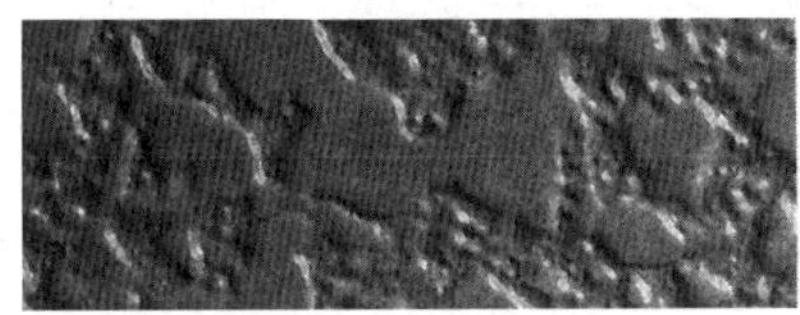
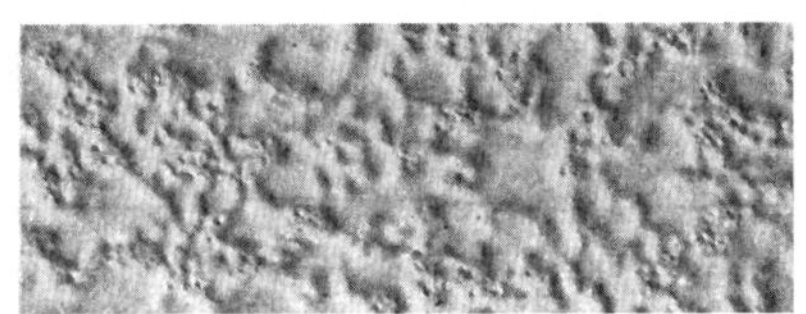

그림 13-3 본타일

13-13 옻칠, 감물칠 및 캐슈칠

(1) 옻칠(oriental lacquer)

옻칠(漆)은 주로 한국, 중국, 일본에서 사용하는 동양 특유의 고급도료로서 약어로 칠이라고도 한다. 옻칠(漆)은 옻나무 껍질에 상처를 내어 그 분비물(乳狀)을 채취한 수액을 정제하여 착색 · 도료화한 천연수지도료로서 이것을 가공한 종류로는 생옻칠, 정제칠(투명칠, 흑칠)이 있다. 옻칠은 견고한 도막을 만들고 광택이 좋으며 용제에 녹지 않는다. 또한 산 · 알칼리에 변화가 없고 약간의 화학처리를 하면 전기절연제로도 쓰인다. 일반도료의 건조는 도료에 함유된 용제가 휘발되어 일어나지만 옻칠의 건조는 적당한 온도와 습도가 절대로 필요하다. 즉, 옻칠의 한 성분인 산화효소(酸化酵素)가 산화촉매작용으로 공기 중의 산소를 흡수하여 옻칠이 산화됨으로써 건조되는 것이 타 도료와 다른 특징이다. 온도와 습도에 따라 화학변화로 건조되는 이 도료는 온도와 습도가 견고한 도막을 만드는 요소이다. 결점으로는 건조가 더디며 도막에 유연성이 없고 외부에 사용하면 햇빛에 의해 광택을 잃기 쉬울 뿐만 아니라 곡면 도장 시에는 회전식 건조장치가 필요하다. 실내장식 칠 또는 고급 목기나 가구에 주로 사용한다.

◎ 생옻칠(urushiol lacquer)

생옻칠(生漆)은 옻나무 껍질에 상처를 입혀 그 분비액을 채취한 그대로의 것으로서, 생칠(生漆)이라고도 한다. 특별한 취기(臭氣)가 있으며 공기에 의해 갈색으로 변한다. 주성분은 수분 18~27%, 칠산(漆酸) 70~74%, 아교질 3~7% 기타 소량으로 구성되어 있다. 생칠은 주로 초벌용으로 사용한다.

◎ 정제칠(refined urushiol lacquer)

생옻칠을 마직천으로 걸러 불순물을 제거한 후 40~50℃로 가열하여 수분을 제거한 것을 정제칠(精製漆)이라 하고, 정칠(精漆)이라고도 한다. 정제칠로는 흑칠과 투명칠이 있는데 흑칠은 생옻칠을 70% 정도 정제한 것을 다시 70℃로 가열하여 철분을 섞어 흑색으로 만들어진 것이다. 투명칠은 상품 생옻칠을 원료로 한 것으로서 정제할 때 적당한 혼합물을 가하면 투명도가 큰 칠이 얻어진다. 또 여기에 염안료(染顔料)를 넣어 각종의 색깔을 만든 채칠(彩漆)도 있다. 배무늬칠 등은 고급품이다.

(2) 감물칠(persimmon sluice coating)

감물칠은 익지 않은 감(柑)을 절구에 다져 물을 가하여 수일 후에 천으로 짜서 채취한 액체로서 3회까지 되풀이하여 얻을 수 있다. 처음 채취한 것은 회백색이지만 점차 갈색화한다. 감물칠을 감떫이칠(澁漆) 또는 삽(澁)칠이라고도 한다. 주성분은 전량 중 약 5% 정도 포함되어 있는 타닌(tannin)으로 그 건조피막은 물이나 알코올에 불용성이다. 목재, 섬유, 종이 등에 바르면 방수, 내수성을 높인다. 안료로서 유연(油煙)을 넣은 흑감물이 있고 산화제이철(Fe_2O_3)을 넣은 색감물이 있다. 감물을 칠한 면에는 광택이 없고 악취가 있는 것이 결점이다.

(3) 캐슈칠(cashew paint)

캐슈칠은 품질, 내용, 사용법 등이 옻칠과 유사하여 희귀 제품인 옻칠의 대용품으로 사용되고 있다. 캐슈의 원료는 열대성 식물인 캐슈나무에서 채취한다. 캐슈칠은 캐슈열매의 액을 주원료로 하여 여기에 석탄산, 멜라민(melamine), 알키드 등과 알데히드(aldehyde)로 공축합(共縮合)하여 제조한 도료이다. 성분과 성능은 옻칠과 유사하며, 표면은 옻칠과 같이 단단하고 평활하면서 광택도 좋다. 또한 내약품성, 내수성, 내후성이 우수하다. 그러나 탄성 또는 밀착성은 옻칠보다 떨어진다. 건조는 옻칠의 경우는 습도가 필요하지만 캐슈칠은 유성계 도료와 같고 실온 또는 가열하여 건조한다. 캐슈칠을 캐슈수지(cashew resin paint) 도료라고도 한다.

13-14 도료 · 도막의 결함

도료의 조성(組成485) 및 도장조건이 나쁘면 결함이 나타나게 마련이며, 또한 도료의 보관 및 취급 역시 충분히 주의해야 한다. 도료 · 도막의 결함의 종류는 대단히 광범위하고 그 발생원인과 방지대책을 충분히 밝히기도 어렵다.

도료의 도장에 의해 도막을 형성하는 데 있어 도료의 본래의 목적을 달성하기 위해서는 도장기술자는 도료에 관한 지식과 체험을 통해 가장 합리적인 도장을 할 수 있어야 한다.

도료의 보관 및 취급 또는 도장시 도막에 대한 여러 가지 결함 중 일반적인 것을 설명하면 표 13-5와 표 13-6과 같다.

표 13-5 도료의 보관 및 취급에 대한 결함

결함	내용	발생원인	방지대책
피막 (skining)	도료를 저장하였을 때 또는 쓰다 남은 도료를 용기 내에 방치하였을 때 도료의 표면에 살얼음처럼 또는 가죽으로 한 겹 덮인 것처럼 되는 것	· 피막방지제의 부족이나 건조제가 과잉일 경우 · 용기 내의 공간이 커서 산소의 양이 많을 경우 · 사용잔량을 뚜껑을 열어둔 채 방치하였을 경우	· 피막방지제와 건조제의 균형을 맞춤 · 양에 알맞은 용기를 사용하고 질소로 치환함 · 밀봉하든가 새로운 용기에 옮기고 짧은 시간이면 용제를 부어넣음
증점 및 겔화 (afferthicke-ning & gelatin)	점도가 상승하여 유동성이 감소하는 것을 증점, 완전히 유동성이 없이 젤리상이 되는 것을 겔화라 함	· 저장 중 산화, 중합에 의한 경우와 부적당한 신너로 희석하였을 경우 · 용기의 밀폐가 충분하지 못하여 용제가 휘발한 경우 · 종류가 서로 다른 도료 또는 제조자가 다른 동일 계통의 도료를 혼합 저장하였을 경우	· 재고기간을 단축하고 도료는 직사광선을 피하여 보관 · 필히 규정된 신너를 사용 또는 용기의 밀폐를 충분히 함 · 사용 전날 따뜻한 곳으로 이동, 보관토록 함
안료의 분리 (separation)	전색재 용제 안료는 서로 비중이 다르기 때문에 저장 중에 안료의 응집으로 침강되어 서로 분리되는 것	· 안료의 분리로 반점과 무늬 발생 · 신너의 용해력 부족 · 전색제의 점도가 낮음	· 신너의 적당량을 바꾸어 용해하여 사용 · 두께를 얇게 조절하여 사용
시딩 (seeding)	저장 중 도료 내에 작은 결정이 무수히 발생하며 도장 시 도막에 좁쌀 같은 것이 생기는 현상	· 저장 중에 온도의 상승, 저하를 반복했을 때 첨가제 등이 미세한 핵으로 되어 결정이 생김	· 오래된 것부터 사용 · 온도차가 심하지 않은 조건에 저장 · 사용하는 첨가제의 특성을 충분히 파악하며 종류 및 양에 주의함
가스발생	용기 내에서 가스가 발생하여 용기나 뚜껑이 부풀어 오르는 현상	· 도료성분의 반응, 도료의 장기간 보관, 높은 온도에서 도료 보관	· 조기에 사용, 장기저장을 피함, 냉암소에 보관

표 13-6 도장 시 도막에 대한 결함

결함	내용	발생원인	방지대책
붓자국 (brush mark)	붓이 지나간 자국이 도막에 생기는 현상, 도막 표면의 붓자국 또는 붓얼룩이 생김	· 도료의 유전성(流展性)이 나쁠 때 · 도막이 엷고 도료의 점도가 높을 때 · 붓이 뻣뻣한 털일 때	· 지나치게 엷지 않도록 도포 · 도료에 알맞은 붓을 사용 · 적정 점도로 낮춤
오렌지 필 (orange peel)	도막 표면에 유자나 귤껍질처럼 구멍이 생기는 현상	· 도료에 적합하지 않은 신너를 사용하였을 때 · 도료의 점도 높을 때 또는 엷게 도포되었을 때 · 실내 온도가 높고 풍속이 빠를 때	· 도료에 적합한 신너를 사용 · 도료의 점도를 낮춤 · 토출량을 조정 · 도장환경을 적정하게 조절
흐름 및 처짐 (runnning & sagging)	도막 표면의 일부분에 도료가 흘러 있든가 처져 있는 현상	· 도료를 일시에 두껍게 도포하였을 때 · 도료 점도가 낮을 때 · 신너의 과다 또는 휘발성이 늦은 신너를 사용하였을 때 · 도장기의 조정 불량	· 점도를 조정 · 신너의 적당량 혼합과 양질의 신너를 사용 · 적정의 도포량, 토출량, 운행속도, 거리, 각도로 함
은폐력 부족	피도물의 바탕이나 하도의 표면이 도포된 도막을 통해 보이는 현상	· 과도한 희석 또는 안료가 침강(沈降)하였을 때 · 안료 또는 도막이 부족하였을 때 · 도포량이 불균형할 때	· 점도를 적당하게 함 · 교반을 충분하게 하고 겹칠을 함 · 하도의 색과 상도의 색을 같은 것으로 함
주름 (wrinkles)	도막에 주름 같은 무늬가 나타나는 현상	· 두껍게 도포 또는 겹칠을 하였을 때 · 바탕의 도료가 적당치 않을 때 · 급격한 가열 또는 직사광선을 쬐었을 때 · 산성가스와 접촉하였을 때	· 필요이상 두껍게 도포하지 않도록 함 · 적정 용제를 사용 · 도포 후 급격한 온도상승, 가열 피함 · 도포 후 즉시 직사광선을 쬐이지 않도록 함 · 건조로 내의 산성가스와 도막과의 접촉을 방지
핀홀 (pin hole)	도료를 도장하여 건조할 때 도막에 바늘로 찌른 듯한 조그마한 구멍이 생기는 현상	· 주물과 같은 벌집 모양의 바탕일 때 · 증발속도가 빠른 용제를 다량으로 사용하였을 때 · 바탕과 온도의 차가 있을 때 · 고온다습일 때 또는 급격히 가열시켰을 때 · 건조를 시키지 않았거나 두껍게 도포하였을 때	· 바탕조정을 잘 해야 함 · 전용의 신너를 사용 또는 온도조정을 함 · 도막 내의 용제가 증발될 때까지 건조시간을 충분히 줌 · 적정량으로 도포함

결함	내용	발생원인	방지대책
기포 (bubble)	도막에 기포가 생기는 현상	· 심하게 교반된 상태의 도료를 사용하였을 때 · 피도장물에 수분이 묻어 있을 때 · 급격하게 가열시켰을 때	· 점도가 높은 도료는 거품이 완전히 없어진 후에 사용하거나 전용 신너를 사용 · 교반 후에는 거품이 소멸된 연후에 사용
백화 (blushing)	도포면이 하얗게, 희미하게 광택이 없어지는 상태, 이 현상은 전체 또는 부분적으로 발생	· 고온다습 시 또는 신너 불량으로 건조가 빠른 래커 등을 도포할 때에 흔히 생김 · 급격히 용제가 증발하기 때문에 도표면이 급랭되어 공기 중의 수분이 도표면에 응집 흡착되어 하얗게 됨	· 리타더 신너를 사용(10% 첨가)하고 고온 시에는 분무작업을 중단함 · 도표면의 온도를 5℃ 이하로 유지하며 작업
번짐 (bleeding)	도표를 겹칠하였을 때 하도의 색이 상도 도막 표면에 떠올라와 상도의 색이 변하는 현상	· 바탕재가 정벌재를 용해하는 경우 · 정벌칠에 수분이 침투하는 경우	· 수밀방지막(水密防止膜)을 도포
오목현상	도장면에 작고 얕은 원추형의 오목이 생기는 현상	· 도료의 성능이 나쁠 때 · 환경조건, 피도물의 조건, 도장설비조건, 도장기술조건 등의 도장조건이 나쁠 때	· 불량도료, 용제의 적정도가 맞지 않은 도료를 사용하지 않음 · 좋지 않은 도장조건을 개선 · 평활면의 연마를 충분히 함
색분리 (floating)	두 가지 이상의 안료를 넣은 도료를 도포하였을 때 도막 표면에 비중이 가벼운 안료가 분리되어 표면에 떠올라 처음의 색과 다르게 되는(색얼룩)현상	· 혼합된 안료의 비중차가 클 때 · 용제의 사용량이 많거나 증발속도가 늦을 때 · 도료를 지나치게 희석시켰을 때 · 두껍게 도포하였을 때	· 적당량의 용제로 바꾸어 용해하여 사용 · 증발속도의 차가 큰 용제는 사용하지 않음 · 바탕과 도료와의 심한 온도차를 피함 · 두께를 얇게 조절하여 도포
가스 체킹 (gas checking)	가열 건조 시 도막 표면에 서리를 맞은 것처럼 주름이 생기는 현상	· 가열 건조 시 도료가 경화할 때 연소가스 중의 산성가스 성분이 도막에 접촉되어 발생	· 수증기의 제거 및 가열조건 개선 · 가스 체킹 방지제를 사용 · 예비건조와 가열온도의 적정화
광택얼룩	도막 표면에 얼룩, 흐름 등이 생기며 무늬가 일정치 않고 크고 작은 좁쌀 같은 것이 돋고, 도막 표면에 부분적으로 변색이 생기는 현상	· 도료나 용제의 배합이 적당하지 못할 때 · 분무조건(점도, 거리, 압력, 운행속도)이 적당하지 못할 때 · 겹칠 시 각층의 도막두께가 부적당할 때 · 바탕의 조정이 불량할 때	· 용제의 배합비율을 적정하게 함 · 분무조건을 개선 · 겹칠 기간이 적정화 및 조건 개선 · 바탕 표면 도막의 평활의 균일화

13-15 가연성 도료의 보관 및 취급

① 가연성 도료의 보관 시에는 원칙적으로 전용창고에 보관하고 화기엄금 표시를 한다.

② 도료 보관창고는 독립된 단층 건물로서 주위의 건물에서 1.5m 이상 떨어져 있게 하고 지붕은 불연재로 하며 천장은 설치하지 않는다. 또한 바닥은 침투성이 없는 내화재료로 하며 내부에는 환기를 충분히 하고 직사광선을 받지 않게 한다.

③ 건물 내의 일부를 도료 보관장소로 이용할 때에는 내화구조 또는 방화구조로 된 구획된 장소를 선택한다.

④ 유류(희석제 등)를 보관할 때에는 위험물 취급에 관한 법령에 준하고 소화기 및 소화용 모래 등을 비치한다.

⑤ 사용 중인 도료는 밀봉하여 새거나 엎지르지 않게 정리하고 새거나 엎지른 것은 발화의 위험이 없도록 닦아낸다.

⑥ 도료가 묻은 헝겊 등 자연발화의 우려가 있는 것은 도료 보관창고 안에 두지 않는다.

14 방수 · 방습재료

14-1 개 요

벽돌, 블록, 모르타르, 콘크리트 제품 등의 건축재료는 내수(耐水) 및 방습성(防濕性)이 있다고 할지라도 방수 및 방습의 기능이 있는 것은 아니므로 건축물의 지붕, 벽, 지하실, 물탱크 등과 같이 방수, 방습을 요하는 장소에는 방습, 방수처리한다. 또한 벽돌벽, 블록 및 돌 벽체에서는 지중에서 습기가 상승하므로 방습층을 설치하는 것이 좋으며, 특히 목조 마루, 실내 벽체의 마감재료가 비내수성 치장재인 경우에는 반드시 방습층을 설치한다.

방수공법에는 재료 자체를 수밀하게 하는 공법, 피막방수층(皮膜防水層)을 하는 공법, 방수제 도포 또는 침투시키는 공법, 수밀재(水密材)를 붙이는 공법 등이 있다.

방수재료(water proof material)는 방수용 재료의 총칭으로서 방수재료에는 아스팔트(asphalt), 아스팔트프라이머(asphalt primer), 방수지, 방수포, 기타 아스팔트 제품이 많이 사용된다. 최근에는 유기합성화학의 발달에 의해 합성고분자 방수재료가 생겨났는데 이는 조막(造膜), 내후, 탄성, 신장성 등 재래의 아스팔트에 없었던 특성이 있기 때문에 건축용 방수재료로서 널리 사용하게 되었다.

방수재료의 사용목적은 방수층(water proof course)을 형성하여 건축물의 구성부재를 불투수성 상태로 만드는 데 있다. 방수층은 연속적인 얇은 막(膜)재료(membrane materials)를 이용하여 물의 이동을 방지하는 장치라 할 수 있다. 따라서 구조물 외부에 피막(皮膜)을 구성시키는 방수공법을 멤브레인방수(membrane water proof)라 하여 아스팔트방수 · 시트방수 · 도막방수가 이에 해당된다.

14-2 아스팔트

(1) 개요

아스팔트는 석유를 구성하는 성분 중에서 경질의 부분이 인위적으로 또는 자연의 힘에 의해 증발하고 남은 흑색이나 암갈색의 결합력이 있는 고형 또는 반고형상의 물질로써 가열하면 서서히 액화한다.

아스팔트는 표 14-1과 같이 분류한다. 지표상에서 자연의 힘에 의해 산출된 아스팔트를 천연아스팔트(natural asphalt)라 하며, 천연으로 산출된 원유에서 인위적으로 만든 아스팔트를 석유아스팔트(petroleum asphalt)라 한다. 건축공사에는 주로 석유아스팔트가 쓰인다. 석유아스팔트는 석유정제의 부산물이 아니라 중요한 석유 제품이며, 천연아스팔트에 비해 불순물이 적고 사용목적에 따라 그 성질을 조절할 수 있는 장점이 있으므로 그 용도가 급격히 증대되고 있다.

표 14-1 아스팔트의 분류

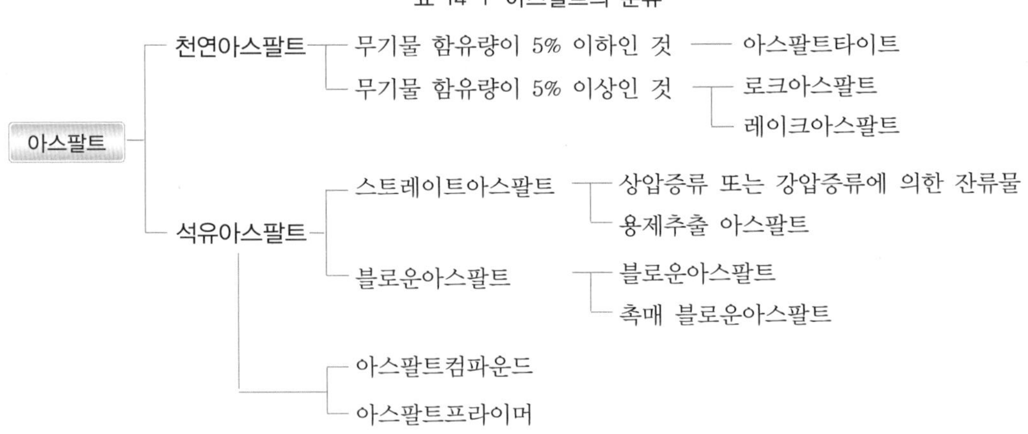

(2) 천연아스팔트

천연아스팔트란 역청분(瀝青分)을 포함한 물질이 지중에서 천연적으로 산출되는 것을 말하며, 그 산출상태에 따라 다음과 같은 종류가 있다.

로크아스팔트(rock asphalt)

천연아스팔트가 사암 · 석회암 등 다공질 암석의 틈새에 스며들어 형성된 것으로서 유럽에서는 옛날부터 널리 사용되고 있으나 품질이 일정하지 않은 결점이 있다. 남북아메리카 · 유럽 · 중동 · 동남아 등지에서 산출된다. 역청분의 함유량은 산지에 따라 다르나 보통 5~40% 정도이다. 도로포장, 바닥포장, 방수, 내산공사 등에 사용한다.

◎ 레이크아스팔트(lake asphalt)

지표에 호수 모양(湖狀)으로 퇴적되어 이루어진 아스팔트로, 남미의 트리니다드(Trinidad) 섬 및 베네수엘라 버뮤다(Bermuda) 해안에서 생산되는 것이 유명하다.

가열정제하고 유분(油分)을 첨가하여 적당히 유동성 있는 제품으로 만들 수 있다. 이 아스팔트는 50% 이상의 역청분을 포함하고 있으며 성질은 석유에서 생산되는 스트레이트아스팔트와 유사하고, 같은 방법으로 사용된다. 도로포장 · 바닥포장 · 방수 · 내산공사 등에 사용한다.

◎ 아스팔트타이트(asphalt tite)

천연석유가 지층의 갈라진 틈과 암석의 깨진 틈에 침입한 후 지열이나 공기 등의 작용으로 장기간 그 내부에서 중합반응(重合反應) 또는 축합반응(縮合反應)을 일으켜 탄력성이 풍부한 블로운아스팔트와 유사한 화합물이 된 것으로 토사(土砂) 등을 포함하지 않으며, 성질과 용도가 블로운아스팔트와 같이 취급된다. 대표적인 것으로는 길소나이트(gilsonite), 그라하마이트(grahamite), 그랜스 피치(grance pitch) 등이 있다. 페인트 · 바니시 · 아스팔트 · 타일 · 왁스 · 컴파운드 · 루핑 등의 방수재, 바닥재, 절연재료의 원료로 사용되고 있다.

(3) 석유아스팔트

석유아스팔트는 석유를 정제할 때 원유 혹은 중질유를 증류(蒸溜)하여 공기를 불어 넣어서 만든 아스팔트이다. 이 석유아스팔트는 증류방법에 따라 스트레이트아스팔트와 블로운아스팔트로 나눈다.

◎ 스트레이트아스팔트(straight asphalt)

원유 중의 아스팔트 성분이 열에 의한 변화가 생기지 않도록 하여 증기증류법, 감압증류법 또는 이들 두 방법의 조합에 의해 만들어진 것이다.

이 아스팔트는 신장성, 점착성, 방수성이 풍부하나 연화점이 비교적 낮고 내후성 및 온도에 의한 변화가 커서 지하실 방수공사 외에는 사용하지 않는다. 모래와 자갈을 혼합하여 아스팔트콘크리트를 제조하고 또한 아스팔트펠트(asphalt felt), 아스팔트루핑(asphalt roofing) 제조에 사용되며 방수지포의 침투용, 내산 · 방수 · 방습공사 등에 사용된다.

◎ 블로운아스팔트(blown asphalt)

일반적으로 파라핀계 석유의 감압(減壓) 찌꺼기 기름을 204~315℃로 가열하여 공기를 불어넣어 찌꺼기 기름 속에 포함되어 있는 역청(瀝靑)에 중합반응이나 축합반응을 일으켜 탄력성이 큰 아스팔트를 만든 것이다.

표 14-2 스트레이트아스팔트와 블로운아스팔트의 성질

항목 \ 종류	스트레이트아스팔트	블로운아스팔트
상태	반고체	고체
비중	1.01~1.05	1.01~1.04
신도	크다	작다
연화점	35~60℃	60~85℃
감온성	크다	작다
인화점	높다	낮다
비열	0.487cal/g℃	0.487cal/g℃
열전도율	0.149kcal/mh℃	0.139kcal/mh℃
체적팽창계수	$(6.0 \sim 6.3) \times 10^{-4}$/℃	$(6.0 \sim 6.3) \times 10^{-4}$/℃
투수계수	4.1×10^{-9}g · cm/cm^2 · mmHg · h	6.0×10^{-9}g · cm/cm^2 · mmHg · h
침입도지수	−1~+1	+1 이상
접착성	매우 크다	작다
유화성	좋다	나쁘다
유동성	크다	작다
내후성	좋다	매우 좋다

응집력이 크며 온도에 의한 변화가 적고 용해점이 높다. 또한 아스팔트에 광물성 분말(활석분, 석회, 석분 등)을 혼합하면 내후성, 내열성, 명도가 증대되므로 표면처리용으로 사용할 수 있다. 아스팔트컴파운드(asphalt compound) 및 아스팔트프라이머(asphalt primer)의 원료가 된다. 신장성, 점착성, 방수성 등은 스트레이트아스팔트보다 약하다(표 14-2 참조). 블로운아스팔트의 품질은 한국산업규격(KS F 2204)에 규정되어 있다.

블로운아스팔트 제조 시에 특수한 촉매를 사용하면 침입도를 저하시키지 않고 연화점이 상승하기 때문에 물성이 좋은 아스팔트를 얻을 수 있다. 이렇게 얻은 것을 촉매 블로운아스팔트라고 하는데, 현재 방수공사용 및 루핑제조용 아스팔트의 주류를 이룬다.

◎ 아스팔트컴파운드(asphalt compound)

블로운아스팔트의 내열성 · 내한성 · 점착성 · 내후성 등을 개량하기 위해 동물섬유나 식물섬유를 혼합하여 유동성을 부여한 것이다. 주로 방수층에 쓰이고 내산재 또는 전기절연재 등에도 쓰인다.

(4) 아스팔트프라이머(asphalt primer)

아스팔트프라이머는 아스팔트를 휘발성 용제로 녹인 흑갈색 액체로 품질과 배합은 표 14-3과 같다.

표 14-3 아스팔트프라이머의 품질과 배합비

원료	배합비(중량)	규격
블로운아스팔트	40~50%	침입도가 10~20인 것으로서 한국산업규격(KS M 2204)에 합격한 것
솔벤트 나프타 (solvent naphtha)	30~35%	정제품(精製品)
휘발유	25~30%	보메(baume) 비중계로 40~50의 것으로서 한국산업규격(KS M 2611)에 합격한 것

콘크리트 또는 모르타르면에는 녹인 아스팔트를 직접 발라도 완전히 고착될 수 없으므로 완성 후 방수층이 부풀어 오를 때가 있다. 이러한 결함을 제거하기 위하여 프라이머를 콘크리트면에 침투시키면 용제는 휘발되고 밑에 아스팔트의 피막이 남는다. 그 위에 녹인 아스팔트를 바르면 바탕에 잘 붙고 방수층이 바탕에서 떨어져 부풀어 오르지 않는다.

(5) 아스팔트의 성질과 용도

◎ 아스팔트의 성질

아스팔트의 성질은 산지, 함유성분 및 처리정제방법에 따라 다르나 기본적인 성질은 다음과 같다.

1) 물리적 성질

① 비중(specific gravity) : 일반적으로 1.0~1.04이다. 블로운아스팔트는 동일 침입도의 스트레이트아스팔트보다 비중이 약간 작으며 블로운아스팔트 1급은 1.01~1.04, 블로운아스팔트 2급은 1.01~1.03이다. 그리고 아스팔트컴파운드는 1.01~1.04이다. 일반적으로 침입도가 작을수록, 또한 황의 함유량이 많을수록 비중이 크다.

② 침입도(penetration) : 일반적으로 온도의 상승에 따라 증가되며, 스트레이트아스팔트가 블로운아스팔트보다 변화 정도가 현저하다. 여기서 침입도(針入度)라 함은 아스팔트의 견고성 정도를 침(針)의 관입저항으로 평가하는 방법이다. 침입도의 측정은 소정의 온도, 하중 및 시간에 있어서 규정된 침이 시료 속에 수직으로 관입한 길이로 나타낸다. 그 단위는 0.1mm를 1로 한다. 측정조건으로는 (0℃, 200g, 60sec), (25℃, 100g, 5sec), (46℃, 500g, 5sec)의 세 가지 방법이 있다. 일반적으로(25℃, 100g, 5sec)가 표준시험조건으로 사용된다.

③ 연화점(softening point) : 아스팔트는 고체이지만 일정한 융점을 나타내지는 않으며, 가열하면 서서히 연화되어 액상으로 변한다. 연화점(軟化點)은 아스팔트가 일정한 점성에 도달했을 때의 온도로 나타낸다.

아스팔트의 종류별 침입도와 연화점은 표 14-4와 같다.

표 14-4 아스팔트의 종류별 침입도와 연화점

종류	침입도(25℃, 100g, 5sec)	연화점(25℃)
아스팔트컴파운드	15~25	100℃ 이상
블로운아스팔트(1급)	10~20 20~30	85℃ 이상 75℃ 이상
블로운아스팔트(2급)	10~20 20~30	65℃ 이상 60℃ 이상

④ **신도(ductility)** : 아스팔트의 연성(延性)을 나타내는 수치로서 온도의 변화와 함께 변화한다. 또 신도(伸度)는 아스팔트의 점착성 · 가동성 · 내마모성 등과 관계가 있다. 신도는 시료의 양단을 잡아당겨 시료가 끊어질 때까지의 늘어난 길이를 cm 단위로 나타낸다. 스트레이트아스팔트는 신도가 크지만 블로운아스팔트는 매우 작다.

⑤ **감온성(temperature susceptibility)** : 아스팔트는 온도에 따라 견고성의 변화가 매우 크다. 이 변화의 정도를 감온성(感溫性)이라 한다. 감온성이 지나치게 크면 저온 시에 취성(brittleness)을 나타내고 고온 시에 심한 연질을 나타내는 경우가 많다. 일반적으로 블로운아스팔트보다 스트레이트아스팔트가 감온성이 크다.

⑥ **인화점(flash point)과 연소점(burning point)** : 아스팔트 중에는 저비점(低沸點)의 휘발성 성분이 포함되어 있기 때문에 가열하게 되면 인화될 위험이 있다. 인화점(引火點)은 아스팔트를 가열하여 불을 가까이 하는 순간 불이 붙을 때의 온도를 말하고 다시 가열을 계속하여 인화한 불꽃이 5초 동안 계속될 때, 이때의 온도를 연소점(燃燒點)이라고 한다. 아스팔트의 인화점은 대체로 250~320℃의 범위로서 블로운아스팔트 및 아스팔트컴파운드의 인화점은 210℃이다. 연소점은 인화점보다 높고, 그 차이는 25~60℃ 정도이다.

⑦ **내후성** : 아스팔트는 옥외에 사용될 경우에 고온과 공기와의 접촉에 의한 산화작용, 자외선 에너지에 따른 분해작용, 우수에 의한 침식과 온도의 변화에 따른 팽창 및 수축 등 외계의 작용으로 인한 열화현상에 저항성이 우수해야 한다. 이 저항성을 내후성(耐候性)이라 한다.

⑧ **가열안전성** : 아스팔트는 고온으로 장시간 가열하면 변질하여 여러 가지 특징이 변한다. 그 정도는 온도가 높을수록, 또 시간이 길수록 현저해진다. 가열안전성시험은 아스팔트를 300℃로 5시간 가열하여 가열 전과 가열 후의 취화점(脆化點) 변화를 측정하는 것인데 5℃ 이상의 변화가 없어야 한다.

2) 화학적 성질

석유아스팔트는 산소 1.1~2.1%, 질소 0.15~0.25%, 황 0.3~3.25%, 그 외에 약간의 철 · 니켈 · 칼슘 등의 금속성분을 함유하고 있는 탄화수소이다. 아스팔트는 유기용제에 의해 용해되지만 일반적으로 산의 희박용액(稀薄溶液)에 대해서는 저항성을 가지고 있으며, 진한 황산 · 진한 질산 · 묽은 질산에는 침식되지만 진한 염산에 대해서는 저항성을 가지며 장시간에 걸쳐서도 침식되지 않는다. 아스팔트는 알칼리용액에 대해 화학반응을 일으키지는 않지만 유화(乳化) 또는 변색된다.

◎ 아스팔트의 용도

방수, 방습을 처리하는 방법으로 아스팔트방수법을 많이 사용하고 있다. 아스팔트방수법에 이용되고 있는 아스팔트는 점성과 감온성이 있고 점착성이 크며 광물질 재료에 부착성이 좋기 때문에 결합재료나 접착재료로 이용되고 있고, 물에 용해되지 않고 불투수성이므로 방수재료로 사용되며, 사용목적에 맞게 반죽질기를 변화시킬 수 있어 시공성이 풍부한 재료이다. 또한 석유정제 과정에서 최후의 잔류물로 얻어지므로 비교적 값이 싸기 때문에 건축재료로서 뿐만 아니라 토목재료, 공업용 재료 및 농업용 재료 등 여러 분야에 사용되고 있다.

아스팔트 종류 중 건축에 주로 사용되고 있는 것은 석유아스팔트이다. 스트레이트아스팔트는 아스팔트루핑, 펠트, 기타 방수지포의 침투용 또는 내산, 방수, 바닥공사 등에 사용된다. 또한 도로포장의 가열혼합용, 유제 제조용으로도 사용된다. 블로운아스팔트는 아스팔트방수지의 원료, 방수 · 내산 · 보온 · 보냉 · 포장공사용, 방식용, 방청도료, 방습포장지, 전기절연재 등에 사용된다. 아스팔트컴파운드는 내열성, 탄성, 점착성, 내구성 등을 개량한 것인데 방수재, 내산재, 전기절연재 등에 사용된다.

(6) 아스팔트 제품

◎ 아스팔트유제(asphalt emulsion)

아스팔트유제는 스트레이트아스팔트를 가열하여 액상으로 만들고 별도로 유화제인 지방산비누 · 교질점토(膠質粘土), 로트(rot)유 · 가성석회와 안정제(젤라틴 또는 규산소다)를 물에 용해시킨 다음 양자를 혼합하고 잘 저어서 만든다. 이때 아스팔트는 아주 작은 입자가 되어 유화제에 부착하고 현탁(縣濁) 또는 유탁상(乳濁狀)으로 되어 수액 중에 부유(浮遊)한다. 비중 1.00~1.04의 다흑색의 액체로 드럼 속에 넣어 0℃ 이상에서 보관하고 시공 시에는 가열하여 스프레이건으로 뿌려서 도포한다. 사용목적에 따라 침투용 · 혼합용으로 분류하는데, 대부분 도로포장용으로 사용되지만 특수시멘트혼합용, 방수도료, 접착용 재료, 바닥용 포장재료로 사용된다.

◎ 아스팔트루핑(asphalt roofing)

그림 14-1 아스팔트루핑

아스팔트루핑은 목면, 마사, 양모, 종이 등을 물속에 넣어서 녹이고 제지기계로 두꺼운 원지(펠트)를 만들어 건조시킨다. 다음에 연질 스트레이트아스팔트를 침투시키고 앞면과 뒷면에 블로운아스팔트를 주체로 한 컴파운드를 피복하고 표면에는 접착을 방지하기 위해 활석 · 운모 · 석회석 · 규조토의 미분말을 뿌려서 부착시켜 규정된 치수로 절단하여 롤형(roll type)의 제품으로 만든 것이다. 성질은 흡수성, 투습성이 적고 유연하다. 온도의 상승으로 유연성이 증대되고 표층의 아스팔트 때문에 내후성이 크며 내산성, 내염성이 있다. 저장할 때는 옆으로 쌓지 말고 세워둔다. 건축물의 평지붕의 방수층, 슬레이트 평판, 금속판 등의 지붕깔기 바탕 등에 이용된다. 또한 임시 건축물 등의 간단한 지붕재료로 이용되고 있다. 아스팔트루핑 1롤(두루마리, 卷)의 폭은 1m, 길이는 21m이고, 종류는 1롤(卷)의 중량에 의해 25kg품, 30kg품, 35kg품, 45kg품이 있으며, 아스팔트 침투율은 150% 이상이다. 감아 있는 것을 폈을 때 서로 접착하지 않는 것, 폭의 양단부가 서로 어긋나지 않는 것, 충분히 아스팔트를 흡착시킨 것을 우량품이라고 한다.

아스팔트루핑의 규격은 한국산업규격(KS F 4902)에 규정되어 있다.

◎ 특수루핑

특수루핑으로는 모래붙임루핑, 망상 아스팔트루핑, 스트래치 아스팔트루핑, 구멍 뚫린 아스팔트루핑, 알루미늄루핑, 합성고분자루핑 등이 있다.

1) 모래붙임루핑(sand surfaced roofing)

모래붙임루핑은 모래붙임용 루핑 원지에 아스팔트를 침투시켜 여기에 내후성이 큰 아스팔트컴파운드를 도포하고 그 한쪽 면에 광물질 입자를 압착시킨 것이다. 표면의 광물질 입자는 자연적인 회색과 착색된 녹색 · 적색 · 백색 등이 있다. 성질은 아스팔트루핑보다 내후성이 좋고 내약품성도 좋다. 지붕의 방수재료로 최상층용으로 사용된다. 1롤은 폭 1m, 길이 10.5m, 중량 38kg 이상이다.

모래붙임루핑의 규격은 한국산업규격(KS F 4906)에 규정되어 있다.

2) 망상 아스팔트루핑(woven fabrics asphalt roofing)

망상으로 짠 원단에 아스팔트를 침투시켜 롤로 만든 것으로서 원단의 눈이 아스팔트로 충전되어 있지 않으므로 상하면의 아스팔트층이 잘 융착되어 각층 사이에 기포가 생기지 않는 이점이 있다. 면사를 망상으로 짠 원단에 아스팔트를 침투시켜 만든 것을 목면제 망상(木綿製網狀)루핑이라 하고 대마 또는 황마를 망상으로 짠 원단에 아스팔트를 침투시켜 만든 것을 마제 망상(麻製網狀)루핑이라 하며, 유리섬유로 만들어진 원단이나 매트형의 시트에 아스팔트를 침투시켜 가공하여 만든 것을 유리섬유제 망상루핑이라고 한다. 망상 아스팔트루핑은 주로 아스팔트 방수층의 보강재로써 중간층에 사용된다. 1롤은 폭 1m, 길이 15m, 30m의 것이 있다. 망상 아스팔트루핑의 규격은 한국산업규격(KS F 4913)에 규정되어 있다.

3) 알루미늄루핑(aluminium roofing)

알루미늄판이나 박(箔)에다 아스팔트를 도포하거나 루핑과 알루미늄판을 붙여서 롤형으로 만든 것이다. 알루미늄은 알칼리에 침식되기 때문에 콘크리트나 시멘트 바탕에는 피하는 것이 좋고 지붕재, 내외벽, 천장, 마루 등의 방습재료로 이용된다.

4) 스크래치 아스팔트루핑(stretchy asphalt roofing)

합성수지를 원료로 한 펠트(felt)상의 부직포 원단에 아스팔트를 침투 · 도포시켜 표면과 배면에 광물질 분말을 부착시킨 시트(sheet)상 제품으로 만든 것이다. 변질이 없고 신율이 크나 파단되지 않으며 시공 시 바탕과의 접착이 좋아 시공하기 쉽다. 일반 아스팔트루핑의 성능을 개선시킨 것으로 PC 또는 ALC패널 바탕재처럼 균열이나 변형 등이 발생하기 쉬운 방수 바탕 등에 사용한다.

스크래치 아스팔트루핑의 규격은 한국산업규격(KS F 4904)에 규정되어 있다.

5) 구멍 뚫린 아스팔트루핑(perorated asphalt roofing)

루핑 전면에 일정한 크기의 관통된 구멍을 일정 간격으로 만든 것이다. 이 구멍 뚫린 아스팔트를 바닥에 깔고, 그 위에 용융아스팔트로 루핑을 깔면 관통구멍 주변에서만 방수층이 바탕에 부분접착되므로 콘크리트 바탕이 함유하고 있는 수분 증발에 기인하는 수증기압을 분산시켜 방수층의 부풀림 현상을 억제할 수 있는 공법인 절연공법에 사용한다.

6) 합성고분자루핑(synthetie polymeric roofing sheet)

고무 · 폴리이소프틸렌 · 비닐계수지 · 폴리에틸렌 · 아크릴 등의 고분자 재료를 아스팔트에 혼입하여 아스팔트의 인성 · 탄성 · 감온성 등의 개선을 목적으로 만든 것이다. 합성고분자루핑은 주로 철근콘크리트구조물의 방수에 사용되며 품질은 한국산업규격(KS F 4911)에 규정되어 있다. 또한 합성고분자를 주원료로 하여 천 등으로 겹붙여 가공한 루핑을 천 등으로 겹붙인 합성고분자루핑이라고 한다. 규격은 한국산업규격(KS F 4912)에 규정되어 있다.

◎ 아스팔트펠트(asphalt felt)

아스팔트펠트는 유기성 섬유인 목면 · 양모 · 마사 · 폐지 등을 펠트(felt)상으로 만든 원지에 연질(침입도 60~120)의 스트레이트아스팔트로 가열 · 용융하여 충분히 흡수시킨 후 회전로에서 건조와 함께 두께를 조정하여 롤형으로 만든다. 이때 아스팔트는 원지 중량의 140~160% 정도 내외로 흡수된다. 아스팔트펠트의 규격은 한국산업규격(KS F 4901)에 규정되어 있다. 주로 아스팔트 방수 중간층 재료로 이용되고 내외벽 라스, 모르타르 바탕의 방수, 방습재료로도 이용된다. 아스팔트펠트 1롤의 폭은 1m, 길이는 42m이고, 종류는 1롤의 중량에 의해 20kg품, 25kg품, 30kg품이 있다.

◎ 아스팔트싱글(asphalt shingle)

아스팔트싱글은 아스팔트 방수재에 모래를 섞은 것을 아스팔트루핑(두께 1.3mm 정도)에 붙여서 넓이 30cm각 정도로 4각형 · 6각형 등의 모양으로 절단하여 사용하는 지붕재료이다. 유연성이 좋아 곡면지붕 등 복잡한 지붕형태에 적합하고 중량이 11kg/cm^2 정도로 기와의 1/5밖에 안 되는 경량성이라는 장점이 있는 반면 가연성이라는 단점도 있다. 내구성 · 디자인성 · 시공성 등의 장점도 있기 때문에 근래에 많이 사용되고 있는 지붕재라 할 수 있다.

그림 14-2 아스팔트싱글

◎ 아스팔트 성형 바닥재

아스팔트 성형 바닥재에는 아스팔트타일, 아스팔트블록, 펠트 백 시트가 있다.

1) 아스팔트타일(asphalt tile)

아스팔트타일은 아스팔트에 석면 · 탄산칼슘 · 안료를 가하고 가열혼련하여 시트상으로 압연한 것으로서 내수 · 내습성이 우수한 바닥재료이다. 열전도율(0.13~0.14kcal/mh℃)이 작고 비열이 크며, 불연성의 충전재가 많이 포함되어 있어 비교적 내화적이다. 또한 전기 절연성이 우수하고 내알칼리성 및 내후성이 우수하나 내광성 및 내산성이 부족하고 유지에 대해서 연화되는 성질이 있고 일광직사 장소에서는 수축이 생기고 변색되는 단점이 있다. 색의 종류는 24색이 있고 무지(無地)의 것과 대리석 모양의 것도 있다. 제품의 치수는 크기 30cm각, 두께 3mm인 것이 가장 많고 보행자가 많은 곳에서는 두께 4.5mm인 것도 사용한다.

2) 아스팔트블록(asphalt block)

아스팔트블록은 아스팔트에 쇄석 · 모래 · 광석분 등을 가열 혼합가압하여 벽돌 모양으로 성형가공한 제품으로서 흡수율이 낮고 내마모성이 크며 탄성이 있어 소음이 방지되고 방수성이 있어 차도, 보도 등의 도로용으로 주로 사용되고 공장, 창고 등의 마루나 지붕 및 플랫폼(platform)의 바닥이나 지붕 등에도 사용된다. 시공할 때에는 바닥콘크리트에 시멘트 모르타르(1 : 3)를 깔고 그 위에 부설한다.

3) 펠트 백 시트(felt back seat)

아스팔트펠트와 석면아스팔트를 붙인 시트 모양의 재료이다. 외관상 리놀륨(linoleum)과 흡사하고 표면은 염화비닐계 · 아스팔트계 · 동식물성 유지를 사용한 것이 있다. 치수는 폭 91cm, 길이 3.6m, 10.8m, 21.6m 등이 있다. 내수성 · 내마모성이 있고 보행촉감이 좋아 사무소, 주택, 병원 등에 주로 사용되고 시공은 약 1개월 정도 깔아두었다가 충분히 늘어난 후에 접착제를 붙여 고정시킨다.

14-3 콜타르와 피치

(1) 콜타르(coal tar)

콜타르는 석탄의 건유(乾油)에 의해 얻어지는 가스 또는 코크스(cokes)를 제조할 때 생기는 부산물이다. 색상은 흑색 또는 흑갈색이고 비중은 1.1~1.3이며 인화점은 아스팔트보다 낮고 120℃ 이상으로 가열하면 직화(直火)될 위험이 있다. 아스팔트와 같이 방수포장 또는 방수도료로 사용된다. 가열 도포하면 방부성은 좋으나 목재를 흑갈색으로 착색시키고 페인트칠도 불가능하므로, 보이지 않는 지중부에만 쓰고 헌 함석지붕의 도장에 적당하다. 여름에는 시공이 용이하나 겨울에는 불리하다.

(2) 피치(pitch)

콜타르를 증류(蒸溜)시키면 잔여부분이 피치된다. 대부분은 광택이 없고 고체로 연성은 전연 없고 암색이다. 비교적 비휘발성이고 가열하면 쉽게 유동체로 되며 코크스의 원료가 된다. 지붕방수 또는 지하실 방수공사 등에 사용한다.

아스팔트와 피치를 비교하면 표 14-5와 같다.

표 14-5 아스팔트와 피치의 비교

아스팔트	피치
① 상온에서 약간 유동성이 있으나 가열에 의해 유동성 · 점착성을 현저하게 증가시킨다. ② 단면은 광택이 있고 흑색이다. ③ 냄새는 있으나 피치만큼 강하지 않다. ④ 내약품성, 내구성이 있다.	① 상온에서 고체 또는 반고체이나 가열하면 아스팔트보다 빨리 부드러워진다. ② 단면은 광택이 있고 흑색이다. ③ 아스팔트보다 냄새가 강하다. ④ 아스팔트만큼 내구성이 없다.

14-4 시멘트방수 재료

(1) 시멘트방수제(water proof agent of cement)

시멘트방수제는 모르타르 또는 콘크리트에 혼입하면 물리적 · 화학적으로 모체의 공극을 메우고 이를 수밀하게 하여 방수작용을 하는 재료이다. 방수제는 액상 · 분말상 및 교질상(膠質狀)으로 구분되지만 그 종류는 여러 가지가 있으며, 이들은 대부분 특허품으로 제조 판매되고 있으나 그 효과에 대하여 의심되는 것도 있고 대개 급결성이다.

좋은 방수제란 공극 속의 틈을 잘 막고 효과가 연속적이고 바탕과의 부착강도가 뛰어나야 한다. 그리고 흡수 및 투수량이 적어야 하며, 경화 시 건조수축이나 균열이 발생하지 않아야 하고 산이나 알칼리 등에 영향을 받지 않고 철물류를 부식시키지 않으면서 열이나 광선에 영향을 받지 않는 것이어야 한다.

◎ 시멘트방수제의 종류

시멘트방수제의 종류를 상태 또는 주성분에 따라 다음과 같이 분류할 수 있다.

1) 상태에 의한 분류

① 액체방수제(liquid waterproofing agent)

액체방수제는 액상(液狀)으로 만들어진 방수제를 말하며, 이것을 모르타르에 혼합하여 방수효과를 내는 액체방수(液體防水)에 주로 사용한다. 방수공사에는 액체방수제가 많이 쓰이고 있다.

② 분말방수제(powder waterproofing agent)

분말방수제는 분말상(粉末狀)으로 만들어진 방수제를 말하며, 이것을 이를 물에 풀어 쓰거나 시멘트나 모래 등에 건비빔으로 혼합하여 사용한다. 주로 방수모르타르에 쓰인다.

③ 교질방수제(colloidal waterproofing agent)

교질방수제는 교질상(膠質狀)으로 만들어진 방수제를 말하며, 이것을 죽 모양으로 만들어 용기에 담아 운반과 저장 등이 간편하게 만든 것이다. 사용할 때 물을 가하여 적당한 농도로 풀어 쓴다.

2) 주성분에 의한 분류

① 염화칼슘계 방수제

염화칼슘(calcium chloride)은 탄산칼슘·소석회에 염산을 작용시켜 얻은 용액을 농축·증발하여 만드는 백색의 결정 또는 가루로서, 이 염화칼슘을 주성분으로 한 방수제를 모르타르나 콘크리트에 혼입하면 급결에 의한 초기의 방수작용 효과는 기대되나 장기의 효과는 기대하기 어렵다. 또한 염화칼슘계의 방수제는 경화촉진제이므로 건조수축에 의한 균열의 우려도 있고 접촉하는 철물류의 녹발생을 촉진시킬 우려가 있으므로 사용 시 주의가 필요하다. 염화칼슘의 혼입률은 시멘트 대비 중량비로 1~2% 정도이다.

② 규산소다계 방수제

규산소다(silicic acid soda)는 규산나트륨(sodium silicate)을 말하며, 탄산소다와 석영(石英)가루를 융합하여 얻어지는 백색 무취의 고체로서 짙은 수용액은 조청과 같다 하여 물유리(water glass)라고도 부른다. 이 규산소다를 주성분으로 한 방수제는 모르타르나 콘크리트 속의 공극을 메워 치밀한 조직을 만들어 방수의 성능을 갖게 한다. 규산소다의 혼입률은 시멘트 대비 중량비로 1~3% 정도이나 그 이상 다량으로 혼입하면 급결성이 되어 오히려 좋지 않다.

③ 규산질 분말계 방수제

규산질 분말(silicic acid, silicon dioxide)은 비금속 원소의 하나인 규산(硅酸)의 산화물(酸化物)이 가루로 된 것으로서, 이 규산질 분말을 주성분으로 한 방수제는 모르타르와 콘크리트 속의 가는 틈을 충진(充塡)시켜 공극을 감소시킴으로써 조직을 치밀하게 하며 수밀성을 높여 준다. 따라서 이 효과를 이용하여 방수제로도 사용한다. 규산질 분말의 혼입률은 시멘트 대비 중량비로 10~15% 정도이다.

④ 지방산계 방수제

지방산(fatty acid)은 의산(蟻酸), 초산(醋酸) 따위의 염기산(塩基酸)을 말하며, 이 지방산을 주성분으로 한 방수제를 모르타르나 콘크리트에 혼입하면 시멘트의 수화반응에 생기는 수산화칼슘과 결합하여 발수성이 있는 지방산 칼슘을 생성하여 모르타르나 콘크리트 속의 모세관에 의한 흡수를 감소시키는 발수성능을 갖게 함으로써 방수제로서의 효과를 갖게 한다. 그러나 강도가 저하하고 특히 부착성이 나빠지므로 이것을 혼합한 모르타르에는 바탕 콘크리트의 표면 균열에 주의해야 하며, 이 때문에 염화칼슘, 규산소다를 병용하는 경우가 많다. 방수제 중 가장 많이 사용된다.

⑤ 파라핀계 방수제

파라핀(paraffin)은 섬유에서 채취하는 결정성의 백색고체로서, 이 파라핀을 주성분으로 한 방수제는 파라핀 지체가 발수성이 우수하다는 특성을 이용하여 모르타르나 콘크리트 속에 혼입하면 발수효과를 얻을 수 있어 방수제로서의 기능을 갖게 한다.

⑥ 수용성 폴리머계 방수제

수용성 폴리머(soluble polymer)는 물에 용해(溶解)되는 중합체(重合體)로서, 이 수용성 폴리머를 주성분으로 한 방수제를 모르타르나 콘크리트에 혼입하면 치밀한 조직을 형성해주므로 결과적으로 방수효과를 발휘하여 방수제로서의 기능을 갖게 한다.

수용성 폴리머는 일반적으로 보수성을 개량해주는 특성을 이용하여 미장마감 모르타르나 타일접착용 모르타르의 혼화제로 사용하는 경우가 많다. 수용성 폴리머의 혼입률은 시멘트 대비 중량비로 0.05~3% 정도이다.

◎ 시멘트방수제의 품질

시멘트방수제는 다음의 사항에 합격하는 것으로 한다.

① 응결시간은 1시간 후에 시작하여 10시간 이내에 종결한다.

② 안정성은 침수법에 의한 시험으로 균열 또는 비틀림의 원인이 되지 않는 것으로 한다.

③ 강도는 강도시험으로 콘크리트 또는 모르타르에 방수제를 넣은 것이 넣지 않은 것에 비해 콘크리트에서 85% 이상, 모르타르에서 70% 이상으로 한다.

④ 투수비(透水比)는 모르타르 또는 콘크리트에 방수제를 혼입한 것이 혼입하지 않은 것에 비해 0.8% 이하로 한다.

⑤ 흡수율은 모르타르 또는 콘크리트에 방수제를 혼입한 것이 혼입하지 않은 것에 비해 0.95% 이하로 한다.

◎ 시멘트방수제의 혼합

1) 액체방수제의 혼합

① 액체방수제는 정확히 계량하여 물을 부어 지정하는 농도로 희석(稀釋)하여 사용한다.

② 방수시멘트풀(cement paste)은 방수제 희석액과 시멘트를 지정하는 비율로 정확히 계량하여 반죽한다.

③ 방수제 혼합 모르타르는 시멘트와 모래를 소정의 배합비로 충분히 건비빔한 다음에 지정하는 비율로 방수제 희석액을 넣어 충분히 반죽한다.

④ 방수제를 모르타르, 콘크리트 등에 혼합할 때에는 방수제의 희석액을 사용하여 시멘트양에 대한 지정 배합비로 혼합하고 충분히 비빔한다.

2) 분말방수제의 혼합

① 시멘트에 방수제를 소정의 비율로 혼합하여 균일하게 건비빔한 다음에 소정의 묽기로 물을 부어 반죽한다.

② 시멘트에 소정의 방수제와 물을 부어 충분히 반죽한 다음에 소정의 묽기로 하여 사용한다.

③ 수용성 분말방수제일 때에는 먼저 물에 방수제를 소정의 비율로 혼합하여 용해시킨 다음에 시멘트 또는 모래를 혼합한다.

◎ 각 재료의 배합

각 재료의 배합에 대하여 특별히 정한 바가 없을 때에는 표 14-6을 표준으로 한다.

표 14-6 방수제의 배합(중량비)

종별		배합비(중량비)			
		시멘트	모래	물	방수제
1	방수용액 도포	–	–	5~10	1
2	방수시멘트풀칠	2.0~2.5	–	4	1
		3.0~3.5	–	2.5	1
3	방수모르타르바름	2.5	5	4	1
		2.5	7.5	5	1

(2) 시멘트 액체방수(liquid waterproofing of cement)

시멘트 액체방수는 시멘트 및 방수제 등을 사용하여 모체의 빈틈을 채우거나 물을 반발(repellent)하여 수밀하게 하는 방수방법을 말한 것으로서, 여기에 소요되는 재료는 시멘트, 모래, 물, 방수제 또는 보조재료이다. 재료의 배합은 방수제 제조자가 지정한 비율로 혼입하여 충분히 비빈 것을 사용한다.

시멘트는 포틀랜드시멘트(KS L 5201)로서 1종 보통포틀랜드시멘트를 사용하고 모래는 유해량의 철분, 염분, 진흙, 먼지 및 유기불순물을 함유하지 않는 것으로 입도가 적정한 것을 사용하며 물은 청정한 것을 사용한다. 방수제는 액체방수제를 사용하는 것을 원칙으로 하며 소정 사용량, 사용방법 등이 명시되고 방수성능 및 시험결과 등이 지정된 성능에 적합한지 확인되었거나 신뢰할 수 있는 것을 사용한다. 보조재료는 공기단축·바탕대응·지수작업·작업성능 개선 등을 목적으로 필요에 따라 지수제, 접착제, 방동제, 보수제, 경화촉진제, 실링재를 사용하게 되는데 종류 및 품질은 방수제 제조자가 지정하는 것을 사용한다.

(3) 방수모르타르(waterproof mortar), 방수시멘트풀(waterproof cement paste)

방수모르타르는 방수제를 혼입하여 만든 모르타르로서 방수성능이 있는 것을 말하며 시멘트액체방수층 바름에 사용한다. 방수모르타르에 소석회를 섞으면 방수성이 증진된다.

방수모르타르에서 모래를 넣지 않고 시멘트와 액체방수제를 혼합하여 만든 방수시멘트풀은 시멘트 액체방수층에 얇게 바르는 데 사용한다.

방수모르타르 및 방수시멘트풀의 배합은 표 14-6에 따른다.

14-5 시트방수 재료

(1) 개요

시트방수(sheet waterproof)는 1층 시트방식(single-ply sheeting system)에 의한 방수효과를 기대하는 공법이고 재료는 개량아스팔트 시트와 합성고분자계 시트로 구분할 수 있으나 합성고분자계 시트가 주로 사용된다. 시트방수는 방수층이 튼튼하고 시공이 용이하며 다소 신축성이 있어 안전한 편이므로 평지붕, 목욕탕, 지하실, 수압이 큰 저수탱크, 지하철공사 등에 많이 쓰인다. 그러나 방수층의 두께가 얇아 흠이 생기기 쉬운 문제점이 있으며, 누수사고가 생기면 아스팔트방수와 같이 원인파악이 어려운 단점이 있다. 건축용 시트 방수재의 두께는 표 14-7과 같이 0.8~2.0mm 이상의 것이 사용되고 여러 겹 적층하여 쓰는 것은 비교적 얇은 필름(film)이 사용되고 있다. 시트방수 재료를 붙이는 데는 접착제가 사용되고 붙이는 방법은 전면접착, 줄접착(線接着), 점접착, 들뜬접착(떼어붙이기)이 있다.

표 14-7 시트방수재의 두께

사용 구분	두께의 구분
발코니, 테라스 규모의 경우	0.8mm 이상
보통 지붕방수의 경우	1.0mm 이상
중요도가 높은 방수의 경우	1.5mm 이상
특히 중요도가 높은 방수의 경우	2.0mm 이상

접착제에는 고무계, 합성수지계, 아스팔트계가 있는데 접착제마다 그 효력이 현저히 다른 것들이 많기 때문에 선정 시 주의가 필요하다.

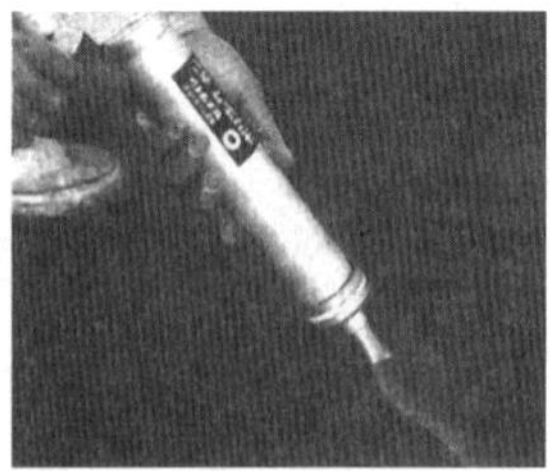

그림 14-3 시트방수

(2) 개량아스팔트 시트

개량아스팔트 시트는 기존의 아스팔트방수의 장점을 확보하면서 용융아스팔트를 사용하지 않아 아스팔트 냄새, 화상(火傷) 등의 염려를 다소 개선하고, 대체로 1겹의 방수층으로 시공할 수 있을 뿐만 아니라 아스팔트의 냉각이 빨라 기존 아스팔트 방수에 비해 공기가 단축되는 등 기존의 아스팔트방수의 단점을 보완·개량한 시트방수 재료이다. 최근에 개량아스팔트 시트를 사용한 방수시공이 무궁해 도시형 방수공법으로 주목을 받고 있다.

대표적인 재료로는 폴리머 개량아스팔트루핑이며 이는 화학적 성질에 따라 APP(어택처 폴리프로필렌), APAO(아모로파스폴리알피올레핀), SBS(스티렌부타디엔스티렌)중합체 재료로 구분한다. 폴리머 개량아스팔트는 아스팔트에 합성고무 또는 플라스틱을 첨가해서 성질을 개량한 것으로, 기존의 아스팔트에 고분자 폴리머를 첨가하여 내후성, 감온성(저온 및 고온 특성), 바탕균열 추종성(追從性) 등이 크게 개량된 재료이다.

(3) 합성고분자계 시트

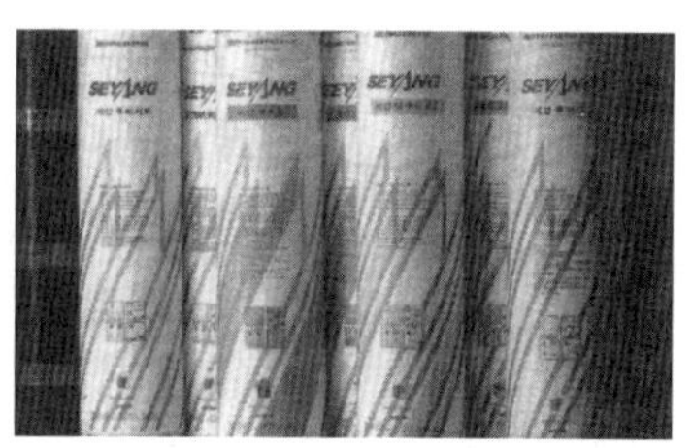

그림 14-4 합성고분자계 시트

합성고분자계 시트에는 합성고무계 시트와 합성수지계 시트의 두 가지로 대별하고, 합성고무계 시트를 가황(加黃)고무계 시트와 비가황(非加黃)고무계 시트로 구분한다. 가황고무계 시트는 클로로프렌고무, 폴리이소부틸렌고무나 부틸고무 등의 합성고무를 주원료로 하고, 여기에 보강제와 고온에서 유황성분을 첨가시킨 시트로서 감온성이 작고 내피로성이 강한 특징을 가지고 있다. 비가황고무계 시트는 클로로프렌고무, 폴리이소부틸렌고무나 부틸고무 등의 합성고무를 주원료로 하고, 여기에 보강제, 연화제(軟化劑)를 첨가하고 유황성분을 넣지 않은 시트로서 시트 상호간의 접착성이 우수하다는 특징을 가지고 있다. 대체로 합성고무계 시트는 신장능력이 크고 시공성도 우수하나 시공 시에 인장하여 조여 붙이면 오존(ozone)의 열화를 받기 쉽다.

합성수지계 시트는 염화비닐계 시트와 폴리에틸렌계 시트로 구분한다. 가격이 싸고 비교적 견고하며 신장능력이 작으므로 시공하기 쉽다.

합성고분자계 시트의 접착제 주원료로는 고무계, 합성수지계, 아스팔트계가 있다. 시트가 아무리 우수해도 시트 상호간의 접착과 시트와 바탕과의 접착이 불충분하면 방수기능을 발휘할 수 없으므로 접착제의 품질은 시트방수의 중요한 요소가 된다. 접착제는 시트의 종류에 따라 선택하여 사용한다.

합성고분자계 시트의 종류는 여러 가지가 있을 뿐만 아니라 특허품도 다양하다. 일반적인 시트 제품으로는 다음과 같다.

◎ 클로로프렌고무(chloroprene rubber)계 시트

내후성, 내구성, 내약품성 등 여러 가지 성질이 우수하고 도막방수재료로도 사용되고 있으나 가격이 비싸므로 사용빈도는 적다. 난연성이므로 노출방수(露出防水)에도 적합하다.

클로로프렌고무 시트는 균일한 유연성(柔軟性)을 가지고 두께는 0.16cm 이상, 폭은 182cm 이상의 것을 사용한다.

◎ 폴리이소부틸렌고무(polyisobutylene rubber)계 시트

합성고무계이긴 하나 다른 종류와는 약간 달라서 분자구조 중에 이중결합이 없으므로 가류(加硫)되지 않아 고무상 탄성체가 되지 않는다. 이 때문에 고무계의 단점인 오존에 의한 자외선의 열화(劣化)를 받지 않는다. 벤젠(benzene) · 휘발유 등의 용제에 녹으므로 용제형의 접착제로 잘 접착된다. 바탕과의 접착에는 블로운아스팔트로 접착하는 열공법과 접착제에 의한 냉공법(冷工法)이 있다.

폴리이소부틸렌고무 시트는 유연성을 가지고 두께는 0.16cm 이상, 폭은 182cm 이상의 것을 사용한다.

◎ 부틸고무(butyl rubber)계 시트

폴리이소부틸렌과 소량의 이소부틸렌의 이중합체이다. 강도, 신축성, 유연성 등 폴리이소부틸렌고무보다 우수하나 오존이나 자외선의 열화를 받기 쉽다. 이것을 막기 위해 에틸렌프로필렌폴리머(EPP)고무를 혼합해서 이 결점을 제거하고 내후성을 향상시킨 것이 제조되고 있다. 부틸고무 시트는 균일한 유연성을 가지고 두께는 0.16cm 이상, 폭이 182cm 이상의 것을 사용한다.

◎ 염화비닐(vinyl)계 시트

연질 염화비닐이 원료로 사용되나 저온으로 되면 경화하여 신도(伸度)도 줄어드는 결점이 있다. 내구성이 떨어지므로 아크릴수지 · 염화비닐 등과 이중합(二重合)한 제품으로 하고 있다. 이 시트는 합성고무 시트와 달라서 용접 접착이 되는 것이 특징이다. 염화비닐 시트는 가소제를 첨가하여 유연하게 만든 것으로서 두께가 0.14cm 이상, 폭 182cm 이상의 것을 사용한다.

◎ 폴리에틸렌(polyethylene)계 시트

염화비닐에 이어 일반화된 합성수지이며 폴리에틸렌 자체는 화학적으로 대단히 불활성이다. 따라서 내후성은 우수하나 이것이 또 반대로 접착성이 나쁜 원인이 된다. 여러 가지로 특수한 가공을 하여 시트로 하고 있다. 폴리에틸렌 시트는 0.1cm 두께의 균질이고 유연한 제품이거나 0.076cm 두께로서 합성섬유로 적층 보강한 것을 사용한다.

14-6 도막방수 재료

도료상태의 방수재를 바탕면에 여러 번 칠하여 상당한 살두께 0.5mm 이상의 방수막을 만드는 방수방법을 도막방수(coating water proof)라 한다. 도막방수는 치켜올림이나 모서리 등 복잡한 형태에도 연속적으로 일체화된 막을 만들 수 있는 특징이 있으며, 비보호층에서 누수사고가 생겨도 보수가 용이한 이점이 있다. 반면에 균일한 두께를 확보하기 어렵고 두꺼운 층을 만들 수 없으며 바탕에 대한 접착력이 적당하지 않으면 바탕의 균열에 의해 방수층이 파단(破斷)하는 등의 단점이 있다.

도막방수를 목적으로 하는 방수재료는 내후·내수·내알칼리, 내유, 내마모, 난연 등의 여러 가지 성능을 구비하지 않으면 안 된다. 이외에도 신장능력과 접착성이 있어야 하고 다른 방수에 비해 비싸지 않아야 좋은 도막방수 재료로 많이 사용될 수 있는 것이다. 도막방수 재료는 종류가 다양할 뿐만 아니라 이들은 특허품으로 제조 판매되고 있는 것도 많다. 도막방수는 유제(emulsion)형 도막방수와 용제(solvent)형으로 분류하고, 또한 1성분형과 2성분형으로 분류한다.

그림 14-5 도막방수

(1) 도막방수 재료 분류

◎ 유제형 도막방수

유제형(乳劑型) 도막방수는 수지유제(resin emulsion agent)를 바탕 콘크리트면에 여러 번 발라 두께 0.5~1.0mm 정도의 바름막을 형성하여 방수층으로 하는 것이다. 이 유제는 그냥 도포하거나 시멘트를 혼합하여 시멘트풀(cement paste)로 바를 때도 있다. 아크릴수지(acrylic resin)계, 에폭시(epoxy)계, 아크릴 스티렌(acrylic styrene) 공중합(共重合), 초산비닐, 합성고무 등이 쓰이며, 에폭시수지, 지방산을 합성한 고렉스(상품명임) 도막방수 재료도 있다.

◎ 용제형 도막방수

용제형(溶劑型) 도막방수는 합성고무를 휘발성 용제(solvent)에 녹인 일종의 고분자 재료인 고무도료를 여러 번 칠하여 두께 0.5~0.8mm의 방수도막을 형성하는 것이다. 클로로프렌(chloroprene)고무계, 클로로설폰화 폴리에틸렌(하이퍼론 ; hyperon)계, 우레탄고무계, 아크릴고무계, 고무아스팔트계 등이 있다.

◎ 1성분형 도막방수

1성분형 도막방수는 미리 시공 가능한 상태로 배합되어 있어 현장에서 그대로 사용할 수 있게 만들어진 도막방수 재료를 콘크리트 바탕 등에 여러 번 바르거나 칠하여 도막을 형성시키는 것이다. 여기에 해당하는 도막방수 재료는 아크릴수지계, 아크릴고무계, 고무아스팔트계, 클로로프렌고무계 등이 있다.

◎ 2성분형 도막방수

2성분형 도막방수는 현장에서 사용하기 직전에는 도막방수 재료에 방수성능을 촉진시키기 위하여 별도로 용제(vehicle) 또는 필요한 혼화제(agent) 등을 혼입하거나 또는 다른 재료의 분말을 첨가하여 배합하고 비벼서 만들어진 도막방수 재료를 방수 바탕에 여러 번 바르거나 칠하여 도막을 형성시키는 것이다. 여기에 해당하는 도막방수 재료는 우레탄고무계, 에폭시계 등이 있다.

(2) 도막방수 재료의 종류

도막방수 재료의 종류는 여러 가지가 있고 특허품도 많지만 일반적으로 사용되고 있는 것으로는 다음과 같다.

◎ 에폭시계 도막방수

에폭시수지(epoxy resin)를 발라서 도막방수층을 형성하는 것이며 용제형 고무계 도막방수와 거의 같다. 에폭시수지는 고가이므로 2~3회 발라 두께 0.1~0.2cm의 얇은 도막으로 한다. 에폭시수지는 처음에는 액상이고 경화제를 가하면 상온 · 상압에서도 중합체로 되어 갈색을 띤 투명수지로 경화한다. 수지 자체는 단단하고 잘 늘어나지 않으므로 바탕 균열에는 내균열성을 기대하기 어렵다. 그러나 내부식성, 내약품성, 내마모성, 내충격성과 접착성이 우수하기 때문에 주차장, 실내체육관, 수영장 또는 화학공장의 방수층을 겸한 바닥 마무리 재료로 이용되고 있다. 2성분형으로서 용제를 함유하고 있어 화재 및 중독에 주의해야 한다. 에폭시수지에 유연성을 주기 위하여 탈에폭시, 지오콜에폭시, 폴리아마이드에폭시 등의 변성 에폭시를 배합하여 사용하는 경우도 있다. 바탕 콘크리트의 균열보수에 사용되며 접착성이 있으므로 시트방수의 접착제로도 사용된다.

◎ 아크릴수지계 도막방수제

아크릴수지(acrylic resin)계는 아클릴산(acrylic acid), 메타크릴산(methacrylic acid)를 주된 원료로 하는 아크릴수지 에멀션계 방수제로서 품질은 한국산업규격(KS F 3211)에 적합한 것이어야 한다. 피막과정에 남아 있는 대부분의 수분이 증발하면서 방수도막이 형성된다. 습윤한 바탕면에도 시공이 가능하고 도막의 유연성으로 바탕균열에 대한 저항성이 우수하며 용제를 함유하지 않으므로 화재, 중독 위험이 없다. 그러나 건조시간이 길고 동절기나 저온 시 시공에 제약을 받는 단점도 있다.

◎ 아크릴고무계 도막방수제

아크릴(acryl)고무계는 아크릴산 에스테르(Ester)의 공중합(共重合) 고무에멀션계 방수제로서 수분이 증발하면서 방수도막이 형성된다. 신축성이 있어 바르는 바탕이 평탄하면 균질한 고무상 탄성의 방수도막을 형성하기도 한다. 복잡한 부위에도 시공이 용이하고 노출방수도 가능하다. 또한 화재, 중독의 위험성도 없고 착색이 자유롭다. 그러나 수분이 있으므로 온도에 제약을 받으며 경화 전에 비를 맞게 되면 유실 우려가 있다. 경사지붕, 쉘구조지붕의 뿜칠 시공이나 벽면에도 적합한 도막방수제이다.

◎ 우레탄고무계 도막방수제

우레탄(urethane)고무계는 폴리우레탄(polyurethane) 성분을 주원료 하는 주제에 가소제, 충전재 등을 첨가하여 고무와 같은 탄성체를 갖게 한 것으로서, 품질은 한국산업규격(KS F 3211)에 적합한 것이어야 한다. 탄성고무계이기 때문에 콘크리트 내부의 습기가 태양열을 받으면서 팽창하고, 그 내부압력 때문에 들뜨거나 갈라지는 단점이 있다. 그러나 유연성이 있고 촉감이 부드러우며 이음부위 없이 연속 도막을 형성한다. 또한 화학적 · 물리적 성질이 우수하고 노출용 및 컬러 마감재로도 사용이 가능하므로 고가이지만 사무실, 주차장, 경기장, 지하구조물 방수 등 사용범위가 큰 도막방수제이다.

◎ 클로로프렌고무계 도막방수제

클로로프렌고무계는 클로로프렌을 주된 원료로 하여 가소제, 충전재 등을 첨가한 혼합물을 용제에 녹인 클로로프렌고무 용액의 제품으로 용제가 증발하면서 도막이 형성된다. 품질은 한국산업규격(KS F 3211)에 적합한 것이어야 한다. 바탕에 바르면 균질한 고무상의 탄성도막을 형성하므로 인성이 우수하고 노출용으로도 시공이 가능하다. 수회 나누어 도막을 형성해야 하므로 시공이 불편하고 용제를 함유하고 있으므로 시공 중 중독 위험성이 있다.

14-7 규산질계 도포방수 재료

규산질계 도포방수는 규산질계 도포방수제에 소정량의 물 또는 전용의 폴리머분산제를 혼입한 것을 콘크리트 표면에 도포하여 콘크리트 자체를 치밀하게 변화시켜 고압투수(高壓

透水)에 대하여 높은 방수성을 가지게 하는 것이다.

규산질계 도포방수재의 분체(粉體)부분은 주로 시멘트 및 입도 조정된 규사(硅砂), 규산질(硅酸質) 미분말 등으로 구성되어 있고 규산질계 도포방수재에는 무기질계 분체에 물을 혼입한 것과 무기질계 분체에 폴리머분산제와 물을 혼입하는 2종류의 유형이 있다.

규산질계 도포방수재의 표준배합비는 표 14-8과 같다.

표 14-8 규산질계 도포방수재의 표준배합비

배합재료	무기질계 분체+물	무기질계 분체+폴리머분산제+물
무기질계 분체	100	100
물	35~45	20~30
폴리머분산제	–	5~10

14-8 벤토나이트방수 재료

벤토나이트는 점토광물로서 광물명은 몬모릴로나이트(montmorillonite)라 하며 지명의 이름을 따서 벤토나이트라 한다.

벤토나이트는 물과 접촉 시 벤토나이트 입자 부피가 15배 정도 팽창하여 차수막(遮水膜)을 형성하기 때문에 콘크리트 구조체에 미세균열이 발생하더라도 고성능 팽창력에 의한 셀프실링(self-sealing)으로서 방수능력이 지속적으로 유지되는 장점이 있다. 따라서 이 방수는 물리적 특성상 높은 수밀성과 자체 보수능력 때문에 광범위하게 사용되고 있다.

벤토나이트(bentonite) 또는 벤토나이트 제품을 사용하여 지하벽의 외부, 굴착용 흙막이벽, 지면 위 슬래브 하부 및 흙되메우기 밑부분의 바닥판을 방수한다. 구조이음부의 실링공사에도 이 벤토나이트방수로 시공하기도 한다.

벤토나이트는 몬모릴로나이트(montmorillonite)계통의 팽창성 3층판[규소(Si)-알루미늄(Al)-규소(Si)]으로 이루어져 팽윤(膨潤) 특성을 지닌 가소성이 매우 높은 점토광물로 칼슘(Ca)계와 소디움(sodium)계가 있다. 벤토나이트는 소디움계(Na계)라야 하며, 제품으로는 패널, 매트, 시트 또는 테이프 형태로 된 것을 사용한다. 우리나라 일부에서 생산되는 것은 칼슘계로서 화장품, 비료 등의 상업 분야에 사용되고 있다.

① 벤토나이트 패널 : 파형(波形)의 단열 심관(心管)을 가진 골판지 패널(panel)로 심관에는 팽창성의 벤토나이트 점토 분말로 채워져 있는 것이다.

② 벤토나이트 시트 : 고밀도 합성고분자계 시트(sheet)와 압밀 벤토나이트를 일체로 하여 압착 성형한 시트 형상을 한 것으로 물의 관통 가능성에 대한 2중차단 효과를 노리는 곳에 사용한 것이다.

③ 벤토나이트 매트 : 폴리프로필렌 직포 또는 부직포 사이에 벤토나이트를 충전하여 건조 또는 수화된 상태에서 사용하는 매트(mat) 형상을 한 것이다.

④ 벤토나이트 채움재 : 벤토나이트 알갱이가 생물 분해성 크라프트지(craft paper)나 수용성 플라스틱에 담겨진 것으로 기초판과 외벽이 만나는 곳, 시공이음부의 틈 메우기에 사용한 것이다.

14-9 침투성 방수제

침투성 방수제(permeability waterproof agent)는 콘크리트 표층 깊숙이 침투하여 자연스럽게 화학적으로 결합하고 콘크리트와 일체가 되어 콘크리트 표층조직을 치밀화시키고 강도를 높임으로써 콘크리트의 방수, 보호 및 내구성을 높이기 위한 목적으로 사용하는 방수제이다.

침투성 방수제는 콘크리트 표면에 도막을 형성하지 않고 외관상 변화를 주지 않지만 내부적으로 치밀한 방수층을 형성하여 내구성 있는 방수효과를 나타낸다. 또한 콘크리트 깊숙이 침투하여 열화현상이 진행되고 있는 콘크리트 표층을 보강하고 미세공극 및 미세균열을 채워주는 역할도 하게 한다. 침투성 방수제 콘크리트와 화학적 결합에 의해 일체가 되기 때문에 콘크리트구조물의 구조적 결함에 의한 균열이 가지 않는 한 그 효과가 계속 유지된다.

침투성 방수제는 무기질계, 유기질계, 무기 · 유기혼합계로 분류한다.

(1) 무기질계 침투성 방수제

시멘트의 규산질계 미분말, 입도조정 모래 또는 규사, 규산질 분말 등을 주원료로 한 방수제로서 콘크리트 내부에 깊숙이 침투시켜 시멘트와 화학적 수화작용(水化作用)으로 독특한 수화물을 형성시킴으로써 콘크리트 내부를 더욱 치밀화시켜 투수나 흡수에 대해 높은 저항성이 있도록 한 것이다. 무기질이기 때문에 경년변화가 적고 고수압에 유리하며 도포에 의한 두께가 거의 없고 습윤 면에도 적용이 가능하다는 특성이 있는 방수제이다.

(2) 유기질계 침투성 방수제

아크릴수지나 실리콘수지를 주성분으로 하는 방수제로서, 콘크리트 등에 도포하면 그 방수성분이 콘크리트 내부의 모세관 조직에 침투하여 겔(gel)층의 방수막을 형성시킨다. 백화현상의 감소효과와 동결융해와 풍화의 방지가 가능하고 노출 외벽면에 적용이 가능하다는 특성이 있다.

(3) 무기 · 유기혼합계 침투성 방수제

시멘트를 주성분으로 하는 무기질계의 분말에 유기질계의 폴리머(polymer)나 라텍스(latex)를 혼합한 방수제로서, 직접 도포로 콘크리트 표면에 발수성의 방수막을 형성하는 한편 콘크리트 내부의 모세관 조직에 침투함으로써 콘크리트 표면과 내부에 동시적으로 방수효과를 부여한다. 고수압의 장소에 사용 가능하고 내 · 외부 방수와 습윤 면에 시공이 가능하지만 다소 내산성이 떨어진다.

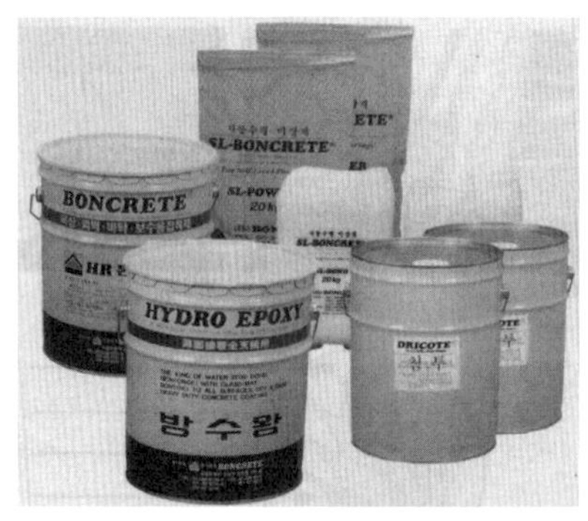

그림 14-6 침투성 방수제

14-10 시일재 방수재료

시일(seal)재란 밀봉(seal)하는 재료를 말하며, 퍼티(putty) · 코킹(caulking, calking) · 실링(sealing)재의 총칭이다. 시일재 방수는 시일재를 부재의 접합부, 줄눈, 창호 주위 등에 건(gun) 등의 도구를 사용하여 가압하면서 충전시켜 방수효과를 갖게 하는 것을 말한다.

시일재 방수는 실링재를 사용한 실링재 방수가 일반적이며, 건축물 각 부분의 접합부, 특히 스틸새시 주위나 균열부 보수 등에 이용되며, 근래에는 프리패브(prefab)건축 · 커튼월 공법(curtain wall method) 등에 많이 사용되고 있다.

① 퍼티(putty) : 퍼티는 산화상납, 호분 또는 탄산석회를 아마인유에 풀어 갠 컴파운드(compound)이다. 주로 도장퍼티(coating putty, painter's putty)를 사용하는데, 이는 도료제조회사에서 제조하여 시판되고 있으며 호분 · 아마인유 · 아연화페인트를 혼합한 것이다. 구멍, 균열, 흠이 있는 바탕을 충전하는 데 사용한다.

② 코킹재(caulking materials) : 코킹재는 코킹을 하는 데 쓰이는 재료의 총칭으로서 유성코킹재와 아스팔트코킹재가 있다.

유성코킹재는 천연 및 합성수지 등에 탄산칼슘, 석면, 착색제 등을 균일하게 이겨서 만든 것이다. 접합부에 밀착성이 좋고 유연성이 있어 균열이 생기지 않는다.

아스팔트코킹재는 아스팔트를 주재로 하여 석면 등을 충전재로 넣어 만든 것으로서 유성코킹재보다 값이 싸고 용도도 적다.

③ 실링재(sealing materials) : 실링재는 건축물의 부재와 부재의 접합부 줄눈에 충전하면 경화 후 양부재에 접착하여 수밀성, 기밀성을 확보하는 재료로서, 실리콘계 · 변성실리콘계 · 폴리설파이드계 · 폴리우레탄계 · 아크릴계 · 부틸계 · 아크릴우레탄계 등 여러 가지 종류가 있는데 이를 1성분형(습기경화형, 건조경화형) 실링재와 2성분형(반응경화형) 실링재로 만들어 사용한다.

14-11 방습재료

방습재료(damp-proof material)는 지면에 접하는 콘크리트, 블록, 벽돌 및 이와 유사한 재료로 축조된 벽체 또는 바닥판의 습기 상승의 방지와 우로(雨露)에 노출되는 벽면의 흡수 등을 방지하기 위한 방습상 효과가 있는 재료, 즉 흡수하거나 투수하는 성질이 없어 습기를 막을 수 있는 재료이다.

방습재료를 구분하여 종류는 다음과 같다.

1) 박판시트계 방습재료

① 종이적층 방습재료 : 아스팔트 또는 내습성 복합물로 적층된 무거운 크라프트지로 주위가 유리섬유(glass fiber) 또는 내구력이 있는 섬유로 보강되어 있는 것

② 적층된 플라스틱 또는 종이 방습재료 : 탄화폴리에틸렌지와 크라프트지로 적층되고 유리섬유로 보강된 것

③ 펠트, 아스팔트필름 방습층 : 아스팔트를 침투시킨 펠트의 적층판이나 섬유로 보강된 방수아스팔트 또는 두께 0.1mm 이상의 P.V.C 필름으로 보강된 방수 아스팔트

④ 플라스틱 금속박 방습재료 : 폴리에스테르 플라스틱 두 장 사이에 적층된 알루미늄박

⑤ 금속박과 종이로 된 방습재료 : 유리섬유로 보강되고 유연하게 코팅된 크라프트지에 적층된 반사성 알루미늄박

⑥ 금속박과 비닐직물로 된 방습재료 : 유리섬유로 보강된 연회색의 비닐시트에 반사성

알루미늄박을 적층한 것

⑦ 금속과 크라프트지로 된 방습재료 : 전해질의 동 또는 납으로 코팅된 동을 아스팔트로 골판지에 부착한 것

⑧ 보강된 플라스틱필름 형태의 방습재료 : 폴리에틸렌필름 사이에 나일론, 유리섬유 혹은 폴리프로필렌 직물을 적층한 것

2) 아스팔트계 방습재료

아스팔트, 아스팔트 제품(아스팔트유제, 아스팔트루핑, 아스팔트펠트)

3) 시멘트모르타르계 방습재료

시멘트 액체방수 재료(시멘트, 모래, 물, 방수제), 폴리머시멘트모르타르 방수재료(시멘트, 모래, 물, 폴리머분산제)

4) 신축성 시트계 방습재료

① 비닐필름 방습지 : 가소성 폴리비닐 염화물의 필름

② 폴리에틸렌 방습층 : 두께가 0.10mm 이상의 단열폴리에틸렌 필름

③ 교착성이 있는 플라스틱아스팔트 방습층 : 교착성 고무질아스팔트 코팅을 한 0.10mm 두께 1겹의 탄화폴리에틸렌필름

④ 방습층 테이프 : 한 면이 압력에 민감한 교착제가 있는 폴리에스테르필름 두 장 사이에 적층된 알루미늄박

15 단열 및 음향재료

15-1 개 요

건축물의 지붕, 천장, 바닥 등의 마감재료나 구조체만으로는 열이나 음향을 차단시키는데 부족한 경우가 많으므로 벽이나 지붕의 내부 또는 바닥 등에 열, 음의 차단성이 있는 재료를 첨가하여 열의 손실을 방지하고 소음을 방지하여 건축물의 단열성능 및 차음성능을 증대시킨다.

최근에는 에너지절약에 대한 관심이 높아짐에 따라 건축물의 설계 및 시공과정에서 에너지절약형 재료, 즉 단열재에 대한 고려가 높아져 가고 있고 또한 건축물의 음환경에 대처한 음향재료의 사용도 점차 늘어나고 있는 추세이다.

15-2 단열재료

(1) 개요

단열재료(adiabatic materials, heat insulating materials, thermal insulating materials)는 열을 차단할 수 있는 성능을 가진 재료로서, 상온에서 열전도율(thermal conductivity)의 값이 0.05kcal/mh℃ 내외의 값을 갖는 재료를 일반적으로 단열재라고 부르고 있다.

일반적으로 상온 영역에서 보온·보냉을 간단히 처리할 수 있는 것과 극고온·극저온하에서 열차단 성질을 갖는 것이 있다. 단열재료는 보통 다공질의 재료가 많으며, 열전도율이 낮을수록 단열성능이 좋은 것이라고 한다. 열에 대해서는 같은 두께인 경우에는 경량재료인 편이 단열에 더 효과적인데, 열을 표면에서부터 반사해버리는 재료도 단열재료의 일종이라 할 수 있다. 단열재료의 대부분은 흡음성도 우수하므로 흡음재료도 가능하다.

단열재료는 절연재료에 속하고 절연재료(insulation material, isolation material)란 전기 절연 및 단열재를 말하며, 이를 보온재료(heat insulation material)라고도 한다. 보온재료는 보냉재(cold reserving material)의 역할도 한다.

(2) 단열재료의 연혁

고대에 인간이 단열을 목적으로 사용하기 시작한 재료는 의복이나 건축물로서 단순히 일상생활에 있어서 인간의 생명을 유지하기 위한 것이며, 오늘날과 같이 광범위하고 다양한 용도로 사용되지는 못하였다.

단열재가 공업적으로 사용되기 시작한 초기에는 노동자를 화기에서 보호하기 위한 목적으로 대부분 사용되었다. 현재는 공업적으로 대량생산되어 공장의 기계 및 장치, 선박 및 차량 등에 광범위하게 사용되며, 건축부분에는 일반주택의 지붕, 벽 · 바닥 등에 사용되고 있고, 더욱이 냉난방 등의 공조설비가 일반주택에 보급되면서 단열재의 사용도 일반화되고 있다.

단열재에 대한 기초적인 이론과 법칙은 1853년 프랑스의 물리학자 페클레(Peclet)에 의해 성립되었지만 실제로 공업적인 용도로 이용하게 된 것은 불과 50여 년 전부터이다. 1800년대 후반에서 1900년대 초에는 주로 천연산의 단열재가 사용되어 저온에는 코르크나 톱밥 등이 사용되었고 상온보다 약간 높은 온도에는 펠트상으로 된 식물섬유, 해초류 등이 사용되었으며 고온에는 점토를 혼합한 시멘트상의 가소성 단열재와 동식물섬유가 혼합된 단열재가 사용되었다.

1885년경 마그네시아가 발견된 이후에는 300℃ 이하의 증기용 단열재가 광범위하게 사용되었다. 1925년에 미국의 보스턴 에디슨사(Boston Edison Co)가 85kg/cm^2 보일러를 설치한 것을 계기로 보일러의 단열재 설계 등에 큰 변화가 일어났다. 그 후 고온에서 각종 공업조작을 하게 됨에 따라 단열재도 점진적으로 발달되어 왔으며 최근에는 극고온이나 극저온에서의 단열재를 요구하고 있어 이에 대한 개발이 활발히 진행되고 있다.

(3) 단열재의 분류

단열재는 재질 · 형태 및 사용온도에 따라 다음과 같이 분류할 수 있다.

재질에 의한 분류

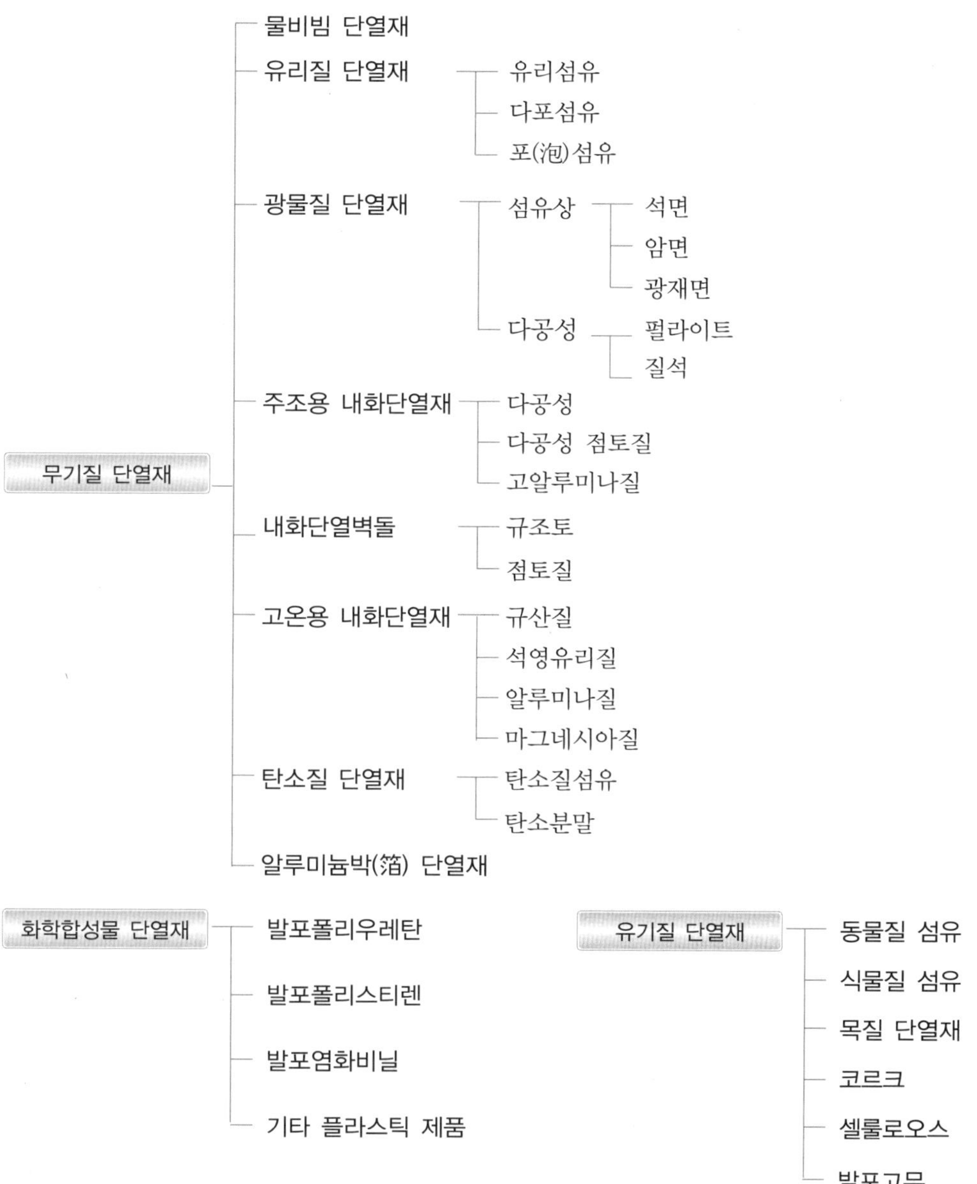

조성된 형태에 의한 분류

① 섬유상 단열재 : 유리섬유 · 석면 · 동물성 섬유 등과 같은 섬유상 물질과 펠트상으로 성형한 것이 사용된다.

② 다공성 단열재 : 합성수지 발포제, 인공적 또는 천연다공성 물질 등이 있다.

③ 공기층 단열재 : 공기의 열전도가 일반 고체물질보다 극히 작은 것을 이용한 것으로 재료의 내부에 공기층을 만들어 공기의 이동을 방지한 것이다.

◎ 제조된 형상에 의한 분류

① 보온판형 : 판상(板狀)으로 성형한 것으로 열의 전달을 방지하기 위하여 바닥 또는 벽 등의 구조부에 끼어 대는 데 주로 사용한다. 보통 단열판(insulation board)이라고 한다.

② 블랭킷형 : 판상으로 성형한 것에 종이, 천 또는 메탈라스(metal lath) 같은 것으로 외피를 보강한 것으로, 열의 전달을 방지하기 위하여 바닥 또는 벽 등의 표면에 붙여 대거나 구조부에 끼어 대는 데 주로 사용한다. 한 면에 천 등을 대어 매트형으로 만든 보온매트형(insulation mat type)도 있다.

③ 펠트형 : 탄력 있는 시트(sheet) 형상으로 성형한 것으로 바닥 또는 벽 등에 다른 마감재로 마감하기 전에 열의 전달을 방지하기 위한 목적으로 붙여 대는 데 주로 사용한다. 펠트의 뒷면에 종이, 천 또는 메탈라스 등을 대어 보강한 것도 있다.

④ 보온통형 : 원형 또는 반원형으로 성형한 것으로 냉난방용 파이프(pipe)의 보온 또는 보냉용으로 사용할 수 있게 만든 것이다.

⑤ 보온대형 : 펠트 모양으로 만든 것을 일정한 너비로 절단하고 한 면에 종이 또는 천을 대어 마무리한 띠형(bard type)으로서, 냉난방 설비 또는 위생 배관의 보온 및 보냉용으로 사용할 수 있게 만든 것이다.

◎ 사용온도에 의한 분류

① 극저온용 단열재 : −180℃ 이하의 온도에서 사용되는 재료

② 저 온 용 단열재 : −150~0℃에서 사용되는 재료

③ 상 온 용 단열재 : 0° ~100℃에서 사용되는 재료

④ 중 온 용 단열재 : 100~500℃에서 사용되는 재료

⑤ 고 온 용 단열재 : 500℃ 이상에서 사용되는 재료

또는 저온용 단열재(보냉제), 중온용 단열재(보온재) 및 고온용 단열재료로 분류하기도 한다.

(4) 단열재의 특성

단열재에는 여러 가지 종류가 있고 그 성능과 특징도 다양하며 단열재 자체가 장점과 단점을 모두 가지고 있다. 단열재는 어떠한 조건하에서든지 충분히 모든 조건을 만족시키기는 어렵다. 일반적으로 단열재의 특성을 열전도율, 화학적 · 물리적 · 흡습과 흡수성, 불연성, 시공성 등으로 나누어 생각하면 다음과 같다.

◎ 열전도율

단열재는 우선 단열성능이 좋아야 한다. 일반적으로 단열재의 열전도율은 0.02~0.05kcal/

mh℃ 사이에 있는 것이 보통이다. 열전도율의 값은 그 단열재의 사용온도에 따라 변하는 경우가 있기 때문에 2종의 단열재의 열전도율의 값을 비교할 때는 반드시 몇 도의 온도에서의 값인가를 확인해야 한다. 그리고 열전도율의 값은 단열재의 밀도와 밀접한 관계가 있는데 같은 원료에 의한 같은 구성의 단열재라고 할지라도 밀도가 낮을수록 열전도율의 값은 작아진다. 단열재는 본래 내부에 함유하고 있는 기체(즉 공기)에 의하여 단열성능을 발휘하게 되기 때문에 공기와 이를 구성하고 있는 재료와의 체적비에 따라 열전도율의 값이 좌우된다.

그러나 그림 15-1에서 암면단열재, 발포폴리스티렌 단열재의 밀도와 열전도율의 관계를 보면 열전도율이 반드시 밀도에 비례한다고만은 할 수 없다. 어떤 특정한 밀도에서 그 재료의 최소의 열전도율의 값을 나타내고 있으며, 그 값보다 작거나 커져도 열전도율의 값은 증가하는 경향이 있다.

여기에서 여러 종류의 단열재 중에서 그 사용 여부를 결정코자 할 때에는 반드시 각 단열재의 열전도율의 값이 최소가 되는 밀도에서 비교해야 한다.

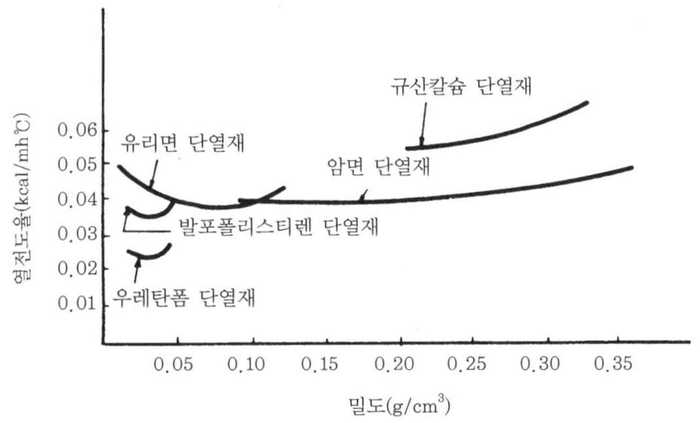

그림 15-1 단열재의 밀도와 열전도율과의 관계

화학적인 특성

단열재는 비교적 화학적으로 안정한 재료이다. 다만, 성형이 된 단열재에서 단열재의 결합재가 물에 녹는 경우 약간의 알칼리성을 나타내는 경우가 있다. 따라서 알칼리에 약한 재료와 접촉을 시키는 경우, 즉 벽체의 알루미늄 스팬드럴(aluminium spandrel) 같은 재료와 복합벽체를 구성할 때에는 특별한 주의가 필요하다. 단열재 중 발포폴리스티렌폼(스티로폼)은 비교적 화학적으로 약한 편이며, 특히 시공용 접착제를 사용하는 경우 어떤 용제에는 침식될 가능성이 있으므로 주의해야 한다.

물리적인 특징

모든 단열재는 역학적인 강도가 매우 작기 때문에 건축물의 구조체 역할을 하는 재료로는 사용하지 않으므로 건축물의 내력벽 등의 보조적인 복합체로 사용한다.

단열재는 일반적으로 다기포의 구성을 가지고 있는 재료이기 때문에 연하지만 재료의 운반 또는 시공 도중에 쉽게 파손되지 않고 또 시공 후에도 약간의 충격에 견딜 수만 있으면 된다. 단단하게 성형시킨 단열재의 경우는 압축강도와 휨강도를 측정할 필요가 있고, 섬유질의 단열재에 대하여는 인장강도를 측정할 필요가 있다.

흡습과 흡수성

단열재로서 단열효과를 내도록 하는 것이 공기층인데 이 공기층이 공기 대신에 물로 채워져 있으면 공기의 열전도율값이 물의 열전도율값으로 바뀌게 되므로 단열효과가 저하된다. 그리고 이와 접촉되어 있는 내외장재 등의 표면도 부식시킬 우려가 있으며, 더욱이 유기질 단열재의 경우에는 단열재 자체가 부식될 가능성도 있다.

단열재는 일반적으로 다기포구조로 되어 있으므로 이것이 밀폐기포로 되어 있지 않는 한, 이 단열재는 흡습과 흡수를 하기 쉽다. 단열재의 흡수성에 대하여는 단열재를 물속에 24시간 담근 후 시편의 표면적으로부터 흡수된 흡수량을 100g으로 표시하여 규격의 기준치로 정하는 방법과 침지(浸漬) 전후의 중량의 차이로 흡수량을 구하여 시편의 체적과의 비를 흡수율(%)로 하여 규격의 기준치로 정하는 방법이 있다.

불연성

유기질의 단열재가 모두 불연재라고 할 수 없으며 플라스틱 계통의 단열재도 불연재는 아니다. 이것들은 단열재의 제조과정에서 난연처리를 하여 자기소화성을 갖도록 처리한 것이다.

암면이나 유리면 등의 단열재는 광물질이기 때문에 일반적으로 불연재료에 속한다. 그러나 유리면 단열재에 있어 밀도가 $0.028g/cm^3$ 이하이고 두께가 50mm 이하인 것은 불연재료에서 제외하고 있다.

시공성

단열재의 시공성이란 공사현장까지의 운반이 용이하고 현장에서의 가공과 설치도 비교적 용이한 것을 말한다.

단열재는 각기 독특한 성능이 있어서 나름대로 시공성에 대한 장단점을 가지고 있다. 예를 들면, 발포폴리스티렌폼과 같은 고정형 단열재는 운반하여 설치하기는 쉬우나 이음부분에 틈새가 생기지 않도록 하는 등 연결부분을 정교하게 고정시키는 것이 문제이고, 암면이나 유리면 같은 섬유질의 단열재는 융통성을 가지고 있어서 연결부분은 좋게 할 수 있으나 벽체 등에 수직으로 이용할 때에는 자중 또는 진동에 의해 밑으로 처지거나 내려앉는 것을 방지하기 위해 목조틀 등을 만들어서 고정시켜야 하는 등 시공상 어려움이 뒤따르게 된다.

(5) 단열재의 선택과 선정조건

단열재의 선택

건축물의 에너지절약 효과를 거두기 위해서는 질 좋은 단열 및 보온재를 선택하는 것이 중요하다. 단열재는 습하거나 물기가 침투되어 있으면 열전도율이 높아져 단열성능이 저하되며 또 습기나 물기가 스며들게 되면 벽체와 같은 경우에는 단열재가 밑으로 처지거나 내려앉아 제 성능을 발휘하지 못한다. 따라서 외부구조체의 단열시공을 할 경우에는 방습 또는 방수층을 설치하여 단열성능을 높이거나 방습·방수막이 피복된 단열재를 설치하는 것이 좋다.

단열재는 밀도나 비중에 따라 열전도율이 달라지므로 알맞은 밀도와 비중을 가진 것을 선택해야 한다. 또한 불의의 화재 시에 대비하여 난연성 단열재나 불연재를 피복한 단열재를 선택하는 것이 좋다. 국내에서 생산되고 있는 단열재로 일반적으로 널리 쓰이고 있는 건축용 단열재의 열전도율 및 사용부위는 표 15-1, 15-2와 같다.

표 15-1 국내생산 단열재의 밀도 및 열전도율

단열재명	밀도(g/cm^3)	열전도율(kcal/mh℃)
유리면	0.01~0.04	0.028~0.043
암면	0.03~0.10	0.024~0.029
난연성 발포폴리스티렌폼	0.016~0.030	0.022~0.039
석고보드	0.85~0.90	0.11~0.35
요소발포수지	0.01~0.02	0.025
석면	0.08~0.14	0.022~0.039
질석	0.1~0.7	0.03~0.15
규산칼슘보온판	0.22	0.026~0.04
석고플라스터	0.89	0.35
폴리우레탄폼	0.016~0.030	0.022~0.025 이하

표 15-2 단열재 사용부위

단열재의 종류 \ 부위별	지붕	천장	벽	바닥	배관, 보일러
유리면	○	○	○	-	○
암면	○	○	○	-	○
난연성 발포폴리스티렌폼	○	○	○	○	-
석고보드	○	○	○	-	-
우레아폼	-	○	○	-	-
석면	○	○	○	-	○
질석	-	-	-	○	-
규산칼슘보온판	○	○	○	○	-
석고플라스터	○	-	-	○	-
폴리우레탄폼	-	○	○	○	-

◎ 단열재의 선정조건

단열재가 구비해야 할 조건, 즉 단열재의 사용을 위한 선정조건은 다음과 같다.

① 열전도율이 낮을 것	② 흡수율이 낮을 것
③ 투기성이 작을 것	④ 비중이 작을 것
⑤ 시공성(가공, 접착 등)이 좋을 것	⑥ 내화성이 좋을 것
⑦ 어느 정도의 기계적인 강도가 있을 것	⑧ 내부식성이 좋을 것
⑨ 유독성 가스가 발생하지 않을 것	⑩ 사용연한에 따른 변질이 없을 것
⑪ 균질한 품질일 것	⑫ 가격이 저렴할 것

(6) 암면과 그 제품

◎ 암면(rock wool)

암면(岩綿)은 석회 · 규산을 주성분으로 하는 내열성이 높은 광물질인 현무암 · 안산암 · 혈암(頁岩) · 돌로마이트(dolomite) 등을 용융한 것을 원심력 압축공기 또는 고압증기 등으로 섬유화시킨 인공광물섬유로서, 일명 광석면(鑛石綿)이라고도 한다. 암면은 단열 · 보온 및 흡음성 등이 우수하고 내화성도 있어 절연재, 즉 열이나 음의 차단재로 이용되고 있다.

1) 암면의 제조

현무암 · 안산암 · 혈암 · 돌로마이트 등의 2종 또는 3종을 용선로(cupola) 또는 전기로를 사용하여 용융시킨다. 용선로(溶銑爐)를 사용할 때는 배합된 원료와 코크스(cokes)를 교대로 넣고 점화한 후 송풍하여 1,500~1,600℃로 용융시킨다.

그림 15-2 암면

암면을 제조하는 방법에는 용해물을 유출구로부터 10mm 정도의 크기로 유출시켜 4~6kg/cm^{3}의 압축공기로 불어 분사시키는 분무법(blowing method)과 용해물을 고속회전체(revolving wheel) 위에 흘려 원심력을 이용하여 섬유화시키는 원심법(centrifugal method) 등이 있다. 우리나라의 암면 제조회사에서 사용하고 있는 방법은 주로 원심법이다. 일반적으로 원심법은 분무법에 비해 섬유의 길이가 길고 굵기가 가늘어 유연성 및 제품의 성질을 좋게 한다.

이렇게 하여 얻어진 섬유상의 집합체는 그 표면에 수지를 분무한 후 컨베이어벨트(conveyor belt) 위에 보내진 후 원하는 두께로 제품을 만든 후 2개의 컨베이어 사이에서 어느 정도 압축하여 가열로로 운반한다. 여기서 수지액은 열처리에 의해서 섬유 표면에 고착되며, 이렇게 만들어진 암면은 적당한 크기로 절단되어 상품화된다. 그 외에 수지액처리를 하지 않고 단지 유지에 의한 방수가공처리만 거치는 것도 있다.

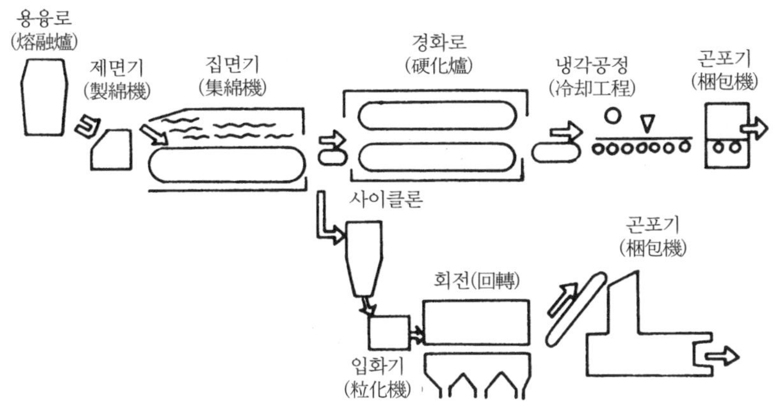

그림 15-3 암면의 제조공정

2) 암면의 물성

암면의 일반적인 화학성분은 산화칼슘(CaO)과 실리카(SiO_2)가 주체를 이루고 있으며, 그 외의 성분으로는 산화알루미늄(Al_2O_3) · 산화마그네슘(MgO) · 산화철(Fe_2O_3)이 함유되어 있다. 그러나 암면의 화학적인 성분은 각 나라마다 다르며, 또한 각 제조회사별로 다르다. 예를 들면 표 15-3과 같다.

표 15-3 각국 암면의 화학성분

종류	SiO_2	Al_2O_3	CaO	MgO	Fe_2O_3
흑색암면(일본산, 단섬유)	41.02	21.47	17.04	3.40	10.15
백색암면(일본산, 단섬유)	44.84	7.16	7.30	3.60	2.42
암면(미국산)	40.10	18.60	28.10	11.10	1.70
광석면(국산)	40~50	10~20	15~30	5~15	1~8

우리나라에서 생산하고 있는 암면의 원료는 슬래그(동 또는 철의 광재)를 주로 하며 성분 조정용으로 현무암 · 안산암 · 미문암 · 감람암 등을 첨가하여 만든 광석면이다. 일본산의 암면은 현무암 또는 안산암을 원료로 사용하고 있는데, 이것은 딱딱하고 아주 강하며 산에는 약하나 알칼리에는 강한 제품이다. 미국산의 암면은 산화칼슘, 산화마그네슘을 일본산 암면보다 많이 포함하고 있어서 비교적 유연하고 약한 편이다. 이것도 산에는 약하나 알칼리에는 강한 제품이다.

암면의 섬유경은 대체로 2~20μ(평균 7μ 이하)이고 길이는 10~100mm가 보통이다. 한국산업규격(KS F 4701)에서 정하고 있는 암면의 밀도는 150kg/m^3 이하, 사용온도의 최고는 600℃이고 겉비중은 유리면의 약 4~10배이다.

3) 암면의 열전도율

암면의 열전도율은 한국산업규격(KS F 4701)에 정하고 있으며, 그 값은 평균온도(70±5℃)에서 0.039kcal/mh℃ 이하이다.

어떠한 보온재라 할지라도 열전도율은 주위의 온도상승에 따라 상승되는 것이 일반적이다. 암면의 열전도율과 그 외의 단열재들의 열전도율 및 각 무기질 단열재의 열전도율의 온도 의존성은 그림 15-4와 같다. 이 그림에서 보는 바와 같이 상온에서의 열전도율이 가장 낮은 것은 암면 제품이다. 특히 주위 온도가 상승함에 따라 유리면이나 그 외의 단열재들은 열전도율이 급격히 상승하지만, 암면인 경우 주위의 온도변화에 대한 열전도율의 상승이 매우 작은 것이 장점이다.

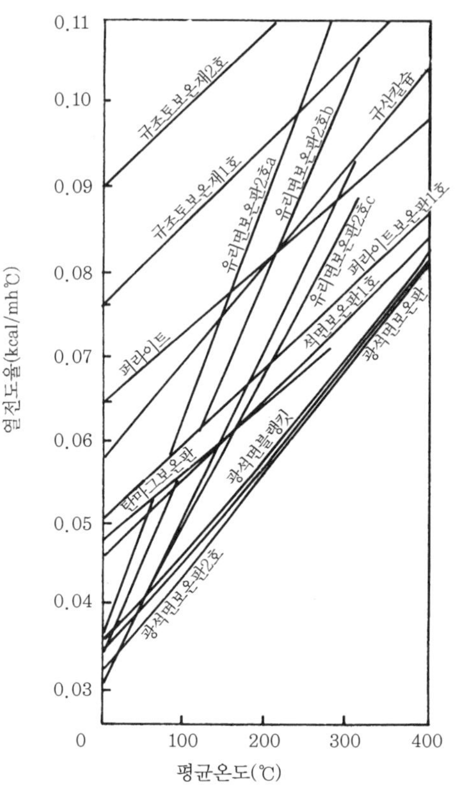

그림 15-4 각종 보온단열재의 온도에 따른 열전도율의 변화

◎ 암면 제품

암면 제품은 제조방법 및 사용목적에 따라 여러 가지로 구분된다. 즉, 접착제를 사용하여 판 · 통 · 펠트상으로 만든 제품, 콩알만 한 크기로 암면을 둥글게 뭉쳐 충전재로 사용하는 제품, 입상 암면에 내화성 접착제를 혼합하여 흙손으로 바를 수 있도록 한 제품, 흡음을 목적으로 가공된 제품, 석면 및 무기질 접착제를 혼합하여 분무기로 시공하는 스프레이용 제품 등이 있다. 이들 제품 중 건축용 단열재로 사용되고 있는 것은 암면 보온판, 암면 보온통, 암면 보온대, 암면 펠트, 암면 블랭킷, 암면 매트, 암면 흡음판, 암면 스프레이 코팅 등이 있다.

1) 암면 보온판(rock wool insulating board)

암면 보온판은 암면을 물속에서 불순물을 제거한 후 불연성 접착제를 혼합하여 텍스제조기로 제판하여 건조한 것이다. 필요에 따라 적당한 외피를 발라 붙이거나 또는 방수제를 넣어 판 상태로 성형하기도 한다.

암면 보온판의 품질은 한국산업규격(KS F 4701)에서 규정하고 있다.

2) 암면 보온통(rock wool insulating pipe-cover board)

암면 보온통은 암면에 접착제를 사용하여 스펀지(sponge) 상으로 만든 원통형의 것으로서 보온 또는 보냉에 사용한다. 이것에는 아스팔트 유제로 표면을 처리하고 크라프트지를 붙인 것이 많다.

3) 암면 보온대(rock wool insulating belt)

암면 보온대는 겹쳐진 층 모양의 암면을 일정한 너비로 잘라내어 이것을 가지런한 길이로 펴놓고 인장강도 2kg/cm 이상의 종이 또는 헝겊을 한쪽으로 잘라 붙여서 마무리한 제품이다. 암면 보온대는 냉난방 설비 또는 위생배관의 보온이나 보냉에 주로 사용한다. 암면 보온대의 품질은 한국산업규격(KS F 4701)에서 규정하고 있다.

암면 보온판 암면 펠트

암면 블랭킷 암면 보온통

그림 15-5 암면 제품

4) 암면 펠트(rock wool felt)

암면 펠트는 암면 접착제를 사용하여 탄력 있는 펠트 모양으로 성형하거나 메탈라스로 보강하여 성형한 제품이다. 필요에 따라 종이나 천 등으로 외피를 발라 붙이거나 또는 표면을 피복하기도 한다. 암면 펠트는 송풍덕트(duct) 등에 감아서 단열을 목적으로 주로 사용한다. 암면 펠트의 품질은 한국산업규격(KS F 4701)에서 규정하고 있다.

5) 암면 블랭킷(rock wool blanket)

암면 블랭킷은 겹쳐진 층 모양의 암면을 인장강도 2kg/cm 이상의 종이, 헝겊 또는 메탈라스 등의 외피로 보강하여 성형한 제품이다. 암면 블랭킷의 품질은 한국산업규격(KS F 4701)에서 규정하고 있다.

6) 암면 매트(rock wool mat)

암면 매트는 암면에 알맞은 접착제를 사용하여 탄력 있는 매트 모양으로 마무리하거나 가장자리를 종이 등으로 씌워 입힌 것으로서, 크기는 100cm×50cm 정도이고 두께는 50mm이며 밀도는 $50kg/m^3$, $60kg/m^3$, $70kg/m^3$의 것이 있다. 암면 매트의 품질은 한국산업규격(KS F 4701)에서 규정하고 있다.

(7) 유리섬유와 그 제품

◎ 유리섬유(glass fiber)

유리섬유는 유리의 원료를 녹인 유리액을 압축공기로 비산(飛散)시켜 가는 섬유 모양으로 만든 것이다.

유리섬유의 최고 안전 사용온도는 300℃ 정도, 비중은 0.1 이하, 인장강도는 200kg/cm 정도이다. 탄성이 작고 인장강도 · 전기절연성 · 내화성 · 단열성 · 흡음성 · 내식성 · 내수성 등이 우수하며 경량이다. 그러나 굴곡에 약한 점과 집속(集束)된 것은 모세관현상에 의하여 흡수성이 있다는 것이 결점이다. 유리섬유는 플라스틱 제품의 보강용으로 쓰이고, 단열재 · 방음재 · 보온재 · 전기절연재 · 축전지용 격벽재 등에 사용된다.

◎ 유리섬유 제품

유리섬유를 이용한 제품으로는 유리면, 유리면 보온판, 유리면 보온통, 유리면 블랭킷, 유리면 보온대 등이 있고 폴리에스테르수지에 유리섬유로 혼합 보강된 골판이나 평판 등이 있다.

1) 유리면(glass wool)

유리면은 유리를 용융하여 이것을 여러 가지 제조방법으로 섬유화한 것으로서 유리솜 또는 글라스울이라고도 한다.

유리면은 보온, 방음, 흡음, 방화, 전기절연재 등으로 쓰이고 비닐, 아스팔트펠트(asphalt felt), 루핑(roofing), 시트(sheet) 등의 보강재료로도 쓰이며 경질판으로 만들어 장식재, 칸막이벽, 스크린(screen) 등에도 쓰인다.

그림 15-6 유리면

① 유리면의 제조

유리면의 제조방법으로는 회전원반의 원심력에 의한 원심력법(단섬유 : 1~40μ, 평균 섬유굵기 10μ 정도), 증기 또는 압축공기로 분사시키는 분무법(단섬유 : 1~40μ, 평균 섬유굵기 8μ 정도), 화염에 의해 분사시키는 화염법(단섬유 0.5~6μ), 로드(rod)법(장섬유 : 5μ 이상) 등이 있다. 원심력법 및 분무법은 암면의 경우와 같고 화염법은 섬유굵기가 1μ 정도의 유리면 펠트를 만드는 데 적합하며, 이와 같은 미소한 단섬유를 만들기 위해 2단 조작을 한다. 즉, 그림 15-7에서와 같이 로드법의 간단한 조작방법에 의해 극세용융(極細溶融) 유리의 흐름을 만들고, 이것에 강력한 압력을 가진 화염을 뒤에서 불어주면 매우 미세한 섬유로 인신(引伸)된다. 따라서 화염법은 로드법과 분무법을 겸용한 방법이다.

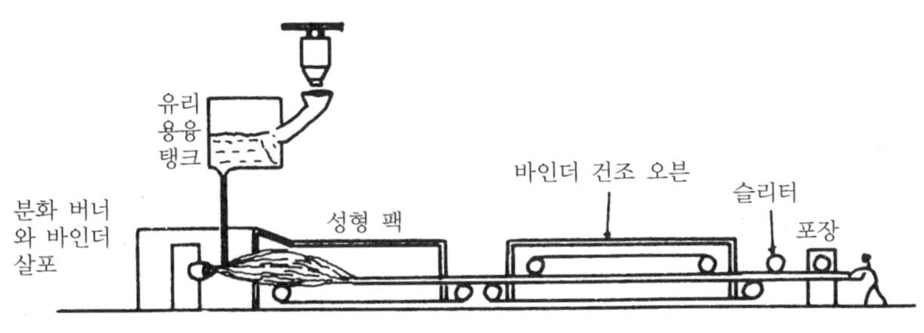

그림 15-7 화염법에 의한 유리면의 제조공정

미국 OCF사(Owens-Corning Fiber Glass Co.)에서는 올파이버(all fiber)법으로 유리면을 만들고 있으며 화염법과 다른 점은 고압증기를 사용하는 것이다. 원심력법과 로드법은 이미 과거의 방법이며 분무법이 많이 사용되어 왔으나, 최근에는 화염법 또는 올파이버법에 의해 유리면이 대량생산되고 있다.

② 유리면의 종류 및 물성

유리면은 섬유의 굵기에 따라 유리면 A종, B종, C종으로 구분한다. 유리면 A종은 섬유의 평균굵기가 4μ 이하, B종은 8μ 이하, C종은 20μ 이하의 것을 말한다.

또한 유리면이 함유하고 있는 화학적인 성분에 의해 무알칼리 유리면, 저알칼리 유리면, 함알칼리 유리면으로 구분하기도 하며, 그 성분내용은 표 15-4와 같다. 유리면은 미세한 유리섬유의 단섬유의 집합체이기 때문에 중량당의 표면적이 매우 큰 편이며, 사용할 때의 수분과 접촉하여 알칼리가 용출되기 쉬우므로 이러한 현상을 피하는 것이 성분원료 결정의 제일목표가 된다.

유리섬유에는 풍화라고 부르는 열화현상(劣化現象)이 있다. 이 열화의 원인은 수용현상(水溶現狀)에 의한 알칼리 성분의 소멸이다. 이것을 피하기 위해서 알칼리 성분을 감소시키거나 알칼리 용출량을 감소시키는 부원료인 알칼리($Na_2O \cdot K_2O$) 또는 석회(CaO), 마그네시아(MgO) 등을 첨가해야 한다. 그러나 어떤 경우에도 무알칼리 성분만을 사용할 필요는 없으며 용도에 따라 함알칼리 성분의 유리면을 사용해도 무방할 경우가 많기 때문에 사용부위 및 목적에 따라 유리면의 종류를 선택해야 한다.

표 15-4 각종 유리면의 화학성분

(단위 : %)

종별	생산국	SiO_2	Al_2O_3+Fe_2O_3	B_2O_3	CaO	MgO	BaO	ZnO	Na_2O	K_2O	기타
무알칼리	일본	56.21	15.26	3.76	16.00	3.64	4.86	–	–	–	TiO_2 0.55
	미국	54.6	14.8	8.0	17.4	4.5	–	–	0.6	–	–
	독일	54.2	10.0	9.0	20.4	3.4	–	–	–	–	–
저알칼리	일본	53.0	15.0	10.0	14.0	–	–	–	6.0		–
	미국	53.1	15.8	8.9	14.9	–	–	–	7.1		–
	독일	54.1	10.5	6.9	14.3	3.5	–	–	3.1	–	–
함알칼리	일본	67.23	2.18	3.52	6.76	0.29	–	6.45	13.52	–	–
	일본	73.07	1.5	8.60	–	–	–	–	16.80	–	–
	일본	68.88	1.7	–	8.58	3.90	–	–	13.43	–	TiO_2 1.23
	국산	71~73	0.5~1.5	–	8~10	1.5~8.0	–	–	4~16		–

③ 유리면의 열전도율

유리면의 열전도율은 그림 15-8에서와 같이 일반단열재와는 달리 밀도가 낮은 쪽의 값이 크게 나타나고 있는 것이 특징이다. 그러나 밀도가 30kg/m^3 이상이 되면 일반단열재와 같이 밀도가 높은 쪽이 열전도율의 값이 커진다.

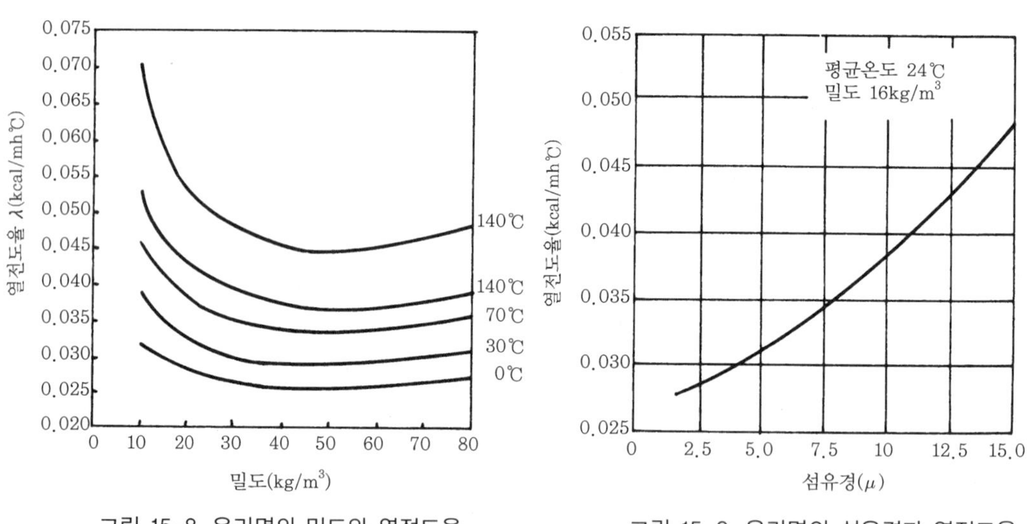

그림 15-8 유리면의 밀도와 열전도율

그림 15-9 유리면의 섬유경과 열전도율

또한 유리면의 열전도율의 값은 유리섬유의 굵기에 따라서도 변화한다. 그림 15-9에서와 같이 섬유경이 클수록 열전도율의 값이 커진다. 한국산업규격(KS L 9102)에서 정하고 있는 유리면의 열전도율 값은 평균온도(70±5℃)에서 유리면 A종 및 B종인 경우 0.036kcal/mh℃ 이하, C종인 경우 0.042kcal/mh℃ 이하이고, 최고 안전 사용 온도는 방수제 같은 것으로 처리한 것을 제외하고는 약 350℃이다.

④ 유리면의 취급 시 유의사항

㉮ 운반할 때

- 비나 물이 묻지 않도록 한다.
- 갈고리를 사용하지 말아야 한다.

㉯ 저장할 때

- 야적해서는 안 된다.
- 습기가 적고 통기가 잘되는 곳에 저장해야 한다.
- 대나무 발이나 거적 등을 깔고 쌓아 놓아야 한다.
- 쌓을 때는 5단 이하로 해야 한다.
- 중량물로 눌러 놓지 않아야 한다.
- 압축포장한 것은 2개월 이상 방치하지 않아야 한다.

2) 유리면 보온판(glass wool insulating board)

유리면 보온판은 유리면을 주재료로 하고 접착제를 사용하여 판상 또는 매트형(mat type)으로 성형한 것이다. 필요에 따라 종이나 천 또는 알루미늄박(aluminium foil) 등으로 외피를 붙이거나 방수제 등을 첨가하여 표면을 피복하기도 한다.

유리면 보온판의 품질은 한국산업규격(KS L 9102)에서 규정하고 있다. 최고 안전 사용 온도는 방수제 같은 것으로 피복된 것을 제외하고는 약 300℃이다.

유리면 보온판

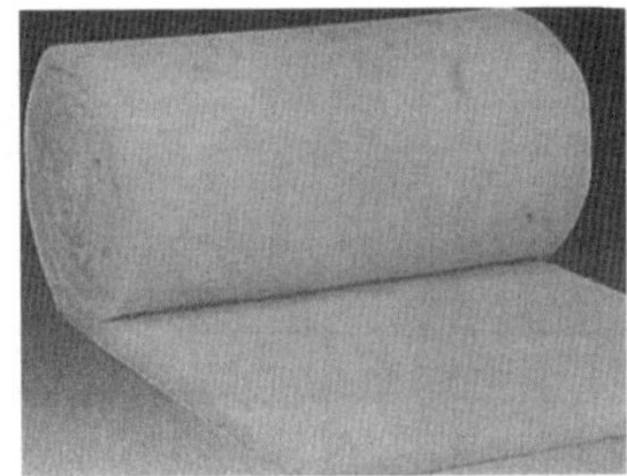

유리면 매트

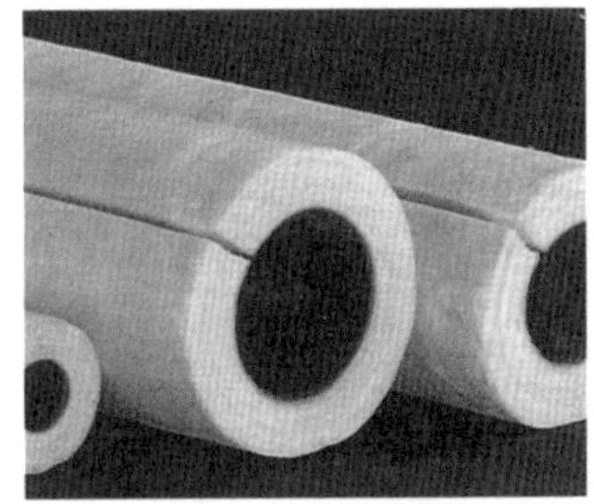

유리면 보온통

그림 15-10 유리섬유 제품

3) 유리면 보온통(glass wool insulating pipe-cover)

유리면 보온통은 유리면을 주재료로 접착제를 사용하여 원통 모양으로 성형한 제품으로 필요한 경우에는 외피를 붙이거나 표면을 피복하기도 한다.

유리면 보온통의 품질은 한국산업규격(KS L 9102)에서 규정하고 있다. 유리면 보온통의 최고 안전 사용온도는 방수제를 가하거나 외피를 한 것을 제외하고는 약 300℃이다.

4) 유리면 블랭킷(glass wool blanket)

유리면 블랭킷은 유리면을 판상으로 성형한 것에 인장강도 2kg/cm 이상의 종이, 천 또는 메탈라스 같은 것으로 외피를 보강한 것이다.

유리면 블랭킷의 품질은 한국산업규격(KS L 9102)에서 규정하고 있다. 최고 안전 사용온도는 외피에 메탈라스를 사용한 경우 약 350℃이다.

5) 유리면 보온대(glass wool insulating belt)

유리면 보온대는 겹쳐진 층 모양의 유리면을 일정한 너비로 잘라내어, 이것을 가지런히 세로로 펴놓고 인장강도 2kg/cm 이상의 종이이나 천 또는 알루미늄박 등으로 한쪽 면을 피복하여 만든 제품이다. 유리면 보온대의 품질은 한국산업규격(KS L 9102)에서 규정하고 있다. 최고 안전 사용온도는 외피를 한 것을 제외하고는 약 300℃이다.

(8) 발포폴리스티렌 보온재(foam polystyrene heat insulating material)

발포폴리스티렌은 폴리스티렌수지에 발포제(發布劑)를 넣은 다공질의 기포플라스틱(foam plastic)으로서 스티로폼(styrofoam)이라고도 한다.

발포폴리스티렌 보온재의 제조방법은 발포제를 함유한 구슬 모양의 폴리스티렌 원료를 미리 가열하여 1차 발포시키고, 이것을 적당한 시간 동안 숙성시킨 후 판 모양 또는 통 모양의 금형에 넣고 다시 가열하여 2차 발포에 의해 융착·성형하는 비드(bead)방법과 폴리스티렌수지와 발포제를 압출기 내에서 용융 혼합하여 연속적으로 압출·발포하여 성형하는 방법의 두 가지가 있다.

발포폴리스티렌 보온재는 1l당 300~660만 개의 완전독립된 미세한 기포로 구성되어 있으며, 체적의 약 97%는 공기이므로 열과 냉기의 침입에 대하여 효과적인 차단기능을 가지고 있다. 또한 완전독립 기포로 구성되어 있으므로 다른 보온재와 같이 모세관현상으로 흡수되는 경우가 전혀 없으며 수증기의 투과에 대해서도 우수한 차단성을 가지고 있다. 그러나 화학적으로는 약하여 일반 접착제의 용제, 염소화탄화수소, 방향족탄화수소, 지방족탄화수소, 에스테르(ester)유, 케톤(ketone)유 등에 침식되므로 알코올을 용제로 하는 초산비닐계 접착제 정도밖에 사용할 수 없다. 한국산업규격(KS M 3808)에는 폴리스티렌수지에 난연재를 첨가한 자기소화성 폴리스티렌을 발포시켜 만드는 보온판 및 보온통에 대하여 그 규격을 정하고 있다.

표 15-5 발포폴리스티렌 보온판의 품질기준

종류	밀도(g/cm³)	열전도율(kcal/mh℃)		굴곡강도 (kgf/cm²)	흡수율 (용적기준)(%)
		평균온도 (30±5℃)	참고 평균온도 (℃)		
발포폴리스티렌 보온판 1호	0.030 이상	0.033 이하	0.029 이하	3.5 이상	1 이하
발포폴리스티렌 보온판 2호	0.025 이상	0.034 이하	0.030 이하	3.0 이상	1 이하
발포폴리스티렌 보온판 3호	0.020 이상	0.036 이하	0.032 이하	2.5 이상	1 이하
발포폴리스티렌 보온판 4호	0.016 이상	0.039 이하	0.035 이하	2.0 이상	1.5 이하

따라서 국내에서 생산되고 있는 난연성 발포폴리스티렌폼은 발포폴리스티렌 보온재에 난연제를 첨가하여 자기소화성을 갖도록 만든 것으로서 청색으로 착색을 하여 난연제를 사용하지 않은 것과의 구별이 용이하게 하고 있다.

발포폴리스티렌 보온재는 전기절연성, 특히 고주파에 대한 절연성이 우수하고 다른 단열재에 비해 단열효과가 비교적 크고 흡수율 및 비중이 작을 뿐만 아니라 시공성 및 내부식성이 좋기 때문에 단열재로 많이 사용되고 있는 재료 중 하나이다.

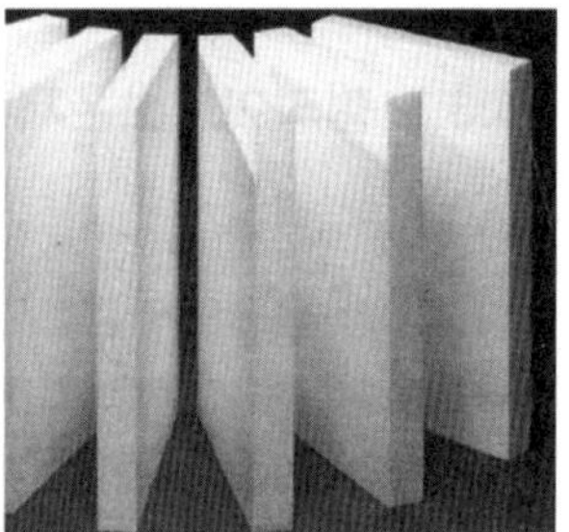

그림 15-11 발포폴리스티렌 보온재(스티로폼)

◎ 발포폴리스티렌 보온판(foam polystyrene heat insulating board)

발포폴리스티렌 보온판은 품질에 따라 발포폴리스티렌 보온판 1호, 2호, 3호, 4호의 4종류로 구분한다. 한국산업규격(KS M 3808)에서 정하고 있는 발포폴리스티렌 보온판의 품질기준은 표 15-5와 같고 최고 안전 사용온도는 약 70℃이다.

◎ 발포폴리스티렌 보온통(foam polystyrene heat insulating pipe-cover)

발포폴리스티렌 보온통은 품질에 따라 발포폴리스티렌 보온통 1호, 2호, 3호의 3종류로 구분한다. 한국산업규격(KS M 3808)에서 규정하고 있는 발포폴리스티렌 보온통의 열전도율은 평균온도(30±5℃)에서 1호 및 2호인 경우 0.033kcal/mh℃ 이하이고 3호인 경우 0.034kcal/mh℃ 이하이다. 또한 발포폴리스티렌 보온통의 최고 안전 사용온도는 발포폴리스티렌 보온판과 마찬가지로 약 70℃이다.

(9) 규산칼슘 보온재(calcium silicate heat insulating material)

규산칼슘이란 규산석회(硅酸石灰)를 물속에서 처리할 때 생성되는 규산칼슘 수화물을 말하는 것으로, 상온에서는 반응하지 않으므로 규조토 · 규사 등의 규산질 원료와 석회질 원료 및 석면을 혼합하여 가열, 겔(Gel)화시킨 것을 수열 합성함으로써 얻어진다.

규산칼슘 보온재는 규산질 분말, 석회 및 무기질 섬유를 균일하게 배합하여 가열 · 성형한 제품으로서, 물속에서 가열해도 붕괴되지 않으며 일반적으로 경량이고 강도가 높으며 내열 및 내수성이 우수하다. 따라서 파이프, 연돌, 탱크류 등의 보온재료는 물론이고 원자력 플랜트(plant)에도 많이 이용되며, 최근에는 화재로 인한 철골의 강도저하를 방지하는 내화피복재료로 많이 사용되어 그 용도가 점차 확대되어 가고 있다.

규산칼슘 보온재는 규산칼슘 보온판과 규산칼슘 보온통이 있고, 그 품질은 한국산업규격(KS L 9101)에서 규정하고 있다.

(10) 폴리우레탄폼(polyurethane foam)

폴리우레탄폼에는 경질과 연질이 있으나 단열재의 용도로는 경질의 제품이 사용되며, 경질우레탄폼 단열재(rigid urethane foam for heat insulation)에 대한 품질은 한국산업규격(KS M 3809)에서 규정하고 있다. 경질우레탄폼 단열재는 폴리올(polyol), 폴리이소시아네이트(polyisocyanate) 및 발포제를 주재료로 하여 판형 또는 원통형으로 제조한다. 이때 난연성을 부여시키기 위한 첨가제는 제품의 품질을 떨어뜨리지 않고 제품에 접하는 금속에 녹 발생을 촉진시키지 않는 것을 사용해야 한다.

폴리우레탄폼의 제조방법에는 프레온(freon)과 같은 휘발성 물질을 폴리올과 폴리이소시아네이트와의 반응열에 의해 기화시켜 발생하는 가스에 의해 발포시키는 물리적 발포법과 H_2O와 폴리이소시아네이트의 반응 시 발생하는 CO_2가스에 의해 발포시키는 화학적 발포법이 있다.

그림 15-12 폴리우레탄폼

폴리우렌탄폼은 단열성이 크고 공사현장에서 발포시공이 가능하며 화학약품에 대하여 안전한 재료이다. 그러나 사용시간이 경과함에 따라 부피가 줄어들고 점차 열전도율이 높아지는 결점이 있다. 따라서 내열성은 높지 않으나 우수한 단열성 때문에 냉동기기에 많이 사용되고, 특히 최근의 LPG나 기타 액화가스 관계의 초저온장치용 보냉재로서 다른 단열재에서 볼 수 없는 가치 있는 재료이다. 그러나 가격이 비싸기 때문에 건축설비용의 보온재료로는 별로 사용되지 않고 단열성을 높이기 위한 복합재료로 사용되고 있다.

폴리우레탄폼 제품으로는 폴리우레탄폼 단열판과 폴리우레탄폼 단열통이 있다.

(11) 발포폴리에틸렌 보온재(foam polystyrene heat insulating material)

발포폴리에틸렌 보온재는 폴리에틸렌수지에 발포제 및 난연제를 배합하여 이를 압출시켜 발포시킨 후 냉각하여 판상 발포제로 만든 것이다. 이것을 적당한 규격으로 적층 열융착(積層熱融着)하여 자기소하성을 가지는 발포폴리에틸렌 보온판 및 보온통으로 만드는 것이다. 필요한 경우에는 판상 발포체를 만들 때 색소를 첨가하여 색채를 내기도 한다.

발포폴리에틸렌 보온재의 규격은 한국산업규격에 정하고 있으며, 발포폴리에틸렌 보온재의 열전도율은 평균온도(25±5℃)에서 0.039kcal/mh℃ 이하이고 최고 안전 사용온도는 80℃이다.

(12) 규조토 보온재(diatomaceous earth heat insulating material)

규조토 보온재(硅操土保溫材)는 세계적으로 또는 국내에서도 가장 오래된 보온재 중의 하나로서 우리나라에서는 옛날부터 가옥의 벽 등에 규조토를 발라 보온하여 왔다. 규조토 보온재에는 규조토 분말에 아모사이트(amosite) 석면을 혼합한 것이며 석면을 혼합한 것은 결합체로 혼합하는 것이므로 균일하게 혼합해야 한다.

규조토 보온재를 물에 반죽하여 사용할 때에는 최대 60~80%의 물을 가하여 충분히 섞어 사용한다.

규조토는 흡수성이 크므로 끝마무리한 후 면포 또는 철판으로 피복하여 페인트로 도장하기도 한다. 규조토 보온재에 접착제를 가하여 관상 또는 원통형으로 성형하여 사용되어 왔으나 최근에는 많이 사용하지 않고 있다.

(13) 펄라이트 보온재(perlite heat insulating material)

펄라이트는 1940년 미국에서 본격적으로 제조되기 시작한 이래 오늘날까지 경량골재 및 단열재료로 사용되고 있다. 화산석으로 된 진주석 또는 흑요석 등을 900~1,200℃로 소성한 후 분쇄하여 소성 팽창하면 내부에 미세공극을 가지는 가벼운 구상물(球狀物)의 작은 입자가 되는데 이를 펄라이트라고 한다. 펄라이트는 다공질 분말 및 골재 형상으로 된 것으로 아주 가볍고 단열성이 크며 표면이 요철형으로 되어 있고 화학적으로 안정되어 있을 뿐만 아니라 내화성도 크다. 색깔은 백색 · 회백색이고 비중은 0.04~0.2, 공극률은 90% 정도,

입도는 10mm 이하, 흡음률은 30~50%, 최고 사용온도는 약 600℃ 정도이다.

펄라이트는 다방면으로 사용되고 있으나 건축용으로는 주로 단열, 보온, 흡음 등의 목적으로 사용된다. 일반적으로 모르타르 또는 플라스터의 골재로 사용되지만 펄라이트를 그대로 충전시켜 사용하기도 한다. 그러나 흡수성이 있으므로 외부 마감재료로는 사용되지 않고 있다. 또한 합성수지에 펄라이트, 운모, 색소 등을 혼합하여 스프레이 코팅 재료로도 사용된다. 이들은 배합비에 따라 비중 및 열전도율을 조정할 수가 있다. 펄라이트 보온재란 펄라이트와 접착제 및 무기질 섬유를 균등하게 혼합하여 성형한 발수성 펄라이트 보온판 및 발수성 펄라이트 보온통을 말한다. 무기질 섬유의 양은 질량비로 전체의 1~5%이다.

펄라이트 원석

펄라이트 정석

펄라이트

그림 15-13 펄라이트 보온재

(14) 질석(vermiculite)

질석(蛭石)은 운모계의 광석을 1,000℃ 정도로 소성하여 유공질로 만든 무기질로서 비중이 0.2~0.4, 입도는 10mm 이하, 용융온도는 1,300~1,400℃, 실리카(SiO_2)를 40~50% 함유하고 있으며 흡수율은 90% 정도이다.

질석은 화학적 유해물(유기불순물, 염분, 황산 등)에는 안전한 재료이다. 또한 단열, 보온, 불연, 방음, 결로방지의 특성을 가지고 있어 방화벽이나 단열벽판 또는 천장 등에 많이 사용되고 있다.

질석의 색채는 금색·은색 및 갈색으로 나타나는데, 소성한 것은 황금색으로 나타난다.

질석의 품질에 대해서는 한국산업규격(KS F 3702)에서 다음과 같이 정하고 있다.

① 질석은 진흙, 모래, 유기불순물 등의 유해물을 함유하지 않은 깨끗한 것이어야 한다.

② 질석은 소성시험에서 용적팽창률이 3%를 넘으면 안 된다.

③ 1로트(lot)의 색깔이 현저하게 다르면 안 된다.

④ 기타 질석의 품질은 한국산업규격(KS F 3702)에서 정한 바에 따른다.

질석 제품으로는 질석단열보드, 질석벽돌, 질석블록, 질석텍스, 질석골재 및 합성수지에 질석을 혼합한 각종 성형품 등이 있다. 질석단열재의 종류와 성능은 표 15-6과 같다.

표 15-6 질석단열재의 종류별 성능

제품명 구분	열전도율(kcal/mh℃)	내화도(℃)	크기
질석단열보드	0.055	1,000	30×30×2.5cm, 30×30×5cm
질석하드보드	0.04	1,000	30×30×2.5cm, 30×30×5cm
질석벽돌	0.095	1,000	21×10×6cm
질석블록	0.095	1,000	4", 6", 8"
질석골재	0.02~0.035	1,200	20*l*, 40*l*

(15) 요소발포 보온재(urea form heat insulating material)

요소발포 보온재는 요소와 포르말린(formalin)을 축압하여 제조된 수지를 발포시켜 판상 또는 통상으로 제조하거나 시공현장에서 이동식 발포장치에 의해 분무상으로 제조한 것으로서, 요소발포 보온판, 요소발포 보온통 및 분무식 요소수지 발포체를 말한다.

요소발포 보온재는 흡수량 16~20% 이하, 열전도율은 평균온도(20±5℃)에 0.03~0.031kcal/mh℃ 이하여야 한다.

(16) 페놀발포 보온재(phenol form heat insulating material)

페놀발포 보온재는 석탄수지 및 발포제를 주재료로 하여 판상 또는 통상으로 제조하거나 시공현장에서 이동식 발포장치에 의해 분무상으로 제조한 것으로서 페놀발포 보온판, 페놀발포 보온통 및 분무식 페놀발포체를 말한다.

페놀발포 보온재의 열전도율은 평균온도(20±5℃)에서 0.03kcal/mh℃ 이하여야 하며 최고 안전 사용온도는 130℃이다.

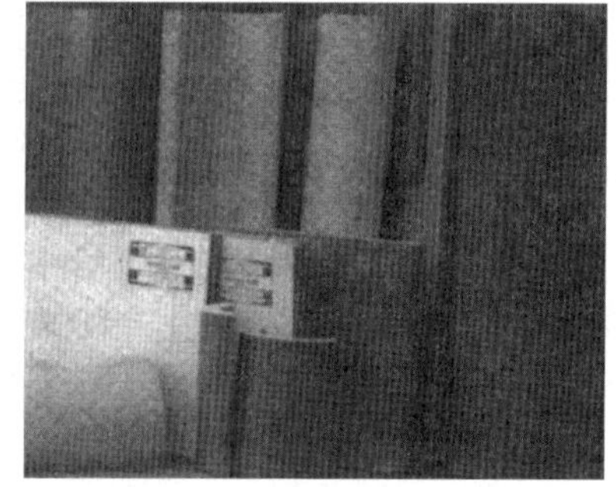

그림 15-14 페놀발포 보온재

(17) 셀룰로오스 보온재(cellulose heat insulating material)

셀룰로오스 보온재는 재생된 식물성 섬유(cellulose fiber)에 난연제 등의 첨가제를 첨가하여 공기를 주입하거나 부어넣을 수 있는 상태로 제조한 것이다. 셀룰로오스의 밀도는 0.03g/cm^3 이상, 0.05g/cm^3 미만이며 열전도율은 평균온도(20±5℃)에서 0.038kcal/mh℃ 이하이고 흡수율은 무게를 기준으로 하여 15% 이하이며 안전 사용용도는 −45.6~82.2℃로 되어 있다.

그림 15-15 셀룰로오스 보온재

(18) 염기성 탄산마그네슘 보온재(basic magnesium carbonate heat insulating material)

염기성 탄산마그네슘 보온재는 열의 절연에 쓰이는 염기성 탄산마그네슘과 석면섬유를 균등하게 배합하여 만든 것으로서, 약칭 탄마그 보온재라고 한다. 염기성 탄산마그네슘 보온재의 품질은 한국산업규격(KS F 4708)에서 규정하고 있다.

(19) 코르크판(cork board)

코르크판은 코르크(수목의 겉껍질 속에서 공기, 물 등의 투과를 방지하는 조직을 말함) 나무껍질의 탄력성 있는 부분을 주원료로 하여 톱밥, 마사 등을 혼합하여 접착제를 첨가한 후 가열, 강압, 성형, 접착하여 널빤지처럼 만든 것이다. 증기로 가열한 것은 마감재로 쓰이고 직접 불로 가열한 것은 탄화 코르크판이 되어 단열재료로 쓰인다.

코르크판은 불에 잘 타지 않는 성질을 가지고 있어서 불연재료로 쓰이며, 또한 표면이 평평하고 유공질이며 탄성 및 흡음성이 있어 흡음판용으로도 쓰인다. 때로는 방습성을 주기 위하여 아스팔트 페인팅을 하기도 한다.

코르크나무

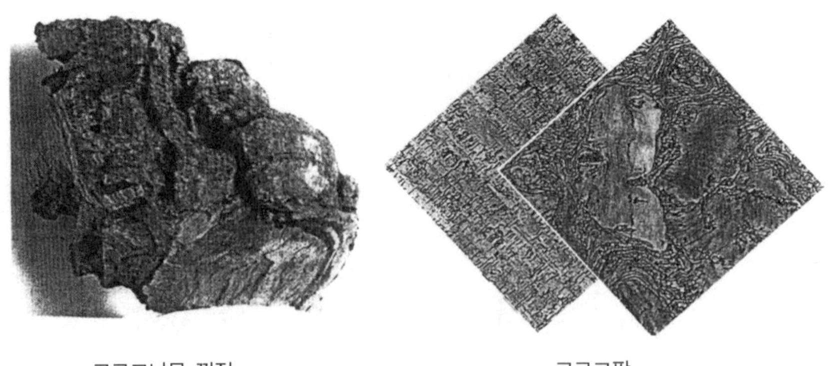

코르크나무 껍질　　　　코르크판

그림 15-16 코르크나무 및 껍질 · 코르크판

국내에서는 10년 정도 된 굴참나무의 수피를 수증기 · 약품처리를 하여 섬유화한 후 염화비닐수지 접착제 등 접착제를 사용하여 섬유판을 만들고 있다. 비중은 0.15~0.4이고 열전도율은 0.034kcal/mh℃ 정도이며 최고 안전 사용온도는 130℃이다. 두께는 10mm, 15mm, 20mm, 25mm, 30mm인 것이 있고 크기는 60cm×60cm~90cm인 것이 있다.

(20) 광재면(slag wool)

광재면은 제철의 용광로에서 선철을 뽑아내고 용(溶) 선철의 윗면에 남은 찌꺼기인 고로광재(blast · furnace slag, foamed slag)에 압축공기 또는 분사증기를 뿌려 급랭시켜 섬유상으로 만든 광물질 섬유이다.

광재면은 석면 대용으로 단열, 보온, 보냉, 방습, 흡음 등을 목적으로 사용된다.

(21) 다포유리(foam glass, multi-cellular glass)

다포유리는 유리가루에 가스발생제를 첨가하여 가열시킨 것으로 가스발생제의 양 또는 가열 정도에 따라 독립기포와 연속기포로 만들 수 있다. 독립기포인 것은 열전도율 투기율(透氣率)이 낮으므로 단열재로 쓰이나, 고온인 환경에서는 기포 내의 가스팽창으로 인하여 유리 실질부(實質部)에 균열이 생길 우려가 있어 상온에서만 단열재로 사용하는 것이 좋다. 연속기포인 것은 내열온도가 400℃ 정도이다. 다른 저온용 재료의 단점인 연소성에 대해서 다포유리는 완전히 불연성이며 흡수 · 투수성이 전혀 없고 내약품성이 좋다. 특히 이 재료는 극히 낮은 온도에 적합한 재료이다.

(22) 우레아폼(ureafoam)

우레아폼은 비료공장에서 생산되는 요소와 포르말린에 의해 만들어지는 요소수지를 경화제와 공기를 사용하여 현장에서 발포시켜 시공부위에 주입 또는 분사시키는 단열재로서, 폴리우레탄폼(polyurethan foam)이 석유수지계 원료인 데 비해 우레아폼은 요소수지계 원료이므로 가격이 저렴하고 내열성도 다소 높은 편이다.

그림 15-17 우레아폼

우레아폼은 분사식 단열재의 일종으로서 현장시공이 편리한 재료이다.

(23) 천연양모 단열재(natural wool heat insulating materials)

천연 울(wool)을 소재로 한 천연양모 단열재는 무독성의 친환경 재료로 열전도율이 매우 낮아 건물 내외부의 온도 전달을 차단하므로 실내온도를 적정 수준으로 유지시켜 주는 단열재이다. 이 천연양모 단열재는 새집증후군을 일으키는 유해가스와 독소를 7시간 이내에 96% 이상 흡수 · 분해하는 등 인체에 무해한 재료이다. 또한 자체 무게의 30%에 이르는 습기를 흡수하고 화재 시에도 타지 않고 녹아 응결되어 화재 저항성과 지연효과도 있어 벽체나 천장의 단열재로 사용한다.

그림 15-18 천연양모 단열재

(24) 경질우레아폼 샌드위치 패널(rigid urethane foam sandwich panel)

단열재인 경질우레아폼의 한 면에 부동태 피막으로 표면마감한 0.8mm 스테인리스강판(stainless steel plate)을 접착시켜 붙이거나 불소수지 도료로 표면마감한 0.8mm 아연도 강판(galvanized steel sheet)를 접착시켜 붙이는 방식으로 하여 샌드위치 패널 형태로 제작한 것이다. 이 제품은 단열성, 방화성능이 우수하므로 지붕용 패널로 많이 사용하고 벽체용 패널로도 사용한다.

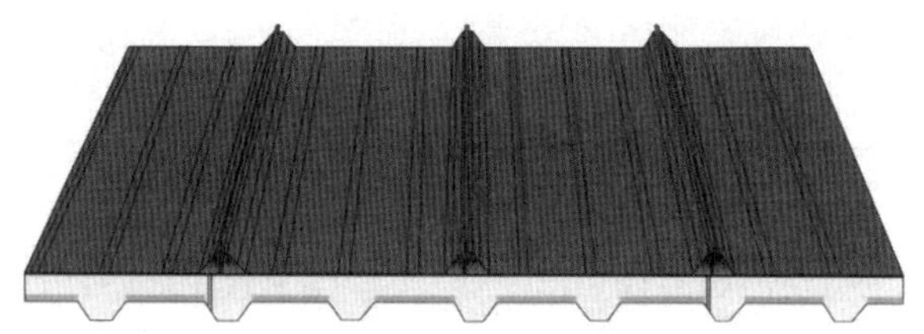

그림 15-19 경질우레아폼 샌드위치 패널

15-3 음향재료

(1) 개요

음향재료(accoustical materials)는 차음 · 방음 및 흡음 등 음향을 고려하여 만든 재료의 총칭이다. 건축물에 음향재료의 사용은 외부로부터의 소음을 방지 · 차단하고 실내의 소리가 선명하게 잘 들리도록 하여 쾌적한 생활환경을 도모하는 데 그 목적이 있다.

음향재료에는 여러 가지 종류가 있고 일반적으로 흡음재료와 차음재료로 구분한다.

(2) 흡음과 차음

◎ 흡음(sound absorption)

음파가 실(室) 마감 표면에 부딪쳐서 반사할 때는 입사(入射)한 음에너지(sound energy)의 일부는 흡음(吸音)되고 또한 구조체를 통해 투과되는 부분도 있으며, 그 나머지의 음에너지가 반사(反射)하게 된다. 이때 입사된 음에너지가 반사, 흡음 및 투과되는 비율은 재료의 표면특성과 구조에 따라 차이가 생긴다. 음에너지는 흡수되는 과정에서 미량의 열에너지로 변하게 된다. 음파가 다공질재 표면에 부딪치면 순간적으로 공기압이 증가됨에 따라 공기가 다공질재의 공극에 출입하여 생기는 공기의 마찰로 입사된 음에너지의 일부를 열에너지로 변하게 만든다. 한편, 표면 진동에 의한 흡음재는 음파에 의한 공기압의 변화가 표면재를 진동시켜서 열에너지를 생기게 한다.

흡음이란 재료 표면에 입사하는 음에너지의 일부를 흡수하여 반사음을 감소시키는 재료의 특성이라고 정의할 수 있으며, 흡음효율은 재료의 흡음률(absorption coefficient)로 표시한다. 재료에서의 음의 흡착은 입사 음에너지로부터 반사 음에너지를 뺀 값(흡수와 투과의 합)의 입사 음에너지에 대한 비, 즉 음의 에너지가 재료에 따라 흡수되는 효율이 흡음률로 나타난다.

$$\text{흡음률}(\alpha) = \frac{(\text{입사 음에너지}) - (\text{반사 음에너지})}{(\text{입사 음에너지})} = \frac{I_i - I_r}{I_i}$$

여기서, I_i : 재료면에 입사하는 음의 에너지(입사 음에너지), I_r : 재료면에 반사되는 음의 에너지(반사 음에너지)

흡음률(α)은 0과 1 사이의 값($0 < \alpha < 1$)을 갖는데, 흡음률이 0이라 함은 재료가 입사 음에너지의 전부를 반사시키는 것을 뜻하며, 1에 가까우면 입사 음에너지의 대부분을 흡수하는 것을 뜻한다. 다시 말하면 흡음효율이 전혀 없는 것은 $\alpha = 0$이고 완전히 흡음하는 것은 $\alpha = 1$이 된다. 그러나 흡음률이 0인 재료는 실제로 없으며 반사성이 높은 재료라도 매우 적은 양의 흡음을 하게 마련이다. 예를 들어 음파가 재료에 부딪쳐서 입사하는 음에너지의 55%가 흡수되고 45%가 반사되었다고 하면, 그 재료의 흡음률은 0.55이다. 이 재료의 $1m^2$는 완전히 흡음하는 $0.55m^2$의 표면에 상당하는 흡음력을 갖고 있는 셈이 된다. 흡음률을 측정할 때는 재료 표면에 부딪치는 음파가 여러 가지 방향으로 입사되는 경우와 음파가 재료 표면에 직각이 되게 입사하는 경우로 구분하여 생각할 수 있다. 건축음향계획에 있어서는 전자의 경우를 주로 사용하게 되며, 후자의 경우는 재료의 과학적인 성질을 보다 정확하게 알 수 있는 방법이다.

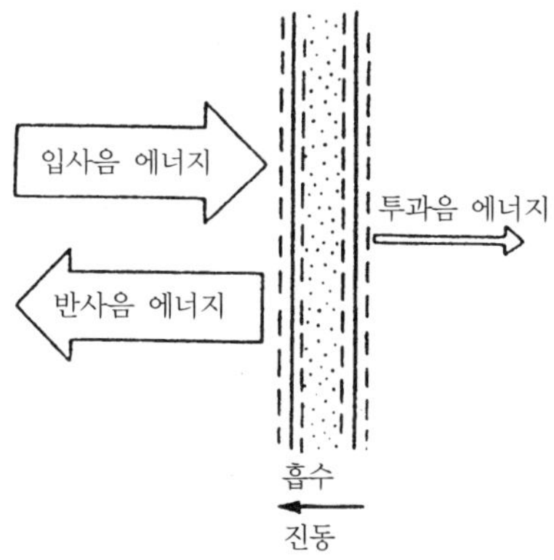

그림 15-20 음의 반사, 흡수, 투과

일반적으로 실(room, chamber, hall)의 평균 흡음률은 실의 울리는 느낌에 대한 대략적인 척도가 되므로 실의 최적잔향시간 산정 시 반드시 함께 고려해야 할 사항이다. 여기서 평균흡음률(average absorption coefficient)은 벽면의 흡음률이 장소에 따라 다를 때 흡음률이 α_1인 벽면의 면적을 S_1라고 하면, 평균 흡음률은 $\Sigma\alpha_1 S_1/\Sigma S_1$이다.

일반적으로 실에서 적당한 평균 흡음률은 0.25~0.35 범위에 있으며 건축물 용도별로 평균 흡음률을 들면 다음과 같다.

콘서트홀	0.20~0.23	극장	0.30	사무실	0.30
오페라하우스	0.25	강당	0.30	회의실	0.25~0.30
대중음악용 홀	0.25~0.30	체육관	0.30	거실 겸용 청취실	0.30
음악감상용 청취실	0.25	학교교실	0.25~0.30	연회장 · 집회장	0.35

차음(sound insulation)

차음(遮音)이란 음원에서 발생한 음이 수음점(受音點)으로 전달되는 것을 방해하는 성질을 말하며, 차음재의 차음성능은 다음과 같이 정의되는 투과손실(transmission loss, 약칭 T · L)을 사용하여 나타낸다.

$$\text{투과손실(TL)} = 10\log_{10}\frac{1}{\tau}\,(\text{dB})$$

여기서, τ는 투과율(transmission coefficient)로서 입사음에 대한 투과음의 에너지비다.

즉, 재료면에 입사하는 음의 에너지(I_i)에 대한 재료면에서 투과되는 음의 에너지(I_t)의 비율이다.

따라서 $\tau = I_i/I_t$이다.

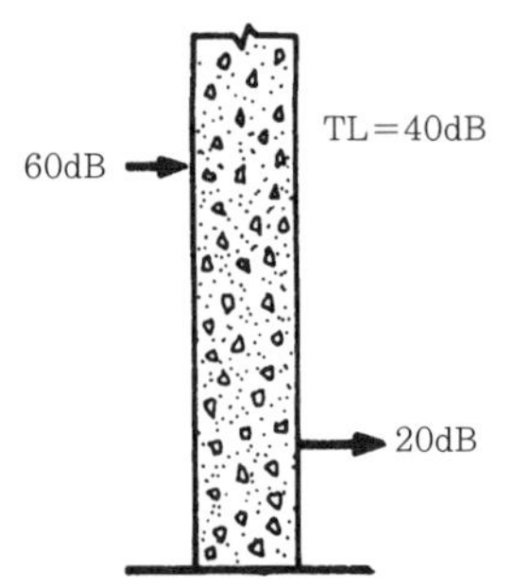

그림 15-21 벽의 투과손실이 40dB이면 벽을 투과하는 음은 60dB에서 20dB로 감소할 수 있음

투과손실은 음이 벽체에 부딪쳐서 투과할 때 감소하는 에너지의 데시벨(dB)수와 동등하다. 예를 들어 벽의 투과손실은 그림 15-21에 표시된 것처럼 40dB로 한다. 투사음의 에너지는 투과한 후에는 40dB만큼 줄어든다. 여기서, dB은 음의 세기(크기)를 나타내는 단위인 데시벨(decibel)의 기호를 나타내는 것으로서, 일상 회화의 음성은 보통 70~75dB일 때 가장 잘 들리고 50dB 이하가 되면 급격히 나빠진다. 벽의 투과손실이 크면 클수록 차음량이 큰데, 이는 차음성이 뛰어난 것을 의미한다. 차음을 생각할 때 소음이 발생하는 방을 음원실이라 하고, 이것이 전달되는 방을 수음실이라고 한다. 차음에는 공기전송음 차단과 충격음 차단의 두 가지 종류가 있다. 전자는 공기 중에서 발생하는 소음을 차단하는 것이며 후자는 충격에 의해 생기는 소음을 차단하는 것이다. 이와 같은 소음은 실제로는 충격과 공기 전송이 복합된 것으로 음원실에서 충격음은 공기 전송 소음을 함께 발생하게 만들어서 수음실

에 전달되기 때문이다. 또한 음원실에서 발생한 진동은 수음실에 전달되어 바닥과 벽을 진동하게 만들고 이로 인하여 약간의 소음을 발생시킨다. 차음성능은 인접된 두 방 사이에 계벽(界壁)을 통하여 소음이 투과되고 전달되는 것을 막는 성능을 말한다.

음원실에서 계벽에 입사한 소음은 벽을 진동시키며(이 현상은 매우 미소하므로 볼 수도 없으며 느낄 수도 없음), 이것은 수음실 안에서 음을 방사하게 만든다. 이때 수음실이 전달된 소리의 크기와 차음의 정도는 주파수와 벽의 구조에 따라 다르며, 특히 계벽의 단위면적상 무게에 좌우된다. 실제로 모든 벽과 바닥구조는 고주파수음보다 저주파수음에 대하여 차단성능이 저하된다.

◉ 흡음과 차음(sound absorption & sound insulation)

흡음과 차음은 서로 상대적인 개념으로 생각하여 흡음성능이 좋은 재료는 차음성능이 나쁘다고 보는 경우가 많다. 이것은 연속세공(連續細孔)이 많으면 입사된 음에너지가 연속세공을 통과하여 다른 공간으로 쉽게 전달되기 때문이다. 그림 15-22는 흡음성능이 좋은 재료의 예로 입사된 음에너지의 5%를 반사하고 75%를 다른 에너지로 변화시키며 나머지 20%를 투과하여 95%의 흡음효과를 갖는다. 그러나 투과 음에너지는 1/5로 줄었으며 이것은 음 강도가 7dB 감소된 것을 뜻한다. 그러므로 차음성이 매우 나쁘다.

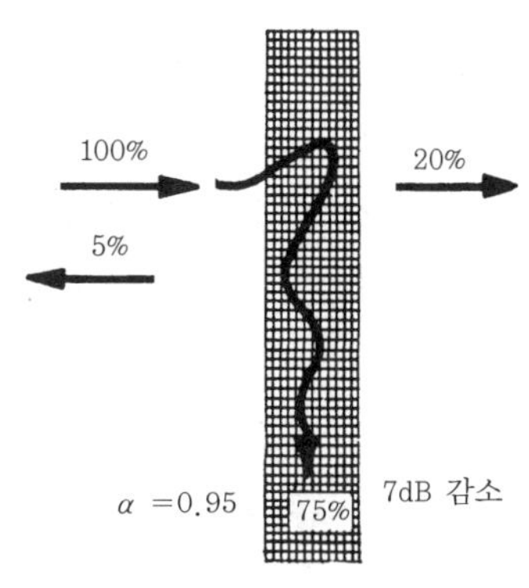

그림 15-22 차음과 흡음의 관계

위의 내용은 흡음성능이 좋은 재료로 구성된 벽체(A벽체라 가정)를 대상으로 검토된 것이라 할 수 있다. 그러나 흡음성능이 좋은 재료를 콘크리트 바탕에 붙인 벽체(B벽체라 가정)라고 생각할 때는 흡음과 차음의 상대적인 개념은 달라진다. 전자의 A벽체는 흡음성능은 좋지만 차음성능은 나쁘며 후자의 B벽체는 A벽체와 같이 흡음성능이 좋고 또한 콘크리트 바탕으로 인해 차음성도 좋다. 따라서 같은 종류의 음향재료라도 사용하는 구성방법에 따라 흡음 및 차음성능의 정도가 달라지므로 흡음성능이 좋은 재료가 차음성능이 나쁜 재료라고 막연한 개념은 맞지 않다. 결국 차음은 인접공간으로 소리에너지가 투과하는 것을 감소시키는 것을 말하고, 흡음은 실의 표면에서 소리에너지가 반사하는 것을 감소시키는 것을 말한다고 할 수 있다.

(2) 흡음재료(sound absorbing materials)

건축재료는 모두 흡음하지만 특히 적절한 음향상의 조정을 필요로 하는 방에서는 주로 흡음재료서의 기능을 다할 수 있도록 특별히 설계된 재료를 사용해야 할 때가 있다. 흡음재료는 흡음성능을 좋게 하고 음을 흡수시킬 목적으로 사용하는 재료이다.

흡음재료의 흡음성능은 주파수에 따라 현저하게 달라지는 경우가 많다. 흡음재료가 설치되어 있는 위치 표면마감의 상태, 두께 및 밀도 등에 따라서도 그 흡음성능이 변화한다. 또한 같은 흡음재료라 하더라도 두께, 밀도, 설치방법, 기타 재료나 공기층의 구성방법 및 표면마감처리 등에 따라서 흡음성능은 변화한다. 특히 표면마감 처리를 달리하면 본래의 재료보다 흡음성능이 낮아지기도 하므로 주의할 필요가 있다.

흡음재료의 종류 및 구성방법에는 여러 가지가 있다. 흡음재료를 크게 분류하면 다공질 및 유공흡음재, 판상흡음재, 특수 흡음체의 세 가지가 있다.

◎ 다공질 및 유공흡음재(sound absorbing porous & perforated panel for sound absorbing materials)

다공질 흡음재는 그 표면 또는 내부에 소기포(小氣泡) 또는 세관상(細管狀)의 공극이 많이 분포되어 있는 조직을 갖는 것으로 그 재질은 광물질, 식물질, 고분자 화합물질 등의 여러 종류가 있다. 주로 사용되는 다공질 흡음재료는 암면 · 유리면 · 목모시멘트판 · 목편시멘트판 · 연질섬유판 · 연질우레탄폼 · 발포알루미늄판 · 유공금속판 · 커튼 · 카펫 · 천 등이 쓰인다. 이들 재료는 직접 표면재료로 사용하는 경우는 드물고 대부분 벽이나 천장 등의 형틀 조립에서 그 속을 메우는 데 널리 사용되고 있다.

다공질재의 흡음성능은 다공질 정도와 재료의 두께에 영향을 받을 뿐만 아니라 그 재질이 갖고 있는 공기유동 저항성에 크게 좌우된다. 일반적으로 재료의 다공성은 80~90% 범위에 속하게 되며, 그 차이는 비교적 적다고 하겠으나 공기유동 저항성에는 재료에 따라 큰 차이가 생긴다. 다공질의 정도는 재료 표면에 다공성과 재료 내부의 공급부분 체적에 따라 정해진다. 다공질 흡음재를 만드는 데는 각종 섬유질 재료가 많이 사용된다. 다공질 재료의 표면에다 피막을 형성하게 한 페인트 도장을 하거나 또는 박막(薄膜)으로 피복할 경우는 재료의 기공(氣孔)이 막혀서 흡음률이 크게 저하된다.

어쿠스틱 플라스터(acoustic plaster)를 사용할 경우에는 그 마감 표면에 천공(穿孔)을 하거나 요철을 만들고 또는 줄을 파서 그 구멍이나 패인 부분에는 다공질재가 노출되게 하며, 평활한 표면에만 도장을 하여 흡음성능이 크게 저하되지 않게 만들어야 한다. 다공질 흡음재가 손상하는 것을 막기 위해 그 표면을 피복할 필요가 있을 때는 피복재료가 엷은 것이 좋으며 천공면적이 20% 이상이 되어야 한다. 유공흡음재는 방송국 스튜디오나 홀에서 흡음구조로 많이 사용하며 보통 단순히 흡음한다는 이유 때문에 유공판을 많이 사용하나 유공판은 구멍의 크기, 구멍의 중심간격, 공기층의 깊이, 흡음재와의 조합 유무 등에 의하여 흡음특성이 많이 달라지므로 안이한 사용은 피하는 것이 좋다. 따라서 유공판을 사용하려면 흡음특성을 충분히 검토한 후 사용해야 한다. 흡음재료로 사용하는 유공흡음재로는 유공합판, 유공석고보드, 유공알루미늄 패널 · 유공규산칼슘판 등이 있으며, 유공강판을 조합한 패널과 유공강판으로 만든 복합방음패널도 있다.

그림 15-23 다공질 흡음재

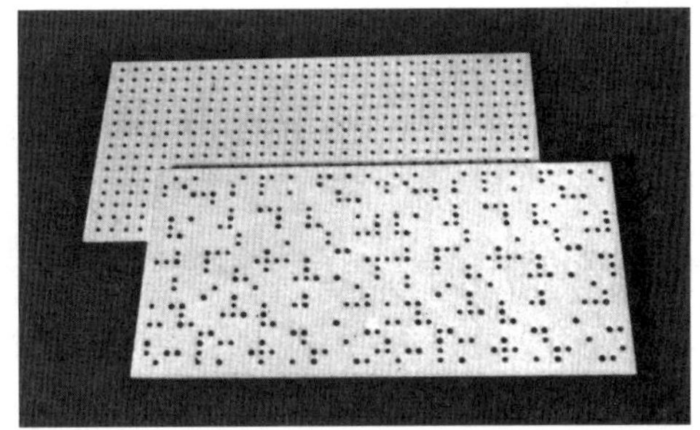

그림 15-24 유공흡음판

◉ 판상 및 막상 흡음재(plate absorbing & membrane sound absorbing materials)

판상 재료를 견고한 바탕벽 위에 설치한 띠 모양에 고정시키면 그 표면에 입사된 음파에 의해 재료는 진동을 일으켜서 판상재에 생기는 내부마찰에 의해 음에너지가 흡수된다. 판상 흡음재의 특성은 저음부분에서 흡음성능이 좋다는 것이며, 이에 비해 중음 · 고음 부분에서는 흡음성능이 많이 떨어진다. 특히 최대흡음률이 생기는 곳은 판상재의 공명주파수(共鳴周波數)에 따라 정해진다. 판상흡음재의 공명주파수는 40~400Hz 사이에 있게 되며, 최대공명주파수(Fress)는 다음 식으로 계산된다.

$$\text{공명주파수} = \frac{600}{\sqrt{md}}$$

여기서, m : 판의 질량(kg/m^2)

d : 공기층의 두께(cm)

판상 흡음재로 사용되는 합판, 섬유판, 석고보드는 음이 판을 진동시킬 때 음의 에너지가 소모되어 흡음한다. 판의 성질, 두께, 중량, 강성, 붙임방법에 따라 다른데 보통 저음을 잘 흡수한다. 판상 흡음재로 사용하는 재료로는 합판 · 목모시멘트판 · 목편판 · 석고판 · 섬유판 · 플라스틱판 등이 있다.

막상 흡음재는 막(membrane) 형상으로 만든 흡음재료로서 막 자체는 흡음성능을 기대할 수 없지만 막 뒷면의 공기층 또는 공기를 다량 함유한 섬유재료에 의해 막의 진동을 전도하여 반사 음에너지를 저감하는 효과를 냄으로써 흡음성능을 향상시키는 원리이다.

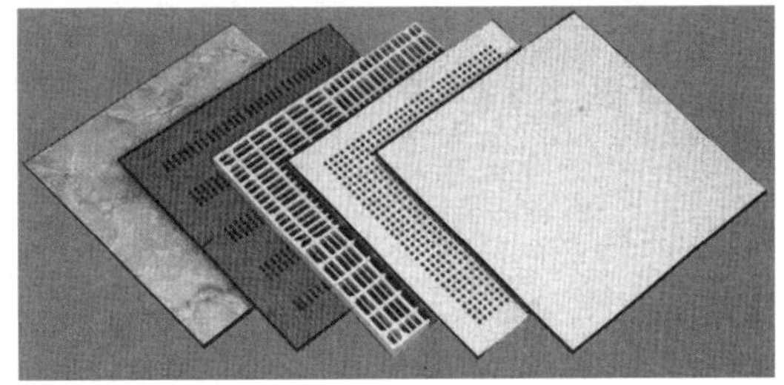

그림 15-25 판상 흡음재

막상 흡음재로는 폴리염화비닐 시트, 폴리에틸렌 시트, 범포(帆布) 등이 사용된다. 이들 재료만의 막상으로는 흡음성은 떨어지기 때문에 위에서 설명한 바와 같이 일반적으로 막 뒷면 섬유재료를 이용하거나 적당한 공기층을 둔다.

◎ 특수 흡음체

1) 헬름홀츠 공명체(Helmholtz resonator absorbers)

헬름홀츠 공명체는 공동부분(孔洞部分)과 공기가 통하는 작은 구멍으로 구성되어, 이 공동 속에 들어간 음파가 공명(共鳴)을 일으켜서 특정한 공명주파수의 음에너지를 흡수하게 만든 것으로서, 1862년 헬름홀츠에 의해 해명된 것이다. 이 원리는 여러 가지 형태로 활용되어 다양한 흡음성 실내마감방법을 가능하게 만들었다. 이 공명흡음체는 실내에서 특정 주파수음에 대하여 공명현상이 생길 때 실의 전반적인 평균 잔향시간에 영향을 미치지 않고 그 공명음만을 흡음하는 방법으로 매우 유효하게 사용된다.

강당 등의 실내장식용으로 슬릿 공명체(slit resonator)가 보통 많이 사용되고 있는데, 이것은 헬름홀츠 공명체의 원리를 이용한 좋은 예다. 천공흡음판(穿孔吸音板)도 헬름홀츠 공명체의 원리에 의한 것으로 이를 멀티플 헬름홀츠 공명체(multiple Helmholtz resonator absorbers)라고도 한다.

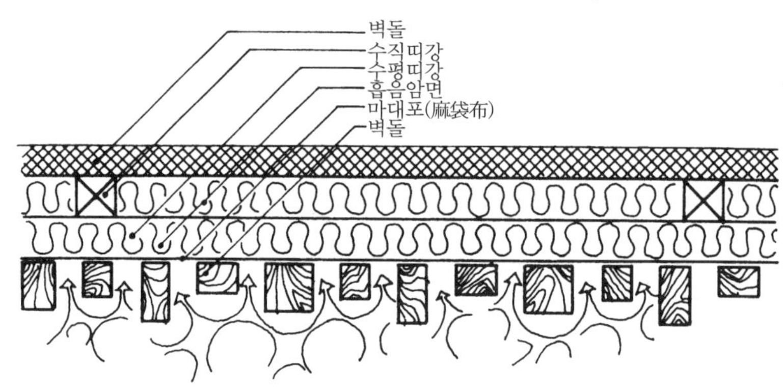

그림 15-26 헬름홀츠 공명체

2) 단위흡음체(unit absorber)

단위흡음체(單位吸音體)는 흡음재료를 구형 · 원통형 · 입방체형 · 더블콘(double cone)형, 쐐기형 등으로 성형하여 사용하는 것을 말하며, 실내공간에 달거나 붙여서 일반적으로 실내마감 벽면 주변에 설치하여 반사음을 효율적으로 흡음하도록 만드는 것이다. 벽면에 흡음재로 마감하기 어려운 장소인 큰 공장 또는 기계실 등에 주로 사용된다.

3) 가변성 흡음장치

방에 따라 다용도로 사용되는 경우가 있다. 즉, 때에 따라 강당을 음악실로 사용해야 할 경우와 같은 것으로, 그 사용목적에 따라서 적정한 잔향시간을 다르게 하기 위하여 실의 총흡음량이 가변성을 갖도록 설계되어야 한다. 가변성 흡음장치에는 가동흡음판벽(可動吸音板壁), 원통회전식 흡음장치, 흡음장막(吸音帳幕)과 기타 가동흡음장치 등이 사용된다.

(3) 차음재료(sound insulation materials)

차음재료란 차음성이 높은 재료, 즉 투과음이 적은 재료를 말한다. 차음재료는 재질이 단단하고 무거우며 정밀한 데 비해 음재료는 다공질 또는 섬유질이다. 차음이 필요한 방에 대해서는 평면계획상 음원과 격리하는 것이 가장 근본적인 대책이지만, 그 밖에 개구 면적을 되도록 작게 하고 벽이나 반자 등에는 차음재료를 사용한다. 그러나 벽체 등에 무겁고 두꺼운 한 가지 재료만을 사용하는 것보다는 중간에 공기층을 둔 이중벽 또는 서로 다른 재료를 겹친 합성벽이 더욱 유리하다.

차음재료로는 콘크리트, 경량콘크리트, 발포콘크리트, 화강석, 대리석, 하드보드, 파티클보드, 결질텍스, 석고보드, 염화비닐판, 고무, 비닐텍스, 우레탄폼 등 여러 종류가 있다.

◎ 차음성능

차음성능에 있어서 질량이 주로 영향을 미치는 범위에서는 단일고체벽의 경우 일반적으로 주파수가 2배가 됨에 따라 각 옥타브마다 차음성능이 대략 5dB씩 증가한다. 예를 들어 250Hz에서 차음성 30dB인 벽은 500Hz에서 35dB, 1,000Hz에서 40dB가 된다. 그러므로 차음성을 완전히 표시하려면 모든 옥타브에 대한 차음성능을 알아야 한다. 그러나 편의에 따라 일정한 주파수 범위의 평균값을 사용하게 된다.

차음성능의 평균값은 주파수 범위를 어떻게 잡느냐에 따라 달라진다. 일반적으로 널리 사용되는 방법은 100Hz부터 3,150Hz까지 16개의 1/3옥타브대의 차음성능 평균값을 사용하고 있다. 이것은 실제적으로 중요한 주파수 범위를 모두 포함하고 있다. 단일벽의 평균 차음량은 거의 대부분이 단위면적당 중량에 의해 결정된다. 이것을 차음의 질량법칙(mass law)이라고 한다. 무게 250kg/m^{2}의 반장(0.5B) 벽돌에 플라스터로 마감한 두께 110mm 벽은 평균 차음량이 45dB 정도이며, 무게 490kg/m^{2}의 한 장(1B) 벽돌에 플라스터로 마감한 두께 230mm 벽은 평균 차음량이 50dB 정도가 된다.

계벽(界壁)에는 단일벽뿐만 아니라 이중벽이 사용되기도 한다. 중간에 공기층을 둔 이중벽을 사용하면 고주파수 음에 대한 차음성능을 좋게 만든다. 예를 들어 플라스터 마감을 한 230mm 벽돌벽은 공칭 차음성능이 50dB 정도이나, 이것을 2등분하여 중간에 50mm의 공기층을 두면 같은 플라스터 마감을 하였을 때 공칭 차음성능이 52dB 정도가 된다. 차단재의 삽입은 적절한 설계와 시공이 뒤따라야 효력을 발생하게 된다. 얇은 탄력성 있는 박막(薄膜)의 사용은 특히 중간음과 저주파수 음에 대하여 차음을 시키는 데 있어서 유리하지 못하다. 그러므로 차음을 하기 위해서는 그 재료와 사용형태를 적절하게 검토하여 선택하는 것이 중요하다.

그 선택방법으로 알아두어야 할 것은 고주파수 음은 탄력성을 가진 차단재에 의해 영향을 받기 쉬운 데 반하여 저주파수 음에너지는 구조단면의 변경으로 음의 전달을 방해하는 것이 가장 효과적이다. 건축물의 차음성능을 좋게 만드는 데 가장 중요한 것은 벽체와 바닥구조의 균열, 구멍 또는 기공(氣孔) 등을 최소한 줄임으로써 음의 통로를 차단시키는 것이다. 차음에서 중요한 점은, 건축물은 복합적인 것이므로 그 전체적인 차음효과는 대부분이 차음성능이 약한 부분에 의해 결정된다는 점이다. 창문의 공칭 차음량은 20dB이고 벽돌벽 두께 110mm의 공칭 차음량이 45dB일 때의 벽의 차음성능은 25dB이 된다.

차음기준

1) 벽체의 차음기준

① 차음성능의 차음기준

경계벽의 차음성능은 통상적으로 건축물 현장에서의 음압(音壓)레벨을 측정하여 (한국산업규격 : KS F 2809) 주파수별 투과손실(TL : Sound Transmission Loss)을 산술평균한 평균 투과손실에 의해 성능을 평가하거나 각 나라별로 지역적 특성을 고려하여 만든 차음등급 기준곡선에 의해 차음성능을 평가한다. 그림 15-27은 경계벽의 차음등급 기준곡선을 비교하여 나타낸 것이다. 우리나라의 경우 경계벽의 차음성능평가를 위한 기준곡선은 설정되어 있지 않다.

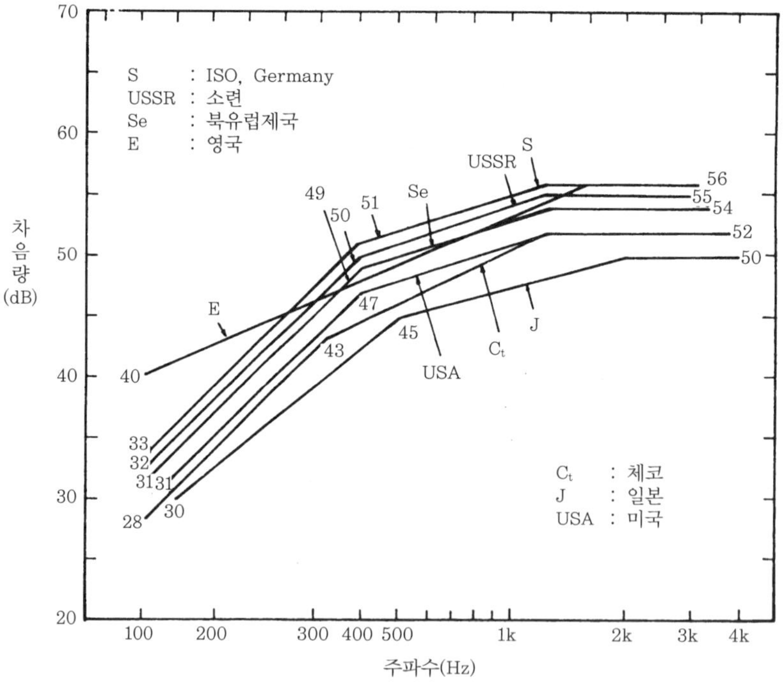

그림 15-27 각국의 세대간 경계벽 차음기준

② 국내 규격

우리나라의 경우 주택건설기준 등에 관한 규정(2011. 3. 15 대통령령 제22710호)에서 "공동주택과 주택 외의 시설간의 경계벽은 국토교통부 장관이 정하여 고시하는 기준에 따라 한국건설기술연구원장이 차음성능을 인정하여 지정하는 구조로 하여야 한다."라고 규정하고 있다. 여기서 국토교통부 장관이 정하여 고시하는 기준이라 함은 "벽체의 차음구조 인정 및 관리기준(국토교통부 고시 제2009-865호)"을 말하며, 이 기준에서 정한 차음구조성능기준은 다음과 같다. 그리고 차음성능을 인정받고자 하는 자는 차음구조인정 신청서를 한국건설기술연구원장에게 제출하면 동 원장은 차음성능을 확인하여 차음구조 인정서를 발급한다.

표 15-7 차음구조 성능기준

등급	등급기준(dB)
1급	$58 \leq R_w + C$
2급	$53 \leq R_w + C < 58$
3급	$48 \leq R_w + C < 53$

※ R_w : KS F 2808에 따라 실험실에서 측정한 음향감쇠계수(음향투과손실)를 KS F 2862에 따라 평가한 단일수치 평가량

C : KS F 2862에서 규정하고 있는 스펙트럼을 조정함으로써 특정 주파수대역에서 차음성능이 저하하는 것을 평가하기 위해 적용

참고로 종전의 규정인 주택건설기준 등에 관한 규칙(건설교통부령 제402호)에서는 "공동주택의 세대간 경계벽을 50dB 이상의 차음성능이 있는 구조로 하여야 한다."라고 규정하였다.

2) 층 · 바닥구조의 차음기준

① 차음성능의 차음기준

바닥충격음에 대해서는 상층 충격음에 의한 하부층의 음압레벨이나 바닥 충격음 기준등급 곡선을 이용한다.

② 국내 규격

우리나라의 경우 공동주택의 바닥은 "주택건설기준 등에 관한 규정(2011. 3. 15 대통령령 제22710호) 제14조③항에서 정한 구조가 되도록 한다."라고 규정하고 있다. 그 규정 내용은 다음과 같다.

"각 층간 바닥충격음이 경량 충격음(비교적 가볍고 딱딱한 충격에 의한 바닥 충격음을 말한다)은 58dB 이하, 중량 충격음(무겁고 부드러운 충격에 의한 바닥 충격음을 말한다)은 50dB 이하의 구조가 되도록 한 것. 이 경우 바닥충격음의 측정은 국토교통부 장관이 정하여 고시하는 방법에 의하며, 그 구조에 관하여 국토교통부 장관이 지정하

는 기관으로부터 성능확인을 받아야 한다." 여기서 국토교통부 장관이 정하여 고시하는 방법은 주택성능등급 인정 및 관리기준(국토교통부 고시 제2009-1191호)을 말하며, 국토교통부 장관이 지정하는 기관은 국토교통부 장관에게 인정기관의 지정을 신청하여 인정받은 기관(한국건설기술연구원)을 말한다.

표 15-8 주택성능등급 평가기준(소음관련 등급 기준)

경량 충격음(바닥충격음)		중량 충격음(바닥충격음)	
등급	등급기준	등급	등급기준
★★★★	$L'_n,\ A_w \le 43$	★★★★	$L_j,\ F_{max},\ A_w \le 40$
★★★	$43 < L'_n,\ A_w \le 48$	★★★	$40 < L_j,\ F_{max},\ A_w \le 43$
★★	$48 < L'_n,\ A_w \le 53$	★★	$43 < L_j,\ F_{max},\ A_w \le 47$
★	$53 < L'_n,\ A_w \le 58$, 표준바닥구조	★	$47 < L_j,\ F_{max},\ A_w \le 50$, 표준바닥구조

비고) $L'_n,\ A_w$: 역A특성 가중 규준화 바닥충격 음레벨
$L_j,\ F_{max},\ A_w$: 역A특성 가중 바닥충격 음레벨
표준바닥구조 : 주택건설기준 등에 관한 규정 제14조③항에서 정한 구조

③ 미국 규격

미국은 FHA(Federal Housing Administration)는 바닥충격음에 대한 기준곡선으로 IIC(Impact Insulation Class)곡선을 마련하고 있다. 그림 15-25와 같은 ⅡC 곡선에 의한 차음성능평가법은 STC(Sound Transmission Class)에 의한 공기전파음 차음성능평가법과 같다. 미국의 FHA 및 HUD(U.S Department of Housing and Urban Development)가 제시하고 있는 상하층간 바닥구조의 차음등급기준은 표 15-9와 같다.

표 15-9 공동주택 층간 바닥구조의 차음구조(HUD)

벽체 구분 (상층) (하층)	공기전파음(STC)			바닥충격음(IIC)		
	빌딩등급			빌딩등급		
	I	II	III	I	II	III
침실-침실	55	52	48	55	52	48
거실-침실	57	54	50	60	57	53
부엌-침실	58	55	52	65	62	58
가족실-침실	60	56	52	65	62	58
복도-침실	55	52	48	65	62	58
침실-거실	57	54	50	55	52	48
거실-거실	55	52	48	55	52	48
부엌-거실	55	52	48	60	57	53
가족실-거실	58	54	52	62	60	56
복도-거실	55	52	48	60	57	53

④ 국제 규격

ISO(International Standardization Organization)에서 권장하고 있는 바닥충격음에 대한 차음기준은 그림 15-29와 같다.

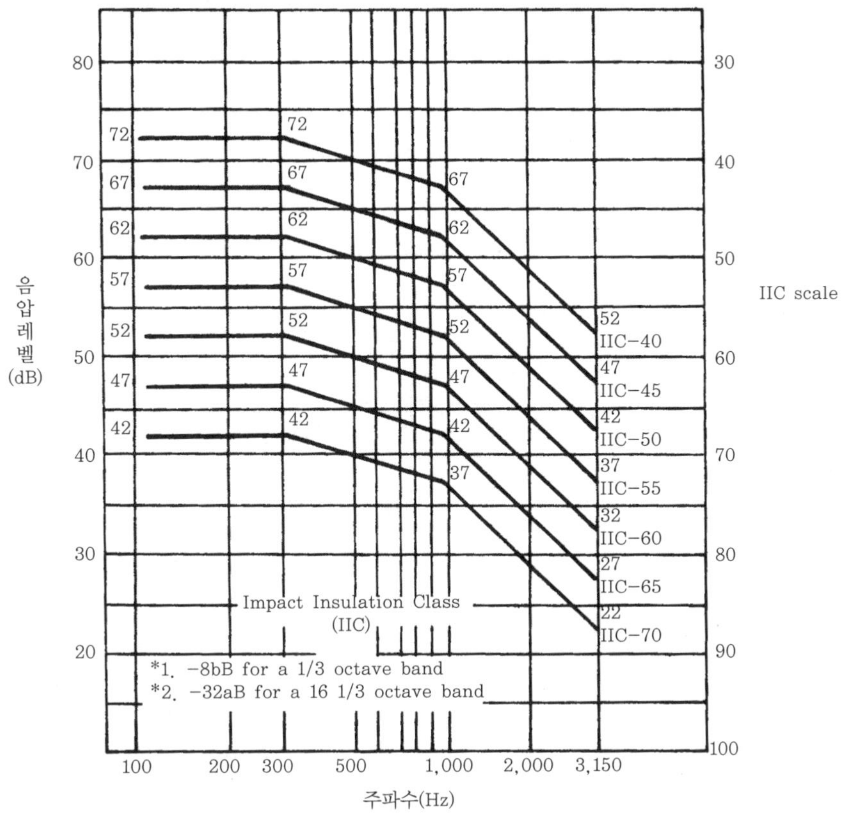

그림 15-28 바닥충격음 차음기준 곡선(미국)

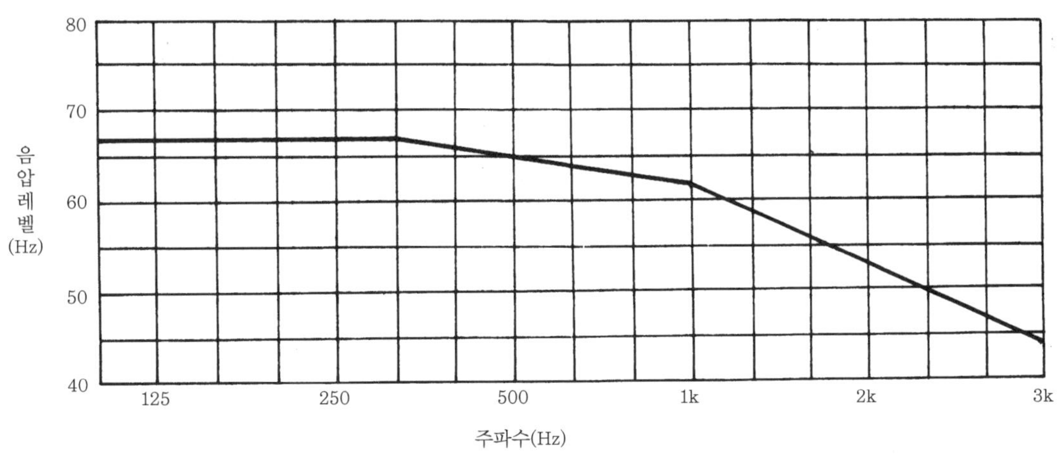

그림 15-29 충격음에 대한 공동주택간 차음성능 ISO 기준(1968)

⑤ 일본 규격

일본의 경우 바닥충격음의 현장 측정법(JIS A 1418)이 1974년 제정되었고 바닥충격음에 대한 건축물의 차음등급 및 적용방법은 일본공업표준규격(JIS A 1419)에 명시되어 있다. 그림 15-30은 일본공업표준규격에 있는 차음등급이다.

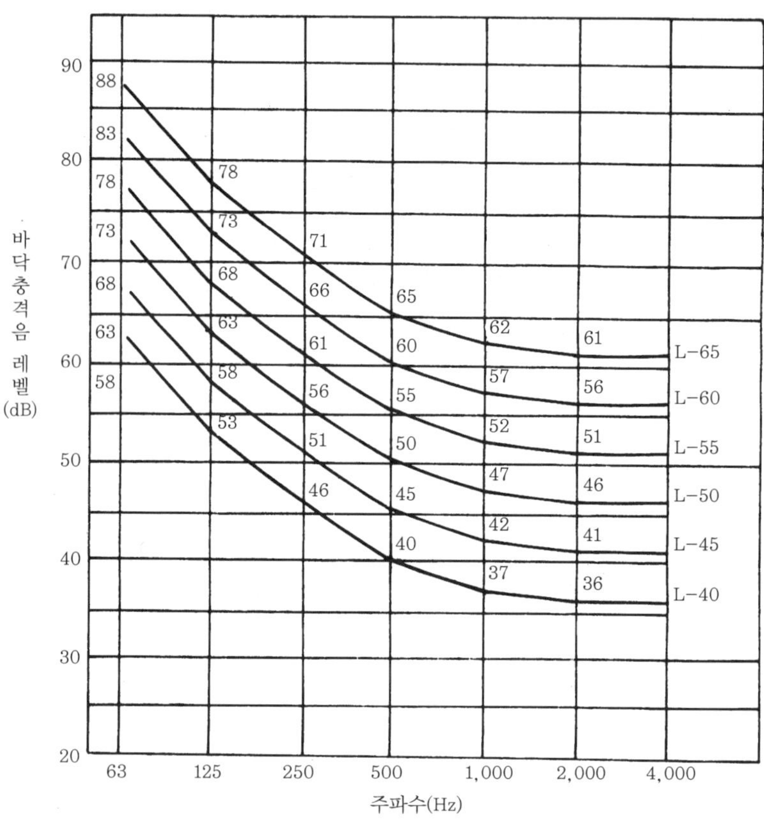

그림 15-30 건축물의 차음등급(일본공업규격)

16 접착제 · 퍼티 · 코킹재 및 실링재

16-1 접착제

접착제(adhesive)란 재료를 서로 견고하게 접합시킬 수 있는 능력을 가진 물질의 총칭으로서 교착제(膠着劑)라고도 한다. 주로 목재 등의 유기재료를 접합시키는 데 사용되어 왔으나 근래에는 금속, 유리, 시멘트 제품들도 접합시킬 수 있는 성능의 합성수지계 접착제가 개발되어 널리 사용되고 있다.

건축용 접착제로 요구되는 성능은 다음과 같다.

① 접합면을 잘 적실 수 있으며 유동성을 가질 것
② 고화시 체적수축 등에 의한 내부변형을 일으키지 않을 것
③ 장기부하에 의해 크리프(creep)가 없을 것
④ 진동, 충격의 반복에 잘 견딜 것
⑤ 내수성 · 내알칼리성 · 내산성 · 내열성 · 내후성이 있을 것
⑥ 취급이 용이하고 독성이 없고 값이 저렴할 것

(1) 접착제의 분류

① 단백질계 접착제 : 카세인(casein), 콩풀(大豆膠), 아교(阿膠), 알부민(albumin) 등
② 전분질계 접착제 : 쌀(米粉), 밀(小麥粉), 옥수수, 감자, 고구마 등
③ 합성수지계 접착제 : 에폭시수지 접착제, 페놀수지 접착제, 비닐수지 접착제, 요소수지 접착제, 레조르시놀수지 접착제, 멜라민수지 접착제, 실리콘수지 접착제 등
④ 고무계 접착제 : 천연고무, 네오프렌, 치오콜 등
⑤ 섬유소계 접착제 : 초화면(硝化綿) 접착제, 나트륨칼폭시 메틸셀룰로오스(C. M. C)
⑥ 아스팔트계 접착제 : 아스팔트프라이머
⑦ 규산소다 접착제 : 규산소다

(2) 단백질 및 전분질계 접착제(protein adhesive & starch adhesive)

◎ 카세인(casein)

카세인은 우유 속에 포함되어 있는 단백질이다. 소석회와 결합된 상태로 우유 속에 존재하고 있으며 적당량의 물을 섞으면 점성이 있는 풀이 된다. 산을 가하면 분리되며, 제조할 때 넣은 산의 종류에 따라 성질이 달라진다. 산, 젖산(乳酸)을 쓰면 질이 좋아지고 황산은 응결시간을 단축한다.

사용방법은 카세인에 소석회 · 소다염 등을 가하고 물로 잘 혼합하여 사용한다. 일반적인 배합은 카세인 100g, 소석회 20g(생석회는 15g), 소다염(가성소다, 탄산소다 등) 0.27g에 물 300g 배합비율로 혼합하여 사용한다. 사용시간은 보통 6~7시간이다.

◎ 콩풀(soybean glue)

콩에서 콩기름을 추출한 후 잔류액을 가열하여 만든 탈지대두(脫脂大豆, 大豆粕)를 분말화한 것이다. 접착력은 여기에 약 50% 함유된 단백질에 기인하므로 접착력이 좋고 나쁜 것은 탈지대두의 품질에 좌우된다. 사용방법은 탈지대두 분말에 소석회 · 가성소다액(18%) · 규산소다 · 황화탄소를 가하고 물로 혼합하여 사용한다. 카세인보다 내수성은 좋지만 접착력이 떨어지고 값이 싸서 카세인이나 요소수지 접착제의 증량재(增量材)로 쓰일 뿐이다.

◎ 아교(glue)

아교는 동물(소 · 말 등)의 가죽 · 힘줄 · 뼈 · 결합조직 등을 석회수로 처리, 물에 끓여서 끈적끈적한 교분(膠分)을 뽑아 냉각, 응고, 건조시킨 것으로서, 동물아교(animal glue) · 어물아교(fish glue) · 에멀션 아교(emulsion glue)가 있다. 아교라 하면 일반적으로 동물아교를 말한다.

◎ 알부민(albumin)

가축의 혈액 내에 있는 알부민의 접착성을 이용한 것으로, 혈장(血漿)을 70℃ 이하에서 건조시켜 만든 반투명한 황갈색의 딱딱한 물질이다. 알부민은 높은 접착력과 내수성을 발휘하여 내수성은 카세인보다 우수하다. 사용방법은 알부민을 물에 용해한 후 암모니아수 또는 석회수를 소량 가하여 잘 혼합하면 된다.

◎ 전분(starch)

쌀 · 밀(小麥) · 감자 · 고구마 · 옥수수 등의 가루를 물에 타서 가열하여 풀로 만든 것으로 가정용 풀과 직물용 풀로 많이 쓰이나 내수성이 없어 공업용 접착제로는 쓰이지 않는다. 정제전분은 순백색의 분말로서 흡습성이 있고 냉수, 알코올, 에스테르(ester), 벤젠기름에는 불용성이다. 가열하면 입자가 팽창하여 반투명체가 된다. 밥알(飯粒)을 주걱 등으로 이겨 만든 풀은 삼나무(杉), 오동나무(桐) 제품을 접착할 때 쓰이고 수지가 많은 소나무 제품에는 부적당하다. 쌀알을 물과 함께 절구에 다져 가열하여 만든 풀은 비단천으로 표구할 때 사용된다. 쌀을 찧거나 밥을 말려 분말로 만든 것은 물에 풀어 창호·목공용으로 사용한다.

(3) 합성수지계 접착제(synthetic resin adhesive)

합성수지계 접착제는 합성수지의 종류에 따라 그 성능이 다양하고 종류도 많다. 종래의 천연품 또는 그것의 가공품인 접착제보다 내구성·내수성·접착성이 우수하여 많이 이용되고 있다.

◎ 에폭시수지 접착제(epoxy resin paste)

에폭시수지 접착제는 일반적으로 비스페놀(bisphenol)과 에피클로로히드린(epichoro-hydrin)의 반응에 의해 얻을 수 있다. 내수성·내습성·내약품성·전기절연성이 우수하고 다양한 종류의 물질을 강하게 접착하나 피막이 다소 단단하고 유연성이 부족하며 값이 비싸다는 것이 결점이다.

접착제는 성능을 지배하는 것은 경화제(硬化劑)이며 경화제로는 폴리아민(polyamine) 지방족, 방향족 아민(amine)과 그 유도체 등 종류가 많으며, 사용목적과 작업조건 등에 따라 적당한 경화제를 선택한다. 주로 많이 사용되는 경화제는 폴리아민이다. 에폭시접착제는 금속, 플라스틱류, 도기, 유리, 목재, 천(布), 콘크리트 등의 접착에 사용된다.

◎ 페놀수지 접착제(phenol resin paste)

페놀수지 접착제는 페놀수지의 초기축합물(初期縮合物)을 주성분으로 한 것을 메탄올(methanol) 또는 변성알코올에 녹여 경화제와 증량재(규조토, 목분 등)를 혼합하여 만드는 접착제로서 주로 합판, 목재 제품 등에 사용된다. 접착력, 내열·내수성이 우수하나 유리나 금속의 접착에는 적당하지 않다.

액상인 것은 상온에서 경화하는 것도 있으나 기온 20℃ 이하에서는 충분한 접착력을 발휘할 수 없고 60~110℃ 정도로 가열해야 한다. 완전히 굳으면 적동색을 띠므로 경화 정도를 쉽게 판단할 수 있다.

◎ 비닐수지 접착제(vinyl resin paste)

초산비닐수지 또는 초산비닐염화비닐 공중합체를 주성분으로 하는 접착제로서, 알코올이나 아세톤에 용해되는 용액형과 수중에서 수지가 현탁(懸濁)되는 에멀션(emulsion)형으로 나눌 수 있다. 에멀션형은 카세인(膠)의 대용품으로 널리 쓰인다.

비닐수지 접착제는 값이 싸고 작업성이 좋으며 다양한 종류를 접착하는 장점이 있어서 가장 많이 사용되는 접착제 중 하나이다. 목제가구 및 창호, 종이 도배, 천 도배, 논슬립(non-slip) 등의 접착 등에 주로 사용된다.

◎ 요소수지 접착제(ureaformaldehyde resin paste)

요소와 포름알데히드(formaldehyde) 초기축합물을 탈수하여 축합한 접착제로서, 진공증발시켜 수지분을 60% 정도로 만든 것을 농축형(濃縮型)이라 하며 40~50%의 수지분을 함유한 것은 저점도의 미농축형(未濃縮型)이라 한다. 농축형은 염화암모늄의 15~20% 수용액을 경화제로 가하면 실온에서 경화한다. 따라서 냉압으로 충분하며 휘발수분이 적어 두꺼운 것의 접착에 적당하다. 주로 목재 접착 또는 합판 제조 등에 사용되며 미농축형은 보통 열압을 가하게 되고 값이 싸며 사용기간이 오래 걸리므로 두 판 이하의 합판 접착 또는 파티클보드(particle board)에 많이 쓰인다.

◎ 레조르시놀수지 접착제(resorcinol resin paste)

원료는 레조르시놀과 포름알데히드로서 요소수지, 페놀수지 접착제보다 내수성 · 내열성이 우수하여 옥외에서 장기간 견디는 목재접착, 특히 내수합판, 옥외 등 집성목재의 제조에 쓰인다. 압착 시에 대개 5~10kg/cm^{2}의 압력을 가한다.

◎ 멜라민수지 접착제(melamine resin paste)

멜라민수지와 포름알데히드의 반응에 의해 얻어지는 액상 접착제로서 내수성 · 내열성 등이 좋고 목재에는 접착성이 우수하므로 내수합판 등의 접착제로 쓰인다.

◎ 실리콘수지 접착제(silicon resin paste)

실리콘수지를 알코올, 벤졸 등에 녹여 60% 정도의 농도로 만든 접착제로서 특히 내수성이 우수하다. 200℃의 열을 연속하여 가해도 견디며(내연성), 전기적 절연성도 있어 유리섬유판, 텍스, 피혁류 등 모든 재료에 접착할 수 있다.

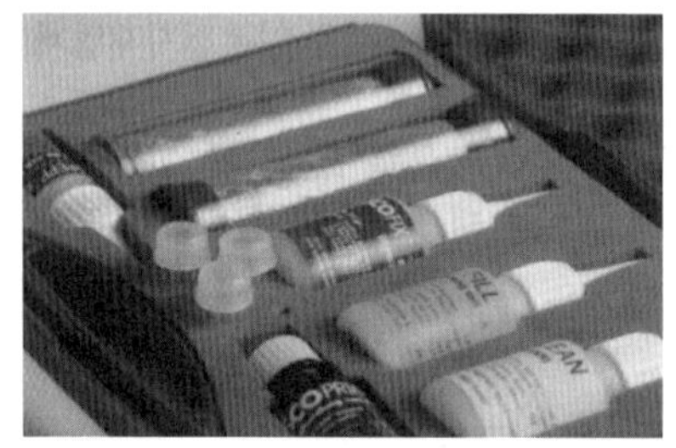

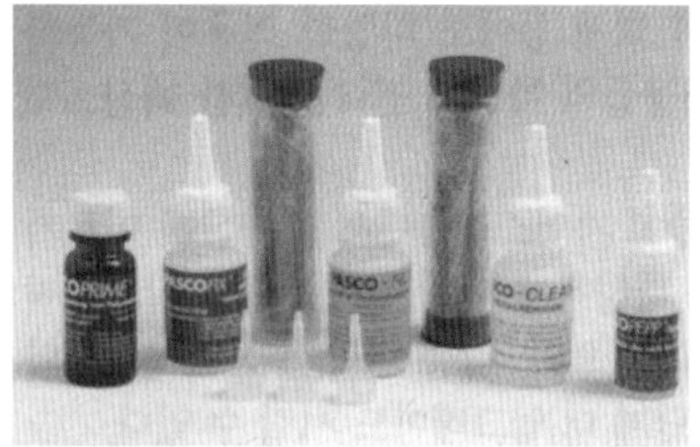

그림 16-1 접착제

(4) 고무계 접착제(gun adhesive, rubber adhesive)

◎ 천연고무계 접착제(natural rubber adhesive)

생고무는 열대산 고무나무의 수액인 라텍스(latex)를 응고시켜 얻을 수 있다. 천연고무는 이소프렌(isoprene)의 중합체로서 생고무에 벤졸 등의 방향족 탄화수소 또는 석유에테르

(ether) 등의 지방족 탄화소에 용해시켜 만든 천연고무계 접착제는 우수한 접착성이 있지만 내수성이 약하다. 보통 10% 이하의 농도로 하여 가죽, 천, 종이, 펠트, 목재, 플라스틱 보드 등의 접착제로 사용한다.

◎ 합성고무계 접착제(synthetic rubber adhesive)

합성고무는 천연고무와는 다른 물질로서 나트륨(natrium)을 촉매(觸媒)로 하여 이소프렌을 중합시켜 만든 고무로서, 이 합성고무를 주성분으로 하는 합성고무계 접착제는 내유·내후·내열·내마멸성 등 천연고무계 접착제보다 성능이 뛰어나 널리 사용한다. 여러 종류가 있으며 그중에서 네오프렌(neoprene)은 미국 듀퐁(Dupont)회사 제품인 합성고무의 상품명이다. 천연고무보다 우수한 점이 많고 석유계의 기름에 녹지 않는다. 네오프렌에 마그네시아(magnesia)·아연화 등을 배합하여 가황(加黃)하면 내유성과 내약품성이 증가된다. 고무와 금속과의 접착, 콘크리트·유리·천·가죽 등의 접착에도 사용된다.

◎ 치오콜

알칼리 다황화물(多黃化物)과 폴리할로겐 탄화수소의 반응에 의해 얻을 수 있는 고무상의 고분자물로서 내유성이 우수하고 내약품성도 우수하다. 치오콜은 줄눈재 또는 구멍을 메우는 데 사용되고 있다.

(5) 섬유소계 접착제(cellulose adhesive)

◎ 초화면 접착제(cellulosic paste)

초화면(硝化綿), 즉 초산섬유소(醋酸纖維素)를 아세톤(acetone) 등으로 용해시킨 것으로서 금속, 유리, 가죽, 목재, 천 등을 접착시키는 속건 접착제이다.

◎ 나트륨칼폭시 메틸셀룰로오스(C · M · C)

알칼리섬유소를 모노클로랄(mono-chloral)·작산소다로 처리하여 만든 것으로서 백색의 무독한 분상체이다. 냉수에 잘 녹으며 종이, 천 등의 접착직물의 마무리제로 사용되고 있다.

(6) 아스팔트 접착제(asphalt paste)

아스팔트 접착제는 아스팔트를 주성분으로 하여 여기에 용제(납사·메틸벤젠·벤졸 등)를 가하고 광물질 분말을 첨가한 풀 모양의 접착제로서 아스팔트시멘트(asphalt cement)라고도 한다. 아스팔트타일·비닐타일·비닐시트·루핑·펠트·발포단열재 등의 접착제로 쓰인다.

아스팔트가 접착제로 쓰이는 것은 접착성이 우수하고 접착면이 유연하여 내수·내알칼리성 및 작업성이 좋고 화학약품에 대하여 안정하며 다른 접착제에 비해 값이 싸기 때문이다. 그러나 기온에 의한 점도변화가 커서 계절에 따라 점도를 조절해야 하고 내유성·내용제성이 적으며 열에 의해 연화한다는 결점이 있다.

(7) 규산소다 접착제(sodium silicate adhesive)

규산소다는 탄산소다(soda)와 석영가루를 융합하여 얻을 수 있는 백색무취의 고체로서 짙은 수용액은 조청과 같다 하여 물유리(water glass)라고도 한다. 물유리의 상품은 무색투명하거나 회색의 점액으로 점착력이 커서 인조석 · 유리 · 도자기의 접합 또는 내화 및 내산성이 있는 도료의 제조 등에 쓰인다.

규산소다 접착제의 접착성은 접착면의 수분증발 및 흡수에 의해 생긴다. 옛날부터 사용되어 왔으나 알칼리성을 띠고 있어 접착된 재질을 오염시킬 염려가 있고 내수성이 없으므로 용도에 제한을 받아 보색제(補色劑)로 사용될 뿐이다.

16-2 퍼티

퍼티(putty)는 산화석(酸化錫) 또는 탄산석회($CaCO_3$)를 아마인유 같은 건성유로 혼합하여 만든 것이다. 퍼티를 현장에서 주로 빠데라고 부르고 있다. 종류로는 유리공사에 사용되는 유리퍼티, 도장공사에 사용되는 도장퍼티, 각종 배관 접합부에 사용되는 붉은 퍼티 등 여러 가지 종류가 있다.

(1) 유리퍼티(glass putty)

유리퍼티는 호분(gohun)에 아연화 또는 연백(鉛白)을 혼합하여 아마인유 · 동유 · 마실유 · 어유 등의 건성유로 반죽한 것이다. 식물성유는 값이 비싸고 어유는 저렴하나 처리가공을 잘못하면 끈적거리고 고약한 냄새가 나므로 대개 합성수지를 사용한다.

깔퍼티용 또는 동한기 희석재를 쓸 때에는 보일드유 또는 휘발성 광유(鑛油)를 쓰는데, 광유를 다량 사용하면 휘발, 건조하여 퍼티가 부슬부슬 떨어진다. 따라서 좋은 건성유를 써야 좋은 유리퍼티를 만들 수 있다. 유리퍼티는 주걱이나 손으로 채울 때 작업성이 좋아야 하고(손에 묻어서 끈적거리지 않고 쉽게 부드럽게 채워지는 것) 경화한 후에 갈라지는 일이 없어야 하며 무엇보다도 부착력이 좋아야 한다.

목재창호에는 나무퍼티를 사용하고 알루미늄창호에는 대개 개스킷(gasket)을 사용하나 철재창호에는 유리퍼티를 사용한다. 개스킷은 고무 또는 합성수지 제품으로 알루미늄새시의 유리홈 등에 끼워 고정하는 재료이다. 철재창호에 유리를 끼울 때는 유리퍼티를 일정한 경사면(유리면에 60° 정도)으로 평활하게 손으로 눌러 대고 바름주걱으로 미끈하게 마무리한다. 퍼티는 공기에 닿으면 건조하여 오래 되면 부슬부슬 떨어지므로 주걱으로 마무리한 후 페인트칠을 하면 공기를 차단하여 퍼티의 수명을 연장시킬 수 있다.

유리퍼티는 보통 30kg 용량으로 시판되고 있다.

(2) 도장퍼티(coating putty)

도장퍼티는 호분(糊粉)과 아마인유를 중량비 10 : 1의 비율로 혼합하고 여기에 아연화 페인트를 혼합하면 주걱 사용이 쉽고 변색을 방지할 수 있다. 목부 유성페인트 도장 시 바탕이 건조한 후에 구멍, 옹이, 균열, 흠이 있는 곳에 밀어 넣어서 땜질용으로 사용한다.

두껍게 바를 수 있어 깊은 홈의 보수에 적당하지만 경화되면 단단하여 연마하기가 쉽지 않다. 도장퍼티의 종류는 여러 가지가 있는데 몇 가지를 들면 다음과 같다.

◎ 불포화 폴리에스테르 퍼티(unsaturated polyester putty)

불포화 폴리에스테르수지에 안료 · 경화제 또는 촉진제를 더하여 액상이나 호상(糊狀)으로 만든 것으로서 주로 눈먹임(wood filling)에 사용한다.

◎ 하드오일 퍼티(hard oil putty)

스파바니시(spar varnish)와 연백(鉛白)을 혼합하여 호상으로 만든 것으로서 주로 눈먹임에 사용한다.

◎ 오일 퍼티(oil putty)

바니시(varnish)에 안료를 넣어 혼합한 것으로서 눈먹임 또는 바탕만들기에 사용한다.

작업성이 좋으나 건조가 늦고 두껍게 바르지 못한다는 결점이 있다.

◎ 페인트 퍼티(paint putty)

건성유에 연백 또는 안료를 더하여 호상으로 만든 것으로서 주로 유성페인트의 바탕만들기에 사용한다.

◎ 캐슈수지 퍼티(cashew resin putty)

캐슈수지에 안료 · 경화제 또는 촉진제를 더하여 액상이나 호상으로 만든 것으로서 주로 바탕만들기에 사용한다. 작업성이 좋으나 건조성이 늦다.

◎ 래커 퍼티(racquer putty)

래커를 전색제로 하여 아연화 등을 넣어 반죽한 것으로서 속건성의 퍼티이다. 작은 홈의 보수용으로 쓰이고, 두껍게 바르는 데는 적당하지 않다.

(3) 붉은퍼티(red putty)

붉은퍼티는 광명단, 주토(ferric oxide) 등을 아마인유로 반죽한 것으로서 기성품이 아니고 현장에서 적당히 혼합하여 사용한다. 보통 연백이나 아연화 등을 혼합하여 사용하는데 연백 · 아연화 · 광명단 · 아마인유의 비율은 중량비 5 : 1 : 1 : 2로 혼합한다. 가스관 · 배수관 접합부에 삼실(麻絲)이나 삼섬유(麻纖維)로 감고 붉은 퍼티칠을 하면 방수 · 방청 등의 충전재가 된다.

16-3 코킹재

코킹재(caulking materials)를 만드는 데 쓰인 전색제로는 유지천연수지와 합성수지이며 합성고무(부틸고무) · 실리콘고무 · 폴리우레탄수지 · 고무상에폭시수지 · 황화물중합체 등이 있고, 충전재로는 석면 · 탄산칼슘 · 아연화 · 활석 · 실리카 분말 등이 있다. 이들 각각에 적합한 용제(메틸벤젠 · 납사 등)와 가소제 등을 섞어서 접합부에 적합한 조성(組成)으로 만든 것이 코킹재이다. 코킹재의 종류는 여러 가지가 있다.

코킹재는 실링재(sealing materials)와 같은 뜻의 용어로 부재의 접합부에 충전하여 접합부를 기밀, 수밀하게 하는 재료이다. 즉, 창호 주위의 빗물막이 또는 각종 재료의 접합부, 줄눈, 익스팬션조인트에서 사용되고 균열 보수재료로도 사용된다. 코킹재의 특징은 다음과 같다.

① 공기에 접하는 부분은 유연한 피막이 생기고 내부를 보호하며 내부의 점성이 지속되고 수축률이 낮다.
② 외기온도의 변화와 태양광선에 변질되지 않고 항상 적당한 점성을 유지하며 내후성이 있다.
③ 피막은 내수성과 발수성이 있다.
④ 내산 · 내알칼리성이 있다.
⑤ 각종 재료에 접착이 잘되고 침식과 오염이 되지 않는다.

(1) 유성코킹재(oil caulking materials)

유성코킹재는 유지천연수지 또는 합성수지에 탄산칼슘, 석면, 착색재 등의 충전재를 균일하게 이겨서 만든 재료로서 시일(seal) 재료로 사용하기 시작한 최초의 재료이며 근래에는 시일 재료의 주체가 되고 있다. 접합부에 밀착성이 좋고 충전 후에 표면은 유연성이 있는 담황색의 피막을 형성하면서 균열이 없으며 내부는 충전 시에 원상과 거의 다름이 없고 접착성과 가소성을 유지한다.

용도는 벽체의 균열 구멍에 충전, 익스팬션조인트, PC콘크리트판 또는 콘크리트판 등의 접합부와 줄눈, 창호틀의 주위 등에 쓰인다. 유성코킹재의 품질기준은 한국산업규격(KS F 3204)으로 정하고 있다.

(2) 아스팔트코킹재

아스팔트를 주재료로 하여 석면 등을 충전재로 하여 만든 재료로서 값은 싸나 흑색이고 고온에서 용융하므로 세로면의 시공에 적합하지 못하며 자외선에 의해 노화되기 쉬우므로 용도가 한정되어 있다.

16-4 실링재

시일(seal)재란 퍼티, 코킹재, 실링재(sealing materials)의 총칭이다. 시일이란 트랩(trap)에서 봉수(封水)하는 일을 뜻한 말로 틈서리를 밀봉(密封)하는 것 또한 다공성으로 흡수성이 큰 부재의 표면에 습기의 침입방지를 위해 칠하는 의미도 있다. 이와 같이 내후성, 내구성 등을 향상시키기 위해 표면에 칠하는 도료, 즉 피막이 되는 것을 실러(sealer)라 하고 실러를 실코트(seal coat)라고도 한다. 실링재는 사용 시 페이스트 상태로 유동성이 있는 상태이나, 공기 중에서는 시간이 경과함에 따라 탄성이 풍부한 고무상 고상체로 된다. 접착력이 크고 수밀 · 기밀성이 풍부하여 충전재로 가장 적당한 재료로서, 커튼월이나 프리패브재의 접합부, 새시부착 또는 유리끼우기 등의 충전재로 쓰이는 것을 말하므로 건축용 실링재라고도 하며, 한국산업규격(KS F 4910)에 규정되어 있다. 코킹재와 구별하기 위하여 실링재라 하고 있다.

건축용 실링재는 다음과 같이 1액형 실링재, 2액형 실링재 2종류가 있다. 또한 실링재의 종류는 주성분, 경화기구, 내구성, 시공시기(사철용, 여름용, 겨울용), 유동성[논새그 타입

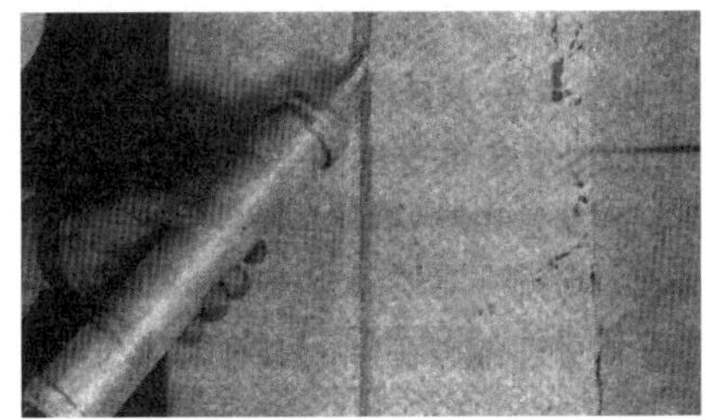

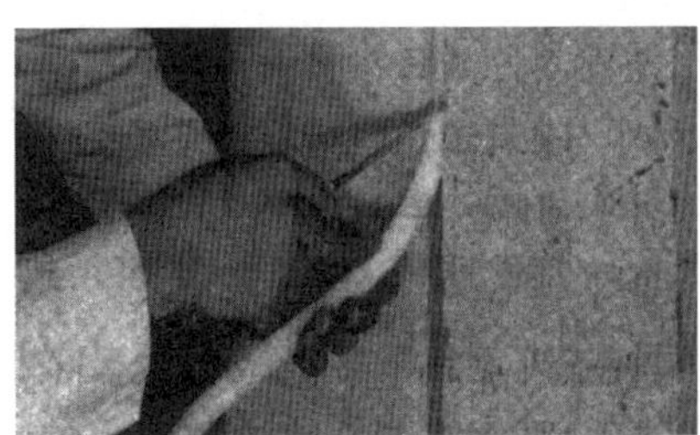

그림 16-2 실링재

(nonsag type) ; 줄눈에 충전했을 때 슬럼프(slump)가 생기지 않도록 만들어진 실링재, 셀프레벨링 타입(salf leveling type) ; 줄눈에 주입했을 때 표면이 자연히 수평이 되도록 만들어진 실링재]에 따라 구분하고 있다.

실링재를 주성분 및 경화기구에 따라 구분하면 표 16-1과 같다. 실링재 종류 중에서 실리콘 실링재가 가장 널리 사용되는 대표적인 실링재라 할 수 있다.

표 16-1 실링재의 분류

종류	경화기구에 따른 구분	주성분에 따른 구분	적요
1성분형 실링재	습기경화	실리콘계(SR)	실리콘(오르가노폴리실록산)을 주성분으로 하는 실링재
		변성 실리콘계(MS)	변성 실리콘(오르가노폴리실록산을 갖는 유리 폴리머)을 주성분으로 한 실링재
		폴리설파이드계(PS)	폴리설파이드를 주성분으로 한 실링재
		폴리우레탄계(PU)	폴리우레탄을 주성분으로 한 실링재
	산소경화	변성폴리설파이드계(MP)	변성 폴리설파이드(우레탄 결합을 갖는 폴리설파이드)를 주성분으로 한 실링재
	에멀션형 건조경화	아크릴계(AC)	아크릴수지를 주성분으로 한 실링재
	용제형 건조경화	부틸고무계(BU)	부틸고무를 주성분으로 한 실링재
2성분형 실링재	혼입반응 경화	실리콘계(SR)	실리콘(오르가노폴리실록산)을 주성분으로 한 실링재
		변성 실리콘계(MS)	변성실리콘(오르가노폴리실록산을 갖는 유기폴리머)을 주성분으로 한 실링재
		폴리설파이드계(PS)	폴리설파이드를 주성분으로 한 실링재
		아크릴우레탄계(UA)	아크릴우레탄을 주성분으로 한 실링재
		폴리우레탄계(PU)	폴리우레탄을 주성분으로 한 실링재

비고) ① 1성분 실링재(1액형 실링재)는 공기 중의 습기(수분) 또는 산소와 반응하여 표면으로부터 경화한다. 이는 습기경화와 산소경화로 구분한다. 또한 에멀션(emulsion) 유형(類型)과 같이 함유 수분이 증발하는 것에 의해 표면부터 경화하는 에멀션형 건조경화와 함유 용제(溶劑)가 증발하는 것에 의해 경화하는 용제형 건조경화로 구분한다. 이와 같이 실링재를 구분하는 것을 경화기구에 따른 구분이라고 한다. 에멀션형 건조경화나 용제형 건조경화인 경우는 20~30%의 체적 수축을 유발한다.

② 2성분 실링재(1액형 실링재)는 주제(主劑)의 주성분(主成分)이 경화제(硬化劑)에 포함된 촉매(觸媒)에 의해 반응하여 경화하거나 주제와 경화제의 주성분인 활성기(活性基)를 가진 요소가 반응하여 경화한다. 이 경화기구를 혼합반응경화라고 한다.

③ 주성분에 따른 구분에서 주성분에 표시한 (　)의 약자는 기호를 표시한 것이다.

(1) 2액형 실링재(two-part liguid type sealing compound)

2액형 실링재는 다황화물(多黃化物, polysulphide) 액상 폴리머(polymer)에 카본블랙

(carbon black)과 기타 미량의 배합제를 더한 것을 전색제로 하고 여기에 이산화연 등의 경화제를 혼합한 가소제를 섞어 만든 재료이다. 사용할 때는 전색제와 가소제가 각각 다른 통에 들어 있는 것을 사용 전에 섞어서 쓴다. 여기서 2액형(液型)이란 전색제와 가소제를 분리하여 각각 다른 용기에 넣고 사용할 때 혼합하여 쓰는 것을 말하고, 그 혼합비는 사용 수치에 따라 다르다. 전색제와 가소제의 중량비는 약 10 : 1이고 모두 휘발성분을 거의 포함하지 않아 충전 후의 체적수축이 적고 −30~90℃ 사이의 온도변화에도 안정된 탄력성을 유지하며 내수성 · 내약품성 · 내유성 · 밀착성이 우수하고 실링재로서의 성능을 갖는 시간은 35~5℃에서 5~14일 후라고 한다. 즉, 고온다습할 때는 경화가 촉진되고 저온저습할 때는 경화가 지연된다.

메탈 커튼월(matal curtain wall), 대리석 · 유리공사 등의 줄눈 등에 광범위하게 사용된다.

(2) 1액형 실링재(one-part liguid type sealing compound)

1액형(液型)이란 미리 시공 가능한 상태로 배합되어 있어 현장에서 그대로 사용할 수 있도록 되어 있는 것을 말하므로, 1액형 실링재는 2액형 실링재와 달리 현장에서 혼합할 필요 없이 그대로 사용할 수 있도록 된 실링재이다. 따라서 시공 전에 혼연(渾然) 조작이 필요 없으며 건(gun)에 넣어 압출 · 충전시키는 간단한 사용법이 특징이다.

(3) 실리콘 실링재(silicone sealing materials)

실리콘 실링재는 한국산업규격(KS F 4909)으로 규격이 정해져 있으며 이는 1액형 무용제형으로 실리콘수지에 실리카 분말과 탄산칼슘 등의 안료를 섞어서 만든 것이다.

내후성 · 내구성이 유성코킹재나 2액형 실링재보다 우수하고, 특히 기온의 영향을 별로 받지 않고 광범위한 온도범위(−40~160℃) 안에서 탄력성을 유지하며 반복되는 접합부 틈의 신축에도 견딘다. 색상은 투명 · 반투명 · 백색 · 회색 · 흑색 · 담색 등 다양하다. 실리콘 실링재가 실링재로서의 성능을 갖는 시간은 5~7일 후라고 한다. 실리콘 실링재는 건축구성재의 줄눈부분, 창호 주위의 충전 및 유리끼우기 등에 광범위하게 사용된다.

16-5 실런트

실런트(sealant)는 건축물의 이음새 · 줄눈 등의 틈새를 공기나 물이 통과하지 못하게 막는 데 사용하는 점성재료(粘性材料)의 총칭이며 밀봉재(密封材)라고도 한다. 동물성 기름 등을 원료로 만든 유성실런트와 합성수지 또는 고무류를 원료로 하여 만든 탄성실런트가 있다.

탄성실런트(elastic sealant)에는 1액형과 2액형이 있으며, 1액형은 공기 속의 수분에 의해 가황(加黃)이 진행되고 2액형은 경화제의 첨가에 따른다. 우수한 접착성을 가지며, 시공 후 경화되기까지의 시간이 짧아 접착 후 늘어나거나 변형되지 않으며, 내후 · 내수 · 내약품성이 크고 시공이 용이하다.

16-6 개스킷

개스킷(gasket)은 유리와 새시(sash)의 접합부, 패널의 접합부 또는 새시틀을 사용하지 않은 부착공법(附着工法) 등에 이용되는 새시재료이다. 내후성이 우수하고 영구히 경화하지 않으며, 부착이 용이하다는 등의 특징을 가지고 있다. 개스킷은 재질과 형상에 따라 분류된다. 재질상 고무계의 네오프렌고무(클로로프렌고무) · 실리콘고무 · 천연고무 · SBR(Styrene Butadiene

표 16-2 개스킷의 각종 형상

단면도	측면도	단면도	측면도
 (3SI 개스킷)	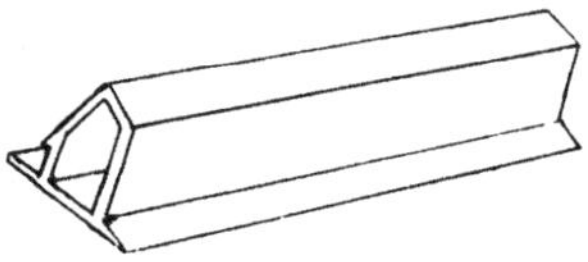	 (5SU 개스킷)	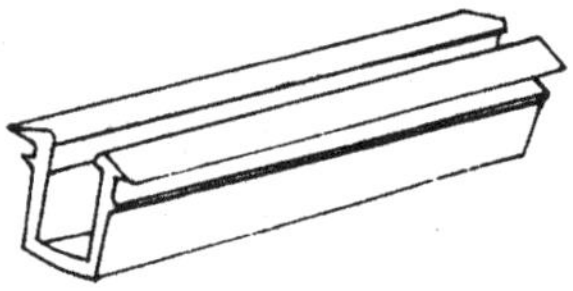
 (G/G-90 개스킷)	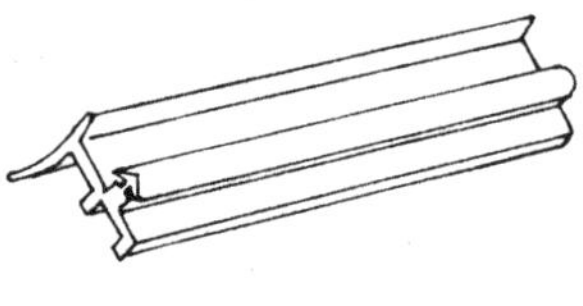	 (조인트 개스킷)	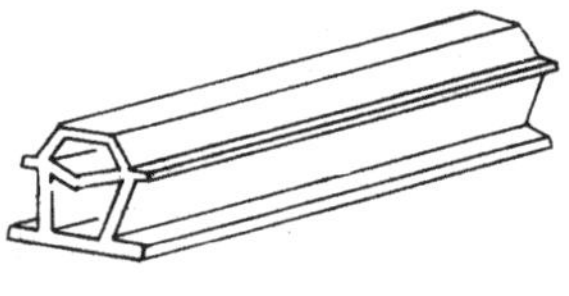
 (T형 개스킷)	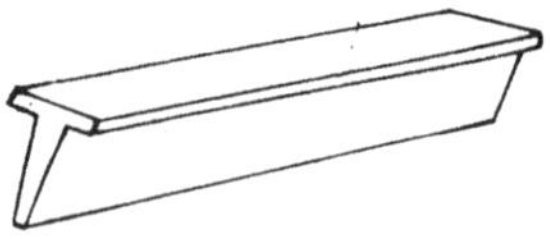	 (방충망 개스킷)	
(J형 개스킷)	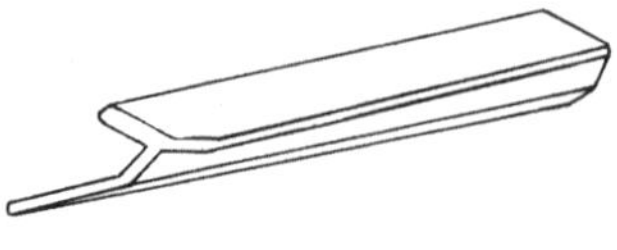	 (3SU 개스킷)	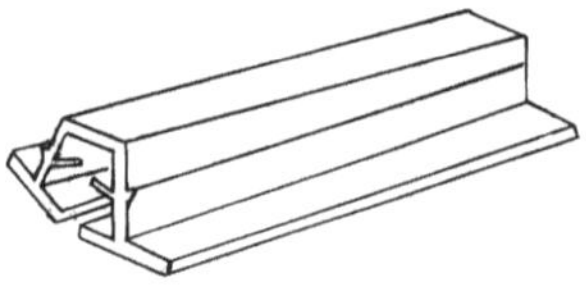

Rubber) · 부틸고무 및 하이퍼론(hyperon ; 클로로설폰화 폴리에틸렌) 등으로 분류되지만 네오프렌이 많이 사용되고 합성수지제에는 연질 염화비닐이 사용된다. 형상으로는 H형(zipper형) · Y형(zipper형) · ㄷ형(channel형)으로 나누어지고 실링개스킷(sealing gasket)으로서 줄눈에 끼워 넣는 것도 있다.

용어해설

이 책에서 설명되어 있지 않는 용어에 대한 뜻을 수록하여 책의 내용을 이해하는 데 도움이 되고자 한 것임.

ㄱ

가구식(架構式) 목구조 · 철골구조와 같이 비교적 가늘고 긴 재료를 가로 또는 세로로 맞추는 것.

가구재(架構材) 비교적 가늘고 긴 재료 (목재 · 철재 등).

가단성(可鍛性) 금속재료의 단조가공을 하기 쉬운 성질. 인성이 강하고 충격에 견디며, 성형과정에서 금이 가거나 부러지지 않은 성질.

가단주철(可鍛鑄鐵) 열처리 등에 의해서 가단성을 준 주철. 이 주철은 어느 주철보다 인성이 강하고 충격에 잘 견딤. 여기서 가단성(可鍛性)이라 함은 금속재료의 단조가공(鍛造加工)을 하기 쉬운 성질 또는 인성이 강하고 충격에 견디며 성형과정에서 금이 가거나 부러지지 않은 성질을 말함.

가류(加硫) 가황(加黃)의 구용어임. 여기서 가황은 생고무에 유황을 가하여 가열(加熱)하는 일을 말함. 가류의 목적은 신장성(伸張性) · 탄성을 늘림.

가류제(加硫劑) 생고무에 유황을 가함으로써 신장성(伸張性) 및 탄성을 늘림.

가방성(可紡性) 실이 지니고 있는 방적(紡績)을 할 수 있는 성질.

가소성(可塑性, plasticity) 변형이 비교적 쉽고 탄성한도 이상의 힘을 가해도 쉽게 파괴되지 않고 계속 변형하며, 외력을 제거하여도 원형으로 복귀하지 않는 물체의 성질.

가소제(可塑劑) 수지(樹脂) 따위의 가공을 용이하게 하여 탄성, 강도를 조절하기 위해 가해지는 화학재료.

가수분해(加水分解) 무기 염류(鹽類)가 물의 작용에 의해 산(酸)과 염기(鹽基)로 분해하는 반응, 유기화합물이 물과 반응하여 분해하는 일.

가스용접(gas welding) 산소 · 아세틸렌가스 연소열을 이용하는 용접, 가스와 산소의 혼합물이 용접토치의 출구에서 연소될 때 발생하는 높은 열을 이용하여 금속의 일부분을 녹여서 접합하는 방법.

가시광선(可視光線, visible rays) 육안으로 볼 수 있는 보통광선. 파장(波長)이 약 3,800~8,000Å의 광선으로서 자색 · 남색 · 청색 · 녹색 · 황색 · 등색 · 적색의 일곱 가지가 있음. 이보다 파장이 긴 것은 적외선(赤外線), 짧은 것은 자외선(紫外線)임. 가시선(可視線)이라고 함.

가압 · 성형(加壓 · 成形) 압력을 가함으로써 형태를 이루는 것. 시멘트와 모래를 배합하여 가압함으로써 벽돌이라는 재료를 성형하는 일. 유리 · 세라믹 · 플라스틱 또는 금속을 가압함으로써 시트 · 봉(棒) 기타로 성형가공하는 일.

가용성(可溶性) 액체에 잘 녹는 성질.

가이드 레일(guide rail) 강제셔터 등의 개구부의 양측에 설치한 오르내리는 안내레일. 엘리베이터의 케이지, 균형추가 오르내리는 안내레일.

가지친 관(肢附管) 가지관으로 된 관을 말하며 가지관(技官, branch pipe)은 한 관에서 두 갈래 이상으로 갈라져 나간 작은 관을 말함.

가황(加黃) 생고무에 유황을 가하여 가열하는 일을 말함.

각력질(角礫質) 암석이 기계적으로 파쇄된 후 유수(流水) 등에 의하여 둥글게 닳는 작용이 거의 행해지지 않아 모난 곳이 없어지지 않은 조약돌과 같은 물질.

각섬석(角閃石) 보통 흑갈색으로 사방형(斜方形)의 결정체를 이룬 광물. 여기서 사방형이란 각 변이 서로 평행하고 각 각(角)은 직각이 아닌 사변형을 말함.

각판재(刻板材, laminations) 얇은 판자(조각) 모양(의 것).

갈고리(hook) 정착력(定着力)을 증가시키기 위하여 철근이나 볼트 등의 끝을 90°~180°로 구부린 것. 끝을 구부려 물건을 걸어 당기는 데 쓰는 쇠.

갈철광(褐鐵鑛) 갈철의 광석, 여기서 갈철(褐鐵)은 황갈색 또는 흑갈색의 광택이 없는 철로서 순량(純量)한 것은 제철원료로, 진흙이 섞인 것은 채료(彩料)원료로 쓰임.

갈탄(褐炭, lignite) 탄화(炭化)작용이 불충분한 갈색의 석탄.

감람석(橄欖石) 사방정계(斜方晶系)의 주상(柱狀)·입상(粒狀)의 결정체로 된 광물, 빛이 곱고 투명한 것은 보석으로 씀. 여기서 사방정계는 세 개의 결정 축(軸)이 서로 직각으로 마주 접촉하고 각 축의 길이가 서로 틀리며 앞뒤의 축이 좌우의 축보다 짧은 결정체를 말함.

감마선(γ線) 방사성 물질에서 나는 방사선의 한 가지. 극히 파장이 짧은 전자파로 물질을 투과하는 능력은 몹시 강하나 전리(電離)작용이나 감광(感光)작용은 비교적 약함.

감압증류법(減壓蒸溜法) 기압 이하의 낮은 압력에서의 증류방법.

강경(强硬, unyielding) 굳세게 버티어 굽히지 않는 상태.

강대(鋼帶) 띠 모양으로 만든 강철판.

강도관리재령(强度管理材齡) 콘크리트를 부어넣은 후부터 완전경화되기까지 콘크리트 강도를 관리하는 소요경과 일수. 일반적으로 콘크리트 강도관리 재령은 28일 직후로 본다.

강도발현(强度發顯) 재료의 강도가 나타나는 것.

강도보정값(强度補正値) 콘크리트의 강도관리를 위해 공시체의 양생방법에 따라 양생하는 경우, 콘크리트를 부어넣은 날부터 n일간의 예상 평균기온에 따른 콘크리트의 강도를 보정해주는 값.

강도신장(强度伸張) 재료가 외력에 대해 저항하려는 세기가 점차 늘어남.

강산(强酸 : concentrated) 해리도(解離度), 즉 해리(解離 : 풀려 떨어짐)한 분자수와 해리 전의 분자 총수와의 비(比)가 크고 수소이온을 많이 내는 산(酸).

강섬유(鋼纖維, steel fiber) 무기질계 섬유의 일종으로서 냉간압연강판 및 강대(KS D 3512) 또는 일반구조용 압연강대(KS D 3503)를 절단 또는 절삭하여 제조한 것이다. 강섬유는 일반적으로 길이가 25~60mm, 지름이 0.3~0.6mm로써 지름에 대한 길이의 비율(형상비 l/d)이 50~100 정도의 것이 이용되고 있다.

강알칼리(强 alkali) 해리도(解離度)가 크고 수산(蓚酸) 이온을 많이 유리시키는 염기, 즉 강염기(强塩基)를 말함.

강알칼리성 강염기성(强塩基性), 즉 전리도(電離度)가 크고 수산이온(水酸 ion)을 다량으로 유리(遊離)하는 염기의 성질. 가성소다·가성칼리 등의 성질.

강열감량(强熱減量, ignition loss) 시멘트 또는 흙 등의 시료를 강열(强熱)했을 때의 중량 손실량, 시멘트의 풍화작용으로 생기며 풍화의 척도가 됨.

강인성(强靭性) 강인한 성질, 많이 달구어 강력성(强力性)과 인성(靭性)을 가진 강철, 강인강(强靭鋼)이라고도 함.

강자성(强磁性) 물체가 외부 자계(磁界)에 의해 강하게 자화(磁化)되고, 자계를 없애도 자화가 남아 있는 성질.

개질목재(改質木材) 목재에 다른 재료를 첨가하여 성질을 개선한 목재.

개흙(silt) 강가나 개천가에 있는 거무스름하고 고운 흙.

건(gun) 스프레이건(spray gun)을 말한 것으로서, 도료를 안개 모양으로 분출시키는 (뿜칠)도구, 피스톨형으로 되어 있음.

건성유(乾性油) 공기 중에 두면 공기 중의 산소를 흡수하여 말라 굳어버리는 식물성 기름. 동유(桐油)·아마인유(亞麻仁油)·들기름 따위로 페인트·인쇄·잉크 등의 원료로 씀.

건습반복작용(乾濕反復作用) 마름(乾燥)과 젖음(濕氣)이 반복되면서 일어나는 현상.

건유(乾油) 공기 중에 두면 공기 중의 산소를 흡수하여 말라 굳어버리는 식물성의 기름. 건성유(乾性油).

건조수축률(乾燥收縮率, drying shrikage ratio) 콘크리트가 경화할 때 용적이 작아지는 비율.

건조제품(乾燥製品) 점토에 약간의 모래를 섞고 물로 이겨 만든 기와의 형태를 공중(空中)에서 건조한 제품.

건조포화상태(乾燥飽和狀態) 골재의 내부공극에는 물이 가득 차 있고 골재의 표면에는 물이 없는 상태.

걸레받이(baseboard, plinth, skirting) 벽의 하단(굽도리), 바닥과 접하는 곳에 가로댄 부재. 벽면의 보호와 실내의 장식이 됨.

겔(gel) 교질용액[膠質溶液 : 아교와 같은 물질의 끈끈한 성질을 가진 상태의 용액, 즉 콜로이드(colloid) 상태의 용액]이 유동성(流動性)을 잃고 응고(凝固)한 것.

격벽(隔壁) 칸을 막은 벽과 같은 구조의 형태.

견경(堅硬) 굳고 단단함.

견목재판(堅木材板) 목질이 굳은 활엽수를 제재한 목재로 된 판재.

결로(結露, condensation) 습한 공기를 냉각시키면 노점(露點)에 도달하여 수증기가 물방울로 되는 것.

결상(結霜) 서리가 엉키는 것을 말함. 유리 표면이 서리가 엉키는 모양과 같이 무늬가 나타나면서 두드러지게 된 것을 표현함.

결정(結晶) 물체가 일정한 평면 등에 둘러싸여 내부의 원자배열이 규칙적으로 되는 것 또는 그런 물체.

결정격자(結晶格子) 같은 종류의 원자 또는 분자가 결정구조(結晶構造 ; 결정에서의 원자 · 분자 이온의 배열 상태)를 형성할 때 공간적 · 주기적으로 규칙적인 배열을 이루어 이들을 맺는 선이 삼차원적인 격자(格子 ; 평면 · 입체에 있어서 같은 간격으로 규칙적으로 반복된 구조) 모양이 되는 원자 또는 분자의 구조.

결정도(結晶度) 화성암이 마그마(magma)로 이루어질 때 냉각에 따라 결정되는 정도, 곧 화성암 내의 결정질 광물과 유기질 물질과의 비율.

결정립(結晶粒) 금속재료에 있어서 현미경적인 크기의 불규칙한 형상의 집합으로 되어 있는 결정 입자(粒子).

결정수(結晶水) 결정 안의 일정 위치에 고정되어 있는 물, 어떤 물질이 결정될 때 빨아들이는 일정한 분량의 물.

결정조직(crystalline structure) 금속 표면을 연마해서 약품으로 부식시키면 결정조직을 얻게 된다. 그 하나 하나의 그물코 모양으로 싸인 부분을 결정립(結晶粒)이라 함.

결정질(結晶質) 결정하여 있는 물질. 여기서 결정은 내부의 원자배열이 규칙적인 균질(均質)의 고체, 그런 고체로 응결(凝結)함을 말함.

결정팽창압(結晶膨脹壓) 용액으로부터 일정 온도에서 결정이 석출(析出 : 분석하여 골라냄)될 때 부피가 늘어나면서 생기는 압력. 여기서 결정은 내부의 원자배열이 규칙적인 균질(均質)의 고체를 말함.

결합재(結合材, binder) 여러 개체가 합쳐 한 개를 이룬 재료, 골재의 간격은 채워서 그들의 결합을 좋게 하는 세립물질.

경골구조(輕骨構造, balloon frame construction) 경골재료(비교적 가볍고 단면이 작은 것으로 구성된 재료)에 의한 구조.

경년변화(經年變化) 해를 지남에 따라 사물의 성질 · 모양 · 상태 등이 변하여 다르게 됨.

경도(硬度) 물체의 단단함과 무른 정도. 고체 광물이 이것을 분말로 부수려고 하는 힘에 저항하는 정도.

경석고 플라스터(硬石膏 plaster, anhydrite plaster) 석고 플라스터의 하나로서 주재료는 무수석고임. 경석고는 응결이 매우 느려 명반 등을 촉진제로 배합한 것으로, 약간 붉은 빛을 띤 백색을 나타내는 플라스터이다. 이는 산성재료로서 철류와 접촉하면 녹슬게 한다. 경석고를 주성분으로 한 것을 일괄하여 킨스시멘트(keen's cement)로 총칭함.

경질도기질(硬質陶器質) 경질도기가 가지고 있는 성질. 경질도기는 1,200℃ 정도의 열로 굽고 약한 유약을 칠하여 다시 1,000℃ 정도의 열로 구워 만든 도기의 하나임.

경화 생성물(硬化生成物) 단단하게 굳어진 상태로 생겨난 물질.

경화(硬化, hardening) 시멘트 경화시(硬化時)의 한 화학작용에 따라 단단하게 굳어지는 것. 응결이 끝난 모르타르 또는 콘크리트가 굳어지는 것.

경화물(硬化物) 모르타르, 콘크리트 등과 같이 그 구성재료가 화학작용에 따라 단단하게 굳어져 이루어진 물질.

경화성(硬化性) 물건이 단단하게 굳어지려는 성질.

경화제(硬化劑, harder) 모르타르 · 콘크리트 등의 경화를 촉진시키기 위한 첨가물.

계벽(界壁, party wall, parting wall, common wall) 인접된 두 방 사이의 경계벽.

고두리 물건 끝이 뭉뚝한 자리를 말한 것으로서 고두꽂이쇠의 한쪽 끝이 뭉뚝하게 되어 잡을 수 있게 된 부분.

고로광재(高爐鑛滓) 고로슬래그(slag), 즉 고로로 제련할 때 철광석에서 분리되는 불순물을 말함.

고로슬래그(高爐鑛滓, blast-furnace slag) 각종 광석으로부터 금속을 채취할 때의 잔재(殘滓 : 남은 찌꺼기)

로, 보통은 제철의 용광로에서 선철(銑鐵)을 뽑아내고 용(溶)선철의 윗면에 남은 찌꺼기를 말함. 비금속성으로 수경성(水硬性)이 있음. 고로시멘트 · 광재벽돌 · 광재면 등의 원료로 쓰임. 광재(slag) · 고로슬래그 · 고로수재(高爐水滓)라고도 함.

고분자(高分子) 거대분자(巨大分子), 즉 유기화합물 가운데 약 1만 이상의 분자량을 가지는 분자, 섬유 · 단백질 · 수지 · 고무 따위는 그 집합체(集合体)임.

고분자 폴리머(高分子 polymer) 고분자로 된 중합체(重合體), 여기서 고분자라 함은 화학결합에 의해 거의 무한 개수의 원자가 집합해 있는 분자를 말하고 중합체라 함은 중합(같은 화합물의 많은 분자가 결합하여 큰 분자량의 화합물로 되는 변화)으로 만들어진 화합물, 즉 합성수지 또는 나일론 같은 물질을 말함.

고분자재료(高分子材料) 거대분자(巨大分子)로 된 재료를 말함. 여기서 거대분자란 유기화합물 가운데 약 1만 이상의 분자량을 가지는 분자로서 섬유 · 수지 · 고무 따위는 그 집합체(集合體)임. 또한 화학 결합에 의해 거의 무한개수(個數)의 원자가 집합해 있는 분자를 말함.

고분자화합물(高分子化合物) 분자량이 10,000 이상의 거대분자로 이루어진 화합물. 전분 · 단백질 · 섬유소 · 고무 등의 천연물질과 합성고무 · 합성섬유 · 합성수지 등의 합성물질이 이에 속하며, 용매에 녹기 어렵고 증류도 하지 못하며, 고무상(狀) 탄성 · 열가소성 등의 성질이 있음. 고분자물질(高分子物質)이라고도 함.

고성능콘크리트(high performance concrete) 다짐이 필요 없는 높은 내구성을 가진 콘크리트를 말하며 일본 동경대학교 오카무라 교수가 개발한 것으로 알려져 있음.

고압투수(高壓透水) 높은 압력으로 물이 스며듦.

고온 고압양생(autoclave curing) 콘크리트의 경화를 촉진하기 위하여 고온 고압증기솥에서 실시하는 양생. 이를 오토클레이브 양생이라고 함.

고용(固溶) 하나의 결정체가 다른 결정체에 녹아 들어가서 완전히 하나로 되어 가는 것.

고장력강(高張力鋼) 탄소강에 소량의 니켈 · 망간 · 규소 등을 첨가한 강도가 높은 강(특수강). 인장강도는 $75\sim90\text{kg/mm}^2$, 가공성, 용접성이 크며 보통의 강에 비해 20% 이상 강재 절약이 가능함. 고강도강이라고도 함.

고주파 필터(高周波 filter) 주파수 · 진동수가 대단히 큰 필터, 여기서 필터는 박막(薄膜) 또는 어떤 빛을 투과 제한 또는 차단하기 위한 색유리를 말함.

고주파(高周波, high frequency) 주파수, 진동수가 매우 큼. 또 그러한 파동이나 진동. 여기서 주파수(周波數)라 함은 교류 · 전기 진동에 있어서 단위시간 중에 발생하는 파(波)의 수효를 말함.

고착수(固着水) 결정 안의 일정 위치에 고착되어 있는 물.

고착재(固着材) 굳게 붙음에 사용되는 재료.

고합금강판(高合金鋼板) 탄소 이외의 원소를 다량으로 함유한 강판.

고형분(固形分) 질이 단단하고 일정한 형체를 가진 물질.

고형상(固形狀) 바탕에 단단하고 일정한 형체를 가진 물체의 현상.

고화(固化) 액상(液狀)의 물질이 고체(固體)로 되는 것.

골드 사이즈 바니시(gold size varnish) 코팔바니시(copal varnish)의 단유성(短油性)으로 건조가 빠르고 도막이 굳어서 연마성이 좋고 주로 코팔바니시의 초벌용으로 사용함.

골드사이즈(gold size) 단유성 바니시의 일종. 토분과 반죽하여 바닥칠이나 목재의 눈 메움에 사용하며, 또 실내의 니스 도장을 하기 위한 바닥칠용으로나 페인트에 첨가 혼합하여 광택을 증가시키기 위해 사용함. 건조가 빠르고 연마하기 쉬운 단단한 엷은 갈색의 도막을 이룸.

골판지 패널(panel) 안쪽에 골이 진 얇은 종이로 덧붙인 판지(板紙)로 된 패널.

공극(空隙, void) 재료의 실질(實質)이 채워지지 않은 빈 부분, 즉 시멘트 · 모래 · 자갈 등의 각 낱알 사이의 틈. 간극(間隙, gap)이라고도 함.

공극률(空隙率, percentage of void, void ratio) 재료 전체의 용적에 대한 공극용적의 백분율. 공간율(空間率) 또는 간극률(間隙率)이라고도 함. 골재의 단위용적 중 공극의 비율을 백분율로 나타낸 것이 골재의 공극률이고 실적 부분의 비율(%)은 실적률(實績率)임.

공기연행성(空氣連行性, air entraining) 시멘트풀, 모르타르 또는 콘크리트 속에 미세한 기포의 조직을 만들어 내는 행정(行程) 또는 물질의 능력.

공기유동 저항성(空氣流動抵抗性) 공기가 이리저리 흘러 움직이는 것에 대해 저항하는 성질.

공기 중 건조상태(air dry condition) 실내에 방치한 경우 골재입자의 표면과 내부의 일부가 건조한 상태로서 기건상태(氣乾狀態)라고도 함.

공기조화(空氣調和) 실내의 온도·습도·기류 등의 조건을 실내의 인간 혹은 물품에 대해 기계장치를 써서 가장 좋은 조건, 상태(20~27℃), 습도(50% 전후)로 유지하는 것.

공기포(空氣泡) 콘크리트 속의 갇힌 공기가 둥그런 형상을 하고 있는 것.

공동(空洞) 아무것도 없이 텅 빈 구멍을 말하는 것으로서 공동을 가진 벽돌을 공동벽돌이라고 함.

공동부(空洞部) 물체에 텅 빈 구멍이 있는 부분.

공동부분(孔洞部分) 아무 것도 없이 텅 빈 곳.

공명(共鳴, resonance) 상당의 진폭(振幅)을 가진 외력의 진동주기와 고유 진동주기가 서로 상이할 때 진동체는 강제 진동을 일으켜 진동체의 진폭이 심하게 커지는 현상. 발음체가 외부로부터 온 음파에 자극되어 이와 동일한 진동수의 소리를 내는 현상으로서 이 현상은 발음체의 고유의 진동수가 외부 음파의 진동수와 같을 때 가장 현저하게 일어남.

공명주파수(共鳴周波數) 공명을 일으켰을 때의 주파수. 여기서 주파수는 음파(音波) 등이 1초 동안 방향을 바꾸는 도수(度數)로서, 진동수가 1초 동안 수백만 이상의 고주파(高周波)와 수십만 이하의 저주파(低周波)의 두 가지가 있음. 단위는 헤르츠(Hertz, Hz)임.

공시체(供試體, specimen test piece) 모양과 크기를 일정하게 만든 재료시험용(강도)의 물체.

공식(孔蝕, pitting, corrosion) 국부적으로 깊이 침식되어 구멍이 생기는 부식형태를 말하며 염화물을 포함한 수용액 내의 스테인리스강이나 알루미늄합금 등에 나타남.

공중합체(共重合體) 혼성중합체(混成重合體)의 구용어로서 두 가지 이상의 서로 다른 단량체(單量體)가 중합하여 각 성분을 함유하는 중합체를 생성하는 반응을 일으키는 사물을 말함. 여기서 단량체는 고분자의 화합물을 만드는 단위로 된 저분자의 물질을 말하고 중합체는 같은 화합물의 많은 분자가 결합하여 큰 분자량의 화합물로 되는 변화인 중합에 의해 생긴 화합물(염화비닐 등)을 말함.

공차(公差, tolerance) 상한(최대허용) 치수와 하한(최대허용)치수 간의 차. 이것은 항상 ⊕임.

공축합(共縮合) 두 가지 물질이 함께 축합하여 하나로 되는 것. 여기 축합은 두 개 이상의 분자 또는 같은 분자단의 둘 이상의 부분이 원자 또는 원자단을 간단한 화합물의 형태로 분리하여 결합하는 반응을 말함.

과소타일(clinker tile) 지나치게 높은 온도로 구워진 타일로 다갈색을 나타낸다.

관류열량(貫流熱量, heart transmission) 벽체를 통하는 열량에서 전달→전도→전달의 과정을 거친 현상의 열량.

관상세포(管狀細胞) 대롱과 같은 모양의 세포.

광명단(光明丹, minium, red lead, Pb304) 보일드유와 조합하여 녹막이도료를 만드는 주홍색 안료.

광재(鑛滓, slag) 용광로에서 철광을 제련할 때 생성되는 비금속성 생성물로서 주성분은 규산염, 석회질, 규산반토 등의 염기물로 이루어져 있는 것. 고로광재(高爐鑛滓), 슬래그라고도 함.

광재면(鑛滓綿, slag wool) 고로광재(高爐鑛滓)를 급랭하여 면상(綿狀 : 섬유)물질로 한 것. 여기서 고로광재는 각종 광석으로부터 금속을 채취할 때의 잔재로, 보통은 제철의 용광로에서 선철을 뽑아내고 용(溶)선철의 윗면에 남는 찌꺼기를 말함.

광재벽돌(鑛滓壁乭, slag brick) 슬래그를 분쇄한 것에 소석회(8~12%)를 가하여 혼련(混練)성형하여 공중(空中) 경화 또는 고압 증기가마에 경화(硬化)시켜 만든 벽돌.

광학고온계(光學高溫計) 광고온계(光高溫計)를 말하며, 고온 물체의 휘도(輝度)와 표준 램프의 휘도를 비교하여 온도를 측정하는 장치. 물체가 고온이 될수록 적색에서 청백색의 방사(放射)를 하게 됨을 이용한 것. 대개 700℃ 이상에 이용됨.

광화학 스모그(photochemical smog) 자동차의 배기가스 등이 여름에 강한 태양열과 작용하여 생기는 스모그.

괴목(槐木) 홰나무(콩과에 속하는 낙엽활엽 교목)을 말함.

괴상(塊狀) 덩어리로 된 모양, 광물의 집합이 특정한 형태를 나타내지 않고 뒤섞여 있는 상태.

교니(膠泥) 석회나 시멘트에 모래를 섞어 물을 부은 것.

교류전류(交流電流) 일정한 시간마다 서로 반대방향으로 흐르는 전류.

교반(攪拌, beating) 휘저어서 한데 섞음.

교상규산염(膠狀硅酸塩) 끈끈한 상태의 규산염. 여기서 규산염은 이산화규소(二酸化珪素)와 금속산화물과의 염으로서 지구상에서 가장 많이 존재하고 요업 · 유리공업 따위의 공업원료로서 중요함.

교착성(膠着性) 단단히 달라붙으려는 성질.

교착재(膠着材) 교착은 단단히 달라붙음을 말하며, 교착용으로 쓰이는 재료를 교착재라 함.

교착제(膠着劑, sticking agent) 목재 · 금속재 · 유리 등을 접착하는 재료의 총칭. 전분 · 카세인 · 천연수지 등과 합성고목 · 합성수지제 등이 있음.

교호작용(交互作用) 두 개 이상의 사물, 현상이 서로 작용하여 원인이 되고 결과도 되는 것.

구상흑연주철(球狀黑鉛鑄鐵) 보통 엽편상(葉片像 : 잎새 모양)으로 존재하는 주철 중의 흑연의 모양을 구상화(球狀化 : 공같이 둥근 모양을 한)함으로써 기계적 성질을 향상시킨 주철. 각종 기계부품 따위에 널리 쓰임.

구성(構成)타일 몇 가지 타일을 조리하여 하나로 만드는 타일. 표면 또는 뒷면에 종이, 망사 등을 붙이든가 다른 방법으로 여러 개의 타일을 하나의 묶음으로 만드는 타일.

구형입자(球形粒子) 둥근 모양의 극히 미세한 알갱이.

국부하중(局部荷重) 전체 가운데 한 부분에서만 받는 하중.

굴절률(屈折率, index of refraction) 광선이 굴절할 때의 입사각(入射角)의 사인(sign)과 굴절각의 사인의 비(比), 굴절도(屈折度)라고도 함. 여기서 굴절이라 함은 광파(光波)가 한 물질에서 다른 물질로 들어갈 때, 그 경계면에서 방향을 바꾸는 현상을 말함.

귀보(angle rafter) 모임지붕의 귀에 있는 人자보.

귀잡이보(angle tie) 평보의 좌우에서 45° 각 대각선상으로 깔도리에 걸친 보.

규격화(規格化, standardization) 양산의 경우 재료 또는 제품의 치수, 질, 처리법 등에 일정한 규준을 두는 것. 생산면에서는 시간의 단축, 정밀도의 향상, 가격의 저하, 사용면에서는 부품의 수선, 교환의 용이, 유지비의 인하 등 이점이 있음.

규사(硅砂) 석영(石英)의 작은 알맹이로 된 흰모래. 화강암 등의 풍화로 생김. 도자기, 유리제조의 원료가 됨.

규산(硅酸, silicic mineral) 규소 · 산소 · 수소가 화합한 가장 약한 산.

규산염(硅酸鹽) 규소 · 산소 · 금속의 화합물.

규산질(硅酸質) 규소와 산소와 수소가 혼합한 가장 약한 산(酸)을 갖는 물질.

규산칼슘(硅酸 calcium) 규산염의 한 가지. 칼슘 · 규소(硅素) · 산소가 화합한 고체로 물에 용해함. 그대로 쓰이는데가 적으나 규산알칼리와 섞여 유리의 중요한 성분이 됨.

규조토(硅藻土, diatom earth) 바다 밑이나 호수의 밑에서 자라던 규조(해초류 : 단세포 조류)가 장구한 시일을 두고 침적(沈積)하여 체내의 원형질이 분해되어 규산을 주체로 하는 유각(遺殼 : 껍질)이 집적(集積)하여 지층을 형성한 일종의 화석. 구조는 다공질인 각(殼)의 집합체로 백색 · 회색 · 담황색의 색상에 흡수성이 풍부하고 가볍고 무르며, 백색의 점토와 비슷함.

균사(菌絲) 균류의 본체를 이루는 실올 모양의 부분. 곰팡이 실.

균열(龜裂, crack) 모르타르, 콘크리트 등의 표면에 갈라져 나타난 금으로서 여러 가지 원인에 의해 생긴다. 대개 재료의 강도 이상의 힘이 작용할 때 생긴다.

균열유발(龜裂誘發)줄눈 매시브(massive)한 벽 모양의 구조물 등에 발생하는 온도균열을 재료 및 배합의 대책에 의해 제어하기는 어려운 경우가 많다. 이러한 경우 구조물의 길이방향에 일정 간격으로 단면 감소 부분을 만들어 그 부분에 균열을 유발시키고, 그 밖의 부분에서의 균열발생을 방지함과 동시에 균열개소에서의 사후조치를 쉽게 하는 방법으로서, 소정의 간격으로 단면 결손부를 설치하여 균열을 강제적으로 생기게 하는 조치를 말함.

균열제어 철근(龜裂制御鐵筋) 콘크리트의 균열을 억제 또는 방지하기 위하여 콘크리트에 적당량의 철근을 배치하는 경우가 있는데, 이렇게 배치되는 철근을 말함. 콘크리트의 건조수축을 방지하기 위하여 배치되는 철근을 건조수축 철근이라 함.

그라우트(grout) 시멘트, 다량의 물, 때로는 혼화제, 모래 등을 섞어서 만든 것. 모르타르 · 시멘트풀 등을 말함. 보통 PC 부재 등의 조인트(joint)에 주입함.

극세용융(極細熔融) 고체가 열에 녹아 아주 가는(극히 짧은)상태의 액체가 됨.

극연(極軟) 아주 부드럽고 무르고 연한.

글라스 파이버(glass fiber) 유리섬유. 즉 유리의 원료가 녹은 유리액이 미세한 구멍을 통하여 나온 섬유상을 냉각시킨 것임.

금강사(金剛砂) 석류석을 가루로 만든 물건으로서 검붉은 빛이며, 수정(水晶)이나 대리석 따위를 닦는데 쓰임. 여기서 석류석(石榴石)은 철 · 망간 · 마그네슘, 칼슘, 알루미늄 등을 포함한 규산염 광물의 하나임.

기(基, radical) 화학변화에서 물질분자(物質分子)가 마치 한 원자와 같이 행동을 같이하는 원자의 집단.

기건비중(氣乾比重, air-dried specific gravity) 기건상태의 비중.

기건상태(氣乾狀態) 골재를 대기 중에 방치하여 건조시킨 것으로서 내부에 약간 수분이 있는 상태. 공기 중의 습도와 재료의 습도가 평형이 된 상태.

기공(氣孔, porosity, blow hole) 기포(氣泡), 즉 거품이 빠지지 않고 그대로 있다가 생긴 빈 구멍. 재료 내부에 생기는 공동(空洞). 여기서 공동은 재료 등 물체에 텅 비어 있는 구멍을 말함.

기공률(氣孔率) 다공질의 재료를 취급할 때 그 공극의 다소를 표시하는 양.

기온보정강도(氣溫補正强度) 설계기준강도에 콘크리트 부어넣기에서 구조체 콘크리트의 강도관리재령까지 기간의 예상 평균기온에 따르는 콘크리트의 강도 보정값을 더한 값.

기포(氣泡) 액체 속에 공기나 다른 기체가 들어가 둥그런 현상을 하고 있는 것. 거품.

긴장재 정착부(緊張材 定着部) 부재를 긴결하는 재료의 정착부분.

깔대기토관 병에 물 따위를 부을 때 쓰는 나팔꽃 모양으로 생긴 토관.

연행공기(連行空氣) 에이이 공기(AE空氣, entrained air)를 말함. 에이이 공기란 AE제 · 감수제 등을 혼합함으로써 콘크리트 속에 생기는 미세한 독립기포의 공기를 말함.

ㄴ

나일론(nylon) 합성섬유의 한 가지. 탄소 · 수소 · 질소 등을 원료로 하여 짠 섬유 형성능(形成能)이 있는 것. 미국 뒤퐁(Du pont) 회사의 커러더즈(Carothers ; 1896~1937)가 발명하여 최초의 합성섬유로 발표되고, 1937년에 특허를 얻음. 비단보다 가볍고 질김.

나트륨(natrium) 알칼리 금속원소의 하나. 은백색의 연한 금속으로 산소와 화합하기 쉽고 습기 있는 공기 중에서는 그 표면에 수산화나트륨을 생성하고 광택을 잃음.

난반사(亂反射, irregular reflection) 빛이 거친 물체의 표면에 부딪쳐서 사방으로 흩어지는 현상.

난연성(難燃性) 재료 자체가 불에 잘 타지 않거나 또는 원래 불에 타기 쉬운 재료라도 난연처리를 하여 불에 타기 어렵게 된 성질.

난연제(難燃劑) 난연처리를 하기 위한 물질(분말의 혼화제).

난연처리(難燃處理) 불연재료가 아닌 재료를 방화약제(防火藥劑)로 처리하여 불연성으로 하는 것.

내동해성(耐凍害性) 추위로 얼어 붙어 있는 피해현상에 대해 견디는 성질.

내림새 기와의 한 끝에 반달 모양의 혀가 붙은 기와로 빗물의 낙하에 편리함. 내림새 기와라고도 함.

내마멸성(耐磨滅性) 갈리어 닳아 없어지는 현상에 견디는 성질.

내마모성(耐磨耗性) 닳아서 작아지거나 없어지는 현상에 견디는 성질. 기계적 작용 등의 마모작용에 대해 저항하는 성질.

내산재(耐酸材) 산(酸)에 잘 침식되지 아니하고 견디는 재료.

내생물성(耐生物性) 충류, 균류 등의 작용에 대해 저항하는 성질.

내식성(耐蝕性) 쇠가 공기 중에 있을 때는 녹이 생기는데, 이러한 녹이 생기지 않는 성질. 철강의 녹, 목재 등 대기 중의 부식에 잘 견디는 성질.

내알칼리 유리섬유 알칼리에 저항력을 가진 유리섬유. 여기서 알칼리는 강한 염기성(塩基性)을 나타내는 화학물질을 말하고 유리섬유는 유리의 원료가 녹은 유리액의 미세한 구멍을 통하여 나온 것(섬유상)을 냉각시킨 것을 말함.

내약품성(耐藥品性, chemical resistance) 화학반응성 또는 용해작용에 의한 손상에 강한 고체물질의 성질.

내열도료(耐熱塗料) 내열온도가 높은 (1,300℃) 무기질의 도료, 내열재료의 하나. 내화도료라고도 함.

내열성(耐熱性) 물질이 고열에서 변질되지 않고 잘 견디는 성질.

내열탕성(耐熱湯性) 뜨겁게 끓인 물에 견디는 성질.

내용제성(耐溶劑性) 고체 · 액체 · 기체 따위를 녹이는 데 쓰이는 액체, 즉 용제의 성질에 견딤.

내유성(耐油性) 기름의 성질에 저항하는 성질. 기름과 같은 성질에 견딤.

내피로성(耐疲勞性) 어떤 재료에 반복응력을 작용시키면 항복점 응력보다 낮은 응력이라도 여러 차례 반복시킴에 따라 재료가 파괴되는 피로성에 견디는 성질.

내화도(耐火度, refractoriness) 불에 타지 않고 고온에 견디는 정도. 수량적으로 제게르콘 번호(S.K)로 표시함.

내화점토(耐火粘土, fire clay) 내화성이 있는 점토, 즉 높은 열을 가해도 좀처럼 녹거나 타지 않는 점토, 황색 광물질, 철분이 비교적 적고 가소성, 내화성이 풍부하여 내화재료의 원료가 됨. 규조토와 단층의 하반(下盤 : 광맥 · 광층 등에 아래쪽에 있는 암반)에서 산출되는 점토로써 내화벽돌, 도자기 등에 이용.

내화학약품성(耐化學藥品性) 산, 알칼리, 염류, 기름 등의 작용에 대해 저항하는 성질.

내후성(耐候性) 옥외에서 일광 · 비바람 등 자연건조의 영향을 받아 시간의 경과에 따라 일어나는 재료의 물리적 · 화학적 성질의 변화, 동해 · 건습 · 온도변화 등 풍화작용에 대해 저항하는 성질.

냉간신선(冷間伸線) 냉간에 의한 가공법에 의해 강재를 소요의 단면재로 실과 같이 길게 뽑아내는 방법.

냉간압연(冷間壓延, cold rolling) 재료(강재)를 특별히 가열하지 않고 상온에서 압연하는 것. 열간압연보다 무척 엷고 표면이 고운 정밀한 제품을 만들 수 있음.

냉간인발(冷間引拔) 냉간에 의한 가공법에 의해 강재를 소요의 단면재로 뽑아내는 방법.

냉간성형(冷間成形, cold forming) 냉간에 의한 가공법의 총칭. 여기서 냉간은 금속에 소성가공(塑性加工)을 베풀 때에 재결정(再結晶) 온도보다 낮은 온도에서 하는 일, 즉 냉간가공(冷間加工)을 말함.

너와 너새를 말함. 여기서 너새는 지붕을 잇는데 기와처럼 쓰는 돌 조각을 말한 것으로 너새가 변하여 너와가 됨.

네오프렌(neo-prene) 미국 뒤퐁(Dupont)회사 제품인 합성고무의 상품명. 천연고무보다 우수한 점이 많고 석유계(石油系)의 기름에 녹지 않음.

노(爐) 물건을 데우고 끓이는 데 쓰이는 장치.

노점(露點) 대기 중의 수증기가 냉각하여 응결을 시작할 때의 온도 · 이슬점.

녹리석(綠泥石) 비늘과 같이 엷은 조각으로 된 초록빛의 광물, 반투명이고 유리 광택 또는 진주(眞珠)광택이 남.

논슬립(non-slip) 계단 디딤판코(모서리 끝부분)의 보강 및 미끄럼막이를 목적으로 대는 것.

농도(濃度) 혼합기체가 용액 속에 존재하는 각 성분의 양의 비율.

니켈 · 크롬 · 몰리브덴강 구조용 니켈 · 크롬강에 0.3% 정도의 몰리브덴을 첨가함으로써 강인성을 증대시키고 담금질에 대한 질량효과를 저하시키는 것 외에 뜨임 저항성을 방지할 수 있는 강. 이 강은 고급 내연기관의 크랭크축 등의 중요한 기계부품에 사용된다.

니켈 · 크롬강(nickel-chrome steel) 0.27~0.4%의 탄소에 1.0~3.5%의 니켈과 0.5~1.0%의 크롬을 첨가한 강으로서 구조용 특수강 중에서 가장 중요한 종류로서 현재 가장 널리 사용되고 있다. 이 강은 담금질한 후 뜨임한 것은 내마모성 · 내식성 · 내열성 등이 탄소강에 비해 매우 좋으며, 고온에서 오랫동안 가열해도 결정립의 조대화(粗大化, 거칠고 크게 하는 것을 말함) 경향이 거의 없다.

니켈강(nickel steel) 니켈을 함유하는 강. 이 강은 탄소강에 비해 매우 강인하며 담금질에 대한 질량효과도 적다. 내마모성이나 내식성도 매우 크며 뜨임 저항성도 일으키지 않아 열처리가 매우 쉽다.

니트로셀룰로오스(nitrocellulose) 솜 같은 셀룰로오스를 강한 황산과 질산을 뒤섞은 액체에 반응시켜 만든 초산에스테르, 섬유소에 질산·황산(黃酸)의 혼압액을 작용시켜 수세(水洗)·건조를 거친 제품. 초화면(硝化綿)이라고도 함.

ㄷ

다갈색(적갈색) 조금 검은 빛을 띤 붉고 누른 빛.

다공성(多孔性) 물질을 조성하는 분자와 분자 사이에 틈이 있는 성질.

다공질(多孔質, porosity) 단단하지 않고 푸석푸석하게 된 바탕.

다기포구조(多氣泡構造) 기포, 즉 물체 속에 공기나 다른 기체가 들어가 둥그런 형상을 많이 함유하고 있는 구조.

다이 캐스팅(die casting) 구리·알루미늄·주석·납 등의 주물용 합금을 녹여서 강철로 만든 주형에 압력을 가하여 눌러 넣는 주조법으로 기술적으로 대량생산에 적합함.

다이스(dies) 암나사의 일부가 칼날로 된 것으로서 수나사를 끊는 공구(工具), 찍어내는 형판.

다짐계수(compacting factor) 규정된 표준치수와 형상의 표준시험 조건으로 채워 넣은 콘크리트 중량을 같은 용기 속에 완전히 다져진 콘크리트 중량으로 나눈 비.

다짐불요콘크리트(self consolidating concrete) 다짐이 필요 없는 콘크리트로서, 이는 굳지 않는 콘크리트 상태에서의 재료분리 저항성을 저하시키지 않고 유동성을 현저히 개선한 고유동콘크리트의 일종이다.

다짐성(compactibility) 콘크리트 등의 다짐으로 밀실하게 되는 성질.

다황화물(多黃化物, polysulphide) 황화 알칼리 수용액을 방치(放置)하거나 또는 황화 알칼리와 유황을 융해하여 만드는 화합물, 다황화 암모늄·다황화 수소가 있는데 어느 것이나 물에 잘 녹으며 산(酸)을 가(加)하면 유황을 유리(遊離)하고, 유황의 수가 많아짐에 따라 가수분해(加水分解)하기 어려워짐.

단량체(單量體) 모노모(monomer)를 말함. 모노모는 고분자 화합물을 화학반응에 의해 생성할 때 그 단위가 되는 화합물을 말함.

단막공(單膜孔) 하나의 바퀴 모양으로 보이는 구멍.

단섬유(短纖維, single fiber) 면·양모·삼·합성섬유 등을 짧게 자른 섬유.

단열(斷熱, thermal, insulation, heat insulation) 열의 유동에 의해 높은 저항이 있는 재료를 열이 전달되지 않도록 하게 하는 것.

단열(單列) 한줄·외줄을 말함.

단위수량·단위시멘트양 콘크리트 $1m^3$를 만들 때 사용되는 물의 양을 단위수량이라고 하고 콘크리트 $1m^3$의 콘크리트에 사용되는 시멘트의 양을 단위시멘트양이라 함.

단유성(單油性) 유류(기름) 포함량이 적은 성질.

단접(鍛接) 쇠를 불에 달구어 두 조각을 한데 붙임.

단조(鍛造) 금속을 고온으로 가열하여 연화된 상태에서 힘을 가하여 변형 가공하는 작업. 대부분의 단조작업은 높은 온도에서 금속재료가 쉽게 늘어나는 성질을 이용한 열간가공이다.

단파장(短波長, wave length of short wave) 단파의 파장. 여기서 단파(短波)는 파장 10~100m, 진동수 3~30MHz의 전자파를 말함.

단판(單板, veneer) 나무를 박층(薄層)으로 베어낸 것. 나무를 얇게 한 겹씩 벗겨낸 것. 나무를 얇게 한 겹씩 벗겨낸 것.

달대볼트(hanger bolt) 천장틀 설치 시에 달대를 다른 부재에 연결하기 위해 사용되는 볼트, 여기서 달대(hanger, ceiling hanger)는 반자틀을 위에서 달아매는 가로재 또는 반자틀에서 반자대받이·반자대를 보 위에 걸친 달대받이에 연결하는 수직재를 말함.

달림대 달대 등을 달아매기 위한 수평재, 즉 달대받이(carring rod of ceiling) 등을 말함.

담금질 쇠를 불에 달구었다가 찬물 속에 넣는 일.

담수(淡水) 짠맛이 없는 맑은 물, 민물(짜지 않은 물의 물)

대공(臺工, truss post) 서양 왕대공 지붕틀의 왕대공.

대마(大麻) 삼, 즉 삼과에 속하는 긴 섬유재로 되는 식물 총칭

대장물(鍛物) 쇠붙이를 불에 달구어 두드려서 주조(鑄造)한 물건.

대지(臺紙) 시공하기 쉽도록 타일에 붙인 종이·망사 등을 말하며, 겉붙임의 대지는 시공 후 떼는 것이며 뒤붙임의 대지는 시공 시 그대로 묻어버리는 것이다.

댐머 바니시(dammar varnish) 댐머와 건성섬유을 섞은 바니시로 코팔 바니시(copal varnish)보다 연하고 송진 바니시보다는 단단하며 품질이 좋은 것은 담색의 색을 가지고 있음.

댐머(dammar) 말레이반도, 자바, 수마트라 지방에서 자라는 댐머나무에서 분리되는 수지로서 담색이며, 그대로 용제에 녹이면 담색 바니시 또는 에나멜이 됨.

데비튜즈(debiteuse) 벨기에 사람인 폴콜(E. Fourcoult)이 고안한 유리제조기의 한 부분임. 이를 통해 용융유리를 끌어올림.

데시벨(decibel.dB) 음의 세기·음압(音壓. sound pressure)을 상대적으로 비교하기 위한 단위 또는 세기·음압을 나타내는 단위.

데콜라(decola) 미장합판(美粧合板)의 상품명, 석탄산수지를 먹인 종이를 여러 장 겹쳐 압력을 가하고 그 위에 멜라민(melamine)수지를 발랐음. 합성수지 미장합판.

데크재(deck materials) 지붕·바닥 등의 마감재를 잇는 바탕의 표면 재료.

도금(鍍金) 물체의 산화·부식·마모 등을 방지하고, 또 장식을 하기 위하여, 그 표면에 금·은·니켈·크롬·아연·주석 등의 얇은 금속막을 입히는 일. 대표적인 것은 전기도금이다.

도기(陶器) 점토질 원료에 석영·도석·납석 및 약간의 장석질을 섞어 높은 온도에서 초벌구이한 다음 오짓물을 입혀 약간 낮은 온도에서 다시 구워 굳힌 제품, 오지그릇을 말함.

도막(塗膜, paint skin, film of paint) 도료를 물체의 표면에 칠한 후 마른 도료가 얇은 층으로 고화(固化)하는 것이 건조하여 생긴 연속 피막을 말함. 또는 도료의 피막, 도료에 의해 형성된 엷은 층.

도토(陶土) 도자기의 원료로 쓰이는 진흙의 총칭. 장석(長石) 따위가 자연히 분해되어 침적(沈積)한 것인데, 빛이 희고 차지며 도자기 외에 고급타일에도 쓰임. 도석(陶石), 자토(瓷土)라고도 함.

도포(塗布) 물체의 표면에 칠을 함. 또는 도료를 바름.

돌로마이트(dolomite) 칼슘·마그네슘 등을 함유한 탄산염 광물(炭酸塩 鑛物), 백운석(白雲石)을 주성분으로 하는 백색 또는 엷은 색의 암석.

돌기(lug) 뾰족하게 나온 부분을 말한 것으로 이형철근의 마디 등에 나타난 형상임.

돌림대 돌림띠라고도 함. 벽·천장·처마부분에 수평으로 띠같이 돌려 붙인 차양 또는 물끊기 등의 장식용 돌출부.

돔(dome) 반구형으로 된 둥근 지붕. 둥근 천장.

동결융해작용(凍結融解作用) 물질에 함유된 물의 동결(얼어붙는 현상)·융해(액체로 되는 현상)의 반복적 순환작용.

동물섬유(動物纖維) 동물성 섬유를 말함. 여기서 동물성 섬유는 동물체로부터 얻은 섬유를 말하며, 양모 또는 양잠에 의한 견(絹 ; 얇고 성기게 명주실로 짠 비단의 하나) 섬유가 있음.

동심원형(同心圓形) 중심이 같은 원의 형태.

동슁글(copper roof shingle) 동으로 만든 지붕 마감재.

동유(桐油, tung oil) 오동(梧桐) 나무의 씨에서 짜낸 기름. 인쇄·도료의 원료로 쓰임.

두랄루민(duralumin) 알루미늄에 동 3.5~4.5%, 망간 0.5~1.0%, 마그네슘 0.5~1.0%를 가하여 만든 가벼운 합금. 비중 2.8로 기계적인 성질이 우수하며 열처리에 의해 그 성질을 개선할 수 있어서 비행기, 자동차, 건축 기타의 강력 구조재로 널리 사용됨. 1903~1909년 독일의 야금학자 빌름(Wilm. A.)이 발명함.

드라이비트(打釘銃, drivit) 금속공사에 있어서 콘크리트·철재 등에 특수 못(드라이핀)을 순간적으로 쳐 박는데 쓰는 기계, 극소량의 화약을 써서 콘크리트·철재 등에 드라이브핀을 순간적으로 쳐 박는 기계.

드럼(drum) 모든 중공(中空) 원통형의 부품. 드럼믹서(drum mixer)는 동체가 원통형으로 된 콘크리트믹서를 말함.

드로우바(drawber) 미국 피츠버그 판유리 회사가 고안한 유리제조기의 한 부분임. 이를 통해 용융유리를 끌어올림.

등요(登窯) 질그릇을 굽는 가마 또는 장소.

등입자(等粒子) 크기가 같은 입자.

디딤대(stoop) 디디고 오르내리는 단(壇 : 높게 만든 자리).

땜납(soldering evil) 납과 석(錫)과의 합금(合金).

ㄹ

라듐(radium) 19세기 말엽에 퀴리(Curie) 부인이 발견한 금속원소, 알파 · 베타 · 감마의 세 가지 방사선을 방사하는 대표적인 방사성(放射性) 원소.

라멘(rahmen)구조체 틀 모양의 구조체, 구조부재의 결점(結點), 즉 결합부가 강결(剛結)되어 있는 골조(뼈대)로서 인장재 · 압축재 · 휨재가 모두 결합된 형식으로 된 구조물(골조).

라이닝재(lining materials) 금속 표면에 적절한 재료를 피복하여 방식효과를 높이기 위한 표면처리에 사용되는 재료.

라텍스(latex) 고무나무의 수피(樹皮)에 흠집을 내었을 때 흐르는 유백색의 유탁액(乳濁液). 여기서 유탁액은 유제(乳劑), 즉 기름같이 물에 녹지 않는 물질에 아라비아고무 따위의 유화제(乳化劑)를 더해 잘 짓개어 만든 젖빛 같은 물을 말함.

래티스(lattice) 윗가지나 장대, 막대기 등을 교차시킴으로써 그물 모양(格子形)을 이루는 금속이나 목재.

레미콘(remicon) 레디믹스트콘크리트의 약칭.

레벨링에이전트(leveling agent) 염색조제(助劑)의 하나, 염색에서 골고루 염색하기 위하여 가(加)하는 조제의 총칭, 완염제(緩染劑) · 분산제(分散劑) · 침투제(浸透劑) 등의 균염제(均染劑)를 말함.

레더(leather) 무두질한 가죽을 말함. 여기서 무두질한 것은 모피를 칼로 훑어서 털과 기름을 뽑고 가죽을 부드럽게 다루는 일을 말함. 보통 레더라 함은 인조가죽으로 통한다. 레더에는 비닐레더(vinyl leather)와 폴리염화비닐 레더(polyvinyl chloride leather) 등이 있다.

레더스킨(leather skin) 레더로 만든 가죽제품.

레이턴스(laitance) 수분 상승으로 인하여 콘크리트나 모르타르의 표면에 떠올라서 가라앉은 미세한 물질. 콘크리트를 부어넣을 때 균질로 혼합되지 못하고 재료가 각각 분리(分離)되어 비중의 차이대로 물은 위로, 모래 · 자갈은 밑으로 내려앉아 물이 증발한 후에 불순물로 된 미세물이 표면에 나타나는 것.

로스엔젤스(Los Angeles) 마모시험기 굵은골재의 마모성을 측정하는 시험기로서 강재 원통의 내부에 하나의 선반이 있고 시료(試料)의 강구를 넣어서 이것을 수평 원통축의 둘레에 회전시키는 기계이다.

로진(rosin) 소나무에 상처를 내어 수액(생송지)을 모아서 증기로 증류하면 터펜틴유(turpentine oil)와 송지(松脂)로 나누어짐. 송지를 가공 정제하여 얻은 것을 고무 로진(gum · rosin)이라 부르며, 색은 황색으로부터 갈색까지 있음.

로크웰경도시험(Rockwell hardness test) 다이아몬드 콘(diamond cone) 또는 강구에 압력을 가하여 시료에 오목부를 만들고 그 깊이로 나타내는 경도를 로크웰 경도라고 하며, 로크웰 경도 시험기로 로크웰 경도를 시험한다.

로트(lot) 검사나 조사를 위해 재료 · 부품 · 제품 등의 단위체 또는 단위량을 하나로 종합한 것. 이에 포함되는 단위체 또는 단위량의 수를 「로트의 크기」라고 함.

롤러칠(roller painting) 롤러에 도료를 묻혀 칠하는 것.

루버(louver) 비늘(fin)살처럼 되어 직사광선을 피하고 광선을 투과시키는 기구의 일종.

리그노섬유소(lignocellulose) 목재의 순수한 세포가 목질화(木質化)하고 단단해진 세포막을 말함.

리그닌(lignin) 목재 속에 존재하는 다당류의 하나로서 목재의 세포막을 구성하는 화학성분의 하나임. 여기서 다당류(多糖類)는 물에 불용성 또는 교상액(끈끈한 상태의 액체를 말함)을 이루는 당류(가용성이며 단맛이 나는 탄수산물을 말함)임.

리녹신(linoxyn) 건성유(乾性油) 또는 반건성유가 산화중합(酸化重合)한 경우에 생기는 수지성 응고물, 탄력이 있고 단단하며, 용제(溶劑)에 잘 녹지 않음. 페인트, 인쇄잉크 등은 이의 생성(生成)을 응용한 것이라 할 수 있음.

리브(lib) 판상(板狀 : 패널) 또는 얇은 두께의 부분을 보강하기 위해 붙이는 뼈대. 플로어링판과 같은 형의 두꺼운 판에 표면을 자유곡면으로 파내어 수직 평행선이 되게 한 것, 이형철근의 축방향의 2줄의 돌기.

리타더(retarder) 지연제(遲延劑)를 말함. 지연제는 다른 물질의 작용을 저지 또는 지연시키는 물질임.

리프 스틸(lip steel) 단면(斷面) 끝에 혀를 달아 구부려 만든 형상의 형강을 말함.

ㅁ

마구리(header, end header) 물건이나 목재의 양끝머리의 면, 벽돌·돌·블록 등의 면 중 가장 작은 면(머리부분)이나 목재의 나뭇결에 직각으로 자른 끝면.

마구리형 타일(벽돌·돌·블록 등)의 면 중 가장 작은 면(머리부분) 또는 양쪽 끝머리의 면의 모양.

마그마(magma) 땅속 깊은 곳에서 암석이 용융하여 된 고온의 조암물질. 이것이 지각 상층 또는 지표에 올라가 냉각·고결되면 화성암이 됨. 암장(岩漿).

마그네슘(magnesium) 은백색의 가벼운 금속원소, 바위 속이나 바닷물, 광천, 냇물, 동식물의 체내 같은 부분에 함유하고 있음.

마그네시아(magnesia) 은백색의 가벼운 금속원소, 마그네슘을 녹인 물에 탄산알칼리를 넣어서 만든 탄산마그네슘(炭酸 magnesium)을 가열하여 얻은 흰가루, 잘 녹지 않고 고온에 견디므로 내화벽돌을 만드는 데 쓰임.

마닐라 삼 파초과의 다년생 풀. 키는 2~7m, 바나나와 비슷한데 줄기에서 뽑은 섬유로 로프·그물·제지 및 해저의 전선 따위를 짜는 원료로 씀.

마멸(磨滅) 갈리어 닳아서 없어짐.

마모저항성(磨耗抵抗性) 마찰되는 부분이 닳아서 작아지거나 없어지려는 현상에 대한 저항하려는 성질.

마사(麻絲) 베실(삼껍질로 만든 것) 또는 삼실(삼껍질에서 뽑아낸 실)

마섬유(麻纖維) 삼으로 이루는 가늘고 긴 실 같은 모양으로 된 것.

막벽(膜壁) 막질로 된 벽, 여기서 막질은 막으로 된 성질이나 성분으로 된 물체를 말함.

막새(莫斯) 빗물이 흘러내리는 면(반달 모양)이 달린 처마 끝에 덮는 수키와.

만곡관(彎曲管) 활처럼 굽은 관.

맞춤새(joint, connection) 맞추어 꾸민 전체, 맞출 때 서로 맞닿는 면.

매트(mat) 각종 섬유를 짜서 두껍게 만든 자리, 격자형으로 조립된 철근.

매트릭스(matrix) 콘크리트 조성의 일부로서, 시멘트와 잔골재(모래)만으로 구성되어 있는 부분, 매트릭스란 용어의 뜻은 (발생·성장의) 모체나 기반을 말하고 광물에서 모암(母岩)을 말함.

매트릭스상(matrix phase) 콘크리트 조성의 일부 현상으로서, 시멘트와 잔골재(모래)만으로 구성되어 있는 상(相, phase), 여기서 상은 물리적·화학적으로 균질(均質)한 물질의 부분을 말함.

먹매김(marking) 먹칼이나 먹줄로 치수·모양을 그리는 일. 먹놓기, 먹매기기, 먹긋기라고도 함.

메짐성 취성(脆性 ; 재료가 외력을 받아도 변형되지 않거나 극히 미미한 변형을 수반하고 파괴하는 성질)을 말함.

멜라민(melamine) 멜라민수지를 말함. 멜라민 수지는 합성수지(合成樹脂)의 하나로 멜라민을 포르말린과 축합(縮合)시켜 만든 열경화성 수지임.

면상(綿狀) 솜, 또는 무명과 같은 상태.

면심입방격자(面心立方格子) 입방체의 8개의 모(각 ; 角)와 6개의 면(面)의 중심에 격자점(格子點)을 갖는 단위격자로 이루어진 공간격자. 면심입방격자의 결정(結晶)격자를 갖는 물질은 동 · 금 · 니켈 · 알루미늄 · 백금 · 동임.

면치(carve) 나무 · 돌 등의 면을 여러 가지 모양으로 깎은 것.

면치기(chamfering, rusticated joint) 모접기(석재 · 목재 등 모서리를 깎아서 좁은 면을 내거나 둥글게 하는 것) 또는 면접기(모서리에 면을 만든 것)을 말함.

명도(明度) 밝기, 밝은 정도, 색상 · 채도와 더불어 색의 3요소의 하나.

명반(明礬) 황산알루미늄과 황산칼륨과의 복염(複塩). 무색투명의 결정, 매염제(媒染劑) · 제지(製紙) 등에 쓰임.

모노머(單量體, monomer) 고분자 화합물(플라스틱)을 화학반응에 의하여 생성할 때 그 단위가 되는 화합물.

모듈시스템(modular system) 모든 재료나 부재가 모듈치수(module dimension)의 배수의 위치에 오도록 격자시스템을 이용하여 건물을 설계하는 방법.

모살용접부 거의 직각을 이루는 두 면의 구석을 용접하는 부분.

모세관 공극(capillary porosity) 재료의 실질(實質)이 모세관(毛細管, 모세관 현상을 일으킬 정도의 가는 관)에 의해 채워지지 않은 빈 부분.

모세관 현상(毛細管現像, capillarity) 가는 유리관을 물에 세웠을 때 관 속에 있는 물이 대기의 압력관계로 관 밖의 수면(水面) 보다 높아지거나 낮아지는 현상. 모관현상(毛管現象)이라고도 함.

모세포(母細胞) 분열 전의 세포.

모우(mohe)의 인소법(引搔法, scratch) 비금속 재료의 경도를 측정하는 방법으로서 표면을 긁어서 자국이나 착색의 정도로 비교 판정하는 방법.

모우경도 재료의 표면을 긁어서 자국이나 착색의 정도로 판정하는 경도(硬度).

모자이크 글라스(mosaic glass) 여러 가지 모양 · 빛깔 · 투명도의 유리조각을 짜 맞추어서 무늬나 그림 따위를 나타낸 것. 건축물의 장식 따위에 쓰임.

모진형 형상이 둥글지 않고 모가 있음.

모체(母體, parent body) 바탕이 되는 물체.

목면(木綿) 무명을 말함. 무명은 무명실로 짠 피륙을 말함.

목모 시멘트재(cemented excelsior materials) 좁고 길게 오려낸 대팻밥을 시멘트로 고착(固着) · 압착(壓着)하여 만든 재료.

목모(木毛) 나무를 좁고 길게 머리카락 같이 가늘게 오려낸 것.

목분(木粉, wood meal) 목재를 미세하게 분쇄한 것. 톱밥 등.

목재펄프(wooden pulp) 목재에서 만든 펄프, 여기서 펄프란 기계적 · 화학적 처리에 의해 식물체의 섬유를 추출한 것을 말하며 섬유 · 종이 등을 만드는 데 쓰임.

목질부(木質部) 나무를 이루는 속부분.

목질화(lignification) 나무가 단단하게 되어 가는 성질.

목편(木片) 나뭇조각.

목형(木型) 나무로 만든 모형.

몬모릴로나이트(montmorillonite) 점토 광물의 일종. 주성분은 알루미늄과 마그네슘의 함수 규산염광물(含水硅酸塩鑛物). 장석(長石) · 응화석(凝灰石) 따위가 변질하여 생김.

몰딩(轉刻, moulding, molding) 나무의 모나 면을 깎아 밀어서 두드러지게 또는 오목하게 하여 모양지게 하는 것, 건축이나 가구의 부분장식에 쓰이는 띠돌림, 쇠시리를 말하기도 함.

무기산(無機酸) 황산 · 염산 · 질산 등과 같이 무기물질에서 얻을 수 있는 산(酸)의 총칭.

무기섬유(無機纖維) 규석 · 석회석 · 화산암 같은 광석을 녹여 실로 만든 화학섬유. 무기질 섬유라고도 함.

무기안료(無機顔料) 무기화합물로 만든 안료의 총칭, 광물성 안료라고도 하며 내광성 · 내열성이 크고 유기용제에는 녹지 않으나 착색력이 적고 색의 선명도라는 측면에서 유기안료에 미치지 못함. 이는 일반적으로 변색되지 않고 화학적으로 안정되어 도료에 많이 사용됨.

무기질계 분체(無機質系 粉體) 무기질 계통의 분체. 여기서 분체는 고체입자가 다수 모여 있는 상태의 물체의 총칭을 말함.

무기질재료(無機質材料) 생활 기능이 없는 것을 원료로 하여 인공적으로 만든 재료, 즉 철강, 석재, 시멘트, 벽돌, 유리 등.

무기화합물(無機化合物, inorganic compound) 탄소 화합물이 아닌 천연으로 나는 화합물 및 탄산가스 등과 같은 간단한 탄소 화합물의 총칭.

무수규산(無水硅酸) 이산화규소(二酸化硅素)의 총칭. 이산화규소는 규소의 산화물(酸化物), 결정상(結晶相)의 것은 석영, 곧 수정(水晶)이며 규조토(硅藻土)는 대부분이 이산화규소로 이루어짐.

무수용성(無水溶性) 어떤 물질이 물에 용해(溶解)되는 성질이 아닌 것.

무잔골재콘크리트(non-fine concrete) 잔골재(모래)를 섞지 않고 잔자갈만을 골재로 한 콘크리트, 시멘트 1 : 조골재(1.2cm) 8로 구성됨. 모래가 없기 때문에 생기는 기포로 차단벽이 될 수 있음.

무한회수하중(無限回數荷重) 수없이 반복되는 하중.

문장부(門丈夫, pivot) 널 문짝 한쪽 가의 상하로 상투같이 내밀어 문턱에 끼게 된 것. 돌쩌귀 등. 문지도리라고도 함.

물시멘트비(water cement ratio) 콘크리트 또는 모르타르(골재가 표면건조포화상태에 있다고 보았을 때)에 포함된 시멘트풀 속에 있는 물과 시멘트와의 중량 백분율(W/C).

물유리 녹는 성질이 있는 규산알칼리의 총칭.

미네랄 스피릿(mineral spirit) 광물질(鑛物質). 알코올을 말함.

미립자(微粒子) 아주 작은 입자, 미세한 입자, 여기서 입자는 물질을 구성하는 극히 미세한 알갱이를 말함.

미분(微粉) 고운가루.

미분탄(微粉炭) 보통 입도(粒度)가 0.5mm 이하의 분탄을 말함. 여기서 분탄은 잘게 부스러져 가루가 된 목탄이나 또는 석탄임.

미세공극(微細空隙, minute gap) 가늘고 작은 빈틈.

미세립자(微細粒子) 가늘고 작은 입자.

미세분말 침투법(微細粉末 浸透法, impregnated method) 고강도콘크리트를 제조함에 있어 콘크리트의 고강도화 방법의 하나임. 이 방법은 콘크리트의 공극을 고강도의 충전물 및 무기질의 미분말로 메우는 방법으로서 보통 고분자수지의 함침, 실리카흄, 고로슬래그 미분말을 이용함.

믹서(mixer) 시멘트 · 모래 · 자갈 등을 혼합하여 섞는 콘크리트 제조용 기계, 일정한 시간 내에 콘크리트의 각 재료를 혼합하여 완전히 반죽하는 기계.

밀스케일(mill scale) 주로 철강재를 가열 · 압연, 가공 등을 할 때 표면에 붙은 산화철로 된 찌꺼기.

밑창콘크리트(subslab concrete, develling concrete, blinding concrete) 기초 밑에 까는 콘크리트로서 비빔콘크리트와 같음. 잡석다짐 · 자갈다짐 등의 기초 위에 먹물치기를 하기 위해 두께 6cm 정도의 기초 밑에 까는 콘크리트.

ㅂ

바나듐(vanadium) 희유(稀有) 원소의 하나. 바나듐은 바나딘(vanadin)을 말하며, 바나딘은 천연으로 널리 존재하나, 특히 바나딘석으로서 철광 속에 포함되어 있음. 회색의 단단한 내산성 있는 금속임.

바륨(Barium) 담황색 또는 은백색 금속원소의 하나. 공기에 쉽게 산화하여 흰 분말이 됨.

박(箔) 금 · 은 · 동 · 주석 등의 금속을 두드려 종이같이 얇고 판판하게 늘린 것. 금으로 한 것을 금박 · 은으로 한 것을 은박이라 함.

박락(剝落) 물건이 오래 묵어 긁히고 깎여서 떨어짐. 껍질이 벗겨지는 것.

박리(剝離) 벗김, 벗겨짐.

박막(薄膜) 기계가공으로 만들 수 없는 두께 1/1000mm 이하의 막(膜)의 총칭. 동식물의 몸 안의 기관(器官)을 싸고 있는 얇은 막.

박판(薄板, sheet, thin plate) 얇은 판형의 것. 일반적으로 두께 3cm 이하의 강판을 말함.

박판상(薄板狀) 얇은 널조각과 같은 형상.

박판제품(薄板製品) 얇은 판형의 제품.

반문(斑紋, speckle) 얼룩얼룩한 무늬 · 아롱진 무늬.

반사(反射, reflection) 일정한 방향으로 진행하는 파동(波動)이 다른 물체의 표면에 부딪쳐서 진행의 방향을 반대의 방향으로 바꾸는 현상.

반사로(反射爐) 석탄을 태워 생기는 산화염(酸化塩 ; 불꽃의 외부, 산소의 공급이 내부보다 좋아서 연소가 완전히 되어 빛은 약하나 온도는 매우 높음)을 불어 올려 천장을 가열하여 그 반사열로 원료를 녹이는 용광로

반사막(反射膜) 광선을 차단 · 반사시키기 위하여 유리 등의 표면에 특수처리한 일정 두께의 얇은 꺼풀.

반사코팅(reflection coating) 빛의 반사를 줄이고 투과를 증대하도록 물체의 표면에 얇은 피막(皮膜)을 입히는 일.

반셀룰로오스(hemi-cellulose) 반섬유소를 말함. 즉 거의 섬유소와 비슷한 크실렌(xylene : 방향족 탄화수소의 하나)과 같은 물질로서 목재의 세포막을 구성하는 화학성분의 일종이다.

반죽질기(consistency) 주로 물의 양에 따라 좌우되는 아직 굳지 않는 콘크리트의 유동성(무르기)의 정도.

반토질(礬土質) 알루미늄을 달구어 물에 넣을 때 물을 분해하여 수소를 유리시켜 생긴 산화물인 산화알루미늄, 즉 알루미나(alumina)를 말함.

발열량(發熱量) 연료가 일정 단위량만을 완전연소하였을 때 발생하는 열량.

발열반응(發熱反應) 열을 내면서 진행하는 화학반응, 상온(常溫)에서의 화학반응의 대부분은 이 반응이며, 탄소의 연소가 그 대표적인 예임.

발포(發泡) 가열에 의하지 않고 기체가 발생한 결과 원소나 화합물의 용액이 거품을 내뿜는 일.

발포골재(發泡骨材) 작은 기포(氣泡)를 무수히 지닌 골재, 경량골재의 일종.

발포법(發泡法) 발포하는 방법, 즉 거품을 내게 하는 방법.

발포제(發泡劑, gas-foaming admixture) 가열 따위로 분해하여 가스를 발생시켜, 고무나 플라스틱을 스펀지 구조로 만들기 위하여 배합하는 물질(분말의 혼화제). 기포(氣泡)가 생기게 하는 혼화제(분말).

발현(發現) 숨겨져 있던 것이 바깥으로 드러나 보임. 또는 드러나게 함.

방동제(防凍劑, anti-freezer, anit-freezing admixture) 콘크리트나 모르타르 등의 동해를 방지하는 작용을 하는 물질. 염화칼슘, 소금 등을 씀.

방부제(防腐劑, preservate) 목재 등이 부패되는 것을 방지하기 위해 쓰는 약제.

방염성(防炎性) 타는 것을 방지하는 성질.

방사성(放射性, radioactive) 물질이 방사능을 가진 성질.

방수지포(防水紙布) 방수공사용의 방수처리를 한 종이와 포장지.

방습성(防濕性) 습기를 방지하는 성질.

방습사일로(dmp proofing silo) 습기를 방지하기 위하여 진공장치가 되어 있는 원형단면 형상의 저장고.

방식제(防蝕劑) 금속 표면의 부식을 방지하는 약제. 페인트 · 흑연 · 유류 등.

방식성(防蝕性) 금속 표면의 부식을 막는 성질.

방적(紡績) 동물이나 식물의 섬유를 가공하여 실을 만드는 일.

방진성(防塵性) 먼지가 곁에 묻지 않도록 막거나 들어오는 것을 막는 성질, 먼지가 잘 들러붙지 않는 성질.

방청(防錆) 녹을 방지한다는 뜻을 가진 말로서, 청(錆)은 한국자전에는 정할정(精也)이라 하였으나 음이나 뜻이 동록(銅綠, 녹슬기)과는 다르고 임의로 일본어를 딴 속칭인 것임.

방청성(防錆性) 녹을 방지하는 성질.

방해석(方解石) 천연적으로 나는 탄산석회의 결정. 석회암이나 대리석의 주성분. 순수한 것은 무색투명하여 유리광택을 나타냄.

방향성(芳香性) 향기를 내는 성질.

방활성(防滑性) 미끄러지지 않도록 막는 성질. 미끄러움을 방지하는 성질.

배면(背面, back) 향한 곳의 뒤쪽. 등쪽.

배무늬칠 배(배나무의 열매)물로 여러 가지 모양으로 칠한 것을 말함.

배접(褙接, pasting sheet together) 종이나 헝겊 따위를 겹쳐 붙임. 종이 · 헝겊 · 얇은 널조각 따위를 여러 겹 포개어 붙이는 일.

배처플랜트(batcher plant) 시멘트 · 골재 · 물 등의 콘크리트 각 재료를 정확하게 중량으로 계량하는 기계시설, 레디믹스트콘크리트 제조공장에 설치됨.

배처플랜트(batcher plant) 시멘트 · 골재 · 물 등의 콘크리트 각 재료를 정확하게 중량으로 계량하는 기계시설.

배치(batch) 1회 비비기용으로 계량된 콘크리트 또는 모르타르용의 재료의 양.

배합강도(配合强度 : compressive strength of concrete, mix design) 콘크리트의 배합을 정할 때 목표로 하는 압축강도로 품질의 편차 및 양생온도 등을 고려하여 설계기준강도에 할증한 것.

배합수(配合水) 콘크리트 또는 모르타르를 배합할 때 사용되는 물.

백악(白堊) 유공충(有孔蟲) 또는 그밖의 미생물의 시체가 쌓여서 되는 백색 분상(白色粉狀)의 부드러운 탄산석회(炭酸石灰). 백토(白土), 석회로 칠한 흰벽.

백옥화(frit) 유리 원료 화합물, 유기질의 도자기 원료.

백운암(白雲巖) 탄산마그네슘과 탄산석회의 혼합으로 된 광물인 백운석으로 이루어진 바위.

백토(白土, white clay) 화강암이 풍화되어 생긴 백색을 띤 풍화토의 속칭. 건축의 도료 또는 그릇을 만들 때 백색 원료로 쓰임.

백화(白華, 白花, efflorescence) 콘크리트나 벽돌을 시공한 후 흰가루가 돋아났다 없어졌다 하여 수년 또는 수십년이 걸리기도 한다. 이 벽 표면의 흰가루를 백화라 한다.

벌집 모양의 결합부(honey-comb) 콘크리트 표면에 자갈이 몰려 터슬터슬하게 벌집 모양으로 된 부분.

벌집 심 플러시 도어(honey comb core flush door) 플러시 문울거미 속에 벌집 모양으로 된 나무, 종이 또는 합성수지 심재(心材)를 넣어 합판 등을 교착하여 만든 플러시 문.

벌집 심 합판(honey core plywood) 나무 · 종이 · 합성수지 등의 심재(心材)를 써서 벌집 모양으로 교착하여 만든 합판.

범포(帆布, canvas) 돛을 만드는 피륙.

법랑(琺瑯, enamel) 광물을 원료로 하여 만든 유약, 사기그릇의 겉에 발라 불에 구우면 윤기가 나고 쇠그릇에 올려서 구우면 사기그릇의 잿물과 같이 됨.

법랑마감방법(琺瑯磨勘方法) 광물을 원료로 하여 만든 유약(釉藥)을 철재 등의 표면에 발라 표면을 마감하는 방법.

법랑질(琺瑯質) 법랑을 올린 것처럼 보이는 상태 또는 법랑을 올린 것.

베니션 블라인드(venetian blind) 실내의 직사광선 · 차단 · 통풍의 목적으로 쓰이는 일종의 커튼류.

베이스콘크리트(base concrete) 유동화콘크리트 제조시 유동화제를 첨가하기 전의 기본 배합의 콘크리트.

벤젠(benzene) 벤졸(benzol)을 말함.

벤졸(benzol) 벤젠. 즉 콜타르를 분류(分溜) · 정제(精製)한 무색의 휘발성 액체. 여기서 분류란 둘 이상의 액체가 섞였을 때, 각 물질의 비등점의 다름을 이용하여 증류로써 각 물질을 나누는 방법을 말하고 정제란 잘 골라 깨끗이 만듦을 말함.

벤치(bench) 의자를 말하나 여기서는 (노천 · 굴 등의) 계단을 가리킴.

벤토나이트(bentonite) 응회암(凝灰巖) 같은 것이 풍화(風化)하여 생성된 점토질(粘土質) 물질의 총칭.

벽개(劈開) 쪼개져서 갈라짐. 결정체(結晶體)가 일정한 방향으로 결을 따라서 갈라짐.

벽개면(劈開面) 쪼개져서 갈라진 면. 석재가 일정한 면으로 갈라지는 성질을 벽개라 하고 갈라지는 방향을 벽개면이라 함.

벽쌤홈 벽과 기둥이 맞닿는 곳에 틈나지 않게 또는 바름재가 들어가 끼이게 한 가는 홈.

변성(變性) 열 · 압력 등의 물리적 원인이나 산 · 염기 · 알코올 등의 첨가에 의한 화학적 원인으로 말미암아 상태나 구조가 변화하는 일

변형태(變形態) 탄성체가 형태나 용적을 바꾸는 일의 상태.

병소관(並燒管) 관의 살 두께가 얇고 저온 소성한 것으로 배수 · 관개용, 연기 · 공기 등의 환기용으로 사용.

보강재료(補强材料) 부족한 것을 보태고 채워서 더 튼튼하게 하는 재료.

보강제(補强劑) 빈약한 것을 보태고 채워서 더 튼튼하게 작용을 하는 물질.

보냉재(保冷材, cold reserving material) 보냉의 목적에 사용되는 재료.

보드용 석고플라스터 석고플라스터(소석고)의 한 종류임. 혼합석고플라스터와 같이 레디믹스트 제품으로서 물 및 골재를 혼합하여 즉시 사용할 수 있음. 보통 원료는 화학석고를 사용하므로 순백색의 것은 없음. 특히 부착성이 좋아 석고보드 붙임 면이나 기타 모르타르 · 콘크리트면 등에 초벌바름용으로 쓰인다.

보수성(保水性) 물질 입자(粒子) 사이에 존재하는 수분(水分)을 그 자리에 머물러 있게 하는 성질. 물체가 수분을 함유하려는 성질.

보온양생(保溫養生) 단열성이 높은 재료 등으로 콘크리트 표면을 덮어 열의 방출을 적극 억제하여 시멘트 수화열을 이용해서 필요한 온도를 유지시키는 양생.

보일유(boiled oil) 건성유(乾性油)의 하나. 아마인유(亞麻仁油) · 콩기름 등에 고도의 건조성을 갖게 한 기름.

보정(補正) 실험, 관측 또는 근삿값 계산 등에서 외부적 원인에 따른 오차를 없애고 참값에 가까운 값을 구하는 것.

보크사이트(bauxite) 알루미늄의 수산화물(水酸化物)을 주성분으로 하는 광석. 괴상(塊狀) 또는 점토상(粘土狀)이며, 내화재료, 알루미늄의 중요 원료임.

복사고온계(輻射高溫計) 방사고온계(放射高溫計)를 말하며, 물체로부터 열방사되는 에너지를 모아서 검은 물체에 흡수시키고, 그 온도 상승을 열전(熱電)온도계나 저항온도계로 측정하여 온도를 재는 장치.

복사에너지(radiant energy) 전자파(電磁波)의 에너지. 방사에너지라고도 함.

복사열(輻射熱, radiant heat) 방사열(放射熱)을 말하며, 열방사(熱放射)로 방출된 전자파가 물체에 흡수되어 그 물체에 열을 가하는 경우의 그 에너지.

복염(複塩) 두 가지 염의 화합물로서, 물에 녹이면 그 성분인 염류가 모두 이온으로 해리(解離 : 풀려 떨어짐)되는 것.

복층구조(復層構造) 두 가지 이상의 다른 재료를 부착하여 만든 구조체를 말함.

복합벽체(複合壁體, compound wall) 조적조 벽체에 있어서 안팎을 다른 재료로 꾸민 벽. 외부는 돌, 내부는 벽돌로 쌓은 벽체 등.

복합재료(複合材料) 하나의 재료에 다른 재료를 결합시켜 원래의 재료에서는 얻어질 수 없는 우수한 성능을 가지도록 만든 재료, 복합재(複合材)라고도 함.

복합체(複合體, composite) 두 가지 이상의 물건이 모여서 하나로 된 물체.

복합패널(clad panel) 두 가지 이상의 금속재료 등의 재료를 서로 접합하여 만든 패널.

볼베어링(ball bearing) 점접촉(點接觸)을 이용하여 마찰을 감소시키는 것. 여기서 점접촉은 기계적 압력에 의해서 물체 표면 사이 맞붙어서 닿은 현상을 말함.

봉공처리(封孔處理, sealing) 틈새에 실러(sealer)를 채워 물이나 공기의 누출입을 방지하는 것, 또는 구멍을 땜질하는 것, 여기서 실러는 다공성 흡수성이 큰 부재의 내후성을 향상시키기 위해 표면적에 칠하는 도료를 말함.

봉수(封水) 수봉트랩(배수트랩과 같이 배수관의 일부에 물이 괴는 부분을 만든 것)의 수봉기능(하수가스나 작은 벌레가 관 속에서 실내로 침입하는 것을 방지)을 하고 있는 물을 말함.

봉입(封入) 물건을 속에 넣고 봉함.

부나(Buna) 독일에서 발명된 합성고무의 상품명. 내유성 · 내열성 · 내노화성은 천연고무를 능가하나 생산비가 많이 듦. 종류로는 부나에스(GR-S), 부나엔(GR-N)이 있음.

부동태피막(不動態皮膜) 수화산화물(水化酸化物)의 박막(薄膜)이 표면을 완전히 덮고 있는 상태로 된 피막.

부배합(富配合, rich mix, fat mix) 단위용적에 대한 시멘트양이 비교적 많은 배합.

부산골재(副産骨材) 주산물을 만드는 데 따라 생기는 물건을 골재화시키는 것. 즉 용광로에서 선철과 동시에 생성되는 용융슬래그를 급랭한 후 입도 조정하여 제조된 고로슬래그 골재와 같은 것.

부상분리(浮上分離) 비중의 차이가 다른 조성재료의 물질이 화학작용으로 인하여 비중이 큰 재료가 물의 표면으로 떠오르면서 재료가 서로 분리되는 현상.

부석(浮石, pumice stone) 화산에서 분출된 다공질 유리질의 흙색 또는 담회석의 돌, 가벼워서 물에 뜨는 경석의 일종.

부식매(腐蝕媒) 부식성을 일으키는 매개체(媒介體).

부식토(腐植土) 썩은 흙을 말함. 20% 이상의 부식질(腐植質)이 섞인 흙.

부압(負壓) 대기압보다 낮은 압력.

부유(浮游) 공중이나 물 위에 떠다님.

부직포(不織布, non-woven fabric) 섬유를 적당히 배열(配列)하여 접착제 혹은 섬유 자체의 융착력(融着力)을 이용하여 섬유로 서로 접합시킨 시트 모양의 천.

부착강도(附着强度, bond strength) 철근콘크리트에서 철근이 콘크리트에서 미끄러져 빠졌을 때의 강도.

부착력(附着力, bond strength adhesion) 상이한 2개의 물질이 접촉시 양자의 분자간에 작용하는 힘에 의하여 서로 결합하는 힘. 철근과 콘크리트가 잘 부착되어 서로 결합하는 힘. 철근과 콘크리트가 잘 부착되어 뽑아도 미끄러지지 않게 작용하는 저항력.

부착응력(附着應力, bond stress, adhesive) 철근콘크리트 부재에서 인장력을 받는 철근의 표면에 분포되어 있는 응력도.

부활성(不活性) 분자나 원자가 다른 분자 · 원자와 충돌하거나 하여 화학반응을 일으키지 않는 성질. 다른 물질과 반응을 일으키지 않는 화학적으로 안정된 성질.

분류(分溜) 비등점(沸騰點)이 다른 여러 가지 액체의 혼합물을 가열하여 비등점이 낮은 것으로부터 점차 높은 것을 유출(溜出), 분리시키는 조작. 여기서 비등점이란 액체가 끓어오르는 온도, 즉 끓는 점을 말하며 유출은 증류할 때 액체가 되어 방울방울 떨어져 나오는 것을 말함.

분리(分離, segregation) 콘크리트에 있어서 그 조성(組成) 재료의 분포가 불균일하게 되는 현상.

분말도(粉末度, finess) 시멘트의 클링커(clinker)를 분해할 때 그 입자의 고운 정도, 체가름에 의해 낟알의 세립(細粒)의 정도를 나타낸 것.

분말체(粉末體) 가루상태로 된 물체. 가루로 된 형체.

분무상(噴霧狀) 물이나 약품을 안개같이 뿜어내는 형상.

분산상(分散相, dispersed phase) 하나의 상(相, phase)을 이루는 물질 속에 다른 물질이 미립자상(微粒子狀)으로 산재하는 현상, 여기서 상은 물리적 · 화학적으로 균질(均質)한 물질의 부분을 말함.

분산작용(分散作用) 콘크리트 배합에서 시멘트 · 모래 등의 혼합재가 서로 갈라져 흩어지는 현상.

분상(粉狀) 가루와 같은 형상.

분체(粉體) 고체입자(固體粒子)가 다수 모여 있는 상태의 물체의 총칭.

불량도체(不良導體) 나무 · 유리 · 석면 등과 같이 열이나 전기가 잘 통하지 않는 물체.

불소수지(弗素樹脂) 플루오르수지(fluoroplastics). 즉 탄화수소쇄(炭火水素鎖)에 플루오르가 치환한 중합물(重合物)의 총칭. 여기서 탄화수소쇄는 탄소와 수소와의 화합물을 봉합해놓은 것을 말하고 플루오르는 할로겐족(Halogen族) 원소의 하나이다.

불연성(不燃性) 불에 타지 않는 성질.

불연성재료(不燃性材料) 불에 타지 않은 성질을 가진 재료, 즉 불연재료(non-combustible materials)를 말함.

불연재(不燃材 : non-combustible material) 불에 타지 않는 재료.

불용성분(不溶性分) 용해(溶解)되지 않은 화합물의 순물질(純物質).

불화수소(弗化水素) 플루오르화수소를 말함. 여기서 플루오르화수소(hydrogen fluoride)는 형석(螢石)에 농황산(濃黃酸)을 부어 가열해서 얻은 기체(氣體)로서 무색이며 물에 잘 녹고 수용액은 유리를 녹이므로 글

씨나 모양을 그리어 새기는 데 씀.

불활성(不活性) 촉매반응에서 처음에 나타내는 활성이 점차 상실되는 성질. 여기서 활성은 분자와 원자가 다른 분자 · 원자 · 전자와 충돌하여 화학반응을 일으키기 쉽게 하는 성질 또는 그 일을 말함.

붕락(崩落) 무너져서 떨어짐.

붕사(硼砂, borax) 붕소(硼素)의 화합물. 천연적으로는 고체로서 생산되며 인공적으로는 붕산(硼酸)에 탄산소다를 가하여 중화시켜 만듦.

뿜칠(spray coat) 미장재료 또는 도장재료를 압축공기로 뿜어 대어 바르거나 칠하는 것.

뿜칠콘크리트공법(spray concrete method) 콘크리트 건(concrete gun)으로 타설하는 공법.

브리넬 경도(Brinell hardness) 경도를 나타내는 방법의 하나. 시험재료에 담금질 강구를 밀어낼 때에 생긴 흔적의 표면적(mm^2)으로 밀어낸 하중(kg)을 나눈 수치임.

브리넬(Brinell)의 타각법(打刻法, indentation) 강구(鋼球)알을 시료의 표면에 내리 눌러서 영구변형 오목형상을 만들고 그때의 하중을 오목지름의 크기로 구한 다음, 그 하중을 오목한 부분의 표면적으로 나눈 값(kg/mm^2)으로 경도를 나타낸다.

블라인드(blind) 차일(遮日)용 휘장 설치의 하나. 금속 · 목편 · 또는 합성수지판 등을 연결하여 휘장 모양으로 만들어 직사광선을 막을 수 있게 창에 드리움.

블록 정미체적(正味體積) 블록의 속빈 부분의 체적을 제외한 체적.

블록살(shell) 블록의 속빈 부분을 제외한 부분의 뼈대.

블리딩(bleeding) 아직 굳지 않은 모르타르나 콘크리트에 있어서 윗면에 물이 스며나오는 현상. 블리딩이 많으면 콘크리트가 다공질이 되고 강도 · 수밀성 · 내구성 · 부착력이 감소함.

비내력벽(非耐力壁, non-bearing wall) 자체 하중만을 받고 상부에서 오는 하중은 별로 받지 않는 벽체.

비닐직물(vinyl織物) 비닐수지의 하나인 비닐알코올 수지의 용액 또는 용융액으로 만든 직물.

비등점(boiling point) 액체가 비등하는 온도. 1기압에 있어서의 물의 비등점은 100℃. 끓는점.

비산(飛散) 날아서 흩어짐.

비색시험법 표준용액에 적당한 시약을 가하는 등으로 착색시켜 색깔의 농도와 색조를 비교하는 시험방법.

비스무트(Bismuth) 금속원소의 하나. 천연으로 가끔 유리되어 산출되나 주로 광석을 비스무트광 및 비스무트화로서 산출됨. 약간 붉은 빛을 띠고 있는데 자석(磁石)을 반발하는 힘이 있으며 결정질(結晶質)은 극히 무르고 때때로 유리(遊離)함.

비정질(非晶質) 비결정성(非結晶性)을 말함. 비결정성은 고체가 일정한 모양이나 구조를 갖지 않는 일을 말함.

비틀림강도(torsional strength) 비틀림에 대한 파괴강도.

비표면적(比表面的, specific surface area) 기체 내에 포함된 고체입자의 체적당 표면적, 1g의 시멘트가 가지고 있는 총면적(cm^2/g).

빈(bin) 입상(粒狀), 분상(粉狀)의 화물(貨物)을 저장하기 위한 구조물.

빈배합(貧配合, lean mix, lean mixture) 콘크리트에 시멘트의 단위량이 적은 배합, 콘크리트 $1m^3$에 대하여 시멘트 300kg 이상을 사용하면 부배합, 240kg 이하를 사용하면 빈배합이라 함.

빙정석(氷晶石) 나트륨 · 플루오르(fluorine) · 알루미늄의 화합물. 입방체와 비슷한 결정으로 유리 같은 광택이 있으며 보통 흰빛임. 여기서 플루오르는 할로겐 원소의 하나임. 푸르스름하고 연한 노란빛의 기체 원소임.

ㅅ

사립(砂粒) 모래알.

사문석(蛇紋石) 보통 비늘꼴 또는 섬유꼴을 이루고 반드럽고 광택이 있는 녹 · 황 · 갈색의 돌. 장식품에나 건축재료에 쓰임.

사방정계(斜方晶系) 결정계(結晶系)의 하나. 세 개의 결정축(結晶軸)이 서로 직각으로 마주 닿아 접촉하고 각 축의 길이가 서로 다르며, 앞뒤의 축이 좌우의 축보다 짧은 결정계. 여기서 결정계는 결정체(結晶體, 결정하여 일정한 형체를 이룬 물체)를 결정축의 수와 위치 및 길이에 따라 유별(類別 : 종류에 따라 나누어 구별함. 종별)한 것을 말하고 결정축은 이상적(理想的) 결정체의 중심을 지나는 가상선(假想線)을 말함.

사상균(絲狀菌) 실 모양의 균사(菌絲)를 가진 균류나 곰팡이류.

사응력(斜應力, oblique stress, diagonal stress) 휨모멘트에 의한 인장응력과 전단력과의 합성응력을 말함. 보의 축에 빗방향으로 생기는 응력.

사이딩(siding) (건물외벽의) 벽널, 판자벽을 말함(미국 건축에서 사용되는 용어임).

사인장응력(斜引張應力, diagonal tension crack) 휨과 전단력이 동시에 작용하는 보에서 휨응력과 전단응력이 조합하여 생기는 주응력 중에서 인장력을 말함. 사인장응력은 단부 부근에서 약 45℃ 경사지고 그 크기는 전단응력과 같으며 중심축에서 최대가 됨.

사일로(silo) 원형단면을 가진 높이가 높은 저장고, 시멘트 사일로는 풍화를 막기 위해 진공장치가 되어 있음.

사정목(柾目) 나뭇결 중 곧은결이 특히 치밀한 것을 말하며 고가이고 귀함.

삭편(削片) 작은 조각.

산성(酸性) 신맛이 있고, 푸른 리트머스(litmus) 시험지(리트머스라는 식물의 수용액에 적시어 물들인 종이. 산성·알칼리성을 판별하는 시험지)를 붉은 빛으로 변하게 하고, 염기(塩基)를 중화시켜 염(塩)을 만드는 등의 성질.

산자(橵子)바탕 싸리개비·나뭇개비 또는 수수깡 등을 가로 펴고 가는 새끼로 엮어 댄 자리. 산자발이라고도 함.

산지(cotter, pin, key, wooden peg) 장부·촉 등의 옆으로 꿰뚫어 박는 가늘고 긴 촉. 여기서 장부(tenon)는 재의 끝을 가늘게 만들어 딴 재의 구멍에 끼는 촉을 말하고 촉은 따로 끼워 박는 가늘고 경사진 장부 모양의 나무(못)를 말함.

산화(酸化, oxidation) 어떤 물질이 산소와 화합함. 어떤 원소의 이온 또는 원자가 많아지거나 음전자가 양성으로 되는 변화.

산화막(酸化膜) 어떤 물질이 산소와 화합(化合)하여 그 물질의 표면에 생긴 얇은 세포층(細胞層), 산화피막(酸化皮膜)이라고도 함.

산화물(酸化物) 산소와 다른 원소와의 화합물의 총칭.

산화상납(酸化上鑞) 산화연(酸化鉛)의 일종인 일산화연(一酸化鉛)의 품질이 좋은 것. 여기서 일산화연은 연을 공기 중에서 가열하면서 생기는 물질임.

산화연(酸化沿, lead oxide) 일산화연 등을 일컬음. 일산화연(一酸化沿)은 납을 3,000℃로 태워 만든 황색분말임. 납유리·도기유약·축전지 등에 쓰임.

산화작용(酸化作用) 어떤 물질이 산소와 화합(化合)하는 일. 산소는 많은 원소나 화합물과 반응하여 열을 발생하며, 이러한 반응을 다른 원소나 화합물을 산화시켰다고 함.

산화제(酸化劑) 산화를 일으키는 물질. 여기서 산화(oxidizing)라 함은 어떤 물질이 산소와 화합하는 것을 말함.

산화제이철(酸化第二鐵) 천연으로 적철광(赤鐵鑛), 공업적으로 황산제일철을 가열하여 얻는 적갈색의 가루.

산화제일철(酸化第一鐵) 산화제이철을 수소 또는 일산화탄소로 환원하여 얻는 검은 빛의 가루.

산화철(酸化鐵) 산화제일철, 산화제이철, 산화사삼철의 산화철의 총칭. 특히 산화제일철을 일컫는 말로서 산화제일철(酸化第一鐵)은 천연적 광물로서는 존재하지 않고 인공적으로 수산제일철(蓚酸第一鐵)을 공기를 차단하고 가열하거나 산화제이철(酸化第二鐵)을 수소 중에서 300℃로 가열하여 얻은 흑색 분말. 공기 중에 방치하면 산소를 흡수하여 산화제이철이 됨. 가열하면 공기 중에서 탄다(FeO).

산화촉매작용(酸化觸媒作用) 산화촉매가 반응에 미치는 작품. 보통 산화속도를 증가시킴. 여기서 산화는 어떤 물질이 산소와 화합(化合)함을 말하고, 촉매는 화학반응 시 그 자체는 화학변화를 받지 않지만 반응속도를 촉진 또는 지체시키는 물질을 물질을 말함.

산화피막(酸化被膜) 산소와 화합하여 생긴 껍질막.

산화효소(酸化酵素) 물질의 산화에 관여하는 효소. 여기서 효소는 생활세포(生活細胞)에 의해 생성되는 일종의 교질성(膠質性) 유기물질(有機物質)을 말함.

살(箭, rail sash bar) 창호 울거미 안에 짠 나무오리나 대오리(창살, 문살 등). 유리창이나 유리 끼운 문에서 유리부분을 세분하여 지지하는 살. 양판문의 중간에 있는 중간선대.

삼탄처리(滲炭處理) 탄소나 또는 고온에서 탄소를 발생하는 물질을 철과 밀접시켜 고온도로 가열하여 철의 융점(融點) 이하의 온도에서 탄소를 철 속에 삽입시키는 방법으로 처리하는 것.

삽구(揷口) 다른 관을 끼워 넣을 수 있도록 만든 관의 한쪽 끝.

상대패 대패는 나무를 밀어 깎는 연장으로서 막대패, 중대패, 다듬질 대패로 구분되는데, 다듬질 대패를 상대패라고도 함.

상압(常壓, fixed pressure) 일정한 압력, 정압(定壓)이라고도 함.

상압증류법(常壓蒸溜法) 평압(平壓)상태에서 행하는 증류방법.

상온(常溫) 항상 일정한 온도, 17~20℃ 정도로서 동식물이 생활하는 데 가장 적당한 온도를 일반적으로 상온이라 함.

상징수(上澄水, clarified supernatant liquid) 침전조 등에 있어서 오수 또는 생물처리한 처리수로에서 부유물 또는 생물오니가 침전분리되고 비교적 깨끗하게 된 표면수를 말함.

새벽흙(砂壁土) 새벽질하는 데 쓰이는 황갈색의 고운 흙. 고운 진흙에 잔모래가 섞인 빛깔이 누런 흙. 여기서 새벽질이라고 함은 벽이나 방바닥 등에 새벽을 바르는 일을 말하고, 새벽(砂壁)은 보드라운 점토질의 흙에 모래를 섞어 반죽하여 바른 벽을 말함.

새시(sash) 창의 살 · 울거미 · 틀(격자)의 총칭.

색도(色度, chromaticity) 명도(明度)를 제외한 광선 빛깔의 종별(種別)을 수량적으로 지정(指定)한 수치. 수량적으로는 주파장(主波長)과 순도(純度)에 의해, 혹은 그 색에 포함되어 있는 삼원색(三原色)의 비율에 따라 표시됨.

색소(色素) 물체에 빛깔을 나타나게 하는 염료 따위의 성분.

색소화(pigment) 유약의 일종. 광물질이나 유기질의 백색 또는 유색의 고체분말로 물이나 기름에 녹지 않는 착색제, 도료의 착색제 또는 증량제로 사용됨. 도자기의 표면에 칠하는 유리층.

샌드위치(sandwich)적층 두 재료 사이에 다른 재료를 삽입하는 형식으로 된 단판(單板)을 여러 겹으로 접착하는 것을 말하며, 이와 같이 구조재로 사용할 수 있도록 만든 것을 샌드위치구조재라고 함.

샌드위치 패널(sandwich panel) 목재 또는 경량골재로 울거미를 짜고 내수합판, 치장합판 또는 금속합판을 붙여 만든 판재(패널). 또한 밀도나 강도가 높은 시트재로 양면을 구성하고 중간에는 보통 저밀도의 심재(core material)를 넣어 적층식으로 만든 패널, 샌드위치판이라고도 함.

생유(生乳, row glaze) 끓이지 않은 우유, 양젖 따위의 총칭.

생콘크리트 아직 응결 · 경화하지 않는 상태의 콘크리트.

샤모테(schamotte) 내화점토를 1,300~1,500℃로 가열한 후에 부수어서 가루로 만든 것. 내화벽돌의 제조에 쓰임. 샤모테 내화벽돌은 내화점토 등을 1,300~1,500℃의 고온으로 구워서 분쇄한 샤모테를 원료로 하는 벽돌임.

서중(暑中) 여름의 더운 때. 서중콘크리트에서 서중은 외부기온이 일반적으로 일평균 기온이 25℃를 넘는 경우를 말함.

석고(石膏) 광석의 하나. 경화시간이 빠르고 강도가 크며 경화할 때에는 팽창되는 경향이 있으며 회반죽의 수축균열을 방지하기 위하여 석고를 약간 혼합하면 효과가 있고 경화속도, 강도 등이 증가됨.

석기(火石器) 순수한 진흙과 알칼리 · 규산질이 많은 것으로 만들어 단번에 구운 자기에 식염유약을 표면에 칠하여 소성하면 광택이 생기고 방수성이 크며 견고한 제품이 되는 도자기의 일종이다.

석랍(石蠟) 파라핀(paraffin)을 말함. 파라핀은 석유 제조의 부산물로 생기는 흰 빛의 환한 결정체. 냄새가 없고 납의 제조 및 연고 · 경고의 기초재로 씀.

석면(石綿, asbestos) 사문암. 각섬암이 열과 압력을 받아 변질하여 섬유 모양의 결정질이 된 것.

석면분(石綿紛) 석면 가루.

석영(石英) 규소(硅素)와 산소가 화합한 돌의 하나. 유리 · 도기의 재료로 쓰임.

석석(錫石) 주석의 주요한 광석 · 화강암이나 석영맥(石英脈) 속에서 남.

석재의 공극률(空隙率) 암석의 용적을 100으로 했을 때, 그 안에 포함되는 틈의 용적

석출(析出) 화합물을 분석하여 어떤 물질을 분리함. 액상으로부터 고상(固相)이 생기는 현상.

석탄산(石炭酸) 독특한 냄새가 있는 침상결정(針狀結晶) 또는 무색 결정의 덩어리, 독이 있음. 방부제 또는 합성수지의 합성원료로 쓰임.

석탄산수지(石炭酸樹脂) 베이클라이트(bakelite), 또는 페놀(phenol)수지를 말함. 베이클라이트는 석탄산과 포름알데히드(formaldehyde)를 반응시켜서 만든 인조수지임.

석편(石片) 돌조각.

석회분(石灰分) 석회가루.

석회석(石灰石) 석회암을 말함. 즉 화성암 중에 포함되어 있던 석회분이나 동식물의 잔해 중에 포함된 석회분이 물에 녹아 바닷물에 섞여 있던 것이 침전되여 쌓여 굳어진 것.

석회유(石灰乳, milk of lime cream) 생석회를 물(생석회 중량의 30~35%)를 가하여 소화(消火)한 것, 회반죽의 원료용임. 석회크림 · 석회죽이라고도 함. 소석회(消石灰)는 생석회(生石灰)를 물에 넣으면 열을 내거나 붕괴하여 생기는 흰빛의 가루.

선룸(sun room) 일광욕을 위해서 특별히 유리로 설비된 방.

설계기준강도(設計基準强度) 구조계산에서 기준으로 하는 콘크리트 압축강도.

섬록암(閃綠岩) 녹색 빛을 띤 쌀알처럼 생긴 심성암의 하나.

섬유물질(纖維物質) 섬유로 이루어진 물질. 섬유를 가지고 있는 물질.

섬유소(纖維素, cellulose) 식물의 세포막 및 섬유를 이룬 주요 성분, 목화는 90~97%, 나무는 40~50%를 포함함.

성형(成形, molding) 형체를 만듦. 콘크리트를 몰드에 채워 넣고 다져서 제품의 모양을 만드는 것. 유리 · 세라믹 · 플라스틱 또는 금속을 가압함으로써 시트 · 봉(棒) 기타로 가공하는 일.

세관상(細管狀) 가느다란 관 모양.

세라믹 컬러(ceramics color) 비금속 무기물을 고온처리하여 만든 재료인 세라믹에 채색(采色)하기 위한 재료.

세라믹(Ceramics) 제품 점토 · 모래 등의 비금속 무기물을 가열하여 만든 요업제품(窯業製品)의 총칭. 구성 성분이 산화물이기 때문에 녹이 스는 일이 없고, 경도가 강하며 높은 온도에서도 잘 견디는 장점을 가지고 있으나, 깨지기 쉬운 단점이 있다. 보통 도자기를 말하나 기술의 발달로 시멘트, 유리, 법랑(琺瑯)도 포함함. 여기서 법랑은 강 · 구리 · 알루미늄 등의 금속 생지 표면에 유리질의 불투명한 유약을 바르고 700~1,000℃로 가열해서 구운 것으로서 여러 가지 색채가 얻어지며 도기에 비해서 잘 파손되지 않으므로 욕조, 주방 용구, 벽판 등에 사용한 것임.

세륨(cerium) 납처럼 생긴, 연한 희토류(希土類) 원소의 하나. 주석보다는 단단하고 아연보다는 연함. 여기서 희토류 원소는 원자번호 57로부터 71까지의 열다섯 원소를 말하며 모두 화학적 성질은 매우 비슷함.

세립분(細粒紛) 자디잔 알맹이로 된 분말.

세장형(細長型) 형상이 가늘고 긴 것.

세제(洗劑) 물에 타면 계면활성(界面活性)을 나타내며, 그 작용에 의하여 고체 표면에 붙은 물질을 씻어내는 데 쓰는 약제.

세조립(細粗粒) 가늘고 자디잔 알맹이와 거칠고 큰 알맹이

세포강내(細胞腔內) 세포의 빈 속을 말함.

세포벽(細胞壁) 세포막(細胞膜)을 말함. 즉 세포의 표면을 에워싼 두꺼운 막.

세포수(cell water) 식물의 세포질의 공포(空胞 ; 세포 안의 원형질 안에 있는 세포액) 속에 있는 수액(水液 ; 물 · 액체).

센트럴믹스트콘크리트(central mixed concrete) 플랜트에 고정 믹서를 설치해두고 각 재료를 계량하고 혼합하여 완전히 비벼진 콘크리트를 트럭믹서 또는 트럭 애지테이터(truck agitator)에 투입하여 운반 중에 교반(攪拌)하면서 공사현장까지 배달 공급하는 방식으로 일반적으로 많이 쓰인다.

셀락(shellac) 수목에 부착하여 기생하는 곤충의 분비물을 정제한 것으로 인도, 동남아시아 등지에서 산출됨. 황갈색 편상(片狀)이며 알코올에 잘 용해됨. 담색일수록 상등품이고 표백한 것은 백색 셀락이라고 함.

셀레늄(selenium) 희유원소(稀有元素)의 하나. 유황과 비슷하여 공기 중에서 푸른 불꽃을 내며 타고 물에 녹지 않음. 유리의 착색 · 광전지(光電池) 등에 쓰임. 천연적으로는 황화물에서 소량이 산출됨.

셀룰로오스(cellulose) 식물 세포막의 주성분, 목재의 세포막을 구성하는 화학성분의 하나, 흰 무정형의 탄화수소 · 무명섬유 · 종이 · 인견사 따위의 물질을 이룸. 섬유소(纖維素)를 말함.

셀룰로이드(celluloid) 니트로셀룰로오스 75%에 장뇌(樟腦) 약 25%를 섞어서 압착하여 만든 일종의 플라스틱으로서 순수한 것은 무색투명한데 안료로 착색함. 여기서 니트로셀룰로오스(nitrocellulose)는 솜 같은 셀룰로오스를 강한 황산과 질산을 뒤섞은 액체에 반응시켜 만든 초산에스테르, 즉 질산섬유소를 말하고 장뇌는 녹나무(樟木)에 함유된 물질로서 무색반투명 결정으로 독특한 향기가 있음.

셀프실링(self-sealing) 펑크가 나도 자동적으로 구멍이 메워지는 것.

소결(燒結) 분말의 집합체나 이것을 적당한 형상으로 가압 · 성형한 것을 가열하였을 때, 분말이 서로 밀착하여 고결(固結)하는 현상.

소다석회유리(soda 石灰琉璃) 소다 · 석회 · 규산을 주성분으로 한 유리. 가장 흔하고 실용적인 유리로서 널리 사용되고 있음. 석회유리 · 소다유리라고도 함.

소다유리(soda glass) 규사 · 석회석 · 무수탄산나트륨을 주원료로 만든 유리로 보통유리 · 크라운(crown) 유리 · 소다석회유리라고도 함.

소도(燒度) 구운 정도.

소디움(sodium) 나트륨을 말함. 즉 알칼리 금속원소의 하나임.

소부(燒付) 재료의 겉에 불로 태워서 부식되지 않게 피막을 형성시키는 것.

소부용(燒付用) 불에 태워서 쓰이는 것.

소석고(燒石膏) 석고를 110~190℃에서 장시간 가열하여 1/2 분자의 결정수(結晶水)를 포함시킨 것. 구운 석고를 말함.

소선(素線, rod) PC강선을 뽑는 원재료의 원형 강봉을 길게 압연하여 감은 제품.

소성(塑成) 가소성(可塑性)을 말함.

소성(燒成) 높은 온도로 구워서 만듦.

소성가공(燒成加工) 물체의 소성을 이용, 변형시켜 필요한 형태로 만드는 일.

소성변형(plastic deformation) 외력을 제거하여도 원래의 상태로 돌아가지 않는 변형.

소성수축(燒成收縮, burning) 세라믹스의 소성 중에 생기는 수축, 길이방향 또는 용적의 수축을 백분율로 표시한다. 도자기의 소성과정에서는 원료에 함유되는 유기물의 원소 · 결정수의 방출, 그 후에 생기는 소결작용으로 수축이 일어난다. 열소수축이라고도 함.

소소(素燒) 굽는다는 말.

소지(素地, nature) 밑바탕, 즉 원인이 되는 바탕.

소재(素材, materials) 기계적인 가공을 하지 않은 재료.

소지재(素地材) 물체를 만드는 밑바탕 재료, 즉 원료.

쇼어경도시험(shore hardness test) 시험편의 면상에 소강구 또는 다이아몬드구를 붙인 작은 추를 일정한 높이에서 떨어뜨리고 튀어오르는 높이로 측정하는 경도를 쇼어경도라 하며, 쇼어경도계(shore hardness tester)로 쇼어경도를 시험한다.

쇄석(碎石) 깬자갈을 말함. 깬자갈(broken-stone, crushed stone, crushed rock)은 자갈의 크기만큼 부순 돌, 인공으로 암석 또는 슬러그를 깨뜨려 만든 골재임.

쇄설암(碎屑岩) 파쇄 · 분해된 여러 가지 암석의 부스러기가 수저(水底)에 침적(沈積) · 고화(固化)되어 생긴 암석.

쇠시리(moulding) 두드러지게 또는 오목하게 하여 모양을 지게 하는 것. 나무의 모나 면을 모양지게 깎아 만든 것. 몰딩(轉刻), 繰形, moulding, molding, 건축이나 기구의 부분장식에 쓰이는 띠돌림)을 말함.

쇠시리형(moulding) 기둥의 모서리 따위에 모양을 내기 위하여 모를 접어 두 골이 나게 하는 형태. 두드러지게 또는 오목하게 하여 모양을 돋운 형상.

수경성(水硬性, hydraulicity) 시멘트가 물과 반응하여 경화하고 차차 강도가 커지는 성질.

수경열(水硬熱) 석회나 시멘트 등과 같이 물과 혼합하면 수화(水和)가 일어나 굳어지면서 발생하는 일.

수막(水膜) 물이 물건의 겉쪽을 덮고 있는 얇은 막.

수밀성(水密性, water tightness) 물을 통과시키지 않는 치밀한 성질.

수밀재(水密材) 물을 통과시키지 않은 치밀하게 만든 재료.

수산가루(蓚酸粉) 칼륨염으로서 식물 속에 들어 있는 무색의 결정인 수산을 가루로 만든 것.

수산기(水酸基) 수소와 산소가 한 원자량으로 된 원자단(原子團).

수산화동(水酸化銅, copper hydroxide) 수산화 제일동(水酸化 第一銅 ; 염화동의 차가운 수용액에 가성소다를 작용시켜 얻는 누른빛의 침전물, 가열하면 서서히 적색의 산화동이 됨)과 수산화 제이동(水酸化 第二銅 ; 염기성 동염에 알칼리용액을 작용시켜서 얻은 푸른 빛 결정성의 분말을 100℃에서 건조시켜 얻는 것)의 총칭.

수산화석회(水酸化石灰) 수산화칼슘(水酸化 calcium). 즉 소석회(消石灰)를 말함. 여기서 소석회는 생석회(生石灰)를 소화(消和)하여 만드는 백색의 가루. 비료 · 소독 · 공업 등에 쓰임.

수산화이온(水酸化 ion) 수산기(水酸基)를 결합하여 수산화물을 일으키는 원자. 여기서 수산기는 수소와 산소가 한 원자량으로 된 원자단(原子團)을 말함.

수산화제이철(水酸化第二鐵) 제이철염(第二鐵塩) 수용액에 알칼리를 가하여 얻는 갈색 침전물. 물에 거의 용해되지 않음. 여기서 제이철염은 일반적으로 황색 내지 갈색을 내는 철의 염류(鹽類)를 말함.

수산화제일철(水酸化第一鐵) 산소를 완전히 제거한 철과 염의 용액에 알칼리를 가하여 얻는 흰 빛의 침전물. 극히 산화하기 쉬움.

수산화칼슘(水酸化 calcium) 생석회에 물을 넣으면 열을 내거나 붕괴하여 생기는 흰빛의 가루. 소석회(消石灰).

수용성 수지(水溶性 樹脂) 물에 용해(溶解)된 성질을 가진 수지.

수용성 호재(水溶性糊材) 물에 녹는 풀 재료.

수용성(水溶性) 물에 녹는 성질.

수용현상(水溶現狀) 어떤 물질이 물에 용해(溶解)되는 상태.

수음점(受音點) 음을 받아들이는 경계점, 즉 재료에서는 음을 흡수하는 경계면.

수장목(修裝木, wood for fixture, ornamental timber) 집이나 가구 등을 손질하고 단장하는 데 쓰이는 재목의 총칭.

수장재(修裝材, factory and shape lumber) 치장이 되는 부분에 쓰이는 용재(用材)를 말하며, 수장재료, 치장재(治裝材), 화장재(化裝材)라고도 함.

수정(水晶) 무색(無色) 투명한 석영의 하나(crystal).

수제성형(手製成形) 기계가 아닌 사람의 손. 즉 인력으로 물체의 형체를 만듦.

수중불분리성 콘크리트(水中不分離性 concrete) 수중불분리성 혼화제를 혼합함에 따라 재료분리 저항성을 높이는 수중콘크리트. 수중불분리성 혼화제는 콘크리트가 수중에서 분리되지 않고 경화하기 전까지 시공할 수 있을 정도의 유동성을 확보할 수 있는 특수한 혼화제를 말함.

수지(樹脂, resin) 나무의 진을 말하며 천연수지와 합성수지가 있는데 일반적으로 후자를 칭함이 많음. 천연수지에는 송진이 있으며 합성수지로는 석탄산 · 요소 · 비닐 · 멜라민 · 폴리에스테르 · 에폭시 · 프탈산 · 아크릴산 · 폴리우레탄 · 폴리아미노 · 실리콘 등이 있음. 칠감의 원료이며 바니시, 전기절연재료용 등으로 사용됨.

수축균열(收縮龜裂, contraction crack, shrinkage crack) 재료에 생기는 수축이 구속되면 재료가 늘어나는 능력이 수축의 양에 응하지 못하여 발생하는 재(材)의 붕괴현상.

수축변형 구속(收縮變形拘束) 재료가 열 등 여러 가지 요인에 의한 수축으로 인하여 재료의 형태나 동작이 달라지게 되는데, 이러한 현상을 제한 또는 강제하려고 하는 것. 콘크리트에 있어 수축변형을 구속하려고 할 때 응력이 생기게 되는데 이 응력에 의하여 균열발생을 초래하는 경우가 있다.

수축보상(收縮補償) 오그라지는 것을 메워주는 것.

수화(水化, hydration) 물질이 물과 화합(化合) 또는 결합하는 현상. 수화물(水化物)이 생기는 일.

수화물(水化物) 물과 다른 분자가 결합하여 생성된 화합물.

수화반응(水和反應) 시멘트 등이 물과 결합하는 화학적 변화, 수화작용(水和作用) 또는 수화(水和)라고도 함.

수화발열량(水和發熱量) 시멘트가 수화작용을 할 때 발생하는 열량, 여기서 수화작용(水和作用)이라 함은 시멘트에 물을 부어 반죽할 때 시간이 지날수록 점차 유동성이 줄고 응고현상이 일어나는 것을 말함.

수화생성물(水和生成物) 물과 다른 분자가 결합하여 생성되는 물질.

수화열(水和熱 : heat of hydration) 수화에너지(hydration energy), 즉 물의 이온(ion : 양 또는 음전기를 갖는 원자 또는 원자단)이나 분자가 수화작용(水和作用)을 할 때 흡수 또는 발생하는 열량. 시멘트가 수화작용을 할 때 발생하는 열.

수화작용(水和作用, hydration) 시멘트에 물을 부어 반죽할 때 시간이 지날수록 점차 유동성이 줄고 응고현상이 일어나는 것.

순결성(瞬結性) 순간(瞬間)에 결정(結晶)하려는 성질. 여기서 결정은 물체가 일정한 평면들에 둘러싸여 내부의 원자배열이 규칙적으로 된 것을 말함.

순도(純度) 품질의 순수한 정도.

순석고 플라스터(純石膏 plaster) 순석고에 석회크림(석회죽) 또는 플로마이트 석회를 혼합한 플라스터로서 정벌용과 초벌용이 있음. 초벌용은 현장에서 용적으로 1~2배, 정벌용에는 2.5배 정도의 생석회 크림이 혼합된 것임. 석회 크림을 만드는 데는 큰 소화조 또는 상당한 기간이 필요하며, 현장에서의 배합관리가 어려워 특수한 경우 외에는 사용되지 않는다.

슈(shoe) 말뚝의 끝을 뾰족하게 만들고 그곳에 강판 등을 씌워서 보강한 것.

슈링크 믹스트 콘크리트(shrink mixed concrete) 플랜트의 고정 믹서에서 어느 정도 콘크리트를 비빈 후 아직 불충분하게 혼합된 콘크리트를 트럭믹서 또는 애지테이터에 투입하여 공사현장까지 도착하는 사이에 소정의 운반시간 만큼 혼합하여 도착 시에는 완전히 비벼진 콘크리트로 만들어 배달 공급하는 방식이다.

스테인 오일(stain oil) 투명 착색제의 하나인 스테인을 오일과 혼합한 것. 여기서 스테인은 실내 목재 도포용의 도장 착색재로서 나무의 소지(素地)를 그대로 보이면서 착색할 수 있음.

스트랜드(strand) PC용의 여러 강선이 꼬인 것. PC콘크리트용의 긴장선(tension)으로 쓰는 세 가닥 또는 일곱 가닥의 와이어로 만든 강연선(鋼撚線)을 칭함.

스트론튬(strontium) 연한 은백색의 금속원소.

스파 바니시(spar varnish) 로진(rosin)에서 만들어진 내알칼리성 에스테르(ester)이며 수지에 동유(桐油)를 사용하는 것을 말하며 장유성(長油性) 바니시로 배의 spar(마스트)에 사용되었다고 해서 스파로 부름. 내수성 · 내마모성이 우수하여 목부 외부용으로 많이 쓰임. 이것은 바디 비니시(body varnish)라고도 함. 스파 바니시의 품질은 한국산업규격(KS M 5603)에 규정되어 있음.

스팬드럴(spandrel) 아치의 바깥둘레 곡선과 이것을 둘러싼 방형 사이의 삼각형 부분. 가구식 구조에서 기둥과 기둥 사이의 벽.

스펀지(sponge) 해면(海綿), 해면 모양의 기포가 있는 고무. 여기서 해면은 정제한 해면동물의 뼈를 말함.

스페이서(spacer) 간격대를 말하는 것으로 거푸집과 철근 또는 철근끼리의 간격을 정확히 유지하기 위한 블록이나 기구(버팀대)를 말함.

스프레이 코팅(spray coating) 벽이나 바닥 등에 스프레이 건으로 뿜칠기 하는 것.

스프레이 타일(spray tile) 벽이나 바닥 등에 스프레이건(spray gun)으로 뿜칠하여 타일 모양의 여러 가지 모양과 색깔을 내게 하는 것.

슬래그(slag) 고로(高爐) 슬래그 또는 광재(鑛滓)를 말함. 즉 각종 광석으로부터 금속을 채취할 때의 잔재로 보통은 제철의 용광로에서 선철(銑鐵)을 뽑아내고 용(溶)선철의 윗면에 남은 찌꺼기를 말함. 비금속성으로 수경성(水硬性)이 있음. 고로시멘트, 광재벽돌, 광재면 등의 원료로 쓰임.

슬랫(slat) 솔기대(slat)를 말한 것으로서 철제 셔터를 구성하는 금속제 · 플라스틱제의 가늘고 긴 얇은 조각을 말함. 여기서 솔기대는 판장 틈이나 문설주 따위에 가늘게 오려 붙인 나무 또는 비늘창문에 빗댄 살이나 비늘살을 말함. 솔대라고 함.

슬러리(slurry) 습식시멘트 제법에 있어서 점토와 석회석의 분말을 물반죽한 죽 같은 액체, 도기 등의 성형을 석고 형틀로 만들 때 부어넣는 진흙상의 점토.

슬러지(sludge) 화학적인 처리 공정(工程)에서 나오는 반(半)고체의 폐기물.

슬러지수(sludge water) 슬러지를 함유한 물.

슬럼프(slump) 슬럼프 시험에 있어서 콘크리트가 무너져 내려앉는 현상. 콘크리트의 워커빌리티(시공연도)를 측정하는 용어.

슬릿공명체(silt resonator) 나무 등의 재료를 가늘고 길게 쪼개어 만든 것을 사용하여 공명(共鳴)형상을 이용, 특정한 진동수의 소리에만 공명시키는 물체. 여기서 공명이란 발음체(發音體)가 외부음파에 자극되어 이와 동일한 진동수의 소리를 내는 형상을 말함.

습윤상태(wet condition) 골재입자의 내부에 물이 채워져 있고 표면에도 물이 부착되어 있는 상태.

습윤양생(濕潤養生, wet curing, moist curing) 모르타르, 콘크리트 등을 습윤상태로 양생하는 것.

승구(承口) 다른 관에 끼워넣어 이을 수 있도록 만든 관의 한쪽 끝.

시멘트 바질러스(cement bazillus) 시멘트의 수화작용시 시멘트에 석고가 들어 있을 때 시멘트의 응결작용을 지연시키는 현상.

시멘트 페이스트(cement paste) 시멘트풀을 말하며, 시멘트풀은 시멘트와 물을 혼합, 끈끈한 풀과 같이 만든 것이다. 콘크리트에서 골재와 골재(잔·굵은골재)끼리 서로 잘 부착되도록 접착역할을 함. 콘크리트에서 시멘트풀은 전체의 22~34% 차지하는 것이 적당함.

시멘트공극비(cement-void ratio) 시멘트의 절대용적에 대한 공극의 용적 백분율(c/v).

시멘트물비(cement-water ratio) 물시멘트의 역수를 말함. 즉 콘크리트 또는 모르타르에 있어서 시멘트의 중량과 시멘트풀 속에 있는 물의 중량 백분율(c/w).

시멘트의 수화(水和) 시멘트가 물과 결합하여 경화(硬化)하는 현상.

시스(sheath) 포스트텐션방법(post-tensioning method)에 있어서 PC강재의 배치구멍을 만들기 위하여 콘크리트를 부어넣기 전에 미리 배치된 튜브(tube, 관·통).

시유(施釉) 유약을 칠함. 여기서 유약(釉藥)은 오짓물을 말한 것으로서 오짓물은 흙으로 만든 기와, 벽돌 등에 올려서 구우면 윤이 나는 잿물(양잿물 : 빨래에 쓰는 수산화나트륨)임.

시칸트 탄성계수(secant modulus) 응력 변형도 곡선에서 직선 한계를 넘어선 어느 정해진 점에서의 변형도에 대한 응력도비를 말함. 콘크리트의 탄성계수를 구하는데 쓰임.

시험비빔(trial mixing) 실제로 사용할 콘크리트와 거의 동일한 재료를 사용하여 배합을 결정하기 전에 시험적으로 비비기 하는 것.

식물섬유(植物纖維) 식물성 섬유를 말함. 여기서 식물성 섬유는 식물로부터 얻을 수 있는 섬유를 말하며, 무명과 같이 잎에서 대마·아마와 같이 인피(靭皮)에서 마닐라삼과 같이 잎에서 채취하는 것 등 여러 가지가 있음. 실·직물·종이 등의 원료가 됨.

신선(伸線) 가늘고 길게 늘어난 선.

신장성(伸張性) 길게 늘어나는 성질.

신전제(伸展劑) 희석제(稀釋制)를 말함.

신축균열(伸縮龜裂) 온도변화 등에 의한 콘크리트 또는 모르타르의 신축에 의하여 발생되는 균열.

실런트(sealant) 시일(seal)재, 조인트나 그 틈새를 공기나 물이 통과하지 못하게 막는 데 사용하는 점성재료.

실리카(silica) 이산화규소(二酸化硅素)의 통칭. 이산화규소는 규소의 산화물(酸化物)로서 결정상(結晶狀)의 것은 석영(石英)으로 산출되고 순수한 것은 수정(水晶)이며 규조토(硅藻土)는 대부분 이것으로 이루어짐.

실리콘고무(silicone rubber) 고무상(狀) 탄성을 갖는 실리콘. 온도변화에 대한 안정성이 좋으며 전기절연성이 뛰어남.

심성암(深成岩) 땅속 깊은 곳에서 강압하여 암장(岩漿)이 서서히 냉각 응고하여 된 암석의 총칭.

쐐기작용(keying action) 형태가 다른 두 가지 물체 사이에 다른 형태의 물체를 삽입함으로써 접속 또는 접착이 잘 되게 하는 기계적 작용을 말하는 것으로, 여기서는 이형철근의 리브와 마디 등으로 철근이 콘크리트 속에서 뽑히지 않도록 2개의 재료가 일체로 되게 하는 작용을 말함.

人자보(principal rafter) 왕대공 지붕틀, 쌍대공 지붕틀 등에 평보와 대공머리를 걸어 중도리를 받는 경사재.

ㅇ

아교질(阿膠質) 아교와 같이 끈끈한 성질, 또 그런 물질. 여기서 아교는 짐승의 가죽 · 뼈 · 창자 · 힘줄 등을 고아 그 액체를 말린 황갈색의 딱딱한 물질을 말함.

아닐링(annealing)철선 가공한 철선을 다시 높은 온도로 가열하여 천천히 냉각시켜 연화(軟化)하여 만든 철선. 여기서 연화는 단단한 것이 부드럽고 무르게 되도록 한 것.

아마인유(亞麻仁油) 아마의 씨로 짜낸 기름. 인쇄잉크나 인주를 만드는 데 씀.

아세톤(acetone) 나무를 건류할 때에 메틸알코올과 함께 얻거나 아세틸렌을 원료로 하여 합성하는 휘발성의 액체.

아연말(亞鉛末) 분상(粉狀) 아연 85~90%와 아연화(亞鉛華 : 산화아연의 공업원료) 8~13% 및 소량의 카드뮴(cadmium ; 아연과 비슷한 청백색을 띤 금속원소, 아연과 함께 산출되어 성질도 비슷함)의 혼합물 아연을 정련(精練)할 때에 침전하는 부산물로 얻을 수 있음.

아연화(亞鉛華, zinc white) 산화아연(酸化亞鉛)의 가루. 여기서 산화아연은 아연을 태워 만드는 흰가루임.

아치(arch) 창이나 문의 뒤쪽을 곡선형으로 쌓아올린 것.

아크릴라이트(acrylite) 아크릴수지를 성형(成型)한 반투명의 합성수지판, 고무의 재료로서 실용화되고 있음.

아크용접(arc welding, electric arc welding) 전기용접에 있어서 아크의 열을 이용한 용접법.

안료(顔料, pigment) 광물질 또는 유기질(有機質)의 백색 또는 유색(有色)의 고체분말로 물에 녹지 않은 착색제(着色劑)의 총칭.

안전성(安全性, soundness) 콘크리트 또는 골재의 동결융해작용에 대한 내구성을 말함. 골재의 안정성 시험 방법은 한국산업규격(KS F 2507)에 규정되어 있음.

안정성(stability) 전단응력을 받았을 때 변형에 저항하는 성질.

안전율(安全率, safety factor, factor of safety) 재료가 파괴될 때까지의 최대응력(파괴응력), 즉 극한강도를 허용응력으로 나눈 값.

안정제(安定劑, stabilizer) 물질을 방치(放置) 또는 보존(保存)할 때, 그 상태변화 · 화학변화를 방지하기 위하여 첨가하는 물질. 물제의 안정성을 증가 또는 유지하기 위해 물체에 첨가하는 물질.

알데히드(aldehyde) 휘발하기 쉬운 무색의 액체인 아세트알데히드(acetaldehyde)를 말함. 산화하기 쉽고 환원성이 강함[CH_3CHO].

알루미나 화합물 산화알루미늄을 주성분으로 하는 화합물, 여기서 산화알루미늄은 알루미늄을 달구어 물에 넣을 때 물을 분해하여 수소를 유지시키고 생긴 산화물로서 알루미나를 말함.

알루미나(alumina) 산화알루미늄(알루미늄을 달구어 물에 넣을 때 물을 분해하여 수소를 유지시키고 생긴 산화물)을 말함.

알루미늄 스팬드럴(aluminum spandrel) 알루미늄 만든 스팬드럴, 여기서 스팬드럴은 건축물의 외벽에 있어서 창대에서 그 아래층의 창인방까지의 사이에 있는 벽 또는 가구식 구조에서 기둥과 기둥 사이의 벽을 말함.

알루미늄박(aluminium foil) 종이처럼 얇게 늘인 알루미늄판으로 두께가 최소 0.006mm의 것도 있음. 그대로 쓰이는 것은 0.009~0.016mm, 종이에 붙이는 것은 0.007mm 정도임.

알루미늄 분말(aluminium 粉末) 알루미늄을 분말상(粉末狀 ; 가루상태)으로 한 것.

알칼리골재반응(alkali 骨材反應) 시멘트에 함유되어 있는 나트륨이나 칼륨 등의 알칼리 금속은 조건에 따라서는 골재 내의 비경질 실리카와 반응하여 팽창성의 물질이 생성된다. 이것을 알칼리골재반응이라 하는데, 이 반응이 진행되면 콘크리트가 팽창하여 표면에 거북등과 같은 균열을 비롯하여 콘크리트의 팽창에 기인된 각종 균열이 발생하고, 콘크리트의 열화(劣火, degradation : 분해, 변질되는 현상)가 진행된다.

알칼리 토류금속(alkali 土類金屬) 칼슘(Ca) · 스트론튬(Sr) · 바륨(Ba) · 라듐(Ra)의 총칭. 모두가 백색의 가벼운 금속, 2수산화물은 알칼리성을 나타내어 여러 가지 산화염(酸化塩)을 만들며 물에 녹는 일은 적음. 알칼리 토금속(alkali 土金屬)이라고도 함.

알칼리성(alkaline) 알칼리와 같이 염기성을 나타내는 성질. 여기서 알칼리(alkali)는 강한 염기성을 나타내는 화학물질을 말하며 염기성(塩氣性)은 알칼리성을 말하는 것으로 붉은 리트머스(litmus)시험지를 청색으로 변화시키며 산과 중화하여 염을 생성하는 성질을 말함.

알코올(alcohol) 탄화수소의 수소원자를 수산기(水酸基)로 치환(置換)한 형태의 화합물의 총칭. 여기서 수산기는 수소와 산소가 한 원자량으로 된 원자단(團)을 말하고 치환은 어떤 화합물의 어떤 원자 또는 원자단을 다른 원자 또는 원자단으로 바꾸어놓음을 말함.

알키드(alkyd) 알키드수지(alkyd resin)를 말함.

암면(岩綿) 현무암 · 안산암 등을 용융한 것을 원심력, 압축공기 또는 고압증기로 섬유화시킨 것으로 일명 광석면이라고도 함.

암분(岩粉) 화학적으로 풍화(風化)되지 않은 잔 조암(造岩)광물의 분말. 천연암석의 운반 또는 파쇄(破碎)때에 생김.

압려(壓濾) 압력장치로 물을 거르는 것.

압송성(壓送性) 콘크리트를 콘크리트 펌프(concrete pump)를 써서 관속(管中)을 통해 혼합장소에서 치는 장소까지 보내는 압송에 대한 콘크리트 성질.

압연(壓延) 금속 가공법의 하나. 회전하는 압연기의 롤(roll) 속에 상온이나 고온으로 열한 금속을 넣어서 봉상(棒狀) 또는 판상(板狀)으로 만드는 일.

압접(壓接, pressure welding) 두 개의 피용접재를 가열한 후 기계적으로 압력을 가해 접합시키는 용접 방법.

압체(壓締) 압력에 의해 얽히어 풀리지 않게 함.

압축강도(compressive strength) 재료가 파괴되지 않을 정도의 최대의 압축응력.

압출(壓出) 압력을 가하여 밀어냄. 액체상(液體狀)의 재료에 압력을 가하여 노즐을 통과시켜 방사(紡絲)함.

압출성형(壓出成形) 눌러서 밀어내어 본디의 생김새로 만듦.

애지테이터 트럭(agitator truck, agitating truck) 콘크리트를 수송 도중에 콘크리트의 경화 및 분리를 일으키지 않도록 회전드럼(애지테이터)을 장치한 레디믹스트콘크리트 전용 운반용의 트럭임. 반혼합콘크리트를 계속 혼합하여 약 1시간 반의 거리까지 운반할 수 있음.

액상(液相) 액체상태를 이루는 상(相). 여기서 상은 물리적 · 화학적으로 균질한 물질의 부분을 말함.

액화석유가스(LPG liquified petroleum gas) 프로판가스 등의 액화된 석유가스, 프로판가스의 액화온도는 약 −50℃임.

앰버(amber, 琥珀) 수지가 땅 속에 파묻혀서 돌처럼 굳어진 것으로 화석수지 중 오랜 기간 경과된 수지이며 황색, 투명 또는 반투명이고 광택이 있음.

양도체(良導體, conductor) 전기나 열이 잘 전도되는 물체, 은 · 동 · 알루미늄 등.

양생(養生, curing) 콘크리트 치기가 끝난 다음 온도 · 하중 · 건조 · 충격 · 오손 · 파손 등의 유해한 영향을 받지 않도록 충분히 보호 · 관리하는 것.

양생제(養生劑, curing agent) 시멘트의 응결을 촉진시켜 콘크리트의 조기 강도를 증대시키는 혼화제의 일종. 보통 염화칼슘이나 규산나트륨이 사용됨.

양자(陽子) 중성자(中性子)와 함께 원자액의 구성요소인 소립자(素粒子)의 하나.

어저귀 아욱과에 속하는 일년초. 줄기는 원주형으로 높이 1.5m 가량이고 줄기껍질은 섬유로 쓰임.

에너지(energy) 직접 또는 간접적으로 일을 하는 능력으로서 운동에너지, 위치에너지, 전기에너지, 자기에너지 등이 있음.

에스테르고무(ester gum) 일반적으로 천연수지, 특히 로진(rosin)은 산성이 강하고 금속산화물이 많이 함유된 안료 또는 기름에 섞이면 불용성 염류를 생성하여 기름과 분리 된다. 이를 방지하기 위하여 로진에

글리세린(glycerine), 석회 등을 섞어 미리 중화하여 유기산, 즉 에스테르를 만들어 사용함. 이것을 에스테르고무라고 하는데 내알칼리성이고 내열성이어서 스파 바니시의 원료로 쓰이며 반천연수지임.

에스테르(ester) 유기산 또는 무기산과 알코올이 탈수반응에 의하여 결합하여 생긴 실제의 화합물 또는 이론상 이에 해당하는 구조를 가진 화합물의 총칭. 알칼리를 작용시키면 산의 알칼리염과 알코올로 분해함.

AE제(A · E劑, 에이이제, air-entraining agent) 미소하게 독립된 수없이 많은 기포를 발생시켜, 이를 모르타르나 콘크리트 내에 고르게 분포시키기 위하여 쓰이는 재료. 공기연행제(空氣連行劑)라고도 함.

에틸알코올(ethyl alcohol) 당류의 알코올 발효에 의해 얻을 수 있는 무색투명한 액체. 알코올음료의 주성분임.

역청분(瀝青分) 역청 성분을 말함. 여기서 역청은 천연산의 탄화수소 화합물의 총칭.

역청질(瀝青質) 역청 성분을 함유한 물질. 여기서 역청은 천연산의 탄화수소 화합물의 총칭으로서 고체의 아스팔트 · 액체의 석유 · 기체의 천연가스 등을 말함.

역청칠(瀝淸塗料) 주로 천연산의 탄화수소화합물로 만든 도료.

연단(鉛丹, red lead) 산화납을 공기 중에서 조용히 가열할 때에 생기는 적색의 가루, 안료 또는 도료 · 납유리의 원료로 쓰임.

연도(軟度) 묽은 정도.

연마성(研磨性, 鍊磨性) 여러 번 갈고 닦음을 가진 성질, 고체의 표면을 다른 고체의 표면으로 갈아서 평활하게 하는 성질.

연백(鉛白, white lead) 염기성 탄산염(塩氣性炭酸鉛), 여기서 염기성 탄산염은 납에 초산증기(醋酸蒸氣)를 작용시켜 만든 무색 · 무미 · 무취의 가루로서 도기제조 · 건조제 · 연고 · 경고 등을 만드는 데 쓰임.

연성(軟性, softness) 부드러운 성질, 유연한 성질.

연속세공(連續細孔) 잇따라 이어져 생긴 가는 구멍.

연속피막(連續皮膜) 끊이지 않고 계속해서 물체를 덮어 싸고 있는 막.

연신성(延伸性) 인장에 의해 늘어나는 성질, 즉 연성(延性)을 말함.

연신율(延伸率) 인장시험에 있어서 파단 후의 시험편을 맞대고 표점 사이의 변형량을 구해서 비율로 나타내는 것을 말함. 즉 $\text{연신율}(\%) = \dfrac{(\text{파단 후의 길이}) - (\text{표점간 거리})}{\text{표점간의 거리}} \times 100$.

연질화(軟質化) 부드러운 성질 또는 연한 성질로 되어 가는 것.

연화(軟化) 단단한 것이 부드럽고 무르게 됨.

연화점(軟化點) 유리 · 내화물 · 플라스틱 · 아스팔트 · 타르 등의 고형(固形) 물질이 가열에 의해서 변형, 변화를 일으키기 시작하는 온도, 연화온도.

연화제(軟化劑, softener) 칼슘이나 마그네슘 등의 이온을 제거함으로써 경수(硬水)를 연수(軟水)로 변화시키는 화학약품. 여기서 경수는 칼슘염, 마그네슘염이 비교적 많이 용해 · 함유된 천연수를 말하고 연수는 칼슘이나 마그네슘 등 광물질을 함유하지 않거나 아주 조금 함유하고 있는 물을 말함. 경수를 끓이면 연수가 됨. 연수를 단물이라고도 하고 세탁 · 염색 등에 적합한 물임.

열가소성(熱可塑性, thermoplasticity) 플라스틱의 성질 중 온도를 높이면 소성을 나타내고 냉각하면 굳어지지만 다시 가열하면 유연해지는 것.

열간압연(熱間壓延, hot rolling) 재료(강)을 재결정온도(1,200℃ 정도) 이상으로 압연하는 것. 강의 내부조직을 치밀하게 하고 결합을 개량하여 강인한 재료(강)를 만드는 데 쓰임.

열경화점(熱硬化點) 플라스틱의 성질 중 처음에는 소성(塑性)을 나타내어도 가열하면 굳어지고 그 뒤에 다시 유연해지려는 한계점.

열선에너지(heat rays energy) 적외선(赤外線)에너지를 말함. 열선(熱線)이라 함은 복사선(輻射線) 중에 가시(可視)광선보다 파장이 긴 것. 즉 적외선을 말함.

열에너지(heat energy) 분자 · 원자의 열운동(熱運動), 열진동(熱振動)에 의해 물체 내에 저장되어 있는 에너지.

열응력(熱應力) 재료가 온도의 변화에 의한 팽창 또는 수축 때문에 일어나는 응력.

열저항치(熱抵抗値) 열전도저항(熱傳導抵抗) 값을 말하는 것으로써, 이는 두께가 d인 전열평면층의 열전도율을 λ라고 하면 열전도저항값은 d/λ가 되며 단위는 m^{2}h℃/kcal이다.

열전도계수(熱傳導係數) 동일한 재료 내에서 온도차가 있을 경우 높은 온도의 분자로부터 인접한 다른 분자로 열이 전달하는 비율.

열화(劣化, degradation) 재료가 외부의 작용에 의해 분해 또는 변질되어 가는 것.

열화현상(熱火現狀) 매우 급한 화증(火症)의 현상.

열화현상(劣化現狀) 재료가 열화(劣化)로 되어가는 상태.

열확산계수(熱擴散係數) 분자 질량이 다른 기체 혼합물에 열의 전도가 일어나려고 하는 현상의 비율.

열확산율(熱擴散率, thermal diffusion ratio) 분자 질량(質量)이 다른 기체 혼합물에 열의 전도(傳導)가 일어날 때 그에 따라 농도차(濃度差)가 생기는 현상에 대한 비율.

염기류(塩基類) 산과 반응하여 염을 만드는 화합물의 총칭.

염기성 탄산동(鹽基性炭酸銅) 구리가 공기 속에서 수증기와 탄산가스 때문에 산화(酸化)되어 생긴 푸른 녹. 천연으로는 공작석(孔雀石)으로서 산출되며 안료로 쓰임.

염기성(鹽基性) 알칼리성(alkaline)을 말함. 즉 알칼리(alkali)와 같이 염기성을 나타내는 성질, 곧 붉은 리트머스(litmus)시험지를 청색으로 변화시키며 산과 중화하여 염을 생성하는 성질.

염료(染料) 염색에 쓰는 재료. 물감, 여기서 염색(染色)은 물을 들림을 말함.

염안료(染顔料) 섬유 기타의 염색에 쓰이는 유기물질의 착색제(着色劑)의 총칭.

염화나트륨(塩化 natrium) "소금"의 화학명.

염화마그네슘(塩化 magnesium) 조제(粗製 ; 물건을 거칠게 만듦) 식염 속에 함유되어 있는 조해성(潮解性 ; 고체가 대기 중의 습기를 빨아들여 저절로 녹는 성질)이 많은 쓴맛의 백색 결정체.

염화물(塩化物 chloride) 염소가 음성원소(陰性元素)로서 화합된 물질의 총칭. 음성원소는 전기음성도(電氣陰性度)가 비교적 큰 원소를 말한 것으로서 할로겐원소 · 산소 · 유황 등이 대표적인 것임.

염화석회(鹽化石灰) 염소(塩素)가 석회에 화합된 물질.

염화칼슘(calcium chloride) 탄산칼슘 · 소석회(消石灰)에 염산을 작용시켜 얻은 용액을 증발 · 농축하여 만드는 백색의 결정 또는 가루, 물에 녹기 쉬움. 천연적으로 바닷물 또는 혈액 내에 약간 존재함.

오버레이(overlay) 덮어대는 것. ~위에 입히다(깔다).

오존(ozone) 특유한 냄새가 있는 미청색(微靑色)의 기체, 산성이 강하고 살균 · 소독 · 표백 등에 쓰임.

오짓물(釉藥) 흙으로 만든 기와, 벽돌 등에 올려서 구우면 윤이 나는 잿물. 여기서 오지(salt glaze)는 진흙에 포함된 규산염과 식염 혹은 화학약품이 증기와의 화학반응 결과 나타나는 광택 있는 마감재를 말함.

오프셋(offset) 평판인쇄의 하나. 판 · 고무 블랭킷. 압의 세 원통이 접촉하면서 회전하여 자동적으로 판면에 물과 잉크를 발라 판면으로부터 일단 고무 블랭킷에 인쇄되고 다시 종이에 전사 인쇄됨.

오토클레이브 양생(autoclave curing) 콘크리트의 경화를 촉진하기 위하여 고압 증기솥 중에서 실시하는 양생.

오토클레이브(autoclave) 보통 교반(攪拌)장치 · 온도계 삽입공 · 압력계 · 안전판 등을 갖추고 있는 원통형 내압용기임. 고온고압 증기솥.

옥타브(octave) 음계의 어떤 음에 대하여 그것보다 위로 8음정이 되는 음. 또 그 양자의 간격, 물리학적으로는 진동수가 2배가 되는 음정.

온도균열(溫度龜裂, temperature crack) 단면치수가 큰 부재에 친 콘크리트는 경화 중에 시멘트의 수화열이 축적되어 콘크리트의 내부 온도가 상승한다. 이때 콘크리트 부재 표면과 내부와의 온도차 또는 부재 전체의 온도가 강하할 때의 수축변형 구속 등에 의해 응력이 생겨 균열이 발생하는데, 이와 같이 발생한 균열을 말한다. 온도균열은 단면 내에 생긴 온도차에 의해 생긴 경우나 외부로부터의 구속에 의해 수축이 방해되어 생긴 경우로 나눌 수 있다.

온도응력(溫度應力, temperature stress) 온도변화에 의한 팽창 또는 수축으로 일어나는 응력.

온도철근(溫度鐵筋, temperature bar, temperature reinforcement) 온도변화에 따른 콘크리트의 수축으로 인하여 생긴 균열을 최소한으로 하기 위해 PC부재의 전면에 걸쳐 넣은 철근.

와이어매시(wire mesh) 철선으로 된 좁은 망형의 철물.

왁스(wax) 납 · 봉랍 · 밀초를 말함. 여기서 봉랍(蜂蠟)이라 함은 꿀벌의 배 밑에 있는 납선(蠟)에서 나오는 분비물(分泌物)을 말하고 밀초란 밀(꿀찌끼를 끓여 짜낸 기름)을 재료로 써서 만든 초를 말함.

완경제(緩硬劑, retarder) 석고 · 시멘트 등의 응력을 낮추는 혼화제, 지연제(遲延劑)라고도 함.

완곡재(緩曲材) 꺾어 올린 우물반자의 격자 사이에 사용한 가는 굽힘재.

완충제(緩衝劑) 두 재료 사이의 충돌을 방지하기 위하여 만든 물질.

왕대공(王臺工, king post) 왕대공 지붕틀의 한가운데에 세우는 연직 대공.

외(椳)바탕 나무졸대 또는 수수깡 등을 엮어 대고 진흙을 바른 자리.

요소(尿素, urea) 인체 및 육식동물의 체내에서 단백질이 분해할 때 생성되어 오줌으로 배설되는 질소화합물.

요소수지(尿素樹脂, urea resin) 합성수지의 하나로 요소와 포르말린으로 만든 것으로서 도료, 접착제로 이용됨.

요업제품(窯業製品) 가마를 써서 고열로 가공하여 만든 제품.

용가재(熔加材, filler metal) 용착금속을 만들기 위해서 용해용으로 공급되는 금속, 즉 용접봉을 말함.

용사법(溶射法) 용접에 있어서 금속 또는 금속화합물의 미분말을 가열하여 반용융상태로 만들어 분사하여 밀착 피복시키는 방법.

용선로(鎔銑爐) 주철을 용융(熔融)하는 간단한 가마.

용융(熔融, fusion) 고체가 열에 녹아 액체가 되는 것. 융해(融解)라고도 함.

용융금속조(float bath) 녹은 유리가 녹은 금속 위에 뜨게 되는 큰 수조.

용융도금(熔融鍍金) 용융금속 속에 피도금물(被鍍金物)을 침지(浸漬)시켜 도금하는 방법. 알루미늄 · 주석 · 아연 등의 도금이 행해지고 있으나 이용도는 낮음.

용융상태(熔融狀態)에서 융합(融合) 고체가 열에 녹아 액체가 되는 상태에서 하나로 합치는 것.

용융잠열(熔融潛熱) 고체가 열에 녹아 액체로 되는 상태에서 그 액체의 내부에 숨어 있어 외부에 나타나지 않는 열, 즉 액체 내부에 잠재되어 있는 열량.

용접성(熔接性, weldability) 두 금속재료에 고도(高度)의 전열 또는 가스열을 주어 접합시킬 수 있는 성질. 모재(母材)를 어떤 용접법으로 용접할 때에 만족한 접합이 생기는가의 여부 또는 용접이음이 그 구조물의 사용목적을 만족시키는가의 여부.

용제(溶劑, vehicle, medium) 도료에 있어서 고체의 도막결정 성분을 용해하는 성분으로서 도막결정 성분이 유동체인 경우에는 이것을 희석하여 점도를 낮춤. 일반적으로 유기용제를 사용하지만 수성도료인 경우에는 물을 사용함.

용제접착(溶劑接着) 물질을 용해(溶解)하기 위해 사용하는 액체물질로 달라붙게 하는 것.

용제형(溶劑型) 물질을 용해(溶解)하기 위해 사용하는 액체 물질과 같은 형태.

용착(熔着) 접합부분(接合部分)에 녹아 붙게 하는 일.

용출(溶出) 성분의 일부가 물 따위에 녹아 흘러나옴.

용해(溶解, dissolution) 기체 · 고체 · 액체의 물질이 다른 액체 속에서 녹아 균일한 액체가 되는 현상(現象). 이때 녹은 물질을 용질(溶質)이라 하며 용질을 녹이는 액체를 용매(溶媒)라 하고 생긴 액체를 용액(溶液)이라 함.

용해로(溶解爐, tank furnace) 금속을 용해시키는 가마의 총칭. 융해로(融解爐)라고도 함.

용화성(熔化性) 열로 녹여서 모양을 변화시키는 성질. 열 때문에 녹아 모양이 변화는 성질.

용화소지질(熔化素地質) 열 때문에 녹아 모양이 변할 수 있는 바탕재의 성질.

우레탄(uretan) 우레탄수지의 약자. 우레탄수지는 인조고무의 일종으로서 기름에 녹지 않고 마멸도가 적으며 접착제 · 방음제로 쓰임.

운모(雲母) 육각 판상의 결정으로 규산염 광물, 화강암 중에 흔하며 잘 벗겨짐. 돌비늘.

운모계(雲母系) 판상(板狀) 또는 편상(片狀)의 규산(硅酸) 광물 계통.

운석분(雲石粉) 중국 운남에서 나온 옥석(玉石)의 가루.

울거미(框, frame) 뼈대가 되는 틀, 문짝 등과 같이 짜서 만든 물건의 가장자리를 이루는 뼈대.

워커블(workable) 작업(시공)하기에 좋은 정도.

워커빌리티(workability) 반죽질기 여하에 따른 작업의 난이 정도 및 재료의 분리에 저항하는 정도를 나타내는 아직 굳지 않은 콘크리트의 성질. 시공연도(施工軟度)라고도 함.

원심력(遠心力 ; centrifugal force) 원운동(圓運動)을 하고 있는 물체에 작용하는 관성(慣性)의 힘. 일반적으로는 회전의 중심에서 멀어지려는 힘을 말하며, 원심분리기 등에 응용됨.

원심성형(遠心成形) 원심력(회전의 중심에서 멀어지려고 하는 힘)을 응용하여 물체의 형태를 만듦.

원자(原子, atom) 물질을 점점 작게 나눌 때 어떠한 물리적 · 화학적 방법에 의해서도 더 나눌 수 없다고 생각되는 극히 미세(微細)한 입자(粒子).

원적외선(遠赤外線) 적외선 가운데 파장이 긴 것. 분자의 회전운동을 조사하는 데 사용됨.

웨팅에이전트(wetting agent) 수분을 흡수하거나 보전시키는 물질, 즉 습윤제(濕潤劑)를 말함.

유기고분자물질(有機高分子物質) 탄소를 주성분으로 한 고분자 화합물.

유기산(有機酸) 동물 · 식물의 몸 속에 있는 산의 총칭.

유기안료(有機顔料) 유기화합물로 만든 안료의 총칭. 레이크(lake ; 철 · 크롬 · 알루미늄 등 금속의 수산화물과 물감을 결합시킨 불용성의 안료) 안료라고도 하며 염료(염색에 쓰이는 재료)로부터 만들어진 안료. 이는 일반적으로 색상이 선명하고 착색력이 크나 내광성, 내열성이 떨어지고 유기용제에 녹는 것이 많음. 색소안료는 내광성, 내용성이 양호하고 착색력이 크나 값이 비싸다.

유기암(有機岩) 동식물의 유해(遺骸)가 물속에 침적(沈積)하여 된 암석의 총칭.

유기질 재료(有機質材料) 생물체로 구성하고 있는 것을 원료로 하여 인공적으로 만든 재료. 즉 목재, 섬유류 제품, 도료 등.

유기화합물(有機化合物, organic compound) 탄소를 주성분으로 하는 화합물. 여기서 화합물은 두 가지 이상의 물질의 화학적 결합에 의해 만들어진 물질을 말함.

유도체(誘導體) 화합물의 분자 안의 일부분이 변화하여 생기는 화합물.

유동상태(流動狀態) 액체 따위가 흘러 움직이는 상태.

유동성(流動性, mobililty) 액체와 같이 이리저리 흘러 움직이는 성질.

유동특성차(流動特性差) 두 가지 이상의 재료를 어떤 기구 내에 넣어 압송 시 유동의 변형을 일으키는 차이, 즉 콘크리트를 펌프압송 시 유동성이 양호한 모르타르가 앞서 나가고 굵은골재가 뒤에 처져서 나오는 그러한 현상과 같은 원인이 된 유동의 차이.

유리상(琉璃狀) 원자나 분자가 결정(結晶)처럼 규칙적인 배열을 하지 않고 있거나 또는 결정화(結晶化)하는 데 장기간이 걸리는 고체(固體)의 상태. 여기서, 결정화라 함은 용액 · 융해물(融解物) 등으로부터 결정성 물질을 형성하거나 형성하게 하는 것을 말함.

유리섬유(glass fiber) 유리의 원료가 녹은 유리액이 미세한 구멍을 통해 나온 것(섬유상)을 냉각시킨 것. 안전 사용온도는 300℃, 비중이 0.1 이하, 인장강도 $200kg/cm^2$ 정도이다. 플라스틱 제품의 보강용으로 쓰이고 단열재 · 방음재 · 보온재 · 전기전열재 등에 이용함.

유리수(free water) 생체 따위의 구성분자와 결합되어 있지 않은 물.

유리질(琉璃質) 유리와 같은 성질, 즉 단단하나 깨어지기 쉬우며 투명한 성질.

유리탄소(遊離炭素) 화합물 속에서 화학적으로 결합하지 않고 있는 탄소. 결합탄소(結合炭素)라고도 함.

유리화(遊離化) 원소가 다른 원소와 화합하지 않고 단체(單體)로 존재하거나 화합물 가운데서 원소가 단독으로 분리되어 가는 작용.

유변성(油變性) 기름으로 변성하는 것.

유산(乳酸) 쉬은 젖 속에 생기는 산(酸), 유당이나 포도당을 유산균으로 발효시켜 만듦.

유산염(硫酸塩) · 탄산염(炭酸塩) 유산염은 황산염의 구용어로서 황산염(黃酸塩)은 황산 내의 수소원자 일부 또는 전부를 금속원자로 바꾸어 놓은 모양의 화합물(황산구리 · 황산나트륨 등)을 말하고 탄산염은 탄산의 수소원자가 금속원자로 치환되어 생성된 화합물을 말함.

유상(油狀) 기름과 같은 상태.

유약(釉藥) 오짓물, 즉 점토소성 제품에 올려서 구우면 윤이 나는 잿물.

유연(油煙) 기름 · 관솔 등을 불안전 연소시킬 때 생기는 검은 색의 미세한 탄소가루 · 먹을 만드는 데 쓰임.

유연막공(有緣膜孔) 가도관 속에 있는 바퀴 모양의 이중으로 된 막의 구멍.

유연성(柔軟性) 부드럽고 연한 성질, 또 그 정도.

유제(乳劑) 기름 같이 물에 녹지 않은 물질에 아라비아고무 따위의 유화제를 더해 잘 짓개어 만든 젖빛 같은 물. 즉 유탁액을 말함.

유제형(乳劑型) 물에 녹지 않은 물질에 유화제(乳化劑)를 더해 잘 짓개어 만든 젖빛 같은 액체의 형태.

유탁상(乳濁狀) 액체 미립자(微粒子)가 이것과 혼합(混合)하지 않는 다른 액체를 매질(媒質)로 하여 분산(分散)해 있는 상태.

유화(乳化) 유탁액(乳濁液)을 생성하는 현상. 일반적으로 휘저어 섞거나 흔들어 섞거나 또는 분사하는 등의 기계적 조작을 가해서 생성시킴. 유제(乳劑).

유화물(硫化物) 황화물(黃化物)을 말함. 황화물은 유황과 양성(陽性)의 원소와의 화합물로서 금속 황화물은 보통 광물로서 천연적으로 산출되며 대개는 황색을 띰.

유화분산(乳化分散) 휘저어 섞거나 흔들어 섞거나 하는 등의 기계적 조작을 가해서 이리저리 흩어지는 현상.

유화제(乳化劑, emulsifying agent) 유탁액(乳濁液) 제조를 용이하게 하고 또한 안정을 유지하는 작용을 하는 물질. 여기서 유탁액은 유제(乳劑)를 말함.

유화형 분말수지(乳化形粉末樹脂) 유탁액(乳濁液)을 생성하는 현상의 가루수지, 유탁액은 유재(乳劑)를 말함.

유효세장비(有效細長比) 조립압축재에서 충복(充腹)이 아닌 축에 대한 좌굴 산정은 전단변형의 영향 때문에 전단면이 일체로 된 경우보다 내력(內力)이 감소하기 때문에 이 영향을 고려해서 산정한 세장비(slenderness ratio). 여기서 세장비란 재의 좌굴길이와 단면2차 반경과의 비를 말함.

융점(融點) 융해점(融解點)을 말함. 즉 융해(融解)가 일어나는 온도. 여기서 융해는 고체에 열을 가했을 때 액체로 되는 현상을 말함.

음압레벨(sound pressure level) 음압의 크기를 나타낼 때는 어떤 기준의 음압을 정하고 그것에 대한 비를 데시벨(단위 : dB)로 나타내는데, 이 값을 음압레벨이라 함.

음에너지(sound energy) 음파(音波)가 존재할 때의 총에너지와 음파가 존재하지 않을 때의 에너지의 차(差).

음원(音原, sound source) 음의 발생하는 근원.

음향재료(音響材料, acoustical materials) 차음(遮音) · 방음(防音) 또는 흡음재료(吸音材料, sound absorbing materials) 등의 총칭.

응결(凝結, setting) 시멘트가 수화작용에 따라 일어나는 화학적 현상으로서 형체를 유지할 수 있을 정도로 엉키는 초기작용, 모르타르 또는 콘크리트가 유동적인 상태에서 겨우 형체를 유지할 수 있을 정도로 엉키는 초기작용.

응력균열(應力龜裂, stress crack) 외부의 하중 또는 반력 등을 받은 부재나 구조물의 내부에 생기는 외력에 저항(대응)하는 힘에 응하지 못하여 발생하는 재(材)의 붕괴현상.

응집력(凝集力) 액체나 고체 사이에 있는 인력.

응집작용(凝集作用) 유사한 요소로 된 집합체의 각 부분이 서로 모이려고 하는 작용.

의산(蟻酸) 자극성이 있는 무색산의 하나.

이방성(異方性, anisotropy) 재료의 성질이 방향에 따라 서로 다른 성질. 목재의 섬유방향에 따른 강도나 탄성계수의 차이를 말함. 일반적으로 섬유방향에 평행력을 가진 것이 가장 강하고 직각인 것이 가장 약함. 중간의 각도 (10~70°)에서는 거의 직선적임.

이산화규소(二酸化硅素, silicon dioxide) 규소의 산화물(酸化物), 결정상(結晶狀)의 것은 석영 곧, 수정(水晶)임. 통칭 : 무수규산(無水硅酸)[SiO_2].

2성분형 실링재 시공 직전에 기제(基劑)와 경화제를 배합하고 비벼서 사용하는 실링재. 여기서 기제는 다황화물(多黃化物)액상 폴리머(polymer)에 카본블랙(carbon black)으로 만든 것임.

이소프렌(isoprene) 탄성고무를 열분해할 때에 생기는 액체. 인조고무의 주요한 원료임.

이온화(ionization) 원자 또는 분자가 이온으로 되는 일. 또 이온으로 만드는 일. 여기서 이온(ion)이란 전기를 띤 분자 또는 원자의 떼를 말함.

이음쇠(clamp) 두 재의 이음을 보강하여 대는 철물, 이음철물.

이탄(泥炭) 토탄(土炭)을 말함. 즉 땅속에 매몰된 연대가 오래되지 않아 탄화작용이 충분히 되지 않은 석탄의 한 가지.

인견(人絹) 인조견사로 짠 비단. 인조견(人造絹)을 말함.

인광체(燐光體, phosphorescent substance) 인광을 발하는 물질. 특히 알칼리 토금속의 황화물(黃化物)에 약간의 중금속을 혼합한 물질을 말하며 황화칼슘 · 황화바륨(黃化 barium) 등임.

인발(引拔) 강의 기계적 가공법의 하나, 다이스(dies)를 통해 강재를 소요의 단연재로 뽑아내는 방법, 직경 5mm 미만의 철선은 상온으로 뽑아낼 수 있음.

인산(燐酸) 담황색 반투명의 비금속의 하나인 인(燐)을 태워 그 생성물을 물에 용해하여 얻은 산(酸)의 총칭. 여기서 산은 물에 녹으면 수소이온을 생성하는 수소화합물로서, 그 용액은 시고 푸른 리트머스를 붉게 변하게 함. 리트머스(litmus)는 리트머스 이끼 종류에서 짜낸 자줏빛 색소로서 알칼리를 만나면 청색, 산을 만나면 붉은색이 됨.

인산염 피막방법(燐酸塩 被膜方法) 도장(塗裝) 전 금속의 방식(防蝕)을 위하여 인산염으로 금속 표면에 피막을 입히는 방법.

인자(因子, factor) 어떤 사물의 관계, 조건을 구성하는 낱낱의 요소.

인장강도(tensile strength) 인장력에 의한 강도.

인편상(鱗片狀) 비늘조각과 같은 모양.

일(work) 물체에 힘을 주어 이동시켰을 때에 이 힘의 크기와 물체가 이동한 거리와 곱. 즉 힘과 변위를 서로 곱한 것.

1성분형 실링재 미리 시공 가능한 상태로 배합되어 있어 현장에서 그대로 사용할 수 있는 실링재.

임계점(臨界點) 평형상태 물질의 두 상(相)이 서로 같게 되어 한 상을 이룰 때의 온도와 압력, 보통 때는 부분적으로만 혼합되는 두 액체가 완전히 일체화될 때의 온도와 압력.

입도분포(粒度分布, grain size distribution) 골재의 입경(粒經 : 골재지름)별 함유비율. 흙에 섞여 있는 여러 가지 흙입자의 입경별 함유비율.

입도율(粒度率, finess modulus) 골재를 체로 쳐서 각 체에 남는 것을 처음 골재의 전 중량으로 나눈 백분율, 약자 : F.M. 조립률(組粒率, finess modulus)

입사(入射, incidence) 하나의 매질(媒質) 속을 나아가는 광파(光波)가 다른 매질의 경계면(境界面)에 도달하는 일, 여기서 매질은 한 곳에서 다른 곳으로 물리적 작용을 전해주는 매개물을 말함.

입사각(入射角, dngle of incidence) 입사광선이 입사점에서 경계면의 법선(法線 ; 평면상의 곡선 위에 있는 임의의 점의 접선에 수직되는 직선)과 이루는 각. 투사각(投射角)이라고도 함.

입상 폴리스티렌 비즈(粒狀 polystyrene beads) 알맹이 모양의 폴리스티렌 거품. 여기서 폴리스티렌은 스티렌(styrene)의 중합체(重合體). 즉 스티롤수지의 다른 이름임.

입상(粒狀, granulous) 알맹이 모양. 낱알 모양.

입자상(粒子狀) 물질을 구성하는 극히 미세한 알갱이 상태로 된 것.

입형 · 입도(粒形 · 粒度, grain shape · grain size) 입형은 입자(粒子 : 물질을 구성하는 아주 미세한 알갱이)의 형상을 말하고 입도는 입자의 크기를 표시하는 것(도수)으로서, 주로 골재에 쓰이고 그것이 통하는 체눈의 크기로 표시함.

자기(磁器) 점토 · 석영 · 장석 · 도석 등을 원료로 하여 적당한 비율로 배합한 다음 높은 온도로 가열하여 유리화될 때까지 충분히 구워 굳힌 제품으로서, 대개 흰색 유리질로써 반투명하여 흡수성이 없고 기계적 강도가 크며 때리면 맑은 소리를 낸다. 사기그릇을 말함.

자기소화성(自己消化性) 재료 스스로 붙은 불을 끄는 성질. 즉 재료 자체가 불에 타지 않는 성질을 갖는 것.

자발광도료(自發光塗料) 외부로부터의 자극 없이 자연히 빛을 발동하는 도료.

자성(磁性, magnetism) 자기(磁氣)를 띤 물체가 나타내는 여러 가지 성질.

자유수(自由水, free water) 자유 지하수, 생체(生體)나 토양 속에 있는 물 가운데서 어떤 구조에도 속해 있지 않아 자유로이 이동할 수 있는 물.

자토(磁土, kaolin) 화학적으로 순수한 점토. 사실 순수한 것은 별로 없고, 이것에 알루미나, 규산 기타 잡물이 포함된 것이 많다. 자기(磁器)의 원료가 됨.

잔골재율(細骨材率, fine-total aggregate ratio) 잔골재 및 굵은골재의 절대용적의 합에 대한 잔골재 절대용적의 백분율. 모래율(sand percent of total aggregate by solid volume)이라고도 함.

잔류변형률(殘溜變形率, residual deformation ratio) 재료에 작용하는 외력을 제거하더라도 재료에 남아 있는 변형률(strain), 여기서 변형률은 하중을 받음으로써 생긴 변형량과 변형 전의 양과의 비를 말함.

잔류응력(殘溜應力) 처음에 응력이 없던 물체가 외력을 받아 그 일부에 영구 변형이 생기면 외력을 없앤 후에도 내부 상호의 견제작용에 의한 응력이 발생하여 원상으로 바뀌지 않는 내부에 남아 있는 응력.

잠재수경성(潛在水硬性) 석고 등의 화학작용에 의해 수화하며 경화하는 성질.

장(場) 물체간에 작용하는 힘을 매달(媒達)하는 매질(媒質)공간. 여기서 매달은 어떤 물리작용이 물체 사이에 있는 물질의 도움으로 전달되는 일을 말하고, 매질은 한 곳에서 다른 곳으로 물리적 작용을 전해주는 매개물을 말함.

장경간(長徑間) 기둥지점의 간격이 크게 된 것.

장기재령(長期材齡) 콘크리트를 부어넣은 후부터 완전 경화되기까지의 오랜 기간 경과한 일수.

장력(張力, tension) 물체 내의 임의의 면에 있어서 그 면에 수직으로 또한 양쪽의 부분을 서로 분리시키려는 방향으로 작용하는 응력(應力).

장석(長石) 규산염 광물의 하나. 규산 · 알루미늄 · 나트륨 · 칼슘 · 칼륨 등으로 되었고 질그릇 · 사기그릇 제조의 원료나 비료 · 화약 · 유리 · 성냥 등의 제조에 쓰임.

장섬유(長纖維) 길게 이어진 섬유, 주로 화학섬유 · 생사(生絲)를 이름.

장척물(長尺物) 재료의 길이에 있어 보통 규격의 정척물보다 길어진 것.

장파장(長波長) 장파의 파장, 여기서 장파는 주파수 100Kc 이하, 파장 3,000mm 이상의 전자파를 말함. 또한 장파장은 1km에서 10km까지의 전자파인 장파의 파장.

재(滓) 찌꺼기.

재결정온도(再結晶溫度) 결정성의 고체(固體)를 물이나 다른 용매(溶媒)에 용해(溶解)하여 냉각 또는 증발에 의해 다시 결정시켰을 때의 온도. 여기서 용매는 액체에 물질을 녹여 용액(溶液)을 만들 때 그 액체를 말하고 용해는 고체(또는 기체, 액체)의 물질이 다른 액체 속에서 녹아 균일한 액체가 되는 현상을 말함.

재령(材齡, age) 콘크리트를 부어넣은 후부터 완전경화되기까지 경과일수. 콘크리트 강도는 3일, 7일, 28일이 규정상 지정되어 있고, 보통은 재령 4주 직후의 것으로 표시함.

재료분리(材料分離 ; segregation) 재료끼리 결합하지 않고 서로 떨어지려고 하는 성질.

재료분리현상(材料分離現像) 재료가 결정(結晶) · 승화(昇華) · 증류(蒸溜) 등에 의해 물질을 나누어 떼어져 나가는 현상.

재료의 분리(分離) 재료에 있어서 그 조성재료의 분포가 불균일하게 되는 현상.

저분자물질(低分子物質) 분자량이 적은 분자물질. 소수의 분자가 결합한 분자물질.

저비점(低沸點) 저비등점(低沸騰點), 즉 액체가 비등하는 최저온도, 여기서 비등은 액체가 끓어오름을 말함.

저수소계 용접봉(低水素系鎔接棒, low hydrogen type electrode) 피복제 속에 유기물 같은 수소의 근원이 되는 성분을 포함하지 않고 탄산석회나 불화칼슘을 주성분으로 하여 용접금속의 수소를 매우 적게 한 용접봉. 특징은 용적금속 내의 수소 함유량이 다른 계통에 비해 매우 적으며 강력한 탈산제 때문에 산소량도 적으므로 용접금속의 인성이 뛰어나며 기계적 성질이 좋고 균열감수성이 낮다.

저합금강(低合金鋼, low alloy steel) 약간의 합금 성분이 함유된 강, 탄소 이외의 원소를 소량 첨가한 강.

저합금강판(低合金鋼板) 탄소 이외의 원소가 소량 함유된 강판.

적산온도방식(積算溫度方式) 어느 온도하에서 양생된 콘크리트의 강도는 콘크리트 양생 온도의 시간적분에 따라 결정하면 된다는 것임. 이는 한중콘크리트의 계획배합을 정함에 있어 배합강도 및 그에 따른 물시멘트비를 결정하면 방법 중 하나로서 그 내용은 건축공사표준시방서 05000철근콘크리트공사 05025한중콘크리트공사에 설명되어 있다.

적열(赤熱) 물체가 빨갛게 될 때까지 열을 가함.

적층(積層) 단판(單板)을 여러 겹으로 접착한 것을 말하며, 적층하여 만든 판재를 적층판(積層板, laminated plate) 또는 적층재(積層材)라고도 한다.

적층(積層)플라스틱 플라스틱판을 접착제를 사용하여 여러 겹으로 겹쳐서 만든 플라스틱.

적층열 융착(積層熱融着) 두 장을 겹친 열가소성 플라스틱 표면을 열과 압력을 가해서 융착시킨 것. 여기서 융착은 녹아서 달라붙는 현상을 말함.

적층판(積層板, laminated plate) 종이 · 나무 · 유리 · 섬유 등에 페놀수지나 에폭시수지를 함침(含浸)시킨 다음 가압 · 고화(固化)하여 만든 판재.

전(磚, 塼, brick) 중국 주대(周代)부터 사용된 벽돌, 벽돌 모양과 비슷한데 점토로 빚어 구워 사각형 또는 직사각형으로 넓적하게 만들어 여러 가지 모양과 무늬를 새김. 건축물과 분묘의 벽, 바닥 등에 사용되었고 한(漢)대에 발달하였으며 모양에 따라 조전(條塼 : 장방전) · 방전(方塼) · 공전(空塼 : 대형 · 중형)으로 대별됨. 표면에 문자 · 인물 · 동식물 · 기하학문(幾何學紋) 등의 무늬를 넣었으며, 전탑(塼塔) · 유리전(琉璃塼) 등이 출현하여 한국에도 전래됨.

전기도금(電氣鍍金) 전기분해에 의한 전착(電着)을 응용하여 금속을 음극에 접속하여 두고 그 표면에 금속 박층(薄層)을 입히는 방법.

전기로(電氣爐) 전기를 이용하여 고온의 열이 생기게 하는 노(爐 : 금속을 가열하는 장치의 총칭).

전기분해(電氣分解) 전해질(電解質)의 수용액에 전류를 통하여 화학변화작용을 일으키게 하는 일.

전기저항 용접(電氣抵抗鎔接) 접하는 모재(母材)의 접촉부에 전기를 통함으로써 발생하는 저항 열을 이용해서 가열한 다음 압력을 가해서 용접하는 방법.

전기저항(電氣抵抗, electric resistance) 도체가 전류를 통하지 않게 하려는 작용. 즉 전기의 흐름을 방해하려는 힘. 전압을 전류로 나눈 값으로 나타냄. 기호는 R, 단위는 옴(Ω).

전기적 양성(電氣的陽性) 원자의 화학적 성질의 하나. 최외각(最外殼)의 전자를 방출하여 양이온(陽ion)을 만드는 경향. 여기서 양이온은 물체가 음전기보다 양전기를 많이 갖는 원자를 말함.

전기전도성(電氣傳導性) 전위차(電位差)가 있는 두 물체를 도체(導體)로 연결하였을 때 전류가 통하는 현상의 성질.

전기절연재(電氣絶緣材) 나무 · 종이 등과 같이 전류를 통하지 않는 재료.

전기화학(電氣化學, electrochemistry) 전기현상과 그에 수반하는 화학변화의 관계를 연구하는 물리화학의 한 분야.

전단강도(shearing strength) 전단력에 대한 저항강도.

전단균열(剪斷龜裂, crack of shear) 전단응력 또는 전단변형에 의해 생기는 균열.

전도(傳導, conduction) 열이나 전기가 물체의 한 부분으로부터 다른 곳으로 옮아가는 현상.

전단력 부재의 축에 직각으로 작용하여 부재에 엇갈림 변형이 생기려고 하는 힘.

전단파괴(剪斷破壞, breaking of shear) 전단응력 또는 전단변형에 의해 생기는 파괴.

전류량(電流量) 전기가 흐르는 양.

전류밀도(電流密度) 도체의 단위면적에 흐르는 전류의 크기.

전반사(全反射, total reflection) 광선이 굴절률이 큰 물체에서 굴절률이 작은 물체로 향하여 그들의 경계면에 입사할 때 전부 경계면에서 반사되는 현상. 온반사 · 전체반사라고도 함.

전분풀(澱粉糊) 녹말에 물을 붓고 가열하여 만든 반투명의 끈끈한 풀. 녹말풀.

전사지(轉寫紙, tranfer paper) 전사 석판에 쓰이는 얇은 가공지(加工紙) · 도기에 인쇄할 때에 쓰는 인쇄화지 · 카본(carbon) 사진 인쇄에 쓰는 중크롬산 젤라틴을 두껍게 입힌 종이.

전색제(展色劑, vehicle) 페인트의 액체를 고루 펴는 데 사용하는 물질. 페인트 내에 안료를 분산시키는 액체. 보통 아마인유를 많이 사용. 전색제가 달라짐에 따라 페인트가 여러 가지로 달라짐.

전연성(展延性) 얇게 퍼지려는 성질.

전용압(電溶壓) 전리용압(電離溶壓)을 말함. 즉 금속을 그 금속염 수용액(金屬塩水溶液)에 담글 때 금속이 이온으로 되어 녹아 나오려고 하는 경향. 쇠 · 아연 등은 강하며 금 · 백금 등은 약함.

전위차(電位差) 전장(電場) 또는 도체 내(導體內)의 두 점 사이의 전압(電壓)의 차(差).

전이(轉移 ; conversion) 물질의 원자배열 등이 일정한 온도를 경계로 하여 옮겨 변하는 일.

전주품(電鑄品) 전기주조(電氣鑄造)한 제품. 여기서 전기주조는 전기도금에 의해 원형을 복제(復製)하는 주조법, 주형(鑄型)에 흑연 등을 발라 전기도금으로 금속을 부착시키는 것을 말함.

전파흡수제(電波吸收劑) 전파를 흡수하는 재료나 화합물.

전해법(電解法) 전기분해를 이용한 전기화학방법의 하나. 금속의 전해에 의한 채취 또는 정제(精製). 알루미늄 · 마그네슘 등의 제련 같은 것에 적용.

전해부식(電解腐蝕) 전기분해에 의한 부식.

전해액(電解液) 전기분해를 할 때 전해조(電解槽) 안에 넣어 이온전류(ion電流)로 전류를 흘려보내는 매체(媒體)가 되는 용액. 전해질 용액이라고도 함. 여기서 전해조는 전기분해를 행하는 장치를 말하고 이온전류는 다수의 이온이 전장(電場)에 의해 힘을 얻어 평균적으로 한 방향으로 흐를 때 전류가 생기는 현상을 말함.

전해질(電解質) 물 등 용매(溶媒)에 용해(溶解)하여 수용액(水溶液)으로 되었을 때 전리(電離)하여 이온(ion)이 생기고 전류(電流)를 이끄는 물질. 산 · 알칼리 · 염류 등.

절건비중(絕乾比重) 절건상태(絕乾狀態), 즉 절대건조상태(絕對乾燥狀態)의 비중을 말함.

절건중량(絕乾重量) 함수율이 영으로 건조한 상태 시의 중량.

절대건조상태(絕對乾燥狀態, absolute dry condision) 함수율이 영으로 건조한 상태. 110℃ 정도의 온도에서 24시간 이상 골재를 건조시킨 상태로서 절건상태(絕乾狀態) 또는 노건조상태(oven dry condition)라고도 함.

절대용적(絕對容積) 공극(빈틈)이 포함되지 않은 실제의 용적.

절대잔골재율(絕對細骨材率, sand percent of total aggregate by solid volume) 잔골재량과 골재 전량과의 절대용적비(공극이 포함되지 않는 실제의 용적)의 백분율.

절삭가공성(切削加工性) 재료를 끊고 깎고 하여 가공할 수 있는 성질.

절삭성(切削性) 절단(切斷) 또는 끊어버릴 수 있는 성질.

절연체(絕緣體) 전기 또는 열의 도체를 절연하기 위하여 사용하는 부도체, 절연물 또는 절연재료라 하기도 함.

점도(粘度) 유체가 고체면에 부착하는 정도. 그 단위는 서로 평행하고 표면적 1cm^{2}의 평면을 1초간에 1cm의 거리를 평행하게 움직이는 데 필요한 일의 양으로 표시함. 점성률(粘成率).

점성(粘性, viscosity) 유체(流體) 내에 상대속도로 마찰저항이 일어나는 성질, 차지고 끈끈한 성질

점질(粘質)의 조직 차지고 끈끈한 성질의 것으로 구성된 세포.

점착력(粘着力, cohesion, cohesive power) 다른 두 물체의 분자가 서로 달라붙는 힘.

점착성(粘着性) 석탄 등 물질이 탈 때 녹아서 유동체가 되어 뭉쳐서 덩어리가 되는 성질. 틈이 없이 착 붙으려는 성질. 점결성(粘結性).

점축관(漸縮管) 점차로 적어져 가는 관.

접지제(接地劑) 전기회로(電氣回路)를 동선(銅線) 등의 도체(導體)로 땅과 연결하는 장치에 사용되는 재료나 화합물.

접착제(接着劑, adhesive) 두 물체를 서로 견고하게 접합시키기 위하여 그 사이에 쓰이는 접합능력을 가진 물질의 총칭.

정량적(定量的) 일정한 분량으로 정함.

정련(精錬) 광석이나 기타의 원료에서 함유 금속을 추출하여 한층 좋은 물건으로 만듦.

정반사(正反射) 반사광선이 모두 같은 방향으로 나아가는 반사.

정성적(定性的) 성분을 밝히어 정함.

정적압입법(靜的壓入法) 경도를 측정하는 방법으로서, 시험대상 면에 일정한 구멍을 발생시키는 데 필요한 하중 및 구멍의 크기를 측정하는 경도시험방법이다. 이 방법의 경도시험방법에는 브리넬경도시험(Brinell hardness test), 로크웰경도시험(Rockwell hardness test)이 대표적이다. 브리넬경도시험은 강구(鋼球)를 일정 하중으로 공시체의 표면에 삽입하여 그때 생기는 구멍의 표면을 하중으로 나누어 경도를 표시하며, 로크웰경도시험은 강구를 먼저 기준하중으로 공시체면에 넣은 다음 시험하중을 가하여 다시 기준하중으로 되돌려 보냈을 때 전후 2회의 구멍 사이의 차로 경도를 표시한다. 이 시험방법이 다른 방법보다 간단하므로 자주 이용하고 있다.

정시도(正視度) 똑바로 보는 정도.

정장석(正長石) 아주 단단하고 여러 가지 색을 가진 장석(長石, feldspar)임. 여기서 장석은 규산 · 알루미늄 · 나트륨 · 칼슘 · 알칼리 등으로 되어 있고 유리와 같은 광택이 있으며 흰빛 · 잿빛 · 연분홍 · 갈색 등 여러 가지가 있음. 유리 · 질그릇 · 사기그릇 등을 만드는 데에 쓰임.

정적파괴하중(靜的破壞荷重) 정지상태에서의 파괴하중을 말함. 여기서 파괴하중은 재료를 파괴할 수 있는 최고의 하중, 즉 하중이 허용하중을 넘어서 점점 증가하면 응력도는 소성의 범위에 들어가고 따라서 변형도 크게 되며 결국은 파괴되고 만다. 이때의 하중을 말한다.

정전기(靜電氣) 대전체(帶電體)에 고착(固着)하여 그 장소에 정지(靜止)하고 있는 전기 또는 마찰전기(摩擦電氣 ; 두 물체가 서로 마찰할 때 생기는 전기)를 말함.

정제(精製) 잘 골라 깨끗이 만듦.

정착길이(anchorage length) 철근 등을 정착(定着)하는 길이. 콘크리트의 허용부착 응력도에 의해 정해짐.

정척물(定尺物) 재료의 길이가 규격에 맞게 일정하게 된 것.

정척석(定尺石) 석재의 길이가 규격에 맞게 일정하게 된 것.

제련(製錬) 광석 기타의 원료로부터 함유(含有) 금속을 분리 추출(抽出)하여 정제하거나 합금(合金)을 만듦.

제자리콘크리트말뚝(cast-in-place concrete pile) 현장에서 소요위치의 구멍 속에 콘크리트를 넣어 만든 말뚝, 현장콘크리트말뚝이라고도 함.

제점제(除粘劑) 끈끈한 힘을 없애기 위하여 쓰이는 물질.

제혀쪽매 널의 한 옆에 제물로(저절로, 스스로) 혀를 대고 딴 옆에 홈을 파 끼우는 쪽매.

젤라틴(gelatin) 황소 같은 동물의 가죽 · 뼈 등을 장시간 석회석에 담갔다가 물을 가하여 끓이거나 또는 산(酸)을 가하여 만든 것. 찬물에는 녹지 않으나 열탕에서는 급속히 녹고 식히면 다시 겔(gel) 상태로 됨.

조강강도(早强强度) 시멘트 등이 빨리 경화되어 조기에 높게 되는 작용 시의 강도.

조강작용(早强作用) 콘크리트가 빨리 경화하여 단기간에 강도가 높아지는 현상.

조대조직(粗大組織, rough and large tissue) 거칠고 큰 것들이 모여서 이루어진 조직.

조동(粗銅) 동의 원광을 용광로로 녹여 찌꺼기를 만들고 이것을 반사로나 전로에 옮겨 산화 · 정련한 물질. 99.1% 이상의 동을 포함하고 있음.

조립률(粗粒率, finess modulus) 골재의 적부를 판단하는 데 있어서의 입도를 표시하는 하나의 방법. 규정된 일조의 체를 사용하여 체가름시험을 했을 때 각 체에 빠지지 않은 전 시료의 중량백분율의 합을 100으로 나눈 값을 말하며 약자로 FM으로 표시한다.

조립식 부재(組立式部材, built-up member) 공장 또는 현장에서 미리 만든 구조부재. 몇 개의 조각을 합쳐서 고정시켜 만든 단일구조 부재.

조립형(造粒型) 혈암원석을 미분쇄하여 조립한 후 소성한 것. 여기 조립(造粒)은 입자의 고화(固化 : 액상의 물질이 고체로 화함. 고체화) 등으로 작은 입자에서 큰 입자를 만들어내는 일을 말함. 또한 비조립형(非造粒型)은 혈암원석을 그대로 소성한 것으로서 모양은 강자갈, 강모래와 유사한 것을 말함.

조막(造膜) 얇은 껍질을 만드는 것.

조면(組面) 거친면, 치밀하지 않은 물건의 면.

조밀(稠密) 몹시 빽빽함. 촘촘함,

조사(照射) 햇빛 등이 내리쬠.

조성결정형(造成結晶形) 물체를 만들고 있는 내부의 원자배열이 규칙적으로 된 형태.

조습장치(燥濕裝置) 마름과 젖음을 적절하게 조절하는 장치.

조암광물(造岩鑛物) 바위를 이루는 광물. 이 광물의 주요한 것은 석영 · 장석 · 운모 · 각섬석 · 휘석 · 감람석 등이다.

조이너(joinner) 합판 등 판재의 이음새를 덮는 줄눈재.

조적재(組積材, masonry materials) 하나씩 하나씩 쌓아올려 벽 등을 형성시킨 재료의 총칭. 이 재료에는 벽돌, 블록, 석재 등 여러 가지가 있음.

조제(助劑) 보조제(補助劑), 즉 약품이나 항원(抗原)의 작용을 높이는 물질을 말함.

종려(棕櫚)나무 야자과의 상록교목. 높이 3~7m이고 잎은 선형으로 대형이며 줄기 끝에 무더기로 더부룩하게 남.

종려털 종려모(棕櫚毛)를 말함. 종려모는 종려나무의 잎꼭지 기부(基部)에 있는 갈색 섬유. 갈가리 찢어진 것이 짐승의 털과 비슷한데, 미장재의 결합재로 쓰임.

종석(種石) 인조석을 만드는 데 사용되는 여러 가지 종류의 작은 돌.

좌굴(挫屈, buckling) 가는 기둥이나 얇은판 등을 압축하면 어떤 하중에 이르러 갑자기 가는 방향으로 휘어지며 이후 그 휨이 급격히 증대하는 현상. 좌굴은 보통 단면적에 비해 재장(材長)이 긴 경우(長柱) 일어나기 쉬움.

좌굴성능(挫屈性能) 압축하중을 받는 판 따위가 처음에는 구부러지다가 변형된 후 어떤 한계를 넘으면 파괴되는 현상인 좌굴에 견디는 성질.

주두(柱頭) 기둥의 최상부를 형성하는 부재.

주물(鑄物) 쇠붙이를 녹여서 주조(鑄造)한 물건.

주입(鑄入) 녹인 쇳물을 거푸집에 부어넣음.

주입재(注入材) 프리팩트콘크리트의 주입에 쓰이는 혼화재료로서 모래, 감수제, 알루미늄 분말, 물 등 재료 또는 주입모르타르 등.

주입공사(注入工事) 지반의 누수방지 또는 지반개량을 위하여 지반 내부의 틈 또는 굵은 알 사이의 공극에 시멘트풀 등을 주입하는 공사.

주입모르타르(grouting mortar) 프리팩트콘크리트의 주입(注入)에 쓰이는 것으로서 시멘트 · 플라이애시 또는 기타의 혼화재 · 모래 · 감수제 · 알루미늄 분말 · 물 등을 혼합하여 만든 것.

주조성(鑄造性) 금속을 녹여서 주형에 부어넣어 원하는 모양으로 만들 수 있는 성질.

주조용재(鑄造用材) 금속을 녹여서 주형에 부어넣어 원하는 모양으로 만드는 데 쓰이는 재료.

주파수(周波數 ; freguency) 음의 1초간의 왕복 진동횟수로서 1초당 진동에 있어서의 완성된 사이클(cycle)수, 단위는 헤르츠(Hz)가 쓰인다.

주토(朱土, ferric oxide) 산화철을 주성분으로 한 적갈색의 흙, 안료의 일종으로 쓰임.

주형(鑄型) 쇠붙이를 녹여서 부어 만드는 물건의 본보기가 되는 거푸집의 한 가지.

죽데기 통나무 겉쪽에서 쪼개낸 널쪽.

줄눈대(metallic joiner) 테라조, 인조석 등의 신축균열방지 및 의장효과를 위해 구획하는 줄눈에 넣는 철물. 줄눈쇠.

중공기둥 기둥 속이 비게 겹으로 꾸민 기둥

중공세장(中空細長) 가운데가 비어 있는 가늘고 기다람.

중방(中枋) 벽의 중간에 있는 안방.

중성(中性, neuter) 산성도 알칼리성도 아닌 성질. 서로 상반하는 성질 또는 상태의 중간을 가리켜 이르는 말.

중성자선(中性子線) 소립자(素粒子)의 하나로서 양자(陽子)와 함께 원자핵의 구성요소임.

중성화(中性化, carbonation) 산성도 알칼리성도 아닌 성질로 되어 가는 현상. 콘크리트인 경우 공기 중의 탄산가스에 의해 수화(水化)로 수산화칼슘이 탄산칼슘으로 변화하여 알칼리성을 잃어가는 현상.

중성화 속도(中性化速度) 산성도 알칼리성도 아닌 성질로 되어 가는 속도.

중탄산칼슘(重炭酸 calcium) 탄산칼슘(calcium carbonate ; 칼슘의 탄산염을 말하며, 대리석 · 석회석 · 조개껍질 등의 주성분임)의 현탁액(懸濁液 ; 육안 또는 현미경으로 보일 정도의 고체 미립자가 분산하여 흐려 있는 액체)에 이산화탄소(二酸化炭素 ; 탄소와 산소의 화합물의 한 가지)를 통해 얻는 염(塩).

중합(重合, polymerization) 같은 화합물의 분자 두 개 이상이 결합하여 분자량(分子量)이 큰 다른 화합물이 되는 일. 두 가지 이상 경우에는 공중합(共重合)이라고 하며 부가반응(附加反應)에 의한 부가중합, 축합(縮合)반응에 의한 축합중합이 있음.

중합반응(重合反應) 같은 화합물의 많은 분자가 결합하여 큰 분자량의 화합물로 되는 화학변화.

중합제(重合劑) 중합으로 만들어진 물질.

중합체(重合體, polymer) 중합으로 만들어진 화합물. 합성수지 · 나일론 등은 모두 중합체임.

즙액(汁液) 즙을 짜낸 액. 여기서 즙은 물체에 있는 수분을 짜낸 액체를 말함.

증기양생(蒸氣養生, steam curing) 모르타르나 콘크리트를 고온의 수증기로 양생하는 것.

증기증류법(蒸氣蒸溜法) 액체나 고체가 증발하여 생긴 기체인 증기로 증류하는 방법.

증류(蒸溜) 액체를 끓여 생긴 증기를 냉각기로 응축 액화함으로써 액체의 성분을 정제 분리함.

증류법(蒸溜法) 액체를 끓여 생긴 증기를 냉각기로 응축(凝縮) · 액화(液化)함으로써 액체의 성분을 정제 분리하는 방법.

증발유(evaporation glaze) 유약을 재료 표면에 바름과 동시에 기화(증발)현상으로 건조상태로 된 것.

지대(地臺) 건축물의 주위(특히 한식건축물)를 바탕보다 높이 쌓아 만든 단(壇 : 높게 만든 자리).

지대(紙袋) 봉지(封紙)를 말한다. 즉 종이로 붙여서 만든 주머니. 지금은 비닐 따위로 만든 것도 지대라고 이름.

지수공사(止水工事) 점토, 모르타르, 콘크리트 등의 불투수성 재료를 사용하여 침투성이 있는 부분에 침투방지를 하는 공사. 물막이공사.

지수벽(止水壁, cut-off wall) 침투성인 지반 내에 침투하는 물을 막을 목적으로 점토, 콘크리트 등의 불투수성 재료로 만들어진 벽.

지중연속벽(地中連續壁) 굴착 벽면의 붕괴를 방지하면서 지중을 벽형태로 굴착한 후 여기에 조립된 철근망을 넣어 세우고 콘크리트를 타설하여 만든 철근콘크리트 벽을 말함.

직류전류(直流電流) 회로의 속을 항상 일정한 방향으로 흐르는 전류. 전류의 세기와 방향이 일정한 전류.

직접전단강도(直接剪斷强度) 전단강도에 있어서 전단강도만이 단면에 직접 작동하는 경우를 말함.

직포 · 부직포(織布 · 不織布) 베틀에 짜거나 베틀에 짜지 않고 섬유를 적당히 배열(配列)하여 접착제 혹은 섬유자체의 융착력(融着力)을 이용하여 섬유로 서로 접착시킨 시트 모양의 천.

진동기(振動機, vibrator) 콘크리트를 칠 때 콘크리트에 진동을 주어 균질품을 얻기 위해 진동다짐을 하는 기계. 진동기는 동력에 따라 전동식과 압축공기식, 또 사용목적에 따라 내부진동기 · 외부진동기, 그리고 막대형(꽂이식)진동기 · 거푸집진동기 · 표면진동기 등이 있는바 건축공사에는 막대형과 거푸집의 것이 주로 쓰임.

진주석(眞珠石, perlite) 화산암의 한 가지, 석영조면암(石英粗面岩)이 유리 모양으로 된 것으로, 빛깔은 적갈색 · 암녹색 · 담회색 또는 흑회색임. 진주 비슷한 광택과 불규칙한 균열이 있음.

진주암(眞珠岩) 화산암의 하나. 석영 조면암(粗面岩)이 유리 모양으로 된 것으로, 빛깔은 적갈색 · 암녹색 · 담회색 · 흑회색임. 진주 비슷한 광택과 불규칙한 균열이 있음.

진흙(clay) 빛깔이 붉고 차진 흙, 물기가 많은 흙, 이토(泥土) · 황토 등

질석(蛭石, vermiculite) 운모질 원석을 1,000℃ 정도 소성하여 유공질로 만들어진 비중(0.2~0.4)이 낮아진

경량골재, 단열. 보온재로 쓰임.

집속(集束) 모아서 묶음.

집진기(集塵機) 굴뚝에서 나오는 매연(煤煙) 속의 유해한 성분을 모아서 제거하는 장치.

집합조직(集合組織, gathering tissue) 많은 것들이 모여 이루어진 조직.

징두리벽(lower part of a wall) 바닥에서 벽의(아랫부분) 1/3 높이(약 1m 내외)의 부분의 벽.

징크 크로메이트(zinc chromate) 크롬산아연을 말함. 크롬산아연은 유독성 황색분말이며 페인트용 안료. 바니시 · 리놀륨 등에 쓰임.[$Z_nC_rO_4$]

짚섬(gypsum) 석고(石膏, gypsum)를 말함. 석고는 석회질(石灰質) 광물의 한 가지임.

쪽매(joint) 좁은 폭의 널을 옆으로 붙여, 그 폭을 넓게 하는 것. 마룻널이나 양판문의 양판 제작에 쓰임.

ㅊ

차음성(遮音性, sound insulation) 재료나 부재가 음을 차단하는 성질. 차음성이 높은 재료를 차음재료(遮音材料)라 한다.

차수막(遮水膜) 물을 차단하는 얇은 막(膜 ; 겉쪽을 덮은 얇은 물건)

착색제(着色劑, colouring admixture) 시멘트 · 모르타르 등을 착색시키는 혼화재, 색깔을 내는 무기질 색소인 제2산화철(빨강색), 산화크롬(노란색), 제2산화망간(갈색), 카본블랙(검정색) 등임.

찰흙(clay) 차진 흙.

척도(尺度, index barometer) 길이의 규준(規準)이 되는 한 단위, 자 · 눈금 · 길이의 정도 · 계획의 치수 표준 등, 척도에는 미터식 척도(metric scale)와 인치식 척도(inch scale)가 있다.

천공(穿孔) 및 발파(發破)작업 바윗돌 같은 것에 구멍을 뚫고 화약을 재어 폭파하는 일.

천연슬레이트(natural slate) 점판암, 이판암, 혈암 등의 판형 석재를 소요형태와 치수로 가공하여 만든 지붕재.

철분(鐵分) 어떤 물질 속에 섞여 있는 쇠의 성분.

청징제(淸澄劑) 다른 물질에 맑고 깨끗하게 하는 물질. 유리 내의 가스를 신속히 배출시켜 맑게 하는 물질.

체(篩, screen, sieve) 한국산업규격(KS A 5101)에 규정되어 있는 표준 그물체(망체)를 말함. 알맹이로 된 재료의 대소를 가려내는 데 쓰이는 기구.

체가름시험 체분석시험으로서 체가름을 하는 시험임. 체가름(sieve analysis)은 체를 사용하여 알갱이 또는 분말재의 입도분석(粒度分析)을 하는 것을 말함.

체목(體木) 건축물의 골격이 되는 목재. 보통 10~15cm 각재로서 기둥 · 도리 · 보 등의 건축물 뼈대로 쓰이는 것.

체심입방격자(體心立方格子, body-centered cubic lattice) 보통 입방격자의 단위 입자포(立子胞)의 중심에 또 하나의 격자점을 첨가하여 이루어지는 입방정계(立方晶系)에 속하는 공간격자. 알칼리 금속을 비롯한 많은 금속에서 이 형을 볼 수 있음.

체질안료(體質顔料) 무기안료의 일종으로서 도료 중에서는 대체로 무색투명한 것으로 도료의 착색과는 관계가 없음. 이런 의미에서 안료라고 하지 않으나 다른 안료와 같은 성질 · 성능이 있어 주로 다른 안료와 같이 증량제(增量劑)로서 사용됨.

초기강도 발현(初期强度發現) 콘크리트에 물을 가한 후 초기에 강도가 나타남.

초기양생(初期養生) 표면의 마무리가 끝난 후 약 12시간 동안 양생시키는 것을 말함.

초기재령(初期材齡) 콘크리트를 부어넣은 후 경화되면서 초기강도가 발현(發現)하는 경과일수(日數).

초미립자(超微粒子) 아주 미세한 입자.

초산(醋酸) 자극성 냄새와 산미(酸味)를 가진 무색의 액체. 탄소 · 산소 · 수소의 화합물은 산성이 약한 일염기산(一鹽基酸 ; 염산과 같이 산의 한 분자 가운데 금속과 바꿀 수 있는 수소원자 한 개를 함유한 산)임.

초산비닐 에멀션(醋酸vinyl emulsion) 비닐의 한 가지인 초산비닐의 유제(乳劑).

초조강성(超早强性) 아주 짧은 기간에 강도가 높아지려는 성질.

초화면(醋花綿, nitrocellulose) 초산섬유소, 즉 섬유소의 초산에스테르, 솜에 무수초산, 짙은 황산을 가하여 만듦. 비행기 날개의 도료, 인조견사 · 안전필름 등에 씀.

촉매(觸媒, catalyser) 화학반응을 할 때 반응물질 이외의 것으로, 그것 자체는 화학변화를 받지 않으나 반응속도를 촉진(促進) 또는 지체(遲滯)시키는 물질.

최적잔향시간(最適殘響時間) 실(室) 사용 목적 및 그 용적에 관련하여 경험적으로 구해지는 가장 적당한 잔향시간.

축합(縮合, condensation) 두 개 이상의 분자 또는 같은 분자 안의 둘 이상의 부분이 원자 또는 원자단을 간단한 화합물의 형태로 분리하여 결합하는 반응.

축합반응(縮合反應) 두 개 이상의 화합물이 반응하여 공유결합에 의하여 새로운 화합물을 낳게 하는 화학변화. 여기서 공유결합(共有結合)이란 화학결합의 하나로서 두 개의 원자가 서로 원자가 전자(原子價電子)를 공동으로 내어 공유하면서 결합되어 있는 상태를 말함.

충격압입법(衝擊壓入法) 경도를 측정하는 방법으로서 구상체(球狀體)를 시험편에 낙하시켰을 때의 구멍의 크기 또는 반발고(反撥高)의 높이를 구해 측정하는 경도시험 방법이다. 이 방법의 경도시험에는 쇼어경도시험(shore hardness test)이 대표적이다. 일정한 높이에서 추(錘)를 시험체의 표면 위에 자유 낙하시켜 반발하는 높이로 경도를 구하는 시험이다.

충격음(衝擊音) 물체를 두드릴 때처럼 순간적으로 급격하게 힘이 가해지기 때문에 물체가 진동하여 발생하는 소리. 힘이 작용하는 시간이 짧을수록 높은 소리가 나기 쉬움.

충전성(充塡性) 어느 공간 또는 틈을 메우려고 하거나 채우려고 하는 성질.

충전재(充塡材) 종이 · 수지 · 아스팔트 질재(質材) 및 다른 물질의 성질을 개량하고 품질을 개선하기 위해 첨가되는 불활성(不活性)물질, 틈을 막기 위해 쓰이는 물질.

취성계수(脆性係數, coefficient of brittleness) 재료의 취성을 나타내는 계수. 압축강도와 인장강도와의 비.

취성파괴(脆性破壞, brittle fracture) 구조용 강재 또는 용접부위가 저온 충격하중 또는 노치(notch)의 응력집중 때문에 파괴되는 현상. 여기서 노치는 凹형으로 도려내서 다른 부재와의 연결을 잘되게 한 것을 말함. 재료가 외력을 받아도 변형되지 않거나 극히 미미한 변형을 수반하고 파괴되는 성질인 취성으로 인해 파괴되는 현상.

취재율(取材率) 원목을 제재하여 제재목(각재 · 판재 등)으로 얻을 수 있는 비율.

취화점(脆化點) 취약(脆弱)한 상태, 즉 무르고 약한 상태로 되어 가는 온도.

층상(層狀) 층을 이룬 모양. 겹친 모양.

치완제(置緩劑, retarder) 재료의 응결시간을 연장시키는 물질.

치환법(置換法) 측정기 자체의 부정확성으로 생기는 오차를 제거하기 위하여 같은 조건하에서 측정량과 기준량을 측정 · 비교하여 측정치를 구하는 방법.

친수성(親水性) 물에 대하여 친화력(親和力)이 있는 성질.

친화성(親和性, affinity) 약물 속에 있는 화학적 물질이 조직에 대하여 선택적으로 결합하려는 성질.

칠드 주철(chilled cast iron) 필요한 부분에 금형(金型)을 사용하여 급속 냉각시켜, 그 표면만을 백선(白銑)으로 만드는 선철로써 표면의 경도가 높고 내마모성이 큰 것이 특징임. 여기서 백선을 탄소 3.5% 이하를 포함하는 선철로서 빛깔이 희며 경질임. 주로 제강재료로 씀.

칠산(漆酸) 옻나무 껍질에 상처를 내어 채취한 분비물(乳狀)의 주성분인 우루시올(urushiol)을 말함. 옻나무산이라고도 함.

침식작용(浸蝕作用) 빗물 · 냇물 · 바람 · 파도 등의 힘에 의해 지표(地表)가 점점 깎여 들어감. 콘크리트에 대한 침식작용은 빗물과 같은 기상작용에 의해 표면이 점점 깎여 들어감으로써 내구성이 저하되는 현상을 말함.

침엽수(針葉樹, needle leaved tree) 가드다란 바늘 모양의 잎을 가진 수목의 총칭. 이 수목은 구조용재 등 용도가 많고 가공이 쉽고 건조가 빠르며 재료가 풍부함.

침융작용(侵融作用) 차차 녹아 들어가는 작용.

침입도(針入度) 물질의 점조도(粘稠度) · 경도(硬度) 따위를 나타내는 척도의 하나. 어떤 물질에 일정한 모양, 무게의 바늘 또는 원뿔을 대고 일정한 힘을 가하여 일정 시간 후에 어느 정도 들어가는가를 재서 나타냄.

침하성(沈下性) 가라앉아 내려가는 성질.

침적(沈積) 물 밑에 가라앉아 쌓임.

침적암(沈積岩) 퇴적암(堆積岩)을 말함. 즉 퇴적작용에 의해 생긴 암석. 부스러진 암석의 작은 덩이나 생물의 유해 등이 수중 또는 육상에서 기계적 또는 화학적으로 침전 퇴적하여 생김.

침지(浸漬) 물건을 물속에 담가 적심.

ㅋ

카드뮴(cadmium) 아연과 비슷한 청백색을 띤 육방정계(六方晶系)의 금속원소. 아연과 함께 산출되며 성질도 아연과 비슷함. 카드뮴 도금 등에 쓰이고 원자로의 흡수재, 차폐재로도 쓰임.

카보런덤(carborundum) 탄산규소의 상품명. 모래 · 코크스 · 소금을 섞어 가열한 후 정제 · 분쇄하여 연마제 · 내화제 등으로 쓰임. 흙색 바탕이 있는 아름다운 결정으로 굳기가 금강석에 가깝고 연마력이 강하며 높은 온도 · 약품에 견딤.

카본 블랙(carbon black) 천연가스 · 기름 · 아세틸렌 · 타르 · 목재 등의 불완전 연소에 의해 만들어지는 흑색 안료(顔料), 먹 · 인쇄잉크 · 페인트 등의 원료 및 고무 · 시멘트 등의 착색재임.

카본(carbon) 탄소를 말함. 아크 등이나 전극에 쓰는 탄소봉 또는 탄소선을 카본이라고 함.

칼슘(calcium) 알칼리 토류(土類)금속에 속하는 은백색의 무른 경금속 원소, 천연적으로 유리[遊離 : 원소가 다른 원소와 화합하지 않고 단체(單體)로 존재하거나, 화합물 가운데 원소가 단독으로 분리되어 있는 일]하여 산출되지는 않으나 석회석 · 석고 등에 포함되어 알루미늄 · 철 다음으로 지각(地殼) 내에 널리 분포되어 있음.

캘린더 롤러(calender roller) 종이 · 피륙 · 고무 같은 것을 압착하여 매끄럽게 윤을 내는 롤러기계. 광택기(光澤機).

캡핑 컴파운드(capping compound) 캡핑재료 중 하나로서 황화물로 만든 화합재료를 말함. 여기서 황화물(黃化物)은 유황과 양성(陽性 ; 적극적으로 나아가는 성질)의 원소와의 화합물을 말함.

캡핑(capping) 콘크리트 압축강도 시험용 공시체의 머리부분을 덮어 씌우거나 바르는 것, 원래는 두겁을 말함. 즉 나무말뚝의 머리부분이 쪼개짐을 막기 위해 가락지 모양으로 끼워 씌운 것을 말함.

커튼월(curtain wall) 구조체로서의 뼈대 바깥쪽에 공간구획을 위해 설치하는 얇은 벽. 알루미늄이나 강을 사용한 금속제 커튼월(metal curtain wall) 외에 프리캐스트콘크리트제 커튼월(precast concrete curtain wall)도 사용된다.

컴파운드(compound) 수지 · 납 · 고무 등을 배합하여 만든 일종의 절연재료.

케로신(kerosene) 등불용 석유. 등유.

케톤(ketone) 카르보닐기(carbonyl基 ; 유기화합물의 원자단의 일종)가 두 개의 탄화수소기(炭火水素基 ; 탄소원자와 수소원자로 이루어진 포화 또는 불화의 기)와 결합하고 있는 유기화합물(有機化合物)의 총칭. 아세톤 같은 것.

코너비드(corner bead) 벽 · 기둥 등의 모서리를 보호하기 위하여 미장바름질을 할 때 붙이는 보호용 철물.

코르크나무 너도밤나무과의 상록 참나무의 일종. 높이 20m에 달하며 수피는 두껍고 잎은 달걀 모양이다.

코르크분(kork粉) 코르크 분말(粉末)을 말함. 여기서 코르크란 식물의 세포벽에 코르크 조직이 침착(沈着)한 세포층. 즉 식물의 보호조직의 일종으로 식물의 바깥쪽에 발달하며, 가볍고 탄력성이 풍부하여 열 · 전기 · 소리 · 물 등에 뛰어난 내성(耐性)을 지니는 것을 말함.

코르크판(cork board) 코르크 나무껍질의 탄력성 있는 부분을 원료로 하여 그 분말로 가열 · 가압 · 성형 · 접착하여 널빤지처럼 만든 것.

코발트(cobalt) 붉은 빛을 띤 은백색 광택이 있는 금속원소로서 쇠보다 무겁고 단단하며 연성 · 전성 · 자성(磁性)이 있고 공기 중에서 가열하면 발화함. 착색제(着色劑)로 코발트를 사용한 푸른색 유리를 코발트 유리(cobalt glass)라고 함.

코어벽체 건축물의 설비배관 등의 많은 부분을 일부에 집중시켜 공사비의 절약 및 서비스 부분을 다른 생활권과 분리시키는 합리적인 방식으로 된 벽체형태.

코크스(cokes) 석탄을 공기에 접촉되지 않게 1,000~1,100℃로 건류하여 된 다공질의 것, 석탄으로 석탄가스 제조 시 부산물로 나옴.

코펄 바니시(copal varnish) 중유성(中油性) 바니시로 코펄과 건성유를 가열 반응시켜 만든 것으로 건조가 비교적 빠르고 담색으로 목부 내부용임. 여기서 코펄은 호박(琥珀) 비슷한 수지의 총칭이고 무색투명 또는 황갈색의 광택이 있고 도료의 중요한 원료가 됨(니스 · 래커 등).

코펄(copal) 천연수지 중에서 가장 견질이며 수지액이 땅 속에 파묻혀서 화석상태가 된 것이다. 아프리카 및 남방 여러 지역에서 산출됨. 그대로는 기름이나 석유계 용제에 잘 녹지 않으므로 300~360℃로 가열하면 부분적으로 분해 유출(溜出 : 증류할 때 액체가 되어 방울방울 떨어져 나옴)되어 유용성이 됨.

콘크리트 플랜트(concrete plant) 콘크리트를 만드는 생산설비 또는 제조공장.

콜드 조인트(cold joint) 계속하여 콘크리트를 칠 때, 먼저 친 콘크리트와 나중에 친 콘크리트 사이에 완전히 일체화가 되지 않은 시공불량에 의한 이음.

콜로이드 상태(colloid state) 기체 · 액체 · 고체 속에 매우 작게 분산되어 있으나, 분자(分子)보다는 크고 확산의 속도가 느리며, 반투막(半透膜)을 통과할 수 없을 정도의 물질의 모양. 여기서 반투막은 용액 속의 용매(溶媒)만을 통과시키고 용질(溶質)은 통과시키지 않는 막을 말함.

쿠마론 인덴수지(cumarone inden resin) 콜타르를 증류하여 얻는 용제(溶劑)로서 합성수지의 한 가지. 바니시, 래커 기타 내알칼리성 도료에 쓰임. 아스팔트타일은 이 수지를 주원료로 함.

쿠마론수지(coumarone resin) 콜타르의 중질(重質) 솔벤트나프타(solvent naphtha)에 함유된 쿠마론류(類)를 중합시켜 얻은 수지. 값싼 수지원료로서 도료를 비롯하여 합성고무 · 천연고무의 배합제 등으로 쓰임.

크라프트지(craft paper) 표백되지 않은 크라프트 펄프(craft pulp)로 만든 튼튼한 갈색 종이 · 포장지 · 시멘트부대로 쓰임.

크롬 · 몰리브덴강 니켈 · 크롬강의 니켈을 절약하기 위해 몰리브덴(Mo)을 소량 첨가하여 성질을 향상시킨 니켈 · 크롬강의 대용 강이다. 이 강은 기계적 성질이나 담금질에 대한 질량효과도 니켈 · 크롬강에 비해 큰 차이가 없고 또한 용접성도 우수하여 많이 사용되고 있다.

크롬강(chrome steel) 크롬을 함유한 강. 이 강은 풀림처리를 한 상태로는 탄소강과 큰 차이가 없는 정도의 기계적 성질을 갖고 있으나 열처리를 하면 기계적 성질이 크게 개선된다.

크롬산 아연(zinc chromate) 유독성 황색 분말, 페인트 등의 안료, 바니시 · 리놀륨 등에 쓰임.

크리프 파괴(creep fracture) 장시간의 하중으로 재료가 계속적으로 서서히 소성변형을 일으키는 것을 크리프라 하고, 이 크리프 현상에 의해 발생하는 파괴를 크리프 파괴라 함.

클링커(clinker) 점토나 석회석 등을 혼합하여 가열한 덩어리, 석탄을 연소시킨 후의 석탄 찌꺼기가 녹아서 결합한 것. 용광로 속에 생기는 불용성(不溶性)덩어리, 광재(鑛滓).

ㅌ

타닌(tannin) 오배자(五倍子) · 몰식자 따위의 식물에서 얻은 액체를 증발하여 만든 황색가루. 물에 잘 풀리고 떫은맛이 남.

타르(tar) 목재나 석탄 같은 것을 건류(乾溜)하여 얻은 갈색 또는 흑색의 유상액(溜狀液), 목탄타르 · 석탄타르 등.

타르피치(tar pitch) 타르를 건류하여 남은 흑색 물질.

타이플레이트(tie plate) 띠판(帶板) · 철골조의 조립보. 조립기둥의 주재를 연결하기 위해 주재에 대해 직각으로 배치한 띠 모양의 강판.

탁도(濁度) 맑지 않은 정도.

탁음(濁音) 유성음(有聲音), 즉 울림소리.

탄력성(彈力性) 튀거나 버리는 힘이 있는 성질.

탄산동(炭酸銅, copper carbonate) 동화합체(銅化合體)의 한 가지. 빛은 녹색인데 천연으로는 녹청(綠靑)으로 산출됨. 안료로 쓰임. $CuCO_3$.

탄산마그네슘(炭酸 magnesium) 마그네슘을 녹인 물에 탄산알칼리를 넣어 만든 부서지기 쉬운 흰 결정체. 24% 이상의 순 마그네슘을 함유하고 있음.

탄산석회(炭酸石灰) 탄산칼슘을 말함.

탄산칼슘(calcium carbonate) 칼슘의 탄산염 · 대리석 · 석회석 · 방해석 · 조개껍질 등의 주성분임. 순수한 물에는 녹지 않으나 탄산을 함유하는 물에 녹으며, 817℃에서 분해하여 탄산가스를 발생함.

탄산화물(炭酸化物) 이산화탄소가 물에 녹아 생기는 물질.

탄산화반응(炭酸化反應) 이산화탄소가 물에 녹아 생기는 극히 약한 이염기산(二塩基酸)으로 되어 가는 화학적 변화.

탄성변형(elatic deformation) 물체가 외력의 작용에 의해 탄성범위 내에서 생기는 변형, 즉 물체에 생긴 변형도가 탄성한도를 넘지 않은 상태에서 일어난 변형.

탄성체(彈性體, elastic body) 탄성을 가진 물체, 모든 물체는 다소의 탄성이 있는데, 일반적으로 탄성체는 그 탄성한도 내에서 최대의 변형을 하고 있음.

탄소강(炭素鋼, carbon steel) 탄소 함유량이 2% 이하인 강. 탄소량이 많을수록 강은 단단해짐.

탄소강철근(carbon steel bar) 철과 탄소의 합금으로 된 철근.

탄소섬유(炭素纖維, carbon fiber) 유기섬유(有機纖維)를 소성(燒成)하여 거의 탄소만 남기고 섬유로 한 것의 총칭. 내열성(耐熱性) · 탄성률(彈性率)이 높아 고온단열재, 패킹재료, 항공기 부품 구조재로 쓰임.

탄층(炭層) 땅 속에 석탄이 묻혀 쌓인 층.

탄화(炭化, carbonization) 유기화합물의 열분해 또는 다른 화학적 변화에 의해 탄소로 되는 일.

탄화수소(炭化水素) 탄소와 수소화합물의 총칭.

탈산제(脫酸劑) 용융(熔融)금속의 탈산에 사용하는 약제. 구리나 그 합금에는 인(燐)이나 규소(硅素)를 쓰고 제강(製鋼)에는 망간이나 알루미늄 등을 씀.

탈점제(脫粘劑) 점토를 없애기 위한 용제.

탈형(脫型, stripping) 콘크리트를 부은 후 일정 기간이 경과하여 사용된 형틀로부터 프리캐스트콘크리트를 떼어 내는 공정.

태피스트리(tapestry) 색실로 풍경(風景) 같은 것을 짠 주단, 색색의 실로 수놓은 벽걸이나 실내장식용 비단, 그런 직물의 무늬.

태피스트리타일(tapestry tile) 색무늬 융단형태의 타일.

테레빈유(terebin oil) 송백과(松柏科) 식물의 수지를 증류시켜서 얻은 휘발성의 정유(精油).

테플론(teflon) 미국 뒤퐁 회사에서 만든 폴리플루오르(poly fluor) 에틸렌 계열의 수지 및 섬유의 상품명.

텍스(tex) 식물성 섬유(섬유질류의 부스러기)를 압착성형한 목재 가공품의 하나, 파이버보드, 파티클보드 등이 있음.

토기(土器) 잿물을 올리지 않고 진흙으로 만들어 구운 그릇의 총칭.

톨루엔(toluene) 방향족(芳香族) 화합물의 하나. 여기서 방향족화합물은 유기화합물의 한 족(族). 벤젠과 그 유도체로 생각되는 화합물의 총칭임.

투과율(透過率, transmissivity) 광선이 물체를 투과하는 능력을 나타내는 비율.

투기율(透氣率) 공기가 통과하는 비율.

투사각(投射角) 입사각(入射角)을 말함.

투사음(投射音) 입사음(入射音)을 말함.

투수비(透水比) 물이 스며드는 비율.

투수성(透水性, permeability) 어떤 재료의 변형 또는 파괴함이 없이 그 재료 속의 잔구멍이나 간극을 물이나 수증기가 투과할 수 있는 성질 또는 상태.

트랜싯 믹서트럭(transit mixer truck) 주행 중에 콘크리트를 혼합 교반하는 믹서차. 트럭믹서(truck mixer)와 같음.

트랜싯 믹스트콘크리트(transit mixed concrete) 플랜트에는 고정 믹서가 없고 각 재료의 계량장치만을 설치하고 있어 계량된 각 재료는 직접 트럭믹서 속에 투입되어 공사현장에 도착하는 소정의 시간 내에 소요 수량을 가해 교반 혼합하면서 운반하고, 공사현장에 도착하였을 때에는 완전히 비벼진 콘크리트로 만들어 배달 공급하는 방식이다. 이것은 콘크리트의 품질이 균일하지 않을 우려가 있어 앞으로 연구 개선해야 할 점이 많다.

트럭믹서(truck mixer) 레디믹스트콘크리트의 운반차.

트랩(trap) 하수관이나 배수관에서 나오는 나쁜 냄새의 역류(逆流)를 막기 위하여 요소에 설치하는 휨관(曲管)을 말함.

트레미관(tremie pipe) 철판으로 되어 그 상부에 깔대기가 달리고 밑에는 철판 밑바닥을 끼우고 콘크리트를 채워서 철관을 조금 들면 바닥이 빠져 버리게 되어 콘크리트가 밑으로 흐르게 하는 기구를 말함. 트레미관을 써서 부어넣은 수중콘크리트를 트레미콘크리트(tremie concrete)라 함.

티타늄(titanium) 은백색(銀白色)의 굳은 금속원소. 천연적으로 매우 널리 분포되어 대부분이 암석이나 토양 속에 들어 있음. 뜨겁게 가열하면 강한 빛을 내며 연소하고, 거의 모든 비금속원소와 화합함. 티탄철의 제조. 아크 등의 전극으로 쓰임.

ㅍ

퍼걸러(pergola) 테라스 · 지대 등의 상방에 부재를 종횡으로 짜 만든 것. 등나무 · 담쟁이 · 덩굴장미 등의 나뭇가지를 얹어 그늘을 만든 테라스 또는 시렁 구조물.

파괴강도(破壞强度, breaking strength) 구조물 또는 재료가 견디는 최대응력도. 재료가 파괴될 때까지의 최대 응력, 즉 재료의 파괴에 요하는 최대하중을 단면적으로 나눈 값.

파단(破斷) 재료에 파괴가 일어나거나 잘록해져서 둘 이상의 부분으로 떨어져 나가는 일.

파렛트(pallet) 창고 등의 지게차용의 깔판, 화물의 깔판.

파리질(玻璃質) 유리질(유리와 같은 성질). 비결정(非結晶)으로 부정형의 고체. 암석학에서 등방성(等方性 : 방향에 따라 물질의 물리적 성질이 변하지 않는 성질) 비결정질로 된 암석, 화성암 등에 보임. 흑요석(黑曜石)이 그 대표적 예임.

파이로미터(pyrometer) 고온도계(高溫度計)를 말하며 보통의 수은 온도계의 측정한도인 약 500℃ 이상의 고온을 측정하는 기구. 약 1,000℃까지의 온도를 측정할 수 있음.

파이버(fiber) 섬유 또는 섬유상(纖維狀)의 것.

파이버보드(fiber board) 목재 펄프의 분말을 주원료로 접착제와 방수제를 혼합하여 반죽 · 판형화하여 열압 · 건조시킨 것. 원료에 따른 목재 섬유제품의 하나.

파이프쿨링(pipe-cooling) 매스콘크리트의 시공에서 콘크리트를 친 후 콘크리트의 온도를 억제시키기 위해 미리 콘크리트 속에 묻은 파이프 내부에 냉수 또는 찬공기를 보내 콘크리트를 냉각시키는 방법.

파장(波長, wave length) 파동(波動)에 있어서 같은 위상(位相)을 가진 서로 이웃한 두 점(點) 사이의 거리. 여기서 위상은 여러 갈레의 파동을 어느 한 점을 기준으로 한 시간적 차(差)를 말함.

파정(波釘) 못에 가시가 붙어 있는 것.

파지(破紙) 찢어진 종이, 인쇄 · 제본 등의 공정에서 손상하여 못쓰게 된 종이.

파키트리(parquetry) 바닥마감에 있어 쪽매깔기 모양을 의미함. 즉 쪽마루깔기.

파텐팅(patenting) 독특한 방식으로 한다는 말로서 피아노선재를 특수한 열처리를 하고 반복 냉간인발(冷間

引拔) 가공하는 등의 특수한 처리를 하는 것.

팝아웃(pop out) 갑자기 튀어나오는 현상.

패러핏(parapet) 옥상이나 복도에서 볼 수 있는 난간벽을 말함.

패킹(packing) 가스(기체) 또는 액체가 새지 않도록 두 부분이 맞닿는 곳에 사용하는 틈 메우기 물질 또는 재료, 박판상의 패킹을 개스킷(gasket)이라고 함.

팬(PAN)계 탄소섬유 팬은 폴리아크릴로니트릴(polyacrylonitrile)이라는 열가소성수지(熱可塑性樹脂)의 약어다. 따라서 폴리아크릴로니트릴의 전 구체 유기섬유를 열처리하여 탄소화하는 방법으로 제조된 것이다. 높은 탄성률, 인장강도가 발현되고 탄소재료의 특징으로서 낮은 비중, 내약물성, 내식성, 전도성이 있는 재료이다.

팽윤(膨潤) 용매 속에 담근 고분자 화합물이 용해를 흡수하여 차차 체적이 불어가는 현상.

팽창 · 수축률(膨脹 · 收縮率) 팽창률과 수축률을 말함. 팽창률 · 수축률은 길이(또는 체적)가 L인 물체의 팽창 또는 수축량을 $\Delta\ell$이라 할 때 $\Delta\ell/L \times 100$(%)를 팽창 또는 수축률이라고 함.

팽창성균열(膨脹性龜裂, blowing) 구조물의 내부가 기상작용 등에 의해 팽창되면서 생기는 균열.

팽창점토(膨脹粘土) 열에 의해 체적이 증대되는 점토.

팽창혈암(膨脹頁巖, expanded shale) 혈암을 골재상태로 부셔서 회전로 내에서 소성한 팽창된 경량골재의 일종.

펄라이트 펄라이트(perlite)를 말함.

퍼티(putty) 산화석(酸化錫) 또는 탄산석회를 아마인유(亞麻仁油) 같은 건성유(乾性油)로 이긴 연한 물질로서 페인트의 일종. 공기 중에서 시일이 지남에 따라 경화(硬化)하므로 창유리의 정착, 판자의 도장, 철관의 연결 등에 사용함.

펄라이트(perlite) 화산석으로 된 원석(진주석)을 1,200℃로 소성하여 만듦. 비중은 0.2, 공극률은 90% 정도. 열전도율은 0.09kcal/mh℃임. 한국산업규격(KS F 3701)에 규정되어 있음.

펄프(pulp) 기계적 · 화학적 처리에 의하여 식물체의 섬유를 추출한 것. 섬유 · 종이 등을 만드는 데 씀. 목재에서 만든 섬유.

펌퍼빌리티(pumpability) 콘크리트펌프에 의해 콘크리트를 압송할 때의 운반성.

페이스트(paste) 시멘트풀 또는 풀처럼 된 것을 말함.

편차(偏差, deviation) 어떤 일정한 측정치보다 크거나 작아 측정치와 상이한 값. 결과치수와 목표치수와의 차. 이 차는 ⊕, ⊖일 때가 있고 0인 때도 있음.

편평(扁平) 넓고 평평함.

평물(平物) 모형이 없는 보통 형태의 물건.

평보(tie beam) 지붕틀의 최하부에 있어 주로 인장력을 받는 가로재.

포대시멘트(布袋 cement) 종이 같은 것으로 만든 큰 자루에 넣은 시멘트를 말함. 1포대 시멘트의 중량은 우리나라에서는 40kg이고 국제규격으로는 42.637kg(94lb)이다.

포르말린(formalin) 포름알데히드(formaldehyde)의 40% 수용액(水溶液)의 상품명. 합성색소에 쓰이며 살균제, 방부제로도 쓰임.

포말(泡沫) 물거품

포상품(布狀品) 면직물 형상의 제품.

포졸란 작용(pozzolan 作用) 포졸란은 그 자체는 수경성(水硬性)이 없으나 시멘트의 수화(水和)에 의해 생기는 수산화칼슘[$Ca(OH)_2$]과 상온에서 서서히 화합하여 불용성의 화합물을 만든다. 이와 같은 작용을 포졸란작용 또는 포졸란반응이라 한다.

포졸란(pozzolan) 천연산이나 인공의 실리카질 혼합재인 화산회 · 규산질 백토 · 소점토 등의 총칭.

포집(捕集) 기체 중에 부유(浮遊)하는 고체나 액체의 미립자(微粒子)를 거듭 한 곳에 모아두는 것.

포화(飽和, saturation) 공극이 완전히 물로 꽉 찬 상태.

포화증기 양생(飽和蒸氣養生) 포화상태에 있는 증기 속에서 양생하는 것.

폭렬(爆裂)·비산(飛散) 폭렬은 폭발하여 파열하는 현상을 말하고 비산은 날아서 흩어지는 현상을 말함.

폴리머(polymer) 중합체(重合體), 즉 중합(重合 : 같은 화합물의 분자 두 개 이상이 결합하여 분자량이 큰 다른 화합물이 되는 일)으로 만들어진 화합물을 말함. 합성수지·나일론 등은 모두 중합체임.

폴리머시멘트모르타르(polymer cement mortar) 포틀랜드시멘트모르타르에 고무라텍스 등의 폴리머를 혼화제로 사용한 것.

폴리에스테르(polyester) 다가(多價)알코올과 다염기산(多塩基酸)의 에스테르화(ester化)반응에 의해 얻은 고분자화합물(高分子化合物)의 총칭. 내약품성·내열성에 뛰어나 가구·건재·합성섬유 등에 이용됨.

폴리프로필렌 섬유(polypropylene fiber) 프로필렌을 중합(重合)시켜 얻은 열가소성수지(熱可塑性樹脂)를 원료로 하여 섬유화한 것의 총칭.

폴리프로필렌(polypropylene) 프로필렌을 중합시켜 얻은 열가소성수지로서 내수성·내산성이 뛰어남.

표면강도(表面强度) 물체의 겉면의 강도.

표면건조내부포수상태(表面乾燥內部飽水狀態) 골재입자의 표면은 건조하고 내부는 물로 가득 차 있는 골재의 상태로 표면건조포화상태 또는 포화표면건조상태라고도 함.

표면건조상태(表面乾燥狀態) 습윤상태의 경량골재에 있어서 표면수(表面水)가 없는 상태.

표면건조포화상태(表面乾燥飽和狀態, saturated surface dry condition) 골재입자의 표면에 물은 없으나 내부의 공극에는 물이 꽉 차 있는 상태로서 표건상태(表乾狀態) 또는 S·S·D상태라고도 함.

표면수(表面水, surface moisture) 내부포수상태의 골재 표면에 묻어 있는 물의 양(중량)으로서 그것을 콘크리트 혼합수의 일부로 취급함. 보통 표면건조포화상태에 대한 중량백분율로 나타냄.

표면활성(表面活性, surface active) 액체의 표면 장력(張力, tension)을 현저하게 저하시키는 것과 같은 물질의 성질. 물에 대한 알코올·비누 등. 여기서 장력이라 함은 물체 내의 임의(任意)의 면(面)의 양측부분이 이 면에 수직으로 서로 끌어당기는 힘을 말함.

표면활성제(表面活性劑, surface active agent) 혼화제의 일종으로서 표면활성 작용으로 콘크리트 속에 무수의 미세한 기포를 만들거나 시멘트알을 분산시킴으로써 콘크리트의 워커빌리티를 좋게 하기 위해 사용하는 재료. AE제·분산제·습윤제가 있음. 표면활성제를 계면활성제(表面活性劑)라고도 함. 여기 계면이라 함은 둘 이상의 상(相)의 접촉면, 즉 액체와 고체, 고체와 고체, 액체와 액체 등의 접촉면을 말함.

표준계량 용적(標準計量容積) 표준방법에 의한 계량, 즉 표준계량방법으로 계량한 용적. 여기서 표준계량방법은 일반적으로 골재의 단위용적의 중량시험방법(막대다짐시험 : KS F 2505)에 의한 계량을 말함.

표준양생(標準養生) 실험실 내에서 콘크리트의 시험체를 대략 21℃에서 포화온도(飽和溫度)의 공기 혹은 수중에서 실시하는 양생을 말함. 또는 20±3℃로 유지하면서 수중 또는 습도 100℃에 가까운 습윤상태에서 행하는 콘크리트 공시체의 양생을 말함. 여기서 포화온도란 물을 대기압하에서 가열하면 100℃에서 증발을 개시하여 수온의 상승도 정지되는 온도를 말함.

표준편차(標準偏差, standard deviation) 측정(測定)의 처리에 사용되는 통계학의 용어. 각 측정치와 산술평균과의 차(差)의 자승의 합을 측정치의 개수로 나눈 분산(分散)의 정(正)의 평방근. S.D 또는 σ로 나타냄.

풀림(燒鈍, annealing) 금속 또는 유리를 가공하기 전의 성질로 바꾸거나 또는 가공에 의해 생긴 응력을 제거할 목적으로 하는 열처리 또 단조(鍛造)·압연·용접 등의 가공을 한 재료를 다시 높은 온도로 가열하여 천천히 냉각시켜 연화(軟化)시키는 작업.

풍화(風化) 결정수(結晶水 : 결정안의 일정 위치에 고정되어 있는 물)를 포함한 결정이 공기 속에서 차츰 수분(水分)을 잃고 부서져서 가루 모양의 물질로 변하는 작용. 지표의 암석이 공기·물 등의 작용으로 차차 부서져 흙으로 변하는 과정. 결정수(結晶水)를 포함한 결정이 공기 속에서 차차 부서져 가루 모양의 물질로 변하는 작용. 계속적인 자연의 영향, 즉 일광·바람 등에 의해 재료가 표면으로부터 변질하는 현상. 풍해(風解).

프라이머(primer) 바탕에의 부착을 좋게 하거나 조정하기 위하여 바탕에 먼저 칠하는 도료.

프레온(freon) 뒤퐁사(Dupont社)의 플루오르화 탄화수소류(炭化水素類)의 상품명. 일반적으로 안정된 기체로, 비점(沸點)이 낮고 불연성(不燃性)이며 독성도 적음. 냉매(冷媒)·소화제(消化劑)·플루오르수지 원료 등으로 쓰임.

프리스트레스(prestress) 하중에 의해 일어나는 인장응력을 소정의 한도로 상쇄할 수 있도록 미리 계획적으로 콘크리트에 주는 응력.

프리즘(prism) 광선의 굴절 · 분산 등을 일으킬 때 쓰는 유리 또는 수정의 삼각기둥.

프리캐스트(precast) 공장에서 고정시설을 가지고(기둥 · 보 · 바닥판 등) 소요부재를 철재 거푸집에 의해 제작하고 고온다습한 증기보양실에서 단기 보양하여 기성 제품한 것. 공장생산된 제품을 공사장에 운반하여 조립구조로 시공할 수 있도록 한 것. 프리캐스트콘크리트(precast concrete)를 말함.

프리쿨링(pre-cooling) 콘크리트의 치기 온도를 낮추기 위해 콘크리트용 재료를 냉각시키는 것, 또는 치기 전에 콘크리트를 냉각시키는 것.

프리패브(prefabrication) 미리 부품을 공장에서 생산하여 현장에서는 조립만 하는 것.

플라스터(plaster) 광물질의 분말과 물을 섞어 바름마감에 쓰는 재료의 총칭. 플라스터에는 석고계와 돌로마이트계의 것이 있음.

플라스틱(plastic) 외력 또는 열에 의해 변형된 채 원형(原形)으로 돌아가지 않는 성질을 가진 물질. 천연 또는 인공으로 된 고분자(高分子)물질. 합성수지(合成樹脂).

플라스틱필름(plastic film) 투명한 플라스틱 재료로 만든 얇은 막.

플라이애시(fly-ash) 미분탄연소 보일러(석탄을 분쇄하는 미분말을 버너로 연소하는 보일러)의 탄진(炭塵 : 석탄가루)과 혼합된 폐기 연도가스를 집진기(集塵器 : 기체 내의 액체 또는 기체의 미립자를 모아서 제거하는 장치)로 채취한 구형(球形 : 둥근 형상)의 세분말(細粉末)로서 양질의 것은 화력발전소의 집진기에서 채취함. 시멘트 절약과 콘크리트의 성질 개선을 목적으로 함.

플랙시글라스(plexiglass) 아크릴수지를 성형한 투명의 합성수지판으로 된 유리형태(상품명). 비행기 창문 등에 씀.

플랫폼(platform) 정거장의 기차를 타고 내리는 곳.

플렉시블(flexible)판 부드럽고 연한 또는 휘기 쉽게 만든 판(板).

플로어링(flooring) 바닥마감을 말하며, 바닥마감은 바닥을 어떤 재료로 마감하는 것을 말하는데, 보통 플로어링이라 하면 바닥마감용의 목재를 가리키는 경우가 많으며, 이것은 영어의 “wood flooring”에 상당한다. 바닥을 마감하는 재료를 바닥마감재료라고 한다.

피도물체(皮塗物體) 도료를 입힌 물체.

피로파괴(疲勞破壞) 피로한도 이상의 응력을 되풀이하면 재료가 파괴되는 현상.

피막(皮膜) 겉껍질과 속껍질, 껍질막.

피막방수층(皮膜防水層) 아스팔트 방수와 같이 시트(sheet)상의 재료를 사용하는 방수공법으로 방수하는 층.

피아노선(piano wire) PS콘크리트에 쓰이는 PC강선. 강선 중 지름 10mm 이하의 강선. 탄소함량 0.6~1.05%의 탄소강을 반복 냉간인발(冷間引拔) 가공하여 가는 줄로 만든 것임.

피치(pitch) 타르 · 석유 · 유지 · 레진 등의 종류 찌꺼기로 나오는 흑갈색 또는 흑색의 열가소성 역청질의 총칭.

피치(pitch)계 탄성섬유 피치를 탄화하여 얻는 탄소를 주성분으로 하는 다공질 고체를 열처리하여 탄소화하는 방법으로 제조된 것임.

ㅎ

하드보드(hard board) 인공목재의 하나, 펄프에 접착제를 가하여 고온으로 압축한 판재, 경질섬유판을 말함.

하반(下盤) 광맥 · 광층 등의 아래쪽에 있는 암반.

하소(煆燒) 물질을 공기 속에서 태워 휘발성 성분을 없애고 재로 만드는 일.

하트론지(huttron paper) 일종의 대지(臺紙)를 말함. 여기서 대지는 그림이나 사진 같은 것을 붙이는 데 쓰이는 바탕이 되는 두꺼운 종이. 타일을 붙이기 위한 바탕이 되는 두꺼운 종이.

한수석(寒水石, white marble) 대리석의 일종. 빛은 희고 갈아놓으면 매우 아름다움.

할석(割石) 여러 개로 쪼개는 돌.

함석(galvanized iron) 표면(表面)에 아연을 올린 양철. 지붕을 잇거나 양동이, 대야 등을 만드는 데 씀.

함수규산반토(含水硅酸礬土) 함수규산 산화알루미늄(含水硅酸化aluminium)을 말하며 도토(陶土)의 주성분으로서 타일 및 도자기를 만드는 원료로 쓰임.

함침(含浸) 어떤 용액에 담가놓음(아스팔트 용액에 담가놓음 등).

함침재(含浸材) 다공성 재료에 가스상(gas狀) 또는 액상(液狀)재료를 침투시켜 그 재료의 특성을 사용목적에 따라 개선하는 재료. 방부·방습·염색 및 가연성의 감소, 강성(剛性)의 증대, 절연내력(絕緣耐力)의 증대 등을 목적으로 함. 함침이라 함은 다공성 물체에 액상 등의 물질을 침투시켜 그 물체의 특성을 사용목적에 따라 개선하는 일을 말함.

합성고분자(合成高分子) 인공적인 화학합성에 의해 만들어진 고분자(분자량 10,000 이상의 거대분자) 화합물, 합성수지·합성섬유·합성고무 등.

합성입도(合成粒度, combined gradation) 입도가 다른 여러 종류의 재료를 혼합하여 얻어지는 입도.

합성섬유(合成纖維) 카바이드 등을 원료로 하여 합성시킨 고분자 화합물에서 만들어진 섬유. 나일론·비닐섬유 등.

합성세제(合成洗劑) 화학적으로 합성한 세제, 여기서 세제란 물에 타서 고체 표면에 붙은 물질을 씻어내는데 쓰이는 약제를 말함.

합성수지(合成樹脂, synthetic resins) 보통 플라스틱(plastics)이라고도 하지만 정확히는 석탄·석유·천연가스 등을 원료로 하여 화학반응으로 고분자화한 플라스틱 성형품을 만드는 원료.

합성판(合成板, composite panel) 두 가지 이상의 재료가 합성하여 만든 판(板).

항복(降伏) 소성변형(塑性變形)을 일으킬 때의 물체의 응력(應力).

항복강도(降伏强度, Yield strength) 재료가 항복현상을 일으켰을 때의 응력을 항복점, 항복응력이라고 하며, 응력도 변형곡선을 그렸을 때 응력과 변형과의 관계가 비례관계를 나타내지 않게 되는 점. 즉 소성변형이 시작하는 점으로 표시됨.

항복점(降伏點) 탄성한도 이상으로 변형시켰을 때 변형률과 응력의 비가 갑자기 커지는 점.

해면상(海綿狀) 불규칙한 세포가 간격을 두고 해면처럼 다공상(多孔狀)으로 배열되어 있는 모양.

해초용액(海草溶液) 미역 등의 바다풀을 끓여서 만든 풀물, 해초풀(海草糊)을 말함.

허용압축응력도(許容壓縮應力度, allowable stress for compression, compressive stress) 압축력에 대한 허용응력도. 구조계산에 있어서 안전하다고 허용할 수 있는 한도의 압축응력도.

허용좌굴응력도(許容挫屈應力度) 좌굴에 대한 허용응력도.

허용휨압축응력도(許容壓縮曲應力度) 휨압축에 대한 허용응력도, 구조계산에서 안전하다고 허용할 수 있는 한도의 휨압축응력도.

현장계량용적(現場計量容積) 현장에서 골재를 자연 습윤상태대로 삽으로 큰 용기에 담는 정도의 것을 측정하는 용적계량방법으로 계량한 용적.

현장봉함 양생(現場封緘養生) 공사현장에서 콘크리트 온도가 기온의 변화에 따르도록 하면서 콘크리트로부터 수분의 발산이 없는 상태에서 행하는 콘크리트 공시체의 양생.

현장수중 양생(現場水中養生) 공사현장에서 기온의 변화에 따라 수온이 변하는 수중에서 행하는 콘크리트 공시체의 양생.

현탁(懸濁) 육안 또는 현미경으로 보일 정도의 고체 미립자가 분산하여 흐려 있는 것.

현탁(懸濁) 물질 육안 또는 현미경으로 보일 정도의 고체 미립자가 분산(分散)하여 흐려 있는 물질. 물속에 점토(粘土)분자가 분산하여 있는 이수(泥水 ; 진흙이 많이 석인 물) 따위의 물질.

형광체(螢光體, fluorescent body) 형광을 발하는 물질의 총칭. 형광등·형광도료·브라운관·야광도료에 쓰임.

형물(型物) 모형이 있는 물건.

호료(糊料) 끈끈하여 발라 붙이는 접착제.

호마이카(formica) 가구나 벽널에 칠하는 내약품성·내열성의 합성수지 도료의 상표명.

호분(胡粉, toilet powder) 백악(白堊), 즉 유공충(有孔蟲) 따위의 시체가 쌓여 이루어진 석회질의 암석.

호재(糊材) 풀과 같은 접착제의 총칭.

호칭강도(呼稱强度) 레디믹스트콘크리트에 있어서 콘크리트의 강도 구분을 나타내는 호칭.

호프만요(Hoffman kiln) 호프만(독일의 유기화학자)이 고안한 가마.

혼합골재(混合骨材, combined aggregate) 굵은골재와 잔골재의 혼합된 골재.

혼합석고 플라스터(混合石膏 plaster) 석고플라스터(소석고)의 하나로서 물만 혼입하여 바로 사용할 수 있는 것임. 정벌용과 초벌용의 2종류가 있는데, 정벌용은 순백색이거나 순백에 가까운 백색으로 물만을 혼합하여 즉시 사용할 수 있고, 초벌용은 물과 모래 등을 혼합하여 즉시 사용할 수 있다. 혼합석고 플라스터는 공장에서 적당히 혼합하여 나오므로 현장에서는 물 · 모래만을 넣고 반죽하여 사용할 수 있도록 한 레디믹스트(ready mixed) 제품으로서 서구에서는 여물이나 모래까지도 미리 혼합되어 나오는 것도 있다.

혼합재(混合材) 두 가지 이상의 물질이 혼화(混和), 즉 화학적인 결합을 하지 않고 섞인 재료.

혼화재(混和材) 혼화재료(admixture additive) 중의 하나. 혼화재료는 시멘트 · 물 · 골재 이외의 재료로서 비빔 시에 필요에 따라 모르타르에 그 한 성분으로 첨가하는 재료. 모르타르나 콘크리트의 여러 성질을 개선 · 향상시킬 목적으로 사용. 혼화재료는 혼화재와 혼화제로 구별하며, 혼화재는 사용량이 비교적 많아서 그 자체의 부피가 모르타르나 콘크리트에 배합계산에 고려되고 혼화제(混和劑, agent)는 사용량이 비교적 적어서 그 자체의 부피가 모르타르나 콘크리트의 배합계산에 무시되는 약품으로 첨가하는 것.

화산암(火山岩) 암장(岩漿)이 지표로 솟아나와 형성된 바위. 여기서 암장은 마그마(magma)라고 하며, 땅속 깊은 곳에서 암석이 용융하여 된 고온의 조암(造岩)물질임.

화석질(化石質) 화석으로 된 물질.

화이트 브론즈(white bronze) 브론즈는 청동을 말하고 청동은 동과 주석을 주성분으로 하는 합금으로서 주석량을 15% 이상 증가하게 되면 백색을 띠게 되는데 이렇게 백색을 띤 청동을 말함.

화장소지질(化粧素地質) 모양을 꾸밀 수 있도록 된 바탕재의 성질.

화장합판(化粧合板) 합판 표면에 마감가공한 것.

화학적 침식(化學的侵蝕) 화학적 작용(화학변화를 일으키는 작용)에 의해 서서히 분해 또는 용해되는 일.

화학적 프리스트레스(chemical prestress) 화학변화에 따라 이것이 물질에 미리 가해져 있는 응력.

화합물 조성(化合物組成) 물질 또는 둘 이상의 물질이 화합하여 이룬 물질이 만들어냄.

화합탄소(化合炭素) 둘 또는 둘 이상의 탄소가 결합하여 새로 탄소화합물을 생성하는 것.

확산반사(擴散反射, diffuse reflection) 빛이 표면으로부터 모든 방향으로 반사되는 현상.

환상화(環狀化) 고리처럼 둥글게 생긴 형상으로 되는 것.

환원(還元, reduction) · 용해(溶解, dissolution) 환원은 산화된 물질을 본래의 상태로 되돌리는 과정, 곧 어떤 물질이 산소의 일부 또는 전부를 잃거나 외부에서 수소를 흡수하는 화학적 변화를 말하고, 용해는 기체 · 고체 · 액체의 물질이 다른 액체 속에서 녹아 균일한 액체가 되는 현상을 말함.

환원제(還元劑) 다른 물질에 환원을 일으키는 물질.

활석분말(滑石粉末) 함수규산과 마그네슘을 성분으로 한 광물의 가루.

활성(活性) 물질이 에너지나 빛 등에 의해 활발해지면 반응속도가 빨라지는 성질.

활엽수(闊葉樹, broad leaved tree) 잎이 넓고 편편한 수목의 총칭. 이 수목은 가구 · 장식 · 수장용이고, 무늬와 얼룩이 아름답고 건조하는 데에 시일을 요함.

황각(黃角) 청각(靑角)의 한 종류로서 빛깔이 누런 식물인 황각채를 말함.

황동광(黃銅鑛) 구리 · 쇠 · 유황(硫黃)을 주성분으로 한 구리의 중요한 광석.

황동주물(brass) 동에 아연을 혼합한 합금, 즉 놋쇠를 녹여서 주조한 것.

황마(黃麻) 삼의 하나. 황저포(黃紵布 ; 겉껍질을 긁어버리고 만든 실로 짠 것. 계추리라고도 함.)를 만드는 데 쓰이며 인도 원산으로 경상북도 안동 등지에서 많이 남.

황산(黃酸, sulphuric acid) 무기산(無機酸)의 하나. 무색무취(無色 無臭)의 끈끈한 유상(油狀)액채로서, 저온에서는 결정(結晶)함. 질산(窒酸) 다음으로 강한 산성(酸性)을 띠며 금 및 백금을 제외한 거의 모든 금속을 녹이고 물에 혼합하면 다량의 열을 냄.

황산염(黃酸塩) 황산 성분 내의 수소를 금속과 바꾸어 놓을 수 있는 화합물. 황상칼슘, 황산바륨 등.

황정목(荒柾目) 나뭇결 중 곧은결이 치밀하지 못한 것.

황철광(黃鐵鑛) 철과 유황을 주성분으로 하며, 놋쇠 같은 담황색이다.

황토(黃土, loess) 황갈색의 흙. 풍성층(風成層)의 하나.

황화물(黃化物, sulfide) 황(黃)과 다른 원소와의 화합물, 금속황화물은 광물로 천연으로 산출됨.

호상(糊狀) 풀과 같은 형상으로 된 것.

회분(灰分) 석회질(石灰質)의 성분.

회전로(回轉爐) 원통의 한쪽에서 열을 공급하여 원통을 회전시키면서 내용물(內容物)이 뒤섞여 가열(加熱)하는 구조임.

회흑색(灰黑色) 검은 빛이 도는 짙은 잿빛.

효소(酵素, ferment) 단백질과 비슷한 일종의 유기화합물.

후민산(humin acid) 산(酸)의 일종. 부직토 또는 이탄(泥炭) 등에 포함하고 있어 이것이 시멘트 속의 석회와 화합하여 석회후민산 비누를 생성하여 시멘트 수화반응을 저해함.

후소관(厚燒管) 관의 살 두께가 두텁고 고온 소성한 것으로 토압을 받는 하수관에 사용.

후판(厚板, thick plate) 두꺼운 판형의 것을 말함. 보통 두께가 약 20mm 이상 50mm 이하의 강판을 말함.

휘동강(煇銅鑛) 황화동(黃化銅)으로 된 중요한 동광의 하나.

휘석(輝石) 알루미늄과 화성암의 성분으로 된 광석. 암갈색, 흑색이며 불투명함.

휨강도(bending strength) 휨모멘트만이 가해진 때의 강도.

흑바니시(black vanish ; asphalt) 콜타르(coal tar)와 건성유를 섞은 바니시로서 보통 건조가 제일 빠르나 기름을 많이 섞으면 늦어짐. 이것은 미관과 관계없는 장소의 방청 · 내수 · 내약품용으로 쓰이고 전기절연성이고 가격이 싸다.

흑요석(黑曜石) 화산암의 하나. 회색 또는 흑색의 반투명체임. 화산분화 때 마그마가 급격히 냉각 응고하여 이루어진 것으로서 갈아서 구슬이나 단추로도 쓰임.

흙손질(trowelling) 흙을 바르고 반반하게 하는 일.

흡수성(吸水性) 물을 빨아들이려고 하는 성질.

흡음성(吸音性) 어떤 물체가 음향을 흡수하는 성질. 흡음성이 있는 재료를 흡음재료(吸音材料, absorbing material)라고 한다.

흡착(吸着, adsorption) 고체 · 액체 · 기체의 분자 · 원자 · 이온이 고체 · 액체의 표면에 가까운 얇은 층에 모여 보존(保存)되어 있는 현상.

희박용액(稀薄溶液) 농도(濃度)가 낮은 용액. 여기서 농도는 혼합기체나 용액 속에 존재하는 각 성분의 양의 비율을 말함.

희석제(稀釋制) 용액(溶液)에 물이나 용매(溶媒)를 가하여 묽게 하는 물질.

PC강성(P.C-wire) 프리스트레스트콘크리트에 쓰이는 고강도의 강선. P.S콘크리트에서 프리스트레스를 주기 위해 사용하는 피아노선 또는 기타 고강도의 강선.

PC강재(PC鋼材, prestressing steel) PS콘크리트(프리스트레스트콘크리트)에 쓰이는 특수성상의 강재(고강도)의 총칭. PC강선 · PC강봉 · PC강 꼰선 · 이형 PC봉강이 있음.

1μm $1\mu = 10^{-4}$cm, $1\mu m = 10^{-7}$cm로서, μ는 길이와 단위의 하나인 미크론(micron)의 기호이다. 이 글자는 원래는 그리스 문자의 열두 번째 자모로서 영어로는 mu(뮤)라고 읽는다.

참고문헌

1. 건축재료공학, 홍붕의 외, 보성문화사, 1987.
2. 건축재료학, 김무한 외, 문운당, 2001.
3. 건축재료, 대한건축학회편, 기문당, 1997.
4. 건축재료학, 김영수 외, 예문사, 2001.
5. 한국건축대계 재료, 장기인, 보성각, 1999.
6.. 건축재료학, 정헌수 외, 세진사, 2002.
7. 건축재료, 이태원 외, 야정문화사, 1983.
8. 건축재료학, 정상진 외, 보성각, 1995.
9 건축재료학, 박영길 외, 기공사, 1987.
10. 건설재료학, 문한영, 동명사, 1996.
11. 건설재료학, 김생빈 외, 기문당, 2001.
12. 건설자재편람(상 · 하), 대한건설협회, 대한건설협회, 1987.
13. 신정건축학대계 13 건축재료학, 건축학대계편집위원회, 소화 44
14. 신건축학대계 46 구조재료와 시공, 신건축학대계편집위원회, 소화 58
15. 금속재료, 이택순 외, 형설출판사, 1985.
16. 도장공학, 이희찬, 동아학습사, 1983.
17. 석재마감신공법비교연구, 한국건설기술연구원, 1985.
18. 건축공사표준시방서, 건설부, 1999.
19. 건축용어대사전, 김평탁, 기문당, 1997.
20. 건축구조학, 장기인, 보성문화사, 1994.
21. 건축구조학, 김선호 외, 동명사, 1983.
22. 건축시공학, 장기인, 진성문화사, 1996.
23. 최신 건축시공학, 김정현, 기문당, 2001.
24. 건축시공학, 선병택, 창지사, 1981.
25. 콘크리트표준시방서, 건설부, 1996.
26. 목재 디자인론, 남철균, 태학원. 2002.
27. 콘크리트 탐색, 최재진, 발언, 2009.
28. 건축재료와 구법, 김종원, 기문당, 2008.
29. 석재 응용의 이론과 실무, 이동수, 한불문화출판, 2000.
30. 건축재료실험, 한천구 외, 기문당, 2003.
31. 현대건축시공, 문승호, 기문당, 2009.
32. 건축시공시술, 문승호, 기문당, 2006.
33. 건축자재 생산 및 판매업체의 각종 자재 카탈로그.

조준현

- 한양대학교 공과대학 건축공학과 졸업
- 중앙대학교 건설대학원 수료(공학석사)
- 서울대학교 공과대학 건축과, 사무국 시설과
- 건설부 국립건설연구소 건축기준과
- 건설부 경주개발건설사무소(과장, 보문단지 건축공사 총괄)
- 건설부 주택국, 기술관리실, 도시국(과장)
- 대전세계박람회조직위원회 건설부 파견(박람회장 건축공사 총괄)
- 대한주택공사 주택연구소(건설교통부 파견관)
- 대한건축학회 이사
- 중앙대학교 건설대학원, 건설산업교육원, 대림대학 강사
- 현재, 단아건축사사무소 상임고문
- 저서/ 건축공사감리요람, 표준건축적산(적산기준 · 자료)
  주택설계도작성기준(MC 설계기법), 건축적산
  건축적산실습, 건축재료학, 최신 건축재료학
  실내건축재료

현대건축재료

2014년 4월 20일 1판 1쇄 인쇄
2014년 4월 25일 1판 1쇄 발행

저 자 조준현
발 행 인 강해작
발 행 처 기문당
주 소 서울시 성동구 무학봉28길 4-1
전 화 02) 2295-6171(代)~5
팩 스 02) 2296-8188
출판등록 1976. 10. 7(1-44)
홈페이지 http://기문당
http://www.kimoondang.com
I S B N 978-89-6225-588-1 93540

정 가 30,000원

이 도서의 국립중앙도서관 출판시 도서목록(CIP)은 서지정보유통지원시스템 홈페이지(http://seoji.nl.go.kr)와 국가자료공동목록시스템(http://www.nl.go.kr/kolisnet)에서 이용하실 수 있습니다. (CIP제어번호: CIP2014011708)